北京减灾年鉴

2008—2010

BEIJINGJIANZAINIANJIAN

北京减灾年鉴

北京减灾协会　主编

天津大学出版社
TIANJIN UNIVERSITY PRESS

图书在版编目（CIP）数据

北京减灾年鉴.2008~2010/北京减灾协会主编. —天津：天津大学
出版社，2013.10
ISBN 978-7-5618-4827-2

Ⅰ．①北… Ⅱ．①北… Ⅲ．①自然灾害—防治—北京市—
2008~2010—年鉴 Ⅳ．①TU-092

中国版本图书馆CIP数据核字（2013）第250595号

策划编辑	韩振平
责任编辑	杨笑颜
装帧设计	刘晓姗　安毅

出版发行	天津大学出版社
出 版 人	杨欢
地　　址	天津市卫津路92号天津大学内（邮编：300072）
电　　话	发行部电话：022-27403647
网　　址	publish.tju.edu.cn
印　　刷	北京华联印刷有限公司
经　　销	全国各地新华书店
开　　本	185mm×260mm
印　　张	44.5　彩页12页
字　　数	1167千
版　　次	2014年1月第1版
印　　次	2014年1月第1次
定　　价	90.00元

2005年，市委常委、市局局长马振川（左五）、市局副局长丁世伟（左三）等领导参加"119"消防宣传活动

2006年7月14日北京市宣传贯彻《国务院关于进一步加强消防工作的意见》会议

2006 年 9 月 6 日，消防局组织召开北京市"十一五"时期消防事业发展规划新闻发布会

2007 年 4 月 22 日，北京市副市长吉林（前中）参加北京市民防灾教育馆启动仪式

2008 年 6 月 13 日，海淀区知春路城铁桥积水抢险

2008 年 8 月 2 日草地螟第一次工作会议（牛有成副市长主持）

2008 年 4 月 29 日，消防局在国家游泳中心（水立方）举行灭火救援综合演习

2008 年 5 月 15 日，消防局官兵在四川青川地震灾区开展救援行动

2008 年 8 月 24 日身着执勤服装的消防官兵在国家体育场执勤

2008 年奥运与会车辆交通事故演练

2009 年 2 月 9 日消防员在中央电视台新址 B 标段大厦火灾扑救现场

2009 年大兴番茄黄化曲叶病毒病现场会（一）

2009 年大兴番茄黄化曲叶病毒病现场会（二）

2009 年 10 月 1 日，消防官兵在国庆联欢晚会和焰火燃放现场执勤

2010 年科普日

2010 年科技周

2010 年 6 月 29 日，消防员在扑救房山区北京燕房华兴仓储有限公司仓储简易仓库火灾

2010 年 2 月统一灭虱清源行动启动

2010 年高空探照灯诱集草地螟成虫

2010 年，奥运场馆草地螟防治

"北京建设世界城市综合应急管理论坛"

2010 年，"防灾减灾日"宣传周主题活动

编制说明

一、本年鉴系北京减灾年鉴（2008—2010 年），主要记载 2008—2010 年三年间北京市域范围内灾情及防、抗、救诸方面的文件资料，由全市相关各委办局提供资料后分灾种及类型予以编制。

二、本年鉴合理吸收过去两卷的编写思想，力求更丰富、更全面、更准确地反映北京城市在综合减灾应急管理上的新进展，尤其在对策与措施，跨学科研究乃至全市公众的安全文化教育上都强调了大安全观、安全文化、安全北京建设等新理念。从而，对 2008 年奥运会的安全奥运建设及后奥运、建设北京世界城市的安全保障都提供了科学的记录。

三、由于主编单位北京减灾协会已在每年度出版论文集，因此本年鉴未收编各灾种有代表性的研究文献。相信本年鉴会成为行业内外有参考价值的减灾文献工具书。

编委会

2013 年 10 月

《北京减灾年鉴》编辑委员会

编辑委员（排名不分先后）：

于泓源　田小平　张贵忠　曹跃进　朱世龙　蒋力歌　刘　缙　母秉杰　郑志勇

方　力　陈　清　陈百灵　程栓牢　赵　涛　李燕飞　潘安君　黄德峰　胡　平

谢　璞　李　进　姚学祥　曲晓波　王玉斌　金　磊

《北京减灾年鉴》编写人员名单

北京市国土局：栾英波

北京市民政局：赵志强

北京市气象局：海玉龙

北京市园林绿化局森林防火：韦璟璟

北京市园林绿化局林木保护：刘　寰

北京市地震局：师宴宾

北京市农业局：任辉霞

北京市消防局：郭莹玉

北京市防汛抗旱指挥部办公室：王迎春

北京市环保局：李　华

北京市公共卫生信息中心：高　燕

北京市交通委员会：李海义、许书英、季学伟、李　宾、韩星玉

北京市公安局：孙丽英

民航华北区管理局政策研究室：范伯阳、孙文生

红十字会：张　宇

北京减灾协会：韩淑云

《北京减灾年鉴》编辑组

执行主编：金　磊　韩淑云

执行编辑：苗　淼　刘　丰　刘晓姗　安　毅

版式设计：刘晓姗　安　毅

目 录

第一篇　概论

第一章　文件和文献

第一节　北京市应急办提供的文件、文献　/ 3

第二节　北京市卫生局提供的文件、文献　/ 42

第二章　减灾工作大事记

第一节　地震　/ 68

第二节　地质　/ 72

第三节　洪旱　/ 74

第四节　民政救灾救济　/ 75

第五节　北京减灾协会 2008——2010 年大事记　/ 91

第二篇　灾害与灾情

第一章　气象灾害

第一节　逐年气候概况　/ 98

第二节　逐年气象灾害　/ 101

第三节　雷电灾害事例　/ 108

第二章　地震灾害

第一节　2008 年　/ 121

第二节　2009 年　/ 122

第三节　2010 年　/ 122

第三章　洪旱灾害

第一节　防洪概况　/ 124

第二节　灾情 / 126

第三节　旱情 / 128

第四节　2008—2010 年洪旱灾害 / 129

第四章　公共安全事故

第一节　2008 年 / 135

第二节　2009 年 / 137

第三节　2010 年 / 139

第五章　环境质量

第一节　环境质量状况 / 141

第二节　处置突发环境事件情况 / 146

第三节　典型的突发环境事件案例 / 146

第四节　环境应急管理工作大事记 / 150

第六章　交通灾害

第一节　2008 年度交通安全应急工作大事记 / 154

第二节　2009 年度交通安全应急工作大事记 / 157

第三节　2010 年度交通安全应急工作大事记 / 163

第四节　2008—2010 华北民用航空飞行事故、航空地面事故、
　　　　飞行事故征候和不安全事件情况 / 174

第五节　民航华北地区管理局突发事件处置流程（暂行） / 291

第七章　农业灾害

第一节　2008—2010 年北京市农业气象灾害 / 296

第二节　2008—2010 年北京市农业生物灾害 / 300

第八章　林业危害

第一节　林业病虫害 / 312

第二节　森林火灾 / 318

第九章　地质灾害概况

第一节　北京市地质灾害概况 / 326

第二节 2008—2010 年灾情 / 327

第三篇　预防减灾措施

第一章　地震减灾

第一节　地震监测预报　/ 332

第二节　地震灾害预防　/ 338

第三节　地震应急　/ 343

第二章　地质灾害减灾　/ 348

第三章　旱涝灾害防御

第一节　防汛工程及非工程措施建设　/ 350

第二节　抗旱工程及非工程措施建设　/ 351

第三节　防汛工作机制建设及完善　/ 352

第四节　防汛抗旱动态　/ 353

第四章　红十字救灾

第一节　北京市红十字会 2008 年至 2010 年减灾工作　/ 354

第二节　关于北京市红十字会"999"急救服务体系建设汇报提纲　/ 360

第三节　2008 年北京市红十字工作总结及 2009 年工作任务　/ 367

第四节　关于北京市红十字会紧急救援中心（"999"）基本情况的报告　/ 378

第五节　北京市红十字会对口支援什邡地震灾区恢复重建工作总结　/ 382

第五章　林业灾害防御

第一节　北京市林业保护站 2008 年工作总结暨 2009 年工作计划　/ 388

第二节　北京市林业保护站 2009 年工作总结暨 2010 年工作计划　/ 397

第三节　北京市林业保护站 2010 年工作总结暨 2011 年工作计划　/ 408

第四节　北京市 2008 年度森林防火工作总结及

2009 年度森林防火工作计划　/ 420

第五节　关于北京市 2009 年度森林防火期工作总结及

下一步工作计划的报告　/ 427

第六节　关于 2010 年度全市森林防火工作总结　/ 433

第六章　气象减灾

第一节　监测、预报　/ 438

第二节　人工影响天气　/ 452

第三节　防雷减灾　/ 458

第七章　消防安全

第一节　灭火救援　/ 465

第二节　消防法制　/ 475

第三节　消防科技装备　/ 479

第四节　消防宣传教育　/ 485

第五节　消防技术交流与合作　/ 488

第四篇　学术研究及减灾动态

第一章　北京市减灾协会工作概况（2008—2012 年）

第一节　北京减灾协会工作 2008 年总结　/ 494

第二节　北京减灾协会工作 2009 年总结　/ 498

第三节　北京减灾协会工作 2010 年总结　/ 501

第二章　北京减灾协会部分学术论文

北京减灾协会第二届理事会（2002—2009）工作报告　（谢璞）　/ 509

城市化与城市公共安全——城市化对气象灾害的影响　（阮水根）　/ 517

北京建设世界城市综合应急能力提升的思考　（郑大玮、韩淑云）　/ 526

城市公众安全文化教育研究的思考

　　——以“北京城市居民危机意识社会调查”分析为例　（韩淑云）　/ 534

北京建设“世界城市”目标的安全风险策略研究　（金磊）　/ 546

地质灾害群测群防体系建设中存在的问题及对策研究　（马志飞）　/ 562

北京山区泥石流灾害的发育特征及预报方法探讨　（赵忠海）　/ 568

瞄准“世界城市”目标　加快首都消防事业科学发展　（李进）　/ 579

自然灾害损失评估及救助测定模型的研究　（阮水根、曹伟华）　/ 584

依托公安消防部队推进首都综合应急救援队伍建设 （武志强） / 594

借鉴纽约、伦敦、东京应急管理经验

    构建北京综合应急管理体系 （黎军） / 601

基于空间网格技术的北京地区大雾灾害风险评估 （扈海波） / 608

大伦敦应急管理体系建设及启示 （王鹏飞） / 612

"十二五"期间北京市提升综合应急管理能力的思考 （李宏宇、金磊） / 631

对北京巨灾和巨灾风险的思考 （吴正华） / 638

基于模糊判断的救灾物资储备管理研究 （董鹏捷） / 645

地铁新城五线防雷若干问题探讨 （宋平健、王媛媛、李金华等） / 653

未来北京综合应急管理

    应满足世界城市安全需求 （吴正华、金磊、明发源） / 658

关于进一步完善北京减灾法制体系的思考 （萧永生） / 661

网格化管理在城市防汛减灾中的应用研究 （王毅、刘洪伟） / 678

2009 年主汛期应加大明显渍涝灾害风险管理力度 （吴正华） / 685

气候变化对北京市水资源

    可持续发展的影响及对策 （吴春艳、轩春怡、刘中丽） / 687

关于建立"首都圈综合灾情预测预警

    年度报告制度"的建议 （金磊、吴正华、明发源） / 696

关于进一步完善北京减灾法制体系的建议 （萧永生） / 698

应充分关注正在加大的北京渍涝风险 （吴正华） / 700

第一篇

概论

第一章　文件和文献

第一节　北京市应急办提供的文件、文献

一、北京市应急委 2008 年工作总结和 2009 年重点工作安排

按照工作部署，市应急委就 2008 年全市城市运行和应急管理工作进行了总结，对 2009 年的工作进行了安排。

（一）2008 年工作回顾

2008 年，在市委、市政府坚强领导下，市应急委以邓小平理论和"三个代表"重要思想为指导，深入贯彻落实科学发展观，以"首都安全"为目标，以"平安奥运"为重点，以"三案一室"《奥运会残奥会期间北京城市运行工作总体方案》《奥运期间北京城市公共安全风险控制与应急准备工作方案》《奥运会残奥会期间北京市突发事件应急处置工作方案》和城市运行联合值班室为主线，圆满完成 2008 年各项工作任务，本市城市运行和应急管理工作继续走在全国前列，取得"三个率先"和"四个明显"的成效：率先在全国出台实施国家《中国人民共和国突发事件应对法》办法，率先实现城市运行和应急管理工作的有机结合，率先开展城市公共安全风险评估与控制工作；城市运行保障能力明显增强，预防和应对突发事件能力明显提高，省区市间的应急协作能力明显提升，各级各类突发事件的数量及造成的损失明显下降。

1. 奥运期间城市运行和应急保障任务圆满完成

奥运期间，本市坚持依托现行行政管理体制，强调各级政府分级负责、主管领导各负其责、政府部门依法履责，依托现行应急管理体系，强化属地政府首控、专业部门处置和市应急委综合调度的职能作用，圆满完成城市运行和应急保障任务。

（1）制定并落实三项工作方案，城市运行、风险控制和突发事件处置取得了实效

1）城市运行处于近年来同期最好水平。结合奥运举办的特殊需求和首都城市特点，编制实施《奥运会残奥会期间北京城市运行工作总体方案》和39个专项保障工作方案，明确了经济、社会和环境三大系统12个方面的重点工作。奥运期间，在各部门的共同努力下，城市运行各项体征数据指标正常，空气质量、交通综合管理、市容环境等许多方面均创造了本市的最好水平。

2）奥运期间城市公共安全各类风险有效降低。根据刘淇等市领导批示精神，共55家单位参与，在全市范围内开展奥运期间城市公共安全风险评估与控制工作。共评估出奥运期间可能出现的32类、250项风险和94个重点地区的风险，并进行两轮动态更新。制定并组织实施《奥运期间北京城市公共安全风险控制与应急准备工作方案》。至7月15日，共消除风险49项，降低风险93项，消除或有效控制1559个风险源。奥运期间，共落实了1000余项工程、技术和特殊管理措施，武警北京市总队派出982名武警对185个核心要害部位加强了安全保卫工作，城市公共安全各类风险有效降低。

3）全市社会秩序平稳和谐。制定并落实《奥运会残奥会期间北京市突发事件应急处置工作方案》，明确了责任，加强了统筹。把奥运会残奥会开闭幕式安全保障作为重中之重，制发《开闭幕式应急保障工作方案》，全市应急保障力量分五层在国家体育场、奥林匹克公园等区域部署值守，对奥运门票现场销售、开闭幕式纪念邮资票品发行等可能引发突发事件的重大活动，均做好工作部署。经过全市应急系统共同努力，共妥善处置了各类突发事件、突出情况100余起，未发生较大规模的突发事件。

（2）发挥两个平台作用，强化指挥调度和运行监测职能

1）强化了指挥平台的指挥调度作用。依托市政府总值班室（市应急办），选调市政府奥运办、相关城市运行部门及3个涉奥区县有关人员组建城市运行联合值班室，作为指挥平台，发挥了值守应急、信息汇总、技术保障、综合协调、运转枢纽等作用。奥运期间，刘淇、郭金龙、王安顺、吉林等市领导亲临联合值班室检查指导工作60余人次。联合值班室密切跟踪城市运行突出情况，对一些重大问题积极开展调研，共召开13次工作调度会，协调解决具体问题，确保城市运行安全。参照市里的模式，朝阳区组建奥运总指挥部值守应急指挥室，负责城市运行日常值班、协调调度和应对处理突发事件。

2）强化了监测平台的信息采集和监测作用。依托市市政管委和市"2008"环境办建立了城市运行监测平台，对全市38个委办局和区县、14个企事业单位的11大领域316项城市日常运行体征指标开展信息监测和数据分析，为市委、市政府全面掌握城市运行状况，快速、准确地决策提供了重要的参考依据。

（3）实行"全面融合"，统筹奥运和城市应急管理工作

根据刘淇、郭金龙同志的明确指示，本市城市应急体系与奥运会、残奥会应急管理工作实现全面融合，统一指挥。依托现有应急体系，市应急委和奥运会残奥会运行指挥部（主运行中心）两套体制无缝衔接、融为一体，工作机制并轨运行。运行指挥部调度中心和城市运行联合值班室（市应急办）实行"双进入"，实现信息对称、资源共享。朝阳区、海淀区、石景山区等属地区县与场馆建立"双进入"工作机制，实现外围保障团队与场馆运行团队的无缝隙对接。

2. 城市运行和应急管理体系建设取得明显进展

2008年，全市应急系统以"一案三制"为核心，经过持续不断的努力，城市运行和应急管理工作取得了新的成绩，实现了新的突破。

（1）应急管理"五大体系"建设实现了新的跨越

1) 深化组织管理体系建设。①加强对全市应急体系建设的统筹与指导。召开市应急委三次会，对全年特别是奥运期间的城市运行和应急管理工作进行部署。共召开4次季度形势分析会，对全市公共安全形势进行了分析研判。召开全市应急管理系统工作会，对落实市委、市政府和市应急委的部署进行具体布置。②强化市区两级专项应急指挥部建设。奥运前成立了市通信保障和信息安全应急指挥部。进一步明确了14个专项应急指挥部及办公室的组织体系和责任体系，完成各指挥部及办公室人员调整。《卫生应急体系建设方案》在奥运前贯彻实施，市财政一次性紧急拨款3.3亿元，投入12个建设项目和28个工作项目。各区县因地制宜，成立了区（县）属专项应急指挥部及办公室。北京经济技术开发区管委会、天安门地区管委会、北京西站地区管委会均确定或成立了应急管理专门机构。③基层应急管理能力不断提升。市民委落实了区县、街乡镇、社区村三级管理网络和街乡镇、社区村两级责任制，积极应对民族宗教事件。市防汛抗旱应急指挥部办公室、市国土资源局等单位会同房山、门头沟等10个山区县建立完善了地质灾害群测群防体系，将监测预警责任落实到具体单位、具体责任人。通州区、平谷区编制《突发事件处置手册》，指导区属各基层单位规范应急处置流程。怀柔区将应急管理与督查工作有

效结合，确保应急管理措施落到实处。通州区所有社区村都设置了专兼职的应急管理人员，昌平区452个社区村全部建立了应急责任体系和工作机制。市药品监督局、市旅游局、市劳动保障局、市信访办、市通信局等单位认真履行职责，组织本单位、本系统应急管理工作的全面开展。④专业应急救援队伍建设进一步加强。各专项应急指挥部办公室、各区县应急委组建或确定了应急救援队伍。市交通安全应急指挥部明确了5000余人的应急抢险救援队伍，市环保局、市国防科工办共同组建核与辐射应急处置队伍，丰台区与武警15支队共建了综合应急救援队。

2）深化应急预案体系建设。①预案覆盖面进一步扩大。先后印发群体性事件、核应急、气象、天安门地区等17个专项和区域应急预案，全市各级各类机关、团体和企业、事业单位应急预案制定率大幅提高，市城市公共设施事故应急指挥部系统的3605个小型企业共制定相关各类预案3725个，全市中小学幼儿园制定各类应急预案5080个。②预案的针对性进一步提升。为预防、妥善处置由突发事件引发的保险市场风险，北京保监局制发了《北京保险业突发事件应急预案》。针对奥运期间涉外突发事件增多的情况，市外办制发了《市外办（港澳办）北京奥运会、残奥会期间涉外突发事件应急预案》。针对奥运期间天安门地区面临的形势和特点，天安门地区管委会制发了《天安门地区奥运期间应急预案》等18个专项预案。③经常性开展应急演练活动。制定并落实《北京市突发事件应急演练管理暂行办法》，开展了电力、交通、防汛、公共卫生等17次市级专项或综合应急演练，各专项应急指挥部办公室、各区县、各部门组织开展群众参与性强、针对性强的专项应急演练万余次。市环保局组织18区县环保局进行突发环境事件应急处置实战检验性演练；东城区将7月份定为全区"综合演练月"，全区各单位进行了100余次应急演练；怀柔区紧密结合承担奥运旅游接待的实际，组织开展多风险叠加的联合应急演练。④预案的实操性经受了检验。针对8月7日至9日不利气象条件，市环保局紧急启动《北京市重污染天气应急预案（试行）》，实施工地停止重污染作业、停产限产减排等临时措施，空气污染指数迅速恢复正常。奥运会、残奥会开闭幕式期间，市气象局按照预案，共发射人工消雨火箭1355枚，累计飞机作业17架次，播撒吸湿性催化剂40.5 t，成功实现了奥运史上的首次人工消雨。

3）深化信息管理体系建设。①信息报告的渠道进一步拓宽。积极推进市、区县、街乡镇、社区村应急信息四级报告网络建设。市民政局建立区县、乡镇、村三级灾害信息员队伍体系，确保各区县在灾害易发地区实现每村配备2名灾害信息员。房山区在 569 个社区村建立信息报告员网络，延庆县建立了专兼职结合的应急信息员队伍。石景山区建立"平安奥运"情报收集报送信息员队伍，得到市委主要领导同志的充分肯定，刘淇同志批示：信息员的工作可以推广。②信息报送的质量进一步提高。各单位的信息报告意识进一步增强，基本杜绝了突发事件信息的迟报、漏报、瞒报和谎报。市建筑工程事故应急指挥部办公室等单位建立了突发事件信息跟踪机制，实施全过程动态督促。朝阳区采取措施，强化预警类、应急类和动态类信息的报告。③提高了应急信息的统筹和综合研判能力。奥运期间，市应急办强化了与运行指挥部调度中心、市公安局指挥中心、市"2008"城市运行监测平台、市非紧急救助服务中心、市网管办等部门和单位的信息沟通机制，统筹掌控奥运赛事、领导涉奥活动、城市运行、突发事件、应急管理常态工作、舆情动态等各类重要信息。市反恐和刑事案件应急指挥部办公室与国家反恐办情报中心建立了信息通报机制，与新疆、西藏等 11 个重点省区市反恐部门建立了信息交流机制，协调建立了由 16 家单位参加的信息收集排查机制。各专项应急指挥部办公室、各区县应急委均创办了应急信息刊物。④信息报告工作在重要时期得到强化。在春节、奥运、国庆、亚欧首脑会议等重要时期，严格落实"三敏感"原则和"四早"方针，实行每日"零报告"制度。

4）深化宣教动员体系建设。①加大培训力度。在市委组织部、市人事局、市委党校组织的局、处级干部培训班中，增加了突发事件应对的专门课程。市应急办、各专项应急指挥部办公室、各区县应急委和各相关单位共举办 500 余期培训班，加强了应急预案、信息、技术等方面的专题培训。②大力弘扬公共安全文化。统一了全市的应急标志。建成各级各类公共安全教育基地 143 处，全年培训人数约 300万。市应急办会同市民防局和北京电视台，策划开办了全国首个公共安全电视栏目《平安生活》。市消防安全应急指挥部办公室组织开展消防安全培训、应急疏散演练、咨询等宣传活动 9500 余场次，全市直接受教育人数 2500 万人次。大学安全教育"进课堂、进教材、落实学分"工作全面铺开，中小学逐步实现安全教育"计划、课时、教材、教师"四落实。全市红十字会系统已完成 129 万人的卫生救护普及培训，25 万人取得了红十字急救员证书。③加大社会动员的力度。动员、组织广大市民共同参与"平安奥运""首都安全""城市运行"工作。大兴区加大了举报奖励热线工作力度，动员市民举报和反映涉及安全方面的各种问题。奥运期间，市电力事故应急指挥部办公室协同通州、顺义等 14 个区县组织发动群众护线队伍367 支 15981 人，对涉奥重点电力线路 24 h 守护。密云县部署 59 名武警、安保人员和 1300 名巡防队员、治安志愿者对 248 个路口进行布控，构筑了确保密云水库安全的 4 道防线。

5）深化技术支撑体系建设。秉承"科技奥运"理念，在市科委、市信息办等单位支持下，积极推动应急科技手段应用和创新。①充分整合全市视频图像资源，实现"点、线、面"全方位的社会面掌控。②推动 800 M 无线通信指挥系统在奥运场馆、地铁、机场、旅游景区等重要区域的全覆盖，新增电台 1200 余部。③实现市委、市政府、奥组委、应急系统各单位 IP 视频会议系统的互联互通，奥运期间为市领导和调度中心每日视频沟通会提供技术服务 42 次。④完善全市应急移动指挥体系，市应急办会同市民防局、市信息办为通州、顺义、平谷等 14 个区县配发应急移动指挥通信车；市森林防火应急指挥部办公室更换海事卫星电话 45 部，新增车载电台、GPS 定位电台等通信工具 180 余部，全市森林防火通信覆盖率达到 80%。⑤完善城市公共安全信息平台，加强值守应急等软件技术系统的维护和更新，实现三维地理信息系统赛事模拟等功能。⑥依托市气象局，建立市预警信息发布平台并初步发挥作用，为国家体育场观众发布中英文手机短信提示 33 万条。全市已有市人防工程事故、突发公共卫生事件、重大动物疫情等 10 个专项应急指挥部办公室和西城、崇文、宣武、延庆等 17 个区县建成了应急指挥平台。市通信保障和信息安全应急指挥部有效控制了奥运期间网络与信息安全各类风险，实现了网络万无一失的目标。

（2）城市运行和应急管理机制建设取得了新的进展

1）一是深化理论研究和成果转化工作。结合应急管理实践，与首都大专院校、科研院所紧密合作，完成预测预警、信息报告、应急决策和处置、信息发布、社会动员、恢复重建、调查评估等应急管理"七大机制"研究，并积极推进成果转化工作。国务院应急管理专家组和市应急委专家顾问普遍认为，这是应急管理前沿理论结合北京实际的一次实践探索，对推动全国应急管理工作的发展和创新具有示范作用。

2）初步建成首都地区协调联动机制。各中央单位、驻京部队、兄弟省区市积极支持首都的城市运行和应急管理工作。本市与总参、首都机场、北京铁路局等中央单位、驻京部队及河北、天津等周边省市建立首都地区应急联动机制，共同保障城市正常运行和应对首都地区突发事件。奥运期间，在各中央单位、部队、兄弟省区市的支持帮助下，实现了"平安奥运"的目标。驻京部队共出动 12 万人，担负开闭幕式大型活动现场警卫、警戒守卫等 10 项任务；在公安部等部门的支持下，本市与周边 7 省区市联动，实施了安保"护城河"工程；在国家环保部的支持下，联合 5 个周边省区市，确保空气质量达标；在卫生部、国家质检总局、国家工商总局等部门的支持下，与各省区市合作，确保了奥运食品供应安全；在铁道部、中石油、中石化、神华集团及山西、内蒙古等省市的支持帮助下，确保首都能源供应平稳。在卫生部指导下，市卫生局与世界卫生组织、奥运京外赛区医疗卫生部门加强合作，建立了重大传染病疫情与突发公共卫生事件信息通报制度和联动合作协议；与铁路、交通、民航、出入境检疫和北方六省区市卫生行政部门实现了每日沟通与信息交流。国家林业局和武警总部在昌平区筹建了武警森林指挥部机动支队。部分单位、区县也与周边省区市相关单位建立健全应急联动机制，如市重大动物疫情应急指挥部办公室与周边四省区市和北京军区建立了重大动物疫病联防机制，房山区、大兴区与临近河北省相关城市建立防控联防机制；市森林防火应急指挥部办公室进一步健全与京津冀两市一省的森林防火联防制度，2008 年度本市边界火情同比下降 30%。

3）建立健全了一系列行之有效的工作制度。巩固奥运成果，全市应急系统坚持周一视频例会制度，加强了统筹协调、信息沟通和设备操练。市防汛抗旱应急指挥部办公室建立了测报预警、巡查报告、排水抢险、内外对接、数据报送、监督检查 6 项部门联动机制。市反恐和刑事案件应急指挥部办公室与 23 个成员单位和 15 支一线处置队伍建立完善了反恐应急指挥网络。市市政管委、市建委、市水务局、市交通委、市公安局交管局等单位建立健全了互通信息、协调联动的工作机制。各区县也建立了区内各单位、街乡镇的协调联动机制，如丰台区开展多部门联动防汛实战演练，怀柔区建立各职能部门、专业力量和街乡镇协调一致的部门联动机制。

（3）城市运行和应急管理法制建设取得了新的突破

1）率先在全国出台《中华人民共和国突发事件应对法》实施办法。市应急办会同市人大法制办、市政府法制办完成本市贯彻实施《中华人民共和国突发事件应对法》地方立法调研，分 5 个层面充分听取了从中央单位、驻京部队到市民的社会各界的意见和建议。《北京市实施〈中华人民共和国突发事件应对法〉办法》（简称《实施办法》）于 2008 年 5 月 23 日由市人大常委会审议通过，自 7 月 1 日起施行。这是国内第一部应急管理地方性法规，对于本市深入贯彻落实《中华人民共和国突发事件应对法》，规范突发事件应对活动，预防和减少突发事件的发生，控制、减轻和消除突发事件引起的严重危害，保护人民群众生命财产安全，确保奥运会、残奥会的安全、顺利举办，维护首都公共安全和社会安全稳定，具有十分重要的意义。

2）全面宣传落《中华人民共和国突发事件应对法》和本市《实施办法》。落实国家人力资源和社会保障部有关要求，市人事局将国家《中华人民共和国突发事件应对法》及本市《实施办法》纳入全市公务员培训计划。应急法制宣传列入"五五"普法宣传计划，市司法局在近 7000 个社区、村及市、区属各部门发放实施办法法制宣传挂图。

3）出台一系列法规、规章和规范性文件。针对奥运期间食品安全、交通保障、危险化学品管理、环境整治以及公共场所禁烟等工作，颁布执行了相关的规定，为城市运行和应急管理工作的有序开展提供了法律依据。奥运会后，为减少机动车尾气排放对空气质量的影响，保持交通基本顺畅，颁布实施了《北京市人民政府关于实施交通管理措施的通告》。

3. 全市城市运行和应急管理工作成效显著

（1）城市运行保障能力明显增强

1）实现了城市运行和应急管理的有机结合。在奥运、"两会"、烟花爆竹燃放"禁改限"、安全迎汛、亚欧首脑会议等重要时期和春节、"十一"等重大节假日，全市城市运行和应急管理系统实施全过程综合管理，发挥了重要作用。特别是奥运期间，按照刘淇同志视察城市运行联合值班室时的重要指示精神，坚持城市运行、应急保障、指挥体系"三位一体"，实现了城市运行与应急管理紧密结合。

2）全面启动应急机制。在奥运等重要时期，本市全面启动应急机制，进入"战时"工作状态，全市城市运行和应急管理系统各单位均依法履行职责，充分发挥规划、组织、协调、指导、检查的作用，强化了值守应急工作，认真做好了应对突发事件的各项准备。

3）奥运会以后的城市运行工作继续保持好的发展势头。总结和发扬奥运会、残奥会城市运行方面的宝贵经验，城市运行的指挥体系、指挥平台、监测平台继续发挥作用，坚持奥运标准，各项重点工作继续稳妥推进。能源、交通、环保、旅游、市场供应等城市运行工作有序进行，经济运行环境持续改善，市容环境、文体活动、防灾减灾等城市运行工作总体平稳和谐。

（2）预防和应对突发事件的能力明显增强

2008 年，全市应急系统各单位妥善、快速处置地铁前门站渗水、草桥 220kV 变电站停电、朝阳区出租房一氧化碳中毒 9 人死亡、房山区煤矿塌冒 4 人死亡等突发事件和突出情况 300 余起。

1）专业处置和综合协调能力得到提升。风险控制、应急准备和安全隐患排查整改工作取得实效。3 月 21 日 19 时 17 分，草桥 220kV 变电站停电，造成 3 个重要用户和 6.2 万居民停电，市电力事故应急指挥部办公室迅速启动应急预案，1 h 内恢复供电。12 月 13 日，地铁机场线发生一起施工轨道车脱轨事故，市交通安全应急指挥部办公室迅速协调市安全生产监督局调运大型专业应急救援队伍和设备进行抢修，确保事故现场的迅速清理。

2）借鉴反思的能力得到提升。国内外发生特大突发事件或突出事故，本市均高度关注，并加强了相关预防性工作。如市防汛抗旱应急指挥部在全国率先完成 37 座病险水库的除险加固。"三鹿牌婴幼儿配方奶粉"重大食品安全事故发生后，市政府食品办、市质量技术监督局、市卫生局、市商务局、市农业局等单位迅速采取措施做好应对工作。山西襄汾尾矿库溃坝事故发生后，市生产安全事故应急指挥部对全市 34 个煤矿进行全覆盖检查，对 175 个非煤矿山、7 个尾矿库、4 个地下矿山和 13 个较大规模的露天矿山进行重点检查和不定期抽查。

3）新闻宣传和把握舆论导向能力得到提升。在中南海北门附近路面出现沉降等突发事件发生后和奥运等重要时期，按照中办《突发公共事件新闻报道应急办法》和《国家突发公共事件新闻发布应急预案》，市委宣传部积极协调媒体，主动把握舆论导向。采取措施支持新华社北京分社等新闻媒体，做好突发事件报道工作。各相关单位利用手机短信、报纸、广播、电视、网络等多种方式，广泛宣传城市运行和应急管理有关工作。

4）应急综合保障能力得到提升。市地震应急指挥部办公室会同朝阳区、海淀区、门头沟区，新建应急避难场所 6 处，全市已建成应急避难场所 33 个，总面积 510.24 万 m^2。市发展改革委、市商务局等单位严格落实能源、生活必需品政府储备制度。市财政局共支持救灾应急物资储备经费 1.46 亿元，为市级安全生产应急救援队伍支持装备经费 1201.6 万元。

（3）省区市间的应急协作能力明显提升

1）积极协助应对南方低温雨雪冰冻灾害。年初南方部分地区严重低温雨雪冰冻灾害发生后，市应急办、市民政局等相关单位紧急调运救灾物资发往湖南灾区，市电力公司迅速组织专业队伍赶赴南方灾区抢修输电线路。郭金龙同志批示：这项紧急任务完成得好，充分反映我市贯彻中央指示坚决；广大群众思想觉悟高；各部门、各单位大局意识强；应急措施到位。

2）积极支援四川地震灾区恢复重建。"5·12"汶川大地震发生后，市消防安全、地震、突发公共卫生事件、建筑工程事故、交通事故等专项应急指挥部办公室和市红十字会等单位迅速派出专业队伍赶赴灾区，参加应急救援工作。市民政局迅速通过首都慈善公益组织联合会向全社会发出紧急募捐倡议书，全市各界踊跃捐款捐物23.63亿元。本市迅速成立重建办，在资金、项目和设施、专业人才方面，对口支援四川省什邡市的灾后恢复重建工作。

3）积极协助做好胶济铁路事故善后事宜。"4·28"胶济铁路特大交通事故发生后，本市即派出工作组，赴山东省淄博市配合铁路部门及山东省处理救援和各项善后工作。做好本市伤员转运回京和妥善安排治疗工作，协助做好事故赔偿、安抚和救治死伤者家属等工作。

（4）突发事件的数量及造成的损失明显下降

全市社会秩序总体平稳，全年无重大及特别重大自然灾害、事故灾难、公共卫生和社会安全事件发生，有效防止了鼠疫等重大传染病疫情的发生，预防了高致病性禽流感、口蹄疫、高致病性猪蓝耳病等重大动物疫情，抑制住了美国白蛾、草地螟等植物疫情的暴发。

除自然灾害外，各级各类突发事件的数量及造成的损失明显下降。2008年，全市共发生道路交通、生产安全、火灾、铁路交通、农业机械事故1060起，死亡1179人，与去年同期相比分别下降21.6%和20.1%；全市确定食物中毒28起403人，同比分别下降53%、59%；全市累计刑事立案90045起，同比下降29.3%，全市419项2151场次大型活动未发生突出治安问题，城八区刑事警情平稳、良好等级天数共365天，占总数的99.7%。

4. 深化对城市运行和应急管理工作规律性认识

本市城市运行和应急管理工作，始终坚持以科学发展观为指导，注重理论、实践和信息化的有机结合，在城市运行和应急管理实践中积极探索总结，不断深化规律性认识，进一步明确了发展的方向。

（1）必须坚持安全发展的工作理念

胡锦涛同志曾强调，将安全发展作为一个重要理念纳入我国社会主义现代化建设的总体战略，这是我们对科学发展观认识的深化。北京作为首都的城市功能定位，对安全稳定的要求更高。刘淇同志指出，确保安全稳定始终是首都工作的重中之重，任何情况下、任何时候都不能放松。郭金龙同志指出，确保安全稳定和社会和谐，是首都工作的基本要求，也是我们第一位的政治任务。必须始终坚持安全发展理念，将其作为实践科学发展观的重要内容，贯穿到实施首都发展战略的全过程中。

（2）必须坚持党政共管的工作方针

市委、市政府的正确领导，是首都城市安全、高效、平稳、有序运行的根本保证。仅2008年以来，市委常委会、市政府常务会先后19次听取城市运行和应急管理工作专题汇报，做出了一系列决策和工作部署，对建立首都特色的应急管理工作体系、指挥系统、运行机制做出了全面谋划和正确引导。市应急委是党政共管的体制，包括领导成员、协调机制、成员单位等，都体现了党政共管优势，在实践中发挥了重要作用。本市长期坚持副市长带班和市领导赴现场处置的值守应急制度，刘淇、郭金龙、王安顺、吉林等市领导多次带队进行专项检查，指导部署平安奥运、应急管理、城市运行等工作。

（3）必须坚持预防为主、关口前移的工作思路

"无事如有事时提防，可以弥意外之变；有事如无事时镇定，可以消局中之危。"按照刘淇、郭金龙同志"大事不出、小事减少"的指示精神，全市应急系统各单位做实、做细各项预防工作，抓紧做好各项风险控制和应急准备工作。通过坚持认真查找问题，最大可能地穷尽各类风险和隐患，最大限度地堵塞各种安全漏洞。奥运期间，全市各相关部门编制了9800余个应急预案，实现"一风险一预案""一奥运场馆一预案""一重点区域一预案"。按照中央提出的预防与应急并重、常态与非常态结合的原则，本市坚持城市运行和应急管理的有效结合，实现了全过程管理。通过加强演练，充分准备，应急处置能力和水平不断提升，2008年无重、特大突发事件发生。

（4）必须坚持依靠科技、依靠专家的工作模式

城市运行和应急管理工作，带有开创性，国内外可资借鉴的经验不多。近年来，本市坚持理论、实践和信息化"三结合"，借用外脑、依靠专家、依靠科技，探索出一条具有首都特色的应急管理发展道路即北京模式。必须以现代理论为指导，以现代科技为保障，充分发挥专家顾问团队作用，推动城市运行、应急管理理论与本市实践的结合与创新，提高突发事件的预防与处置水平。

（5）必须坚持全社会共同参与的工作格局

城市运行和应急管理工作，主责在政府，主体是市民。奥运期间，广大市民充分发挥主人翁、"东道主"作用，赢得广泛赞誉和认可。单双号车辆限行、空气质量改善等城市运行工作，离不开广大市民的付出与支持；突发事件的处置和恢复重建，离不开广大市民的理解与配合；110万"红袖标"、170万志愿者更是在奥运

筹办、组织中，在城市运行与应急保障工作中都发挥了重要作用。

在取得成绩的同时，本市城市运行和应急管理的各项工作仍存有一些不足，与市委、市政府的要求，广大人民群众的热切期望和应对重大以上突发事件的实际需求相比，还有诸多需要强化、改进的方面：①在新形势下加强城市日常运行的管理，特别是加强城市运行的统筹协调与监测预警，尚需进一步加大工作力度；②实施关口再前移，将城市风险管理工作与城市运行、隐患排查整改有效结合，建立符合首都城市特点的风险管理体系，全面有效地排查控制城市风险和隐患，尚需进一步研究解决；③基层基础工作，特别是基层应急管理体制、农村地区应急管理、专兼职应急救援队伍及志愿者队伍的整合、应急宣教培训动员、应急保障能力等方面工作，尚需进一步强化；④对巨灾的防范工作相对薄弱，对全球经济、金融危机背景下的公共安全问题还缺乏研究，涉及食品安全、药品安全、建筑安全等民生方面的安全工作，尚需进一步加强；⑤构建城市运行、应急保障、指挥体系"三位一体"的工作格局，实现城市运行和应急管理的全面融合，进一步健全集中、高效的指挥体系，在体制机制方面尚需进一步完善。

（二）2009 年全市城市运行和应急管理的重点工作

2009 年，是推进"人文北京、科技北京、绿色北京"建设的重要之年，是落实城市减灾应急体系建设等"十一五"规划任务的关键之年，还将迎来新中国成立 60 周年。当前，首都已经进入了从中等发达城市向发达城市迈进的新阶段，在建设和谐社会首善之区的历史进程中，北京城市运行和应急管理工作仍然面临诸多的挑战，尤其是此次国际金融危机对本市经济社会发展、民生和社会稳定工作带来一定的负面影响。我们必须进一步增强政治意识、责任意识、忧患意识和首善意识，把城市运行和应急管理工作作为深入学习实践科学发展观的重要举措，作为实现安全发展的重要内容，作为构建和谐社会首善之区的重要方面，放在更加突出、更加重要的位置抓紧抓好。

2009 年全市城市运行和应急管理工作的指导思想是：以邓小平理论和"三个代表"重要思想为指导，深入学习实践科学发展观，大力弘扬安全发展的科学理念，认真贯彻落实党的十七届二中、三中全会，中央经济工作会议和胡锦涛总书记在北京奥运会、残奥会总结表彰大会及在全国抗震救灾总结表彰大会上的重要讲话精神，按照市委十届四次、五次全会，市十三届人大第二次会议和刘淇、郭金龙同志指示精神，将思想和行动统一到党中央、国务院及市委、市政府关于城市运行和应急管理工作的战略部署上来，继承奥运财富，巩固奥运成果，坚持预防与应急并重、常态与非常态管理相结合，确保人民群众生命财产安全，确保城市运行安全有序，为保持经济平稳较快发展创造安全和谐的社会环境。

2009年全市城市运行和应急管理的工作目标是：以推动建设"人文北京、科技北京、绿色北京"为主题，以深入贯彻落实国家《中华人民共和国突发事件应对法》和本市《实施办法》为主线，以"平安北京"为目标，以"基层基础"为抓手，积极应对国际金融危机影响，全面推进城市运行和应急管理体制机制建设，全面推进以风险管理为重点的预防体系建设，全面推进城市运行、应急管理能力建设，促进城市运行与应急管理的全面融合，构建符合首都城市特点的城市运行、应急保障、指挥体系"三位一体"的长效机制，力争继续走在全国前列。

1. 深入学习实践科学发展观，积极应对金融危机对本市安全稳定带来的挑战

要以科学发展观为统领，深刻领会和准确把握中央经济工作会议精神，坚决贯彻市委、市政府各项决策部署，加强组织领导，加大工作力度，采取切实有效的措施，积极应对国际金融危机的影响和经济运行出现的新情况，为实现经济又好又快发展创造良好社会环境。

（1）把维护经济安全放在城市运行和应急管理工作的重中之重，切实增强工作的主动性和针对性

针对目前国内外经济社会安全形势，要深入研究和追踪金融危机给本市可能带来的各种不利影响及可能引发的突发事件，特别是高度关注涉及经济、民生和影响首都安全稳定的市场供给、物价、股市波动、能源保障、就业和群众诉求等方面的问题，及时有效化解各种风险。制定周密的应对方案和措施，积极做好应对准备，提高突发事件处置能力。评估各项措施出台后的影响和效用，进一步提高政策实施效果，提前化解各种矛盾。

（2）加强经济安全应急管理工作体系建设，提高应对经济风险和危机的能力

加快研究制定《金融突发事件应急预案》，明确应对工作的组织体系和责任体系，推进危机应对与监管工作的制度化。建立健全经济安全应急管理体制机制，加大危机应对工作部门之间统筹与协调力度，成立专项应急指挥机构或建立联席协调会商制度，纳入全市应急管理体系。加强经济运行安全风险管理和综合评估，建立风险监测指标和预警体系，做好价格调控和经济运行的监测预警工作。加强正面宣传和舆论引导，及时处置严重干扰市场运行的谣言和虚假不良信息，增强公众战胜

当前经济困难的信心。

（3）做好涉及经济安全事件的相关应急准备工作

要对本地各类企业的破产、转停、撤并等重大经营事件进行排查，探索建立失业监测、预警、治理机制，及时发现和处置不稳定因素和利益侵害事件。加强社会管理和经济管理调控部门的协调配合，建立多方联动机制，加大综合治理力度。建立企业欠薪预警机制，对重点企业工资支付实施动态监控，实现及时预警、预报。完善解决农民工工资拖欠问题的长效机制，加大对拖欠工资问题的查处力度。加强对流动人口的管理与服务，引导合理有序流动。

（4）全力保障涉及群众切身利益的民生领域安全

切实抓好禽流感、人禽流感风险评估与监测，全面落实各类防控举措。切实抓好食品药品质量安全，完善食品、药品安全监管网络，加强市场监管和专项整治，健全原产地可追溯、质量检验和责任追究制度，重点加强高风险食品、药品和医疗器械的市场抽验工作，确保群众饮食、用药安全。认真做好生活必需品和能源的市场供应，完善监测、储备、应急、调控体系，确保重要商品不脱销、不断档。加强生活必需品和能源的价格监管，切实做好日常价格监测工作，防止物价大幅、异常波动。

2. 围绕城市运行和应急管理的有机融合，构建"三位一体"城市公共安全长效机制

（1）加强综合统筹，实现城市运行和应急管理的融合

完善城市运行管理体制，依托现行应急管理体系，充分发挥市应急委党政共管的优势，综合统筹全市城市运行和应急管理工作。依托市应急办（市政府总值班室），发挥城市运行指挥平台的作用，强化对城市运行的综合协调、统一调度、信息汇总等职能。依托市"2008"城市运行监测平台，有效履行对城市运行的综合监测职能。各专项应急指挥部办公室、各区县应急委和相关部门要把本领域应急管理工作与城市运行工作有机对接，结合本区域、本行业特点强化城市运行相关领域的专业监测。

（2）加强协调整合，理顺城市运行和应急管理工作机制

完善城市运行指挥平台与监测平台等相关部门的工作协调机制，加强信息沟通和联络，实现城市运行和应急管理的无缝衔接。依托市紧急报警服务系统、非紧急救助服务系统和网监、网管部门，建立信息通报与共享机制，整合和优化城市运行和应急管理信息资源，增强信息报送的及时性和有效性。

（3）加强分析研判，完善城市运行风险监测体系

依托现有各类突发事件监测预警系统、信息化城市管理系统和社会监测网络，抓好城市日常运行各项体征数据与信息的采集和汇总，强化城市运行风险监测，提高突发事件预测预警水平，增强城市运行和应急管理工作的预见性和主动性。加强对城市运行指标信息的综合分析和研判，严密监控城市运行状态，逐步实现对城市运行的科学综合预测。要研究常态管理下加强城市运行的途径与方法，进一步完善城市运行指标体系，建立城市运行管理规范标准，提升城市运行的管理水平。整合运用多种信息技术，完善信息化城市管理系统和城市运行体征统计系统，促进城市运行管理效率的提高。

（4）加强基础设施抗灾能力建设，提高城市安全运行水平

要对重要基础设施进行灾害风险评估，在规划设计、建设运营等环节严格落实抗灾设防标准。着力加强公共交通、通信、给排水、供电、供气等市政设施抗灾能力建设，完善抢险预案。按照突发事件风险区域划分，提高学校、医院、文化娱乐、大型商场等人员密集场所抗灾设防标准。建立危化品生产和储运实时监控系统，督促相关企业配备应急处置装置和设施。

3. 围绕风险管理与城市运行的有机结合，大力推进城市风险管理体系建设

（1）强化城市公共安全风险管理职能

推进风险评估与控制工作常态化，将其作为保障城市公共安全的重要抓手，实现与城市运行的有机结合、有效衔接，建立科学、规范、系统、动态的城市风险管理体系和长效工作机制。把风险管理纳入城市运行和应急管理的各个环节，实现有机结合，推动本市应急管理工作向风险管理、应急管理和危机管理并重的城市公共安全管理转变。市应急办要统筹规划全市风险管理体系建设，市相关单位要建立健全相关领域的专项风险管理体系，各区县政府要组织开展重点地区公共安全风险管理工作。

（2）强化风险评估控制和动态更新

重点针对新中国成立60周年大庆，按照"边评估、边控制、边治理"的原则，全面开展城市风险评估工作，继续积极推进风险控制。对于可控的风险，要制定控制预案与整改方案，及时消除或有效降低风险。对于不可控、防不胜防的，要加强实时监控，落实综合防范措施，强化应急准备。及时对风险进行动态更新，实现风

险动态管理。不断加大全市安全隐患排查力度，持续强化隐患整改工作。完成"北京市城市多风险综合评估和区划技术研究与示范"课题研究，推进风险管理信息化系统建设，做好风险数据的统计分析，建立比较完备的数据库和重大风险源地理信息系统，逐步实现风险管理电子化和跨部门、跨区域、跨灾种风险信息共享。

（3）强化风险管理制度化建设

出台全面加强城市风险管理工作的意见，对城市风险管理进行总体设计，制定城市风险管理实施细则等配套制度。完善风险管理标准体系，加强风险的分级、分类和综合管理标准体系研究，制定地方性标准，健全完善分级分类管理制度，实现风险管理工作的规范化、标准化和系统化。

4. 围绕强化基层基础性工作，推进城市运行和应急管理体系向纵深发展

（1）以全面贯彻实施《实施办法》为重点，深化城市运行和应急管理制度化建设

1）全面落实《实施办法》的各项规定，抓紧研究制定、完善相关配套制度和措施。加强对现行法律法规和文件的清理完善，及时修改、废止与实施办法不一致的规定。加强应急管理普法教育，加大《实施办法》宣传力度，强化普法宣传效果，加快形成依法开展应急管理工作的局面。

2）建立健全、顺畅、高效的应急管理工作机制，全面完成预测预警、信息报告、信息发布、决策处置、社会动员、恢复重建、调查评估等应急管理机制研究的成果转化，出台相关规范性文件，做好与《实施办法》有关条款的衔接。

3）完善首都区域协作联动机制，进一步强化与国务院应急办、国家有关部门、驻京部队、周边省区市以及首都机场、北京铁路局等重点单位的信息沟通与应急协作，逐步建立首都地区省部级应急管理联席会议、应急办负责人联络会商等工作制度，建立联合监测预警、信息沟通、技术支持、队伍和物资统一调配等工作机制。落实北京军区国防动员委员会第五次会议精神，建立本市应急体系与国防动员体系的协同工作机制。完善各区县、各专项应急指挥部办公室与驻京部队、周边省区市等相关单位的信息沟通和应急协作机制，形成多维度的应急联动体系。继续做好四川地震灾区恢复重建对口支援工作。

（2）以健全基层应急管理组织体系为重点，进一步增强应急系统的组织动员能力

进一步健全基层应急工作责任体系和工作机制。各区县要指导街乡镇成立或明

确应急管理机构，社区村要落实应急管理工作责任人。进一步重视并加强农村突发事件预防和处置工作，大力推进农村减灾安居工作，建立健全农村公共卫生服务体系，提高农村防灾抗灾能力。强化应急工作的综合协调，进一步顺市、区县、专项应急机构之间的职责关系，实现快速反应、高效运转。深化市、区县两级专项应急指挥部建设，进一步理顺各专项应急指挥部办公室内部工作关系，健全工作机制和管理制度。

（3）以深化预案管理为重点，进一步提高应急预案的可操作性和覆盖率

组织开展应急预案评估工作，增强预案的执行力和约束力。完成《北京市突发公共事件总体应急预案》的修订，补充、完善相关规定，指导和全面规范本市突发事件应对工作。修订完善《北京市突发公共事件应急预案管理暂行办法》，加强对全市预案管理工作的指导，进一步规范预案的编制、修订和执行工作。推进基层应急预案体系建设工作，进一步提高应急预案的覆盖率。根据风险评估结果，修订完善相应的各级各类应急预案，组织开展专项和综合应急演练，增强预案的实用性、针对性和可操作性。以桌面演练为重点，经常性地开展各类专项演练，组织跨区域、跨领域的综合演练。修订《北京市突发事件应急演练管理暂行办法》，加强全市应急演练的计划、规划和统筹工作。

（4）以强化信息综合分析研判为重点，进一步增强服务决策能力

建立与中央国家机关、中央企业、驻京部队以及相关省区市和新闻机构的信息通报制度，形成应急信息共享机制。在基层单位开展突发事件信息直报试点工作，扩大信息来源渠道，逐步建立覆盖全市的四级应急信息工作网络。建立基层信息员队伍，增强信息员业务素质，鼓励公众报告信息和举报事故，提高突发事件报告的实效性。加强信息工作的督查考核，有效调动基层单位信息报送的积极性。

（5）以健全应急管理宣教动员体系为重点，进一步形成全社会共同参与的工作格局

制定《北京市应急管理宣教动员工作意见》，进一步健全本市应急管理宣教动员体系。下发《关于进一步加强基层应急管理工作的意见》，健全基层应急管理体系，增强基层应对突发事件的能力。建立完善应急管理培训制度，将应急管理培训纳入 2009 年全市公务员培训体系，完善培训科目和课程。依托北京市领导干部应急管理培训信息化系统，加强局处级领导干部应急管理培训，进一步提高领导干部的应急决策指挥能力和突发事件处置能力。加强应急管理宣教阵地建设，适时推出应急管理网站，着手制定公共安全教育基地管理办法，加强对全市公共安全教育基

地的规范化建设和统一管理，切实提高广大市民防灾应急技能。

（6）以强化信息资源整合为重点，进一步提升指挥技术支撑体系的科技水平

进一步建设统一高效的预警信息发布平台，完善区域短信发布等各类预警功能，实现每个社区村等基层组织至少有一种技术手段可以获得突发事件预警信息。全面推进应急指挥系统向街乡镇和区县专项应急指挥部延伸，逐步构建三级应急指挥网络体系。加大应急信息资源的整合力度，完善城市公共安全信息平台，推进全市应急系统软件支撑体系建设，完善应急队伍、专家、物资等数据库和应急信息资源库。完善管理制度，加强应急移动指挥系统的维护和使用。充分利用城市公共安全信息平台，依托城市运行监测平台和市政务信息资源共享交换平台，开展城市运行综合体征和数据分析。

（7）以组建市级综合应急救援队伍为重点，进一步增强突发事件应对的保障能力

全面推进全市应急救援队伍、物资、避难场所、资金等综合保障体系建设。发挥驻京部队、武警、民兵预备役在应急救援中的作用，统筹加强全市综合救援队伍、专业救援队伍、社会志愿者队伍、基层宣教动员队伍等各类应急队伍的整合、建设与管理。建立应急志愿者队伍，与全市 14 个专项应急指挥部对接，研究制定动员和鼓励志愿者参与应急救援工作的办法，探索并加强对志愿服务的统筹与管理。在重点景区周边非开放山区建设太阳能灯杆等应急救援设施。统筹加强应急物资管理，摸清本市应急物资储备现状，加强应急物资储备能力建设，明确应急物资的调用、使用机制。研究制定避难场所建设与管理的标准和制度，各区县以及重点地区要编制应急避难场所专项规划。完善市、区县两级突发事件专项准备资金制度，制定应急资金管理使用办法。

5. 围绕统筹城市运行和应急管理工作，强化应急系统自身能力建设

（1）强化理论研究，增强城市运行和应急管理的开拓创新能力

依靠各种科研力量，组织、支持各方面专家在应急管理相关领域开展基础性和应用性研究。在政策和资金上扶持与应急管理相关的科研工作，加强对突发事件发生发展规律的理论研究。加大突发事件监测预警、预防控制等技术开发力度，加大装备建设投入，完善监测预警网络，提高综合监测和预警水平。抓好"十一五"规划的落实，启动"十二五"期间应急发展规划研究和编制的前期准备工作。完成"当代中国城市发展"丛书（北京卷）《城市突发事件应对研究》的编制工作，全面系

统总结近年来的综合应急管理体系建设。

（2）加强组织机构和工作制度建设，完善北京市突发事件应急委员会（以下简称"应急委"运行机制

抓住地方政府机构改革的机遇，进一步理顺市应急委及其办公室和专项应急指挥机构的职能，完善全市应急管理组织体系，不断提高应急系统组织效能。完善市应急委各项工作制度，修订《北京市突发事件应急委员会工作规则》，增强统筹城市运行和应急管理的能力。坚持全市公共安全形势季度分析会议制度，创新工作机制，更加准确地把握全市公共安全总体形势，更加有针对性地做好城市运行和应急管理工作。探索建立应急管理目标干部考核评价体系，将突发事件预防和处置工作作为各级领导班子综合考核评价的内容。

（3）加强国际国内合作与交流，学习先进经验和有效模式

加强城市运行和应急管理专业培训、科技研发、学术交流，与在京各相关国际组织建立沟通交流渠道，积极参与公共安全领域重大项目研究、合作与交流。加大专项指挥部办公室、区县应急办公室和基层单位应急管理干部的专业培训力度，不断提高应急工作人员的综合素质。组织城市运行和应急管理系统人员赴国内外大城市进行培训考察，全面提升本市城市运行和应急管理工作水平。

在市委、市政府坚强领导下，全市城市运行和应急管理系统要深入学习实践科学发展观，牢固树立政治意识、责任意识、忧患意识和首善意识，加快构建城市运行、应急保障和指挥体系"三位一体"的城市公共安全长效机制，进一步提升城市运行保障和应急管理能力，为建设繁荣、文明、和谐、宜居的首善之区和"人文北京、科技北京、绿色北京"做出新的贡献！

二、北京市应急委 2009 年工作总结和 2010 年重点工作计划

按照市委、市政府工作部署，市应急委就 2009 年全市应急管理工作进行了总结，对 2010 年工作进行了安排。

（一）2009 年全市应急管理工作回顾

2009 年是新中国成立 60 周年，也是应急管理工作的全面推进之年。在市委、市政府坚强领导下，市应急委以邓小平理论和"三个代表"重要思想为指导，深入

贯彻落实科学发展观，不断增强安全发展意识，将维护首都安全作为第一位的政治任务，以"一案三制"为核心，坚持预防与应急并重、常态与非常态管理相结合，紧紧围绕"打赢一场硬仗、办好一件大事"，再次经受住了国庆"大考"，为"保增长、保民生、保稳定"营造了良好的社会环境，交上了合格的答卷。

1. 全面启动、全体动员、全力以赴，保障国庆庆祝活动圆满成功、安全顺利

（1）突发事件应对和国庆应急保障工作全面融合

充分运用奥运经验，按照"双进入、双责任、全面融合"的要求，市应急委领导及市政府办公厅、市应急办直接负责和参与市筹委会调度中心各项工作。依托市应急指挥技术系统，迅速建成调度运行平台，搭建天安门城楼指挥所，统筹编制庆祝活动执行流程，全程实时监控，现场协调解决问题，实现了庆祝活动流程执行高精准、统筹调度高效率、现场运行零差错、活动内外零事故，得到市委、市政府主要领导充分肯定。抽调城八区和有关部门同志迅速组建联合值班室，承担城市运行保障和值守应急任务。

（2）各项庆祝活动及城市公共安全风险得到有效控制

统筹市筹委会相关工作机构和全市 55 家相关单位，针对各项庆祝活动和社会安全、公共卫生、城市生命线、事故灾难、自然灾害、经济民生等 6 大方面城市公共安全，共评估出联欢晚会受极端天气影响、游园活动发生拥挤踩踏、烟花燃放引发火灾等 395 种风险。刘淇同志连续做出 3 次重要批示，要求对风险认真应对，要有预案，确保万无一失。郭金龙同志指出，要穷尽所有可能出现的情况和问题。各相关单位针对面临的主要风险和安全隐患，及时完善应急预案和处置方案，全力消除或降低风险，确保庆祝活动万无一失。

（3）全市应急"战时"机制全面启动

强化了全天候 24 h 值守应急，将全市 17 类 5.7 万人次专业应急队伍分 4 层部署在核心区、警戒区、控制区和城市范围。同时，市应急委直接统筹协调 2 个停车场的专业应急队伍备勤待命。作为骨干力量，公安干警、驻京部队和武警官兵积极参与国庆安保工作。北空部队仅用 10 天就完成 10 余处雷达临时阵地和侦测处置点建设任务。88 万志愿者全面参与了国庆当天的治安防控、交通疏导等工作。

（4）各项城市运行和应急保障任务实现"零差错"

国庆庆祝活动期间，全市应急系统协同应对，安全保卫、城市运行和应急保障

工作严而又严、实而又实、细而又细，实现了"大事不出、小事也不出"的目标，确保了国庆活动的绝对安全。国庆庆祝活动和黄金周安全保障实现无缝衔接，10月2日至8日，全市应急系统各有关单位不怕疲劳、连续作战，投入到黄金周值守应急和各项保障工作中，确保了"十一"期间首都欢乐、祥和和平安。

2. 甲型 H1N1 流感防控抓得早、抓得实、抓得有力，取得显著成效

甲型 H1N1 流感疫情是市应急委成立以来影响最大、范围最广的突发事件。市应急委高度重视，超前谋划，全面部署，迅速启动全市应急机制，市突发公共卫生事件应急指挥部全面直接指挥处置，各项防控工作积极展开，稳妥推进，取得了显著成效和宝贵经验，得到了中央及卫生部领导的充分肯定，得到了国际社会和广大市民的高度评价。

（1）反应迅速，在全国率先启动公共卫生事件应急指挥部工作机制

甲型 H1N1 流感暴发流行后，市应急委迅速启动了突发公共卫生事件应急指挥部工作机制，各成员单位分工负责，形成合力，市防流办、入境监测组、医疗组、流调组、物资保障组、宣传组、信息组、畜牧兽医组、社会防控督查组等"一室八组"全面进入"战时"工作状态，强化了首都联防联控工作机制。

（2）科学决策，根据形势的发展适时调整完善防控策略

结合本市实际，按照"全面预防、有效控制"的工作方针，外堵输入，内防扩散。坚持"早发现、早报告、早诊断、早隔离、早治疗"，及时明确把紧入境口岸"一个关口"，突出医院、学校、社区"三个重点"，落实了属地、部门、单位、个人"四方责任"。市政府出台了相关文件，为本市今后突发公共卫生事件应对奠定了坚实的制度基础。通过不断强化督查、信息、医疗、宣传、检疫等工作，编织了严密的社会防控网络，延缓了疫情的大规模暴发流行。

（3）坚持不懈，充分做好应对秋冬季第二波疫情的防控准备

针对秋季以来全市流感疫情出现加速上升的趋势，迅速做出新的决策和工作部署。进一步落实属地管理、强化"四方责任"，加强重点地区、重点人群防控；在全球率先开展甲型 H1N1 流感疫苗接种，全年累计接种近 237 万人，构建了坚实的防护屏障；加强药品储备及物资准备，完善加强医疗救治工作等一系列举措，本市防控工作始终处于有序、有效状态。

3. 应急管理能力显著增强，为"保增长、保民生、保稳定"营造了良好的氛围和环境

一年来，面对国际金融危机的严峻挑战，全市应急系统各单位恪尽职守，全面落实市委、市政府"三保"工作任务，妥善应对各类突发事件，积极化解各类不稳定因素，全市突发事件应对和城市运行保障能力显著增强。

（1）预防预警能力显著增强，最大限度地减少了突发事件发生

根据郭金龙同志指示，对冰雪、大雾等极端天气应对工作进行统筹研究，完善了相关预案和应对措施。在全国"两会"、国庆等重要时期，市应急委领导和相关部门、区县坚持每日碰头会制度，每日汇总情报信息，分析沟通、协调解决具体问题，切实做到了关口前移、及时处置。全年共召开4次全市公共安全形势季度分析会，提前准备，主动预防。针对火灾、有限空间作业、一氧化碳中毒等事故较为频繁的形势，认真开展全市性安全大检查和"护航行动"等重大专项整治活动，其中仅通过"雷霆行动"和"合围攻坚行动"，就检查社会单位29万余家，整改火灾隐患7.2万余件。针对国内煤矿生产安全事故频发的严峻形势，周密部署落实煤矿及非煤矿山的安全生产工作。推进金融应急体系建设，初步建立了金融风险防范机制。运用多种手段提高预警能力，第一时间发布预警信息，提示做好预防工作。全年共发布气象预警信号63次。市预警信息发布平台覆盖全市64个重点区域，共向特定区域、定向人群发布手机提示短信472万条。

（2）突发事件处置能力显著增强，有效维护了社会和谐稳定

按照属地管理、专业处置、部门联动的原则，全市应急系统各相关单位及时启动应急预案，应急响应速度、专业处置效率和分工协作能力明显提高。妥善处置火灾、一氧化碳中毒、有限空间作业、爆燃、交通、防汛、市政工程、森林火灾等3000余起突发事件和突出情况，妥善处理各种因解除劳动合同、支付经济补偿金发生的群体性事件，杜绝了鼠疫等重大传染病和高致病性禽流感等重大动物疫情的发生。2009年，共发生生产安全、道路交通、火灾、铁路交通事故1049起，死亡1157人，同比分别下降1%和1.9%，死亡人数占全年控制考核指标的87%；全市592项2629场次大型活动顺利举行，未发生突出问题。

（3）应急救援和保障能力显著增强，最大限度降低了突发事件的影响

全市应急系统围绕保障民生、改善民生，积极推进相关工作。按时高质完成了野外应急救援辅助定位系统、院前急救体系建设等直接关系群众生活的重要实事项目。深入推进市级综合救援队伍建设，继续推动专业应急救援队伍组建及规范化工

作。国防动员机制与应急管理机制衔接工作取得初步成果。扎实推进应急志愿者队伍建设，已吸纳各类志愿者 30 余万人。部分区县整合组建了以护林员、治安协管员等"十大员"为主体的基层志愿者队伍。全面推进应急物资储备网络建设，储备生活必需品的数量、规模居全国 36 个大中城市之首，建立了 450 种约 3.1 亿元的医药物资储备体系。研究制定应对突发事件专项准备资金管理暂行办法。共安排财政资金 8.8 亿元，用于甲型 H1N1 流感防治工作。推进应急避难场所建设，总数达 33 处，同时还新建了一批临时避难场所。有的区县在出租房屋安装煤气报警器，切实防范一氧化碳中毒事故。

（4）城市安全运行保障能力持续增强，确保了首都城市的正常运转

在春节、"十一"黄金周和元旦、清明、"五一"、端午小长假，全市应急机制全面启动，各部门、各单位各司其职、各负其责，确保了社会秩序正常平稳。城市运行各项体征指标始终处于正常等级，城市服务保障能力进一步提升。在机动车保有量创纪录超过 400 万辆的情况下，全市交通秩序整体正常。市场秩序平稳有序，城乡市场供销两旺。编制城市公共设施安全运行保障纲要，取得良好效果。年底围绕天然气用气紧张的形势，做好煤炭储运和调度，协调中石油等做好油气的调度，确保全市能源供应充足。

（5）舆论引导能力显著增强，营造了有利的社会舆论环境

进一步完善突发事件新闻发布机制，制定了新闻报道应急办法实施细则，提升了新闻发布的及时性、准确性，最大限度控制负面信息的传播空间。与新华社北京分社建立了突发事件新闻发布沟通机制。加强热点问题和突发事件舆论引导，促进了网上舆论和谐。对境外记者的管理和服务进一步增强，及时跟踪掌握境外舆情动态。通过报刊、广播、（移动）电视、室外显示屏、手机短信、宣传橱窗、宣教基地等渠道，大力宣传应急管理工作。

4. 市应急委自身建设得到加强，应急管理体系建设和法制建设进一步推进

（1）市应急委各项职能进一步完善

市领导高度重视和关心应急管理工作。据不完全统计，2009 年，刘淇、郭金龙、王安顺、吉林等领导同志赴现场处置突发事件 308 人次，到市应急指挥中心统筹调度、检查工作 192 人次，共做出相关批示 270 余条，极大推动了应急管理工作的有序开展。按照市领导指示，市应急办赴现场处置突发事件 342 人次。

调整规范市应急委及专项应急指挥部职能定位。完成市应急委和专项应急指挥

部领导成员调整，将所有副市长列为市应急委领导成员，进一步明确职责分工，完善了应急委的组织机构。进一步健全市属专项应急指挥部及其办公室组织体系、责任体系和内部工作机制，增强了指挥部办公室的组织协调能力。

进一步完善市应急委各项制度规范。修订《北京市突发事件应急委员会工作规则》，研究制定现场指挥部设置、通行机制等工作制度。不断强化制度建设，全年以市应急委和市应急办名义共印发应急预案、软件系统建设指导意见等文件101份。召开全市应急管理工作会、应急委专题会等各种会议，对全市应急管理工作进行统筹部署。参照市应急委工作模式，各专项应急指挥部、各区县应急委相继召开全体会议。确立并坚持全市应急系统IP视频周例会制度，全年共召开47次，结合全市中心工作和突发事件季节性特点进行重点强调布置。

（2）应急管理"五大"体系建设得到新的提升

1）深化组织管理体系建设。在市政府机构"三定"中进一步明确了应急管理的有关职责。绝大多数市属专项应急指挥部办公室成立了专职应急工作处室。各区县和北京经济技术开发区进一步明确了应急委及其办公室的职能定位。部分区县制定实施了应急管理工作考核办法，街乡镇、社区村应急管理组织和责任体系建设不断推进。

2）深化应急预案体系建设。对《北京市突发公共事件总体应急预案》《北京市突发公共事件总体应急预案管理暂行办法》进行全面修订，预案实操性不断增强。组织实施全市生产经营单位应急预案备案工作，完成重点行业单位应急预案备案近3万件。修订《北京市突发事件应急演练管理暂行办法》，开展了反恐、电力、防汛等10余次市级专项或综合应急演练。

3）深化信息管理体系建设。修订《北京市突发公共事件信息管理办法》，强化信息报送的及时性、准确性。部分行政村统一设置了常用电话标志牌，方便群众迅速报告突发事件。市紧急报警服务中心、市非紧急救助服务中心、城市运行监测平台密切监测城市运行体征数据，及时报告突发事件信息。信息报告的方式方法不断创新，部分区县运用手机短信等手段即时报告突发事件应对情况。

4）深化宣教动员体系建设。全市共举办500余期应急管理培训班。结合"5·12"首个防灾减灾日，各有关单位均组织了形式多样的应急宣教活动。广泛开展"安全生产月""森防宣传月""国际民防日""汶川地震一周年演练"等活动。将《急救手册》免费发放到全市600万个家庭，并完成对130万人的卫生救护普及培训。

建成各级各类公共安全教育基地 143 处，全年培训人数约 300 万。公共安全电视栏目《平安生活》播出 52 期。完成并试用领导干部应急管理培训信息化平台方案及课件。近百万群防群治力量参与了国庆安保、烟花爆竹燃放"禁改限"、社会面防控等重点工作。

5）深化技术支撑体系建设。市应急指挥平台实现与国务院应急技术平台部分功能的互联互通，各专项应急指挥部办公室实现与国家相关部委技术系统的有效对接。为城四区配发应急移动指挥车，部分区县将应急技术平台延伸至区属各单位、街乡镇及社区村。扩大 800 M 无线通信指挥和 IP 视频会议等系统的覆盖范围，规范了应急综合应用系统的建设。

（3）全市应急管理法制建设取得新的进展

应急管理法制宣传工作全面铺开。国家《中华人民共和国突发事件应对法》及本市《实施办法》的宣传、学习与培训工作全面展开。市属各单位、各区县应急委结合自身实际，组织开展各类法制宣传活动 2000 余次，涉及人口超过 500 万。印制应急管理法律知识挂图 5 万余份，在全市 2000 余个社区广泛张贴。将应急管理法律法规列入全市公务员整体培训计划。

依法加强应急管理的局面日渐形成。按照国务院办公厅要求，开展了《中华人民共和国突发事件应对法》贯彻实施情况专项检查，全市应急系统各单位进行自查和整改。贯彻实施《中华人民共和国突发事件应对法》及本市《实施办法》，依法开展了国庆庆祝活动应急保障、甲型 H1N1 流感防控、公共安全风险评估与控制等项工作。

应急管理法规各项配套措施稳步推进。印发《关于认真贯彻落实〈北京市实施中华人民共和国突发事件应对法办法〉的通知》，明确了 29 项相关配套制度和措施制定的责任单位。在供热采暖、轨道运营、排水、再生水、献血等本市地方性法规草案中，进一步明确或强调了应急管理的内容。

2009 年，全市应急管理工作又取得了新的成绩。国务院《中华人民共和国突发事件应对法》检查组认为北京形成了上下贯通、左右相联的应急处置和预防体系，体制机制、工作力度、制度建设等方方面面的应急管理工作都走到了全国前列。部分中央单位、驻京部队、兄弟省市对本市应急体系建设、应急法制、技术支撑体系等应急管理工作给予了高度评价。社会各界对本市应急管理工作高度关注，对突发事件的应对工作给予了肯定、支持和配合。这些成绩的取得，主要得益于党中央、国务院的坚强领导，市委、市政府落实中央决策部署坚决；得益于中央单位、驻京部队、兄弟省区市的鼎力支持；得益于全市应急系统的顽强拼搏；得益于全市人民的共同参与。

在肯定成绩的同时，更应该清醒地看到，与中央对北京安全稳定的一贯要求相比，与建设"人文北京、科技北京、绿色北京"的战略任务相比，与市民的殷切期望相比，全市应急管理工作仍然存在一些薄弱环节。主要有：①应急管理体制机制需进一步完善，市区两级应急指挥机构的统筹协调、运转枢纽作用亟待进一步强化；②部分单位在应急管理工作的落实上还不完全到位，督查工作力度还不够；③基层应急管理能力和水平参差不齐，部分基层单位应急管理工作尚处于起步阶段，基础工作还比较薄弱；④在依法管理方面需要进一步落实细化配套措施，亟须出台具体指导性意见并加以贯彻落实；⑤面向全社会、面向广大市民的应急宣教动员工作需要进一步加强。

（二）2010 年重点工作计划

当前，首都经济社会发展已经进入了全面建设现代化国际大都市的新阶段，维护首都安全和谐稳定的有利条件较多。但是，同全国一样，北京仍处于工业化、城市化和社会转型时期，快速发展的同时伴随着矛盾凸显和突发事件高发，城市公共安全风险无时不在、无处不在，暴雨冰雪等灾害性天气、高层火灾和人员密集场所踩踏等安全事故、大面积停电和能源紧张等民生事件、烈性传染病和禽流感等重大公共卫生事件、群体性聚集和恐怖袭击等社会安全事件一旦发生，将可能造成严重的危害，对公共安全带来严峻考验。必须居安思危、警钟长鸣，深刻认识首都应急管理工作的极端重要性、复杂性、艰巨性、特殊性，牢固树立发展是政绩、安全也是政绩的理念，自觉落实安全稳定是硬任务和第一责任的要求，主动服务科学发展的大局，毫不动摇、毫不松懈、毫不停顿地抓实抓好应急管理工作。

2010 年工作的指导思想和总的要求是：以邓小平理论和"三个代表"重要思想为指导，深入贯彻落实科学发展观，按照市委、市政府决策部署和市委十届七次全会、市十三届人大三次会议的要求，继承和巩固奥运、国庆应急保障的成功经验，从构建符合世界城市特点应急管理体系的高度，紧紧围绕建设"人文北京、科技北京、绿色北京"的战略任务，以风险管理为抓手，以感知安全为重点，以有急能应为目标，以"一案三制"为核心，以"五个强化"为着力点，强化统筹协调、法制建设、全面预防、应急处置、基层基础，积极推动本市应急管理工作逐步实现"三个转变"，即从以重大活动应急保障为重点向全面构建首都公共安全长效、常态机制转变，从以应急体系建设为重点向全面提升应急管理能力转变，从以突发事件预防和处置为重点向全面加强风险管理、应急管理、危机管理相结合的公共安全管理转变，努力使本市应急管理工作继续走在全国前列。

1. 坚持居安思危、预防为主，以风险管理为抓手，进一步提升突发事件综合防范能力

（1）全面推进风险管理长效机制建设

建立健全城市公共安全风险管理体制机制，实现风险评估控制工作常态化。重点推进城市生命线、传染病疫情、能源和生活必需品供应、大型活动等专项风险管理体系，重点地区等区域风险管理体系和综合风险统筹协调机制建设。完善风险监测与动态更新制度。继续加大安全隐患排查力度，持续强化整改工作。研究建立风险管理信息化技术平台，逐步实现风险管理电子化和风险信息共享。加强风险的分级、分类和综合管理标准体系研究，逐步推进公共安全风险管理地方性标准体系建设。

（2）突出抓好重点领域风险管理和预防能力建设

建立市级重大风险控制工作机制。完善并落实供排水、供电、供气、供热、公共交通、通信等重要基础设施和关键资源部位应急保障计划，增强应对非常规突发事件的能力。健全信息安全应急体系，推进信息安全一流的可信城市建设。加大有限空间、交通运输、地下经营空间、危险化学品、地铁施工等重点行业和领域的监管力度，有效防范和坚决遏制重特大事故。推动消防队站等基础设施建设，加强社会单位消防工作规范化管理。完善城乡医疗救治体系和疾病预防控制体系，健全疾病监测网络，提高重大传染病疫情的监测、检测、处置能力。完善食品安全检验检测机制，加强重大动物疫情应急处理能力建设。建立规划、政策、工程项目等重大决策风险评估机制，努力化解欠薪、拆迁上访等各类社会矛盾，着力防范群体性事件和个人极端行为。完善首都特色的社会治安防控体系，进一步做好反恐防暴处突准备，避免重大刑事案件发生。建立本市金融应急管理体系，有效防范和化解金融突发事件。

（3）继续健全城市运行监测体系

依托现有各类突发事件监测预警系统、信息化城市管理系统和社会监测网络，继续抓好生活必需品、水电气热等城市日常运行体征数据与信息的采集汇总。加强

对城市运行指标信息的综合分析和研判，严密监控城市运行状态，逐步实现对城市运行的科学综合预测。进一步完善城市运行指标体系，建立城市运行管理规范标准，提升城市运行的监测水平。

（4）继续加强突发事件监测预警体系建设

完善森林火灾、林木有害生物疫情、电力事故、低能见度天气等突发事件监测预警网络，进一步扩大监测覆盖面。统筹考虑各类突发事件预警需要，进一步建设统一高效的预警信息发布平台，完善区域短信发布等各类信息发布手段。完善气象预报信息等级、范围和工作联动制度，加快建立突发事件预警信息快速通报机制。

2. 坚持技术创新、资源整合，以感知安全、物联网建设为重点，大力提升应急指挥科技水平

（1）积极推进物联网技术应用建设

充分吸收借鉴国内外先进理念与经验，以推动物联网技术应用为导向，以市应急指挥技术平台为试点，加大信息资源统筹和整合力度，积极开展公共安全、城市交通、环境监测、资源管理等领域的示范工程建设，促使物联网技术更加广泛地应用到应急管理与城市运行的各个方面，提高现场感知、动态监控、智能研判和快速反应的能力，实现应急管理与感知安全的有效结合。

（2）切实重视应急技术和装备建设

加强公共安全领域科学研究，鼓励引导生产企业和科研单位研发应急新技术、新装备。扶持一些有能力、有规模的企业，促进本市应急技术和装备产业规范、有序发展。加强反恐、消防、扫雪铲冰等应急装备建设，提高应对巨灾和重大事件的处置能力。

（3）完善应急指挥技术支撑体系

进一步完善市应急指挥大厅功能，实现与国务院应急平台的全面对接，完善市级应急指挥调度工作机制，提升应急指挥平台的先进性、实用性。完善城市公共安全信息平台，推进全市应急系统软件支撑体系建设，强化辅助决策功能，为领导决策指挥和应急调度提供有力支持。加快建设应急信息异地容灾备份中心和市应急指挥备份中心，提高应急管理信息系统抵御灾难的能力。加强基层应急管理技术支撑体系建设研究，继续推进应急指挥技术系统向街乡镇延伸，逐步构建三级指挥网络。

3. 坚持立足实战、充分准备，以有急能应为目标，进一步强化应急处置能力和应急保障体系建设

（1）增强应急机构的指挥调度能力

进一步完善应急指挥体系，强化应急机构的指挥管理和统筹协调能力，做到快速反应、调度高效。进一步明确应急机构综合管理与专业处置的职能定位，强化条块之间的协调配合，理顺关系，加强融合，形成合力。加强应急管理领导机构和办事机构建设，研究制定指导性文件，进一步落实各级政府及有关部门的突发事件应对责任，确保全市应急系统机构、编制、职责"三定"落到实处。强化市、区县两级应急指挥机构的督促、检查职能，确保各项决策部署落到实处，确保应急响应及时到位。继续抓好社区、村等基层组织的应急组织体系建设，健全完善应急工作机制。

（2）建立健全突发事件现场指挥和应急通行保障机制

出台各类突发事件现场指挥部设置与运行的指导性文件，构建设置合理、运转高效的现场指挥体系。各区县、各相关部门逐步完善本地区、本行业突发事件现场处置方案，编制工作手册，明确现场指挥部组织结构，建立健全工作制度。建立有效的应急通行机制，制定应急通行管理制度，确保快速有效处置各类突发事件。

（3）强化应急队伍建设和资金保障管理

加强对全市应急救援队伍的统筹管理，形成有效处置突发事件的合力。完成市级综合救援队伍组建，依托消防部队统筹推进区县级综合救援队伍建设。继续加强安全生产、消防、地震、动物防疫等专业救援队伍建设。继续推进应急志愿者队伍建设，开发应急类志愿服务项目，研究制定本市应急志愿者队伍的管理办法，加强对志愿服务的统筹与管理。加快构建基层应急队伍体系，建设基层综合性应急救援队伍，完善基层防汛抗旱、森林防火、市政设施、公共卫生、动物疫情等专业应急救援队伍，提高突发事件先期处置能力。完善应急资金使用的具体流程，建立财政"绿色通道"长效机制，进一步提升突发事件应对的资金保障能力。

（4）加强应急物资和避难场所的建设管理

统筹加强应急物资管理，实现各类应急物资动态管理的信息化。强化应急物资储备能力建设，确定应急物资储备品种和规模，优化应急储备库点布局，加强区县和有关行业应急物资储备库建设，构建本市应急物资储备网络。健全应急物资的调拨和紧急配送体系，明确应急物资的调用、使用机制。以市级救灾物资中心库为依托、4个分中心库为辐射，建立应急救灾物资储备网络。加快避难场所建设，研究制定避难场所建设与管理的标准和制度，各区县以及重点地区要编制避难场所建设专项规划。

4. 坚持夯实根基、强化自身建设，以"一案三制"为核心，进一步加强应急管理基层基础工作

（1）强化法制建设，提升应急管理的规范化、法制化水平

加强《中华人民共和国突发事件应对法》及本市《实施办法》的贯彻落实，抓紧研究制定配套制度和措施，出台相关规范性文件和办法。加快清理修订《北京市消防条例》《北京市大型群众性活动安全管理条例》《北京市安全生产条例》等现行应急管理单行法规规章，推进专项应急法规体系建设。适时开展对各区县、各相关部门和单位《中华人民共和国突发事件应对法》贯彻实施情况的指导、督促和检查，推动各项规定有效落实。

（2）强化预案体系建设，增强实用性和可操作性

制定市级专项和部门应急预案编制指南，推进区县总体应急预案和第二轮市级专项、保障、部门应急预案修订工作。建立生产经营单位应急预案备案工作长效机制，加强街乡镇、社区村预案的编制修订，不断扩大基层应急预案的覆盖面。编制应急演练指南，定期开展单项应急演练，着力加强跨部门、跨区域的综合性应急演练，不断提高协同应对能力。

（3）强化制度建设，提高统筹组织和协调联动能力

坚持并完善市应急委全会、专题会、全市应急管理工作会和公共安全形势季度分析会议制度。各区县、各相关部门要建立健全本地区、本行业应急管理工作会、公共安全形势分析会议等制度，增强做好突发事件应对的针对性和前瞻性。总结完善应急管理工作考核制度，将突发事件应对工作纳入行政机关负责人绩效考核范围，研究制定责任追究制度的具体实施办法。完善首都区域协作联动机制，进一步强化与国务院应急办、国家有关部委、驻京部队、周边省区市以及首都机场、北京铁路局等重点单位的信息沟通与应急协作。建立市级应急指挥中心定期联席会议和区县应急办工作联络会议制度，健全监测预警、信息沟通等工作机制，提高应急联动能力和处置效率。出台《北京市国防动员机制与应急管理机制衔接实施意见》。

（4）强化社会动员，营造共同参与氛围

制定《进一步加强基层应急管理工作的意见》和《北京市突发事件应急委员会

关于全面加强应急管理宣教培训工作的意见》，强化基层组织和单位应急能力建设。深入开展平安社区、综合减灾示范社区、安全社区等创建活动，进一步增强农村突发事件应对能力，继续推动应急管理进学校工作。启动应急信息直报试点工作，健全应急信息四级报送网络，街乡镇要完善 24 h 值守应急制度，社区村和有关单位要设立专职或兼职信息报告员。建立北京市应急管理网站，制定本市公共安全宣教基地管理办法，组织开展宣教活动，强化面向广大市民的应急知识普及。推进应急管理培训体系的制度化、规范化建设，依托市委组织部、市委党校，开展本市局处级干部、中青班突发事件情景模拟教学。进一步加强对应急救援队伍、一线职工、志愿者的应急技能培训，完成 10 万名初级急救员培训的任务。

（5）强化规划建设，统筹谋划应急体系长远发展

全面完成"十一五"城市减灾应急体系建设规划和安全生产、消防等专项规划确定的各项重点建设项目，有效落实规划的目标和任务。研究编制《北京市"十二五"时期应急体系发展规划》。编制安全生产、消防、气象、防震减灾等专项规划。制定综合防灾减灾城乡空间布局规划，提出规划对策和措施。

三、北京市应急委 2010 年工作总结

按照市委、市政府工作部署，市应急委就 2010 年全市应急管理工作进行了总结。

（一）2010 年全市应急管理工作回顾

2010 年是实施"十一五"规划的收官之年，也是继奥运、国庆之后，本市公共安全和应急管理常态长效机制的全面推进之年。在市委、市政府坚强领导下，市应急委以邓小平理论和"三个代表"重要思想为指导，深入贯彻落实科学发展观，深化安全发展理念，将维护首都安全作为第一位的政治任务，着眼中国特色世界城市的战略目标和"人文北京、科技北京、绿色北京"建设的战略任务，全面贯彻落实突发事件应对法及实施办法和"十一五"应急规划，进一步健全应急体系，进一步提升应急能力，有序处置了各类突发事件，有力保障了人民群众生命财产安全，有效维护了首都和谐稳定，为全市经济社会发展营造了良好的氛围。

1. 继承并巩固奥运、国庆经验，公共安全和应急管理长效机制建设成效显著

全市应急管理工作经过"十一五"时期的快速发展和奥运、国庆的检验，各项

工作有序推进，已经步入规范化、常态化的轨道，做到了"每日有快报、每周有部署、每月有通报、每季有分析、每年有评估"，形成了有事快速反应、重要时期启动机制、确保首都和谐平安的日常管理工作格局。

（1）突发事件风险管理实现常态化

在全国率先建立公共安全风险管理长效机制。印发《北京市人民政府关于加强公共安全风险管理工作的意见》《北京市突发事件应急委员会关于公共安全风险管理重点工作安排（2010—2011年）的通知》等规范性文件。全市40余个部门和区县已将公共安全风险管理纳入常态工作。启动并推进水、电、气、热、地下管线、轨道交通运营等19个重点专项和19个区域风险管理体系建设。全面启动市级重大风险评估工作，逐步建立市级重大风险评估、控制和管理等机制。积极推进风险管理示范（试点）项目建设，取得积极成果。市交通委开展了缓解交通拥堵新政风险评估，将可能出现的社会稳定风险降至最低。天安门地区管委会开展天安门城楼风险管理体系建设，明确了风险类型、控制点、管理流程。东城区搭建了信息系统，实现风险源常态化管理。

（2）重要时期及重大活动期间启动应急机制实现正规化

在春节、武搏会等重要时期，全市应急机制如期启动，"有部署、有会商、有汇总、有反馈"的做法得到固化，形成了一整套工作流程。坚持安全保障工作部署会制度，对各项工作进行全面部署。坚持重要时期和重大活动前下发工作通知制度，对全市值守应急、信息报送、通信保障等工作提出明确的具体要求。坚持每日会商制度，汇总沟通情报信息，及时协调解决突出问题。坚持重要时期综合情况日汇总制度，为市领导决策提供信息服务。

（3）应急管理各项工作进一步制度化

会议制度更加完善。定期召开市应急委全会、全市应急管理工作会、全市公共安全形势季度分析会、应急系统IP视频每周例会等各种会议，加强全市公共安全整体形势的综合研判，加强对全市应急管理工作的统筹部署。目前，市园林绿化局、西站地区管委会等22个单位建立了不同形式的季度形势分析制度。

管理规定日益健全。制定修订并发布突发事件信息、资金、视频会议系统、移动指挥通信系统、软件应用系统等综合管理性文件，规范指导全市应急管理工作。全年以市政府、市应急委和市政府办公厅、市应急办名义共印发文件25份。市安全监管局制发重大危险源安全、矿山救护队资质认定等管理规定。交通、农业等部门制定了本系统的预案、演练、现场指挥部等管理办法。

工作标准逐步建立。修订出台《北京市突发事件应急委员会工作规则》，保障各项工作规范有序开展。市民政局研制了救灾储备物资系列技术标准，已作为民政部部颁标准发布。市发展改革委修订完善了《重大电力安全隐患确认标准及整治管理办法》。市反恐办建立五类、两级重要目标和重点部位的分类标准。

2.妥善应对各类突发事件，为推动经济社会又好又快发展营造和谐的社会环境

（1）综合防范能力持续增强

不断完善监测预警体系，综合研判能力进一步增强。专业部门监测预警系统建设进一步加强，做到突发事件尽早预警、尽快处置。市气象局建立气象预警快速发布机制，全年共发布预警信号70次，共向特定区域、定向人群发布手机提示短信253万条。防汛系统采用集成系统手段加强汛情预警，实现区县、镇、村提前2h预警。市粮食局发挥粮食应急预警机制作用，发布11次预警报告。市信访办建立全市非紧急电话动态监测体系，全年共控制和预防不稳定因素、突出事件25287件次。朝阳区一氧化碳中毒远程防控系统取得实效，在安装无线报警器的4.9万户中，无一例一氧化碳中毒事故发生。

密切关注国内外形势，反思借鉴能力不断提升。针对国内外影响较大突发事件暴露出的问题和薄弱环节，全市应急系统及时反思借鉴，加强相应防范工作。外地连续发生多起针对中小学生的恶性暴力事件后，教育、公安等部门联合行动，全面加强校园安全防范工作。认真汲取上海"11·15"特大火灾事故教训，消防、安监、建设等部门立即组织开展大检查。"3·29"莫斯科地铁爆炸、甘肃舟曲泥石流灾害、"超级细菌"、深圳华侨城游乐设施事故等发生后，市应急办即会同公安、交通、国土、卫生、旅游和质监等单位迅速研究提出防范建议，落实各项应对措施。

（2）应急处置能力持续增强

2010年，全市应急系统妥善应对2400余起突发事件和突出情况，全年没有重大和特别重大突发事件发生。其中，有效处置了低温冰雪、龙潭湖庙会商户聚集、建外SOHO高层建筑火情、地铁15号线顺义站施工事故、欧洲旅客滞留首都机场等情况复杂、处置难度大的突发事件。全市全年道路交通、生产安全、火灾、铁路交通、农业机械事故发生起数和死亡人数均控制在年度指标内；森林火灾过火面积同比减少13.04 hm^2，下降90%；未发生重大传染病和动物疫情，食物中毒24起393人，同比分别下降46.7%、31.1%；全市632项2963场次大型活动安全有序；城六区刑事警情平稳，良好等级天数占83.6%。

快速反应能力进一步提高。初步建立全市突发事件应急通行机制，提高突发事件处置效率。印发《突发事件现场指挥部设置与运行指导意见》，完善了现场指挥决策与处置、现场管控等重点环节的流程。市公安局确定警力政治中心区、重点地区、城区"1、3、5分钟"出动目标，确保快速出警、快速布控。平谷区实现快速准确定位突发事件地点和综合分析周边信息。顺义区进一步规范突发事件办理流程和突发事件现场处置流程。公安消防、西城、丰台区利用3G视频传输技术，为现场快速处置提供保障。

协调联动水平进一步提升。强化京津冀、首都圈、华北地区等区域间的沟通与协作。市地震局进一步推进首都圈应急协作联动机制建设。市民政局6次启动应急援助响应机制，援助14个省区抗灾救灾工作。市卫生局与周边省市积极推动首都圈卫生应急工作。市农业局与周边省区市建立5km无疫情安全带。市公安局完善环首都7省市警务区域合作框架协议。

舆论引导能力进一步增强。继续提升突发事件新闻发布的及时性、准确性，最大限度控制负面信息的传播空间。在地震谣言、涉日、刘晓波获奖等事件应对中，市委宣传部积极协调各类媒体，主动把握舆论导向，市公安局、市网管办正确引导网络舆情，确保社会舆情稳定和民心安定。

（3）城市安全运行保障能力持续增强

城市运行监测水平不断提高。依托城市运行监测平台，坚持城市运行"日监测"制度。市发改委、市政、水务、环保、气象等部门密切监测物价、能源、通信、交通、市容、空气质量、天气状况等城市运行体征，实现城市运行数据"日监测、日汇总、日研判"，为市领导及时掌握城市运行状态提供有效支持。

城市运行和应急管理工作的融合更加紧密。逐步实现城市运行状态指标与突发事件分级指标的有机衔接，确保及时启动突发事件监测预警和应急响应。市商务委建立较完善的生活必需品市场监测体系，范围涵盖4种业态100家企业及12大类生活必需品71种商品。针对年初持续低温导致的天然气供应紧张问题，及时启动燃气供热突发事件应急预案进行限气保供。

积极应对极端天气带来的不利影响。年初罕见低温冰雪天气发生后，全市应急系统积极响应，及时启动雪天交通保障措施，统筹做好煤炭、油气的调度，加强生活必需品的供应和价格监测，协调全市中小学放假1天，妥善处置八达岭高速路拥堵等突发情况，最大限度确保了市民生产生活秩序正常，得到了温家宝、张德江等中央领导和交通部的充分肯定。面对夏季持续高温天气、电力负荷和用水量屡创新高的考验，市发改委和水务部门积极协调电力和水资源供应，建设部门对重点区域重点项目下达停工令，保障了能源运行平稳和城市正常运转。

3. 强化应急综合保障体系建设，应急准备工作跃上新台阶

（1）应急技术系统水平持续提升

以物联网应用建设为先导，加强应急科技手段应用和创新。落实刘淇、郭金龙等市领导批示精神，全面启动应急管理物联网应用建设。编制《北京市城市安全运行和应急管理领域物联网应用建设总体方案》，初步确定物联网应用建设示范工程领域，积极开展春节期间烟花爆竹综合管理物联网应用示范工程先期建设。

继续完善应急指挥技术系统。市应急指挥平台与国务院应急平台实现互联互通。市经济信息化委牵头，对 800M 无线通信指挥系统进行调度网改造。完善 3G 通信传输链路，实现了卫星、公网互为补充的通信模式。在市科委的支持下，完善风险评估综合应用系统，开发应急移动指挥通信保障系统和综合应用系统。

（2）应急救援队伍建设成效显著

综合应急救援队伍组建工作进展迅速。依托公安消防部队，成立了市综合应急救援总队（地震应急救援队），建立了指挥调度体制和工作运行机制；各区县组建了综合应急救援支（大）队。

专业应急救援队伍建设稳步推进。起草了《北京市人民政府办公厅关于加强全市应急队伍建设的意见》，明确应急救援队伍的体系、职责及配套要求。市卫生局积极推进突发急性传染病防控、突发中毒事件处置两支国家级队伍组建工作。市安全监管局加强应急救援队伍建设管理，昊华公司矿山救护队通过国家安全监管总局的质量达标验收。市民防局组建了 7 支具备生命、核化探测和救援能力的特种应急救援队。

（3）应急物资储备逐步完善

应急物资储备种类和形式日趋丰富。市民政局落实保障 14 万人的市级救灾物资储备。市粮食局增加了成品粮储备，累计新增成品粮储备 4250 t。医药物资储备品种达 430 个、价值 2.46 亿元。投入资金 6970.9 万元，购置各类消防装备器材 4.5 万件（套）。大兴区完成了应急物资台账的标注、登记工作。

应急物资储备库建设成效明显。市民防局建成 10 余处不同规模的应急物资库。

市商务委进一步完善生活必需品及应急商品政府储备制度，确定了 12 个应急投放集散地和 236 个应急投放网点。东城区、海淀区、石景山区建成区级应急物资储备库。

4. 继续深化应急体系建设，应急管理体制机制更加顺畅

（1）全面施行《中华人民共和国突发事件应对法》及《实施办法》，深化"一案三制"建设

进一步强化应急法制建设。组织开展贯彻落实《实施办法》情况的专项检查。推进实施办法 26 项配套制度和措施的研究制定工作。利用各种形式对《实施办法》进行宣传。市交通委修订相关专项法规，增补安全应急内容。

进一步完善应急管理体制。对 14 个市属专项应急指挥部及办公室职责进行了调整。推进金融突发事件应急指挥机构建设。东城、西城区顺利实施了行政区划调整后的应急管理体制的对接和融合。石景山区、密云县、延庆县健全应急管理年终考核体系。

进一步完善应急机制。市社会办建立健全应急专业社会组织优先发展机制。市卫生局健全卫生系统信息报送机制，初步搭建了与各区县卫生局、三级医院互联互通的应急信息管理系统。市食品办健全调查处置快速反应机制。市应急办初步建立与北广传媒集团合作开展科普宣教和预警信息发布的工作机制。

进一步修订完善应急预案。修订《北京市突发公共事件应急预案管理暂行办法》，规范全市应急预案的编制、修订和管理工作。以修订印发《北京市突发公共事件总体应急预案》为契机，修订发布《雪天交通保障应急预案》，全面推进群体性事件、地震、重污染天气等市级专项应急预案和区县总体预案的修订工作。

进一步强化应急演练工作。修订《北京市突发事件应急演练管理暂行办法》，规范全市各项应急演练活动。在反恐、应对极端天气、交通保障、气象服务、环境保护、公共卫生、市政设施安全、危化品泄漏处置、消防、网络安全等重点领域，开展了针对性较强的演练。成功举办重大灾害事故应急救援综合演练，国务委员兼国务院秘书长马凯同志出席并观摩。

（2）衔接国防动员体系，构建军民协同应急联动模式

初步建立军地协同应急指挥体系。实现国防动员机制与应急管理机制的衔接，市应急办列为市国动委成员单位，市国动委综合办负责同志作为市应急委组成人员。怀柔区、延庆县实现应急体系与国防动员体系人员交叉任职。

全面推进军地协同应急体系建设。印发《关于加快推进国防动员机制与应急管

理机制衔接的意见》和《北京市突发事件国防动员应急预案》，加快建立平战结合、资源共享的军地协同体系。国务委员兼国防部长梁光烈上将到本市考察指导工作，并亲自指挥国防动员系统参加突发事件处置工作。

不断加强驻京部队应急队伍建设。北京卫戍区从驻京部队抽调组建了 5 支应急队伍，民兵预备役部队现有各类应急分队 2 万余人。驻京部队、武警、国防动员系统积极承担了维稳值勤、安保警戒、抢险救灾等任务。

（3）构建应急宣教培训体系，应急管理基层基础工作不断强化

着力推进基层应急管理体系建设。印发《关于进一步加强基层应急管理工作的意见》。市住房城乡建设委推进应急组织向建筑企业延伸。市社会办将应急服务纳入社区基本公共服务范畴。全市 55 个社区被授予"全国综合减灾示范社区"，3 个街道被授予"全国安全社区"。朝阳区为 4 个街道（地区）配备了应急指挥车。房山区完善基层应急救援体系，建立专群结合的应急救援队伍。延庆县赋予 2.3 万名公益岗位人员突发事件信息报告职责。

积极开展应急知识的普及。结合全国第二个"防灾减灾日""全国安全生产月""11·9 全国消防日"，以学校为重点，以社区为基础，开展了形式多样的防灾减灾宣传系列活动。免费向全市 200 万名中小学生发放《青少年急救手册》。建成各类防空防灾公共安全宣教场所 142 处。通州区在 4 个街道办事处主要街道设置应急知识宣传橱窗。

全面加强应急管理培训。举办本市首期局级领导干部应急管理专题研讨班和第一期应急系统管理干部应急实务培训班。组织全市应急系统赴英国培训团，学习风险管理和灾害管理等先进经验。进一步加强应急救护知识与技能培训，全市 120 余万人参加。怀柔区对 123 家处级单位应急工作信息员进行培训。延庆县组织全县 376 个行政村新任干部应急管理知识专题培训。

积极推进应急志愿者队伍建设。起草《北京市应急志愿者管理办法（试行）》和《关于规范本市应急志愿者队伍名称及标志的通知》，促进和规范全市应急志愿服务活动。建设民防、交通、安全生产、建筑工程、动物防疫等各类专业应急志愿者队伍和区县综合应急志愿者队伍，目前总数已达 20 余支、18 余万人。成立了市志愿者联合会综合应急服务队，先后 10 余次参与了应急救援行动。

（4）强化重点突发事件应急体系建设，进一步加强应急管理基础能力

强化重要基础设施抗灾能力。印发《北京市人民政府办公厅关于加强施工安全管理防止发生破坏地下管线事故的通知》，强化地下管线安全管理。加强学校校舍

安全加固工作。市电力部门集中对 110~500 kV 线路的安全隐患进行协调整治。市经济信息化委积极强化信息安全基础性工作。防汛部门对 58 处积水点进行挂账督办，汛前消除隐患。

强化安全生产基础能力建设。市安全监管局升级改造重大危险源信息管理系统。市公安局消防局建立并实施政治中心区特殊火灾防控措施。市市政市容委、丰台区完成液化石油气加装安全辅助设施设备试点工作。市民防局开展了打击人防工程非法生产经营建设专项行动。市体育局开展为期 100 天的体育项目经营单位执法大检查。市国防科工办落实核设施场外应急准备工作。

强化公共卫生保障体系建设。市卫生局制定了医疗器械及其他卫生应急必需物资的储备目录。市农业局加强高致病性禽流感等重大动物疫情的监测和应急处理能力。市工商局继续开展食品安全整顿，食品安全年度监督抽检总合格率稳定在 97%。

强化社会安全基础能力建设。市信访办组织开展社会矛盾定期排查和专项排查，矛盾化解率达 98%。市人力社保局为 4.05 万名劳动者追发工资 1.54 亿元。市公安局在 22 个重点地铁站建立"四位一体"反恐防控模式，进一步强化地铁安全防范。市金融局会同相关单位建立金融风险季度排查防范机制。

（5）全面深入总结，科学编制"十二五"应急规划

认真总结 5 年来本市应急管理工作，特别是奥运、国庆应急服务保障工作经验，启动《北京应急管理理论与实践》书籍编辑工作。开展了"十二五"应急体系发展规划编制工作。安监、食品安全、公安消防和东城、朝阳、海淀、丰台、石景山、怀柔、密云、北京经济技术开发区等组织编制了本单位"十二五"相关应急规划。

5. 工作体会

回顾一年来的工作，对如何做好常态阶段的应急管理工作，构建公共安全的长效机制，我们积累了新经验，形成了新共识

（1）坚持安全发展、城市安全的理念是做好应急管理工作的前提

胡锦涛同志强调，将安全发展作为一个重要理念纳入我国社会主义现代化建设的总体战略，这是我们对科学发展观认识的深化。北京作为首都，对安全稳定的要求更高。必须始终坚持安全发展理念，确保首都城市安全和人民生命财产安全，并将其作为贯彻落实科学发展观的重要内容，切实落实到首都科学发展的各个环节，

推动应急管理工作的持续发展。

（2）预防为主、关口前移是做好应急管理工作的保证

"无急可应是应急管理的最高境界。"全市应急系统按照刘淇同志"下好先手棋、打好主动仗"的要求，坚持"小事当大事办、没事当有事办"的理念，坚持常态与非常态相结合，坚持城市运行和应急管理相结合，安全关口前移，工作重心下移，准备在先、主动在先、防患未然，确保全市突发事件整体形势平稳。

（3）强化基层、全民参与是做好应急管理工作的基础

应急管理工作，主责在政府，主体是市民。运用政治优势、组织优势，调动市民参与应急管理的主动性、积极性，充分发挥广大志愿者、"红袖标"重要作用，提高市民避灾救灾知识水平和自救互救能力，为突发事件应对和北京城市安全奠定坚实基础。

（4）人才支持、技术支撑是做好应急管理工作的保障

应急管理工作人员责任心强、素质过硬，应急队伍专业技术精湛、能打硬仗，专家顾问队伍积极建言献策，始终使本市应急管理工作"没事的时候有人盯，出事以后有人管"。坚持依靠科技，为城市运行和突发事件应对提供可靠的技术保障。

（5）继承发展、开拓创新是做好应急管理工作的动力

在2010年无重大活动牵引的背景下，全市应急系统及时转变观念，调整思路，加强公共安全和应急管理长效机制建设。物联网技术在我国刚刚兴起，我们不等不靠，先行摸索，率先启动城市安全运行和应急管理领域物联网应用建设。只有在继承中求发展、在创新中谋发展，应急管理工作才能开创新局面。

回顾2010年工作，尽管成绩不少，但与中央对北京安全稳定的一贯要求相比，与市委、市政府的要求相比，与广大市民过上更好生活的新期待相比，特别是与构建中国特色世界城市应急体系的要求相比，本市应急管理工作还存在诸多差距和不足：①"一案三制"建设需进一步深化，部分区县应急办人员亟待配齐配强；②综合防范能力需进一步提升，重要基础设施的防灾能力亟须加强；③综合保障体系建设需进一步强化，应急队伍、物资和避难场所等缺乏统筹规划；④基层应急管理能力需进一步增强，街乡镇应急管理体制机制仍需健全完善；⑤社会参与程度需扩大，公众的公共安全意识和应急技能尚需提高。对于这些问题，必须认真研究对策，切实加以解决。

第二节　北京市卫生局提供的文件、文献

一、概论

2008 年是第 29 届奥运会在北京举办的决战之年，也是党的十七届代表大会召开后的第一年，举国隆重纪念改革开放 30 周年。我们既分享了北京奥运会成功的喜悦，又经受住了南方特大冰冻灾害、四川汶川特大地震、三鹿牌婴幼儿配方奶粉重大食品安全事件和重大人禽流感疫情的严峻考验。实现了首都城市和奥运卫生应急保障万无一失的目标，积累了特大突发事件医疗卫生救援和特大型城市举办大规模聚会活动卫生应急准备的成功经验，创造了巨大的物质财富和精神财富，赢得了国际组织、世界各国人民的高度评价和赞誉。卫生应急工作实现了跨越式大发展，应对突发公共卫生事件和其他突发事件的医疗卫生救援能力与管理水平明显提升。

二、灾害与灾情

（一）突发公共卫生事件基本情况

1. 传染病疫情发生情况

全年发生 15 起传染病疫情，与去年相比下降了 55%；发病 333 人，与去年相比减少了 30.7%。其中 1 起重大人禽流感疫情，确诊 1 例人禽流感病例（死亡）；14 起一般水痘疫情，发病 332 人，无死亡病例。

全市没有发生口蹄疫、高致病性禽流感和高致病性猪蓝耳病等突发重大动物疫情。

2. 非职业性一氧化碳中毒事件

发生 1 起突发非职业性一氧化碳中毒事件，中毒 10 人，死亡 1 人。发生非职业性一氧化碳中毒 335 起（未构成突发公共卫生事件），中毒 433 人，比去年明显增加。

3. 食物中毒

报告确诊食物中毒 29 起，与去年同期相比下降了 45%；发病人数 406 人，与去年同期相比减少了 52%。

首都机场日上免税行发生 1 起员工食物中毒事件。

4. 饮用水污染事件

报告饮用水污染事件 22 起，涉及 8 个区县，影响 24300 余户的 76200 余人正常饮水，发病 37 人。与去年相比增加了 14 起，影响人数增加 54300 余人，发病人数增加 19 人。

5. 其他突发事件的医疗救援

120 急救网络医疗急救网络应急处置其他突发事件医疗救援 462 起，伤病员 2329 人，其中交通伤 232 起，伤病员 1212 人，外伤 143 起，伤病员 655 人，中毒 83 起，伤病员 448 人；火灾 4 起，伤病员 14 人。

999 急救网络医疗急救网络应急处置其他突发事件医疗救援 32324 起，救治伤病员 32704 人。转运急性脑血管病病人 22009 人，心血管病病人 18147 人，呼吸系统疾病病人 10211 人，急性中毒病人 4207 人，交通伤员 18489 人，发热病病人 4329 人。

6. 口岸突发公共卫生事件

应急处置北京出入境口岸 12 起，其中 2 起出入境航空器媒介生物超标事件；10 起不明粉末事件；完成核辐射监测排查工作共 51 次。

(二) 预防措施

1. 积极构建首都公共卫生应急体系，全面做好卫生应急处置工作

（1）编制和践行《北京市卫生应急体系建设方案》，开创了公共卫生应急体系建设的新局面

按照市委市政府的指示，受市应急办的委托，市卫生局主持编制了《北京市卫生应急体系建设方案》，通过市长办公会和市委常委会讨论批准，并在奥运赛事前贯彻实施。

（2）市和区县卫生应急指挥部及办公室全部成立，工作职责明确

截至 2008 年初，市和区县突发公共卫生事件应急指挥部全部建成，办公室全部到位，指挥部领导及成员全部落实，工作职责全部明确。主管副市长和主管区县长为总指挥，卫生局局长为副总指挥，兼办公室主任。由此实现了卫生应急工作由以医疗卫生系统为主的卫生主管部门管理开始转向社会公益事业的属地政府管理。

（3）市级突发公共卫生事件应急处置机构能力建设得到显著加强

指定120急救中心、999急救中心、市疾病预防控制中心、市红十字血液中心、市心理卫生干预中心、市公共卫生信息中心、市卫生宣传中心和市卫生监督所为市级公共卫生应急技术中心（8个）。同时，还指定创伤、烧伤、传染病、中毒、放射病5类13家18个应急医疗救治基地和104家临床救治医院。

北京999急救中心授理电话140余万次，其中急救报警173787次，共派出急救车辆173787次，比去年同期上升11.6%。建立了应对突发事件医疗急救应急预案体系，包括《机场紧急事件应急预案》《应对烟花爆竹应急预案》《暴风雨天应急预案》《雪天应急预案》《重大事故受理预案》《奥运期间999应对突发事件（核、生、化）响应流程》《交通事故应急预案》。120急救中心和999急救中心配备了大型救灾车和物资装备车，新购置了132辆高级救护车。

（4）市公共卫生应急指挥平台与信息平台初步建立

成立市突发公共卫生事件应急指挥中心，建设IP视频会议系统、IP电话系统、网络传真和信息报告系统，并与市应急办、卫生部应急办、区县突发公共卫生事件应急指挥中心和市级卫生应急技术机构有效对接。

（5）首都医疗卫生安全科技支撑体系已经形成，为应对奥运重大、复杂的公共卫生风险提供了强有力的支持

坚持科技创新与持续发展的指导方针，从首都城市公共卫生风险、监测预警、医疗急救、诊断治疗、应急处置、采供血、卫生信息等方面建设首都医疗卫生安全科技工程，完善科研开发、技术支撑和科技管理体系，为城市安全和奥运医疗卫生保障奠定了科学基础。

（6）建立和完善了公共卫生应急队伍

建设115支综合医疗应急救援队、18支应急专科医疗救援队、3支院外（现场）医疗急救队伍、3支心理卫生救援队、20支卫生防疫应急救援队、40支卫生监督应急救援队、1支采供血应急队伍。初步装备了仪器、通信、车辆和个体防护用品。

（7）建立了公共卫生预案体系框架

在全面贯彻落实国务院和卫生部颁布的有关应急预案的基础上，市应急委颁布实施了《北京市突发公共卫生事件应急预案》，编制完成了《北京市突发公共事件医疗卫生救援应急预案》；市指挥部颁布实施了《北京市鼠疫控制应急预案》。市卫生局编制完成了《重大传染病疫情应急预案》等12个部门应急预案和59个工作方案与技术方案。此外，还制定并印发了"五一"国际劳动节、"十一"国庆节、

春节等节假日的 6 个医疗卫生保障和应急值守工作方案。

（8）建立了卫生应急物资储备模式，工作机制基本形成

在市政府的统一领导下，市卫生局成立了应急药品物资储备领导小组和专家顾问组，制定并下发了《北京市卫生局关于印发奥运医疗卫生应急保障工作专项经费管理办法的通知》和《北京市卫生局奥运应急物资药品及设备使用管理办法》等 6 项规章制度，确定政府统一储备和医疗救治基地装备两种储备方式，编制了卫生应急药品物资储备目录。市财政设立医疗卫生保障专项资金，由市财政局、市卫生局和市药监局共同研究组织落实。应急卫生应急物资储备和调用机制基本形成。

（9）认真做好卫生应急培训和演练，提高应对突发公共卫生事件的能力及管理水平

主办了《中华人民共和国突发事件应对法》和北京市《实施办法》两期高级培训班、北京灾害医学救援高级培训班和北京应对核生化恐怖袭击医疗救援培训，对 18 个区县卫生局、8 个市级卫生应急技术中心、18 个应急医疗救治基地和 104 家医疗救治医院的主管领导、部门负责人及主责专家进行了应急管理和主责技术管理培训。组织开展了北方七省鼠疫联防联控应急模拟演练、生物恐怖袭击医疗卫生救援应急演练。疾病预防控制、卫生监督、医疗急救、院内医疗救治等系统也开展了相应的应急演练。

（10）公共卫生应急机制逐步完善

认真贯彻落实国家《中华人民共和国突发事件应对法》、本市《实施办法》以及国家和本市卫生应急预案要求，建立了全市突发公共卫生事件监测预警系统，明确职责，包括市疾病预防控制中心负责的法定传染病疫情等 6 类突发公共卫生事件及聚集性症候群监测预警系统，市卫生监督所负责的食品卫生与食物中毒等 3 类监测预警系统，120 急救中心和 999 急救中心负责的创伤等 8 类医疗救援监测预警系统；市红十字血液中心负责的血液污染和经血传播疾病的监测预警系统。市卫生局制定并下发了《关于加强北京市突发公共卫生事件信息报告管理制度的通知》，明确了首都中央在京机构、军队、武警、行业和本市及区县等各级医疗卫生行政部门和各级各类医疗卫生机构负责法定管理疾病与突发公共卫生事件及其他突发事件医疗卫生救援的诊断、报告和信息通报职责。首次实现了首都重大活动和突发公共卫生事件的统一信息报告，为适时监测预警奠定了基础。

（11）全力做好公众健康服务咨询工作

卫生部指定北京市公共卫生服务热线（12320）为统一受理北京奥运会各协办

城市和其他省市游客以及入境旅行者有关食品安全问题咨询的服务管理平台，各省市卫生厅（局）为"12320"的网络单位，共同承担奥运食品安全保障工作与咨询服务任务。北京"12320"按照《关于奥运会期间食品安全咨询服务保障工作方案》的要求，重点做好入境游客对食品安全问题的咨询服务，解答群众和中外游客有关食品卫生等问题的咨询，受理、办理群众和中外游客对食品卫生问题的投诉，受理并上报重大传染病疫情的举报，确保重大传染病疫情、食物中毒和食品污染事故举报及食品安全问题的咨询电话渠道畅通。同时，北京"12320"作为北京市非紧急救助服务中心卫生局分中心，根据市卫生局制定的《2008 年北京奥运城市运行纲要——公共卫生安全保障》的要求，以"最大限度地预防、减轻和消除奥运会期间食品卫生安全风险"为工作目标，制定了《奥运会期间食品安全咨询服务保障工作应急预案》和《系统安全应急预案》。

对咨询的问题，能当时解答的当时给予解答，不能当时解答的，若是北京地区问题，与相关部门联系了解情况后再回复，若是其他省市国内游客咨询，引导其拨打当地的联系电话，对外省市外国游客的咨询，以三方通话形式由北京"12320"英语座席员翻译、当地联系部门进行解答；对接到的投诉举报，由北京"12320"填写受理工单，及时进行转办，各地联系部门接到转办工单后，在当日回复初步处理情况。

突发公共卫生事件涉及面广，影响广泛，咨询解答工作责任重大。为严谨、准确地解答群众咨询，"12320"严格按照卫生部公开发布的信息、市卫生局的文件精神和专家提出的解答标准，及时将这些解答依据向市非紧急救助服务中心"12345"发送，以便向拨打"12345"的群众进行解答。

"12320"密切关注国家对突发公共卫生事件处理工作的信息报道，及时搜集卫生部、国家质检总局、新华网、北京市卫生信息网等权威部门及网站的权威信息，并在"12320"网站上开设专栏进行转载。同时，将群众咨询较多的问题汇总、经专家解答后，发布到"12320"网站上，扩大宣传范围，方便群众咨询，受到网民的欢迎，网站点击率比以往增加了一倍。

2. 构筑三道防线，确保突发事件应急物资保障

按照市委、市政府的统一部署和突发公共卫生事件应急指挥部的工作安排，在确保本市生活必需品供应和应急物资调运工作中，构筑了"三道防线"，即：加强和主产区的联系，积极组织货源，协调我市重要企业疏通货源渠道，构筑日常供给

防线；鼓励大型生产和连锁零售企业适当增加生活必需品商业库存量，扩充社会总供应量，构筑安全供给防线；优化政府储备结构，严格存储和检查制度，构筑应急供给防线。在南方冰雪灾害、四川地震、奥运期间蔬菜价格波动及"三鹿奶粉事件"等一系列突发事件中，措施得力，应对及时，保证了市场供应不脱销、不断档，抗震救灾物资保质保量按时调运。

3. 坚持预防为主、综合防治，加强重大动物疫情风险评估和控制工作

（1）加强应急预案建设

制定了《北京市突发重大动物疫情应急预案》，编写并印发了《北京市突发重大动物疫情应急实施方案》。

（2）全面开展重大动物疫情风险评估与控制工作

开展了奥运期间重大动物疫情事件动态风险评估与控制工作，制定、实施了有针对性的风险控制措施：①坚持"免疫为主，综合防治"方针，加强综合防控措施的落实，确保不发生高致病性禽流感等重大动物疫情；②实施紧急强制免疫和临时性马属动物流动限制等专项措施，确保不发生马流感疫情影响现代五项比赛；③开展流浪动物收容工作，确保不发生无主动物影响奥运比赛事件；④强化狂犬病强制免疫工作，确保不发生奥运期间来京人员感染狂犬病死亡事件；⑤全面落实生物安全监管措施，确保不发生兽医病原微生物实验室引发的公共卫生事件；⑥强化监督执法，确保不发生重大动物源性产品安全事件。

（3）重视科普宣教教育，加大专业技术人员应急管理培训力度

积极组织和协调各区县和有关部门，切实加强动物防疫及动物疫情应急管理培训工作。共开展动物防疫、动物卫生监督及动物疫情应急管理相关培训 164 期，培训 15996 人次；加强动物防疫知识和法律法规宣传，在北京电视台、城市电视和移动电视等新闻媒体播报相关信息 750 余次；加强"狂犬病防治，无主动物收容"宣传工作，深入社区入户发放宣传材料、手机群发狂犬病免疫和无主动物收容政策和技术知识等形式，发放各类材料 10 万余份。

（4）加强指挥技术平台工程建设

市重大动物疫病应急指挥网络平台已经投入使用，完成了与市级图像监控系统平台（市公安局图像监控平台）的互联互通。通过大屏幕显示投影、视频矩阵、视频会议终端、音响设备、程控交换机、计算机服务器和不间断电源（UPS）等设备，指挥平台实现了视频会议、图像监控、有线及卫星电视图像采集、视频采集和录音

功能、电话会议、多路传真、数据分析及存储备份、电源保障系统和移动通信等功能。重大动物疫病应急指挥信息管理系统软件开发工作已正式启动，即将进入系统验收阶段。

（5）抓好应急保障体系建设

市重大动物疫情应急指挥部下设"北京市突发重大动物疫情应急处理预备队"，由市农业局、市卫生局、市公安局、市交通委、北京卫戍区、市工商局、市城管执法局和市园林绿化局的相关领导和专业技术人员 180 人组成。全市共建成重大动物疫情应急处理预备队 19 支，共计 1656 人。

市重大动物疫情应急物资储备采取分级储备，市级主要承担重大动物疫苗、诊断试剂、消毒器械和部分消毒药物的储备；区（县）主要负责防护用品、免疫（采血）器具、动物扑杀器和部分消毒药物的储备。各区县、各部门高度重视应急物资的储备工作，在保障日常防疫物资的调拨和使用的基础上，对动物疫病疫苗、消毒药品和工具以及防护用品等物资做到了足量储备。可确保一旦发生疫情，即能迅速调动并投入使用。

市、区县财政和发展改革等部门为动物防疫工作提供了较为充足的动物防疫专项、疫苗、监测和动物防疫基础设施建设等经费，有力地保障了全市重大动物疫病的防控工作。

4. 制定卫生应急药品应急预案，构建首都卫生应急药品、物资储备机制

制定并下发了《北京市突发公共卫生事件医药物资供应保障预案》，明确了北京市医药储备应急调用机制，完善了北京市与中央储备物资、军队战略物资的联动支援关系，加强医药市场动员和征用，提高了北京应对突发事件的医药供应保障能力。

完成了应对突发事件救治药械的储备，包括烧伤、创伤、传染病、中毒、核辐射、生化恐怖袭击、医疗急救等各类突发公共卫生事件、自然灾害、事故灾难和社会安全事件的实物储备和药品、疫苗、检测试剂、医疗器械、防护用品等类别的医药物资储备和能力储备。储备救治药械 400 余种，规模 8500 万元。开展了 2 次应急演练和多次药品市场专项整治，确保了奥运期间药械的绝对安全和首都的用药安全。

5. 全面做好应对突发公共卫生事件准备工作，保障首都出入境公共卫生安全

（1）全面推进口岸突发公共卫生事件应急处置体系建设

成立了北京检验检疫局应对突发公共卫生事件工作领导小组，负责口岸突发公

共卫生事件和核辐射、生物、化学（以下简称"核生化"）突发事件应急处置能力建设的总体决策和指挥；成立突发公共卫生事件及核生化突发事件技术小组，负责应急处置工作的技术研究和指导，并在各口岸检验检疫机构、技术中心、保健中心分别成立本部门突发公共卫生事件现场处置指挥小组和现场处置小组，建立各自的应急联络机制和报告机制，为口岸突发公共卫生事件应急处置工作建立完善的组织领导机制。

制定了相关工作预案及相应应急处置程序，结合实际工作不断加以细化和完善，在各级分支机构制定相关业务操作手册，确保责任落实到岗，任务落实到人。建立应急预案、处置程序和现场操作手册三级处置方案。建立完善的报告、采样、交接制度，不断完善口岸应急处置制度建设，为口岸突发公共卫生事件应急机制建设奠定了坚实的制度基础。

积极投入专项资金，拟定设备配置计划，加快推进口岸检疫查验设备和防护隔离用品的购置，切实提高口岸应急处置装备水平。

在北京各口岸配置多种核生化有害物质监测设备，包括手持式核生化三合一探测器、便携式放射性巡检仪、表面污染监测仪、便携式伽马谱、通道式人员放射性监测系统、通道式行李放射性监测系统、通道式车辆放射性监测系统和车载式核与辐射监测系统等。用于口岸现场出入境人员、行李、集装箱和货物的放射性监测以及可疑核生化有毒有害物质的快速鉴定和排查。配置个人防护和现场隔离设备，包括各级防护服、防毒面具、个人辐射剂量计、放射性隔离箱、警示标识以及用于现场人员洗消处理的充气式洗消帐篷，有效提高口岸突发公共卫生事件应急处置能力，基本能够满足口岸应急处置工作需要。编写并发布了《北京口岸处置突发公共卫生事件个人防护用具配置使用作业指导书》和《北京口岸核生化因子监测处置设备使用作业指导书》，对各口岸部门个人防护用具和核生化监测处置设备的配置、使用、管理、储存和维护进行规范和指导，切实保证个人防护用具和核生化监测处置设备使用管理的科学性和有效性。在奥运期间多次成功完成了不明粉末事件处置工作和核辐射监测排查工作，为口岸突发公共卫生事件应急处置工作提供有力的物质和技术保障。

多次举办口岸突发公共卫生事件应急处置培训，来自首都机场口岸、丰台口岸、朝阳口岸、西站口岸等各部门一线工作人员参加了培训。邀请相关单位专家针对核生化突发事件应急处置知识进行了详细讲解，并穿插了口岸核生化监测设备使用方法的讲解，结合现场实物组织学员进行操作练习，包括监测设备使用和防护装备的穿戴等，有效提高了口岸工作人员实践应用能力。培养了一批在今后口岸核生化突发事件应急处置工作中承担主要职责的骨干队伍。

积极与相关单位加强联防联动机制建设，共同构筑口岸卫生安全防线。与北京市卫生局签署《应对第 29 届奥林匹克运动会突发传染病公共卫生事件的联动工作方案》；与北京市疾病预防控制中心签订《迎奥运北京口岸应对突发公共卫生事件合作方案》；与军事医学科学院放射与辐射研究所签订《迎奥运北京口岸应对核与辐射突发事件合作方案》，明确协调组织和职责，共同构建奥运期间北京口岸突发公共卫生事件应急处置体系。首都机场检验检疫局与首都机场公安分局签订《首都机场口岸处置核生化恐怖事件应急协作方案》，与首都机场急救中心签订《首都机场突发公共卫生事件协作处置预案》，共同为奥运期间首都机场出入境口岸安全提供有效保障。

与各单位建立的协作机制的重要性和有效性在奥运期间得到充分体现，有效实现了突发事件处置的联防联动。在此基础上，与地方相关部门之间将建立长效合作机制，在信息交流、实验室检测、人员培训等方面进一步加强合作，将口岸安全保障工作纳入地方突发事件应急处置体系中去，充分发挥各自优势，明确具体实施细节，包括联络机制、交接程序、现场处置接口、专业技术交流渠道等，从而在口岸发生突发事件时，做到快速联动、迅速响应、妥善处置，共同保障首都安定和人民身体健康。

根据国家质检总局的要求，积极组织开展奥运检验检疫应急预案综合演练。2008 年 6 月 27 日，首都机场口岸人感染高致病性禽流感等 4 个应急处置演练在首都机场成功举行，得到国家质检总局、国务院应急办、公安部、卫生部、海关总署、国家民航局等部门领导和相关专家的一致好评，充分展示了我局应对口岸突发事件的能力和处置水平。

（2）有力处置各类突发公共卫生事件，完善口岸突发公共卫生事件应急机制

2008 年，在奥运口岸卫生安全保障任务的推动下，通过一系列有效措施，北京检验检疫局口岸突发公共卫生事件应急处置机制建设成效显著，口岸突发事件应急处置能力明显增强。

（三）工作建议

2009 年本市将举行中华人民共和国成立 60 周年盛典，也是北京市和平解放

60 周年，卫生应急保障面临巨大挑战。为此提出如下建议。

1. 明确发展思路和工作目标，保障首善之区安全、和谐、持续发展

2009 年公共卫生应急工作总体思路是：以"三个代表"重要思想、邓小平理论和党的十七届三中全会精神为指导，全面贯彻落实科学发展观和《中华人民共和国突发事件应对法》及北京市《实施办法》；传承我国医疗卫生改革 30 年的成功经验和创造的健康财富；以完善市和区县公共卫生应急体系建设为重点，加快卫生应急网络化、信息化、规范化、制度化进程，全面提升农村卫生院（村卫生室）和社区卫生应急处置、医疗救治、疾病预防控制、卫生监督执法、心理卫生干预、采供血保障能力和管理水平，促进首都社会稳定和谐、经济可持续发展。

工作目标是：编制完成北京市卫生应急工作发展规划、卫生应急工作规范和管理制度框架；建立适应首都经济社会持续发展、满足人民群众健康安全的公共卫生应急体制，完善突发公共卫生事件监测预警系统、信息报告与发布通报、应急响应和善后处置、联动合作的机制，逐步实现医疗急救、院内医疗救治、疾病控制、卫生监督、心理卫生干预、卫生信息、卫生宣传的无缝隙对接，构建卫生应急科技支撑体系和专家辅助决策新模式，加快卫生应急网络化、信息化、规范化、制度化进程，全面提升首都应对突发公共卫生事件的能力和管理水平，保障首善之区安全、和谐、持续发展。

（1）建立和完善重大传染病疫情防控机制

继续完善重大传染病症状、病原学、病例监测预警系统；开展人禽流感、大流感流行等动态风险评估；开展全市现场流行病学培训和应急演练工作；做好突发公共卫生事件应急物资、消毒药品储备；加强与国内外相关疫情信息交流与防控科研合作。尽快统一全市卫生应急工作人员服装、标志和应急车辆。

（2）加强食物中毒防控工作

对外地来京人员宣传卫生知识，与政府有关部门配合，加强对外来人员的宣传力度，采取综合控制措施；调整对餐饮业卫生监督重点，开展调研工作，重点对旅游公司及旅游定点餐饮情况进行调查，对全市蘑菇生产经营情况、产地、品种等情况进行调查，协调旅游主管部门加强对旅行社、旅游团餐的管理，强化、明确旅行社的责任，从源头上控制和减少食物中毒的发生；加强对食品生产经营人员细菌性、有毒动植物食物中毒学习和培训，提高应急处置能力和管理水平。

（3）加强饮用水污染监督管理，保障饮用水卫生安全

加强自备水源的监督管理，强化业主单位的责任，有效控制自备水源法污染；协调相关部门做好南水北调的水质监测、风险评估工作，提出有效应对措施；加强农村生活饮用水及改水工程的协调与监管，保障农村饮用水安全。

（4）整合首都医疗卫生资源，统一院外医疗急救网络，提高现场医学救援能力

深化院外医疗急救体制改革，整合首都医疗卫生资源，增设急救站点，扩展急救摩托车救护，缩短急救半径，减少急救反应时间。构建统一领导，综合协调，分级负责，快速反应的院外医疗急救网络，实现统一指挥调度、统一标准规范、统一质量管理、统一信息报送。加强医学救援学科建设，开展规范化、系统化医疗急救培训和应急演练，提高首都应对大规模医疗急救保障的服务能力和管理水平。

2. 全面落实重大动物疫情综合防控措施，确保本市不发生重大动物疫情

全市各级农业部门要继续严格落实现有的综合防控措施。密切关注国内外的疫情信息；强化免疫、监测、消毒、扑杀净化等防控措施；加强检疫监督，防止外埠疫情传入；加强基层防疫人员业务培训，提高防控意识和水平；加强宣传教育，提高养殖者防疫意识和防疫水平；严格疫情报告制度。各区县和有关部门要加大对非指定进京路口的查堵力度，加强对经营、使用未经指定检疫通道进入本市的动物及产品行为的查处，防止外埠疫情传入。民航、铁路和交通部门要依据各自职责，严查外埠进京的航班、火车、长途汽车以及私人交通工具，严禁运输未经检疫或检疫不合格的动物及其产品。加强检查，严防私自夹带动物及动物产品进京的行为。

3. 加强出入境口岸卫生应急体系建设，构筑首都国防公共卫生安全防线

各口岸部门要充分利用现有装备，整合口岸人员和设备力量，加强操作练习和演练，切实提高应急指挥能力和现场处置能力。将口岸卫生安全工作强化到日常检验检疫工作中，加强口岸查验监管，防止疾病疫情和有毒有害物质非法入境，做到"早发现、早报告、早控制"。

在奥运期间协作机制基础上，加强与地方相关部门之间建立长效合作机制，在信息交流、实验室检测、人员培训等方面进一步加强合作，充分发挥各自优势，共同保障首都安定和人民身体健康。要将口岸卫生安全工作纳入地方卫生安全工作体系中去，进一步理顺与相关部门的协调机制，争取地方专业队伍的支持，明确具体实施细节，包括联络机制、交接程序、现场处置接口、专业技术交流渠道等。在发

生突发事件时，做到快速联动、迅速响应、妥善处置。建议市应急办统筹全市各部门力量，组织多种类型的突发事件联合演练，从而充分加强各单位交流与合作、检验机制，锻炼队伍。

进一步完善口岸检疫查验设备的管理、使用、维护和更新升级工作，确保设备正常运行，通过设备培训、操作练习和模拟演练，提升一线检验检疫人员的实际操作能力，切实提高口岸应急处置队伍的技术水平，做到发现快、反应快、报告快、处置快。

整合全局应急资源，锻炼一支专业技术队伍，使突发公共卫生事件的处置工作程序化，达到科学处置、有效处置、安全处置的最终目的，提高检验检疫在口岸的地位，逐步成立检验检疫应急处置中心，统一管理、系统培训、平战结合，使之成为口岸应急处置工作中的技术保障。

（四）案例分析

1. 突发公共卫生事件应对工作典型案例分析

（1）积极参与重（特）大突发事件和重大活动应急保障活动，做出了重要贡献

"5·12"四川汶川地震发生后，市卫生局组织北京协和医院等9家中央和北京市三级甲等医院的53名医疗救治和卫生应急管理专家，作为党中央国务院首批派出的卫生部（北京）医疗救援队，于震后28 h，到达北川最重的灾区，迅速指导和组织协调绵阳地区开展抗震救灾医疗卫生救援工作，创建了特大地震灾害医疗卫生救援应急指挥体系、医学救援模式、现代规范化的帐篷医院、医疗服务站和举国医疗卫生救援的联动机制等绵阳模式。被卫生部等国务院四部委评为国家抗震救灾医疗卫生救援先进集体。

（2）系统识别和评估食用三聚氰胺奶粉婴幼儿患泌尿结石风险，科学依法指挥、部署医疗卫生应急处置工作，创建了北京模式

2008年9月14日卫生部公布了食用三鹿牌婴幼儿问题奶粉重大食品安全事件，市卫生局迅速制定并印发了《食用三聚氰胺奶粉婴幼儿患泌尿结石筛查和医疗救治处置方案》，组织医政、妇幼和社区、农村卫生、疾病控制、卫生监督以及103家设有儿科的医疗机构、市和区县疾病控制机构、卫生缉毒机构开展医疗卫生应急处置工作，收集、整理每日信息报告，进行数据统计分析，组织有关专家早期开展了食用三聚氰胺奶粉婴幼儿患泌尿结石的风险识别与评估工作，及时提供科学决策

的建议，撰写了北京问题奶粉事件医疗卫生应急处置的总结报告，创建了入户调查、社区门诊筛查与转诊、医疗机构门诊筛查、住院治疗，疾病控制流行病学调查和销售市场卫生监督执法检查等院外医疗卫生服务和院内医疗救治相结合的系统综合的应急医疗卫生处置工作模式，即"北京模式"。对有效应对突发公共卫生事件进行了有益尝试，为我国和本市即将开展的医疗卫生改革提供了可借鉴的经验。

（3）配合市反恐办迅速处置国外驻华使馆白色粉末事件

奥运前夕，在一些外国驻华使馆相继发现了可疑白色粉末邮件，在市反恐办的领导下，市卫生局组织市疾控中心生物恐怖应急处置分队开展现场卫生学调查和流行病学调查、快速病原检测，迅速组织专家确认，并报告。同时，启动传染病网络实验室，进行进一步检测。及时排除了 5 起生物恐怖袭击事件，完善了防范生物恐怖袭击现场和实验室应急处置机制。

（4）全面做好重大活动保障工作

认真贯彻落实卫生部和市应急委有关知识和工作部署，圆满完成了"两会"、亚欧首脑会议、世界妇女大会、党的十七届三中全会等重大活动以及"五一"国际劳动节、"十一"国庆节、春节等节假日的 6 个医疗卫生保障和应急职守工作，确保不发生传染病疫情、食物中毒、职业中毒、生活饮用水污染等重大突发公共卫生事件，为保障首都公众健康安全，社会稳定和谐，促进经济持续发展做出了重要贡献。

2. 突发事件商品物资供应典型案例分析

（1）南方冰雪灾害

2008 年 1 月下旬南方部分地区出现持续雨雪冰冻天气，1 月底，本市主要批发市场蔬菜平均批发价达到 4.15 元 /kg，比年初的 2.5 元 /kg 上涨 66%，比上年同期 2.4 元 /kg 上涨 73%。其中：新发地市场蔬菜上市量从 27 日开始减少，29 日由正常日上市量 1200 万 kg 下降到 800 万 kg，价格也出现较大幅度上涨。

采取的措施有：①对进入各批发市场、农贸市场销售鲜活农产品的车辆一律减半收取进场费；②对新发地、大洋路两个以一级批发为主的市场全部免除车辆进场费，切实保障春节期间首都生活必需品市场稳定供应。根据市领导的指示，急灾区之所急，利用应急商品数据库信息，充分发挥应急机制作用，多途径迅速组织货源，从 2 月 2 日凌晨接到市政府的命令后，16h 内向灾区调拨了蜡烛 167 万支，棉衣棉被 7 万件。另外，按照商务部要求，为贵州省调运蜡烛 123 万支。

（2）四川汶川特大地震

2008 年 5 月 12 日，四川发生强烈地震，造成巨大的人员伤亡和经济损失。

采取的措施：5 月 13 日凌晨，按照市委、市政府的统一布置，市商务局用 10 h 时间，向灾区应急调运了 15 万条棉被，雨衣、雨鞋各 1 万件（双）。5 月 16 日下午，按照市委办公厅要求，3 h 内应急调运编织袋 3000 个。

（3）三鹿奶制品"三聚氰胺"事件影响奶制品市场销售大幅下滑

2008 年 9 月份中旬，由三鹿婴幼儿奶粉"三聚氰胺"超标引发的奶制品销售问题，影响到我市奶制品生产加工、销售急剧下降。蒙牛、伊利销售下降 90% 以上，光明销售量下降也在一半以上。

采取的措施有：①加大监测力度，摸清实际情况，掌握准确的市场动态信息，自 9 月 16 日依托城乡信息服务体系和"万村千乡市场工程"，启动奶制品市场监测，并采取调查、走访等多种措施，摸清各区县奶粉特别是婴幼儿奶粉的销量、价格、产地等情况，做好基础性工作；②增加商业库存，保证市场供应，首先是在物美、京客隆、超市发三大商业连锁零售企业建立婴幼儿奶粉的临时储备制度，每个企业增加至少 5 天以上库存量，其次，依靠朝批商贸公司和海淀批发公司增加进口婴幼儿奶粉，保证周转库存量达到 10 天以上，确保节日市场的供应；③适当增加产量，保证货源的补充，引导本市蒙牛、伊利、三元三家生产企业在确保质量安全的前提下有序增加产量，对暂时出现供应紧张的地区，组织好替代消费品供应，增加鲜奶等产品的上市量，满足市场需求；④维护市场秩序，积极配合卫生、工商、质检等相关部门，对已查处的"三鹿"牌等婴幼儿奶粉及时采取下架、召回等处理措施，督促、引导流通企业妥善处理消费者的合理退货要求，依托物美、京客隆、超市发三大连锁企业对 9 月 14 日之前生产的 22 家有不合格奶产品的企业的产品实行无条件退货制度，并对消费者耐心做好宣传解释工作，维护市场秩序；⑤针对农村地区奶制品供应短暂紧缺，专门组织货源投放，通过本市远郊区县的"万村千乡市场工程"10 个试点连锁企业，在 9 月 30 日和 10 月 1 日，集中投放 700 箱 9 月 18 日前生产并加贴合格标志的奶制品，投放新生产的奶制品 180 t，节日期间每天向郊区投放奶制品 90~100 t，使农村地区消费者放心购买，保证农村消费者的需求，确保了本市生活必需品供应稳定，应对突发事件及时高效。

3. 应对人禽流感疫情，果断采取禽流感市场监管控制措施

2009 年 1 月 6 日，市工商局接指挥部通知，我市发生了一例人感染高致病性禽流感死亡病例，疫情防控形势非常严峻。为进一步加强禽流感防控工作，根据市政府的指示精神和《北京市应对流感大流行准备计划及应急预案》的要求，我们针对流通领域采取了 5 条措施：①全市经营单位严格禁止活禽经营、宰杀等交易活动，

继续执行全市禁止活禽交易和现场宰杀的相关规定，断绝禽流感传播的途径，维护卫生安全的交易环境，尤其是加强对农村集期市场的检查，严防节日期间出现反弹，对擅自经营、宰杀活禽的，要依法严厉查处；②加强对禽类及制品的监管，严格市场准入制度，加强对市场、超市、食品店等经营单位的检查，监督禽类及制品经营者严格落实进货检查验收、索证索票制度，严防没有合法来源的禽类及制品和病死禽的销售；③监督经营单位落实疫情报告制度，监督指导市场、超市、食品店等经营单位落实疫情报告制度，建立并强化疫情报告员（联络员）职责，一旦发现经营人员出现异常情况时，应通过电话或传真方式，及时向所在区县疾病预防控制中心和动物防疫监督机构报告；④完善举报制度，畅通举报渠道，充分利用"12315"和辖区的投拆举报系统，认真受理相关的投诉和举报，做到快速反应，处理及时；⑤加强协调配合，形成整体合力，加强与农业、卫生、公安、出入境检验检疫等有关部门的配合，加大信息沟通交流，确保全市防控工作的各项措施落到实处。

4. 本市乳制品生产企业应急处置典型案例分析

"三鹿奶粉"事件发生后，市质量技术监督局领导高度重视，按照国家质检总局和市政府的统一部署，迅速采取有效措施。

1）成立应急指挥机构。9月12日适时将奥运食品安全保障指挥部转为应急指挥部，实行24 h值班制度。13个辖区内有乳制品生产企业的区县局也相应成立了乳制品生产企业驻厂监管领导小组，落实应急处置工作。对本市乳制品企业进行专项检查和抽查，共抽检乳制品60批次，3批次不合格，均为安力嘉乳品（北京）有限公司委托三鹿公司贴牌生产的2008年6月份之前的产品，并通报河北省质监局。对以乳制品为原料的食品生产企业开展专项检查和抽查，共抽检乳制品原料94批次，不合格14批次全部封存并召回了生产的成品，将问题乳制品情况报告国家质检总局并通报相关省市质监局，防止了问题乳制品波及下游产品。9月14日，对本市38家乳制品生产企业进行排查，分析企业现状。9月16日，在我局网站上开辟"乳制品行业整顿工作专栏"，公布本市乳制品企业基本信息、乳制品相关标准等信息供社会查询。

2）实施驻厂监管。9月16日晚10时，国家质检总局召开全国电视电话会议，市质量技术监督局连夜确定对本市36家正常生产企业实施驻厂监管，派驻的72名驻厂监管员于9月17日驻厂，监督企业对进厂的原料奶在日常检验的基础上，增加三聚氰胺检验项目；对乳制品实行严格的批批自检，检验三聚氰胺项目，合格产品由驻厂监管员签字放行。

9月19日，我局召开乳制品监管工作会议，印发了《乳制品生产企业驻厂监管员工作手册（暂行）》，对驻厂监管员及相关人员集中培训，并与企业负责人沟通，安排部署应急及驻厂监管工作。

督促企业对原料奶及乳制品进行批批检测或送检。截止到12月31日，本市生产企业共计进行原料奶三聚氰胺检测21948批次，其中检出不合格原料奶131批次804.7 t；完成乳制品成品检测18285批次，检验合格上市乳制品127640.93 t，保证了出厂产品批批检验合格和市场供应。对不合格原料奶涉及的本市奶场、奶站、奶农情况，及时通报了市农业局、市食品办。

3）解决检测通量梗阻问题。9月21日夜市政府紧急会议决定，由质监局牵头整合质监局、食品办、农业局所属检测力量，指定了四家检验机构分别负责光明、蒙牛、伊利、三元各乳品厂的原料奶检测，解决原料奶收购应急检测任务。随后我局挖掘和整合社会检测资源，组织相关质检机构进行了三聚氰胺检测能力验证，及时在我局网站上公布了14家有资质的检验机构名单，由生产企业自行选择检验机构，双方签订委托检验合同，明确双方义务和法律责任，共同对检测数据负责。日检验通量由200个达到目前的1300个样品，解决了检验通量梗阻问题，畅通了原料奶收购、生产、检测整个生产链条。同时按照市政府部署，市财政局专项下拨了乳制品三聚氰胺检测补助经费，对9月20日至30日企业委托检测的2090个原料奶、3946个乳制品给予30%检测费补贴，共计132.22万元。

4）率先落实总理指示，加贴专用标识。9月21日，温家宝总理在北京考察时要求"对奶粉和其他奶制品，每个批次都要进行检验，然后加贴新的标识，这样才能让群众看得明白、吃得放心"，市委、市政府领导高度重视，要求迅速落实总理指示。经请示国家质检总局，程红副市长9月22日下午召集质监、工商、商务、市委宣传部研究制定了实施意见。按市政府工作要求，我局迅速组织落实，驻厂监管员监督三元、蒙牛、伊利、光明等企业，对经检验合格产品在最小售卖单元上加贴专用标识，并于9月24日陆续投放北京市场。截止到10月7日，在本市共售卖贴标产品348.0483万件，占企业库存量62%，其他库存合格产品共计121.5608万件产品未贴标销往外埠。该项工作于10月12日结束，并受到市政府主要领导的肯定。贴标工作取得以下成效：①在应急时期采取政府贴标方式，提高了乳制品产品的公信力，促进了乳制品消费，逐步恢复了市场信心；②消化了企业9月18日前的存量合格产品，减少了企业损失，畅通了从原料奶收购到乳制品生产、销售的奶业全链条；③仅对9月18日前存量合格产品贴标，解决了贴标与现行的市场准入制度和驻厂监管的关系；④贴标产品仅在本市销售，销往外埠产品不贴标，未对外埠市场造成影响；⑤率先落实了总理指示，维护了消费者利益。

5）乳制品企业运行平稳期监管工作。10月下旬以来，本市乳制品生产企业的原料奶收购、生产、销售已基本正常，驻厂监管工作运行平稳，我局按照市委、市政府和国家质检总局工作部署，继续做好相关工作。组织驻厂监管员、执法人员、生产企业学习国务院《乳品质量安全监督管理条例》，依法监督企业。从2008年10月20日开始，开展了对乳制品生产企业的质量专项抽样监测工作。截至12月22日，共计监测28家乳制品企业的产品238批次，其中液体乳191批次（酸乳125批次，灭菌乳44批次，巴氏杀菌乳22批次），婴幼儿乳粉4批次，其他乳粉10批次，其他乳制品33批次。经检验238批次产品均符合三聚氰胺限量值的要求；同时对监测产品进行了其他关键项目的检测，经检验合格207批次，产品合格率97.9%，不合格5批次，另有26批次尚在检验中。检验不合格产品已督促企业进行整改。按照工信部、国家质检总局和国家工商总局《乳制品行业整顿和规范工作方案》要求，制定了《北京市乳制品生产企业整顿和规范工作方案》，建立健全产品质量保证体系、质量监控体系和企业诚信体系，促进本市乳制品行业规范提升。

6）积极探索建立乳制品监管长效机制。依据国务院《乳品质量安全监督管理条例》，依法监督企业，完善监督机制；梳理标准备案、生产许可、产品监督抽查、规范审查人员评审行为、证后监管等环节，突出企业标准符合性审查和产品质量控制能力核查，形成闭环管理；结合本市生产企业和特大型消费市场特点，针对老幼病残孕等弱势群体消费产品的特点，根据产品风险程度，借鉴药监部门药品监督和卫生部门餐饮监管模式，探索通过风险评估，实施分级分类监管，开展涉及人体健康、生命安全关键项目的检测分析研究，提升预警能力；整合和利用社会检测资源，完善公共检测平台，为企业及消费者提供检测服务；发挥行业协会的自律作用，督促企业完善产品检测手段，积累产品检测数据，提升统计分析预警能力。

7）关注社情民意，通过搜集、汇总社会关注的热点、难点，分析民众需求，改进传统行政思维模式，贴近社会需要，提升服务和管理社会的能力。

5．出入境突发事件典型案例分析

（1）紧急处理美国联合航空公司客舱内捕获活鼠事件

2008年1月6日下午15时08分，在由华盛顿飞抵北京首都国际机场的

UA897 航班上发现活鼠，该航班下客后由清洁工人打扫客舱内卫生，在为头等舱更换枕套时，发现枕芯上有破洞，随即发现枕芯内有活鼠，并在清理座位时又发现死鼠 1 只。检验检疫人员将发现的 1 只死鼠予以密封，对藏匿活鼠的枕芯进行检查时，捕获藏匿的活鼠 5 只。17 时 30 分，检验检疫人员开始在鼠可能活动的客舱、驾驶舱、货舱等处放置鼠夹、粘鼠板进行器械捕鼠，同时布放粉板实施监测。

应对处理措施：①控制现场；②启动预案；③成立指挥部；④组织监测；⑤确定方案；⑥加强监测；⑦告知确认；⑧实验室鉴定及检测；⑨原因分析；⑩总结经验。

（2）日上免税行员工食物中毒事件

2008 年 11 月 9 日 20 时 35 分，首都机场卫生监督人员接到首都机场商贸公司报告，日上免税行（中国）有限公司 17 名员工在午餐后出现恶心、呕吐等食物中毒症状。通过对当日 98 名同时就餐人员进行流行病学调查发现，41 名出现临床症状者均在午餐中食用过红烧肉炖油豆角，调查中毒发生前 48 h 内其他餐次的食物品种和加工场所均不同；57 名无临床症状者中有 18 人 11 月 9 日午餐未食用红烧肉炖油豆角。由此可初步推断可疑餐次为 11 月 9 日午餐，可疑食物为红烧肉炖油豆角。

监督人员对剩余的红烧肉炖油豆角、炒藕片、木耳炒西葫芦等食品进行了现场采样，实验室检查未检出致病菌。同时对盛放该批食品的容器、分餐用具和就餐用一次性餐具进行了现场涂抹采样，实验室检查发现该批食品的容器细菌总数超出国家标准。由此可推断该起集体食物中毒是由食用未熟透的豆角引起。

处理措施有：①对引起食物中毒的首都机场餐饮发展有限公司二号航站楼星阳舫二店实施食品卫生等级降一级处理，收回该店的 A 级餐饮企业标识，实施 B 级餐饮企业的监督管理方式；②召集首都机场餐饮发展有限公司、航空配餐企业、职工食堂和宾馆餐厅等 19 家相关单位召开食品卫生安全工作会，通报了此次食物中毒事件的情况，要求各食品生产经营单位高度重视食品卫生安全工作，加强食品卫生管理，要将此次事件引以为戒，加强企业自律；③发现问题要及时上报上级主管部门和相关卫生行政管理部门，将岗位职责落到实处；④尽量避免生产食用高风险食品（如扁豆、黄花菜等），要严格把关，排查各种食品卫生安全隐患；⑤要加强从业人员卫生培训，提高员工素质，组织专家对机场口岸各大餐饮企业、职工食堂的主要管理人员、厨师长进行关于食物中毒及食源性疾患的专项卫生培训，以减少食物中毒事件的发生概率。

三、北京市卫生减灾年鉴（2009 年）

（一）概述

年内，拟订了本市突发公共卫生事件应急预案及其相关专项应急预案，组织有关应急预案的日常演练和相关知识、技能的培训；指导突发公共卫生事件的预防准备、监测预警、处置救援、风险分析评估等卫生应急工作；建立、完善卫生应急信息系统；组织协调重大自然灾害、恐怖事件、中毒事件及核辐射事故等的紧急医疗救援工作；协调重大活动的卫生应急保障；承担本市突发公共卫生事件应急指挥部办公室的工作。

（二）完善应急预案体系

年内，市卫生局会同有关部门和处室开展了《北京市突发公共事件总体应急预案》公共卫生类事件分级标准的修订，参加了《北京市核应急预案》核事故医疗救援程序的制定，公交、铁路、地铁等反恐和森林火灾、沙尘暴等自然灾害相关医疗救援工作方案的制定和完善。按照市应急办的要求，结合甲型 H1N1 流感防控经验，对市突发公共卫生应急指挥部的组织机构、主要领导、成员单位、相关职责、专家队伍、应急小分队等进行了调整和完善。

（三）完善应急指挥平台建设

年内，在原卫生应急指挥信息平台的基础上，市卫生局与 18 个区县卫生局应急值守系统实现对接，运行情况良好。同时，在已建的 18 个区县卫生局、120、市疾控中心、市卫生局卫生监督所 IP 视频会议系统的基础上，连通了 5 家应急医疗救治基地医院 IP 视频会议系统，在甲型 H1N1 流感防控、新中国成立 60 年庆典卫生应急保障等多项工作中发挥了重要作用。

（四）强化信息报送和应急值守

经历了甲型 H1N1 流感防控和国庆保障，以卫生应急"早发现、早报告、早控制、早解决"为原则，全市信息报送和应急值守工作有了明显进步。全年通过应急值守网向市应急办报告各类突发事件相关信息 615 条，其中公共卫生类 189 条、事故灾害类 114 条、社会安全类 29 条、其他信息 283 条。加强值守应急，每日两次使用政务网 800M 与市反恐指挥部保持密切联系；在大型活动和重大节日期间，与反恐专业处置队伍之间分别使用 800M 和有线电话保持沟通，确保指挥渠道畅通。

（五）应急处置宣传培训

年内，利用世界卫生日等主题活动和普及各类突发事件防范知识健康宣教，对《中华人民共和国突发事件应对法》进行了宣传。同时，在部分区县应急工作会议和全市急诊急救培训班上对《中华人民共和国突发事件应对法》进行了讲解与解析，提高了基层卫生应急防范意识和依法应对突发事件的能力。

（六）健全风险评估机制

国庆前，本市多次组织流行病学、公共卫生、急诊急救等专家开展公共卫生事件风险评估控制与风险源排查，确定了国庆期间全市传染病疫情、食品及生活饮用水安全、医疗安全等公共卫生风险，制定了各项应对方案，有针对性地进行风险控制与排查。坚持每季度公共安全形势分析研究，组织专家对上一季度安全形势进行分析，对下一季度形势进行预测，对可能出现的公共卫生安全风险隐患及时采取针对性防范措施和应急准备，并形成书面材料上报市应急委。同时，建立了法定节假日、极端恶劣天气、预防煤气中毒等卫生应急准备和处置制度，并对区县卫生局、医疗卫生机构卫生应急准备工作提出要求，强化责任。

（七）突发事件处置

1. 突发公共卫生事件

年内，本市一般突发公共卫生事件与上年基本持平。5月16日，本市报告首例甲型H1N1流感病例。按照"全面预防，有效控制"的原则，扎实、有序、有效地开展甲流防控工作，甲型H1N1流感经历了疫情发生、发展、局部暴发流行到逐步恢复平稳的过程。

全年本市无鼠疫、非典、高致病性禽流感等重大传染病疫情发生。市卫生局对全市手足口病防控工作进行了安排和部署，加强了重症患儿的救治，病死率明显降低。报告手足口病死亡4例，较上年死亡7例有所下降。

2. 及时、有效处置突发事件

年内，市卫生局应急办发挥综合协调职能，依据工作预案方案，直接参加了央视新址火灾、东大桥煤气管道爆炸、新街口煤气罐燃爆、前门大栅栏持刀伤人等各类突发事件中的医疗应急救援工作，及时上报事件进展和动态。妥善处置了人禽流感、手足口病、结核病、食物中毒等多起突发公共卫生事件。

3. 启动突发公共卫生事件应急机制

年内，启动首都突发公共卫生事件应急机制，全力以赴应对甲流感疫情。①强化信息收集与报送，提供可靠的指挥决策依据。疫情发生后，作为信息收集平台和信息发布出口，每日收集、分析、汇总、上报全市疫情信息，随时掌握疫情变化和各部门、区县工作进展，及时研究疫情特点及发展趋势，适时提出防控工作策略建议。②及时制定应对方案，指导开展防控工作。市卫生局制定下发了一系列防控甲型 H1N1 流感工作方案，及时转发了卫生部防控甲型 H1N1 流感的文件。③加强沟通协调，建立联防联控机制，推动了防控工作的顺利进行。④利用应急指挥平台 IP 视频会议系统组织防控会议，及时传达上级指示。⑤做好防控阶段性工作总结，建立常态化机制。

4. 做好国庆庆典突发公共事件应急处置工作

为做好新中国成立 60 周年国庆庆典突发公共事件和反恐医疗卫生应急处置工作，召开了全市卫生系统专项工作会议，部署了各项应急准备和应急处置方案。制定了应急处置工作方案和安全保卫方案。同时，针对演练中发现的问题，及时修订完善了各项应对方案和流程。对 4 支 40 人混编的市属生物恐怖应急处置小分队和 20 辆救护车 60 人的反恐院前急救小分队进行了重新核定。对应急处置力量实行划区、分层定点备勤保障，对生物反恐专业应急处置队伍、院前专业应急处置队伍、核心区外围应急保障队伍、各区县后备应急保障队伍进行了科学合理的调配。直接调动各类专业应急人员 376 人，应急车辆 180 辆。5 类 18 个应急医疗救治基地、18 支医疗卫生应急救援队伍全部启动，各项应急物资准备充分。国庆演练期间，参加了市反恐办"紫禁城 3 号"系列反恐拉动演习，参加了反劫持、地铁化学恐怖袭击、城市道路交通事件现场处置等多次应急演练。演练和庆典期间，增派力量加强应急值守，每次连续奋战 20 h 余，累计 100 h 余，通过 800 M 无线手台和有线通信，每间隔 4 h 对区县卫生局、应急医疗救治基地、三级医院和院前应急救援力量进行点名，保持了指挥渠道畅通。

5. 甲流感防控工作

首都突发公共卫生事件应急机制启动后，市卫生局应急办作为信息收集平台和信息发布出口，每日收集、分析、汇总、上报全市疫情信息，随时掌握疫情变化和各部门、区县工作进展，及时研究疫情特点及发展趋势，适时提出防控工作策略建议。

①最初阶段重在收集国内外疫情信息，严格核准发热、疑似及确诊病例的转运、集中医学观察和定点医院集中的隔离治疗信息，及时掌握防控物资、药品等的调度与储备动态。②在出现本土病例和聚集性疫情后，重点收集暑期学生及夏令营聚集性疫情信息，核实病人、密接者和学校、出入境、旅游、铁路、宾馆、饭店等重点单位及部门的防控信息。③在疫情高峰时，加强了重症和死亡病例、流感样病例监测、甲流感疫苗接种、疫情趋势分析、国内外疫情最新动态等信息的收集与报送；加强与国庆指挥调度中心的信息沟通，关注国庆重点保障人群和疫苗接种进度、异常反应信息；强化医疗卫生机构要及时、准确和规范地报送疫病情信息。全年向市卫生系统发布《甲型 H1N1 流感防控工作信息日报》86 期，向市政府上报《防控甲型 H1N1 流感工作动态》244 期；每日向卫生部上报《甲型 H1N1 流感确诊病例医疗救治信息日报》《新增甲型 H1N1 流感危重症病例日报》《甲型 H1N1 流感死亡病例报告》；坚持以手机短信方式向市、局领导和相关处室及时通报疫情最新信息；坚持每周对外发布疫情通报。

疫情发生后，市卫生局下发了《甲型 H1N1 流感防控工作方案（试行）》；转发了《卫生部办公厅关于加强人感染猪流感防控应对和应急准备工作的通知》《市应急办关于加强大型活动安全管理 做好本市防控甲型 H1N1 流感工作的通知》《卫生部应对甲型 H1N1 流感联防联控工作机制关于加强暑期学生集中活动甲型 H1N1 流感防控工作的通知》；起草并下发了《关于落实社会单位防控甲型 H1N1 流感管理责任的通告》《关于十一后我市甲型 H1N1 流感发病趋势预测与防控措施的意见》《关于切实做好我市当前甲型 H1N1 流感防控工作的通知》；制定了《关于调整报送甲型 H1N1 流感疫情相关信息工作的通知》；下发了《关于进一步加强军地联防联控甲型 H1N1 流感工作的通知》《境外来京人员甲型 H1N1 流感卫生检疫工作流程》《关于入境使馆工作人员进行医学观察的规定》等；在市应急办的组织下，起草了《北京市关于进一步加强甲型 H1N1 流感防控工作方案》，参与了《北京市人民政府关于进一步明确责任突出重点加强甲型 H1N1 流感预防工作的通知》的编写。

疫情初期，为追踪密切接触者，确保信息及时准确。指挥部办公室、社会防控督导组回迁市卫生局，并与局应急办三办合一，合署办公，强化了 24 h 值守应急。重点加强与各区县、成员单位、工作组和总后、武警卫生部沟通。当学校聚集性疫情上升时，与市教委保持密切沟通，及时掌握学校疫情及防控、停课措施的落实情况，督促卫生监督所和社会防控督导组加强对学校防控的督导力度。

充分利用应急指挥平台 IP 视频会议系统，多次组织全国卫生系统电视电话会议和指挥部视频会议，及时将卫生部、指挥部和市卫生局的防控工作信息、防控策略、市领导指示精神向各区县、成员单位、全市医疗卫生机构进行通报和部署。每次会议后，形成会议纪要，并将会议信息及时通报相关部门。

12 月 30 日，召开了各成员单位、各区县政府等部门参加的全市防控甲流感阶段性工作总结会。会议回顾了疫情发生、发展到趋于平稳的全过程，充分肯定了各阶段的主要做法和成绩，分析了 2010 年元旦、春节的疫情形势，对下一阶段防控工作提前进行了部署。

在整个防控工作中，积极协调发热病人的转运和收治；全程参与并配合处置大兴军训基地北航学生聚集性疫情；具体落实夜间和节假日重症病例专家会诊；配合中医局开展中医药科技攻关；积极组织疾控、医疗、采供血机构开展全人群快速血清学调查和病毒感染状况随机抽样调查，圆满完成了各项任务。

四、北京市卫生减灾年鉴（2010 年）

（一）概述

年内，成立了市级突发公共卫生事件及卫生应急专家咨询委员会；成立了市级卫生应急救援队伍，扎实推进卫生应急体系建设；逐步完善卫生应急装备、储备建设，建立健全卫生应急预案体系；进一步改进卫生应急指挥系统；高度重视突发公共卫生事件风险管理，适时进行公共卫生安全形势分析，全面开展卫生应急法律法规的培训，狠抓卫生应急演习演练，完成青海玉树地震灾害应急救援工作，并不断加强国际国内交流合作等。

（二）卫生应急体系建设

1. 成立卫生应急专家咨询委员会和救援队

年内，成立了市级突发公共卫生事件及卫生应急专家咨询委员会，由传染病防控、预测预警、中毒处置、灾害事故与医疗救治、核与辐射损伤处置、健康教育与心理危机干预共 6 个专业组 62 人组成；市级卫生应急救援队包括医疗救援、传染病控制、核与辐射处置、心理干预处置、中毒与化学污染处置、水及食源性污染处置共 6 大类 242 人。

2. 推进卫生应急体系建设

8月，对市、区卫生行政部门、疾控中心、卫生监督所和二级以上医疗机构的卫生应急机构设置、队伍组建、培训演练、装备储备和经费等进行了摸底调查，并撰写了调研报告，为制定本市卫生应急体系发展规划打下了基础。同时，调整了本市突发公共卫生事件药品储备的品种和规模；理顺了应急用医药物资的调用程序；完成了北京市卫生应急队伍携行装备建设方案及卫生应急装备目录的制定。

3. 改进卫生应急指挥系统

年内，完成应急指挥平台信息展示部分的需求调研、功能设计，并制订了实施计划，包括120、999、12320、疾病控制、卫生监督、血液情况、应急知识库、专家库、医疗机构基础信息等9个重点展示单元。按照市应急办的统一安排，完成"物联网"项目的初级阶段调研，确定了重点实施的项目，并进入具体需求调研、功能设计阶段。

4. 重视突发公共卫生事件风险管理

5月，由市卫生局牵头承担了市级重点专项——"北京市传染病疫情风险管理体系"和市级示范项目——"北京市实验室生物安全风险管理"。为此，成立了市卫生局公共卫生安全风险管理工作领导小组，制定了《北京市卫生局关于公共卫生安全风险管理重点工作（2010—2011年）实施方案》，并组织专家对相关处室进行了风险管理的培训。

5. 开展卫生应急法律法规培训

6月，市卫生局组织全市卫生系统职工开展了《中华人民共和国突发事件应对法》和《实施办法》的全员考试。参加考试的单位包括各区县卫生局、三级医疗机构、直属单位（非医疗机构类）及北京市红十字会紧急救援中心共计1533家，参考职工149104人，参考率97.98%，合格率100%。

6. 开展卫生应急实战演练

5月12日是全国第二个防灾减灾日。市卫生局应急办开展了全市性"突发不明原因的群体性食物中毒"卫生应急实战演练。此次演练检验相关医疗卫生机构卫生应急工作的准备情况以及卫生应急组织、指挥协调能力，进一步提高相关医疗卫生机构和人员对突发公共卫生事件应急反应能力。8月11日，由市卫生局应急办牵头，市疾控中心、市卫生监督所承办，举行了全市突发公共卫生事件应急处置演练，历时3天。从全市16个区县卫生局中随机抽取8个区县卫生局参演，演练以实际操作为主，模拟群体性不明原因腹泻事件。重点检验参演单位应对突发公共卫生事件的现场处置能力以及相关部门在应急响应、统一指挥、部门协作等方面的快速反应和应急管理水平，强化全市突发公共卫生事件应急响应协作机制。

7. 到周边省市开展卫生应急调研和交流

6月8日，市卫生局副巡视员赵涛与应急办人员到天津市卫生局进行卫生应急工作调研和交流，并参观了天津市紧急医疗救援中心。此次调研重点对天津市卫生局的一案三制、应急专家队伍建设、应急物资装备储备、重大传染病监测体系与信息系统建设、应急指挥平台系统培训和演练等进行了研讨。6月10日，市卫生局副巡视员赵涛带领应急办工作人员到河北省卫生厅进行卫生应急工作的调研和交流。此次调研了解了河北省卫生系统的一案三制、应急专家队伍建设、应急物资装备及储备、重大传染病监测体系与信息系统建设、应急指挥平台系统培训和演练等，并对有关热点问题进行了研讨。

8. 卫生部考察门头沟区卫生应急工作

9月20日，卫生部卫生应急办公室主任梁万年一行10余人来到门头沟区调研基层卫生应急工作，并考察了乡村卫生院的卫生应急设施设备。门头沟区卫生局局长赵国章汇报了区内卫生应急工作情况，卫生部卫生应急办公室各处处长就相关问题进行了了解，梁万年对本市基层卫生应急工作给予了肯定。

9. 紧急灾害医学救援培训

10月18日，市卫生局委托中国医学救援协会在CERT紧急救援训练中心对35名来自市、区疾控中心的卫生应急人员进行了为期4天的紧急灾害医学救援技能培训。本次培训课程采用国际城市搜索救援（USAR）标准，从减灾预防、搜索与救援、医疗救助、灾害现场危险评估、野外生存技能等方面开展培训，重点强化实战技能。

（三）典型突发事件处置

1. 赴玉树灾区实施救援

4 月 14 日，青海省玉树县发生 7.1 级地震后，市卫生局迅速组织医疗卫生救援队携带应急救援物资赶赴灾区救援。救援队由北京大学第一医院、北京大学人民医院、北京大学第三医院、积水潭医院、朝阳医院、儿童医院组成，包括 6 名重症、呼吸、心内等专业的专家及 60 名临床骨科、普外、脑外、急诊、ICU、感染、肾内、胸外、院感、护理等专业的医护人员，携带了近 8 t 的急救和后勤物资，于 4 月 15 日 11 时 30 分，乘坐中国联航提供的专机赶赴玉树灾区。当日 14 时，由北京急救中心的 97 名医务人员、25 辆急救车和急救医疗设备组成的院前急救与转运救援队从北京西站奔赴灾区。

市药监局根据青海省药监局提供的当地急需药品及医疗器械目录，组织北京双鹤药业股份有限公司、北京同仁堂科技发展股份有限公司、北京太洋药业有限公司、北京中北博建科贸有限公司捐助抗生素、抗感冒药、大输液、纱布等总价值 220 余万元的药品和医疗设备共计 800 余件，通过市民政局紧急送往灾区。

北京市红十字血液中心迅速调配 1000 单位血液，于 4 月 15 日 11 时运往地震灾区。

北京医疗卫生救援队在青海分别组建成西宁、格尔木及玉树 3 个医疗分队开展救援工作。共转运伤员 408 人，救治伤员 3203 人，抢救危重伤员 252 人，完成急诊手术 50 例，巡诊 30 余次，发放药品 2000 人次，同时深入到 10 余个街村进行疾病防控宣传并开展消杀灭工作。救援队在灾区工作 14 天，于 4 月 29 日完成任务返回北京。

2. 怀柔水岸山吧食物中毒事件应急处置工作情况

4 月 23 日 2 时至 4 月 24 日 1 时，先后有 100 名游客在怀柔区北京水岸山吧餐饮有限责任公司用餐后出现急性中毒症状。首例患者在用餐后不足半小时出现症状，事件发生后，怀柔区委区政府、区卫生局高度重视，在向市卫生局报告的同时，相关主要领导立即赶赴怀柔区第一医院指挥抢救工作。接报后，按照《食物中毒突发事件应急预案》，市卫生局主管领导及相关处室负责人迅速赶赴现场，指导、协助、配合怀柔区政府开展应急医疗救治和事件调查工作。此次事件也进一步检验了首都公共卫生应急机制建设的重要性和优越性。

第二章 减灾工作大事记

第一节 地震

北京市地震局 2008—2010 年大事记。

一、2008 年

1 月 21 日上午，北京市地震局召开全局职工大会，中国地震局党组成员、副局长刘玉辰等领导出席大会。会上宣布了中国地震局党组关于北京市地震局新一届领导班子组成及有关人员职务任免的决定。

3 月 7 日，为做好 2008 年奥运震情保障工作，中国地震局原副局长岳明生对北京市奥运地震安全保障工作开展情况进行了检查。

3 月 24 日，由国家机关文明办、中国地震局直属机关党委、北京市地震局、昌平区防震减灾工作领导小组办公室等单位组织的"城乡携手迎奥运共建地震平安校"活动在北京昌平区长陵学校展开。此次活动进一步促进了城乡和谐，增强了学生减灾意识，提高了应急处置能力，使春季调研活动与社会服务紧密结合。

5 月 12 日，四川汶川发生 7.8 级地震。地震造成全国大部分地区有感。北京市地震局立即采取有效措施，迅速应对四川汶川地震。北京震感强烈，许多市民上街避震，并迅速在网上出现北京地区 12 日晚将发生 2~6 级地震的谣传。北京市地震局立即启动地震应急预案，采取系列措施消除地震影响，安定民心、稳定社会生产、生活秩序。

5 月 13 日上午，陈刚副市长专门听取了市地震局局长吴卫民关于汶川地震情况和加强我市防震减灾工作的汇报，并做出指示。

6 月 12 日，中央政治局委员、北京市委书记刘淇主持市委常委会，听取市地震局关于本市自然灾害风险控制与应急准备工作情况的汇报。

6 月 23 日下午，北京市政府召开市防震抗震工作领导小组会议，贯彻落实市委常委会、市政府专题会关于加强全市防震减灾工作的指示要求，分析近期震情形势，部署和落实具体措施。副市长、市防震抗震工作领导小组组长、市地震应急指挥部总指挥陈刚出席会议并讲话。

7月，作为奥运地震安全保障工作的一项重要内容，北京市地震局制作完成了中英文对照的《北京市城市安全地图》，并赠送给北京奥组委和部分奥运签约酒店。

7月，为贯彻北京市防震抗震工作领导小组会议精神和落实教育部、住房和城乡建设部有关文件精神，经市政府同意，市教委、建委、规划委、发展和改革委、财政局等部门联合印发了《关于印发北京地区学校校舍抗震安全排查工作实施方案的通知》。

8月6日至10日，在2007年度全国市县防震减灾工作综合评比中，昌平区地震局荣获二等奖。海淀区地震局和丰台区地震局荣获优秀奖，两局还同时荣获全国市县防震减灾工作综合评比地震应急救援单项奖。

9月16日，经市政府会议审议通过，市发改委正式批复北京市防震减灾中心建设项目。

10月，在北京奥运会残奥会地震安全保障工作中，北京市地震监测预报中心做出了突出贡献，被中共北京市委、北京市人民政府和北京奥组委授予北京市奥运会残奥会先进集体荣誉称号。

10月，北京市科委正式批复了北京市地震局牵头申报的"首都地震安全示范社区建设"项目。

12月23日，北京市地震局组织召开"北京市奥运地震安全保障项目"分项验收会，数字流动测震台网改造、地震前兆观测台网改造、北京奥运场馆区强震动监测系统建设、分析预报技术系统改造、地震应急指挥技术系统完善建设、地震信息快速服务系统建设等6个分项均通过验收。

二、2009 年

1月15日，北京市地震局承担的"北京地区短临前兆异常调查与深入研究"课题通过中国地震局专家组验收。

2月2日，北京市地震局召开局长办公会传达学习国务院防震减灾工作联席会议精神。会议传达了回良玉副总理在国务院联席会议上的重要讲话和中国地震局下发的《关于贯彻落实国务院办公厅转发我局做好防震减灾工作意见的通知》，并就贯彻国务院联席会议精神，抓好当前重点工作做了全面部署。

2月9日，国内首个海洋石油平台上的地震台——东海平湖八角亭地震观测台建设项目通过验收，北京市地震局仪器观测技术研究室开发研制并生产的 JDF-1型六分向海底地震计在海底 780 m 处运行良好。

3月31日，北京市地震局参加华北协作联动区地震应急指挥系统演练，圆满完成了演练规定的各项任务。该演练由山东省地震局牵头，北京市、天津市、安徽省、河北省、山西省、辽宁省、内蒙古自治区等地震局参加了地震应急指挥系统联动演练。

3月27日，在人力资源和社会保障部、中国地震局联合召开全国地震系统表彰大会中，北京市昌平区地震局荣获"全国地震系统先进集体"称号，北京市地震监测预报中心主任邢成起研究员荣获"全国地震系统优秀个人"称号。

3月31日上午，北京动物园地震宏观观测站正式挂牌规范运行。

4月23日，由北京市地震局、中国建筑标准设计研究院、北京工业大学抗震减灾研究所、北京市勘察设计研究院、中国建筑科学研究院抗震所和北京市建筑设计研究院等共同研究制定的《首都地震安全示范社区老旧建筑物地震安全性能应急评估指南（暂行）》印发，并开始在昌平区和西城区示范社区试行。

4月29日上午，由中国地震局、中国地震灾害防御中心和北京市地震局共同组织开展的公交车厢媒体防震减灾知识宣传月启动仪式暨防震减灾科普教育基地授牌仪式在海淀公园举行，活动主题为"科学防震减灾，构建安全北京"。首都多家重要媒体对此进行报道。

5月12日，作为国务院批准的全国首个"防灾减灾日"，市地震局制作了多种宣传制品，纪念汶川地震一周年，加强防震减灾宣传工作。

8月13日，北京市地震局召开会议，专题研究北京市庆祝 60 周年活动期间地震风险控制与应急准备工作。

8月25日至26日，为加强全市地震系统新闻宣传与信息队伍建设，做好新中国成立 60 周年庆典期间突发地震事件新闻保障工作，北京市地震局组织召开了全市地震系统新闻宣传与信息工作会议。

8月，在北京奥运一周年之际，由北京市地震局组织编纂、吴卫民局长主编的《防震减灾服务奥运——北京市奥运地震安全保障》一书在北京出版发行。

9月10日，由北京市地震局牵线促成的中日合作项目"四川省什邡市实验中学防震减灾教育"在什邡市实验中学正式签约。项目资助方日本日中防灾减灾国际网络运行委员会，受助方什邡市市政府、什邡市实验中学和项目中间方北京市地震局、什邡市防震减灾局分别派代表参加了签约仪式。

9月15日，中国地震局阴朝民副局长到北京市地震局检查了国庆60周年庆典期间的地震安全保障准备工作。

10月，北京市地震局圆满完成了新中国成立60周年庆典期间北京市地震安全保障工作，为确保庆典活动的安全成功举办、实现"平安国庆"做出了应有的贡献。

11月13日，北京市地震局台站防雷改造试点工程项目通过专家组验收。

三、2010年

1月21日上午，北京市地震局组织召开全市地震局长会，学习贯彻全国防震减灾工作会和全国地震局长会议精神。

1月，为进一步提升前兆台网的运行效益，北京市地震监测预报中心组织编写完成《地震前兆台网运行工作手册》，并下发各台站和前兆观测技术人员。

1月，在2010年度全国地震趋势会商会上，北京市地震监测预报中心获得了2009年度全国地震监测预报工作优秀集体称号。

3月3日，北京市地震局组织有关专家召开了"JDF-3型井下宽频带地震计研发"项目的立项评审会，启动研发JDF-3型井下宽频带地震计。

3月23日上午，中国地震局副局长、党组成员赵和平到北京市地震局检查、指导地震应急工作。

3月，为推进和规范北京市地震应急志愿者队伍建设工作，北京市地震局出台了《北京市地震应急志愿者队伍建设工作实施方案》。

3月，由北京震害防御与工程研究所承担的北京未来科技城地震小区划项目顺利通过国家地震安全性评定委员会评审。

4月7日至8日，北京市地震局与市科学技术委员会在国家地震紧急救援训练基地联合举办了一期面向基层科普工作者和安保工作人员的防震减灾科普培训班。

4月8日下午，全国政协常委、北京化工大学教授金日光一行来北京市地震局，就地震监测预报有关问题进行学术交流。

4月26日至27日，北京市地震局组织召开了2010年首都圈地区地震应急准备工作会议，初步议定了建立首都圈应急工作交流会商机制、应急处置联动机制等近10项工作机制。

5月11日下午，在汶川地震2周年到来之际，北京市市长郭金龙主持召开市政府专题会，听取市地震局局长吴卫民关于《北京市人民政府贯彻落实全国防震减灾工作会议精神的意见》的汇报，研究部署加强防震减灾工作的措施。

5月，为普及地震科普知识，提高广大市民和中小学生地震风险防范意识和应对能力，北京市地震局举办"防灾减灾日"地震台站开放活动，向社会公众开放部分地震台站。

6月2日上午，北京市政府召开了全市防震减灾工作会议。副市长陈刚出席会议并做重要讲话。

6月，由北京市防震减灾宣教中心负责创作的地震科普童话动画片《吉吉祥祥战震魔》制作完成。该动画片的制作完成是北京市地震局"防震减灾知识教育从娃娃抓起"工作的一次有益的尝试。

7月28日，为吸取唐山大地震以及汶川大地震带来的沉痛教训，进一步普及地震科普知识，增强公众的防震减灾意识和法律观念，北京市地震局组织各区县地震局开展了形式多样、内容丰富的宣传活动。

8月，北京市政府出台了《北京市人民政府关于贯彻落实全国防震减灾工作会议精神的意见》。明确了今后一段时期北京市防震减灾工作的指导思想和工作目标，提出了加强全市防震减灾工作的工作措施和保障措施。

8月25日下午，北京市政府周正宇副秘书长率市应急管理物联网应用建设领导小组办公室一行13人到北京市地震局，就物联网建设在城市应急管理中的应用建设进行调研。

11月13日，北京市委常委、海淀区委书记赵凤桐到海淀区地震局调研指导防震减灾工作。

11月，《北京市"十二五"防震减灾规划》编制完成。

11月，北京市地震局完成"大震灾"丛书第二部《汶川大地震》组稿工作。

12月14日，北京市地震局举办了第一届地震科技交流年会。

第二节　地质

地质灾害减灾工作大事记。

2008年5月，北京市国土资源局下发了《关于做好2008年汛期地质灾害防治工作的通知》（京国土环函〔2008〕134号），强调要落实应急职守、地质灾害险情巡查、应急预案等各项制度。

2008年完成《北京市奥运期间突发地质灾害风险调查评估报告》，下发了《关于做好奥运期间地质灾害防范工作的紧急通知》（京国土函〔2008〕345号）。

2008年，组织编制了《北京市矿山地质环境恢复治理项目管理暂行办法》《北京市矿山地质环境恢复治理项目可行性研究报告编制指南》《北京市矿山地质环境治理项目设计方案编制指南》《北京市矿山地质环境恢复治理工程技术要求》和《北京市矿山地质环境恢复治理工程质量验收要求》等规范性文件，使我市矿山地质环境恢复治理项目的实施管理步入了规范化和程序化的发展轨道。

2009年元月完成了《北京市矿山生态环境恢复治理保证金管理暂行办法》，为我市矿山地质环境问题治理奠定了坚实基础。

2009年4月，北京市国土资源局召开全市地质灾害防治工作会，对全市地质灾害防治特别是首都60周年庆典活动的地质灾害防治工作进行了部署和安排。

2009年5月，北京市国土资源局下发了《关于做好2009年汛期地质灾害防治工作的通知》（京国土环函〔2009〕186号）、《北京市国土资源局汛期突发地质灾害应急预案》的通知（京国土环函〔2009〕345号）。

2009年5月，北京市国土资源局召开地质灾害防治培训会，机关处室、国土分局及乡镇相关工作人员120余人参加了培训。

2009年4月，北京市国土资源局组织编制了《北京市突发地质灾害》科普宣传手册，分发到每一个地质灾害险村险户手中。

2009年完成《新中国成立六十周年庆祝活动期间北京市突发地质灾害风险评估与控制对策报告》。

2010年5月，北京市国土资源局召开汛期地质灾害防治工作会。

2010年重新编制《北京市突发性地质灾害现状及易发程度分区图》和《北京市突发地质灾害隐患点统计表》。

2010年北京市国土资源局组织完成了昌平6个山区、乡镇和平原区的地质灾害详细调查，并编制了昌平区地质灾害防治规划。

2010年北京市国土资源局组织完成了丰台区21个地质灾害隐患点的巡查和排查工作。

第三节 洪旱

2008-2010 年洪旱灾害。

2008—2010 年，我市防汛抗旱系统在国家防总、海河防总的支持、指导下，在市委、市政府的坚强领导下，不断开拓进取，转变治水思路，创新工作方式，强化工作措施，积极主动应对，圆满完成北京奥运会、新中国成立 60 周年庆典活动的保障任务，保障了城市的正常运行，保证了人民群众的生命安全。

一、明确目标，防汛抗旱工作扎实推进

针对北京水资源紧缺和极端天气频繁发生的实际情况，变"防"为"迎"，以确保人员安全为核心，统筹兼顾，强化科学调度，充分利用雨洪资源，力争"保安全，多蓄水"。

二、消除隐患，雨天道路保障能力明显提高

针对城市积水问题，2009 年开始试行积水点挂账督办试点工作，2010 年正式实行"重点积滞水挂账督办机制"。加强积水点治理和应急抢险等工作力度。

三、指挥有力，防汛抗旱指挥体系高效运转

在市指挥部的统一部署下，各部门、各区县各负其责，加强协作，密切配合，形成了防灾减灾的强大合力。在应对强降雨和防汛应急事件中，主要领导靠前指挥，各部门及时处置，各项防洪设施运行正常，防汛抗旱指挥体系高效运转，实现了不死人、不垮坝、不倒闸、不塌房、不断路的工作目标。

四、主动应对，防汛抗旱应急能力明显提高

2008 年为市级应急排水抢险队伍配备了 6 组机动抢险单元，加强城区积水排水抢险能力；各区县落实专业抢险队伍 60 支，驻京部队组建了 3 万人的抗洪抢险应急队伍，形成了统一指挥、军地联防、专群结合的防汛应急抢险体系。

2008 年北京奥运会举办期间正值主汛期，针对可能出现的城市暴雨，各级政府、各防汛指挥部坚持"阴天就是预警、降雨就是命令"，超前部署、超常工作、超强戒备，全市形成严密高效的奥运保障防汛应急体系，成功应对了每一次降雨过程。

五、创新机制，综合保障能力明显提升

2008 年，北京市创新实践"六项机制"：气象通报机制、道路巡查机制、交通保障机制、部门对接机制、数据统一机制、督查追究机制。道路交通保障机制是"六项机制"的重点，指挥部预警信息下达后，道路、市政、排水、气象等部门在市交管局指挥中心联勤办公，做到了道路积水信息快速掌控、抢险现场和工作组互动、抢险队伍快速到达、积水信息实时传播。"六项机制"是各部门集体智慧的结晶，有效应对了城区强降雨，为保障雨天道路畅通发挥了重要作用。

六、科技支撑，防汛抗旱信息水平显著提高

全市加大了防汛抗旱信息化建设力度。完善重点立交桥和低洼路段的积水监测系统，加强防汛通信系统建设，做到应急通信畅通无阻。

七、科学调度，确保城乡供水安全

各级防汛抗旱指挥部门精心组织，多措并举，科学抗旱，有效缓解首都水资源紧缺。

第四节　民政救灾救济

一、2008 年灾害救济

（一）灾害情况

2008 年，北京市气候异常，自然灾害频繁，且覆盖面广，特别是雨汛期间，大风、冰雹、暴雨等强对流天气频发，造成部分农作物减产甚至绝收，灾情较重。由此对灾区群众的生产生活带来较为严重的影响。

（二）灾情统计

据统计，2008 年北京市受灾人口 39.878 万人；损毁房屋 1945 间，农作物受灾面积近 4.82 万 hm^2，其中绝收面积 0.78 万 hm^2。造成直接经济损失 8 亿余元，其中农业直接经济损失 7.3 亿元。

（三）灾民救助

1. 做好本市灾害救助工作

紧急下拨应急救助资金，确保灾民基本生活。2008年汛期，北京市大风、冰雹、洪涝等自然灾害频发，灾害损失较为严重。面对严重的灾害，北京市委、市政府高度重视，各委办局密切配合，迅速部署减灾救灾工作，确保人民群众的生命财产安全，保障受灾群众基本生活。根据受灾地区灾情和需救助情况，分别于7月和9月下拨汛期应急救灾资金400万元和200万元；10月下拨286万元用于房山区遭受大雨袭击倒损民房的恢复重建，各区县财政全年累计拨付救灾资金178万元。全年共安排中央、市、区县三级救灾资金共计1064万元，救助受灾群众49553人次。

下发《关于做好社救对象安全越冬工作的通知》。在汛期应急救助工作基础上，各有关区县根据冬春灾民救助工作要求，组织力量对受灾地区冬春期间群众生活状况进行排查，准确掌握生活困难群众生活状况，对排查中发现且亟需解决的灾民生活困难问题，区县民政部门会同财政部门及时安排本级救灾资金，先行给予解决，确保灾区困难群众不挨饿、不受冻，安全过冬，确保灾区社会稳定。

2. 支援南方遭受冰冻雨雪灾害省份

2008年年初，我国南方大部分地区发生新中国成立以来罕见的低温、雨雪和冰冻灾害。针对灾情，国家减灾委、民政部多次启动救灾应急响应，及时向灾区派出工作组。我市依据《北京市应急援助响应机制》，及时启动了对南方受灾地区的应急援助，以北京市委、市政府的名义，代表首都人民对湖南、湖北、贵州、广西、江西、安徽、四川7个省份紧急援助救灾资金2100万元（每省、自治区各300万元）。同时，通过2月2日、5日两次紧急发运救灾物资，援助湖南、广西、贵州、江西、重庆等省市受灾地区棉衣、棉被、羽绒服、睡袋120多万件和蜡烛200多万支等。并组团深入灾区考察，将1600余万元捐赠款直接送到贵州、江西、重庆等受灾地区。

在整个援助南方灾区的工作中，紧急征调了驻京部队及海淀、大兴、通州、房山、密云等区县的库存救灾物资，通过市商务局紧急采购部分救灾物资，各区县接受了大量的捐赠救灾物资。首都人民共计捐赠款物折合人民币1.39亿多元。

3. 做好"3·14"事件善后工作

为妥善解决2008年3月14日西藏拉萨市打砸抢烧严重暴力犯罪事件中京籍商户的受损善后事宜，按照周永康同志及市领导"特事特办"的有关批示精神，我市成立了由市公安局治安管理总队、市财政局、市工商局、市民政局组成的协调小组，对在此次事件中，具有我市户籍的两户受损商户给予临时救助。

4. 开展对口支援地震灾区工作

2008 年 5 月 12 日四川汶川大地震发生后，各级民政部门积极开展援助工作，有力支援了地震灾区的抗震救灾工作。

（1）第一时间开展援助工作

市民政局第一时间代表市政府将总计 3000 万元援助款分别发往四川、甘肃和陕西省地震灾区，并紧急调运 30 万件棉衣被等发往四川灾区。同时，市民政局迅速通过首都慈善公益组织联合会向全社会发出紧急募捐倡议书，在全市开展"捐赠十元钱、爱心送汶川"为主题的募捐活动。

（2）单次捐赠款物史无前例

在各区县民政部门的努力工作下，根据灾区每天实际需求，陆续组织向灾区发出救灾捐赠物资爱心专列 9 列、254 节车皮，运送节能屋、食品、药品、瓶装水、帐篷、棉衣、棉被、半导体收音机及其他所需的生活用品，累计折款 3.4 亿多元。市红十字会、市慈善协会、市捐赠中心、青少年发展基金会及 18 个区县捐赠站点，依托市、区（县）、街道（乡镇）、社区四级经常性社会捐赠服务网络，向社会公布募捐电话和接收账号，制作了 6 万张"爱心登陆卡"海报和 20 万个"爱心贴"在全市发放，24 h 接受社会捐赠。在募捐活动中，首都各界累计捐赠款物折合人民币近 22 亿元。

（3）按时完成督查生产任务

为帮助四川地震灾区解决帐篷和彩条布的需求问题，民政部确定北京市四家企业承担 2 万顶救灾帐篷生产任务，同时要求我局采购 300 t 彩条布，均采取边生产边发运的方式，于 6 月 20 日前分别运抵四川地震灾区。为保证产品生产质量，我局按照民政部的通知要求，委托朝阳、丰台、大兴、通州和顺义 5 区，向辖区内承担生产任务的 5 家企业各选派一名政治素质高、责任心和工作能力强的同志赴企业开展督导工作，代表民政部指导企业生产和发运物资，做好协调等有关工作，并每日向市局汇总上报有关生产和发运物资情况。经大家共同努力，圆满完成了抗震救灾物资采购及生产督查任务。

（4）及时拨付援助资金

为做好地震灾区群众临时安置工作，我局按照有关要求，及时将民政部下拨我市的中央级接受救灾捐赠资金 2.92 亿元分两批全部拨付市建委，专项用于购建过渡安置房使用。根据 7 月 17 日常务副市长吉林与甘肃省常务副省长冯健身会谈精神,从我市接受社会捐赠资金中列支 1 亿元,用于支援甘肃陇南地震灾区。10 月 8 日,市民政局已将此项资金拨付甘肃省民政厅。

（5）做好地震伤员返乡工作

地震灾情发生以来,我市接收四川地震伤员 91 名、伤员家属 87 名,共计 178 人。市民政局成立四川地震伤员返乡工作小组,具体负责地震伤员返乡工作。为确保地震伤员和陪护亲属返乡途中的饮食和安全,市民政局代表市政府向每位伤员发放 500 元慰问金,并协调市卫生局在每批伤员返乡时安排两名医务工作者全程陪同。截至 10 月 28 日,在京治疗的四川地震伤员和陪护家属全部顺利返乡。

5. 认真开展救灾办公室工作

按照国务院的对口支援工作总体部署,确定我市对口支援四川省什邡市。今年 6 月,市政府成立对口支援地震灾区领导小组,下设指挥部并由四个办公室、三个分指挥部组成。其中救灾办公室由北京市民政局牵头,成员单位包括市卫生局、市教委、市交通委、市商务局、市红十字会、市慈善协会及北京青基会。在指挥部的领导下,市民政局认真履行职责,加强与成员单位的沟通,积极开展各项救灾捐赠工作。

（1）及时制定对口支援方案

按照市委、市政府对口支援工作的总体部署及充分尊重捐赠人意愿的原则,社会捐赠资金将主要用于对口支援地震灾区公共福利设施的恢复重建工作,及时制定援建什邡公共福利设施项目方案,开展项目选址论证工作,尽快开展项目施工。在 2008 年 10 月份全市"募捐月"活动中,开展 2009 年援建什邡市项目的大型认捐活动。

（2）规范捐赠资金管理和使用

在征求市指挥部重建办公室、资金办公室、重建规划分指挥部、建设分指挥部以及市审计局、市监察局、市红十字会、市慈善协会、北京青少年发展基金会等单位意见的基础上,经市对口支援地震灾区指挥部批准后,市救灾办（市民政局）制定下发《北京市对口支援地震灾区捐赠资金管理暂行办法》,对我市对口支援地震灾区捐赠资金的管理、拨付和使用做了明确规定。

（3）确保受灾群众安全过冬

2008 年 10 月 19 日,郭金龙市长与四川省委书记刘奇葆、省长蒋巨峰等领导进行会谈，为确保什邡市受灾群众安全过冬，保障灾区群众不挨饿、不受冻，从我市接受社会捐赠资金中列支1亿元援助灾区（10月29日由市民政局从接受捐赠账户中拨付至什邡市民政局），专项用于什邡受灾群众过冬物资准备及生活安置工作。同时，在我市10月份再次开展的募集活动中，共接收捐赠款物合计3975多万元，全部捐赠到什邡市灾区，帮助地震灾区群众过冬御寒。

6. 适时启动应急援助响应

2008年，除援助南方雨雪冰冻灾害和四川汶川大地震外，根据外省市遭受自然灾害的实际情况、民政部启动的国家救灾应急响应等级，我市先后数次启动应急援助响应，以北京市委、市政府名义，代表首都人民援助了遭受严重暴雨洪涝灾害的广西、江西、湖南、广东4个省区人民币各100万元，合计400万元；援助了遭受暴雨、泥石流及滑坡灾害的云南省100万元。援助资金迅速拨付到位，有力支援了受灾地区的救灾工作。

（四）灾害实录

1）2008年4月28日凌晨4时48分，北京至青岛的T195次客车下行至胶济线周村至王村区间时，尾部第9至第17节车厢脱轨，与上行的烟台至徐州的5034次客车相撞，造成72人死亡，416人受伤，其中北京籍亡者16人，伤者88人。北京市委、市政府高度重视，及时成立了以市政府副秘书长李伟为组长，市应急办、市卫生局、市民政局有关人员参加的"4·28"事故善后工作组。工作组于5月1日、7日、11日多次赶赴事故发生地山东淄博，看望慰问北京籍的受伤人员和死难者家属，处理善后工作。截至5月18日上午8时，北京市负责的"4·28"事故遇难者的善后工作圆满完成。另外，为充分体现北京市政府对本市遇难者家属的关爱，从市捐赠款中筹集资金，在铁道部、山东省政府及遇难者单位给予赔偿抚恤补助的基础上，再给予每位北京籍遇难者家属一定数量的慰问金。

同时，北京市民政局积极配合卫生部门完成组织京籍受伤乘客返京治疗的有关工作。5月4日，市政府李伟副秘书长、市民政局副局长吴文彦带领慰问工作组前往积水潭医院、北医三院、人民医院看望回京治疗的伤员，发放慰问品；市民政局纪委书记王丽仙、副局长李新京分别带领慰问组前往同仁医院、朝阳医院、解放军304医院和世纪坛医院看望了返京接受治疗的伤员。胶济铁路重特大交通安全事故

35 名京籍受伤人员返京，分别入住我市 10 所医院，均得到良好救治。

2）6 月 23 日前后，我市出现了风雹天气和短时强降雨过程，冰雹最大直径 8 cm，最大降雨量 52 mm。房山区、大兴区等 6 个区县、16 个乡镇、213 个村、8.9 万人相继受灾，农作物受灾面积 1.39 万 hm²、绝收面积 0.20 万 hm²，直接经济损失 4.78 亿元，农业经济损失 4.77 亿元。其中大兴区、房山区受灾较重，大兴区涉及 6 个镇、151 个村、6.1 万人，农作物受灾面积 0.97 万 hm²，直接经济损失共计 2.75 亿元；房山区灾情涉及 3 个镇、32 个村、1.48 万人，农作物受灾面积 0.33 万 hm²，直接经济损失 1.90 亿元。

3）为确保北京奥运会开幕式的圆满成功，8 月 8 日，我市在房山区采取了人工影响天气的拦雨措施，由此导致房山区十渡、蒲洼等 13 个乡镇普降暴雨，最大降雨量达 236 mm，损坏民房 624 户、1366 间，受灾人口 1.99 万人，造成直接经济损失 7602 万元。对此，市民政局会同市财政局积极采取措施，安排市级救灾应急资金，为灾民解决临时生活困难，修缮损毁住房，确保在奥运会和残奥会期间受灾地区的社会稳定。

二、2009 年灾害救济

（一）灾害情况

2009 年，我市气候比较异常，特别是雨汛期间，大风、冰雹、暴雨等强对流天气频发，造成部分农作物减产甚至绝收。加之 2008 年冬天和 2009 年春天以来遭遇降雪和低温冷冻灾害，大棚作物和果树遭受损失，灾情较重。

（二）灾情统计

据统计，2009 年发生的各类自然灾害导致受灾人口 35.1133 万人；损毁房屋 312 间，农作物受灾面积近 5.7 万 hm²，其中绝收面积 0.88 万 hm²，造成直接经济损失近 3.57 亿元，其中农业直接经济损失 3.18 亿元。

（三）灾民救助

1. 做好本市灾害救助工作

根据受灾地区灾情，市民政局会同市财政局针对各区县受灾群众需救济情况，制定了救助方案，下发有关通知，部署和落实救助工作。据统计，全年共安排中央、市、区县三级救灾资金 823.2 万元，救助 6.68 万人次，为灾民解决临时生活困难，修缮损毁住房，确保了灾区的社会稳定。

2. 做好国庆庆典救灾保障工作

汛期来临之前，各级民政部门积极与各相关部门组织力量开展排查，掌握本行政区域易发灾害种类和易发区状况，确定本行政区域内的重点防控区域，建立重点防控区档案，对洪涝、泥石流、采空区、滑坡等地质灾害易发区和平房、危旧房等灾害易损区重点设防。同时，按街道（乡镇）、社区（村）行政区域，分级规划和设定安置场所，确定疏散转移路线，保证了受灾群众能得到及时妥善的安置和救助。

3. 启用国家灾情信息管理系统

根据民政部有关要求，自 5 月 21 日起，北京市正式启用国家自然灾害灾情信息管理系统，遇有灾情，区县民政局在第一时间了解和掌握灾情，并在接到灾情报告的 2 h 之内完成灾情数据的初步审核、汇总，通过灾情管理系统向市民政局报告，实现了初报、续报、核报的动态报告，真正把各项工作落到实处，为我市防灾减灾和救灾工作提供了决策依据。

4. 加强制定完善预案工作

为提高灾害救助工作的科学性和有效性，市民政局对《北京市突发公共事件灾民救助保障预案》进行了修改和补充，规范了区县、街（乡镇）灾民救助保障预案，初步建立了市、区县、乡（街道）、村（社区）四级灾民救助应急保障预案体系。同时，依托市民政局现有网络基础，建设灾害救助支撑平台，实现灾害救助及应急管理信息化，完善灾情信息报送、应急物资保障、灾害救助管理和应急指挥体系。

5. 完成农村危旧房翻建维修工作

市民政局会同市建委将全市 5500 户农村优抚社救对象翻建维修危旧房屋列为2009 年市政府直接关系群众生活方面拟办的重要实事项目，要求各区县要严格执行建房各项标准，加强监理工作，落实抗震、节能及保温功能建设，并于当年 11月底前完成房屋翻建任务，保证社救对象在入冬前搬入新居，按时完成翻建任务。

6. 继续做好对口支援什邡灾区工作

2009 年，在市对口支援地震灾区指挥部领导下，市救灾办充分发挥桥梁和纽带作用，积极协调各成员单位认真履行职责，统筹安排社会捐赠资金，及时落实援建项目，为支援什邡灾区恢复重建做出了积极贡献。

（1）极开展对口支援捐赠活动

2009 年春节前，经首都慈善联合会倡议，全市社区中开展"捐赠电视送灾区 共度春节传真情"主题活动，共接受社会各界捐赠电视机 3267 台，分别发往四川 什邡、甘肃陇南和江西等灾区和困难地区。其中 1000 台电视机于春节前送到四川 省什邡市，让什邡市老百姓感受到首都市民的关爱之情。5 月 12 日，在汶川地震 一周年之际，经市政府批准，市救灾办协调各相关单位在首都党、政、军机关，社 会团体，企事业单位及广大市民中开展了"京什手拉手，重建新家园"主题捐赠活动，共募集捐款 1200 多万元，全部用于本市对口支援什邡市社会公益福利类援建项目。

（2）统筹安排使用社会捐赠资金

市救灾办（市民政局）积极发挥联络协调作用，与市捐赠中心、市红十字会、市慈善协会以及北京青基会等捐赠机构共同完成了第一批、第二批社会捐赠资金支援什邡援建项目资金拨付工作，并开始进行第三批社会捐赠资金援建项目的认捐认建工作。据统计，第一批社会捐赠资金援建项目 25 个，投资 4.61 亿元；第二批社会捐赠资金援建项目 17 个，投资 2.13 亿元。

（3）不断提高社会捐赠资金使用透明度

5 月和 9 月，我局分别组织了两批由捐赠机构代表、捐赠者代表、人大代表及媒体组成的考察团，赴四川省什邡市对本市社会捐赠资金援建项目进行实地考察，考察团听取了前线分指挥部及什邡市领导关于援建项目进展情况的介绍，参加了福利中心二期的竣工仪式，实地察看了部分在建项目。通过考察活动，什邡市援建项目接受了捐赠方的检查，得到捐赠方的充分肯定，为今后继续开展社会募捐活动打下了良好基础。

（4）加强规范社会捐赠资金拨付程序

为切实保障社会捐赠资金合理安排，规范拨付程序，市救灾办、市资金办在与各社会捐赠机构协商基础上，联合下发了《关于进一步加强社会捐赠资金管理和使用的通知》，进一步规范了对口支援社会捐赠资金的管理、使用、拨付程序以及数据报送等工作，明确了部门职责，提高了资金使用效率。同时，为提高社会捐赠资金的透明度，市救灾办与前线分指挥部多次沟通，确定由其定期向市救灾办通报社会捐赠资金援建项目进展情况，市救灾办将有关情况通报各捐赠机构，各捐赠机构及时向媒体、社会各界和捐赠人公布，接受社会监督，保护捐赠人的公益热情。10

月 7 日，救灾办将社会捐赠资金的接受和使用情况在《北京日报》上刊登，再次接受首都市民的监督。

7. 应急援助外省灾区

根据《北京市应急援助响应机制》，以市委、市政府名义多次为遭受严重自然灾害的兄弟省市灾区提供援助。2009 年 7、8 月间，河北、山西等北方 9 省遭受严重旱灾，民政部启动二级应急响应，北京市积极启动应急响应机制，援助河北等 9 省市各 100 万元。2009 年 11 月，北方遭受暴雪灾害，民政部紧急启动三级应急响应，北京市及时启动应急响应机制，援助河北、山西等 9 省市各 100 万元。上述资金均按时全额拨付受灾地区，有力地支援了灾区恢复重建工作。

8. 开展对口支援贫困地区工作

湖北省巴东县为民政部确定的由我市对口支援三峡库区移民的区县，根据巴东县在移民搬迁工作中存在的困难，援助巴东县捐赠资金 300 万元。为帮助江西省民政厅开展困难儿童医疗救助工作，援助捐赠资金 50 万元。为解决原北京移民生活问题，援助宁夏自治区银川市贺兰县京星农牧场 20 万元。

9. 紧急支援台湾台风受灾地区

2009 年 8 月以来，第 8 号台风"莫拉克"给台湾造成了严重的灾害。为协助台湾开展救灾工作，国务院台湾事务办公室委托国家减灾委筹集一批救灾物资，国家减灾委办公室要求我市组织采购。8 月 16 日，按照市政府领导批示，由北京市民政局负责采购 1 万条睡袋、1 万条毛毯以及 1000 台防疫卫生用喷雾器（其中手动型 500 台、电动型 200 台、燃油喷雾喷粉型 300 台）。同时，为确保产品质量，市民政局与市质量技术监督管理局、新兴职业装备生产技术研究所有关专家一起对采购物资质量进行了检验；市公安局公安交通管理局协调警力确保物资运输渠道畅通。8 月 18 日下午 14 时左右，此批救灾物资空运到台湾，为台湾人民开展灾后恢复重建工作提供了有力支持，圆满完成了应急采购、发运工作。

（四）防灾减灾

根据特大灾害不断出现的实际情况，民政部要求把救灾工作关口前移，积极开展防灾减灾工作，北京市民政局不断积极探索，广泛开展防灾减灾宣传活动，落实救灾物资储备规划，研究制定科学的物资储备标准，加强库房建设和管理等，综合备灾能力得到进一步增强。

1. 积极开展防灾减灾宣传

2009年3月1日，由国家民政部、国家人防办和北京市人民政府主办，市民防局、市民政局承办，在朝阳区朝阳公园举办了主题为"关注民防，平安生活"的"国际民防日"大型宣传活动。全市20多个委办局参加了宣传日活动。国务委员兼国防部长梁光烈、民政部部长李学举、北京市市长郭金龙参加活动并参观了望京街道民防宣教中心和民政救灾储备物资代储点，给予了较高评价。

2009年5月12日是我国第一个"防灾减灾日"，按照民政部和市委市政府的要求，北京市组织开展了防灾减灾系列宣传活动，成立了由市民政局吴世民局长、市应急办尹培彦主任为组长的宣传活动领导小组，负责全市宣传活动的组织、指导和检查。市、区县各级民政部门通过讲座、座谈和街头宣传等形式，向辖区居民宣传防灾避险自救知识，发放防灾减灾系列挂图2500套、防震减灾挂图400套。同时，5月12日当天，由国务院办公厅牵头，国家减灾委、民政部、中国地震局在国家地震局紧急救援训练基地举办了中央层面的防灾减灾应急演练，北京市民政局配合民政部展示了历年储备的帐篷、睡袋、折叠床等救灾专用系列产品，得到回良玉副总理的充分肯定。

2. 创建综合减灾示范社区

以创建"全国综合减灾示范社区"为抓手，全面推进基层减灾防灾能力建设，力争使社区减灾工作走在全国前列。当年有66个社区自觉提升社区减灾防灾硬件配备和软件环境，参与"全国综合减灾示范社区"评比创建活动。其中37个社区被民政部授予"全国综合减灾示范社区"荣誉称号并授牌，在全市社区防灾减灾工作中起到了较好的示范和带头作用。

3. 加强减灾防灾队伍建设

2009年10月至12月，民政部在全国范围内开展四级灾害信息员培训、考核工作，考试合格者，颁发国家灾害信息员职业等级证书。市民政局组织全市各区县从事灾情管理、符合四级灾害信息员报考资格的人员参加培训、考核，完成了区县级灾害信息员职业技能鉴定工作，进一步提升了灾害信息员队伍的综合素质和业务能力。

4. 落实救灾物资储备规划

为提高北京市应急物资储备能力，经市政府批准，市民政局制定了市级保障 14 万人、区县级保障总量达到 2 万人（18 个区县分别达到千人以上）的救灾物资储备规划。在 2008 年完成 3195 万元帐篷类物资采购工作基础上，2009 年，市民政局采购了价值 1.145175 亿元物资，共有帐篷、睡袋、折叠床、水罐、应急灯等 11 大类、16 个规格品种，初步完成了可应急保障 10 万人的市级救灾物资储备工作。

5. 加强灾害监测预警和评估机制研究

为做好自然灾害及其他突发事件的灾情统计和评估，北京市民政局会同市减灾协会并邀请部分专家启动灾害评估专项课题，研究建立灾害损失评估及救助指标体系、灾害救助预测模型及方法、灾前救助物资准备及优化管理模型、灾害救援综合数据库系统等，建立科学完整的灾害救助测评体系。

（五）灾害实录

1）进入 2009 年 6 月份以来，气温陡升，居高不下，极端最高温度达 39.9℃。致使各种粮食作物及干鲜果品大面积减产，其中，门头沟区有 9 个镇，177 个村，21500 人遭受旱灾，受灾面积 2677 hm^2，经济损失共计 2312.3 万元。房山区地下水位下降，城关、周口店、大石窝等乡镇受灾严重，受灾人口 21287 人，其中 1345 人饮水困难，冬小麦、果树等受灾面积 11314.95 hm^2，合计经济损失 4799.60 万元。

2）2009 年 7 月 22 日，我市普遍出现了风雹及短时强降雨过程，共有 5 个区县农作物遭受不同程度的损失。其中，顺义区张镇、杨镇 31 个村遭强风暴雨袭击，受灾人口 3772 人；春玉米、苹果等作物受灾面积 965 hm^2；倒塌民房 4 户 14 间；转移安置人口 12 人，共计经济损失 1057.7 万元。平谷区马坊镇、马昌营镇等 8 个乡镇普降大到暴雨，8 级以上大风持续 20 min，阵风达到 10 级，受灾人口 60274 人；玉米、果树、蔬菜等作物受灾面积 5389.87 hm^2，绝收面积 495.94 hm^2；21 间非生活住房受损，直接经济损失 1572.7 万元。怀柔区九渡河镇、渤海镇、桥梓镇、北房镇、长哨营村 55 个村，遭受大风、暴雨、冰雹袭击，冰雹最大直径达 1.2 cm，瞬间风力达 8 级。受灾人口 26683 人，板栗、玉米等受灾面积 1515.3 hm²，绝收面积 33.3 hm²，直接经济损失 3616.5 万元。

3）8月中旬，我市密云县石城镇河北村全村梨树遭受病虫灾害，梨树的叶和果实被病虫损坏，出现了黄斑，叶片背面长毛，得了梨锈病。梨树受灾面积 33.33 hm²，绝收面积 10 hm²，受灾人口 419 人，直接经济损失 60 万元；7月 8日晚 10 时，房山区霞云岭乡大地港村村民山顶羊圈遭到雷击，致使 51 只羊死亡，直接经济损失 6 万余元。

三、2010 年灾害救济

（一）灾害情况

2010 年，北京市气候异常，特别是第三季度进入主汛期后，极端天气活动较为频繁，7、8 月份我市部分地区发生风雹、洪涝等灾害，造成部分农作物减产，对灾区群众的生产生活带来较为严重的影响。

（二）灾情统计

据统计，今年我市受灾人口 10.14 万人；损毁房屋 1733 间，农作物受灾面积近 0.45 万 hm²。造成直接经济损失 2.11 万余元。

（三）灾民救助

1. 做好本市灾害救助工作

市民政局密切跟踪灾情的发展，确保资金、物资、人员等各项救灾措施落实到位。同时在全市基层社区成立社区综合防灾减灾工作领导小组，制定社区综合防灾减灾应急救助预案，居民之间设立帮扶小组，开展互救自救相关工作。各级民政部门及时做好灾后灾民救助工作和冬令前的救助准备工作，积极了解冬令期间灾区困难群众口粮、衣被、住房、治病等方面需救助的情况，修复所有因灾损毁的房屋，结合实际制定救助方案，安排各级冬令期间灾民生活救助资金，确保社救对象和灾民不挨饿、不受冻，安全过冬。12 月初市民政局会同市财政局下拨中央级救灾款 300 万元。

2. 提高灾害应急处置能力

2010 年 6 月，市民政局分别下发《关于做好社区防灾减灾工作和应对突发事件工作的通知》（京民救发〔2010〕288 号）和《关于进一步做好救灾应急各项工作的通知》（京民救发〔2010〕290 号），再次强调了救灾应急工作和社区防灾减灾工作的重要性，要求各区县民政部门把救灾工作摆上重要议事日程，始终把保障人民群众生命安全放在救灾工作的首要地位。加强灾情管理，严格执行灾情 2 h 内初报、重大灾情直接上报、救灾预案启动期间 24 h 零报告和灾情台账管理制度，确保数据上报及时、快捷。同时，密切跟踪灾情的发展，确保资金、物资、人员等各项救灾措施落实到位。在社区层面，则要求成立社区综合防灾减灾工作领导小组，制定社区综合防灾减灾应急救助预案，居民之间设立帮扶小组，开展互救自救相关工作。

3. 完成对口支援什邡灾区工作

2010 年是支援什邡地震灾区恢复重建工作的收尾之年，为确保中央提出的"三年任务两年完成"的目标，高标准完成对口支援任务，市救灾办公室认真落实北京市领导各项要求，充分发挥作用，认真履行职责，统筹安排社会捐赠资金，及时落实援建项目，有关项目资金全部拨付到位。全市共援建四川省什邡市建设项目 108 个，其中，社会捐赠资金援建项目 43 个，援建资金共计 70 亿元，确保了对口支援地震灾区工作"三年任务两年完成"目标的圆满完成。在 2010 年北京市对口支援地震灾区指挥部召开的"对口支援什邡恢复重建总结表彰大会"上，市对口支援地震灾区指挥部救灾办被评为"对口支援什邡恢复重建工作先进集体"，受到市委、市政府表彰。

4. 及时启动应急援助响应机制

2010 年 4 月 14 日，青海玉树地区发生地震，北京市紧急启动应急援助响应机制，当天援助资金 1000 万元和 1 万顶帐篷、2 万张折叠床、10 万件棉衣被等救灾物资。8 月 8 日甘肃省甘南藏族自治州舟曲县遭受特大山洪泥石流灾害后，我市再次紧急启动应急援助响应机制，援助人民币 500 万元。到此，北京市共 18 次启动应急响应机制。紧急援助了四川、陕西、甘肃、青海等 24 个省和自治区共计 1.09 亿元。其中，2010 年启动 6 次援助 14 个省（15 省次），有力地支援了兄弟省份灾区的抗灾救灾工作。

2010 年 8 月 19 日，中共中央、国务院和中央军委在青海西宁市隆重举行全国抗震救灾总结表彰大会，北京市民政局救灾处被授予"全国抗震救灾英雄集体"荣誉称号。

5. 对口支援三峡库区巴东县

2010 年，根据三峡水库蓄水水位提升到 175 m 后，造成巴东县多处再次出现险情及福利院需要再次选址搬迁的实际情况等。根据巴东县提出的请求，市民政局再次拨付社会捐赠资金 300 万元，支援巴东县社会福利院建设。

（四）防灾减灾

1. 制定综合防灾减灾社区标准

根据民政部有关要求，结合北京城市综合防灾减灾实际，着眼首都世界城市建设，创建符合首都国际化大都市发展要求、高标准的综合防灾减灾社区，搭建处置有力、反应灵敏、运转高效的突发事件应对工作体系，建立创建评审机制，研究制定《北京市综合防灾减灾社区标准》，强化规范化管理。加强区县之间、社区之间的沟通交流，加强对社区减灾工作人员的理论知识和业务能力培训，增强公众防灾减灾意识和应对灾害能力，从整体上不断提升全社会的风险防范意识和灾害应对能力，增强社区的综合减灾能力，为北京市"世界城市"建设、打造减灾示范首善之区奠定坚实的基础，确保城市有序运行和首都的安全稳定。2009 年初步完成《北京市综合防灾减灾社区标准》的起草工作。

2. 创建综合减灾示范社区

2010 年，全市共有 55 个社区自觉加强防灾减灾软硬件建设，重视应急避难场所的规划和建设，设立明显标识，积极参与"全国综合减灾示范社区"评比创建活动，并全部获得民政部授予的"全国综合减灾示范社区"荣誉称号。北京市在评比创建活动中，已有 92 个社区达到标准，获得"全国综合减灾示范社区"荣誉称号。

3. 开展防灾减灾知识大赛活动

为进一步提升社区减灾工作的社会影响力，结合民政部、教育部、共青团中央、中国红十字会总会共同下发的《关于举办 2010 年"中国人保——全国防灾减灾知识大赛"的通知》（民办函〔2010〕97 号），北京市民政局会同有关部门下发相关文件，在全市各区县、街乡、社区开展了防灾减灾知识大赛活动。在各区县层层选拔基础上，8 月份组织全市 16 个区县开展了知识大赛预赛，评选出 6 个区县代表队，并在北京电视台开展知识大赛决赛，最终选出优秀队员组队参加了民政部组织的全国知识大赛，并获得二等奖和省级优秀组织奖。通过开展全市规模的知识大赛活动，充分调动了全市社区居民参与防灾减灾工作的积极性，提高了社区居民防灾减灾自救互救的能力，促进了全社会防灾减灾氛围的形成。

4. 开展社区防灾减灾电子地图标注工作

2010 年，为加强社区综合防灾减灾工作，提高科学应对突发事件处置能力，北京市民政局委托北京灵图软件技术有限公司，依托市政务地理空间信息平台，对全市各社区居（村）委会区域内的避险安置场所、居民疏散路线、社区风险源、社区人口情况以及各级政府和居（村）委会办公地点等进行标注、标识。同时，录入各社区防灾减灾机构组成、应急队伍建设等情况。在此基础上，将完成全市社区防灾减灾电子地图应用平台建设。社区应急疏散避险地图的应用，必将在全面提高全市应急管理能力及社区防灾减灾工作水平方面起到显著作用。

5. 研究救灾储备物资技术标准

多年来，为加强政府救灾储备物资的标准化、科学化和确保救灾物资的质量，北京市民政局按照"研发先行、标准规范、生产实施"的工作思路，先后制定了 10 类、18 个品种的物资标准，充分满足了储备物资采购的需要，为保证物资质量和规范化生产提供了科学的量化指标和检测依据。经过多年的技术积累，制定的相关标准得到民政部的肯定和认可。经过民政部对其中的 16 种救灾储备物资技术标准进行研制和修订，并组织有关专家对上述标准进行了两次审核和论证，经民政部部长办公会审议批准后上报国家标准化管理委员会审定通过，2010 年作为民政部部颁标准发布执行。这一标准的实施，为我市救灾物资系列化储备和区县物资采购提供了技术支持，推动了救灾应急保障工作的顺利开展。

6. 完成本市乡镇街道灾害信息员培训工作

进一步加强基层灾害信息员队伍建设，建立健全信息员管理制度，组织开展灾害信息员五级职业技能培训和鉴定工作，2010 年举办了 3 期培训班，培训灾害信息员近 1000 人，在全国率先完成乡镇（街道）级灾害信息员培训工作。

7. 加快物资储备库房建设

为加快北京市救灾备灾物资储备设施体系建设，市民政局与市财政局商定，对马家楼接济中心久敬庄站现有库房设施进行装修改造，作为救灾和捐赠物资储备库使用。该项目按照政府采购公开招标程序确定了中标商，并于 2009 年 11 月 15 日正式开工，2010 年完成了维修改造工作，该库房作为最先投入使用的分中心库，在保障救灾捐赠物资的管理和调拨方面将发挥重要的作用。此外，市级救灾储备物资中心库房的立项工作也在加紧实施，逐步推进全市救灾物资储备设施网络规划建设。

五、灾害实录

1）2010 年 1 月 2 日至 4 日凌晨，我市普降大到暴雪。此次降雪范围广，持续时间长，全市平均降雪量为 10.6 mm，最大降雪量为 27.3 mm。据统计，全市受灾人口 27688 人，农作物受灾面积 530.03 hm^2、绝收面积 37.2 hm^2，倒损蔬菜大棚 2517 栋，直接经济损失 4930.69 万元。

2）2010 年 4 月至 6 月，我市部分地区发生暴雪、大风、风雹灾害。2010 年 4 月 26 日下午 3 点至 5 点，怀柔区杏树台、庙上、二道关等村突降暴雪，降雪厚度约 2 cm，造成大面积刚发芽的农作物遭受严重冻伤，受灾面积 18000 亩，受冻作物主要有板栗、核桃、红果、杏、大棚蔬菜等。其中大棚蔬菜 50 亩、蘑菇菌棒 6000 棒、板栗 10000 亩；核桃 5000 亩，红果树 2000 亩，杏树 950 亩，直接经济损失达 1800 余万元，此次冻灾共涉及 836 户，2230 人。果树收入是当地农民的主要经济来源，果树受冻造成大面积减产，给村民带来严重的经济损失。

2010 年 4 月 26 日下午，延庆县普降大雪，气温骤降，大榆树镇杨户庄村 140 亩大棚受灾。2010 年 5 月 28 日下午 1 时 20 分，康庄镇小丰营、东官坊村、王家堡村、小北堡村、东红寺村一带，遭受冰雹侵袭。造成经济作物受到不同程度灾害，蔬菜受灾严重 2048 亩。直接经济损失约 120 万元。

2010 年 6 月 15 日 20 时 25 分，门头沟区雁翅镇突降冰雹，冰雹最大直径 1 cm，时间持续了将近 14 min，致使雁翅镇河南台村、雁翅村、下马岭村、马套村的果园及粮田不同程度受灾。2010 年 6 月 19 日 17 时，斋堂镇突降暴雨并伴有大风，瞬时风力可达 8 级左右，致使斋堂镇东胡林村、军响村、桑峪村的果园及粮田不同程度受灾。

3）2010 年 7、8 月份，我市进入主汛期，怀柔区、通州区、密云县、延庆县 4 个区县的部分地区相继发生洪涝和风雹等自然灾害，共接到灾情报告 6 起。其中，7 月发生 2 起洪涝灾害、2 起风雹灾害；8 月发生 2 起风雹灾害。据统计，洪涝和风雹灾害共导致 12060 人次受灾；农作物受灾面积 859 hm²，其中绝收面积 453 hm²；倒塌房屋 5 间，损坏房屋 1317 间；共造成经济损失 1450 万元。

第五节 北京减灾协会 2008—2010 年大事记

一、完成政府部门有关减灾规划和项目

1）2008 年，应市民政局的委托，承担完成了《北京市农村住宅安全技术认定标准的研究设计》，协会在无技术设计标准先例的情况下，完成了研究设计，取得了满意的成果。

2）2008 年，汇编完成《北京减灾年鉴（2005—2007 年）》，并承担了北京市政府史志办 2000 年以前的《北京自然灾害志》的组织编纂工作。

3）2008 年 3 月，由北京市农村工作委员会、北京市科学技术协会联办，北京减灾协会与北京科学技术出版社共同编辑出版了面向全国广大农村干部、村民的《农村应急避险手册》。

4）2008 年 12 月，受市民防局委托，启动编制"北京市应急管理建设培训教材"（提纲），培训对象涉及城市市民、农村市民、院校师生、公务人员、民防队伍。

5）2008 年 12 月初，受市民政局委托立项"灾害损失评估及救助测评体系研究"，项目研究的主要内容有：①针对市民的损失评估及救助指标体系建立灾害救助预测模型及方法；②重大灾害灾前救助物资准备及最优化管理模型；③灾害救援综合数据库系统的建立。

6）2009 年 1 月，承担了北京市发改委"应对气候变化"项目。

7）2009 年 2 月，承担了北京市民政局"灾害损失评估及救助测评体系研究"项目。

8）2009 年 4 月，承担了北京市民防局《北京市民安全减灾读本》（培训教材）和《北京市公务员安全减灾管理培训教材》两本教材的编写工作。

9）2009 年 7 月，承担了北京市发改委"'十二五'期间北京市提升城市综合减灾应急管理水平的重点、思路及对策研究"项目。

10）2010 年 7 月份完成了《北京减灾年鉴（2005—2007）》合编本，并于 12 月份出版。

11）2010 年 10 月，承担完成"十二五"期间北京市提升城市综合应急管理水平的前期课题项目研究。

12）2010 年 11 月，应市农委的要求，减灾协会专家与农委有关部门领导进行了专题座谈，商讨《北京市"十二五"期间农业重大灾害应急预案》的编写任务和执行方案。

二、围绕政府中心工作开展减灾调研，组织专家提出多项建议

1）2008 年 9 月，减灾协会组织气象、水务、园林绿化、市政、疾病防控、清华大学、中国农业大学等单位的 10 余名专家、学者，召开了由市发改委和市科委联合立项的"应对气候变化方案"征求意见专家座谈会，发改委主管此项课题的同志到会并指导工作。

2）2008 年 2 月中旬郑大玮教授作为农业部特邀专家，参加了南方灾害评估去贵州调查考察。以大量的第一手资料和丰富的图片向广大农民朋友分析了这次罕见的南方低温冰雪灾害的成因及灾害对我国农林牧渔业的影响和后续效应。

3）2010 年，协会组织专家开展减灾调研并提出专家建议 8 项，分别为："减灾协会专家参加联合国气候变化大会归来——谈低碳经济""关于进一步完善北京减灾法制体系的建议""应充分关注正在加大的北京渍涝风险""未来北京综合应急管理应满足世界城市安全需求""北京建设世界城市综合应急能力提升的思考""关于建立综合抢险救援机制的建议""总结经验教训，改进农业和园林植物的越冬防护""应充分关注北京面临的巨灾风险"。

三、开展减灾学术研究和项目科研工作

1）2008 年，在北京市科协的大力支持下，由北京减灾协会主办，河南省灾害防御协会、郑州市灾害防御协会承办的"中国北方气候变化与清洁发展机制和自然灾害演变趋势及对策研讨会"在河南省郑州市召开。来自中国农业大学、国家气候中心、北京、河南、陕西、河北、黑龙江等省市的防灾减灾、地震、气象科技工作者 50 余人参加了会议。

2）2008 年 10 月，北京减灾协会专家参加了在天津举办的京津沪穗连五城市科协主题为"突发自然灾害事件防范与应急处置"的 2008 年学术年会，减灾协会常务副秘书长金磊在会议上做了《城市综合减灾的理论与实践——以 29 届奥运会

安全保障及汶川灾后重建规划编制为例》的论文报告，报告受到与会者的广泛好评。同时，减灾协会还为年会组织提供了《模糊优选模型在消防工作绩效考核中的应用探讨》《影响北京能源供应系统的自然灾害与减灾对策》2 篇学术论文。

3）2008 年 10 月学术月期间，北京减灾协会与北京工业大学联合承办的"中国与希腊地震工程学研讨会"在逸夫图书馆报告厅举行。中国、希腊双方 5 位专家做论文报告，中方 50 余位专家、学者、大学生到会。会议结合我国"5·12"四川汶川大地震的破坏情况，在地震工程专业学术方面进行了深入、高水平的交流研讨，受到了与会专家们的欢迎。

4）2008 年 11 月 24 日至 12 月 3 日，受北京市科协委托，北京减灾协会举办"2008 年京台青年科学家论坛（台湾）——防灾减灾研讨会"，减灾协会 3 名专家在分题研讨会上做了相关论文报告。

5）2009 年 8 月 6 日至 11 日，由北京市科协支持，北京减灾协会主办的"华北地区城市灾害与清洁发展机制和自然灾害演变趋势及对策研讨会"在承德召开。来自北京、天津、河北、河南等省市的防灾减灾、气象、地震、民政、疾控、农业、医疗等方面的科技工作者 30 余人，参加了会议。会议论文交流 22 篇。

6）2009 年 10 月 13 日，北京减灾协会与中国灾害防御协会联合举办了"国际减灾产业论坛"。

7）2010 年 8 月 31 日，为交流城市规划和应急管理经验，由减灾协会、清华城市规划设计研究院、日本明治大学危机管理研究中心联合举办的"中日首都城市规划与防灾应急管理研讨会"在清华大学举行。日方参加研讨会的专家有日本明治大学公共政策、危机管理和都市开发事业本部、行政管理研究等方面的教授、博士等 8 人，中方参会的有来自清华大学、北京市人工影响天气办公室、北京减灾协会等方面的专家学者 20 余人。

8）2010 年 10 月 13 日，北京减灾协会在中国科技会堂举办了"北京建设世界城市综合应急管理论坛"。北京减灾协会常务副会长、北京市人民政府副秘书长安钢、北京市气象局副局长王迎春到会出席。来自民政部国家减灾中心、首都消防、水务、地震、气象、规划、民政、民防、卫生、国土资源、清华、北大等部门的领导、专家学者、科研人员 60 余人参加了论坛。有 8 位专家分别从综合应急防灾减灾能力、北京建设"世界城市"目标、城市防汛减灾、世界城市粮食安全、综合应急救援体系建设、大伦敦应急管理研究等方面做主题发言，论坛收编论文 21 篇。

四、重视开展公众的防灾减灾安全素质科普教育工作

1）2008年3月，北京奥运盛会临近，奥运安全问题犹显突出。减灾协会专家在海淀、昌平、石景山、西城等区的中小学、大学、打工子弟学校、街道办事处、社区、部队警卫连等地，开展防灾减灾科普讲座26次，讲座内容涉及"家庭急救与护理""科学应对突发事件""北京地区的灾害事故及其对策""怎样应对城市地震灾害""北京城市气象灾害及对策""社区、校园、安全"等。受益人数达6000多人次。

2）2008年4月，北京减灾协会专家、中国农业大学郑大玮教授，应北京市农林科学院现代农业大讲堂之邀，为京郊农民做了"2008年南方低温冰雪灾害的成因、减灾措施与经验教训"的专题讲座。

3）2008年5月北京减灾协会参加2008北京科技周活动。

4）2008年5月，北京减灾协会在北京市城区近郊的120辆公交车车厢内，推出"平安北京，安全奥运"——树"安全奥运"意识，保"平安奥运"防灾减灾科普知识宣传图片。内容有暴雨、高温、雷击、泥石流等气象灾害、暴雨预警信号、北京市"防汛预警级别及播报"；城市积涝与交通安全、游泳安全、家庭灭火、家庭用电、食物中毒、狂犬病、灾难事故危机心理应对、灾难事故心理应对等防范知识。

5）2008年5月12日汶川地震以后，减灾协会专家为学校、社区、中央人民广播电台、北京人民广播电台、中央教育电视台、北京电视台、中国科技馆等媒体，做"公共安全与北京奥运""汶川大地震：抗震救灾 众志成城""科学实施救援""科学认识地震""沉着冷静 抗击地震 科学认识地震""地震大解读""汶川大地震""地震后的医疗救护问题"为主题的科普报告。

6）2008年7月，为迎接举世瞩目的2008年北京奥运盛会，由北京减灾协会、北京市人民政府防汛抗旱指挥部办公室在奥运前夕，组织专家编写了以推进"安全社区"建设为理念的《北京市民汛期实用手册》，由昆仑出版社正式出版。从7月下旬开始，通过城八区科协，陆续免费发放到社区市民手中。

7）2008年10月8日是"国际减灾日"，北京减灾协会联合中国灾害防御协会、北京市气象台、北京市专业气象台等单位，在海淀区紫竹院街道车南里社区举办防灾减灾科普咨询活动。向紫竹院街道办事处和所属8个社区分别赠送12种减灾图书。采取有奖问答等形式，向市民发放图书、科普资料17种5000余份、减灾和气象知识科普扑克300余副、电视气象节目科普宣传袋400余个。

8）2008年由北京科普创作出版专项资金资助，受北京市农村工作委员会、北京市科协委托，北京减灾协会编写的《农村应急避险手册》已由北京市科学技术出

版社出版 4 万多册。北京市民政局十分重视，向北京郊区农村普及科学应对突发事件应急避险知识，面向村委会发放 10500 册《农村应急避险手册》，受到广大农村朋友的欢迎。

9）2009 年 5 月 18 日北京科技周主会场日坛公园举办了"安全·减灾·防汛·抗旱"防灾减灾专题活动。北京减灾协会向参观游园活动的公众，免费发放了深受社区市民欢迎的《家庭急救与护理》《心肺复苏与创伤救护》连环画册、《气象与减灾》《北京市民汛期实用手册》《愿人类远离"天火"》《农村应急避险手册》、防震减灾扑克牌、《防汛抗旱科学普及知识》等科普图书、宣传资料图册 5000 套。

10）2009 年 6 月 18 日，北京减灾协会参加了北京市科协在北京人定湖公园举办的主题为"迎国庆　展示科协魅力　促和谐科普惠及民生"的活动。在现场举办了科普知识有奖问答等丰富多彩的互动形式的活动，问答题涉及科学防震、科学应对突发事件等多方面的科学知识。活动现场还向参观游园活动的公众免费发放了科普图书、宣传资料图册 2000 册。还在主会场展出由减灾协会编制的《防灾减灾安全素质教育》展板一套，内容涉及安全用电、安全用气、安全乘坐交通工具、交通安全、安全用水、火场逃生、公共卫生、公共安全、地震灾害、气象灾害、急救技能、健康心理等方面的知识。

11）2009 年 6 月 26 日北京减灾协会科普讲座团成员、北京市气象局避雷安全装置检测中心总工宋平健，做客中央教育电视台《热点聚焦》访谈栏目，采访录制了《珍爱生命　科学防雷》节目，长达 18 min。专家在节目中，从科学的角度讲解了雷电产生的原因、雷电造成的灾害损失及科学应对雷击灾害的方法与救治等。

12）2009 年 8 月下旬开始，北京减灾协会组织专家团队参与《居民紧急避险知识讲座》和《居民紧急救助知识讲座》两档系列节目的制作。该节目是由北京市政府主办的社会公益项目，将以视频形式在"北京学习型城市网"播放。减灾协会组织专家，参与了火灾、气象、地震、医疗急救、城市生命线等专题知识讲座的制作。

13）2009 年北京减灾协会以西城区、朝阳区为试点，以点带面，全年为社区、单位、学校开展讲座 18 次，内容包括"地震灾害的防范与自救互救""科学应对突发事件""火灾防范与火场逃生""心肺复苏与外伤救护"，听讲者达 4000 余人。由减灾协会编制两套 40 余块防灾减灾科普宣传展板，在朝阳区、海淀区车道沟南里等区进行巡回展出。展板内容为：气象灾害、地震灾害、地质灾害、火灾、交通事故、社会安全、医疗卫生、心肺复苏、远离游戏厅、远离毒品等。

14）2010 年 5 月北京减灾协会联合中国灾害防御协会、市气象局声像中心、市气象局科技处、万云公司等单位，在紫竹院公园举办的"北京科技周"大型科普宣传咨询活动中，有 15 名专家、工作人员在现场参加了宣传咨询活动，向社会公众发放了《北京市民汛期实用手册》《愿人类远离"天火"》《农村应急避险手册》《防汛抗旱科学普及知识》《防灾保险知识手册》、减灾知识扑克、《气象灾害防御条例》《雷电灾害防御手册》《气象知识》等科普图书及宣传资料 3000 套；科普宣传袋600 个；由北京市气象局声像中心摄制的 7 集《平安北京》DVD 科普专题片 1800 张。

15）2010 年 8 月，减灾协会围绕 2010 年北京市全国科普日"防灾减灾、健康健身"活动主题，结合应对气候变化和节能减排的新要求，在西城区月坛街道三里河一区社区公园举行了"全国科普日"宣传活动，4 名减灾方面的专家参加了现场咨询，并在现场举行了"防灾减灾有奖答题"，社区居民积极踊跃参与，气氛活跃。同时展出"关爱生命、平安北京"展板一套，向月坛街道三里河一区社区赠送减灾科普挂图 5 套；发放《气象与减灾》《北京市民汛期实用手册》《愿人类远离"天火"》等科普图书 600 本；发放科普宣传袋 400 个及其他科普资料 800 份。活动中，社区居民 800 余人参加。

五、组织建设

1）2009 年 11 月 10 日，北京减灾协会召开了第三次换届代表大会，时任北京市副市长的夏占义兼任会长，北京市人民政府副秘书长安钢兼任常务副会长，北京市气象局局长谢璞任常务副会长兼秘书长，大会选举产生北京减灾协会第三届代表大会理事 68 人，常务理事 55 人，副会长 24 人，监事 3 人及常务副秘书长、副秘书长、学术委员会及科普委员会主任等。

2）2010 年 5 月 13 日至 25 日召开了"第三届理事会第二次全体理事会会议"（函会），向全体理事汇报北京减灾协会近阶段工作情况：①审议通过《北京减灾协会 2010 年工作计划（初稿）》；②组建了新一届减灾学术专业委员会和减灾科普专业委员会。

第二篇

灾害与灾情

第一章　气象灾害

第一节　逐年气候概况

一、2008 年气候概况

2008 年北京地区主要气候特点是：气温偏高；降水略偏多，为 1999 年以来最多；日照略偏少。其中：冬季气温偏高，降水偏少；春季气温显著偏高，降水异常偏多，沙尘天气偏少；夏季气温和降水均接近常年，6 月下旬出现连阴雨天气，8 月中旬初出现一次全市性暴雨，多局地性强对流天气；秋季气温偏高，降水显著偏多；10 月下旬至年末出现了两次寒潮过程和一次局地暴雪。

（一）气温

2008 年本市平原地区平均气温为 12.7 ℃，比常年偏高 0.7 ℃，比近十年平均偏低 0.2 ℃，比 2007 年偏低 0.7 ℃。观象台平均气温为 13.4 ℃，较常年偏高 1.1 ℃。空间分布上，西部和北部山区气温在 5.6 ～ 12.5 ℃之间，其他地区气温在 11.5 ～ 13.6 ℃之间；除西南部的斋堂和霞云岭以及东北部的怀柔和汤河口较常年偏低 0.1 ～ 0.3 ℃外，其他大部分地区气温均比常年偏高，偏高幅度为 0.2 ～ 1.6 ℃不等，其中通州偏高幅度最大，达 1.6 ℃。

（二）降水

2008 年北京市平原地区降水量为 688.1 mm，比常年偏多 18%，比近十年平均值和 2007 年分别偏多 41% 和 33%，为 1999 年以来最多。各测站降水量在 522（延庆）～ 806 mm（昌平）之间，主要集中在城区西部、西北部的昌平和佛爷顶、东北部的顺义及西南部的霞云岭；除怀柔降水量接近常年略偏少外，东部大部分地区降水量接近常年略偏多，西部大部分地区降水量较常年偏多 1 ～ 5 成。其中，昌平年降水量最多，为 806.1 mm，比常年偏多 49%；延庆年降水量最少，为 522.4 mm，比常年偏多 18%。2008 年南郊观象台降水日数为 76 天，比常年偏多 5 天，较近十年平均值和 2007 年分别偏多 10 天和 19 天，为 1999 年以来最多。

（三）日照

2008 年本市平原地区年日照时数为 2179 h，比常年偏少 431 h，比 2007 年偏少 103 h，为 1961 年以来第三低值，仅高于 2006 年（2166 h）和 2003 年（2106 h），已连续 19 年低于气候值。全市各测站日照时数在 1938 h（门头沟）～ 2547 h（汤河口）之间，其中，西北部和东北部的上甸子年日照时数在 2300 ～ 2550 h 之间，其他大部分地区在 2000 ～ 2300 h 之间，局部地区在 2000 h 以下；全市 20 个测站年日照时数均比常年偏少，幅度在 −22% ～ −7% 之间。

二、2009 年气候概况

2009 年北京地区主要气候特点是：降水较常年偏少；气温较常年略偏高，且高温日数偏多；日照略偏少。其中：冬季气温略偏高，降水显著偏多；春季气温显著偏高，降水偏少；夏季气温略偏高，降水偏少；秋季气温略偏低，降水略偏少。各季日照时数均接近常年略偏少。

（一）气温

2009 年北京市平原地区平均气温为 12.7 ℃，比常年偏高 0.7 ℃，比近十年（1999—2008 年）平均偏低 0.1 ℃，与 2008 年持平。空间分布上，西部山区和北部山区气温介于 6.1 ～ 12.5 ℃，其他地区气温在 11.5 ～ 13.6 ℃之间；与常年相比，除观象台、朝阳、通州、石景山、昌平和延庆气温偏高 1.0 ～ 1.6 ℃外，其他大部分地区气温偏高 0.1 ～ 0.8 ℃不等。此外，霞云岭和怀柔气温偏低 0.1 ℃，平谷与常年持平。

（二）降水

2009 年北京市平原地区降水量为 450.1 mm，比常年偏少 23%，比近十年平均值和 2008 年分别偏少 7% 和 35%。全市各测站降水量在 286 ～ 606 mm 之间，主要集中在城区、东南部、东北部的密云和平谷以及西部的门头沟；除朝阳、丰台和通州降水量接近常年外，其他大部分地区降水量较常年偏少 1 ～ 5 成。其中，朝阳年降水量最多，为 606.1 mm，比常年偏多 4%；昌平年降水量最少，为 285.9 mm，比常年偏少 47%。

（三）日照

2009 年本市平原地区年日照时数为 2376 h，比常年同期偏少 231 h 时，比 2008 年偏多 197 h。全市各测站日照时数在 2117 h（霞云岭）～ 2803 h（佛爷顶）之间，其中，西南部、东北部以及城区的朝阳和丰台年日照时数在 2117 ～ 2381 h 之间，其他大部分地区在 2448 ～ 2803 h 之间；除霞云岭、延庆、佛爷顶和石景山年日照时数比常年同期略偏多 2 ～ 49 h 外，其他台站年日照时数偏少 4 ～ 393 h 不等。

三、2010 年气候概况

2010 年北京市降水略偏少，气温略偏低，日照略偏少。其中：冬季气温略偏低，降水偏多；春季气温偏低，降水偏多；夏季气温略偏高，降水偏少；秋季气温略偏高，降水显著偏多。各季日照时数均比常年略偏少或偏少。

（一）气温

2010 年北京市平原地区平均气温为 11.8 ℃，比常年偏低 0.2 ℃，比近十年（2000—2009 年）平均偏低 1.0 ℃，比 2009 年偏低 0.9 ℃，是自 1992 年以来首次低于气候值。空间分布上，西部山区和北部山区气温介于 4.8 ～ 8.4 ℃，其他地区气温在 10.7 ～ 12.7 ℃之间；与常年相比，除观象台、朝阳、观象台、石景山和延庆气温偏高 0.1 ～ 0.3 ℃，丰台和昌平与常年持平外，其他大部分地区气温偏低 0.1 ～ 1.2 ℃不等。

（二）降水

2010 年北京市平原地区降水量为 480.8 mm，比常年偏少 18%，比近十年平均值和 2009 年分别偏少 3% 和 7%。全市各测站降水量在 403 ～ 706 mm 之间，降水主要集中在北部的延庆、怀柔、密云、上旬子和平谷；除佛爷顶接近常年，延庆、汤河口、斋堂和上旬子降水量比常年偏多 6% ～ 12% 外，其他大部分地区降水量较常年偏少 5% ～ 31%。其中，上旬子年降水量最多，为 705.9 mm，比常年偏多 12%；房山年降水量最少，为 402.8 mm，比常年偏少 31%。

（三）日照

2010 年本市平原地区年日照时数为 2295h，比常年同期偏少 316h，比 2009 年偏少 81 h。全市各测站日照时数在 1897 h（门头沟）~ 2660 h（佛爷顶）之间，其中，西南部、北部的密云、怀柔以及城区的海淀年日照时数在 1897 ~ 2122 h 之间，其他大部分地区在 2209 ~ 2660 h 之间；各测站日照时数均比常年同期偏少 80 ~ 670 h 不等。

第二节　逐年气象灾害

一、2008 年气象灾害

2008 年主要的气候事件有春季降水异常偏多、汛期暴雨、6 月份的连阴雨、初春气温异常偏高、夏季高温闷热天气、秋冬季的寒潮、初冬降雪、沙尘、大雾和雷暴。

（一）局地性暴雨

本市共出现 6 次局地性暴雨，特别是 7 月 30 日夜间到 31 日，昌平区普降大到暴雨，最大降雨量为 214 mm，造成道路积水及地下空间积水，路面、山区桥涵坍塌受损，部分山体滑坡。

（二）强对流天气

2008 年雷暴日数为 35 天，接近常年（35.2 天），比近十年平均（26.4 天）和 2007 年（23 天）偏多。其中，夏季有 21 天，比常年同期（25.9 天）偏少，比近十年平均（19 天）和 2007 年同期（17 天）偏多；春季为 8 天，比常年同期（4.5 天）、近十年平均（3.9 天）和 2007 年同期（0 天）均偏多；秋季为 6 天，接近常年同期（4.9 天），与 2007 年同期（6 天）持平，比近十年平均（3.5 天）偏多。

（三）大风、冰雹

本市出现了多次大风冰雹天气，给农业生产造成较大损失。5 月 28 日至 30 日的大风天气，造成门头沟区、房山区、大兴区的 8 个乡镇、59 个村受灾，受灾人口 17002 人，受灾面积 620 hm^2，其中绝收面积 30 hm^2，直接经济损失 1030 万元；

6月22日至24日本市局部地区出现雷雨大风和冰雹天气，灾害共涉及大兴区、房山区、昌平区、延庆县、密云县、怀柔区6个区县的16个乡镇213个村、27898户、89254人受灾，受灾面积13928.5 hm²，其中绝收面积2028.4 hm²，造成农业直接经济损失4.8亿元。

（四）降雪

2008年观象台降雪日数为5天，比常年（13.6天）明显偏少。1月份3天，出现在17日、21日至22日；12月2天，在10日和21日。其中，12月10日的降雪主要出现在北部地区，延庆佛爷顶降雪量最大，为10.3 mm，达到暴雪的量级，延庆、怀柔、密云等地为中到大雪，城区及南部地区只有微量降雪。12月21日的降雪主要出现在东北部地区，平谷降雪量最大，为3.3 mm。

（五）强冷空气（寒潮）

12月4日和21日本市两次遭遇强冷空气的侵袭。其中，4日至5日平原地区48 h内气温降幅为10～12 ℃，为自1971年以来12月最强的寒潮天气过程；12月21日至22日平原地区48 h内气温降幅为8～10 ℃，低于前一次；21日部分地区瞬时风力达到8～9级，观象台瞬时最大风速达22.7 m/s，22日凌晨观象台极端最低气温降到−13.5 ℃，这也是2008年观测到的最低气温值。

（六）霾

2008年观象台观测到霾的日数为75天，比2007年（63天）略偏多，比常年（27.2天）和近十年平均（32天）明显偏多。其中，冬季为18天，比常年同期（4.1天）明显偏多；春季为23天，比常年同期（7.5天）明显偏多；夏季为16天，接近2007年同期（18天），但比常年同期（8.4天）和近十年平均（7.9天）偏多；秋季为21天，比常年同期（7.1天）明显偏多。

（七）沙尘天气

2008年北京观象台共出现6个沙尘天气日，比常年（15.5天）和近十年平均（10.3天）偏少，接近2007年（5天），主要出现在春季，均为外来浮尘。其中，3月份1天，出现在3月18日；5月份5天，多于常年同期（2.7天），分别出现在是20日、21日、27日至29日。另外，3月1日本市北部部分地区也有沙尘天气出现。

（八）大雾天气

2008 年观象台观测到的大雾天气日数为 4 天，较常年（20.7 天）、近十年平均（14.9 天）和 2007 年（15 天）明显偏少。其中，冬季观象台出现雾的日数为 2 天，出现在 2007 年 12 月 27 日至 28 日，比常年同期（7.0 天）明显偏少；春季有 3 天，分别在 3 月 29 日、4 月 7 日和 5 月 18 日，比常年同期（1.7 天）偏多；夏季没出现大雾天气；秋季有 1 天，出现在 11 月 15 日，比常年同期（7.5 天）明显偏少。

二、2009 年气象灾害

2009 年北京市主要出现了高温、暴雨、大风、冰雹、寒潮、强降雪、雾霾、雷电等天气气候事件。大风、冰雹、暴雨和强降雪给农业造成较大的损失，持续的高温天气给供水供电带来较大的压力，11 月初的强降雪对交通造成较大的不利影响，11 月雾霾天气给交通和空气质量带来一定的不利影响。

（一）高温

2009 年北京观象台高温（日最高气温 ≥ 35 ℃）日数为 16 天，比常年（6 天）、近十年平均（11.9 天）和 2008 年（3 天）明显偏多，且高温天气出现时间偏早并具持续性，最早出现在 5 月 18 日，为 35.6 ℃。观象台极端最高气温出现在 6 月 24 日，达 39.6 ℃。

高温天气的持续出现，不仅使心脑血管疾病和发热病人骤增，而且增加了用水和电力负荷。6 月 25 日，市区日供水量达 266 万 m^3，突破了 1999 年最高日供水量 263 万 m^3 的历史最高纪录。8 月 13 日北京电网负荷创下 1338 万 kW 的纪录，14 日 12 时 36 分，电网最大负荷达到 1424.6 万 kW，再次刷新最高纪录。

（二）暴雨

2009 年本市 20 个气象台站共出现暴雨 15 站次，主要发生在平原地区，其中城区 7 站次，房山、大兴和密云各 2 站次，通州 1 站次，霞云岭 1 站次。从时间上看，主要出现在 6 月上旬和 7 月中旬，6 月 8 日有 6 站次，7 月 13 日 2 站次，7 月 17 日 3 站次，7 月 31 日 2 站次，7 月 20 日和 8 月 9 日 1 站次。从单站降水量看，7 月 20 日密云降水量最大，为 76.8 mm。

多次暴雨天气过程致使首都机场部分航班无法正常起降，进出港航班延误，并造成城区部分低洼地带积水，严重阻碍了过往车辆顺利通行。7月13日本市局地出现暴雨，截至14日6时，房山和丰台降雨超过50 mm，其中琉璃河雨量最大，达84 mm，西南三环路的玉泉营雨量达78 mm。由于局地降雨强度大，又正逢交通车流晚高峰时段，在降雨较大并集中的地段道路交通一度严重堵塞，21时20分全市交通恢复正常。

（三）大风、冰雹

2009年北京观象台观测到大风的日数为15天，比常年（22.4天）偏少，但比2008年（8天）明显偏多。各区县出现了多次大风冰雹天气，对农业造成了较大损失。主要灾情如下。

6月8日凌晨5时10分，大兴区礼贤镇34个自然村遭受冰雹袭击。灾害共造成3000户13000人受灾，导致低收入家庭910户3860人生活困难，玉米等农作物受灾面积1092 hm²，成灾面积1071 hm²，经济损失共计603万元。

6月13日15时50分，平谷区黄松峪乡发生暴雨，降水量达27 mm，伴有短时大风和冰雹，冰雹自15时55分持续至16时05分，最大直径1 cm，平均直径0.7 cm。此次灾害造成3895人受灾，桃树等受灾面积432 hm²，经济损失1296万元。

6月14日18时15分，平谷区镇罗营镇核桃洼等10个村遭受冰雹灾害，持续时间半小时，密度大，冰雹最大直径5 cm，并伴有雷雨大风。造成1327农户3827人受灾，果树受灾面积657.2 hm²，绝收面积253.33 hm²。直接经济损失2300万元。

7月22日下午，顺义、昌平和平谷3个区遭受风雹灾害，玉米、果树等作物受灾面积7271.87 hm²，21间非生活住房（含简易屋棚）损坏,58间生产用房、120余间民房屋顶瓦片受损，直接经济损失3043.1万元。

7月23日下午，昌平、顺义、平谷和房山4个区遭受风雹灾害，造成47167人受灾，1户5间房屋倒塌，41户162间房屋屋顶瓦片损坏，农作物受灾面积5890.62 hm²，农业损失3917.22万元，直接经济损失共计4949.62万元。

8月16日13时30分至17时20分，平谷区山东庄镇等6镇（街道）53个村遭受大风袭击，造成玉米受灾面积1122.2 hm²，成灾975.5 hm²，绝收334.2 hm²，减产2776.8 t；蔬菜受灾面积67 hm²，成灾66.9 hm²，绝收0.2 hm²；果树（桃树、苹果树、柿子树、核桃树）受灾面积 3124.9 hm²，成灾 2809.3 hm²，绝收 208.7 hm²；畜禽舍损坏 10 间。直接经济损失总计 9011.8 万元，其中种植业 9009.8 万元，养殖业 2 万元。

8 月 16 日 13 时 30 分至 14 时，顺义区李遂镇遭受大雨暴风袭击，造成全镇 16 个村的玉米、大葱等农作物遭到不同程度的破坏，120 人受灾，农作物受灾面积 866.67 hm²，成灾面积 333.33 hm²，绝收面积 266.67 hm²，2000 m 照明线路毁坏，1500 棵树木折断，直接经济损失 264.2 万元。

（四）秋季寒潮

2009 年本市遭受 1 次寒潮天气影响，出现在 10 月 28 日至 11 月 3 日。受蒙古地区南下强冷空气的影响，北京观象台日最低气温由 9.8 ℃（10 月 28 日）降低至 -4.8 ℃（11 月 3 日），降温幅度达到 14.6 ℃，11 月 1 日和 2 日瞬时最大风速达 15.3 m/s，此次大风降温过程达到寒潮标准。11 月 1 日凌晨本市出现降雪，08 时至 14 时城区及南部地区达到大雪量级，北部地区为小到中雪，最大降雪出现在石景山，降水量为 12.0 mm，最大积雪深度为 10 cm 左右。

受 11 月初突如其来的大雪和强降温影响，本市将供暖时间由 11 月 15 日提前至 11 月 1 日。

（五）降雪

2009 年北京观象台降雪日数为 10 天，比常年（13.6 天）偏少。其中，2 月份 3 天，出现在 17 日至 19 日；3 月 3 天，出现在 4 日、5 日和 29 日；11 月 4 天，出现在 1 日、9 日至 10 日和 12 日。其中，2009 年下半年初雪早、降雪量大且降雪频次高，均为历史罕见，给首都机场航班以及高速等道路交通造成较大不便。

2 月 18 日夜间，北京大部分地区普降中雪，市区部分道路及远郊区县山区道路出现了积雪结冰现象，京津塘、京石、京沈、京津、京平、六环路等高速公路采取了短时间封闭措施。

11 月 1 日，受强冷空气和低空偏东风的共同影响，北京迎来了 2009 年下半年的第一场降雪，比常年同期（11 月 29 日）偏早 28 天，为历史同期出现降雪第三早的年份，仅次于 1960 年 10 月 26 日（无有效降水）和 1987 年 10 月 31 日至 11 月 1 日（10 mm）。本次降水过程历经降雨、雨夹雪和降雪，1 日平原地区平均降水量为 16.1mm，其中城区西部的石景山降水量最大，为 24.8 mm。此次降雪造成首都机场飞机起飞大面积延误，百余架次航班滞留机场。

11 月 9 日至 10 日北京出现今年立冬以来的第二场降雪，首都机场积雪厚度超过 20 cm，导致 11 日出港的 567 架航班延误，61 架航班被取消。

11 月 12 日降雪致首都机场 59 个航班取消，百余航班延误，京石高速、111 国道和 109 国道的部分路段因降雪封闭。

11 月 1 日至 2 日，本市各区县普降大雪，雪层最厚达 40 cm，造成部分区县蔬菜钢架大棚及日光温室被压塌，露地蔬菜、温室食用菌等受损严重。致使房山区和大兴区 8 个乡镇 112 个村 15531 人受灾，农作物受灾面积 655.3 hm^2，直接经济损失 5853.2 万元。

（六）大雾和霾

2009 年北京观象台出现大雾日数为 8 天，比常年（20.7 天）和近 10 年平均（12.7 天）偏少，但比 2008 年（4 天）明显偏多。其中，8 月 1 天，10 月 1 天，11 月 5 天，12 月 1 天。2009 年观象台观测到霾的日数为 49 天，比常年偏多 22 天，比 2008 年偏少 26 天。11 月的大雾天气对交通运输造成较大的不便。

11 月 5 日凌晨开始，北京及周边地区出现雾霾天气，6 日夜里至 7 日上午雾霾天气明显加重，7 日早晨北京城区大部分地区大雾弥漫，东南部出现了能见度小于 500 m 的大雾天气，局部地区的能见度小于 50 m。受其影响，京沈、京开、六环、京石等 7 条高速公路封闭。

三、2010 年气象灾害

2010 年北京市主要出现了高温、暴雨、大风、冰雹、寒潮、强降雪、雾霾、雷电等天气气候事件。春季低温给农业造成较大的损失，持续的高温天气给供水供电带来较大的压力，1 月初的强降雪对交通造成较大的不利影响。

（一）降雪

2010 年南郊观象台降雪日数为 12 天，其中 1 月份 3 天，2 月份 4 天，3 月份 5 天，比常年（13.6 天）偏少。1 月 2 日至 3 日，我市普降大到暴雪，其中城区大部、西南部分地区以及北部的怀柔、昌平和顺义达暴雪量级，东南部、北部的密云和延庆以及丰台等地达大雪量级。2 月的降雪出现在 6 日至 7 日和 27 日至 28 日，均为小雪。3月7日至8日本市普降中雪，局地大雪。全市平均降雪量为4.6 mm，城区平均降雪量为4.7 mm，最大降雪出现在昌平，为10.2 mm。3月14日本市出现明显雨夹雪或雪。全市平均降水量为11.7 mm，城区平均降水量为10.5 mm，最大降水出现在昌平站，为18.2 mm。此次降雪过后，农田墒情进一步得到改善，为冬小麦返青创造了良好条件，对早春播种作物的播种有利。2010年我市降雪终日出现在3月25日，比常年（3月17日）偏晚一周。

（二）春季低温

由于2010年3、4月份气温持续偏低，使得进入气象意义上的春季明显较晚（平均气温稳定在10 ~ 22 ℃为春、秋季，平均气温 < 10 ℃为冬季，平均气温 > 22 ℃为夏季），今年北京进入春季的时间为4月18日，比常年（3月29日）偏晚20天。4月中下旬，受强冷空气影响，我市气温持续异常偏低，平原地区平均气温比常年同期偏低4.5 ℃，创1961年以来同期气温的最低值。北京观象台终霜日（地表温度 ≤ 0 ℃）出现在4月27日，比常年（4月10日）明显偏晚。

（三）高温

2010年北京观象台高温（日最高气温 ≥ 35 ℃）日数为14天，比常年（6天）、近十年平均（11.9天）明显偏多，比2009年（16天）偏少。其中，7月份11天，8月份3天。2010年高温天气主要集中在7月份，并具有持续性，南郊观象台极端最高气温出现在7月5日，达40.6 ℃，为1951年以来观象台出现的第三高值（与1961年并列），仅次于1999年（41.9 ℃）和2002年（41.1 ℃）。

高温天气的持续出现，不仅使心脑血管疾病和发热病人骤增，而且增加了用水量和电力负荷。7月5日市区日供水量达286万 m³，创北京百年供水史上最高。北京电网最大负荷在2010年7月5日15时51分创下历史新高，达到1435.4万 kW，突破2009年创下的1424.6万 kW 的历史纪录；7月下旬用电量节节攀升，2010年7月29日，北京电网最大负荷达到1666万 kW，创下北京电网负荷历史最高纪录，这也是今年本市用电负荷第七次突破历史纪录。

（四）暴雨

今年夏季我市共出现了8次局地暴雨和1次全市大到暴雨。20个测站共出现暴雨11站次，主要发生在平原地区。从时间分布上看，主要出现在7月中旬和8

月下旬，尤其是 8 月 21 日出现全市性大到暴雨，其中有 8 个站次出现暴雨；就单站降水量而言，8 月 18 日上旬子降水量最大，为 81 mm。

多次暴雨天气过程致使首都机场部分航班无法正常起降，进出港航班延误，并造成城区部分低洼地带积水，严重阻碍了过往车辆顺利通行。8 月 21 日，我市出现今年以来最强的一次降水天气过程，受暴雨影响，我市昌平区兴寿镇连山石村出现山体滑坡，导致进山主路被阻断。房山十渡景区金鸡岭生态观光园旁，发生小范围山体滑坡。土石从约 6 m 高处挤垮路边的水泥墙，滚到路上，石块砸坏两辆汽车，并将 3 人剐伤，事故导致通往仙栖洞的道路被阻断。

（五）大风、沙尘

2010 年北京观象台观测到大风的日数为 14 天，比常年（22.4 天）偏少，比 2009 年（15 天）少 1 天。4 月 12 日本市刮起 5、6 级大风，阵风 7 级，中午 11 点 45 分左右，北京工务段丰双线铁路岱头道口南侧约 500 m 的一个正在施工的彩钢板屋顶被大风刮飞，重达两三吨的屋顶被风吹出 10 m 多后，将铁路上方的信号电缆砸断，导致 6 趟列车晚点。

今年北京观象台共出现沙尘天气 6 天，比常年明显偏少，分别出现在 1 月 24 日、3 月 20 日和 22 日、5 月 7 日、11 月 11 日和 12 月 10 日。其中，1 月 24 日和 12 月 10 日为扬沙，其余 4 天表现形式均为外来沙尘。

（六）大雾和霾

2010 年北京观象台出现大雾日数为 5 天，比常年（20.7 天）和近 10 年平均（12.7 天）偏少，也比 2009 年（8 天）偏少。其中，10 月 4 天，11 月 1 天。2010 年观象台观测到霾的日数为 63 天，比常年偏多 35 天，比 2009 年偏多 13 天。

第三节　雷电灾害事例

一、2008 年雷电灾害事例

据气象部门统计，2008 年我市发生雷电灾害 51 起，特别是造成了 10 人遭受雷击的事故，直接经济损失 310 余万元，给国家财产和人民生命财产安全造成很大的损失。其中：人身伤亡事故 2 起，单位电子设备等遭雷击的有 39 起，居民区电器设备等遭雷击的有 6 起，直击雷造成高压线、民居等受损的有 4 起。具体雷击灾情如下。

（一）人身伤亡事故

2008 年 6 月 20 日 19 时左右，国家博物馆某文保仓库院内落雷，一位在岗亭内值勤的哨兵被击出岗亭。

2008 年 8 月 14 日 14 时 30 分左右，怀柔区慕田峪地区有雷雨天气过程，在慕田峪长城 8 号烽火台避雨的游客有 9 人遭雷击被送往医院。其中美国游客 3 人、香港游客 2 人、内地游客 4 人，除美国游客 3 人 15 日出院外，其他 6 人均于当日晚出院。

（二）单位电子设备受损

2008 年 3 月 22 日 15 时 05 分至 15 时 40 分，怀柔区长哨营满族乡的八道河后沟村因雷击造成村内路灯 10 盏、广播喇叭 3 个及 10kV 高压线瓷瓶损坏，另有一棵松树的树枝被击落，直接经济损失近千元。

2008 年 5 月 3 日，从 9 时 30 分至 14 时 30 分，首都机场因雷雨天气导致国航近 50 个进出港航班无法起降。

2008 年 5 月 3 日 10 时左右，海淀区西北旺地区某单位卫星地面站因雷击造成生活用水水泵变频器损坏，直接经济损失近 1 万元。

2008 年 5 月 3 日 11 时左右，大兴区某供热厂办公楼女儿墙拐角处遭雷击，多块水泥块被击落，未造成其他损失。

2008 年 5 月 31 日 23 时左右，大兴区亦庄镇某小区因雷击造成小区监控、消防、门禁系统损坏，直接经济损失约 10 万元。

2008 年 6 月 2 日 16 时左右，顺义区某公司因雷击造成电器 2 台损坏，直接经济损失约 0.4 万元。

2008 年 6 月 13 日夜间，通州区某卫生院因雷击造成计算机 1 台、刷卡机 1 部、电话机多部损坏，直接经济损失约 1 万元。

2008 年 6 月 13 日夜间，房山区燕山某单位因雷击造成 1 台计算机部分配件损坏，直接经济损失约 100 元。

2008 年 6 月 13 日夜间，房山区燕山某单位因雷击造成电话线路损坏。

2008 年 6 月 13 日夜间，房山区燕山某单位因雷击造成 1 台计算机损坏，直接经济损失约 6000 元。

2008 年 6 月 13 日夜间，房山区燕山某单位因雷击造成 1 台计算机及光电收发器损坏，直接经济损失约 6000 元。

2008 年 6 月 13 日夜间，海淀区某单位因雷击造成通信网线损坏。

2008 年 6 月 20 日 19 时左右，国家博物馆某文保仓库院内落雷，造成监控、对讲通信系统瘫痪，并损坏监控摄像头 2 个。直接经济损失约 1 万元。

2008 年 6 月 20 日 19 时左右，设在顺义区的某单位因雷击造成信息系统的多块网卡、路由器等损坏，直接经济损失约 3000 元。

2008 年 6 月 22 日，顺义区内首都机场某单位因雷击造成 1 个监控摄像头损坏，直接经济损失近千元。

2008 年 6 月 25 日 19 时左右，设在顺义区的某单位因雷击造成信息系统的多块网卡、路由器等损坏，直接经济损失约 2000 元。

2008 年 6 月 25 日 10 时左右，顺义区某公司因雷击造成电话程控交换机及光端机损坏，直接经济损失约 0.4 万元。

2008 年 6 月 26 日，顺义区内首都机场某单位因雷击造成供电系统配电箱内电表损坏。

2008 年 6 月 27 日 20 时左右，房山区房山商贸有限公司因雷击造成电视机 6 台、路由器 1 个、电话 2 部损坏，直接经济损失约 3 万元。

2008 年 6 月 27 日 20 时左右，房山区某单位因雷击造成供电线路损坏。

2008 年 6 月 30 日 19 时左右，顺义区高尔夫球场因雷击造成电话程控交换机及部分消防监控系统损坏，直接经济损失约 4 万元。

2008 年 7 月 4 日 14 时 30 分左右，顺义区某单位因雷击造成消防烟感联动机柜损坏，直接经济损失约 5 万元。

2008 年 7 月 4 日 19 时左右，通州区某单位的液体温控器因雷击损坏。

2008 年 7 月 11 日 19 时 30 分左右，顺义区某粮食收储库因雷击造成部分库房及供电线路烧毁。

2008 年 8 月 8 日，房山区某单位因遭雷击造成安防监控系统损坏，直接经济损失近 4 万元。

2008 年 8 月 8 日晚，停放在朝阳区某单位广场的多辆电视转播车的传输线缆因雷击造成损坏。

2008年8月9日晚，位于顺义区某单位的野外电视大屏因遭雷击损坏。

2008年8月10日12时左右，丰台区某单位因遭雷击造成安防监控系统主控制板及1台计算机损坏，直接经济损失约1万元。

2008年8月10日12时左右，丰台区丰台体育场附近因雷击造成近百户居民家用电器损坏，直接经济损失约40万元。

2008年8月10日12时左右，丰台区某单位因遭雷击造成部分设备损坏。

2008年8月10日14时左右，海淀区某单位遭雷击损坏消防系统主控制板1块，直接经济损失约2000元。

2008年8月10日12时左右，房山区燕山某单位因雷击造成安防系统光电收发器、网络HUB、调度系统广播功放机及远程电话机主板损坏，直接经济损失约1万元。

2008年8月10日17时30分左右，顺义区某单位因雷击造成净水供水器1台、监控摄像头10个及污水处理泵、空气压缩机损坏，直接经济损失约20万元。

2008年8月中旬，昌平区南口镇某小学因雷击造成安防监控系统损坏，直接经济损失约5万元。

2008年8月25日，房山区某单位因雷击造成安防监控系统损坏，直接经济损失近10万元。

2008年8月26日23时40分左右，昌平区北七家镇某单位因雷击造成安防监控系统损坏，直接经济损失约1万元。

2008年8月26日23时40分左右，昌平区北七家镇因雷击造成200余户村民家中家用电器损坏，直接经济损失约10万元。

2008年8月26日23时40分左右，位于朝阳区的某大学（东、西两校区）因雷击造成安全防范系统的70余个监控摄像头、视频显示卡及消防报警系统主控板损坏，直接经济损失约70万元。

2008年9月上旬，平谷区夏各庄镇因雷击造成两家商店的7间房屋及所有商品烧毁，直接经济损失近100万元。

（三）居民区电器设备受损

2008年3月22日15时05分至15时40分，怀柔区长哨营满族乡的八道河后沟村因雷击造成多户村民家的15台电视机、30部电话机、4台空调、2台电冰箱、

2 台电热水器、10 个卫星电视接收机的高频头、4 块家用电表损坏，另外还造成多个电源插座和电源开关损坏，直接经济损失约 4 万元。

2008 年 4 月 6 日，通州区于家务乡小海子村一村民家因雷击造成家用电器损坏，直接经济损失约 0.7 万元。

2008 年 5 月 3 日 10 时左右，平谷区东高村镇东高村因雷击造成 20 户村民家 20 台电视机损坏，直接经济损失约 4 万元。

2008 年 5 月 14 日 17 时左右，顺义区高丽营村 1 村民家因雷击造成 1 台电视机损坏，直接经济损失约 0.2 万元。

2008 年 8 月 14 日 14 时 30 分左右，顺义区李桥镇北河村因雷击造成村民家中 40 台电视、20 部电话机、3 台空调室外机、4 台计算机损坏，直接经济损失约 10 万元。

2008 年 9 月 16 日 19 时左右，顺义区杨镇三彩村一村民家因雷击造成 1 台电视机损坏，直接经济损失约 0.2 万元。

（四）高压线、民房等受损

2008 年 5 月 3 日，因雷雨天气造成市供电系统 10 路 10 kV 线路掉闸停电，影响 5000 余户居民正常生活。

2008 年 5 月 3 日 9 时，房山区十渡拒马乐园运行中的乘人缆车因供电线路遭雷击短路而停车，至近 200 名游客被困空中。经启动备用电机后，游客全部被安全解救。

2008 年 5 月 3 日 12 时 30 分左右，东城区禄米仓胡同 69 号院 1 号楼因雷击造成楼顶排烟道起火，同时造成该楼停电，两小时后恢复供电。

2008 年 7 月，通州区西鲁村沼气站旁的 3 棵树木因遭雷击死亡。

二、2009 年雷电灾害事例

据气象部门统计，2009 年我市发生雷电灾害 47 起，特别是造成了 2 死 3 伤的人身伤亡事故，直接经济损失约 90 万元，给国家财产和人民生命财产安全造成很大的损失。其中：人身伤亡事故 1 起，单位电子设备等遭雷击的有 20 起，居民区电器设备等遭雷击的有 18 起，直击雷造成高压线、民居等受损的有 8 起。具体雷击灾情如下。

（一）人身伤亡事故

2009 年 6 月 13 日 13 时 30 分左右，怀柔区雁栖镇箭扣长城 5 名游客因雷击造成 2 人死亡、3 人受轻伤。

（二）单位电子设备受损

2009 年 3 月 21 日 1 时 30 分左右，中国移动通信公司位于通州区孔庄村内的移动基站遭受雷击，造成 2 组电涌保护器及 1 块通信模块烧毁，直接经济损失约 1 万元。

2009 年 3 月 21 日 1 时 30 分左右，通州区孔庄村树委会仓库因遭受雷击起火，造成仓库内存放物品全部烧毁，直接经济损失约 1 万元。

2009 年 6 月 8 日，门头沟区石龙工业开发区内某公司因遭受雷击，造成 2 部电话机、3 个安防监控摄像头损坏，直接经济损失约 0.5 万元。

2009 年 6 月 16 日 11 时 30 分左右，海淀区社会主义学院遭受雷击，造成安防系统主控机柜内 1 块主控板损坏，同时造成 1 部电梯停运，直接经济损失约 0.8 万元。

2009 年 6 月 16 日 11 时 30 分左右，首都机场某雷达导航站因遭雷击造成停止工作。

2009 年 6 月 16 日，西城区真武庙六里 2 号楼因遭受雷击造成 2 部电梯停止工作近 60 h，造成楼内近 200 户居民生活不便。

2009 年 6 月 16 日 11 时 30 分左右，顺义区南彩镇某工厂因遭雷击造成多台电子计算机损坏，直接经济损失约 0.6 万元。

2009 年 6 月 16 日 11 时 30 分左右，顺义区某工厂因遭雷击造成空调机损坏，直接经济损失约 0.6 万元。

2009 年 6 月 16 日 11 时 30 分左右，顺义区河南村某公司因遭雷击造成电视机、传真机、路由器、电开水器损坏，直接经济损失约 0.5 万元。

2009 年 6 月 16 日 11 时 30 分左右，顺义区相各庄因遭雷击造成村委会安防监控系统瘫痪。

2009 年 6 月 16 日 11 时 30 分左右，位于房山区的某单位因遭受雷击造成 3 个安防监控摄像头、1 台电视机损坏，直接经济损失约 4 万元。

2009 年 6 月 18 日，门头沟区龙泉镇某公司因遭受雷击造成 1 台计算机、3 台显示器损坏，直接经济损失约 0.3 万元。

2009 年 6 月 18 日 18 时左右，顺义区焦各庄因遭雷击造成村委会安防监控系统部分监控摄像机、显示屏损坏，直接经济损失约 1.5 万元。

2009 年 6 月 18 日 18 时左右，通州区马驹桥镇某物流公司因遭雷击造成安防监控系统部分监控摄像机损坏，直接经济损失约 2 万元。

2009 年 7 月 5 日 20 时 30 分左右，顺义区某公司因遭雷击造成称重用轨道衡、电视机及安防监控摄像机损坏，直接经济损失约 5 万元。

2009 年 7 月 12 日 0 时 10 分左右，位于海淀区的某公园遭受雷击，共造成 8 个安防监控摄像头损坏并有 3 棵 20 m 多高的大树遭到直接雷击。直接经济损失约 7 万元。

2009 年 7 月 13 日 11 时 30 分左右，顺义区某工厂因遭雷击损坏变压器一台，直接经济损失约 10 万元。

2009 年 8 月 1 日 18 时 30 分左右，大兴区某粮食储备仓库遭受雷击，造成安防监控系统部分控制板及 7 个摄像头损坏，直接经济损失约 4 万元。

2009 年 8 月 1 日 18 时 30 分左右，大兴区某物资运输公司遭受雷击，造成安防监控系统部分控制板及摄像头损坏，直接经济损失约 2 万元。

2009 年 9 月 26 日 1 时 10 分左右，顺义区某工厂因遭雷击造成安防监控系统损坏。

（三）居民区电器设备受损

2009 年 3 月 21 日 1 时 30 分左右，通州区孔庄村近百户村民因雷击造成家用电器损坏，直接经济损失约 30 万元。

2009 年 6 月 16 日 11 时 30 分左右，石景山区某居民正在家中使用笔记本电脑上网，因遭雷击致使笔记本电脑损坏，直接经济损失约 0.6 万元。

2009 年 6 月 16 日 11 时 30 分左右，海淀区某居民小区因遭雷击造成正在上网的 4 户居民家中计算机损坏，直接经济损失约 2 万元。

2009 年 6 月 16 日 11 时 30 分左右，顺义区仁和镇临河村因遭雷击造成 3 户村民家中 3 台电视机损坏，直接经济损失约 1.2 万元。

2009 年 6 月 16 日 11 时 30 分左右，顺义区天竺镇杨二营村因遭雷击造成 11 户村民家中电视机、电子计算机、家用空调机、CD 机等多部家用电器损坏，直接经济损失约 5 万元。

2009 年 6 月 16 日 11 时 30 分左右，顺义区河南村因遭雷击造成 10 余户村民家中电视机、电子计算机、空调机、电冰箱、电磁炉等多部家用电器损坏，直接经济损失约 5 万元。

2009 年 6 月 16 日 11 时 30 分左右，顺义区文化营因遭雷击造成村民家中 11 台电视机、3 台电子计算机、2 部电冰箱、7 部电话机等多部家用电器损坏，直接经济损失约 4 万元。

2009 年 6 月 18 日 18 时左右，顺义区王伴庄村因遭雷击造成村民家中 15 台电视机损坏，直接经济损失约 3 万元。

2009 年 6 月 18 日 18 时 30 分左右，顺义区西江头村一村民家因遭雷击造成村民家中电视机、计算机损坏，直接经济损失约 0.7 万元。

2009 年 7 月 5 日 20 时 30 分左右，顺义区木林镇陈家坨村因遭雷击造成村民家中 11 台电视机、2 台电子计算机、1 部电冰箱损坏，直接经济损失约 3 万元。

2009 年 7 月 5 日 20 时 30 分左右，顺义区木林镇大韩庄村因遭雷击造成村民家中 5 台电视机、1 台电子计算机损坏，直接经济损失约 1.5 万元。

2009 年 7 月 22 日 17 时左右，顺义区木林镇王伴庄村因遭雷击造成数家村民家中电视机损坏。

2009 年 7 月 22 日 17 时左右，顺义区木林镇安辛庄村因遭雷击造成一村民家中电视机损坏，直接经济损失约 0.2 万元。

2009 年 7 月 30 日 14 时 30 分左右，顺义区木林镇安辛庄村因遭雷击造成一村民家中电视机损坏，直接经济损失约 0.2 万元。

2009 年 8 月 1 日 18 时 30 分左右，大兴区青云店镇居民侯松涛家因遭雷击造成电视机、计算机损坏，直接经济损失约 1 万元。

2009 年 8 月 16 日 14 时 30 分左右，顺义区木林镇唐指山村因遭雷击造成两村民家中电视机损坏，直接经济损失约 0.5 万元。

2009 年 9 月 26 日 1 时 10 分左右，顺义区南彩村因遭雷击造成多户村民家中数台电视机、计算机、电话机损坏。

（四）高压线、树木、民房等受损

2009 年 6 月 8 日，昌平区某单位院内有两棵大树遭到雷击。

2009 年 6 月 16 日 14 时左右，房山区梅花桩小区内一住宅楼因雷击造成 1 部电梯停止工作，且楼顶女儿墙一角因遭直接雷击造成水泥墙面脱落。

2009 年 6 月 16 日中午，丰台区松榆西里小区内一早点铺因遭雷击造成 10 m² 多的建筑物及屋内全部财产均被烧毁。

2009 年 6 月 16 日中午，宣武区宣武艺园公园内一棵古槐树因遭雷击，造成此棵近百年古树不复存在。

2009 年 6 月 16 日 12 时 30 分左右，位于东城区东四北大街 504 号院内的一棵杨树因遭雷击造成直径约 30 cm 的一树枝折断，断枝下落时还砸碎了部分屋瓦。

2009 年 6 月 16 日 14 时左右，丰台区三环新城小区内一住宅楼楼顶女儿墙一角因遭直接雷击造成水泥墙面脱落，水泥墙面脱落过程中砸坏地面玻璃罩棚，直接经济损失约 500 元。

2009 年 7 月 30 日夜间，位于朝阳区百子湾家园的 306 号楼楼顶西北角因遭直接雷击造成水泥墙面脱落，水泥墙面脱落过程中砸碎一辆卧车的前风挡玻璃。

2009 年 8 月 1 日夜间，位于东城区交道口南大街寿比胡同 9 号院内的夏女士家的厨房因雷击造成坍塌。

三、2010 年雷电灾害事例

据气象部门统计，2010 年我市发生雷电灾害 50 起，造成了 1 人死亡事故，直接经济损失约 206 万元，给国家财产和人民生命财产安全造成很大的损失。其中：人身伤亡事故 1 起，单位电子设备等遭雷击的有 19 起，居民区电器设备等遭雷击的有 26 起，直击雷造成高压线、民居等受损的有 4 起。具体雷击灾情如下。

（一）人身伤亡事故

2010 年 5 月 4 日 18 时 30 分左右，一名河北省来京务工男子行至昌平区北七家村大杨树下时因雷击死亡。

（二）单位电子设备受损

2010 年 5 月 5 日，大兴区某单位因遭受雷击造成水泵变频器、压力传感器及供电表损毁，直接经济损失约 0.8 万元。

2010 年 5 月 8 日夜间，位于大兴区的某公司因遭雷击造成消防、安全防范及电话交换系统损坏，同时还造成水泵房两块仪表烧毁。直接经济损失约 5 万元。

2010 年 6 月 2 日 2 时左右，位于大兴区的某公司因遭雷击造成 5 台变压器的继电器温度采集器、2 块消防主控板及部分单元模块损坏，同时因停电造成生产线上的产品全部报废。直接经济损失约 8 万元。

　　2010 年 6 月 15 日 20 时左右，位于顺义区的某歌厅因雷击造成 1 台变压器、2 台播放机、功放机 5 台、电视机 2 台、网络交换机 2 部及消防系统主、分控板 4 块损坏，直接经济损失约 10 万元。

　　2010 年 6 月 16 日夜间，位于大兴区的某加油站因雷击造成监控系统、液面显示系统及电话机等弱电设备损坏，直接经济损失约 3 万元。

　　2010 年 6 月 17 日，位于平谷区的某公司因雷击造成两个变频器损坏，直接经济损失约 3.1 万元。

　　2010 年 6 月 27 日 5 时 30 分左右，位于顺义区的某公司因雷击造成电话交换机 1 台、监控摄像头 2 个、网络交换机 1 台、计算机 1 部损坏，直接经济损失约 3.5 万元。

　　2010 年 6 月 27 日 19 时左右，位于顺义区的某公司因雷击造成部分生产设备、仪表损坏，直接经济损失约 2 万元。

　　2010 年 6 月 27 日 19 时左右，位于顺义区的某单位因雷击造成安防监控系统损坏，直接经济损失约 0.6 万元。

　　2010 年 6 月 27 日 19 时左右，位于顺义区的某单位因雷击造成 4 台电视机、2 台录像机、1 部空调机损坏，直接经济损失约 1.4 万元。

　　2010 年 7 月 11 日，位于平谷区的某公司因雷击造成计算机 4 台、轨道衡主板 1 块损坏，直接经济损失约 2 万元。

　　2010 年 7 月 11 日，位于平谷区的某公司因雷击造成消防控制系统、网络交换系统、电动门及办公楼顶一角损坏，直接经济损失约 10 万元。

　　2010 年 7 月 11 日，位于平谷区的某油库因雷击造成安防监控系统、摄像头 4 个及部分通信设备损坏，直接经济损失约 8.5 万元。

　　2010 年 7 月 11 日，位于平谷区的某公司因雷击造成变压器 2 台损坏，另有两处高压线被雷电击断，直接经济损失约 10 万元。

　　2010 年 9 月 1 日 2 时左右，位于平谷区的某公司因雷击，造成机器设备及生产过程中的制品损坏。直接经济损失约 80 万元。

　　2010 年 9 月 1 日 2 时左右，位于顺义区的某度假村因雷击造成变频器 1 台、安防摄像头 1 个损坏，直接经济损失约 0.7 万元。

　　2010 年 9 月 1 日 2 时左右，位于顺义区的某村委会因雷击造成监控室部分设备损坏，直接经济损失约 2 万元。

2010 年 9 月 1 日 2 时左右，位于顺义区的某单位因雷击造成仪器设备损坏，直接经济损失约 9 万元。

2010 年 9 月 1 日 2 时左右，位于顺义区的某公司因雷击造成锅炉房烟囱被击毁，直接经济损失约 0.8 万元。

（三）居民家庭电器设备、财产受损

2010 年 5 月 4 日 19 时左右，顺义区良善庄村因雷击造成一村民家中电视机损坏，直接经济损失约 0.3 万元。

2010 年 5 月 4 日 19 时左右，顺义区安辛庄村因雷击造成 2 户村民家中电视机 2 台、DVD1 部及电话机损坏，直接经济损失约 0.4 万元。

2010 年 5 月 4 日 19 时左右，顺义区唐指山村因雷击造成村民家中电视机 13 台、DVD1 部及计算机 1 台损坏，直接经济损失约 3 万元。

2010 年 5 月 4 日 19 时左右，顺义区贾山村因雷击造成村民家中电视机 70 台损坏，同时受损的还有家用计算机、门窗玻璃及保安器等，直接经济损失约 15 万元。

2010 年 6 月 13 日 19 时 15 分左右，顺义区南彩村因雷击造成村民家中电视机、计算机共 23 台损坏，直接经济损失约 7 万元。

2010 年 6 月 13 日 19 时 15 分左右，顺义区上园子村因雷击造成一村民家中电视机损坏，直接经济损失约 0.2 万元。

2010 年 6 月 13 日 19 时 30 分左右，顺义区古城村 4 户村民因雷击造成家用电器损坏，直接经济损失约 0.8 万元。

2010 年 6 月 15 日 20 时左右，顺义区河南村因雷击造成一村民家中电视机损坏，直接经济损失约 0.2 万元。

2010 年 6 月 15 日 20 时左右，顺义区贾山村因雷击造成一村民家中电视机、DVD、计算机损坏，直接经济损失约 1 万元。

2010 年 6 月 17 日 11 时左右，大兴区安定镇因雷击造成一居民家电视机机顶盒损坏。

2010 年 6 月 17 日 11 时左右，胡先生驾驶汽车行驶在京津塘高速公路上，因车辆前方不远处落雷，造成车内电器、电子仪表、开关等部件全部失灵。

2010 年 6 月 27 日 19 时左右，顺义区北孙各庄村因雷击造成一村民家中电视机损坏，直接经济损失约 0.2 万元。

2010 年 6 月 27 日 19 时左右，顺义区良善庄村因雷击造成一村民家中 2 台计算机损坏，直接经济损失约 1 万元。

2010 年 6 月 27 日 19 时左右，顺义区北府村因雷击造成一村民家中液晶电视机损坏，直接经济损失约 0.5 万元。

2010 年 6 月 27 日 19 时左右，顺义区前晏子村因雷击造成一村民家中 2 台电视机、1 台计算机损坏，直接经济损失约 0.8 万元。

2010 年 7 月 11 日，位于平谷区的山东庄、夏各庄、东高村、王辛庄等多个村庄的众多农户家的电视机、计算机、电冰箱及电话机遭雷击损坏。有的村庄今年曾连续遭受 3 次雷击，直接经济损失无法正常统计。

2010 年 7 月 30 日 5 时左右，顺义区木林镇木林村因雷击造成一村民家中电视机损坏，直接经济损失约 0.2 万元。

2010 年 9 月 1 日 2 时左右，顺义区双兴小区南区因雷击造成一居民家中电视机损坏，直接经济损失约 0.2 万元。

2010 年 9 月 1 日 2 时左右，顺义区梅沟营村因雷击造成一村民家中电视机损坏，直接经济损失约 0.2 万元。

2010 年 9 月 1 日 2 时左右，顺义区南彩村因雷击造成 16 户村民家中电视机损坏，直接经济损失约 3 万元。

2010 年 9 月 1 日 2 时左右，顺义区河南村因雷击造成村民家中 8 台电视机、1 台计算机、2 部电话机、1 台洗衣机、1 个调制解调器损坏，直接经济损失约 3 万元。

2010 年 9 月 1 日 2 时左右，顺义区北河村因雷击造成 30 多户村民家中电视机 30 台及电话机、计算机、DVD、冰箱等 50 多件损坏，直接经济损失约 20 万元。

2010 年 9 月 1 日 2 时左右，顺义区良山村因雷击造成一村民家中电视机损坏，直接经济损失约 0.2 万元。

2010 年 9 月 1 日 2 时左右，顺义区马头庄村因雷击造成 15 户村民家中电视机损坏，直接经济损失约 3 万元。

2010 年 9 月 1 日 2 时左右，顺义区建新小区北区因雷击造成一居民家中电视机损坏，直接经济损失约 0.2 万元。

（四）高压线、树木、民房等受损

2010 年 5 月 4 日 18 时 30 分左右，昌平区北七家地区有 3 棵大树遭到雷击。

2010 年 5 月 4 日 18 时 30 分左右，昌平区北七家地区因雷电造成停电致使某小区及附近单位的监控系统、家庭电视、电话无法使用。

　　2010 年 6 月 17 日中午，丰台区（赵公口）某小区内一幢 24 层居民楼顶女儿墙西南角因遭直接雷击造成水泥墙面脱落。

　　2010 年 6 月 27 日 18 时左右，顺义区潮白陵园院内一棵大树遭雷击。

第二章　地震灾害

第一节　2008 年

根据中国遥测地震台网测定，2008 年本市行政区内共记录到 ML1.0 级以上地震 65 次，其中 ML1.0 ~ 1.9 级地震 57 次，ML2.0 ~ 2.9 级地震 8 次，最大地震为 4 月 29 日海淀 ML2.9 级地震。年内，北京行政区内地震活动表现出如下特征。

1）ML1.0 级以上地震年频次与平均水平相当，ML2.0 级以上地震年频次低于平均水平。年内，北京行政区内发生 ML1.0 级以上地震 65 次，与 1970 年以来 66 次的年平均水平相当；发生 ML2.0 级以上地震 8 次，低于 1970 年以来 11 次的年平均水平。

2）ML4.0 级以上地震平静显著，ML3.0 级以上地震出现平静现象。自 1996 年 12 月 16 日顺义 ML4.5 级地震以来，本地区已 12 年没有发生 ML4.0 级以上地震，ML4.0 级以上地震平静显著；自 2007 年 4 月 13 日平谷 ML3.2 级地震以来，本地区出现 ML3.0 级以上地震平静现象。

3）地震活动具有空间不均匀性。年内，本地区 65 次 ML1.0 级以上地震主要发生在海淀区（19 次）和昌平区（10 次）；8 次 ML2.0 级以上地震分别发生在海淀、昌平、平谷、怀柔和密云等地区，地震活动具有空间不均匀性。

4）地震活动具有时间不均匀性和成丛性。年内，本地区 8 次 ML2.0 级以上地震发生在 1 月、4 月至 6 月、9 月和 12 月，其他月份相对平静，地震活动具有时间不均匀性和成丛性。

综上所述，2008 年，北京行政区内 ML1.0 级以上地震年频次与平均水平相当，ML2.0 级以上地震年频次低于平均水平，ML3.0 级以上地震出现平静现象，ML4.0 级以上地震平静显著，最显著的地震是 4 月 29 日海淀 ML2.9 级地震，地震活动具有一定的空间不均匀性和时间不均匀性。

第二节　2009 年

据中国遥测地震台网测定，2009 年北京行政区共记录到 ML ≥ 1.0 地震 64 次，其中 ML1.0 ~ 1.9 地震 57 次，ML2.0 ~ 2.9 地震 6 次，ML3.0 ~ 3.9 地震 1 次，最大地震为 2009 年 10 月 3 日昌平 ML3.0 地震。2009 年北京地区地震活动表现出如下特征。

1）地震频次与往年平均水平相比仍偏低。2009 年，北京地区发生 ML ≥ 1.0 地震 57 次，略低于 1970 年以来约 66 次的年平均水平；发生 ML ≥ 2.0 地震 6 次，低于 1970 年以来约 11 次的年平均水平；发生 ML ≥ 3.0 地震 1 次，低于 1970 年以来约 2 次的年平均水平。

2）ML ≥ 4.0 地震继续平静。1970 年以来，北京地区 ML ≥ 4.0 地震平均 3~4 年发生 1 次。自 1996 年 12 月 16 日顺义 ML4.5 震群以来，北京地区已 13 年未发生 ML ≥ 4.0 地震。

3）2009 年 10 月 3 日，昌平区发生 ML3.0 地震，是北京地区本年度最显著的地震活动。北京地区 1998 年以来平均每年发生 1 次 ML ≥ 3.0 地震（2004 年、2005 年和 2008 年除外，其中 2008 年最大地震为 4 月 29 日海淀 ML2.9 地震，震级稍偏小），该地震属于北京地区正常的地震活动。

第三节　2010 年

据中国遥测地震台网测定，2010 年北京行政区（以下简称北京地区）共记录到 ML ≥ 1.0 地震 69 次，其中 ML1.0 ~ 1.9 地震 58 次，ML2.0 ~ 2.9 地震 10 次，ML3.0 ~ 3.9 地震 1 次，最大地震为 2010 年 4 月 16 日昌平 ML3.2 地震。2010 年北京地区地震活动表现出如下特征。

1）地震频次与 1970 年以来的年平均水平大体持平，较此前几年略有上升。2010 年，北京地区发生 ML ≥ 1.0 地震 69 次，略高于 1970 年以来约 66 次的年平均水平；发生 ML ≥ 2.0 地震 11 次，与 1970 年以来约 11 次的年平均水平持平；发生 ML ≥ 3.0 地震 1 次，低于 1970 年以来约 2 次的年平均水平。

2）ML ≥ 4.0 地震继续平静。1970 年以来，北京地区 ML ≥ 4.0 地震平均 3 ~ 4

年发生 1 次。自 1996 年 12 月 16 日顺义 ML4.5 震群以来，北京地区已 14 年未发生 ML ≥ 4.0 地震。

3）2010 年 4 月 16 日，昌平区发生 ML3.2 地震，是北京地区本年度最显著的地震活动。北京地区 1998 年以来平均每年发生 1 次 ML ≥ 3.0 地震，该地震仍属于北京地区正常的地震活动。

4）2010 年 12 月 8 日，昌平—顺义交界发生 ML2.3 地震，截至 2010 年 12 月 31 日，该地震序列已记录到 ML ≥ 1.0 地震 9 次，具有小震群性质，是北京地区本年度另一个比较显著的地震活动。

第三章 洪旱灾害

第一节 防洪概况

2008 年至 2010 年间，除 2008 年全市平均降水量 638 mm，为自 1999 年以来降水最多的年份，比多年平均降水量 585 mm 多 9%；2009、2010 年全市平均降水量分别为 448 mm、524 mm 均比多年平均降水量少 23%、10%。汛期降水量、河道水情、水库水情、境外调水等具体情况如下。

一、汛期降水量情况

1）2008 年汛期降水量为 500 mm，较多年同期 488 mm 略偏多，其中主汛期降水仅 118mm，较常年偏少 2 成；非汛期降水偏多，其中汛前降水 112mm，较常年偏多 6 成以上。

2）2009 年汛期降水量为 354 mm，其中主汛期降水仅 101 mm，较常年偏少 3 成；汛前降水 58 mm，较常年偏少 13%。汛后降水 36 mm，较常年偏多 20%。

3）2010 年汛期降水量为 353 mm，其中主汛期降水量仅 41 mm，不足主汛期多年平均降水量 154 mm 的三成；汛前降水量 116 mm，是多年平均值 67 mm 的 1.7 倍；汛后降水 55 mm，是多年平均值 29 mm 的 1.9 倍。

二、河道水情

1）2008 年汛期是北京地区自 1999 年以来降水最多的年份，部分河道出现小幅洪峰。永定河雁翅 6 月 2 日 19 时 20 分最大流量 77.4 m^3/s；白河张家坟 8 月 12 日 23 时最大流量 149 m^3/s；北运河张家湾 8 月 11 日 9 时最大流量 188 m^3/s，北关拦河闸 7 月 15 日 7 时最大流量 850 m^3/s，北关分洪闸 8 月 11 日 10 时 30 分最大流量 360 m^3/s；大清河张坊 8 月 10 日 20 时最大流量 215 m^3/s。永定河八号桥、潮河下会等水文站没有明显洪峰过程。

2）2009 年汛期北京地区降雨偏少，且主要分布于平原区，仅部分出境断面出现小幅涨落过程。

3）2010 年北京地区降水偏少，仅部分断面出现小幅涨水过程。

三、水库水情

1）2008 年我市水库蓄水总量较上年有所增加，截至 2009 年 1 月 1 日 8 时，全市大中型水库共蓄水 14.86 亿 m^3，比 2008 年初蓄水量 12.54 亿 m^3 增加 2.32 亿 m^3。其中密云水库蓄水 11.29 亿 m^3，比 2008 年初 9.77 亿 m^3 增加 1.52 亿 m^3；官厅水库蓄水 1.64 亿 m^3，比 2008 年初 1.31 亿 m^3 增加 0.33 亿 m^3。

2）2009 年我市水库蓄水总量较上年有所减少，截至 2010 年 1 月 1 日 8 时，全市大中型水库共蓄水 13.50 亿 m^3，比 2009 年初减少 1.32 亿 m^3。其中密云水库蓄水 10.39 亿 m^3，比 2009 年初减少 0.90 亿 m^3；官厅水库蓄水 1.20 亿 m^3，比 2009 年初减少 0.44 亿 m^3。

3）2010 年我市水库蓄水总量较上年稍有增加，截至 2011 年 1 月 1 日 8 时，全市大、中型水库共蓄水 14.32 亿 m^3，比 2010 年初增加 0.82 亿 m^3。其中密云水库蓄水 10.66 亿 m^3，比 2010 年初增加 0.26 亿 m^3；官厅水库蓄水 1.71 亿 m^3，比 2010 年初增加 0.52 亿 m^3。

四、外省市调水情况

1）2008 年河北、山西共向官厅水库调出水量 2009 万 m^3（其中册田 1508 万 m^3；壶流河 501 万 m^3），官厅水库实际收水 1118 万 m^3，收水率 56％；云州水库向白河堡水库调水 2520 万 m^3，白河堡水库实际收水 2071 万 m^3，收水率 82％。

2）2009 年河北省云州水库向白河堡水库调水 1022 万 m^3，白河堡水库实际收水 684 万 m^3，收水率 66.9％。

3）2010 年外省向北京调水共 4068 万 m^3，北京实际收水 2620 万 m^3，平均收水率 67.7％。

南水北调：2010 年 5 月 25 日，黄壁庄水库开始向北京输水，8 月 19 日闭闸，出库水量 1.12 亿 m^3；2010 年 7 月 7 日，王快水库开始向北京输水，截至 2011 年 1 月 1 日 8 时，出库水量 2.27 亿 m^3，两水库出库水量共计 3.39 亿 m^3，冀京界惠南庄站收水 2.56 亿 m^3。

五、出入境水量情况

1）2008 年我市入境水量约 5.68 亿 m^3，出境水量约 8.76 亿 m^3。

2）2009 年我市入境水量约 3.16 亿 m^3，出境水量约 9.83 亿 m^3。

3）2010 年我市入境水量约 3.93 亿 m^3，出境水量约 7.20 亿 m^3。

六、典型降雨

2008 年"8·10"降水。受东移降雨云团影响，8 月 10 日上午我市自西向东开始出现大雨，西南部、城区和东北部局部地区出现暴雨。截至 11 日 8 时，全市平均降雨 60 mm，最大点密云县西田各庄 174 mm；城区平均降雨 69 mm，最大点海淀区车道沟 107 mm；密云、官厅水库流域平均降雨量分别为 60 mm 和 23 mm。

密云水库当日来水量 1120 万 m^3，官厅水库当日来水量 235 万 m^3，其余大中型水库来水量接近 280 万 m^3。白河张家坟水文站 11 日 6 时入库洪峰 85.8 m^3/s，拒马河张坊水文站 10 日 21 时 10 分洪峰流量 287 m^3/s；北运河北关拦河闸 11 日 7 时 5 分最大流量 60.4 m^3/s，北关分洪闸 11 日 6 时 45 分最大流量 92.2 m^3/s，凉水河大红门闸 10 日 23 时最大流量 81.0 m^3/s，通惠河高碑店 10 日 20 时最大流量 79.5 m^3/s，清河闸 10 日 17 时 45 分最大流量 129 m^3/s。

第二节　灾情

一、洪涝灾情

2008 年 7 月 30 日至 31 日，昌平区大部分地区出现暴雨，局部出现了特大暴雨，全区日平均降雨量 79.2 mm，粮食作物受灾面积 789 亩，其中成灾 789 亩，绝收 4 亩。蔬菜作物受灾面积 365 亩，其中成灾 365 亩，绝收 200 亩。直接经济损失总计 796.74 万元。

二、山洪泥石流灾情

山洪泥石流主要发生在 2008 年的 6 月 13 日、7 月 30 日、8 月 14 日、9 月 3 日，发生地点是房山区和昌平区，详情见表 2–1。

表2-1　山洪灾害泥石流灾情统计表

发生时间	发生地点	所在河系	受灾人数	死亡（人）	毁房（间）	冲地（亩）	其他灾情
2008年6月13日	房山区佛子庄乡佛子庄村、北窖村、贾峪口村等18村	大石河	2653	－	－	1865	－
2008年7月30日	昌平区长陵镇	北运河	－	－	－	－	护坡、护坝塌方1.3万 m^3、河床冲毁4km、桥梁冲毁3座，冲毁路基3000 m^2
2008年8月14日	昌平区长陵镇	北运河	－	－	－	－	粮食作物受灾1400亩、果树受灾3000余亩、倒伏果树141棵
2008年9月3日	房山区蒲洼乡宝水村、芦子水村、蒲洼村、森水村	拒马河	41	－	30	650	－
合计		－	2694	－	30	2515	

三、城区积水情况

（一）2008年

7月4日，出现强降雨天气，全市平均降雨量33 mm，最大降雨点为平谷区峪口130 mm。城区平均降雨量43 mm，最大降雨点为天坛75 mm。其中城区前门、南池子、正义路、崇文门一带雨量小时62 mm，相当于15年一遇。首都机场滑行东桥积水80 m，造成交通中断。地铁5号线崇文门站变电站进水，宋家庄—和平里北街停运。经过2 h抢险恢复运行。

7月30日，全市平均降雨量23 mm，海淀知春路出现极端天气，半小时雨量46 mm，铁路桥下出现滞水30 cm。经抢险，半小时后积滞水排除。

（二）2009年

7月13日，全市平均降雨量13 mm，局部地区暴雨。城区平均降雨量24 mm，玉泉营桥小时降雨78 mm。此次降雨城区主要集中在马家楼、玉泉营、丰体中心、丽泽桥一带，在30 km^2 范围平均雨量达63 mm，形成洪水约150万 m^3。虽然泵站及时启动，但由于降雨强度大，造成丽泽桥至丰益桥外环路等城市部分道路交通中断。

　　7月30日，出现降雨天气，城区和东部地区降雨较大，最大点为西城区南长街140 mm。其中，宣武广内小时降雨88 mm，天安门小时降雨80 mm，属极端天气。截至31日8时，城区平均降雨44 mm。此次降雨局地超过20年一遇标准，道路雨水不能及时排除，导致短时部分居民院落进水。经各部门共同努力，到31日2时左右院落积水逐步得到排除。

　　8月1日，全市平均降雨量22 mm。局部地区大暴雨，密云白河115 mm。城区平均降雨量23 mm，最大点为首都体育馆40 mm。此次降雨造成程庄路口、八宝山路口、丰益桥等处瞬时滞水。

　　8月9日，自西向东先后出现雷雨天气，局部发生极端强降雨天气。强降雨主要发生在城区东北部，朝阳区降雨大于50 mm以上范围达55 km^2，其中朝阳站73 mm，朝阳公园72 mm，四元桥67 mm，红领巾桥50mm。截至10日6时，全市平均降雨11 mm，城区平均降雨24 mm，最大点为朝阳区朝阳站74 mm。此次强降雨主要集中在朝阳区，由于短时雨强较大，给该地区排水造成较大压力，部分院落进水和社区道路出现积水问题。

第三节　旱情

　　1）2008年降雨分布不均，1月、2月和11月无降雨，12月降水量为2 mm。我市7个山区县农作物受旱面积3.15万亩；饮水困难人数为1.2万人，饮水困难大牲畜为0.3万头。

　　2）2009年山区降水偏少，全市有5个区县7527人出现饮水困难，采取应急拉水措施保障供水。

　　3）2010年，由于汛期我市降雨偏少，尤其是主汛期（7月20日至8月10日）降雨仅为41mm，是近10年来倒数第二位，为历史少见。降雨偏少导致我市部分地区出现了不同程度的人饮困难和农作物受旱减产。我市农作物（主要是玉米）受旱面积59.3万亩，主要分布在房山、延庆等山区；饮水困难人数为3630人，主要分布于房山区和延庆县的山区及采空区。

　　2008—2010年干旱统计见表2-2。

表 2-2 2008—2010 年干旱统计表

年份	年均降雨量（mm）	对比值	水库来水量（亿 m³）		地下水水位（m）	旱灾情况
			官厅	密云		
2008	638	53	0.80	4.68	22.92	7 个山区县作物受旱面积 3.15 万亩；1.2 万人和 0.3 万头大牲畜发生不同程度的饮水困难
2009	448	−137	0.22	1.77	24.07	5 个区县 7527 人出现饮水困难，分别是延庆县 723 人，怀柔区 132 人；昌平区 298 人；门头沟区 2120 人；房山区 4254 人。采取应急拉水措施保障供水
2010	524	−61	1.08	2.93	24.92	饮水困难人数为 3630 人，主要分布于房山区和延庆县的山区及采空区，农作物（主要是玉米）受轻旱面积 35 万亩，占总面积的 15.6%；中至重旱面积约 15 万亩，占总面积的 6.7%；绝收面积 9.3 万亩，占总面积的 4.1%，主要分布在房山、延庆等没有灌溉设施的山区

注：多年平均降雨量为 585mm。

第四节　2008—2010 年洪旱灾害

2008—2010 年，我市防汛抗旱系统在国家防总、海河防总的支持、指导下，在市委、市政府的坚强领导下，不断开拓进取，转变治水思路，创新工作方式，强化工作措施，积极主动应对，圆满完成北京奥运会、新中国成立 60 周年庆典活动的保障任务，保障了城市的正常运行，保证了人民群众的生命安全。

一、防汛抗旱举措
（一）明确目标，防汛抗旱工作扎实推进
针对北京水资源紧缺和极端天气频繁发生的实际情况，变"防"为"迎"，以

确保人员安全为核心，统筹兼顾，强化科学调度，充分利用雨洪资源，力争"保安全，多蓄水"。

（二）消除隐患，雨天道路保障能力明显提高

针对城市积水问题，2009年开始试行积水点挂账督办试点工作，2010年正式实行"重点积滞水挂账督办机制"。加强积水点治理和应急抢险等工作力度。

（三）指挥有力，防汛抗旱指挥体系高效运转

在市指挥部的统一部署下，各部门、各区县各负其责，加强协作，密切配合，形成了防灾减灾的强大合力。在应对强降雨和防汛应急事件中，主要领导靠前指挥，各部门及时处置，各项防洪设施运行正常，防汛抗旱指挥体系高效运转，实现了不死人、不垮坝、不倒闸、不塌房、不断路的工作目标。

（四）主动应对，防汛抗旱应急能力明显提高

2008年为市级应急排水抢险队伍配备了6组机动抢险单元，加强城区积水排水抢险能力；各区县落实专业抢险队伍60支，驻京部队组建了3万人的抗洪抢险应急队伍，形成了统一指挥、军地联防、专群结合的防汛应急抢险体系。

2008年北京奥运会举办期间正值主汛期，针对可能出现的城市暴雨，各级政府、各防汛指挥部坚持"阴天就是预警、降雨就是命令"，超前部署、超常工作、超强戒备，全市形成严密高效的奥运保障防汛应急体系，成功应对了每一次降雨过程。

（五）创新机制，综合保障能力明显提升

2008年，北京市创新实践"六项机制"：气象通报机制，道路巡查机制，交通保障机制，部门对接机制，数据统一机制，督查追究机制。道路交通保障机制是"六项机制"的重点，指挥部预警信息下达后，道路、市政、排水、气象等部门在市交管局指挥中心联勤办公，做到了道路积水信息快速掌控、抢险现场和工作组互动、抢险队伍快速到达、积水信息实时传播。"六项机制"是各部门集体智慧的结晶，有效应对了城区强降雨，为保障雨天道路畅通发挥了重要作用。

（六）科技支撑，防汛抗旱信息水平显著提高

全市加大了防汛抗旱信息化建设力度，完善重点立交桥和低洼路段的积水监测

系统，加强防汛通信系统建设，做到应急通信畅通无阻。

（七）科学调度，确保城乡供水安全

各级防汛抗旱指挥部门精心组织，多措并举，科学抗旱，有效缓解首都水资源紧缺。

二、预防减灾措施

（一）防汛工程及非工程措施建设

1. 防汛工程建设

2008 年，新建雨水收集利用工程 350 处，新增蓄水能力 1460 万 m^3。全市已建成城乡雨水利用工程 1200 处，全年利用雨洪水 4500 万 m^3。

2010 年，完成朝阳小场沟、房山刺猬河等 11 条 180 km 中小河道生态治理，提高了防汛和水源配置能力。

2. 防汛非工程措施建设

（1）2008 年

1）积水监测站点建设。为了确保北京奥运会的顺利召开，进一步加大立交桥下积水自动监测系统的建设，增加监测点的数量、完善监控中心的软件系统。重点保障城市主干道的畅通，在二环、三环、四环上再增加 18 个桥下积水监测站。

2）800 M 政务防汛专网（二期）建设。共配发 468 部电台，覆盖范围包括永定河、北运河、潮白河三条河重点水利工程以及 18 个区县县城。

3）市防汛办组织为排水集团、自来水集团和市政养护集团等市级应急排水抢险队伍配备了 6 组机动排水标准单元设备，进一步提高了市级防汛应急抢险队伍的机动抢险能力。

（2）2009 年

1）完成了潮白河、北运河河道应急通信网的建设。

2）完成了防汛门户网站的建设。

（3）2010 年

1）完成了防汛应急管理平台的建设，该平台的建设实现了防汛突发事件应急处置的流程化、规范化和标准化。

2）完成了北京市汛情会商系统的建设，为做好汛期每天气象会商奠定了坚实基础。

（二）抗旱工程及非工程措施建设

1. 2008 年

1）南水北调是解决北京水资源紧缺矛盾的战略工程。经过 5 年艰苦努力，南水北调京石段应急调水主体工程和北京市区"三厂一线"配套工程建设完成。6 月利用张坊水源向三厂供水 1400 万 m^3。9 月河北省岗南、黄壁庄、王快 3 座水库开始向北京输水。

2）新建雨水收集利用工程 350 处，新增蓄水能力 1460 万 m^3。全市已建成城乡雨水利用工程 1200 处，全年利用雨洪水 4500 万 m^3。

3）2008—2010 年，按照国务院办公厅《关于加强抗旱工作的通知》（国办发〔2007〕68 号）要求，针对严峻的旱情形势，完成了《北京市抗旱规划》编制工作。国务院于 2011 年 11 月以国函〔2011〕141 号文件下达《国务院关于全国抗旱规划的批复》。

2. 2009 年

1）完成张坊水源地配套工程，新建潮白河、怀河应急水源，应急水源稳定开采，年内供水 2.8 亿 m^3。

2）组织完成《北京市抗旱应急预案》编制工作，2010 年 2 月通过专家审查，并报海委审查。该预案对规范我市抗旱工作，有效应对和处置我市干旱公共事件，提升防旱抗旱应急减灾能力具有重要意义。

（三）防汛工作机制建设及完善

1. 2008 年

1）建立"六项机制"。"6·13"暴雨后，针对暴雨预警难、降雨突发性强、道路积滞水快、现场抢险到位缓慢、部门联动水平低等薄弱环节，市防汛指挥部创新实践，建立了"六项机制"：一是气象、汛情预警内部通报联动机制，建立了市指挥部与市气象局会商和通报机制，提前发布城区暴雨预警，做到提前准备；二是雨天道路人员上岗巡查报告责任机制，构建了道路上岗巡查和汛情报告的两张"责任网"；三是雨天道路交通保障联动机制，市防汛办、市交通委、市交管局及道路责任单位在市交通指挥中心成立雨天道路交通保障前线工作组，解决责任区自主抢险，积水信息和交通疏导实时播报等问题；四是公共区及场馆奥运保障对接机制，红线内、红线外双方责任单位明确了联络员，由专人带领抢险队伍，在指定进口进入红线内抢险；五是数据统一管理机制，加强了降雨数据、积滞水点数据及灾情数据的统一管理；六是防汛责任督查机制，市指挥部成立督查组，对各责任单位雨前、雨中到岗巡查情况进行监督和检查，每次降雨后进行通报。

2）编制《城市道路雨天巡查预案》。该方案落实雨前布控、雨中巡查和自主抢险基层责任网络和汛情报告网络，进一步将重心下移，提高抢险排水效率。2009 年以后，沿用奥运标准，进一步对排水专项预案进行了修订完善。

2. 2009 年

1）开始实行积水点挂账督办试点工作，完成知春桥、首都机场滑行东桥、万泉河桥、红领巾桥等重点积水点治理。

2）根据实际情况，对雨天道路保障、气象会商等联动机制进行了进一步完善，并实行常态化管理。

3. 2010 年

建立"重点积滞水挂账督办机制"。为加大积滞水点消隐工作的督促力度，市防汛指挥部建立了"积滞水挂账督办机制"，对汛后排查确定的积水点全部实行挂账督办，开辟项目规划、立项、建设绿色通道，做到发现一处，挂账一处，解决一处。

四、防汛抗旱动态

1. 2008 年

8 月 10 日，我市出现暴雨过程，局部地区发生大暴雨，平均雨量达到 60 mm。市防汛指挥部与市气象局加强气象信息通报，实时掌握天气变化趋势，及时发布汛情预警，城区共出动抢险人员 4200 人、抢险车辆 200 辆、水泵 260 台，打捞雨水口千余次。交管部门启动一级指挥疏导方案，出动警力 3000 余人，全面维护城市交通秩序。经过各部门的努力，全市交通未出现积水现象，奥运场馆设施及城市基础设施运转正常。奥运会考验了北京市的防汛抗旱工作，考验了应急管理能力和工作水平，我们以保障平安奥运顺利举办和城市安全运行的优异成果，向党和人民，向国际社会交了满意的答卷。

2. 2010 年

3 月份，贵州省抗旱形势严峻，按照国家防总统一安排，于 3 月 29 日紧急筹措 10 台拉水车、20 台移动应急抽水泵、30 台发电机以及 20 万片净水消毒药剂运送至贵州省防汛抗旱指挥部，物资在 3 月 31 日运抵贵州省贵阳市。

8 月份，吉林省防汛抢险形势严峻，按照国家防总统一安排，8 月初从大兴中央防汛物资仓库紧急调拨 20 艘冲锋舟、20 台 40 马力船外机 、专用机油 20 箱，并于 8 月 2 日晚运抵吉林省长春市。

第四章 公共安全事故

第一节 2008 年

一、圆满完成奥运会和残奥会全市旅店安保工作

2008 年紧紧围绕"平安奥运"的工作目标,按照"严之又严、细之又细、实之又实"的工作要求,通过精心组织、周密部署、统筹协调、综合测试,圆满地完成了奥运会期间我市 119 家涉奥饭店（107 家签约饭店、12 家接待运动员的非签约饭店）和残奥会 12 家签约饭店的驻地安保工作任务。期间,共投入安保力量 6664 人（民警 714 人、消防干部 104 人、保安员 1515 人、饭店内保力量 4331 人）,34 个工作日 24 h 运行,确保涉奥饭店和 50 余万人次入住客人的绝对安全,实现了"大事不出、小事也不出"的工作目标。

二、圆满完成驻京军队招待所安装旅馆业治安管理信息系统及身份证鉴别仪的工作

3 月 24 日按照市局领导指示精神,根据驻京军队单位招待所安装旅馆业治安管理信息系统的总体工作安排,治安总队圆满完成驻京军队 11 个大单位所属 158 家军队招待所安装旅馆业治安管理信息系统及身份证鉴别仪的工作。

三、全面推进旅馆业网上追逃

2008 年,为确保"平安奥运"目标实现,我局治安系统坚持"长期经营,夯实基础"的指导思想,按照"全面强化,以面保点"的原则,以狠抓旅馆业验证登记制度落实、强化旅客住宿信息采集为工作主线,不断强化旅馆业阵地防控基础,全面推进旅馆业网上追逃,战果显著。全年在旅馆业内共抓获公安部网上在逃人员 1003 名,比 2007 年的 684 名、2006 年的 609 名分别上升 45% 和 62.9%,创旅馆业治安信息系统网上追逃 12 年来年抓逃数量历史新高。

四、全国旅馆业娱乐场所治安管理信息系统建设工作现场会在京召开

为深入贯彻全国治安管理工作会议精神，推广北京等地在旅馆业及娱乐场所治安管理信息系统建设中的经验做法，按照公安部常务副部长白景富的指示精神，5月29日，全国旅馆业娱乐场所治安管理信息系统建设工作现场会在京顺利召开。公安部治安管理局局长武冬立、副局长徐沪，市局党委副书记、副局长于泓源，公安部宣传局、五局、六局、禁毒局、科技局、信通局、金盾办、奥运安保办的相关负责同志出席了会议。我局治安总队总队长李润华及市局办公室、法制办、科技处、刑侦总队、治安总队、内保局、信通处、出入境管理处、人口处、禁毒处以及各分县局治安支（大）队等相关负责同志，各省、自治区、直辖市公安厅、局治安总队（局、处）和新疆生产建设兵团公安局治安总队分管总队长和治安支队长以及江西南昌、辽宁沈阳、广东广州、江苏苏州、河北唐山、浙江义乌等地市公安局的分管局长和治安支队长参加了会议。会议由公安部治安管理局副局长徐沪主持。

会上，积极推进旅馆业信息系统建设且追逃战果突出的我局治安总队行业场所管理处、上海市局治安总队信通处、广州市公安局治安支队被公安部授予"全国公安机关追逃工作先进集体"称号。现场播放了治安总队制作的介绍我局旅馆业和娱乐场所治安管理工作经验做法的《立足整体防控，织密防控网络，全面提升新形势下首都行业场所管控水平》多媒体片。朝阳分局、海淀分局、门头沟分局分别介绍了在外国人聚居区家庭住宿接待户、娱乐场所、民俗旅游村（户）治安管理工作的经验做法。

五、我局圆满完成 2008 年安全迎汛工作

2008 年汛期正值北京奥运会及残奥会召开之际，确保奥运会度汛安全，确保赛事顺利举办，确保城市运行安全和人民生命安全是对 2008 年防汛工作提出的整体目标。根据市政府防汛抗旱指挥部和市局领导指示精神，我局防汛办公室于 6 月 1 日正式成立，结合奥运安保中心工作和今年汛期特点制定防汛工作方案，充分做好人力、物力等多方面的准备工作。治安总队充分发挥防汛办的牵头协调作用，强化督导检查落实各项安全措施，局属各单位配合联动、快速处置，积极应对主汛期雨情、汛情，圆满完成了今年防汛工作。期间，全局共出动警力 3.6 万余人次，会同有关部门开展安全检查 591 次，检查重点部位、要害部门、危旧平房等 2846 处；参与各类排险 183 起；确保了今年汛期社会面的良好治安秩序。

六、预防煤气中毒工作

2007 年 10 月，市政府根据 2006 年建设部等 10 部局下发的《关于加强非职业性一氧化碳中毒防范工作的通知》（建城〔2006〕274 号）精神，成立政府负责、公安牵头、多部门齐抓共管的市预防煤气中毒工作协调小组。由市政府主管领导任组长，市公安局、市民政局、市卫生局主管局长任副组长，市建委、市政管委、教委、综治办、流管办、公安局、民政局、卫生局、安监局、质监局、工商局、气象局、广电局、商务局、财政局、监察局 16 个部门为小组成员单位。办公室设在市公安局，市公安局主管局长兼任办公室主任。各区县、街乡（镇）比照市里模式相应成立领导小组，严格落实属地责任。

2008 年至 2009 年取暖季，市预防煤气中毒工作协调小组新增旅游、城管两个成员单位。经调查摸底，全市共有煤火取暖户 273 万户，取暖人员 828 万人；全市共开展集中安全检查 6 次，出动检查力量 47 万余人次，制作板报条幅 35000余份，发放各类宣传材料 1350 万份，检查取暖户 513 万户次；整个取暖季，因煤火取暖发生煤气中毒死亡事故 72 起，死亡 87 人。

第二节　2009 年

一、在娱乐场所推广使用严禁黄赌毒宣传片

2009 年，在娱乐场所推广使用严禁黄赌毒宣传片。年内，治安管理总队会同市文化市场行政执法总队拍摄制作了娱乐场所开机提示宣传片，并从 9 月 9 日起在全市歌舞娱乐场所中完成推广使用，用生动、活泼的表现形式，向全社会宣传了娱乐场所内禁黄、禁赌、禁毒等规定，社会反响良好。

二、开展特种行业规范执法检查月专项行动

按照公安部和市局社会治安整治行动的统一部署，为推动特种行业治安管理规范化建设，提高阵地控制能力，有效服务全局打击破案的现实斗争，全局治安系统自 5 月 20 日起至 6 月底在全市范围内深入开展特种行业规范执法检查月专项行动。5 月 20 日专项开展以来，全局治安系统共处罚违规经营企业 17 家，通过特种行业阵地控制共抓获各类违法犯罪人员 13 人。

三、公安机关对涉嫌在建的中央电视台新址园区文化中心发生火灾事故嫌疑人立案侦查

2009 年 2 月 9 日 20 时 15 分许，在建的中央电视台新址园区文化中心发生火灾事故，造成在救援过程中 1 名消防队员牺牲，8 人受伤。并造成建筑物过火过烟面积达到 21333 m²，直接经济损失为 16383.93 万元。

事故发生后，党中央、国务院高度重视。党中央、国务院有关领导同志和北京市委、市政府主要领导同志及国家安全监管总局、公安部、国家广电总局等相关部门负责同志赶赴事故现场指导抢险救援和善后处理工作。

根据国家有关法律法规，经国务院批准，2009 年 4 月 9 日，成立了有国家安全监管总局、监察部、公安部、住房城乡建设部、国家广电总局、国家统计局、全国总工会、北京市人民政府有关负责人和相关人员参加的国务院中央电视台新址"2·9"火灾事故调查组，开展事故调查工作。事故调查组邀请中央宣传部、最高人民检察院派员参加，并聘请 14 名权威专家对一些重大技术、经济问题进行技术论证与指导。调查组通过现场勘查、技术鉴定、调查取证、综合分析和专家论证，查明了事故原因、人员伤亡和财产损失情况，认定了事故性质，提出了对有关责任人员和责任单位的处理建议，并提出了事故防范和隐患整改措施建议。此事故公安机关共对 44 名犯罪嫌疑人员进行立案侦查，并依法移送检察机关起诉和法院审理。同时，在司法机关做出处理后，由监察机关对 27 名中共党员和行政监察对象做出了不同程度的纪律处分。

四、2009 年安全迎汛工作

2009 年我局在市委、市政府、公安部的坚强领导下，以实践科学发展观为统领，以维护首都政治稳定、社会安定和实现"平安国庆"为目标，按照"重点保障、快速反应、周边增援、协同作战、密切配合、确保安全"的原则，在充分认识洪涝灾害的突发性和严重性的基础上，立足有效应对极端天气，扎实认真地做好防御暴雨洪水灾害的抢险救援各项准备工作，全力加执勤与备勤，完善和落实了防汛预案，提高整体防汛能力，确保了今年汛期安全渡汛，圆满地完成了市委、市政府赋予的防汛任务。期间，全局共出动警力2.3万余人次，会同有关部门开展安全检查332次，检查重点部位、要害部门、危旧平房等2356处；参与各类排险102起。

五、预防煤气中毒工作

2009 年至 2010 年取暖季，市预防煤气中毒工作协调小组新增社会办、法制办和环保局三个成员单位。经调查摸底，全市共有煤火取暖户 257 万户，取暖人员 819 万人；全市共开展集中安全检查 5 次，出动检查力量 51 万余人次，发放宣传材料 1181 万余份，签订责任书 305 万余份，制作展板、条幅 4.7 万余条，检查取暖户 411 余万户次，发现并整改各类隐患问题 42191 件；整个取暖季，因煤火取暖发生煤气中毒死亡事故 70 起，死亡 87 人。

第三节　2010 年

一、在娱乐场所推广从业人员 IC 卡管理制度

今年 5 月份，治安总队开始对娱乐场所治安管理系统进行升级改造，重点开发并推广了从业人员身份信息管理系统，要求每名从业人员建立信息登记卡（IC 卡）后方可从业，每日上、下班必须刷卡。在严格要求从业人员办卡、刷卡工作的基础上，新系统实现了从业人员分级管理、轨迹追踪、可疑情况报警、协查、系统自动提示、网上办公、数据备份等 7 项新功能，实现了工作模式由"粗放管理"向"精确掌控"，由"被动管控"向"主动防范"的转变。目前，娱乐场所从业人员身份信息管理系统推广工作已完成，全市 1161 家娱乐场所均安装了娱乐场所从业人员身份信息管理系统，111936 名从业人员全部办理了从业人员信息登记卡。通过对从业人员制卡前的逐人核录，抓获在逃及使用假身份证人员 5 名，清退法规禁止从业人员 695 名，分类管理前科人员 1657 名。

二、推广新型防伪印章和印章审批管理信息系统

市公安局研发了新型防伪印章和印章审批管理信息系统，自 2010 年 5 月 20 日起在全市逐区推行，截至 12 月，已基本推行完毕，审批、刻制新型防伪印章 233147 枚。从推行情况看，我局审批印章数量大幅上升，非法刻制印章问题得到彻底根治，伪造印章问题也初步找到了破解的方法，新型防伪印章得到了机关团体、企事业单位、印章企业、印章协会等各界的好评，推行新型防伪印章工作已取得良好成效。

三、开展特种行业阵地控制专项行动

2009 年 11 月 15 日至 2010 年 2 月 15 日，全局治安系统以易成为不法分子销赃渠道的废旧金属收购业、旧货业、典当业、机修业等四类特种行业为重点，在全市范围内开展了为期 3 个月的特种行业阵地控制专项行动。专项行动期间，通过特种行业阵地控制共抓获各类违法犯罪人员 301 人（刑拘 85 人、治拘 216 人），处罚违法违规经营企业 570 家，收缴生产性废旧金属 15403 kg，同比分别上升了 54%、313%、128%。

四、2010 年安全迎汛工作

2010 年根据市委、市政府和市防汛办的总体工作部署，针对今年以来我国气候异常、极端天气频繁、多省市发生洪涝灾害的情况，我局各级领导高度重视，按照市公安局党委书记、局长傅政华提出的"减灾、减损、减罪、减诉"四减工作要求，提早统筹谋划今年安全迎汛工作。其间，全局共出动警力 3.3 万余人次，会同有关部门开展安全检查 188 次，检查重点部位、要害部门、危旧平房等 4722 处；参与各类排险 173 起；确保了汛期社会面治安秩序良好。

五、预防煤气中毒工作

2010 年至 2011 年取暖季，市预防煤气中毒工作协调小组新增市农委、市供销合作总社为成员单位。经调查摸底，全市共有煤火取暖户 249 万户，取暖人员 795 万人；全市共开展集中安全检查 3 次，出动检查力量 51 万余人次，发放宣传材料 1181 万余份，签订责任书 305 万余份，集中设点宣传 967 次，制作展板、条幅 4.7 万余条，检查取暖户 411 万余户次，发现并整改各类隐患问题 2191 件。整个取暖季，因煤火取暖发生煤气中毒死亡事故 60 起，死亡 74 人。

六、危险物品管理

为进一步推动首都危管工作的健康持续发展，维护首都良好秩序，保障首都公共安全，2009 年 1 月 15 日上午，治安总队会同市局装备财务处将 2008 年以来收缴的各类非法枪支、申请报废枪支集中送交首钢，投入炼钢炉中予以彻底熔炼销毁。

2009 年销毁情况：销毁的枪支共 11737 支，其中非法收缴枪支 2318 支、申请报废制式枪支 9419 支，管制刀具 2 万余把。

2010 年销毁情况：共收缴枪支 207 支，仿真枪 834 支，子弹 15999 发，收缴管制刀具 2631 把，弩 20 把。全部销毁。

第五章　环境质量

第一节　环境质量状况

一、2008 年

（一）概况

2008 年是首都发展史上具有特殊重要意义的一年。全市环境保护工作按照奥运决胜之年的要求，扎实落实奥运空气质量和环境安全保障以及污染减排措施，在全年实现地区生产总值 10488 亿元，比上年增长 9%，人均地区生产总值突破 9000 美元，全市常住人口达到 1695 万人，第三产业比重达到 73.2% 的情况下，全面实现了各项环境目标，圆满兑现了申奥空气质量承诺，全年空气质量改善目标任务提前完成。在奥运会、残奥会举办的 29 天中，本市空气质量天天达标，其中 12 天为优、17 天为良；大气中主要污染物浓度总体下降 50% 左右，二氧化硫、二氧化氮和一氧化碳日均浓度达到世界发达城市水平，可吸入颗粒物达到世界卫生组织空气质量指导值第三阶段目标值。全年空气质量二级和好于二级天数达到 274 天，同比增加 28 天，占总天数的 74.9%，提前一个月实现了市委、市政府确定的 70% 的目标，空气质量连续 10 年得到改善。

全市二氧化硫和化学需氧量排放量分别比 2007 年下降 18.8% 和 4.9%，超额完成市委、市政府确定的分别削减 10% 和 4% 的任务。河流、湖泊和水库水质达标率分别由 2007 年的 51%、79.4% 和 88.5% 提高到 54.9%、80.7% 和 88.7%，密云水库等主要饮用水源水质符合要求，国家考核本市的三条河流出境断面水质均达到 2008 年考核要求。声环境质量基本保持稳定，放射性和电磁辐射环境质量继续保持在正常水平。

（二）大气污染防治

落实国务院批准的《第 29 届奥运会北京空气质量保障措施》，市委市政府组织制定实施了《第十四阶段控制大气污染措施》《2008 年北京奥运会残奥会期间本市空气质量保障措施》和《北京奥运会残奥会极端不利气象条件下空气污染控制应急措施》。四大燃煤电厂完成了除尘脱硫脱硝治理，中心城区平房区 6.1 万户居民采暖小煤炉改用清洁能源。提前执行机动车国Ⅳ排放标准，淘汰治理黄标车 1.1 万辆，更新环保型公交车 2349 辆、出租车 2941 辆，全市 1462 座加油站、52 座油库、1387 辆油罐车完成油气回收治理改造或停运，加强了对在用车排放的监督检查。建成国内领先的机动车排放实验室。有机化工厂、化工二厂停产，首钢完成压产 400 万 t 任务。对全市服装干洗、汽车维修、印刷、家具制造和餐饮等企业加强执法检查，推动治理了挥发性有机物污染。制定落实《2008 年北京市建设工程施工现场扬尘污染治理工作方案》，实行施工扬尘治理网格化管理，加大联合执法力度，广泛采用清扫保洁新工艺提高道路清洁度，有效控制扬尘污染。奥运会后，市政府组织制定发布了第十五阶段控制大气污染措施。

（三）水污染防治

在饮用水源保护区，建设了 26 条生态清洁小流域，完成了 60 个村的污水治理。加强城市河湖整治。全年再生水利用量达到 6.2 亿 m^3，奥运期间共向城市河湖补充水量 8000 万 m^3。加强对饮用水源地和奥运场馆重点水域的监管，增加监测频次、点位和项目，加大执法巡查力度，确保了水质达标。

（四）噪声污染防治

京承高速路（三环—四环段）、朝阳北路、莲石西路（石景山段）的交通噪声污染治理任务基本完成。在京津城际高速铁路旁补建了 4 km 隔声屏障，减轻了铁路噪声污染扰民。研究制定了首都机场噪声污染治理规范，组织开展了中高考期间噪声专项整治。联合公安部门建立、完善了社会生活噪声扰民执法协调机制。

二、2009 年

（一）概况

本市环境保护工作以科学发展观为指导，紧紧围绕"保增长、保民生、保稳定"的大局和建设"人文北京、科技北京、绿色北京"战略任务，着力推进大气污染治理和污染减排，不断加强环境基础设施建设和生态保护建设，努力维护环境安全，有力地推动了首都经济平稳较快发展和社会和谐稳定。空气质量连续第十一年得到改善。全年空气质量二级和好于二级天数达到 285 天，同比增加 11 天，占总天数的 78.1%，提前 41 天完成了市委、市政府确定的 71% 的任务，实现了奥运后空气质量不滑坡的要求。全市地表水、声和辐射环境质量继续有所改善。全市二氧化硫和化学需氧量排放量分别比 2008 年下降 3.59% 和 2.49%，超额完成市委、市政府确定的削减 3% 和 2% 的任务。国家考核本市的拒马河、北运河和沟河等 3 条河流出境断面水质继续改善。河流、湖泊、水库水质总体保持稳定。工业危险废物、医疗废物和放射性废物基本实现安全处置。

（二）大气污染防治

按照中央领导提出的奥运会后空气质量不滑坡的要求，制定实施了第十五阶段控制大气污染措施。加速淘汰更新黄标车，全年累计淘汰、治理黄标车 10.6 万辆。组建城市货物运输"绿色车队"，622 家公司共购置绿标车 20424 辆。自 9 月 1 日起，外埠进京车辆按本市环保标志管理规定行驶。大力推进"高耗能、高污染、资源性"等产业的调整，11 家年产能 20 万 t 以下的水泥生产企业、19 家采矿企业、67 家石灰生产企业、22 家采石生产企业、32 家防水卷材生产企业、11 家化工企业、56 家铸造企业、7 家煤气发生炉使用单位等实现原址停产。城四区开启式干洗机完成封闭式更新改造。优化能源结构，完成中心城区文保区 7.2 万户平房居民采暖小煤炉改用清洁能源工程，累计文保区 16 万余户居民小煤炉全部完成清洁能源改造。在中心城区、城乡接合部分别开展 20 蒸吨以上燃煤锅炉清洁能源改造、原煤散烧替代试点，分别完成 505 蒸吨的改造任务和 3 个村的替代工作。推行"绿色施工"，制定发布了施工工地、混凝土搅拌站的绿色管理规程，继续推行施工工地网格化管理，加强扬尘污染执法检查。扩大道路清扫保洁新工艺作业范围，加大秸秆禁烧的检查力度，基本实现全面禁烧。

（三）水污染防治

严格保护饮用水源，建设了 52 条清洁小流域。开展密云水库库区综合整治，拆除 13 处违章建筑，清理垃圾，搬迁一级保护区内 6 家规模化养殖场。实施北运河流域水污染综合治理工程。加强河湖水质巡查监管。

（四）噪声污染防治

莲石路海淀段、机场高速公路（三元桥至北皋段）、八达岭高速公路（北沙滩段）交通噪声污染治理任务基本完成。组织开展了中高考期间噪声专项整治，为广大考生创造安静的考试环境。

（五）辐射与危险废物安全监管

严格涉源项目审批，加强射线装置单位辐射安全许可证管理。抓好放射性废物库的稳定运行。全年收贮废旧放射源 1591 枚、放射性废物 8050 L。加快危险废物处置设施建设，废有机溶剂、废试剂回收利用工程基本建成，年利用能力达 6000 t。北京水泥厂水泥窑处置污泥生产线投入运行，年处理能力达 22 万 t。完成市属大型生活垃圾填埋场的异味综合治理，加强渗滤液和填埋气的监测、检查，减少异味扰民现象。完成高校实验室、汽修行业和抗生素生产企业危险废物专项调查。加强医疗废物处置和医疗废水排放检查，严防甲型 H1N1 流感病毒传播。

三、2010 年

（一）概况

全市环境保护工作与推动产业结构调整、转变经济发展方式、保障改善民生有机结合起来，围绕"绿色北京"战略部署和建设中国特色世界城市的长远目标，扎实推进污染减排，切实加强环境监管，环境质量持续改善。全市空气质量二级和好于二级天数达到 286 天，占全年总天数的 78.4%，提前 27 天完成了任务，达 12 年来最好水平。大气中的二氧化硫、二氧化氮、可吸入颗粒物等污染物浓度分别为 32 μg/m³、57 μg/m³、121 μg/m³，其中二氧化硫浓度创 12 年新低。水、声和辐射环境质量整体保持稳定，全市二氧化硫和化学需氧量排放量分别比 2009 年下降 3.07% 和 6.88%，超额完成市委、市政府确定的各自削减 2% 的任务。全市地表水、声和辐射环境质量继续有所改善。出境河流中，除拒马河张坊断面无水以外，北运河榆林庄断面和泃河东店断面的化学需氧量浓度继续下降，均达到了国家 2010 年考核要求。工业危险废物、医疗废物和放射性废物基本实现安全处置。

（二）大气污染防治

修订并组织实施了《北京市空气质量联合监管工作方案》，建立了二至三级临界状态、大风沙尘天气、重度污染天气情况下加强空气质量管理的联动机制。全市 20 蒸吨以上燃煤锅炉总计完成 1052 蒸吨清洁能源改造工作，东城区、西城区非文保区的平房区、简易楼居民采暖小煤炉改用清洁能源工程完成 1.3 万户，全市淘汰黄标车 50372 辆，均超额完成目标任务。全市 22 座需添加清净剂储油库，全部按照要求添加了清净剂，使用添加清净剂 1090 t。加快调整全市工业产业结构，积极推进首钢石景山厂区冶炼、热轧工序的全面停产，淘汰年产能 20 万 t 以下的水泥厂，至年末全市只保留 10 家水泥企业。协调市国土局，注销了 24 家矿山开采许可证，配合市经济信息化委，组织编制了淘汰"三高"企业行动计划。京能热电有限公司 2 号静电和布袋复合式除尘器改造工程按期完成，除尘效率提高到 99.9%，改造了干灰输送、电气等辅助系统，确保烟尘排放稳定达标。本市使用较高灰份燃煤的高井电热厂和京能电热厂共 10 台机组已全部由电除尘器改造为高效布袋（或电－袋组合）除尘器。燕山石化公司 3 号催化裂化装置再生烟气除尘脱硫工程投入运行，2 号催化裂化装置再生烟气除尘脱硫治理工程已经完成工程基础设计内审工作。推进 VOC 污染治理工作，在 2009 年城四区完成试点的基础上，继续在其他区县推广开启式干洗机更新改造为密闭式干洗机，完成了 144 台开启式干洗机改造。

（三）水污染防治

颁布了《北京市水污染防治条例》，组织编制了北京市《城镇污水处理厂水污染物排放标准》（征求意见稿），建立了联合工作机制，统筹水污染物减排等水污染防治工作，已展开对国土部挂牌督办的宝兴等 13 个高尔夫球场周边地下水环境质量调查与监测工作，完成监测井的施工建设任务并取样分析。

（四）噪声污染防治

实施了樱花园小区飞机噪声治理工程，为 3900 余户居民安装了隔声窗。完成了京沈高速路降噪治理工程，共计安装隔声窗 144 户 1764 m^2，投资约 100 万元。积极推动轨道交通地面段降噪工程，对全市轨道交通地面段噪声振动情况进行监测评估并提出降噪对策。开展了中高考期间噪声专项整治，加强固定源和经营活动噪声污染防治监管，为广大考生创造安静的考试环境。

（五）辐射与危险废物安全监管

制发了《2010 年辐射安全管理工作要点》，确定了重点监管对象 43 家。全年共检查辐射工作单位 405 家次，其中对重点涉源单位检查 96 家次。加强了放射性废液排放情况的专项检查，落实重点涉源单位的季报及半年一次的检查制度。开展了固体废物申报登记工作，全年共有 3310 家单位申报产生固体废物，1720 家单位申报产生危险废物，分别比上年增加 485 家和 322 家。加强医疗废物处置监管，提高危险废物的无害化处置利用能力。推进本市污染场地规范监管工作，处置污染土壤 19.5 万 m^3。编制了《北京市有毒化学品进出口预审工作流程》，建立了《北京市有毒化学品进出口企业环境管理档案》。

第二节　处置突发环境事件情况

2008 年至 2010 年共处置突发环境事件 105 起（均为一般性事件），产生危险废弃处置物 3500 t 多。突发环境事件中涉及危险化学品的 75 起，占 71.4%。从事件起因看，因安全生产事故引发的突发环境事件 28 起，占 26.7%；交通事故引发的突发环境事件 43 起，占 40.9%；不明废弃、遗弃物引发的突发环境事件 19 起，占 18.1%；企业个人违法排放、偷倒危险化学品引发的突发环境事件 2 起，占 1.9%；辐射事件 3 起，占 2.9%；其他情况引发的突发环境事件 10 起，占 9.5%。

从实际处置的突发环境事件看，本市所发生的突发环境事件主要特点有：①安全生产和交通事故引发的突发环境事件是威胁本市环境安全的二大突出因素，特别是外埠车辆运输危险化学品过境引发交通事故的突发环境事件呈上升趋势，据统计，2008 年至 2010 年我市共发生的 43 起交通事故引发的突发环境事件中，有 32 起为外埠车辆途经我市境内出现交通事故造成的，占总数的 74.4%。主要发生在房山、通州、大兴、昌平、延庆等远郊区县；②涉氨企业、危险化学品使用单位和废品收购行业发生突发环境事件日显突出，尤其是本市涉氨的制冷企业大多位于居民集中居住区，一旦发生氨泄漏将会引起人员恐慌，带来很大负面影响；③不明废弃、遗弃物引发的突发环境事件呈上升趋势，随着城市建设、改造和工业企业搬迁力度的加大，大量的危化生产企业和危化使用单位将面临关、停、并、转的现实问题，会出现大量的废弃危险化学品及涉及危险化学品的生产装置，将严重威胁本市的环境安全。

第三节　典型的突发环境事件案例

一、2008 年典型案例

（一）河北丰宁钼矿尾矿泄漏事件

2008 年 1 月 12 日，12369 环保投诉举报咨询中心接河北省群众举报，称河北丰宁一钼矿尾矿库泄漏，尾矿水已排入潮河。市环保局当即向丰宁县环保局了解具体情况，并责成密云县环保局立即赶赴现场调查。在与国家环保总局进行沟通后，市环保局与市水务局和国家环保总局相关人员及有关专家也赶赴现场。

经了解，位于河北省丰宁鑫源矿业有限责任公司发生尾矿库泄漏事故，该矿以钼采选为主，采用变压器油、松醇油、巯基乙酸钠、硅酸钠、石灰作为辅助材料，辅助材料为无毒或低毒原料。事发地距潮河干流约 1.2 km，约 3000 t 尾矿水流入潮河，入河处距我市密云县约 230 km。

泄漏事故发生后，丰宁县政府立即采取应急措施，责令该企业停产，对尾矿溢流管进行封堵，紧急增筑两条拦截坝，所泄尾矿水大部分被截留在距泄漏点下游 5km 处的橡胶坝以上。

1 月 15 日，按照郭金龙市长、赵凤桐副市长指示，市环保局再次与国家环保总局进行了沟通。国家环保总局环境监察局陆新元局长带队，北京市环保局史捍民局长、郑江副局长，河北省环保局杨智明副局长等一同赴丰宁检查事故处理情况。陆新元局长代表国家环保总局提出四点要求：①承德市及丰宁县在处理事故过程中，及时采取了有效措施，基本控制了污染，但仍要全力以赴，落实好后续工作，尤其是要对河道内尾矿沙进行全面、彻底的清理，同时要加强监测，确保密云水库水质安全；②保护首都的环境安全是政治大局，绝不能掉以轻心，有丝毫松懈，特别是北京奥运会期间，要确保首都的环境安全，要把这次事故当成一个信号，举一反三，全面排查潮河流域环境隐患，发现问题要立即解决；③今后发生此类事故当地政府必须及时上报，必要时可以越级上报国家环保总局；④由国家环保总局牵头，尽快建立协调机制，发现问题要及时通报，快速处理。

事故发生后，市环保局与市水务局分别对潮河进行实时监测，潮河入京断面水质未受到尾矿废水的影响，符合国家标准。

（二）朝阳区豆各庄乡氯气泄漏事件

2008 年 5 月 25 日，市环保局接朝阳区环保局报告：朝阳区豆各庄乡通惠河干渠南何家村段东岸发现一只废弃液氯钢瓶，氯气泄漏，有人员中毒。接到报告后，市环保局立即启动应急预案，会同朝阳区环保局、公安分局、疾控中心、消防等部门赶赴事发现场。

经查，该钢瓶为 500 kg 规格的液氯钢瓶，底部安全阀损坏，导致氯气泄漏，造成事发地附近豆各庄乡林业站 21 名工作人员身体不适，送医院就诊。据朝阳区疾控中心工作人员介绍，就诊人员无生命危险。

环保专业应急救援处置队伍现场将钢瓶成功堵住泄漏点，并安全运抵专业处置场所，进行安全处置。

二、2009 年典型案例

（一）通州区三氯异氰脲酸事件

2009 年 2 月 25 日，市环保局应急办接 12369 报告：有居民反映通州区永顺镇小潞邑村有一厂房起火，同时产生大量的刺激性气味。接报后，市环保局立即启动应急预案，应急人员立即赶赴事发现场调查处置。

经查，着火厂房原系北京紫光泰和通环保技术公司厂房，后出售给东亚信华国展贸易中心，东亚信华国展贸易中心委托昌平回收公司进行拆除。在拆除过程中，电焊火星将厂房内存储的包装物引燃。工作人员随即拨打了 119 火警电话。通州消防支队到达事发现场后，在用水灭火过程中产生了大量的白色刺激性烟雾，消防官兵立即停止用消防水灭火，改为覆盖沙土的方式进行灭火。火势得到控制，但冒出大量刺激性气味的白色烟雾。

市环保局应急人员到达事故现场后，立即组织应急监测，结果表明事故现场刺激性气体主要成分为氯气，浓度高达 19 mg/m³（居住区标准 0.1 mg/m³）。随即，环保应急人员现场要求挖掘机工人在做好自身防护的同时继续覆盖沙土，并在下风向敏感点（事发现场东侧 200 m 左右有东逸佳苑、小潞邑村两个居民区）开展监测，及时将有关情况向市应急办做出口头汇报，同时通报通州区政府应急办，建议其组织有关部门立即开展应急处置工作。

经过连续的沙土覆盖，刺激性气体的释放得到控制。经现场分析判断，刺激性气体是由于该厂房内存放的消毒片（主要成分是三氯异氰脲酸，约占 40%，碳酸钠、碳酸氢钠约占 60%）遇消防水经化学反应产生的氯气所致。

26 日 8 时起，市环保局应急办协调市自来水集团专业应急救援队伍对着火区域周边库房内存放的过期消毒剂和部分原料进行收集，并运到指定地点妥善处理，共清理消毒片和部分原料 20 t 余，沙土 240 t 余。清理过程中，区环保监测人员对事故现场进行了连续监测，现场氯气浓度一直保持在 $0 \sim 3 \times 10^{-6}$ 范围内，周边敏感地点均未检出。

（二）通州区东六环氯磺酸运输罐车泄漏事件

2009 年 5 月 20 日，市环保局值班室接市应急办通知：东六环土桥收费站南

1 km 处一辆危险化学品运输车发生泄漏。接报后，市环保局立即启动应急预案，应急人员赶赴事故现场，会同市安监、消防、通州区政府等有关部门成立现场指挥部进行调查处置。

经查，该危险化学品运输车属于河北省保定市一家危险化学品运输公司，从内蒙古奈曼旗明州化工公司运输 85 t 氯磺酸到河北省石家庄市无极县一家化工厂，行驶至东六环土桥收费站南 1 km 处发生泄漏，冒出大量白色烟雾。环保部门监测人员对事发地下风向 100 m 处空气中的 HCl 含量进行了实时检测，最高值达到 15 mg/m^3。消防部门多次堵漏未成。

由于事发地处六环，西侧 150 m 为居民区，指挥部立即决定将该车移出六环路至台湖镇大地村东南方向 1 km 处相对空旷的地点，降低对周边居民的影响，使六环路尽快恢复通车。现场处置人员用生石灰中和泄漏的氯磺酸。

环保监测人员对周边下风方向 1 公里处村庄大气环境进行实时监测，空气中的 HCl 含量最高值达到 0.7 mg/m^3，人员在没有防护的状态下，会明显感觉不适。环保部门立即向指挥部提出疏散部分居民的建议。指挥部马上下达了部分人员疏散并做好大规模疏散人群准备的指令。由于封堵泄漏点效果明显，加上有利的气象条件支持，下风方向的村庄内大气环境恢复正常。

该运输车所属公司从河北省保定市调来了两辆危险化学品运输车（空车），将剩余氯磺酸约 60 t 余移至新车内运走，事发地恢复正常，整个事件处置过程中无人员伤亡。

三、2010 年典型案例

（一）官厅水库坝前局部水域呈黄色事件

2010 年 2 月 23 日，接环境保护部应急办通知，周生贤部长在群众举报"官厅水库坝前局部水域出现黄色"事件做出重要批示："请北京、河北要高度重视，采取切实有效的措施，确保北京备用水源安全。部里要派专家现场指导。"

环境保护部应急办领导带队并邀请专家前往现场处置。市环保局监察队接到通报后，连夜与延庆县环保局，赶赴河北省怀来县官厅水库进行调查。

现场查看发现，库区坝前进水塔区域及周边近岸水体（含冰下）表面呈明显黄色。根据环保部环境卫星应用中心提供的官厅水库卫星图显示，水体发黄现象。主要集中在库区西南部大坝前及附近地区，面积约 5.65 km^2，约占全部水面的十分之一。

市环保局随即对进水塔、库边、八号桥水文断面（进库水）进行采样，对 pH 值、溶解氧、高锰酸钾指数、化学需氧量、总磷、总氮等水质指标进行监测分析。

专家判断现场水体发黄是由藻类（金藻或隐藻）所致。金藻或隐藻均为黄绿色、黄褐色，适合在低温环境下生长，主要分布在水体表面或冰下，但均不含毒素，对深层水质没有影响。官厅水库水体表层溶解氧、pH 值以及高锰酸盐指数偏高是藻类大量繁殖的重要特征。近年来，官厅水库水量减少，水中营养物质富集，天气回暖、温度适宜、光照强烈，是造成金藻或隐藻暴发的主要原因。

按照环境保护部调查组的要求，我们对官厅水库水质监控采取五项措施：①加密对水体水质监测频率次，对八号桥入库断面、坝前水黄区域监测由正常的每月一次加密到每天一次；②责成官厅水库管理处对冰面颜色变化情况进行跟踪观测，随时掌握变化情况；③加强对放水水体的监测，确保下游供水安全；④联合水务开展对金藻、隐藻防控的专题研究工作，以便采取积极应对措施，确保水环境安全；⑤与水务部门联动，开展对我市其他水域藻类现象的巡查工作，确保供水安全。

（二）京承高速麒麟隧道南侧发生橡胶油泄漏事件

2010 年 9 月 15 日，市环保局值班室接密云县环保局报告，在京承高速麒麟隧道南侧一辆装有橡胶油的车辆发生事故，造成橡胶油泄漏。

接报后，市环保局要求密云县环保局进行先期处理，并随时通报相关情况。市环保局应急人员立即赶赴现场调查处理。

经查，事发地位于京承高速麒麟隧道（北京与河北交界处）南侧 400 m、京承高速 131 km 处，距潮河支流的汤河约 2.5 km。事发车辆为山东一油料运输罐车，车牌号为鲁 E27335，内装 28 t 橡胶油，全部泄漏路边。

密云县县政府，成立了现场临时应急指挥部，及时调动运输车、吊车、挖掘机等大型机械 15 辆、编织袋 7500 条、活性炭 4 t、沙土和锯末 75 t 等应急物资，开展现场应急处置，主要措施有：①采用沙土和锯末覆盖的方式对泄漏的橡胶油进行吸附处置；②在排洪沟下游方向筑坝拦截含有橡胶油的废水；③对泄漏到排洪沟的橡胶油采用高压水枪冲洗的方式进行清洁处理，并将废水引至自然沙坑之内。

第四节　环境应急管理工作大事记

一、2008 年

（一）开展北京市奥运期间突发环境事件风险源调查

为了做好奥运期间突发环境事件风险评估工作,我们依据突发环境事件的诱因,在本市范围内, 对危险化学品生产企业和使用单位, 涉氨、涉氯单位, 北部山区危险化学品车辆运输"流动危险源"，奥运场馆周边 1 km 范围内的风险源，地下水源保护区内的风险源，不明危险废弃遗弃物等方面开展调查，形成环境风险源调查报告，建立完善本市环境安全风险源档案，制定有效的环境安全防范措施，完善应急预案体系，为确保首都的环境安全奠定坚实的基础。

（二）圆满完成奥运会期间环境安全保障任务

奥运会期间，严格实施了黄标车禁行、机动车限行，施工工地停止土石方、混凝土浇筑等重污染作业，东方化工厂、27 家水泥生产企业、近 140 个混凝土搅拌站和首钢、燕化、18 家冶金建材等重点污染企业暂停生产或限产以及排放不达标的有机化工、汽修、印刷、家具生产、干洗等企业停止生产等措施。99% 的企业、96% 的机动车按要求落实了污染减排措施，使大气污染物排放量大幅减少。

加强奥运空气质量保障区域合作，在环境保护部的支持协调下，北京与天津、河北、山西、内蒙古、山西等省区市加强大气污染治理区域合作，督促加快落实奥运空气质量保障措施。利用卫星遥感、激光雷达等世界尖端的大气环境质量监测技术和设备，在北京、天津、河北进行区域大气污染综合立体观测。每日与气象部门进行空气质量分析会商，对次日和中长期空气质量状况进行分区域、分时段滚动预报，以准确的数据、正确的判断，为及时启动应急措施和保障赛事活动提供了科学依据，圆满完成了奥运期间的空气质量保障任务。

二、2009 年

（一）百日环境安全隐患整治活动

2009 年 4 月 1 日至 7 月 10 日，市环保局在全市范围内开展"百日环境安全隐患整治"活动。活动共分为动员部署、企业自查、检查整改、市局抽查和总结 5 个阶段；重点整治废弃、遗留危险化学品生产装置，再生资源回收企业，违法使用、收购、储存废弃危险化学品的场所，饮用水源地相关企业，危险化学品生产企业和使用危险化学品的生产企业等可能造成环境威胁的 6 类相关单位。

（二）圆满完成新中国成立 60 周年庆典期间环境安全保障任务

2009 年 8 月 20 日至 10 月 10 日为新中国成立 60 周年庆祝活动保障时期，为确保本市的环境安全，完成新中国成立 60 周年庆祝活动的环境安全保障任务，市环保局制定了《新中国成立 60 周年庆祝活动期间北京市环境安全保障工作方案》，明确工作任务和要求，将全市环境安全保障力量编成三个梯队，分成两个响应级别，根据市应急办关于核心区、警戒区、控制区和城市其他区域等不同区域的保障要求，认真部署应急保障力量，明确了各级响应启动时出动序列和应担负的任务，严格落实应急值守制度，确保应急车辆和设备处于良好状态，应急通信畅通，圆满完成了国庆期间环境安全保障任务。

（三）甲型 H1N1 流感疫情防控工作

突发的 H1N1 流感疫情袭击全国，市环保局在市政府的指挥下，参加了 H1N1 流感疫情防控战斗。根据 H1N1 流感疫情防控工作的需要，成立对外、对内两个甲型 H1N1 流感防控工作小组，统筹 H1N1 流感疫情防控工作。对外工作小组办公室设在原应急办，下设综合组、医疗废物监管组、医疗污水监管组、监测组、宣传组、专家组和保障组，加大防控工作的领导力度。印发了《北京市环境保护局关于加强甲型 H1N1 流感疫情防控工作集中开展对医疗废物和医疗废水执法检查的紧急通知》（京环发〔2009〕120 号）和《北京市环境保护局关于加强甲型 H1N1 流感疫情防控工作的通知》（京环发〔2009〕127 号），对定（备）点医院、定点隔离场所的污染防控和监督性监测提出了具体要求。

市环保局还紧急购置了一批余氯现场监测盒和余氯现场监测仪，配发给各区县环保局使用。

三、2010 年

（一）开展重点行业企业环境风险及化学品检查工作

按照《全国重点行业企业环境风险及化学品检查质量核查工作方案》的要求，北京市环保局于 2010 年 3 月在全市范围开展重点行业企业环境风险及化学品检查质量核查工作。通过梳理 2007 年第一次污染源普查数据和 2008 年、2009 年，市区两级环保局新审批项目，最终确定 578 家单位纳入本次调查范围。

市环保局先后制定重点行业企业环境风险及化学品检查工作实施方案和重点行业企业环境风险及化学品检查质量核查工作方案，市区两级环保部门专门成立了领导小组和工作机构，建立联络员协调机制，及时召开了工作部署会、培训会，聘请市劳动保护科学研究所作为项目支撑单位，并同其签订技术服务协议，为数据的有效挖掘与利用奠定了基础。

通过检查进一步摸清了环境安全风险源底数，掌握环境安全现状，为加强环境安全监管提供可靠的基础数据，通过成果梳理，完善了本市环境安全风险源档案，制定了科学的分类方式，为下一步研究制定风险防范措施提供可靠的依据，并以优秀的成绩通过了环保部检查验收。

（二）开展突发环境事件应急研究性演练

为加强市区两级环保部门联合处置突发环境事件的能力，积极探索市区两级专业联动，落实属地与专业相结合的应急处置联动协调机制。市环境监察总队会同房山区环保局组织了一次以危险化学品生产企业生产安全事故引发突发环境事件为背景的应急演练。此次演练引入了 3G 无线通信网络技术、房山区环保数字平台、网络地理信息系统、北京市危险化学品查询系统、大气扩散模型等技术手段，实现远程视、音频无线传递等多种技术平台和应用软件相支撑的演练目标。演练分前后方两个指挥部，相互协调支持，后经专家点评，演练取得圆满成功。

（三）开展突发环境事件应急工作培训

2010 年 7 月，市环保局在房山区 66114 部队分两批组织区县环保局和突发环境事件专业应急处置队伍的应急人员约 140 人进行突发环境事件应急工作培训。

培训主要以强化突发环境事件应急管理理念，提高应急处置过程中个人防护能力为目的。培训中组织了人员防护在实毒状态下的气密性检测、宣讲了环境安全风险管理、环境应急演练管理及人员防护的基本常识、主要内容和工作要求等。

通过此次培训，应急人员切实感受到进入受污染区域时人员防护的重要性，体验了个人防护在实毒状态下防护严密性的亲身感觉，了解了环境安全风险管理和突发环境事件应急管理的基本内容和方法。突发环境事件应对意识和个人防护意识得到普遍提高，为突发环境事件应急管理工作奠定了坚实的基础。

第六章　交通灾害

第一节　2008 年度交通安全应急工作大事记

一、督促整改安全隐患治理

组织开展了地铁、公路、城市道路和危病桥为重点的交通设施安全隐患治理工作。由市交通委督办完成了 10 项市级挂账隐患和 61 项道路交通安全挂账隐患治理工作。全面完成了 2008 年市安委会、市政府督查室、市监察局、市交通安委会所下达的全部隐患治理任务。

二、开辟"绿色通道"，确保物资运输

2008 年初，南方部分地区雨雪冰冻灾害和"5·12"汶川大地震发生后，根据交通部要求，我委紧急部署，给予本市对鲜活农产品和抗震抢险救灾物资运输予以"绿色通道"政策，并实施延长机制至 2008 年底。市交通委迅速协调各高速公路管养单位对管辖的高速公路、快速路张贴告示，设置"运送鲜活农产品车辆专用通道指示牌"，全力提供通行服务，保障运送鲜活农产品和抗震抢险救灾物资运输车辆快速通过。同时，协调交管部门加强警力，及时疏导高速公路车辆，确保道路畅通。

截至 2008 年 12 月 31 日，本市各高速公路管养单位对所管辖 16 条高速公路全部开辟了 "绿色通道"。其中：运送鲜活农产品累计通行车辆 253 万辆，减免通行费用 8856 余万元；抗震抢险救灾物资运输累计通行车辆 39340 辆，减免通行费用 136 余万元。

三、全面启动"平安奥运行动"

按照市委市政府的部署，本市交通系统平安奥运工作于 2008 年 3 月全面启动。3 月 26 日，市交通委召开交通系统"平安奥运行动"工作部署会议，对 "平安奥

运行动"进行了精心组织、广泛动员、系统部署。并明确信息收集、整理、报告的具体工作要求。"平安奥运"期间，交通系统 19 个成员单位共报送各类信息 1943 期，向市"平安奥运"领导小组共报送平安奥运快报 137 期，被采纳 15 期（规定 6 期），超额完成市委下达的工作任务。

四、强化安全风险动态管理

市交通委针对上年全市道路交通安全、桥梁交通安全、轨道运营安全共评估出的 10 项风险，结合开展平安奥运专项行动，并通过采取工程、技术和管理等多项措施，开展风险控制工作，实现了风险的动态管理。经过两轮风险更新后，7 项风险等级显著降低（5 项高等级风险均降低为中等级风险，4 项中等级风险有 2 项降低为低等级）。

五、成功举办综合实战演练

6 月 1 日，在市委领导的指导下，市交通委会同相关单位成功举办了奥运期间城市道路交通事件综合应急演练。演练突出体现了标准高、规模大、参与面广、代表性强等方面特点。演练共设置了 5 大场景、6 个课目、36 个阶段。参演单位 20 余家，拉动处置救援力量 300 余人，投入移动应急指挥车 4 部，各类专业抢险车 60 余部，各种抢险设备 700 余件，演练当天设置了 7 个室内指挥分会场和 4 个室外移动指挥场所，使演练达到了前所未有的效果，并获之王安顺、吉林、马振川、赵凤桐等市委、市领导及各参演单位领导的一致好评。

六、落实防汛各项措施

2008 年 6 月 5 日，成立刘小明主任任组长的交通行业雨天道路交通保障指挥部，并与交通企业各单位逐级签订了 2008 年度安全迎汛责任书，落实了行政首长责任制；分解、细化各单位安全应急职责；建立健全了防汛工作的各项规章制度；落实了防汛重点部位和抢险措施；汛前，组织成立了 11 个检查组，分别对城市道路、跨河桥梁、地铁、长途场站等交通设施进行防汛检查。

为在极端天气和交通突发事件时做好疏散环路交通的工作，汛前，我们组织相关部门在城区二、三、四环路上 42 座下凹式立交桥桥区两侧中央隔离带，按规划方案设置了 80 个应急调头阀。彻底解决遇突发性暴雨、突发交通事件等交通疏导问题，及时打开护栏，作为应急开口，车辆调头，缓解交通压力，特别是保障应急指挥、抢险、救灾车辆优先通行。

七、开展安全生产月活动

2008 年 6 月 6 日，市交通委会同市安委会组织本市路政、运输管理部门在 40 个宣传咨询站点和 12 个区县道口开展安全生产月宣传咨询活动。参加了设在石景山区北京国际雕塑公园内的国家安全生产监督管理总局和市安监局共同举办的安全生产月活动启动仪式及宣传咨询活动。

八、编制各类应急预案

市交通委修订完成并发布《北京市道路突发事件应急预案》（京应急委发〔2008〕22 号）及《北京市桥梁突发事件应急预案》（京应急委发〔2008〕23 号）两个专项应急预案。同时，结合奥运期间实际情况，有针对性地编制了《奥运会开闭幕式和应对灾害天气的交通运输及交通设施防范与处置工作方案》《奥运期间道路清障救援实施方案》《应急保障力量的部署情况》等，汇编完成了《北京奥运会残奥会交通安全保障总体工作方案》。

九、开展联合督查和专项检查行动

2008 年 7 月至 10 月，结合安全隐患排查和安全生产百日督查行动，成立了 4 个督查工作组，采取明查暗访相结合的方式，对交通系统各责任单位组织开展了拉网式排查，采取下发督查工作记录或督查通知书的形式，并对督查情况在系统内进行通报。各督查工作组共填写了 441 份"督查工作记录"，针对安全隐患下达了 52 份"督查通知书"。

十、组建"平安奥运"专项督查队

2008 年 8 月 1 日到 9 月 20 日，市交通委组建了 30 余名同志组成的"平安奥运"专项督查队，分为 12 组，分别针对公交、地铁、省际客运等公共交通安全进行专项督查。建立了工作机制，明确了检查重点。采取明查和暗访相结合的方式，细致地查找问题、漏洞和隐患。督查期间，共对 93 条公交线路、35 处公交枢纽和首末站、8 条地铁线路及 123 个站点、10 个省际客运站进行了实地检查，累计出动了督查员 1200 人次，督查时间 11000 h 余，共检查、督促整改 12 类 210 余个问题。

第二节　2009年度交通安全应急工作大事记

一、召开一季度行业安全工作会

2009年1月13日，市交通委刘绍同志主持召开本市交通行业2009年第一季度安全工作会议，刘小明主任出席并讲话。市交通委路政局、市交通委运输管理局、市交通执法总队和市属交通企业主要领导、主管领导、部门负责同志、委直属挂靠单位、委机关处室负责同志100余人参加会议。会上，刘小明主任分别与各单位主要领导签订了《推进"平安北京"建设，加强交通安全管理责任书》。

二、王安顺同志视察地铁运营安全

2009年1月22日，市委副书记王安顺同志、市委副秘书长李伟同志视察地铁安全运营工作。市交通委刘小明主任、刘绍副主任，市交通委运输管理局局长刘通亮同志，市地铁运营公司董事长谢正光、总经理张树人及相关单位负责同志陪同视察。

三、黄卫同志检查地铁机场线运营安全

2009年1月23日，为保障春节城市公共交通系统安全、有序运营，黄卫副市长率队检查地铁机场线东直门站。市交通委刘小明主任、李建国副主任、刘绍等陪同检查。

四、疏导央视新址配楼火灾事故周边交通

2009年2月9日晚21时许，京广桥附近的央视新大楼北配楼发生火灾。东三环双井桥至长虹桥主辅路北行段、三元桥至国贸桥主辅路南行段、朝阳路慈云寺至京广桥段双向实施交通管制。刘小明主任、刘绍副主任、王兆荣委员立即到达现场，李晓松副主任赴交通安全应急指挥中心参加视频会议，刘小明主任迅速协调地铁、公交等运营单位做好周边客运交通组织工作，保障群众出行。当晚21时33分，地铁10号线金台夕照站封站；22时10分，全线停驶，地下乘客全部疏散到地面。火灾现场周边的66条公交线路运营受阻，部分线路受交管疏导措施影响随社会车辆分流，绕行四环路、朝阳北路，部分线路采取区间行驶措施。对受影响的线路备用60部车辆，做好延时运营准备。2月10日早5时，地铁10号线恢复正常运行。受东三环光明路至呼家楼北行段辅路交通管制，公交头班车有7条线路共绕行84

车次，至 6 时 20 分左右，恢复原线路行驶。截至 9 时，公交各线路运营秩序正常。

五、刘小明同志检查公共交通运营安全

2009 年 2 月 14 日，市交通委主任刘小明率队检查本市公共交通运营及消防安全情况。刘缙、吴天宝、冯建民及委安全应急处、办公室陪同，先后对地铁 2 号线北京站、四惠公交场站、省际客运站进行了检查。

六、配合市反恐办开展地铁实地反恐处突演练

2009 年 2 月 16 日晚 11 时 40 分至次日凌晨 1 时 30 分，交通委会同市公交集团、市地铁运营公司等单位，配合市反恐办在地铁 5 号线刘家窑车站组织开展反恐处突应急演练。

七、黄卫同志坐镇指挥应对降雪天气

2009 年 2 月 17 日凌晨至 2 月 19 日上午，本市连续出现降雪天气，市气象台发布了道路结冰黄色预警。黄卫副市长、周正宇副秘书长、市交通委刘小明主任坐镇雪天交通保障应急指挥中心，组织召开会议，听取了各单位雪天交通保障情况，部署各项应急工作。

八、编纂完成《交通突发事件典型案例》汇编

为加强本市交通行业安全应急管理者责任意识，指导各单位制定科学的交通突发事件应对措施，进一步提高行业各单位应对各类交通突发事件的处置能力和管理水平，市交通安全应急办在委领导的正确领导下，在各相关单位的支持配合下，2009 年 3 月 10 日，编纂完成了《交通突发事件典型案例汇编》。刘小明主任为该书题写了序言。

九、发布实施行业安全生产监督、应急信息管理办法

2009 年 3 月 23 日，交通委发布了《北京市交通行业安全生产监督管理办法（试行）》。2009 年 4 月 8 日，发布了《北京市交通行业安全应急信息管理办法（试行）》。

十、启动建国 60 年安全专项督查工作

2009 年 4 月，市交通委组建了交通安全专项督查队，针对公交、轨道、省际

客运行业，分重点检查（4月20日至9月20日）、国庆严防（9月21日至10月21日）、总结提升（10月21日至12月31日）三个阶段开展督查。4月20至21日，采取了业务讲座、现身说法、观看教育片、实地查看等形式，组织对交通安全督查队进行了为期两天的岗前专项业务培训。结束时进行了督查队授牌仪式，市交通委副主任刘缙为队员授予督查证件并讲话。

十一、处理西单地铁站北换乘通道上方地面凹陷问题

2009年3月24日17时20分，副市长黄卫、市交通委主任刘小明、副主任刘缙赴现场，召开现场会，研究处理西单地铁站北换乘通道上方地面出现凹陷事宜。

十二、第二季度安全形势分析会

2009年4月9日，市交通委副主任刘缙主持召开本市交通行业2009年第二季度安全形势分析会，局（总队）、市属交通企业主管领导和部门负责同志以及市交通委交通安全督查队全体督查人员参加了会议。

十三、刘小明同志部署甲型 H1N1 流感防控工作

2009年4月28日，刘小明主任召开紧急会议，专题研究本市交通行业甲型H1N1流感防控工作，分析趋势及应对措施，结合交通行业特点部署防控工作。2009年5月6日，刘缙副主任主持召开应对甲型 H1N1 流感防控保障工作再部署会议，要求各部门把本次疫情防控工作提高到政治任务的高度，准确定位，密切配合，务必全力做好此项工作。

十四、召开 2009 年交通行业安全迎汛工作

2009年5月21日至22日，市交通委副主任刘缙同志主持召开了安全迎汛工作会。市防汛办、市气象局、市交通委路政局、市交通委运输管理局、市交通执法总队及市属各交通企业主管领导参加了会议。

十五、开展安全风险评估工作

2009年3月，市交通委组织开展了国庆期间交通安全突发事件风险评估工作，共计评估3个专项（轨道交通运营安全、道路安全、桥梁安全），13项风险（包括极高风险1项，高风险7项，中风险3项，低风险2项）。经过技术、管理、

工程等技术手段的实施，经过两轮风险动态更新，13 项风险变更为：极高风险 1 项，高风险 1 项，中风险 6 项，低风险 5 项。

十六、开展防汛抢险战备钢桥演练

2009 年 5 月 26 日 9 时，市交通委会同路政局在通州张采路进行了防汛抢险战备钢桥演练。市交通委副主任刘缙、市交通委路政局副局长方平、市交通委安全应急处以及各公路分局的主管领导观摩了此次演练。

十七、郭金龙同志视察公交、地铁安全情况

2009 年 6 月 7 日，市委副书记、市长郭金龙，市委常委赵凤桐，副市长黄卫在市委副秘书长李福祥，市政府办公厅常务副主任、副秘书长崔鹏，市政府副秘书长周正宇，市交通委主任刘小明以及市消防局、公交保卫总队、市公交集团、市地铁运营公司、市祥龙公司等领导同志的陪同下，视察本市地铁、公交安定门等站公共交通安全情况，慰问地铁、公交干部职工。

十八、刘小明同志部署防火安全工作

2009 年 6 月 14 日上午 11 时 30 分，市应急委召开全市 IP 视频紧急会议。市交通委刘小明主任、刘缙副主任、市交通委路政局、市交通委运输管理局、交通执法总队、交通学校及委应急处等单位主要领导参加了市交通委分会场会议。

十九、参加全国安全生产月宣传咨询日活动

2009 年 6 月 14 日上午，2009 年第八个全国安全生产月宣传咨询日活动在天坛公园举行。全国人大副委员长华建敏，国家安全生产监督管理总局局长骆琳、副局长杨元元，北京市副市长苟仲文等领导出席。市交通委刘缙副主任率市交通委路政局、市交通委运输管理局、市公交集团、市地铁运营公司、市祥龙公司及委安全应急处参加了活动，并在现场设立展台，开展咨询宣传铁路道口安全知识、市民乘坐公交、地铁等交通工具安全常识及应急自救等知识的活动。

二十、刘小明同志部署甲型 H1N1 流感防控工作

2009 年 6 月 26 日，刘小明主任主持召开专题会议研究部署本市交通系统迎国庆抗甲型 H1N1 流感工作。

二十一、刘小明同志部署开展安全检查工作

2009 年 7 月 4 日下午，市交通委主任刘小明主持召开紧急会议，传达落实 7 月 4 日上午市政府安全生产工作会议精神，市交通委路政局、市交通委运输局、市交通执法总队、市属交通企业、委直属各单位和委机关相关处室主要领导参加了会议。

二十二、启动"三保一迎"百日安全专项行动

2009 年 7 月 10 日，市交通委组织召开了交通系统第三季度安全形势部署会，全面启动"三保一迎"百日安全专项行动。交通委副主任谷胜利主持会议。副主任李建国、刘缙出席，刘小明主任部署工作。市交通委路政局、市交通委运输管理局、市交通执法总队，委直属各单位，市属各交通企业、京港地铁公司、各公路分局、城八区处、远郊区县交通局、燕山管理处、市公安局公交保卫总队、国道通公路设计院、市政设计院、委机关部分处室相关负责同志及委交通安全督查队全体同志近 150 人参加了会议。

二十三、市委检查组到市交通委检查指导工作

2009 年 7 月 8 日，市委组织部常务副部长史绍洁同志率"平安北京"建设市委第一检查组到市交通委检查指导工作。刘小明主任、郝红专委员，局（总队）、市公交集团、市地铁运营公司、市祥龙公司主要领导及委机关有关处室负责同志参加会议。

二十四、黄卫同志指挥建国路道路塌陷处置工作

2009 年 7 月 14 日下午 14 时 45 分，建国路西向东北侧主路最外侧机动车道（西大望桥向西 100 m）发生道路塌陷，此次道路塌陷上口 10 m²，深 5 m，并向道路中线方向延伸，塌陷范围下方有地铁复八线区间风道，深度约 10 m，塌陷未对地铁运营造成影响。塌陷发生后，黄卫副市长，周正宇副秘书长，市应急办领导，市交通委主任刘小明、副主任姜帆及时赶往现场指挥抢险工作。

二十五、周正宇同志再部署主汛期安全迎汛工作

2009 年 7 月 23 日，市交通委副主任刘缙同志主持召开本市交通行业 2009

年主汛期安全迎汛工作会，传达市防汛抗旱指挥部第二次全体会议精神，研究落实主汛期的交通行业防汛重点。市政府副秘书长周正宇同志出席会议并讲话。路政局、运输局及市属各交通企业主管领导和防汛办主任参加了会议。

二十六、苟仲文同志调研市交通委安全生产工作

2009年9月17日，苟仲文副市长率市安监局、市科委、市经信委等单位负责同志到市交通委就国庆期间交通行业安全生产工作进行调研。

二十七、交通运输部领导调研市交通委应急管理工作

2009年9月25日，交通运输部安全监督司翁垒副司长率部安监司应急处有关负责同志到市交通委调研应急管理工作，市交通委副主任刘缙同志主持接待了调研组一行。

二十八、交通行业第四季度安全形势分析会召开

2009年10月21日，市交通委副主任刘缙同志主持召开了北京市交通行业"三保一迎"工作总结暨第四季度安全形势分析会，市交通委路政局、市交通委运输管理局、市交通执法总队，市属各交通企业，京港地铁公司等单位的主管领导和部门负责同志参加了会议。

二十九、交通安全督查工作总结暨表彰会召开

2009年10月22日，市交通委副主任刘缙同志主持召开了交通安全督查工作总结表彰会，运输局安全监管与应急处负责同志、委安全监督与应急处全体同志和委交通安全督查队全体队员参加了会议。

三十、周正宇参加交通行业防汛总结暨雪天交通保障工作部署会

2009年11月4日，市交通委副主任刘缙同志主持召开本市交通行业2009年防汛工作总结暨今冬明春雪天交通保障工作部署会。市政府副秘书长周正宇同志，市应急办、市政市容委、市防汛办、市交管局、市气象台、市交通委路政局、市交通委运输管理局、市交通执法总队、市环卫集团及市属交通企业主管领导参加了会议。

三十一、刘小明同志坐镇指挥应对 11 月 9 日暴雪天气

2009 年 11 月 9 日夜，本市普降大到暴雪，交通行业各单位立即启动应急预案，刘小明主任、刘缙副主任在雪天道路保障指挥中心坐镇指挥，确保本市交通基础设施安全畅通和 10 日早公共交通头班车正常发出。

三十二、市交通委安全应急信息成效显著

2009 年 12 月 15 日，市应急办召开 2009 年全市应急管理系统信息工作会议，总结 2009 年及部署 2010 年应急信息管理工作。市应急办杨战英同志主持会议。市各专项应急指挥部、各相关委办局分管应急管理信息工作的主管领导和部门负责同志参加会议。会上，市交通委代表安全应急信息工作优秀单位进行典型发言。

第三节　2010 年度交通安全应急工作大事记

一、有效应对 60 年罕见暴雪天气

元旦期间，北京市遭遇 1951 年以来历史同期日降雪量最大值的罕见大雪天气。遵照"保畅通、保出行、保重点、保供应、转观念"的工作思路，市交通行业最大限度地确保了全市道路运行畅通、市民出行正常有序、物资供应充足平稳。期间，地铁开行临客 135 列，开行轧道车 277 列，铺设防滑垫 11000 余块，防滑提示牌 6100 块；出动铲冰除雪力量 16 万余人次，抢险车辆 2.5 万余车次，撒布融雪剂 5 万 t 余，全市"绿色通道"共通行车辆 62 万余辆。行业铲冰除雪工作得到了国务院领导和交通运输部，市委、市政府的高度赞扬和充分肯定，得到广大市民的高度评价。张德江同志在《国内动态清样》第 205 期《以人为本大雪无痕　北京市应对 60 年罕见暴雪天气的经验和启示》上批示：北京市面对 60 年以来罕见暴雪天气确保城市交通顺畅的经验很宝贵，值得总结和宣传。交通运输部李盛霖部长高度评价本市应对大雪采取的交通保障措施，认为，北京市及时启动应急机制，确保城市交通秩序良好，体现了与国际大都市地位相匹配的城市管理水平。同时将我委应对 2010 年元旦期间降雪低温天气工作总结转发各省市交通主管部门学习借鉴。

二、召开雪天交通保障工作总结会

2010 年 1 月 8 日，市政府副秘书长周正宇主持召开全市雪天交通保障工作阶

段总结会，就进一步做好冬季铲冰除雪工作进行再研究、再部署。市应急办、市委宣传部、市市政、市容委、市教委、北京铁路局、市气象局、市园林绿化局、市公安局公安交通管理局及相关区县政府领导同志参加会议。

三、召开一季度行业安全形势分析会

2010年1月13日，市交通委召开2010年全市交通行业一季度交通安全形势分析电视电话会议。会议由市交通委副主任李建国主持，市交通委主任刘小明出席并讲话，副主任李晓松，委员张仁、容军，市交通委路政局、市交通委运输管理局、市交通执法总队，市远郊区县公路分局、交通局，城区运输管理处，各相关交通企业的主要领导和相关负责同志近400人参加了会议。

四、市领导调研行业安全维稳工作

2010年1月20日，市委政法委副书记、市维稳办主任闫满成率队赴市交通委调研市交通行业安全维稳工作。市交通委委员容军主持调研座谈会，市交通委路政局、市交通委运输管理局、市交通执法总队，委安全监督与应急处、办公室、机关党委等部门相关负责人参加座谈。

五、召开节日烟花爆竹管理工作会

2010年2月5日、24日，市交通委相继召开全市交通行业春节期间和正月十五烟花爆竹安全防范工作部署会议。市交通委副主任刘缙主持并对节日期间交通行业烟花爆竹安全管理工作进行动员、部署。市交通委路政局、市交通委运输管理局、市交通执法总队及各执法大队，城区运输管理处，市远郊区县交通局、公路分局，各相关交通企业的主管领导和相关负责同志约300人参加会议。

六、市交通委领导检查安全工作

2010年2月，市交通委主任刘小明、副主任谷胜利、李建国、刘缙，纪检组长李军，委员薛江东、容军相继率队赴公交、地铁场、站，交通枢纽明查暗访春运、节日消防安全工作情况，现场询问烟花爆竹安全责任书签订和节日安全教育情况。

七、召开"两会"安全工作部署会

2010年3月1日，市交通委召开全市交通行业全国"两会"期间安全生产和安全稳定工作部署会议。通报信访、内部维稳以及行业安全生产工作情况，传达市委副书记王安顺、副市长吉林在全国"两会"安全服务保障工作会议上的讲话精神。市交通委副主任刘绾主持并讲话。市交通委路政局、市交通委运输管理局、市交通执法总队书记，主管安全生产、安全维稳、信访工作的领导和相关部门负责同志，各有关交通企业主管领导，市治超办、市轨道交通指挥中心、委直属各单位及委相关处室主要负责同志参加会议。

八、交通运输部领导调研安全应急管理和精神文明窗口建设工作

2010 年 3 月 5 日，国家安全生产监察专员刘云昌率国务院安委会调研督导组，对市地铁 1 号线、10 号线全国"两会"安保和安全运营工作进行调研督导。市交通委副主任刘绾率委安全监督与应急处，市安监局、市交通委运输管理局、市地铁运营公司相关领导一同参加调研督导活动。

九、召开事故防范工作部署会

3 月 10 日，市交通委副主任李建国、刘绾共同主持召开全市交通运输行业全国"两会"期间安全防范工作部署会。专题剖析近期两起市内汽车维修企业火灾事故，并对"两会"期间安全维稳工作进行再部署、再落实。市交通委运输管理局、市交通执法总队、各有关交通企业主管领导，委综合运输处、宣传处，委运输局安全监管与应急处、修管处、公交处、轨道处、省际处、旅游处及城八区管理处主要领导，委安全监督与应急处全体同志参加会议。

十、交通运输部领导调研安全工作

2010 年 3 月 19 日，交通运输部安监司司长王金付到市交通委调研市交通行业安全应急与精神文明窗口建设工作。市交通委副主任刘绾主持调研座谈会，委相关处室进行了对口工作汇报。市交通委路政局、市交通委运输管理局，市交通执法总队及委安全监督与应急处、信息中心的同志参加会议。

十一、召开行业铲冰除雪工作总结会

2010 年 3 月 22 日，市交通委召开全市交通行业 2009 年至 2010 年铲冰除雪工作总结会议。会议围绕改善行业铲冰除雪工作进行了讨论和交流，市公交集团等 5 个单位分别汇报铲冰除雪工作情况。市交通委副主任刘绾主持会议，市政府副秘

书长周正宇出席会议并讲话。市交通委路政局、市交通委运输管理局、市交通执法总队、市属各交通企业、京港地铁公司主管领导及相关部门同志参加会议。

十二、召开年度安全应急管理工作会

2010年3月30日，市交通委召开全市交通行业2010年度安全应急管理工作会议。市交通委副主任刘缙主持，副主任谷胜利出席并讲话。市公安局公交保卫总队，市交通委路政局、市交通委运输管理局、市交通执法总队、市轨道交通指挥中心、各有关交通企业主管领导和部门负责人，委机关处室负责同志50余人参加会议。

十三、传达部署全市安全工作会议精神

2010年4月2日，市交通委召开全市交通行业安全应急管理工作暨二季度安全形势分析会议。市交通委副主任李建国就落实市安全形势分析会议精神，做好交通行业二季度安全生产和应急管理工作进行安排部署。市交通委路政局、市交通委运输管理局、市交通执法总队、各有关交通企业、路政局各分局、运输管理局各区处、交通执法总队各大队，各远郊区县交通局主管领导和相关部门负责同志约350人在各分会场参加会议。

十四、市交通委领导检查公共交通安全工作

2010年4月3日，市交通委主任刘小明带队检查公交长椿街站，地铁长椿街站、菜市口站安全运营工作。副主任刘缙，委员薛江东，市公安局公交保卫总队总队长孙伟年，市交通委运输局局长刘通亮及市地铁运营公司、市公交集团、京港地铁公司主管领导，委办公室、安全监督与应急处，委运输局公交处、轨道处、出租处等主要负责同志陪同检查。

十五、市交通委荣获"2010年北京市烟花爆竹安全管理工作先进集体"荣誉称号

2010年4月9日，市烟花办组织召开全市烟花爆竹安全管理工作表彰大会，对工作成绩突出的先进集体及先进个人进行表彰。市交通委获得"2010年北京市烟花爆竹安全管理工作先进集体"荣誉称号。

十六、开展安全生产大检查行动

2010年4月12日至5月31日，按照国务院安委会《关于立即开展全国安全

生产大检查的通知》要求和市安委会工作部署，市交通委组织对全市交通行业安全生产情况进行了一次全面检查。

十七、北京市交通行业突发事件应急预案管理办法发布

2010 年 4 月 22 日，市交通委发布《北京市交通行业突发事件应急预案管理办法（试行）》。

十八、北京市交通行业安全生产与安全维稳综合考核管理办法发布

4 月 22 日，市交通委发布《北京市交通行业安全生产与安全维稳综合考核管理办法（试行）》。

十九、完成喷烤漆房专项治理工作

2010 年 3 月 25 日至 4 月 25 日，市交通委组织对全市机动车维修企业喷烤漆房专项治理工作进行了跟踪督查。督查采取重点检查和随机抽查相结合，兵分两路，对城八区 62 家企业，91 座喷烤漆房进行了督导检查。发现问题 63 次，现场整改 57 次。

二十、交通行业综治协调委成立

2010 年 5 月 6 日，首都综治委交通行业综治工作协调委员会第一次全体大会召开。市公交集团、市地铁运营公司发言，市交通委副主任谷胜利报告工作，市委政法委副书记、首都综治办主任李万钧主持会议，副市长黄卫出席并讲话，市发改委等 17 家成员单位主管领导，18 区县政府及综治办主管领导，交通系统 35 家单位主要领导参加会议。为充分发挥首都综治委交通行业综治工作协调委员会的平台作用，推动交通行业综治工作深入开展，会前，市交通委会同首都综治办制定了首都综治委交通行业综治工作协调委员会 2010 年工作要点和工作规则，对 2010 年交通行业综治工作思路、主要任务及协调委员会日常管理制度进一步明确，并印发协调委员会各成员单位及 18 区县综治委。

二十一、配合开展反恐应急疏散演练

2010 年 5 月 12 日晚 23 时 45 分至 13 日凌晨 2 时 00 分，市反恐办组织各成员单位在市地铁 4 号线公益西桥站开展反恐应急疏散演练。市交通委、市卫生局等单位及市公交集团、京港地铁公司等交通企业参加演练。

二十二、督查怀柔社会治安排查整治工作

2010年5月15日，按照"平安北京"建设督查工作部署，市交通委副主任刘缙带队督查怀柔区社会治安重点地区排查整治工作。听取了怀柔区委政法委工作汇报，并到市级挂账治安重点地区京北大世界商场周边进行实地检查。

二十三、市交通委荣获全国安全生产月活动先进单位

2010年10月18日，北京市交通委员会被中宣部、国家安监总局、公安部等7个部（局）联合表彰为全国安全生产月活动先进单位。北京市受表彰共有4家单位，市交通委是唯一的市级机关单位，也是市政府机关中唯一受表彰的部门。这次表彰，也是继8月30日荣获北京市安全生产月活动先进单位之后的又一重要荣誉。2010年北京市交通行业安全生产月活动围绕"坚持安全发展，落实安全责任，服务世界城市建设"主题，突出首都交通特点，相继开展了安全献言献策、"安全连着你我他"主题演讲、安全摄影作品评选、应急演练、宣传咨询日、"十个一"和宣教"五进"等活动，先后设立咨询站（点）675处，接待社会各界人士咨询27万人次；组织培训5765次，培训各类人员达18.8万人次；投入近15万人，进行了战备钢桥架设、道路塌陷、运送化危物品车辆事故等应急演练40余次，举办各类赛事100多场。

二十四、交通综治办召开第一次专题会议

2010年5月21日，市交通综治委办公室召开第一次专题会议，落实副市长黄卫、副秘书长周正宇、市交通委主任刘小明在《浅析六里桥客运主枢纽"黄牛"现象》群众来信上的批示要求，研究解决六里桥客运枢纽地区"黄牛"问题。交通综治办常务副主任、市交通委副主任刘缙主持会议，首都综治办副主任许继慧、市交通委纪检组组长李军出席会议并讲话。首都综治办、交通综治办、丰台区综治办领导，公安、城管执法等相关成员单位领导，交通行业相关部门和单位负责同志参加会议。

二十五、妥善处置京广桥跑水事故

2010年5月25日16时30分左右，东三环京广桥南内环辅路因自来水管线破裂造成路面冒水，路面过水面积200 m² 左右，造成辅路交通断行。市交通委协调市公交集团临时调整19条运营线路，协调市公联公司出动抢险人员45人，工程车10辆、翻斗车1辆、挖掘机2台、水泵10台。27日凌晨6时50分抢修完毕后，路面恢复交通。

二十六、召开迎汛工作部署会

2010 年 5 月 26 日，市交通委副主任刘缙主持召开全市交通行业 2010 年安全迎汛工作部署会。市防汛办、市气象局，市交通委路政局、市交通委运输管理局、市交通执法总队，市轨道交通指挥中心及各相关交通企业主管领导和防汛办主任参加会议。

二十七、完成安全生产大检查工作

2010 年 4 月至 5 月，市交通委在全市交通行业开展安全生产大检查工作。行业各单位共组成检查组 4714 个次，出动检查人员 18340 人次，监督检查企业 2180 个次，下达行政执法文书 6230 份，发现隐患 652 个，整改隐患 640 个，罚款 544600 元。

二十八、组织架设战备钢桥演练

2010 年 6 月 21 日，市交通委在顺义组织架设战备钢桥应急演练。市交通委副主任刘缙，市交通委路政局副局长李亚宁，市交通委安全监督与应急处、市交通委路政局及所属 10 个公路分局、市市政路桥养护集团等有关单位和部门负责同志近百人到场观摩。

二十九、召开安全度汛工作部署会

2010 年 6 月 28 日，市交通委召开全市交通行业 2010 年安全度汛工作部署电视电话会议，落实市交通委主任刘小明在《2010 年 5 月全市应急系统信息报送工作情况通报》的批示。市交通委副主任刘缙主持并讲话，市交通委安全监督与应急处通报市交通安全应急系统 800M 电台使用管理、气象灾害预警信号发布管理及全市七八月份降雨趋势。市地铁运营公司、市公联公司分别就地铁车站防倒灌、水毁路面抢修进行了抢险处置流程推演。市交通委安全监督与应急处、市防汛办，市交通委路政局、市交通委运输管理局、市交通执法总队、市轨道交通指挥中心及各相关交通企业主管领导和防汛办主任等 300 余人参加会议。

三十、召开三季度安全形势分析会

2010 年 7 月 14 日，市交通委召开第三季度安全形势分析会，传达贯彻全市第三季度安全形势分析会精神。市交通委副主任刘缙出席并讲话。市交通委路政局、市交通委运输管理局、交通执法总队、市公交集团、市地铁运营公司、市祥龙公司、京港地铁公司等单位的分管领导和相关部门负责同志参加会议。

三十一、召开公路地质灾害防范工作会

2010年7月27日，市交通委副主任刘缙主持召开专题会议，落实国土资源部、交通运输部、铁道部《关于加强公路和铁路沿线地质灾害防范工作的通知》及《北京市安全生产委员会办公室关于切实做好地质灾害引发生产安全事故防范应对工作的通知》精神。

三十二、出台轨道交通路网突发事件应急处置办法

2010年7月29日，市交通委印发《北京市轨道交通路网突发事件应急处置办法》。8月13日，市交通委副主任刘缙主持召开宣贯大会，市交通委运输管理局、市公安公交保卫总队、市公安交管局、市公安消防局、市轨道交通指挥中心、市公交集团、市地铁运营公司、京港地铁公司等单位主管领导和部门负责同志30余人参加会议。

三十三、健全风险管理工作体制机制

2010年8月2日，市交通委成立以刘小明主任为组长的交通行业公共安全风险管理工作领导小组，落实《北京市人民政府关于加强公共安全风险管理工作的意见》精神和《北京市突发事件应急委员会关于公共安全风险管理重点工作（2010—2011）的通知》要求，用3到5年时间，健全风险管理工作体制机制，实现风险辨识、风险评估、风险控制、风险沟通、应急准备与处置全过程综合管理。

三十四、开展打击非法违法专项行动

市交通委牵头研究制定《北京市交通行业（领域）集中开展打击非法违法生产经营建设行为专项行动工作方案》，成立由市交通委主任刘小明任组长的专项行动领导小组，会同市公安局、市公安交管局、市城管执法局、市安监局和北京铁路局等相关部门，自2010年8月1日至10月31日，在全市交通领域集中开展了为期3个月的打击非法违法生产经营建设行为专项行动。

三十五、开展"双基"建设活动

2010年8月22日，市交通委路政局出台《北京市交通委路政局安全生产和应急双基建设活动实施方案》，从2010年8月31日至2013年底在全行业开展为

期 3 年的安全生产和应急"双基"（基层、基础）建设活动。

三十六、开展"黄牛"扰序专项行动

2010 年 9 月 1 日至 10 月 31 日，市交通委集中 2 个月的时间，开展了打击六里桥客运主枢纽"黄牛"扰序行为专项行动。

三十七、研究部署涉日维稳工作

2010 年 9 月 12 日，市交通委副主任刘缙副主持召开会议，传达市委涉日维稳工作专题会议精神，研究部署市交通系统落实涉日维稳工作。市交通委路政局、市交通委运输管理局、市交通执法总队主管领导及相关处室负责人，市交通委办公室、机关党委、宣传处、安全监督与应急处负责同志参加会议。

三十八、召开"两节"安全工作部署会

2010 年 9 月 19 日，市交通委召开全市交通行业中秋节、国庆节安全工作部署视频会，市交通委副主任刘缙出席并讲话。市交通执法总队、市公交集团和市地铁运营公司介绍贯彻《国务院关于进一步加强企业安全生产工作的通知》（国发〔2010〕23 号）精神，开展"两节"安全工作的情况。市交通委路政局、市交通委运输管理局、市交通执法总队，市交通委路政局各分局、运输管理局各城区管理处、交通执法总队各执法大队，远郊区县交通局，各相关交通企业的主管领导和相关部门负责同志 300 余人参加会议。会后，市交通领导率队以"不通知、不陪同"形式，就"两节"前交通安保工作赴各基层单位进行明查暗访。

三十九、召开四季度安全形势分析会

2010 年 10 月 9 日，市交通委副主任刘缙主持召开全市交通行业第四季度安全形势分析会。市交通委主任刘小明出席并讲话。市交通委路政局、市交通委运输管理局、市交通执法总队、委属各单位，各相关交通企业等单位的主要领导、分管领导和有关部门的负责同志参加会议。

四十、市领导调研物联网建设情况

2010 年 10 月 18 日，市政府副秘书长、市应急管理物联网建设领导小组办公室主任周正宇率市应急办、市经济信息化委、市发改委、市安监局等单位主管领导和部门负责同志到市交通委调研应急管理物联网应用建设情况。市交通委副主任刘

缙、委员薛江东，市公安公交保卫总队，市交通委路政局，市交通委运输管理局、安全监督与应急处、科技处、信息中心，市轨道交通指挥中心，市地铁运营公司，京港地铁公司等单位主管领导和部门负责同志陪同。

四十一、推进铲冰除雪能力风险评估

为加强北京市交通行业冬季铲冰除雪能力建设，2010 年 10 月，以京藏高速公路（G6）北京段和 110 国道为试点，开展冬季铲冰除雪能力评估工作。

四十二、召开防汛总结暨除雪工作部署会

2010 年 11 月 5 日，市交通委副主任刘缙主持召开防汛总结暨今冬明春铲冰除雪工作部署会议。市气象局，市交通委路政局、市交通委运输管理局，市交通执法总队，市轨道交通指挥中心，市属各交通企业主管领导及市交通委相关处室负责同志参加。

四十三、荣获维稳调研优秀成果三等奖

2010 年 11 月 17 日，市维稳办对 2009 年度全市维稳调研工作优秀成果进行表彰。市交通委《关于群体性事件的调研报告》荣获优秀成果三等奖。

四十四、召开冬季防火工作部署会

2010 年 11 月 18 日，市交通委召开全市交通行业冬季防火安全工作部署视频会。通报近期全国及北京市突出火灾和开展消防安全督查情况，市交通委副主任刘缙出席并讲话。市交通委路政局、市交通委运输管理局、市交通执法总队，市交通委路政局各分局、市交通委运输管理局各城区管理处，市交通执法总队各执法大队，远郊区县交通局，各相关交通企业的主管领导和相关部门负责同志 300 余人参加会议。

四十五、完成第二期首都综治联系点工作

2010 年 11 月 22 日，市交通委圆满完成为期 3 年的第二期首都综治联系点工作。按照首都综治办工作部署，市交通委主要负责联系丰台区南苑乡，协助解决南苑机场附近出租车营运秩序维护、黑车治理及违章停车等问题。2008 年至今，市交通委共出资 680 万元改造了南苑西路，缓解了南苑机场附近的交通拥堵状况；建立

了规范的出租车调度站，完成了场区停车场功能区划，改善了南苑机场停车秩序；出动执法人员 6000 余人次，执法车辆 1500 次，查扣"黑车"108 部，查处违章出租汽车 381 起，保障了乘客的合法权益，南苑机场及附近的交通运输环境明显好转。2010 年以来，各项治理措施已成常态，出租汽车调度站运行平稳，非法运营车辆数量大幅降低。

四十六、部署地铁新线开通安保工作

2010 年 12 月 9 日，市地铁大兴等 5 条新线开通安全秩序保障组组长、市交通委副主任刘绅、市公安局公交保卫总队总队长孙伟年联合召开专题会议，部署 5 条新线开通安全秩序保障工作。安全秩序保障组各成员单位及有关区县部门负责同志参加会议。

四十七、部署春节期间烟花爆竹安全管理工作

2010 年 12 月 10 日，市交通委召开全市交通行业 2011 年元旦春节烟花爆竹安全管理工作动员部署视频会议，落实市政府烟花爆竹安全管理工作会议精神。市交通委副主任刘绅出席并讲话。市交通委路政局、市交通委运输管理局、市交通执法总队，各有关交通企业，市交通运输职业学院、市轨道交通指挥中心主管领导和部门负责同志以及市交通委路政局各公路分局、市交通委运输管理局各区处（含燕山管理处），市交通执法总队各大队，远郊区县交通局主要领导、主管领导和相关部门负责同志近 300 人参加会议。会后，市交通委分别与路政、运输行业等 16 家相关交通部门签订责任状。

四十八、市领导检查节日安全工作

2010 年 12 月 29 日，副市长苟仲文率市安全监管局、市公安局消防局主管领导，检查丽泽桥长途汽车站节日安全工作。市交通委副主任刘绅、丰台区副区长高朋及相关部门负责同志陪同。

四十九、探索缓堵政策、社会稳定风险评估工作

12 月，北京市委、市政府出台缓解交通拥堵政策，控制小客车数量合理、有序增长。市交通委组织开展《北京市小客车数量调控暂行规定》实施细则社会稳定风险评估工作，形成《〈北京市小客车数量调控暂行规定〉实施细则社会稳定风险

评估报告》。评估出 7 项风险,其中较大风险 4 项(过渡期问题、有购车需求的个人、新车销售商、旧车交易中介)、一般风险 3 项(上牌登记、购车申请网站、摇号操作)。对上述 7 项风险,逐项制定有针对性控制措施,降低可能产生的社会稳定风险。评估报告得到市委政法委高度肯定,被市维稳办在全市范围内予以转发。

第四节 2008—2010 年华北民用航空飞行事故、航空地面事故、飞行事故征候和不安全事件情况

2008 年华北民用航空飞行事故、航空地面事故、飞行事故征候和不安全事件情况见表 2-3。

表 2-3 2008 年华北民用航空飞行事故、航空地面事故、飞行事故征候和不安全事件情况

发生日期	单位	简述	事件原因
2008 年 1 月 2 日	国货航	当日,国货航 B-2475 号机执行 CA1052(安克雷奇—北京)航班任务,北京落地后发现 1 号轮胎被扎伤	轮胎扎伤
2008 年 1 月 7 日	国航	当日,国航 B737/B-5336 号机 (为湿租山航飞机) 执行 CA1323(北京—珠海) 航班任务,起飞时间 15:02,17:09 左右,因机组误听管制员指令,下降高度,与东航 MU2483 航班发生飞行冲突。雷达显示,CA1323 航班最低下降高度 7960 m,与 MU2483 航班顺向飞行,水平间隔 5.6 km,垂直间隔 160 m	飞行冲突
2008 年 1 月 8 日	国航	当日 23:10,国航 CA906/B-5044/B737-700 号航班漏液压油。首都机场 TAMCC 通知各救援单位中跑道集结点待命。23:21,飞机于 36R 安全落地,集结待命解除	机械故障
2008 年 1 月 8 日	首都机场	当日 10:50,国航 CA4137/B-5220/B737-700 号进港航班进入 240 机位,廊桥在对接飞机过程中,突发无轮动动作故障。经检查,廊桥操作手柄电位器故障,更换操作手柄后,廊桥于 12:20 恢复使用。故障期间 CA4137/8 航班使用客梯车上下客	机械故障
2008 年 1 月 11 日	国货航	当日,国货航 B-2409/CA1046 航班在北京落地后,机务发现飞机 7 号主轮被扎伤	轮胎扎伤
2008 年 1 月 11 日	海航	当日,海航 A330/B-6118 号飞机执行 HU7802(广州—北京)航班任务,落地后检查发现左主轮扎伤超标,更换轮胎执行后续航班	轮胎扎伤
2008 年 1 月 11 日	首都机场	当日 05:30,武警三支队通报武警哨兵在 T1 航站楼 110 机位查获一名无证女子。经调查:该女子 39 岁,河北沧州人,当日 CA1109 出港航班旅客。04:44,该女子从 T1 航站楼 K 岛 01 柜台进入岛内,通过传送带进入行李后厅。04:54,武警在 110 机位将其查获。因该女子精神异常,公安对其批评教育由家属领回	空防安全
2008 年 1 月 24 日	国货航	当日,国货航 B747/B-2448 号飞机执行 CA1041 法兰克福至北京航班任务,北京落地后发现右前轮被扎伤	轮胎扎伤

续表

发生日期	单位	简述	事件原因
2008 年 1 月 24 日	南航	当日 22:28，105 机位的南航 CZ6207/B6278/A320 进港航班下客时，飞机中舱逃生滑梯被一名旅客放出，25 日 00:20 机务人员将滑梯收回，CZ6208 出港航班于 02:09 起飞，出港延误 184 min	误放滑梯
2008 年 1 月 24 日	大新华航空	当日，大新华航空公司 B737—800/B-2637 号飞机执行 CN7128(哈尔滨—北京)航班，落地后检查发现左前轮胎皮与轮毂脱开，更换轮胎放行。工程部检查，轮胎没有脱层、剥离、拖胎等现象，经过充气测试，在气门芯位置有轻微漏气	机械
2008 年 1 月 25 日	国航	当日，国航 A330/B-6071 号飞机执行 CA4112(成都—北京)航班任务，起飞后机组发现电瓶系统 2 故障，返航。地面更换 2 号电瓶后正常	机械
2008 年 1 月 26 日	BGS	当日 21:58，BGS 一辆电源车为 254 机位的 EK307/A340-300 号出港航班充电作业时冒起浓烟，BGS 机务将电源车拖到距离飞机 10 m 处位置时，电源车零星起火，BGS 机务和随后赶到的消防人员使用手持灭火器将火扑灭，飞机及人员未受损伤	电源车着火
2008 年 2 月 4 日	南航	当日 05:40，南航 CZ3155 进港航班落地后停在 222 机位，按流程旅客下机后应从客桥侧梯下至机坪，乘摆渡车到达 T1 航站楼提取行李，由于南航地服员工未在客桥内引导旅客下机坪，导致该航班 100 余名旅客不顾护卫队员劝阻，强行步行至 T1 航站楼，不顾护卫队员劝阻，强行进入行李提取厅。安保公司迅速组织人员对旅客进行监控，防止旅客进入其他区域。06：10，该航班旅客提取完行李，离开 T1 航站楼	空防安全
2008 年 2 月 7 日	南航	当日 10:52，南航 CZ3681/B-5125/B737-800 号航班有一名旅客在飞行途中吸烟不听机组人员劝阻。飞机落地后，该旅客被公安带走，批评教育后放行	空防安全
2008 年 2 月 10 日	海航	当日，海航 B737-800/B-2677 号机执行 HU7804（广州—北京）航班任务，飞机在空中遭遇颠簸导致一名乘务员受伤，北京落地后送往民航总医院检查，鉴定为第五腰椎骨折	空中颠簸
2008 年 2 月 13 日	泰航	当日，飞行区管理部在 F 滑查道时发现东 36 跑道落地的泰航 TG614/B747-400 号进港航班 3 号主轮爆胎。飞行区管理部立即通知塔台，于 16:26 对 36 号跑道进行检查，在 W5 滑行道附近跑道上发现轮胎碎片 16 块，16:29，中跑道清理完毕后开放使用。该机进入 217 机位，经机务人员判断爆胎原因为：刹车系统故障，造成飞机 3 号主轮刹车抱死后轮胎爆胎，经更换轮胎及检修后 TG615 航班于 19:18 离京，延误 88 min	爆胎
2008 年 2 月 28 日	邮航	当日，邮航 B737/B-5072 号机执行 8Y9032（上海—北京）航班任务，在北京落地后，机务检查飞机发现机身前部左侧 41 段处有三处雷击点，一处在铆钉上，两处在机身蒙皮上	雷击
2008 年 2 月 28 日	东航	当日，东航 A340-300/B-2383 号机执行 MU5103（虹桥—北京）航班任务，飞机于 11:00 左右在北京机场着陆过程发生重着陆，QAR 译码发现，当时最大载荷为 2.38g。经地面机务检查，未发现飞机有损伤情况	重着陆

发生日期	单位	简述	事件原因
2008年3月2日	海航	当日17:40，海航HU7246/B-2492/B767-300号进港航班在首都机场入位后，机务检查发现该飞机6号主轮有一处长约2 cm、宽约1 cm的划伤。该飞机由36L落地，经C滑-Z10滑入W104机位	轮胎扎伤
2008年3月3日	山航	当日9:50，山航SC4856出港航班在36R准备起飞时，机组发现E2滑行道SC1152/B-5117/B737-800号机左发吸入蓝色塑料袋，SC1152航班立即滑回327机位，机务将塑料袋取出，进行相应的检测，确认飞机各仪表显示正常。SC1152航班于12:30离地，出港延误175 min。经飞行区管理部判定塑料袋为西区航班保障所用的垃圾袋，但无法确认具体使用单位	吸入外来物
2008年3月4日	国航	当日，国航B737-300/B-2953号机执行CA927(北京—大阪)航班，起飞后2发反推故障灯亮，飞机返航北京	机械
2008年3月5日	海航	当日12:15，海航HU7616/B-5116/B737-800号进港航班进入239机位后，海航机务检查发现飞机右前轮有伤痕，飞行区管理部对飞机滑行路线进行检查，未发现异物。该飞机更换轮胎后正常出港	轮胎扎伤
2008年3月8日	国航	当日11:25，国航CA1590/B-2059/B777-200号进港航班36R落地，从W6滑行道脱离跑道时，刹车油管破裂导致液压油泄漏至F、Z6滑及808机位，油污长约800 m，宽0.2 m，飞行区管理部及时出动人员进行清理，于12:33清理完毕	液压油泄漏
2008年3月10日	海航	当日，海航B737-800/B-2677号机执行HU7234（银川—北京）航班任务，落地后检查发现右前轮扎伤超标，更换轮胎后放行	轮胎扎伤
2008年3月12日	国航	当日，国航B737-300/B-2504号机执行CA1849（北京—徐州）航班，起飞后机组反映右发整流罩防冰故障，因航路有结冰区，飞机返航北京	机械
2008年3月13日	金鹿航空	当日，金鹿航空A319/B-6222号机执行JD0182（昆明—北京）航班任务。晚21:40，此航班机长通过甚高频联系海航西安航站控制中心，反映飞机水箱内饮用水含有部分黑色粉末，因此未向旅客提供。目前事件原因正在调查之中	待定
2008年3月13日	海航	当日，海航B737-800/B5115号机执行HU7146（乌鲁木齐—北京）航班，落地后检查发现右内主轮扎伤超标，更换轮胎执行后续航班	轮胎扎伤
2008年3月14日	国航配载	当日，东航MU2832（北京—南京）号航班落地后，东航平衡人员接到回程平衡舱单显示只有33件399 kg托运行李，起飞重心为25.50MAC%。而事先向北京营业部了解到的实际行李数量应该是102件1459 kg托运行李。随后向国航配载中心了解证实，对方漏算了69件共计1060 kg的要客行李。而按照实际装载重量和装舱位置测算，起飞重心应该为28.03MAC%。实际重心与计算重心误差2.53%	实际重心与计算重心误差
2008年3月14日	国航	当日，国航A320/B-2210号机执行CA1716（北京—杭州）航班任务。机上乘客应为157名，飞机到跑道头时乘务组发现有158名乘客。联系机组，飞机已开始起飞，起飞后联系地面，查明该旅客应乘坐后续航班CA1702至杭州，其登机牌未撕	空防安全

续表

发生日期	单位	简述	事件原因
2008 年 3 月 16 日	Ameco	当日上午 11:10，Ameco OA8 员工准备更换 4 号液压系统回油滤（B747-400/B-2458 号机），在操纵升降平台车时，由于观察不到位，导致升降车左侧护栏与该机右外襟翼后段碰撞，造成蒙皮蜂窝装破损，伤口长 900 mm，宽 130 mm，位置：WBL806	刮蹭飞机
2008 年 3 月 17 日	国货航	当日，国货航 B-2478 号机执行 CA1048（北京—浦东）航班任务，机组得到起飞许可后，加油门时，出现起飞形态告警，机组立即收回油门刹住车，检查起飞形态，发现配平指示在 3.6（应为 5.0）。机组重新调整配平后，正常起飞。经查事件原因为机组没有正确使用《启动前检查单》，没有正确设定起飞配平位置	配平错误
2008 年 3 月 17 日	空港配餐	当日 23:10，北京空港配餐公司一辆配餐车（民航A3236）对接 CZ331/B-6057/A330-200 号机左后舱门装完餐食后，司机发现配餐车伸缩板与飞机左后舱门右下角发生接触，致使舱门右下角蒙皮翘起 5 cm，配餐车无法撤离。该航班更换 B-6087 飞机于 18 日 01:19 起飞，航班延误 99 min。该飞机经南航机务检查测试于 18 日执行其他航班出港	刮蹭飞机
2008 年 3 月 17 日		当日 10:47，T3C 航站楼国内安检 22 号通道安检员在执行开机检查任务时，发现一名旅客携带的箱包内有不明液态物品，在准备对其进行进一步开包检查时，该旅客声称包中有爆炸物。安检员迅速启动人身现场防爆应急预案，将旅客控制并把该物品放入防爆罐内。经公安调查液态物品为牙膏，该旅客已被公安行政拘留	空防安全
2008 年 3 月 17 日		当日 06:20，T2 航站楼国内安检 4 号通道安检员在执行手检任务时，从一名欲乘 CA1351 前往广州男性外籍旅客身上搜查出 4 包黑色牛皮纸包装的不明物品，在进一步检查中从其腰部查出藏匿的袋装丸状物品及两本护照，经鉴别牛皮纸包装物品和袋装丸状物品均为毒品，共计 2.45 kg。该旅客目前已移交公安进一步调查处理	查获违禁品
2008 年 3 月 18 日	国航	当日，国航 B757-200/B-2821 号机执行 CA971（北京—吉隆坡）航班，空中 1 号风挡玻璃外层裂纹，备降三亚。换飞机执行航班，成都维修基地派人到三亚更换风挡玻璃后正常	风挡玻璃破裂
2008 年 3 月 19 日	海航	当日，B737-400/B2501 号机执行完 HU7618（呼和浩特—北京）航班后，在北京进行航后工作时，发现右水平定面有遭鸟击痕迹，经检查损伤未超标，修复后放行	鸟击
2008 年 3 月 23 日	国航	当日 18:19，国航 CA112/B-5326/B737-800 号进港航班落地后，Ameco 机务发现飞机左内主轮受损，轮胎裂口长约 0.7 cm，宽 0.4 cm，深约 1 cm，机务对轮胎进行更换。飞行区管理部对该飞机落地跑道及滑行路线进行检查未发现异常	轮胎扎伤
2008 年 3 月 23 日	中航信	当日 07:11，中航信离港主机故障，致使 T1、T2 航站楼使用 NEWAPP 办理值机手续速度缓慢，08:04，所有离港终端恢复正常。故障原因中航信正在调查中	系统故障
2008 年 3 月 25 日	国航	当日 21:40，塔台通知 CA1328/B-6326 号进港航班起落架故障，TAMCC 通知各救援单位原地待命。21:57，飞机 36L 安全落地，原地待命解除	机械

发生日期	单位	简述	事件原因
2008 年 3 月 26 日	海航	当日，海航 B737-800/B－2676 号机执行 HU7602（上海虹桥—北京）航班任务，落地后检查发现右内主轮扎伤，换轮后执行后续航班	轮胎扎伤
2008 年 3 月 27 日	国航	当日 19:28，国航 CA4135/B-2670/B737-800 号进港航班进入 330 机位后，机务检查时发现飞机 1 号主轮划伤，划痕长约 1 cm，深约 0.5 cm。后更换轮胎执行后续航班，后续航班延误 37 min	轮胎扎伤
2008 年 3 月 27 日		当日 16:36，T3C 航站楼国内安检 15 号通道安检人员在执行开机检查任务时，发现一名欲乘 CA1309 航班前往广州的女性外籍旅客随身行李中有可疑物品，在进一步开包检查中查获海洛因 577 g，该旅客由机场公安分局移交市公安调查处理	空防安全
2008 年 3 月 27 日		当日 09:55，华北空管局 ATC 服务器故障，机场 AODB 系统无法接收航班动态信息。12:23，ATC 服务器经调试后恢复正常。其间，TAMCC 手工录入 98 条航班动态信息	信息安全
2008 年 3 月 30 日	Ameco	当日 19:32，博维公司报 CA992/B-6091/A330 号进港航班进入 514 机位正常下桥下客后，Ameco 机务对飞机灯光进行检查后忘记关闭飞机舱门左下侧照明灯，导致该灯把廊桥推棚烤坏两处 5 cm 的破损	机务维护
2008 年 3 月 30 日	国航	当日 19:53，国航 CA1540/B-6023/A319 号进港航班一名旅客在飞行过程中使用手机，不听机组人员劝阻。飞机落地后，分局人员到场对旅客进行批评教育后将其放行	空防安全
2008 年 4 月 1 日	邮航	当日，邮航 B737/B-5047 号机执行 8Y9046 航班（南京—北京）任务，07:02 在北京落地后，机务后检查发现右外侧主轮扎伤，更换轮胎	轮胎扎伤
2008 年 4 月 1 日	海航	当日，海航 B737-800/B-5153 号机执行 HU7278（杭州—北京）航班任务，飞机落地后检查发现右内主轮扎伤超标，更换轮胎后继续执行航班	轮胎扎伤
2008 年 4 月 3 日	国航	当日 14:42，国航 CA938/B-2471/B747-400 号进港航班进入 511 机位后，机务发现该飞机左外主轮有一长 21 cm、宽 13 cm、深 6 cm 的伤痕，飞行区管理部对飞机滑行路线进行查道，未发现异物	轮胎扎伤
2008 年 4 月 3 日	国航	当日，国航 B767-200/B-2555 号机执行 CA944（北京—卡拉奇）航班任务。9:09 于北京起飞，9:26 机组报告出现近地警告信息，因航路不支持，飞机返航北京。返航落地前故障信息消失，落地后机务测试系统通过，为确保故障不再出现，更换近地警告计算机	机械
2008 年 4 月 3 日	大新华航空	当日，大新华航空 B737-800/B-2652 号机执行 CN7179（北京—哈尔滨）航班任务，在出港过程中，使用 APU 启动右发正常，在启动左发过程中（左发已接近稳定慢车）APU 发生喘振，同时 APU 自动停车，APU 尾喷有异物喷出，发动机参数及飞机其他系统均工作正常。高温的异物将机场草坪点燃，随即草坪火情被扑灭，飞机滑回检查。经检查确认，飞机 APU 喷出的异物为尾喷中心端盖的一部分，检查 APU 排气道和飞机表面无损伤，APU 涡轮叶片有损伤，禁用 APU 后放行飞机	机械

发生日期	单位	简述	事件原因
2008 年 4 月 6 日	海航	当日，海航 B737-800/B-5338 号机执行 CN7158（南宁—北京）航班任务，落地后发现左翼尖有损伤，经技术组确认为雷击，按照雷击特检单检查，损伤未超标，正常放行	雷击
2008 年 4 月 9 日	海航	当日，海航 B737-800/B－5180 号机执行 HU7602（上海虹桥—北京）航班任务，北京落地后检查发现飞机左内主轮扎伤超标，更换轮胎后放行	轮胎扎伤
2008 年 4 月 11 日	BGS	当日，海航 B737-800/B5180 号机执行 HU7141（北京—成都）航班任务，北京 BGS 在装货时，货车与前货舱门前部相擦，造成飞机 20 mm 长的表面漆层受损，机务检查未超标，放行飞机	刮蹭飞机
2008 年 4 月 11 日	新华航空	当日，新华航空 B737-400/B－2993 号机执行 HU7277（北京—杭州）航班任务，飞机起飞收起落架后，前起落架指示红灯和绿灯均亮，飞机安全返航。机务更换前起落架放下传感器，测试正常后放行飞机执行航班	机械
2008 年 4 月 11 日	大新华航空	当日，大新华航空 B737-800/B-5089 号机执行 CN7193（北京—南昌）航班任务，飞行途中，乘务员发现一名旅客携带有一把小型瑞士军刀。飞机落地后将该旅客交机场公安处理	空防安全
2008 年 4 月 11 日	海航	当日，海航 B737-800/B5180 执行完 HU7112（昆明—北京）航班任务后，在北京进行航后工作时，检查发现从前电子舱到尾撬中间的所有天线及机身下部蒙皮均有雷击点，按特检单检查，损伤未超标，正常放行	雷击
2008 年 4 月 11 日	首都机场	当日凌晨 03:50，首都机场 RMS 系统资源分配信息不能发送给 AODB，造成多个航班未收到资源分配信息。经信息部、TAMCC 分别重启 RMS 服务器进程及数据库，06:38，系统恢复正常。其间，TAMCC 将航班信息人工通知各相关单位。系统故障原因正在调查中	信息安全
2008 年 4 月 12 日	土耳其航空公司	当日 22:48，土耳其航空公司 TK21/TC-JNA/A330-200 进港航班进入 512 机位后，由于飞机没有关闭舱门左下侧照明灯，导致该灯将廊桥推棚烤坏两处 5 cm 的破损	其他
2008 年 4 月 13 日	首都机场	当日 07:51，首都机场 T2 航站楼安检信息系统故障，所有国际通道开包、验证系统无法使用。08:50，机场维护人员将安检国际数据库服务器主备机进行切换后系统恢复。经现场维护人员重启所有终端工作站，国际安检通道开包、验证工作站于 09:15 恢复正常。07:53 至 09:15 期间，安保公司启动安检信息系统故障应急预案，采用手工记录旅客信息，由于当时过检旅客人数较少，未影响正常放行。经初步判断此次故障为服务器硬件故障，具体故障原因正在调查中	信息安全
2008 年 4 月 14 日	海航	当日，海航 B737-400/B－2965 号机执行 HU7623（北京—齐齐哈尔）航班任务，起飞后机组反映左发 EGT 超温灯亮，飞机返航。地面译码数据显示为指示故障；更换 D1208/3304EGT 指示线束插头，更换 EIS 指示器；完成发动机孔探检查，结果正常；试车测试 EGT 指示正常。放行飞机	机械
2008 年 4 月 16 日	海航	当日，海航 B737-800/B 至 5371 号机执行 HU7176（呼和浩特—北京）航班任务，落地后检查发现左前轮扎伤超标，更换轮胎后继续执行航班	轮胎扎伤

续表

发生日期	单位	简述	事件原因
2008 年 4 月 16 日	BGS	当日 15:05，BGS 一辆奥拓车（民航 A1418）准备从东区围界西南门进入场内时，安检员在该车副驾驶座位后兜内发现一包黑色粉末状物、三块充电电池、若干导线及两枚雷管等爆炸装置，安检员立即将此物品放入爆炸罐内，并对该车司机有效控制，15:20，公安到场对物品初步处置后，将司机及物品带走审查	空防安全
2008 年 4 月 20 日	海航	当日 16:44，海航 HU7912/B-2989/B737-400 号进港航班右发引气故障，16:52，飞机 36L 跑道安全落地	机械
2008 年 4 月 20 日	国航	当日 17:55，国航 CA982/B-2445/B747-400 进港航班一发和三发引气故障，18:04，飞机 01 跑道安全落地	机械
2008 年 4 月 22 日	国航	当日，国航 B737-700/B-5044 号机执行 CA905（北京—昆明—缅甸）航班。8:50 起飞后，左二号风挡外层玻璃破裂，飞机返航北京	风挡玻璃破裂
2008 年 4 月 23 日	大新华航空	当日，大新华航空 B737-800/B-5089 号机执行 CN7216（桂林—北京）航班任务，飞机落地后，机务检查发现左内主轮扎伤，更换受损轮胎，执行后续航班	轮胎扎伤
2008 年 4 月 23 日	配餐公司	当日 9:55，南航签派通知：CZ6904/B-2328/A300 号（北京—乌鲁木齐）出港航班在飞行中，23 排 B 座旅客用完餐后，在餐盒内凉菜盒下发现一把长约 5 cm 的刀片。经调查：该刀片是配餐公司内部使用的工具，由于工作疏忽导致刀片粘连在食品盒底，并装入餐盒内。针对此，配餐公司制定了改进措施	其他
2008 年 4 月 25 日	国航	当日，国航 B737-300/B-2627 号机执行 CA1133（北京—运城）航班。北京起飞后左发 CSD 故障，APU 供电不稳定，机组决定返航	机械
2008 年 4 月 25 日	海航	当日，海航 B737-800/B-5337 号机执行 HU7245（北京—乌鲁木齐）航班任务，旅客登机时发现 12A 座位下有一打火机，交机组后飞机正常起飞	空防安全
2008 年 4 月 25 日	东航	当日 19:25，东航商务通知：MU5119/B-6125 进港航班在飞行途中一名旅客声称要劫持飞机，已被空警控制。落地后，公安到场将旅客带走调查：乘务员询问该旅客需要何种饮料时，该旅客与乘务员开玩笑声称要劫机。公安对该旅客做出行政拘留 7 天的处罚	空防安全
2008 年 4 月 26 日	厦航	当日，厦航 B757-200 型 B-2828 号飞机执行 MF8119（福州—北京）航班在北京首都机场短停，18:40 南航地服 CGS 人员在卸货物时，货舱内一只宠物狗从破损的宠物箱中跑到飞行器滑行区，后经南航地服与首都机场方面人员合力将此狗擒获，在此期间有一位机场工作人员和一位武警被此狗咬伤	货物装卸
2008 年 4 月 28 日	BGS	当日，海航 A330/B-6089 号机执行 HU7606(上海—北京)航班任务，在北京落地后 BGS 卸货平台车（民航 A4452）撞在飞机后货舱下部。飞机损伤情况：三处长约 50 cm 的划痕，有两处深度超标（1.3 mm, 1.48 mm），打开货舱地板检查里面防腐漆层有开裂，一处小支撑片有松动，根据空客厂家答复，飞机需停场检查修复	刮蹭飞机

续表

发生日期	单位	简述	事件原因
2008 年 5 月 3 日	国航	当晚 7:00 在首都机场,CA983(北京—洛杉矶)航班乘务组乘坐机组车前往飞机停机位,机组车与 Ameco 的一辆全顺轿车相撞,导致机组车前挡风玻璃碎裂,两名乘务员不同程度受伤,其中一名乘务员到南楼医院检查后回家,另外一名乘务员被送往北医三院继续诊治无大碍。经机场交警现场判断,Ameco 司机负此次事故的全责。飞行区管理部初步判定双方车辆超速行驶	车辆碰撞
2008 年 5 月 4 日	东航	当日 16:39,东航机务在对 233 机位进港的 MU5111/B-6126/A330-300 号机进行检查时,发现飞机右进气道唇口有一长 10 cm、宽 4 cm、深 0.5 cm 凹陷并有少许血迹,怀疑为鸟击造成。经飞行区管理部与机长了解,该飞机在飞行过程中未发现鸟类活动及异常情况	鸟击
2008 年 5 月 4 日	大新华航空	当日,大新华航空 B737-800/B5089 号机执行 CN7216(桂林—北京)航班任务,飞机在北京落地后检查发现右外主轮轮胎扎伤扎伤超标,更换轮胎后执行后续航班	轮胎扎伤
2008 年 5 月 4 日	海航	当日,海航 B737-400/B2990 号机执行 HU7622(佳木斯—北京)航班任务,飞机到北京过站检查发现左外主轮扎伤超标,更换轮胎后执行后续航班	轮胎扎伤
2008 年 5 月 6 日	国航地服／国货航	当日 20:40 时,国货航业务袋司机刘某驾驶奥拓车在 328 机位的外侧车道行驶,前面一辆地服的面包车由内侧向外强行并线,刘某因躲避该车而导致直接撞到了停放在停车位上的一辆奥拓车(国航运控中心所属)并且间接地撞到了相邻的一辆皮卡车(国航地服所属)。事故没有人员受伤,但是两辆奥拓车受损较为严重。面包车司机强行并线和业务袋司机刘某车速快是造成事故的主要原因	车辆碰撞
2008 年 5 月 7 日	华北空管	当日,国航 B767-200/B-2555 号机执行 CA943(北京—迪拜)航班任务,飞机起飞后 2 h 多在兰州区域时,地面查登机牌时发现飞机上一名旅客登机牌未盖安检章。经研究,由保卫员将该名旅客控制起来后,飞机继续执行航班,安全落地。经查,该名旅客为华北地区空中交通管理局通信中心一名采购员(姓名:Wang Chenhao),由内部人员通道通过安检登机	空防安全
2008 年 5 月 8 日	扬子江快运	当日,扬子江快运 B737-300QC/B-5056 号机执行 Y8-7969(北京—浦东)航班任务,在北京使用 36 右跑道起飞抬前轮过程中,右发遭鸟击,检查发动机工作无异常,飞机继续起飞,于 7:36 在浦东机场正常落地。落地后,维修人员检查在 9:00 钟方位外涵道有鸟毛和血迹,按鸟击特检工作单检查,发动机无损伤,后续 Y-7970(浦东—深圳)航班正常放行	鸟击
2008 年 5 月 10 日	国航	当日,国航 B737-800/B-2161 飞机执行 CA108(香港—北京)航班,北京下降过程中右 2 号风挡出现裂纹,北京正常落地。落地后更换 2 号风挡,完成相应检查测试正常	机械
2008 年 5 月 10 日	东航	当日,东航 B737-800/B-2660 号机执行 MU2452(北京—武汉)航班任务,当飞机滑行至 M5 口的 Z3 滑行道时,APU 火警指示灯全部亮起报火警,客舱伴有焦糊味,机组启动紧急撤离程序,在撤离过程中有多名旅客受轻伤,被送往医院治疗	APU 火警

发生日期	单位	简述	事件原因
2008 年 5 月 11 日	国航	当日，国航 B737-300/B-5024 号机执行 CA1587（北京—威海）航班任务，18:33 北京起飞，起飞后 No.2 发动机防冰活门接不通，飞机返航，19:04 落地。航班换飞机执行	机械
2008 年 5 月 11 日	国货航	当日 12:41，南航 CZ346/B-2056/B777-200 进港航班准备滑入 220 机位时，一辆由北向南行驶的白色奥拓车与该机抢行，造成机组采取紧急制动，经飞行区调查，该机为国货航北京运营基地车辆，由于司机在行驶中未注意观察所致	交通冲突
2008 年 5 月 12 日	国航	当日，国航 B737-300/B-2953 号机执行 CA1823（北京—宜昌）航班任务，起飞滑跑时出现形态警告，机组中断起飞，检查飞机形态正常，再次起飞正常	起飞形态告警
2008 年 5 月 14 日	首都机场	当日 02:36，T3 航站楼安全信息系统（SMIS）无法收到离港系统旅客、行李 、行李分拣系统以及 L3 行李安检信息。06:10，在厂家修改 SMIS 系统主机启动脚本，手动将服务切换至备机后，接口恢复连接	信息安全
2008 年 5 月 14 日	首都机场	当日 23:00，西门子在更新 T3 航站楼行李高端系统软件后，系统不能正常启动，造成喜力高端系统无法接收 BSM 条码。次日 02:00 系统恢复正常	信息安全
2008 年 5 月 15 日	国航	当日，国航 B767-200/B-2556 飞机执行 CA945（北京—卡拉奇）航班任务，空中左发 IDG 故障，因 APU 故障已办保留（13 日办理），飞机备降乌鲁木齐	机械
2008 年 5 月 15 日	国航	当日，国航 B737-800/B-5177 号机执行 CA984（北京—浦东）航班任务，飞机低速滑跑时自动油门脱开，主警戒灯（发动机控制灯）亮。飞机中断起飞，滑回检查	机械
2008 年 5 月 15 日	国航	当日，国航 CA111 航班由于飞机机械故障取消，部分旅客情绪激动，冲上 CA111 出港航班。后机组要求清舱，未见异常	空防
2008 年 5 月 17 日	首都机场	当日 05:05，APM206 号列车运送约 20 名旅客，由 T3E 至 T3C 途中，经过一轨 22 号道岔后，发现 22 号道岔处高速弯头起火。05:12，APM 全线断电，庞巴迪人员于 05:31 完成灭火工作，二轨恢复运行后将旅客安全送至 T3C 航站楼。12:10，更换高速弯头，一轨恢复运行，经测试系统 13:33 全部恢复正常	弯头起火
2008 年 5 月 18 日	南航	当日，南航 B737-800/B-5127 执行 CZ6717 航后，检查发现右后主轮有一处长约 1 cm、宽约 0.2 cm、深 1 cm 的伤痕	轮胎扎伤
2008 年 5 月 18 日	首都机场	当日 07:26，T3 航站楼 C09、C10 登机口的离港和航显设备无法使用。07:45，维修人员临时接通市电，确保登机口离港和航显设备的使用。14:55 修复	信息安全
2008 年 5 月 19 日	东航	当日 09:41，东航 MU2123/B-6231/A319 航班 36L 落地进入 238 机位后，机务检查发现飞机左侧发动机进气道内及扇页有多处轻微损伤，其中损伤长 28 mm，怀疑被硬物击伤	外来物击伤
2008 年 5 月 22 日	海航	当日，海航 B767/B-2491 号机执行 HU7148（成都—北京）航班任务，落地后检查发现三号主轮扎伤超标，更换轮胎后执行后续航班	轮胎扎伤

续表

发生日期	单位	简述	事件原因
2008 年 5 月 24 日	国航	当日，国航 B737-300/B-2948 号机执行 CA1416（成都—北京）航班任务，落地后在北京过站检查发现飞机右发被外来物击伤，4 个风扇叶片、消音板损伤超标，后续航班换飞机执行	外来物击伤
2008 年 5 月 24 日	首都机场	当日 09:26，首都机场信息部发现 ATC 新接口未向 AODB 发送航班动态信息，经信息部调查：5 月 22 日 ATC 新接口测试前，厂商对 ATC 接口程序更新后未进行编译，导致新接口程序版本未生效。12:00，厂商将 ATC 新接口后台程序重新编译后恢复正常。其间，信息部启动应急预案，TAMCC 手工添加航班动态信息共计 287 班	信息安全
2008 年 5 月 25 日	国航	当日，国航 B767-300/B-2558 号机执行 CA969（北京—新加坡）航班任务，飞机起飞后出现副翼锁定、方向舵比率故障，空中耗油 2 h 多后返航落地	机械
2008 年 5 月 25 日	国航	当日，国航 B737-300/B-2585 号机执行 CA1571（北京—青岛）航班任务，飞机起飞后左燃油箱后泵低压灯亮，返航北京落地	机械
2008 年 5 月 25 日	海航	当日，海航 B737-400/B-2576 号机执行 HU7622（佳木斯—北京）航班任务，落地后发现左外主轮扎伤，更换轮胎后继续执行航班	轮胎扎伤
2008 年 5 月 25 日	国航	24 日 22:34，国航 CA1372/B-2598 号航班因天津天气原因，备降本场进入 464 机位。该航班取消后，机务与安保队员进行了飞机交接，25 日 03:50，安保公司监护员发现，几名国航货运搬运工擅自将 B-2598 飞机封条撕掉，打开前、后货舱门进行卸货。04:40，Ameco 机务到现场检查，国航要求对飞机进行清舱，均未发现异常	空防安全
2008 年 5 月 26 日	国航	当日，国航 B737-300/B-2953 号机执行 CA1545（北京—烟台）航班任务，12:31 从北京起飞，爬升过程中前缘襟翼过渡灯亮，飞机于 12:53 返航落地	机械
2008 年 5 月 27 日	国航	当日，国航 B757-200/B-2840 号机执行 CA421（北京—大阪）航班任务，北京起飞后右发自动油门和 EPR 故障，返航北京，航班取消	机械
2008 年 5 月 27 日	国航	当日，国航 B737-800/B-2650 号机执行 CA4140（北京—重庆）航班任务，北京过站时 APU 自动停车，机务打开 APU 舱门检查时发现有烟和明火，机务实施了 APU 灭火程序后，检查 APU 无明显损伤，办理 APU 故障保留放行飞机	APU 起火
2008 年 5 月 27 日	首都机场	当日 09:20，T3 航站楼行李系统高速环线急停模块故障，致使行李系统四条高速环线停用，造成国际航班行李无法传送到 T3E 进行分拣。10:00 至 10:45，西门子维修人员对上述故障抢修过程中，在更换模块时未设定硬件诊断地址，造成 T3C 西侧下层 TTS002 分拣机及转盘停用。11:30，行李高速环线恢复正常。故障原因正在分析中	信息安全
2008 年 5 月 28 日	厦航	当日，厦门航空有限公司 B757-200/B-2829 号飞机执行 MF8115（福州—北京）航班任务，飞机因左液压系统漏油，导致系统低压，起落架无法正常放下，在北京首都机场采用备用方式放下起落架后安全落地	起落架故障

发生日期	单位	简述	事件原因
2008年5月29日	东航	当日，东航上海飞行部A330-300/B-6120号机执行MU5107（虹桥—北京）航班任务，在北京机场着陆时，发生重着陆，经QAR译码发现，最大垂直载荷达到2.05g，后续情况待报	重着陆
2008年5月30日	BGS	当日10:35，BGS一辆伤残升降车在机坪内由西向东行驶至Q岛行李大棚南侧行车道时，车辆顶部（4.3 m）与Q岛行李传送通道底部发生碰撞（限高3.3 m），造成传送桥防护钢板、皮带机变形，伤残升降车滑板受损，车内副驾驶座人员轻伤	车辆与设备、设施碰撞
2008年5月31日	国货航	当日，国航B747/B-2476号机执行CA1057航班任务，该机于当日凌晨5:05在洛杉矶机场落地，5:20打好轮挡。大约05:35，洛杉矶（LAX）货机机坪代理（EVERGREEN）在拖尾撑时，由于未按操作规范走安全行车路线，导致尾撑与该机右侧大翼翼尖部位相撞，造成飞机机翼损坏。后经过机务部门研究决定按手册将小翼拆下，在减载9435 kg的前提下，继续执行航班。该航班于16:58于洛杉矶航站安全出港	刮蹭飞机
2008年6月1日	国航	当日，国航B-2510/B737-800号机执行CA1347（北京—汕头）航班，起飞后气象雷达发生故障，飞机返航。维修人员更换雷达接收机后正常，飞机继续执行航班	机械
2008年6月3日	海航	当日，海航B737-400/B-2501号机执行HU7371（太原—北京）航班任务，飞机起飞后机组反映右发汇流条接不上，APU电源接不上，机组决定返航，飞机在太原机场安全落地	机械
2008年6月3日	新华航空	当日，新华航空B737-800/B-2987号机执行HU7616（东营—北京）航班任务，落地后检查发现右外主轮扎伤，更换轮胎后放行	轮胎扎伤
2008年6月7日	首都机场	当日19:15，首都机场CIIMS（集成系统接口）故障，导致与CIIMS连接的子系统（航显、离港、RMS、安检、客桥）无法接收和发送CIIMS消息。19:35，经信息部重启系统后，所有子系统恢复与CIIMS连接	信息安全
2008年6月7日	山航	当日，山航B737-800/B—5119号机执行完CA1842济南—北京航班任务，在北京机场过站检查期间，发现右外主轮扎伤（尺寸：1.3 cm×0.3 cm×1.1 cm），超标，机务更换轮胎	轮胎扎伤
2008年6月9日	南航	当日09:46，南航CZ3196/B-2323/A300出港航班因风挡加温系统故障返航，TAMCC通知各救援单位原地待命。10:11，飞机36L跑道安全落地	机械
2008年6月9日	国航	当日，国航B777-200/B-2069号机准备执行CA129（北京—釜山）航班任务，乘务员进行客舱检查时，发现R3门处有一个火柴盒并装有白色粉末，飞机进行临时调整。后白色粉末经北京检验检疫局初步检测，检测结果显示：鼠疫、炭疽等生物因子呈阴性	空防安全
2008年6月9日	海航	当日，海航B767/B-2492号机执行HU482（布达佩斯—北京）航班任务，落地后检查发现右发外涵道内部和右后缘襟翼有鸟击痕迹，经检查损伤未超标，正常放行	鸟击

续表

发生日期	单位	简述	事件原因
2008 年 6 月 10 日	海航	当日，海航 A330/B-6116 号机在北京进行航后工作，飞机从 W107 停机位推到 W105 停机位，在到达 W105 机位后，在刹车没有刹住的情况下，推车就撤掉了，最终，飞机意外向前滑行，滑进 S5、S4 滑行道之间的草坪，前后轮嵌入草坪	飞机滑动
2008 年 6 月 10 日	南航	当日 18:15，南航 CZ345/B-2055/B777 号出港航班因右发火警探测环路故障返航。TAMCC 通知各救援单位原地待命。20:55，飞机 18L 跑道安全落地，原地待命解除	机械
2008 年 6 月 11 日	山航	当日，山航 B737/B-5118 号机执行完 CA1384(张家界—北京)航班任务，在北京机场航后检查期间，发现右内主轮扎伤（尺寸：0.8 cm×0.3 cm×1 cm），超标，机务更换轮胎。（此飞机为国航湿租山航）	轮胎扎伤
2008 年 6 月 12 日	首都机场	当日 15:35，两名男子准备从 T3E 国际安检员工通道进入候机区，安检员在验证时发现其中一名男子冒用动力能源公司一名员工 3 号航站楼临时职工证。经查：冒用证件男子为索恩照明公司员工，因工作证正在办理中，所以以冒用他人证件准备进入隔离区工作，随行另一名男子为动力能源公司员工	空防安全
2008 年 6 月 13 日	大新华航空	当日，大新华航空公司 B737-800/B-2652 号机执行 CN7184（大连—北京）航班任务，落地后检查发现右内主轮扎伤超标，更换轮胎后放行	轮胎扎伤
2008 年 6 月 14 日	海航	当日，海航 B737-400/B-2960 号机执行 CN7130(哈尔滨—北京)航班任务，落地后检查发现右前轮扎伤超标，更换轮胎后放行	轮胎扎伤
2008 年 6 月 15 日	大新华航空	当日，大新华航空公司 B737-800/B-5089 号机执行 CN7193（北京—南昌）航班任务，飞机起飞后，机组发现前缘襟翼过渡灯亮，后返航北京，安全落地，更换飞机执行此航班，机务更换三号缝翼全伸出临近电门，测试正常后放行	机械
2008 年 6 月 17 日	国航	当日 15:21，塔台通知 CA1326/B-2642/B738 号进港航班襟翼不对称，TAMCC 通知各救援单位原地待命，15:31 飞机安全落地，原地待命解除	机械
2008 年 6 月 19 日	国航	当日 18:57，国航 CA1882/B-5202/B737-700 进港航班进入 315 机位后，Ameco 机务检查发现飞机右内主轮有损伤，该飞机经更换轮胎后执行 CA1205 航班于 20:54 正常出港	轮胎扎伤
2008 年 6 月 20 日	国航	当日，国航 B767-200/B-2555 号机执行 CA946（科威特—卡拉奇）航班任务，起飞后约半小时，设备冷却、左 FMC 故障，飞机返航科威特。地面清洁滤网、清除信息后正常，放行飞机	机械
2008 年 6 月 22 日	国航	当日 15:15，国航 CA1841/B-2947/B737-300 进港航班一名旅客在飞行过程中使用手机，不听机组人员劝阻，飞机落地后，公安到场对旅客批评教育罚款 200 元人民币后放行	空防安全
2008 年 6 月 23 日	首都机场	当日 23:30，CA1587/B-5167/B737 出港航班 36R 起飞过程中，机组怀疑遭鸟击。该航班返航进入 353 机位，经 Ameco 机务检查：飞机机头右前侧有一面积约 0.25 m^2 的血迹。CA1587 航班改由其他飞机执行	鸟击
2008 年 6 月 24 日	首都机场	当日，海航 B737-800/B-2676 号机执行 HU7098（北京—宁波）航班任务，安全员空中巡舱时发现一位 70 岁左右的女性旅客随身携带有一把长约 18 cm 的管制刀具，据了解，刀具是其随旅游团参观一个刀具厂时赠送给她的礼物，在办理值机手续时忘记托运。安全员现场没收刀具	空防安全

发生日期	单位	简述	事件原因
2008 年 6 月 25 日	海航	当日，海航 B737-800/B-5180 号机执行 HU7604（上海—北京）航班任务，过站检查发现左内主轮扎伤超标，更换轮胎继续执行航班	轮胎扎伤
2008 年 6 月 25 日	山航	当日，山航 B-5332 号机执行完 CA1812（温州—北京）航班任务，在北京机场航后检查期间，发现右前轮扎伤（尺寸：0.3 cm×0.1 cm×0.3 cm），超标，机务更换轮胎	轮胎扎伤
2008 年 6 月 26 日	国航	当日，国航 B767-300/B-2493 号机执行 CA911（北京—虹桥）航班任务，15:01 北京起飞，爬升过程中右侧机身管道渗漏灯亮，飞机放油后于 15:53 返航落地。航班换飞机执行。原因正在调查中	机械
2008 年 6 月 27 日	国航	当日，国航 B747-400/B-2458 号机执行 CA1558（虹桥—北京）航班前，机务检查飞机 1 号勤务门下部 2 m 处机身被撞伤，形成一 15 cm×13 cm 的洞，航班换飞机执行。初步分析原因为：①维修人员对工作梯未进行有效监护，当飞机加油、装货和上客后，飞机下沉与发生位移约 20 cm 的工作梯发生挤压；②维修人员在接通飞机电源过程中，使用了非 B747 机型专用工作梯	刮蹭飞机
2008 年 6 月 27 日	国航	当日，国航 B737-300/B-2604 号机执行 CA1237（北京—运城）航班任务，北京起飞后机组反映 2 发反推灯亮，返航安全落地	机械
2008 年 6 月 27 日	首都机场	当日 10:51，东航 MU2109/B-2378/A320 进港航班 18R 降落过程中，机组怀疑遭鸟击。该航班进入 237 机位后，经机务检查，未发现异常。10:57，飞行区管理部查道过程中，在 P6 口发现两只死燕子	鸟击
2008 年 6 月 28 日	国航	当日，国航 A330/B-6070 飞机执行 CA1338（深圳—北京）航班任务，北京落地后检查发现飞机雷达罩遭雷击	雷击
2008 年 6 月 30 日	新华航空	当日，新华航空 B737-400/B-2989 号机执行 HU7312（北京—太原）航班任务，安全员在起飞前做客舱巡视检查中，发现后厨房台面上有一把带有海航标识长约 30 cm 的刀具，将刀具移交地面后，飞机正常起飞	空防安全
2008 年 6 月 30 日	海航	当日，海航 A330-200/B-6089 号机执行 HU7281（海口—北京）航班任务，在北京停靠机位时将要求的 A106 号机位错滑到 106 号机位，未造成其他影响	停错停机位
2008 年 7 月 1 日	国航重庆分公司	当日，国航重庆分公司 B737-700/B-2700 号机执行 CA1429（北京—重庆）航班任务，09:33 起飞后，机组反映左侧窗有异响，降低高度后响声无法消除，飞机于 10:26 返航落地。机务检查发现左 2 号窗封严条未卡到位	其他
2008 年 7 月 2 日	首都机场	当日 10:55，武警哨兵在 AmecoA380 机库附近抓到一条狗（在维修区内，未进入飞行区），事后，飞行区管理部对周围围界检查，未发现异常。A380 机库正在进行围界拆除工作，此区域空防安全由 Ameco 负责，为此事首都机场飞行区管理部已与 Ameco 沟通	入侵围界
2008 年 7 月 4 日	首都机场	当日 11:25，消防支队队员在 Z2 下穿道大棚南侧发现一名儿童，该儿童衣服破损，且身上有轻微划伤。经公安到场了解：该儿童由 Z2 滑行桥西南角围界外，紧靠围界的一颗松树跳入双层围界之间，然后脚蹬内层围界斜拉支撑架，扒开顶部刺圈爬入飞行区。事后，经飞行区管理部检查围界高度符合标准，对损坏的刺圈进行修复，并在松树附近加装刺圈	入侵围界

续表

发生日期	单位	简述	事件原因
2008 年 7 月 5 日	南航北京	当日 13:40，812 机位 CZ611S 补班出港，旅客登机后飞机机械故障，机务使用工作梯上飞机排故，由于部分旅客情绪激动，使用工作梯下机行走至 Z6 滑行道。公安及飞行区管理部人员及时到场劝阻，14:00 旅客陆续登机，其间，Z6 滑行道短时关闭	跑道入侵
2008 年 7 月 5 日	首都机场	当日 14:15，安保队员发现一条狗从围界 9A 门进入场内，飞行区管理部人员及时到场未发现狗的踪迹。15:03，武警哨兵在东跑道北端将狗抓获	入侵围界
2008 年 7 月 8 日	全日空	当日，全日空 B767-300/JA6060A 号机执行 NH159（大阪—北京）航班任务，11:39 飞机由 01/19 跑道落地滑跑过程中，机组怀疑遭鸟击。飞机进入 519 机位后，机务检查时发现，飞机雷达罩右侧有一块直径约 3 cm 大小的血迹，航空器无损伤。12:05，飞行区查道员对跑道进行检查，未发现异常。该飞机于 16:05 执行下个航班任务，正常出港	鸟击
2008 年 7 月 9 日	海航	当日，海航 B737-800/B-2646 号机执行 HU7148（成都—北京）航班任务，落地后检查发现右发遭鸟击，按鸟击特检单检查无异常，正常放行	鸟击
2008 年 7 月 11 日	国航	当日 21:40，飞行区管理部在 528 机位发现一名旅客，经查，该旅客为 556 机位 CA1588 进港航班旅客，由于未乘国航摆渡车，自行从 556 机位步行至 528 机位。该旅客于 22:10 被国航地服人员接走。针对此事，机场将要求国航提交整改措施	旅客运输
2008 年 7 月 13 日	国航	当日，国航 B737-300 /B-2600/ 号机执行 CA1828（威海—北京）航班，在北京落地后检查发现左机身静压盘上方 96 cm 处有一个损伤洞，长 2 cm、宽 1.5 cm，飞机进行停场修理，预计 15 日投入航班。事件原因正在调查中	飞机受损
2008 年 7 月 14 日	国航	当日，国航 757-200/B-2836 号机执行 CA4118（北京—成都）航班任务，21:31 起飞，起飞后气象雷达故障，飞机于 21:57 返航落地。落地后更换气象雷达收发组件，测试正常	机械
2008 年 7 月 16 日	首都机场	当日，首都机场 RMS 系统故障，导致东区机位、航显、柜台资源不能正常发布。信息部工作人员在重启主机未获成功的情况下，06:00，将主机切换至备机，系统恢复正常。RMS 系统于 21 日 01:50 切换回主机，测试完毕后恢复使用	信息安全
2008 年 7 月 19 日	川航	当日 12:15，塔台通知 3U8883/B-2286/A321 号机进港航班在 G4-G5 之间的 H 滑行道处 3 号主轮故障，无法继续滑行。检查发现飞机 3 号轮严重脱胎，部分轮毂损坏，液压管管破损，遗洒液压油约 2 m²。飞行区管理部立即关闭 G4-G5 之间的 H 滑行道。17:26 飞机拖进 556 机位	脱胎
2008 年 7 月 20 日	国航	当日，国航 B737-300/B-5024 号机执行 CA1588（威海—北京）航班任务，起飞滑跑过程中增压系统自动失效，飞机中断起飞，中断起飞过程中最大速度（空速）101 kts。滑回后按 MEL 放行飞机	机械
2008 年 7 月 20 日	国航	当日，国航 B737-800/B-5333 号机执行 CA1271（北京—兰州）航班任务，起飞后后货舱门指示灯亮，飞机返航。落地后检查发现因门拉绳挤压在门与门框之间，导致门锁定电门接触不良	其他

发生日期	单位	简述	事件原因
2008 年 7 月 21 日	海航	当日，海航 B737-800/B5116 号机执行 HU7151（北京—重庆）航班任务，起飞并收上起落架后，前起落架收放系统出现不正常信号，P2 板前起落架指示红灯亮，P5 板前起落架指示绿灯亮。起落架放下后所有指示正常。飞机返航。地面检查为 PSEU 故障，更换 PSEU 后测试正常，放行飞机	机械
2008 年 7 月 24 日	校验中心	当日，校验中心 CFI033/C650 号北京 07:07 起飞，目的地武汉，因为增压系统故障返航北京，07:51 安全落地	增压系统故障
2008 年 7 月 24 日	海航	当日，海航 B737-400/B2990 号机执行 HU7098（北京—宁波）航班任务，起飞滑跑过程中出现构型警告，中断起飞，滑回停机位检查，经机务地面测试起飞警告系统工作正常，为彻底排除可能的故障，更换起飞警告电门，测试正常，放行飞机	机械
2008 年 7 月 24 日	海航	当日，海航 B737-400/B2990 号机执行 HU7308（合肥—北京）航班任务，落地后检查发现左内主轮扎伤超标，更换轮胎后放行飞机执行后续航班	轮胎扎伤
2008 年 7 月 24 日	海航	当日，海航 B737-800/B5153 号机执行 HU7102（海拉尔—北京）航班任务，落地后检查发现左内主轮扎伤超标，更换轮胎后放行飞机执行后续航班。	轮胎扎伤
2008 年 7 月 25 日	国航	当日，国航 B737/B-5171 号机执行 CA1375 航班任务，北京滑出后因全温探测头故障滑回，航班换飞机执行，延误 297 min。B-5171 号机更换全温探测头后测试正常	机械
2008 年 7 月 25 日	首都机场	当日 17:56，Q 滑南端东跑道发现约 30 m² 散落的杂草，18:11，飞行区管理部将道面清理完毕。其间，东跑道关闭 15 min。经调查，杂草是前几日除草作业后遗留的草渣。针对此事，当晚飞行区管理部组织人员对东跑道两侧杂草进行彻底清理	跑道清洁
2008 年 7 月 25 日	首都机场	当日 10:40，塔台反映东跑道附近发现大量燕子，造成 OZ333、CA1590 进港航班终止进近。飞行区管理部人员及时对跑道进行驱鸟作业，10:48，东跑道恢复使用	净空保护
2008 年 7 月 26 日	国航	当日，国航 B737-800/B-5173 飞机执行 CA901（北京—乌兰巴托）航班任务，起飞后因气象雷达故障返航，更换气象雷达收发机后正常，放行飞机继续执行航班	机械
2008 年 7 月 26 日	国航	当日，国航 B737-300/B-5035 号机执行 CA1481 航班任务，航前发现电子舱进鸟，临时换 B-2504 飞机，航班延误 161 min	其他
2008 年 7 月 27 日	联邦快递	当日 14:44，联邦快递 FX87/MD11F 货机东跑道落地过程中，机组怀疑遭鸟击。经现场查看，飞机雷达罩正前方有一直径 5 cm 的血迹，飞机未受损伤。14:52，飞行区管理部对跑道进行检查，未发现异常情况，经与机组了解，该飞机高度约 1000 m 时遭鸟击	鸟击
2008 年 7 月 27 日	海航	当日，海航 B767-300/B-2492 号机执行 HU7166（昆明—北京）航班任务，在北京下客过程中，一名 40 多岁的男性旅客脚踝扭摔伤，公司地服安排轮椅，将该旅客送至机场候机楼医务室诊治	旅客运输

发生日期	单位	简述	事件原因
2008 年 7 月 30 日	海航	当日，海航 B737-800/B-2157 号机执行 HU7232（兰州—北京）航班任务，落地后检查发现左外主轮轮胎刮伤，更换轮胎后放行	轮胎扎伤
2008 年 8 月 3 日	新华航空	当日，新华航空 B737-400/B-2989 号机执行 HU7622（佳木斯—北京）航班任务，落地后检查发现左外主轮扎伤超标，更换轮胎后放行	轮胎扎伤
2008 年 8 月 4 日	金鹿公务机	当日，金鹿公务机 Hawker 800XP/B-3992 号执行（北京—浦东）航班，起飞后上升到高度 2100 m，客舱高度指示在左侧，客舱压力指示在红区内，上升过程中没有稳定上升率。空中耗油后返航	机械
2008 年 8 月 4 日	美联航	当日 12:33，美联航 UA888/B747-400 号出港航班起飞后因前起落架无法收回而返航，13:54，飞机安全落地	机械
2008 年 8 月 5 日	海航	当日，海航 B737-400/B-2501 号机执行 HU7618（呼和浩特—北京）航班任务，滑出后即将关断 APU 时，APU 火警灯亮，语音警告响起，机组执行检查关断 APU，并释放 APU 灭火瓶，飞机滑回排故，地面检查判断为假信号，为进一步跟踪故障，更换 M279 控制器，长时间使用 APU 未见异常，放行飞机	假信号
2008 年 8 月 5 日	国航	当日，国航 B777-200/B-2068 号机执行 CA1305（北京—深圳）航班，17:58 起飞，起飞后因气象雷达故障，飞机于 18:51 返航落地。地面更换气象雷达驱动器后，测试正常	机械
2008 年 8 月 7 日	国航	当日，国航 B737-800/B-5168 号机执行 CA1365（北京—武汉）航班任务，18:30 从北京起飞，起飞后增压故障，飞机于 19:29 返航落地，航班换飞机执行。机务更换 CPC 1、CPC 2，测试正常放行飞机	机械
2008 年 8 月 7 日		当日 16:45，一名外籍女性旅客在通过 T3-C 国内安检时被检查出其臂部藏有大量毒品。经鉴定该旅客所携带毒品为海洛因，总重量约 1 kg。公安将该旅客及随行一名人员带走进一步调查处理	空防安全
2008 年 8 月 9 日	国航	当日，国航 CA931/B-2054/B737-300 号进港航班由 01 跑道落地时，在距道面 3 m 高度遭鸟击。经机务检查发现飞机右挡风玻璃上有一 2 cm×2 cm 的血迹	鸟击
2008 年 8 月 9 日	国航	当日，国航 B737-300/B-2580 号机执行 CA1659（北京—齐齐哈尔）航班任务，07:28 起飞，起飞后低慢车灯亮，其他参数正常，机组决定返航，于 09:06 安全落地。落地后，机务更换发动机防冰控制面板，放行飞机	机械
2008 年 8 月 10 日	涉澳公务机	当日 09:05，PHILC/F90 公务机起飞后因起落架无法收回而返航，09:43，飞机安全落地	机械
2008 年 8 月 10 日	新华航空	当日 10:08，新华航空一名员工从围界五号门准备进入机坪时，不配合安检进行开包检查闯入机坪并对阻拦安检员进行殴打。在三名武警协助下，该员工被有效控制，经对其背包进行检查，未发现异常	空防安全
2008 年 8 月 13 日	中联航	当日，中联航 B737-800/B-5183 号机在南苑机场停机坪进行客舱清洁和机供品装卸过程中，公司保障部机供品装卸员在食品车与飞机 L2 舱门对接完毕后，按流程实施装卸工作。装卸员将小餐车（1030 mm×405 mm×302 mm）从食品车平台推向舱门口时，小餐车倾倒失控，餐车车体沿食品车平台滑落地面，坠落过程中车体与舱门右侧机身出现刮蹭，造成机体 1016 站位后部凹陷出一个由左上角向右下角方向，面积接近 30 mm×20 mm，深 1 mm 的坑	刮蹭飞机

续表

发生日期	单位	简述	事件原因
2008 年 8 月 14 日	海航	当日，海航 B737-800/B2159 号机执行 HU0484（新西伯利亚—北京）航班任务，落地后检查发现飞机右翼尖上有一雷击点，按雷击检查工作单检查正常，放行飞机执行后续航班	雷击
2008 年 8 月 14 日	海航	当日，海航 A330/B-6088 号机 HU0492（布鲁塞尔—北京）航班任务，落地后检查发现飞机左登机门处有一雷击点，按雷击检查工作单检查正常，放行飞机	雷击
2008 年 8 月 14 日	海航	当日，海航 B737-800/B-5139 号机执行完 HU7881（西安—北京）航班任务，航后检查发现左发反推折流门遭鸟击，按鸟击特检单检查，损伤未超标，放行飞机	鸟击
2008 年 8 月 15 日	海航	当日，海航 A330/B-6089 号机执行 HU7606（上海虹桥—北京）航班任务，落地后检查发现三号主轮扎伤超标，更换轮胎后放行	轮胎扎伤
2008 年 8 月 15 日	南航	当日 16:28，南航 CZ3154/B-2367/A320 号出港航班 36L 跑道准备起飞时，左起落架液压油管破裂漏液压油，飞机滑回时停在 P1 滑行道无法滑行。17:12，拖车将飞机拖入 804 机位。17:15，飞行区管理部完成对西跑道南端及 P0、P1 滑行道油污清理。	机械
2008 年 8 月 17 日	国航	当日，国航 B757-200/B-2826 号机执行 CA1629（北京—长春）航班任务，17:03 起飞，起飞后气象雷达故障，17:21 飞机返航落地。地面按 AMM34-43 更换气象雷达收发组后，通电测试气象雷达工作正常	机械
2008 年 8 月 18 日	Ameco	当日，国航 B747-400/B-2468 号机在 Ameco 9A 检过程中，OM6 机械员根据工卡要求更换滑梯包后，在测试人工/自动转换手柄时，忘记将手柄转换到"人工位"，当提开门手柄时导致上舱左滑梯非正常放出	滑梯非正常放出
2008 年 8 月 21 日	国航	当日，国航 B737-300/B-2587 号机执行 CA1226（桂林—北京）航班，在北京五边进近时，放轮后起落架 3 个红色和 3 个绿色指示灯都不亮，机组执行复飞程序。为确定起落架位置，飞机进行 100m 低空通场，经地面机务观察证实起落架放好后，机组决定返场。加入四边时，起落架指示的 3 个绿灯突然恢复暗亮，机组再次测试灯光系统，起落架指示灯显示正常，最后飞机正常落地	机械
2008 年 8 月 22 日	邮航	当日 11:40，邮航 8Y9022/B-2656/B737-700 号航班进入 816 机位后，机务检查发现飞机右后内侧主轮受损，轮胎扎伤口长约 2 cm、深约 0.2 cm。飞行区管理部于 12:04 对滑行路线进行查道，未发现异常	轮胎扎伤
2008 年 8 月 22 日	国航	当日，国航 B737-300/B-5036 号机执行 CA1143（包头—北京）航班，在北京航后发现左大翼内侧前缘遭鸟击（长 95 mm，宽 60 mm，深 4 mm）	鸟击
2008 年 8 月 22 日	国航	当日，国航 A330/B-6076 号机执行 CA1520（上海虹桥—北京）航班任务，飞机在北京航后检查发现左大翼前缘发动机内侧有一鸟击凹坑（长 162 mm，宽 270 mm，深 22 mm）	鸟击
2008 年 8 月 24 日	海航	当日，海航 B767-300/B-2491 号机执行 HU7166（昆明—北京）航班任务，落地后检查发现 7 号主轮扎伤超标，更换轮胎后放行	轮胎扎伤

续表

发生日期	单位	简述	事件原因
2008 年 8 月 24 日	国航	当日 05:20，Ameco 航线部分部两名机务人员将国航 B737/B-2948 号飞机从 356 号机位拖到 321 号机位。在到达 321 机位，拖车与飞机分离后，飞机向前滑动 20 m，造成飞机左机翼前缘与廊桥右外侧挡板相碰，挡板凹陷，飞机左机翼前缘有两处凹坑；右发下风扇包皮与拖车左后轮护板相碰，包皮有 7 cm 左右划痕	刮蹭飞机
2008 年 8 月 25 日	国航	当日，国航 A330/B-6093 号机执行 CA991（北京—温哥华）航班，由于首都机场行李分拣系统故障，该航班 148 件/2985 kg 的行李未装上飞机，飞机于 16:26 起飞，飞机起飞后地面服务部发现该航班部分行李未装且未修改舱单。地面按实际装载重新做舱单，重心稍微靠前，但未超出安全范围。17:36 公司 AOC 接到地服 HCC 报告后，立即将情况反映给机组，该机于 26 日凌晨 2:40 在温哥华安全落地	舱单与实际载重不符
2008 年 8 月 26 日	国航	当日，国航 B757-200/B-2821 号机执行 CA1629（北京—长春）航班，起飞时机组按压 EPR 电门自动油门无法接通，机组中断起飞，飞机滑跑最大地速 45 kts	机械
2008 年 8 月 27 日	国航	当日，国航 B737-800/B-2642 号机执行 CA1576（青岛—北京）航班，在北京航后检查发现右内侧前缘襟翼上缘遭鸟击，有一处凹坑。做鸟击检查未见其他异常，对凹坑进行修理后放行飞机	鸟击
2008 年 8 月 29 日	海航	当日，海航 B737-800/B5375 号机执行 HU7097（宁波—北京）航班，落地后检查发现右内主轮扎伤超标，更换轮胎后放行	轮胎扎伤
2008 年 8 月 30 日	国航	当日，国航 B767-300/B-2557 号机执行 CA1560（青岛—北京）航班，飞机在进入北京走廊口前，云中绕飞过程中，高度均为 4200 m 左右，遇到中度颠簸，持续时间 2 s 左右，客舱无异常。落地后机组填写 TLB，通知机务	空中颠簸
2008 年 9 月 1 日	国航	当日，国航 B737-300/B-2627 号机执行 CA1106（北京—呼和浩特）航班任务，起飞滑跑时出现形态警告，机组中断起飞，N1 最大达到 78.9%，地速最大为 25 kts。飞机滑回	中断起飞
2008 年 9 月 2 日	国航	当日，国航 B747-400/B-2460 号机执行 CA1303（北京—深圳）航班任务，航前机组反映落地深圳前飞机左侧有放电，机务检查左侧机身发现 13 处雷击点，位置位于左 1 号门下部到左 2 号门之间	雷击
2008 年 9 月 4 日	大新华航空	当日，大新华航空 B737-800/B-2652 号机执行 CN7184（大连—北京）航班任务，落地后检查发现左内主轮扎伤超标，更换轮胎后放行	轮胎扎伤
2008 年 9 月 5 日	国航	当日，国航 B737-300/B-2530 号机执行 CA4117（成都—北京）航班任务，19:07 从成都起飞后，方向舵在中立位时驾驶盘右偏 2 度，收回襟翼后自驾无法接通，飞机于 19:36 返航落地，航班换飞机执行	返航
2008 年 9 月 5 日	俄罗斯航空公司	当日，塔台通知俄罗斯航空公司 SU993/DC10 货机在西跑道（36L/18R）由南向北落地时右发动机报火警，飞机停在 P7 滑行道。TAMCC 立即通知消防、飞行区管理部及国航等单位迅速赶赴现场，其他救援单位原地待命。经现场检查：未发现明火及任何烧灼痕迹。22:56，飞机被拖至 W210 坪位，经机务现场检查确认此次故障为发动机喘振	发动机火警

续表

发生日期	单位	简述	事件原因
2008 年 9 月 6 日	国航	当日，国航 B737-700/B-5203 号机执行 CA1429（北京—重庆）航班任务，飞机起飞过程中减速板预位灯亮，机组按程序中断起飞，中断速度约 60 kts。飞机滑回后机务检查正常，放行继续执行航班	机械
2008 年 9 月 6 日	海航	当日，海航 737-800/B2651 号机执行完 HU7116（满洲里—北京）航班任务，航后检查发现右发涵道内有鸟击痕迹，机务按鸟击工作检查单检查正常，放行飞机	鸟击
2008 年 9 月 10 日	海航	当日，海航 B737/B-5138 号机执行 HU7240（西宁—北京）航班任务，北京落地后发现左发整流罩有鸟击痕迹，按鸟击特殊检查单检查正常，放行飞机	鸟击
2008 年 9 月 10 日	海航	当日，海航 B737-800/B-5371 号机执行 HU7362（温州—北京）航班任务，机组反映在起飞后 20 min 左右出现轮舱火警，按检查单处理后火警灯灭。北京落地后，地面检查 M237 上 MAINT ADV 亮，有历史故障 84，可清除。更换火警探测元件 M270、更换控制器 M237，并依据手册完成相关测试，结果正常，放行飞机	机械
2008 年 9 月 11 日	海航	当日，海航 B737-400/B-2576 号机 HU7118（沈阳—北京）航班任务，落地后检查发现左内主轮刮伤超标，更换轮胎后放行	轮胎扎伤
2008 年 9 月 11 日	国航	当日，国航 B767-300/B-2560 号机执行 CA976（新加坡—北京）航班，北京进近指挥下降 2100 m，当时垂直速度 500 ft/min，高度 7600 ft，出现 TA TRAFFIC，随后 RA 语言警告 ADJUST VERTICAL SPEED，并出现红色指引，机组立即按指令进行拉升，显示对方飞机在下方 1500 ft，机组将飞行情况报告 ATC，后证实冲突飞机为日航飞机。机组正确决策避免了更为严重的飞行冲突	危险接近
2008 年 9 月 12 日	大新华航空	当日，大新华航空 B737-800/B-5089 号机在北京进行航后工作时，APU 舱门被维修工作梯撞穿，尺寸大约为 30 mm×30 mm，后与停场的 B5115 对串了 APU 舱门，放行飞机	刮蹭飞机
2008 年 9 月 13 日	海航	当日，海航 B737-400/B-2576 号机执行 HU7297（宁波—北京）航班任务，航后检查发现进气道唇部遭鸟击，按鸟击特检查单检查放行	鸟击
2008 年 9 月 14 日	国货航	当日，B747-400/B-2476 号机执行 CA1043（浦东—北京）货运，北京落地后，机务检查发现主货舱门外部有一个小洞。经初步了解，为舱内一锁钩连接杆断裂造成	飞机受损
2008 年 9 月 14 日	海航	当日，海航 B737-400/B-2576 号机执行 HU7618（呼和浩特—北京）航班任务，航后检查发现右外主轮扎伤，更换轮胎	轮胎扎伤
2008 年 9 月 20 日	国航	当日，国航 A319/B-6235 号机执行 CA1952（北京—温州）航班任务，起飞爬升到 1500 m 时，左风挡左下角遭鸟击，无破裂，机组报告影响视线，飞机返航	鸟击
2008 年 9 月 20 日	山航	当日，山航 B737—800/B-5333 号机执行完 SC1604（哈尔滨—北京）航班任务，在北京机场过站检查期间，发现右内主轮扎伤（尺寸：0.5 cm×0.5 cm×1.5 cm），超标，机务更换轮胎	轮胎扎伤

发生日期	单位	简述	事件原因
2008 年 9 月 20 日	海航	当日，海航 B737-800/B5138 号机执行 HU7110（宜昌—北京）航班任务，落地后检查发现右前轮扎伤超标，更换轮胎后放行	轮胎扎伤
2008 年 9 月 21 日	海航	当日，海航 B737-800/B5346 号机执行 HU484（新西伯利亚—北京）航班任务，落地后检查发现飞机左前轮扎伤超标更换轮胎后放行	轮胎扎伤
2008 年 9 月 21 日	大新华航空	当日，大新华航空 B737-800/B-5089 号机计划执行 CN7215（北京—桂林）航班任务，在首都机场拖飞机时发现飞机右前轮扎伤超标，更换轮胎后发行	轮胎扎伤
2008 年 9 月 22 日	深航	当日，深航 B737/B-5103 号机执行 7ZH9959（深圳—北京）航班任务，在北京落地后经检查发现飞机右内、左外主轮扎伤超标，随后进行了更换，后续航班因此延误	轮胎扎伤
2008 年 9 月 22 日	海航	当日，海航 B737－800/B-5141 号机执行 HU7078（杭州—北京）航班任务，飞机在北京过站时检查发现右外主轮扎伤超标，更换轮胎	轮胎扎伤
2008 年 9 月 22 日	海航	当日，海航 B737－300/B-3000 号机执行 HU7238（西安—北京）航班任务，飞机在北京过站时检查发现右内主轮扎伤超标，更换轮胎	轮胎扎伤
2008 年 9 月 24 日	海航	当日，海航 B737－800/B5139 号机执行 HU7078（杭州—北京）航班，飞机在北京过站时检查发现左内主轮扎伤超标，更换轮胎	轮胎扎伤
2008 年 9 月 24 日	新华航空	当日，新华航空 B737－800/B5081 号机执行 HU7166（昆明—北京）航班，飞机在北京落地后检查发现左前轮扎伤超标，更换轮胎	轮胎扎伤
2008 年 9 月 25 日	厦航	当日，厦航 B737-800/B-5307 号机执行 MF8125 航班任务于 23:36 落地。0:20，厦航机务在航后检查时发现飞机右发涡轮叶片有鸟击痕迹，具体鸟击位置不明。机场场务分部立即组织人员对跑道进行查道检查，未发现任何鸟骸，发动机也未发现任何异常，机组也未反映航班不正常。MF893 航班于 26 日 07:11 正常起飞	鸟击
2008 年 9 月 25 日	海航	当日，海航 B737-400/B-2960 号机执行 CN7150（哈尔滨—北京）航班任务，在北京过站检查发现右外主轮扎伤超标，更换轮胎	轮胎扎伤
2008 年 9 月 26 日	海航	当日，海航 B767－300/B-2490 号机执行 HU7702（深圳—北京）航班任务，飞机在北京过站时机务发现飞机 7 号主轮扎伤超标，更换轮胎	轮胎扎伤
2008 年 9 月 28 日	国货航	当日，国货航在对 B747/B-2409 号机进行地面检查发现左大翼 2 发内侧机翼上表面蒙皮有裂纹，经测量长度为 30in，经工程师评估已超出手册标准。现飞机已停场排故	飞机有裂纹
2008 年 10 月 2 日	大新华航空	当日，大新华航空 B737－800/B2652 号机执行 CN7184（大连—北京）航班，在北京过站发现右内主轮扎伤超标，更换轮胎	轮胎扎伤
2008 年 10 月 4 日	海航	当日，海航 B737-800/B-2647 号机执行 HU7232（兰州—北京）航班任务，过站检查发现右内主轮扎伤超标，更换轮胎	轮胎扎伤

发生日期	单位	简述	事件原因
2008 年 10 月 4 日	国航	当日，国航 B737-800/B-2645 号机执行 CA1649（北京—长春）航班，航前在北京拖飞机时前滑行灯被撞坏。机务更换滑行灯后飞机正常起飞。该拖车为抱式拖车，经分析可能原因为在拖飞机转弯过程中，飞机有短时停滞动作，造成拖车抱夹瞬时断开，飞机前轮与抱夹脱开并形成一定角度，致使拖车右后内侧抱轮与飞机滑行灯相互挤压，造成飞机滑行灯破碎	滑行灯被撞坏
2008 年 10 月 7 日	海航	当日，海航 B737-400/B-2967 号机执行 HU7103（北京—牡丹江）航班任务，飞机推出后右侧皮托管加温灯亮，飞机滑回。机务更换皮托管，测试正常，放行飞机	机械
2008 年 10 月 7 日	大新华快运	当日，大新华快运 D328/B-3972 号机执行 GS7586（延安—北京）航班任务，北京落地后滑行过程中（地面没有引导车辆），飞机没有滑到原定 804 号机位，而是滑至 806 号机位，没有造成其他不良后果	滑错停机位
2008 年 10 月 10 日	海航	当日，海航 B737-400/B-2960 号机执行 HU7150（哈尔滨—北京）航班任务，落地后检查发现右内主轮扎伤超标，更换轮胎后放行	轮胎扎伤
2008 年 10 月 10 日	海航	当日，海航 B737-800/B5180 号机执行 HU7968（伊尔库茨克—北京）航班任务，落地后检查发现右起落架上有鸟血，按鸟击工作检查单检查正常，放行飞机	鸟击
2008 年 10 月 11 日	油料	当日，海航 B737-800/B-2159 号机执行 HU7111（北京—昆明）航班任务，起飞后北京油料一名员工反映飞机的电源盖板没有盖好。落地后机务检查确认外部电源盖板没有盖上，盖板完好且没有对飞机外部造成损伤	电源盖板没盖好
2008 年 10 月 13 日	新华航空	当日，新华航空 B737-400/B-2987 号机执行 HU7118（沈阳—北京）航班任务，在北京落地前发现有一架飞机误入跑道，飞机在 800ft 复飞，于 21:48 安全落地。经了解，误入跑道的飞机是埃航 ET605 航班，当日空管指挥其在跑道头等待，使用标准用语 hold short of runway，机组复诵正确，但 ET605 飞机进入跑道，当时 VIS1600 m	跑道入侵
2008 年 10 月 13 日	川航	当日 16:30，川航 3U8887/B-2371/A321 进港航班进入 313 机位后，机务检查发现飞机 2 号主轮爆胎，需要更换轮胎。16:50，飞行区管理部进行查道，在 Q6 滑附近的东跑道及 K 滑上捡到两块长 10 cm、宽 3 cm 的轮胎碎片，并发现 Q7 滑以南的 K 滑分布少量橡胶摩擦地面产生的黑色粉末。经初步判断爆胎的原因是电子刹车仪表故障，刹车抱死导致轮胎爆胎	爆胎
2008 年 10 月 15 日	东航	当日 23:10，东航 MU5129/B-6095/A330-300 号进港航班 3 号主轮胎压为零。23:31，飞机于 36R 跑道安全落地	轮胎胎压为零
2008 年 10 月 15 日	山航	当日，山航 B737-800/B-5332 号机执行完 CA1656（沈阳—北京）航班任务，在北京机场航后检查期间，发现左前轮扎伤（尺寸：3.8 cm×0.9 cm×0.6 cm），超标，机务更换轮胎	轮胎扎伤
2008 年 10 月 15 日	国货航	当日，国货航 B74F/B-2462 号机执行 CA1043（浦东—北京）航班任务，北京过站检查发现第二发风扇叶片和进气道消音板被击伤，具体原因待查，后续航班由其他飞机执行	外来物击伤
2008 年 10 月 16 日	国航	当日，北京飞机维修厂 OA 员工安装 A340/B-2388 号机 1 号发动机外侧风扇包皮后，用前支撑杆将其支起，支撑杆锁机构突然失效，外侧包皮向下关闭，造成其内侧复合材料损伤。机务人员已经将风扇包皮拆下修理	飞机受损

续表

发生日期	单位	简述	事件原因
2008 年 10 月 16 日	山航	当日，山航 B737 — 800/B-5333 号机执行完 CA1222（兰州—北京）航班任务，在北京机场航后检查期间，发现左前轮扎伤（尺寸：0.8 cm×0.2 cm×0.8 cm），超标，机务更换轮胎	轮胎扎伤
2008 年 10 月 17 日	国航	当日，国航 B737-300/B-2953 号机执行 CA1133（北京—运城）航班任务，飞机起飞后，左前门噪声大，乘务与机组无法正常沟通，高度升高，噪声加大。机组检查增压系统无故障，但座舱高度较正常偏高。飞机在 3900~6000 m 高度区间上升时，座舱高度为 4300 in；飞机平飞时，座舱升降率为 + 200。飞机返航北京，落地后机务检查舱门故障，更换飞机执行该航班	机械
2008 年 10 月 19 日	山航	当日，山航 B737 — 800/B-5118 号机执行完 CA1224（西安—北京）航班任务，在北京机场过站检查期间，发现右内轮扎伤（尺寸：0.6 cm×0.2 cm×0.8 cm），超标，机务更换轮胎	轮胎扎伤
2008 年 10 月 21 日	山航	当日，山航 B737 — 800/B-5336 号机执行完 CA1222（兰州—北京）航班任务，在北京机场航后检查期间，发现左前轮扎伤（尺寸：0.7 cm×0.2 cm×0.4 cm），超标，机务更换轮胎	轮胎扎伤
2008 年 10 月 22 日	山航	当日，山航 B737 — 800/B-5118 号机执行 SC4991(张家界—北京）航班任务，在北京机场航后检查期间，发现右外主轮扎伤（尺寸：0.3 in×0.1 in×0.3 in），超标，机务更换轮胎	轮胎扎伤
2008 年 10 月 23 日	国航	当日，国航 A340/B-2390 号机执行 CA933（北京—巴黎）航班任务，飞机起飞后收轮时，左中轮轮舱显示未关闭，机组重新收放起落架，左中轮轮舱仍显示未关闭，机组放油约 50 t 后返航。目前飞机已停场排故	机械
2008 年 10 月 26 日	东航西北分公司	当日下午 16 时左右，东航西北分公司 A320/B-6016 号机执行 MU2107（西安—北京）航班，飞机于 15:45 在北京机场落地，滑至 37 号停机位。头等舱乘务员丁卫误将右前门（R1门）舱门手柄当做滑梯预位手柄提起，导致前右舱门应急滑梯放出	误放滑梯
2008 年 10 月 26 日	银河航空	当天 06:10，天津空港货运有限公司在保障银河航空公司 GD3305 航班（PVG-TSN-FRA/ 机号 2427/ 停 38 号机位）作业时，平台车安全挡板与飞机右后货舱舱门刮蹭，导致该舱门右下边缘 5 点钟位置出现 2~3 cm 凹陷。后经机务人员检查处理后，飞机于 14:49 起飞	刮蹭飞机
2008 年 10 月 27 日	山航	当日，山航 B737 — 800/B-5332 号机执行完 CA1222（兰州—北京）航班任务，在北京机场航后检查期间，发现左内主轮扎伤（尺寸：0.5 cm×0.3 cm×0.5cm），超标，机务更换轮胎	轮胎扎伤
2008 年 10 月 30 日	海航	当日，海航 B767/B2491 号机执行 HU7166（昆明—北京）航班，落地后检查发现右前轮扎伤，更换轮胎后放行飞机	轮胎扎伤
2008 年 10 月 30 日	山航	当日，山航 B737 — 800/B-5335 号机执行完 CA1222(兰州—北京）航班任务，在北京机场航后检查期间，发现右前轮扎伤（尺寸：0.7 cm×0.2 cm×0.5 cm），超标，机务更换轮胎	轮胎扎伤

发生日期	单位	简述	事件原因
2008 年 10 月 31 日	国货航	11 月 1 日，国货航 B747-400/B-2476 号机执行 CA1045（浦东—北京）航班任务，北京卸机过程中，在卸下的两块货板上发现有三只老鼠（一只被打死，两只逃跑），后机场检疫、动检部门登机进行检查，在飞机上放置捕鼠器具，未发现老鼠踪迹。按照防疫要求，该机计划停场 48 h，并对该机 25 板货物进行拆解，结果未再发现老鼠。经调查，该机于 10 月 31 日 09:27 到达浦东，于 11 月 1 日 03:02 在浦东起飞，共停留 17 h 29 min，并在浦东完成航后工作。根据专家鉴别此鼠为当地鼠，排除国外来源的可能性。老鼠很可能是随华东的货物装上飞机	飞机上发现老鼠
2008 年 11 月 1 日	海航	当日，海航 B737-800/B-5141 号机执行 HU7102（海拉尔—北京）航班任务，过站检查发现左前轮扎伤超标，更换轮胎放行	轮胎扎伤
2008 年 11 月 1 日	厦航	当日，厦航 B737-800/B-5305 号机执行 MF8130（北京—厦门）航班任务，在北京首都机场起飞滑跑至空速约 60 kts 时，前登机门信号灯亮，机组中断起飞（QAR 证实中断起飞过程中最大空速 77 kts、最大地速 63 kts），报告塔台后脱离跑道，进一步检查发现信号指示消失。机组完成相关中断起飞检查单后决定继续执行航班，后续正常。厦门短停期间，厦航机务人员测试 PSEU 无故障历史，进一步检查发现前登机门临近电门 S199 间隙偏大，按 AMM 52-71-00 调整间隙后开关门指示正常	机械
2008 年 11 月 2 日	海航	当日，海航 B737-800/B-2647 号机执行完 HU7142（成都—北京）航班任务，航后检查发现左水平安定面前缘翼尖 1 m 处有一被鸟击造成的长 80 mm× 宽 35 mm× 深 2.7 mm 的凹坑，按鸟击工作检查单检查正常，放行飞机	鸟击
2008 年 11 月 2 日	大新华航空	当日，大新华航空 B737-800/B-2637 号机执行 CN7184（大连—北京）航班任务，航前出港机组反映左惯导故障，飞机滑回，机务检查左侧 FAULT 灯亮，有 02 代码，复位无效，对串左右 ADIRU 后故障转移，按 MEL 右侧惯导失效放行，北京过站更换右惯导	机械
2008 年 11 月 2 日	国航	当日，国航 A330/B-6113 号机执行 CA1856（上海—北京）航班。飞机 21:34 起飞，上升到 8400 m 保持。在此高度上持续颠簸。22:19 左右，飞机突然发生强烈颠簸（经 QAR 探测 g 值达到 −0.15），当时乘务员正在收取餐盘，乘务组迅速对客舱进行了广播，由于部分乘务员未就座，事件造成两名后厨房乘务员不同程度受伤，无旅客受伤。飞机于 23:24 安全落地	空中颠簸
2008 年 11 月 2 日	上航	当日，上航 B767/B-2500 号机执行 FM9119（虹桥—北京）航班任务，飞机落地北京首都机场后，短停时机务人员检查发现右机翼第三、四块缝翼接合处被鸟击穿蒙皮，尺寸为 30 cm×10 cm	鸟击
2008 年 11 月 2 日	山航	当日，山航 B737 — 800/B-5333 号机执行完 CA1486（南宁—北京）航班任务，在北京机场过站检查期间，发现左内主轮扎伤（尺寸：0.6 cm×0.2 cm×0.9 cm），超标，机务更换轮胎	轮胎扎伤
2008 年 11 月 3 日	海航	当日，海航 B737-800/B-5153 号机执行完 HU7804（广州—北京）航班任务，过站检查发现右前轮扎伤超标，更换轮胎后放行	轮胎扎伤

发生日期	单位	简述	事件原因
2008年11月4日	东航	当日，东航A320/B-6005号机执行MU526（大阪—青岛—北京）航班任务，20:00抵达首都机场，飞机短停进港后，机务检查发现左大翼SLAT3遭鸟击，出现一个长11 cm宽6 cm，深7 mm的凹坑。后续航班MU5194（北京—青岛）取消	鸟击
2008年11月4日	海航	当日，海航B737-800/B-5116号机执行HU7102(海拉尔—北京)航班任务，北京区域FL301巡航，在准备下降时，左侧2号风挡外层玻璃破裂，同时伴有加温电线短路跳火，机组执行风挡损坏和风挡过热检查单，在处置过程中监控座舱增压系统工作正常，于18:20在01号跑道安全着陆。机务更换左2号风挡玻璃，测试正常后放行	机械
2008年11月8日	海航	当日，海航B737-800/B-2676号机执行HU7102（海拉尔—北京）航班任务，北京过站发现右内主轮扎伤超标，更换轮胎后放行	轮胎扎伤
2008年11月8日	海航	当日，海航B737-400/B-2501号机执行完HU7512(长治—北京)航班任务，北京航后检查发现左发3点钟位置遭鸟击，按鸟击工作单检查，孔探结果正常，放行飞机	鸟击
2008年11月8日	港龙航空	当日14:41，港龙港空KA908/A330号航班蓝色液压系统故障影响备用刹车系统。TAMCC通知各救援单位原地待命。15:21，飞机安全落地，15:26，飞入入位后原地待命解除	机械
2008年11月9日	海航	当日，海航B737-800/B-5136号机执行HU7212（昆明—北京）航班任务，北京过站检查发现左内主轮扎伤，更换轮胎后放行	轮胎扎伤
2008年11月10日	海航	当日，海航B767/B-2492号机执行HU7606（上海虹桥—北京）航班任务，北京过站检查发现左前轮扎伤，更换轮胎后放行	轮胎扎伤
2008年11月10日	海航	当日，海航B737-800/B-5138号机执行HU7702（深圳—北京）航班任务，北京过站检查发现右外主轮扎伤超标，更换轮胎后放行	轮胎扎伤
2008年11月12日	山航	当日，山航B737-800/B-5347号机执行完SC1159(济南—北京)航班任务，在北京机场航后检查期间，发现右外主轮扎伤（尺寸：5 mm×1 mm×7 mm），超标，机务更换轮胎	轮胎扎伤
2008年11月12日	大新华航空	当日，大新华航空B737-800/B2652号机执行HU7184（大连—北京）航班任务，北京过站检查发现左前轮扎伤，更换轮胎继续执行航班	轮胎扎伤
2008年11月15日	海航	当日，海航B737-800/B-5358号机执行HU7278（杭州—北京）航班，北京过站发现右内主轮扎伤超标，更换轮胎继续执行航班	轮胎扎伤
2008年11月15日	海航	当日，海航B767/B-2491号机执行完HU7166（昆明—北京）航班，航后检查发现1号主轮扎伤超标，更换轮胎后放行	轮胎扎伤
2008年11月16日	海航	当日，海航B737-800/B-5371号机执行HU7181（海口—北京）航班，北京过站检查发现右外主轮扎伤超标，更换轮胎后放行	轮胎扎伤
2008年11月16日	海航	当日，海航B737-400/B-2967号机执行HU7615（北京—昆明）航班任务，飞机推出起动时，飞行数据记录仪故障灯亮，飞机滑回排故，更换FDR，测试正常，放行飞机	机械
2008年11月19日	海航	当日，海航B737-800/B-2646号机执行HU7233(北京—银川)航班任务，推出启动发动机后，发现右侧升降舵皮托管加温OFF灯亮，滑回检查，复位跳开关无效，更换右升降舵皮托管后，测试正常，放行飞机	机械

发生日期	单位	简述	事件原因
2008 年 11 月 19 日	国航	当日 9:30 左右接首都机场公安分局通知：国航飞往杭州、温州方向航班上有炸弹。经查当日早晨有 CA1595（北京—杭州）、CA1813（北京—温州）两个航班。CA1813 正在上客过程中，CA1813 中止上客，重新清舱后正常起飞；CA1595 于 9:25 起飞，后指令 CA1595 返航，于 9:48 安全落地，更换飞机执行后续航班	空防安全
2008 年 11 月 21 日	国航	当日，国航 B737-800/B-2671 号机执行 CA1331（北京—郑州）航班任务，07:23 起飞，起飞后机组反映右一号风挡裂纹，飞机于 09:00 返航北京落地。落地后机务检查风挡无裂纹，但有分层现象，按维护手册，风挡分层可以放行。后更换了右一号风挡，航班取消	机械
2008 年 11 月 24 日	大新华航空	当日，大新华航空 B737-800/B-2652 号机执行 CN7150（哈尔滨—北京）航班任务，北京过站检查右外主轮扎伤，更换轮胎后放行	轮胎扎伤
2008 年 11 月 25 日	海航	当日，海航 B737-800/B-5153 号机执行 HU7278（杭州—北京）航班任务，北京过站检查左内主轮扎伤，更换轮胎后放行	轮胎扎伤
2008 年 11 月 25 日	大新华航空	当日，大新华航空 B737-800/B-2652 号机执行 CN7184（大连—北京）航班任务，北京过站检查发现左外主轮扎伤超标，更换轮胎后放行	轮胎扎伤
2008 年 11 月 27 日	国航	当日，国航 B737-800/B-2673 号机执行 CA1651（北京—沈阳）航班任务，计划起飞时间 09:00。飞机在北京起飞滑跑过程中，速度 80 kts 时出现形态警告，中断起飞。飞机滑回，航班取消。经 QAR 译码，空速 95 kts 时机组收油门中断起飞，最大速度达到 105 kts。飞机停场，机务根据 A/O 更换左襟翼位置传感器，SMYD2 PSEU，通电测试正常	机械
2008 年 11 月 27 日	邮航	当日，邮航 B737/B-5047 号机执行 8Y9046（南京—北京）航班任务，07:11 落地后，滑入机位。07:25 分机务做检查发现右内侧主轮被扎伤。机务换轮胎	轮胎扎伤
2008 年 11 月 27 日	国航	当日，国航 A319/B-2223 号机执行 CA1702（北京—杭州）航班任务，飞机于 11:05 起飞，起飞爬升过程中机组反映方向舵配平行程限制故障，飞机于 11:43 返航落地	机械
2008 年 11 月 29 日	山航	当日，山航 B737—800 型 B5332 号机执行完 CA1226（桂林—北京）航班，在北京机场航后检查期间，发现左外主轮扎伤（尺寸：18 mm×2 mm×15 mm），超标，机务更换轮胎	轮胎扎伤
2008 年 11 月 29 日	山航	当日，山航 B737—800 型 B5117 号机执行完 CA1432 昆明—北京航班，在北京机场航后检查期间，发现左前轮、左内主轮、右外主轮 3 轮扎伤（尺寸：4 mm×3 mm×3 mm、10 mm×2 mm×8 mm、3 mm×1 mm×4 mm），超标，机务更换轮胎	轮胎扎伤
2008 年 12 月 1 日	海航	12 月 3 日，海航 B737-800/B5338 号机执行 HU7232（兰州—北京）航班，落地后检查发现左内主轮扎伤超标，更换轮胎后放行	轮胎扎伤
2008 年 12 月 5 日	山航	12 月 9 日，山航 737—800 型 B5118 号机执行完 CA1432（昆明—北京）航班，在北京机场航后检查期间，发现右前轮扎伤（尺寸：10 mm×2 mm×12 mm），超标，机务更换轮胎	轮胎扎伤

续表

发生日期	单位	简述	事件原因
2008 年 12 月 8 日	国航	12 月 9 日，国航 B737-800/B-2161 号机执行 CA902（乌兰巴托—北京）航班，机组报告在乌兰巴托起飞滑跑速度接近 80 kts 时出现起飞形态警告，中断起飞滑回，检查飞机正常，放行飞机继续执行航班。经 QAR 译码，中断起飞速度 95 kts，最大中断速度 106 kts	起飞形态告警
2008 年 12 月 10 日	海航	12 月 12 日，海航 B737-800/B-2647 号机执行 HU7278（杭州—北京）航班任务，落地后检查发现右前轮扎伤超标，更换轮胎后放行飞机	轮胎扎伤
2008 年 12 月 12 日	海航	12 月 14 日，海航 B737-800/B5338 号机执行 HU484（新西伯利亚—北京）航班，北京过站检查发现左外主轮扎伤超标，更换轮胎后放行飞机	轮胎扎伤
2008 年 12 月 14 日	海航	当日，海航 B737-400/B2970 号机执行 HU7624（齐齐哈尔—北京）航班任务，落地后检查发现左内主轮扎伤超标，更换轮胎后放行	轮胎扎伤
2008 年 12 月 14 日	海航	当日，海航 B737-800/B-2675 号机执行 HU7152（重庆—北京）航班任务，过站检查右内主轮扎伤超标，更换轮胎后放行	轮胎扎伤
2008 年 12 月 15 日	海航	当日，海航 B737-800/B-2651 号机执行 HU7102（海拉尔—北京）航班任务，北京过站发现右内主轮扎伤超标，更换轮胎后放行	轮胎扎伤
2008 年 12 月 16 日	海航	当日，海航 B737-800/B-5116 号机执行 HU7081（海口—北京）航班任务，北京过站发现右内主轮扎伤见线，更换轮胎后放行	轮胎扎伤
2008 年 12 月 17 日	新华航空	当日，新华航空 B737-400/B-2987 号机执行 HU7308（合肥—北京）航班任务，北京过站发现右外主轮扎伤超标，更换轮胎后放行	轮胎扎伤
2008 年 12 月 17 日	海航	当日，海航 B737-800/B-5139 号机执行 HU7968（伊尔库茨克—北京）航班任务，北京过站发现右外主轮扎伤超标，更换轮胎后放行	轮胎扎伤
2008 年 12 月 19 日	国航	当日，国航 A330/B-6079 号机执行 CA1521（北京—上海）航班任务，14:55 从北京起飞，起飞爬升过程中高度约 2000 ft 时，左发 EGT 指针摆动，瞬间最大达 900°，机组继续飞行。飞机通过 6000 m 爬升到 8100 m 过程中，EGT 指示摆动超过限制值，ECAM 警告显示左发 EGT 超过限制，机组将油门放置慢车位，飞机于 15:45 返航安全落地。机务检查发现 3005VC 处的 EGT 导线束接线处断裂，根据系统逻辑及相关经验可以判断其为导致故障的主要原因	机械
2008 年 12 月 19 日	山航	当日，山航 B737-800/B-5119 号机执行 CA1585（北京—烟台）航班任务。飞机 07:35 开车推出使用 01 号跑道起飞，在调定起飞推力加速滑跑过程中，出现起飞形态警告，机组核实了起飞形态正确，中断起飞滑回检查。经机务检查测试确认为是假信号，减速板手柄下卡位接触不良。后飞机放行起飞	假信号
2008 年 12 月 20 日	上航	当日 11:30，上航 FM9117/B767/B-2498 号机飞机襟翼放不到位，TAMCC 通知各救援单位集结待命，11:49，飞机安全落地	机械

发生日期	单位	简述	事件原因
2008 年 12 月 20 日	金鹿航空	当日，金鹿航空 A319/B-6169 号机执行 JD5182（昆明—北京）航班任务，因机上 1 名 86 岁老人坐在紧急出口位置不符合要求，乘务长按规定劝其更换座位。在协商过程中，老人陪同人员不接受机组的当面解释，并采取抢夺机组空勤证拍照等方式干扰了正常客舱秩序，机组通过 FOC 通知首都机场公安，在飞机落地后机场公安已将该闹事旅客带走进行后续处理	空防安全
2008 年 12 月 21 日	国航	当日，国航 B757-200/B-2856 号机执行 CA1901（北京—乌鲁木齐）航班任务，10:04 起飞，起飞后左发 EPR 偏低：左发 1.32、右发 1.70，飞机盘旋耗油后于 11:54 返航北京落地，航班换飞机执行。经检查为左发燃调故障。机务按 AMM73-21 更换左发燃调后，地面试车完成相关工作，放行飞机	机械
2008 年 12 月 21 日	山航	当日，山航 B737-800/B-5347 号机执行 CA1809（北京—厦门）航班任务，该机在北京机场起飞过程中，因出现前货舱门警告，机组中断起飞。原因是前货舱门电门工作不良。机务按 MEL 放行飞机	机械
2008 年 12 月 22 日	东航	当日，东航上海飞行部 A321/B-2290 号机执行 MU5107(虹桥—北京)航班任务，飞机在北京正常落地，在滑行道上滑行时，仪表显示飞机主轮刹车毂温度过高，机组停下飞机，将有关信息及时报告 ATC 和地面机务，机务派出牵引车将飞机拖到停机坪 810 机位，后续情况待报	机械
2008 年 12 月 22 日	国航	当日，国航 A340/B-2389 号机在 Ameco 执行 8C 检过程中，维修人员在利用地面气源设备给液压油箱增压时，造成绿液压系统增压组件（P/N;4020Q8-3)爆裂，4 根液压管损坏，并损坏了机腹盖板。经查该机绿系统液压油箱最大充气压力不能大于 $3×10^6Pa$，本次充气过程中工作人员选用的 F70200-14 轮胎充气工具（未装释压阀），由于充气压力过大造成充气压力组件发生爆裂	系统增压组件爆裂
2008 年 12 月 22 日	国航	当日 12:23，国航行李室赵全胜在 313 机位挪动行李拖斗为 CA4162/B-2590/B737-300 号航班装货过程中，拖斗护栏与飞机后货舱门前部机身发生刮蹭，划痕长 8cm、宽 0.2cm。该飞机出港计划取消，旅客改乘 CA1437 和 CA4164 航班于当日离港	刮蹭飞机
2008 年 12 月 22 日	海航	当日，海航 B737-300/B-2945 号机执行 HU7804（广州—北京）航班任务，落地停稳后，一名旅客打开行李架提取行李，致使一件行李滑落砸到一名旅客，被砸旅客提出不适，安排旅客去医院检查	客舱安全
2008 年 12 月 23 日	大新华航空	当日，大新华航空 B737-800/B2652 号机执行 CN7128（哈尔滨—北京）航班，北京过站检查发现右外主轮扎伤超标，更换轮胎后放行	轮胎扎伤
2008 年 12 月 24 日	海航	当日，海航 B737-800/B5182 号机执行 HU7106（长春—北京）航班，过站检查发现右内主轮扎伤超标，更换轮胎后放行	轮胎扎伤
2008 年 12 月 25 日	金鹿航空	当日，金鹿航空 A319/B-6177 号机执行 JD5181（北京—丽江）航班任务，飞机于 17:22 在丽江落地后，机务检查发现左内主轮扎伤，不够放行标准。后由 B-6182 号机执行的 JD5132(昆明—丽江)航班带轮胎及换轮工具到丽江，B-6177 号机于 04:18 起飞执行后续航班任务，航班延误 10 h	轮胎扎伤

续表

发生日期	单位	简述	事件原因
2008 年 12 月 25 日	海航	当日，海航 B737-800/B5116 号机执行 HU7116（满洲里—北京）航班，过站检查发现右外主轮扎伤，更换轮胎后放行	轮胎扎伤
2008 年 12 月 25 日	国航	当日，国航 B747-400/B-2468 号机在 Ameco 执行 D 检过程中，顶升飞机时，垂直尾翼前缘盖板与尾部平台踏板相碰，造成盖板一 1.0 ft×1.5 ft 的压痕。修复盖板压痕装机正常	刮蹭飞机
2008 年 12 月 27 日	国航	当日，国航 B737-700/B-5045 号机执行 CA1605（北京—大连）航班，10:20 客人登机完毕，舱门关好后推出开车。开车后接到地面人员的通知，旅客行李还未装上飞机。机组申请滑回原机位关车装行李。行李装完后，重新推出开车，启动好后，两台发动机反推灯都亮，地面机务指挥机组关车，经机务重置后测试反推正常，再次开车滑出，于 10:48 在北京起飞	地面保障
2008 年 12 月 27 日	海航	当日，海航 B737-800/B-5180 号机执行 HU7281（海口—北京）航班任务，过站时机组反映右 1 号风挡遭鸟击，机务按鸟击工作单检查正常，放行飞机	鸟击
2008 年 12 月 27 日	海航	当日，海航 B737-400/B-2501 号机执行 HU7110（宜昌—北京）航班任务，落地后检查发现左外主轮扎伤，更换轮胎后放行	轮胎扎伤
2008 年 12 月 29 日	海航	当日，海航 B737-400/B-2960 号机执行 CN7150（哈尔滨—北京）航班任务，落地后检查发现遭鸟击，空速管受损。机务按鸟击检查单检查，更换空速管后放行飞机	鸟击

2009 年华北民用航空飞行事故、航空地面事故、飞行事故征候和不安全事件情况见表 2-4。

表 2-4　2009 年华北民用航空飞行事故、航空地面事故、飞行事故征候和不安全事件情况

发生日期	单位	简述	事件原因
2009 年 1 月 1 日	海航	当日，海航 B737-800/B5358 号机执行 HU7192（厦门—北京）航班任务，北京过站检查发现飞机左前轮扎伤，更换轮胎后放行	其他
2009 年 1 月 3 日	国航	当日，国航 B737-800/B-5312 号机航后排故时，Ameco 人员发现飞机驾驶舱操纵台下有鼠窝，且发现有导线破损，4 日该机全天停场排故。检查发现鼠窝由隔热棉等絮状材料组成，目前未抓到老鼠	地面保障
2009 年 1 月 6 日	大新华航空	当日，大新华 B737-800/B-2652 号机执行 CN7128（哈尔滨—北京）航班任务，北京过站检查发现左外主轮扎伤超标，更换轮胎后放行	其他
2009 年 1 月 7 日	国航	当日 17:50，国航 CA918/B-2905/B737 航班因起落架故障备降北京，18:52，TAMCC 通知各救援单位 01 跑道集结待命。19:20，飞机安全落地并滑行至 T5 滑行道，经 Ameco 机务现场初步检查后飞机拖入 559 机位	机械故障
2009 年 1 月 7 日	国航	当晚，Ameco 机械员在对 B737-300/B-2627 号机进行航后工作时，将需要更换的舱门阻尼器及发动机 CSD 回油管放了飞机后服务舱左后舱门附近，因更换舱门阻尼器需借助工具车上的工具，该同志联系了工具车。在等待工具车期间，下飞机更换了左发 CSD，等工具车到后，发现放在后服务舱的舱门阻尼器丢失。经多方查找未找到，其间只有清洁队人员在飞机进行机上清洁	地面保障

续表

发生日期	单位	简述	事件原因
2009 年 1 月 8 日	海航	当日，海航波音 767/B-2490 号机执行 HU7606（上海—北京）航班任务，8 号主轮扎伤，更换轮胎后放行	其他
2009 年 1 月 9 日	国航	当日，国航 B737-300/B-2598 号机执行 CA1607（北京—大连）航班，在大连使用 28 号跑道 ILS 进近，据机组报告飞机进跑道接地时，受到乱流影响飞机接地姿态不稳定，机组加油门复飞后再次进近安全落地	天气、意外
2009 年 1 月 11 日	国航	当日，国航 B777-200/B-2067 号机执行 CA1611（北京—哈尔滨）航班任务，起飞推油门速度约 40 kts 时，出现形态警告，机组中断起飞滑回，飞机停场排故，航班换飞机执行。经检查形态警告是由安定面布局警告引起，地面检查无相应历史故障信息，参考 AMM27-41-00/501 对安定面配平系统进行检查及测试未见异常，按 AMM27-02-02/401 将左 1 ACE 和左 2 ACE 对换，地面测试正常	机械故障
2009 年 1 月 11 日	山航	当日，山航 B737-800/B-5335 号机执行 CA1504（南京—北京）航班任务。飞机在北京机场航后检查时，发现右前轮扎伤（尺寸：0.6 cm×0.5 cm×0.7 cm），超标，机务更换轮胎	其他
2009 年 1 月 20 日	国航	1 月 20 日，国航 B737-800/B-2671 号机执行 CA1332（郑州—北京）航班，在北京进近放襟翼 5 时卡阻，机组执行检查单，备用放襟翼 15 安全落地。地面根据 AMM27-58-01 更换左右襟翼位置传感器，通电操作襟翼测试正常	机械故障
2009 年 1 月 20 日	海航	当日，海航 B737-800/B-5449 号机执行 HU7372（北京—太原）航班任务，地后检查发现右内主轮扎伤超标，更换轮胎后放行	其他
2009 年 1 月 21 日	海航	当日，海航 B737-800/B-5371 号机执行 HU7118（沈阳—北京）航班任务，北京落地后检查左前轮扎伤超标，更换轮胎放行	其他
2009 年 1 月 22 日	国货航	当日，国货航 B747/B-2409 号机执行 CA1045 航班任务，北京落地后检查发现第一发进气道下部 6 点钟位置有一约 250 mm×60 mm 的划痕。划痕尾部有一约 0.5in 的压坑，初步分析可能是外物（如石子）所致	地面保障
2009 年 1 月 23 日	海航	当日，海航 B737-800/B-5407 号机执行 HU7506（长春—北京）航班任务，北京落地后检查左外主轮扎伤超标，更换轮胎放行	其他
2009 年 1 月 24 日	新华航空	当日，新华航空 B737-300/B-2942 号机执行 HU7361（北京—温州）航班任务，温州落地后机组反馈，原本应装在后舱的 1176 kg 的行李错误装在前舱，与舱单不符，重心在包线内，飞机正常落地。主要原因是北京 BGS 代理单位工作人员装载错误	地面保障
2009 年 1 月 25 日	国航	当日、国航 B737-300/B-2630 号机执行 CA1139（北京—运城）航班，机位 325。于北京时间 18:52 机组正常开车滑出，在地面滑行大约 5 min 后，机组发现 2 发燃油活门关断灯开始闪亮。机组进行进一步检查后，联系签派，并和北京地面管制进行沟通，滑回 461 机位检查。于北京时间 19:17 到位关车，航班换飞机执行。B-2630 飞机停场排故，更换右发燃油关断活门连接插头，右发燃油关断活门对燃油系统通电测试正常	机械故障

续表

发生日期	单位	简述	事件原因
2009年1月26日	国航	当日，国航B767-300/B-2496号机执行CA912（斯德哥尔摩—北京）航班任务，在北京落地后发现右发风扇1号叶片被击伤，后续航班换飞机执行。更换右发被击伤叶片，试车检查振动指示及参数指示正常	地面保障
2009年1月27日	国航	当日，国航B737-800/B-2673号机执行CA1626（沈阳—北京）航班任务，在北京进近放襟翼时，后缘襟翼不一致卡在2位，机组采取备用方式，襟翼15安全落地。机务检查测试FSEU组件有27-52259代码，根据AMM27-58-01更换左襟翼位置传感器，并测试正常	机械故障
2009年1月27日	国航	当日，国航B767-300/B-2560号机执行CA1406（成都—北京）航班任务，飞机进入北京区域，ATC指挥使用霸州1号进场，使用跑道36R。按ATC指挥下降2400 m平飞减速过程中，ATC指挥继续下降2100 m，左座PF机长调高度窗6900 ft（2100 m），并使用FLCH方式下降，同时报出："下降2100"。右座误将"2100"听成"襟翼一"，将襟翼手柄放在1的位置上。ADI上瞬时闪现FLAP LIM指示，PM立即把襟翼手柄收回。整个过程持续时间约2 s，襟翼指示器指示襟翼位置刚离开收上位，不到1，当时表速285左右。随后机组正常操作飞机安全北京落地，落地后如实在TLB本上反映了情况。机务按AMM05-51-08检查未见异常	机组
2009年1月29日	海航	当日，海航B737-800/B-5182号机执行HU7081（海口—北京）航班任务，飞机在北京过站发现右前轮扎伤超标，更换该轮胎	其他
2009年1月29日	海航	当日，海航B737-800/B-2157号机执行HU7197（宁波—北京）航班任务，飞机在北京过站发现右内主轮扎伤超标，更换该轮胎	其他
2009年1月30日	国航	当日，国航B737-800/B-5179号机执行CA1507（北京—南京）航班任务，在北京航前飞机除霜，机务通知机组：除霜要开始，请关闭空调。因空调未关闭，造成除冰液异味进入客舱和驾驶舱。下客后，机务打开客舱门并接通空调组件，清除异味后上客。原因：机务认为机组已知道关闭空调，未得到机组确认，飞机开始除霜	机务
2009年2月2日	海航	当日，海航B737-800/B5358号机执行HU7097（宁波—北京）航班任务，北京过站检查发现右外主轮扎伤，更换该主轮	其他
2009年2月2日	海航	当日，海航A330/B-6088号机执行HU0490（柏林—北京）航班任务，在北京过站检查发现1号、6号主轮扎伤超标，更换主轮测试正常后放行飞机	其他
2009年2月4日	海航	当日，海航B737-800/B2158号机执行HU7190（贵阳—北京）航班任务，过站检查发现左前轮扎伤超标，更换该前轮	其他
2009年2月6日	海航	当日14:25，海航HU7179/B-6058/A340-600号出港航班因飞机前起落架故障返航，TAMCC通知各救援单位原地待命。14:54，飞机安全落地，原地待命解除	机械故障
2009年2月6日	大新华航空	当日，大新华航空B737/B-2637号机执行CN7184（大连—北京）航班任务，在北京落地后过站检查发现左外主轮扎伤超标	其他
2009年2月7日	海航	当日，海航B737-800/B-2158号机执行HU7138（西安—北京）航班任务，北京过站检查右内主轮扎伤超标，更换该主轮	其他

发生日期	单位	简述	事件原因
2009 年 2 月 8 日	国航	当日，国航湿租澳航飞机BMAF，执行CA116（香港—北京）航班，在北京衡水区域与ATC中断通信约 7min，事件未造成后果。经了解：其间ATC没有指挥过机组调换频率，是机组自行调换频率至 119.35，未造成冲突	机组
2009 年 2 月 8 日	海航	当日，海航B767-300/B-2492号机准备执行HU7165（北京—昆明）航班任务，在航前准备工作过程中，乘务员将右4号门应急滑梯包意外释放	机组
2009 年 2 月 9 日	国航	当日，国航B767-300/B-2499号机执行CA975航班任务，在北京起飞滑行中出现CABIN ALT AUTO，机组滑回，更换 2 部CPC，通电测试正常	机械故障
2009 年 2 月 13 日	海航	当日，海航B737-400/B-2960号机北京航前机组尚未进场，且机上无公司人员，因登机口门禁未关，一名旅客擅自登上飞机，被清洁工发现并报告，飞机进行全面清舱	地面保障
2009 年 2 月 14 日	国航	当日，国航B737/ B-5341号机执行CA1622航班任务，北京航后检查时发现，右水平尾翼雷击	天气、意外
2009 年 2 月 16 日	国航	当日，18:31，国航CA1336/B5333/B737进港航班进入 319 机位后，机务检查发现飞机右侧主轮组内侧轮胎有 1.5 cm×1.2 cm×0.5 cm 的伤痕	其他
2009 年 2 月 18 日	海航	当日，海航B737-800/B5180号机执行HU7604（虹桥—北京）航班任务，过站检查右外主轮扎伤超标，更换该轮子后放行飞机	其他
2009 年 2 月 19 日	国货航	当日，国货航B747/B-2409号机执行CA1056航班任务，北京落地后滑行路线为W6-F-M0-N104，经地面机务检查发现 7 号、13 号、16 号轮被扎伤	其他
2009 年 2 月 20 日	国航	当日 12:01，国航CA1841/B5348/B737号进港航班进入 321 机位后，机务检查发现飞机右侧主轮组内侧轮胎有 0.8 cm×0.2 cm×0.5 cm 的伤痕	其他
2009 年 2 月 20 日	海航	当日，海航B737-800/B-5346号机执行HU7346（乌鲁木齐—北京）航班任务，北京过站检查发现左前轮扎伤超标，更换轮胎后放行	其他
2009 年 2 月 20 日	海航	当日，海航B737-800/B-5418号机执行HU7506（长春—北京）航班任务，北京过站检查发现左侧 2 个主轮扎伤超标，更换轮胎后放行飞机	其他
2009 年 2 月 21 日	海航	当日，海航执行HU7346（乌鲁木齐—北京）航班任务，北京过站检查发现左前轮刺伤超标，长 15 mm，深 6 mm，更换轮胎后放行飞机	其他
2009 年 2 月 21 日	中联航	当日，中联航B737/B-2997号机在地面保障工作时，食品车违规操作，在站位 1016 区域撞出大小为 8.75 cm×8.43 cm×0.23 cm 大小的凹坑	地面保障
2009 年 2 月 19 日	国货航	当日，国货航B747-400/B-2476号机在首都机场 36 号跑道进近过程中，触发"选择着落襟翼晚""下降率大 400-50 ft""下滑道偏离 1000-100 ft"和"GPWS下滑道警告"严重超限。数据显示：飞机着陆重量 274 t，基准速度 151 kts。2348 ft 时机组选择襟翼手柄 20。在 1000 ft 以下：风向 228° ~314°，风速 4~9 kts。机组在 1004 ft 时选择着陆襟翼 30，此时空速 171 kts；在 940 ft 时襟翼 30 到位，触发"选择着落襟翼晚"严重超限。无线电高度 326 ft 时，下降率最大值为 1416 ft/min，连续触发"下滑道偏离 1000-100 ft"和"下降率大于 400-50 ft"严重超限。304 ft 时飞机低于下滑道 1.37 点，触发"GPWS下滑道警告"严重超限。接地正常	机组

续表

发生日期	单位	简述	事件原因
2009 年 2 月 25 日	国航	当日，国航 B737-300/B-2954 号机执行 CA1552（黄山—北京）航班任务，飞机进近襟翼放 25 单位时只能放到 15 单位，飞机复飞。航后检查丝杠干燥，润滑后多次收放实验正常	机械故障
2009 年 2 月 26 日	国航	当日，国航 B737-300/B-2630 号机执行 CA1859（北京—柳州）航班，12:02 起飞，起飞后约 40 min 机组报告飞行记录器故障，由于柳州没有排故能力，飞机返航北京。该机 23 日航后机组反映巡航时飞行记录器断开亮灯，大概持续半分钟。机务更换 DFDR，通电测试正常。本次返航后机务再次更换 DFDR 后正常	机械故障
2009 年 2 月 28 日	国航	当日，国航 B737/B-5177 号机执行 CA1205(北京—西安)航班任务，该机北京过站出港，滑行到跑道头，机组报，驾驶舱液压刹车压力表指低，滑回，机务地面检查后按 MEL32-13-B 放行	机械故障
2009 年 2 月 26 日	海航	当日，海航 A330/B-6118 号机执行 HU490（柏林—北京）航班任务，在北京落地后检查发现 4 号主轮扎入一个钉子，直径 9 mm，更换轮胎后放行飞机	其他
2009 年 2 月 27 日	海航	当日，海航 B737-800/B-5135 号机执行 HU7988（台北—北京）航班任务，北京过站检查发现左内主轮扎伤超标（长 7 mm、深 6 mm），更换轮胎后放行飞机	其他
2009 年 2 月 23 日	国航	当日，国航 B747-400/B-2475 号机执行 CA1048（法兰克福—北京）航班，北京落地后经地面机务检查发现 2 号、8 号、13 号轮被扎伤。北京落地后滑行路线为 36L—右转—C 滑行道—S5—Z3—N104	其他
2009 年 3 月 1 日	国航	当日，国航 B737-800/B-2510 号机执行 CA927（北京—大阪）航班任务，飞机推出后，右发启动不起来，机务上机检查发现：右发右点火跳开关跳出，恢复跳开关后，起动正常	机械故障
2009 年 3 月 1 日	国航	当日 21:26，国航 CA1376/B5333/B737-800 号航班落地进入 458 机位后，机务检查发现飞机右轮有 0.7 cm×0.3 cm×0.7 cm 的损伤，需要更换轮胎。飞行区管理部对飞机滑行路线（19—K—T4—Y1—458）进行检查，未见异常	其他
2009 年 3 月 1 日	国货航	当日，国货航 B747-400/B-2478 号机执行 CA1047（浦东—北京）航班任务，北京落地后发现 5 号轮被扎伤	其他
2009 年 3 月 2 日	国航	当日，国航 B737-800/B-5167 号机执行 CA125（北京—仁川）航班任务，14:10 起飞，起飞后增压正常与备用方式均失效，于 15:14 返航北京。航班换飞机执行。该机 3 月 1 日有增压故障反映，机务更换了 CPC 2	机械故障
2009 年 3 月 3 日	海航	当日，海航 B737-800/B-5406 号机执行 HU7152（重庆—北京）航班任务，落地后检查发现右内主轮扎伤，更换轮胎后放行	其他
2009 年 3 月 4 日	国货航	当日，国货航 5 号机执行 CA1042（法兰克福—北京）航班任务，停机位 N107，北京落地后机务检查发现，1 号、12 号主轮被扎伤，地面更换主轮。滑行路线：36L—P6—S5—Z3—N107	其他
2009 年 3 月 4 日	山航	当日，山航 B737-800/B-5349 号机执行 SC4651（青岛—北京）航班任务。飞机在北京机场过站检查时，发现右前轮扎伤(尺寸：0.5 cm×0.1 cm×0.5 cm)，超标，机务更换轮胎。受损形状为一字形	其他

发生日期	单位	简述	事件原因
2009 年 3 月 5 日	大新华航空	当日，大新华航空 B737/ B-2637 号机进入首都机场 110 机位后，机务发现飞机左外主轮有损伤，滑行路线 01—T5—G—A8—Z4—110	其他
2009 年 3 月 5 日	山航	当日，山航 B737 — 800/B-5118 号机执行 CA1432（昆明—北京）航班任务。飞机在北京机场航后检查时，发现右内主轮扎伤（尺寸：0.4 cm×0.1 cm×0.7 cm），超标，机务更换轮胎。伤口为新伤，长方形	其他
2009 年 3 月 6 日	国航	当日，国航 737-300/B-2907 号机执行 CA1104/3（北京—呼和浩特—北京）航班任务，在呼和浩特过站检查时发现飞机右外主轮轧伤，共 3 处新伤，位于胎冠中部，无外来物。①长 22 mm，宽 5 mm，深 13 mm；②长 20 mm，宽 5 mm，深 16 mm；③长 15 mm，宽 3 mm，深 13 mm。当日该飞机使用的跑道为 08 号，滑行路线为 D—A—G，停机位是 12 号。飞机更换右外主轮后，测试正常	其他
2009 年 3 月 6 日	海航	当日，海航 B737-800/B-5141 号机执行完 HU7104（牡丹江—北京）航班任务，航后检查发现，右大翼根部有鸟击痕迹，按鸟击特检单检查后未超标，放行飞机	天气、意外
2009 年 3 月 7 日	国航	当日，国航 B737-800/B-5169 号机执行 CA1614（延吉—北京）航班，飞机在北京落地后卸货时发现前货舱有大量海水，货物中有四箱破损，两箱倒置，该票货物为海螃蟹。飞机停场一天对污染货舱进行处理。经调查飞机前货舱共装有两票品名均为海螃蟹的水产品，分别为 17 件 300 kg、4 件 200 kg，其中 6 件发生破损。导致漏水的原因：①水产品包装不符合公司规定；②根据现场照片分析判断，装机过程中存在野蛮装卸和未按规定放置现象；③延吉营业部没有货运人员，对地面代理人的装机行为无法进行有效监管。国航在延吉机场的货物代理为延吉机场公司，国航在该航站没有货运代表，监装监卸均由机场公司负责，该机场于 2009 年 1 月 1 日获得国货航华北营销中心授权的水产品运输资格。国航要求国货航进行整改，目前国货航已取消延吉的水产品运输，延吉营业部从 3 月 8 日开始抽派专人对国航航班进行监装监卸	地面保障
2009 年 3 月 7 日	海航	当日，海航 B737-800/B-2647 号机执行 HU7110（宜昌—北京）航班任务，在北京过站检查发现右前轮扎伤，更换轮胎后放行飞机	其他
2009 年 3 月 7 日	海航	当日，海航 B737-800/B-5359 号机执行 HU7968（伊尔库茨克—北京）航班任务，在北京过站检查发现右内主轮扎伤，更换轮胎后放行飞机	其他
2009 年 3 月 8 日	国航	当日，国航 B737-300/B-2948 号机执行 CA1659（北京—齐齐哈尔）航班任务，飞机滑出后机务发现后厕所勤务盖板未关上，后经站坪协调，塔台通知机组滑回。滑回后检查飞机后厕所勤务盖板和加水堵头未盖，重新盖好后滑出，航班延误 27 min	地面保障
2009 年 3 月 8 日	山航	当日，山航 B737/B-5350 号机滑入首都机场 316 机位后，机务发现飞机右前轮有损伤，滑行路线 01—J—P2—Y4—316	其他
2009 年 3 月 9 日	国航	当日，国航 B777/B-2059 号机执行 CA1831（北京—上海）航班任务，于 9:15 到达上海虹桥机场，落地后当地机务过站检查发现左大翼 1 号船形整流罩区域有鸟击现象，清除血迹后详细目视检查未见异常，飞机放行	天气、意外

续表

发生日期	单位	简述	事件原因
2009 年 3 月 10 日	国航	当日，国航 B737-300/B-5035 号机在首都机场 01 号跑道着陆过程中触发"接地点远"严重超限，探测值为 4292ft。数据显示：着陆重量 45.5 t，襟翼 30，基准速度 128 kts，风向 179°，风速 9 kts（顺风）。50 ft 时空速由 144 kts，飞机平飘 17 s	机组
2009 年 3 月 12 日	国航	当日，国航 B737/B-5171 号机在北京过站，经检查发现飞机 6 号轮胎被扎伤	其他
2009 年 3 月 12 日	海航	当日 17:50，海航 HU7622/B-5427/B738 号机进入机位后，机务检查发现飞机右内主轮有破损（长 1.2 cm，深 1 cm）需更换轮胎。18:15，飞行区管理部查道（01—T5—G—A8—Z4—115），未见异常	其他
2009 年 3 月 13 日	国航	当日，国航 A330/B-6113 号机执行 CA937（北京—伦敦）航班，飞机滑出后，因出现左发燃油信息滑回，排故后再次滑出，在起飞滑跑速度约 100 kts 时，机身振动/横向力大，飞机中断起飞，航班换飞机执行	机械故障
2009 年 3 月 13 日	国航	当日，国航 A330/B-6505 号机执行 CA1547（北京—香港）航班任务，16:22 起飞，起飞后出现前货舱门信息，增压正常，飞机于 16:55 返航北京落地。落地后检查舱门关闭完好，测试检查正常，放行飞机	机械故障
2009 年 3 月 13 日	国航	当日 15:09，国航 CA1404/B-2826/B757 号进港航班由于飞机右翼液压系统故障，TAMCC 通知各救援单位原地待命。15:52 飞机安全落地	机械故障
2009 年 3 月 16 日	国航	当日，国航 A321/B-6382 号机执行 CA1333（北京—武汉）航班任务，在武汉卸机时发现本应该装在 4 舱的约 800 kg 的行李，分开散在了 3、4、5 舱。经了解，由于未拉行李拦网造成行李串舱	地面保障
2009 年 3 月 19 日	大新华航空	当日，大新华航空 B737-800/B-2652 号机执行 CN7184（大连—北京）航班任务，北京过站检查飞机时发现该飞机尾橇有被擦伤的痕迹。详请后报	机组
2009 年 3 月 22 日	国航	当日，国航 A321/B-6363 号机执行 CA1644（哈尔滨—北京）航班任务，北京过站检查发现右侧后缘襟翼被鸟击，有大片血迹。机务根据手册对压坑临时修理，并办理保留放行	天气、意外
2009 年 3 月 20 日	东航山西分公司	当日，东航山西分公司 B737-700/B-5034 号机执行 MU5275（北京—长治）航班。飞机于 11:18 从北京首都机场起飞，巡航高度 8000 m。11:48 左右，机组听到响声，发现飞机右 2 号活动窗出现裂纹。机组检查增压系统工作正常，通报北京空管并申请下降高度 6000 m，完成相应检查单。后机组通报签派，申请备降太原，飞机于 12:12 在太原机场安全落地。机务按手册更换右 2 号活动窗，飞机停场修理，航班延误	机械故障
2009 年 3 月 16 日	海航	当日 16:01，海航 HU7106/B2675/B738 号机进入 108 机位后，机务检查发现飞机左外主轮有损伤（长 0.5 cm，宽 1 cm），需要更换轮胎，飞行区管理部查到 18L—F—M—D4—108 机位结束，未见异常	其他
2009 年 3 月 17 日	山航	当日，山航 B737－800/B-5336 号机执行 CA1842（济南—北京）航班。飞机在北京机场过站检查时，发现左前轮扎伤（尺寸：1 cm×0.4 cm×0.8 cm），伤口为椭圆形，超标更换轮胎	其他

发生日期	单位	简述	事件原因
2009 年 3 月 22 日	南航	当日 09:44，南航 CZ3905/B2316/A300 号机因方向舵故障返航，TAMCC 通知各救援单位原地待命。飞机预计于 36R 跑道落地，10:13，飞机安全落地	机械故障
2009 年 3 月 19 日	山航	当日，山航 B737－800/B-5118 号机执行 CA1432（昆明—北京）航班任务。飞机在北京机场航后检查时，发现右外主轮扎伤（尺寸：1 cm×0.1 cm×1 cm），伤口为钉状，超标更换轮胎	其他
2009 年 3 月 22 日	国航	当日，Ameco 机务人员在完成国航 A321/B-6327 号机航后检查工作时，将左前应急门滑梯释放，未造成其他意外。经了解，乘务人员未将解除销子插到底，机务人员检查充气瓶压力时滑梯释放	机组
2009 年 3 月 24 日	大新华快运	当日，大新华快运航空公司 E190/B-3129 号机执行 GS7507（北京—乌兰浩特）航班任务，预计到场时间为 11:50，塔台管制员指挥飞机使用 32 号跑道，按标准程序下降。11:52 飞机五边对正跑道，高度修正海压 900 m，机组请求着陆，管制员报地面风 300°，9 m/s，可以落地。11:57，飞机进跑道端后突然拉起复飞，管制员立即按复飞程序指挥飞机重新进近，并询问复飞原因，机组报告是地面风原因复飞。12:08 飞机安全落地	天气、意外
2009 年 3 月 24 日	海航	当日，海航 A330-200/B-6118 号机执行完 HU7180（三亚—北京）航班任务，航后检查发现右大翼后缘襟翼 4-5 号滑轨之间有鸟击损伤（凹坑尺寸长×宽×深：250 mm×145 mm×5.8 mm），需停场按 SRM（结构修理手册）进行修理	天气、意外
2009 年 3 月 24 日	国航	当日，国航 B737-800/B-5176 号机执行 CA1148（太原—北京）航班任务，在北京航后检查发现飞机尾部遭雷击。机务人员检查后，对雷击点进行打磨，涂漆后放行飞机	天气、意外
2009 年 3 月 25 日	国航	当日，国航 A319/B-6036 号机执行 CA1296（乌鲁木齐—北京）航班，在北京区域下降过程中（落地前 25 min 左右），飞机遭遇颠簸，当时客舱乘务员正在进行客舱检查，一名乘务员腿部撞到座椅扶手上，经医院检查无大碍。经译码，12:43:36～12:43:59 共计颠簸 24 s，其间风向在 295°～320° 之间变化，风速在 39~61 kts 之间变化，飞机颠簸比较严重，垂直载荷在 1.5 ~0.03 g 之间变化	天气、意外
2009 年 3 月 25 日	山航	当日，山航 B737-800/B-5117 号机执行 CA1432（昆明—北京）航班任务。飞机在北京机场航后检查时，发现左外主轮和右外主轮扎伤（尺寸：0.9 cm×0.3 cm×0.6 cm；1 cm×0.4 cm×0.7 cm），伤口均为一字形，超标更换轮胎	其他
2009 年 3 月 27 日	国航	当日，国航 B737-800/B-5387 号机执行 CA1475（北京—武汉）航班。该机 13:11 从北京起飞，起飞后机组反映起落架手柄从 up 位收至 off 位时飞机噪声大，但指示正常，飞机于 14:15 返航北京	机械故障

发生日期	单位	简述	事件原因
2009 年 3 月 28 日	国航	当日 16:33，国航 B737-300/B-2614 号机执行 CA1666（哈尔滨—北京）航班任务，飞机落地后滑入 329 机位，Ameco 指挥协调员人工引导飞机停止在停止点后，机务人员准备给飞机主轮挡轮挡时，飞机突然向前滑动，超过标定地点 14.6 m 后飞机停住，检查发现飞机左前翼前缘与客桥右推蓬碰撞，左前翼前缘有黑色痕迹，客桥右推蓬轻微变形，不影响使用。17:00，国航客梯车对接飞机开始下客。17:50，国航拖车将飞机拖至 351 机位进行检修，后机务对飞机进行涡流探伤正常，放行飞机。事发原因是：机长将引导员一个动作错误理解为松刹车手势，于是松开了停留刹车。由于该机位有向前的下坡，因轮挡尚未挡，于是飞机向前移动，机务迅速将一轮挡放于飞机前轮前，但飞机前轮压过了该轮挡，机组感觉到震动后立即采取措施停住飞机，飞机左大翼与廊桥雨棚海绵部分接触	机组
2009 年 3 月 28 日	大新华航空	当日，大新华航空 B737-800/B-2652 号机执行 CN7184(大连—北京)航班任务，过站检查发现左外主轮扎伤（长 12 mm×深 8 mm×宽 2 mm），更换轮胎后放行飞机	其他
2009 年 3 月 28 日	海航	当日，海航 B737-800/B-2647 号机执行 HU7506（长春—北京）航班任务，过站检查发现右前轮扎伤超标，更换轮胎后放行飞机	其他
2009 年 3 月 28 日	海航	当日，海航 B737-800/B-5427 号机执行 HU7196(福州—北京)航班任务，过站检查发现左外主轮扎伤（长 4 mm×宽 10 mm×深 0.5 mm），更换轮胎后放行	其他
2009 年 3 月 29 日	国航重庆分公司	当日，国航重庆分公司 B737-800/B-2657 号机执飞 CA1225（北京—西安）航班任务，机组在起飞加油门时，出现"左发整流罩防冰活门压力高"警告，机长按程序中止滑跑，滑回机坪，机务换件后，机组继续执行航班	机械故障
2009 年 3 月 29 日	山航	当日，山航 B737-800/B-5332 号机执行 CA1223（北京—西安）航班任务。飞机在北京机场起飞滑跑过程中，驾驶舱右侧窗滑开并脱落。机组无法关闭，中止起飞，最大速度 62 kts。滑回后机务关闭侧窗，增压测试正常，正常放行	机械故障
2009 年 4 月 1 日	海航	当日，海航 B767/B-2491 号机执行 HU7166(昆明—北京)航班任务，北京过站发现 5 号主轮扎伤超标（长 13 mm，深 12 mm），更换轮胎后放行飞机	其他
2009 年 4 月 1 日	海航	当日，海航 B737-800/B-5136 号机执行 HU7112（昆明—北京）航班任务，北京航后发现右前轮扎伤超标（长 8 mm；深 7 mm），更换轮胎后放行飞机	其他
2009 年 4 月 1 日	邮航	当日，邮航 B737-300/B-2528 号机执行 8Y9046（南京—北京）航班任务，在首都机场起落架指示灯全亮，飞机复飞	机械故障
2009 年 4 月 5 日	海航	当日，海航 B737-800/B5427 飞机执行 HU7192（厦门—北京）航班，北京过站检查发现左前轮扎伤超标，更换轮胎后放行飞机	其他
2009 年 4 月 5 日	大新华快运	当日，大新华快运 E190/B-3121 号机执行 GS7504(赤峰—北京)落地，滑行至滑行道时机组发现右内主轮刹车温度最高达 331 ℃，随后关车，飞机拖回机位。经机务检查判断为右内刹车毂故障，更换右内刹车毂，操作测试刹车系统正常，飞机放行	机械故障

发生日期	单位	简述	事件原因
2009年4月6日	国航	当日，国航A330/B-6072号机执行CA1425（北京—成都）航班任务，该机起飞时出现左发控制系统故障（ENG 1 CTL SYS FAULT）警告和P30 PRESSURE TUBE故障信息，机组中断起飞滑回，航班换飞机执行。机务更换1发EEC、清洁P30压力管后检查正常。译码显示中断起飞最大速度68 kts	机械故障
2009年4月7日	南航	当日19:36，南航A300/B-2328号机执行CZ3181出港航班任务，该机起飞后，因液压系统故障返航，20:00，该机安全落地	机械故障
2009年4月7日	国航	当日，国航A321/B-6386号机在首都机场19跑道着陆过程中，触发"接地点远"严重超限，探测值5447ft，约使用了44%的可使用跑道长度(19号跑道可使用长度3800 m/12464 ft)。数据显示：落地重量66.4 t，基准速度131 kts，风向167°~238°，风速2~6 kts。右座操纵飞机，飞机在无线电高度130 ft开始高于下滑道，下降至50 ft时空速134 kts，姿态已经达到4.2°，随后机组带杆，姿态上升至4.9°，飞机出现平飘，高度17 ft时左座干预，触发"双侧杆输入"超限，14 ft时收油门至慢车，飞机接地时姿态3.2°，垂直过载1.46g。50 ft至接地，共持续时间24 s。数据分析表明：飞机进场时高度高，拉开始、退姿态偏早，且修正不及时，是造成接地点远的主要原因，客观上有3 m顺风的影响	机组
2009年4月8日	海航	当日，海航B737-800/B-5371号机执行HU7604（上海—北京）航班，过站检查发现左外主轮扎伤超标（长8 mm，深12 mm，宽2 mm），更换轮胎后放行飞机	其他
2009年4月8日	国航	当日，国航B737-300/B-2907号机执行CA1109（北京—锡林浩特）航班任务，飞机起飞滑跑过程中，1发发电机断开，机组中断起飞。滑回更换1发GCU后通电测试正常，放行飞机	机械故障
2009年4月10日	国航	当日，国航B757-200/B-2862号机执行CA167（北京—东京）航班（出港13:25，464机位），B737-300/B-2600飞机执行CA121（北京—平壤）航班（出港13:40，460机位），由于地服操作人员失误，将57件CA121的行李装在了CA167上，而将42件CA167的行李装在了CA121上，重量相差99 kg。原因：装机人员没有核实行李牌	地面保障
2009年4月10日	海航	当日，海航B737-400/B-2576号机执行HU7611（北京—长治）航班任务，机组反映：飞机滑出关闭APU后，APU超速灯亮，机组考虑目的地机场无气源车保障，飞机滑回排故。地面机务在M280上复位后正常，为判断故障更换M280，测试正常，放行飞机。监控后续航段故障未再现，启动APU测试运转及关车均正常	机械故障
2009年4月10日	国航	当日，国航B737-800/B-5179号机执行CA1654（沈阳—北京）航班，飞机于09:46在北京落地后检查发现飞机右上空速管后缘有损伤，右侧机身前部有8处铆钉有电击痕迹，需更换右空速管，并对右机身雷击点后进行打磨处理。目前该机正在机库进行机身上部的雷击点的检查和评估。查阅飞机9日、10日所飞机场北京、合肥、包头、沈阳天气实况以及航路天气，除9日在包头区域于17:00到23:00之间有独立、隐藏的积雨云（云顶高33000 ft，云低高不明）之外，其他所有机场在该机起降时刻的天气实况均为能见度大于10 km、无积雨云等危险云系。飞机损伤情况及雷击原因正在调查中	天气、意外

发生日期	单位	简述	事件原因
2009 年 4 月 11 日	海航	当日，海航B737-400/B-2967号机执行HU7104（牡丹江—北京）航班任务，北京航后发现左发有血迹，根据鸟击特查单对发动机进行检查并进行孔探，结果正常	天气、意外
2009 年 4 月 13 日	国航	当日22:56，国航B737/B-2627号机执行CA1806航班，该机在首都机场进近过程时，因精密进近系统故障，机组目视进近着陆。23:03，飞机安全落地	机械故障
2009 年 4 月 13 日	山航	当日，山航B737-800/B-5117号机执行CA4169（昆明—北京）航班。飞机在北京机场过站检查时，发现右外主轮扎伤（20 mm×4 mm×15 mm），超标，更换轮胎	其他
2009 年 4 月 13 日	海航	当日18:54，海航B737/B-2638号机执行HU7106航班，该机进入首都机场115机位后，机务检查发现飞机右前轮有损伤（10 mm × 2 mm ×6 mm），需更换轮胎。飞行区对滑行路线检查，未见异常	其他
2009 年 4 月 15 日	海航	当日，海航B737-800/B-2159号机执行HU7124（牡丹江—北京）航班任务。落地后，机务检查发现尾橇有擦地痕迹，尾橇上绿区可见，完成特检，未发现结构损伤，放行飞机	机组
2009 年 4 月 16 日	国航	当日，国航B737-300/B-2954号机执行CA1603（北京—哈尔滨）航班任务，起飞后出现轮舱火警警告，飞机返航落地。地面更换火警线和控制器后测试正常，放行飞机	机械故障
2009 年 4 月 16 日	海航	当日，海航B767/B-2490号机执行HU7802（广州—北京）航班任务，在北京过站检查发现3号主轮扎伤超标（12 mm×9 mm ×1 mm），更换轮胎后放	其他
2009 年 4 月 16 日	深航	当日，深航ZH9852/B-5079号机在首都机场滑行道上因刹车抱死，飞机被拖回，故障排除后继续执行航班	机械故障
2009 年 4 月 17 日	新华航空	当日，新华航空B737-800/B-5139号机执行HU7152（重庆—北京）航班任务，北京过站检查发现右外主轮刺伤超标（长11 mm × 深8 mm），更换轮胎后放行飞机	其他
2009 年 4 月 17 日	新华航空	当日，新华航空B737-800/B-5141号机执行HU7346（乌鲁木齐—北京）航班任务，北京过站检查发现右内主轮割伤（长16 cm × 深2 mm）；更换轮胎后放行飞机	其他
2009 年 4 月 19 日	国航	当日，国航B737-800/B-2650号机执行CA4137（重庆—北京）航班任务，起飞后机组反映气象雷达故障，飞机返航重庆。落地后，机务更换气象雷达冷却风扇，测试正常，放行飞机继续执行航班	机械故障
2009 年 4 月 20 日	国货航	当日，国货航B747-400/B-2477号机执行CA1048（法兰克福—北京）航班任务，地面检查发现前下货舱门后缘到右2号门下方蒙皮有5处电击，需更换铆钉。办理保留放行飞机	天气、意外
2009 年 4 月 22 日	大新华快运	当日，大新华快运E190/B-3128号机执行GS7426（潍坊—北京）航班任务，北京落地后，机组反映降落时雷达罩右上部区域遭鸟击，地面检查无损伤，飞机放行	天气、意外
2009 年 4 月 20 日	海航	当日，海航B737-800/B-5180号机执行HU7212（昆明—北京）航班任务，飞机在北京过站检查发现左外主轮扎伤超标，更换轮胎后放行飞机	其他
2009 年 4 月 23 日	海航	当日，海航B737-800/B5337号机执行HU7308（合肥—北京）航班任务，过站检查时发现，右内主轮扎伤超标，更换轮胎后放行飞机	其他

发生日期	单位	简述	事件原因
2009 年 4 月 25 日	海航	当日，海航 B738/B-5409 号机执行 HU7346（乌鲁木齐—北京）航班任务，北京过站左前轮胎面刺入直径 3~4 mm 的石子一颗，深度位置，更换左前轮	其他
2009 年 4 月 25 日	海航	当日，海航 B737-800/B-2676 号机执行 HU7142（成都—北京）航班任务，北京航后检查发现左内主轮扎伤超标，长 5 mm，深 7 mm，更换该主轮	其他
2009 年 4 月 26 日	海航	当日，海航 B737-800/B-2637 号机执行 CN7184（大连—北京）航班任务，北京过站检查发现右前轮扎伤（在见线部位）超标，长 10 mm，深 5 mm。更换该轮子后放行飞机	其他
2009 年 4 月 27 日	海航	当日，海航 B737-800/B-5409 号机执行 HU7122（南京—北京）航班任务，过站检查发现右内主轮扎伤超标，更换轮胎后放行飞机	其他
2009 年 4 月 27 日	国航	当日，国航 B737-800/B-2650 号机执行 CA1648（长春—北京）航班，北京卸机时发现货物漏水，品名为鱼苗，泄漏的为淡水，并浸湿部分其他货物，未造成航班延误	地面保障
2009 年 4 月 28 日	国航	当日，国航 A330-200/B-6093 号机执行 CA1416（成都—北京）航班任务，卸机时发现前货舱一块板号为 PMC70165CA（1415 kg）的货板向前移动 2 m 多，进一步检查发现，卡子未处于工作状态	地面保障
2009 年 4 月 29 日	山航	当日，山航 737-800/B-5350 号机执行 CA1222（兰州—北京）航班任务，北京落地后发现飞机左主轮扎伤（尺寸：1.1 cm×1 cm×1.2 cm），前轮扎伤（尺寸：0.6 cm×0.1 cm×0.5 cm），超标更换轮胎	其他
2009 年 4 月 29 日	国航	当日，国航 A330/B-6070 号机执行 CA1856（虹桥—北京）航班任务，23:14 北京正常落地，停靠在 331 号桥位，卸货时由于平台车司机未将平台车人员防护栏调节至适用于下货舱飞机装卸的适当位置，且注意力分配不当，致使后货舱门外侧装载操作勤务面板被平台车刮碰。碰撞导致面板左下角变形，无法正常关闭。机务进行整形修理，办理保留放行飞机	地面保障
2009 年 4 月 29 日	大新华航空	当日，大新华航空 B2637 号机执行 CN7158（南宁—北京）航班，北京航后检查发现左外主轮扎伤长 10 mm，深 8 mm；左前轮扎伤长 3 mm，深 6 mm。更换该两个轮子	其他
2009 年 5 月 1 日	国航	当日，国航 A330/B-6090 号机执行 CA940（罗马—北京）航班任务，12:30 在北京落地。机务检查机头右侧部位有 11 个雷击点，飞机停场对雷击点进行修理并执行防雷击检查	天气、意外
2009 年 5 月 2 日	海航	当日，海航 B737-800/B-5408 号机执行 HU7190（贵阳—北京）航班任务，北京航后检查发现左内主轮扎伤超标，更换轮胎	其他
2009 年 5 月 2 日	海航	当日，海航 B737-800/B-5139 号机执行 HU7240（西宁—北京）航班任务，北京过站检查发现右前轮扎伤超标，更换该轮子后放行飞机	其他
2009 年 5 月 3 日	海航	当日，海航 B737-800/B5181 号机执行 HU7197（宁波—北京）航班，北京航后机务检查发现后货舱地板有水银遗撒（水银属隐含危险品），经北京配载和货运反馈该航班后货舱只有行李无货，机务对飞机进行清理。具体情况正在调查	地面保障
2009 年 5 月 3 日	海航	当日，海航 B737-800/B5089 号机执行 CN7194（南昌—北京）航班任务，航后检查发现右外主轮扎伤超标，更换轮胎	其他

发生日期	单位	简述	事件原因
2009 年 5 月 4 日	国航	当日，国航 B737-800/B-5169 号机执行 CA954（福冈—大连—北京）航班任务，在北京落地后检查发现飞机垂直尾翼有多处雷击点。机务对飞机进行雷击检查，发现垂尾上端放电刷及基座损坏，修理后放行飞机	天气、意外
2009 年 5 月 4 日	海航	当日，海航 B737/B-2989 号机执行 HU7612（长治—北京）航班任务，北京航后发现雷达罩有鸟击痕迹，按鸟击特检单检查正常	天气、意外
2009 年 5 月 4 日	国货航	当日 09:00，国货航北京运营基地站坪保障室国际运输分队司机徐某拉运 5 个空小拖盘从 T3E 回国际库，运输前检查设备时发现 GH-3300 安全锁不起作用，但司机并未采取有效措施，而是抱着慢慢开的侥幸心理往回运输。当行驶至 W201 机位，由于颠簸第一个小拖盘与第二个小拖盘分离，造成后 4 个小拖盘脱钩，脱钩后的小拖盘受惯性继续向前滑行，将停在 W201 机位的一架海航飞机右内轮胎划伤并从机腹下穿过。经检查故障设备号 GH-3300 的连接安全锁根本不起作用，已交国货航北京运营基地集控室修理。国货航对该名司机及相关管理人进行了处理	地面保障
2009 年 5 月 5 日	国航	当日，国航 B737-300/B-2588 号机执行 CA1145（北京—太原）航班任务，起飞后 15 min 机组反映 TR2、TR3 和 A 系统电动泵跳开关跳出无法复位，飞机返航。机务检查相关插头、更换 2 发 CSD 和 2 号 GB 后，试车正常，放行飞机	机械故障
2009 年 5 月 7 日	国航	当日，国航 B737-800/B-5398 号机执行 CA4135（重庆—北京）航班，起飞过程中起落架手柄无法收上，机组按照预案上升至安全高度后，执行"起飞后起落架手柄不能提到 UP 位"检查单，襟翼收上后起飞形态警告持续响，飞机返航落地。机务检查发现 GSBV 位置临近电门 S1050 故障，更换该电门，顶升飞机收放起落架测试正常	机械故障
2009 年 5 月 9 日	海航	当日，海航 B737-400/B-2965 号机执行 HU7612（长治—北京）航班任务，北京航后发现左内主轮扎伤，长 10 mm，深 10 mm，更换该主轮	其他
2009 年 5 月 9 日	国航	当日 22:28，国航 B757-200/B-2836 号机执行完 CA1298（乌鲁木齐—北京）航班后，进入 304 机位，机务检查发现左侧发动机进气道有 3 处损伤且进气道壁前缘嵌有一块长 3 cm×1 cm 金属异物。03:00，飞行区管理部对该航班线路查道未见异常	天气、意外
2009 年 5 月 11 日	国航	当日，国航 A319/B-6046 号机执行 CA4120（北京—成都）航班，在成都落地后检查发现左大翼前缘 3 号缝翼中间有一凹坑，凹坑深 4 mm、宽 60 mm、长 120 mm。疑是鸟击，停场排故后放行飞机	天气、意外
2009 年 5 月 11 日	国航	当日，国航 B737-300/B-2905 号机执行 CA1869（北京—台州）航班，该飞机在北京航前检查发现，货舱门和货舱门前部有 11 个轻微的雷击点，经检查符合标准，放行飞机	天气、意外
2009 年 5 月 12 日	海航	当日，海航 B737-800/B-2647 号机执行 HU7142（成都—北京）航班任务，北京航后检查发现左大翼根部有鸟击痕迹，按照特检查单检查未发现异常	天气、意外
2009 年 5 月 14 日	海航	当日，海航 B737-800/B-5089 号机执行 CN7194（南昌—北京）航班任务，北京航后检查发现左水平安定面前缘有一凹坑，长×宽×深：220 mm×70 mm×20 mm，机务进行修理，测试正常后放行飞机	天气、意外

发生日期	单位	简述	事件原因
2009 年 5 月 17 日	海航	当日,海航 B737-800/B-5372 号机执行 HU7232(兰州—北京)航班任务,飞机在北京过站发现右外主轮割伤,更换该轮子	其他
2009 年 5 月 18 日	海航	当日,海航 B737-800/B-5371 号机执行 HU7188(武汉—北京)航班任务,北京航后检查发现右发内涵道有鸟击痕迹,机务按鸟击特检工作单检查正常,对右发进行孔探检查正常	天气、意外
2009 年 5 月 18 日	南航	当日 20:00,南航长沙公司 A320/B-6303 号机执行 CZ3148(北京—长沙)航班,在 239 机位推出过程中,机组开启前轮大灯,导致 BGS 拖车司机眼部受伤,无法完成推出工作	机组
2009 年 5 月 20 日	海航	当日,海航 B737-800/B5428 号机执行 HU7180(三亚—北京),北京航后检查发现右前轮刺伤,尺寸长 5 mm×2 mm×7 mm,更换该前轮	其他
2009 年 5 月 21 日	大新华快运	当日,大新华快运 E190/B-3123 号机在准备执行 GS7417(北京—中卫)航班做航前保障时,因航食人员违反规定擅自操作后登机门导致左后登机门应急滑梯非紧急情况下意外释放	地面保障
2009 年 5 月 22 日	海航	当日,海航 B737-400/B-2970 号机执行 HU7615(北京—东营)航班任务,推出后 FDR 灯亮,机组滑回。地面更换 FDR,测试正常,放行飞机	机械故障
2009 年 5 月 22 日	国航	当日,国航 B737-800/B-5169 号机执行 CA1638(长春—北京)航班任务,飞机落地后过站检查发现机身下部有 9 处雷击点,机组反映飞行过程中基本能间断能见地面飞行,气象条件良好,气象雷达一直开在自动位,无任何回波,且飞机状态很稳定。机务按照雷击检查单操作,对方向舵顶端整流罩修理,测试放电刷电阻和绝缘值均正常,飞机已放行	天气、意外
2009 年 5 月 22 日	大新华航空	当日,大新华航空 B737-800/B-2637 号机执行 CN7184(大连—北京)航班任务,飞机在北京过站检查发现右前轮扎伤超标 8 mm×10 mm,换轮执行航班	其他
2009 年 5 月 23 日	海航	当日,海航 B737-800/B5407 号机执行 HU7116(满洲里—北京)航班任务,北京过站发现左内主轮刺伤超标,长 12 mm,沟槽下深 8 mm,更换该主轮放行	其他
2009 年 5 月 23 日	海航	当日,海航 B737-800/B-5430 号机 23 日执行 HU7772(厦门—北京)航班任务,北京航后发现左前轮被钉子扎伤,钉子已扎进轮胎未拔出	其他
2009 年 5 月 23 日	南航	当日 16:30,南航 A330-200/B-6077 号机执行 CZ6163 航班任务,该机滑至 A9 以北 F 滑时,右侧发动机漏润滑油(面积约 2 m²),A9 与 W7 之间的 F 滑因此关闭。17:07,飞机被托至 810 机位	机械故障
2009 年 5 月 24 日	海航	当日 13:10,海航 B737/B-5418 号飞机落地滑入 105 机位后,机务检查发现飞机右内主轮有一长 2 cm、深 0.3 cm 的线形伤口,需要更换轮胎	其他
2009 年 5 月 25 日	国航	当日,国航 B737-800/B-5168 号机执行 CA1854(宁波—北京)航班,在北京过站检查发现飞机尾部有雷击点,经机务检查确认没有影响后,放行飞机	天气、意外

发生日期	单位	简述	事件原因
2009 年 5 月 27 日	国货航	当日，国货航 B747-400/B-2475 号机执行 CA1041（北京—法兰克福）航班。飞机正常着陆 25L 跑道，使用滑行道 J 脱离。观察员报告塔台"滑行道 J，脱离 25L 跑道"，听到塔台指令"加入 J，快速穿越跑道 25R"，观察员回答"快速穿越跑道 25R"，塔台未做进一步证实。观察员通告机长后，机长提出质疑，是否穿越 25R 跑道。右座表示听到观察员的复述"快速穿越 25R"，但塔台未做回应。机组目视证实跑道无飞机，五边有一架进近飞机后，加油门快速穿越 25R 跑道。该机穿越 25R 跑道之后，观察员报告塔台"脱离 25R 跑道"，此时塔台告知没有下达穿越 25R 跑道的指令。目前德国当地事件调查部门已经开始对该事件进行调查	机组
2009 年 5 月 27 日	大新华快运	当日，大新华快运 E190/B-3123 号机执行 GS7548（北京—榆林）航班任务，因榆林天气原因备降西安，西安落地使用 05 跑道—C 滑—A 滑—A2 滑—工作坪 W109，落地后机务检查发现右前轮扎伤，伤口为新伤。尺寸：长约 3 mm，宽约 1 mm，最深处约 4 mm，有外来物，未超标，飞机放行	其他
2009 年 5 月 29 日	国航	当日，国航西南分公司 B737-300/B-2586 号机执行 CA4165（贵阳—北京）航班任务，在北京区域大王庄附近出现区调与飞机通信不畅的情况，时间大概持续 3 min。根据机组反映，其间不能清楚地收听到区调，也曾用 121.5 联系过区调，之后区调通过其他飞机转报，指挥 B-2586 号机联系进近频率后通信正常，落地后地面检查飞机通信设备正常，为保险起见，更换了第 2 部特高频控制盒后，放行飞机	机械故障
2009 年 5 月 30 日	国航	当日，国航 B757-200/B-2856 号机执行 CA1344（长沙—北京）航班，进近过程中，在 2500ft 遇到不稳定气流造成飞机颠簸，机组决定复飞。机组在复飞过程中由于收襟翼不及时造成襟翼超速，最大超过襟翼 20 限制速度 8 kts，持续 4 s。工程技术分公司已经安排机务人员对飞机进行检查	天气、意外
2009 年 5 月 30 日	海航	当日，海航 B737-800/B-2157 号机执行 HU7196（福州—北京）航班任务，北京过站发现右外主轮扎伤（长 12 mm 深 12 mm），更换该主轮	其他
2009 年 5 月 30 日	海航	当日，海航 B737-400/B-2501 号机执行 HU7103（北京—牡丹江）航班任务，推出后机组反映左下皮托管加温灯亮，机组滑回。地面更换皮托管加温面板，测试正常，放行飞机	机械故障
2009 年 5 月 29 日	重庆航空	当日，重庆航空公司 B-6246/A319 号机执行重庆—北京—重庆航班任务，北京落地后在卸货时发现飞机后货舱地板有多处裂痕，疑是一件货单号为 07371862 铁皮箱货物装卸所致	地面保障
2009 年 6 月 1 日	国航	当日，国航 B737-700/B-2641 号机执行 CA1819（北京—南京）航班，落地后南京机务做航后检查，给发动机加滑油时发现右发动机加油盖没有盖。此事件正在调查中	地面保障

续表

发生日期	单位	简述	事件原因
2009 年 6 月 1 日	国航	当日，在北京机库，Ameco 救生设备组员工应 M6 工程师的要求协助排除 A330/B-6075 号机左 3 号滑梯气瓶压力信号故障。在重新安装气瓶安全销时，不小心触发气瓶锁，造成滑梯突然意外释放，已将滑梯从飞机上拆下送车间做检查、修理。经调查，5 月 24 日，A330/B-6075 号机因左 3 号门"检查滑梯气瓶压力"故障信息而保留飞行。为排除此故障，需拆下滑梯包件送车间检修。6 月 1 日，该机停场期间，M6 员工在准备拆卸滑梯包时，按要求需先安装滑梯气瓶安全销。由于激发壳体（塑料件），方向发生变化，安全销未能顺利安装上，因此，M6 员工请求 Ameco 附件部救生设备组和气瓶车间人员支援。附件部救生设备组员工在试图安装滑梯气瓶安全销时，由于操作空间狭小，不小心碰到气瓶激发钢锁，将滑梯释放	机务
2009 年 6 月 1 日	海航	当日，海航 B737-800/B-5467 号机执行 HU7624（齐齐哈尔—北京）航班任务，北京过站检查发现左外主轮扎伤超标，尺寸：长 15 mm× 宽 3 mm× 深 6 mm（沟槽下），更换该轮子后放行飞机	其他
2009 年 6 月 2 日	国航	当日，国航 B737-700/B-5044 号机执行 CA1606（大连—北京）航班，于 09:22 在首都机场按照管制指令在 01 号跑道正常落地，滑跑过程中，机组突然发现一辆黄色场务车由 Q3 滑行道道口加速进入跑道，侵入跑道约四分之一宽度，机组发现此情况后，立即使用人工刹车减速，并密切观察车辆的行驶位置情况，机组将飞机刹停在跑道上，并将此情况报告塔台。飞机全停后，与黄色场务车辆最近距离约 40～50 m，此时该车辆在跑道内短停后快速退出跑道，在管制员的指挥下，飞机由 Q5 脱离道脱离 01 号跑道。航空安全管理部已与首都机场飞行区管理部联系，此事件为巡道员责任	其他
2009 年 6 月 3 日	国航	当日 14:18，国航 CA108（航线：香港—北京/机型 A321）入位后，机务检查发现飞机 2 号主轮有损伤，14:22，飞行区管理部查道，在中跑道 A1 滑口以北约 150 m，距跑道中心线西侧约 16 m 处，发现一块长 250 cm× 宽 10 cm 的轮胎碎片，跑道灯具无损伤。经与航空公司确认，该飞机轮胎破损原因为轮胎质量问题	机械故障
2009 年 6 月 4 日	国航	6 月 4 日，国航 B767-300/B-2558 号机执行 CA969(北京—新加坡）航班任务，起飞爬升至 3000 m 左右 EICAS 出现 CHRD QTY 中液压油量信息，机组检查状态页面，发现中液压油量迅速减少到 10%，机组将自动驾驶仪从中部更换到左部，随后中液压系统压力警告出现，中系统压力低。机组执行相应的非正常检查单，决定盘旋耗油返航北京。机组按照检查单，提前备用放襟翼，放襟翼 1 时，襟翼指位表指示在 UP 到 1 之间，出现前缘缝翼不对称信息，机组中止进近，按照前缘缝翼不对称检查单，使用后缘襟翼 20 和 VREF30 + 30 落地，落地后正常脱离跑道滑至停机位。QAR 分析：飞机起飞时液压中系统液压油量为 97.75%；起飞后 3.5 min，飞机爬升到标准海压 7860 ft 时，液压中系统液压油量开始以每分钟 10% 左右逐渐下降；起飞后 9.5 min，飞机液压中系统液压油量下降至 50%；起飞后 15 min，飞机爬升到 26520 ft 时，飞机液压中系统液压油量下降至 10% 左右，并保持至落地。核实该机前三个航班的中系统液压油量数据均未出现异常现象。机务检查发现飞机右主轮舱起落架选择活门接头 1 cm 处中液压系统油管断裂。中液压系统油管断裂是导致中液压系统漏油，从而致使飞机返航的原因。液压系统油管断裂原因在调查中	机械故障

发生日期	单位	简述	事件原因
2009 年 6 月 4 日	新华	当日，新华 B737-800/B-5139 号机执行 HU7190（贵阳—北京）航班，北京落地发现左前轮扎伤超标，更换轮胎后放行，扎伤尺寸：10 mm×2 mm×7 mm	其他
2009 年 6 月 5 日	国航	当日，国航 A321/B-6383 号机执行 CA101（北京—香港）航班，起飞加油门后出现 ECAM 信息 ENG THR LVR NOT SET，机组立即执行中断起飞程序，此时速度 50 kts 左右，在油门杆收离 FLEX/MCT 位置时 ECAM 信息消失，机组滑出跑道，通过翻阅 FCOM3 判断故障是由于油门杆松动引起（B-6383 飞机油门杆松动现象较其他飞机明显），传感器没有感触到油门在 MCT/FLEX 位置所引起。机组为了避免故障显示的再次出现，决定起飞使用 TO/GA 推力，再次起飞一切正常	机械故障
2009 年 6 月 5 日	海航	当日，海航 B737-800/B2652 号机执行 CN7183（北京—大连）航班，返航北京落地后检查发现后货舱门下部机身蒙皮划伤，尺寸 8 mm×3 mm×1.5 mm。机务进行了修理	地面保障
2009 年 6 月 5 日	海航	当日，海航 B737-800/B-5138 号机执行 HU7974（克拉斯诺亚尔斯克—北京）航班任务，北京过站检查左外主轮刺伤，长 10 mm×宽 2 mm×深 5 mm，更换该轮子后放行飞机	其他
2009 年 6 月 6 日	深航	当日，深航 B737-900/B-5102 号机执行 ZH9959（深圳—北京）航班任务，北京过站检查时发现左外主轮扎伤超标，扎伤的口子，长 8 mm×宽 5 mm×深 11 mm，换轮后执行后续航班。深圳机场起飞路线：52 号停机位—J—H—A—跑道15。北京机场落地路线：36 左跑道落地—P7 脱离—C—M—D5—238 号停机位	其他
2009 年 6 月 7 日	海航	当日，海航 B737-800/B-5430 号机执行 HU7078（杭州—北京）航班任务，北京过站检查发现右外主轮扎伤	其他
2009 年 6 月 7 日	海航	当日，海航 B737-800/B-2159 号机执行 HU7308（合肥—北京）航班任务，北京过站检查发现左前轮扎伤超标，长 30 mm×宽 5 mm×深 10 mm，更换轮胎	其他
2009 年 6 月 7 日	海航	当日，海航 A330/B-6089 号机执行 HU7166（昆明—北京）航班任务，北京过站检查发现 6 号主轮扎伤超标，长 100 mm×宽 30 mm×深 5 mm，更换轮胎	其他
2009 年 6 月 7 日	国航	当日 11:46，国航 CA1332/B-5329/B737 号机进港航班落地后，机务检查发现飞机右前轮有损伤	其他
2009 年 6 月 9 日	南航	当日 19:18，南航 B777/B-2070 号机执行 CZ3110 出港航班，在乘务长开启左四舱门准备上餐食时，左四舱门逃生滑梯弹出。20:38，机务将逃生滑梯卸下后该航班出港，延误 83 min	机组
2009 年 6 月 9 日	国航	当日 20:15，国航 B737/B-5333 号机执行 CA1222 航班，进入 323 机位后，机务检查发现飞机右外主轮有损伤，需要更换轮胎	其他
2009 年 6 月 9 日	深航	当日 14:49，深航 B737/B-5103 号机执行 ZH9801 航班，该机进入 227 机位后，机务检查发现飞机左前主轮有损伤，需要更换轮胎	其他
2009 年 6 月 9 日	山航	当日，山航 B737-800/B-5333 号机执行 CA1222（兰州—北京）航班任务。飞机在北京机场航后检查时，发现右外主轮扎伤（尺寸：7 mm×7 mm×2 mm），超标更换轮胎	其他
2009 年 6 月 9 日	海航	当日，海航 B737-800/B-5181 号机执行 HU7632（兰州—北京）航班，过站检查发现有内主轮扎伤超标，长 10 mm，深 8 mm，更换该轮胎后放行飞机	其他

发生日期	单位	简述	事件原因
2009 年 6 月 9 日	深航	当日，深航 B737-900/B-5103 号机执行 ZH9801（深圳—北京）航班任务。落地发现左前轮扎伤见 2 层线，更换后放行。（件号 2607825-2，序号 B-13792）扎伤，长 11 mm，深 10 mm 条形损口。深圳滑行路线：64 号—J—H—A—15 号。北京滑行路线：36 左—P7—CM—Z3—227 号	其他
2009 年 6 月 10 日	海航	当日，海航 B737-400/B-2989 号机执行 HU7616（东营—北京）航班任务，北京过站发现右内主轮扎伤，扎伤尺寸：3 mm×3 mm×8 mm，更换轮胎放行	其他
2009 年 6 月 10 日	邮航	当日 12:31，邮航 B737/B-5072 号机执行 8Y9022 航班，该机进入 817 机位后，机务检查发现飞机左前主轮有损伤，需要更换轮胎	其他
2009 年 6 月 11 日	海航	当日，海航 A340-600/B6508 号机执行（北京—莫斯科）航班任务，出港启动发动机后出现 2 号皮托管和 2 号 TAT 加温失效，飞机滑回。地面检查判断为 PHC2（皮托管加温控制器）故障，更换后测试正常，放行飞机	机械故障
2009 年 6 月 11 日	大新华快运	当日，大新华快运 E190/B-3129 号机北京航后发现右前轮扎伤，伤为新伤，无外来物，伤口长 4 mm，宽 1 mm，深 2 mm，超标，更换轮胎后放行	其他
2009 年 6 月 11 日	海航	当日，海航 B737/B-2675 号机执行 HU7102（海拉尔—北京）航班任务，在北京落地后过站检查发现右外主轮扎伤超标。（长 × 宽 × 深：8 mm ×1 mm ×10 mm），机务更换轮胎后放行	其他
2009 年 6 月 11 日	海航	当日，海航 B737-800/B-5373 号机执行 HU7192（厦门—北京）航班，在北京落地后过站检查发现右外主轮扎伤超标。（长 × 宽 × 深：7 mm× 1 mm × 8 mm），机务更换轮胎测试正常后放行	其他
2009 年 6 月 12 日	海航	当日，海航 B737-800/B-5116 号机执行 HU7974（克拉斯诺亚尔斯克—北京）航班任务，在北京落地后过站检查发现左内主轮扎伤超标。（长 × 宽 × 深：10 mm×1 mm × 10 mm）	其他
2009 年 6 月 12 日	国航	当日，B737-300/B-2630 飞机执行 CA1123(北京—通辽)航班，在通辽 02 号跑道 VOR/DME 进近时，短五边有低云和降水，在最低下降高度时跑道能见。机长在目视跑道后脱开自动驾驶和自动油门，保持人工飞行。在无线电高度表 300 ft 时，飞机进入云中飞行且伴有降水，失去目视参考。机长下令复飞，执行复飞程序，重新进近正常落地	天气、意外
2009 年 6 月 14 日	海航	当日，海航 B737-800/B-2159 号机执行 HU7231(北京—兰州)航班任务，滑出后左发燃油旁通灯亮，飞机滑回。机务检查左发燃油滤无杂质，更换左发燃油滤和压差电门，试车测试正常，放行飞机	机械故障
2009 年 6 月 14 日	海航	当日，海航 B737-800/B-5083 号机执行 HU7116(满洲里—北京)航班任务，在北京落地后过站检查发现左内主轮扎伤超标。（长 × 宽 × 深：5 mm× 5 mm ×10 mm）	其他
2009 年 6 月 16 日	海航	当日，海航 B737-800/B5439 号机北京过站执行 HU7135（北京—长沙）航班，出港推出时拖把剪切销折断，飞机前轮被顶偏了大约 70°，检查前轮区域无损伤后放行飞机	机械故障

发生日期	单位	简述	事件原因
2009 年 6 月 16 日	海航	当日，海航 B737-800/B2675 号机执行 HU7102（海拉尔—北京）航班，北京过站检查发现左前轮和左外主轮扎伤超标，扎伤尺寸：左前轮（长 20 mm、宽 2 mm、深 3 mm），左外主轮（长 15mm、宽 2mm、深 13mm）	其他
2009 年 6 月 17 日	国航	当日，山航湿租飞机 B737-800/B-5333 号机执行 CA1221（北京—兰州）航班任务，在 314 廊桥处，国货航北京运营基地站坪保障室装卸人员对该航班实施保障作业时，人力倒斗过程中散货拖斗车（斗号为 337）的销子将该飞机前下货舱门下部的甚高频天线撞坏，飞机受损。机务人员更换飞机天线后放行飞机，航班延误 140 min。经调查，该航班前货舱共配有 4 斗 3442 kg 货物，在准备装最后一斗货物时，用人力将最后一斗推至货舱门时，由于只有一名装卸工现场作业，在车辆、设备靠近飞机时没有专人监护，致使失去了对该散货拖斗车的控制，违反了机坪作业规定，最终导致了此事件发生。国货航针对此事件制定了后续措施	地面保障
2009 年 6 月 17 日	海航	当日，海航 B737-800/B-5429 号机执行 HU7280（三亚—北京）航班任务，北京过站检查发现右外主轮扎伤超标，长 5 mm × 宽 1.5 mm × 深 5 mm，更换主轮放行飞机	其他
2009 年 6 月 18 日	国航	当日，国航 A330/B-6090 号机执行 CA939（北京—罗马）航班任务，14:06 起飞，飞行过程中出现液压绿系统泄漏信息，油量明显下降，飞机返航，约 18:20 在北京落地。公司航空安全管理部正在对液压绿系统泄漏原因进行调查	机械故障
2009 年 6 月 18 日	国航	当日，国航 B737-800/B-5173 号机执行 CA1230（银川—北京）航班任务，飞机在 18R 跑道落地，当时气象条件阵雨，机组落地后使用 P2 快速脱离跑道后，指令进入 Z3 滑行道，但飞机误入 F 滑行道。机组进入 F 滑行道后突然发现对头滑过来一架飞机，立即把飞机停住并向地面报告，地面回答"滑错"。经地面协调，约 20 min 后地面人员及拖车到达飞机下面，将飞机推到 Z3 以北的位置停下	机组
2009 年 6 月 19 日	海航	当日，海航 B737-800/B-5371 号机执行 HU7116(满洲里—北京)航班，北京过站发现右发右侧反推包皮下部有雷击点，进行临时处理并按雷击特检单检查正常后放行飞机	天气、意外
2009 年 6 月 19 日	海航	当日，海航 B767-300/B2490 号机执行 HU0482（布达佩斯—北京）航班，北京落地后检查雷达罩左侧遭鸟击，有长 49 cm 的裂缝，更换雷达罩	天气、意外
2009 年 6 月 19 日	海航	当日，海航 B737-800/B-5139 号机执行 HU7102(海拉尔—北京)航班任务，北京过站检查发现右前轮扎伤需要更换，受伤尺寸：长 3 mm × 宽 2 mm × 深 5 mm，更换受伤轮胎后放行飞机	其他
2009 年 6 月 20 日	海航	当日，海航 B737-800/B-5136 号机执行 HU7238（西安—北京）航班任务，北京过站发现左外主轮扎伤超标。扎伤尺寸：15 mm × 1 mm × 10 mm，更换轮胎	其他
2009 年 6 月 21 日	海航	当日，海航 B737-800/B-5449 号机执行 HU7118 航班（沈阳—北京）任务，计划停机位 113，落地后滑入错误机位 A113，飞机已从错误机位拖出并执行后续航班	机组
2009 年 6 月 21 日	海航	当日，海航 B737-800/B-5409 号机执行 HU7638 航班（昆明—北京），北京过站检查发现右外主轮扎伤超标，扎伤尺寸：长 5 mm、宽 3 mm、深 15 mm	其他

发生日期	单位	简述	事件原因
2009 年 6 月 23 日	海航	当日，海航 A330/B-6088 号机执行 HU7166（昆明—北京）航班任务，飞机落地后滑入 W104 机位时，超过停止线 3 m 左右	机组
2009 年 6 月 23 日	海航	当日，海航 A330/B-6133 号机执行 HU7142（成都—北京）航班任务，飞机在滑到 107 停机位置时，越过停止线 1 m 多，后叫拖车推回原位	机务
2009 年 6 月 24 日	国航	当日，国航 B737-700/B-5044 号机执行 CA170（札幌—北京）航班，在北京进近时，原计划着陆 19 号跑道，后由于其他机组报告 19 号跑道三边和五边有强气流，北京五边指挥航向 330°，从西边雷达引导至 18L 跑道落地。机组在 1200 m 高度截获 18L 盲降后，在 10 kts 至 7 kts，高度 3000 ft 至 2200 ft 遭遇强气流，飞机坡度瞬间超过 30°，但未触发坡度警告，同时速度变化较大，空中风由 320°/26 kts 变化到 110°/11 kts，机组及时断开自动驾驶，人工操纵，2200 ft 以下脱离颠簸区，机组完成着陆形态和着陆检查单，后正常落地，客舱无人受伤	天气、意外
2009 年 6 月 25 日	海航	当日，海航 B767/B-2492 号机执行 HU7606（上海—北京）航班任务，航后检查发现 2 号主轮（左前内）扎伤超标，扎伤尺寸：长 20 mm、宽 2 mm、深 15 mm	其他
2009 年 6 月 25 日	中联航	当日下午，中联航 B737-800/B-5323 号机执行 KN2273（北京南苑—乌鲁木齐）航班任务，机长潘松、副驾驶孟宪伟、袁塞虹。15:25，KN2273 航班起飞，15:42 机组通过 VHF 联系运控中心，告知机上 8F 座位旅客帮 8A 座位旅客托运行李，不知内装何物，而物主并没有上飞机。考虑到乌鲁木齐航线的高度安全敏感性，15:47 运控中心一方面指挥飞机立即返航，本场区域盘旋耗油；一方面向各地面保障部门了解情况。经查，机上无主托运行李，为旅客沙鸥为避免旅客携带酒精类物品限制，请另一名旅客托运的两瓶酒。因旅客沙鸥在过安检时被安检验证人员发现证件为不合格证件，安检值班主任拒绝该旅客乘机，在卸载其行李时，沙鸥仅声称托运了两件行李分别为米奇拉杆箱和装着两瓶酒的纸箱子，隐瞒了委托在办理登机手续时结识的韩玉明旅客帮助其托运的另外 2 瓶酒的情况。17:24 飞机在南苑机场安全落地后，客运值班经理将 8F 座位旅客及行李拉下，同时对货舱和客舱进行清舱检查。航班于 18:12 再次起飞，两名相关旅客移交南苑派出所处理	空防安全
2009 年 6 月 26 日	天津航空	当日，天津航空 E190/B-3123 号机执行 GS7426（潍坊—北京）航班任务，航后机务检查发现左外主轮扎伤超标，伤口为新伤，长 8 mm；宽 2 mm；深 5 mm，无外来物，更换轮胎后飞机正常放行	其他
2009 年 6 月 26 日	俄罗斯航空	当日 10:45，俄罗斯航空 SU571/B767 进港航班进入 217 机位后，飞机左后 1 号轮和 2 号轮起火并爆胎，机务及时使用灭火器将火扑灭。11:02，消防到场对起火部位进行降温处理。11:27，飞行区管理部对飞机滑行路线进行检查，未见异常。经机务检查轮胎起火原因为：刹车轮毂因机械原因损坏，造成刹车盘温度较高所致	机械故障
2009 年 6 月 27 日	海航	当日，海航 B737-800/B-5136 号机执行 HU7097（宁波—北京）航班，北京过站检查发现左 1 号风挡有鸟血痕迹，完成鸟击后特检工作单，放行飞机	天气、意外
2009 年 6 月 28 日	国航	当日，国航 B737-300/B-2907 号机执行 CA1591（北京—盐城）航班，飞机起飞后，气象雷达和无线电高度表故障，返航北京	机械故障

续表

发生日期	单位	简述	事件原因
2009年6月28日	海航	当日，海航B737-800/B-5427号机执行HU7307（北京—合肥）航班任务，北京航前出港滑出后反映再现信号牌IRS灯亮，飞机滑回。检查左、右惯导工作正常，顶板上无相关故障灯亮，重装IRS主警告组件后灯灭，但后续故障再现，按信号牌指示故障放行	机械故障
2009年6月28日	国航	当日，国航B737-800/B-5326号机执行CA1376（南宁—北京）航班，航后检查发现机身右侧后货舱附近有两处雷击点，起飞时南宁有阵雨天气。机务对雷击点进行了处理，执行雷击检查单，检查正常，放行飞机	天气、意外
2009年6月28日	国航	当日，国航B737-800/B-5342号机执行CA1296（乌鲁木齐—北京）航班，在北京18R进近放襟翼30过程中，因前缘襟翼故障，机组按照正常程序复飞，由于缝翼在过渡状态造成失速速度增加导致发生2 s间断性抖杆，机组执行前缘襟翼过渡检查单后使用襟翼15安全落地。机组填写TLB，QAR数据证实机组反映情况属实，落地后机务地面测试FSEU有27-51351和27-81354代码，更换前缘巡航释压活门，通电收放襟翼正常，无故障信息	机械故障
2009年7月1日	国航	当日，国航B737-300/B-2907号机执行CA1514（南通—北京）航班，在北京进近过程中由于空管指挥失误，在19号跑道落地时，因与前方一小飞机间隔过小，空管又指挥拉升，机组复飞后正常着陆	空管
2009年7月2日	海航	当日，海航B737-800/B-5337号机执行HU7804(广州—北京)航班任务，飞机在北京过站时，检查发现左外主轮扎伤超标（扎伤情况：长10 mm，宽2 mm，深8 mm），更换轮胎	其他
2009年7月2日	国货航	当日，国货航B747/B-2477号机执行CA1041（浦东—北京）航班任务，北京落地后发现3号主轮被轧伤，经查滑行路线为：18L-W3-F-M5-Z3-M1-F-M0-Z3-N109	其他
2009年7月2日	海航	当日，海航B737-800/B-2646号机执行HU7180（三亚—北京）航班，在北京过站下客过程当中，APU放炮，有火苗，后自动停车。地面检查最后一级涡轮叶片断裂，检查APU进气道无异物。计划更换APU	机械故障
2009年7月2日	海航	当日，海航B737-800/B-5337号机执行HU7804(广州—北京)航班，飞机在北京过站时，检查发现左外主轮扎伤超标（扎伤情况：长10 mm，宽2 mm，深8 mm），更换轮胎	其他
2009年7月4日	国航	当日，国航A320/B-2354号机执行CA1827（北京—威海）航班，起飞后右发振动指数指示9.9，飞机返航北京。落地后机务地面试车检查发动机正常，对调振动指数探测器后放行飞机，后续航班正常	机械故障
2009年7月4日	国航	当日，国航B737-800/B-5387号机执行CA1234（西宁—北京）航班任务，在北京落地后机务检查发现雷达罩有多处雷击点，损伤超标，起飞机场西宁当时有雷阵雨天气。机务更换雷达罩后放行飞机	天气、意外
2009年7月4日	海航	当日，海航B737/B-5403号机执行完HU7346航班（乌鲁木齐—北京），在北京过站时发现右内主轮扎伤超标，更换轮胎	其他
2009年7月4日	新华航空	当日，新华航空B737-800/B-5082号机执行HU7122（南京—北京）航班任务，在北京落地后过站检查发现左前轮扎伤超标。更换轮胎测试正常后放行飞机	其他

发生日期	单位	简述	事件原因
2009年7月6日	东航	当日，东航A320/B-6376号机执行MU2121航班（银川—北京），北京落地时2发反推未正常放出。在排故过程中，维护人员检查发现2发反推液压控制组件（HCU）被销子锁定在失效位，将HCU由失效位转至正常位后故障排除	机务
2009年7月6日	首都机场	当日04:28，首都机场安检员在T3C航站楼行李分拣系统二级X光机中发现异常图像，过检图像内有类似活体人形的物品。04:35，安检人员将发现在托盘中的男子控制，简单了解情况后移交机场公安分局。经调查：04:21左右，该名男子通过T3C航站楼E岛行李传送皮带进入行李系统，经分局民警初步判断该男子精神异常，已送往精神病医院	空防安全
2009年7月8日	国航	当日，国航B757-200/B-2821号机执行CA1403（北京—昆明）航班任务，起飞后机组反映气象雷达故障，返航北京。落地后机务按AMM34-43更换气象雷达收发机，通电测试工作正常	机械故障
2009年7月8日	邮航	当日09:13，邮航8Y9022/B-5047/B737号机进入817机位后，机务检查发现飞机左外主轮有损伤，需要更换轮胎。09:17，飞行区管理部查道结束，未见异常	其他
2009年7月9日	国航	当日，国航B767-300/B-2496号机执行CA124（首尔—北京）航班，在北京过站检查发现5号主轮轮胎气漏光，刹车毂有金属块漏出，刹车毂降温后拆下主轮检查发现轴承严重损坏，部分高温熔化，刹车毂卡死不能拆下，并且5号主轮本体结构已损坏。飞机停场修理，事件原因还在进一步调查中	机械故障
2009年7月9日	山航	当日，山航B737-800/B-5332号机执行CA1360（张家界—北京）航班任务。飞机在北京机场航后检查时，发现右前轮扎伤（尺寸15 mm×5 mm×10 mm）。超标，更换轮胎	其他
2009年7月10日	海航	当日，海航B737-800/B-2647号机执行HU7337（北京—西安）航班任务，有名饮过酒的旅客由于其他旅客碰到其随身行李，称其行李内有炸弹，现机场公安已经将其带走（无托运行李），对客舱搜查后正常放行	空防安全
2009年7月11日	国航	当日，国航B737-300/B-2600号机执行CA1659（北京—齐齐哈尔）航班任务，起飞后因MCP板故障，飞机备哈尔滨。机务对飞机进行维修，检查后测试正常后放行飞机	机械故障
2009年7月11日	国航	当日，国航B737-300/B-2630号机执行CA1144（锡林浩特—北京）航班，在北京下降阶段，高度3600 m遭遇强烈颠簸，升降率由0增大至2000 ft/min，紧接着变为-2000 ft/min。落地后机务完成飞机遭遇严重颠簸后的维护检查，结果正常，译码获得垂直加速度为1.801 g	天气、意外
2009年7月11日	新华航空	当日18:46，新华CN7128/B-2637/B737飞机进入W204机位后，机务检查发现飞机左内主轮有损伤，需要更换轮胎。19:00，飞行区管理部查道结束，未见异常	其他
2009年7月11日	深航	当日，深航B5401号机执行ZH9802（北京—深圳）航班，在巡航高度11600 m（FL381），在航路B458，距离魏县（WXI）以北40 n mile，机组目视有个类似气象气球的物体向飞机方向运动，为了避免和目标物相撞，机组向左做机动避让，做完机动后，目标物与飞机相距大概100 m。据两人机组观察，那是一个体积很大的气球，携带着一些像公文包大小类似金属盒的设备	其他

发生日期	单位	简述	事件原因
2009 年 7 月 12 日	海航	当日，海航 B737-800/B-5406 号机执行 HU7110（宜昌—北京）航班，因北京天气原因飞机备降天津，落地后机组反映进近遭遇颠簸，最大 1.89 g，按颠簸特检工作单检查正常后放行飞机	天气、意外
2009 年 7 月 13 日	国航	当日，国航 B737-700/B-5044 号机执行 CA154（大连—北京）航班任务，因北京雷雨飞机备降天津。在天津机场五边进近过程中，由于前机动作慢未脱离跑道，塔台指挥复飞，复飞后再次进近正常落地	机组
2009 年 7 月 17 日	国航	当日，国航 A321/B-6385 号机执行 CA4136（北京—重庆）航班任务。下午 19:25，飞机正常推出，听指挥滑行，在 T1 与 G 道口排队等待，守听 121.8。在跟进前机滑行时，发现右侧一架 A330 飞机由 G 滑行道快速向南滑行且没有减速迹象，机组果断将飞机停住，A330 从我机头前方穿越，翼尖距我机机头最近距离大约 5 m。地面管制解释为地面指挥交接失误	空管
2009 年 7 月 18 日	国航	当日，国航 B767-300/B-2560 号机执行 CA969（北京—新加坡）航班任务，在北京 APU 故障保留放行，起飞后 30 min 反映左发发电机脱开，机组重置两次无效，飞机盘旋耗油后返航北京落地，航班换飞机执行。查阅故障网，7 月 11 日因 B-2558 飞机 IDG 故障与该机左发串件，事件原因正在调查中	机械故障
2009 年 7 月 18 日	东航山西分公司	当日，东航山西分公司 B737/B-5086 号机执行 MU5291 航班任务，该机在北京短停检查发现左发动机进气道前缘外侧（五点钟位置）有鸟击血迹。擦掉血迹后，目视检查无损伤，检查发动机内、外涵道正常，飞机襟翼及相关区域正常	天气、意外
2009 年 7 月 18 日	海航	当日，海航 B737-800/B-5417 号机执行 HU7632（兰州—北京）航班任务，过站检查发现右外主轮扎伤，尺寸：长 12 mm；宽 2 mm；深 8 mm，更换该轮子后放行飞机	其他
2009 年 7 月 19 日	海航	当日，海航 B737-400/B-2960 号机执行 HU7162（重庆—北京）航班任务，北京落地检查发现飞机右外主轮扎伤超标，扎伤尺寸：长 10 mm；宽 1 mm；深 6 mm。更换轮胎	其他
2009 年 7 月 20 日	海航	当日，海航 B737-800/B-2159 号机执行 HU7197（宁波—北京）航班任务，过站检查发现雷达罩有鸟击痕迹，完成鸟击后特检，结果正常	天气、意外
2009 年 7 月 20 日	海航	当日，海航 B767-300/B-2492 号机执行 HU7602（虹桥—北京）航班任务，在首都机场 W107 位进港，滑过停机线，临时用拖车拖回	机组
2009 年 7 月 20 日	新华航空	当日，新华航空 B737-800/B-5081 号机执行 HU7102（海拉尔—北京）航班任务，过站检查发现右内主轮扎伤，长 10 mm × 宽 1 mm × 深 10 mm，更换该主轮	其他
2009 年 7 月 21 日	海航	当日，海航 B737-800/B-5180 号机执行完 HU7106（长春—北京）航班任务，在北京落地后，机务检查发现右发进气道消音板刻有汉字，未超标，机务打磨后放行飞机，执行后续航班	其他
2009 年 7 月 21 日	国航	当日，国航 B737-700/B-5045 号机执行 CA1606（大连—北京）航班，在北京落地后检查发现前货舱有大量海水。经查前货舱无货物，均为行李，海水是由于行李中托运的海鲜被压爆所致	其他
2009 年 7 月 21 日	海航	当日，海航 B767/B-2491 号机执行 HU7152（重庆—北京）航班任务，在北京落地后过站检查发现 6 号主轮扎伤，尺寸：长 15 mm；宽 2 mm；深 8 mm。更换该轮子后放行飞机	其他

发生日期	单位	简述	事件原因
2009 年 7 月 22 日	山航	当日，山航 B737-800/B-5333 号机执行 SC4855（烟台—北京）航班任务。飞机在北京机场落地后，机务检查飞机时发现右发进气道 6 点钟位置遭鸟击，尺寸为 16.4 cm×9.3 cm×2.3 cm，损伤超标	天气、意外
2009 年 7 月 22 日	国航	当日，国航 B737-800/B-5431 号机执行 CA1951（温州—北京）航班任务，在北京落地后检查发现右发滑油箱盖未盖好，盖板链卡在盖板处，导致滑油泄露。已责令工程技术分公司质量部调查	机务
2009 年 7 月 22 日	海航	当日，海航 B737-800/B-2675 号机执行 HU7234（银川—北京）航班任务，在北京落地后过站检查发现左前轮扎伤，尺寸：长 12 mm；宽 4 mm；深 10 mm，更换该轮子后放行飞机	其他
2009 年 7 月 22 日	国航	当日 15:22，国航 CA186/B-6075/A332 号机进港航班前轮转向故障，TAMCC 通知各救援单位原地待命。16:13，飞机安全落地后由拖车拖至 526 机位，原地待命解除	机械故障
2009 年 7 月 23 日	东航山西分公司	当日，东航山西分公司 B737-800/B-5085 号机执行 MU5291（太原—北京）航班任务。飞机于 7:58 从太原机场起飞，左座机长主操纵。北京进近时，进近指挥使用 18R 跑道落地，机组在 1200 m 正常建立盲降。900 m 左右放襟翼 15 的过程中，机组发现襟翼指位表左右指示分别为 10 和 12，判断为后缘襟翼不对称。机组立即通报塔台请求拉升检查，塔台指挥飞机先按盲降进近继续下降高度。大约在 150 m，塔台指挥飞机右转航向 270° 复飞。飞机爬升 1800 m 平飞后，机组完成相应检查单，重新进近，飞机于 9:10 在首都机场安全落地。落地后地面收放襟翼正常，飞机返回太原后，机务依据 AMM 更换 FSEU(285A1200-1) 和左侧襟翼位置传感器（18-1738-12），地面测试正常	机械故障
2009 年 7 月 23 日	海航	当日，海航 B767/B-2491 号机执行 HU7112（昆明—北京）航班任务，北京过站检查发现左前轮扎伤超标，更换轮胎放行	其他
2009 年 7 月 24 日	国货航	当日，国货航 B747-400/B-2456 号机执行 CA1042（法兰克福—北京）航班，在北京过站 Ameco 工作人员误操作，导致上舱右一滑梯非正常放出。进一步原因国货航正在调查	机务
2009 年 7 月 24 日	海航	当日，B737-800/B5136 号机执行 HU7371（太原—北京）航班，过站检查发现左内主轮扎伤，尺寸：长 5 mm；宽 2 mm；深 8 mm。更换该轮子后放行飞机	其他
2009 年 7 月 25 日	国航	当日，B757-200/B-2840 号机执行 CA421（成都—北京—东京）航班，在北京起飞滑跑时，因发动机限制器故障，机组中断起飞，中断速度约 70 kts。飞机滑回后经机务检查维修后，放行飞机，后续航班正常	机械故障
2009 年 7 月 25 日	海航	当日，B737-400/B2967 号机执行 HU7308（合肥—北京）航班，北京过站检查发现左外主轮扎伤超标，损伤尺寸：长 8 mm；宽 8 mm；深 5 mm	其他
2009 年 7 月 26 日	海航	当日，A330-200/B-6133 号机执行 HU7147(北京—成都)航班，起飞后未及时转向沙河，地面及时提示、指挥转向 330°。转向中距禁止绕飞区（阅兵飞行）最近距离 3.5 n mile。未形成冲突	机组

发生日期	单位	简述	事件原因
2009 年 7 月 26 日	国航	当日，A340/B6509 号机执行 HU7601(北京—虹桥)航班，起飞后反映出现 ECAM 警告 HYD Y RSVR LO LVL，机组按检查处置关闭三号发动机的液压系统 EDP，继续执行航班。虹桥落地后检查液压系统油箱油量大约只有 1/3，证实存在液压油渗漏，进一步检查发现三号发动机液压系统 EDP 出口压力管路上的减震器与管路相连处存在渗漏，从北京派人并调航材到虹桥进行排故.更换减震器和相连压力管路后试车检查无渗漏。飞机放行	机械故障
2009 年 7 月 28 日	金鹿航空	当日，金鹿航空 A319/B-6182 号机执行 JD5269（北京—满洲里）航班任务，19:30 起飞，16 min 后机组空中报气象雷达故障，飞机返航，于 20:25 在北京正常落地。地面机务检查排故后放行，飞机于 22:10 再次起飞	机械故障
2009 年 7 月 28 日	海航	当日，海航 B737-800/B-2646 号机执行 HU7638（昆明—北京）航班任务，北京过站检查发现右外主轮发生拖胎，更换右主轮，地面检查右主起落架刹车和防滞功能正常，无历史故障信息，操作襟翼检查正常，检查右内主轮转动正常，飞机正常放行	其他
2009 年 7 月 28 日	海航	当日，海航 B767-300/B-2491 号机执行 HU7178（杭州—北京）航班任务，北京过站检查发现右前轮扎伤超标，更换该前轮	其他
2009 年 7 月 30 日	海航	当日，海航 B737-800/B-5115 号机执行 HU7604（虹桥—北京）航班，北京落地后检查发现机头右前方，风挡下部有鸟击痕迹，按鸟击特检工作单检查正常后放行	天气、意外
2009 年 7 月 30 日	国货航	当日，国货航 B747/B-2475 号机执行 CA1041（浦东—北京—法兰克福）航班任务，在北京执行过站检查发现 12 号轮被轧伤，地面更换轮胎后检查正常。经查，滑行路线为：18R 左转脱离—Z4—D4—Z3—S5—Z3—N107	其他
2009 年 8 月 1 日	大新华航空	当日，大新华航空 B737-800/B-5089 号机执行 CN7193(北京—南昌)航班，出港因天气原因滑回机位，再次做地面检查时，发现右外主轮扎伤，更换该主轮	其他
2009 年 8 月 2 日	邮航	当日，邮航 B737-300/B2655 号机执行 8Y9022 航班（浦东—北京），航班落地后发现右水平安定面损伤超标，在北京停场修理	天气、意外
2009 年 8 月 2 日	国航	当日，国航 B737-800/B-5325 号机执行 CA1818（南京—北京）航班任务后，地面机务检查发现左副翼后缘左侧有烧蚀点，维修人员按照 TJK-NG-010 检查单做工作后，保留放行飞机，继续执飞北京到合肥航班	天气、意外
2009 年 8 月 3 日	国航	当日，国航 B747-400/B-2469 号机执行 CA984（洛杉矶—北京）航班，北京航后检查发现雷达罩压坑分层超标，需要更换，8 月 4 日航班取消。更换雷达罩后放行飞机	天气、意外
2009 年 8 月 3 日	国航	当日，国航 B737-300/B-2581 号机执行 CA1139（北京—运城)航班任务，空中巡航阶段，右座电子姿态指引仪（EADI）故障，因运城无排故能力，飞机返航北京。地面更换右 EADI，通电测试正常	机械故障
2009 年 8 月 4 日	国航	当日，国航 A340/B-2388 号机执行 CA933（北京—巴黎）航班任务，进入跑道时，1、2 发引气故障灯亮，无提示信息，加油门至起飞推力后，出现 ENG THRUST LOSS 信息，后出现提示信息 THRUST IDLE，机组按提示中断起飞，速度约 30 kts。由于北京无 A340 发动机试车人员，成都基地派人赴北京排故，更换区域控制器（ZC），测试正常。	机械故障

发生日期	单位	简述	事件原因
2009 年 8 月 5 日	海航	当日，海航 B737-800/B5090 号机执行 HU7102（海拉尔—北京）航班，北京过站检查发现左前轮扎伤超标，损伤尺寸：长 7 mm；宽 2 mm；深 6 mm	其他
2009 年 8 月 6 日	国航	当日，国航 B767-300/B-2499 号机执行 CA1995（北京—虹桥）航班，起飞收轮后机组发现刹车温度灯亮，1 号主轮刹车温度指示为"5"，后刹车温度降至正常范围，机组空中报告签派后继续执行航班，并通知上海做好准备工作。飞机在虹桥正常落地，1 号主轮温度显示为"2"，滑到停机位后机务检查发现左 1 号主轮无气压，易熔塞熔化，外轴承破碎，刹车毂损坏	机械故障
2009 年 8 月 7 日	海航	当日，海航 A330/B-6088 号机执行 HU7986（莫斯科—北京）航班任务，在北京落地后过站检查发现左前轮扎伤，伤口尺寸：长 52 mm×宽 30 mm×深 4 mm，更换该前轮	其他
2009 年 8 月 8 日	国航	当日，国航 B757-200/B-2837 号机执行 CA167（北京—东京）航班任务，起飞后约一小时机组报告气象雷达故障，雷达回波显示不连续，返航北京。落地后机务测试有 WXR FAIL ANT 信息，领出新的雷达收发组换上，仍有信息。更换天线及驱动机构，测试信息消失，雷达系统工作正常	机械故障
2009 年 8 月 10 日	国航	当日，国航 B737-800/B-2511 号机执行 CA1202（西安—北京）航班任务，在北京下降过程中，机组报告右 3 号风挡玻璃裂，继续飞行安全落地。地面检查发现右 3 号风挡内侧粉碎，更换新右 3 号风挡玻璃，测试加温正常	机械故障
2009 年 8 月 11 日	国航	当日，国航 B737-300/B-2630 号机执行 CA1111（北京—呼和浩特）航班任务，起飞滑跑时形态警告响，机组中断起飞滑回，机务更换襟翼控制器后放行飞机。QAR 译码中断速度 20 kts	机械故障
2009 年 8 月 11 日	海航	当日，海航 B737-800/B-2675 号机执行 HU7381（海口—北京）航班任务，航后检查左侧尾白灯灯罩遭雷击裂，灯底座被击穿一孔洞，按雷击特检工作单检查正常，更换灯罩和灯座	天气、意外
2009 年 8 月 11 日	海航	当日，海航 B737-800/B-5480 号机执行 HU7190（贵阳—北京）航班，过站检查发现左外主轮扎伤，尺寸：长 6 mm；宽 1 mm；深 5 mm。更换该轮子后放行飞机	其他
2009 年 8 月 12 日	国货航	当日，国货航 B747/B-2458 号机执行 CA1041（法兰克福—北京）航班任务，飞机落地后发现 1 号发动机遭鸟击，经机务检查，损伤未超标	天气、意外
2009 年 8 月 13 日	海航	当日，海航 B767-300/B-2490 号机执行 HU7966（圣彼得堡—北京）航班任务，北京过站发现有 44 件 HU7965 航班（北京—圣彼得堡）行李在圣彼得堡未卸下，被带回北京	地面保障
2009 年 8 月 15 日	国航	当日，国航 B777-200/B-2068 号机执行 CA1589（北京—虹桥）航班，在北京起飞滑跑速度 60~70 kts 时，右发发电机驱动故障，机组中断起飞。机务检查后更换右发 IDG，通电测试正常，试车无渗漏	机械故障
2009 年 8 月 16 日	国航	当日，国航 A321/B-6383 号机 CA1206（西安—北京）航班任务，北京落地后检查发现左大翼遭鸟击，超标，后续航班换飞机执行	天气、意外
2009 年 8 月 16 日	马来西亚金鹏航空公司	当日，马来西亚金鹏航空公司 9M-TGG 航空器执行 LD768 航班任务，06:09 到达北京首都机场，停在 733 号机位，该公司工程师对飞机进行每天的安全检查时，从机场作为上检查完毕出来时，意外碰到 ELT 开关，请其处于打开状态。11:20，该公司工程师接到通知后达到现场，将 ELT 开关关闭	机务

发生日期	单位	简述	事件原因
2009 年 8 月 17 日	国航	当日，国航 B737-300/B-2584 号机执行 CA1145（北京—太原）航班任务，北京出港滑跑时出现起飞形态警告，机组中断起飞，中断速度 30 kts。机组在指挥下脱离跑道，并在滑行道上检查确认飞机形态正确。初步判断警告为减速板手柄与微动电门接触不良引起。机组将减速板手柄在"下卡"和"预位"之间活动，并再次固定于下卡位，检查完毕后经塔台允许，前推推力手柄进行进一步检查，起飞形态警告消失，机组继续执行该航班，运行正常	机械故障
2009 年 8 月 18 日	海航	当日，海航 B737-400/B2993 号机执行 HU7124（牡丹江—北京）航班任务，落地时发现后缘襟翼不对称，机组执行检查单，正常落地。北京过站机务检查确认左侧襟翼位置传感器故障，更换左侧襟翼位置传感器测试正常	机械故障
2009 年 8 月 18 日	国航	当日，国航 B767-300/B-2559 号机执行 CA1621（北京—哈尔滨）航班任务，起飞爬升到 1200m 时，飞机有振动，机组怀疑撞上外来物，没有其他不正常迹象，机组继续飞往哈尔滨，正常落地。落地后机务检查发现 EICAS 有 2 发喘振信息，19 日北京派人赴哈尔滨执行发动机孔探和试车，检查和测试结果正常，经 Ameco 评估后，飞机放行	天气、意外
2009 年 8 月 18 日	山航	当日，山航 B737-800/B-5450 号机执行 CA1222（兰州—北京）航班任务。飞机在北京机场航后检查时，发现右内主轮扎伤（尺寸：长 × 宽 × 深为 6 mm×3.5 mm×10 mm），超标。更换轮胎	其他
2009 年 8 月 18 日	海航	当日，海航 B737-800/B-5138 号机执行 HU7190（贵阳—北京）航班任务，在北京检查发现左外主轮扎伤，长 × 宽 × 深为 6 mm×2 mm×14 mm，更换胎轮	其他
2009 年 8 月 18 日	海航	当日，海航 B737-800/B-2677 号机执行 HU7346（乌鲁木齐—北京）航班任务，落地后发现右前轮扎伤，长 × 宽 × 深为 4 mm×3 mm×7 mm，更换轮胎	其他
2009 年 8 月 19 日	国航	当日，国航 B737-800/B-5311 号机执行 CA1839（北京—宁波）航班任务，飞机后登机门下方与食品车发生刮碰，刮碰尺寸为 46 cm×11 cm，机务检查没有凹坑，刮碰部位没有松动，损伤未超标，放行飞机	地面保障
2009 年 8 月 19 日	东航	当日 16:14，东航 MU5167/B-2381/A340 号机进入 223 机位后，机务检查时发现 6 号主轮损伤（长 × 宽 × 深为 0.6 cm×0.6 cm×1 cm）需要更换轮胎，15:45，飞行区管理部查道结束，未见异常	其他
2009 年 8 月 20 日	海航	当日，海航 B737-800/B-5439 号机执行 HU7616（东营—北京）航班任务，北京过站检查发现左前轮扎伤，尺寸：长 13 mm；宽 14 mm；深 1 mm。更换该轮后放行飞机	其他
2009 年 8 月 21 日	海航	当日，海航 B737-800/B-5137 号机执行 HU7638（昆明—北京）航班任务，北京过站检查发现左侧副翼后缘被雷击，按雷击工作检查单检查正常后放行飞机	天气、意外
2009 年 8 月 21 日	海航	当日，海航 B737-800/B-5338 号机执行 HU7338（西安—北京）航班任务，北京过站检查发现左前轮扎伤，尺寸：长 6 mm，宽 2 mm，深 7 mm。更换该轮后放行飞机	其他
2009 年 8 月 21 日	海航	当日，海航 B737-400/B-2576 号机执行 HU7173（太原—北京）航班任务，飞机在北京落地后检查发现左内主轮扎伤超标（尺寸：长 × 宽 × 深为 4 mm×2 mm×7 mm），更换该轮胎	其他

发生日期	单位	简述	事件原因
2009 年 8 月 23 日	海航	当日，海航 B737-800/B-5405 号机执行 HU7238（西安—北京）航班任务，北京过站检查发现右发唇口有血迹，目视检查内外涵无损伤，低压压气机进口导向叶片无鸟毛血迹，发动机振动数据正常近几段均未超过 1 个单位。完成鸟击检查单，结果正常	天气、意外
2009 年 8 月 23 日	国航	当日，国航 B737-800/B-2642 号机执行 CA1559（北京—青岛）航班任务，在北京地面启动右发时，由于翼梁活门故障，供油被切断，右发启动失败。机务地面检查发现翼梁活门故障灯亮，跳开关跳出。机务更换翼梁活门作动筒，测试正常	机械故障
2009 年 8 月 24 日	海航	当日，海航 A340/B-6510 号机执行 HU7802（广州—北京）航班，北京落地后机组对跟机放行机务反映感觉落地比较重。地面读取载荷报告 15，RALR（Radio Altitude Rate）最大 14.5，译码发现最大 Delta VRTA（Vertical Acceleration Increment）达到 1.41，依据手册，RALR > 14 ft/s 或 Delta VRTA > 1.3 g 都需要将载荷报告 15 反馈给厂家并征得厂家同意后飞机方能继续飞行。厂家已答复，不需维修，可以继续飞行	机组
2009 年 8 月 25 日	天津航空	当日，天津航空 E190/B-3121 号机执行 GS7547（榆林—北京）航班任务，北京航后检查发现左内主轮扎伤，尺寸：长 4 mm，宽 1 mm深，6 mm。伤口超标更换轮胎	其他
2009 年 8 月 25 日	国航	当日，国航 B737-300/B-2948 号机执行 CA1133（北京—运城）航班任务，起飞后机组发现 1 号辅助皮托管加温故障，返航后正常落地	机械故障
2009 年 8 月 26 日	国航	当日，国航 A320/B-2377 号机执行 CA986（北京—浦东）航班，起飞后机组感觉遭鸟击，无大碍，继续飞行后正常着陆。落地后机务检查雷达罩有鸟击痕迹，无损伤，放行飞机	天气、意外
2009 年 8 月 27 日	海航	当日，海航 B737-800/B-5375 号机执行 HU7346（乌鲁木齐—北京）航班任务，北京过站检查发现左前轮扎伤，尺寸：长 12mm，宽 3mm，深 8mm。更换该轮子后放行飞机	其他
2009 年 8 月 28 日	东航北京分公司	当日，东航北京分公司飞机执行 MU5166（北京—杭州）航班任务，7:10 完成前货舱货物装载，关闭前货舱时，国航地面代理部门的平台车前台右侧导轨把手与运动中的前货舱门右下角刮扯，造成飞机前货舱门右下角变形。经维修人员检查结构未受损伤，办理 NRC 后飞机放行。平台车司机在完成前货舱货物装载工作后，未按要求将平台车前台完全降到位是这次事件的直接原因	地面保障
2009 年 8 月 28 日	海航	当日，海航 A340/B-6508 号机执行 HU7606（上海—北京）航班任务，北京过站检查发现右前轮扎伤超标，损伤尺寸：长 4 mm，宽 2 mm，深 7 mm	其他
2009 年 8 月 28 日	海航	当日，海航 A340/B6509 号机执行 HU7802（广州—北京）航班，北京航后发现飞机 6/7 号主轮扎伤超标，尺寸：长 5 mm，宽 2 mm，深 12 mm。更换该轮胎	其他
2009 年 8 月 30 日	国航	当日，国航 A320/B-6608 号机执行 CA1342（武汉—北京）航班，过站检查发现左发进气道有鸟击痕迹，低压压气机进口导向叶片 5 点钟位置有血迹，机务按鸟击工卡进行检查正常，放行飞机	天气、意外

发生日期	单位	简述	事件原因
2009 年 9 月 1 日	邮航	当日，邮航 B737-300/B-2656 号机执行 8Y9045 航班（北京—南京）任务，02:37 北京起飞后大约 10 min，左一号风挡玻璃裂，返航。更换左一号风挡玻璃	天气、意外
2009 年 9 月 3 日	国航	当日，国航 B737-800/B-5197 号机执行 CA1103（北京—呼和浩特）航班任务，起飞滑跑时，出现形态警告，机组立即中断起飞，中断速度约 70 kts。退出跑道后，机组判断为减速板手柄接触不良，重置减速板手柄后正常，再次起飞	机械故障
2009 年 9 月 4 日	海航	当日，海航 B737-800/B-5480 号机执行 HU7987（北京—台北）航班任务，出港滑行中后货舱门灯亮，飞机滑回。机务检查后货舱门关好，确认为门指示故障，按 MEL 放行	机械故障
2009 年 9 月 4 日	国航	当日，国航 B777-200/B-2065 号机执行 CA1338(深圳—北京）航班任务，过站装卸货时，由于平台车司机的操作失误，导致平台车在升起过程中其护栏将前货舱操作盖板顶变形。当地机务对盖板进行临时修理，后飞机放行，回京后由于航材无件，办理故障保留	地面保障
2009 年 9 月 4 日	海航	当日，海航 B737-800/B-5430 号机执行 HU7252（温州—北京）航班任务，北京航后检查发现右内主轮扎伤，尺寸：长 7 mm，宽 1 mm，深 10 mm。更换该轮子	其他
2009 年 9 月 5 日	海航	当日，海航 B767/B-2492 号机执行 HU7136(长沙—北京）航班任务，检查发现 3 号主轮扎伤，尺寸：长 18 mm，宽 1 mm，深 8 mm。更换该轮子	其他
2009 年 9 月 7 日	国航	当日，国航 A330/B-6113 号机执行 CA110（香港—北京）航班任务，航后检查飞机左大翼前缘缝翼遭鸟击，凹坑尺寸：长 × 宽 × 深为 80 mm×40 mm×2.5 mm，凹坑距离紧固件不足 15 mm	天气、意外
2009 年 9 月 7 日	海航	当日，海航 B737-800/B-2652 号机执行 CN7158(南宁—北京）航班任务，航后检查发现雷达罩有鸟击血迹，完成鸟击后特检，未发现异常	天气、意外
2009 年 9 月 7 日	海航	当日下午 14:30 至 14:40，在 108 机位，航油人员在打开油井盖进行检查时未放置警告旗，航线车间孔祥禹过站时不慎左脚踩进井中，当时感觉略有疼痛，后疼痛逐渐加剧，送医院做 X 光检查左脚小脚趾受伤	地面保障
2009 年 9 月 8 日	海航	当日，海航 B737-800/B-2157 号机执行 HU7188（武汉—北京）航班，北京过站检查发现右发及右机翼前缘有鸟击痕迹，检查无损伤及未进发动机涵道，按鸟击特检工作单检查正常后放行飞机	天气、意外
2009 年 9 月 9 日	国航	当日，国航 A330/B-6073 号机执行 CA937（北京—伦敦）航班任务，北京起飞后机组收起落架时出现绿液压系统压力低警告，起落架收不上，飞机返航，安全落地。落地后机务检查绿系统液压油在满位，系统无渗漏，打压测试，液压系统压力正常，无警告信息。目前推测为液压系统监控组件（HSMU）故障	机械故障
2009 年 9 月 9 日	海航	当日，海航 B737-800/B-5417 号机执行 HU7238（西安—北京）航班后。过站发现左内主轮扎伤，尺寸：长 × 宽 × 深为 30 mm×3.5 mm×12 mm	其他
2009 年 9 月 10 日	海航	当日，海航 B737-800/B-5182 号机执行 HU7112(昆明—北京）航班任务，北京过站检查发现右内主轮扎伤，尺寸：长 10 mm，宽 1 mm，深 15 mm。更换该主轮	其他

发生日期	单位	简述	事件原因
2009 年 9 月 11 日	国航	当日，国航 B737-300/B-2581 飞机执行 CA1480（珠海—北京）航班，下降至 325 ft 时，飞机遭遇风切变，出现风切变警告，机组立即复飞，后正常落地。QAR 探测数据表明警告持续 5 s，风速变化为：32~25 kts，风向无明显变化	天气、意外
2009 年 9 月 11 日	海航	当日，海航 A330-200/B-6089 号机执行 HU7178（杭州—北京）航班任务，北京过站检查发现雷达罩上部机身蒙皮上有鸟击痕迹，按鸟击工作检查单检查正常	天气、意外
2009 年 9 月 11 日	海航	当日，海航 B737-800/B-2158 号机执行 HU7097（宁波—北京）航班任务，北京过站检查发现右外主轮扎伤，尺寸：长×宽×深为 15 mm×2 mm×8 mm，更换该轮后放行飞机	其他
2009 年 9 月 11 日	海航	当日，海航 B737/B-2157 号机执行完 HU7371（太原—北京）航班任务，12 日在北京航前拖动飞机后检查发现右内主轮扎伤超标，损伤尺寸：长 20 mm，宽 2 mm，深 5 mm	其他
2009 年 9 月 12 日	东航武汉有限公司	当日，东航武汉有限公司 B737-800/B5472 号机执行 MU2394（温州—北京）航班任务，在北京首都机场落地后，机务对飞机进行航后检查，发现右水平安定面前缘有鸟击痕迹，鸟击凹坑尺寸：长、宽、深分别为 90 mm、40 mm、7 mm。北京飞机维修部按照鸟击检查程序，对其他部位进行检查，未发现异常	天气、意外
2009 年 9 月 16 日	国航天津分公司	当日，国航天津分公司 B737-700/B-5043 号机执行 CA961（大连—北京）航班，在北京落地后检查发现 1 发遭鸟击，进气道有血迹，内涵道 8 点钟位置发现鸟毛。完成 1 发孔探检查正常，试车正常，放行飞机	天气、意外
2009 年 9 月 17 日	国航	当日，国航 B737-800/B-5437 号机执行 CA1551（北京—黄山）航班任务，起飞后约 40 min 时右 2 号风挡加温故障，因航路限制，机组返航北京，航班换飞机执行。地面测试右侧风挡加温正常，检查接线正常，对换左右侧加温电缆，更换右侧加温控制器，测试正常，放行飞机	机械故障
2009 年 9 月 17 日	南航	当日 08:01，南航 CZ6163/B-6398/A321 号出港航班起飞后左发故障返航本场，TAMCC 通知各救援单位原地待命，08:20，飞机由 36L 跑道安全落地，原地待命解除，CZ6136 航班改由 B6317 飞机执行，于 10:30 出港，延误 220 min	机械故障
2009 年 9 月 17 日	东航	当日 15:55，东航 MU5136/B-2336/A320 号出港航班滑行至 Z3 与 M 滑交界处前轮转向系统故障，16:09，飞机由拖车拖至 801 机位排故。该航班部分旅客改签其他航班	机械故障
2009 年 9 月 17 日	海航	当日，海航 B737-800/B-5138 号机执行 HU7620（包头—北京）航班任务，北京过站检查发现左外主轮割伤，更换该轮后放行飞机	其他
2009 年 9 月 17 日	海航	当日，海航 B737-800/B-5082 号机执行 HU7116（满洲里—北京）航班任务，北京过站检查发现左前轮扎伤，尺寸：长 18 mm，宽 2 mm，深 10 mm。更换该轮后放行飞机	其他
2009 年 9 月 19 日	国航	当日 11:20，CA1802/B5332/B737-800 进港航班飞行途中自动配平系统故障，TAMCC 通知各救援单位原地待命。11:23，飞机安全落地，原地待命解除	机械故障
2009 年 9 月 20 日	海航	当日，海航 A340-600/B-6510 号机执行 HU7142（成都—北京）航班任务，北京航后检查发现雷达罩上部、左 1 号和右 1 号风挡上有鸟击痕迹，按鸟击特检工作单检查正常	天气、意外

发生日期	单位	简述	事件原因
2009年9月20日	海航	当日，海航B737-800/B-5417号机执行HU7197（宁波—北京）航班任务，飞机在北京落地后检查发现雷达罩有鸟击痕迹，机务检查后正常放行。	天气、意外
2009年9月20日	海航	当日，海航A340-600/B-6509号机执行HU7802（广州—北京）航班任务，北京航后检查发现左1号和右1号风挡上有鸟击痕迹，按鸟击特检工作单检查正常	天气、意外
2009年9月21日	国航	当日，国航B737-300/B-2614号机执行CA1277（北京—兰州）航班任务，在北京过站装货时，由于货运操作人员操作不当，导致货运拖车与飞机机身发生刮蹭，前货舱门前部1m处机身蒙皮有长约5cm、宽约5mm的划痕	地面保障
2009年9月22日	国航重庆分公司	当日，国航重庆分公司B737-800/B-2649号机执行桂林—北京航班任务。07:00北京落地后经机务检查，发现左发内涵道8点钟位置有鸟击痕迹，进行内窥检查，情况正常，进行试车检查，情况正常	天气、意外
2009年9月22日	海航	当日，海航B737-800/B-5372号机执行HU7338（西安—北京）航班任务，北京落地后左发前缘整流罩右前方发现鸟击痕迹，机务正常检查后放行	天气、意外
2009年9月23日	国航	当日，国航B767-300/B-2559号机执行CA925（北京—东京）航班，起飞后飞机出现电子舱门未关严指示信号，机组与地面机务联系后，继续飞行，在东京正常落地。落地后机务检查电子舱门遭鸟击，不影响放行。	天气、意外
2009年9月23日	深航	当日，深航B737/B-5102号机执行ZH9821（深圳—北京）航班任务，北京过站检查时发现，飞机右发遭鸟击，目视无损伤，正常放行。机组反馈飞行中未有明显感觉	天气、意外
2009年9月23日	深航	当日，深航B737/B-6589号机执行ZH9592（北京—南宁）航班任务，飞机起飞后约30min，机组反映左一号风挡玻璃有裂纹，机组决定返航，后安全落地	机械故障
2009年9月25日	国航	当日，国航B737-700/B-5043号机执行CA1606（大连—北京）航班，北京卸机时发现4舱内货物有渗漏，货物所在货舱地板已湿，经查是由于大连航站所装货物（运单号为：999-89423471，5件/128kg，品名：贝）泄漏引起。初步调查原因是大连货站未按规定在装海鲜货物的货舱地板上铺放塑料布，同时也存在野蛮装载现象，其中一件货物倒置，监装人员监装不到位	地面保障
2009年9月25日	海航	当日，海航A330/B-6088号机执行HU0489(北京—柏林)航班任务，起飞前半小时左右R4门附近的灭火瓶被乘务员误操作失效，按MEL26-24-01放行	机组
2009年9月26日	金鹿航空	当日，金鹿航空A319/B-6245号机执行JD5285（北京—呼和浩特）航班任务，上跑道推油门准备松刹车时，左发动机EGT超温，飞机没有速度。从最近滑行道滑回后，等待机务从西安带件维修。B6245飞机9月26日后续航班全部取消，旅客改签。后飞机于27日凌晨修复，正常放行执行27日航班任务	机械故障
2009年9月26日	海航	当日，海航B737-800/B-2638号机执行HU7145（北京—乌鲁木齐）航班任务，过站推出后左发反推灯亮，飞机滑回。地面检查EAU上有收上型信息；拆下左发左上锁作动器人工解锁手柄，检查手柄花键有磨损。按MEL锁左发反推，放行飞机	机械故障

发生日期	单位	简述	事件原因
2009 年 9 月 26 日	深航	当日，深航 B737/B-5103 号机执行 ZH9889（深圳—北京）航班任务，北京航后检查发现右内主轮扎伤超标，尺寸：长×宽×深为 1.4 cm×0.1 cm×1 cm，未携带外来物。更换主轮。滑行路线如下。深圳：6 号位—J—H—A—15 号跑道；北京：36 左跑道—P7 脱离—C—Z6—D5—235 号位	其他
2009 年 9 月 27 日	国航	当日，国航 A330/B-6079 号机执行 CA1368（深圳—北京）航班，北京进场下降阶段，出现 ECAM 信息"ENG 2 CTL SYS FAULT"，只提示机组自动推力反应慢，没有 ECAM 动作，机组通过 FCOM 核实故障，正常进近并落地。脱离跑道后，ECAM 信息再次出现并伴有 ECAM 动作，"ENG 2 THRUST IDLE，ENG 2 MASTER OFF"，机组按 ECAM 完成相应程序，关停 2 发，单发滑到机位，正常停靠。机务检查后更换 FMU，试车检查无渗漏，无故障信息	机械故障
2009 年 9 月 27 日	海航	当日，海航 B737-800/B-5418 号机执行 HU7308（合肥—北京）航班，飞机过站检查发现右前轮扎伤超标，尺寸：长 8 mm，宽 2 mm，深 8 mm。更换轮胎后放行飞机	其他
2009 年 9 月 28 日	国航	当日，国航 A321/B-6555 号机执行 CA1556（青岛—北京）航班，在北京落地后检查发现左发进气道 3 点钟位置遭鸟击，有一长×宽×高为 100 mm×40 mm×3 mm 的损伤，飞机停场修理后测试正常，放行飞机	天气、意外
2009 年 9 月 28 日	国航	当日，国航 B737-700/B-5201 号机执行重庆—北京航班任务，落地后发现飞机左一号风挡被鸟击。经机务检查未超标，正常放行	天气、意外
2009 年 10 月 1 日	国航	当日，国航 B747-400/B-2443 号机执行 CA982（纽约—北京）航班，落地后机务检查发现，飞机左 2 号门附近有 3 个凹坑，其中一个较大（60 mm 宽×4 mm 深），探伤检查无裂纹，紧固件完好。机务办理 DD 保留 2 个航段，执行 10 月 2 日 CA931/2 航班，10 月 3 日回京停场修理正常后放行飞机	地面保障
2009 年 10 月 1 日	国航	当日 13:50，国航 CA1278/B-5053/B737 号航班落地入位后，机务检查发现飞机右内主轮有损伤（长×宽×深为 1.3 cm×0.3 cm×1.4 cm），需要更换轮胎。14:16，飞行区管理部查道结束，未见异常	其他
2009 年 10 月 1 日	新华航空	当日，新华航空 B737-300/B-2989 号机执行 HU7124（牡丹江—北京）航班任务，航后检查发现右发有鸟击痕迹。机务完成鸟击后特检并完成孔探检查，结果正常	天气、意外
2009 年 10 月 3 日	国航	当日，国航 B737-800/B-5426 号机执行 CA1461（北京—贵阳）航班任务，08:31 起飞，在起飞过程中机组报告飞机被鸟击，发动机各参数正常，继续执行航班任务于 11:21 在贵阳机场安全落地。地面检查发现右发 6 点位置有鸟毛，经检测右发各项数据正常，放行飞机	天气、意外
2009 年 10 月 7 日	金鹿航空	当日，金鹿航空 A319/B-6180 号机执行 JD5187（北京—包头）航班，空中机组报机翼蒙皮活门故障，飞机返航北京。后经机务地面检查测试后，飞机按 MEL 放行。JD5187 航班延误 84 min	机械故障
2009 年 10 月 8 日	海航	当日，海航 B737-800/B-5358 号机执行 HU7240（西宁—北京）航班任务，北京航后检查发现右外主轮扎伤，尺寸：6 mm×2 mm×10 mm，更换该轮	其他

发生日期	单位	简述	事件原因
2009 年 10 月 9 日	东航江西分公司	当日，东航江西分公司 A320/B-6013 号机执行 MU5175(南昌—北京)航班任务，19:33 在北京进近时，高度 400 m 左右遭遇鸟击。落地后，检查发现，雷达罩鼻处有裂纹。飞机停场做进一步检查，并准备更换雷达罩	天气、意外
2009 年 10 月 12 日	海航	当日，海航 A330/B-6088 号机执行完 HU7148(成都—北京)航班任务，北京过站检查发现左大翼 3 号缝翼有凹坑(长 100 mm，宽 100 mm，深 3 mm)，凹坑周围有浅黄色黏稠物质，确认损伤尺寸未超标并完成鸟击后检查，结果正常，放行飞机执行后续航班	天气、意外
2009 年 10 月 13 日	国航重庆分公司	当日 8:35，国航重庆分公司 B737/B-5398 号机执行 CA1333 (北京—武汉)航班任务，起飞后，机组反映安定面配平自动方式失效，返航，正常落地	机械故障
2009 年 10 月 13 日	国航重庆分公司	当日，国航重庆分公司 B737-800/B-2657 号机执飞 CA1567 (北京—温州)航班任务。机组在起飞过程中报告被鸟击，机组检查发动机参数正常，机组继续执行航班任务于 10:34 在温州机场安全落地。航后维修人员检测各项数据正常，按规定放行，执行后续航班，航班未延误	天气、意外
2009 年 10 月 16 日	海航	当日，海航 B737-400/B-2965 号机执行 HU7124(牡丹江—北京)航班任务，机组报空中飞机右 2 号风挡外层破裂，增压正常，飞机已经在北京安全落地	机械故障
2009 年 10 月 17 日	国贸航	当日 11:07，国航 CA1701/B-2223/A319 号机杭州—北京(实落 10:56)飞机在 301 机位进行进港保障作业时，国货航货运托盘与飞机右发动机发生接触，经机务检查，飞机右发动机蒙皮有划痕并凹限，受损尺寸 11 cm×5 cm×1.2 cm。13:10，飞机被拖至 A380 机库进行维修，后续航班取消	地面保障
2009 年 10 月 17 日	海航	当日，海航 B737-800/B-5081 号机执行 HU7179 (北京—三亚)航班任务，滑出后机组反映 P5 板 4 号前缘襟翼过渡灯亮，飞机滑回。更换 4 号前缘襟翼收上传感器，测试正常	机械故障
2009 年 10 月 17 日	海航	当日，海航 A330/B-6133 号机执行 HU7178 (杭州—北京)航班任务，过站检查发现 7 号主轮扎伤(长 30 mm×宽 20 mm×深 6 mm)超标，更换轮胎	其他
2009 年 10 月 18 日	国航	当日，国航 A330/B-6117 号机执行 CA991(北京—温哥华)航班任务，起飞滑跑时飞机前轮抖动，机组中断起飞，速度约 100 kts，飞机滑回检查，航班换飞机执行	机械故障
2009 年 10 月 18 日	海航	当日，海航 B737-800/B5409 号机执行 HU7232 (兰州—北京)航班任务，北京过站检查发现雷达罩下部有雷击点，按雷击特检工作单检查正常后放行飞机	天气、意外
2009 年 10 月 18 日	厦航	当日，厦航 B737-800/B-5450 号机执行厦门—北京航班。当日 8:47 从厦门机场起飞，11:17 在北京机场落地。北京机务人员在对飞机进行检查时，发现右外主轮扎伤，无外来物，受损超标(一字形，约 50 mm×3 mm)，根据 AMM32 更换右外主轮	其他
2009 年 10 月 18 日	海航	当日，海航 B767-300/B-2490 号机执行 HU7281 (海口—北京)航班任务，北京过站检查发现 2 号主轮扎伤，扎伤尺寸：长 20 mm，宽 10 mm，深 20 mm，更换该主轮后放行飞机	其他
2009 年 10 月 18 日	海航	当日，海航 B737-800/B-5137 号机执行 HU7881 (西安—北京)航班任务，北京落地后检查发现左前轮扎伤超标，扎伤尺寸：长 4 mm，宽 2 mm，深 10 mm。更换轮胎测试正常后放行	其他

续表

发生日期	单位	简述	事件原因
2009 年 10 月 19 日	国航	当日，国航 B737-800/B-2673 号机执行 CA1624(哈尔滨—北京)航班，北京过站检查发现垂直尾翼前缘有鸟击迹象，出现一长 8 cm、宽 6.5 cm、深 1.5 cm 的凹坑，损伤超标。飞机停场修理，整形补胶后放行飞机	天气、意外
2009 年 10 月 20 日	Ameco	当日下午 2:29，国航 B767-300/B-2496 号机在 Ameco 机库进行维护工作，Ameco OA8 员工使用升降车接近机身上部时，车身外支架与飞机左侧机身蒙皮相碰，造成一长约 2 in 的损伤。初步分析原因为：升降车使用时，没有注意到车身外的支架；升降车和机身间的安全距离不够。按工程师制定的排故方案进行了修理	机务
2009 年 10 月 20 日	东航西北分公司	当日，东航西北分公司 A300/B-2324 号机执行 MU2123 航班(西安—北京)，北京落地后发现飞机右大翼 5 号襟翼遭鸟击，尺寸：200 mm×70 mm×50 mm，机务检查未超标，后续航班继续执行	天气、意外
2009 年 10 月 23 日	海航	当日，海航 B737-800/B-2637 号机执行 CN7128(哈尔滨—北京)航班任务，在北京过站发现右外主轮轧伤，长 10 mm × 宽 1 mm × 深 8 mm，更换轮胎放行	其他
2009 年 10 月 24 日	川航	当日，四川航空公司 A320/B-6025 号机执行 3U8838(北京—万州—昆明)航班任务，飞机北京起飞后出现前起落架收不能收上锁好故障信息，经机组重复操作后故障未能消除，机组综合判断决定返航北京。经空中耗油后飞机安全落地北京，等待排故	机械故障
2009 年 10 月 24 日	川航	10 月 24 日，川航 CSC8838,A320/B-6025 号机由北京 20:20 起飞到万县，起飞后机组报告前起落架收不上来，在青白口放油后返航，21:42 安全落地	机械故障
2009 年 10 月 24 日	国航	当日，国航 B737-800/B-5436 号机执行北京至青岛 CA1555 航班。19:30 从北京起飞。20:30 由北向南在青岛机场落地，落地后短停检查发现，左机翼前缘及上表面部位有大量血迹和羽毛，机场场道部门跑道检查，未见异物。经检查，飞机未受任何损伤，符合放行条件，正常放行	天气、意外
2009 年 10 月 25 日	海航	当日，海航 B737-800/B-2636 号机执行 HU7638(昆明—北京)航班任务，一名乘务员坐下休息时恰遇飞机颠簸，被颠倒在地上导致腰部受伤，飞机落地后地面人员将乘务员送往医院检查，检查结果为软组织挫伤	天气、意外
2009 年 10 月 25 日	山航	当日，山航 B737-800/B-5119 号机执行兰州—北京航班。当日 18：51 从兰州机场起飞，20：34 在北京机场落地。北京机务人员在对飞机进行检查时，发现右外主轮扎伤，无外来物，受损超标(长条形，约 20 mm×1 mm×10 mm)，根据 AMM32 更换右外主轮	其他
2009 年 10 月 25 日	海航	当日，海航 A330-200/B6089 号机执行 HU492(布鲁塞尔—北京)航班任务，北京过站发现 7 号主轮扎伤，尺寸：长 10 mm，宽 1 mm，深 9 mm。更换轮胎放行	其他
2009 年 10 月 25 日	国航	当日，国航 A330/B-6081 号机执行 CA1345(北京—三亚)航班，机务航前检查发现飞机左发遭鸟击，一个叶片有弯曲现象，该航班换飞机执行	天气、意外

发生日期	单位	简述	事件原因
2009 年 10 月 26 日	国航	当日，国航 B737-300/B-2587 号机执行 CA1598（威海—北京）航班任务，在京过站检查发现左发遭鸟击，航班调整由 B-2598 执行，机务孔探检查正常，放行飞机	天气、意外
2009 年 10 月 26 日	邮航	当日，邮航 B734/B-2881 号机执行 8Y9022 航班（浦东—北京），北京落地检查发现飞机左侧迎角传感器后部遭鸟击，无明显损伤	天气、意外
2009 年 10 月 26 日	国航	当日，国航 B747-400/B-2470 号机执行 CA981（北京—纽约）航班任务，在北京推出飞机过程中，在机务还未给推出飞机手势的情况下，拖车司机无意误踩了拖车油门，导致飞机在带刹车状态下推出半米多。机务检查飞机正常，放行飞机	地面保障
2009 年 10 月 27 日	国航	当日，国航 B777-200/B2059 号机执行 CA1405(北京—成都)航班时，1 发在 36100 ft 高度，爬升转平飞阶段发生喘振。机组反映发生喘振时飞机外部空气条件较好，无云无侧风。QAR 分析发现喘振发生 6 s 后自动恢复，防喘系统工作正常，机务人员完成了手册要求的检查项目，未发现异常。工程技术人员评估后认为喘振发生的原因为该发低压压气机性能较差所致，实施了发动机水洗和 2.5 放气活门润滑后，飞机放行	机械故障
2009 年 10 月 27 日	海航	当日，海航 B737-800/B-2676 号机执行 HU7116(满洲里—北京）航班任务，过站检查发现左前轮扎伤	其他
2009 年 10 月 31 日	国航	当日，国航 B747-400/B-2468 号机执行 CA1501（北京—虹桥）航班任务，停在 508 机位，7:20 开始装机作业。司机李某驾引车将载有 2 个集装箱的托盘从机位设备停放区拉出时，由于托盘与牵引车销子连接没有到位，行驶过程中致使牵引车销子与托盘脱离，托盘受惯性滑至该机位飞机 3 号发动机处，导致托盘上的货箱撞到发动机进气道距地面 3 点处，造成发动机进气道上下约 16 cm 的划痕。经现场机务探伤后放行飞机，货物继续装机，航班 9:52 时离地，延误 82 min。该事件是由于操作人员拖行托盘前未按程序检查连接锁销有效入位，致使在拖行过程中托盘车与拖车脱离，导致的一起人为责任原因的不安全事件。国货航将按安全绩效管理办法对相关责任人和责任单位进行处理	地面保障
2009 年 11 月 1 日	国航	当日，国航 B777-200/B-2064 号机执行 CA1549（北京—虹桥）航班，在起飞前滑跑过程中，飞机出现前轮转弯信息及起飞形态警告，机组中断起飞，机组按照机务建议原地操纵前轮转弯后，信息消失，飞机继续执行航班，后续飞行正常，故障信息未再次出现	机械故障
2009 年 11 月 1 日	国航	当日，国航 B737-300/B-2627 号机执行 CA1827（北京—威海）航班，在北京等待除雪时机组反映 APU 火警灯亮、火警铃响，机组按照灭火程序实施了灭火，并关停 APU。机务检查 APU 外部及本体未发现有着火迹象，检查 APU 进气口有大量冰雪，判断为冰雪堵塞进气口造成 APU 进气量不足，发动机过热产生火警信号。为了保证航班正常，清除 APU 进气道的冰雪，复位 APU 灭火系统并对 APU 火警探测系统进行检测正常，按 MEL 放行飞机。航后更换了 APU 灭火瓶	天气、意外

发生日期	单位	简述	事件原因
2009 年 11 月 1 日	国航	当日，国航 A319/B-6038 号机执行 CA421（成都—北京—东京）航班，成都起飞后出现左一号风挡加温信息，机组确认左一号风挡不加温，返航成都。落地后故障信息消失，测试线路和相关部件未见异常，启用备用传感器放行。该机后续执行 CA4181（成都—太原）航班，起飞后再次出现左一号风挡加温故障返航。机务更换 1 号风挡加温控制计算机（WHC1）和左 1 号风挡，通电测试风挡加温功能正常，放行飞机	机械故障
2009 年 11 月 1 日	金鹿航空	当日，金鹿航空 A319-100/B-6182 号机执行 JD5182（丽江—昆明—北京）航班任务，北京落地后，机务检查有重着陆信息 1.88g，上传 PC 卡译码正常，完成重着陆检查，未发现异常	机组
2009 年 11 月 2 日	山航	当日，山航 B737-800 号机执行济南—北京航班。当日 20:37 从济南机场起飞，21:25 在北京机场落地。北京机务人员在对飞机进行检查时，发现右外主轮扎伤，无外来物，受损超标（条形，长×宽×深为约 12 mm×3 mm×12 mm），根据 AMM32 更换右外主轮	其他
2009 年 11 月 3 日	海航	当日，海航 B737-800/B-2647 号机执行 HU7162(重庆—北京)航班，空中机组报告右一号风挡外层出现裂纹，完成检查单后继续执行航班。飞机在北京落地后检查确认为跳火引起，更换该风挡，飞机恢复正常	机械故障
2009 年 11 月 4 日	海航	当日，海航 A340/B-6508 号机执行 HU7602（虹桥—北京）航班，在北京检查发现 11 号主轮扎伤，尺寸：长 10 mm，宽 7 mm，深 10 mm。更换该主轮	其他
2009 年 11 月 4 日	海航	当日，海航 B767/B-2490 号机执行 HU7112(昆明—北京)航班，在北京航后检查发现 3 号主轮扎伤，尺寸：长 9 mm，宽 1 mm，深 14 mm。更换该主轮	其他
2009 年 11 月 4 日	海航	当日，海航 B737-800/B-2637 号机执行 CN7130(哈尔滨—北京)航班，在北京检查发现右内主轮扎伤，尺寸：长 10 mm，宽 1 mm，深 8 mm。更换该主轮	其他
2009 年 11 月 6 日	金鹿航空	当日，金鹿航空 A319/B-6180 号机执行 JD5292（包头—北京）航班任务，北京落地后检查发现起落架有鸟击痕迹，机务按鸟击特检单检查无异常，飞机放行	天气、意外
2009 年 11 月 8 日	国航	当日，国航 B737-300/B-2906 号机执行 CA1105（北京—呼和浩特）航班，起动 2 发过程中，N1 到达 19% 时，发动机各参数下降，2 发起动未成功。机务观察发现 SHUT OFF VALVE ENG2 跳开关跳出，更换 2 发燃油关断活门，试车正常	机械故障
2009 年 11 月 8 日	国航	当日，国航 B737-300/B-2504 号机执行 CA1632（丹东—北京）航班任务，飞行过程中机组发现飞机左风挡裂纹，由于已进入北京怀柔区域，机组继续飞往目的地，正常落地	机械故障
2009 年 11 月 9 日	东航北京分公司	当日，东航北京分公司 A330-343/B-6126 号机执行 MU5106（北京—虹桥）航班，飞机推出启动好双发后，机组反映 2 发 N1、N2、N3 振动指示有问题，地面机务建议机组 2 发关车，停车后重置 2 发 EIVMU。重置无效，要求机组滑回排故。在滑回过程中，机组报告 1 发自动停车，该机由拖车拖回	机械故障

续表

发生日期	单位	简述	事件原因
2009 年 11 月 9 日	海航	当日，海航 A340/B-6509 号机执行 HU7606(虹桥—北京)航班任务，过站机组反映空中可能遭雷击，地面检查机头右前方有几处雷击点，按雷击特检单检查，飞机正常	天气、意外
2009 年 11 月 9 日	海航	当日，海航 B737-800/B-5137 号机执行 HU7146（乌鲁木齐—北京）航班任务，航后检查发现左机身有雷击点，按雷击特检单检查正常	天气、意外
2009 年 11 月 10 日	山航	当日，山航 B737-800/B-5117 号机执行张家界—北京航班。当日 22:18 从张家界机场起飞，次日 0:12 在北京机场落地。北京机务人员在对飞机进行检查时，发现左前轮两处扎伤，无外来物，受损超标（一字形，长×宽×深约为 5 mm×1 mm×10 mm 和 3 mm×2 mm×10 mm），根据 AMM32 更换左前轮	其他
2009 年 11 月 10 日	海航	当日，海航 A330/B-6088 号机执行 HU0711X（呼和浩特—北京）航班任务，北京过站发现 8 号主轮扎伤超标，扎伤尺寸：长 10 mm，宽 3 mm，深 14 mm。更换轮胎	其他
2009 年 11 月 11 日	国航	当日，国航 B737-800/B-5197 号机执行 CA1332（郑州—北京）航班，在北京首都机场 01 跑道进近着陆接地瞬间，跑道道面上飞起一群鸟，撞向飞机，发动机指示未发现异常，机组及时向塔台和机务反映了情况	天气、意外
2009 年 11 月 11 日	东航山东分公司	当日，东航山东分公司 A320/B-2336 号机执行 MU5195（青岛—北京）航班任务，北京短停检查发现 B-2336 飞机 2 号发动机遭鸟击，进气道整流锥及风扇叶片根部有鸟毛和血迹。根据 AMM 对飞机鸟击后目视检查无损伤，发动机参数正常，飞机放行，航班延误 60 min。航后内窥检查 HPC1,3,8 级和燃烧室正常	天气、意外
2009 年 11 月 12 日	海航	当日，海航 A330/B-6116 号机执行 HU7281（海口—北京）航班任务，北京落地后出现 "ENG2 FADEC SYS FAULT" 故障信息，机组滑行中按检查单关右发。飞机滑到停机位后，机务更换右发 EEC，试车正常放行	机械故障
2009 年 11 月 12 日	海航	当日，海航 B737-800/B-5403 号机执行 HU7192(厦门—北京)航班任务，在北京过站检查发现左内主轮扎伤，尺寸：长 10 mm，宽 2 mm，深 10 mm。更换轮胎	其他
2009 年 11 月 13 日	海航	当日，海航 B737-800/B-5428 号机执行 HU7616（东营—北京）航班任务，北京过站发现右内主轮扎伤超标，扎伤尺寸：长 7 mm，宽 1 mm，深 11 mm。更换轮胎继续执行航班	其他
2009 年 11 月 14 日	海航	当日，海航 B737-800/B-5082 号机执行 HU7122（南京—北京)航班任务，正常落地后，在滑入停机位时，滑过停机线，后由拖车拖入机位，未造成其他影响	机组
2009 年 11 月 15 日	海航	当日，海航 B737/B-5466 号机执行 HU7701（北京—深圳）航班任务，北京滑出后出现起飞形态警告，飞机滑回后检查，起飞警告测试正常，放行飞机。QAR 译码显示机组起飞形态设置正常。后续故障再未出现，航后清洁 S651 电门，测试起飞警告正常	机械故障
2009 年 11 月 15 日	海航	当日，海航 B737-800/B-5181 号机执行 HU7346（乌鲁木齐—北京）航班任务，北京过站发现左前轮扎伤超标，扎伤尺寸：长 9 mm，宽 3 mm，深 8 mm。更换轮胎继续执行航班	其他

续表

发生日期	单位	简述	事件原因
2009 年 11 月 15 日	海航	当日，海航 B737/B-2677 号机执行 HU7804（广州—北京）航班任务，北京过站发现左外主轮扎伤超标，扎伤尺寸：长 15mm，宽 1mm，深 7mm。更换轮胎继续执行航班	其他
2009 年 11 月 18 日	海航	当日，海航 B737-800/B-5407 号机执行 HU7176（呼和浩特—北京）航班任务，北京过站发现左外主轮扎伤（长 × 宽 × 深为 10 mm×1 mm×8 mm），换轮后放行	其他
2009 年 11 月 18 日	海航	当日，海航 B737-800/B-5089 号机执行 CN7194（南昌—北京）航班任务，北京过站发现右内主轮扎伤超标，尺寸：长 25 mm，宽 5 mm，深 15 mm	其他
2009 年 11 月 18 日	川航	当日 09:15，川航 SC1151/B-5332/B737-800 号机进入 309 机位后，机务检查时发现飞机左外前轮有损伤。09:42，飞行区管理部查道结果，未见异常	其他
2009 年 11 月 19 日	国航	当日，国航 A330/B-6117 号机执行 CA178（墨尔本—浦东—北京）航班，北京落地后机务检查发现飞机有雷击痕迹，未造成损伤，放行飞机	天气、意外
2009 年 11 月 19 日	海航	当日，海航 B767/B-2492 号机执行 HU7602（虹桥—北京）航班任务，北京航后检查发现 7 号主轮扎伤超标（10 mm×1 mm×10 mm）	其他
2009 年 11 月 20 日	国航	当日，国航 A321/B-6385 号机执行 CA1376（南宁—北京）航班，航后检查发现右后襟翼有鸟击凹坑，约 140 mm×80 mm，损伤超标，不能放行，停场修理。机务对损伤区域进行了整形，对襟翼系统进行操作测试，结果正常，已放行飞机	天气、意外
2009 年 11 月 20 日	东航山西分公司	当日，东航山西分公司 B737-700/B-2680 号机执行 MU5267（太原—北京）航班任务，当日 19:45 从太原机场起飞，20:40 在首都机场落地。北京机务短停发现左外主轮扎伤，依据 AMM 手册更换左外主轮，检查正常。轮胎位置：左外侧主轮。受损情况：1.5 cm×1.3 cm 轮胎信息：普利斯通斜交胎（件号：APS06015）	其他
2009 年 11 月 21 日	海航	当日，海航 B737-800/B-2637 号机执行 CN7184 航班（大连—北京），北京过站发现右外主轮扎伤超标，尺寸：长 12 mm，宽 3 mm，深 5 mm。更换轮胎继续执行航班	其他
2009 年 11 月 21 日	海航	当日，海航 B767/B-2491 号机执行 HU7181 航班（海口—北京），北京过站发现 6 号主轮扎伤超标，尺寸：长 12 mm，宽 2 mm，深 2.5 mm。更换轮胎继续执行航班	其他
2009 年 11 月 22 日	国航	当日，国航 A321/B-6326 号机执行 CA1350（长沙—北京）航班任务，落地后机务地面检查发现机身右前部有雷击点，更换前起落架舱门烧蚀螺钉，更换受损放电刷，测试机载电子系统工作正常。机身前部右侧蒙皮和前货舱门有 4 处雷击点需停场修理，因时间不足办理保留	天气、意外
2009 年 11 月 22 日	金鹿航空	当日，金鹿航空 A321/B-6180 号机执行 JD5290（呼和浩特—北京）航班任务，飞机正常落地后，计划停机位置为 W105，由于接机机务站错位置（W104）、停机位没有标牌、晚上地面停机位标识看不清等原因，致使机组错滑入停机位 W104。事件发生后，经与 TAMCC 通报协调，TAMCC 同意飞机停在 W104，未造成其他影响	机务
2009 年 11 月 23 日	国航内蒙古分公司	当日，国航 B737/B-2906 号机执行 CA1695 航班任务，推出后启动 2 号发动机将稳定时 EGT 和 N2 下降, EGT 数字闪烁、人工关车。地面排故按 AMM28-42-00 更换燃油控制面板，按 AMM28-22-11 燃油关断活门后，按 AMM71-00-00 试车检查正常，飞机投入航班	机械故障

发生日期	单位	简述	事件原因
2009 年 11 月 23 日	国航	当日，国航 B737-800/B-2510 号机执行 CA1854（宁波—北京）航班，起飞后机组反映安定面配平不工作，使用人工配平继续飞行，在北京正常落地	机械故障
2009 年 11 月 23 日	深航	当日，深航 A320/B-6357 号机执行的 ZH9694（哈尔滨—广州）航班任务，增压系统出现故障，座舱压力过大，压差达 8 psi 以上，安全释压活门开，转人工仍然无法控制，ECAM 上后溢流活门显示 XX。航班备降北京，机务更换后溢流活门。后飞机正常执行航班	机械故障
2009 年 11 月 26 日	海航	当日，海航 A330/B-6116 号机执行 HU7177(北京—杭州)航班任务，在北京准备推出时，飞行机组误将飞机滑行灯打开，强光晃到 BGS 拖车司机，该司机感觉不适并回家休息	机组
2009 年 11 月 26 日	东航山西分公司	当日，东航山西分公司 B737-700/B-5258 号机执行 MU5227（洛阳—北京）航班任务，21:28 从洛阳机场起飞，22:43 在首都机场落地。北京机务航后检查发现右内主轮扎伤，依据 AMM 手册更换右内主轮，检查正常。轮胎位置：右内侧主轮，胎正面中间位置。受损情况：长 10 mm×深 10 mm。轮胎信息：普利斯通斜交胎（件号：APS06015）	其他
2009 年 11 月 28 日	海航	当日，海航 B767/B-2491 号机执行 HU7702（深圳—北京）航班任务，北京航后检查发现 1 号主轮扎伤，尺寸：长 5 mm，宽 1.5 mm，深 10 mm	其他
2009 年 11 月 28 日	海航	当日，海航号机执行 HU7297（宁波—北京）航班任务，北京航后检查发现左外主轮扎伤，尺寸：长 7 mm，宽 3 mm，深 13 mm。更换轮胎后放行	其他
2009 年 11 月 28 日	深航	当日，深航 B737-900/B-5105 号机执行 ZH9801(深圳—北京)航班，该航班 13:28 从深圳起飞，16:03 在北京落地，北京过站机务检查发现右前轮扎伤超标，更换后放行。扎伤位置为切口型，具体尺寸：长 7 mm，宽 1.5 mm，深约 5 mm。滑行路线为深圳：09 号位—N—H—A—15 号跑道；北京：36 左跑道—P6—C—Z4—240 号位	其他
2009 年 11 月 29 日	国航西南分公司	当日，国航 B757-200/B-2832 飞机执行 CA1507（北京—南京）航班任务，在北京起飞滑跑过程中出现空速管加温信息，自动油门脱开，速度 100 kts 时机组中断起飞（V1 为 130 kts），空速最大上升至 110 kts。滑回机务检查后确定为全温探头故障，更换全温探头并完成中断起飞后的检查工作，测试正常后放行飞机，已要求西南分公司对中断起飞事件进行调查	机械故障
2009 年 11 月 29 日	天津航空	当日，天津航空 E190/B-3155 号机执行 GS7504（赤峰—北京）航班任务，降落过程中前起落架遭鸟击，飞机安全落地。地面检查飞机无损伤，飞机放行	天气、意外
2009 年 11 月 29 日	海航	当日，海航 B737-800/B-5141 号机执行 HU7616（东营—北京）航班任务，落地后检查发现右内主轮扎伤超标，更换轮胎	其他
2009 年 11 月 29 日	国航	当日，国航 B757-200/B-2832 号机执行 CA1507（北京—南京）航班，在北京起飞滑跑过程中出现空速管加温信息，自动油门脱开，速度 100 kts 时机组中断起飞（V1 为 130 kts），空速最大上升至 110 kts。滑回机务检查后确定为全温探头故障，更换全温探头并完成中断起飞后的检查工作，测试正常后放行飞机	机械故障

发生日期	单位	简述	事件原因
2009 年 11 月 30 日	海航	当日，海航 B737-800/B-5418 号机执行 HU7638（昆明—北京）航班任务，北京过站检查发现后货舱地板有 5 mm×17 mm 的矩形撕口。用金属胶带临时处理。（撕口位置：后货舱 A2 探测器下方的地板上）	地面保障
2009 年 11 月 29 日	国航	11 月 29 日，国航 B777-200/B-2059 号机执行 CA1517（北京—上海）航班，在飞行直接准备过程中，机组发现舱单上的起飞油量（11540 kg）与飞行计划油量（19500 kg）相差较多，经确认舱单有误。后配载重做舱单，飞机正常离港。经调查，CA1517 航班用 SOC 系统操作，由于飞机有性能减载，SOC 系统中的 DM 模块的油量无法自动导入 LM 模块，需要人工输入，而在输入过程中，配载员错误输入油量，并制作舱单，上传至飞机	地面保障
2009 年 12 月 2 日	国航	当日，国航 B737-800/B-2643 号机执行 CA1384（深圳—北京）航班，在北京进近放襟翼 15 过程中，右侧后缘襟翼指示在 5 的位置，未出现襟翼不对称现象，机组采取复飞措施，并严格执行后缘襟翼不一致检查单，备用将襟翼放出至 15，安全落地。落地后机务地面测试发现右襟翼位置传感器故障，更换右襟翼位置传感器后测试正常	机械故障
2009 年 12 月 2 日	海航	当日，海航 A330-200/B-6116 号机执行 HU7181（海口—北京）航班任务，北京过站检查发现 6 号主轮扎伤（尺寸：长 7.5 mm，宽 2 mm，深 4 mm），更换轮胎	其他
2009 年 12 月 3 日	新华航空	当日，海航 B737-800 号机执行 HU7703（北京—深圳）航班任务，飞机推出时，新华航空一辆 VIP 贵宾车司机因注意力不集中，与飞机抢行，BGS 拖车急刹车导致拖车拖杆剪切销折断	地面保障
2009 年 12 月 3 日	海航	当日，海航 B767/B-2492 号机执行 HU7246（乌鲁木齐—北京）航班任务，北京过站机务检查发现飞机左前轮扎伤超标，更换轮胎后放行飞机	其他
2009 年 12 月 4 日	国航	当日，国航 B747-400/B-2467 号机执行 CA984（洛杉矶—北京）航班任务，北京 36R 跑道盲降进近时，在 500 ft. 左右得到 ATC 可以落地指令，飞机在约 100 ft，遇到前机起飞尾流（前机为外航 747 货机），飞机状态不稳定，机组采取复飞措施，后经 ATC 指挥再次正常落地	其他
2009 年 12 月 4 日	国航	当日，国航 B737-300/B-2600 号机执行 CA1805（北京—井冈山）航班，北京起飞后前起落架收不上，返航落地。机务更换空中传感顺序电门并清洁起落架逻辑插头后收放测试正常，放行飞机	机械故障
2009 年 12 月 5 日	国航	当日，国航 A321/B-6386 号机执行 CA4117（成都—北京）航班，19:12 在北京落地停 301 机位，卸机时行李传送带车黄色警灯杆与飞机发生刮碰，导致飞机前货舱下机身腹部有一长 550 mm 的划痕，并有两个凹坑（尺寸分别为：115 mm×85 mm×3.2 mm，95 mm×80 mm×3.6 mm），后续航班换飞机执行。经工程师评估，损伤可保留到下次 C 检。经初步调查，地服行李传送带车司机在未挡轮挡的情况下，违反操作流程，从驾驶台上到传送带上查看前货舱内有无行李货物，在离开驾驶台时脚踩在挡位护栏上并碰到了前进挡开关，车辆急速向前移动，司机发现车辆前移后急忙从传送带上跳下，但已来不及控制车辆，车辆从飞机下穿过，黄色警灯杆与机腹部刮碰，无人员受伤。该车辆司机于 2007 年 12 月 28 日进入公司，从事驾驶行李传送带车工作，上岗之前接受过相关培训并考试合格，本次事件之前没有不良记录	地面保障

续表

发生日期	单位	简述	事件原因
2009年12月5日	国航	当日，国航B737-300/B-2600号机执行CA1282（赤峰—北京）航班任务，北京进近放起落架时，起落架放下指示灯不亮，机组不能判断起落架是否放下锁好，采取复飞措施，机组进行灯光测试，确认为灯光指示问题后，正常落地。机务地面检查发现指示灯二极管底座松动，重新紧固并检查焊接线正常，通电测试明暗亮位工作正常，放行飞机，运行正常	机械故障
2009年12月6日	国航	当日，国航B747-400/B-2445号机执行CA982（纽约—北京）航班任务，在北京落地后检查发现左侧4号船形罩被一螺栓击伤，进一步检查3号主轮被击伤，气压指示为零，飞机受损超标。经确认此螺栓为外来物	天气、意外
2009年12月7日	海航	当日，海航B737-800/B-5483号机执行HU7616（东营—北京）航班任务，计划停机位106，滑错入105停机位，后续航班保障正常	机组
2009年12月7日	海航	当日，海航B737-800/B-5139号机执行HU7246（乌鲁木齐—北京）航班，机组反馈在北京落地时前轮振动较大，滑行时有异常振动，机务检查发现飞机前轮减振支柱压力为零，地面完成起落架减振支柱充气嘴的渗漏测试，未见明显渗漏，更换充气嘴，过站完成前起落架勤务，充气测试未见渗漏	机械故障
2009年12月7日	海航	当日，海航A330/B-6088号机执行HU7281（海口—北京）航班任务，北京航后检查发现右前轮扎伤，尺寸：长12mm，宽1mm，深8mm。更换该轮	其他
2009年12月8日	国航	当日，国航B737-800/B-5176号机执行CA1889（北京—无锡）航班任务，起飞后右2号风挡出现裂纹，机组返航，安全落地，后续航班换飞机执行	机械故障
2009年12月8日	海航	当日，海航A340/B-6509号机拟执行HU7179（北京—三亚）航班任务，北京航前检查发现右前轮扎伤，尺寸：长20mm，宽7mm，深37mm。更换该轮子后放行飞机	其他
2009年12月8日	海航	当日，海航B737-800/B-5141号机执行HU7078（杭州—北京）航班任务，北京过站检查发现左外主轮扎伤，尺寸：长10mm，宽2mm，深9mm。更换该轮后放行飞机	其他
2009年12月9日	海航	当日，海航B767-300/B-2491号机执行HU7136（长沙—北京）航班任务，北京过站检查发现6号主轮扎伤（长40mm，宽5mm，深7mm）。更换轮胎	其他
2009年12月9日	国航	当日，国航B737-800/B-2510号机执行CA1298（乌鲁木齐—北京）航班任务，机组在首都机场36R跑道正常落地脱离跑道后，沿H滑行道滑行，左转时，前轮转弯手柄卡阻在全左位，机组刹停飞机，由拖车拖至停机位	机械故障
2009年12月10日	深航	当日，深航B737/B-5102号机执行ZH9831（深圳—北京）航班任务，在北京过站检查发现右内主轮扎伤，条状，尺寸为：长约30mm，宽约2mm，深约6mm。超标更换。深圳起飞滑行路线：7号机位—N—H—33跑道 北京落地滑行路线：36L—P—D—236号机位	其他
2009年12月11日	国航	当日，国航B737-300/B-2584号机执行CA1887（北京—景德镇）航班任务，推出后起动左发时提启动手柄后燃油流量小，EGT不上升，左发冒烟，机组按程序中止起动，联系地面将飞机拖回机位，换飞机B-2504执行航班，航班延误。机务更换B-2584左发翼梁活门后试车正常，放行飞机	机械故障
2009年12月11日	海航	当日，海航A330/B-6133号机执行HU7281（海口—北京）航班任务，航后落地后检查发现8号主轮扎伤，尺寸：长9mm，宽1mm，深10mm。更换该主轮	其他

发生日期	单位	简述	事件原因
2009 年 12 月 11 日	海航	当日，海航 B737-800/B-5139 号机执行 HU7881（西安—北京）航班任务，过站检查发现左内主轮扎伤超标，尺寸：长 4 mm，宽 1 mm，深 9 mm。更换该主轮	其他
2009 年 12 月 12 日	海航	当日，海航 B737-800/B-5467 号机执行 HU7346（乌鲁木齐—北京）航班任务，北京过站发现左外主轮扎伤超标，尺寸：长 15 mm，宽 2 mm，深 10 mm。更换主轮	其他
2009 年 12 月 13 日	国航	当日，国航 CA926/B-2558/B767-300 号机航班进港液压系统故障，TAMCC 立即通知各救援单位原地待命，18:21，飞机安全落地，原地待命解除	机械故障
2009 年 12 月 14 日	东航	当日，东航 A330-300/B-6100 号机执行 MU5110（虹桥—北京）航班任务，飞行过程正常，飞机在北京短停时，机务检查发现 2 发进气道有鸟击痕迹。按照 AMM71-00-00-200-803 完成鸟击检查程序，低压压气机进口未见鸟击痕迹及损伤，检查风扇叶片及导向叶片未见损伤，清洁污染物后飞机放行	天气、意外
2009 年 12 月 15 日	海航	当日，海航 B737-800/B-5090 号机执行 HU7122（南京—北京）航班，北京过站检查发现左内主轮扎伤（长 10 mm，宽 2 mm，深 10 mm）。更换轮胎	其他
2009 年 12 月 15 日	海航	当日，海航 B737-800/ B-5141 号机执行 HU7346（乌鲁木齐—北京）航班任务，北京过站检查发现右前轮扎伤（长 9 mm × 宽 1 mm × 深 10 mm），更换轮胎	其他
2009 年 12 月 15 日	海航	当日，海航 B737-800/B-5373 号机执行 HU7232（兰州—北京）航班任务，北京过站检查发现左前轮扎伤（长 15 mm，宽 1.5 mm，深 5 mm）。更换轮胎	其他
2009 年 12 月 16 日	国航	当日，国航 CA1644 航班和 CA1568 航班北京落地后，在滑行过程中，由于机组未严格按 ATC 指令滑行，两架飞机发生冲突，在 T2 滑行道上对头堵塞，不能正常滑行。CA1568 航班机组执行 ATC 指令关车，飞机被拖车拖至停机位，CA1644 航班飞机正常滑入停机位，此事件造成 T2 滑行道堵塞 20 min 多。公司航安部通过听 ATC 与机组的通话录音，确定此事件原因为 CA1568 航班机组未严格按 ATC 指令及时停止等待	机组
2009 年 12 月 16 日	国贸航	当日，国货航 B747-400/B-2460 号机执行 CA932（法兰克福—北京）航班任务，落地后卸货时发现主货舱侧壁装饰板变形，照明灯损坏，且发现前下货舱导轨有被撞痕迹，导轨变形、断裂。飞机已办理故障保留，继续执行航班任务	地面保障
2009 年 12 月 16 日	海航	当日，海航 A340/B6510 号机执行 HU7924（迪拜—北京）航班，进近时襟翼未放出，缝翼放出正常，飞机安全落地。地面检查左右后缘襟翼在全收上位，左右两边襟翼未见明显不对称。有 ECAM 警告 F/CTL FLAPS FAULT，根据 TSM 排故检查为右侧 APPU 传感器故障，更换 APPU，测试正常，放行飞机	机械故障
2009 年 12 月 17 日	国航	当日，国航 B737-800/B-2690 号机执行 CA1116（呼和浩特—北京）航班，机组起动 2 发 N2 转速达 16% 时听到异响，关车后机务检查发动机叶片正常，再次启动 2 发异响仍在，机组关车。拖回机位后按 Ameco 方案检查正常，试车正常，为安全起见，机务更换 2 发压力调节关断活门，测试正常	机械故障
2009 年 12 月 18 日	海航	当日，海航 B737-400/B-2960 号机执行 HU7664（朝阳—北京）航班任务，北京过站时发现右外主轮扎伤超标，尺寸：长 6 mm，宽 3 mm，深 12 mm。更换该主轮后放行	其他

发生日期	单位	简述	事件原因
2009 年 12 月 19 日	国航	当日，国航 B737-300/B-2614 号机执行 CA901（北京—乌兰巴托）航班任务，起飞后机组将后缘襟翼从 1 收到 0 时，出现不对称，右指示至 UP 位，左指示在 1~UP 位之间，机组返航，航班换飞机执行。落地后机务检查后更换左襟翼位置传感器，测试正常，放行飞机	机械故障
2009 年 12 月 19 日	海航	当日，海航 B767/B-2491 号机执行 HU7280(三亚—北京)航班任务，航后检查发现 2 号主轮扎伤，尺寸：20 mm，1 mm，7 mm。更换该主轮	其他
2009 年 12 月 22 日	国航	当日，国航 B737-800/B-5176 号机执行 CA125（北京—首尔）航班任务，推出后机组反映无法与塔台建立联系，怀疑飞机通信设备故障，飞机滑回，航班换飞机执行	机械故障
2009 年 12 月 22 日	海航	当日，海航 B737-800/B-5427 号机执行 HU7616(东营—北京）航班任务，北京过站检查时，发现右前轮扎伤超标，尺寸：长 6 mm，宽 5 mm，深 7 mm。更换该前轮	其他
2009 年 12 月 22 日	海航	当日，海航 B737-800/B-5081 号机执行 HU7122（南京—北京）航班任务，北京过站检查时，发现右前轮扎伤超标，尺寸：长 10 mm，宽 4 mm，深 7 mm。更换该前轮	其他
2009 年 12 月 24 日	国航西南分公司	当日，国航西南分公司 A340/B-2390 号机执行 CA933（浦东—北京—巴黎）航班任务，在到北京落地后机务检查发现飞机左侧机身从左一门到左二门之间有 8 处雷击点，经评估飞机不能放行，航班换飞机执行。飞机停厂进行相关检查，并对雷击点进行处理。经查，航路上无积雨云等天气，在长江中下游有两片急流柱。机组飞行过程中未发现有雷击现象	天气、意外
2009 年 12 月 24 日	深航	当日，深航 B738/B-5360 号机执行 ZH9571(无锡—北京)航班任务，19:57 落地北京。飞机滑行至 235 号停机位时，因机场风大（20 m/s），吹向机尾导致机头往右偏，机组反映无法控制首轮，遂采取刹车。飞机停稳处距离 235 号位停机线 10 m，滑行线 1.5 m。后机务联系拖车将飞机拖至准确位置。机务检查飞机无损伤，后续航班未受影响	天气、意外
2009 年 12 月 24 日	国航	当日，国航 B737-800/B-5326 号机执行北京—呼和浩特航班，16:04 飞机从北京机场起飞。该航班在北京起飞前，为保证安全，按照机组要求加了 9 t 燃油，但需要减载 2.2 t 货物。由于相关人员疏忽，在起飞前未减掉 2.2 t 货物。飞机正常起飞，起飞重量在规定范围之内。飞机在巡航过程中，国航呼和浩特签派室接到国航北京中心配载部门的电话，称该航班由于多加油未减载，落地重量会超重 410 kg 左右。国航呼和浩特签派通过呼和浩特塔台联系到机组，将情况告知，机组在空中盘旋耗油后在呼和浩特落地。根据调查，国货航 T3 装卸调度室调度员未按标准程序操作，没有在系统中核实该机装机指令单的变化，致使拉货信息流程终止，是导致事件发生的直接原因	地面保障
2009 年 12 月 25 日	海航	当日，海航 B737-800/B-5481 号机执行 HU7881（西安—北京）过站检查发现右外主轮扎伤（长 20 mm，宽 1 mm，深 8 mm），更换该主轮	其他
2009 年 12 月 25 日	海航	当日，海航 B737-800/B-5428 号机执行 HU7804(广州—北京）航班任务，在北京过站检查时，发现右外主轮扎伤，尺寸：长 7 mm，宽 1 mm，深 7 mm。更换后放行	其他
2009 年 12 月 24 日	蒙古航空	当日，蒙古航空 B738 执行乌拉巴托—北京航班任务，在北京区域 10000 m 下降高度时，增压系统告警，氧气面罩脱落，机组紧急下降，后在首都机场安全着落	机械故障

续表

发生日期	单位	简述	事件原因
2009年12月25日	金鹿航空	当日，金鹿航空B6245号机执行JD5187（北京—包头）航班，推车推至滑行道后，因推车传感器失效不能脱离飞机，造成飞机不能按计划滑出，机场飞行区D3与D5间的Z4滑行路线临时关闭。后由车队保养工紧急处置后，推车退出，航班延误13 min	地面保障
2009年12月29日	国航	当日，国航A330/B-6080号机在北京做航后工作时，机务检查发现左大翼后缘襟翼3号和4号船形整流罩之间蒙皮有一压坑，尺寸约：长100 mm，宽50 mm，深4 mm，边缘已分层和变形，机务对损伤进行了黏结修理	天气、意外
2009年12月29日	海航	当日，海航B737-800/B-5482号机执行HU7362（温州—北京）航班任务，北京过站检查发现右外主轮扎伤，尺寸：长8 mm，宽2 mm，深10 mm	其他
2009年12月29日	海航	当日，海航B737-800/B-2608号机执行HU7308（合肥—北京）航班任务，北京过站检查发现右内主轮扎伤，尺寸：长6 mm，宽1 mm，深10 mm	其他
2009年12月31日	海航	当日，海航B737-800/B-2647号机执行HU7110（宜昌—北京）航班任务，北京过站检查发现右内主轮扎伤（长8 mm，宽1 mm，深7 mm），更换轮胎	其他

2010年华北民用航空飞行事故、航空地面事故、飞行事故征候和不安全事件情况见表2-5。

表2-5 2010年华北民用航空飞行事故、航空地面事故、飞行事故征候和不安全事件情况

发生日期	单位	简述	事件原因
2010年1月1日	海航	当日，海航B737-800/B-5141号机执行HU7346（乌鲁木齐—北京）航班，过站检查发现右外主轮扎伤，尺寸：长12 mm，宽1 mm，深7 mm。更换此轮后放行飞机	其他
2010年1月2日	海航	当日，海航B737-800/B-5405号机执行HU7278（杭州—北京）航班，过站检查发现右外主轮扎伤，尺寸：长12 mm，宽2 mm，深8 mm。更换该轮	其他
2010年1月4日	国航	当日，国航B757-200/B-2826号机执行CA1475（北京—武汉）航班任务，飞机起飞后收起落架时，EICAS显示起落架不一致信息，左起落架和前起落架红灯亮，右起落架绿灯亮，机组放起落架后三个绿灯都亮，在空中机组重复收放起落架，左起落架和前起落架红灯仍亮，机组返航落地。落地后机务检查发现左起落架和前起落架安全销未拔下，右起落架安全销不在，可能为起飞过程中飞脱	地面保障
2010年1月4日	国航	当日，国航B737-300/B-2630号机执行CA1123（北京—呼和浩特）航班任务，起飞后机组反映左风挡加温过热灯亮，机组返航北京，落地	机械

续表

发生日期	单位	简述	事件原因
2010 年 1 月 7 日	国航	当日，国航 B737-700/B-5203 号机执行 CA4129（重庆—北京）航班，10:16 在北京落地后机务检查发现飞机放水口附近有两块较大冰块，检查发现放水活门未关到位，确认机身、发动机无损伤，清理结冰、加水后放行飞机。此事件已通报工程技术分公司，要求工程技术分公司防止类似事件发生	机务
2010 年 1 月 9 日	国航	当日，国航湿租澳航飞机 A321/BMAB 号机执行 CA1407（北京—成都）航班任务，起飞滑跑时飞机出现后货舱门信号，机组中断起飞，中断速度约 13 kts，飞机滑回。机务处理后放行飞机	机械
2010 年 1 月 9 日	东航山西分公司	当日，东航山西分公司 B737-700/B-5085 号机执行 MU744（青岛—北京）航班，当日 11:42 从青岛机场起飞，12:50 在北京机场落地。飞机在北京落地发现 3 号主轮扎伤，更换该主轮。轮胎位置：右主起轮胎冠部。受损情况：一字形伤口（长 1 cm，宽 0.5 cm，深 3 cm）。轮胎信息：普利斯通斜交胎（件号：APS06015）	其他
2010 年 1 月 9 日	海航	当日，海航 A330-200/B6089 号机执行 HU7181 航班（海口—北京），过站检查发现右前轮扎伤超标，尺寸：长 11 mm，宽 2 mm，深 8 mm。更换轮胎	其他
2010 年 1 月 9 日	海航	当日，海航 B737-800/B-5137 号机执行 HU7152 航班（重庆—北京），过站检查发现左内主轮扎伤超标，尺寸：长 6 mm，宽 1 mm，深 8 mm。更换轮胎	其他
2010 年 1 月 10 日	山航	当日，山航 B737-800/B-5119 号机执行 CA1506（福州—北京）航班任务。当日 12:23 从福州机场起飞，14:51 在北京机场落地。北京机务人员在对飞机进行检查时，发现右内主轮扎伤，无外来物，受损超标（约长 4 cm，宽 0.7 cm，深 3 cm），根据 AMM32 更换右内主轮	其他
2010 年 1 月 14 日	国航	当日，国航 B747-400/B-2468 号机执行 CA1590（虹桥—北京）航班，在过站检查发现 1 发风扇叶片和导向叶片多片被打伤，怀疑为发动机吸入冰雪导致。机务检查后决定更换 1 发	天气意外
2010 年 1 月 14 日	天津航空	当日，天津航空 E190/B-3161 号机执行北京至潍坊航班，滑行过程中出现 ENG 1 CHIP DETECTED（左发磁堵检查）信息，飞机滑回。检查左发磁堵上有一根很细的金属屑长约 1 mm，清洁磁堵后试车正常，飞机放行	机械
2010 年 1 月 14 日	海航	当日，海航 B737-800/B-5141 号机执行 HU7148（成都—北京）航班任务，北京过站检查发现右外主轮扎伤超标（长 20 mm，宽 5 mm，深 17 mm），更换轮胎	其他
2010 年 1 月 14 日	海航	当日，海航 B737-800/B-5418 号机 HU7192（厦门—北京）航班任务，北京过站检查发现右外主轮扎伤超标（长 2 mm，宽 2 mm，深 15 mm），更换轮胎	其他
2010 年 1 月 15 日	天津航空	当日，天津航空 E190/B-3161 号机执行 GS7417（北京—中卫）航班任务，滑行过程中出现一发不能放行信息，飞机滑回，经机务检查后更换 FADEC 及 δP3 传感器，测试正常，飞机放行	机械
2010 年 1 月 15 日	国航	当日 17:15，国航 CA1308/B-2064/B777-200 号机进港航班液压系统漏油，TAMCC 通知各救援单位 36R 跑道集结待命。17:44，飞机安全落地，集结待命解除	机械

发生日期	单位	简述	事件原因
2010 年 1 月 16 日	海航	当日 13:02，海航 HU7122/B-5083/B737-800 号机（南京—北京）进港航班襟翼故障，TAMCC 通知各救援单位原地待命。13:15，飞机安全落地，原地待命解除	机械
2010 年 1 月 16 日	海航	当日，海航 B737-800/B-5409 号机执行 HU7176（呼和浩特—北京）航班任务，北京过站检查发现左内、右外及右内主轮均扎伤，尺寸分别为：长 4 mm，宽 3 mm，深 5 mm；长 9 mm，宽 1 mm，深 10 mm；长 8 mm，宽 1 mm，深 12 mm。更换此三个轮后放行飞机	其他
2010 年 1 月 17 日	海航	当日，海航 B767/B-2491 号机执行 HU7181（海口—北京）航班任务，过站发现 7 号轮胎扎伤超标，尺寸：长 10 mm，宽 3 mm，深 10 mm。更换轮胎放行	其他
2010 年 1 月 17 日	海航	当日，海航 B737-800/B-5080 号机执行 HU7122（南京—北京）航班任务，过站发现左外主轮扎伤超标，尺寸：长 10 mm，宽 2 mm，深 10 mm。更换轮胎放行	其他
2010 年 1 月 17 日	海航	当日，海航 B737-800/B-2158 号机执行 HU7152（重庆—北京）航班任务，过站发现右前轮扎伤超标，尺寸：长 10 mm，宽 1 mm，深 10 mm。更换轮胎放行	其他
2010 年 1 月 17 日	海航	当日，海航 A330-200/B-6133 号机执行 HU7081（海口—北京）航班任务，检查发现 6 号主轮扎伤，尺寸：长 12 mm，宽 3 mm，深 10 mm。更换该主轮	其他
2010 年 1 月 17 日	海航	当日，海航 B737-800/B-5346 号机执行 HU7346（乌鲁木齐—北京）航班任务，过站发现右外主轮扎伤超标，尺寸：长 12 mm，宽 1.5mm，深 10 mm。更换轮胎放行	其他
2010 年 1 月 18 日	海航	当日，海航 B737-800/B-2652 号机执行 CN7158（南京—北京）航班，航后发现左外主轮扎伤超标，尺寸：长 7 mm，宽 1 mm，深 10 mm。更换轮胎	其他
2010 年 1 月 19 日	国航	当日，国航 B777-200/B-2066 号机执行 CA909（北京—莫斯科）航班任务，航班于北京时间 14:04 起飞，500 ft 出现"FUEL PUMP L AFT"信息，机组控制好飞机状态，执行检查单，继续飞行。机组检查状态页面，出现以下状态信息：PACK L、CABIN ALT AUTO L、ASCP PRIMARY CTRL L、FUEL PUMP L FWD、WARNING SPEAKER L、STALL WARNING SYS L、WEU CHANNEL L1/2、PFCS INTERFACE、LSCF PWR SUPPLY 2。考虑性能限制、多故障以及目的地机场排故能力，机组放油返航，于 15:52 落地	机械
2010 年 1 月 19 日	海航	当日，海航 B737-800/B-5479 号机执行 HU7102（海拉尔—北京）航班任务，北京过站发现左前轮扎伤尺寸：长 5 mm，宽 1 mm，深 7 mm，超标。更换轮胎后放行	其他
2010 年 1 月 19 日	海航	当日，海航 B767-300/B-2492 号机执行 HU7246（乌鲁木齐—北京）航班任务，北京过站发现 7 号主轮扎伤，尺寸：长 8 mm，宽 2 mm，深 7 mm。超标，更换轮胎后放行	其他
2010 年 1 月 20 日	海航	当日，海航 B737-800/B-5141 号机执行 HU7233（北京—银川）航班任务，滑出后机组反映 A 系统 EMDP 低压灯亮，飞机滑回。地面检查 P92 板的 C881 跳开关跳出，复位跳开关并更换 A 系统 EMDP，测试正常。后续航班换飞机执行	机械
2010 年 1 月 21 日	国航	当日，国航 B737-800/B-2645 号机执行 CA1141（北京—包头）航班，飞机于 08:01 北京起飞。08:20 机组空中报告左座无线电发射机卡阻，只能守听，不能发射。由于包头机场无排故能力，飞机返航北京排故	机械

发生日期	单位	简述	事件原因
2010年1月22日	海航	当日，海航B737-800/B5135号机执行HU7308（合肥—北京）航班，北京过站检查发现右前轮扎伤超标（长12 mm，宽2 mm，深7mm)，更换轮胎	其他
2010年1月22日	海航	当日，海航B737-800/B5417号机执行HU7766(长春—北京)航班，北京过站检查发现右外主轮扎伤超标（长10 mm，宽2 mm，深8 mm)，更换轮胎	其他
2010年1月22日	海航	当日，海航B737-800/B-5417号机执行HU7192（厦门—北京）航班，北京过站检查发现右前轮扎伤超标（长8 mm，宽1 mm，深8 mm)，更换轮胎	其他
2010年1月22日	中联航	当日，中联航B737/B-2663号机执行KN2279航班出港时，在推出过程中机组要求因本场时间限制启动发动机，但机务维修人员车通观察飞机周围还有保障人员和车辆未同意启动，在飞机脱离5号位后，机组再次提出启动发动机，车通检查地面情况后同意启动发动机，飞机拖到位后，双发已进入慢车状态，此时车通急于取下牵引杆和转弯销，在取下耳机时未将盖板扣好便将飞机指挥出港，滑出后自己发现盖板未盖好，但飞机已经滑出，车通及时通过其他机组与B-2663机组取得联系，飞机滑回坪坪，恢复盖板后放行飞机	机务
2010年1月23日	国航	当日，国航B737-300/B-2949号机执行CA1598(烟台—北京)航班，在北京01号跑道五边进近过程中，高度1000 ft，塔台指挥另一架飞机进跑道。机组发现后，经询问塔台果断复飞，于15:39（北京时间）安全落地	空管
2010年1月23日	海航	当日，海航B767-300/B-2492号机执行HU7181（海口—北京）航班任务，在周口导航点附近遇较强颠簸，造成机上两名乘务员受伤	天气意外
2010年1月23日	海航	当日，海航B737-800/B-5408号机执行HU7192(厦门—北京)航班任务，北京过站检查发现右前轮扎伤超标（长3 mm×宽3 mm×深10 mm)，更换轮胎	其他
2010年1月23日	海航	当日，海航B737-800/B-5466号机执行HU7190（贵阳—北京）航班，北京过站检查发现右前轮扎伤超标（长20 mm×宽2 mm×深7 mm)，更换轮胎	其他
2010年1月24日	天津航空	当日，天津航空E190/B-3156号机执行GS7508(乌兰浩特—北京)航班任务，进近着陆过程中（飞机高度约500 ft）遇风切变后果断复飞，后于23:10在北京安全落地	天气意外
2010年1月24日	国航	当日，国航重庆分公司B737-800/B-5329号机CA1608（大连—北京）航班任务，下午16:15从大连机场起飞，17:34在北京机场落地，18:22北京机务人员报告该机右前轮扎伤超标（受损部位为长条形，长约13.5 mm，宽约3 mm，深约13 mm)，根据AMM32-45-11更换该机右前轮	其他
2010年1月24日	海航	当日，海航B737-400/B-2987号机执行HU7297（宁波—北京）航班任务，北京航后检查发现左外主轮扎伤，尺寸：13 mm，宽3 mm，深6 mm。更换该轮后放行飞机。	其他
2010年1月24日	海航	当日，海航B737-800/B-5080号机执行HU7122（南京—北京）航班，北京过站检查发现左前轮扎伤，尺寸：长13 mm，宽3 mm，深5 mm。更换轮后放行飞机	其他
2010年1月24日	海航	当日，海航B737-800/B-5478号机执行HU7190（贵阳—北京）航班任务，北京过站检查发现左外主轮两处扎伤，尺寸：长18 mm，宽2 mm，深4 mm；长5 mm，宽4 mm，深7 mm。更换该轮后放行飞机	其他

发生日期	单位	简述	事件原因
2010 年 1 月 24 日	海航	当日，海航 B767-300/B-2491 号机执行 HU7606（虹桥—北京）航班任务，北京过站检查发现 8 号主轮扎伤，尺寸：长 10 mm，宽 1 mm，深 4 mm。更换该轮后放行飞机	其他
2010 年 1 月 28 日	国航	当然，国航 B737-800/B-2511 号机执行 CA1271（北京—兰州）航班任务，北京起飞后约 1 h 机组报告显示电子组件（DEU）故障，由于兰州没有排故能力，飞机返航北京	机械
2010 年 1 月 25 日	海航	当日，海航 B737-800/B-5375 号机执行 HU7132（重庆—北京）航班任务，在北京过站检查发现左前轮扎伤，长 7 mm 宽 2 mm 深 7 mm，更换轮胎后放行	其他
2010 年 1 月 25 日	海航	当日，海航 A330/B-6133 号机执行 HU7606（虹桥—北京）航班任务，在北京过站检查发现 2 号主轮扎伤，尺寸：长 5 mm，宽 2 mm，深 8 mm。更换轮胎后放行	其他
2010 年 1 月 25 日	深航	当日，深航 B737-900/B-5106 号机执行 ZH9889（深圳—北京）航班，该航班 19:55 从深圳起飞，22:28 在北京落地，航后机务检查发现右前轮扎伤超标，更换。扎伤为切口型，未携带外来物，尺寸：长 10 mm 宽 3 mm 深 4 mm。滑行路线如下。深圳：60 号位—L—H—G—33 号跑道；北京：36 左跑道—C—M—D5—236 号位	其他
2010 年 1 月 25 日	国航	当日，国航股份重庆分公司 B737-800/B-5327 号机执行 CA4169（昆明—北京）航班任务，上午 09:35 从昆明机场起飞，12:22 在北京机场落地，北京机务人员报告该机左外主轮扎伤超标，深 1.2 cm，直径 0.5 cm，并发现一颗长 1.5 cm 的螺钉嵌在其中，根据 AMM32-45-21 更换该机左外主轮	其他
2010 年 1 月 27 日	海航	当日，海航 A330/B-6116 号机执行 HU7986（莫斯科—北京）航班任务，北京过站检查发现左前轮扎伤，尺寸：长 14 mm，宽 4 mm，深 14 mm。更换该轮	其他
2010 年 1 月 27 日	海航	当日，海航 B767-300/B-2490 号机执行 HU7246（乌鲁木齐—北京）航班任务，过站检查发现 5 号主轮扎伤，尺寸：长 12 mm，深 3 mm，深 10 mm	其他
2010 年 1 月 28 日	海航	当日，海航 B737-800/B-5467 号机执行 HU7234（银川—北京）航班任务，北京过站检查发现右前轮扎伤，尺寸：长 4 mm，宽 2 mm，深 8 mm。更换该轮后放行飞机	其他
2010 年 1 月 28 日	海航	当日，海航 B737-800/B-5428 号机执行 HU7146（乌鲁木齐—北京）航班任务，北京过站检查发现右外主轮扎伤，尺寸：长 5 mm，宽 1 mm，深 12 mm。更换该轮后放行飞机	其他
2010 年 1 月 30 日	海航	当日，海航 B737-800/B-5416 号机执行 HU7232（兰州—北京）航班任务，飞机过站检查发现左前轮扎伤超标，尺寸：长 4 mm，宽 1 mm，深 5 mm。更换轮胎放行飞机	其他
2010 年 1 月 31 日	海航	当日，海航 B737-800/B-5406 号机执行 HU7346（乌鲁木齐—北京）航班任务，飞机过站检查发现右外主轮扎伤超标，尺寸：长 9 mm，宽 1 mm，深 10 mm。更换轮胎放行飞机	其他
2010 年 1 月 31 日	海航	当日，海航 A330/B-6088 号机执行 HU7181（海口—北京）航班任务，飞机过站检查发现 3 号主轮扎伤超标，尺寸：长 3 mm，宽 1 mm，深 2 mm。更换轮胎放行飞机	其他
2010 年 2 月 2 日	国航	当日，国航 A319/B-6228 号机执行 CA422（北京—成都）航班任务，在北京机场起飞过程中，飞机爬升至 4536 ft 时机组才开始收起落架，当时空速 223 kts 时，超过限制速度 3 kts。机务检查飞机正常。机组未落实检查单，收起落架晚，人为差错	机组

发生日期	单位	简述	事件原因
2010 年 2 月 2 日	国航	当日，国航 B777-200/B-2061 号机执行 CA1370（三亚—北京）航班任务，落地后机组反映 1 发关车慢，发动机冷转时听到放炮声。机务执行喘振检查正常，更换燃油计量组件（FMU）和延时继电器，测试正常，放行飞机。经检查为燃油计量组件故障	机械
2010 年 2 月 2 日	海航	当日，海航 B767/B-2491 号机执行 HU7146（乌鲁木齐—北京）航班任务，在北京航后检查发现右后轮扎伤，尺寸：长 9 mm，宽 1.5 mm，深 13 mm	其他
2010 年 2 月 7 日	金鹿航空	当日，金鹿航空 GS40/B-8091 号机执行武汉—北京的大连万达集团飞行任务。11:10MCC 反馈飞机北京落地后，机务航后检查时发现左发进气道内有血迹和尸体，判断为鸟击造成	天气、意外
2010 年 2 月 7 日	海航	当日，海航 B737-800/B2675 号机执行 HU7604（虹桥—北京）航班任务，北京过站检查发现右前轮扎伤，尺寸：长 5 mm，宽 3 mm，深 80 mm。更换该轮	其他
2010 年 2 月 7 日	海航	当日，海航 A330/B-6118 号机执行 HU7986（莫斯科—北京）航班任务，北京过站检查发现 6 号主轮扎伤，尺寸：长 38 mm，宽 12 mm，深 20 mm。更换该轮	其他
2010 年 2 月 7 日	海航	当日，海航 A340-600/B6508 号机执行 HU7280（三亚—北京）航班任务，北京过站检查发现 3 号主轮扎伤，尺寸：长 2 mm，宽 2 mm，深 12 mm。更换该轮	其他
2010 年 2 月 7 日	海航	当日，海航 B737-800/B-5462 号机执行 HU7346（乌鲁木齐—北京）航班任务，北京过站检查发现左内主轮扎伤，更换该轮	其他
2010 年 2 月 8 日	东航山西分公司	当日，东航山西分公司 B737-800/B-5085 号机执行 MU5294(北京—太原)航班任务，当日 09:46 从北京机场起飞，10:39 在太原机场落地。短停检查发现右前轮扎伤，依据 AMM 手册更换右前轮，力矩 95/35lb·ft，气压 208 psi，地面检查正常。轮胎位置：右前轮胎冠 受损信息： 长 1.5 cm，深 0.5 cm。轮胎信息：普利斯通斜交胎（件号：APS01207）	其他
2010 年 2 月 9 日	海航	当日，海航 B737-800/B5372 号机执行 HU7124（牡丹江—北京）航班，航后检查发现左前轮扎伤超标，尺寸：长 20 mm × 宽 5 mm × 深 8 mm，更换轮胎	其他
2010 年 2 月 10 日	海航	当日，海航 B737-800/B-2647 号机执行 HU7346（乌鲁木齐—北京）航班任务，过站检查发现，右外主轮轧伤超标，尺寸：长 10 mm，宽 3 mm，深 15 mm。更换后放行飞机	其他
2010 年 2 月 11 日	深航	当日，深航 B737-300/B-2972 号机执行 ZH9831（深圳—北京）航班，北京过站发现前轮转弯释压活门旁通按钮丢失，保留放行	机械
2010 年 2 月 11 日	海航	当日，海航 B737-800/B-5408 号机执行 HU7974（克拉斯诺亚尔斯克—北京）航班任务，北京检查发现右外主轮扎伤，尺寸：长 8 mm，宽 1 mm，深 10 mm，更换该轮	其他
2010 年 2 月 12 日	海航	当日，海航 B737/B-5375 号机执行 HU7346（乌鲁木齐—北京）航班任务，北京过站检查发现右内主轮扎了根钉子，更换该轮后放行飞机	其他
2010 年 2 月 14 日	国航	当日，国航 B747-400/B-2445 号机执行 CA982（纽约—北京）航班任务，在北京航后发现，4 发反推包皮外涵道有 3 处击伤，长约 4 in，发动机 7 点钟位置消音板撕裂，两块折流门损坏，机务更换相关部件，测试正常放行飞机	天气、意外

发生日期	单位	简述	事件原因
2010 年 2 月 14 日	东航山西分公司	当日，东航山西分公司 B737-700/B-2682 号机执行 MU5293（太原—北京）航班任务，当日 10:13 从太原机场起飞，10:59 在北京机场落地。北京短停时机务发现左内主轮扎伤超标，按 AMM 更换左内主轮，地面检查正常，力矩 550/150 lb·ft，气压 198 psi。轮胎位置：左主起—2 胎面外侧。受损信息：细长口，长 10 mm，宽 1 mm，深 10 mm。轮胎信息：普利斯通斜交胎（件号:APS06015）	其他
2010 年 2 月 14 日	海航	当日，海航 B737-800/B-5116 号机执行 HU7346(乌鲁木齐—北京)航班任务，北京过站检查发现右外主轮扎伤，尺寸：长 10 mm，宽 3 mm，深 13 mm，更换该前轮	其他
2010 年 2 月 14 日	海航	当日，海航 B737-800/B-2636 号机执行 HU7766(长春—北京)航班任务，北京过站检查发现左前轮扎伤	其他
2010 年 2 月 17 日	国航	当日，国航 B747-400/B-2470 号机执行 CA983（北京—洛杉矶）航班，起飞滑跑至 144 kts 时出现超速警告信息，警告灯亮，警告铃响，机组中断起飞。QAR 译码数据显示中断起飞时，最大地速为 154 kts。由于刹车温度高，轮子的易熔塞虽未熔化，但有过热变色现象，机务更换了全部 16 个轮子和 7 个刹车毂	机械
2010 年 2 月 17 日	山航	当日，山航 B737-800/B-5450 号机执行西安—北京航班任务。当日 19:33 从西安机场起飞，21:02 在北京机场落地。北京机务人员在对飞机进行检查时，发现右外主轮扎伤，无外来物，超标（一字形，约长 20 mm，宽 10 mm，深 3 mm），根据 AMM32 更换右外主轮	其他
2010 年 2 月 18 日	海航	当日，海航 B737/B-5418 号机执行 HU7372(北京—太原)航班任务，太原航后检查发现右外主轮扎伤，尺寸：长 10 mm，宽 2 mm，深 7 mm。更换该轮	其他
2010 年 2 月 18 日	国航	当日，国航 A330/B-6116 号机执行 HU7985（北京—莫斯科）航班任务，北京过站加油后飞机机身下沉，电子舱门前部蒙皮压到下面的工作梯上，与货运协商前货舱卸下了一箱货，将工作梯撤出，检查蒙皮上形成一凹坑：长 35 mm，宽 15 mm，深 1 mm。检查尺寸未超标探伤无裂纹，放行飞机，航班正常	机务
2010 年 2 月 18 日	国航	当日，国航 B737-300/B-5035 号机执行盐城至北京航班任务，在北京过站检查发现左内主轮扎伤，位置在侧壁，扎伤长 1 cm，深已见到帘线层，超标。更换该轮后放行	其他
2010 年 2 月 20 日	东航山西分公司	当日，东航山西分公司 B737-700/B-2680 号机执行 MU2014（大连—北京）航班任务，16:49 从大连机场起飞，17:53 在北京机场落地。飞机在北京过站检查时机务发现右内主轮扎伤超标，按 AMM 手册更换右内主轮，力矩 550/150 lb·ft，气压 201 psi，检查正常。轮胎位置：右主起—3 胎冠。受损信息：长方形，长 8 mm，宽 2 mm，深 10 mm。轮胎信息：普利斯通斜交胎（件号:APS06015）	其他
2010 年 2 月 21 日	金鹿湾流	当日，金鹿湾流-IV/B-8088 号机执行北京至三亚调机飞行任务。18:17 华北管调反馈飞机高度显示故障，机组决定返航，18:35 落地。跟机机务反馈：飞机空中出现自动驾驶及马赫配平接不上，出现失速警告故障，左侧 AOA 超限，3 个高度表指示都不一致且和塔台报告高度不一致故障	机械
2010 年 2 月 21 日	国航	当日，国航 B737-800/B-5176 号机执行 CA1476（武汉—北京）航班任务，在北京过站机务检查发现有水平尾翼后缘翼尖处有一个雷击点。经机务处理后，放行飞机。起、降机场无特殊天气，航路除有轻度颠簸以外无其他异常天气	天气、意外

发生日期	单位	简述	事件原因
2010 年 2 月 21 日	海航	当日，海航 B737-800/B-2676 号机执行 HU7638（昆明—北京）航班，北京过站检查发现左前轮扎伤超标，尺寸：长 8 mm，宽 1 mm，深 7 mm。更换轮胎放行飞机	其他
2010 年 2 月 22 日	海航	当日，海航 B737-800/B-5115 号机执行 HU7233（北京—银川）航班任务，机组反映滑跑至 20 kts 时飞机出现左偏，机组退出跑道后检查发动机参数未见异常，继续执行该航班	机械
2010 年 2 月 22 日	海航	当日，海航 B767-300/B-2492 号机执行 HU7966（圣彼得堡—北京）航班任务，北京落地后发现 1 号主轮扎伤，尺寸：12 mm×1 mm×9 mm。更换该主轮	其他
2010 年 2 月 23 日	国航	当日，国航 B737-700/B-5063 号机执行 CA4142（北京—重庆）航班任务，推油门准备起飞时起飞形态警告响，机组中断起飞。滑回后更换减速板起飞警告电门并调节减速板作动筒后地面测试正常	机械
2010 年 2 月 23 日	海航	当日，海航 B737-800/B-2676 号机执行 HU7636（长沙—北京）航班任务，北京过站检查发现右前轮扎伤，尺寸：长 11.5 mm，宽 2 mm，深 6 mm。更换该轮	其他
2010 年 2 月 23 日	海航	当日，海航 B737-800/B-5141 号机执行 HU7602（虹桥—北京）航班任务，北京过站检查发现右外主轮扎伤超标，尺寸：长 5 mm，宽 1 mm，深 10 mm。更换该轮	其他
2010 年 2 月 24 日	海航	当日，海航 A340/B-6510 号机执行 HU7148（成都—北京）航班任务，落地检查发现飞机 3 发进气道消音隔板有击伤痕迹，机务处理正常放行，后续进行永久修复	天气、意外
2010 年 2 月 27 日	海航	当日，海航 B737-800/B-5417 号机执行 HU7346（乌鲁木齐—北京）航班任务，过站检查发现右外主轮扎伤	其他
2010 年 2 月 27 日	山航	当日，山航 B737-800/B-5348 号机执行兰州—北京航班。19:56 从兰州机场起飞，21:40 在北京机场落地。北京机务人员在对飞机进行检查时，发现左外主轮扎伤，无外来物，超标更换轮胎（一字形，约长 20 mm，宽 2 mm，深 11 mm），根据 AMM32 更换左外主轮	其他
2010 年 2 月 28 日	国航	当日，国航 B737-300/B-2627 号机执行 CA1691（北京—佳木斯）航班任务，飞机起飞后空速管加温故障灯亮，返航北京。机务更换故障空速管后测试正常，放行飞机	机械
2010 年 3 月 1 日	国航	当日，国航重庆公司 B737-800 / B-5390 号机执行 CA1840（宁波—北京）航班任务，飞机在北京进近过程中，机组在下降前收听通播为向北落地，机组按照 01 号跑道盲降进近准备，在接近 DOGAR 时，进近指挥使用 19 号跑道 DOGAR02 号进近，机组完成了 CDU 和盲降频率的设置，但未重新设置航道窗。当管制员指挥"航向 210° 下降修正海高 600 m 建立 19 号航道"时，机组预位了航道，当航道截获时，飞机开始右转，机组发现航道未调至 19 号进近的 179°，随即脱开自动驾驶仪，人工操纵飞机左转切回 19 号航道。此时，管制员指挥"右转航向 280°"，机组虽对此指令持怀疑态度，但仍按照管制指令右转，航向转至 200° 左右，机组试图进行证实时，管制员指挥"左转航向 90°"，此后，机组按管制指挥二次建立 19 号盲降进近，正常落地。事件原因：①进近简令落实不到位，在进近程序改变后，未严格按要求重新做进近简令，导致更换跑道后，未重新设置航道窗；②机组之间配合交流不够，在进近程序发生变化，PM 完成进场程序更改后，机组没有进行交叉检查，漏掉了关键程序；③机组对安全信息报告流程不熟悉，信息报告滞后	机组

发生日期	单位	简述	事件原因
2010 年 3 月 1 日	国货航	当日，国货航 B747-400SF/B-2478 号机执行 CA1048（法兰克福—北京）航班任务，该机 17:24 在北京落地后，机务检查发现右水平安定面中段前沿处有压坑，压坑表面有血迹，确认为鸟击造成，具体压坑尺寸：深 19 mm，宽 100 mm。按手册修理后执行后续航班	天气、意外
2010 年 3 月 1 日	国航	当日，国航 B747-400/B-2468 号机执行 CA931（北京—法兰克福）航班任务，在俄罗斯空域飞机两部气象雷达故障，经确认航路无雷雨天气，继续飞行在法兰克福安全落地。法兰克福地面检查、测试气象雷达工作正常，放行飞机。回程 CA932 航班起飞后气象雷达又出现故障，继续飞行在北京安全落地。目前机务正在排故	机械
2010 年 3 月 2 日	金鹿航空	当日，金鹿航空 A319/B-6211 号机执行 8L9911（昆明—合肥）航班任务，07:30 由昆明起飞，巡航过程中出现"刹车温度高"警告，机组放下起落架飞行，后因油量不足，飞机于 09:17 备降武汉。武汉落地后机务检查轮舱无异常，右外主轮刹车温度指示失效，按 MEL32-47-01 放行。飞机已于 10:51 在武汉起飞前往合肥	机械
2010 年 3 月 2 日	海航	当日，海航 B737-800/B-5181 号机执行 HU7622（佳木斯—北京）航班任务，北京过站时检查发现左前轮扎伤，尺寸：长 5 mm，宽 2 mm，深 11 mm。更换轮胎	其他
2010 年 3 月 2 日	海航	当日，海航 B737-800/B-5418 号机执行 HU7346（乌鲁木齐—北京）航班任务，北京过站时检查发现右外主轮扎伤，尺寸：长 16 mm，宽 4 mm，深 12 mm，更换轮胎	其他
2010 年 3 月 3 日	海航	当日，海航 B737-800/B-2158 号机执行 HU7638（昆明—北京）航班，北京过站检查发现左外主轮扎伤，尺寸：长 10 mm，宽 1 mm，深 13 mm。更换轮胎	其他
2010 年 3 月 3 日	海航	当日，海航 B737-800/B-5180 号机执行 HU7968（伊尔库茨克—北京）航班，北京过站检查发现左前轮扎伤，尺寸：长 5 mm，宽 1 mm，深 9 mm。更换轮胎	其他
2010 年 3 月 3 日	中联航	当日，中联航 B737-700/B-2997 号机执行 KN2945（南苑—包头）航班任务到达后，货运人员卸机过程中发现该航班在货舱 1 舱隐载货物 11 件，共 85 kg。该航班载重表、离港系统中只显示有到港行李 496 kg，无装载货物信息	地面保障
2010 年 3 月 4 日	东航山西分公司	当日，东航山西分公司 B737-700/B-2682 号机执行 MU5159（北京—连云港）航班任务，18:39 从北京机场起飞。起飞后 15 min，高度约 8000 m，机组发现右 2 号风挡出现电火花，机组执行窗损坏检查单，发现外层玻璃有裂纹，机组返航北京，飞机于 19:27 在北京机场安全落地。飞机落地后，因北京无航材，北京机务将 B-5030 飞机 2 号风挡玻璃组件串至 B-2682 飞机，通电测试正常，放行飞机。航后，北京机务依据维修生产指令单恢复飞机 2 号风挡玻璃串件，并完成 B-2682 飞机 2 号玻璃的安装工作	机械
2010 年 3 月 4 日	国航	当日，国航 A321/B-6593 号机在北京航后执行 EO320-52-003 重新调节应急门阻尼器和操作手柄之间的行程工作。在执行到右 3 号门时，调节完行程后测试通过，做恢复工作时气瓶释放，滑梯放出	机务
2010 年 3 月 4 日	海航	当日，海航 B737-800/B-5465 号机执行 HU7804（广州—北京）航班任务，北京过站检查发现右外主轮有两处扎伤，尺寸：长 2.5 mm，宽 3 mm，深 15 mm；长 10 mm，宽 3 mm，深 20 mm，更换轮后放行飞机	其他

续表

发生日期	单位	简述	事件原因
2010 年 3 月 5 日	东航山西分公司	当日，东航山西分公司 B737-700/B-2682 号机执行 MU5292（北京—太原）航班任务，8:11 从北京机场起飞。起飞后上升过程中，机组听到有异常声音，座舱高度持续上升，座舱升降率指示也不正常，怀疑右侧 2 号风挡漏气。机组申请保持 3000 m 检查，在 3000 m 平飞，座舱高度 4400 ft，机组执行相应检查单后，座舱高度始终保持 4400 ft，右侧 2 号风挡漏气声持续，机组决定返航北京，飞机于 8:37 在北京机场安全落地。飞机落地后，北京机务按手册更换右侧 2 号风挡玻璃组件，地面增压测试正常，放行飞机	机械
2010 年 3 月 5 日	海航	当日，海航 B737-800/B-5466 号机执行 HU7156(杭州—北京)航班，北京过站时检查发现右内主轮扎伤，尺寸：长 7 mm，宽 2 mm，8mm。更换轮胎	其他
2010 年 3 月 6 日	国航	当日，国航 B737-300/B-2600 号机执行 CA1859（北京—兰州）航班，有 2400 m 爬升到 5700 m 过程中 2 发参数摆动，$N1$ 在 88%~91% 之间快速摆动，同时伴有机身明显摆动，5100 m 高度保持后 $N1$ 减小到 80% 左右，参数稳定。飞机返航北京落地。当日下午公司立即召开了紧急会，针对近期的相关情况，公司领导提出了保证安全的多条紧急措施和要求。针对该故障，机务检查右发风扇叶片、进气道及尾喷管正常，发动机滑油滤无污染、油质无杂质，滑油磁堵清洁、无金属屑及杂质，右发孔探检查正常。更换了自动油门计算机及发动机主显示器，地面测试正常，试飞正常，放行飞机	机械
2010 年 3 月 6 日	大新华航空	当日，大新华航空 B-2652/B737-800 号机执行 CN7183(大连—北京)航班任务，北京过站检查发现右外主轮和右内主轮扎伤，尺寸：长 13 mm，宽 3 mm，深 10mm。更换轮胎	其他
2010 年 3 月 6 日	海航	当日，海航 A330-200/B-6116 号机执行 HU7802(广州—北京)航班任务，北京过站时检查发现 7 号主轮扎伤，尺寸：长 5 mm，宽 3 mm，深 10 mm。更换轮胎	其他
2010 年 3 月 7 日	国航	当日，国航 B737-300/B2504 号机执行 CA1878（湛江—北京)航班任务，飞机在自动驾驶 A 套接通状态，进入北京区域，高度约 11000 m，右座显示器闪现多个系统的故障旗，而后显示器短暂黑屏约 1 s，机组听到有继电器转换的声音，然后恢复正常，机组检查 APA 并没有断开，飞机在北京安全落地，目前正在停场，公司要求彻底查明原因，并排故后才能放行。经了解该飞机将于本月 22 日彻底停场，准备退租	机械
2010 年 3 月 7 日	东航北京分公司	当日，东航北京分公司 A320-232/B6586 号机执行 MU2119（西安—北京）航班，短停机务检查发现左发进气道 8 点钟位置有鸟击痕迹。地面根据按 AMM-72-00-00-200-010 完成鸟击检查程序，进气道、叶片均完好无损，发动机参数正常。根据 AMM 手册，V2500 型发动机外涵道鸟击后需在 5 个飞行循环或 10 个飞行小时内按照 AMM72-00-00-200-011 完成风扇叶片超声波测试。目前已开出 NRC-2010-6586-002，计划当天在西安短停时完成	天气、意外
2010 年 3 月 8 日	国航	当日，国航 A321/B-6386 号机执行 CA4115（成都—北京）航班任务，在北京进近过程中遭遇风切变，音响警告响，机组复飞，再次进近安全落地	天气、意外
2010 年 3 月 8 日	国航	当日，国航 A330/B-6117 号机执行 CA1303（北京—深圳）航班任务，起飞滑跑至 55 kts 时，出现发动机推力故障信息，机组中断起飞，飞机滑回。机务地面检查发现左发 EEC P50 感压管有少量积水，其他无异常，将水吹干后，准备进行发动机试车检查	机械

发生日期	单位	简述	事件原因
2010年3月8日	山航	当日，山航B737-800/B-5349号机执行（南宁—北京）航班任务，16:11从南宁机场起飞，18:52在北京机场落地。北京机务人员在对飞机进行检查时，发现右内主轮扎伤，无外来物，超标更换轮胎（"Y"字形，约长23 mm，宽6 mm，深15 mm），根据AMM32更换右内主轮	其他
2010年3月9日	国航	当日，国航B777-200/B-2069号机执行CA1381(北京—上海虹桥)航班任务，首都机场上客后，机务发现2号舱门手柄没有关闭到位并通知机长，机长随即通知乘务员开门。乘务员在滑梯手柄预位的状态下，开启舱门，导致2号门滑梯放出。机务检查拆下滑梯，减客16人，按MEL保留放行飞机。经初步调查，事件原因是乘务员没有遵守开门时2人同时在场的要求，且未按程序要求确认滑梯预位状态，在滑梯手柄预位的状态下开门，导致事件的发生	机组
2010年3月9日	国航	当日，国航A321/B-6593号机执行CA1351（北京—广州）航班任务，在首都机场廊桥对接飞机时，廊桥发生故障，此时廊桥距离飞机机身2 cm左右。机场随即组织维修。在维修过程中，由于操作失误，廊桥朝飞机方向移动约4 cm并与飞机机身相接触，飞机略有倾斜，前轮无移动。地面检查飞机左1门机身下部有胶皮擦痕，但无凹坑，后续航班换机执行。机务将飞机拖入机库后，对飞机前起落架进行探伤检查，未见异常，对前轮进行多次转弯测试正常，放行飞机	地面保障
2010年3月9日	山航	当日，山航B737-800/B-5349号机执行CA1360（张家界—北京）航班任务。当日22:07从张家界机场起飞，次日00:15在北京机场落地。北京机务人员在对飞机进行检查时，发现左内主轮扎伤，无外来物，超标更换轮胎（圆孔，约长8 mm，宽8 mm，深10 mm），根据AMM32更换左内主轮	其他
2010年3月10日	国航	当日，国航B757-200/B-2837号机执行CA1561（北京—南京）航班任务，飞机起飞滑跑至90 kts左右时，左2号风挡加温故障，机组中断起飞，飞机滑回。机组反映在滑回途中左2号风挡加温已正常，机务检查左2号风挡加温正常，检查刹车盘及机轮正常，放行飞机	机械
2010年3月12日	国航	当日，国航B737-300/B-5035飞机执行CA1870（台州—北京）航班任务，北京落地遭遇大风，机组复飞后备降天津	天气、意外
2010年3月13日	国航	当日，国航B737-800/B-2671号机执行CA1144(鄂尔多斯—北京)航班任务，该机在北京做航后检查时，机务检查发现机身上多处雷击点。机务对雷击点进行处理后放行飞机	天气、意外
2010年3月13日	金鹿航空	当日，金鹿航空A319/B-6180号机执行JD5182（昆明—北京）航班任务，北京落地后，滑入W106停机位（远机位）时，由于飞机滑入速度过快，最终超过机位停止线3 m左右。旅客下飞机后将飞机拖回	机组
2010年3月13日	海航	当日，海航B737-800/B-5115号机执行HU7234(银川—北京)航班任务，过站检查发现左内主轮扎伤，更换该主轮	其他
2010年3月13日	海航	当日，海航B767-300/B-2492号机执行HU7246（乌鲁木齐—北京）航班任务，北京过站检查发现右前轮扎伤，尺寸：长13 mm，宽2 mm，深7 mm，无附着物，更换轮胎	其他
2010年3月14日	海航	当日，海航B737-800/B-5466号机执行HU7080(三亚—北京)航班任务，过站检查发现左内主轮扎伤，更换该主轮	其他

发生日期	单位	简述	事件原因
2010 年 3 月 14 日	山航	当日，山航 B737-800/B5347 号机执行济南—北京航班，当日 20:47 从济南机场起飞，21:27 在北京机场落地。北京机务人员在对飞机进行检查时，发现右前轮扎伤，无外来物，超标（长形，约长 10 mm，宽 4 mm，深 10 mm），发现左前轮扎伤，无外来物，超标（圆形，约长 3 mm，宽 7 mm，深 10 mm），根据 AMM32 更换右前轮和左前轮。	其他
2010 年 3 月 15 日	东航山西分公司	当日，东航山西分公司 B737-700/B-2680 号机执行 MU5228（洛阳—北京）航班任务，当日 21:48 从洛阳机场起飞，22:56 在北京机场落地。机务航后检查发现右前轮扎伤超标。依据 AMM 手册更换右前轮，力矩 95/45lb·ft，气压 207 psi，定力扳手 TFL60009，压力表 TFP60134，地面检查正常。轮胎位置：右前轮胎冠。受损信息：长约 1 cm，深约 1 cm，宽约 2 cm。轮胎信息：普利斯通斜交胎（件号：APS01207）	其他
2010 年 3 月 16 日	国航	当日，国航 B737-800/B-5391 号机执行 CA977（北京—厦门）航班任务，北京起飞滑跑过程中，速度约 30 kts 时后货舱门灯亮，机组中断起飞，飞机滑回。经地面开关舱门反复测试正常，放行飞机，后飞机在第二次滑跑过程中故障再次出现，飞机滑回，航班换飞机执行。经机务检查舱门指示系统故障，更换货舱电门组件反复开关指示正常，放行飞机	机械
2010 年 3 月 16 日	山航	当日，山航 B737-800/B5352 号机执行兰州—北京航班。当日 18:53 从兰州机场起飞，20:40 在北京机场落地。北京机务人员在对飞机进行检查时，发现右内主轮扎伤，无外来物，受损超标（一字形），根据 AMM32 更换右内主轮	其他
2010 年 3 月 17 日	海航	当日，海航 B737-800/B-5449 号机执行 HU7097（宁波—北京）航班任务，在北京过站检查发现右内主轮扎伤，长 10 mm，宽 3 mm，深 8mm，无附着物。更换轮胎	其他
2010 年 3 月 17 日	海航	当日，海航 B737-800/B-5372 号机执行 HU7624（齐齐哈尔—北京）航班任务，在北京过站检查发现左前轮扎伤，尺寸：长 7mm，宽 1 mm，深 13 mm，无附着物。更换轮胎	其他
2010 年 3 月 18 日	国航	当日，国航 B737-800/B-5167 飞机执行 CA161（北京—大阪）航班任务，起飞后两部气象雷达故障，由于大阪机场附近有积雨云，飞机返航北京，航班换飞机执行。更换气象雷达收发机、雷达控制面板，通电测试正常	机械
2010 年 3 月 18 日	东航山西分公司	当日，东航山西分公司 B737-800/B-5087 号机执行 MU744（青岛—北京）航班任务，当日 11:43 从青岛机场起飞，12:58 在北京机场落地。飞机在北京短停时，机务检查发现 1 号主轮扎伤。按 AMM 手册更换左外主轮，检查正常。轮胎位置：左主轮。受损信息：长 1 cm，深 0.6 cm，长条形伤口。轮胎信息：普利斯通斜交胎（件号：APS06015）	其他
2010 年 3 月 18 日	山航	当日，山航 B737-800/B-5119 号机执行长春—北京航班。当日 18:28 从长春机场起飞，19:59 在北京机场落地。北京机务人员在对飞机进行检查时，发现左内主轮扎伤，无外来物，受损超标（一字形，约长 7 mm，宽 1 mm，深 8mm），根据 AMM32 更换左内主轮	其他
2010 年 3 月 19 日	国航重庆分公司	当日，国航重庆分公司 B737-800/B-5496 号机执行 CA1560（青岛—北京）航班任务，在首都机场 01 号跑道五边进近中，325 ft 遭遇风切变，复飞二次进近正常	天气、意外

发生日期	单位	简述	事件原因
2010 年 3 月 19 日	海航	当日，海航 B737-800/B5359 号机执行 HU7346（乌鲁木齐—北京）航班任务，过站检查发现左内主轮扎伤超标，长 15 mm，宽 2 mm，深 13 mm。更换该主轮	其他
2010 年 3 月 19 日	海航	当日，海航 B737-800/B-2158 号机执行 HU7234（银川—北京）航班任务，过站检查发现左前主轮扎伤超标，尺寸：长 12 mm，宽 2 mm，深 10 mm。更换该主轮	其他
2010 年 3 月 19 日	大新华航空	当日，大新华航空 B737-800/B-5089 号机执行 CN7150（哈尔滨—北京）航班任务，航后检查发现左外主轮扎伤超标，尺寸：长 12 mm，宽 2 mm，深 10 mm。更换该主轮	其他
2010 年 3 月 20 日	海航	当日，海航 B737-400/B-2970 号机执行 HU7612（长治—北京）航班任务，落地机组反映空中右 2 号风挡外层玻璃有裂纹。地面机务检查右 2 号风挡前侧边缘导电条有电弧放电现象，更换右 2 风挡，测试正常。放行飞机	机械
2010 年 3 月 20 日	东航山西分公司	当日，东航山西分公司 B737-700/B-2682 号机执行 MU5292（北京—太原）航班任务，当日 08:41 从北京机场起飞，09:29 在太原机场落地。飞机在太原短停时，机务发现左内主轮扎伤超标，依据 AMM 手册更换左内主轮，检查正常。轮胎位置：左主起—2 轮冠处受损。尺寸：长 10 mm，宽 15 mm。轮胎信息：普利斯通斜交胎（件号：APS06015）	其他
2010 年 3 月 20 日	大新华航空	当日，大新华航空 B737-800/B-5337 号机执行 CN7158（南宁—北京）航班，北京落地后发现左内主轮扎伤，尺寸：18 mm，3 mm，11 mm。扎伤处无附着物。换轮后执行后续航班	其他
2010 年 3 月 20 日	海航	当日，海航 B737-800/B-5449 号机执行 HU7278（杭州—北京）航班，北京过站检查发现右外主轮扎伤，尺寸：长 7 mm，宽 1 mm，深 10 mm。无附着物，更换轮胎	其他
2010 年 3 月 20 日	海航	当日，海航 B737-800/B-5462 飞机执行 HU7078（西宁—北京）航班任务，北京过站检查发现左外主轮扎伤，尺寸：长 10 mm，宽 2 mm，深 11 mm。无附着物，更换轮胎	其他
2010 年 3 月 21 日	大新华航空	当日，大新华航空 B737-800 飞机 B-2637 执行 CN7130（哈尔滨—北京）航班任务，北京过站检查发现右内主轮扎伤尺寸：长 15 mm，宽 3 mm，深 12 mm，执行 CN7150（哈尔滨—北京）航班，北京过站检查发现右外主轮扎伤，尺寸：长 10 mm，宽 2 mm，深 10 mm，均无附着物。更换轮胎	其他
2010 年 3 月 21 日	海航	当日，海航 B737-800/B-2636 号机执行（哈尔滨—北京）航班任务，北京过站检查发现右外主轮扎伤，尺寸：长 10 mm，宽 2 mm，深 10 mm，无附着物。更换轮胎	其他
2010 年 3 月 21 日	海航	当日，海航 B737-800 飞机 B-2677 执行 HU7246（乌鲁木齐—北京）航班任务，北京过站检查发现左前轮扎伤，尺寸为长 12 mm，宽 2 mm，深 10 mm，右外主轮扎伤，尺寸：长 15 mm，宽 3 mm，深 13 mm，均无附着物。更换轮胎	其他
2010 年 3 月 23 日	海航	当日，海航 B737-800/B-5136 号机执行 HU7346（乌鲁木齐—北京）航班任务，在北京过站时检查发现左外主轮扎伤，长 11 mm，宽 1 mm，深 15 mm，更换轮胎	其他
2010 年 3 月 23 日	海航	当日，海航 B737-800/B-2501 号机执行 HU7124（牡丹江—北京）航班任务，北京过站检查发现右前轮扎伤，尺寸：长 6 mm 宽 2 mm 深 10 mm。更换轮胎	其他

发生日期	单位	简述	事件原因
2010 年 3 月 23 日	国航	当日，国航 B747-400/B-2468 号机做 10A 检，执行 A/O 109015 排除右机翼起落架舱门地面不能放下的故障。需地面打泵操作检查舱门收放是否正常，机械员只拆下了机身舱门锁，而未拆下机翼舱门锁。当收放舱门时，机身起落架舱门后部与机翼舱门锁相碰，造成机身起落架舱门后部损坏	机务
2010 年 3 月 25 日	海航	当日，海航 B737-800/B-5416 号机 B-5416 执行 HU7146（乌鲁木齐—北京）航班任务，北京航后检查发现右外主轮扎伤，尺寸：长 20 mm，宽 3 mm，深 17 mm，无附着物。更换轮胎	其他
2010 年 3 月 25 日	海航	当日，海航 B737-800/B-5337 号机执行（哈尔滨—北京）航班任务，北京过站检查发现左内主轮扎伤，尺寸为长 6 mm，宽 2 mm，深 6 mm，无附着物。更换轮胎	其他
2010 年 3 月 26 日	华北空管	当日，美国大陆 89 航班（机型 B777）执行纽约—北京航班任务，国航 CA1560 航班（B737）执行青岛—北京航班任务。北京进近管制室在进行管制间隔调配过程中将指挥阿联酋 306 航班航向 070，因调整进近间隔的管制指令误发给美国大陆 89 航班，造成美国大陆 89 航班与国航 1560 航班发生飞行冲突。其间，最小间隔 2300 m，高度差 280 m。当时 CAVOK 能见度大于 10 km。运行状况：首都机场三条跑道向南相关平行进近、独立离场，雷达管制	空管
2010 年 3 月 26 日	海航	当日，海航 B737-800/B-5482 号机执行 HU7988（台北—北京）航班任务，北京航后检查发现左外主轮扎伤，尺寸：长 9 mm，宽 1 mm，深 8 mm，无附着物。更换轮胎	其他
2010 年 3 月 28 日	海航	当日，海航 B737-800/B-5467 号机执行 HU7246（乌鲁木齐—北京）航班任务，北京过站检查发现右外主轮扎伤，尺寸：长 15 mm，宽 2 mm，深 15 mm，有石子无附着物。更换轮胎	其他
2010 年 3 月 30 日	大新华航空	当日，大新华航空 B737-800/B-2652 号机执行 CN7150（哈尔滨—北京）航班任务，北京过站检查发现右外主轮扎伤，尺寸：长 12 mm，宽 2 mm，深 8 mm。更换该轮后放行飞机	其他
2010 年 3 月 30 日	海航	当日，海航 B737-800/B-5407 号机执行 HU7148（成都—北京）航班任务，北京过站检查发现右内主轮扎伤，尺寸：长 10 mm，宽 2 mm，深 10 mm，更换该轮后放行飞机	其他
2010 年 3 月 31 日	海航	当日，海航 A330-200/B-6089 号机执行 HU491（北京—布鲁塞尔）航班任务，北京起飞约半小时后反映有前货舱门临近传感器故障信息，机组返航。落地后检查发现前货舱门临近传感器间隙过大，清洁和调节间隙后测试正常，放行飞机	机械
2010 年 3 月 31 日	海航	当日，海航 B737-800/B-5358 号机执行 HU7246（乌鲁木齐—北京）航班任务，过站检查发现左前轮扎伤超标，尺寸：长 14 mm，宽 2 mm，深 14 mm。更换该主轮	其他
2010 年 3 月 31 日	海航	当日，海航 B737-400/B-2970 号机执行 HU7124（牡丹江—北京）航班任务，过站检查发现左内主轮扎伤超标，尺寸：长 6 mm，宽 3 mm，深 6 mm。更换该主轮	其他
2010 年 3 月 31 日	海航	当日，海航 B737-800/B-5180 号机执行 HU7346（乌鲁木齐—北京）航班任务，过站检查发现右外主轮三处扎伤超标	其他
2010 年 4 月 1 日	深航	当日，深航 B737/B-5102 号机执行 ZH9890（深圳—北京）航班任务，北京航后检查发现右前轮扎伤，超标换轮。损伤尺寸：长 9 mm，宽 1 mm，深 5 mm，切口形。深圳机场滑行路线：2 号停机位—J—H—A—13；北京机场滑行路线：36 右跑道落地—F6—H—T1—232 号停机位	其他

发生日期	单位	简述	事件原因
2010年4月3日	国航	当日，国航B737-800/B-5343号机执行CA953（北京—大连）航班任务，在北京起飞滑跑过程中，N1约60%时，驾驶舱和客舱冒浓烟，伴有刺鼻异味，机组中断起飞滑回，航班换飞机执行。机务对B5343飞机左右发动机进行水冲洗，更换循环风扇气滤，长时间试车引气正常，飞机放行	机械
2010年4月4日	海航	当日，海航B737-800/B-5503号机执行HU7602(虹桥—北京)航班任务，在北京航后检查时，发现左侧皮托管遭鸟击，按鸟击特检单检查正常	天气、意外
2010年4月5日	山航	当日，山航B737-800/B-5347号机执行张家界—北京航班。当日22:51从张家界机场起飞，次日00:53在北京机场落地。北京机务人员在对飞机进行检查时，发现右内主轮扎伤，无外来物，受损超标（一字孔，约长15 mm，宽3 mm，深10 mm），根据AMM32更换右内主轮	其他
2010年4月5日	海航	当日，海航B737-800/B-5467号机执行HU7345(北京—乌鲁木齐）航班任务，推出过程中，一辆上航车牌号为AJ0020的行李车与飞机抢行，拖车紧急刹车，抢行车辆与飞机距离不超过4 m，拖车和飞机均无任何损伤，后续正常，推出飞机滑走	地面保障
2010年4月6日	国航	当日，国航B777-200/B-2061号机执行CA117（北京—香港）航班任务，在北京推飞机过程中，拖车在接近飞机前轮过程时，司机听到异常响声后刹车下车查看，发现牵引车左前抱夹臂异常收回与飞机右前轮接触，造成飞机右前轮损坏。机务更换两个前轮，并对前起落架及前轴进行了详细检查，结构正常	机械
2010年4月12日	东航北京分公司	当日，东航北京分公司A330-300/B-6126号机执行MU5122（北京—虹桥）航班，起飞后，机组反映ECAM警告，绿液压系统低压，起落架收不上，飞机返航	机械
2010年4月13日	厦航	当日，厦航B757-200/ B-2848号机执行厦门—北京航班任务，使用首都机场36L跑道着陆，机组报告：在整个五边进近过程中，气流紊乱并伴有颠簸，飞机速度变化量最大达9 kts。下降到高度100 ft左右时有明显的上升气流。飞机进跑道后高度20~15 ft时，在油门未收的情况下，速度忽然减少得较快，机组来不及修正，接地感觉重。首都机场机务人员按AMM05-50-01完成重着陆第一阶段检查，未见异常后放行。福州航后时，机务人员再次按手册完成重着陆检查，未见异常。根据QAR证实，该航班在北京落地时最大g值1.939g，下降率为−424 ft/min。QARA显示，接地前飞机疑似遭遇风切变，在杆位和油门变化不大的情况下，2 s内飞机的速度骤然减少13 kts	天气、意外
2010年4月13日	国航	当日，国航737-300/B-5036号机执行CA1114(呼和浩特—北京）航班任务，航后检查发现机身多处遭雷击，停场修理。由Ameco结构工程师对发现的32个雷击点进行详细检查，并按照手册要求更换了8个损坏的铆钉，并对其他雷击部位进行了打磨处理，符合手册要求。M9完成了标准非例行工作单《飞机雷击后检查》对所有操作舵面、放电刷、机身机翼部位及电子系统进行全面检查正常，放行飞机	天气、意外

续表

发生日期	单位	简述	事件原因
2010 年 4 月 15 日	国航	当日，国航 A320/B-6607 号机执行 CA8205（武汉—北京）航班任务，机务人员在北京地面检查时发现，飞机遭电击，执行电击详细检查后发现一切正常，依据 SRM 可继续飞行 50 ft，放行飞机。该飞机继续执行 CA8206(北京—武汉)航班，在武汉落地后，航线维修人员进行详细检查，发现机头左右两侧共有 9 处电击，且均为漆层掉落，无金属损伤，随后航线维修人员进行打磨喷漆，飞机状况正常	天气、意外
2010 年 4 月 18 日	海航	当日，海航 B737-800/B-2637 号机执行（北京—哈尔滨）航班任务，北京过站起飞滑跑约 10 kts 时反映起飞构型警告，中断滑回。机组解释为自己操作原因，机务检查飞机正常，放行飞机	机组
2010 年 4 月 19 日	国航	当日，国航 B737-300/B-2588 号机执行 CA903（北京—胡志明市）航班任务，飞机起飞时触发起飞形态警告，飞机中断起飞并滑回，机务人员检查正常，放行飞机	机械
2010 年 4 月 20 日	山航	当日，山航 B737-800/B5450 号机执行太原—北京航班任务。当日 10:14 从太原机场起飞，11:04 在北京机场落地。北京机务人员在对飞机进行检查时，发现右外主轮扎伤，无外来物，受损超标（沟状，约长 8 mm，宽 2 mm，深 3 mm），根据 AMM32 更换右外主轮	其他
2010 年 4 月 21 日	国航	当日，国航 B737-300/B-2587 号机执行 CA1671（北京—佳木斯）航班，飞机爬升至约 600 m 遭鸟击时。机务检查发现左一号风挡左下角有一长 170 mm、宽 90 mm、深 6 mm 的凹坑，飞机停厂修理	天气、意外
2010 年 4 月 22 日	国航	当日，国航 B737-800/B-5391 号机执行 CA1273（北京—兰州）航班，飞机起飞滑跑约 30 n mile 时，出现起飞形态警告，飞机滑回。机务地面清除故障代码，测试正常后放行飞机	机械
2010 年 4 月 23 日	东航	当日，东航 B737-700/B-5096 号机执行昆明至北京航班任务，并北京过夜。4 月 24 日，北京机务检查发现左翼外侧后缘襟翼中部后缘有一凹坑，经测量尺寸为长 120 mm、宽 80 mm、深 2.4 mm。机务按 SMR57-53-01 查阅未超过放行标准后，正常放行	天气、意外
2010 年 4 月 24 日	国航	当日，国航 B737-800/B-5438 号机执行 CA1207（北京—西宁）航班任务，起飞后约 5 min，机组广播介绍航线时，Y 舱一旅客告知乘务员乘错了航班，该旅客是去往无锡的航班，经与地面联系飞机继续飞往西宁，到达西宁后再将旅客带回北京。经调查，舱单 64 人（63 名成人，1 名婴儿），该旅客属国航金卡会员，通过 VIP 通道后上错了摆渡车，乘务员在核实旅客数量时，出现差错，导致该旅客上错飞机后，没有被及时发现	机组
2010 年 4 月 25 日	国航	当日，国航 A320/B-6609 号机执行 CA1333（北京—武汉）航班任务，北京航前检查发现右大翼内侧船型整流罩前部遭鸟击，有一长 10 cm、宽 8 cm 的洞，机务拆下损伤整流罩，按照缺件放行清单放行飞机	天气、意外
2010 年 4 月 25 日	国航	当日，国航 B737-800/B-5485 号机执行 CA1210（西安—北京）航班任务，北京落地后，机务检查发现水平安定面遭雷击，放电刷和底座被烧蚀，更换受损部件后放行飞机。	天气、意外

发生日期	单位	简述	事件原因
2010 年 4 月 25 日	上航	当日，上航 B737-700/B-5269 号机执行 FM9147（兰州—北京）航班，落地后，机务人员检查发现左小翼后缘遭雷击，损伤尺寸直径 3.5 cm，深 0.5 cm，损伤超标，基地派人赴外站按 SRM51-10-1/2 做临时修理	天气、意外
2010 年 4 月 23 日	东航山西分公司	当日，东航山西分公司 B737-700/B-5032 号机执行 MU2074（临沂—北京）航班，机长鲍旭军，副驾驶刘飞飞，当日 21:38 从临沂机场起飞。飞行过程未进入云中，未发现有危险天气，驾驶舱仪表指示正常，飞机于 22:46 在北京机场安全落地。飞机落地后，航后检查机身前端下部区域有雷击现象，按任务单 B737-ZDY-01-04 完成飞机雷击后的检查，发现机身前端下部区域有雷击点 6 处，其他区域检查正常，各系统操作检查测试正常，飞机放行	天气、意外
2010 年 4 月 24 日	深航	当日，深航 ZH9771/B-5441 号机（深圳—哈尔滨）航班，机长威廉姆，副驾驶袁鸣，在北京区域与管制单位失去通信联系。据北京区管称，13:50 联系机组准备指挥下降，未联系上，其间在 128.3，121.5 频率呼叫机组，未收到回复，约 13：59 恢复通信联系	机组
2010 年 4 月 26 日	国航	当日，国航 B747-400/B-2467 号机执行 CA985（北京—旧金山）航班任务，起飞后出现襟翼控制信息，返航北京安全落地，航班换飞机执行。机务更换 B-2467 飞机左 3 号前缘襟翼气动组件，测试正常，放行飞机	机械
2010 年 4 月 26 日	国航	当日，国航 A330/B-6115 号机执行 CA939（北京—罗马）航班任务，飞机在起飞滑跑时出现 "wheel 5 break released" 信息，机组中断起飞，中断速度约为 80 kts。飞机滑回后，机务按 MEL 保留放行飞机	机械
2010 年 4 月 27 日	海航	当日，海航 A330/B-6118 号机执行 HU7081（海口—北京）航班任务，航后检查左发时发现多处雷击点，尾喷有烧蚀，损伤均符合标准，按照雷击检单检查正常	天气、意外
2010 年 4 月 30 日	国航	当日，国航 B737-800/B-5485 号机执行 CA1606（大连—北京）航班任务，飞机在北京过站期间，机务人员检查发现机身右侧有 3 个雷击点，经机务人员评估可保留，放行飞机	天气、意外
2010 年 4 月 30 日	国航	当日，国航 A321/B-6593 号机执行 CA1426（成都—北京）航班任务，航后检查发现右大翼被鸟击伤（尺寸：长 20 cm，宽 10 cm，深 1 cm），损伤超标，次日航班调整	天气、意外
2010 年 4 月 30 日	国航重庆分公司	当日，国航重庆分公司 B737-800/B-5325 号机执行 CA1412（重庆—北京）航班遭鸟击，在北京航后时检查发现左发下唇部及内涵道有少量鸟毛和血迹，按鸟击特检工作单完成内窥等检查工作，地面试车检查正常	天气、意外
2010 年 5 月 1 日	东航山西分公司	当日，东航山西分公司 B737-800/B-5101 号机执行 MU744（青岛—北京）航班，机长郝卫东，副驾驶王文举。当日 12:00 从青岛机场起飞，13:01 在北京机场落地。飞机在北京短停中机务发现右前轮扎伤超标，按照 AMM 手册更换轮胎，地面检查正常。轮胎位置：右前起轮胎胎冠。受损信息：条形伤口，长 2 cm，宽 0.3 cm，深 1 cm。轮胎信息：普利斯通斜交胎（件号：APS 01207）	其他
2010 年 5 月 1 日	国航	当日，国航 B777-200/B-2068 号机执行 CA1996（虹桥—北京）航班，航后检查发现左机翼前缘缝翼外侧部分有鸟击痕迹，有一凹坑，损伤超标	天气、意外

发生日期	单位	简述	事件原因
2010年5月1日	海航	当日，海航B737-800/B-2637号机执行CN7216（桂林—北京）航班，北京落地后发现左大翼刮到约几十米长的疑似风筝线。有部分缠绕到后缘襟翼里，取出线后检查正常，放行飞机	其他
2010年5月2日	国航	当日，国航B737-300/B-5036号机执行CA042(本场训练)，在京航后检查发现右发遭鸟击，孔探检查发现高压压气机叶片损伤超标，停场换发	天气、意外
2010年5月3日	国航	当日，国航A330/B-6076号机执行CA940（罗马—北京）航班，因上一航班出现"F/CTL:FLAP SYS1 FAULT"故障信息，机务按MEL保留故障放行。飞行5h后出现"F/CTL: FLAP FAULT"故障，随后又出现"F/CTL:ALTN LAW"信息。机组继续飞行，使用无后缘襟翼、缝翼2安全落地。航后机务更换2号SFCC、AOA、ADIRU，测试1号和2号SFCC工作正常，襟缝翼收放测试正常	机械
2010年5月3日	海航	当日，海航B737-800/B-5139号机执行HU7101（北京—海口）航班，飞机起飞滑跑接近70 kts时出现两次短暂起飞构型警告音，机组中断起飞。经检查襟翼、安定面、停留刹车、减速板手柄位置后正常，放行飞机	机械
2010年5月5日	海航	当日，海航B737-800/B-5466号机执行HU7765（北京—长春）航班任务，机组检查飞机时发现飞机垂直尾翼上有凹坑，经机务测量直径为250 mm、深8 mm，机务用胶带简单处理后放行，初步排除鸟击可能，航班晚关舱6 min	天气、意外
2010年5月5日	海航	当日，海航B767/B-2491号机执行HU7138(西安—北京)航班任务，在北京过站检查发现2号主轮扎伤超标，扎伤部位附着金属丝，更换轮胎	其他
2010年5月6日	天津航空	当日，天津航空E190/B-3120号机执行GS6574（安庆—北京）航班任务，航后检查发现飞机左前机身19~20隔框，19~20L衍条处有一处刮伤，最深处0.55 mm。厂家反馈ETD，飞机可保留飞行至下次C检，办理FC	地面保障
2010年5月8日	首都航空	当日，首都航空A319/B-6179号机执行JD5246（海拉尔—北京）航班任务，在北京落地后，站坪安排的停机位为W106，但飞机滑入至W105机位	机组
2010年5月10日	国航	当日，国航B737-800/B-5173号机执行CA1622（哈尔滨—北京）航班任务，航后检查发现飞机水平安定面前缘被外来物击伤，形成凹坑（尺寸：长50 mm，宽40 mm，深1.2 mm）。机务按结构修理手册进行修理，高频涡流探伤无裂纹，放行飞机	天气、意外
2010年5月11日	东航	当日，东航上海飞行部飞行员驾驶湿租上航的A321/B6643号机执行MU2310（长春—北京）航班任务。飞机五边进近机长操纵，1000 ft稳定进近，有些乱流，机组向塔台证实地面风为350/05 m/s，短五边一切正常，继续进近至50ft左右过跑道头，并少许带杆减小下降率，30 ft左右感到有下沉稍快趋势，继续带杆至20 ft仍有下沉趋势，未收油门并继续带杆减小下降率，此时飞机姿态偏大，为了防止擦机尾，基本未继续增加带杆量并带着油门接地，接地后保持侧杆位置未继续带杆，大概2 s收油门慢车，放前轮后拉反推，正常减速退出跑道。飞机到位关车后，机组感觉着陆偏重，便打印出load report，上面显示载荷为2.23g，姿态7.4°，机组向地面机务人员报告此情况，同时立即向中队大队做了汇报。后机务MCC决定进行探伤检查，经过探伤检查，飞机可以继续运行，机组继续执行后续航班	机组

发生日期	单位	简述	事件原因
2010年5月11日	国货航	当日，国货航B747/B-2458号机执行CA1052航班任务，北京落地后地面机务检查发现7号轮扎伤。经向飞行部了解，该飞机落地后滑行路线如下：W6—F滑—Z4等待—F滑—S4等待—Z3—N109	其他
2010年5月14日	国航	当日，国航A330/B-6071号机执行CA1329（北京—广州）航班任务，起飞后飞机右风挡加温故障，返航北京后落地，航班换飞机执行。机务对B-6071飞机进行维修，测试正常后放行飞机	机械
2010年5月14日	东航山西分公司	当日，东航山西分公司B737-800/B-5100号机执行MU2311(大连—北京)航班任务,当日23:36从大连机场起飞，00:40在北京机场落地。飞机在北京航后检查时，机务发现右内主轮扎伤，按照AMM手册更换轮胎，检查结果正常。轮胎位置：右主起—3°。受损信息：胎肩，L形伤口，尺寸：长1 cm，宽0.5 cm，深1 cm。轮胎信息：普利斯通斜交胎（件号：APS 06015）	其他
2010年5月15日	国航	当日，国航B737-300/B-2588号机执行CA1142（包头—北京）航班任务，在北京按塔台指挥正常进近，在决断高度时机组发现跑道上有飞机，复飞后重新进近安全落地	其他
2010年5月16日	海航	当日，北京管制室在指挥海航一架B737-800号机执行北京—海口航班任务过程中，由于管制员错发管制指令，造成该航班向北京禁区方向飞行，管制员发现后，立即实施雷达引导，最终该航班从北京空中禁区东南角外侧飞过	空管
2010年5月18日	海航	当日，海航B737-800/B-5180号机执行HU7142（成都—北京）航班任务，北京航后检查发现机头下，雷达罩后侧有10多个雷击点，执行雷击检查单正常，金工打磨雷击点，放行飞机	天气、意外
2010年5月18日	海航	当日，海航B737-800/B-5406号机执行HU7124(牡丹江—北京)航班任务，在北京落地滑行时，被一辆停在滑行道上的BGS皮卡车挡住滑行路线，后由公司机务将此车赶离，飞机停止滑行约2 min	其他
2010年5月19日	国航重庆分公司	当日，国航重庆分公司B737-800/B-5426号机执行CA1480（珠海—北京）航班任务，航后机务检查发现飞机右大翼根部收放着陆灯遭鸟击，灯罩破裂。机务更换右侧收放着陆灯并开关，测试正常，放行飞机	天气、意外
2010年5月19日	国航	当日，国航B737-800/B-5495号机执行CA1136（包头—北京）航班任务，脱离跑道后滑行过程中2发自动停车。飞机在首都机场36R跑道落地后，从E6快速脱离道脱离跑道转向G滑行道过程中，2发出现"ENG FAIL"信息，机组随即在G滑行道上停住飞机，此时2发发动机N1、EGT及燃油流量等参数指示稳定下降，但下DU未激活，主警戒未出现任何警告信息。机组打开下DU发现2发其他参数指示均稳定下降,2发自动停车。机组执行发动机失效关停检查单，由拖车将飞机拖到停机位	机械
2010年5月20日	国航	当日，国航天津分公司B737-300/B-2580号机执行CA1882（北海—北京）航班任务，在北京过站检查发现左发遭鸟击，进气道7点钟位置有一凹坑，经机务测量损伤不超标，孔探左发正常，放行飞机	天气、意外

发生日期	单位	简述	事件原因
2010 年 5 月 20 日	海航	当日，海航 B737-800/B-5408 号机执行 HU798R(台北—北京) 航班任务，过站机组反映飞机有硬着陆现象，译码分析垂直过载为 2.04g，完成硬着陆特检，未发现异常	机组
2010 年 5 月 20 日	厦航	当日，厦航 B737-800/B-5161 号机执行 MF8121 武夷山—北京航班任务，在北京下降过程中高度约 1500 m 时，飞机左侧遭鸟击。北京短停期间，机务人员检查发现飞机左侧机头迎角探测器下部机身蒙皮有鸟击痕迹，尺寸：长 17 cm，宽 6 cm，深 0.2 ~ 0.3cm。完成鸟击检查工卡 XD-05-804-A，根据 SRM 53-00-01 确认损伤在手册范围内、未超标后放行	天气、意外
2010 年 5 月 22 日	国航	当日，国航 B777-200/B-2063 号机执行 CA1303（北京—深圳）航班任务，航前机务检查飞机前货舱上部有 3 个雷击点，未超标。机务做处理后放行飞机	天气、意外
2010 年 5 月 22 日	海航	当日，海航 B737-800/B-5182 号机执行 HU7181（海口—北京）航班任务，北京过站期间发现右大翼前缘有鸟击痕迹，机务按鸟击检查单检查，放行飞机	天气、意外
2010 年 5 月 23 日	国航	当日，国航 B737-800/B-2645 号机执行 CA1332（郑州—北京）航班任务，航后机务检查发现飞机右水平安定面前缘遭鸟击，有一凹坑，损伤超标，根据 SRM51-70-01 金工修理凹坑，高频涡轮探伤无裂纹，恢复正常。	天气、意外
2010 年 5 月 24 日	天津航空	当日，天津航空 E190/B-3165 号机执行 GS7585（北京—延安）航班，起飞后空中机组反映 1、2 号液压系统电动泵失效，飞机返航北京。北京落地后下载 FHDB 数据，依据 SNL190-20-0004 分析判断为假信息，飞机放行	机械
2010 年 5 月 24 日	国航	当日，国航 B737-800/B-5443 号机执行 CA1412（重庆—北京）航班任务，在北京 36R 跑道进近过程中，塔台通知跑道有故障飞机滞留，复飞后使用 01 号跑道安全着陆	其他
2010 年 5 月 24 日	国航	当日，国航 B737-800/B-5176 号机执行 CA1219（北京—银川）航班任务，飞机起飞后，左发引气跳开灯亮，因之前 APU 办理了故障保留，机组决定返航。机务更换左发预冷器活门和活门传感器，试车测试正常，放行飞机	机械
2010 年 5 月 24 日	国航	当日，国航 B767-300/B-2560 号机执行 CA1315（北京—广州）航班任务，机组航前检查发现飞机尾橇处于收起状态，起落架手柄在中立（OFF）位。经调查，航后机务更换刹车压力表后，未将起落架手柄放回 DOWN 位。机务重新按程序放下起落架手柄，放行飞机	机务维护
2010 年 5 月 25 日	海航	当日，海航 B737-800/B-5405 号机执行 HU7198（北京—宁波）航班任务，北京过站出港滑行反映踩刹车时左右脚蹬均有振动感，同时主起落架区域有金属摩擦的声音，滑回检查，换机执行航班。航后检查发现刹车毂处放油发现大量气泡，检查 B 系统油箱增压空气滤子污染严重，更换后检查增压管路未见堵塞和渗漏，完成管路排气后正常	机械
2010 年 5 月 27 日	海航	当日，海航 A340/B-6509 号机执行 HU7986(莫斯科—北京）航班任务，在北京落地后机组反映前轮转弯失效和 1 号刹车系统失效，飞机无法滑行停留在滑行道上，致使 36L 跑道在 08:12 至 08:57 期间关闭，后机组复位防滞电门后故障信息消失，机组将飞机滑行到位	机械

续表

发生日期	单位	简述	事件原因
2010 年 5 月 28 日	国航	当日，国航 B737-800/B-2645 号机执行 CA1347（北京—汕头）航班任务，飞机爬升过程中右发引气跳开灯亮，因汕头无排故能力，飞机返航。机务更换右发预冷器活门传感器，试车测试正常，放行飞机	机械
2010 年 5 月 30 日	国航	当日，国航 B737-800/B-5197 号机执行 CA1136（包头—北京）航班任务，航后机务检查发现飞机右大翼、前货舱门、右内主轮刹车盘处有鸟击痕迹。特检发现右大翼 5 号前缘缝翼有裂纹超标，其他部位正常。机务拆下前缘缝翼完成修补	天气、意外
2010 年 5 月 30 日	国航	当日，国航 A321/B-6665 号机执行 CA1205（北京—西安）航班任务，飞机起飞过程中遭鸟击，各系统正常，飞机继续飞行。落地后机务检查发现风挡有血迹，无损伤，清理后放行飞机	天气、意外
2010 年 5 月 28 日	南航	当日，南航 A330/B-6058 号机执行 CZ3105（广州—北京）航班，到达北京高度 1500 m，即将建立下滑道时，机组目视到飞机左侧有放电现象，并伴有声响。落地后检查发现机头左侧有 8 个烧灼点，机务查阅手册不影响运行，后续飞行正常	天气、意外
2010 年 5 月 2 日	上航	当日，上航 B757 号机执行上海—北京航班任务，15:43 由上海起飞到北京，机组空中报告主液压系统漏油，要求优先着陆，17:23 飞机安全落地	机械
2010 年 6 月 1 日	南航北京分公司	当日，南航北京分公司 A330/B-6500 号机执行 CZ3159(深圳—北京)航班任务，短停检查发现右发进气道 12 点半位置有一穿透性损伤（约 10 mm×10 mm）。根据飞机发动机损伤情况，南航北京分公司飞机维护人员初步分析为飞机在起飞、着陆、滑行时，被飞机前轮带起的石子击伤。6 月 1 日，短停维护时发现 A330/B-6500 飞机右发进气道有损伤后，维护人员对发动机风扇叶片及进气道消音板检查未发现异常，维修厂技术工程师对损伤经过评估后，按罗罗技术方案 RAS/R-R/995/2010 对损伤部位进行了处理，允许带该缺陷飞行 100 飞行小时，并开出非例行卡进行控制。南航北京分公司就此事件向首都机场当局发函，通报了两起事件，请其协助调查跑道及滑行道情况。6 月 11 日，在广州 GAMECO 完成修理	天气、意外
2010 年 6 月 1 日	国航	当日，国航 B737-300/B-2947 号机执行 CA1573（北京—南昌）航班，飞机起飞后 25 排 A 座的旅客有过激语言，声称飞机上有炸弹，保卫员将其控制，飞机返航。落地后对旅客、行李再次进行安检，并检查飞机，未发现异常	其他
2010 年 6 月 1 日	山航	当日，山航 B737-800/B5347 号机执行济南—北京航班任务，22:50 从济南机场起飞，23:33 在北京机场落地。北京机务人员在对飞机进行检查时，发现左外主轮扎伤，无外来物，受损超标（长方形，约长 12 mm，宽 2 mm，深 4 mm），根据 AMM32 更换左外主轮	其他
2010 年 6 月 2 日	国航	当日 21:15，国航 CA983/B2469/B747-400 号机出港航班在 531 机位因飞机加油阀损坏导致航油泄漏，造成机坪漏油约 65 m²，飞行区管理部及时组织消防车对油污进行处理，21:57，531 机位清理完毕，航班延误 77 min	机械

发生日期	单位	简述	事件原因
2010 年 6 月 3 日	南航北京分公司	当日，南航北京分公司 A321/B-6318 号机执行 CZ3107（广州—北京）航班任务，4 日凌晨 00:07 在首都机场落地。00:30 左右航后检查发现左发遭鸟击，进气道 10 点钟位置有血迹，风扇叶片、风扇出口导向叶片及尾喷口上留有鸟毛和血迹。发动机内涵道进口检查无异常。按照维修手册相关程序检查进气道、风扇叶片及压气机进口导向叶片均正常。从相关部位清洁残留的鸟毛和血迹后，飞机正常放行	天气、意外
2010 年 6 月 4 日	国航	当日，国航 A321/B-6555 号机执行 CA1296（乌鲁木齐—北京）航班任务，在北京落地卸机作业后，装卸工在将该机前下货舱所装货物拖至 519 机位进行例行停车检查时，发现有 3 条沙蜥跑出。由于该机已执行后续 CA1301（北京—广州）航班，国货航航安部立即将此信息通知华南基地，要求其在该机落地后协助查证前下货舱是否有沙蜥。该机在广州落地后，华南基地对货舱进行全面清舱，共在前货舱内找到 4 条沙蜥。经调查，夹带沙蜥的货物运单号为 999-20182282，品名为：干果服装资料配件，共 41 件/480 kg，其中 3 件/19 kg 货物（数量 1508 只），实际为"沙蜥"。目前国货航在新疆乌鲁木齐机场禁运此类动物。导致此事件发生的原因是货运销售代理（新疆福鹰物流有限公司）瞒报品名，违规夹带，且新疆机场集团在安检时漏检该票货物。乌鲁木齐营业部已停止收运新疆福鹰物流有限公司的货物，并向当地公安部门报案。国货航针对此事件也制定了相应措施	地面保障
2010 年 6 月 5 日	国航	当日 13:27，国航 CA108/bmar/A321 航班在 01 跑道落地后，因转向系统故障停在 Q7 滑行道上无法脱离，13:46，飞机被拖离 Q7 滑行道，13:54，飞行区管理部将泄漏在滑行道上的液压油清理完毕，Q7 滑行道恢复使用	机械
2010 年 6 月 5 日	国航	当日，国航 B737-800/B-2643 号机执行 CA1951（温州—北京）航班任务，北京落地过站检查发现左大翼前缘襟翼右上角折断，整流盖板部分断裂丢失，库房无料，机务办理故障保留后放行飞机，此事件正在调查中	其他
2010 年 6 月 7 日	国航	当日，国航 B737-300/B-2953 号机执行 CA1671（北京—佳木斯）航班任务，飞机滑行过程中出现气象雷达故障信息，飞机滑回排故，更换气象雷达收发机后测试正常，放行飞机	机械
2010 年 6 月 7 日	国航	当日，国航 B747/B-2469 号机执行 CA931（北京—法兰克福）航班任务，飞机左大翼尖有燃油漏出，飞机滑回。经检查确认，燃油漏出的原因是飞机加油时，燃油溢出至通气油箱所致，航班延误 178 min	地面保障
2010 年 6 月 8 日	海航	当日，海航 A330/B-6116 号机执行 HU492（布鲁塞尔—北京）航班任务，根据罗罗公司的发动机监控信息，在北京落地后孔探检查左发要压压气机，发现高压压气机叶片受损，需要停场换发	天气、意外
2010 年 6 月 9 日	国航重庆分公司	当日，国航重庆分公司 B737/B-5325 号机执行 CA1898（无锡—北京）航班任务，在北京航后检查发现机身下部有烧蚀点，机务按特检工作卡 FL05—51—19—01 完成特检工作。测试正常，飞机放行	天气、意外

发生日期	单位	简述	事件原因
2010 年 6 月 10 日	海航	当日，海航 B737-800/B-5465 号机执行 HU7181（海口—北京）航班任务，北京过站检查发现右发前缘整流罩 3 点钟位置有鸟击痕迹，完成鸟击检查单，检查正常后放行	天气、意外
2010 年 6 月 10 日	东航北京分公司	当日，东航北京分公司 A320 机型 B-6636 号机执行完 MU5167 航班（杭州—北京）后继续执行 MU5227（北京—洛阳）的过站过程中，第二副驾驶赵亮误将飞机左后舱门滑梯放出。当时情况是由于 MU5167 航班北京落地时间 15:38，延误了 73 min，考虑到晚上继续执行洛阳的任务 19:40 起飞，并且使用同一架飞机，过站时间不长，第一副驾驶梁筠和第二副驾驶赵亮决定在飞机上做短暂休息。机长张卫国及乘务组正常回驻地休息。18:00 左右一名航食工作人员请求机组帮助开左后舱门，以便上餐食。第二副驾驶赵亮在没有机组其他成员证实的情况下开门，造成滑梯误放（机长和乘务组未到场，第一副驾驶在驾驶舱休息）。机长到场后通知相关部门，经维修后，改飞北京—连云港航班。MU5227 航班调整为其他飞机执行，未造成航班延误等不良后果	机组
2010 年 6 月 11 日	东航江西分公司	当日，东航江西分公司 A320/B-6013 号机执行南昌—北京航班任务，16:23 飞机在首都机场正常落地，脱离跑道时，机组感觉到前轮转弯有点异常，紧急刹车，将飞机停留在联络道上。此时塔台报告，前轮好像在冒烟。由于看不到机下情况，机组请求塔台派人现场观察，后来了一辆场务车，最后塔台确认未发现明显异常。机组塔台叫来东航机务拖车，将飞机拖至桥位上，机务对飞机进行了检查，除了两个前轮磨损严重，右外主轮磨损较大（机组在南昌起飞时已经明确此主轮磨损未超标），未发现明显异常。机务更换了此三个轮子，并进行了进一步的检查，完成地面滑行测试，均正常。后机务提取了 QAR 数据，未发现异常。飞机正常执行次日航班	机械
2010 年 6 月 12 日	国航	当日，国航 A321/B-6595 号机执行 CA1309（北京—广州）航班任务，广州航后机务检查发现飞机右发一风扇叶片被外来物击伤，形成一个长 25 mm，宽 13 mm，深 1.3 mm 的凹坑，距离叶尖 75 mm。经工程师确认损伤不超标，放行飞机	天气、意外
2010 年 6 月 14 日	国航	当日，国航 B737-800/B-5327 号机执行 CA1850（徐州—北京）航班任务，在进近过程中前缘襟翼过渡灯亮，机组复飞后使用襟翼 15 安全落地。落地后机务更换飞机前缘襟翼位置传感器，测试正常	机械
2010 年 6 月 14 日	深航	当日，深航 B737-900/B-5103 号机执行 ZH9851（深圳—北京）航班任务，北京过站检查发现左外主轮扎伤超标，伤口呈月牙形，尺寸长 1.5 cm，宽 2 mm 左右，深 1.7 cm，未携带外来物，更换轮胎。滑行路线：深圳，机位 100—T13—T12—K—H—G—15 号跑道；北京，跑道 01—J—T2—Y1—机位 328	其他
2010 年 6 月 15 日	海航	当日，海航 B737-800/B-5138 号机执行 HU7636（长沙—北京）航班任务，北京过站检查发现左 2 号风挡和左 3 号风挡之间有鸟击痕迹，按鸟击特检工作单检查正常，飞机放行	天气、意外
2010 年 6 月 18 日	国航	当日，国航公务机分公司 B-8096 湾流飞机从北京起飞前往呼和浩特执行本场训练，在呼和浩特进近放襟翼 1 时，襟翼卡阻，飞机返航北京，安全落地	机械

续表

发生日期	单位	简述	事件原因
2010 年 6 月 19 日	国航	当日，国航 B737-300/B-2586 号机执行 CA4166（北京—贵阳）航班任务，飞机左发吊架余水口漏燃油。机务检查发现左发吊架内燃油供油管接头封圈漏油，更换该封圈后检查正常，放行飞机	机械
2010 年 6 月 19 日	天津航空	当日，天津航空 E190/B-3129 号机执行 GS7547(榆林—北京)航班任务，飞机北京机场着陆后计划机位 W 107，飞机滑入 W 106	机组
2010 年 6 月 20 日	海航	当日，海航 A340/B-6510 号机执行 HU7606(虹桥—北京)航班任务，北京过站检查发现机腹下 143CB 盖板丢失，尺寸为 430 mm×470 mm。为保障后续航班正常，贴金属胶带临时处理，放行飞机	其他
2010 年 6 月 20 日	东航西北分公司	当日，东航西北分公司 A300/B2330 号机执行 MU2129（西安—北京）航班任务，18:23 在北京正常落地。短停时机务检查发现 1 发 476AR 螺钉脱落，盖板翘起。机务重新整形盖板支架，依据 SRM54-52-51 检查无裂纹，重新安装 476AR 盖板	机械
2010 年 6 月 20 日	南航	当日早 06:00 左右，南航地面服务有限公司外场司机翟国富驾驶民航 AD0007 场内机组车正在执行机组接送任务，车辆时速为 25 km，在车辆行驶至首都机场二号航站楼 217-218 廊桥之间的楼前行车道路（该段道路限速标准为 40 km）时，与穿行的国航地服员工唐某发生了接触。随后南航地面服务有限公司及时安排专人将该名同志送往医院进行了全面细致的检查，经过检查了解，其伤势轻微属软组织受伤，其他无异常。经调查，由于南航车辆驾驶员观察不周，导致此次事件的发生，南航车辆驾驶员负全责。针对此事，机场已对肇事司机做出相应处罚并在机坪安全委员会中进行通报，同时要求各单位加强场内行车的安全教育，避免类似事件的发生	地面保障
2010 年 6 月 20 日	东航山西分公司	当日，东航山西分公司 B737-800/B-5492 号机执行 MU5297（太原—北京）航班任务，当日 20:01 从太原机场起飞，20:57 在北京机场落地。飞机在北京短停检查时，机务发现前支柱左机轮扎伤，依据 AMM 手册更换该机轮，地面检查正常。轮胎位置：前起—左中央部位。受损信息：长 10 mm，深 10 mm。轮胎信息：普利斯通斜交胎（件号 :APS01207）	其他
2010 年 6 月 21 日	国航	当日，国航 B737-800/B-5170 号机执行 CA961（大连—北京）航班任务，在北京过站检查发现右水平安定面后部升降舵调整片遭雷击，后续航班换飞机执行。机务对调整片修理后，放行飞机	天气、意外
2010 年 6 月 21 日	海航	当日，海航 A330-200/B-6116 号机执行北京—长沙航班任务，机组发现后舱一名旅客在卫生间抽烟，飞机落地后，交由长沙机场公安处理	其他
2010 年 6 月 22 日	深航	当日，深航 B737/B-2669 号机执行 KY8055（沈阳—石家庄）航班任务，在飞机巡航阶段因为 2 号风挡有裂纹所以备降北京首都机场，飞机落地后换件完毕继续执行后续航班	机械

267

发生日期	单位	简述	事件原因
2010 年 6 月 23 日	国航	当日，国航 B737-300/B-2905 号机执行 CA1805（北京—井冈山）航班任务，北京起飞后左发 N1 指示故障，其他参数摆动，飞机返航北京，航班换飞机执行。机务地面试车未发现左发参数摆动现象。QAR 数据译码显示，飞机爬升到 13000 ft 时，自动油门接通状态，左发主要参数 N1、N2、EGT、燃油流量等出现短暂摆动，后陆续出现 4 次参数摆动现象。机务更换 MEC、自动油门计算机、T2 传感器和 EIS 主显示器，对 VSV、VBV 和功率杆增益进行校装和调节，试车正常，放行飞机	机械
2010 年 6 月 23 日	海航	当日，海航 A340/B-6509 号机执行 HU7923(北京—迪拜—罗安达)航班任务，6 月 24 日早晨北京首都机场通报在巡场时发现一飞机遗落部件，6 月 25 日 B-6509 飞机返回北京，该机 APU 自动停车无法启动，检查发现 APU 尾椎消音板丢失，与首都机场所发现的部件一致，目前 B-6509 保留 APU 放行	机械
2010 年 6 月 26 日	国航	当日，国航 A321/B-6385 号机执行 CA118（香港—北京）航班任务，北京落地后机务检查发现右机身及机翼下表面有多处雷击点，飞机停场修理后放行飞机	天气、意外
2010 年 6 月 26 日	东航西北分公司	当日，东航西北分公司 A320/B-6030 号机执行 MU5691(北京—常州)航班任务，飞机推出后，在 1 发启动时，地面人员发现 1 发漏油严重。机务依据 AMM79-00-00 检查 1 发渗漏超标，检查发现漏油件为 HPTACC，依据 AMM-75-21-10 更换 HPTACC,试车正常	机械
2010 年 6 月 26 日	山航	当日，山航 B737-800/B5513 号机执行银川—北京航班任务。当日 20:48 从银川机场起飞，22:22 在北京机场落地。北京机务人员在对飞机进行检查时，发现右前轮扎伤，无外来物，受损超标（一字形，约长 10 mm，宽 1 mm，深 5 mm），根据 AMM32 更换右前轮	其他
2010 年 6 月 27 日	国航	当日，国航 B737-300/B-5035 飞机执行 CA1281（北京—赤峰）航班任务，起飞后机组报告前起落架红绿灯同时亮，因赤峰无排故能力，机组返航。机务更换前起落架放下传感器后，测试正常，放行飞机	机械
2010 年 6 月 27 日	国货航	当日，国货航 B747/B-2475 号机执行 CA1047（浦东—北京）航班任务，在北京过站检查发现 7 号机轮刺伤，已在北京更换机轮	其他
2010 年 6 月 28 日	国货航	当日，国货航 B747-400/B-2477 号机在做 3C 检，Ameco 在执行检查上舱门滑梯气瓶气压工作前，一名 T2AP 机械员在上舱左门区域给一名 T1CB 机械员讲解门的操作注意事项，将滑梯预位放到了 ARMED 位，后不经意间轻微抬起了舱门手柄，造成紧急滑梯误放。滑梯和气瓶已拆下送附件维修车间进行恢复，无人员受伤和飞机受损	机务
2010 年 6 月 28 日	BGS	当日，首都航空 A319/B-6193 号机执行 JD5285（北京—呼和浩特）航班任务，原舱单货物及行李配载计划为：前货舱（1H）155 kg，后货舱（4H）1032 kg。在呼和浩特机场落地后，机场发现实际装载情况与舱单配载计划不符，1H 舱和 4H 舱货物和行李装反。经计算，重心仍在包线范围之内。公司已联系北京 BGS，BGS 表示尽快制定措施，对该类事件进行控制，避免类似事件再次发生	地面保障

续表

发生日期	单位	简述	事件原因
2010 年 6 月 29 日	天津航空	当日,天津航空 E190/B-3150 号机执行 GS7418(中卫—北京)航班任务,航后检查发现右起落架舱门有 1 个雷击点、前下部机身偏右侧有 3 个雷击点,机务按特检单检查正常,飞机放行	天气、意外
2010 年 6 月 30 日	国航	当日,国航 B737-800/B-2670 号机执行 CA1897(北京—无锡)航班,起飞后右升降舵皮托管加温故障,飞机返航。地面检查发现皮托管加温跳开关跳出,恢复跳开关,并更换皮托管后测试正常	机械
2010 年 7 月 7 日	邮航	当日,邮航 B737-300/B-2655 号机在首都机场,23:00 左右维修人员在完成非例行工作(后缘襟翼球形蜗杆润滑)后,将手电遗忘在 2 号蜗杆区域,且在进行工具清点时未考虑手电,在进行襟翼收上工作时,手电与襟翼扭力杆挤压,造成扭力杆折断,前襟翼被压出一个深 8 mm,宽 108 mm 的凹坑。后续工作仍在进行中	机务
2010 年 7 月 1 日	国航	当日,国航 B757-200/B-2845 号机执行 CA1818(南京—北京)航班,卸货时货舱内有刺鼻性气味,经查舱内有一票危险品(6.1 类毒性液体)塑料桶包装,共 3 件。货运人员检查包装未见渗漏,将其拖回危险品仓库。国货航危险品专家对该票货物进行实地检查,发现该货物在倾斜状态下有 2 个塑料桶有液体从封盖处渗出,说明此危险品包装封口不严,在运输过程中桶内液体来回晃动,致使液体渗出并附着在包装表面,并伴有气味挥发。国货航已暂停接收此包装生产商提供的此系列包装	地面保障
2010 年 7 月 3 日	国航	当日,国航 B737-300/B-2587 号机执行 CA1136(包头—北京)航班任务,航后机务检查发现飞机左水平安定面前缘遭鸟击,形成 45 mm×3.5 mm 的凹坑,损伤超标,飞机停场修理	天气、意外
2010 年 7 月 3 日	深航	当日,深航 B737-800/B-5078 号机执行 ZH9518(武汉—北京)航班任务,飞机在北京落地后滑行时滑入滑行道死角,机务用拖车重新拖回滑行道	机组
2010 年 7 月 5 日	海航	当日,海航 B767/B-2492 号机执行 HU481(北京—布达佩斯)航班任务,机组反映飞机在空中左发震动指数高,在布达佩斯落地后经孔探确认左发 5 级涡轮叶片有损伤,需停场换发,HU482(布达佩斯—北京)航班取消	其他
2010 年 7 月 5 日	山航	当日,山航 B737-300/B-2996 号机执行烟台—北京航班任务。当日 21:24 从烟台机场起飞,22:19 在北京机场落地。北京机务人员在对飞机进行检查时,发现右前轮扎伤,无外来物,受损超标(圆形,约长 3 mm,宽 3 mm,深 15 mm),根据 AMM32 更换右前轮	其他
2010 年 7 月 6 日	国航	当日,国航 B737-800/B-5509 号机执行 CA1579(北京—合肥)航班任务,起飞后爬升过程中高度 9300 m 时遭遇晴空颠簸,3 名乘务员有轻微的软组织挫伤,返航北京落地。经 QAR 译码,当时飞机垂直载荷 0.25 s 内从 1.42 g 突变到 -0.5g,2 s 后最高垂直载荷 1.66 g(正负最大垂直载荷均未达到 AMM 手册检查标准),姿态和坡度变化也比较明显	天气、意外

发生日期	单位	简述	事件原因
2010 年 7 月 6 日	国航	当日，国航 A330/B-6079 号机执行 CA1303（北京—深圳）航班，初始爬升阶段，当推力手柄从 FL 收到 CL 位时，出现警告"A/T FAULT"，机组人工方式操纵推力，继续飞往深圳，巡航阶段机组多次尝试接通 A/T 均无效，下降中出现信息"ENG 1 CTL SYS FAULT"，但没有 ECAM 动作，飞机落地后，该信息再次出现，并伴随 ECAM 动作，机组脱离跑道后，按 ECAM 动作关停左发后，单发滑回。深圳机务按照北京传真的排故方案，测试正常，信息消失，放行飞机，针对 A/T 故障，办理了故障保留。飞机后续执行 CA1304（深圳—北京）航班，飞行过程中 A/T 故障未再出现，落地后出现"ENG 2 FADEC SYS FAULT"故障，机组按照程序，关停右发，单发滑回。在北京更换左发 EEC 和 FMU	机械
2010 年 7 月 7 日	海航	当日，海航 A330/B-6088 号机执行 HU490（柏林—北京）航班任务，柏林过站保障时，前货舱货运人员在装货车尚未完全撤出时就关闭货舱门，导致货舱门下角被撞，向外翘起。损伤尺寸：折痕长约 14 cm，最高处翘起 5 cm。经临时处理后飞机放行	地面保障
2010 年 7 月 8 日	海航	当日，海航 B737-800/B-5373 号机执行 HU7116（满洲里—北京）航班任务，北京落地后发现左发 5 点钟进气道有鸟毛，按鸟击特检工作单检查正常，飞机放行	天气、意外
2010 年 7 月 9 日	深航	当日，深航 B737-800/B-5362 号机执行 ZH9518（武汉—北京）航班任务，北京航后检查发现左内主轮扎伤超标，伤口呈月牙形，尺寸：长 0.8 cm，宽 0.6 cm，深 0.15 cm。更换轮胎。滑行路线：武汉，机位 215—C3—B—04 号跑道；北京：18 左—W3—A1—Y4—机位 461	其他
2010 年 7 月 10 日	海航	当日，海航 A340-600/B-6509 号机执行 HU7985（北京—莫斯科）航班任务，航前装载货物时，一名 BGS 货运人员戴的帽子被吸进左侧空调进气口，机务将帽子取出后放行飞机	地面保障
2010 年 7 月 11 日	国航	当日，国航 B737-300/B-5035 号机执行 CA1281（北京—赤峰）航班任务，飞机起飞爬升过程中机组反映增压系统故障，飞机返航	机械
2010 年 7 月 12 日	国航	当日，国航 A330/B-6090 号机执行 CA937（北京—伦敦）航班，第一次签派放行选择优选航路一，并向北京站调发送了 FPL 电报，后航班延误 3 h，签派员重新进行了放行评估，选择优选航路二，并向北京站调发送了更新后的 FPL 电报，但未按程序要求电话通知北京站调，北京站调未向沿途管制单位拍发第二份 FPL 电报（航路二）。由于俄罗斯管制收到的 FPL 电报（航路一）与飞机实际飞行的航路（航路二）不同，而拒绝飞机入境。后经公司运控中心与俄罗斯方面协商，俄方允许飞机进入其空域，机组评估飞机剩油符合要求，继续飞往伦敦，安全落地，飞机剩油 7.8 t，比计划的飞行时间多飞了 87 min	地面保障
2010 年 7 月 13 日	天津航空	当日，天津航空 E190/B3166 号机执行 GS7585（北京—延安）航班，飞机起飞后，机组报告客舱有浓烟并导致卫生间烟雾探测器报警，飞机返航并安全落地	机械
2010 年 7 月 15 日	山航	当日，山航 B737-800/B-5118 号机执行 SC1160 北京—济南航班任务。北京机场起飞过程中出现右反推灯亮故障，中断起飞。滑回后，机务人员锁上反推，正常执行航班	机械

发生日期	单位	简述	事件原因
2010 年 7 月 16 日	国货航	当日，国货航 B747-400/B-2456 号货机执行 CAO1069(浦东—北京)航班任务，在北京机场 36L 号跑道着陆过程中发生重着陆，着陆垂直载荷为 1.84 g（B747 机型探伤标准为 1.70 g），机务执行重着陆检查，结果正常，但发现左起落架倾斜作动筒释压活门漏油，机务更换该作动筒，测试正常放行飞机。QAR 数据显示，飞机在着陆前下降率偏大（930 ft/min）	机组
2010 年 7 月 16 日	国航	当日，国航 B737-800/B-5392 号机执行 CA1225（北京—西安）航班任务。北京过站时，由于装卸作业班组未按规定落实卸机及装机清舱制度，导致一票 565 kg（20 件）的货物漏卸，该航班实际装载与舱单数据不符，经计算，无油指数和重心未超出包线范围	地面保障
2010 年 7 月 16 日	山航	当日，山航 B737-800 /B-5347 号机执行南宁—北京航班，17:00 从南宁机场起飞，19:56 在北京机场落地。北京机务人员在对飞机进行检查时，发现右内主轮扎伤，无外来物，受损超标（一字形，约长 25 mm，宽 3 mm，深 10 mm），根据 AMM32 更换右内主轮	其他
2010 年 7 月 17 日	国航	当日，国航 B747-400/B-2409 号机执行 CA1045（北京—哥本哈根）航班任务，飞机起飞后机组报告右 3 号前缘襟翼不能收上，经研究决定返航，放油 83 t 后安全落地。机务检查后更换右 3 号前缘襟翼气动组件，测试正常，放行飞机，航班延误 530 min	机械
2010 年 7 月 18 日	国航	当日，国航 B737-300/B-2584 号机执行 CA154（广岛—大连—北京）航班任务，在北京落地后检查发现二发遭鸟击，进行孔探检查，未见异常	天气、意外
2010 年 7 月 19 日	国航	当日，国航 B737-800/B-5173 号机执行 CA952（东京—大连—北京）航班，在北京过站检查发现右发有鸟击痕迹，孔探检查未见损伤，试车检查正常。	天气、意外
2010 年 7 月 19 日	大新华航空	当日，大新华航空 B737-800/B-2637 号机执行 CN7128(哈尔滨—北京)航班任务，过站检查发现飞机机腹后部有雷击点，按雷击特检工作单检查正常后放行	天气、意外
2010 年 7 月 19 日	海航	当日，海航 B737-800/B-5406 号机执行 HU7122（南京—北京）航班任务，过站检查发现右大翼后缘襟翼位置有鸟击痕迹，按鸟击特检单检查正常后放行飞机	天气、意外
2010 年 7 月 20 日	国航	当日，国航 B737-800/B-2649 号机执行 CA4138（北京—重庆）航班任务，起飞后机组反映 6 号缝翼收不上，前缘襟翼过渡灯亮，机组执行检查单后，前缘襟翼过渡灯闪亮，飞机返航。机务计划更换 6 号缝翼传感器，正在排故中	机械
2010 年 7 月 20 日	山航	当日，山航 B737-800/B-5111 号机执行张家界—北京航班任务，当日 22:31 从张家界机场起飞，次日 00:34 在北京机场落地。北京机务人员在对飞机进行检查时，发现右前轮扎伤，无外来物，受损超标（一字形，约长 10 mm，宽 2 mm，深 11 mm），根据 AMM32 更换右前轮	其他
2010 年 7 月 21 日	海航	当日，海航 B737-800/B5467 号机执行 HU7122（南昌—北京）航班任务，过站发现右大翼根部前缘有鸟击痕迹，按特检检查单检查放行	天气、意外
2010 年 7 月 22 日	国航	当日，国航 B737-300/B-2905 号机执行 CA932（法兰克福—北京）航班，北京落地后机务检查发现右内着陆灯灯罩被外来物击伤，后续航班换飞机执行。机务更换损伤灯罩，放行飞机	天气、意外

发生日期	单位	简述	事件原因
2010 年 7 月 22 日	山航	当日，山航 B737-800/B5348 号机执行南宁—北京航班任务。当日 12:06 从南宁机场起飞，14:56 在北京机场落地。北京机务人员在对飞机进行检查时，发现右内主轮扎伤，无外来物，受损超标（一字形，约 8mm×1mm×12mm），根据 AMM32 更换右内主轮	其他
2010 年 7 月 23 日	深航	当日，深航 B737/B-5378 号机执行 ZH9890（深圳—北京）航班任务，北京五边时高度较高，下滑道高，复飞，后正常落地	机组
2010 年 7 月 24 日	天津航空	当日，天津航空 E190/B-3155 号机执行 GS6573（北京—安庆）航班任务，北京机务检查发现飞机尾部有十余个雷击点，因未超标飞机放行	天气、意外
2010 年 7 月 24 日	天津航空	当日，天津航空 E190/B3155 号机执行 GS7426（潍坊—北京）航班，北京落地检查发现在雷达罩、前货舱附近、机身前部和后部左侧共 10 余个雷击点，飞机按厂家提供的 EDT 放行文件（E190 临时损伤允许放行文件）放行	天气、意外
2010 年 7 月 24 日	国航	当日，国航 B767-300/B-2499 号机执行 CA123（北京—首尔）航班，在北京起飞滑跑时，机组加油门至起飞推力，但右发推力不增加，机组中断起飞，中断速度 20~30 kts，飞机滑回检查，航班换飞机执行。地面调节右发反推传感器后，试车检查工作正常，飞机放行	机械
2010 年 7 月 24 日	国航	当日，国航 B737-800/B-5329 号机执行 CA4143（重庆—北京）航班，在北京落地后靠廊桥过程中，机组感觉飞机遭到廊桥强烈的撞击，机身剧烈摇晃，旅客下机后，机务检查左 1 号门框变形，无法关闭。飞机已拖回机库，Ameco 正在修理	地面保障
2010 年 7 月 25 日	国航	当日，国航 B737-300/B-2953 号机执行 CA1805（北京—井冈山）航班任务，7:50 左右在北京起飞，8:10 左右机组报告左发 N1 在 94% 状态下，左发燃油流量在 3300~3700PPH 之间摆动，机组返航。落地后更换 MEC 和 PMC	机械
2010 年 7 月 25 日	国航	当日，国航 B777-200/B-2066 号机执行 CA1309（北京—广州）航班任务，在北京地面等待期间，由于一名旅客要下飞机，乘务员在滑梯手柄预位状态下打开左一门，导致滑梯包脱落，但未充气。乘务员违章操作，未解除滑梯预位开门	机组
2010 年 7 月 26 日	海航	当日，海航 A330/B-6133 号机执行 HU7606（上海—北京）航班任务，落地后检查发现右 1 号门下侧有 2 个雷击点，按雷击特检工作单检查正常，飞机放行	天气、意外
2010 年 7 月 26 日	国航	当日，国航 A321/B-6382 号机执行 CA1537（北京—南京）航班任务，飞机在北京起飞后，右 1 号门滑梯预位灯（SLIDE ARMED）明亮，飞机返航落地。目前机务正在排故。该机于 7 月 25 日办理右 1 号门指示故障保留，但按 MEL 要求，滑梯预位灯需不亮。按 AMM52 更换 R1 门预位灯组件和预位控制继电器 12WN，检查安装正常，多次操作 R1 门和预位 R1 门，ECAM 和 FAP 上的 R1 门指示和预位指示正常	机械
2010 年 7 月 27 日	东航山西分公司	当日，东航山西分公司 B737-700/B-5030 号机执行 MU5167（杭州—北京）航班任务，当日 12:42 从杭州机场起飞，14:36 在北京机场落地。飞机在北京短停时，机务检查发现左外主轮扎伤超标，按 AMM 手册更换。轮胎位置：左主起—1。轮胎信息：普利斯通斜交胎（件号：APS 06015）	其他

续表

发生日期	单位	简述	事件原因
2010 年 7 月 28 日	国航	当日，国航 B737-300/B-2953 号机执行 CA1887（北京—景德镇）航班任务，机组报告飞机爬升至高度 30700 ft 时，左发 $N1$ 指示不稳定在 95％至 92％间摆动，$N2$、EGT、燃油流量指示也不稳定。机组断开自动油门，人工收油门到 90 以下，左发参数恢复正常。飞机返航，北京安全落地。机务更换 MEC 和燃油泵，试车正常，放行飞机。该机在 7 月 25 日执行 CA1805（北京—井冈山）航班，机组报告左发参数摆动，飞机返航。机务更换左发 PMC，试车正常	机械
2010 年 7 月 28 日	海航	当日，海航 B737-800/B-5427 号机执行 HU7181（海口—北京）航班任务，北京过站检查发现左大翼的两块前缘襟翼各有一处鸟击，完成鸟击后检查单，检查正常，飞机放行。	天气、意外
2010 年 8 月 1 日	海航	当日，海航 A330-200/B-6088 号机执行 HU7986(莫斯科—北京)航班任务，过站检查发现前轮舱右侧舱门上有雷击点，按雷击特检工作单检查正常，飞机放行。	天气、意外
2010 年 8 月 1 日	国航	当日，国航 A330/B-6117 号机执行 CA178（浦东—北京）航班任务，飞机落地后机务检查发现右大翼 2 号前缘襟翼遭鸟击，形成深 5.8 mm、宽 200 mm 的凹坑，损伤超标。机务航后进行填胶处理，NDT 探伤正常，办理了故障保留	天气、意外
2010 年 8 月 1 日	山航	当日，山航 B737-800/B-5351 号机执行济南—北京航班任务。当日 21:04 从济南机场起飞，21:47 在北京机场落地。北京机务人员在对飞机进行检查时，发现左内主轮扎伤，无外来物，受损超标（一字形，约长 12 mm，宽 10 mm，深 3 mm），根据 AMM32 更换左内主轮	其他
2010 年 7 月 31 日	山航	当日，山航 B737-800/B-5348 号机执行南宁—北京航班任务。当日 21:17 从南宁机场起飞，次日 00:02 在北京机场落地。北京机务人员在对飞机进行检查时，发现左前轮扎伤，无外来物，受损超标（一字形，约长 7 mm，宽 2 mm，深 9 mm），根据 AMM32 更换左前轮	其他
2010 年 8 月 3 日	国航	当日，国航 B737-700/B-5203 号机执行 CA4141（重庆—北京）航班任务，飞机在重庆航前检查时发现垂直尾翼右侧皮托管附近的蒙皮被鸟击翘起。机务对变形区整形修复，检查正常，放行飞机。	天气、意外
2010 年 8 月 3 日	国航	当日，国航 B767-300/B-2557 号机执行 CA969（北京—新加坡）航班任务，飞机在首都机场起飞滑跑至 120 kts 时主警告灯亮，主警告铃响，中央 EICAS 上显示红色 FLAPS 和 CONFIGS 信息，机组中断起飞，中断速度约 130 kts（V1 为 149 kts）。机组使用 P7 安全脱离跑道后停在 C 滑行道上，考虑到刹车温度高，延迟设定停留刹车。机务现场检查发现机身起落架 6 个主轮的易熔塞熔化，轮胎损伤。机务对该机进一步检查发现，五号前缘缝翼内侧驱动连杆螺栓断裂，驱动连杆脱开，在飞机高速滑跑时，前缘缝翼受气流压力，位置改变，从而触发起飞形态警告。飞机留在停场维修	机械
2010 年 8 月 4 日	海航	当日，海航 B767/B-2491 号机执行 HU482(布达佩斯—北京)航班任务，北京过站发现机身下部 ATC 天线有雷击点，执行雷击特检单检查正常，飞机放行	天气、意外
2010 年 8 月 7 日	天津航空	当日，天津航空 E190/B-3162 号机执行 GS7418(中卫—北京)航班，北京航后检查发现右外发外涵道有鸟击痕迹，按特检单检查结果正常，飞机放行	天气、意外

发生日期	单位	简述	事件原因
2010 年 8 月 7 日	海航	当日，海航 B737-800/B-5478 号机执行 HU7381（海口—北京）航班任务，北京航后发现前货舱门上有雷击点，按雷击特检单检查正常，放行飞机	天气、意外
2010 年 8 月 6 日	东航山西分公司	当日，东航山西分公司 B737-800/B-5492 号机执行 MU744（青岛—北京）航班任务，当日 11:50 从青岛机场起飞，12:51 在北京机场落地。飞机在北京短停时，机务检查发现右外主轮胎面轧伤超标，按 AMM 手册更换。轮胎位置：右主起—4。受损信息：三角形扎伤，长 15mm，宽 4mm，深 11mm。轮胎信息：普利斯通斜交胎（件号：APS 06015）	其他
2010 年 8 月 9 日	海航	当日，海航 B737-800/B-5416 号机执行 HU7604（虹桥—北京）航班，北京过站检查发现左侧后缘襟翼雷击，按雷击特检单检查正常，放行飞机	天气、意外
2010 年 8 月 9 日	海航	当日，海航 B737-400/B-2970 号机执行 HU7122（南京—北京）航班，北京过站发现前起落架及舱门有鸟击，按鸟击特检单检查正常，放行飞机	天气、意外
2010 年 8 月 9 日	海航	当日，海航 B737-800/B-5416 号机执行 HU7604（虹桥—北京）航班，北京过站检查发现左侧后缘襟翼雷击，按雷击特检单检查正常，放行飞机	天气、意外
2010 年 8 月 10 日	新航	当日 06:58，新航 B777-200 号机执行 SQ800 新加坡—北京航班任务，使用 36R 跑道落地，飞机在降落至 200 ft（66 m）高度时遭鸟击，后经机务检查发现飞机右发内隔音板被击穿。该飞机经维修后执行 SQ803 航班于 09:58 正常出港，延误 73 min	天气、意外
2010 年 8 月 10 日	国航	当日，国航 B767-300/B-2558 号机执行 CA927（北京—大阪）航班，在北京起飞爬升过程中出现"右发高压引气关断活门"故障信息，在接通左右发防冰电门时，右发防冰活门灯亮，由于航路上有结冰区，机组返航。落地后机务更换高压引气关断活门 1 号接线片，试车右发引气正常，防冰活门测试正常，放行飞机	机械
2010 年 8 月 12 日	海航	当日，海航 B737-800/B-5417 号机执行 HU7156（杭州—北京）航班任务，北京过站检查。发现左发遭鸟击，内涵道有血迹，按鸟击特检工作单检查正常后放行飞机	天气、意外
2010 年 8 月 12 日	海航	当日，海航 B737-800/B-5480 号机执行 HU7371（太原—北京）航班任务，北京过站检查发现左大翼、小翼、翼根部位有雷击点，执行雷击工作单检查正常，飞机放行	天气、意外
2010 年 8 月 13 日	国航	当日，国航 B737-300/B-2588 号机执行 CA1109（北京—锡林浩特）航班任务，在北京起飞加油门至 50% 左右时，左发 PMC 灯亮，机组中断起飞。故障在排除中	机械
2010 年 8 月 15 日	国航	当日，国航 A330/B-6117 号机执行 CA178（墨尔本—浦东—北京）航班任务，在北京航后检查发现左大翼 1 号缝翼前缘被外来物击伤，形成一个长 9 ft，宽 5 ft，深 0.75 ft 的凹坑，损伤超标，机务按照结构修理手册进行了修理	天气、意外
2010 年 8 月 11 日	海航	当日，海航 B737-800/B-5449 号机执行 HU7240(西宁—北京）航班，在北京打开货舱时，一只长约 20 cm 的宠物狗由货舱冲出逃逸，现场检查笼子未受损，笼门打开	地面保障

发生日期	单位	简述	事件原因
2010 年 8 月 15 日	国航	当日，国航 B747-400/B-2468 号机执行 CA932（法兰克福—北京）航班任务，在北京落地后，由于乘务长将左 1 门滑梯预位解除后，忘记插安全销，三号乘务员互检时也未发现该问题，开舱门时，滑梯手柄回到自动位，左 1 门滑梯包脱落，掉在廊桥上，但未充气。机务更换该滑梯包，后续航班延误 1 h。该事件正在调查中	机组
2010 年 8 月 16 日	国航	当日，东航云南分公司 B737-700 号机 B5267 执行 MU5728 航班，在北京机场 Z4 跑道滑行中，大约 20:20 左右一辆印有国航标志挂牌照为"民航0049"（由于光线较暗，不能完全确定）的白色小车由南向北行驶欲穿越 Z4 滑行道。机组及时发现立即刹车并打着陆灯警示，小车才刹车停住并向后倒车让出滑行道。随后机组向北京地面管制通报了此事，并继续执行后续航班，在昆明安全落地	地面保障
2010 年 8 月 16 日	海航	当日，海航 A340/B-6508 号机执行 HU7923（北京—迪拜）航班任务，头等舱一乘务员在上客前准备航班时不慎将眼部碰伤，出现淤血和红肿，不能继续执行航班，经请示减员飞行	其他
2010 年 8 月 16 日	海航	当日，海航 B737-800/B-5439 号机执行 HU7111（北京—昆明）航班任务，在北京加油时，由于右侧大翼加油防溢活门未正常关闭，导致部分燃油从右大翼漏出，机坪污染 6 m² 左右，机场已安排消防车进行机坪冲洗工作	地面保障
2010 年 8 月 16 日	东航山西分公司	当日，东航山西分公司 B737-800/B-5100 号机执行 MU744（青岛—北京）航班任务，当日 11:44 从青岛机场起飞，12:40 在北京机场落地。飞机在北京短停时，机组绕机检查时发现左内主轮扎伤。地面机务检查确认后依据 AMM 手册更换。轮胎位置：左主起 -2。胎面中央受损信息：三角形口，宽 1 cm，深 1.5 cm。轮胎信息：普利斯通斜交胎（件号：APS 06015）	其他
2010 年 8 月 18 日	国航	当日，国航 B737-800/B-2671 号机执行 CA1345（北京—三亚）航班任务，三亚落地滑到机位后机务检查发现机头的插地电源盖未盖，且内部一根静电电线断裂，检查电源盖板完好无损，机务临时处理后放行飞机。已责令工程技术分公司对该事件进行调查	机务
2010 年 8 月 21 日	海航	当日，海航 B737-800/B-5115 号机执行 HU7772（厦门—北京）航班任务，航后检查发现右外主轮扎伤（外来物：石子），尺寸：长 20 mm，宽 15 mm，深 2 mm，更换该轮后放行飞机	其他
2010 年 8 月 21 日	东航	当日，东航 A320-20 0/B-2375 号机飞机执行常州—北京航班任务。机务地面检查发现 1 号主轮扎伤漏气。更换 1 号主轮，充气至 220 psi，地面检查无渗漏。	其他
2010 年 8 月 22 日	Ameco	当日 06:50，围界 4 号门内西侧 20 m 处，Ameco 班车（车牌号 AC1334）在 4 号通道门内接人后，逆向由北向南行驶，与正在由南向北左转弯的国货航小拖车（车牌号 AG0365）发生刮碰。事件造成国货航小拖车左前灯损坏，Ameco 班车左侧车身受损。经医院检查，全顺车上 4 名 Ameco 员工中，除有一人牙齿松动外，其他 3 人均未受伤。经交巡支队现场进行责任判定，Ameco 全顺车司机负全责。飞行区管理部对 Ameco 全顺车驾驶员的场内驾驶证暂扣 6 个月，记 6 分。并且飞行区管理部组织各机坪运作单位召开现场会，明确该路段车辆行驶及停放规则，要求各单位加强内部员工安全培训，确保行车安全；同时机坪监管人员将加强对车辆不按线行驶行为的管控力度	地面保障

续表

发生日期	单位	简述	事件原因
2010 年 8 月 22 日	国货航	当日，国航 B737-300/B-2906 号机执行 CA1507（北京—南京）航班任务，航前由于配载原因，需拉下 4 舱 838 kg 货物，配载员电话通知国货航北京基地，制作并发送了第二份装机单，由于货运调度员工作疏漏，未能及时将拉货信息通知装机班组，导致 838 kg 货物未被卸机，发现时飞机已离地。由于飞机重心超出包线范围（超后限），配载与机组联系，调整两名旅客至前排，重心进入包线范围，后续飞行正常。事件正在调查中	地面保障
2010 年 8 月 22 日	首都航空	当日，首都航空 A319/B-6403 号机执行 JD5150（二连浩特—北京）航班任务，在北京落地后，机务检查发现飞机右前轮见线	其他
2010 年 8 月 24 日	国航	当日，国航 B767-300/B-2557 号机执行 CA969（北京—新加坡）航班任务，17:59 起飞，18:20 机组报告出现右液压系统故障信息，油量 0.5 以下且继续下降，飞机于 20:55 返航北京落地。落地后机务检查发现右液压组件压差指示器底座漏油，排故	机械
2010 年 8 月 24 日	大新华航空	当日，大新华航空 B737-800/B-2637 号机执行 CN7130（哈尔滨—北京）航班任务，在北京落地后检查发现右 1 号风挡下方的蒙皮处有鸟击痕迹，按鸟击检查单检查正常后放行	天气、意外
2010 年 8 月 26 日	芬兰航空	当日 07:44，管调通知芬兰航空公司 AY8854/MD11 号（仁川—赫尔辛基）货机一发故障，正在放油，需备降北京。TAMCC 及时通知应急救援相关单位启动应急救援集结待命。08:34，消防、急救、公安、武警、飞行区等各救援单位集结到位。08:39，飞机由 36R 落地，一切正常	机械
2010 年 8 月 27 日	海航	当日，海航 B737-800/B-5359 号机 HU7180（贵阳—北京）航班，过站发现右 2 号风挡下部有鸟击痕迹，完成鸟击检查无损伤，放行飞机	天气、意外
2010 年 8 月 28 日	国航	当日，国航 B757-200/B-2826 号机执行 CA4102（北京—成都）航班任务，飞机起飞后，机组反映左发 N3 值在 60%~80% 之间波动，飞机返航北京，安全落地。机务更换左发 N3 传感器后试车正常，放行飞机	机械
2010 年 8 月 29 日	国航	当日，国航 A340-300/B-2389 号机执行 CA933（北京—巴黎）航班任务，在起飞滑跑速度至 20 kts 时，出现 1 号空调组件信息，机组中断起飞。机组复位该空调组件，检查系统工作正常，正常起飞	机械
2010 年 8 月 24 日	东航山西分公司	当日，东航山西分公司 B737-700/B-2680 号机执行 MU5229（临沂—北京）航班任务，21:31 从临沂起飞，22:32 在北京落地。飞机在北京航后检查时，机务发现前支柱左机轮胎面有扎伤，依据 AMM 手册 32-45-21 更换该机轮，地面检查正常。轮胎位置：前起—左。受损信息：长 1 cm，深 1 cm。轮胎信息：普利斯通斜交胎（件号：APS01207）	其他
2010 年 8 月 26 日	海航	当日，海航 B737-800/B-5428 号机执行 HU7104（牡丹江—北京）航班任务，在北京航后机务工作时发现右 1 门滑梯预位未解除。机务将滑梯预位解除	机组
2010 年 8 月 29 日	山航	当日，山航 B737-800/B-5119 号机执行乌鲁木齐—北京航班。当日 21:27 从乌鲁木齐机场起飞，次日 00:41 在北京机场落地。北京机务人员在对飞机进行检查时，发现左外主轮扎伤，无外来物，受损超标（一字形，约长 10 mm，宽 2 mm，深 10 mm），根据 AMM32 更换左外主轮	其他

发生日期	单位	简述	事件原因
2010 年 8 月 27 日	海航	当日，海航 B737-800/B-5520 号机执行 HU7246（乌鲁木齐—北京）航班，北京落地后机务发现左大翼前缘有鸟击痕迹，经检查飞机适航放行	天气、意外
2010 年 8 月 23 日	东航	当日，东航 A330/B-6129 号机执行 MU5102 航班起飞后因起落架舱门无法关闭返航，首都机场运控中心通知各救援单位原地待命，08:39，飞机安全落地	机械
2010 年 8 月 30 日	国航	当日 15:51，国航 CA976/B2557/B767-300 号机（新加坡—北京）停机位 457，旅客下机乘摆渡车离开后，安保监护人员在例行巡视飞机时，帽子不慎被吸入飞机空调进气口（距地面 220 cm，长 35 cm，宽 20 cm）。16:10，机务人员将帽子取出。后经机务现场检查，飞机未受损。该飞机执行 CA1235（北京—西安）航班，于 16:55 正常出港	天气、意外
2010 年 8 月 30 日	东航	当日 12:52，东航 MU5105/B6096/A330-300 号机（上海—北京）飞机落地进入 223 机位后，机务检查发现，飞机左大翼前缘有一长 8 cm、宽 5 cm、深 1 cm 的凹陷，未发现血迹或羽毛。经飞行区管理部人员与机组核实，该飞机在着陆及滑行阶段未感觉有异常情况发生，基本排除飞机在本场受鸟击的可能。13:12，经查道（36L-C-S4-Z3-223 机位），未见异常。该飞机拖至 810 机位进行维修，后续航班任务取消	天气、意外
2010 年 8 月 28 日	东航	当日，东航 A320/B-6006 号机执行 MU5179 出港航班滑行到 W2 滑行道时，因刹车系统故障无法滑行，11:35\11:36 拖车及机务先后到达指定位置集结，并由飞行区管理部引导车引导至 W2 滑行道。11:47，飞机开始拖动。11:53，故障飞机拖入 606 机位。期间导致两个航班延误，该航班换机于 16:02 执行，延误 312 min	机械
2010 年 8 月 18 日	南航	当日，南航 A333/B-6098 号机执行拉萨—重庆—北京航班任务，在北京落地时谎报低流量	机组
2010 年 8 月 31 日	国航	当日，国航 B737-800/B-5509 号机执行 CA1234（西宁—北京）航班，落地后机务检查发现 1 发内涵道有鸟击痕迹。检查发动机叶片无损伤，发动机参数无异常，孔探检查，结果正常	天气、意外
2010 年 8 月 31 日	国航	当日，国航 B737-800/B-5518 号机执行 CA1824（宜昌—北京）航班，航后检查发现 1 发内涵道 7 点钟位置有鸟毛，叶片未发现损伤，进气道无损伤，机组无发动机参数异常报告。机务对 1 发进行孔探检查，未发现异常	天气、意外
2010 年 8 月 31 日	海航	当日，海航 B737-800/B-2158 号机执行 HU7111（北京—昆明）航班，推出过程中有邮政航空的金杯车抢道，推车司机刹车，检查飞机、推杆均无损伤后继续推出	地面保障
2010 年 8 月 31 日	山航	当日，山航 B737-800/B-5451 号机执行济南—北京 SC1157 航班。北京进近过程中，因有一架 B-777 飞机起飞，机组在无线电高度 300 ft 左右得到可以落地的许可。其后进近正常，最后进近阶段飞机保持 600~700 ft 的下降率到 30 ft，30 ft 前开始拉杆增大仰角，减小下沉率，25~20 ft 收油门，10 ft 左右收光油门，15 ft 以下飞机下降率持续减小，接地前仰角增加了 1°～2°，接地载荷 1.12 g。接地时油门收光，减速板完全升起。但飞机接地后机组感觉飞机发飘，飞机有上仰的趋势，教员帮助控制。飞机第二次接地后载荷 1.685 g，然后飞机呈上仰趋势，最大仰角最大 9.316°。飞机在 2 ft 高度保持一段时间后接地	

发生日期	单位	简述	事件原因
2010 年 8 月 31 日	南航北京	当日，南航北京 A330-300 号机执行 CZ6901（乌鲁木齐—北京）航班任务，北京短停检查发现左发风扇叶片后 8 点钟位置的消音壁被外来物击伤，尺寸约为长 4 cm，深 2 cm。机务参考 AMM72-21-00-200-802 检查尺寸未超标，飞机放行	天气、意外
2010 年 9 月 1 日	东航	当日，东航 A330-300/B6507 号机执行 MU5125 上海虹桥—北京航班任务，飞行过程正常，北京落地后，机务检查发现雷达罩上有 1 雷击点，直径 6 mm，深 1 mm。按照 AMM53-15-11-200-801 检查未发现裂纹，损伤未超标，按照 AMM05-51-18-200-801 完成相应的测试和检查，办理 DRI-2010-6507-002	天气、意外
2010 年 9 月 3 日	东航	当日 10:53，东航 A330-300/ B-6120 号机执行 MU5106（北京—上海）航班起飞后，因液压系统漏油返航。运控中心通知各救援单位原地待命。11:20，飞机安全落地，原地待命解除。11:55，该飞机由拖车拖入 N204 机位。MU5106 航班改由 B6127 飞机执行于 13:35 出港，延误 220 min	机械
2010 年 9 月 3 日	深航	当日，深航 B737-900 /B-5105 号机执行 ZH9821（深圳—北京）航班任务，北京落地后发现飞机右一号风挡上部蒙皮处遭鸟击，检查飞机无损伤，正常放行执行回程航班。机组反映在北京进近时发生	天气、意外
2010 年 9 月 4 日	厦航	当日，厦航 B737-800/B-5487 号机执行 MF8171 福州—北京航班任务。14:07 从福州起飞，16:24 在北京落地。16:40，北京空港机务人员在对飞机进行短停检查时，发现飞机左主轮受损超标（受损部位为切口，长 1/2 in，宽 1/8 in，深 1/2 in），受损处没有外来物。机务人员依据 AMM 32-45-00 更换受损轮胎	其他
2010 年 9 月 4 日	邮航	当日 09:24，邮航 /B737-300F/ B-2527 号机 执行 8Y9022 上海—北京进港航班进入 816 机位后，机务检查发现飞机右外主轮有 2.0 cm×0.3 cm×0.6 cm 的损伤，需更换轮胎。09:28，飞行区管理部对飞机滑行路线进行检查（01 跑道—T5—G—A8—Z4—816 机位），未见异常	其他
2010 年 9 月 4 日	国航	当日，国航 B737-300/B-5035 号机执行 CA1591（北京—盐城）航班任务，起飞后左侧自动驾驶故障，由于右侧自动驾驶已经办理了故障保留，且 RVSM 航路要求必须有一套自动驾驶正常，机组决定返航。机务更换左侧自动驾驶脱开电门，测试正常，放行飞机	机械
2010 年 9 月 4 日	扬子江快运	当日，扬子江快运 B737-300QC/B-5058 号机执行 Y8-7968（北京—深圳）航班，11:20 从北京起飞后，机组反馈有增压故障，决定返航，飞机在空中耗油后，于 14:08 在北京机场安全落地。落地后检查发现后外流活门漏气严重，更换后外流活门。测试客舱增压相关系统工作正常	机械
2010 年 9 月 5 日	东航	当日，东航 A330-300/B-6128 号机执行 MU5199（虹桥—北京）航班，飞行过程中正常，北京落地后，机务检查发现雷达罩尖部有 10 处雷击点，最大尺寸长 5 mm，宽 1 mm，最小尺寸长 1 mm，宽 0.6 mm。按 AMM53-15-11-200-801，损伤未超标，按 AMM05-51-18 完成雷击检查与测试，结果正常	天气、意外
2010 年 9 月 6 日	国航	当日，国航 B737-300/B-2598 号机执行 CA1813（北京—温州）航班任务，起飞后 40 min 机组报告左一号风挡外侧裂纹，机组降低高度返航，安全落地。机务更换左一号风挡	机械

续表

发生日期	单位	简述	事件原因
2010 年 9 月 7 日	海航	当日，海航 B737-400/B-2993 号机执行 HU7197(宁波—北京)航班，北京落地后，机务检查右发前缘有鸟击痕迹，发动机外涵道有血迹，机务完成鸟击特检未发现异常，飞机放行	天气、意外
2010 年 9 月 7 日	海航	当日，海航 B737-800/B-5338 号机执行 HU7362(合肥—太原)航班，航后检查发现副驾驶头顶外蒙皮遭鸟击，完成鸟击特检单检查，正常	天气、意外
2010 年 9 月 7 日	华北油料	当日，海航 A330/B-6088 号机执行 HU7135(北京—长沙)航班，北京过站保障加油过程中，加油车漏油，在机坪上形成 1 m² 的污染区	地面保障
2010 年 9 月 7 日	海航	当日，海航 B767-300/B-2491 号机执行 HU7146(乌鲁木齐—北京)航班任务，北京航后维修人员检查发现后货舱门下部有一刮伤，尺寸：长 45 mm，宽 25 mm，深 0.25 mm。参照 SRM51-10-02 完成修复并放行飞机	地面保障
2010 年 9 月 8 日	国航	当日，国航 B737-300/B-2598 号机执行 CA1813(北京—温州)航班任务，起飞后 40 min 机组报告左一号风挡外侧裂纹，机组降低高度返航，安全落地。机务更换左一号风挡	机械
2010 年 9 月 8 日	国航	当日，国航 B737-800/B-5325 号机在京航后反映右发 10 号风扇叶片根部有鸟毛，按鸟击特检工作单完成右发目视检查未发现异常、内窥及发动机试车检查正常	天气、意外
2010 年 9 月 8 日	海航	当日，海航 B737-800/B-2159 号机执行 HU7766(长春—北京)航班，北京过站检查发现左主轮的舱门上有鸟血和鸟毛，按鸟击特检单检查正常，飞机放行	天气、意外
2010 年 9 月 8 日	海航	当日，海航 B737-800/B-2638 号机执行 HU7151(北京—重庆)航班任务，上客完毕后，一名旅客将左翼应急门打开，后续机务关闭放行	其他
2010 年 9 月 8 日	南航	当日，南航 B777/B-2070 号机计划执行 CZ345(广州—北京—阿姆斯特丹)航班任务，在 209 机位加油时，因油箱内气压过大，压力阀自动打开，导致航油由飞机卸油口流出。Ameco 驻北京机务处理后正常执行航班任务	其他
2010 年 9 月 9 日	东航	当日，东航 A330-300/B-6507 号机执行 MU5155(虹桥—北京)航班，飞行过程正常，北京落地后，机务检查发现前机身左侧下部有 6 个雷击灼伤点。依据 SRM53—21-11PB101 检查损伤均在允许范围内，未超标，并按 AMM05-51-18-200-801 完成相应检查和测试，生成暂缓项目	天气、意外
2010 年 9 月 9 日	首都航空	当日，首都航空 G200/B-8086 号机计划执行 CBJ265(北京—舟山)航班计划任务，飞机起飞后爬升至 1800 m(5900 ft)时，客舱出现部分白色烟雾，为保证安全，机组决定返航。飞机于 19:41 安全落地	机械
2010 年 9 月 9 日	山航	当日，山航 B737-800/B5348 号机执行 CA1222(兰州—北京)航班任务。当日 19:41 从兰州机场起飞，21:35 在北京机场落地。北京机务人员在对飞机进行检查时，发现左前轮扎伤，无外来物，受损超标(长条，约长 11 mm，宽 2 mm，深 11 mm)，根据 AMM32 更换左前轮	其他
2010 年 9 月 10 日	东航	当日，东航 A320-200/B-2205 号机执行北京—浦东 MU5130 航班任务。北京起飞高度 2700 m 左右，左风挡遭鸟击。航后机务检查左窗未破裂、分层、变形、位移等，紧固件完好。检查结果左风挡正常	天气、意外

发生日期	单位	简述	事件原因
2010年9月10日	山航	当日，山航B737-800/B-5347号机执行西安—北京航班。当日20:57从西安机场起飞，22:26在北京机场落地。北京机务人员在对飞机进行检查时，发现右前轮扎伤，无外来物，受损超标（条形，约长7 mm，宽3 mm，深5 mm），根据AMM32更换右前轮	其他
2010年9月11日	国航	当日，国航B737-800/B-5178号机执行CA1263（北京—银川）航班，在北京起飞滑跑过程中，因航路控制（军事活动）塔台指令中断起飞，中断速度约90 kts	其他
2010年9月13日	国航	当日，国航B737-800/B-5437号机执行CA961（大连—北京）航班任务，在北京过站检查发现右反推整流罩下部有雷击点，机务正在检查处理，航班换飞机执行	天气、意外
2010年9月13日	大新华航空	当日，大新华航空B737-800/B-2637号机执行CN7130（哈尔滨—北京）航班，过站检查发现左发内涵有鸟击痕迹，按鸟击特检工作单检查正常后放行飞机，航后安排北京孔探。	天气、意外
2010年9月13日	海航	海航B737-800/B-5139号机执行HU7239（北京—西宁）航班，自动增压系统故障，飞机返航	机械
2010年9月13日	山航	当日，山航B737-800/B-5117飞机执行南京—北京航班。当日20:11从南京机场起飞，21:41在北京机场落地。北京机务人员在对飞机进行检查时，发现右内主轮扎伤，无外来物，受损超标（三角形，约长8 mm，宽8 mm，深11 mm），根据AMM32更换右内主轮	其他
2010年9月14日	深航	当日，深航B737/B-5106号机执行ZH9852（北京—深圳）航班任务，机组反映北京起飞离地时机头左侧有鸟击，深圳落地后过站，按照鸟击检查工单检查，无损伤	天气、意外
2010年9月14日	国航	当日，国航A340/B-2386号机执行CA967（浦东—米兰）航班，巡航阶段2发发动机驱动泵低压，飞机备降北京，放油约40 t。更换2发发动机驱动泵、低压油滤、高压油滤与壳体回油滤，试车正常，放行飞机	机械
2010年9月14日	BGS	当日，南航B777/B-2057号机执行CZ3104（北京—广州）航班任务，在北京推出过程中，抱轮式推车受损。该拖车属于BGS	地面保障
2010年9月15日	大新华航空	当日6:00，大新华航空公司机务在W112机位对B-2989/B737-400飞机做航前检查时发现，飞机左后机身与起落架舱连接处的整流装置（距地高1.5 m）有一长为5 cm，宽3 cm，深0.6 cm的伤痕，随即对该飞机进行仔细检查，发现飞机左起落架上缺少一个螺栓，初步怀疑飞机在起降过程中因螺栓脱落高速撞击机身所致	机械
2010年9月18日	海航	当日，海航B737-800/B-2158号机执行HU7179(北京—三亚)航班，北京出港后，1号风挡跳火，飞机滑回，换机执行航班。航后更换1号风挡，测试正常	机械
2010年9月18日	首都航空	当日，首都航空A319/B-6245号机执行JD5382（北京—西安）调机航班，飞机推出后，机组发现左发反推出现ENG1 REVERSER FAULT（左发反推故障）和ENG1 REVERSER UNLOCKED（左发反推未锁死）故障信息，飞机拖回，停场排故。该机已于09月09日出现过此故障信息，并已依据MEL78-30-01-2-2办理了故障保留，保留期限至09月19日	天气、意外

发生日期	单位	简述	事件原因
2010年9月18日	东航山西分公司	当日，东航山西分公司 B737-700/B-5032 号机执行 MU2119(西安—北京)航班任务，当日 17:07 从西安机场起飞，18:31 在北京机场落地。太原短停检查发现左内主轮扎伤超标，依据 AMM 手册更换。轮胎位置：左主起—2 第二划水线处受损信息：长方形伤口，长 12 mm，宽 3 mm，最深处 11 mm。轮胎信息：普利斯通斜交胎（件号：APS06015）	其他
2010年9月19日	天津航空	当日，天津航空 E190/B-3127 号机执行北京—安庆航班，飞行过程中出现左发引气超压信息，飞机返航正常落地，后续航班换机执行。机务更换左发引气压力传感器及左发总管引气关断活门后，飞机按 MEL 放行	机械
2010年9月19日	东航	当日，东航 A320/B6696 号机执行长春至北京航班，飞行过程正常，在北京落地后，机务短停检查发现 1 发低压压气机导向叶片 10 点钟位置边缘有鸟击痕迹。按 AMM72-00-00-200-010 完成鸟击检查，无损伤，发动机参数正常，已经清洁并完成放行工作	天气、意外
2010年9月19日	山航	当日，山航 B737-800/B-5351 号机执行南宁—北京航班任务。当日 16:14 从南宁机场起飞，19:07 在北京机场落地。北京机务人员在对飞机进行检查时，发现右内主轮扎伤，无外来物，受损超标（一字形，约长 10 mm，宽 2 mm，深 8 mm），根据 AMM32 更换右内主轮	其他
2010年9月20日	海航	当日，海航 B737-800/B-5407 号机执行 HU7280（三亚—北京）航班任务，北京过站检查发现飞机左侧翼尖小翼有雷击痕迹，机务按工作单检查后放行	天气、意外
2010年9月21日	海航	当日，海航 B767/B-2491 号机执行 HU7178（杭州—北京）航班，过站检查发现左发内涵有鸟毛，按鸟击特检工作单检查正常，孔探左发正常。后续航班换 2490 执行，延误 34 min	天气、意外
2010年9月21日	深航	当日，深航 B737-900/B-5109 号机执行 ZH9801（深圳—北京）航班，机组发现可能会有超出最大允许着陆重量的问题，决定复飞，复飞后确认重量后，安全正常落地	机组
2010年9月22日	海航	当日，海航 B737-800/B-5480 号机执行 HU7246（乌鲁木齐—北京）航班，过站发现左侧水平安定面前缘距翼根 1 m 处有凹坑，尺寸：长 70 mm，宽 60 mm，深 0.8 mm。有血迹，损伤未超标，完成鸟击检查单检查正常，放行飞机	天气、意外
2010年9月22日	海航	当日，海航 A340/B-6510 号机执行 HU7601（北京—虹桥）航班任务，过站滑出后，接北京 SOC 通知在滑行道上发现 1 发吸入异物，飞机滑回。机务检查发现 1 发吸入一塑料袋，发动机无损伤，询问机组发动机参数无异常，按吸入异物特检单检查正常后放行飞机	地面保障
2010年9月23日	南航	当日，南航 B757/B2818 号机执行（乌鲁木齐—北京）CZ6905 航班，，在北京进近时左风挡遭鸟击，各项飞行参数正常，机组决定正常落地。北京落地后检查左风挡、各舵面和发动机及参数，均正常，北京机务放行飞机	天气、意外
2010年9月24日	海航	当日，海航 B737-800/B5539 号机执行 HU7152（重庆—北京）航班任务，北京过站机组反映出现硬着陆，地面译码最大重力加速度 2.07 g，按硬着陆特检单检查正常，放行飞机	机组

发生日期	单位	简述	事件原因
2010 年 9 月 24 日	东航西北分公司	当日，东航西北分公司 A320/B2358 号机执行 MU2123 航班（西安—北京）任务，短停时发现左前轮扎伤超标。依据 AMM32-41-12 更换左前轮，充气至 190 psi 检查结果正常	其他
2010 年 9 月 25 日	山航	当日，山航 B737-800/B5348 号机执行兰州—北京航班。当日 19:39 从兰州机场起飞，21:17 在北京机场落地。北京机务人员在对飞机进行检查时，发现左内主轮扎伤，无外来物，受损超标（一字形，约长 7 mm，宽 2 mm，深 8 mm），根据 AMM32 更换左内主轮	其他
2010 年 9 月 29 日	国航	当日，国航 B737-800/B-5398 号机执行 CA1436（重庆—北京）航班，飞机落地后机务检查发现右大翼 7 号缝翼遭鸟击，损伤超标，机务对损伤区域进行了修理，无损探伤正常，放行飞机	天气、意外
2010 年 9 月 29 日	国航	当日，国航 B737-800/B-5431 号机执行 CA1846（合肥—北京）航班任务，飞机落地后机务检查发现右水平安定面前缘被鸟击，损伤超标，机务对损伤区域进行了修理，无损探伤正常，放行飞机	天气、意外
2010 年 9 月 30 日	国航西南分公司	当日，国航西南分公司 A321/B-6632 号机，在北京过站执行 CA4120（北京—成都）航班任务，航前检查发现右大翼 5 号缝翼前缘被鸟击，损伤超标，机务对损伤区域进行了修理，无损探伤正常，放行飞机	天气、意外
2010 年 10 月 5 日	海航	当日，海航 B737-800/B-5466 号机执行 HU7371（太原—北京）航班，北京过站检查发现左后机身蒙皮上有鸟击痕迹，完成鸟击特检，未发现异常，放行飞机	天气、意外
2010 年 10 月 6 日	海航	当日，海航 B737-800/B-5135 号机执行 HU7371（太原—北京）航班，北京过站检查发现右边迎角探测器位置有雷击痕迹，按雷击特检单检查，检查迎角传感器有损伤，更换后放行飞机	天气、意外
2010 年 10 月 6 日	首都航空	当日，首都航空 A319/B-6403 号机执行 JD5182（丽江—北京）航班任务，北京过站时机务检查发现右发进气道外侧有鸟击痕迹。按鸟击特检单检查正常，飞机放行	天气、意外
2010 年 10 月 8 日	海航	当日，海航 B737-800/B-5371 号机执行 HU7124（牡丹江—北京）航班，过站检查发现左外主轮轮毂上有鸟击痕迹，按鸟击特检工作单检查正常后放行飞机	天气、意外
2010 年 10 月 10 日	海航	当日，海航 B737-800/B-5141 号机执行 HU7142（成都—北京）航班，北京航后检查发现左前机身有 3 个雷击点，其中一个雷击点在蒙皮上，深 0.5 mm，直径 5 mm；另外两个雷击点均在铆钉上	天气、意外
2010 年 10 月 11 日	海航	当日，海航 B737-800/B-5503 号机执行 HU7338（西安—北京）航班，北京航后检查发现，雷达罩前部遭鸟击，凹坑尺寸直径 40 cm，损伤超标。雷达罩无料停场	天气、意外
2010 年 10 月 13 日	山航	当日，山航 B737-800/B5119 号机执行西安—北京航班（CA1236）任务。19:51 从西安机场起飞，21:15 在北京机场落地。北京机务人员在对飞机进行检查时，发现左外主轮扎伤，无外来物，受损超标（一字形，约长 10 mm，宽 3 mm，深 9 mm），根据 AMM32 更换左外主轮	其他
2010 年 10 月 14 日	海航	当日，海航 B737-800/B-5135 号机执行 HU7278（杭州—北京）航班，航后发现右侧驾驶窗下部 1m 处有 3 处雷击点，完成雷击特检，其他无异常	天气、意外

续表

发生日期	单位	简述	事件原因
2010 年 10 月 17 日	国航	当日，国航 A330/B-6081 号机执行 CA1351（北京—广州）航班任务，北京起飞后机组报告 2 发灭火瓶释放灯亮，发动机各参数正常，飞机返航。落地后机务更换灭火瓶释放灯电门和 2 发火警探测组件，测试正常，放行飞机	机械
2010 年 10 月 18 日	国航	当日，国航 B737-800/B-2657 号机执行 CA1506（福州—北京）航班，飞机下降至高度约 2400 m 时机组放襟翼 1，前缘襟翼正常放出，后缘襟翼不能正常放出，机组执行后缘襟翼不一致检查单，使用备用方式放襟翼 15，安全落地。落地后机务更换襟翼位置传感器，测试正常	机械
2010 年 10 月 18 日	国航	当日，国航 B777-200/B-2063 号机执行 CA1518（虹桥—北京）航班，飞机在北京机场 01 号跑道夜航着陆过程中发生重着陆，QAR 探测着陆垂直载荷最大为 2.07 g（AMM 手册规定的结构检查值为 1.90 g）	机组
2010 年 10 月 18 日	东航	当日，东航 A320-232/B-6558 号机执行 MU5558（淮安涟水—北京）航班任务，飞行过程正常，航后机务检查发现右大翼外侧襟翼后缘遭鸟击，有一长 90 mm、宽 55 mm、深 1 mm 的凹坑，距离上部紧固件 55 mm，距离下边缘 63 mm，凹坑光滑没有裂纹，损伤未超标。依据 SRM57—53—00—PB101—FIG117 办理暂缓修理项目 DRI—2010—6558—002，并放行飞机	天气、意外
2010 年 10 月 19 日	海航	当日，海航 B737-800/B-5375 号机执行 HU7996(曼谷—北京)航班任务，过站检查发现下防撞灯后部盖板有划伤，损伤长度为 2.0 in(其中划破为 1.5 in)，凹坑最大直径为 5 in	地面保障
2010 年 10 月 20 日	海航	当日，海航 B737-800/B-2677 号机执行 HU7110（宜昌—北京）航班，过站检查发现右发遭鸟击，按鸟击特检单检查正常	天气、意外
2010 年 10 月 20 日	海航	当日，海航 B737-800/B-5359 号机执行 HU7346（乌鲁木齐—北京）航班任务，北京机场降落时，塔台指挥在 36L 跑道落地，机组在决断高时目视发现跑道头有一疑似车辆的障碍物，机组复飞。塔台后指挥飞机 36R 跑道安全落地。后机场安排场务检查，未发现障碍物	其他
2010 年 10 月 20 日	海航	当日，海航 A340-600/B-6508 号机执行 HU7802（广州—北京）航班任务，航后检查发现 11 号轮胎被铁钉扎伤，更换轮胎	其他
2010 年 10 月 21 日	厦航	当日，厦航 B737-800/B-5383 号机执行 MF8165（福州—北京）航班。机组报告：在北京落地前，塔台向机组通报跑道上有车，机组按塔台指令复飞，复飞时高度约 600ft，再次进近落地正常。QAR 数据显示：复飞时飞机无线电高度 598 ft	其他
2010 年 10 月 21 日	东航	当日，东航 A330/ B-6100 号机执行虹桥至北京航班任务，飞机北京 36R 落地正常，滑进机位 224 号时 1 号轮胎压力指示为 0，223 机位停稳后，机务发现 1 号主轮爆裂。依照 AMM05-51-15PB601 及 AMM05-51-16PB601 对飞机进行爆胎后及刹车过热后的检查，检查结果均正常。按 AMM32-41-11-PB401 更换 1 号和 2 号主轮，充气至 215 psi，检查无渗漏；按 AMM32-41-27PB401 更换 1# 刹车组件，检查正常，对正常刹车及备用刹车系统进行操作测试，测试正常	机械

续表

发生日期	单位	简述	事件原因
2010 年 10 月 21 日	大新华航空	当日 20:04，大新华航空 B738/B—2652 号机执行哈尔滨—北京航班任务，机务检查发现飞机左内侧主轮扎伤，伤口尺寸：长 1 cm，宽 0.3 cm，深 1.2 cm。20:58，轮胎更换完毕。20:33，飞行区管理部查道（36R—F—Z4—110 机位）结束，未见异常	其他
2010 年 10 月 22 日	海航	当日，海航 B-2490/B767-300 号机执行 HU0482（布达佩斯—北京）航班任务，23 日北京航前拖飞机时发现 7 号主轮扎伤超标，尺寸：长 10 mm，宽 2 mm，深 11 mm，更换该轮后放行飞机	其他
2010 年 10 月 23 日	国航	当日，国航 A320/B-6607 号机执行 CA1334（武汉—北京）航班，在北京进近时起落架无法用液压方式放下，机组使用重力放轮，飞机正常落地。机组反映落地后滑行正常，液压系统油量正常。事件原因正在调查中	机械
2010 年 10 月 24 日	国航	当日，国航 B737-800/B-5436 号机执行 CA1149（北京—鄂尔多斯）航班任务，北京起飞后机组空中报备用地平仪指示摆动，返航北京。更换备用地平仪后测试正常，飞机放行	机械
2010 年 10 月 24 日	海航	当日，海航 B737-800/B-5465 号机执行 HU7190（贵阳—北京）航班任务，北京过站检查发现雷达罩左侧遭鸟击，按鸟击特检单检查正常，放行飞机	天气、意外
2010 年 10 月 26 日	海航	当日，海航 B737-800/ B-2157 号机执行 HU7278（杭州—北京）航班任务，过站检查发现雷达罩右侧遭鸟击，按鸟击特检单检查正常	天气、意外
2010 年 10 月 28 日	海航	当日，海航 B737-800/B-5538 号机执行 HU7138(西安—北京)航班任务，北京过站检查发现机身左侧有雷击痕迹，完成雷击后特检，未发现异常，飞机放行	天气、意外
2010 年 10 月 28 日	国航	当日，国航 B737-300/B-2954 号机执行 CA1859（北京—柳州）航班任务，航前检查发现垂直尾翼高频天线下部遭鸟击，损伤超标，航班换飞机执行。该机于 10 月 27 日执行 CA1888（景德镇—北京）航班，22:24 在北京落地后过夜	天气、意外
2010 年 10 月 29 日	国货航	当日，国货航 B747/B-2477 号机执行 CA1042 法兰克福—北京航班任务，该机北京落地后检查发现 7 号和 15 号轮胎扎伤，更换轮胎。滑行路线 36L-C 滑 -S5-Z3-N106	其他
2010 年 10 月 31 日	东航西贝分公司	2010 年 10 月 31 日东航西北分公司 A320/B6372 号机执行 MU2109 航班（西安—北京）任务，短停检查发现 2 号轮扎伤，轮胎表面中部有长 1 cm、深 0.4 cm、宽 0.5 cm 的裂口。更换 2 号主轮，充气至 220 psi，转动正常，地面检查无渗漏	其他
2010 年 11 月 15 日	国航天津分公司	当日，国航天津分公司 B737-800/B-5509 号机执行 CA1816（厦门—北京）航班任务，落地后机务检查发现右发进气道唇口 9 点钟位置遭鸟击，形成一长 7 cm、宽 4 cm、深 2.5 mm 的凹坑，损伤超标。机务对凹坑进行修复，探伤检查正常，放行飞机	天气、意外
2010 年 11 月 1 日	海航	当日，海航 B5418/B737-800 号机执行 HU7116(满洲里—北京)航班，飞机滑跑 10~20m 速度约 20 kts 时，塔台指挥飞机中断起飞。后机组询问塔台原因，塔台回复海拉尔区域有飞机出现紧急情况，频率紧张。后该飞机掉头滑回跑道头得到塔台允许后正常起飞	其他

发生日期	单位	简述	事件原因
2010 年 11 月 3 日	国航重庆分公司	当日，国航重庆分公司 B737-800/B-5496 号机执行 CA1668（大连—北京）航班，20:44 在北京落地，机务检查发现飞机左侧机身有 30 个雷击点，有 5 个超标，临时处理后放行飞机。经查，该机当天执飞航班机场及航路无雷雨、积雨云等天气	天气、意外
2010 年 11 月 6 日	国航	当日，国航 A321/B-6596 号机执行 CA182（东京—北京）航班任务，飞机起飞后右发振动值超限，机组返航，安全落地。落地后机务检查发现右发 20~23 号叶片鸟击超标，次日，机务更换飞机受损叶片后，试车正常，放行飞机	天气、意外
2010 年 11 月 7 日	国航	当日，国航 B737-800/B-5442 号机执行 CA1326（郑州—北京）航班任务，进近过程中，在无线电高度约 431 ft 时，飞机遭遇风切变，机组复飞，再次进近，安全落地	天气、意外
2010 年 11 月 7 日	国航	当日，国航天津分公司 B737-800/B-5518 号机执行 CA1623（北京—哈尔滨）航班任务，飞机起飞后机组报液压 A 系统 EDP 低压灯亮，飞机返航北京，安全落地。落地后机务检查发动机滑油磁堵，未见异物；检查 EDP 壳体回油滤发现金属屑，拆下 EDP，发现碳封严有烧焦迹象，与 GE 联系，GE 建议换发	机械
2010 年 11 月 7 日	国航	当日，国航 B737-800/B-5442 号机执行 CA1326（郑州—北京）航班，飞机进近过程中，无线电高度约 430 ft 时，遭遇风切变，机组复飞，再次进近，安全落地	天气、意外
2010 年 11 月 12 日	海航	当日，海航 B737-800/B-5538 号机执行 HU7190（贵阳—北京）航班，北京过站检查发现右发风扇叶片叶根处有鸟击痕迹，按鸟击特检单检查正常，飞机放行	天气、意外
2010 年 11 月 13 日	海航	当日，海航 B737-800/B-5480 号机执行完 HU7766（长春—北京）航班任务，北京航后机务上驾驶舱后发现左 2 号风挡处于打开位置，检查发现左 2 号风挡已经滑出滑轨，并掉落在左 3 号风挡下部和机长座椅之间的缝隙中。左 3 号风挡有几处损伤，超标需更换	机械
2010 年 11 月 14 日	国航	当日，国航成都基地 A321/B-6599 号机执行 CA1343（北京—长沙）航班任务，起飞后机组报告刹车系统和前轮转弯系统故障，飞机返航。落地前刹车故障信息消除，落地时刹车系统工作正常，但前轮转弯故障仍然存在，飞机由拖车拖至机位。机务更换刹车系统控制组件，测试刹车和前轮转弯系统正常，放行飞机	机械
2010 年 11 月 14 日	深航	当日，深航 B737-900/B-5103 号机执行（北京—深圳）航班在北京起飞后，在 19:35 左右的时间与管制人员失去联系，持续约为 3 min，调换频率后通信恢复正常。深圳落地后地面测试正常，后续航班正常	机械
2010 年 11 月 15 日	海航	当日，海航 A330/B-6118 号机执行 HU7801（北京—广州）航班任务，在北京过站时，电源车在未拔电源插头的情况下开始行驶，导致飞机地面电源接口、盖板及前起落架舱门受损，经机务检查并对飞机进行临时处理后，放行飞机执行后续航班	地面保障
2010 年 11 月 16 日	国航	当日，国航 B737-700/B-5043 号机执行 CA1460（宜宾—北京）航班任务，进近阶段放襟翼 15 时，机组发现后缘襟翼不对称，左襟翼指示 10，右襟翼指示 15，机组中止进近并执行相关检查单，将襟翼手柄放到 10 后安全落地。落地后机务更换左襟翼位置传感器，测试正常，放行飞机	机械

续表

发生日期	单位	简述	事件原因
2010年11月17日	空管	当日，国航重庆分公司B737-800/B-2650号机执行CA1420（重庆—北京）航班任务，重庆起飞时间11：33。A321 应答机编码A4101）执行北京—长沙航班任务，北京起飞时间12:50。B737沿B215航路从西向东飞行，于13:10飞越交接点ISGOD，高度8100 m保持。A321于13:10飞越南城子NDB加入B458航线，从北向南飞行，高度7800 m保持。两机汇聚飞行。13:14:30管制员指挥B737下降到5100 m保持。13:15:03 B737机组开始执行下降指令，并提出在我左下方有飞机。管制员立即指挥机组保持8100 m。随后A321机组提出TCAS要下降，管制员指挥该机组下降到7200 m保持。13:15:16雷达出现"STCA"告警。两机水平间隔8 km（雷达STCA告警窗口显示），两机垂直高度差220 m（B737高度8020 m，A321,7800 m）。13:15:23两机高度差340 m，建立了安全高度差	空管指挥
2010年11月18日	东航山西分公司	当日，东航山西分公司B737-700/B-5258号机执行MU2112（西安—北京）航班任务，当日11:36从西安机场起飞，13:06在北京机场落地。飞机在北京短停时，机务检查发现右起落架内侧主轮扎伤，按AMM手册更换轮胎，后续正常。轮胎位置：右主起—3。受损信息：长1.2 cm，宽0.3 cm,深0.8 cm。轮胎信息：普利斯通斜交胎（件号:APS06015）	其他
2010年11月21日	海航	当日，海航A330-200/B-6133号机执行HU489（北京—柏林）航班任务，航前将飞机从国内机位拖到国际机位后，发现前轮转弯释压销丢失。多次沿路返回寻找未找到，通报首都机场巡查反馈未发现有丢失的转弯销	地面保障
2010年11月26日	川航	当日，川航A320-200/B-2342号机执行3U8838（北京—万州—昆明）航班任务，机组在加油门过程中，发现EPR值不一致，机组决定中止起飞，此时速度大约在30 kts	机械
2010年11月26日	国航	当日，国航飞行总队B777-200/B-2065号机执行CA909（北京—莫斯科）航班任务，在北京起飞滑跑过程中出现主起落架转弯故障信息，机组中断起飞，中断速度约40 kts。机务将主起落架锁定在中立位，相关跳开关拔出后，按MEL保留放行飞机，回京后更换主起落架转弯作动筒	机械
2010年11月26日	国航	当日，国航A320/B2230号机执行MU5636（淮安—北京）航班任务，飞机在淮安正常起飞，北京机场36R ILS进近，受大风天气影响飞机在400 ft左右（RA高度），速度、姿态变化较大，机组执行复飞程序等待30 min后再次进近，在100ft左右姿态依然变化较大，后复飞备降天津	天气、意外
2010年12月2日	国航	当日，国航B737-800/B-2673号机执行CA1854（宁波—北京）航班任务，北京五边高度1200 ft时出现风切变警告，机组复飞后再次进近，正常落地	天气、意外

续表

发生日期	单位	简述	事件原因
2010年12月3日	南航	当日，南航广西公司机组驾驶 B737-800/B-5300 号机执行北京到南宁的 CZ3286 航班，飞机于 14:25 从北京起飞后，增速收襟翼上 2100 m 的过程中，右发动机参数下 DU（显示组件）跳出，机组发现振动指数为 5.0，机组保持 2100 m 高度，按检查单处置，逐渐将油门收回到慢车，振动指数减小到 1.3 左右，随后管制指挥上 4200 m 保持，上升过程中，在确定其他参数正常时，机组缓慢增加右发油门，N1 在 60% 左右时，振动指数由 1.3 迅速增加到 5.0，机组又按检查单收油门到慢车，振动指数仍然在 5.0，机组向管制申请保持 3300 m，请求返航，考虑到发动机故障状况不明，如果长时间盘旋耗油后再落地，可能会损坏发动机，在评估北京 18R(右) 跑道长度和飞机复飞梯度后，机组决定超重落地，15:01 飞机在北京安全落地，落地重量为 68056 kg	机械
2010年12月4日	南航	当日，南航吉林分公司 B6158/A319 号机执行 CZ6151 航班。在延吉—北京航段时，北京五边指挥 1200 m 建立 ILS 进近。飞机保持 1200 m，形态 1 建立下滑，速度 185 kts。当飞机稳定下降时，机组发现速度持续增加，一直保持在 Vnext 附近，始终不减，下降率在 1400 ft/min。机组采取使用减速板等手段，仍没有很好效果。最后飞机虽建立了着陆形态，但已不符合稳定进近的要求，在 700 ft 高度，飞机复飞，二次进近安全落地	机组
2010年12月6日	国航	当日，国航 B737-800/B-5425 号机执行 CA1306（深圳—北京）航班，在北京 36L 落地时发生重着陆，QAR 探测着陆垂直载荷最大 2.17 g，超过该机型 AMM 手册检查标准。落地时风向 310，平均风速 10 m/s，阵风最大 15 m/s，能见度大于 10 km。QAR 探测到该事件时，飞机已从北京飞往大连，当地机务对飞机进行了相关检查。QAR 数据显示：着陆重量 65.7 t，襟翼 40，基准速度 139 kts，侧顶风 21 kts 左右，50 ft 时飞机下降率 822 ft/min、姿态 1.1°，机组带杆时机偏晚，且接地前有抽杆动作，接地时下降率 542 ft/min、姿态 3.7°、N1 为 38%	机组
2010年12月6日	国航	当日，国航 A321/B-6593 号机执行 CA1206（西安—北京）航班，在北京 36R 进近着陆过程中，低空遭遇上升气流，飞机从 5 ft 左右上升到 15 ft 左右，机组感觉继续落地操纵困难，复飞后在 01 号跑道安全落地。气象条件：能见度 >10 km，风向 290，平均风速 9 m/s，阵风 11 m/s	天气、意外
2010年12月6日	国航天津分公司	当日，国航天津分公司 B737-300/B-2949 号机执行 CA1386（襄樊—北京）航班，北京进近 36L 跑道近过程中，高度 400 ft，出现风切变警告，机组复飞，后在管制雷达引导下，36R 跑道正常落地	天气、意外
2010年12月6日	东航山西分公司	当日，东航山西分公司 B737-700/B-5258 号机执行 MU5167(杭州—北京)航班任务，当日 12:54 从杭州机场起飞，14:44 在北京机场落地。飞机在北京短停时，机务检查发现左前轮扎伤超标，按 AMM 手册更换轮胎，后续正常。轮胎位置：左前轮沟槽。受损信息：长 20 mm，已见线。轮胎信息：普利斯通斜交胎（件号：APS01207）	其他

续表

发生日期	单位	简述	事件原因
2010 年 12 月 7 日	海航	当日 13:53,海航 HU7102/B5135/B737-800 号机进港航班落地进入 W204 机位后,机务检查发现右外主轮扎伤,伤口尺寸:长 0.8 cm,宽 0.2 cm,深 0.7 cm。飞行区管理部对飞机滑行路线(01—Q7—K—T5—H—A8—Z4—D1—W204 号)进行检查,未见异常。19:08,该飞机更换轮胎后执行 HU7882 正常出港	其他
2010 年 12 月 9 日	海航	当日,海航 B737-800/B-5538 号机执行 HU7996(曼谷—北京)航班,过站检查发现右大翼后缘有鸟击痕迹,按鸟击特检工作单检查正常放行	天气、意外
2010 年 12 月 10 日	海航	当日,海航 B737-800/B-5337 号机执行 HU7181(海口—北京)航班,过站机组反映落地时感觉较重,译码 2.05 g,按硬着陆特检工作单检查正常后放行飞机	机组
2010 年 12 月 11 日	南航	当日,北方分公司 A321/B-6308 号机执行 CZ6109/10 航班(沈阳—北京—沈阳),19:19 沈阳起飞,20:35 北京落地后,地面服务代理发现 5 舱有行李破损,发现有活物——青蛙,经了解为 7 kg 行李,旅客拿到手的只剩 3 只青蛙。经过北京地面人员对货舱处理,航班于 21:48 起飞,22:37 在沈阳正常落地,沈阳机务对后货舱(包含 5 舱)全面清舱后,未发现任何活体青蛙及青蛙尸体。 南航北方分公司地面服务保障部对上述问题的调查报告如下。 北京商调反馈 12 月 11 日 CZ6109 航班一件托运行李破损,内物为青蛙。值机处立即进行了调查。 经当事值机员回忆,CZ6109 航班林君旅客于 17:40 到达值机柜台办理乘机和行李托运手续。当时旅客一共要托运 4 件行李,为三个纸箱、一个泡沫箱。值机员按照规定询问是否有易燃易爆或者易碎物品,旅客说有两箱鸡蛋,值机员告知旅客,易碎物品请旅客随身携带,旅客将两箱纸箱拿出。值机员又询问旅客另外两物品是什么,旅客表示是正常行李。值机员检查两件托运行李外包装符合托运标准,泡沫箱完好,外缠有胶带,于是给旅客办理了托运手续。旅客座位 52J,两件行李共 12 kg。行李正常通过了行李安全检查。 该航班行李共 52 件,中转行李装在 4 舱,普通行李装在 5 舱。在监装过程中,所有行李一切正常,没有发现破损等情况	地面保障
2010 年 12 月 12 日	首都航空	当日,首都航空 A319/B-6212 号机执行北京—西安航班,飞机推出后,因左发漏燃油,飞机滑回,航班换机执行。机务检查确认为高压涡轮控制活门故障,目前已完成换件,飞机放行	机械
2010 年 12 月 13 日	国航	当日,国航 A330/B-6131 号机执行 CA942(迪拜—北京)航班,乘务员听到后舱厨房发出声响,检查发现 G616 保温箱门脱落,该箱内存放的空气清新剂灌接缝处裂开。经了解,该保温箱空中未加温。公司对事件进行调查	机械

续表

发生日期	单位	简述	事件原因
2010 年 12 月 14 日	BGS	当日 20:12，南航 CZ3190/B6086/A330-300 号机出港航班（北京—深圳 /STD20:00/ 机位 222）推出后，在 222 机位正切 Z18 滑行道处，拖车抱夹故障导致拖车无法与飞机脱离。受其影响，进港航班 MU2113（ETA19:53）机位由 221 改至 229。20:27，经 BGS 维修人员手动处理将拖车抱夹打开，在拖车撤离过程中，抱夹液压系统突发故障，抱夹突然收回，导致飞机右前主轮损伤，受损部位外皮脱落，伤口长 9 cm、宽 5 cm、深 2 cm。20:23，经更换拖车，飞机被拖至 722 号机位更换轮胎。22:00，飞机更换轮胎完毕。23:04，CZ3190 航班离地，延误 184 min。经查，故障拖车的维护保养记录齐全，人员具备从业资格，操作符合相关程序，且事发过程未有人员受伤	机械
2010 年 12 月 15 日	海航	当日，海航 A330/B-6088 号机执行 HU7930(普吉—北京) 航班，空中颠簸致一名旅客摔伤，左臂与左脸颊有疼痛感，无外伤，该旅客已由我公司人员陪同到积水潭医院检查	天气、意外
2010 年 12 月 15 日	南航湖南分公司	当日，南航湖南分公司 A321 机型／B-6552 号机／CZ3148 航班（北京—长沙）段，在北京机场上客时，一名旅客霸占头等舱，经劝说无效被机场公安带离飞机，安全员对头等舱进行局部清舱，未发现不明物品，飞机执行后续航班	其他
2010 年 12 月 16 日	美联航	当日，09:44 管调通知美联航 AA186/B777-200 号机北京—芝加哥因客舱内有烟雾返航，约 40 min 后落地，需要医疗、消防。机上旅客人数 232 人，机组人员数 15 人，没有危险品。运行控制中心通知各应急救援保障单位启动 19 跑道集结待命，10:28，飞机安全落地，集结待命解除。经了解，飞机驾驶舱和客舱有少量烟，机组决定下客，飞机排故处理。初步判断飞机故障原因为空调系统故障	机械
2010 年 12 月 20 日	国航	当日，国航 B737-300/B-2584 号机执行 CA1582（南昌－北京）航班任务，北京落地前站坪通知飞机后厨房有异味。机务地面检查发现后厨房 410 号煮水器后部导线束防磨套（尼龙塑料类材料编织）与煮水器进水管接触，导线束防磨套两处受损，导线内部无损伤，煮水器 410 导线束电插头完好；厨房跳开关面板拆开检查完好；相关区域也未发现其他烧蚀现象	其他
2010 年 12 月 21 日	埃及航空	当日 01:05，埃及航空 MS956/SU-GCI/A332 号机，执行北京—开罗航班，因 00:37 离港后，因飞机襟翼卡死故障返航。机组不需要地面救援服务。01:10 运行控制中心通知各救援单位原地待命。01:22 飞机安全落地，原地待命解除。03:13，塔台通知 MS956 出港航班因襟翼卡阻再次返航。各救援单位原地待命。飞机安全落地，埃及航空代办确认 MS956 航班取消，旅客安排酒店休息	机械
2010 年 12 月 21 日	深航	当日，深航 B-5360（738）号机执行 ZH9960（北京—深圳）航班，飞机在北京因起飞形态警告，中断起飞，速度低于 50 kts。滑回途中出现右发反推故障。机务工作人员针对起飞警告，测试有 31-53007 代码（减速板手柄位置错误），清除代码，完成起飞警告测试及中断起飞检查单，均正常。针对右发反推故障，测试有 S830 的放出代码，不能清除，按 MEL 保留右发反推，深圳航后排故，顺利完成	机械

发生日期	单位	简述	事件原因
2010 年 12 月 22 日	海航	当日，海航 B737-800/B-5371 号机执行 HU7148（成都—北京）航班任务，过站检查发现后货舱的货物（海鲜）包装破损，导致后货舱遭污染	地面保障
2010 年 12 月 22 日	东航山西分公司	当日，东航山西分公司 B737-700/B-2680 号机执行 MU5167（杭州—北京）航班任务，当日 12:46 从杭州机场起飞，14:42 在北京机场落地。飞机在北京短停时，机务检查发现 3 号主轮扎伤超标，按 AMM 手册更换轮胎，后续正常。轮胎位置：胎肩部横向扎伤。受损信息：长 15 mm，深 10 mm。轮胎信息：普利斯通斜交胎（件号：APS01207）	其他
2010 年 12 月 23 日	海航	当日 17:49，海航 B5429/B738 号机执行 HU7192（厦门—北京）航班任务/（计落 17:05，实落 17:17）飞机进入 103 机位后，机务检查时发现，飞机左外主轮有损伤，受损部位为条形，伤口长 0.5 cm、宽 0.2 cm、深 1 cm，未发现异物。18:35，轮胎更换完毕。18:16，查道（36R—F—Z4—103 机位）结束，未见异常。该飞机执行 HU7372（北京—太原）计起 20:25，实起 20:32，正常出港	其他
2010 年 12 月 25 日	首都航空	当日，首都航空 B6726/A320 号机执飞北京—呼和浩特 CBJ5285 航班，航班在呼和浩特机场落地后，地服公司工作人员发现货舱装载与舱单不符：舱单显示 1 舱装载的 1455 kg 的中转行李中有 15 件实际装在了 4 舱；舱单显示 4 舱只有 153 kg 行李，而实际发现 4 舱中除应装载在 1 舱的 15 件行李外，还装载了 140 kg 中转货物；舱单显示 1 舱中装载的 1002 kg 的中转货物，实际装载 660 kg，少装了 342 kg；舱单显示 3 舱中装载的 765 kg 的中转货物，实际装载了 955 kg，多装了 190 kg。发现问题后，地服公司立即与首都航空联系，将 4 舱装载的中转行李调整到 1 舱，且对机上货物进行拉卸，确保了飞机实际装载与舱单相符	地面保障
2010 年 12 月 26 日	BGS	当日 06:38，一架公务机 TAGAP/G4 要备降首都机场，此公务机为要客包机，机组报飞机增压系统故障，不需要地面救援服务，只需要引导车和机位，此公务机为 BGS 代理的 TK3988。07:15，飞机安全落地。飞机故障，要客去要客室休息，改乘 26 日 TK021 出港	机械
2010 年 12 月 26 日	国航	当日，国航 B737-800/B-2650 号机执行 CA1366（武汉—北京）航班，航后机务检查发现左水平安定面前缘被外来物击伤，形成一长 60 mm、宽 30 mm、深 5 mm 的凹坑，损伤超标。机务拆下前缘进行修理，进行涡流探伤无裂纹，重装前缘，放行飞机	天气、意外
2010 年 12 月 26 日	国航	当日，国航飞行总队 B767-300/B-2560 号机执行 CA952（东京—大连—北京）航班，巡航阶段机组报告左液压系统指示液压油漏光，综合考虑排故能力等因素，机组直飞北京，安全落地。落地后机务检查发现左大翼 1 号扰流板作动筒堵盖封圈破损，液压油漏光	机械
2010 年 12 月 27 日	国航重庆分公司	当日凌晨 1:30，国航重庆分公司 B737-800/B-2650 号机结束航班任务后，北京机务检查发现左安定面前缘 188 站位处有一凹坑，尺寸为长 60 mm，宽 30 mm，深 5 mm，且在原有修补处的铆钉上，飞机停场拆下前缘处理	天气、意外

发生日期	单位	简述	事件原因
2010 年 12 月 27 日	东航山西分公司	当日，东航山西分公司 B737-800/B-5101 号机执行 MU5293（太原—北京）航班任务，当日 11:49 从太原机场起飞，12:36 在北京机场落地。飞机在北京短停时，机务检查发现右前轮扎伤超标，按 AMM 手册更换轮胎，后续正常。轮胎位置：胎肩部横向扎伤。受损信息：胎面沟槽处一字形，长 15 mm，宽 3 mm，深 11 mm。轮胎信息：普利斯通斜交胎（件号：APS01207）	其他
2010 年 12 月 28 日	海航	当日，海航 B737-800/B-5082 号机执行 HU7122（南京—北京）航班，北京过站检查发现左大翼前缘有鸟击痕迹，完成鸟击特检工作单，未发现异常	天气、意外
2010 年 12 月 28 日	国航	当日，国航 B737-800/B-2671 号机执行 CA1324（珠海—北京）航班，北京五边进近高度 2500 ft 放襟翼 15 时，机组发现指位表指示停留在接近 10 的位置，机组决定中止进近，申请加入三边完成检查单，塔台指示航向 090 保持 600 m，最低下降高度至 1462 ft。状态稳定后机组完成襟翼不一致检查单，备用放襟翼至 15，查阅性能着陆距离满足条件，北京安全落地。机务测试 FSEU 有位置传感器信息，更换左大翼襟翼位置传感器，测试 FSEU 无故障记录，收放襟翼工作正常	机械
2010 年 12 月 28 日	国航	当日，国航 A330/B-6091 号机执行 CA937（北京—伦敦）航班任务，航前飞机加油过程中机身下沉，与机身下部工作梯相碰，左空调冲压进气门盖板及空调舱盖板各形成直径约 20 mm 的损伤	机务
2010 年 12 月 29 日	国航	当日，国航 B737-800/B-2641 号机执行 CA1890（无锡—北京）航班，塔台指挥飞机 01 号跑道落地，飞机接近跑道入口时遭遇大风，机组复飞。后机组在 36L 跑道落地时遭遇风切变，机组复飞后备降天津	天气、意外
2010 年 12 月 30 日	联邦快递	当日 18:00，联邦快递 FX92/MD11F/ 北京—首尔 / 货机自 W205 号机位出港后机组误滑入 816 号机位，机头向北停放。18:05，飞行区管理部立即到场进行监控。18:19，拖车到位。18:35，飞机被拖出 816 号机位，并由机坪引导车沿 Z4 滑行道引导出港。期间，816 号机位 附近的 Z4 及 M 滑行道关闭	机组

第五节　民航华北地区管理局突发事件处置流程（暂行）

一、总则

为贯彻《中华人民共和国突发事件应对法》精神，加强管理局各类突发紧急事件应急处置工作，制定本流程。

二、 原则与分工

1 ） 管理局值班员负责：①区内日常安全运行实况监管；②发生不安全事件等问题后的信息传递；③协助值班局领导处理相关紧急突发事件，协调相关部门做好应急处置工作。

2 ）事故和重大安全事件的最终调查工作，由民航局或管理局组成的调查组负责，监管局承担事故征候、一般不安全事件调查和管理局授权的调查工作。

三、术语与缩略语

1 ）民用航空不安全事件，是指与民用航空器运行相关的不安全事件，包括民用航空器事故、民用航空器事故征候以及其他与民用航空器运行有关的不安全事件。

2 ）民用航空器事故，是指在民用航空器运行阶段或者在机场活动区内发生的与航空器有关的下列事件：①人员死亡或者重伤；②航空器报废或者严重损坏；③航空器失踪或者处于无法接近的地方。

但下列情况除外：①由于自然、自身或他人原因造成的人员死亡；②由于偷乘航空器藏匿在供旅客和机组适用区域外造成的人员死亡。

3 ）民用航空器事故征候，是指在航空器运行阶段或在机场活动区内发生的与航空器有关的，不构成事故但影响或可能影响安全的事件。民用航空器事故征候分为运输航空严重事故征候、运输航空事故征候 、通用航空事故征候和航空器地面事故征候。

4 ）其他不安全事件，是指在民用航空器运行阶段或者在机场活动区内发生的航空器损坏和人员受伤或者其他影响飞行安全的情况，但其严重程度未构成事故征候的事件。

5 ）较重大、复杂不安全事件，指事件涉及的人数众多或当事人不在同一监管局辖区内，且在辖区内影响较大，在本辖区有示范作用，相对人的组织规格较高，涉外案件或事件调查存在相当的技术困难或干扰的事件。

四、 信息处理

（一）收到不安全事件信息的处置

不安全事件发生后，事发相关单位应按照《民用航空安全信息管理规定》要求上报事发地监管局值班。事发地监管局收到事件信息报告后，应立即（ 5 min 内）

报告管理局值班员；按相关规定或管理局领导指示，通报所在地人民政府。并对事件信息做初步审核，初步判定事件性质（事故，事故征候，较重大、复杂不安全事件，一般不安全事件），事故，事故征候，较重大、复杂不安全事件可直接报管理局领导并在第一时间（监管局所在地机场 30 min 内）赶赴现场。

（二）信息报送

1）管理局值班员收到报告后，应向管理局值班局领导汇报，协助值班领导做好事件处置工作，并根据信息分类通报相关部门：①运行类不安全事件信息通报航安办；②空防类不安全事件信息通报公安局；③突发公共卫生事件信息通报航卫处；④涉及外航的事件信息通报外航处；⑤大面积航班延误信息通报运输处。

2）航安办收到事件信息后，根据初步判定的事件等级，按照《民用航空安全信息管理规定》要求上报民航局（事故、事故征候应立即上报民航局航安办，其他不安全事件应及时上报），属于事故或事故征候以上等级的不安全事件，立即向分管局领导或局长报告。

3）属于事故以上等级的不安全事件，监管局应在 90 min 内以文字形式上报管理局航安办；管理局航安办应在 120 min 内以文字形式上报民航局航安办。

五、成立调查组

1）如果事件等级为飞行事故，由上级机关负责组织调查的事故，由管理局领导指派人员参加调查组。

由管理局负责组织调查的事故，由管理局领导委派事故调查组组长，事故调查组组长根据调查工作需要，组成若干专业调查小组。通常包括的专业调查小组有：综合小组、飞行小组、适航小组、空管小组、公安小组、运输小组，必要时提请民航局事故调查中心组成飞行记录器小组。

2）如果事件等级为航空器地面事故或事故征候，按照事件性质以及影响，管理局分管局领导决定由管理局航安办负责组织调查或委托事发地监管局负责组织调查（原则上事故征候由监管局负责组织调查）。负责组织调查的部门，根据调查工作需要，委派事故调查组组长，组成专业调查小组。

3）如果事件等级为其他不安全事件，由管理局航安办决定调查方（管理局相关部门或事发地监管局）。

4）调查组成员应在 30 min 内到指定位置集结，并做好调查准备。

六、事件调查

（一）现场处置

对于事故，事故征候，较重大、复杂不安全事件，所在地监管局应组织监察员在第一时间（监管局所在地机场 30 min 内）到达现场：

1）及时、全面地获取事件的基本情况；

2）取证并确认相关文件、样品、工具、设备、设施已经封存；

3）参与事件现场的应急处置，为救援提供必要的帮助与指导；

4）做好现场保护；

5）向管理局值班和有关部门报告并提出调查建议。

（二）现场进入

1）调查组应在最短时间（监管局所在地机场 30 min 内）内赶到现场。

2）一般有事发地监管局负责联系解决调查组进入现场、交通保障、通信、办公场地等问题。

3）首都机场的进入。

管理局生活服务中心负责调查组进入现场的交通保证。

北京监管局应确保其场内车辆和驾驶员全天候待命。

特殊情况由管理局值班员或航安办负责协调首都机场按图 2-1 所示的流程进入。

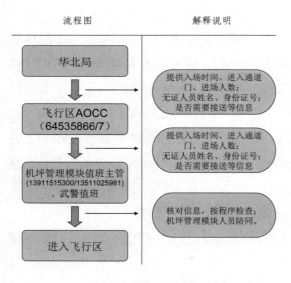

图 2-1 流程图

紧急情况下由管理局办公室负责联系解决首都机场进入问题。

（三）现场接管

调查组到达后，接收并负责对现场的监管；协调现场工作各方之间的工作关系；建立各方联系；及时听取有关单位的汇报，了解事件发生的基本情况。现场保护与警戒等的一切行动应服从于调查组调度。

（四）开展调查

调查组按照《民用航空器飞行事故／飞行事故征候调查规定》（CCAR-395-R1）、《民用航空器飞行事故调查程序》（MD-AS-2001-001）和《民用航空不安全事件的处置程序》（MD-AS-2004-01）规定开展调查。

七、附则

1）本程序未尽事宜由调查组决定。

2）本程序由管理局航安办负责解释。

第七章　农业灾害

第一节　2008—2010 年北京市农业气象灾害

一、2008 年

（一）本年气候特点

年平均气温比常年偏高 0.7 ℃，春季气温偏高尤为突出；年降水量比常年增加近两成，春、秋季降水偏多更为显著；年日照时数比常年偏少一成，6 月中下旬多连阴雨。

农作物生长期内气候条件比较有利，全市粮食平均单产比 2007 年增加 7.3%，达到 1999 年以来最高值；大白菜产量属于偏丰年；保护地蔬菜没有明显病害发生，收成较好。

（二）农业气象灾害

1. 大风冰雹

4 月 25 日（门头沟）、5 月 28 日至 30 日（门头沟、大兴、房山）、6 月 4 日（通州）、6 月 16 日（门头沟）、6 月 22 日至 24 日（大兴、房山、昌平、延庆、密云、怀柔）、7 月 2 日（顺义、昌平）、8 月 27 日（平谷）、9 月 4 日（通州、大兴、平谷）、9 月 14 日（昌平、延庆）、9 月 16 日（顺义）部分区县农田发生大风、冰雹天气共 13 次。其中，6 月 22 日至 24 日区域性强对流天气灾害分布区域广，造成的损失最重。全年 13 次风雹灾害共造成农业经济损失 6.07 亿元以上。

2. 阴雨寡照

6 月中旬气温偏低、多阴雨；6 月 23 日至 7 月 1 日接连阴雨，麦田泥泞，麦收比常年推迟 5 天；蔬菜生长缓慢，病害不同程度发生；南部西瓜主产区出现严重"水托"和烂瓜现象，产量、品质明显低于常年。

3. 暴雨突袭

6月13日和7月14日至15日（房山）、9月16日（顺义、怀柔）部分农田遭受暴雨袭击，共造成农业经济损失533.3万元以上。

二、2009 年

（一）本年气候特点

年平均气温比常年偏高0.6℃；年降水量比常年偏少两成；年日照时数比常年偏少一成。

春、夏、秋三季降水均比常年偏少，对小麦和春玉米生长不利。全年粮食平均单产与2008年相近，但山区春玉米主产地受旱减产。大白菜产量属偏丰年；保护地蔬菜病害较轻；露地西瓜产量、品质高于2008年。

（二）农业气象灾害

1. 大风冰雹

6月8日大兴区礼贤镇34个自然村1092 hm² 农田受灾，其中1071 hm² 成灾，经济损失603万元。

6月13日至14日门头沟、平谷3个乡镇、16个村的1139.9 hm² 农作物遭受雹灾，其中绝收253.3 hm²，农业直接经济损失3675.7万元。

6月16日延庆县珍珠泉乡上水沟等4个村36.5 hm² 玉米受冰雹袭击成灾，其中11.9 hm² 绝收，农业直接经济损失37.6万元。

7月11日昌平区6个村发生冰雹灾害。

7月22日（顺义、昌平、平谷、怀柔）、23日（昌平、顺义、平谷、房山）共有13162.5 hm² 农作物遭受雹灾，造成经济损失7992.7万元。

7月30日延庆县北部狂风暴雨伴随冰雹，玉米受灾975.5 hm²，其中绝收334 hm²；蔬菜受灾66.8 hm²，种植业经济损失共9909.8万元。

2. 持续干旱

2008年10月下旬至2009年1月下旬无明显降水，2008年12月21日和2009年1月23日又出现两次大风降温，播种过浅、墒情不足的麦田死苗较重。

4月24日以后持续高温少雨，对小麦扬花灌浆不利。

5月31日至6月2日发生干热风，小麦被高温逼熟，提前2~3天收获。

5月至6月春玉米产区高温少雨，遭受严重"卡脖旱"。特别是延庆县，8月至9月中旬降水仍然持续偏少，全县玉米受旱大幅度减产，平均单产比2008年减少了29.1%。

3. 大雪成灾

11月1日至2日各区县普降大雪，伴随大幅度骤然降温。降雪期比常年偏早28天，雪层最厚处达40 cm。房山、大兴等地的8个乡镇、112个村655.3 hm² 农作物受灾，直接经济损失5853.2万元；北部山区158.6 hm² 正待收获的大白菜受冻；部分区县共233 hm² 的老旧温室、大棚被雪压塌，111.2 hm² 新建设施未及时覆盖造成冻害。

三、2010 年

（一）本年气候特点

本年平均气温接近常年，但冬、春连续出现低温；年降水量比常年偏少2成；年日照时数比常年偏少1成。

气候条件对农作物特别是小麦的生长不利因素较多：冬、春连续低温，小麦遭受冻害且生育期推迟，收获后延；春、夏玉米大喇叭口期、灌浆期遭遇不同程度的干旱、寡照。全市粮食平均单产比2009年下降6.1%，其中夏粮单产减少10%（怀柔、密云、延庆等北部县区分别减少15%、8.9%和16.1%），玉米单产减少5.6%。保护地受冬、春低温和日照偏少影响，出现不同程度的冷害和冻害，部分棚室防风困难，发生多种病害。

（二）农业气象灾害

1. 冬、春低温

2009年11月上、中旬3次降雪，气温骤降冻伤小麦叶片；稳定通过0℃时间提早11天，冬前积温不足导致小麦生长缓慢、苗情偏弱。入冬后至2010年早春气温仍持续偏低，小麦生育期比常年推迟7~15天。4月12日至15日和26日至27日又两次出现明显降温，麦苗心叶和旗叶受冻。小麦收获期因热量不足比常年后延5天左右，单产下降1成。

从2009年秋季开始的持续低温，设施内经济作物和蔬菜生长缓慢、病害加重。

入春后大棚蔬菜定植期延后了 10 天左右，加之日照偏少，定植后生长缓慢，部分棚室果菜病害明显发展。

2. 盛夏干旱

夏季各月降水偏少 2~7 成，降水总量比常年减少 43.2%，全市（尤其是房山、延庆）处于大喇叭口期的春玉米受旱严重。抽雄吐丝期间房山、延庆、昌平的降水量在 15 mm 以下，灌浆前期部分地区再次出现旱情，对产量造成不利影响。夏玉米因小麦晚熟而推迟了播期，大喇叭口期至抽雄吐丝期遭遇"卡脖旱"，授粉也受到一定影响。全市玉米因受旱单产比 2009 年减少 5.6%，受旱严重的昌平、房山单产分别减少 21% 和 17.4%。

3. 暴雪冻害

1 月 2 日至 3 日全市普降大到暴雪，多数区县农业设施受损。加之 1 月上、中旬持续低温，出现了不同程度的冷害和冻害。其中房山、大兴、怀柔、门头沟、延庆 5 个区县农作物受灾 530.03 hm^2，绝收 37.2 hm^2；2517 栋蔬菜大棚倒损，农业直接经济损失 4930.69 万元。

3 月 14 日顺义区龙湾屯镇遭受大风雪袭击，阵风超过 7 级，蔬菜生产设施损失严重，早春蔬菜受冻，经济损失达 30 万元。

4. 大风冰雹

5 月 28 日强降雨伴随冰雹突袭房山区周口店镇（25 min 内降雨 87.5 mm，冰雹直径 5 ~30 mm），造成 255.4 hm^2 粮食作物和 33.3 hm^2 经济作物严重减产或绝收。14 个钢架大棚和 1 栋日光温室倒塌。

6 月 19 日暴风雨袭击密云县高岭镇，166.6 hm^2 玉米倒伏，2.6 hm^2 蔬菜受灾，46 个大棚薄膜损坏。

7 月 11 日密云县穆家峪镇遭遇雷雨大风，造成 453.4 hm^2 粮食作物倒伏，加上果树、养殖棚舍损失合计超过 630 万元。

8 月 31 日平谷夏各庄镇南太务村遭受大风、冰雹，有 66.6 hm^2 玉米倒伏，损失 10 万元。

第二节　2008—2010 年北京市农业生物灾害

一、2008—2010 年农作物病虫草鼠害发生概况

2008—2010 年，北京地区农作物病草害发生程度总体为中等发生程度，个别病虫偏重发生，甚至大发生。其中：2008 年一代草地螟成虫大暴发，2009 年秋季番茄黄化曲叶病毒病、烟粉虱暴发，为害突出。同时，由于气候、种植作物类别与品种以及耕作方式、栽培管理的变化，一些次要性病虫害呈明显上升趋势，例如：桃蛀螟逐步上升为玉米穗期主要害虫之一，严重田块被害率达 70% 左右，其危害甚至高于玉米螟；玉米耕葵粉蚧发生面积不断扩大，为害程度不断加重，发生地块平均有虫株率为 28.5%，最高达 66%，一般单株有虫 1 ～ 10 头，最高达到 30 余头。芦笋茎枯病已成芦笋产业发展的瓶颈，尤其种植达两年以上的地块，其危害损失更为严重，一般地块病茎率达 70% 以上，严重地块高达 90%；随着草莓产业的兴起，草莓白粉病、灰霉病，草莓褐斑病以及蚜虫、红蜘蛛病虫害也随之出现。同时，新的病虫害也不断出现，例如：2008 年在延庆县康庄镇春玉米郑丹 958 品种发生由线虫引起的玉米"矮化病"，发生面积 3 万亩，平均发病率为 10%，严重的地块达 25%~30%；在通州区漷县镇徐官屯村生菜上发现由尖孢镰刀菌侵染所致生菜病害，发病地块病株率达 21%~96.3%，严重的甚至毁种；2009 年由于烟粉虱大发生和从外地引苗不慎，致使番茄黄化曲叶病毒病严重发生，为害突出，个别棚近乎绝收。2008—2010 年，北京市农作物病虫草鼠害发生总面积为 6342.15 万亩次。

二、2008—2010 年农作物主要病虫害防治概况

北京市政府的各级领导对农业生产非常重视，尤其面对 2008 年奥运会、残奥会和 2009 年新中国成立 60 周年大庆等重大活动，各级政府成立了相关的组织领导机构，积极组织协调应急防控物资，各县区成立了 13 支 500 余人的植保应急防控组织，并在农业部总协调下，京、津、冀、晋、蒙华北 5 省区市植保系统实行信息共享、联防联控，使重大病虫害得到有效控制，确保北京奥运会与新中国成立 60 周年活动的顺利举办。同时，为推进北京市农产品质量安全，在政策引导、财政支持和植保技术人员的努力下，农作物病虫害生物防治面积逐年提高，由 2008 年的 51 万亩迅速扩大至 2010 年的 108 万亩，广大农民的农药安全科学使用意识不断增强。北京市 2008—2010 年累计防治农作物病虫草鼠害 6296.39 万亩次，挽

回粮食蔬菜损失共计 120.5 万 t（见表 2-6）。

表 2-6　2008—2010 年北京市农作物病虫草鼠害发生防治情况

年份	发生面积（万亩）	防治面积（万亩）	挽回粮食损失（t）	挽回蔬菜损失（t）	生物防治面积（万亩）
2008	2167.05	1867.20	174475.19	338717.66	51.14
2009	2077.03	2094.19	158822.93	188286.20	83.58
2010	2098.07	2335.00	183440.39	161413.17	108.28
总计	6342.15	6296.39	516738.51	688417.03	243.00

三、重大植保事件

（一）一代草地螟成虫大暴发

2008 年一代草地螟成虫在全国大暴发，成虫蛾峰之高，田间蛾量之大，范围之广，持续时间之长，为历史罕见。我市草地螟成虫同期大暴发，并且大批成虫迁入城区，严重威胁北京奥运会比赛正常进行。为此，北京市市委、市政府高度重视、紧急部署、科学防治，有效控制了草地螟成虫迁飞危害，确保了奥运会的顺利进行。

1. 发生特点

1）来势猛、虫量高。据全市 48 个测报点监测，8 月 2 日晚，郊区和城区灯光下发现大量草地螟成虫扑灯现象，特别是灯光强的奥运场馆等区域的成虫量多。3 日晚草地螟成虫数量，平均单灯诱蛾 4820 头，是 2 日晚的 6 倍，最高的延庆测报灯 3 日晚蛾量达 14600 头，是 2 日晚的 29 倍，朝阳区 3 日晚达 10000 头。为我市 1979 年以来单灯诱集草地螟成虫数量之最。延庆高空探照灯单灯诱蛾达 30 万头。

2）发生晚，成虫迁入范围广、持续期长。据系统监测，一代草地螟成虫灯下见蛾始期在 7 月 30 日，较常年推迟 30 天；成虫在 8 月至 9 月中旬期间出现 4 个迁入高峰期，分别为 8 月 3 日、8 月 14 日、8 月 23 日、9 月 17 日。

3）未对农作物形成危害。尽管草地螟成虫迁入数量大，但田间卵量、幼虫量低，未对我市农作物造成危害。

2. 防控措施

1）反应迅速，紧急部署。8 月 2 日晚，在奥运场馆及周边地区发现大量草地螟成虫后，奥组委、市委、市政府十分重视，8 月 3 日、5 日市委常委牛有成同志两次组织召开紧急会议，听取相关情况汇报，部署防控工作，提出草地螟防控工作要城乡一体、内外结合、部门联动、属地管理，保证奥运期间不发生有害生物灾害的总体目标。

2）成立协调小组，指挥防控。为应对突发事件，成立了由市政府副秘书长安刚为组长，市农委主任王孝东、市园林绿化局局长董瑞龙、市农业局局长赵根武为副组长的草地螟防控协调小组。在关键时期，安刚副秘书长、市农委主任王孝东和市农业局赵根武局长分别在夜间到昌平区、延庆县检查指导防控工作。市农业局赵根武局长、郑渝总农艺师多次主持召开会议，分析虫害趋势，部署落实防控工作。8月3日、12日市农业局下发加强草地螟防控工作的紧急通知，组织专家和相关单位制定草地螟应急防控实施方案，确保各项工作有条不紊。

3）分工协作，共同治螟。根据协调小组的分工，市农委负责协调郊区政府做好相关工作，市农业局负责虫情监测、防控以及与农业部和周边地区的信息交流、沟通，市园林绿化局负责涉奥场馆、城区以及林果花卉的虫情监测与防控，市财政局负责资金保障，市气象局负责及时提供相关气象资料，市交通委、市政委、市安全生产监督局、市电力公司以及奥运工程设施保障组等部门各负其责，积极配合，保证草地螟防控物资及时调运、发放、安装和使用。

4）加强虫情监测，为决策提供科学依据。全市48个病虫监测点坚持逐日监测虫情，并于每天10:00时前将监测数据汇总成分析报告上交市协调小组及有关部门，为草地螟防控提供了重要技术支撑。农业部和虫源地河北、内蒙古等北京周边地区及时提供虫情信息，我市还派技术人员到张家口市、太仆寺旗等地考察虫源地草地螟发生动态，综合分析草地螟发生趋势、指导防控工作。

5）快速行动，科学防控。明确防控策略：将草地螟成虫控制在奥运场馆以外，对奥运会不造成大的影响为指导思想。采用频振式杀虫灯、高空探照杀虫灯诱杀和人工药剂防治相结合，形成高空、地面立体防治的科学方法，农业、林业部门联手，共同防控。市财政局及时拨出700万元专款支持草地螟防治工作，13个区县政府共计投入草地螟应急防控资金252万余元。在农业部的大力支持下，8月5日紧急从河南佳多及北京丰茂植保机械厂调运杀虫灯8600盏，8月8日中午全部安装并投入使用；制作安装高空探照杀虫灯300盏；购置机动喷雾器200台，植物性杀虫剂30 t，整个准备工作只用了3天，从而确保了应急防治工作的适时开展。在各级政府与相关部门的通力配合下，完成了三道防区的设置：①在虫源区开展大面积药剂防治；②在迁飞重点路径上，北部延庆、怀柔、密云、平谷等区县及六环路(顺义、昌平、海淀）沿线布控两道阻截线，设置高空探照杀虫灯300盏，进行阻截；③对近郊及场馆周围，设置8600盏杀虫灯并结合人工打药进行杀灭。整个防控工作，总防控面积达148.83万亩（1亩=666.7 m^2，有效控制了草地螟的进一步扩散危害，未对奥运会的开、闭幕式及各项赛事的顺利进行形成负面影响。

（二）番茄种植区暴发番茄黄化曲叶病毒病

2009年9月北京地区发现由烟粉虱传播的新病毒病——番茄黄化曲叶病毒病。据9月下旬对全市10个区县的45个乡镇，196个棚普查，经中国农业大学病毒室及北京市蔬菜中心检测，确诊6个区县的18个乡镇的38个棚发生番茄黄化曲叶病毒病。另外，对来自10个区县的337份疑似样本，进行检测，其中163份为阳性，占总样本数的48%，10个区县均检测出带毒样本。个别番茄苗期发病的生产棚近乎绝收。

1. 发生原因分析

7、8月份温度偏高，降水偏少，利于病毒病的发生，同时，也利于烟粉虱（白粉虱）的发生与传毒；个别新建蔬菜基地为尽快开展生产，大量从发病严重的周边省地引栽番茄苗，造成番茄黄化曲叶病毒病普遍发生；对于新病害，种植户认识不足，防控不力，形成明显的危害。另，烟粉虱偏重发生（与白粉虱混合发生），虫棚率50%~100%，百株虫量300~2500头，高者百株5000头以上，个别棚百株数万头，加重了病毒病的传播与危害。

2. 防控措施

在市农业局的领导下，在全市范围内紧急启动并实施"全员宣传培训、全面调查监测、全市灭虱清园行动、全程培育壮苗和全力科研攻关"的五大行动，并在全市13个区县进行统一冬季灭虱清源行动，发放敌敌畏烟剂52.9 t、毒死蜱2 t，有效降低了设施内烟粉虱虫量，对避免来年春茬番茄黄化曲叶病毒病的暴发起到了积极作用。全市总防治面积约36000亩，有效控制了设施番茄黄化曲叶病毒病的传播蔓延和危害。笠年春季在番茄苗期防治关键环节，加强技术指导，科学运用防虫网、黄板和无公害药剂等综合防控技术，确保培育无病无虫壮苗，对延缓该病害大面积暴发起到了积极作用。在全市范围内开展广泛宣传与培训，发放彩色技术手册15万份，彩色挂图5万份，药剂使用技术明白纸3万余份，技术光盘3万套，培训9000余人次；发布专题电视预报5期、简报5期，番茄黄化曲叶病毒病防控专刊6期、特刊1期。

四、农业生物灾情

(一)2008年

1.粮食作物病虫害

2008年我市粮食作物病虫草害总体为中等程度发生，虫害发生程度比常年偏轻，病害发生较普遍，发生程度比常年偏重，草害与常年接近为中等发生。

小麦虫害主要以麦蚜、吸浆虫、地下害虫危害为主。其中麦蚜在全市普遍发生，发生面积96万亩，发生程度为偏重（4级）发生，麦蚜始见期、激增期接近常年。小麦吸浆虫总体为轻发生（1级），局部偏轻发生（2级），发生面积约30万亩，虫口密度发生不均衡，部分麦田虫量仍较高。地下害虫为偏轻发生（2级），局部偏重发生（3级）。发生种类以蛴螬、金针虫危害为主。小麦病害发生普遍。小麦白粉病、散黑穗病偏轻发生（2级），发生面积比去年有所增加，小麦白粉病在局部田块中等发生（3级）。小麦返青后，局部地区小麦黄矮病轻发生（1级），小麦生长中后期，叶锈病发生普遍，但发生程度偏轻（2级）。小麦赤霉病在房山、通州、大兴等区县局部发生危害，整体发生程度为轻发生（1级），局部偏轻发生（2级），发生面积6.05万亩。一般田块发病率为1%左右，个别严重田块发病率达20%以上。麦田雀麦近两年在我市蔓延速度很快，主要发生在房山、通州2个区县，大面积为偏轻发生（2级），局部大发生（5级），发生面积约5万亩。一般田块雀麦密度为3~5茎/m²，严重田块密度为1000茎/m²，最高密度2700茎/m²。

玉米螟一、二代偏轻发生（2级），三代轻发生（1级）。平均被害率9.7%，最高17.6%。桃蛀螟是近年玉米主要钻蛀性害虫之一，且为害趋势逐年加重。粘虫大部地区为轻发生（1级），局部偏轻发生（2级）。玉米蓟马大部为轻（1级）发生，局部偏轻（2级）发生，南部区县的发生程度重于北部区县。玉米蚜虫发生面积比2007年减少，发生程度大部为轻（1级）发生，局部中等（3级）发生，北部区县发生程度重于南部区县。耕葵粉蚧近两年发生面积不断扩大，为害程度也不断加重，发生区域平均有虫株率为28.5%，最高有虫株率为66%，一般单株虫量1~10头，最高达到30余头。延庆县在玉米4叶期开始陆续出现异常苗，发生面积3万亩左右，平均发生率为10%，严重的地块达25%~30%。发生原因尚未确定，还需进一步深入研究。玉米大斑病个别品种上偏重（4级）发生，其余区县中偏轻（2级）发生，发生面积 36 万亩，严重发生 1 万亩。小斑病、褐斑病、弯孢菌叶斑病、纹枯病、灰斑病等，受 9 月上旬多雨低温的影响，中后期发展速度加快，发病程度加重，病田率达 90% 以上，其中，小斑病平均病株率 23%~52%，弯孢菌叶斑病发生较重，病级在 3~4 级，灰斑病夏播玉米重于春播玉米；玉米弯孢菌叶斑病平均发病株率为 30%，纹枯病平均发病株率为 24%。玉米田杂草中等程度发生。由于 2008 年雨水偏多，土壤墒情较好，平均每平方尺杂草密度为 8.1 株，最高达 25.8 株。

2. 蔬菜病虫害

2008 年蔬菜播种面积约 120 万亩，病虫发生面积约 260.2 万亩，总体为偏轻至中等发生，虫害偏轻，病害突出。

春季保护地病虫害总体为偏轻至中等发生，病害较近年略重，而虫害偏轻。番茄灰霉病偏轻至中等发生。病棚率 20% 至 100%，病株率 5%~20%，病果率 1%~5%；叶霉病中等发生，个别棚室或局部地区偏重发生。病棚率 30%~100%，病株率 5%~100%，病指 1.25~40。晚疫病轻至偏轻发生，病棚率 16%~71.4%，病株率 3.5%~35%，病指 0.75~8.75，在西北部区县为近年来发病较重的一年。早疫病、菌核病在大兴、通州区县发生较重。黄瓜霜霉病偏轻至中等发生，平均病棚率 20%~100%，病株率 5%~100%，病指 1.25~27.5。细菌性角斑病轻至偏轻发生，主要在黄瓜、甜瓜作物上，平均病棚率 13%~40%，病株率 20%~40%，病指 5~10；西葫芦、黄瓜、西甜瓜白粉病偏轻至中等发生，个别区县偏重发生，平均病棚率 30%~100%，病株率 5%~71%，病指 1.25~17.8，严重棚病株率 100%，病指 60。蔓枯病偏轻发生，平均病棚率 10%~35%，病株率 5%~15%，部分区县西甜瓜炭疽病及蔓枯病偏重发生，病棚率 80% 以上，个别棚室病株率达 70% 以上。西葫芦灰霉病中等发生，平均病棚率 100%，病株率 12%~62%，病瓜率 7%~23%。生菜病害中等发生，个别棚偏重发生，主要发生菌核病、霜霉病、灰霉病。菌核病中等发生，个别棚偏重发生，病株率 5%~30%。霜霉病偏轻至中等发生，病株率 3%~50%。蔬菜根结线虫病虽然发生面积仍在不断增加，但总体为害程度与产量损失有所减轻。斑潜蝇、蚜虫、红蜘蛛总体为偏轻发生。粉虱中等发生，部分棚偏重发生，90%~100% 棚室发生，但采用黄板、防虫网结合药剂防治的棚明显轻。

露地病虫害，番茄病害为偏轻至中等。春季蚜虫偏轻至中等发生。发生特点：发生期偏晚，田间蚜量骤增不明显，迁飞高峰为 5 月 22 日至 26 日，平均单盆诱蚜量最高分别达 152 头和 109 头，5 月 20 日蚜株率达到 100%，高峰期田间百株蚜量达 1120 ~ 1250 头。二代棉铃虫偏轻至中等发生，怀柔县发生量较大，在番茄种植基地百株虫量为 100 ~ 800 头。大白菜由于主栽品种为抗病性较强的新 3 号，因而大白菜病虫偏轻发生年。甘蓝枯萎病偏重发生，黑腐病中等发生。小菜蛾中等发生，成虫发生晚、发生量小。芦笋茎枯病发生严重，春季一般田病茎率 20% ~ 30%，9 月初病茎率达 70% 以上，严重地块高达 90%。在通州区潞县镇徐官屯村生菜上发现茎维管束褐变萎蔫的新病害，该村具有 10 余年种植生菜的历史，生菜种植面积约 2000 亩。茎基部维管束褐变病的发生率为 21% ~96.3%，严重的地块毁种绝收。经病原分离及致病性测定证实由尖孢镰刀菌侵染所致。

3. 草莓病虫害

主要病虫害有白粉病、灰霉病，草莓褐斑病、夜蛾科害虫（危害苗期幼苗）、蚜虫、红蜘蛛、蓟马、金针虫等。白粉病发生早，幼苗带菌，定植后开始发病，平均病株率 2%~30%，11 月中旬在果实上初见白粉病，平均病株率 5%~80%，平均病果率 15%，发生较重地块病株率达 100%，平均病果率 80%。灰霉病平均病株率 7%，平均病果率 10%，管理粗糙的棚室发生较重，平均病株率 15%，平均病果率 60%。草莓普通叶斑病、镰孢霉果腐病零星发生；叶螨棚室发生率 12%，平均百株虫量 89~2315 头，发生严重的棚室百株虫量达 15463 头。蚜虫棚内零星株发生。蓟马严重发生，平均百株虫量 98~1340 头，严重为害草莓花，致使果实畸型率高达 80%。

（二）2009 年

2009 年北京地区春季本市平原区的平均气温比常年略偏高，大部分地区降水量接近常年，致使早期田间越冬病虫基数大，病虫发生期略偏早，夏季气温偏高，降水偏少，日照略偏少，对病虫的发生较为有利。蔬菜常规性病虫发生程度与近几年接近，但个别病虫害发生突出。

1. 粮食作物病虫害

2009 年粮食作物种植面积约 305 万亩（其中小麦 94 万亩，玉米 211 万亩），病虫发生面积约 270.6 万亩。全市小麦、玉米病虫草害总体为中等程度发生，虫害发生程度比常年偏轻，病害普遍偏轻发生，草害接近常年为中等发生。小麦吸浆虫和雀麦发生危害呈上升趋势。

小麦害虫以麦蚜、吸浆虫、地下害虫为主。麦蚜大部地区为偏轻发生（2级），部分偏重发生（4级），发生面积94万亩。发生盛期平均百茎蚜量1298.1头，最高4421头。小麦吸浆虫总体为偏轻发生（2级），局部偏重发生（4级），发生面积56.6万亩。春季全市普查，有虫地块占85.5%，比2008年增加54个百分点。地下害虫大部地区为偏轻发生（2级），局部偏重发生（3级），发生面积21.3万亩。4月初麦田已出现危害状，部分麦田危害较重，平均麦苗被害率为14.6%，最高达36%。小麦病害以白粉病为主，整体为偏轻发生（2级），发生面积45.6万亩。个别地块发生较重（3级），发病严重的地区病田率达100%，平均普遍率为53.3%，最高达83.3%，平均严重度为7.9%。小麦散黑穗病，偏轻发生（2级），其他病虫为轻发生（1级）。麦田杂草为中等程度发生（3级），发生面积82.3万亩，以荠菜、播娘蒿、麦瓶草等为害为主。雀麦发生面积4万亩，田间杂草密度一般为30茎/平方尺[①]，高的达80茎/平方尺。

玉米害虫以玉米螟、桃蛀螟、粘虫为主。玉米螟为偏轻发生（2级），发生面积307.8万亩。桃蛀螟是近年在玉米田发生为害逐年加重，特别是毗邻果园的玉米田。主要集中为害玉米果穗，严重田块被害率达100%，其危害程度已高于玉米螟。粘虫大部地区为轻发生（1级），局部地块偏轻发生（2级），发生面积77.3万亩。田间未形成明显的危害。蓟马、玉米蚜虫大部地区轻发生（1级），耕葵粉蚧在延庆、通州两区县轻发生（1级），发生面积16.65万亩。玉米病害除玉米叶斑病外，新发生苗期"矮化病"。延庆春玉米苗期发生"矮化病"，发生面积2万亩。平均发病率为0.6%，严重地块达10%。玉米大斑病轻发生（1级），发生面积157.7万亩。9月中旬调查，全市平均病株率为8.8%，最高20%，平均病级为0.8，最高达1.5；小斑病平均病株率为16.1%，最高36.7%，平均病级0.7。玉米杂草为中等程度发生（3级），发生面积210.7万亩。平均每平方尺有杂草2.6~7.4株，最高每平方尺19.4株。

草地螟，于4月27日在顺义始见越冬代草地螟成虫，比常年偏早20天。5月中旬至7月初为盛发期，田间百步惊蛾最高达220头；受气候等因素影响，4月27日至7月31日，有7次较大的迁入蛾峰。5月19日晚，延庆地区黑光灯单灯日诱蛾量最高达31150头，超过大发生的2008年8月3日晚的黑光灯单灯日诱蛾量20000多头。但田间未形成危害。

土蝗，大部地区为轻发生（1级），个别区县偏轻发生（2级），发生面积为2.4万亩。盛发期一般虫口密度为4.3~11.4头/m²，最高密度为77.4头/m²。

---

① 1平方尺 =0.1089 m²

2. 蔬菜作物病虫害

2009 年蔬菜面积约 130 万亩，病虫发生面积约 270.6 万亩。病虫总体为偏轻至中等发生，个别病虫偏重发生，常规病虫发生程度与近几年接近，烟粉虱及病毒病较常年重，新病害番茄黄化曲叶病毒病发生为害突出，个别棚近乎绝收。

春茬保护地蔬菜，由于春季温度起伏较明显，天气干燥，春茬保护地蔬菜病虫偏轻至中等发生，接近常年。其中：叶霉病中等发生，病棚率 10%~90%，病株率 20%~100%，病指 5~40；菌核病主要发生在老菜区或定植早的棚，病棚率 100%，病株率 8%~15%；早疫病在部分区县中等发生；西葫芦灰霉病中等发生，病棚率 100%，病株率 12%~52%，病瓜率 7%~21.7%。粉虱中等发生，百株虫量数十头，个别控制不力棚百株虫量 2000 头；斑潜蝇偏轻发生，虫株率 30%~70%；其他病虫害为轻发生或为点片发生。

秋（延后）茬保护地蔬菜，病毒病中等发生，除常见的蕨叶病毒病及花叶病毒病外，还发生由烟粉虱传播的新病毒病——番茄黄化曲叶病毒病。据 9 月下旬对 10 个区县的 45 个乡镇，196 个棚普查，337 份疑似样本中 163 份为阳性，占总样本数的 48%，10 个区县均检测出带毒样本。个别苗期发病棚近乎绝收。烟粉虱偏重发生（与白粉虱混合发生），虫棚率 50%~100%，百株虫量 300~2500 头，高者百株 5000 头以上，个别棚百株数万头，造成病毒病传播及严重的煤污病，以番茄、彩椒上发生量大。番茄叶霉病、黄瓜及生菜霜霉病、黄瓜角斑病、黄瓜菌核病、黄瓜及番茄白粉病、生菜软腐病偏轻至中等发生。根结线虫病中等至偏重发生。在局部地区有加重趋势，发病程度和产量损失略高于去年。

露地蔬菜病虫害，番茄病害偏轻发生，局部中等发生。蚜虫春季中等发生，个别地块偏重发生。5 月上旬调查，有蚜株率均达 100%，百株蚜量分别为 840 头、1380 头。秋季轻发生，是近几年发生程度最轻的一年。二代棉铃虫偏轻~中等发生，部分区县偏重发生。6 月通州区监测点调查，有卵地块占调查地块的 81.8%，较 2008 年同期高 10 个百分点。小菜蛾春季中等发生，4 月底平均单盆诱蛾量 72 头，较 2008 年同期诱蛾量高 70 头。5 月中旬叶菜类普查，小菜蛾有虫田率 100%，平均虫株率 70%，平均百株虫量 380 头。秋季菜青虫、小菜蛾、甜菜夜蛾等鳞翅目害虫轻至偏轻发生。烟粉虱（与白粉虱混发）、秋露地十字花科蔬菜田偏重发生，百株虫量 140~495 头，平均 304 头，较历年同期偏多。大白菜病害为偏轻发生。病害以霜霉病发生普遍，病田率 100%，平均病株率 42.7%，平均病情指数 12.8。其他病害轻发生。甘蓝枯萎病偏重发生，病株率为 35%，病指 23.8%，7 月 10

日调查，发病地块占调查地块的30%，发病严重地块的病株率为100%，病指为47.8%，全年绝收面积35亩；甘蓝、菜花黑腐病中等发生，病田率100%，病株率30%~100%，秋茬重于春茬。

3. 草莓病虫害

整体为偏轻至中等发生。白粉病3月份发生较重，病株率5%~80%，平均病果率12%；灰霉病普遍发生，平均病株率7%，平均病果率10%；苗期叶斑病、褐斑病中等发生。蚜虫中等发生，3月中旬普查虫棚率100%，百株虫量57~5713头，最高百株虫量达到7235头；红蜘蛛中等发生，4月下旬普查，虫棚率60%，虫株率20%~70%，百株虫量197~1845头；蓟马中等发生，百株虫量122~1580头，严重为害草莓花果，果实畸型果率85%。

（三）2010年

2010年北京地区春季本市平原区的平均气温比常年偏低，大部分地区降水量比常年偏多，致使早期田间越冬病虫基数低，病虫发生期偏晚，夏季气温偏高，降水偏少，日照略偏少，对病虫的发生较为有利。

1. 粮食作物病虫害

2009年粮食作物种植面积约313.1万亩（其中小麦94万亩，玉米219.1万亩），病虫发生面积约270.6万亩次。小麦、玉米病虫草总体为偏轻程度发生，虫害发生程度比常年偏轻，草害接近常年为中等发生。

小麦病虫害，麦蚜大部地区为中等发生，局部偏重发生，发生面积95万亩。麦蚜发生期比常年偏晚5~7天，发生盛期平均百茎蚜量1469.3头，最高4903头。小麦吸浆虫局部偏重发生，其余麦区偏轻发生，发生面积64万亩，小麦吸浆虫发生面积比率2009年增加17.5%。地下害虫大部为偏轻发生，局部中等发生，发生面积23.3万亩。其发生期接近常年略偏晚，个别田块虫量较高，每平方米达16头。小麦白粉病大部地区中等发生，发生面积52.8万亩。发生程度有加重的趋势，平均普遍率为9.1%，最高39.9%，平均严重度为4.7%。小麦散黑穗病和小麦叶锈病均为偏轻发生。小麦杂草中等程度发生，发生面积80.1万亩。雀麦局部麦田为害较重，发生面积4万余亩，发生严重的田块每平方尺密度为80余株。

玉米病虫害，玉米螟偏轻发生，发生面积328.3万亩。三代玉米螟幼虫为害明显，平均为害率为 45%，最高为害率接近 100%。钻蛀性害虫桃蛀螟与玉米螟混合发生现象明显，并呈逐年加重趋势，严重田块被害率达 70% 左右。玉米蚜虫，大部地区偏轻发生，发生面积为 36.1 万亩，发生较重的区县平均百株蚜量为 202 头，最高百株蚜量 415 头。玉米耕葵粉蚧，局部轻发生，发生面积 12.25 万亩，但未对产量造成影响。粘虫、蓟马、双斑萤叶甲等虫害轻发生，双斑萤叶甲的发生面积有所增加。玉米大小斑病，偏轻发生，发生面积 133.3 万亩。9 月中旬调查，大斑病平均病株率为 14.4%，最高 34.2%；小斑病平均病株率为 14.2%，最高 66%。先玉 335 品种大斑病严重发生，出现连片青枯早衰现象，发生面积 3 万亩左右，发病率达 90% 以上。玉米矮化病为轻发生，发生面积 2 万亩，主要发生在北部春玉米种植区，平均发生率为 2%，严重地块达 8%。褐斑病、弯孢菌叶斑病、纹枯病、灰斑病、丝黑穗病等病害均为轻发生。玉米杂草，中等程度发生，发生面积 221.2 万亩。发生种类主要有马唐、苋、藜、稗草、牵牛、狗尾草、田旋花等，平均每平方尺 2.6 株，最高每平方尺 12 株。

草地螟，轻发生。8 月上旬，黑光灯平均单灯诱蛾量仅 8 月 13 日单灯诱蛾量为 13 头，其余区县虫量均不高于 10 头。田间调查未发现成虫、卵和幼虫为害。

土蝗，大部地区偏轻发生，发生面积 4 万亩。主要发生区为密云、怀柔、延庆、平谷等库区荒滩地。今年发生期较常年偏晚，个别区县虫量较高。盛发期一般虫口密度为 2.3~8.8 头 /m²，最高密度为 22 头 /m²。

甜菜夜蛾、甘蓝夜蛾、棉铃虫于 7 月下旬在怀柔区雁栖镇头道梁、大地等村混合突发，发生面积 5000 余亩，侵入农田以及周边荒地、院落内种植的蔬菜上为害，街道也有发生。经调查，大豆上平均虫口密度 2.6 头 / 株，最高 32 头 / 株，发生严重地块形成绝收；街道上最高虫口密度达到 67 头 /m²。

2. 蔬菜作物病虫害

2010 年蔬菜播种面积约 130 万亩，病虫发生面积约 285 万亩次，总体为中等发生，个别病虫偏重至重发生。春季番茄灰霉病重于常年，秋季烟粉虱及番茄黄化曲叶病毒病重于偏重发生的上年，部分番茄产区因黄化曲叶病毒病发生严重导致拉秧毁种。

春茬保护地蔬菜病害总体偏轻至中等发生。灰霉病中等发生，部分区县或部分棚室偏重发生，较往年发生早，普遍率高，病情重，温室番茄灰霉病病棚率 70%~100%，平均病株率 33.15%；平均病果率 3.43%；菌核病、番茄晚疫病、瓜类霜霉病、瓜类角斑病、生菜霜霉病偏轻至中等发生，在部分棚室偏重发生；番茄黄化曲叶病毒病轻发生；（烟）粉虱经全市冬季统一集中灭虱清源行动，虫源得到有效控制；斑潜蝇、蚜虫仍维持偏轻或轻发生水平。

秋（延后）茬保护地蔬菜，番茄黄化曲叶病毒病偏重至重发生，重于2009年。发生特点：发病时间早且集中，显病急、速度快、受害重。8月初个别地块开始显症，8月中旬后进入发病高峰期，普遍发病，8月底至9月初有些番茄产区近10%的棚毁种。9月底，除海淀、门头沟区外均发病，10月上旬平均病棚率达70%，平均病株率25%。（烟）粉虱中等至偏重发生。7月中下旬（烟）粉虱在夏秋棚初呈上升趋势，在局部地区增长态势较明显，8月中旬至10月上中旬为高发期，虫棚率100%，百株虫量千头左右，高者3000~10000余头。

露地蔬菜病虫害，番茄病毒病、晚疫病、叶霉病、早疫病、斑枯病等病害偏轻发生，局部中等发生。番茄黄化曲叶病毒病在部分区县露地番茄田发生，病株率30%左右，因发生晚，对产量影响不大。露地害虫发生偏晚，偏轻发生。但个别规模化种植的绿菜花田潜叶蝇及甘蓝夜蛾虫量较大。潜叶蝇在绿菜花、甘蓝、莴笋、黄瓜田偏重发生。蚜虫在番茄、甘蓝、茄子田上偏轻发生。小菜蛾发生较2009年明显偏低。菜青虫零星发生，个别规模化种植的绿菜花田偶发性甘蓝夜蛾虫量较大。二代棉铃虫偏轻发生，发育进度较慢，卵高峰期较常年晚3~5天，较2009年晚10余天，田间卵、幼虫、蛀果率均低于常年。大白菜病害偏轻发生，病害以霜霉病发生普遍，病田率100%，病株率15%~100%，平均病株率50.6%。黑斑病、黑腐病、软腐病、白斑病轻发生。虫害偏轻发生，蚜虫平均虫田率52.7%，平均百株蚜量42.8头；鳞翅目害虫平均虫田率53%，平均百株虫量3.7头；粉虱虫田率100%，平均百株虫量319头。甘蓝枯萎病偏重发生，发生面积600亩，毁种达36亩。发病地块平均减产30%。甘蓝、菜花黑腐病发病程度中等。

第八章　林业危害

第一节　林业病虫害

北京市应急委 2008 年工作总结和 2009 年重点工作安排如下。

一、概况

2008—2010 年，北京市林业有害生物防控工作，在国家林业局的大力支持和市委、市政府的正确领导下，以美国白蛾防控为主带动其他林业有害生物防治检疫工作全面开展，建立完善了林业有害生物防治检疫机构，强化了防治检疫基础设施建设，落实和完善了防治检疫目标管理责任制，大力加强了检查、抽查、普查和巡查工作力度，努力推进生物防治进程，积极探索林业有害生物监测防控工作新机制，不断提高突发林业有害生物灾害事件应对能力和综合防治水平，形成了政府主导、单位负责、部门协作、社会参与、区域联防的林业有害生物防控格局，防灾减灾工作取得了显著成效。特别是在北京奥运会残奥会、新中国成立 60 周年庆典和第七届中国花卉博览会等重大活动中，圆满完成了林业有害生物防治检疫工作任务，确保了首都绿色景观完整和生态安全，受到市委、市政府和北京奥组委的表彰。

2008—2010 年，北京市林业有害生物发生面积分别为 3.86 万 hm^2、3.92 万 hm^2、3.96 万 hm^2，有效防治面积分别为 3.84 万 hm^2、3.90 万 hm^2、3.93 万 hm^2，实施种苗产地检疫面积分别为 1.22 万 hm^2、1.23 万 hm^2、1.28 万 hm^2，种苗产地检疫率均为 100%，监测测报准确率分别为 99.82%、99.75%、98.90%，无公害防治率分别为 99.77%、100%、100%，成灾面积分别为 0.002 万 hm^2、0.002 万 hm^2、0.004 万 hm^2，成灾率分别为 0.03‰、0.03‰、0.058‰。

二、灾情

（一）发生的主要林业有害生物种类

2008—2010 年，北京市发生的林业有害生物种类主要有：春尺蠖、杨扇舟蛾、杨小舟蛾、延庆腮扁叶蜂、柳毒蛾、国槐尺蠖、草履蚧、杨潜叶跳象、双条杉天牛、油松毛虫、黄褐天幕毛虫、落叶松叶蜂、美国白蛾和杨树溃疡病等。其中三年发生总面积在 0.13 万 hm^2 以上的分别是，杨扇舟蛾 3.18 万 hm^2，春尺蠖 1.63 万 hm^2，杨小舟蛾 0.87 万 hm^2，柳毒蛾 0.75 万 hm^2，黄连木尺蠖 0.72 万 hm^2，杨潜叶跳象 0.67 万 hm^2，延庆腮扁叶蜂 0.53 万 hm^2，槐尺蛾 0.33 万 hm^2，纵坑切梢小蠹 0.26 万 hm^2，草履蚧 0.26 万 hm^2，杨树溃疡病 0.19 万 hm^2，美国白蛾 0.24 万 hm^2，油松毛虫 0.15 万 hm^2，黄点直缘跳甲 0.14 万 hm^2，黄褐天幕毛虫 0.14 万 hm^2。其中，较 2005—2007 年发生面积明显下降的主要有：杨扇舟蛾、春尺蠖、油松毛虫和黄褐天幕毛虫等，年均发生面积分别由 1.27 万 hm^2、0.63 万 hm^2、0.07 万 hm^2 和 0.1 万 hm^2 下降为 1.06 万 hm^2、0.54 万 hm^2、0.05 万 hm^2 和 0.05 万 hm^2；较 2005—2007 年发生面积明显增加的主要有：杨小舟蛾、黄连木尺蠖、柳毒蛾和杨潜叶跳象等。

（二）美国白蛾监测情况

2008—2010 年，共发生美国白蛾 0.24 万 hm^2。其中，2008 年，在东城、西城、崇文、宣武、朝阳、海淀、丰台、石景山、房山、通州、顺义、大兴、昌平、平谷、怀柔和密云等 16 个区县及北京经济开发区，138 个乡镇（街道），936 个村点(社区)的 5682 株树木上监测到第三代美国白蛾幼虫或网幕，折合发生面积 0.06 万 hm^2；2009 年，在上述区县及北京经济技术开发区，161 个乡镇（街道），973 个村点（社区）的 5489 株树木上监测到第三代美国白蛾幼虫或网幕，折合发生面积 0.06 万 hm^2；2010 年，美国白蛾发生数量明显增加，发生范围进一步扩大。在东城、西城、朝阳、海淀、丰台、石景山、房山、通州、顺义、大兴、昌平、平谷、怀柔、密云和门头沟等 15 个区县，194 个乡镇（街道），1697 个村点（社区）的 29571 株树木上监测到第三代美国白蛾幼虫或网幕，折合发生面积 0.11 万 hm^2。

（三）红脂大小蠹监测情况

自 2005 年北京市首次监测到红脂大小蠹后，北京市防控危险性林木有害生物指挥部办公室下大力量，加强监测，强化检疫，加大普查力度，采取了各种积极措施，虽然在一定程度上控制了红脂大小蠹的蔓延速度，但由于红脂大小蠹是一种毁灭性蛀干、蛀根害虫，其繁殖快、传播快、成灾快、致死快，所以防治较困难。2008—2010 年，其发生数量进一步增加，发生范围进一步扩大，但仍呈点状发生。

2008 年，在门头沟监测到 238 头成虫，在房山查到受害状树木 2 株；2009 年，仅在门头沟的 5 个林场（公园）监测到 213 头成虫；2010 年，在门头沟、昌平、怀柔等 3 个区、6 个乡镇、14 个村点监测到 1496 头成虫和 1534 株受害状树木。

（四）消除草地螟对奥运会残奥会的潜在影响

2008 年，奥运开幕前夕和奥运会残奥会期间，在奥运场馆中心区的灯光下、地面上、墙上聚集了大量迁入性草原害虫——草地螟成虫，对奥运会开幕式和正常赛事构成了严重威胁。8 月 2 日，市防控办立即启动了林业有害生物防控应急预案，连续组织召开紧急会议 5 次，迅速下发《关于迅速组织开展草地螟监测预防工作的紧急通知》，全面部署全市防控工作，并立即调集应急防控人员、车辆、药剂等进入场馆区开展应急防控工作。同时，与市农业局、中国农科院植保专家等 4 次召开专家会商会，分析草地螟发生趋势，研究防控方案，部署防控工作，并及时与北京市气象专家对高、低空气流变化情况进行沟通，每天汇总相关情况上报市领导，为全市统筹开展草地螟防控工作提供了科学依据；其间，全市累计架设高空探照杀虫灯 200 台，启用频振式杀虫灯 4 万台，配置高射程车载打药机 15 台，出动各类防控人员 35058 人次，投入各种防控设备 10043 台套，防治面积 11.33 万 hm^2，成功消除了突发草地螟对奥运会和残奥会的潜在影响。

（五）首次监测到苹果蠹蛾疫情

2009 年 5 月 27 日，在昌平区果树研究所果园发现国家检疫性林业有害生物——苹果蠹蛾成虫 1 头，这是北京市首次监测到苹果蠹蛾成虫。市防控办立即在全市范围组织开展苹果蠹蛾监测防控工作。

1）迅速下发了《关于全面开展苹果蠹蛾监测防控工作的通知》，制定了《北京市苹果蠹蛾监测防控技术方案》。

2）全面开展苹果蠹蛾监测工作。在该果园和全市增设苹果蠹蛾监测测报点 150 个，总数达到了 165 个，诱捕器 825 个；6 月 2 日，决定再次增设苹果蠹蛾监测测报点 500 个，诱捕器 2500 个；2009 年，全市共设苹果蠹蛾监测测报点 665 个，诱捕器 3325 个。

3）进一步加大了检疫检查和检疫复检工作力度。组织对苹果蠹蛾的主要寄主植物和易发地点等进行全面的检疫检查和检疫复检。由于采取措施果断，防控到位，目前尚未发现新的苹果蠹蛾疫情。

（六）冻害

2009 年 10 月 31 日晚，全市普降大雪，气温骤降到 0 ℃以下，最低至 −7 ℃；2010 年 1 月又遭遇了 50 年不遇的持续低温，极端低温达到了 −23 ℃。据统计，①全市冻死果树面积 2060 hm²。其中，中华圣桃树冻死面积 250 hm²，树龄多为 10 年生；清香和辽系等品种的核桃冻死面积 1150 hm²，多为 5 年生以下的幼树；板栗冻死面积 659 hm²。②部分果树花芽几乎全部冻死，大兴、顺义等区县的 640 hm²，5 ~ 15 年生的西洋梨，花芽冻死比例达到 90% 以上。③部分果树花芽 50% 以上受冻，主要包括樱桃中的红灯、红艳、红蜜、抉择等品种受冻面积共计 976 hm²；梨树中的丰水、黄金、圆黄等品种受冻面积共计 3873 hm²；鸭梨 333 hm²。防治方法主要包括推迟修剪；覆盖地膜，提高地温，根据墒情，适时灌水；疏花疏果，适当保留产量；对苹果树普遍喷施代森铵（施纳宁）加硫悬浮剂等，其他受冻果树普打石硫合剂。

（七）突发迁入性美国白蛾雌成虫事件

2010 年 8 月 24、25 日，在北京市大兴区采育、安定、礼贤、榆垡、长子营等乡镇，突发迁入性美国白蛾雌成虫，其中，凤河营、山西营、大同营、康营、韩营等 5 村和韩凤路 0.13 万 hm² 林地发生较重。针对突发情况，市防控办立即组织开展迁入性美国白蛾雌成虫的防治工作，及时有效控制住了疫情。其间，市防控办紧急调配高射程打药车 9 辆，防治药剂 20 t。大兴区投入 2.84 万人次、防控车辆 9300 车次，防治机械 510 台套、药剂 29 t，防控面积 2.9 万 hm²。

（八）黄连木尺蠖

2009—2010 年，黄连木尺蠖在密云、昌平等区县发生较重，发生面积 4000 余 hm²。通过使用频振式杀虫灯诱杀成虫，低龄幼虫期使用苦参碱烟剂熏烟防治等措施，有效控制了该虫的危害。

（九）栗瘿蜂

2008—2010 年，栗瘿蜂在怀柔、密云、昌平、平谷等区县发生较重，发生面积 1.07

万 hm^2。采用剪除虫瘿、保护天敌等措施，有效控制了该虫的危害。

三、减灾措施

（一）颁布《北京市林业植物检疫办法》

2008 年 4 月 8 日经市人民政府第三次常务会审议通过，并由郭金龙市长签署第 206 号北京市人民政府令，公布了《北京市林业植物检疫办法》，并于 2008 年 6 月 1 日起正式施行。

（二）完善三级监测测报网络体系

截至 2010 年底，北京市基本形成以 11 个国家级中心测报点为龙头，14 个市级监测测报站和 965 个市级监测测报点为主体，1350 个区县级监测测报点为补充的国家、市、区县三级林业有害生物监测测报网络体系，全面实现了对 40 余种林业有害生物发生情况的动态监测，加强了监测测报工作的规范化、标准化建设，进一步提升了北京市林业有害生物灾害的监测预警能力，监测覆盖率及测报准确率均达 99%。

（三）强化林业植物检疫执法

截至 2010 年底，全市有专职检疫员 218 名，兼职检疫员 423 名；2008—2010 年，除坚持日常的林业植物检疫任务外，重点加强大型活动，特别是第七届花博会期间林业植物检疫工作：①制定了花博会有害生物监测、检疫工作方案，编制了检疫工作指南和服务工作手册，安排了驻场专职检疫人员；②坚持"来苗登记，每批必检，及时联系，主动复检"的工作方针，及时对进入花博会场馆的苗木进行检疫检查和检疫复检；③开辟绿色检疫通道，简化引种审批程序；④完善检疫监管，圆满完成七博会植物检疫保障任务；⑤3 年间全市累计查处带疫苗木 152 批次，涉及苗木 38.21 万株，染疫苗木 13588 株，其中销毁 8796 株，药剂处理 23.07 万株，退回 16521 株。

（四）提升综合防治水平

根据北京市林业有害生物发生的实际，每年制定切实可行的专项防控方案，并在全市范围组织开展以美国白蛾为主的林业有害生物普查 3 次，2008—2010 年，共普查面积 343.53 hm^2，普查树木 207062 万株；每年组织人工地面综合防治 3 次，3 年共投入人工 134 万人次，动用车辆 30 万台次，防治机械 4.58 万台套次，使用药剂 16977 t；每年组织实施春、夏、秋三季飞机防治林业有害生物工作，3 年共计飞防 6530 架次，预防控制面积 21.75 万 hm^2；不断完善生防中心建设，提高生物和无公害防治的应用比例，积极推广应用周氏啮小蜂、管氏肿腿蜂、美国白蛾病毒、春尺蠖病毒、舞毒蛾病毒等生物防治技术措施；2008—2010 年，我市累计释放周氏啮小蜂 107 亿头，累计释放赤眼蜂 5 亿头，累计施用美国白蛾病毒 3.47 万 hm^2，无公害防治率达 100％。目前，北京林业生物防治研究推广中心可规模化生产美国白蛾病毒、舞毒蛾病毒、杨扇舟蛾病毒、管氏肿腿蜂、周氏啮小蜂、平腹小蜂、赤眼蜂等多种生防产品。

（五）增强应急防控能力

2008—2010 年，每年储备必要的应急防控物资，组建区（县）、乡镇（街道）各级应急防控队伍 1000 余个，防控人员 3 万余人；制定了《奥运期间北京市林业有害生物常规管理与应急处置方案》和《北京市国庆期间突发林木有害生物事件应急预案》；编辑印发了《奥运期间北京市可能发生灾害的林业有害生物简介》，对奥运会期间可能出现灾害的 32 种林业有害生物的发生时间、危害树种和预防措施等进行了全面分析和整理；结合北京市防控工作实际和林业有害生物种群数量变化情况、气候特点等，及时开展了奥运期间和新中国成立 60 周年庆祝活动期间北京市林业有害生物风险与控制动态更新工作，制定了相应的风险控制等级和措施，为全面做好重大活动期间林业有害生物应急防控工作奠定了坚实的基础。

（六）提高科研攻关和科技推广水平

2009 年，市林业保护站主持的"北京市美国白蛾综合防控关键技术研究与推广"获北京市农业科技推广一等奖；"美国白蛾病毒杀虫剂规模化生产工艺及应用技术"获北京市园林绿化科技进步一等奖；"北京市应用杀虫灯防控林果害虫技术示范与推广"获北京市园林绿化科技成果推广一等奖。2010 年"柏、杨、梨安全生产综合配套技术研究与示范"与"应用球孢白僵菌防治美国白蛾技术研究与试验示范"分别荣获北京市园林绿化科技成果推广一等奖、科技进步二等奖和市农业科技推广二等奖。

（七）加大防控宣传力度

充分利用电视、广播、报刊等新闻媒体，编发宣传招贴画、宣传折页、宣传册、科普扑克牌、公开信、标语、横幅等宣传材料，组织科技直通车、科技赶集、流动电影放映车、流动宣传站、短信服务平台、大型宣传活动等多种方式开展防治检疫宣传工作，向社会各界及广大群众广泛宣传林业有害生物防控知识，进一步增强了市民的林业有害生物，特别是检疫性、危险性林业有害生物的防控意识。2008—2010 年共印发宣传材料 183 万余份，其中，宣传折页 155 万张，招贴画 10 万张，扑克牌 10 万副。

第二节　森林火灾

一、概况

森林火灾是一种突发性强、破坏性大、处置救助较为困难的自然灾害。森林防火工作是我国防灾减灾工作的重要组成部分，是国家公共应急体系建设的重要内容，是社会稳定和人民安居乐业的重要保障，是加快林业发展，加强生态建设的基础和前提，事关森林资源和生态安全，事关人民群众生命财产安全，事关改革发展稳定的大局。在市委、市政府、市森林防火指挥部领导下，市森林防火指挥部办公室坚持贯彻落实胡锦涛同志"要加强自然灾害的监测和预警能力建设，构建自然灾害立体监测体系，建立灾害监测—研究—预警预报网络体系"的指示，牢牢抓住"防火减灾，重点是防、关键是早、核心是安全"这条基本原则，坚持科学防火、依法治火，大力推进森林防火的规范化、专业化和现代化建设，按照"预防为主、积极消灭"的方针，加强了预警监测、交通通信、信息管理、林火阻隔、扑救指挥等基础设施建设，提升了森林防火科技含量和现代化水平，把森林火灾的次数及其损失控制在最低。

二、灾情

森林火灾广义上讲：凡是失去人为控制，在林地内自由蔓延和扩展，对森林、森林生态系统和人类带来一定危害和损失的林火行为都称为森林火灾。狭义讲：森林火灾是一种突发性强、破坏性大、处置救助较为困难的自然灾害。2008 年 11 月 19 日国务院第 36 次常务会议修订通过《森林防火条例》（2009 年 1 月 1 日施行）的第四十条规定，按照受害森林面积和伤亡人数，森林火灾分为一般森林火灾、较大森林火灾、重大森林火灾和特别重大森林火灾。①一般森林火灾：受害森林面积在 1 hm² 以下或者其他林地起火的，或者死亡 1 人以上 3 人以下的，或者重伤 1

人以上 10 人以下的。②较大森林火灾：受害森林面积在 1 hm² 以上 100 hm² 以下的，或者死亡 3 人以上 10 人以下的，或者重伤 10 人以上 50 人以下的；③重大森林火灾：受害森林面积在 100 hm² 以上 1000 hm² 以下的，或者死亡 10 人以上 30 人以下的，或者重伤 50 人以上 100 人以下的。④特别重大森林火灾：受害森林面积在 1000 hm² 以上的，或者死亡 30 人以上的，或者重伤 100 人以上的。本条第一款所称"以上"包括本数，"以下"不包括本数。

2008—2010 年，全市共发生森林火灾 10 起，其中较大森林火灾 1 起，一般森林火灾 9 起（2008 年按照原统计标准确定火警 3 起），过火总面积 178.61 hm²，受害林地面积 67.18 hm²，受害林木 29561 株。未发生重大和特大森林火灾，没有人员伤亡。

（一）怀柔区九渡河镇黄坎村较大森林火灾

2009 年 5 月 30 日 12 时，怀柔区九渡河镇黄坎村五道沟发生较大森林火灾。过火面积 98.2 亩，过火林地面积 98.2 亩，过火树木 5113 株，其中油松 4774 株，其他阔叶树 339 株，烧死树木 976 株。

5 月 30 日 13 时 0 分市森林防火指挥中心接到市消防局 119 通报，怀柔区箭扣长城西侧六渡河方向发生山火。怀柔区森林防火办启动三级应急预案响应，区长池维生任总指挥、常务副区长王仕龙、副区长赵文广任副指挥进驻桥梓镇一渡河村靠前指挥，成立前线指挥部。区委书记王海平、区政法委书记李树江等相继到达现场。共调动区属 8 支森林消防 220 人参加扑救。因为火场山势陡峭、风力较大，达到 6~7 级，地面有机质很多，落叶厚的地方约有一尺多，给扑救带来极大困难。怀柔区森林防火办向市森林防火办请求支援。市森林防火指挥部启动了《北京市森林火灾扑救应急预案》三级响应，先后调集延庆、密云、市直属大队共 4 支森林消防专业队伍，共 100 人，武警森林机动支队 240 人赶赴现场参加扑火作战。市森林防火指挥部总指挥夏占义副市长、副总指挥安钢秘书长、副总指挥市园林绿化局局长董瑞龙、市园林绿化局森林公安局政委徐海峰等相继赶往现场，到达前线指挥部指挥扑救。夏占义副市长传达了刘淇书记、郭金龙市长的指示，对前一阶段的扑救工作给予了肯定。国家林业局森林防火办公室对此火情十分重视，杜永胜主任多次电话询问情况，崔永环副主任、周俊亮处长赶赴现场。前线指挥部将火场分为东线、中线、西线三个战斗区域进行分段扑救，并调用北京空军部队直升机执行空中火场侦查任务。当日 19 时明火全部扑灭，无人员伤亡。后调用卫戍区警卫三师 220 人参加火场清理工作。5 月 31 日清理火场时，在火烧迹地内又出现明火，市森林防火办立即调动 6 支相邻区县的森林消防队伍 120 人，进行扑救和清理。

此次火灾的教训深刻，由于森林防火期即将结束，相关人员思想麻痹松懈，放松警惕，火源监控不利，生态管护员没有真正发挥作用；火情发生后的信息沟通不及时；火场清理不彻底，以致死灰复燃。为此，市森林防火办于 6 月 1 日紧急召开全市防火办主任会，通报了怀柔"5·30"森林火灾，并将原定 5 月 31 日结束的重点森林防火期延长至 6 月 30 日，要求全市森林防火工作人员提高认识，切实贯彻全年防火的方针，全面做好本年度森林防火工作。夏占义副市长对此次森林火灾处理结果的批示为：组织有力，扑救效果显著；举一反三，总结经验；警钟长鸣，毫不懈怠。

（二）延庆县井庄镇南老君堂一般森林火灾

2010 年 4 月 1 日 12 时 02 分，延庆县井庄镇南老君堂村发生森林火灾，过火面积 13.4 亩，受害林地面积 7.8 亩，过火树木油松、侧柏 300 株，其中烧死 220 株，直接经济损失 1.4 万元。

延庆县在接到瞭望塔护林员报告后，立即启动《北京市森林火灾扑救预案》三级响应，调动县属森林消防大队 2 个中队 100 人，3 支乡镇森林消防专业队 50 人参与扑救。县森林防火指挥部副指挥徐凤翔副县长、副指挥县园林绿化局局长孙思升等主要领导相继到达现场指挥。当日 12 时 40 分将火扑灭。起火原因为井庄镇南老君堂村村民史书安上坟烧纸引起。县森林防火指挥部向全县通报了此次山火发生及扑救情况，对井庄镇政府提出严厉批评，并对森林防火高火险期特别是清明节期间的森林防火工作进行了再部署。井庄镇政府于当日下午召开了全镇现场会，对南老君堂村村委会做出扣除村干部奖金，并开除 6 名未尽职责的生态护林员等处罚。

三、防御措施

中共中央、国务院、北京市委、北京市政府领导十分重视首都森林防火工作。在近几年森林火灾扑救过程中，我市及时准确启动和运用预案，有效地预防、控制和消灭了多起森林火灾，把火灾损失降低到了最小程度，并确保了不发生人员伤亡事故，不发生重特大森林火灾。全市各级森林防火机构认真落实温家宝同志提出的森林防火行政领导负责制"五条标准"，强化防控能力建设，围绕落实"四个机制"，加强"四项建设"，全面提升应急处置综合水平。

（一）2008年

8月至9月北京成功地举办了第29届夏季奥运会和第13届残疾人奥运会。回良玉同志在全国森林草原防火工作电视电话会上指出：今年是全面贯彻落实党的十七大精神的第一年，是改革开放30周年，也是举办北京奥运会之年，要组织实施好"迎奥护绿、全民防火"行动，确保奥运之年不出大事。全市召开森林防火工作会议上，市森林防火指挥部指挥、市委常委牛有成同志强调要时刻绷紧森林防火这根弦，切实做好各项措施的落实，确保首都森林资源安全，努力为奥运会创造良好的生态环境。

1. 以大局为重，为奥运会成功召开创造良好生态环境

2008年7月奥运会开幕之际，全市召开了森林防火工作部署会。会议要求，全市各级森林防火部门和专业消防队伍全面进入备战状态，高度警惕、精心部署、落实责任、严密防范，全力做到"四个强化"，确保首都森林防火工作万无一失。

1）强化工作重点，坚决打好重点区域和重要时段的森林防火攻坚战。要时刻警惕、严密防范，进一步组织实施好"迎奥护绿、全民防火"行动，不断完善奥运期间森林防火紧急应对方案，细化处置流程，开展模拟演练，切实增强方案的针对性和可操作性。

2）强化以防为主，认真落实各项防范措施。要充分利用现有预测、预报手段，加强火险预警，并综合运用卫星监测、高山瞭望、电视监控和地面巡逻等手段，全方位、全天候、全时段地监测森林火情。针对奥运场馆周边地区，要抓好隐患排查整改，坚决杜绝火险隐患，继续坚持疏、导、堵相结合的工作方针，进一步规范和严格野外用火审批制度，加强野外生产、生活用火管控，切实做到责任到人、防范到点、应急到位。

3）强化应急处置，着力做到有火不成灾。本年度市防火办对市应急委印发的《北京市森林火灾扑救应急预案》（2006年）进行了修订。加强应急值守和接处警工作，严格火情上报制度，时刻保证信息畅通。特别是奥运会期间，要快速收集火情和热点信息，全力落实好火情日报工作。开幕式、闭幕式等重要时期，各级森防指领导要坐镇一线，各级专业森林消防队伍要严阵以待，力争在最短时间内做到组织领导到位、装备物资到位、扑火人员到位，切实提高初发火的首次扑灭率，努力将危害和影响降到最低。

4）强化组织领导，坚决把防火责任落到实处。要严格执行森林防火行政领导负责制"五条标准"，克服一切麻痹思想和厌战情绪，坚决杜绝岗位空缺、任务断档和责任脱节等现象，特别是奥运会期间要进一步加大森林防火绩效评估和责任追究的执行力度，表彰鼓励先进，严肃追究因失职、渎职或责任制不落实引发森林火灾并产生重大影响的相关责任人的责任。此外，全市先后组织开展三次大型森林防火宣传活动，围绕重点时段、重点部位和重点人员，签订各类森林防火责任书 28.6 万份，加大火源管理力度，集中组织割除森林防火隔离带 1.2 万 km 余，清理林下可燃物 7 万 hm² 余，发放火灾隐患通知 601 次，共制止野外用火 5373 起，当场处罚 1444 人次。市防火办还投资近 230 万元，在涉奥场馆周边林地，喷洒林火阻燃剂 100 hm² 余，为涉奥场馆区县装备灭火弹 8000 发。奥运会和残奥会期间，全市严格落实领导带班、24 h 值班和专业森林消防队备班制度，全力做好火情日报工作，进一步强化应急处置，全力确保了奥运平安祥和环境和我市生态资源安全。通过各项措施的扎实推进，成功实现了全年无森林火灾的历史性突破，有效地确保了奥运期间首都的森林资源安全。

2. 继续推进基础设施建设、队伍建设和科技建设的步伐

基础设施建设和专业森林消防队伍建设不断加快，《北京市森林防火基础设施建设总体规划》加快落实，新建一批瞭望塔、视频监测设备、森林防火自动气象站，使全市森林防火瞭望监测范围、视频监控率和火情测报覆盖范围，分别达到了 70%、43% 和 40%；改造完成 150 M、400 M、800 M 三级通信网络；国家林业局、市财政和市发改委投资的各类建设项目也全面铺开。400 M 数字通信系统、航空护林站、森林防火物资储备库等重大建设项目也取得重要进展。市森林防火指挥中心应急移动通信指挥系统建成并投入使用。为领导总揽全局、果断决策和指挥部署提供了强有力的信息通信保障。

（二）2009 年

中共中央政治局常委、中央政法委书记周永康同志做出重要批示，指示各地要加强林区及周边地区的管理，预防森林火灾发生。在扑救森林火灾时要科学组织，防止人员伤亡。回良玉同志在全国森林草原防火电视电话会上的讲话要求防范要从严从细、扑救要速战速决、保障要高效有力、责任要落实到位，以将要发布实施的新中国首个森林防火国家规划《森林防火中长期发展规划》为契机，进一步加快森林草原防火能力建设，努力提升森林草原火灾整体防控水平。落实火灾追责制度。

坚持"四不放过"原则，依法依纪追究有关人员的责任。

市森林防火指挥部总指挥、市委常委牛有成同志针对北京市当前森林防火工作的严峻形势提出要首先积极处理好三个关系：有利与不利、防火与防人及被动与主动三个关系，要充分做好提高认识、强化手段和完善机制这三项工作，立足奥运成功的三大理念，进一步增强法制意识和生态保护意识，加大投入、统筹安排，建立健全与自然规律、地缘环境相协调的区域联调机制，强化各地区森林防火指挥部之间的组织协调和联合作战能力，切实有效地确保首都森林资源安全。

1. 做好新中国成立 60 周年大庆森林防火工作

针对天气异常干燥、长期处于高火险预警状态的严峻形势，市森林防火办认真编制大庆期间森林防火工作方案，严格落实森林防火责任制，明确组织机构及职责分工，提前部署应急响应队伍及程序安排，并密切关注因雷击可能引发的山火，强化野外火源管理及森林火险隐患排查，积极做好旅游、农事用火巡查。全市开展了大规模割除隔离带和清理林下可燃物活动，共割除隔离带、清理林下可燃物 17.3 万 hm^2，其中运用林火阻燃剂喷洒覆盖重点地段近 400 hm^2，有效降低了林地火险等级。加大涉火案件查处和违章用火处罚力度，依法严惩肇事者、责任人，共制止野外用火违章用火 5018 起，罚款 27250 元，全力保障我市生态资源安全与国庆平安祥和环境。

2. 加大宣传力度贯彻森林防火条例

2008 年 11 月 19 日国务院第 36 次常务会议修订通过《森林防火条例》，2009 年 1 月 1 日正式实施。市森林防火办专门组织了《森林防火条例》学习培训活动。全市各级森林防火部门迅速掀起了贯彻落实《森林防火条例》的学习热潮。

市森林防火指挥部办公室围绕"保安全、求稳定、促和谐"的中心目标，组织开展以"人人参与森林防火，共同营建绿色北京"为主题的全市统一宣传活动，充分利用各个媒体和林区景点开展各种宣传活动，大力宣传《森林防火条例》等规章制度，努力普及防扑火知识、政策法规，营造浓厚的森林防火氛围。并将森林防火宣传全面贯穿于 2009 年防火期的各个阶段，宣传过程中推广森林防火吉祥物"虎威威"和森林消防之歌，让"虎威威"走进林区、街道、学校、社区、村庄，唤醒广大人民群众的森林防火意识。努力在全社会营造出关注防火、参与防火、支持防火的浓厚氛围，使"人人防火，树树平安，时时防火，国泰民安"成为全社会的共识和广大群众的自觉行动。

3. 基础建设、队伍建设与科技建设

通过强化基层基础建设，落实各项工作措施，森林防火综合监管与应急处置水平取得了较大提升。《北京市森林防火基础设施建设总体规划》全面推进，新建了一批森林防火自动气象站、视频监测设备和瞭望塔，更新装备了一批应急通信设施，使得森林火情测报覆盖范围、瞭望监测范围、视频监控率和通信覆盖率，分别达到了 60%、70%、43% 和 80%；新建了 4 支专业森林消防队，使得全市专业森林消防队达到了 98 支，总人数近 2800 人；总投资 2700 多万元的市森林防火指挥中心全面建成，并正式投入运行；市级森林防火应急通信系统在怀柔"5·30"山火实战中，为市领导及时掌握火场信息、科学指挥决策发挥了重要作用；市财政投入 200 多万元购置了大量装备物资和新型运兵车 12 辆，全市防扑火物资储备总量已增至近 3 万件（套）；总投资 1.68 亿元的四个市属国有林场森林防火阻隔系统建设项目完成初步设计；市发改委投资 4300 余万元的市属西山林场一期防火公路建设项目正式投入使用；京津冀晋联防机制建设继续推进，为进一步将"区划有界，防火无界"落到实处奠定了基础；支援环京地区森林防火基础建设项目正式批复立项，三年内将累计投资 3500 万元，全面加强环京 11 县（市）的森林防火基础装备建设；国家局、市财政和市发改委投资的相关建设项目进展顺利。本防火年度，未发生重大森林火灾和人员伤亡事故，有效确保了新中国成立 60 周年庆典期间首都森林资源的安全。

（三）2010 年

回良玉同志在全国森林草原防火工作电视电话会议上提出，今年是全面实现"十一五"规划目标、为"十二五"时期发展打好基础的重要一年。在森林草原防火方面，决不能出大的问题。切实做到"五个加强"，加强火源管理，做到火患早排除；加强预案演练，做到工作早到位；加强火灾监测，做到火情早发现；加强科学处置，做到火灾早扑灭；加强应急保障，做到能力早提升。按照北京市政府副秘书长安钢同志的要求，认真贯彻落实回良玉副总理、贾治邦局长和刘淇书记、郭金龙市长的指示精神，重点抓好三项工作：①立足首都大局，正确把握形势，进一步增强责任感和紧迫感，坚持把维护首都生态资源安全、确保首都平安稳定作为首要的政治任务，突出重点、周密部署，真正做到思想不麻痹、作风不松懈、措施不脱节、工作见实效；②强化监督检查，完善防范措施，进一步提高应急处置与综合监管能力，强化专业森林消防队管理，确保一旦接到命令，迅速出动、及时处置。突出抓好生态林管护员管理，确保其上岗到位、履职尽责，特别对林区村屯、加油站、弹药库、输电线路等重点部位，细化任务、严防死守，确保重要有林地和重点敏感

区位不出现问题；③加强组织领导，落实相关责任，进一步提升综合保障与部门协作水平，坚决落实好行政领导责任制、"三长"负责制和"三级包片"责任制。各级园林绿化部门要为防火工作的有效开展提供坚强保障，各有关单位要加强协作、密切配合，全面构筑起"党委领导、政府负责、部门联动、社会参与"的森林防火工作格局，确保首都森林防火工作不出现问题。

　　通过强化基层基础建设，扎实完善机制体系，森林防火综合监管与应急处置水平取得较大提升。编制出台了《北京市"十二五"时期森林防火发展规划纲要（草案）》，规划部署了今后一个时期首都森林防火和森林公安各项基础建设和业务工作的发展方向。全面推进《北京市森林防火基础设施建设总体规划》，年内新建了森林防火瞭望塔36座，使全市瞭望塔总数达到179座，瞭望监测范围从上年的60%提高到了65%；新建视频监测11套，使全市视频监测总数达到62套，监测范围从上年的43%提高到43.3%；更新装备了一批应急通信设施，通信覆盖率提高到了80%；设置各类临时森林防火检查站242个，成功申报了森林火险预警系统项目建设，逐步形成了气象预警、高山瞭望、视频监测、定点检查的综合预警监测体系。全市专业森林消防队增至103支2500人；北京市航空护林站正式批复成立，基础建设资金全部到位；西山林场森林防火阻隔系统一期工程全部竣工并交付使用；国家林业局、市财政和市发改委投资的相关建设项目进展顺利。继续加强京津冀晋蒙森林防火联防机制，全面推进华北地区森林防火联防备忘录建设。京冀两省市森林保护合作项目森林防火物资项目总投资1.5亿元，其中，森林防火合作项目投资3500万元，主要用于在环京11县市单位重点火险区实施综合治理。与去年同期相比，森林火灾的过火面积，受损有林地面积均下降了90%，取得了首都园林绿化体制改革以来的最好成绩。

第九章　地质灾害概况

第一节　北京市地质灾害概况

北京是地质灾害比较严重的特大型城市之一，突发性地质灾害主要以泥石流、崩塌、采空塌陷和滑坡等为主要类型，主要分布在西山和北山的沟谷、陡坡、采煤分布集中地区及构造活动较强烈的地区。全市共有突发性地质灾害隐患点 597 处，其中崩塌隐患点 290 处，不稳定斜坡隐患点 62 处，地面塌陷隐患点 23 处，滑坡隐患点 2 处，泥石流隐患点 220 处。按险情分：大型隐患点 30 处，中型隐患点 211 处，小型隐患点 356 处。全市高易发区：面积约为 1870 km²，约占全市面积的 12%，主要分布在延庆县东部、怀柔区中部、密云县西北部、门头沟区南部、房山区北部和中部，在昌平区西南部以及平谷区北部少量分布。中易发区：面积约为 3665 km²，约占全市面积的 22%，主要分布在延庆县西北部和南部、怀柔区西北部、密云县东部、平谷区北部、昌平区北部、门头沟区西部和中部、房山区西部和北部，在海淀区、石景山区以及丰台区有少量分布。低易发区：面积约为 3792 km²，约占全市面积的 23%，主要分布在延庆县东部、怀柔区东北部和南部、门头沟区北部，在密云县、平谷区以及房山区有零散分布。不易发区：面积约为 7083 km²，约占全市面积的 43%。主要分布在延庆县盆地、怀柔区东南部、密云县西南部和中部、平谷区中部和南部、昌平区中部和东南部、房山区东部和南部以及平原区。

北京市有 64 个乡镇、242 个行政村、32 条道路、50 个景点、17 个度假村、19 个矿山、6 个中小学校，共 4775 户，14643 人，24414 间房屋受突发性地质灾害威胁。全市受崩塌威胁有 597 户 1778 人；受不稳定斜坡威胁有 409 户 1266 人；受地面塌陷威胁 567 户 1975 人，受泥石流威胁有 3202 户 9624 人。（不包含度假村、矿山、中小学、道路的受威胁人数。）

北京地区缓变性地质灾害主要以地面沉降和地裂缝为主，主要分布在平原区。

北京市地面沉降调查工作自 20 世纪 50 年代开始，2001 年、2005 年先后启动北京市地面沉降监测网站预警预报系统建设一、二期工程，工程于 2004 年、2008 年竣工验收并投入使用，并按季度提供监测数据。截至 2010 年底，全市地面沉降量大于 100 mm 的面积达 3901 km²，最大累计沉降量达 1233 mm。地面沉降已对北京市城市建设和人民生命财产安全构成威胁，主要危害为：造成部分地区产生地裂缝，进而引起建筑物的损坏；对沉降区内轨道交通和地下管线工程正常运营造成不良影响并存在一定安全隐患；导致大量测量水准点失准；造成高程损失，降低了城市的防洪排涝能力。

北京发现的地裂缝主要有顺义地裂缝、高丽营地裂缝、顺义羊房地裂缝、北彩地裂缝、顺义马坡区庙卷地裂缝等。

第二节　2008—2010 年灾情

2008—2010 年，北京地区突发性地质灾害共发生 27 起，总体来看，北京地区地质灾害多发生 6 月至 8 月份的雨季，分布在延庆、门头沟、房山、怀柔、密云等山区县。

一、2008 年灾情

1）2008 年 3 月 22 日延庆县滦赤路 135 km+50 m 处发生崩塌，造成道路交通中断，无人员伤亡。

2）2008 年 5 月 18 日门头沟区斋堂镇沿河口村发生小型崩塌，造成房屋轻微受伤，无人员伤亡。

3）2008 年 5 月 29 日房山区史家营西岳台村发生地面塌陷。造成房屋轻微受损，无人员伤亡。

4）2008 年 6 月 10 日房山区史家营乡西岳台村发生地面塌陷，造成几十处居民房无开裂，无人员伤亡。

5）2008 年 6 月 30 日延庆县千家店镇刘干路向北 16 km 处发生小型塌陷，造成道路交通中断，无人员伤亡。

6）2008 年 7 月 6 日怀柔区喇叭沟门西府营村路段（京加路 146 km+700 m 处）

发生小型塌陷，造成道路交通中断，无人员伤亡。

7）2008年7月16日延庆县玉海路沿线发生崩塌、滑坡，未造成无人员伤亡和财产损失。

8）2008年8月9日房山区十渡镇十一大路4 km+750 m 处发边坡滑塌，未造成无人员伤亡和公路损失。

9）2008年8月10日门头沟区清水镇洪水峪发生崩塌，造成房屋轻微受损，无人员伤亡。

10）2008年8月15日门头沟区清水镇灵山景区公路沿线发生崩塌，造成道路交通中断，无人员伤亡。

11）2008年8月20日门头沟区灵山景区公路10.2~10.3km 处发生小型崩塌，造成交通中断，无人员伤亡。

12）2008年8月21日门头沟城子街道办事处西坡地区发生地面塌陷，未造成人员伤亡和财产损失。

13）2008年8月23日延庆县滦赤路143 km+900 m 处，发生小型崩塌，造成道路中断，无人员伤亡。

14）2008年9月3日密云县西田各庄镇西智村南口东太路发生崩塌，未造成人员伤亡和财产损失。

二、2009 年灾情

1）2009年3月18日延庆县滦赤路146 km+200 m 处发生小型崩塌，造成道路中断，无人员伤亡。

2）2009年4月20日平谷区东高村镇大旺务南山发生小型崩塌，未造成人员伤亡和财产损失。

3）2009年7月19日延庆县龙庆峡景区峡谷入口处南侧古城河西岸发生小型崩塌，未造成人员伤亡和财产损失。

4）2009年8月21日门头沟区下安路落坡岭路段发生山体滑坡，造成道路中断，无人员伤亡。

5）2009年8月28日房山区大安山乡大安山村发生滑坡，未造成人员伤亡和财产损失。

三、2010 年灾情

1）2010 年 3 月 23 日房山区史家营乡西岳台村发生塌陷，造成房屋倒塌，未造成人员伤亡。

2）2010 年 5 月 18 日门头沟区龙泉镇东店发生塌陷，造成裂缝、墙体拉裂，未造成人员伤亡。

3）2010 年 6 月 23 日门头沟区龙泉镇东辛房办事处北后街发生塌陷，未造成人员伤亡和直接经济损失。

4）2010 年 7 月 3 日海淀区四季青镇香山村普安店 73 号发生塌陷，造成 1 人受伤。

5）2010 年 8 月 5 日门头沟区城子街道和平路 57 号院附近发生塌陷，造成墙体裂缝、倾斜，未造成人员伤亡和直接经济损失。

6）2010 年 8 月 22 日昌平区兴寿镇桃下路发生崩塌，未造成人员伤亡和直接经济损失。

7）2010 年 8 月 29 日门头沟区 109 国道 58 km+600 m 处发生塌方，造成道路受阻，未造成人员伤亡和直接经济损失。

8）2010 年 9 月 30 日门头沟区雁翅镇淤白村 S219 公路 29 km+400~500 m 处发生崩塌，造成道路中断，未造成人员伤亡和直接经济损失。

第三篇

预防减灾措施

第一章　地震减灾

第一节　地震监测预报

北京市地震局 2008—2010 年防震减灾工作如下。

一、2008 年

1. 震情跟踪与分析预测

北京市地震局结合震情形势和北京市地震监测预报工作实际，继续强化震情跟踪和分析会商工作。制定《2008 年北京市震情跟踪工作方案》印发各相关单位，汶川地震后印发《关于加强北京市地震监测预报工作的通知》，加强震情值班和异常落实分析，保障监测台网正常运行。

2008 年，共召开周、月、加密和紧急会商会 119 次，其中加密和紧急会商会 69 次，共计上报各类会商意见 120 份，完成了春节、"两会"、汶川地震后、奥运会、残奥会等各重要时段的震情保障工作。

成立宏观异常收集报送核实工作小组，共计落实宏观异常 14 起。

全年共发生速报地震 4 次，启动震情应急 3 次，即 3 月 11 日河北卢龙 4.4 级、4 月 29 日海淀 3.0 级和 5 月 12 日四川汶川 8.0 级地震。地震发生后，有关人员迅速到岗并进行紧急会商，对有关异常信息进行全面跟踪分析，从而对震后趋势尤其是地震对北京地区可能造成的影响做出了正确的判定。汶川地震发生后，及时做出了北京地区近期不会发生破坏性地震的判断，并通过电视、网站、报纸等新闻媒体向社会发布，及时平息了京区地震谣传，迅速稳定了社会。

5 月 12 日四川汶川 8.0 级地震发生后，正确处理了通州 3.9 级地震误报事件。

编写的《北京市 2008 年度地震趋势研究报告》获全国会商报告评比二类局第二名。

2. 台站建设与管理

海淀小营台已完成主体工程建设、强弱电接入、市政燃气接入、直燃机安装调试、路面硬化及庭院绿化。已通过四方验收，办理了交接手续。

房山台改造已完成地形图测绘，取得了规划意见书，完成了项目备案。

延庆台改造已完成地质勘察工作，人防、园林树木砍伐手续的申报，取得了规划意见书，办理了工程规划许可证。

2008 年 4 月，为适应观测资料数字化的新要求，组织各前兆学科制定资料月评比标准，开始进行资料月评比，并修订了《北京市地震前兆观测资料评比办法》。3 月初组织召开 2008 年度北京市地震观测资料评比会。在中国地震局组织的全国资料统评会上，通州地震台大地电场测项获得第二名、延庆水汞获得第三名的好成绩，改变了以往多年仅有一项进入前三名的局面。

2008 年 4 月，协同通州区地震局、西集地震台、西集镇人民政府及中国城市规划设计院，对在西集镇小城镇规划中如何保护西集地震台的观测环境进行了协商，明确了西集地震台的保护范围，修改完善了西集镇改造规划。

2008 年 5 月，完成东三旗台监测环境保护工作，拆除测区内违章建筑的二层楼房，有效地保护了昌平区地震监测环境。

3. 数字地震观测网络项目

2008 年 1 月，完成"十五"网络项目各分项及档案的测试验收工作，完成项目技术报告、竣工报告、验收总报告、试运行报告及汇报材料的编写，完成测震、前兆、信息、强震、应急分项录像片外景拍摄和室内制作。

4 月，配合国家发改委完成对项目的稽查工作。

8 月，完成对活断层分项遗留工程——"离心机实验"专题的验收。

11 月，完成对强震分项遗留工程——"昌平体育馆大跨度结构台阵"及"银泰中心地震反应专用台阵"的测试、验收工作。

4. 奥运地震安全保障

完成了中国地震局奥运地震安全保障项目中有关监测预报方面的任务，包括部分台站地电线路更新、供电系统改造、防雷设施改造和延庆台水汞观测设备更新等；新建 6 个流体井观测点，开展水位、水温观测，新建 23 个 CO_2 观测点和 16 个 GPS 流动观测站；建设由 20 个子台构成的流动测震观测台网，完成 43 个奥运场馆和相关重要建筑物强震台点的建设，对部分专业台站的设施、设备进行了升级改造。实现新建系统与原有系统的有效连接；对现有的老化落后的观测设备和观测环境进行更新改造，为确保北京奥运地震安全奠定了坚实的技术基础。

5. 地震专用仪器研发

2008 年，完成 QZ-1 加速度传感器零部件外加工 100 套，生产 DS-4A 短周期三分向地震计 30 多套，DS-3K 宽带地震计 8 套，成功研制了 ZD-1 型变频振动台，并已生产 6 台。

二、2009 年

1. 震情跟踪与分析预测

2009 年，北京市地震局结合震情形势和本市地震监测预报工作实际，围绕新中国成立 60 周年国庆的地震安保工作，继续强化震情跟踪和分析会商工作。

印发《北京市 2009 年度震情跟踪工作方案》及《新中国成立 60 周年北京市震情跟踪工作方案》。对怀柔三渡河水位水温、通州地电阻率、延庆松山 CO_2 与水汞等多次异常进行了及时的调查、跟踪和落实。加强预测基础工作，加强地震预测研究和分析会商，较准确地把握了 2009 年度北京地区的地震趋势。

2009 年，共召开周、月、加密和紧急会商会 66 次，其中加密和紧急会商会 11 次，共计上报各类会商意见 66 份，完成了春节、"两会"、国庆 60 周年庆典等各重要时段的震情保障工作。

全年共完成地震速报 7 次，启动震情应急 1 次，即 10 月 3 日昌平北 7 家 2.3 级地震。地震发生后，有关人员迅速到岗并进行紧急会商，对有关异常信息进行全面跟踪分析，从而对震后趋势尤其是地震对北京地区可能造成的影响做出了正确的判定。

印发《关于对地震预测意见进行登记和回执的通知》《关于做好可能与地震有关异常现象登记的通知》，2009 年共计对 2 起预测意见进行了登记，落实登记宏观异常 7 次，结果已按程序上报。

2. 台站建设与管理

全市新建地震前兆监测站点 6 个，对 8 个前兆站点和 38 个地震烈度速报台站进行了改造。对现有监测台站进行了科学评估，开展了监测布局优化和调整工作，停止了 10 个前兆测项的运行，进一步提高了台网效益和资料质量。

3. 资料评比结果

2009 年 3 月组织召开 2008 年度北京市地震观测资料评比会。在 2008 年度全国资料评比中，房山台钻孔应变观测获第二名、延庆台地电场观测获第二名；通州徐辛庄台水温获第三名；其他参评测项均获优秀。

4. 监测设施与观测环境保护

与北京市规划委员会、北京市城市规划设计研究院共同开展北京市地震监测设施及观测环境保护工作，将本市行政区划内监测站点基本情况和保护范围及要求以文件形式提交上述单位。

2009 年对京唐铁路影响通州台环境、马坊工业基础设计开发建设有限公司电力隧道影响平谷台观测环境、机场 15 号线工程影响强震望京站、北京市经济技术开发区东扩项目影响测震台网次渠台环境等进行了协商解决。

5. 北京市地震背景场探测项目实施情况

2009 年 5 月召开项目启动会，6 月完成台站台址勘选并提交勘选报告，11 月完成土地预审材料备案工作，项目管理办法已形成初稿。

6. 完成国庆 60 周年庆典地震安全保障工作

印发《新中国成立 60 周年北京市震情跟踪工作方案》，组织召开四省市震情联席会议，完善预会商意见库，提高速报人员地震速报能力，保障仪器设备正常运转，认真抓好异常落实，编制《新中国成立 60 周年庆典期间北京市地震安全保障工作手册》。10 月 3 日快速有效地处置了昌平 2.3 级有感地震，迅速提出了震后地震趋势意见报市应急办，保证了首都国庆期间的社会稳定。

7. 地震专用仪器研发

（1）仪器研发

完成电容换能式倾斜仪的研制；完成 QZ-1 加速度传感器技术指标优化及外观结构改形和电调零研制工作；完成 DS-4K 电容换能式三分向地震计的样机及调试工作；正在进行 JDF-3 电容反馈井下宽带地震计和 JDQ-1 井下加速计的研制。

（2）仪器生产

2009 年，生产 DS-3K 宽频带地震计 2 套、DS-4A 短周期三分向地震计 3 套，ZHD-1 型变频振动台及模拟建筑结构演示模型 2 套，并交付用户。完成上海局合同项目海洋海底横置短周期三分向地震计的研制，并通过验收。成功研制 ZD-1 型变频振动台，并已生产 6 台。

三、2010 年

1. 震情跟踪与分析预测

2010 年，北京市地震局结合震情形势和本市地震监测预报工作实际，继续强化地震监测、震情跟踪和分析会商工作。

2010 年 2 月印发《北京市 2010 年度震情跟踪工作方案》。组织召开北京市 2010 年中、2011 年度两次地震趋势会商会，加强预测研究和分析会商力度，较准确地把握了 2010 年度北京地区的地震趋势。对延庆五里营水位水温异常、顺义龙湾屯钻孔应变异常、密云东邵渠电磁波异常、昌平长陵电磁波异常及平谷大兴庄井水变热、大兴薄村井水变热、昌平马池口镇井水变热等宏微观异常进行了及时的调查、跟踪和落实。

2010 年，共召开周、月、加密和紧急会商会 59 次，其中加密和紧急会商会 7 次，共计上报各类会商意见 75 份，完成了春节、"两会""武搏会""五一""十一"国庆长假期间震情保障工作。

全年共完成地震速报 16 次，启动震情应急 5 次，即 3 月 6 日河北滦县 4.2 级、4 月 4 日山西阳高 4.5 级、4 月 9 日河北丰南 4.1 级、4 月 16 日北京昌平 2.3 级和 7 月 30 日河北易县 3.2 级地震，地震发生后，有关人员迅速到岗并进行紧急会商，对震后趋势及时做出了正确的判定；通过严密的跟踪工作措施，并结合相关项目的实施，不断强化背景研究与分析预测研究，坚持地震背景研究与震情短临跟踪的密切结合，较好地把握了北京地区全年的震情形势。全年没有地震预测意见进行登记，落实登记宏观异常 3 次，结果已按程序上报。

2. 台站建设与管理

全市新建地震前兆监测站点 4 个，对 6 个前兆台站进行了避雷及技术改造，对 100 多个地震烈度速报台站进行了升级改造。完成了前兆、测震台网的监测效能评估，开展了监测布局优化和调整工作，停止了 2 个前兆测项的运行，进一步提高了台网效益和资料质量。

3. 资料评比结果

2010 年 3 月组织召开 2009 年度北京市地震观测资料评比会。前兆台网产出与应用、延庆台大地电场、丰台氡气观测在 2009 年度全国地震监测预报工作质量评比中均获第二名。其他参评测项均获优秀。

4. 监测设施与观测环境保护

2010 年，因重点工程、城乡建设、村民建筑等原因，昌平、顺义、通州、延庆、平谷、次渠等监测站点受到不同程度的影响，对此，我局组织行政执法、监测管理人员迅速赶往现场，和有关方面进行了协商，有效地保护了各台站的观测环境。

5. 国家地震安全计划实施情况

制定《北京市地震安全计划管理办法》，并印发执行。

背景场探测项目：2 月受环境保护部和中国地震背景场探测项目法人——中国地震台网中心的委托，将《中华人民共和国环境保护部关于〈中国地震背景场探测项目环境影响报告表〉的批复》及《中国地震背景场探测项目环境影响报告表》函告北京市环境保护局、各相关区县环境保护局。5 月，组织项目相关人员参加背景场探测项目初步设计工作会，按要求完成背景场探测项目各前兆台站和强震台站初步设计基础资料汇总，并上报。完成项目审计季报、年报，已上报项目法人。

国家地震社会服务工程：5 月，组织工程相关人员参加国家地震社会服务工程初步设计工作会，按要求完成该项目震害防御系统及应急救援系统初步设计材料的整理汇总工作，并上报项目办。

6. 地震专用仪器研发

（1）仪器研发

完成 JDF-3 电容反馈井下宽带地震计的研发工作并生产出样机。

（2）仪器生产

2010 年，生产 DS-4K 电容换能式三分向地震计 3 台，其中 1 台交付用户。

第二节 地震灾害预防

一、2008 年

（一）建设工程抗震设防管理

2008 年，共组织完成了 26 项建设工程地震安全性评价报告的评审批复工作，对 68 项建设工程进行了抗震设防要求审查。对一些特殊工程的抗震设防问题组织设计、建设部门专家进行研讨。按北京市政府要求，逐一梳理了 65 个进入政府绿色通道项目的审批工作，完成所有项目抗震设防要求的审查工作。

（二）落实"十一五"防震减灾发展规划

2008 年 9 月，作为"十一五"的重要建设内容的防震减灾中心大楼建设项目在北京市发改委正式立项，批复建筑面积 13000 m² 余，市政府基建投资 6565 万元。为使建设工程项目尽快实施，北京市地震局组建了大楼建设领导小组和大楼基建办，完成环保审批和土地预审。

（三）防震减灾科普教育基地

2008 年，北京市地震局与北京市科委联合发文，出台了《关于北京市防震减灾科普教育基地申报和认定管理办法》。组织专家对 2008 年度申报的北京市防震减灾科普教育基地进行了评审认定。丰台区科技馆、北京人遗址防震减灾科普教育基地、海淀公共安全馆、西城区德胜民防宣教中心、宣武区公共安全宣传教育基地、朝阳区建外街道应急指挥宣教中心、小关街道应急指挥中心、望京街道应急指挥中心和八里庄街道公共安全指挥所等 9 个单位，被命名为北京市防震减灾科普教育基地。年内，全市已建成各种规模的防震减灾科普宣传教育场馆 14 个。

（四）防震减灾宣传教育工作

2008 年，印制《家庭地震应急三点通》卡通画册 2 万册，制作宣传挂图 2 万套，印制地震科普知识三维动画片《笨笨狗 PK 巨能霸》DVD2000 套，制作宣传折页 10 万份，并将这些材料在奥运会召开前夕通过各区县地震局发放至北京市民。

汶川地震发生后，赶制《学习地震知识减轻地震灾害》宣传折页 6 万册，《应对地震灾害》宣传光盘 2 万张发送四川灾区。组织首都 11 家媒体来到北京市地震局进行集体采访，宣传防震减灾知识。与 40 余家媒体共同制作了宣传防震减灾知识的节目和栏目，为学校、社区和有关单位进行防震减灾科普知识讲座近 40 场。和市科委联合印制了 50 万册《公众地震应急避险要诀》宣传手册，发放给北京市民。

（五）区县防震减灾工作

2008 年，北京市 18 个区县地震局在做好防震减灾各项工作的同时，加强了防震减灾科普宣传教育工作。房山区地震局为科普教育基地制作了三语展板，昌平区地震局开展了创建地震安全示范社区活动，延庆县地震局开展了防震减灾宣传设施建设，平谷区地震局加强了应急装备建设，西城区、宣武区地震局为宣传教育基地增添地震专业仪器展品。

2008 年，在全国市（地）防震减灾工作综合评比中，昌平区地震局获得全国评比二等奖。在 2008 年度北京市区县防震减灾工作综合评比中，昌平区地震局荣获区县防震减灾工作综合评比一等奖，朝阳区地震局、海淀区地震局荣获区县防震减灾工作综合评比二等奖，丰台、顺义、通州、平谷区地震局荣获区县防震减灾工作综合评比三等奖；大兴区地震局等 4 个单位荣获区县防震减灾工作综合评比优秀奖；宣武区地震局和延庆县地震局获得区县防震减灾工作单项奖。

二、2009 年

（一）建设工程抗震设防管理

为服务北京市委市政府"保增长、保民生、保稳定"的中心工作，2009 年，我局派出抗震设防管理人员 3 人常年入驻北京市行政审批中心，加快工程建设项目的审批。全年完成市政府绿色审批通道 1039 个项目的抗震设防要求审查。

积极配合市教委开展中小学校舍安全性能排查、鉴定和加固改造工作，为全市250 所中小学校加固改造提供抗震设防要求。

（二）农村民居地震安全工程

加强农村民居的抗震设防宣传、指导和服务，协助北京市建委、农委等部门开展农居示范工程建设，为农民提供多种抗震房屋设计图纸和抗震样板房模型，2009 年新建农居抗震房 4800 户。在昌平等区县，开展了村镇建设规划、村庄回迁楼的抗震安全审查工作。

（三）活断层探测

2009 年，组织开展了怀柔活断层探测、昌平未来科技城的地震小区划和活断层探测工作，积极向市规委、市建委等提供活断层和小区划成果，纳入到北京城乡建设规划中。

（四）首都地震安全示范社区建设

2009 年，大力推进防震减灾示范学校、示范社区、示范企业建设。向市科委申请了经费总额近 200 万元的"首都地震安全示范社区建设"项目，带动全市今年新建防震减灾示范社区、示范村庄、示范企业 25 个。全市示范社区、村庄、企业数量达到 63 个，示范学校 17 个。

（五）宣传贯彻新修订的《中华人民共和国防震减灾法》

2009 年 5 月 1 日修订的《中华人民共和国防震减灾法》颁布实施前后，北京市地震局多次组织各种形式的培训班、报告会，向政府部门、广大群众进行法制宣传，让政府和有关部门了解、落实其法定职责，并深入全市大部分区县进行《中华人民共和国防震减灾法》宣讲，受众群众数千人次。与此同时，启动了《北京市实施〈中华人民共和国防震减灾法〉办法》的修订工作。

（六）科普宣传教育基地建设

2009 年，继续推进各区县防震减灾科普宣传教育基地建设。完成了小营地震台科普展厅建设，完成了 3 个区县地震宣教馆和 20 多个街道宣传站的建设。至2009 年，北京市已建成防震减灾科普宣传教育基地 15 个，其中 4 个为国家防震减灾科普宣传教育基地，9 个为我局和市科委共同挂牌的市防震减灾科普宣传教育基地。

（七）防震减灾宣传教育

在 2009 年 5 月 1 日《中华人民共和国防震减灾法》实施日及"5·12"防灾减灾日之际，组织全市开展了声势浩大、形式多样的防震减灾宣传活动。北京市地震局与市公交广告公司合作，开展了公交车厢防震减灾知识与《中华人民共和国防震减灾法》的流动宣传活动。

积极推进防震减灾法律知识"进机关、进学校、进社区、进乡村、进企业、进单位"活动。地震工作人员深入学校、社区、街道、机关和农村，进行宣讲。举办各种不同主题的防震减灾法律和知识讲座 20 多场，参与群众达数万人，发放各种宣传材料 50 多万份。同时，还组织了北京市 2009 年防震减灾知识家庭竞赛活动。

（八）区县防震减灾工作

2009 年，进一步完善了区县防震减灾工作机构和工作体系，加强"三网一员"队伍建设和业务培训，基本建立起了覆盖全市大部分街道、乡镇和社区、村庄的防震减灾助理员队伍。编写了《防震减灾助理员工作手册》，作为区县防震减灾助理员的培训教材。

设立了区县防震减灾工作资助专项，资助区县创新性、示范性、基础性工作经费 100 万元。

制定了《区县 2009 年防震减灾宣传工作要点》《区县防震减灾综合评比方法》以及防震减灾示范校建设的相关标准，指导区县开展防震减灾工作。

在 2009 年度北京市区县防震减灾工作综合评比中，昌平区地震局荣获区县防震减灾工作综合评比一等奖，海淀区地震局荣获区县防震减灾工作综合评比二等奖，通州、平谷区地震局荣获区县防震减灾工作综合评比三等奖；朝阳区地震局获得应急救援工作先进奖；丰台区地震局获得震害防御工作先进奖；宣武区地震局获得科普宣传工作先进奖。

三、2010 年

1. 建设工程抗震设防管理

2010 年，北京市地震局对拟列入北京市 200 多个重点建设项目、区县 258 个申请纳入绿色审批通道的项目、50 个重点村城市化建设工程项目地震安全情况进行了排查，对 52 个项目出具了抗震设防要求的审查意见，对 16 个安评报告进行了评审和批复。

根据北京市委市政府关于全面深入推进北京市校舍安全工程的工作部署，北京市地震局负责对全市地震断裂带周边学校进行排查评估工作。年内，对 2303 所中小学校、幼儿园地处地震断裂带分布情况及危险程度进行了详细排查和现场工作。

完成了中冶建筑研究总院有限公司、北京赛斯米克地震科技发展中心、北京市勘察设计研究院有限公司、北京勘察技术工程有限公司等 6 个单位的资质重新认定和中国地震灾害防御中心等 13 个单位中的 82 个一级与 40 个二级地震安全性评价工程师注册工作。

编写完成了《首都地震安全示范区昌平六个示范村建筑物地震安全性能评估报告》和《西城区金融街丰汇园社区建设地震安全性能评估报告》。

2. 防震减灾规划与法制

2010 年，北京市"十一五"防震减灾重点项目市防震减灾中心大楼建设进展顺利，十月底已实现结构封顶。完成了《北京市"十二五"期间防震减灾发展规划》前期调研和初步编制工作，北京市政府将防震减灾工作纳入北京市"十二五"时期专项发展规划行列。各区县也将防震减灾纳入了专项规划，保障了防震减灾事业的可持续发展。启动了《北京市实施〈中华人民共和国防震减灾法〉办法》的修订工作，将纳入市政府立法计划。

3. 活断层探测

2010 年，完成了怀柔庙城学校、桃山小学校址断裂调查工作，进行了怀柔区活断层探测，开展了顺义区二十里长山断裂探测的前期工作。

4. 首都地震安全示范社区建设

2010 年，北京市地震局大力推广地震安全社区和安全学校的建设，和北京市科委联合开展了"首都地震安全示范社区"建设试点工作，全市新建示范学校、社区 20 多个。

5. 防震减灾宣传教育

北京市地震局利用国家防灾减灾日、北京科技周和唐山大地震"7·28"等特殊时段，积极开展防震减灾宣传教育活动，在海淀台、延庆台等地震台站举办台站开放日，出版了《防震减灾实用知识手册》共发放 22 种宣传品，提高了科普宣传的普及率。

为提高全市科普工作者掌握防震减灾知识的能力，北京市地震局与北京市科委共同举办了防震减灾科普培训班，还全程参与了北京市民防局组织的全市防灾知识竞赛活动，充分发挥了北京市地震局在科普宣传工作中的作用。

6. 区县防震减灾工作

在 2010 年度北京市区县防震减灾工作综合评比中，海淀区地震局荣获区县防震减灾工作综合评比一等奖，昌平区地震局荣获区县防震减灾工作综合评比二等奖，朝阳、丰台区地震局荣获区县防震减灾工作综合评比三等奖；平谷区地震局获得社会动员工作先进奖；通州区地震局获得震害防御工作先进奖；东城区地震局获得科普宣传工作先进奖。

第三节　地震应急

一、2008 年

（一）健全应急救援体系

2008 年，为做好奥运期间地震应对工作，根据《奥运会残奥会期间北京城市运行工作总体方案》《奥运会残奥会期间北京市突发事件应急处置工作方案》的有关要求，结合奥运地震风险评估结果，分别制定了《北京奥运会残奥会期间地震应急预案》《北京市特殊时段地震现场工作队工作方案》《北京市地震局奥运期间（特殊时段）值守应急工作方案》和《关于全面加强特殊时段地震应急救援工作的紧急通知》，对奥运时期的地震应急工作进行了规定。

（二）奥运应急避难场所保障

根据吉林、陈刚同志"在奥运会前对全市应急避难场所进行检查，并开通 2 个相对封闭、便于管理的场所备用"和全面摸清全市应急避难场所现状的指示，制定下发了《奥运期间应急避难场所保障方案》，要求有关区县政府遵照执行。由北京市地震局、北京市应急办组成联合检查组，对北京市 9 个已建应急避难场所的区开展了检查。对 20 个应急避难场所进行了抽查，并提出整改意见。各区县按照检查结果，对应急避难场所进行了整改。

2008 年，北京市依托公园、绿地、广场、学校操场、体育中心等设施已建成的应急避难场所达 33 个，总面积 510.24 万 m^2，可安置 159.6 万人。

2008 年新建的 6 处地震应急避难场所，分别为奥林匹克森林公园（南园）、曙光防灾教育公园、长春健身园、阳光星期八公园、东升文体公园、温泉公园。所建应急避难场所均达到了紧急和长期应急避难场所内配设应急生活设施的要求，并均编制了应急避难场所的疏散安置预案。其中朝阳区政府按照《奥运期间应急避难场所保障方案》的要求，为奥林匹克森林公园（南园）、朝阳公园北部的应急避难场所配置了帐篷、床、被褥，为奥运期间应对突发事件的紧急疏散和临时安置国外观众，为奥运会和残奥会的安全举办提供有力保障。

（三）社区地震救援志愿者队伍建设

继续指导各区县积极推进社区志愿者队伍建设，踊跃参加奥运志愿者活动，密云县、海淀区、东城区、崇文区、昌平区、朝阳区等396支社区地震应急救援志愿者队伍，12000多人，在奥运会和残奥会期间，积极报名并参加了社区的奥运值守、值班、值勤、安保等各项保障工作。

（四）建立应急物资保障供应联动机制

2008年，积极与北京市应急办、北京市民政局沟通，研究建立北京市地震应急物资储备调拨机制。指导各区县在应急避难场所疏散安置预案中明确各应急避难场所应急物资的保障机制。海淀区和昌平区整合区内大型商场、超市、物资调配中心资源，建立物资统一调拨体系，确保紧急情况下有3~5天的应急物资供给。

（五）地震应急演练

2008年4月16日，组织华北七省市地震应急指挥系统联调联测演练；4月30日，组织北京2008年华北区域地震应急协作联动桌面演练。华北区域联动协作区共16个单位负责人和有关专家共同参加了这项地震应急协作联动演练，华北地区地震突发事件的应急联动能力得到提高。

二、2009年

（一）地震应急预案修订及体系建设

2009年，北京市地震局积极推进简化实化市地震应急预案的修订工作，认真总结和汲取了汶川8.0级地震的经验与教训，分析并研究了天津等其他大城市的地震应急预案的特点，结合北京城市地震应急工作实际，形成了简化实化北京市地震应急预案的工作思路，制定了重大修改和调整的重点，明确了采取简化和实化的具体措施。

为做好我市地震应急预案的规范和动态管理工作，建立了全市"地震应急预案管理信息系统"，涵盖2272件各级、各类地震应急预案信息，实现了地震应急预案的动态管理。

（二）地震应急避难场所规划建设

2009年，北京市地震局与北京市规委共同完成了《北京地区地震灾害背景及地震应急避难场所规划目标定位（初稿）》。各区县共新建各种类型和规模的应急避难场所40多个，应急物资库10多个。至2009年底，全市已建成大型室外应急避难场所33个，占地510.24万 m^2 ，可为159.6万人提供紧急避难使用。城八区基本完成了地震应急疏散预案和疏散图。

（三）完成国庆60周年庆典期间地震应急安全保障

2009年，编写完成了《北京市新中国成立60周年庆祝活动期间地震安全风险评估与控制报告》《新中国成立60周年庆祝活动期间北京市地震事件风险控制与应急处置工作方案》《新中国成立60周年庆祝活动期间北京市地震风险评估与控制对策报告》《北京市庆祝新中国成立60周年活动期间地震应急预案》和《60周年特殊时段地震现场工作队方案》。加强"十一"期间应急值守工作，实行领导在岗待班，处级领导值班和业务人员值班，圆满完成了值守应急工作任务。

（四）地震应急队伍建设

2009年，北京市地震局与北京市应急办、北京卫戍区共同拟定了《北京市地震应急救援队组建方案》，上报市政府。继续加强地震志愿者队伍建设，全市在册地震志愿者达1.5万人。启动了市地震应急指挥部志愿者队伍的建设，已先期在丰台马家堡街道试点。

（五）地震应急演练

2009年5月8日，在凤凰岭基地组织开展了"纪念5·12汶川地震一周年演练"活动，中国地震局应急司、市应急办领导和18个区县地震局局长现场进行了观摩。此次演练全部参演人员和90%的课目纳入了"5·12"国家减灾委、国务院应急办、中国地震局的纪念汶川一周年演练活动，接受了国务院回良玉副总理的检阅。

9月9日，组织开展了"北京市地震局地震现场工作队专项应急演练"，演练进行了帐篷搭建、发电机供电、与北京市地震应急指挥中心800M手台联系和视频通信联络等内容的演练，取得了预期效果。

9月15日，组织开展了"首都圈地区跨区域地震应急联动演练"。模拟当日清晨6时，河北省保定市发生5.9级地震，震感波及北京市、天津市。进行了地震速报、信息报送、震害快速评估、灾情收集、震情会商、现场工作队派出、应急力量的组织协调、应急通信、地震现场流动观测、灾害损失评估等科目的演练。北京市地震局、天津市地震局、河北省地震局、中国地震台网中心、中国地震应急搜救中心主要领导和相关工作人员等100多人参加了此次演练。

三、2010 年

（一）地震应急预案修订

2010 年，北京市地震局积极开展北京市地震应急预案的编修工作，起草完成了《北京市地震应急预案（2010 年修订征求意见稿）》，并向北京市地震应急指挥部各成员单位征求意见。年内，《北京市地震应急预案（2010 年修订送审稿）》已进入北京市专项应急预案的审定批准和印发程序。

（二）首都圈地震应急协作联动建设

2010 年 1 月 19 日，北京市地震局与北京市应急办共同举办了首都圈地区地震应急协作联动工作研讨会。就如何进一步加强首都圈地震应急协作联动工作，推动政府之间、各系统各部门之间应急协作联动机制的建设进行了深入探讨，为北京市开展首都圈应急协作联动机制建设，进行首都圈地震应急协作联动试点工作打下了良好基础。

4 月 26 日至 27 日，北京市地震局组织天津市、河北省地震局及中国地震台网中心、中国地震应急搜救中心等单位召开了"2010 年首都圈地区地震应急准备工作会议"，初步议定建立应急工作交流会商机制、应急处置联动机制等 10 项工作机制，形成了对首都圈地区政府地震应急联动机制建设的工作建议。

（三）地震应急队伍建设

2010 年，在北京市委、市政府和北京市应急委的统一领导下，北京市公安局消防局组建了北京市综合应急救援队，并加挂北京市地震灾害应急救援队的牌子。

截至 2010 年底，全市地震应急志愿者队伍达 426 支，总人数为 19552 人，北京市地震局制定了《北京市地震应急志愿者队伍建设工作实施方案》。

（四）地震应急演练

2010 年 8 月 9 日，北京市地震局组织开展了"北京市地震系统应急演练"。

演练模拟当日 8 时 50 分北京市密云县发生 5.8 级地震后地震部门的应急响应过程。北京市地震局、密云县地震局、顺义区地震局、平谷区地震局 80 余人参加了演练。通过演练，进一步提高了北京市地震系统应急工作能力，加强了震后北京市地震局与区县地震局、局属部门间的协调配合。

8 月 10 日，北京市地震局参加了 2010 年度全国地震应急指挥系统演练。收到中国地震台网中心发出的演练开始命令后，北京市地震局按照演练脚本迅速启动应急预案，有关应急人员及时到岗，迅速开启地震损失快速评估系统，与中国地震台网中心、区县地震局进行视频连线。在规定的时间内，完成了演练总方案中所规定的地震触发、应急响应、联动响应、应急协同、灾害评估、信息交换、拟定政府救灾辅助决策建议等环节。

第二章　地质灾害减灾

一、地质灾害防治相关制度建设

每年汛前，北京市国土资源局召开全市地质灾害防治工作会议，对全市地质灾害防治工作进行部署和安排，建立了明确的岗位责任制，行政首长负总责，分管领导具体负责。

每年北京市国土资源局下发年度汛期地质灾害防治工作的通知，强调应急值守、地质灾害险情巡查、应急预案、灾情报告等各项制度并严格落实。

北京市国土资源局组织编制了《北京市突发地质灾害应急预案》及年度地质灾害防治工作方案，指导各区县分局编制区县突发性地质灾害应急预案和年度地质灾害防治工作方案，并加大对预案的宣传力度，提高广大人民群众对应急预案的认知度，在有条件的区县组织演练，以检验和校正预案的可操作性。

二、监测与预报体系建设

建立健全全市地质灾害群测群防监测网。结合全市防汛指挥体系和"四包七落实"措施，进一步完善了全市地质灾害群测群防网络。在房山、门头沟等十个山区县建立完善了群测群防体系，将监测预警责任制落实到具体单位和具体责任人。定期换发地质灾害防灾明白卡，填发至受威胁的每一户民手中。

开展汛期突发地质灾害气象预警预报。汛期期间，北京市国土资源局和北京市气象局气象台合作开展汛期地质灾害气象预报预警工作，建立了汛期地质灾害气象预警预报方案和突发地质灾害预报预警会商系统。

地面沉降监测预警预报系统建设。2008年12月建设完成了北京市地面沉降监测预警预报系统二期，与一期共同构成7个站联网实时监测，实现了以城区为中心的整个平原区地面沉降的实时监测。

三、汛期地质灾害应急调查

北京市国土资源局及各区县分局均成立以局长为组长的汛期地质灾害防治指挥

部和地质灾害应急调查队伍，统一指挥汛期防灾工作。地质灾害应急调查队伍主要负责地质灾害的灾情调查，编写应急调查报告，提出相应的建议措施等工作。

四、地质灾害检查巡查工作

在房山、门头沟等十个山区县建立完善了群测群防体系的基础上，进一步细化地质灾害易发地区内灾害点管理工作，在汛期要严格落实地质灾害应急预案和工作方案以及汛期检查。每年我局对有关区县分局汛前地质灾害防治工作进行全面检查。主要检查内容有责任制、值班制度、灾害报告制度的落实情况，地质灾害应急预案和年度地质灾害防治工作方案的编制和落实情况，地质灾害隐患点台账建立、警示牌的竖立、明白卡的发放情况等。

五、地质灾害相关知识宣传和培训

我局定期组织负责人和群测群防人员参加地质灾害防治知识培训，不定期组织易发区内居民防灾演练，提高识灾防灾能力。充分利用新闻媒体，开展面向大众的防灾减灾宣传普及活动，利用"地球日""防灾减灾日"和"国际减灾日"等特殊节日，开展防灾减灾宣传教育活动。编制《北京市突发地质灾害》科普宣传手册，分发到每一个地质灾害险村险户手中。在地质灾害高风险源点，重点是交通干线两侧、旅游景区（点）竖立突发地质灾害隐患警示牌，提醒过往车辆和游人注意安全。

第三章 旱涝灾害防御

第一节 防汛工程及非工程措施建设

一、防汛工程建设

2008 年，新建雨水收集利用工程 350 处，新增蓄水能力 1460 万 m³。全市已建成城乡雨水利用工程共 1200 处，全年利用雨洪水 4500 万 m³。

2010 年，完成朝阳小场沟、房山刺猬河等 11 条 180 km 中小河道生态治理，提高了防汛和水源配置能力。

二、防汛非工程措施建设

（一）2008 年

1）积水监测站点建设。为了确保明年北京奥运会的顺利召开，进一步加大立交桥下积水自动监测系统的建设，增加监测点的数量，完善监控中心的软件系统。重点保障城市主干道的畅通，在二环、三环、四环上再增加 18 个桥下积水监测站。

2）800M 政务防汛专网（二期）建设。共配发 468 部电台，覆盖范围包括永定河、北运河、潮白河 3 条河重点水利工程以及 18 个区县县城。

3）市防汛办组织为排水集团、自来水集团和市政养护集团等市级应急排水抢险队伍配备了 6 组机动排水标准单元设备，进一步提高了市级防汛应急抢险队伍的机动抢险能力。

（二）2009 年

1）完成了潮白河、北运河河道应急通信网的建设。

2）完成了防汛门户网站的建设。

（三）2010 年

1）完成了防汛应急管理平台的建设。该平台的建设实现了防汛突发事件应急处置的流程化、规范化和标准化。

2）完成了北京市汛情会商系统的建设。为做好汛期每天气象会商奠定了坚实基础。

第二节　抗旱工程及非工程措施建设

一、2008 年

1）南水北调是解决北京水资源紧缺矛盾的战略工程。经过 5 年艰苦努力，南水北调京石段应急调水主体工程和北京市区"三厂一线"配套工程建设完成。6 月利用张坊水源向三厂供水 1400 万 m³。9 月河北省岗南、黄壁庄、王快 3 座水库开始向北京输水，已累计收水 7000 万 m³。

2）新建雨水收集利用工程 350 处，新增蓄水能力 1460 万 m³。全市已建成城乡雨水利用工程共 1200 处，全年利用雨洪水 4500 万 m³。

3）2008—2010 年，按照《国务院办公厅关于加强抗旱工作的通知》（国办发〔2007〕68 号）要求，针对严峻的旱情形势，完成了《北京市抗旱规划》的编制工作。国务院于 2011 年 11 月以国函〔2011〕141 号文件下达《国务院关于全国抗旱规划的批复》。

二、2009 年

完成张坊水源地配套工程，新建潮白河、怀河应急水源，应急水源稳定开采，年内供水 2.8 亿 m³。

组织完成了《北京市抗旱应急预案》的编制工作，2010 年 2 月通过专家审查，并报海委审查。该预案对规范我市抗旱工作，有效应对和处置我市干旱公共事件，提升防旱抗旱应急减灾能力具有重要意义。

第三节 防汛工作机制建设及完善

一、2008 年

1）建立"六项机制"。"6·13"暴雨后，针对暴雨预警难、降雨突发性强、道路积滞水快、现场抢险到位缓慢、部门联动水平低等薄弱环节，市防汛指挥部创新实践，建立了"六项机制"：一是气象、汛情预警内部通报联动机制，建立了市指挥部与市气象局会商和通报机制，提前发布城区暴雨预警，做到提前准备；二是雨天道路人员上岗巡查报告责任机制，构建了道路上岗巡查和汛情报告的两张"责任网"；三是雨天道路交通保障联动机制，市防汛办、市交通委、市交管局及道路责任单位在市交通指挥中心成立雨天道路交通保障前线工作组，解决责任区自主抢险，积水信息和交通疏导实时播报等问题；四是公共区及场馆奥运保障对接机制，红线内、红线外双方责任单位明确联络员，由专人带领抢险队伍，在指定入口进入红线内抢险；五是数据统一管理机制，加强了降雨数据、积滞水点数据及灾情数据的统一管理；六是防汛责任督查机制，市指挥部成立督查组，对各责任单位雨前、雨中到岗巡查情况进行监督和检查，每次降雨后进行通报。

2）编制《城市道路雨天巡查预案》。该方案落实雨前布控、雨中巡查和自主抢险基层责任网络和汛情报告网络，进一步将重心下移，提高抢险排水效率。2009 年以后，沿用奥运标准，进一步对排水专项预案进行了修订和完善。

二、2009 年

1）开始实行积水点挂账督办试点工作，完成知春桥、首都机场滑行东桥、万泉河桥、红领巾桥等重点积水点治理。

2）根据实际情况，对雨天道路保障、气象会商等联动机制进行了进一步完善，并实行常态化管理。

三、2010 年

建立"积滞水挂账督办机制"。为加大积滞水点消隐工作的督促力度，市防汛指挥部建立了"积滞水挂账督办机制"，对汛后排查确定的积水点全部实行挂账督办，开辟项目规划、立项、建设绿色通道，做到发现一处，挂账一处，解决一处。

第四节 防汛抗旱动态

一、2008 年

8 月 10 日,我市出现暴雨过程,局部地区发生大暴雨,平均雨量达到 60 mm。市防汛指挥部与市气象局加强气象信息通报,实时掌握天气变化趋势,及时发布汛情预警,城区共出动抢险人员 4200 人、抢险车辆 200 辆、水泵 260 台,打捞雨水口千余次。交管部门启动一级指挥疏导方案,出动警力 3000 余人,全面维护城市交通秩序。经过各部门的努力,全市交通未出现积水现象,奥运场馆设施及城市基础设施运转正常。奥运会考验了北京市的防汛抗旱工作,考验了应急管理能力和工作水平,我们以保障平安奥运顺利举办和城市安全运行的优异成果,向党和人民,向国际社会交了满意的答卷。

二、2010 年

3 月份,贵州省抗旱形势严峻,按照国家防总统一安排,于 3 月 29 日紧急筹措 10 台拉水车、20 台移动应急抽水泵、30 台发电机以及 20 万片净水消毒药剂运送至贵州省防汛抗旱指挥部,物资在 3 月 31 日运抵贵州省贵阳市。

8 月份,吉林省防汛抢险形势严峻,按照国家防总统一安排,8 月初从大兴中央防汛物资仓库紧急调拨 20 艘冲锋舟、20 台 40 马力船外机 、20 箱专用机油,于 8 月 2 日晚运抵吉林省长春市。

第四章　红十字会救灾

第一节　北京市红十字会 2008 年至 2010 年减灾工作

2008—2010 年，是我国改革发展的重要时期。这一阶段大事多、喜事多，但是重特大灾害也频繁发生。市红十字会在此期间，广泛开展募捐救助和应急救护培训演练活动，充分发挥了政府人道领域助手作用。现将我会 3 年来开展减灾工作的情况小结如下。

一、全面做好灾害救援救助工作，彰显人道公益组织的作用

（一）冰雪救援反应迅速

2008 年春节前夕，我国南方部分省市和新疆地区遭遇了几十年不遇的雨雪冰冻灾害，电力、农业等遭受极大破坏，给灾区人民的基本生活带来了很大困难和不便。北京市红十字会"第一时刻"行动起来，在全市开展了"风雪救援行动"，成为全市第一个开展灾害救援和募捐的人道公益组织，得到了市委、市政府的充分肯定和社会各界的大力支持与配合。全市上下掀起了为灾区捐款的热潮，截至 2008 年 3 月 31 日，全市红十字系统共收到捐款 2823.035581 万元，接受药品、棉衣被等救助物资价值 522.89662 万元。先后 4 次向受灾较为严重的湖南、湖北、贵州、广西、新疆等 10 个省、自治区红十字会及新疆生产建设兵团红十字会，拨发救助金 2206 万元和价值 567.944 万元的物资，并与各省、自治区及新疆生产建设兵团签订灾后援建项目 168 个。至 2011 年底，援建项目全部完成，并通过市红十字会及有关部门的审核验收。

（二）汶川救援实现突破

2008 年 5 月 12 日，四川汶川发生 8.0 级特大地震后，北京市红十字会第一时间启动"汶川救援行动"，一方面组织募捐工作，一方面派出"999"紧急救援队

展开一线救援。全市红十字系统共收到社会各界捐赠款物 5 亿余元。"999"救援队共搜救、转运、救治伤员 788 人，提供心理援助 128 人次，提供饮食供应 3 万人次，被党中央、国务院、中央军委授予"抗震救灾英雄集体"荣誉称号。

汶川地震发生后，北京市红十字会紧急启动特大灾害救助预案。震后 22 min，与四川省红十字会取得联系，了解灾情；震后 3 h37 min，向灾区拨付第一笔救灾款 20 万元；震后 8 h17 min，向四川省红十字会追加救灾款 30 万元；震后 18 h，启动"汶川救援行动"，下发《关于在北京市红十字会系统启动"汶川救援行动"的紧急通知》（京红发〔2007〕87 号），要求各区县红十字会全力以赴做好抗震救灾工作；震后 18 h30 min，第一笔定向捐款 200 万元拨付四川；震后 20 h，按照中国红十字会总会"要求北京市红十字会派救援队赴川"的电话通知，经请示副市长、市红十字会长丁向阳，决定派遣 999 紧急救援队赴四川省德阳、绵竹地区开展一线救援工作；震后 24 h30 min，38 人的救援队集结完成，5 辆救护车、1 辆指挥车、1 辆通信保障车、1 辆多功能饮食供应车达到应急条件；震后 25 h30 min，救援队出发；震后 36 h35 min，救援队到达绵竹，展开救援。

在抗震救灾工作中，市红十字会创造了多个历史性突破：接受捐赠款物达到北京市红十字会历史之最，超过市红十字会 1978 年恢复建制以来 30 年募捐款额的总和；第一次派出救援队开展一线救援，实现前方救援与后方募捐的良性互动；网上捐赠首次突破千万元，成为本次汶川救援国内三大网上募捐平台之一，一个代表信息时代发展趋势的公益筹资模式开始引起公众的认同和响应；银行第一次驻会现场办公，实现与金融机构接受捐赠工作程序对接；审计部门提前介入，实现与审计工作程序对接；志愿工作者第一次全方位加入红十字救援、募捐工作，仅市红十字会机关就接纳志愿服务 1998 人次；前方救援队初步达到军队级应急条件，能够快速集结，并实现自我保障、远距离救援，特别是具备协同部队突击重灾区的条件；首次实现救灾、救护、救助职能协同开展，并展开心理干预、灾后重建、志愿者发动等全方位的救灾工作。

汶川地震灾后援建工作中，由北京市红十字会对口援建的项目共计 67 个。其中，四川省 21 个，总价值 32377 万元；甘肃省 10 个，总价值 1816.22 万元；陕西 37 个，总价值 1000 万元。以上项目预算资金总计 3.499822 亿元。以上援建项目均为中小学、幼儿园和乡镇卫生院等直接关系人民群众生活的基础设施项目。另有部分定向捐款用于在北京地区开展针对受灾群众的心理援助、受伤群众疤痕修复等项目。

根据党中央、国务院和北京市委、市政府"三年援建两年完成"的总体要求，截至 2010 年 5 月，68 个对口援建基础设施项目全部完成，2011 年 5 月，为期 3 年的受灾群众的心理援助项目也全部完成，共为 5000 余名灾区群众进行了心理疏导；开展心理讲座 24 次，有 2700 人次参加；组织对口援建的什邡市各级党政干部来京参加心理辅导班 4 期，共 200 人次；举办心理咨询专业培训 43 期，共有 39 名当地医务工作者取得了国家级心理咨询师专业证书，培养了一支"带不走"的心理咨询队伍。

市红十字会先后 4 次组织部分捐赠单位和捐赠个人赴对口援建地区进行实地考察，了解捐赠款物使用情况。同时通过编辑出版捐赠名录、网上公布、接受市审计局逐月审计等形式，及时向社会公开捐赠和援建信息，做到信息公开透明。

（三）西南旱灾发挥作用

2009 年入秋以来，云、贵、川等省市遭受了历史上罕见的严重旱灾，给灾区城乡居民生产生活带来了严重影响。市红十字会紧急启动了"红十字水源行动"，先后派出以蓝天救援队专业志愿者为主体的 6 批找水队，为贵州省重旱区找到可靠水源 13 处。在西南旱灾募捐活动中，共计接收捐款 277.8 万元，分别拨付江西、广西、云南、贵州红十字会各 50 万元，用于为受灾地区群众购买饮用水及相关生活物资，并拨发了 7200 床棉被用于紧急救援阶段受灾群众的生活救助。3 月 30 日，北京市红十字会向贵州省红十字会捐赠人民币 50 万元，定向用于黔西南州的晴隆、普安县两个应急供水站建设工程。同时，市红十字会还利用捐赠款在水源地和应急供水站建立标识，并采取严格保护措施使其成为永久性的防灾应急工程。

（四）玉树救援彰显精神

2010 年 4 月 14 日，青海省玉树藏族自治州发生 7.1 级强烈地震。市红十字会积极响应总会号召，第一时刻启动了突发灾害应急预案，发起了"玉树救援行动"，紧急向青海省红十字会拨付救灾款 50 万元，用于受灾地区群众的生活救助；向全市各级红十字组织发出开展专项募捐工作的紧急通知，并通过媒体向社会发出呼吁，公布募捐账号，开通"999"募捐电话，接受社会捐款。同时，市红十字会于地震发生当日派出以"999"紧急救援队和蓝天应急辅助队组成的北京市红十字救援队，克服重重困难，长途跋涉奔赴灾区开展一线救援工作。红十字救援队在玉树转战 11 天，冒着高寒缺氧、地形复杂、余震频发的危险，共搜救幸存者 12 人，转运、救治伤员 1381 人，被党中央、国务院、中央军委授予"全国抗震救灾英雄集体"

称号。截至 5 月 31 日，全市红十字系统共接收社会捐款 6744.98215 万元。根据民政部、国家审计总署等五部委和北京市相关部门要求，于 2010 年 7 月 9 日将玉树捐款全部上缴总会。

二、全面实施防灾应急战略，红十字防备文化渐入人心

（一）应急救护培训力度不断加大

北京申办奥运会成功后，市红十字会抓住这个千载难逢的机遇，制定了开展应急救护培训可行性工作规划。奥运筹备期间，重点做了以下四方面的工作。一是加大应急救护培训力度，使红十字救护培训正式纳入北京奥运会、残奥会志愿者通用培训精品课程。其间，共完成了 129 万人的卫生救护普及培训，有 28 万人取得了红十字急救员证书，占北京市民总数的 1/60。对奥运志愿者和公安干警、出租司机、导游等重点行业人员开展了卫生救护知识培训，举办"北京市红十字会教你紧急自救互救"系列讲座，普及自救互救知识。二是与香港特别行政区红十字会合作编写了《2008 北京版急救手册》。在奥运会之前，《2008 北京版急救手册》普及版、英文版和家庭版以及"北京市红十字会教您紧急自救互救"讲座和"北京市红十字会急救员培训课程"教学片也陆续由北京出版社出版发行。三是参与"好运北京"系列测试赛的服务保障工作。成功进行了救护培训、急救站点的设置、红十字标识等方面的实践，为圆满完成红十字奥运服务任务奠定了基础。四是积极开展宣传无偿献血和预防艾滋病工作。争取国外、境外资金支持，在高校学生中开展无偿献血宣传动员工作和在高校、社区和外来务工人员中展开预防艾滋病教育工作。

以此为契机，市红十字会继续加大应急救护培训工作力度。首先是在 2010 年，将市红十字会应急教育中心更名为应急救护工作指导中心，进一步加强了对全市红十字应急救护培训工作的指导。其次是以中小学校、社区居民、公安系统等为重点，继续加大应急救护培训力度。2009 年、2010 年，全市参加应急救护知识普及培训人数达 197.86 万人，有 28.53 万人取得了初级急救员证书。再次，部分区县红十字会相继成立了应急救护教育指导中心和乡镇级红十字应急救护教育工作站，保障了应急救护教育在基层的开展。最后，在市委、市政府的大力支持下，应急救护培训工作于 2009 年、2010 年两次列入市政府折子工程。2009 年，由市政府出资，市红十字会编辑出版了《家庭急救手册》600 万册，并通过邮政投寄、社区发放等渠道免费发放到市民家庭，北京成为全世界首个由政府出资，向市民免费发放急救手册的大型城市。2010 年，作为北京市青少年公共安全教育系列读本，200 万册

《青少年应急救护手册》由市红十字会组织编印完成,向在校大中小学生免费发放。2009 年,在市政府的大力支持下,经过充分调研论证,市红十字会共在本市公共交通设施上安装红十字急救箱 821 个,有效提高了突发事件的应对水平。

(二)应急演练逐步实现常态化

为进一步提高市民应对突发意外灾害的意识和能力,市红十字会不断加大应急演练工作的力度。自 2008 年以来,结合"5·12"国家减灾日和"9·11"国际减灾日,坚持每年开展两次以应急救护技能和重大灾害应对为主要内容的应急演练。2009 年,"5·12"国家减灾日前夕,成功组织了"北京市红十字会地震灾害应急救援演练",增强了红十字应急救援的正规化、专业化水平。2010 年,首次以北京市人民政府的名义举办了全市群众性救护技能演练、模拟地震灾害救援演练,红十字防灾减灾教育逐步规模化、常态化。部分区县红十字会也相继举行全区系统救护技能比赛。据不完全统计,2008—2010 年,全市红十字系统共组织各类应急演练 100 余次,参与人数超过 15 万人。

三、全面提升自身综合实力,不断推进红十字应急体系建设

(一)红十字应急机制逐步完善

2009 年,市红十字会认真总结汶川救援、奥运服务经验,修订完成了《北京市红十字会应对重大公共危机预案》,增设了市级应急装备管理机构,启动了募捐管理、备灾物流管理信息化建设,有效增强了红十字防灾备灾水平。

(二)红十字应急队伍建设不断加强

在市委、市政府高度重视和社会各界的大力支持下,"999"紧急救援中心(以下简称"999")得到长足发展。截至 2010 年底,"999"共有各类应急救援、急救车辆 152 辆,在全市共设急救站点 119 个,工作人员总数超过 1000 名,年平均受理电话 27 万余次,出动车辆 23 万余次,急救业务占全市 50% 左右,为各类大型活动提供医疗保障 5000 余次,成功处理了奥运期间的"鼓楼事件"。2008 年、2009 年、2010 年,相继完成了汶川地震救援、奥运会现场医疗保障、国庆 60 周年医疗保障、玉树地震救援等重要工作,先后两次荣获党中央、国务院和中央军委授予的"抗震救灾先进集体"荣誉称号,北京市奥组委、国庆 60 周年活动组委会授予的先进集体称号。2009 年,"999"救援队被中国红十字会总会命名为中国红

十字会救援队。为进一步提高城市急救过程中的应急指挥能力，2010年，"999"自主设计开发、改造完成了紧急救援中心应急指挥平台升级改造工作，使其成为了国内领先、国际一流的急救指挥平台。该平台设有亚洲第一大电子显示屏幕，100个接听坐席、应急指挥中心等设施和卫星导航、定位系统，信息联系、传输系统等先进技术，成为国内首个获得微软认证的应急指挥系统。"999"还通过升级改造应急指挥平台、加密急救站点、扩充急救车、与民营航空公司合作启动空中急救转运业务等措施，显著提升了综合急救能力。2009年，"999"紧急救援中心20辆急救摩托车、30辆电动自行车正式启用，有效缩短了应急反应时间，开辟了城市急救新模式。

为进一步加强红十字应急救援体系建设，市红十字会还充分发挥志愿者作用，强化了志愿服务队建设。奥运期间，全市红十字系统建立了146支红十字应急救援队和应急服务队，随时为平安奥运处置突发事件做准备；全市共设立了1942个社区医疗服务站，4.5万名红十字志愿者，为市民和游客提供应急救助、健康咨询等服务；2万名红十字志愿者工作在全市550个城市志愿服务站中，奥运场馆内近4000名医务人员均为红十字会员，为观众和运动员提供医疗服务。共有来自8个国家和地区的27名境外红十字志愿者参与了城市卫生服务站点的志愿服务工作。奥运期间，直接投入奥运志愿服务工作的红十字志愿者总数达7万余名，使本届奥运会成为历届奥运会中，红十字志愿者参与人数最多、服务领域最广、形式最为多样的一届。2009年，市红十字会蓝天救援队、石景山区邵家坡康复医院应急救援队等一批志愿服务组织成为红十字应急辅助队。2010年，北京红十字蓝天救援队注册为国内首个民间救援队，成为红十字应急体系中的一支重要力量。

（三）应急救援装备建设不断强化

2010年，"999"紧急救援中心新增急救车50辆、扩充急救站点20个。市红十字会备灾救灾仓库启动信息化管理系统建设，逐步实现救灾物资管理科学化、规范化。红十字备灾救灾体系建设列入市财政预算项目，市红十字会每年根据应急需求采购、储备应急设备、器材和物资，为应对突发意外灾害做好前期准备工作。部分区县红十字会建成备灾仓储设施和农村红十字急救站点，并就配置急救人员、办公用房、急救器材等做出整体规划，进一步提高了防灾应急能力。

（四）应急意识不断增强

市红十字会在工作中认真总结经验，不断加强防灾减灾意识的培养和教育。2009 年，以"应对突发事件·人道责任"为主题，成功举办了第三届红十字工作国际研讨会，来自美国、荷兰等 8 个国家和地区的红十字组织以及国内红十字组织和有关部门应邀参加会议。与会人员就提高国际化大城市防灾应急能力，发挥红十字组织在应对突发事件中的作用进行了深入研讨。市红十字会主要领导应邀参加了由英国伦敦市政府和伦敦市红十字会举办的国际研讨会，并进行了大会主题发言，介绍了北京红十字会参与奥运服务的经验。2010 年，市红十字会应邀参加以色列"国际公路紧急救援锦标赛"、挪威"国际红十字野外救援培训"、香港医疗辅助队应急培训，深入学习借鉴了部分国家和地区在应急救援方面的成功经验，进一步提高了防灾减灾意识和应急救援的能力。2010 年，北京红十字应急体系建设首次入选《世界灾难报告》，红十字文化传播、对外交流的广度和深度进一步扩大。

第二节　关于北京市红十字会"999"急救服务体系建设汇报提纲

北京市红十字会"999"急救服务体系是在中国红十字会总会和北京市委、市政府的高度重视和支持下，经过 8 年多的探索实践逐步发展起来的。现将有关情况汇报如下。

一、关于"999"急救服务体系建设的进展情况

根据中国红十字会总会的统一部署，经北京市编办批准，2002 年 9 月，北京市红十字会正式成立北京市红十字会紧急救援中心（正处级自收自支事业单位），并在全国率先启用中国红十字会"999"特服号码，开展城市医疗急救服务。"999"急救体系运行 8 年来，按照"政府主管、红十字会承办、社会参与、自主运营"的发展模式，与政府"120"急救系统紧密协同，共同致力于城市公共卫生应急服务，形成了"一个城市、两个系统"的应急服务新模式，有效提升了北京市城市应急水平。总结"999"急救服务体系的建立和发展过程，主要有以下几个特点。

（一）适应公共卫生服务需求，形成了城市急救服务有机补充、有序竞争机制

"999"急救服务体系的建立是北京城市急救服务需求发展变化的客观需要。"999"救援中心成立之初，北京市与全国其他城市一样，只有政府"120"急救中心负责城市卫生应急工作。运行8年来，该中心共有员工1084人、救护车152辆、急救摩托车50辆，共设立急救站点72个，急救业务占全市50%以上。有机补充、有序竞争，共同致力于城市公共卫生应急服务，有效提升了城市急救服务水平。有关情况如下。

北京市红十字会紧急救援中心成立于2002年，是经市编办批准设立的正处级自收自支事业单位，主要职责是按照红十字会法和市委、市政府的要求开展救灾、救助、救护事宜。

根据《中华人民共和国红十字会法》和《中国红十字会章程》的有关规定，参照国际红十字运动的通行做法，1997年9月26日，中国红十字会申请邮电部电信总局批准（电网第〔1997〕792号）"999"作为红十字会开展救护、救助、救灾专用急救电话号码。同月30日，中国红十字会总会发文（红卫救字〔1997〕133号）要求北京市红十字会筹备"999"的开通事宜，并可优先使用。1999年8月底，"999"通信系统一期工程建成，并具备开通条件。

北京市红十字会在对美国、德国、西班牙等国家和中国香港地区专业急救医疗机构进行考察的基础上，针对当时本市急救力量不足，急救站点少，急救反应时间长，不能满足本市国际大都市急救事业发展的实际情况，以"999"为依托，建立了北京市红十字会紧急救援中心，于2001年9月19日正式开通。该中心具有自然灾害、突发事件和日常急危重病人的紧急救助救护的社会职责。

"999"以市场需求为原则，根据区域呼叫量数据分析及交管部门提供的交通事故高发区域设立急救站。2001年至今，共设立急救站70个。所有急救站均由"999"指挥中心垂直管理，统一调度派车。每个急救站都有独立的办公用房，建筑面积30~60 m²，人员编制5~10人，配有通信设备，1~2辆急救车。70个急救站中：设在公安、交通部门急救站28个，设在医院的急救站27个，设在学校及社区的急救站21个。急救站采用A、B、C分级管理模式管理，即根据站点所处位置的重要程度，采取不同的保障措施，有效确保了城市应急体系的需要。

"999"现有各类急救车辆152部，其中日常运营车辆100部，其余52部用于应急突发事件、医疗保障、长途运送病人。车上配备先进的双核电脑、卫星定位系统（GPS）、800 M无线电话通信系统、车载电话、心电监护仪、心电除颤器等紧急医疗救护设备。救援救灾专用车可在救灾现场 40 min 内为 300 人提供餐食。

据不完全统计，自 2001 年成立至 2008 年底，"999"共出车 88.6 万余车次，日出车量从 2001 年的 70 辆／日，上升到现在的 500 辆／日。9 年来，"999"先后为北京奥运会、国庆 55 周年、第二十一届大学生运动会、国际马拉松比赛、甲A 联赛、皇马足球赛以及历年中考、高考等大型群众性社会活动提供医疗保障近 4000 次。奥运开幕式当天，"999"派出 30 辆医疗保障车在国家体育场（鸟巢）严阵以待。"999"还直接参与抗击非典、中央电视台新址火灾、鼓楼事件、密云特大踩踏事故、蓝极速网吧火灾、京民大厦火灾、京津塘高速客车翻车、南四环特大车祸、京沈高速客车翻车事故、昌平"2·11"特大车祸等各种意外灾害和紧急、重大事故的急救任务 670 余次。仅奥运期间，就转运外国友人 137 人、市民 17327 人。鼓楼事件发生后，"999"在 3 min 内到达现场，及时将外国友人安全转运至医院。央视新大楼北配楼火灾中 9 名受伤人员全部由"999"转送至医院。

长期以来，"999"与"110""119""122"及北京国际（SOS）救援中心建立了紧急救援联动机制，全部实现了与交管部门信息共享、联动出车，其中 42% 的急救车先于警车到达现场。由于信息快捷，急救及时，使交通事故致死率由原来占全国的 17% 降至 1.3%，已经达到了德国、日本等发达国家的平均水平。北京市交通管理局事故处专门在《信报》上撰文，认为"这一机制的建立，大大提高了交通事故快速急救能力，缩短了急救半径，减少了反应时间，最大限度地减轻了道路交通事故的危害后果"。

（二）坚持质量与效益相统一，形成了急救运营新模式

"999"是北京市红十字会所属的自收自支事业单位，实行院长负责制。下设指挥中心、办公室、医疗急救部、医疗保障部、车辆管理部、发展部、财务部等 7 个部门。现有职工 1084 名，多数为外地来京人员。职工平均年龄 27.9 岁，从事医疗工作的人员全部拥有医护专业专科以上学历及相关职业技术资格证书。"999"每天备有 100 人的救护队伍随时调配使用。

人员管理方面"999"实行全员聘任制，与所有职工均签订了劳动合同，并按照有关规定为他们交纳了各项社会保险金。为了加强对职工的管理与考核，"999"制定了科学的管理办法，建立了严格的考核体系，并将先进技术设备引进管理工作之中，采用智能管理系统，即所有救护车及各科室均通过安装、使用指纹认证系统，实现了对人员考勤的动态管理，杜绝了急救人员迟到、早退、空岗、替岗现象。在

医护人员技术水平提高方面，"999"采取人员内部流动的方式，将长期从事院前急救的医护人员，定期轮换到院内医疗部门，为院前急救的医护人员增加临床经验搭建实践的平台，使他们的医疗技术水平不断提高。针对外来职工多的特点，"999"还在生活上给予多方位的关心与照顾，对那些因为家庭原因无法从事院前急救的人员及时进行转岗流动，从而有效解决了院前急救医务人员流失率高的问题。

业务管理方面，"999"始终从患者角度出发，本着快捷、方便、优质、廉价的原则，不断提高服务质量。建院之初，"999"就建立了完善的转诊制度，本着就近、从速、从优的原则，尊重家属意见，按照距离远近及医院的救治能力快速转送患者。其收费标准严格按照卫生部、北京市卫生局出台的相关规定执行。他们还尽可能地为患者减少不必要的检查项目，提供价格低廉的各项服务，以降低患者在经济方面的负担。为适应北京急救工作的需要，自 2001 年开始，"999"在指挥中心增设了英语和多民族方言调度人员。现在，指挥中心已经拥有 42 名方言调度员，并能提供 5 种外语调度服务，保证了在三方呼叫方式的情况下，24 h 多语种和方言服务畅通。奥运服务期间，美国大使馆致信"999"，对外语调度给予了良好评价。业务工作中，"999"还将院前急救与所属急诊抢救中心的 ICU、CCU 病房相结合，为一些在车祸等突发事件中受伤，一时找不到亲属或暂时无力承担医疗费用的人员，开辟了生命绿色通道，使他们可以在第一时间得到救治、护理和治疗。为保证服务质量，倾听社会需求，多年来，"999"坚持对每天急救转运情况进行回访的制度，回访内容包括服务态度、服务质量、收费标准等。目前回访率约占服务受众总数的 35%，其中对"999"的服务表示满意的占回访总数的 98%。经过努力，"999"已经基本形成了固定的服务群体。当前，在基本解决经营成本，并按月偿还银行贷款 300 万元的情况下，实现了各项工作的全面发展。

（三）坚持人道公益理念，充分体现红十字应急服务品牌效应

作为红十字会所属的紧急救助机构，"999"在服务中始终坚持红十字会的人道公益理念，着重加强了对特殊群体的人道主义关怀，彰显了专业救助团体的应急实力。

5 月 12 日汶川地震发生后，根据中国红十字会总会的要求，经市政府批准，一支由 38 人、5 辆救护车、1 辆指挥车、1 辆通信保障车、1 辆多功能饮食供应车组成的"999"救援队赶赴灾区开展一线救援。从接到派救援队赴川的通知到队伍出发，仅仅用了不到 5 h 的时间。"999"救援队在川 45 天，冒着生命危险，共救治、

转运伤员 788 人；为受灾群众提供心理援助 128 人次；为兄弟救援队提供饮食供应 3 万人次，被党中央、国务院、中央军委评为"全国抗震救灾英雄集体"。

针对北京市人口老龄化问题，推出了一系列便民服务项目。与高科技公司合作开发了座机"一键通"，现已为国家各部委、大型企业等数十个单位集体安装十万余部。与金卫捷公司合作研制开发"999 急救呼叫手机"，该手机具有适合老年人的大键盘、大声音、大字体、大图标、助听、手电、报时、收音、养老等功能，现已在为北京市老年人提供急救服务中发挥重要作用。与北京市老龄委合作推广的援通急救呼叫器项目，现已安装近万台，均由"999"平台提供急救医疗保障服务支持。与平安、人寿等保险公司合作推出急救卡项目，为市民提供意外伤害时的医疗救助和经济保证。目前共发行急救卡 41 万张，目前正在与人寿保险公司合作多种急救卡模式。"999"还开发出腕式无线智能感应器，能够为老年人随时提供血压、心跳等实时监控信息，同时具有"999"一键报警的功能。近期，"999"还将与市民政局合作，为本市 200 多万 60 岁以上老年人提供急救医疗服务。

"999"将救助窗口前移至看守所，直接为在押人员提供医疗救治，工作开展 6 年来，共为 19 万多人开展了体检。联合国人权组织和美国警务部门考察后，对中国人权工作和红十字人道精神给予了高度评价。西城看守所获得了"全国第一看守所"称号。市公安局现已要求全市看守所都要与"999"合作，在看守所内建立医疗中心，保证医疗安全。

"999"在急救工作中不断开拓全新的公益服务领域。按照红十字会"协助政府开展人道主义救助工作"的要求，"999"制定了"重大灾害事故医疗急救预案"。其组建的紧急救援队已经被中国红十字会总会命名为红十字国际救援队。"999"还充分发挥救灾、救助功能，及时开通服务热线，2008 年"风雪救援""汶川救援"等行动做好服务。为提高市民的应急自救能力，"999"在公安、交通、社区、企业、学校开展例如普及急救知识培训等社会公益活动。他们还突破了单纯城市救援的范畴，积极参与社会团体和机构组织的山地救援及各类灾害救援演习等活动。

（四）坚持科技引领发展，不断提升综合应急水平和自主创新能力

为满足应急指挥的需要，"999"在技术、资金缺乏的情况下，立足自身，自主设计、开发、改造完成了紧急救援中心应急指挥平台升级改造工作，使其成为了国内领先、国际一流的急救指挥平台。改造完成的指挥平台设有亚洲第一大电子显示屏幕。该屏幕的制作技术为"999"首创。平台设有 90 个接听坐席，设置了 4

套可同时运行的交换机系统，现已开通电话线路 2000 条。在急救呼叫方面，引进美国先进的"911"手机定位报警救援系统，能够快速准确地确定报警人位置，提高了应急救援时间和反应能力。这一技术的应用目前在国内急救系统尚属首家。在急救车的调度、指挥、监控方面，采取了多种通信方式整合的模式。即无线网络、移动、固定电话、800 M 集群整合到调度员的计算机上，实现点对点通信，通过联通及移动网络增加了语音呼叫和文字传输，并设有全程录音系统，使调度工作合理有序。计算机视频系统，还可以实现指挥中心对急救车辆医护人员急救工作的指导，为挽救生命提供有效技术支持。"四合一"功能的应用，使"999"成为全国最先进的急救系统。指挥平台设置的全模式数字接口，可实现与各级行政部门（市政府、市卫生局、CDC、各医院急诊科等）、各大中心（"110"、"119"、"122"、"120"、国际 SOS 等）信息共享，互通互传。目前已和"110"、"122"、SOS 实现了一键直通。指挥中心还设置了中心指挥室和情况会商室，为在重、特大活动或灾害中，实现领导和有关部门坐镇指挥，提供了技术和场地上的便利。

"999"还在急救和日常管理工作中，加大了科技的投入和应用力度。2008 年底，50 辆急救摩托车、30 辆电动自行车正式启用，有效减少因车辆拥堵而造成的延误救援时间，开辟了城市急救新模式。此外，"999"还相继建立了病历实时录入、存储、上传、查询系统；药品、物品基数管理，动态预警、补给系统；电脑自动计费（车、诊费），自动机打发票收费系统和刷卡交费系统等一系列智能管理系统。

二、存在的主要问题

1）发展战略研究不够，现行体制缺乏理论性、政策性支撑。作为国内唯一非政府主导的城市急救体系，"999"的发展模式存在理论和政策方面的缺失，还需要进一步加强相关内容的研究和探索。

2）发展资源占有不足，公共服务成本的合理补偿以及多元化投入机制不够健全。作为承担公共服务的机构，"999"的公共服务成本没有得到相应的合理补偿，而且也缺乏有效的基础性投入。多元化投入的机制尚未健全，其自身吸纳民间资本的能力较弱。

3）专业化、正规化、国际化程度不高，综合应急能力有待于进一步提升。作为中国红十字会总会命名的红十字国际救援队，其人员素质、技术水平与首都需求以及国际标准之间存在差距，综合能力需要进一步提升。

三、进一步完善"999"急救体系的思路

1）深化理论和战略研究，巩固公共卫生服务主体地位。继续立足城市急救体系建设，加强体制和政策研究，借鉴发达国家的急救医疗服务体系（EMSS）的先进经验，本着以政府为主体，各支救援力量相互补充、合理配置的原则，以建设北京首家以急救为特色的医疗机构为目标，在争取生存权的同时，继续巩固公共卫生服务主体地位。

2）建立公共服务成本合理分担和补偿机制，提高可持续发展能力。在今后工作中，希望政府有关部门建立起符合首都急救体系发展实际的公共服务成本合理分担和补偿机制，根据"999"所承担的公共服务任务给予合理补偿。同时，"999"要通过更多地吸纳民间资本，实现投资多元化，提高可持续发展能力，为北京城市应急体系的健康、快速发展提供有力保障。

3）继续推动要素优化组合和技术升级，不断提升应急反应速度和综合应急能力。坚持以病人为中心，坚持以时间为生命，坚持以质量为保障，继续加大技术升级和技术改造力度。合理布局，缩短救援半径，年底前，将站点由现在的 70 个增加到 90 个，力争到 2010 年，急救反应时间由现在的 16 min 提高到 10 min 以内。建立健全农村急救网络，在本市农村建立急救站 82 个，实现农村应急反应时间 30 min 的目标。

4）牢固树立人道公益理念，大力拓展综合应急服务领域。作为红十字组织所属的城市急救体系，"999"将进一步牢固树立人道公益理念，积极拓展工作领域和服务内容，为社会弱势群体、边缘群体提供无差别化服务，使"以人为本"的科学理念在城市急救服务中得到良好体现，为首都的安全稳定服务。

5）加强素质能力建设，提高专业化、正规化、国际化水平。从科学管理和队伍建设入手，加强自身的素质能力建设。进一步完善绩效考核制度，建立健全责任追究、轮岗交流机制。不断加强人员的素质化教育和培训，努力提高医护人员在急救工作中的专业化、正规化和国际化水平，切实担负起首都应急服务和国际灾害救援中的各项任务。

"999"是在国家改革开放大环境下，随着市场的需求应运而生的，在客观上对首都急救体系的完善起到了补充作用。"999"在生存和发展中遇到的问题与难点，是改革发展过程中的必然，也是需要我们不断研究、探索的课题。我们坚信，在北京市委、市政府的正确领导下，在市各有关部门和社会各界的大力支持和积极关注下，"999"急救体系必将得到长足的发展，为建设"人文北京、科技北京、绿色北京"做出应有的贡献。

第三节 2008年北京市红十字工作总结及2009年工作任务

一、2008年工作回顾

2008年是极不平凡的一年。在市委、市政府的正确领导下，广大红十字工作者认真学习党的十七大和十七届三中全会精神，深入贯彻落实科学发展观，按照市红十字会八届五次理事会的部署，紧抓机遇，积极应对挑战，努力克服困难，齐心协力，扎实工作，首都红十字事业取得了显著的成绩。

（一）全力支援抗震救灾，大灾面前凸显红十字人道责任

5月12日，四川汶川特大地震发生后，市会把抗震救灾工作作为最重要最紧迫的任务，第一时间安排部署支援灾区抗震救灾工作，成立抗震救灾领导小组，迅速启动"汶川救援行动"。一是迅速开展募捐工作。向社会开通捐赠电话和"999"捐赠热线，公布捐赠账号，设置募捐接收站（点），开出流动募捐车，并通过新闻媒体，广泛动员社会力量支援灾区，得到了社会各界的热烈响应，广大群众竞相为灾区捐款捐物。自抗震救灾募捐工作开展以来，市红十字系统累计接受社会各界捐款4.1亿元，救灾物资价值9550.88万元，在北京各类接受捐赠部门中名列前茅，在北京市红十字会募捐历史上也达到了最好水平。二是迅速派出"999"救援队奔赴四川灾区支援抗震救灾。汶川地震发生次日，根据中国红十字会总会的要求，经请示市政府批准，在北京市红十字会紧急救援中心（"999"）抽调急救人员38人，救灾、急救车8辆组成救援队，在副会长孙硕鹏的带领下，紧急赶赴灾区全面展开救援。为更好地开展救援，市红十字会在"999"应急救援队进入灾区后，先后5批派出救援队员82人次。救援队在灾区期间，共救治、转运伤员788人；为受灾群众提供心理援助128人次；为部分兄弟救援队提供饮食供应3万人次。被党中央、国务院、中央军委评为"抗震救灾英雄集体"。三是认真筹划灾后重建援助项目。根据中央和市委、市政府关于地震灾后重建工作的统一部署和捐赠者的意愿，为切实管好、用好每一分捐款，真正为灾区人民解决实际问题，市会主要领导和分管领导以及机关职能部门负责人先后多次赴四川、甘肃灾区了解灾情和灾后援建情况，与当地政府和红十字会进行协商，对援建项目逐一实地踏勘。经认真研究，确定了支援四川什邡、绵竹，甘肃天水、陇南、甘南，陕西安康、宝鸡、汉中等地67个灾后重建项目。目前，67个灾后重建项目的援建协议和援建意向已全部

签订，项目预算资金总计3.5亿元。同时，由北京市红十字基金会接受的定向援助基金1000万元，也按照捐赠者的意愿投入甘肃灾后重建工作。此外还确定了用于开展针对灾区少年儿童心理援助的定向捐赠等项目。

（二）大力弘扬志愿服务精神，红十字奥运服务取得丰硕成果

传承国际红十字运动的历史传统，肩负时代赋予的责任，以良好的精神状态投身北京奥运志愿服务，为中华民族的百年奥运梦想做出应有的贡献，为红十字事业的发展留下丰厚的遗产，全市红十字系统坚定信心，全身心投入其中，取得了丰硕的成果。一是积极营造浓厚的奥运服务氛围。自2007年12月8日起到2008年7月8日，我们以"红十字与奥运同行"为主题，制定并实施了每月8日系列行动规划。通过系列活动的开展，有效推进了红十字奥运服务工作，红十字奥运服务逐步深入人心，红十字公益形象借助奥运服务得到了很好的展示。二是为平安奥运做贡献，"999"等应急救援力量充分发挥作用。为做好涉奥及城市运行突发事件医疗救援工作，我会紧急救援中心（"999"）按照市奥运会医疗急救保障的总体部署和要求，平均每天投入值守人员386人，应急值守车辆130辆，累计出车25482次，其中转运外籍人员259人次。并无偿为保障奥运的公安、交通警察亲属及卫生保障人员提供急救服务，承担了全部外省市病员长途转运工作。在处置鼓楼歹徒行凶致美国游客伤亡涉外治安案件等数起突发事件中，"999"应急反应速度快，处置得当，减小了影响。奥运期间，"999"较好地实现了奥运应急保障和"平安奥运行动"工作目标，得到了有关方面的充分肯定。我会合作单位国际SOS紧急救援中心，奥运期间安全顺利地完成了奥运大家庭6名伤病员的跨国（境）空中转运任务。此外，市、区两级红十字会有40支红十字应急救援队，随时为平安奥运处置突发事件做准备。三是红十字志愿服务精神得到了充分的体现。在北京奥运会期间，4.5万名统一身着北京市社会志愿者服装、佩戴红十字标志的红十字志愿者，在全市1942个悬挂红十字与奥运组合标志的社区医疗服务站为市民和游客提供应急救助、健康咨询等服务；2万名红十字志愿者，工作在全市550个城市志愿服务站中；奥运场馆内近4000名医务人员均为红十字会员，佩戴红十字标志，为观众和运动员提供医疗服务；此外，应北京奥组委的要求，我会承担了小语种志愿者的招募、培训和管理工作。奥运会期间，小语种志愿者在配合医生抢救外籍危重病人等方面发挥了重要的作用，红十字会务实高效的工作作风及奥运红十字志愿者的无私奉献

精神得到了社会各界和国际友人的高度赞誉。参与本次志愿服务的还有来自美国、西班牙、英国等 8 个国家和地区的国际友好城市的红十字志愿者，在语言服务、应急救护等方面有效地发挥了作用。这些友好城市志愿者回国后都向本国红十字会介绍了奥运会的盛况及参与志愿服务的工作情况，并纷纷来信感谢北京市红十字会为他们提供了参与奥运服务的机会。奥运会期间，总数达 7 万名的红十字志愿者投入奥运志愿服务工作，使本届奥运会成为历届奥运会中，红十字志愿者参与人数最多、服务领域最广、形式最为多样的一届。

（三）坚持改革创新，红十字应急救援体系建设迈出新的步伐

适应首都经济社会发展的新形势，充分发挥红十字救护培训业务特点和医疗急救专业优势，在完成抗震救灾和奥运服务两项重大工作中经受考验，不断总结经验，创新工作思路，红十字应急救援体系建设迈出了新的步伐。一是以服务北京奥运为契机，救护培训工作取得新进展。在与香港特别行政区红十字会合作编写出版《急救手册（2008）》的基础上，今年，我们又陆续编写出版发行了普及版、英文版和家庭版，举办了"北京市红十字会教您紧急自救互救"讲座，录制了《北京市红十字会急救员培训课程》教学片。结合奥运安保工作，开展了重点对奥运志愿者和公安、旅游等特殊行业人员急救知识和技能的培训。举办了 6489 期卫生救护普及讲座，以公开课的形式向广大群众普及自救互救知识。通过市、区（县）两级红十字会共同努力，2008 年，全市红十字系统共完成了 72.4 万人的卫生救护普及培训，有 10.27 万人取得了红十字急救员证书。二是"999"专业救援队伍的救援能力和影响力进一步增强。目前，北京市红十字会紧急救援中心（"999"）已建成急救站 68 个，配置专业急救车辆 132 辆，担负着全市一半的城市急救任务。认真总结抗震救灾和红十字奥运志愿服务经验，进一步完善"999"应急体系建设，缩短急救半径，提高急救反应速度，"999"的救援能力和影响力进一步增强。为提高急救水平，"999"重视新技术、新项目的开发和应用，推出了"手机定位呼救系统"，升级改造的指挥与调度中心智能数字指挥平台，达到了国内先进水平。近期，在学习借鉴国外和香港特别行政区城市急救工作经验、结合本市实际、认真调研的基础上，率先在全市开展摩托车急救工作，进一步缩短急救反应时间，给我市的医疗急救事业发展注入了新的生机和活力。目前，已购置 20 辆急救摩托车和 30 辆电动自行车（车上车）及其相关配套医疗、通信设备；在"999"原有城八区急救站点

的基础上，选择在人群居住相对集中、交通易发生拥堵的区域，增设或在已有的急救站点配置急救摩托车，达到有效缩短急救反应时间，尽快实施救治的目的。三是在建立红十字应急辅助队方面进行了积极的探索。奥运会期间，市、区两级红十字会还建立了 40 支红十字应急救援队，随时为处置突发事件做准备。以此为基础，就充分利用红十字奥运志愿服务遗产，合理调动 7 万名红十字志愿者资源，建立、发展各区县和企事业单位红十字应急救援辅助队进行了积极探索。形成了应急救援辅助队在志愿者的管理方面，倡导志愿服务精神，建立定期服务和志愿者年度最低服务时间制度。在职能作用方面，平时为社区居民提供健康服务、无偿献血和预防艾滋病宣传等工作，一旦遇突发、意外事件或公共卫生事件，能召之即来，与专业救援队伍紧密配合，开展辅助救援及心理援助的工作思路。

（四）着力保障和改善民生，"博爱在京城"募捐救助品牌效应显著增强

2008 年，全市红十字系统充分发挥"博爱在京城"品牌效应，结合实际，与时俱进，积极探索募捐工作新途径，进一步加大救助工作力度。一是加强社会合作，建立可持续发展的筹资工作机制。通过开展公益项目推介，拓展筹资渠道，汇聚人道力量，构建红十字公益合作平台，共同为社会弱势群体服务。目前，已与SOHO 中国、安永华明会计师事务所、上汽通用五菱、腾讯科技（深圳）有限公司、环迅支付、易宝支付等国内外知名企业和市政协港澳台侨委员会、市工商联等单位建立了合作伙伴关系，积极参与首都慈善公益联合会的联合募捐行动，收到了积极的效果。"5·12"地震发生后，SOHO 中国第一时间捐款 200 万元，随后定向捐款 1000 万元用于甘肃灾后重建，并对后续的捐赠做出承诺；安永华明会计师事务所不仅慷慨捐款，而且派出大量志愿者参与我会抗震救灾募捐志愿服务；易宝支付网上募捐突破 1850 万元，居全国网上募捐第三名。2008 年 6 月 8 日成立了北京市红十字基金会，发挥其募捐救助主渠道作用，在创新工作机制体制上迈出了实际步伐。一年来，除地震募捐外，全市红十字会系统还接收社会捐款 4793.66 万元，物资价值 522.90 万元。二是积极援助兄弟省区抗击自然灾害。先后向遭受雨雪冰冻等自然灾害的湖南、湖北、贵州、广西、新疆等 10 个省、自治区红十字会及新疆生产建设兵团红十字会，拨发救灾款 2206 万元和价值 567.94 万元的物资，有力地支援了灾区群众的生产生活和灾后重建工作。三是多种形式加大本市弱势群体救助力度。市、区两级红十字会适时对自然灾害和突发事件受损害群众进行救助，提

供衣食等生活必需品，发放救济款物价值 47.5 万元，缓解燃眉之急；坚持开展"两节"送温暖活动，元旦、春节期间，深入乡村、街道、企业，走访慰问困难家庭和困难职工，发放救助款、物价值 668.87 万元。四是造血干细胞捐献工作发展良好。已在房山区和密云县建立了造血干细胞供者服务工作站。积极克服抗震救灾等重大事件对造血干细胞捐献志愿者招募工作带来的影响，全年共完成 9500 人份资料入库的任务，有 9 人成功捐献了造血干细胞，其中 3 例为境外患者进行了捐献。

（五）大力弘扬红十字文化，人道博爱奉献精神的群众基础得到巩固和发展

一是红十字宣传传播工作的广度和深度进一步提高。充分利用北京市红十字会成立 80 周年纪念，通过召开纪念大会、在主要新闻媒体开辟专栏、专版，出版书籍、画册，制作相关纪念品等多种形式掀起宣传高潮。以纪念北京市红十字会建会 80 周年为主题，集中展示北京市红十字会的发展历程和工作成就的展览，产生了积极的反响。加大红十字参与抗击自然灾害和服务奥运工作的宣传力度，进一步扩大了红十字工作的社会影响力。结合纪念"五八"世界红十字日，推出"2008 红十字与奥运同行——博爱在京城暨红十字博爱文化月"系列主题活动。通过义务献血动员、灾难模拟演练、志愿者服务技能演练等展示宣传，吸引了众多群众的热烈响应和积极参与。与北京电视台合作举办了红十字知识电视竞赛，在北京电视台制作播出的《走进红十字》栏目 50 集宣传片，受到了广大群众的欢迎。在东城区、西城区、朝阳区、海淀区、丰台区、石景山区、昌平区、通州区的繁华街区安装了红十字宣传栏，继续扎实做好红十字运动基本知识的传播培训，收到了良好的效果。二是以活动推动红十字青少年工作。针对青少年的特点，积极开展丰富多彩的社会实践活动，加深青少年对红十字文化理念的认识。先后在天坛公园建立"红十字青少年教育基地"，在桑尼摩尔（北京）国际儿童中心建立"北京红十字青少年基地"，为广大红十字青少年开辟了活动场所；在城八区发起了"绿色生活从我做起"饮料软包装回收活动，80 余所中小学参加回收活动；与北京交通广播等媒体联合发起"博爱电波书屋"活动，倡议同学们自己动手保护环境，以回收、变卖废品所得为灾区小朋友制作爱心卡的方式，帮助地震灾区小朋友；举办"我们在一起"北京—什邡青少年心连心夏令营活动，为两地青少年搭建了沟通交流、爱心互动的平台，对于抚慰灾区青少年心灵创伤起到了积极的作用；开办中专校预防艾滋病教师互动培训加强班，开展互动课程交流，完成中美商会

中专预防艾滋病项目。三是结合服务奥运，推动社区服务工作的有效开展。继续开展"我参与、我健康——红十字生命关爱行动"健康大课堂活动；由荷兰红十字会支持，在高校、社区和外来务工人员中展开的 2006—2008 年"增强和抵御艾滋病能力项目"取得圆满成功；积极参加全国社区红十字服务示范区创建活动，丰台区、石景山区、大兴区、怀柔区、平谷区被评为全国社区红十字服务示范区。四是红十字文化交流进一步发展。2008 年，接待了红十字会与红新月会国际联合会主席苏亚雷斯·托罗，红十字国际委员会以及红十字会与红新月会国际联合会驻东亚地区代表处官员；接待了西班牙、葡萄牙、以色列、澳大利亚、比利时、德国、英国、韩国、日本、美国、加纳、埃塞俄比亚、缅甸、埃及、斯里兰卡、斐济、泰国等国家红十字会的来访共 25 批 113 人次。应邀组团、随团出访埃及、西班牙、希腊、德国、荷兰、意大利、马尔代夫、斯里兰卡、韩国、澳大利亚、新西兰等国家和中国香港地区，共 9 批 32 人次，并与澳大利亚红十字会签署双边友好交流协议。

（六）坚持抓基层打基础，红十字组织建设和干部队伍建设取得了切实成效

一是认真落实"中国红十字会基层组织建设年"的要求，加强红十字会组织建设。积极推动社区居委会、村委会建立红十字组织，动员全市各级机关、企事业单位加入红十字组织，成为团体会员单位，红十字组织建设得到进一步发展。目前，全市有红十字基层组织 1990 个，会员 997660 人（其中青少年会员 490609 人），志愿工作者 150338 人。二是加强能力建设，干部队伍的素质得到进一步提高。今年，我们把建设学习型组织、学习型机关作为提高干部队伍综合素质的一条有效途径。首先结合学习实践科学发展观活动，加强干部培训工作，形成良好的学习氛围；加强与兄弟省、市（区）红十字会的联系，组织干部学习、考察，开阔视野；加强理论研究，探讨新形势下红十字会工作的思路。其次，广大红十字干部在抗震救灾和服务奥运两项重大工作中经受了考验，同时也得到了锻炼，各级红十字会的科学决策能力和执行能力得到进一步提升。

过去的一年，我们取得了显著的工作成绩，也积累了宝贵的经验。我们的主要体会如下。

第一，必须始终坚持科学发展观，解放思想、开拓创新，红十字事业才能充满生机和活力。一年来，各级红十字会结合自身的特点，创新思路，在红十字工作的科学发展上迈出了坚实的步伐。通州区红十字会从红十字运动的宗旨出发，利用中

秋节之际，深入监所，为服刑人员送去人道关怀，把工作的触角延伸到服刑人员这一特殊群体，对于帮助服刑人员积极改造，重新做人，起到了感化作用；丰台区红十字会建立了募捐回访制度，定期一一登门回访，感谢捐赠者的爱心、通报捐款用途，主动建立联系沟通渠道，增强捐赠者的信心以及对增进红十字工作的了解和信任，形成可持续发展的筹资工作机制；密云县红十字会结合实际，开拓创新，将基层组织建设、管理与救助工作有机地结合，充分调动乡村建立红十字组织、开展红十字工作的积极性。目前，100％的村（居）委会建立了红十字会。组织的健全为实施县、镇（乡）、居（村）三级联动救助机制奠定了基础。我们要始终坚持科学发展，积极适应经济社会发展的新形势，不断提高各级红十字会创新发展的能力，更好地推进事业的发展。

第二，各级组织和领导的高度重视，给红十字工作迈上新台阶以强大的动力。我们取得的成绩离不开各级组织和领导的高度重视和关怀。一年来，中国红十字会会长彭珮云多次参加我会组织的活动，奥运期间还和红十字会与红新月会国际联合会主席托罗一道深入红十字服务站和"999"，检查指导工作，慰问志愿者。北京市副市长、市红十字会会长丁向阳两次率市政府有关部门到999调研，多次就我会开展的风雪救援、汶川救援、服务奥运等重大工作做出批示，充分肯定取得的成绩。不久前市政府还将我会有关为民服务项目纳入北京市2009年在直接关系群众生活方面拟办的重要实事之中。市政协先后两次组织政协委员到市会机关和999考察。各区（县）委、政府对红十字工作的重视程度不断提高，红十字工作在区域经济社会发展中的作用得到加强。大兴区将红十字工作纳入区委、区政府2008年基层年度绩效考核之中。各级领导的支持，给了我们以极大的鼓舞和鞭策，为我们更好地开展工作增添了动力。

第三，必须紧紧依靠基层组织，充分发挥区县红十字会的作用。基层红十字会是红十字工作政策计划的直接实践者和执行者，一年来，各区县红十字会认真落实市会和当地党委、政府的工作部署，全年募捐均创红十字募捐历史最高纪录。奥运期间，东城区故宫博物院红十字服务站、西城区西单红十字服务站、石景山区场馆外围红十字服务站等，以良好的形象和热情细致的服务赢得了各级领导肯定和中外宾客的好评。朝阳区红十字会针对奥运志愿服务任务重的特点，制定了"三结合、五推进、六到位"的工作措施，为圆满完成奥运服务任务提供了保障。海淀区学校红十字工作成效显著，在中、小学生中开展的救护培训工作得到了市委刘淇书记的肯定；宣武、大兴、顺义区红十字会把救护培训工作的范围扩展到驻地各部队，得到官兵的普遍欢迎。崇文区、门头沟区、昌平区、延庆县红十字会紧密结合地区特点，充分发挥"博爱超市"的作用，做到救助工作的人性化、经常化。怀柔区红十字会以援建"博爱村"的方式，救助大病农民患者，为减轻其家庭经济负担发挥了积极的作用。房山区红十字会积极落实市会工作部署，成为全市第一批建立造血干细胞工作站的区县红十字会。平谷区红十字会以组织群众喜闻乐见的巡回文艺演出的方式，在农村地区广泛开展宣传，扩大红十字工作的社会影响。全年红十字工作成绩的取得，区县红十字会功不可没。因此，只有紧紧依靠基层，首都红十字事业才有旺盛的生命力。

第四，必须拥有一支热爱红十字事业，乐于奉献的干部队伍。在实现全年工作目标特别是在完成抗震救灾和服务奥运两项重大工作中，各级红十字会干部职工以非凡表现，谱写了一曲曲可歌可泣的壮丽赞歌。在支援抗震救灾的关键时刻，市会领导班子成员先后奔赴灾区参加抗震救灾，主要领导5次深入灾区，广大干部职工踊跃请战。"999"救援队队员们，在抗震救灾工作最困难的阶段，不畏艰险，不怕牺牲，深入一线奋力抢救伤员。备灾救灾服务中心的全体工作人员，面对空前的大量救灾物资接收任务，连续作战，加班加点，有的甚至累倒在工作岗位上。造血干细胞管理中心的同志们，坚持每天开出流动募捐车，起早贪黑，风雨无阻，巡回街巷，深入企事业单位，一辆流动募捐车募集善款达400余万元，市会机关的干部职工，连续一个多月坚守岗位，日以继夜，毫无怨言，累计加班达14210 h。在紧张的红十字奥运服务工作中，市会为来自8个国际友好城市的红十字志愿者提供"一对一"陪伴服务的同志们，不辞辛苦，有始有终，表现出高度的责任感和奉献精神。高素质的干部队伍，是红十字会事业发展的重要力量和宝贵财富。

回顾一年的工作，我们清醒地认识到，我们的工作中还存在一些困难和问题：一是红十字公益影响力尚显不足，职能和作用有待于进一步发挥；二是基础设施建设滞后，扶持、保障、动员机制不够充分；三是基层基础还比较薄弱，机构队伍与所承担的任务不相适应等。这些困难和问题的存在，一定程度上制约了红十字事业的发展，需要我们进一步加大工作力度，积极争取支持，逐步加以解决。近期，作为第一批进行科学发展观学习实践活动的单位，北京市红十字会认真按照市委组织部的要求，进入到第二阶段——查摆工作中问题的阶段。全会上下经过认真学习、调研和大讨论，找出了影响红十字事业发展及迫切需要解决的问题，第三阶段的学习将拿出具体整改措施。科学发展观的学习实践活动，对北京市红十字会下一步的工作起到很好的推动作用。

二、2009 年工作的指导思想和主要任务

2009 年是贯彻落实《北京市红十字会 2004—2009 年发展规划》的最后一年，也是全面完成"第八次会员代表大会"各项任务的关键之年。这一年，我们将迎来中华人民共和国成立 60 周年，亨利·杜南开展人道救援活动 150 周年，红十字会与红新月会国际联合会成立 90 周年，1949 年日内瓦公约订立 60 周年，中国红十字会成立 105 周年。同时，我们将隆重召开第九次会员代表大会，规划新时期首都红十字事业发展的光辉前景，产生新一届理事机构。做好 2009 年的工作具有十分重要的意义。

2009 年全市红十字系统工作的指导思想是：全面贯彻落实科学发展观，以改善民生、促进社会和谐为重点，以改革创新为动力，紧紧围绕"人文北京、科技北京、绿色北京"的精神，广泛动员社会力量，积极拓展红十字工作领域，进一步优化红十字人道公益组织的发展模式，为推进首都民生保障、城市文明、社会和谐做出新的贡献！

2009 年的工作任务如下。

（一）切实加强应急体系建设，进一步提升红十字会的应急能力

落实《北京市红十字会突发事件应急预案》，进一步增强应急意识。切实加强红十字备灾、救灾网络建设，做好救灾信息管理系统的应用培训，完善灾情管理，严格执行红十字会报灾、核灾、救灾工作制度，提高备灾、救灾能力。

加强救护培训工作，不断提高培训质量，完成培训任务。继续在重点岗位、重点行业中开展救护知识培训，在学生、市民中普及避险逃生、自救互救知识，做好灾前预防。进一步完善"999"应急体系建设，在学习借鉴国内外的城市急救工作经验、结合因日益增大的交通流量给城市医疗急救工作造成影响的实际，率先在全市开展摩托车急救，进一步缩短急救反应时间，为广大市民提供更加快捷的服务，给我市的医疗急救事业发展注入新的生机和活力。建立红十字应急辅助队，加强对队员的培训和管理，逐步形成平时为社区居民提供健康服务、开展献血宣传等，一旦遇突发事件或公共卫生事件，召之即来，与专业救援队伍紧密配合，开展辅助救援及心理援助。加强与北京消防和政府有关机构以及国际 SOS、民间救援队等国

内外救援力量的合作；研讨空中救援课题，探索与国际化大都市相适应的立体救援模式，逐步形成全方位、立体化救援网络，努力打造国际一流的红十字应急救援体系。

（二）全力抓好市政府办实事项目的落实，进一步提升红十字会公益影响力

高度重视、认真落实《北京市2009年在直接关系群众生活方面拟办的重要实事》中，红十字会承诺的"设立少儿大病救助基金，在公共交通设施上配备急救箱，开展群众性健康普及培训，在少儿中开展避险逃生技能培训和演练，在'999'现有医疗急救基础上，增加摩托车急救"项目等直接关系群众生活方面拟办的重要实事。

按照市委市政府的总体部署和我会的援助计划，做好风雪救援、汶川地震灾后援建项目。依法独立自主开展灾后重建项目，做到合理使用民间捐款，提高使用效率。定期向社会公布重建项目的进度，及时向捐款人反馈捐款使用情况，保证工程质量符合国家要求并按时竣工投入使用，积极接受政府有关部门的监督审计及社会的监督。

（三）加大筹资救助力度，进一步提升红十字会的救助实力

继续开展"博爱在京城"募捐活动，利用"五八"红十字博爱月活动，以自然灾害、突发公共事件、大病医疗救助为重点，进行募捐。强化网上募捐、"10699993"短信募捐、红十字博爱卡的推广。加强与捐赠人、合作伙伴的交流与合作，稳定捐赠团队，开发潜在的捐赠人队伍，拓宽筹资渠道，吸引和凝聚更多的社会力量加盟红十字公益圈，携手建立战略合作伙伴关系。红十字基金会要发挥项目筹资优势，吸引、汇聚更多的人道力量，建立可持续发展的筹资机制。进一步规范"博爱超市"运作模式，充分发挥筹资、救助和服务的综合效益。继续实施两节送温暖活动，加大对因灾、因突发事件致贫群体和大病儿童的救助力度。郊区（县）红十字会要结合实际，积极参与贫困农民和患大病农民的医疗救助，推进新农村建设。继续认真做好兄弟省市自然灾害的援助工作。

（四）巩固奥运成果，进一步提升红十字会志愿服务水平

进一步提高做好红十字志愿服务工作的认识，规范志愿服务工作程序，建立健全以应急服务、募捐筹资、人道救助、造血干细胞捐献等为主要内容的多形式的红十字志愿服务队伍。制定志愿服务业务培训、评估考核、表彰奖励等制度，打造志

愿服务品牌。以社区"红十字服务站"为基地，继续开展"募捐救助、卫生救护培训、健康教育、宣传传播、红十字青少年活动、志愿服务"进社区工作。开展"我参与、我健康"健康教育工作。继续开展无偿献血、造血干细胞捐献、预防艾滋病知识的教育。继续做好志愿捐献遗体工作。

（五）拓展文化传播领域，进一步提升红十字会的社会公信力

围绕红十字国际委员会和红十字会与红新月会国际联合会共同提出的"我们的世界，大家的行动"的主题和红十字运动重大历史纪念日，加大红十字政策法规、业务宣传，提高红十字宣传工作和文化建设的整体质量和综合效益。要确立以宣传带动筹资、以筹资促进宣传的工作理念，继续开展"博爱在京城"系列活动，打造"博爱文化月"等宣传品牌，推动宣传筹资工作的项目化运作。加强宣传队伍的能力建设，通过新闻业务知识的普及和培训，提升宣传干部在新闻发布、媒体公关、危机处理等方面的业务水平。提高《北京红十字报》、北京红十字信息网等传媒的宣传效应，加强与新闻媒体和传媒机构的沟通与联络，努力实现重点报道、重点媒体稿件有新突破，典型宣传有新亮点，红十字工作的社会认知度有新的提升。

（六）扩大对外友好交往，进一步提升红十字会的交流合作能力

继续加强北京"友城"红十字组织间的交往与合作，拓展交流、交往的渠道和方式。拓宽境外项目合作领域，积极争取资金和技术援助。在救护培训、应急管理、志愿服务等方面开展富有成效的交流与合作。

按照"一国两制"的方针，继续扩大同香港、澳门红十字会的交流。加强与台湾红十字组织的交流与合作，增进两岸之间的相互了解，配合政府做好对台工作，为祖国的和平统一大业发挥积极作用。坚持出国（境）学习汇报交流制度，推进出访成果转化。拓展对外窗口单位，指导区县红十字会对外交往工作。适时召开外事工作会议。

（七）切实加强干部队伍建设，进一步提升红十字会专兼职工作者的素质和能力

加强红十字理论研究，探讨新形势下红十字工作改革。创新思路，以学习实践科学发展观认真贯彻党的十七大关于社会建设的论述，拓展红十字工作领域，创建新的工作亮点，促进红十字事业的发展。以能力建设为核心，切实提高干部队伍的

改革创新、统筹协调、宣传动员能力。加强财务资产管理和监督，严格募捐款集团账户管理。加强红十字会信息化建设，推动备灾救灾、募捐管理、协同办公等信息系统的普及和使用。

继续以农村、社区和企事业单位为重点，切实加强红十字组织和志愿者队伍建设。动员全市机关、企事业单位加入红十字组织，拓宽红十字组织覆盖范围，推动红十字组织的规范化。继续以创建健康促进校为动力，大力开展"红十字示范校""红十字学校"、红十字青少年"十佳""百优"评选活动；在各级、各类学校开展丰富多彩的主题活动，充分发挥红十字运动在青少年素质教育、德育教育方面的重要作用。认真筹备第九次会员代表大会，做好代表的推荐，全面总结以往的工作经验，修改《北京市红十字会组织规程》，组织制定《北京市红十字会 2010—2014 年发展规划》。

第四节　关于北京市红十字会紧急救援中心（"999"）基本情况的报告

北京市财政局：

北京市红十字会紧急救援中心（"999"）为市红十字会所属正处级自收自支事业单位。2001 年 9 月成立以来，使用中国红十字会"999"应急特服号码，从事"救护、救助、救灾"等公共卫生应急服务。现根据贵局调研提纲将有关情况报告如下。

一、总体情况

北京市红十字会紧急救援中心（"999"）是为了满足北京城市急救服务需求发展变化的客观需要而建立的。中心成立以后，按照"政府主管、红十字会承办、社会参与、自主运营"的发展模式，开展"救护、救助、救灾"服务，逐步形成了具有红十字特色的应急服务体系。

（一）成立背景

根据《中华人民共和国红十字会法》和《中国红十字会章程》的有关规定和国际惯例，1997 年 9 月 16 日，国家邮电部电信总局正式批准中国红十字会系统使用"999"特服号码，从事"救护、救助、救灾"服务。1998 年，北京市红十字会经请示市委、市政府领导同志同意，开始筹备"999"急救体系建设。2000年2月，市编办批准成立北京市红十字会紧急救援中心，为市红十字会所属相当正处级自收自支事业单位，编制80人，领导职数1正2副。该中心的主要职责有：承担急需救护、救助、救援电话呼叫的接通、处理，及时将病人送往相关医院进行治疗。2001年9月19日，北京市红十字会紧急救援中心正式对外运营。

（二）服务内容

根据红十字会的责任和中国红十字会总会及市委、市政府的要求，目前，北京市红十字会紧急救援中心（以下简称"999"）主要开展以下应急服务。一是医疗急救服务。作为政府"120"急救体系的补充，开通和受理"999"急救号码，从事日常城市医疗急救服务。该中心还联合国际SOS救援中心，开展跨国（境）医疗急救转运服务。二是公共事件应急处置。目前，"999"救援中心已经成为市应急委成员单位，在市应急委的统一指挥下，承担突发公共事件卫生应急服务。10年来，成功参与处置了众多重大公共事件安全保卫和抢险救援工作。三是灾害救援。该中心已被中国红十字会总会命名为中国红十字会"999"救援队，承担红十字会国际、国内灾害救援任务。"999"救援中心也是北京市红十字会救灾捐赠信息服务平台，遇到重大灾害，即开通"999"救灾服务热线，受理社会捐赠事务。四是社会救助。先后推出助老服务卡、急救保险卡、一键通急救电话、GPS定位手机等项目；在监狱和看守所设立医疗急救站，面向服刑人员开展人道主义医疗、心理救助服务；设置法医鉴定中心，实现转运、救治、医疗鉴定一站式便民服务。

（三）运行机制

"999"救援中心作为自收自支事业单位，从成立起，就建立了"市场运作、自主运营"的运行模式。一是在资金投入方面，采取银行贷款、社会捐助、急救服务收费、政府补贴等方式，维持正常运转和设备、设施改造。二是在急救站点建设方面，以区域呼叫量数据分析为依据、以事故高发区域为重点、以人口聚集流动地带为导向布设服务站点。目前，共设急救站点119个。三是在急救指挥调度方面，建成国内首个获得微软公司全球认证的"全智能数字指挥调度平台"，所有急救站均由"999"救援中心垂直管理，统一调度派车，并实现了电脑自动派车、自动选取最快捷交通路线、全程监控急救流程。四是在急救车运营方面，采取"人歇车不歇、四班三运转"的模式，保障应急服务需求。同时，本着就近、从速、从优并尊重家属意见的原则转运伤员。急救车收费执行国家统一标准。此外，为应对北京的交通状况，"999"救援中心根据市政府要求推出急救摩托车、电动自行车与救护车协同、接力急救服务，每完成一次接力救援，只收取单次救护车费用。

二、调研内容具体情况

接到贵局调研提纲后，我会及"999"救援中心各级领导高度重视，委派专人就调研内容进行逐项摸底、汇总，力争做到翔实、准确。根据"999"实际情况，此次调研数据按照"999"紧急救援中心（院前）、"999"急诊抢救中心（院内）分别进行统计。

（一）人员情况

截至2010年底，"999"紧急救援中心（院前）在职人数528人。其中：医务人员131人、急救护士18人、司机198人、行政人员81人。院内直接为院前急救站工作人员100人。"999"急诊抢救中心（院内）在职人数为811人。其中：医务人员597人、司机25人、其他工作人员189人。

（二）资产情况

截至2010年底，"999"紧急救援中心（院前）流动资产745万元，固定资产7417万元（车辆3828万元，指挥中心、医疗器械及办公家具3589万元）。"999"急诊抢救中心（院内）流动资产30282万元，固定资产18789万元（车辆209万元、医疗器械8048万元、办公家具850万元、房屋建筑9682万元）。

（三）财务运行情况

1. 999紧急救援中心（院前）

2010年主营业务收入2884万元，主营业务成本611万元，费用总支出5673万元。毛利润 = 2884万元（收入）-611万元（成本）=2273万元。净利润=2273万元（毛利润）-5673万元（费用支出）+1557万元（营业外收支）=-1843万元。截至2010年底，累计亏损17672万元。

负债情况：其他应付款期末余额23003万元，均为北京市红十字会急诊抢救中心往来。第一，2002—2010 年北京市红十字会急诊抢救中心代垫费用 10162 万元。其中，"999"欠款 946 万元、水费 50 万元、电费 192 万元、电话费 263 万元、房租 260 万元、房屋装修费 144 万元、维修费 180 万元、工资 3617 万元、保险费 422 万元、福利 135 万元、劳务费 440 万元、车辆费 578 万元、业务招待费 607 万元、广告费 119 万元、差旅费 170 万元、办公费 321 万元、会议费 148 万元、培训费 39 万元、食堂支出 377 万元、印花税 1 万元、供暖费 157 万元、折旧费 301 万元、低值易耗品 260 万元、耗材款 81 万元、其他 354 万元。第二，领用北京市红十字会急诊抢救中心药品、医疗耗材及车辆维修等 1234 万元。第三，借用北京市红十字会急诊抢救中心资金 4385 万元购置固定资产。第四，财务费用 7222 万元（由于红十字会急诊抢救中心每年均向银行贷款，红十字会紧急救援中心应承担贷款利息）。

2. "999"急诊抢救中心（院内）

2010 年主营业务收入 18276 万元，主营业务成本 5742 万元，费用总支出 7102 万元。毛利润 = 18276 万元（收入）−5742 万元（成本）=12534 万元。净利润 =12534 万元（毛利润）−7102 万元（费用支出）−22 万元（营业外收支）=5410 万元。资产中：应收账款 1246 万元。其中，应收医保费 195 万元，应收病人欠费 148 万元，应收看守所欠款 903 万元，其他应收款 24149 万元（"999"欠款 23003 万元包括药品、医疗耗材、固定资产、财务费用、职工保险及车辆保险）。贷款保证金：银行 400 万元，高速路 50 万元。欠款 696 万元。库存 3144 万元（药品 154 万元，医疗耗材 221 万元，总务库 1539 万元，低值易耗品 1230 万元）。固定资产 18789 万元，在建工程 9864 万元。

负债情况：短期借款 1700 万元，长期借款 12250 万元，银行贷款合计 13950 万元。应付账款 5581 万元，其中药品款 1872 万元，医疗耗材款 3709 万元。预收账款住院病人押金 2887 万元。其他应付款：980 万元。

（四）急救站点设立情况

目前建站 119 个（具体分布详见表 3–1）。共配置普通救护车 72 辆，抢救车 10 辆，摩托车 5 辆，电动车 10 辆。网络站点 6 个，配置普通救护车 7 辆及车内配置的医疗设备、各站的办公设备，摩托车及磁动车配置的设备等。

表 3-1 急救站点分布情况表

区 县	数 量
东城区	6
西城区	8
朝阳区	26
海淀区	19
丰台区	12
石景山区	4
大兴区	8
房山区	8
门头沟区	1
昌平区	11
怀柔区	1
顺义区	5
平谷区	3
通州区	4
密云县	1
延庆县	2
合 计	119

（五）急救成本测算

2010 年全年出车 254235 次，平均日出车 697 次，平均距离 8.8 km。截至 2011 年 6 月 30 日，出车 121733 次，平均日出车 673 次，平均距离 8.5 km。

收费严格按照卫生部、北京市卫生局制定的统一收费标准执行。普通车 2.5 元 /km，出诊费 20 元；抢救车 3.5 元 /km，出诊费 40 元。

全年急救收入 2884 万元。急救车辆单次收入：

2884 万元 ÷254235 次 =113.44 元 / 次

成本费用支出：295.85 元 / 次。其中：工资 = 428 人 ×4076.95 元 ×12 月 ÷254235 次 =82.36 元 / 次；汽油耗用 = 20000 元 / 日 ÷697 次 =28.69 元 / 次；医疗成本 =701 万元 ÷254235 次 =27.57 元 / 次；车辆折旧 =3828 万元 ÷6 年 ÷254235 次 =25.1 元 / 次；设备及办公家具 = 3589 万元 ÷6 年 ÷254235 次 =23.53 元 / 次；院内为院前垫付费用及利息 =（1709+1052）万元 ÷254235 次 =108.6 元 / 次。

出车亏损 = 113.44（收入）− 295.85（成本费用）=−182.41 元 / 次

以上是紧急救援中心（999）财务收支基本情况，不妥之处，请批评指正。

第五节 北京市红十字会对口支援什邡地震灾区恢复重建工作总结

"5·12"地震灾害发生后，市红十字会紧急发起了"汶川救援行动"，汇聚人道力量，给予地震灾区以有力的支援。进入灾后恢复重建阶段以来，在中国红十字会总会和北京市委、市政府的正确领导下，我会精心组织灾后重建工作。目前，所有援建项目均已完工并投入使用。现将我会开展对口援建工作有关情况总结如下。

一、关于对口援建工作的总体情况

我会在对口援建工作中，本着尊重捐赠者意愿、对受灾地区人民群众负责的精神，按照党中央、国务院、中国红十字会总会有关要求，在四川、甘肃、陕西三省共确定灾后重建基础设施项目数十个。其中：四川省什邡市 19 个，绵竹市 3 个；甘肃省天水、陇南、甘南等地 7 个；陕西安康、宝鸡、汉中等地 35 个。投入资金 3.6 亿元。

（一）精心考察，夯实灾后重建工作基础

2008 年 5 月 12 日，汶川特大地震发生，我会在第一时间启动汶川救援行动，开展了全方位的救灾救助工作。截至 2009 年 4 月底，共接收社会捐款捐物 5 亿多元，除 1.4 亿元用于紧急救援阶段灾区救助工作以外，其他全部用于灾后重建工作。面对数额空前的捐赠款物，为确保重建工作的效益和质量，我们遵循调研先行的工作方针，组织了细致缜密的援建项目考察工作。在选取确定援建项目中，我们坚持了以下四个原则。

一是向极重灾区倾斜。汶川特大地震受灾面积广，不同地域均有程度不同的损失。鉴于红十字组织的性质和援建资金总量，我会坚持把援建工作的着眼点放在重灾乡镇。在进行多次实地考察的基础上，最终确定了一批援建项目。

二是承建基本公共服务设施。根据中国红十字会总会的要求，为体现红十字组织"关注人的生存与发展"的宗旨，我会确定的援建项目，全部选取中小学校、幼儿园、卫生院、康复中心等民生工程。其中，教育类设施全部选在九年义务教育范围内的中小学校；公共卫生类设施除援建一处综合性康复中心、一个重症监护室外，全部为乡镇级卫生院。

三是支持重大损毁项目。针对灾区受损情况，我们援建工作的一个基本方针是尽量选择一次性坍塌或损坏严重的项目，进行整体建设。这样既有利于公益项目的科学规划、持续发展，也便于资金集中使用，从而更好地树立红十字会的公益形象，发挥更大的社会效益。

四是兼顾其他受灾地区。根据国务院的统一部署，北京市对口支援地区为四川什邡市。鉴于红十字组织独立、公正、普遍性原则，根据中国红十字会总会有关指示精神，我会在四川绵竹以及甘肃、陕西也确定了援建项目，并得到了市重建办的理解和支持。

（二）精心规划，确保重建项目的公益性和可持续性

为确保重建项目的公益性和可持续性，我会在援建项目整体规划、审批确认阶

段，着力处理好两个关系。

一是总体规划与独立运作的关系。一方面，我会按照国务院和北京市委、市政府的要求，将红十字会援建什邡市项目全部纳入北京市对口支援总体规划；其他受灾地区援建项目也均纳入当地恢复重建工作总体规划，确保重建项目整体规划、整体实施。另一方面，坚持红十字依法独立开展工作。第一，坚持援建资金自我管理、自我运作。根据《中华人民共和国红十字会法》及有关文件精神，市重建办专门就红十字会接受社会捐赠资金管理使用问题做出规定，明确由我会自我管理，并通过受援地红十字会拨付项目实施单位。第二，坚持自主确立援建意向，再纳入总体规划。我会所有援建项目均与省或地市红十字会、受援地红十字会、受援地政府签订四方协议书，报重建办审核。第三，坚持项目认定制度。援建意向经重建部门审批后，需由本会书面认定后最终确认。我会先后对什邡市对口援建项目进行书面认定，最终，确定援建项目19个，援建资金3亿余元。第四，坚持享有统一建筑风格、统一项目冠名、统一标识权。根据总会的有关规定，我会专门就红十字会援建项目"三统一"问题致函市重建办，经市领导批准，开始在灾区执行。

二是前期建设与后续合作的关系。灾后重建不仅是物质工程，也是民生工程、社会工程。援建规划过程中，我会一直注重将设施建设与后续合作有机结合起来，力求发挥最大的社会效益。第一，实行项目认领制度。依据援建项目资金额度和设施功能，我们对捐赠单位和区县红十字会进行统筹规划，分别认定为不同项目的援助单位，并确定结对共建关系。18个区县红十字会和100万元以上的捐赠单位全部认领了援建项目。这样做的好处既褒扬、回报捐赠者，又调动了他们继续支援灾区的积极性。第二，实行连片规划、整体建设。为充分体现集约化、规模化效益，便于灾后整体共建，我们在项目规划中，尽量"整体承包"某一重灾乡镇的公共设施，我会在援建过程中努力将这些乡镇打造成红十字博爱家园。第三，依托援建设施开展公益项目。其中，依托援建的什邡市康复中心实施为期3年的心理援助项目；依托什邡市援建学校，开展了"我们在一起"夏令营活动。

（三）精心实施，确保援建工作的进度和质量

一是派专人长驻受援地实行全程督导。援建工作伊始，经与北京市委组织部、市重建办积极争取，选派一名素质好，富有工作经验的同志长驻北京市对口支援什邡市前线指挥部，实行全程项目督导。为此，我们制定了《北京市红十字会关于派往北京市对口支援四川什邡地震灾区前线分指挥部工作人员岗位职责和工作要求若

干规定》，明确了派驻人员岗位职责和工作要求。专职人员的派驻，为加强与重建办和当地政府、红十字会的沟通协调，加强项目督导，保证工程进度和质量发挥了很好的作用。

二是严格重建工作程序。一方面，以协议的方式规范出资单位、承建单位、监督单位的权利、义务，为项目实施提供法律保障。另一方面，制定了严格的援建资金拨付程序。根据国务院、红十字总会和北京市对口支援工作相关文件精神，我会制定下发了《关于集中社会捐赠资金做好汶川地震灾后重建项目的通知》《关于北京市红十字会援建资金拨付使用程序》等规范性文件。建立专门资金账户，实行专账管理，形成了由对口援建指挥部、北京市红十字会、德阳市红十字会构成的、畅通的资金拨付流程。

三是加强项目跟踪和督查。灾后重建工作开展以来，我会各级领导和有关部门利用开工、研讨、慰问等机会多次赴受援地区，对项目实施进展情况进行考察。同时，还组织捐赠方代表和市有关部门，赴什邡市对项目进展情况进行督查，使援建工作做到公开、透明。

在市各有关方面大力支持和配合下，经过我市广大红十字工作者的不懈努力，截至 2010 年 5 月底，我会灾后援建什邡市的 19 个项目已全部完工并投入使用。

二、着力做好对口援建相关工作

在努力做好对口援建基础设施项目建设工作的同时，我会还结合自身特色，着力开展了"心理救援"等一系列符合当地实际的对口援建活动，并将建立长期协作关系作为一项重要工作抓紧抓好。

（一）心理援助项目成效显著

地震发生后，我会就在第一时间派出心理救援队伍，在灾区开展心理咨询和援助工作。自 2009 年 3 月，我会在什邡市开展了"我们在一起"北京—什邡心灵关爱项目。旨在通过为期 3 年的灾后心理康复咨询和培训，在什邡地区构建完整的心理援助体系。即，培训一支专业级心理咨询师队伍；搭建一个设施完备的心理咨询平台；构筑一个完善的督导管理体制；建立一套完整的心理测试与分析数据库和一个可复制的心理援助体系建设模型。截至 2010 年 6 月，先后有 11 批、49 人的心理咨询专家前往什邡，重点开展了以下几项工作。第一，深入乡镇开展普及心理健康知识专题讲座。共举办心理辅导讲座 24 场，辅导人数约 1200 名。其中，重点为什邡市各卫生院 500 余名医务人员、什邡市第一、二幼儿园 400 余名家长、30 余名地震伤员开展了专题讲座。第二，把心理健康知识送进病房。共对住院治疗的 229 名患者、家属、医务人员进行了心理访谈，对其中的 152 人做了心理测查，对其中的 23 人进行了心理辅导。第三，心理咨询和治疗为灾区群众缓解心理困扰。共进行各类心理咨询和治疗达 302 人次，其中进行的个体咨询和治疗 211 人次。第四，2009 年协助什邡医务系统建立心理辅导队伍。对各基层医疗单位选拔出来的 20 余名人员共进行了 89 h 的连续性专业培训，2010 年启动了针对国家级心理咨询师资格培训，参加人数近 100 人。第五，开展灾后心理健康知识宣传。共发放心理援助宣传册和资料近 9000 份，制作了永久性心理健康服务宣传牌 23 块。通过咨询和辅导，为灾区群众消除了地震造成的心理问题，专业级心理咨询师队伍和专业咨询室建设初具规模，心理援助工作取得了明显成效。

（二）编辑出版捐赠项目名录

根据国家有关部门和中国红十字会总会"关于做好汶川地震捐赠款物情况反馈工作"相关精神，我会于 2009 年底，编辑、印制了《"汶川救援行动"灾后恢复重建捐赠项目名录》。一方面，将汶川地震募捐情况、募捐款项使用情况、援建项目情况向社会公布。另一方面，通过名录对在灾难中伸出援助之手的爱心企业和个人进行褒扬，对他们的公益行为进行传承和弘扬。

（三）开展"重访四川、美丽绽放"系列活动

2010 年，在汶川地震两周年之际，我会组织本市有关部门领导、市红十字会部分常务理事、区县红十字会负责人、部分捐赠方代表和志愿者 50 余人，开展了"重访四川"系列活动。主要包括如下内容。第一，地震疤痕免费治疗。为减轻地震受伤人员因疤痕造成的身体和心理上的伤害，3 月 18 日至 20 日，我会与首都医科大学附属北京朝阳医院整形外科，联合开展了"地震疤痕免费治疗"，共为 23 名患者实施了治疗。第二，与四川孩子们共庆"六一"儿童节。在绵竹市北京博爱紫岩小学，开展了"我们在一起"庆"六一"暨红十字学校命名活动。紫岩小学亮眼睛红十字校园电视台也于当天正式成立。活动中，有关领导还向学校转交了由北京市爱心人士和企业捐赠建立的"百草园和紫岩书屋"钥匙。第三，"爱心无限，阳光旅途"活动。我会与中央人民广播电台都市之声、北京市汽车摩托车运动协会共同主办"关爱四川，心系汶川——红十字阳光车队重访四川"活动。"阳光车队"驾

车从北京专程带来北京市育翔小学同学们的灿烂笑脸和祝福话语，还有他们的百余幅画作。这些特殊的礼物里面充满了首都少年儿童对四川同龄人的祝福和期盼，表达了北京人民和四川人民心连心的兄弟情谊。

（四）援建项目揭牌暨建立"手拉手"长期协作关系

2010 年 6 月 1 日，我会在什邡市举办了"北京市红十字会对口援建什邡市 19 个基础设施项目验收暨竣工揭牌仪式"。仪式的举行，标志着为期 2 年的对口援建基础设施建设工作告一段落。为进一步落实"京什携手，共创辉煌"的援建目标，促进什邡市更好、更快发展，揭牌仪式上，北京市各区县红十字会与对口援建项目单位签订"手拉手长期协作关系"协议。今后，市红十字系统将与有关部门协作，充分发挥首都的区位优势，为受援地区长远发展提供人、财、物及智力、科技等多方位支持，切实通过基础援建项目将"京什"两地的合作变为一项"百年工程"。

三、下一步重点做好的工作

为给对口援建工作画上圆满句号，使此项工作成为今后对口援建工作的示范工程，我会将按照市委、市政府和中国红十字会总会的相关要求，进一步做好以下几项工作。

（一）开展援建项目的审计和追踪

为确保施工质量，保证项目执行过程中款项使用的合理性，我会将重点开展对地震灾后援建项目的审计和追踪，以维护捐赠方和受援方的利益，为今后开展灾后援建工作积累经验。

（二）完成相关资料的收集、整理和存档工作

我会将根据对口援建项目完成情况，按照中国红十字会总会"关于开展灾后重建工作的相关要求"，及时从受援地区红十字会、北京市对口援建部门收集援建项目设计、预算、评估、核算、审计、验收等相关文字和影像资料，在验收、整理后，存档保存，最终形成一套完整的"5·12 地震对口援建资料集"。

总之，在中国红十字会总会和市委、市政府的正确领导下，北京市红十字会灾后重建工作取得了阶段性胜利，实现了"三年任务，两年完成"的任务目标，向社会递交了一份满意答卷。我会将在今后的工作中，牢固树立"以人为本"的理念，以科学发展观为指导，把长期共建工作做得更好。

第五章　林业灾害防御

第一节　北京市林业保护站 2008 年工作总结暨 2009 年工作计划

一、2008 年工作总结

2008 年,在局党组的正确领导下,我市林业有害生物防治检疫工作紧紧围绕"办绿色奥运、建生态城市"这个中心,以确保在首都北京不发生林业有害生物灾害和干扰绿色奥运成功举办的林业有害生物事件为目标,精心组织,全面防治;周密部署,狠抓落实。全年林业有害生物发生面积 57.90 万亩,有效防治面积 57.60 万亩,防治率达到了 99.48%;测报准确率 99.82%;生物和仿生物制剂应用面积 46.55 万亩,无公害防治率达到了 99.77%;应施种苗产地检疫面积 18.3 万亩,实施种苗产地检疫面积 18.3 万亩,种苗产地检疫率达到了 100%;成灾面积 0.03 万亩,成灾率 0.03‰。测报准确率、无公害防治率分别比国家下达指标任务提高 14.82、19.77 个百分点,成灾率比国家下达指标任务降低了 1.47 个千分点,圆满完成了绿色奥运的保障任务,全面完成了国家林业局下达给我市的"四率"指标和美国白蛾防控工作任务,全市未出现美国白蛾灾害。现就 2008 年林业有害生物防治检疫工作总结如下。

(一)林业有害生物防控工作成效显著

2008 年,我市计划组织实施林业有害生物防控面积 260 万亩(次),其中,地面防治作业 200 万亩(次),飞机防治作业 60 万亩(次)。实际完成防控面积 717 万亩(次),超年计划 457 万亩(次),是年计划的 1.76 倍,其中人工地面防控面积 615 万亩(次),超年计划 415 万亩(次),是年计划的 3.08 倍;飞防 2048 架(次),预防面积 102 万亩(次),超年计划 42 万亩(次),是年计划的 1.7 倍;释放周氏啮小蜂 29.8 亿头,是年计划 14.8 亿头的 2.01 倍;施用美国白蛾病毒 10 万亩(次),超额完成了国家林业局下达给我市的防控任务,确保了奥运会残奥会的成功举办。

1. 坚持政府主导，狠抓责任落实

2008 年，市防控办和各区县委、政府多次召开防控工作会议，动员和部署以美国白蛾为主的危险性林业有害生物防控工作；市园林绿化局局长与各区县园林绿化主管部门一把手签订了《2008 年北京市林业有害生物防治检疫责任书》，各区县政府也与各乡镇、街道办事处和各有林单位行政一把手签订了防控责任书，制定了三级政府和三级主管部门的防控责任体系；组建各种类型的林业有害生物防治专业队 1038 支，落实专业防治人员 9091 名，落实季节性查防员 33774 名，确保了查防任务的层层落实和各项防控目标的全面实现。

2. 狠抓基础设施建设和组织机构建设

2008 年，中央、市和区县三级财政均加大了防控资金的支持力度，并将防治资金纳入了各级政府的财政预算。据不完全统计，2008 年全年共落实防控资金 8272 万元，其中，中央财政 700 万元，市财政 1900 万元，区县财政 5672 万元；新增监测测报灯 9302 台，总数达到 2.2 万多台；购置各种林果有害生物监测诱芯 7.24 万个，其中进口美国白蛾性诱芯 3565 个；购置各种专用诱捕器 8586 套；配备各种类型防治机械 3880 台套，总数达到 5107 台套，其中高射程打药机 603 台套。

2008 年，在市区两级的共同努力下，城区的林业有害生物防控检疫机构也得到了进一步的加强。崇文区园林局、石景山区园林局分别成立了林业有害生物防治检疫科。至此，全市 18 个区县已有 16 个区县建立了林业有害生物防治检疫机构。

3. 坚持科学防控，狠抓关键环节

市防控办根据美国白蛾发生规律和各世代发生特性，经过反复征求意见，及时制定了《北京市 2008 年防治美国白蛾实施方案》。按照飞机防治与人工地面防治相结合、物理防治与生物防治相结合的原则，分阶段采取不同的防治措施，在成虫期采用黑光灯诱杀、诱芯诱杀等防控措施；在幼虫低龄期使用美国白蛾病毒等生物制剂；在幼虫网幕期组织开展自下而上的自查、普查和自上而下的抽查、督查；在高龄幼虫期使用植物源类药剂防治；5 月底前、7 月底前和奥运会残奥会转换期，分别组织开展第一、二、三代美国白蛾低龄幼虫的预防性防治工作。全年，共出动防控人员 54 万人次，出动防控车辆 12.3 万台次，使用防治药剂 447t，动用防治机械 3.1 万台套，预防控制面积 615 万亩（次）；飞机防治 2048 架（次），预防控制面积 102 万亩（次）；释放周氏啮小蜂 29.8 亿头。

4. 广泛开展宣传培训，不断提高全民防控意识

近年来，我市高度重视林业有害生物的宣传培训工作，全民的防控意识不断增强。2008 年，市、区县、乡镇三级共举办各级各类业务技术培训班 638 期，培训业务骨干 6 万余人次；市、区县两级共发放各种宣传材料 30 余万份。其中，市防控办印发《林保情况汇编》1000 册、《防控工作信息汇编》500 册；编发《奥运期间北京市可能发生灾害的林业有害生物简介》2 万册、《北京市主要林木有害生物防治历》（试行）2 万册；编发《林保情况》43 期、《防控工作信息》37 期；并结合改革开放 30 周年，组织了全市林业有害生物知识竞赛活动；制作了《全民参与，共同保护绿色家园》动漫片，为不断提高全民的防控意识发挥了重要作用。

5. 坚持区域协作，狠抓联防联治

2008 年，我市与河北省联合筹资 330 万元（我市出资 200 万元，河北省出资 130 万元），在我市东南河北省境内的 7 个县（市）有偿收购美国白蛾蛹和网幕，其中收购美国白蛾越冬蛹 744 万头，收购美国白蛾网幕 158.2 万个，有奖举报病树 25.38 万株，大范围破坏了美国白蛾的化蛹场所，有效降低了我市周边地区的虫口基数，减轻了我市的防控压力。

（二）应急防控体系初步形成，应急防控能力显著提高

1. 紧紧围绕绿色奥运，组织开展应急防控工作

经过多年的努力，我市林业有害生物应急防控体系已初步形成，应急防控能力显著提高。2008 年，作为奥运运行指挥部交通与环境保障组园林绿化小组林业有害生物防治分组成员单位，我站紧紧围绕绿色奥运组织开展林业有害生物的应急与防控工作，重点加强了突发事件的应急处置和快速反应能力建设。其中，制定了《奥运期间北京市林业有害生物常规管理与应急处置方案》；编辑印发了《奥运期间北京市可能发生灾害的林业有害生物简介》，对奥运会期间可能出现灾害的 32 种林业有害生物的发生时间、危害树种和预防措施等进行了全面分析和整理；成立了"平安奥运"行动领导小组；完善了各项规章制度；逐级落实了应急防控责任；同时，结合我市防控工作实际和林业有害生物种群数量变化情况、气候特点等，及时开展了奥运期间北京城市林业有害生物风险与控制动态更新工作，制定了相应的风险控制等级和措施，为全面做好林业有害生物应急防控工作奠定了坚实的基础。

2. 及时、有效地消除了突发草地螟对奥运会和残奥会的潜在影响

奥运开幕前夕和奥运会残奥会期间，我市，特别是奥运场馆区突发大量迁飞性草原害虫——草地螟成虫，对开幕式和正常赛事构成了严重威胁。8月2日，在奥运场馆中心区突发草地螟成虫后，市防控办立即启动了林业有害生物防控应急预案，连续组织召开紧急会议5次，迅速下发《关于迅速组织开展草地螟工作的紧急通知》，全面部署全市防控工作，并立即调集应急防控人员、车辆、药剂等进入场馆区开展应急防控工作。同时，与市农业局、中国农科院植保专家等4次召开专家会商会，分析草地螟发生趋势，研究防控方案，部署防控工作，并及时与北京市气象专家对高、低空气流变化情况进行沟通，每天汇总相关情况上报市领导，为全市统筹开展草地螟防控工作提供了科学依据；其间，全市累计架设高空探照杀虫灯200盏，启用频振式杀虫灯4万盏，配置高射程车载打药机15台，出动各类防控人员35058人次，投入各种防控设备10043台套，防治面积170万亩次。由于反应及时，措施有力，组织缜密，机制顺畅，应急响应迅速，奥运会、残奥会开闭幕式以及奥运会、残奥会赛事均未受到草地螟的干扰，为奥运会残奥会开、闭幕式及各项奥运赛事的顺利进行做出了积极贡献。

（三）监测测报体系不断完善，测报准确率不断提高

1. 监测测报体系进一步完善

一是2008年，我市新增市级监测测报点100个，市级监测测报点总数达到865个；新增区县级监测测报点280个，总数达到1200个，国家、市、区县三级监测测报网络体系进一步完善。二是2008年市级监测测报站建设也得到了进一步加强，为6个已建市级监测测报站统一配备了监测设备、实验设备和办公设备，固定了测报站人员，为市级监测测报站规范化、标准化建设奠定了基础，同时，2008年我站已启动了7个市级监测测报站建设。三是市林保站与各区县林保站、果保站负责人分别签订了《北京市林果有害生物预测预报协议书》，进一步明确了各区县林保站、果保站的监测目标、任务和责任。

2. 全方位组织开展林业有害生物监测测报工作

2008年，在全面做好常发性林业有害生物监测测报工作的同时，重点抓了以下监测测报工作。一是与北京出入境检验检疫局合作，开展了地中海实蝇、桔小实蝇、瓜实蝇等危险性实蝇的监测工作，全市共设置实蝇监测点150个，配置实蝇监测简易工具箱 120 套；二是进一步规范了美国白蛾、红脂大小蠹、松墨天牛等监测设备的安全使用事宜及相关注意事项；三是在怀柔、平谷、房山、密云、昌平、门头沟等 6 个区县组织开展了油松松毛虫性信息素技术监测预报示范工作，全市共设置油松松毛虫诱捕器 510 套，监测面积达到了 86.84 万亩。

3. 进一步加大了监测测报技术的研究

为实现我市林业有害生物监测信息的快速传输，一是与局信息中心联合举办了市级监测测报站监测信息传输技术培训班，使市级监测测报站的监测人员基本掌握了利用手机短信功能传输林业有害生物监测信息的技术；二是与局信息中心合作，开展了网格技术在林业有害生物监测测报工作中的应用研究；三是与北京生物技术和新医药产业促进中心合作，开展了林业有害生物移动监测系统的研究与开发工作；四是与北京出入境检验检疫局合作开展了"北京奥运会入境植物检疫监测体系建立及关键技术研究"等项目。

（四）检疫御灾体系进一步完善，执法水平进一步提高

1. 全力做好《北京市林业植物检疫办法》的宣传、贯彻和实施工作

在市政府法制办和局法制处的大力支持下，《北京市林业植物检疫办法》（以下简称《检疫办法》）于 2008 年 4 月 8 日经市人民政府第三次常务会议审议通过，并由郭金龙市长签署第 206 号北京市人民政府令，自 2008 年 6 月 1 日起正式施行。《检疫办法》的发布实施，不仅为我市林业植物检疫工作提供了可操作性强的执法依据，对违法行为起到有效的震慑作用，同时也将推动我市林业植物检疫工作再上新台阶。

为了深入贯彻实施新检疫办法，我站组织开展了一系列宣传活动。一是召开了全市宣传贯彻《检疫办法》动员会；二是举办了由部分市委办局、相关部门以及在京有关科研院所、大专院校参加的"宣传贯彻《检疫办法》座谈会"；三是举办了市、区县两级林业保护站、木材检查站等专职检疫员参加的《检疫办法》培训班；四是各区县先后召开宣传贯彻《检疫办法》动员会和培训会，逐条学习，认真领会；五是制作并印发了《北京市林业植物检疫办法》单行本 10000 本，宣传海报 5000 张，制作宣传标语 540 余条，宣传品（环保手提袋）10000 个，宣传折页 20000 份，均已发至各区县；六是在全市范围内组织开展了《检疫办法》有奖知识问答活动。

2. 认真做好检疫审批和普及型国外引种试种苗圃的审定工作

在检疫审批工作中，突出严格执法，热情服务。2008年全市共签发《产地检疫合格证》1526份，检疫苗木13692.2万株，花卉3527.3万株，草皮271.5万m²，检疫包装箱、货架、展架、电缆轴等6963件；种子61.7万kg，原木、木方、板材、复合木地板50.8万m²；中纤板、欧松板、竹胶板等235.42万张；家具212.23万件；旧木板、木杆30t。检疫木材加工储运场所397家，实施种苗产地检疫面积18.3万亩；共签发《植物检疫证书》1.2万份，《植物检疫要求书》98份；签发《出省木材运输证》4962张。

2008年，共签发《引进林木种子、苗木及其它繁殖材料检疫审批单》1433份，其中，苗木（包括组培苗）327万（株、瓶）、插条66.1万枝、盆花6.6万盆、种球585kg、草茎400kg、草籽510kg、种子3.1万kg、宿根/茎46.6万个，原产地来自荷兰、德国、美国、比利时等18个国家和地区。同时，2008年实地检查和审核，报请国家林业局确认北京中荷惠函贸易有限公司、北京万农兴科技有限公司、百绿国际草叶（北京）有限公司和北京泛洋园艺有限公司等4家苗圃为"普及型国外引种试种苗圃"。

3. 加强检疫检查，严格疫情查处

2008年是奥运会举办之年，为确保绿化苗木质量，确保生态安全和2008年绿色奥运会的成功举办，一是我站与朝阳区林业保护站、朝阳区绿化局森林公安处等单位组成联合执法检查组，对重点奥运绿化工程进行了联合检疫执法检查；奥运会结束后，我站又组织北京植物病理学会有关专家对奥林匹克森林公园及奥运场馆核心区进行了全面检查，对管护单位提出了意见和建议。二是我站与丰台区林保站对花乡四环花木中心、顺兴隆花木场、九州卉通花卉市场等5个大型花木集散地进行了联合执法检查。三是在全市范围内组织开展了检疫性有害生物——苹果绵蚜和梨圆蚧专项普查工作；组织开展了红脂大小蠹和枣实蝇的专项调查工作，组织召开了"北京市红脂大小蠹普查培训班"。

2008年，全市共查处疫情63个批次，涉及苗木8.4万株，染疫苗木6466株，其中销毁6409株，药剂处理5.7万株，退回5406株；涉及国家级林业检疫性有害生物5种（美国白蛾、红脂大小蠹、杨干象、蔗扁蛾、冠瘿病）和北京市补充林业检疫性有害生物1种（白蜡窄吉丁）、农业部全国农业检疫性有害生物1种（苹果绵蚜）。

4.认真部署，积极落实，全面推进依法行政工作

根据北京市园林绿化局《关于进一步加强依法行政工作的意见》要求，我站从立党为公、执法为民的高度，充分认识依法行政工作的重要性，认真部署，积极落实，全面推进依法行政工作，正确把握依法行政的原则和要求，严格遵守依法行政的8项制度，努力做到合法行政、合理行政、程序正当、高效便民、诚实守信、权责统一。

经认真梳理新施行的《北京市林业植物检疫办法》，我站除行政处罚、行政许可、行政确认、行政征收和行政强制等执法职责之外，对涉及自由裁量的条款进行了仔细研究，根据违法情形和程度对处罚力度和罚款标准进行了细化，增强了可操作性。

5.积极开展检疫培训工作

为满足新增专业技术人员申报森林植物检疫员的需求，2008年，我站举办了《北京市森林植物检疫员培训班》，培训班重点讲授了林业植物检疫基础知识、检疫工作程序、林业检疫性有害生物识别等内容。经过培训，我市又有40名专职检疫员和16名兼职检疫员走上了林业植物检疫工作岗位。

（五）科研与科技推广又有新的进展

1.由我站主持承担的"天敌产品工厂化生产关键技术研究与规模化生产"课题通过专家验收

该课题针对制约杨扇舟蛾病毒、抗根癌菌剂、抗根结线虫菌剂、杨树抗逆保健剂、小卷蛾斯氏线虫和瓢虫等天敌产品工厂化生产的关键技术进行研究。通过研究，建立了相关天敌产品的生产线，实现了相关天敌产品的周年生产，对提高我市乃至全国林业病虫害生物防治技术水平起到积极的推动作用。该课题已申报专利5项，发表论文15篇，建立实验基地9个，推广应用面积8.8万亩，并培养了一批科技人才。

2.我站承担的"美国白蛾病毒杀虫剂规模化生产工艺和应用技术研究"课题通过专家组验收

该课题完成了美国白蛾病毒杀虫剂工厂化生产工艺，建设了美国白蛾病毒杀虫剂工厂化生产线，可每年生产防治100万亩用量的美国白蛾病毒。该生产线的建

成将对防止北京乃至全国的美国白蛾扩散蔓延，减轻其危害程度起到积极的作用。

3. 其他科研项目的进展情况

一是农委课题"应用球孢白僵菌防治美国白蛾技术研究与试验示范"的室内试验取得良好的防治效果，目前正在开展林间试验；二是与北京生物技术和新医药产业促进中心合作的市科委课题"林木病虫害监测车和检疫消杀车的研究开发"已通过专家验收；三是国槐小潜蛾生物学习性观察、火炬树螟蛾幼虫室内饲养、黄栌胫跳甲室内饲养、双条杉天牛诱液试验等也有新的进展。

（六）在党支部的带领下，全面做好各项工作

2008 年，在站党支部的带领下，广大干部职工认真学习，努力实践科学发展观并用以指导实践，解决问题，推动工作，把科学发展观的思想切实贯彻落实到具体工作当中。在抗震救灾、抗击冰雪灾害工作中，大力弘扬"万众一心、同舟共济"的伟大民族精神，3 次向地震灾区捐款 10380 元；在奥运会、残奥会期间，共抽调 15 人 71 人次参加 8 场奥运会、残奥会职工文明啦啦队活动，其中 5 人被评为北京市园林绿化局职工文明啦啦队先进个人；在奥运社区活动中，21 名党员志愿者主动参加裕中东里社区的"平安奥运"社区治安巡逻活动；在党支部建设方面，2008 年，按期转正中共预备党员 2 名，为党支部增添了新的活力。同时，我站被市委、市政府和奥组委评为北京奥运会、残奥会先进集体，陶万强同志被评为先进个人，陶万强同志还被市总工会评为北京市经济技术创新标兵，并荣获全国农林水利产（行）业劳动奖章荣誉称号；关玲同志荣获北京市"三八"红旗奖章，刘寰同志荣获北京市奥运巾帼奉献奖；陈凤旺、闫国增、王金利、潘彦平、薛洋、周在豹、傅秋彤和李继磊等 8 位同志被北京市园林绿化局评为北京奥运会、残奥会园林绿化服务保障先进个人，赵佳丽同志被北京奥组委和北京市志愿者协会评为北京奥运会、残奥会志愿者先进个人。

二、2009 年工作计划

2009 年，是中华人民共和国成立 60 周年，北京将举行隆重的庆祝活动，第七届中国花卉博览会也将在北京举行，为确保全市各项中心工作的顺利开展，我们将认真总结防控经验，查找防控工作的薄弱环节，探索新的防控机制，狠抓关键环

节，科学编制 2009 年防控美国白蛾实施方案，全面完成国家林业局下达给我市的林业有害生物防治"四率"指标和美国白蛾防控任务，确保首都生态安全，确保在北京不出现林木有害生物灾害。

（一）深入宣传贯彻《北京市林业植物检疫办法》

深入宣传贯彻《北京市林业植物检疫办法》，加强苗木产地检疫、调运检疫和检疫复检工作，积极开展引种审批，严格执法，依法行政，确保从源头上遏制检疫性和危险性林木有害生物的传播蔓延。

（二）进一步加大检查、抽查、普查、巡查和督查力度

重点加大对乡镇、街道等基层单位的监督检查力度，加强基层防控措施的落实，在 4 月初至 10 月底组织开展三次综合性普防、普查工作，切实做到及时发现，及时处置，不留死角，一旦发现林木有害生物灾害隐患，迅速予以消除。

（三）进一步加大林业有害生物监测力度，为科学防治奠定坚实基础

2009 年，在进一步做好美国白蛾等危险性林木有害生物防控工作的同时，全面做好柳毒蛾、杨扇舟蛾等常发性林业有害生物的监测预报工作，为科学防控奠定基础。2009 年，拟增加市级监测测报点 100 个，区级监测测报点 150 个，购置各种诱芯 10.6 万个，购置各种诱液 250 kg、诱捕器 8000 套。

（四）进一步加强林业有害生物防控机制建设

不断探索，进一步完善林业有害生物的应急机制和长效机制，加强应急防控队伍建设，及时准确地对突发危险性林业有害生物事件做出预警，不断提高应急防控能力，并在防治器械和防治队伍的建设上要有所突破，有效防止林业有害生物灾情和疫情的发生。

（五）进一步加大无公害防治和生物防治推广力度

进一步完善生防中心建设，不断提高管氏肿腿蜂、周氏啮小蜂、舞毒蛾病毒、杨扇舟蛾病毒、赤眼蜂等生防产品的生产能力和产品质量，全力做好天敌产品和无公害防控措施的应用、推广工作，2009 年，拟在全市范围内释放周氏啮小蜂 30 亿

头，应用美国白蛾病毒、春尺蠖病毒等 10 万亩，释放赤眼蜂 5 亿头。

（六）科学组织防控，确保防控成效

积极开展飞机防治林业有害生物工作，并根据不同区域和不同虫态，采取有针对性的人工地面防治措施，狠抓各项关键技术环节，强化专业监督和指导，合理选择防治药械，准确把握防治时间，多种防控措施并举，确保防控成效。2009 年，拟在 12 个区县开展飞防，计划飞防 1000 架（次），预计防控面积 60 万亩（次）。

（七）进一步加强联防联治工作

继续推动我市与津冀辽鲁各省市、我市相关区县与河北、天津各相邻县市之间、我市各部门之间、各部门与区县之间、区县与区县之间、乡镇与乡镇之间多层次的联防联治，加强信息沟通与交流，实行无界限防治。

第二节　北京市林业保护站 2009 年工作总结暨 2010 年工作计划

一、2009 年工作总结

2009 年，在局党组的正确领导下，北京市林业有害生物防治检疫工作以科学发展观为指导，紧紧围绕"人文北京、科技北京、绿色北京"这个中心，以确保在首都北京不发生林业有害生物灾害为目标，精心组织，科学防控，周密部署，狠抓落实，圆满完成了林业有害生物防治检疫工作任务，全面完成了国家林业局下达给我市的"四率"指标和美国白蛾防控工作任务。2009 年，全市林业有害生物发生面积 58.85 万亩，有效防治面积 58.50 万亩，防治率达到了 99.40%，无公害防治率达到了 100%；测报准确率 99.75%，全市果树病虫害发生面积 254.992 万亩次，防治面积 415.355 万亩次；实施种苗产地检疫面积 18.41 万亩，种苗产地检疫率达到了 100%；成灾面积 0.03 万亩，成灾率 0.03‰。测报准确率、无公害防治率分别比国家下达指标任务提高 14.75、20 个百分点，成灾率比国家下达指标任务降低了 1.47 个千分点，全市未发生美国白蛾灾害。现就 2009 年林业有害生物防治检疫工作总结如下。

（一）全面加强美国白蛾等危险性林木有害生物防控工作

2009 年，我市计划组织实施林业有害生物防控面积 260 万亩（次），其中，人工地面防控面积 200 万亩（次），飞机防治作业面积 60 万亩（次）。2009 年，我市实际完成林业有害生物防控面积 777 万亩（次），超年计划 517 万亩（次），是年计划的 2.99 倍，其中人工地面防控面积 687 万亩（次），超年计划 487 万亩（次），是年计划的 3.44 倍；飞防 1798 架（次），飞机防治作业面积 90 万亩（次），超年计划 30 万亩（次），是年计划的 1.5 倍；释放周氏啮小蜂 30 亿头；施用美国白蛾病毒 10 万亩（次），超额完成了国家林业局下达给我市的防控任务，为新中国成立 60 周年庆典和第七届中国花卉博览会的成功举办做出了积极贡献。

1. 三级防控责任体系得到进一步加强

3 月 25 日，市防控危险性林木有害生物指挥部召开扩大会议，全面部署我市 2009 年以美国白蛾为主的危险性林木有害生物防控工作。随后，各区县防控指挥部也相继召开专题会议，部署辖区的危险性林木有害生物防控工作。同时，董瑞龙局长代表市园林绿化局与各区县园林绿化主管部门一把手签订了《2009—2010 年北京市林木有害生物防治检疫责任书》，全市形成了市、区县、乡镇（街道）三级政府、三级林业主管部门，主体清晰、责任明确、一级抓一级、层层抓落实的危险性林木有害生物防控责任体系。

2. 监测测报网络体系建设进一步完善

2009 年，我市对市级监测测报点进行了必要的调整、补充和优化，新增市级监测测报点 100 个，区级监测测报点 150 个，并为各级监测测报点配备了必要的监测设备和工具。目前，我市已初步形成了以国家级中心测报点为龙头，市级监测测报站（点）为主体，区县级监测测报点为补充的国家、市、区县三级林木有害生物监测测报网络体系。

3. 基层防控队伍和防控设施建设水平明显提高

2009 年，全市共落实各种类型的防治队伍 1042 支，落实查防人员 1.9 万名，重点村点落实查防人员 2~3 名；全市现有美国白蛾监测测报点 2315 个，设置黑光灯 2.2 万多盏、进口美国白蛾性信息素诱芯 4315 个；有各种类型的防治机械 5107 台套，其中高射程打药机 603 台套；储备防治药剂 159 t，其中美国白蛾病毒 50 t。

4. 查防体系高效运转

一是加大了检查、抽查和巡查工作力度。"五一"期间，正值越冬代美国白蛾成虫羽化高峰期，市、区两级防控办对重点、敏感地区进行了越冬代美国白蛾成虫监测和春尺蠖防治情况的专项检查和抽查。8月份，对全市林木有害生物监测测报点的监测情况进行了2次全面检查和抽查。"十一"前夕，市防控办分5组对重点区县、重点地区、主要干线公路的美国白蛾防控情况，特别是对新中国成立60周年庆祝活动主要场所、路段周边和花博会主场馆周边进行了全面的检查和抽查。10月中旬，国家林业局检查验收组对我市2009年度美国白蛾防控工作进行了检查和验收，现场抽查了通州、顺义、大兴等区县的9个乡镇，27个村点，12条主要道路，检查验收组充分肯定了我市美国白蛾防控工作取得的成绩，并对2009年的防控工作表示满意。

二是切实抓好美国白蛾幼虫普防和普查工作。根据美国白蛾发生情况，市、区县两级防控办分别组织开展了3次美国白蛾幼虫普防和普查工作。据不完全统计，全市累计出动防控人员45万人次、防控车辆10万车次，投入防治设备2万台套次、药剂672 t；共普查林地972.65万亩次，普查树木41931万株次。

5. 宣传培训覆盖面进一步扩大

充分发挥广播、电视、报刊等宣传媒体的作用，分区域、分行业、分层次，多形式、多渠道加大科普宣传力度，通过组织"5·12防灾减灾日"林业有害生物防治大型宣传活动和参加全国"森防宣传月"活动、发放宣传材料，增强全民的林木有害生物防控意识和责任意识，努力营造全社会群防群控的良好局面。同时，进一步加大专业技术培训力度，不断提高专业技术人员的业务能力和技术水平。截至目前，全市已举办各种专业技术培训班560余期，培训业务骨干5万余人次；印发各种宣传材料120余万册，共组织社会宣传活动99次。编发《林保情况》51期，共4080份；《防控工作信息》29期，共4350份；《防控工作信息》专刊28期，共700份。

6. 区域协作持续开展

今年，我市加强了与四川、新疆、天津、河北等省市、自治区、直辖市间的协作，就林木有害生物防控工作相互沟通，交流经验。同时，我市支援河北省三河县防治药剂——除虫脲2.1 t，进一步促进了我市周边地区美国白蛾防控工作的开展。

（二）监测测报网络体系不断完善，监测测报水平全面提高

1. 进一步加大了监测测报网络体系建设

一是 2009 年，市级监测测报点总数达到 965 个，区级监测测报点总数达到 1350 个。二是进一步加大监测用品投入，2009 年，仅市林业保护站就购置各种诱芯 92084 个；购置各种监测杀虫灯 62 盏；购置专用诱捕器 11983 套；购置红脂大小蠹诱液 70.74 kg；黏虫胶 233 kg；黏虫胶带 50 卷；购置信封邮票 6000 封套。三是进一步完善了 13 个市级监测测报站建设。全面完成了市级监测测报站的基础设施建设任务；完善了市级监测测报站制度建设；科学、合理地部署 2009 年度的监测测报任务并切实加以落实；规范了监测和实验设备的使用；加强了监测测报工作的规范化、标准化建设。

2. 进一步强化了重点林木有害生物的监测工作

一是进一步规范了美国白蛾、红脂大小蠹、松墨天牛等危险性林木有害生物监测设备的安全使用事宜及相关注意事项；组织开展了红脂大小蠹专项普查工作；编制了《2009 年北京市红脂大小蠹防控方案》；反复检查了美国白蛾、红脂大小蠹、苹果蠹蛾、桔小实蝇等诱捕器、诱液的使用和监测记录情况。二是继续与北京出入境检验检疫局合作，开展地中海实蝇、桔小实蝇、瓜实蝇等危险性实蝇的监测工作。全市共设置地中海实蝇、桔小实蝇、瓜实蝇等实蝇监测点 150 个。三是在我市怀柔、平谷、房山、密云、昌平、门头沟等 6 个油松毛虫监测示范区，设置油松毛虫诱捕器 510 套，监测覆盖面积 41700 亩。

3. 进一步完善了网格化信息管理工作

一是认真整理、汇总、分析各级监测测报点上报的病虫害发生动态数据。并及时将各监测测报点反馈的各种林业有害生物虫情信息，以《林保情况》或园林通短信方式向基层林保部门发出预警通报。二是进一步完善网格化信息管理系统。经过一年的试运行，2009 年 3 月，林业有害生物网格化信息管理系统正式投入使用。2009 年，首批 13 个市级监测测报站和 45 个市级监测测报点，通过该系统报送 32 种常发性林业有害生物监测数据 5736 条，初步实现了监测信息的快速报送、实时分析与动态管理。

（三）检疫工作取得新进展，执法水平再上新台阶

1. 强化检疫服务工作，确保花博会顺利举办

花博会检疫服务保障工作是我站2009年的重要工作任务之一。一是领导高度重视，提前部署检疫工作。我站积极服务第七届花卉博览会，提前做好参展植物及其产品、包装材料的检疫准备工作，制定了花博会突发有害生物事件应急预案和有害生物监测、检疫工作方案，编制了检疫工作指南和服务工作手册，安排了驻场专职检疫人员。二是加强苗木复检，注重现场把关。及时对进入花博会场馆的苗木进行检疫检查和检疫复检，并与顺义区林保站密切配合，上下联动，坚持"来苗登记，每批必检，及时联系，主动复检"的工作方针，期间共签发《森林植物检疫要求书》184份，查验《植物检疫证书》102份，检疫参展植物1043个品种6.9万株，开具《植物检疫证书（出省）》34份。三是开辟绿色检疫通道，简化引种审批程序。积极与国家林业局造林绿化管理司协调，依法快速办理引进林木种子、苗木和其他繁殖材料的检疫审批手续。四是广泛宣传引导，增强检疫意识。借助举办花博会的契机，大力宣传检疫工作，增强参展和施工单位的检疫意识。五是完善检疫监管，圆满完成七博会植物检疫保障任务。为保障七博会参展植物顺利撤展，我站与北京海关、北京出入境检验检疫局联合对部分国外进境参展植物实施检疫监管，并对来自哥伦比亚、泰国、朝鲜等国家和中国台湾地区的101种进境参展植物进行了灭活处理。

2. 大力开展检疫检查和监管工作

1）组织开展国家级无检疫对象苗圃的检查和自查工作。根据全国无检疫对象苗圃建设要点，结合春季产地检疫和我市无检疫对象苗圃建设工作实际，制定了《北京市无检疫对象苗圃检查工作实施方案》，成立了工作领导小组，组织对12个国家级无检疫对象苗圃进行了自查和检查。经过检查，我市12个无检疫对象苗圃均符合无检疫对象苗圃建设要点条件，生产情况良好，基础设施建设、病虫害检疫及防治措施均符合相关要求。

2）全面开展普及型国外引种试种苗圃的监督检查工作。为进一步加强对普及型国外引种隔离试种苗圃的监督管理，根据国家林业局的要求，我站制订了《普及型国外引种试种苗圃监督检查工作实施方案》，并会同各有关区县林保站对全市的普及型国外引种试种苗圃进行了一次全面的监督检查，进一步推动了普及型国外引种试种苗圃的建设和发展。

3. 认真贯彻落实《北京市林业植物检疫办法》

在《北京市林业植物检疫办法》（以下简称《检疫办法》）颁布实施1周年之际，我站组织开展了全市范围的"贯彻落实《检疫办法》，纪念《检疫办法》施行一周年"活动；认真总结《检疫办法》施行一年来，林业植物检疫执法工作中取得的主要成绩、发生的主要变化以及遇到的主要问题；结合国家林业局森防总站组织的"森防宣传月"活动，广泛开展《检疫办法》的科普宣传和业务培训工作。

4. 依法行政工作有序开展

一是《检疫办法》正式施行以来，市、区两级林业有害生物检疫机构严格按照《检疫办法》及各项法规、规章和制度的要求，依法开展森林植物及其产品的产地检疫、调运检疫、引种审批和检疫复检等检疫执法工作。2009年，全市共查处带疫苗木39批次，涉及苗木15.78万株，其中销毁267株，药剂处理15.20万株，退回5510株；查处常发性有害生物45批次，涉及苗木4.00万株，其中药剂处理3.14万株，退回8603株；全市共签发检疫处理通知单35份，限期除治通知书3份，《产地检疫合格证》2046份，《植物检疫证》12955份，《木材运输证》5506张，《森林植物检疫要求书》411份，《引进林木种子、苗木和其他繁殖材料检疫审批单》1731张。二是为确保检疫执法工作高效开展，提高检疫执法人员的业务素质，进一步规范行政执法证件的发放与管理，全站28名执法人员全部参加了市园林绿化局行政执法人员资格考核。三是进一步优化行政审批服务，在行政许可工作中，强调一个"快"字，坚持一个"多"字，突出一个"实"字，把握一个"好"字。四是在检疫执法和行政审批过程中，提倡"四心"，即对待客户诚心、接待客户热心、解答问题耐心和签发证书细心，受到了送检单位和个人的普遍好评。

（四）坚持科学防控，林木有害生物防治工作成效显著

1. 生物、无公害防治又有新的进展

2009年，我市进一步加大了生物和无公害防治工作力度，无公害防治率达到了100％。全年释放周氏啮小蜂30.265亿头，预防控制面积15.15万亩，是历年放蜂量最大，放蜂范围最广的一年；释放赤眼蜂5亿头；施用美国白蛾病毒10万亩（次）。

2. 飞机防治林木有害生物工作稳步进行

2009 年初，我站会同局办公室积极与市政府办公厅、空军司令部、北京军区空军司令部等相关部门沟通协调，提前做好年度飞机防治林业有害生物的各项准备工作，并与湖北荆州市同诚通用航空有限责任公司签订了 2009 年飞机防治林木有害生物协议书。2009 年的飞防工作，共租用轻型直升机 3 架，设置飞防野外临时起降点 67 个，涉及通州、大兴、房山、丰台、门头沟、海淀、昌平、顺义、怀柔、延庆等 10 个区县，全年共计飞行 1798 个架次，预防控制面积 90 万亩次。

3. 防治物资的招标采购工作顺利及时

2009 年，我市林业有害生物防治物资招标采购工作涉及除虫脲、苦烟乳油、苦参碱、美国白蛾病毒等多种药剂和安全防护服等防治设备。为确保防治药剂和防治设备及时到位，我站积极与招标公司和药剂、设备供应商协调，提前做好招投标的各项准备工作，2009 年各项防治物资招标采购工作既顺利，又及时。

4. 狠抓各项防治基础性工作

一是全面掌握全市林木有害生物的发生情况，及时调查草履蚧、杨潜叶叶蜂、春尺蠖、柳叶蜂、美国白蛾、延庆腮扁叶蜂、栗瘿蜂、油松毛虫等林木有害生物的防治效果；二是及时鉴定新的林木有害生物发生种类，并提出相应的防治方案；三是现场调查、了解各种防治药剂、药械的使用情况，以便及时向各区县和各生产厂家反馈相关信息。

（五）应急防控体系不断完善，应急防控能力显著提高

1. 切实做好突发林木有害生物事件的组织管理工作

为确保新中国成立 60 周年庆祝活动和第七届中国花卉博览会的成功举办，切实做好突发林木有害生物事件的应急组织管理工作。一是以市防控办的名义下发了"关于做好国庆期间突发林木有害生物事件应急管理工作的通知"和"关于进一步加强'十一'期间林木有害生物防控与应急值守工作的通知"，要求各区县防控办和市属各有林单位进一步健全应急管理机制，充实应急组织力量，加强应急物资储备，制定切实可行的应急防控工作预案，建立并完善林木有害生物应急值班制度，全力做好"十一"期间林木有害生物防控与应急值守工作，防止各类林木有害生物

灾害和干扰国庆庆典活动、干扰七博会的林木有害生物事件发生。二是制定了《北京市国庆期间突发林木有害生物事件应急预案》和《新中国 60 周年庆祝活动期间北京市林木有害生物风险评估与对策报告》。三是编制了《北京市林木有害生物应急志愿者队伍建设方案》，动员在林木有害生物防治检疫方面具有专长的市民和热心公益事业的各界人士，参与志愿服务或志愿者培训工作，增强全社会的林木有害生物防控意识。

2. 组织开展越冬代草地螟成虫的监测和防控工作

根据农业部通报，受 2008 年北方地区草地螟大发生和暖冬气候等因素的影响，我国北方地区草地螟越冬虫茧发生基数达到历史最高水平，5 月下旬越冬代草地螟成虫已开始迁飞进入我市。为确保首都生态安全，确保新中国成立 60 周年庆典活动的成功举办，5 月 24 日，以市防控办名义下发了《关于迅速组织开展越冬代草地螟成虫防控工作的紧急通知》，通知要求各区县、各有林单位重点做好城区、城镇地区、国庆庆祝活动场所及周边地区、七博会展馆及周边地区、林区和果园的草地螟监测和防治工作；加强各相关部门、各区县之间的联系与沟通，加强与农业主管部门的信息交流，城乡一体，部门联动，共同做好辖区草地螟的防控工作。

3. 全面展开苹果蠹蛾监测防控工作

5 月 27 日，接到中国农业大学国立耘教授报告，经中国检验检疫科学研究院动植物检疫研究所陈乃中研究员鉴定，在昌平区果树研究所果园发现国家检疫性林业有害生物——苹果蠹蛾成虫 1 头。接到苹果蠹蛾疫情报告后，我站迅速组织专业技术人员赶赴现场调查了解情况，并全面组织开展监测防控工作。一是以市防控办名义迅速下发了《关于全面开展苹果蠹蛾监测防控工作的通知》，并制定了《北京市苹果蠹蛾监测防控技术方案》。二是全面开展苹果蠹蛾监测工作。在该果园和全市增设苹果蠹蛾监测测报点 150 个，总数达到了 165 个，诱捕器 825 个；6 月 2 日，我市决定再次增设苹果蠹蛾监测测报点 500 个，诱捕器 2500 个；2009 年，我市共设苹果蠹蛾监测测报点 665 个，诱捕器 3325 个。三是进一步加大了检疫检查和检疫复检工作力度。组织对苹果蠹蛾的主要寄主植物和易发地点等进行全面的检疫检查和检疫复检。截至目前，我市暂未发现新的苹果蠹蛾疫情。

（六）科技管理工作跃上新的台阶

1. 科技管理科正式成立

根据我站实际，经局人事处同意，2009年2月6日，我站正式成立了科技管理科。科技管理科的主要职责是：负责林木有害生物的科技项目管理，组织科学研究与技术推广，开展技术咨询、专业信息的收集与整理等工作。

2. 科研与科技推广工作取得新进展

一是我站主持的"北京市美国白蛾综合防控关键技术研究与推广"获北京市农业科技推广一等奖；"美国白蛾病毒杀虫剂规模化生产工艺及应用技术"获北京市园林绿化科技进步一等奖；"北京市应用杀虫灯防控林果害虫技术示范与推广"获北京市园林绿化科技成果推广一等奖。二是我站承担的国家林业局"北京市美国白蛾应急防控体系建设项目"和"北京市美国白蛾等林业有害生物预防体系基础设施建设项目"实施进展顺利。三是我站主持承担的市农委项目"应用球孢白僵菌防治美国白蛾技术研究与试验示范"，市科委项目"危险性林果害虫诱芯诱剂研制与开发"和"天敌产品工厂化生产关键技术研究与规模化生产"课题顺利通过相关部门组织的专家验收。四是我站主持制定的《美国白蛾综合防控技术规程》《春尺蠖监测与防治技术规程》《双条杉天牛监测与防治技术规程》等地方标准均已进入送审稿阶段。五是我站与北京林业大学合作，对杨树叶部病害开展了综合研究，并在密云、怀柔、平谷、延庆四个区县开展了杨树叶部病害防治效果试验；与北京农业职业技术学院合作，在大兴区开展了释放花绒寄甲防治杨柳树光肩星天牛研究。同时，我站还开展了春尺蠖发生与危害程度指标测定研究，月季三节叶蜂、黄栌胫跳甲生物学及生态学研究，10种药剂对美国白蛾3龄幼虫的室内毒力、野外防治试验和野外残效期测定等试验研究工作；开展了杨干象、咖啡豹蠹蛾、斑潜蝇、黄斑卷叶蛾等害虫的室内饲养工作。

3. 积极开展林木有害生物咨询工作

一是现场调查指导春尺蠖、杨潜叶叶蜂、油松毛虫等林木有害生物防治8次；二是为社会单位开展林木有害生物防治咨询30余次；三是与局林政资源管理处、局保护处合作，开展枯死木鉴定和古树名木保护咨询6次。

（七）积极实践科学发展观，强化廉政风险防范工作

2009 年，站党支部严格按照局党组的部署，紧密结合我站工作实际，组织全站职工深入学习实践科学发展观，进一步加强廉政风险防范工作，全站上下形成了风清气正、团结和谐、开拓创新、求实奋进的良好工作氛围。

一是在深入学习实践科学发展观活动中，站党支部和领导班子通过召开民主生活会、广泛开展谈心活动，认真查找梳理在贯彻落实科学发展观和党风廉政建设方面存在的突出问题，制定了整改方案，并结合工作实际加以落实；二是站领导班子从长远发展和科学发展的角度出发，有针对性地加强青年专业技术干部的培养，形成了人尽其才、充满活力的用人机制；三是在廉政风险防范管理工作中，紧密结合工作实际，制定了实施方案，成立了领导小组，从思想道德、制度建设、岗位职责、重点事项等方面认真查找风险点，并分别制定了前期预防措施、中期监控机制和后期处置方法，绘制了责任分解图、重点工作流程图，通过明确岗位职责和廉政风险点，建立健全各项廉政制度和相关规定，防止各种腐败现象的发生。

（八）存在的主要问题

一是我市周边地区美国白蛾发生依然严重，防控工作压力仍然较大；二是城镇地区缺少查防人员，社区和社会单位依然是防控工作的薄弱环节；三是防控死角时有发生，弃管果园、弃管苗圃的防控问题还需进一步关注；四是防治设备还有待进一步加强，防治技术、生防比例和生防水平还有待进一步提高；五是杨树叶部病害和黄栌枯萎病仍然较重。

二、2010 年工作计划

（一）进一步加大林木有害生物监测力度，为科学防治奠定基础

2010 年，拟新增市级监测测报站 2 个；购置各种诱芯 8 万个、各种专用诱捕器 8000 套，进一步完善林木有害生物监测预警体系建设。在进一步做好美国白蛾等危险性林木有害生物监测工作的同时，全面做好柳毒蛾、杨扇舟蛾等常发性林木有害生物的监测预报工作，为科学防控奠定基础。

（二）进一步加大检查、抽查、普查、巡查和督查工作力度

重点加大对乡镇、街道等基层单位的监督检查力度，加强基层防控措施的落实，在 4 月初至 10 月底组织开展 3 次综合性普防、普查工作，"五查"并举，确保及

时发现，及时处置，不留死角。

（三）进一步加强林木有害生物防控机制建设

不断探索，进一步完善林木有害生物的应急机制、长效机制，积极开展林木有害生物防治社会化服务机制（市场化服务机制）和应急防控队伍建设，不断提高应急防控能力，有效防止林木有害生物灾情和疫情的发生。

（四）进一步加大生物防治和无公害防治推广力度

进一步完善生防中心建设，不断提高周氏啮小蜂的生产能力和产品质量，加大美国白蛾、春尺蠖等核型多角体病毒施用面积，全力做好各种天敌产品和无公害防控措施的应用推广工作。2010年，拟推广使用周氏啮小蜂25亿头；施用美国白蛾核型多角体病毒10 t，春尺蠖核型多角体病毒2 t。

（五）科学组织防控，确保防控成效

继续组织开展飞机防治林木有害生物工作，2010年全市计划飞防1200架次，防控面积60万亩次；并根据不同区域和不同虫态，采取有针对性的人工地面防治措施，狠抓各项关键技术环节，强化专业监督和指导，合理选择防治药械，准确把握防治时间，多种防控措施并举，确保防控成效。

（六）加强重点病虫害防治工作

一是进一步加强红脂大小蠹、苹果蠹蛾、桔小实蝇等检疫性林木有害生物的监测和防控工作；二是进一步加强春尺蠖、舟蛾类和黄连木尺蠖（木橑尺蠖）等具有暴食性害虫的监测和防治工作；三是进一步加强草履蚧、国槐小潜蛾、马陆、槐尺蠖等严重扰民害虫的监测和防治工作。

（七）进一步加强联防联治工作

继续推动我市与津、冀、辽、鲁等省市，我市相关区县与河北、天津各相邻县市之间，我市各部门之间、各部门与区县之间，区县与区县之间，乡镇与乡镇之间多层次的联防联治，加强信息沟通与交流，实行无界限防治。

第三节　北京市林业保护站 2010 年工作总结暨 2011 年工作计划

一、2010 年工作总结

2010 年，在国家林业局、北京市园林绿化局的正确领导和财政部、北京市财政局的大力支持下，北京市林木有害生物防治检疫工作坚持以科学发展观为指导，紧紧围绕"人文北京、科技北京、绿色北京"这个中心，以确保在首都北京不发生林木有害生物灾害为目标，精心组织，科学防控，周密部署，狠抓落实，圆满完成了各项林木有害生物防治检疫工作任务，全面完成了国家林业局下达给我市的"四率"指标和美国白蛾防控工作任务。2010 年，全市林木有害生物发生面积 59.34 万亩，有效防治面积 59.00 万亩，防治率达到了 99.43%，无公害防治率达到了 100%；测报准确率 98.9%。全市果树病虫害发生面积 280.74 万亩次，防治面积 446.4 万亩次；应施种苗产地检疫面积 19.14 万亩，种苗产地检疫率达到了 100%；成灾面积 0.06 万亩，成灾率 0.058‰。测报准确率、无公害防治率分别比国家下达指标任务提高 13.9、20.0 个百分点，成灾率比国家下达指标任务降低了 1.342 个千分点，全市未发生美国白蛾灾害。现就 2010 年林木有害生物防治检疫工作总结如下。

（一）狠抓美国白蛾等危险性林木有害生物防控工作

2010 年，国家林业局下达给我市的美国白蛾防治任务是 260 万亩（次），我市实际完成 1025.43 万亩（次），是国家下达计划任务的 3.94 倍。其中完成人工地面防治作业任务 891.23 万亩（次），是计划任务的 4.46 倍；完成飞机防治作业任务 134.2 万亩（次），是计划任务的 2.24 倍。

2010 年，我市共计监测到越冬代、第一代和第二代美国白蛾成虫 25428 头、13521 头、13023 头，分别是 2009 年同期的 2.26 倍、4.89 倍、5.02 倍；共计在 3659 株、10225 株和 29571 株树木上监测到第一代、第二代和第三代美国白蛾幼虫，分别是 2009 年同期的 5.99 倍、3.88 倍和 5.4 倍。尽管 2010 年美国白蛾发生数量比 2009 年明显增加，但总体仍呈零散发生态势，在我市没有形成灾害。已在我市门头沟、怀柔和昌平等 3 个区，累计监测诱杀红脂大小蠹成虫 2181 头，发现红脂大小蠹被害状树木 2600 株，未形成灾害。

美国白蛾发生数量同比增加的主要原因：一是受气候等因素的影响，美国白蛾越冬蛹成活率比往年大幅度增高，越冬蛹存活率是常年的 3 倍；二是美国白蛾防控工作持续的时间长，又正值村委会换届选举，基层领导换届交接，部分乡镇、街道，特别是有些村和社区等基层单位出现松懈麻痹思想和怠慢情绪，对第一、二代的防控工作影响较大；三是基层查防人员和防治队伍不稳定，防控资金投入不足，制约了防控工作的开展；四是我市西南周边地区美国白蛾发生范围广，发生数量大。

1. 全面部署各项防控工作

2010 年，市防控指挥部和市防控办分别于 3 月 26 日、4 月 14 日、5 月 19 日、6 月 13 日和 8 月 5 日 5 次召开全市性的防控会议，部署不同阶段的防控工作。市防控指挥部会后，各区县防控指挥部（领导小组）相继召开专题会议，贯彻落实市防控会议精神。我站根据美国白蛾发生规律、发生特点，结合我市防控工作实际及时制定了《北京市 2010 年防治美国白蛾实施方案》，并经市政府审核同意，由我局上报国家林业局，各区县也分别制定了辖区美国白蛾防治作业设计，按照实施方案和作业设计，有计划、分步骤开展各项防控工作。

2. 财政资金投入进一步加大

据不完全统计，2010 年，中央、市、区县和乡镇 4 级财政共计投入林木有害生物防控资金 10918 万元，其中国家财政投入 400 万元，市级财政投入 4571 万元，区县财政和乡镇财政投入 5947 万元，为我市的林木有害生物防控工作提供了坚实的资金保障。

3. 监测设施和防治设备进一步增加

2010 年，全市共购置各种有害生物诱芯 81075 个，其中：购置美国白蛾诱芯 5440 个，比 2009 年增加 1125 个；购置苹果蠹蛾诱芯 5500 个，纵坑切梢小蠹诱芯 700 个，油松毛虫性诱芯 530 个；购置桃潜叶蛾、国槐叶柄小蛾等常发性林果有害生物诱芯 68975 个；购置美国白蛾、红脂大小蠹、纵坑切梢小蠹等专用诱捕器 10018 套；购置红脂大小蠹诱液 83.49 kg；购置黏虫胶 412 kg；黏虫胶带 1050 卷。全市新增各种类型的防治机械设备 287 台套，总数达到了 5394 台套，其中高射程防治设备 542 台套。

4. 各项查防机制进一步落实

一是进一步加大了检查、抽查、普查、巡查和督查工作力度。在各区县和各乡镇（街道）自查的基础上，市、区两级共计组建美国白蛾检查组 82 个，在重点时期、重点时段，对重点、敏感地区，重点、敏感路段和主要发生区进行检查、抽查和巡查，发现情况及时采取相应的防控措施。其中，市防控办分 5 组在每一代美国白蛾幼虫网幕发生期，特别是在"五一""十一"放假期间明查暗访，取得了明显的检查效果。10 月下旬，国家林业局检查验收组对我市 2010 年度美国白蛾防控工作进行了检查和验收，现场抽查了大兴、房山等区的美国白蛾防控工作情况，对我市的防控工作给予了充分肯定。二是切实抓好普防和普查工作。根据美国白蛾发生情况，市、区县两级防控办分别组织开展了 3 次以美国白蛾为主的危险性林木有害生物普防和普查工作。2010 年，全市累计出动防控人员 35.08 万人次、防控车辆 8.07 万车次，投入防治设备 9735 台套次、药剂 578.33 t，人工地面防治 891.23 万亩次；共计普查林地面积 1980.6 万亩次，普查树木 74131.08 万株次。

5. 宣传培训进一步取得实效

充分利用广播、电视、报刊等宣传媒体，分区域、分行业、分层次，多形式、多渠道广泛开展科普宣传活动。截至 10 月底，市、区县两级共组织各种类型的宣传活动 60 余次，共发放林木有害生物防治宣传材料 100 余万份；共举办各种类型专业技术培训班 489 期，培训业务骨干 4 万余人次。其中，市林保站组织培训 4 次，培训业务骨干 400 人次；印发各种宣传材料 60 余万份；编发《林保情况》22 期，1760 份；《防控工作信息》71 期，10650 份；《防控工作信息》专刊 28 期，700 份。

6. 区域合作取得新进展

2010 年，我市进一步加强了与河南、吉林、天津、河北、新疆等省市、自治区、直辖市的协作，就林木有害生物防控工作相互沟通，交流经验。同时，完成了 2009—2010 年度京冀区域合作项目，北京市支援河北省的美国白蛾防控物资设备完成了交接仪式，物资设备采购总额达到 600 万元。此外，北京市还支援固安县防治药剂 5 t，喷烟机 10 台；延庆县支援怀来黑光灯 50 盏；顺义区支援三河飞防 20 架次；房山区支援涞水飞防 5 架次；大兴区还援助固安和广阳两县的 15 个村，28 km 长的河堤林地开展人工地面防治工作，折合防治面积 2 万亩，进一步促进了我市西南周边地区美国白蛾防控工作的开展。

（二）监测测报网络体系日趋完善，监测测报水平显著提高

1. 监测测报网络体系日臻完善

一是2010年，我市共有各种类型的林木有害生物监测测报点2330个，其中新增市级监测测报站2个，市级监测测报站总数达到了15个；市级监测测报点965个，区县级监测测报点1350个。二是对965个市级监测测报点的主（兼）测对象、监测内容、监测范围、重点监测树种和监测人员信息等进行了必要的调整和优化，共提出优化调整意见70余条。三是开展了市级监测测报站（点）的专项检查和普查工作。其中组织开展黑光灯夜查6次，解决监测技术和监测设备使用问题30余次，纠正诱捕器使用错误或不规范行为20余次。

2. 监测测报工作有序开展

一是重点组织开展了美国白蛾、红脂大小蠹、苹果蠹蛾、草地螟等检疫性、危险性林木有害生物的监测测报工作。进一步规范了美国白蛾、红脂大小蠹、松墨天牛等监测设备的安全使用事宜及相关注意事项。二是扎实开展春尺蠖、杨扇舟蛾、杨小舟蛾、国槐尺蠖、国槐叶柄小蛾等常发性林木有害生物监测测报工作。三是组织开展了红脂大小蠹专项普查工作，在门头沟、怀柔、昌平和房山增设诱捕器1403套，诱液20 kg。四是组织开展了油松毛虫性信息素技术监测预报示范工作。2010年，共在我市怀柔、平谷、房山、密云、昌平、门头沟、延庆等7个油松毛虫监测示范区(县)设置油松毛虫诱捕设备530套。目前，各项监测任务已全部完成。

3. 信息报送更加便捷、高效

2010年，在14个市级监测测报站和45个市级监测测报点示范推广网格化管理技术，初步实现了对20种常发性林木有害生物监测数据的手机报送工作。截至11月10日,已通过手机收集各种监测数据2472条。同时,充分利用园林通短信平台,发布各类林木有害生物监测测报信息，全年共计发布美国白蛾、杨扇舟蛾等林木有害生物预测预报信息80余期，发送信息6400人次。

4. 监测数据上报管理工作更加规范

按照国家林业局关于《森林病虫害防治管理信息系统》的有关要求，年初，市林业保护站下发了《关于进一步做好森林病虫害防治管理信息系统辅助库数据维护工作的通知》，2010年，通过该信息系统上报各种林业有害生物监测和发生情况

数据近 6 万个，系统运行良好，上报信息及时，数据完整准确，没有漏报、漏项和统计错误等情况发生。

三、检疫御灾体系不断健全，检疫检查工作不断深入

1. 全面完成"五五"普法工作任务

根据《北京市园林绿化局关于开展园林绿化系统"五五"普法检查验收工作的通知》精神，结合各项中心工作，2010 年对"五五"期间的普法工作进行了认真总结和自查，并形成总结报告上报市园林绿化局。"五五"普法工作中，一是梳理出《北京市林业保护站行政执法责任制》《北京市林业保护站行政执法责任制评议考核办法》和《北京市林业保护站行政执法责任制目标管理责任书》等法制工作材料。二是将法制学习写入《北京市林业保护站学习制度》，并列入领导班子和全体干部职工重点学习内容和任务；制定了《2005—2010 年法制宣传教育计划》和《2005—2010 年法制宣传教育计划和年度普法工作方案》；修订了《北京市林业植物检疫办法》。三是认真组织开展普法考核 238 人次，考试合格率达 100%。同时，组织开展专职检疫员培训 3 批次，总数达到 218 名；组织开展兼职检疫员培训 15 批次，总数达到 423 名。

2. 深入开展春季造林绿化检查工作

一是严格执行检疫程序，切实加强春季苗木检疫。为了规范苗木生产经营，提高苗木质量，有效规避检疫性林业有害生物传播蔓延的风险，进一步提高我市春季绿化造林质量，我站代拟并由市园林绿化局下发了《关于进一步加强林业植物检疫工作的通知》（京绿造发〔2010〕8 号），要求严格执行《森林植物检疫要求书》制度，严禁未经检疫的苗木和其他繁殖材料进入绿化造林地，切实把林木有害生物防控工作纳入绿化造林的全过程。

二是认真提高服务意识，联合开展春季造林绿化检查。为了避免检疫性林业有害生物随春季造林苗木传播，加强造林苗木质量监管，确保造林工作质量，我站与局造林营林处、市林木种子苗木管理总站组成联合检查组，将春季产地检疫工作、苗木检疫复检工作和我市春季造林绿化检查工作、春季林业种子苗木管理工作充分结合，对各区县的重点绿化造林工程进行了联合检查。我市各区县春季造林绿化工程所用苗木均符合植物检疫相关规定，使用的繁殖、种植材料来源明确，苗木生长情况良好，具有《植物检疫证书》，各项指标均符合要求。

三是认真做好普及型国外引种试种苗圃监督管理工作。2010年，根据各苗圃的申请和我市普及型国外引种试种苗圃监督管理工作实际，经国家林业局造林绿化管理司审核，确认了普及型国外引种试种苗圃5家。并按照《国家林业局造林绿化管理司关于委托开展松材线虫病疫木加工板材定点加工企业和普及型国外引种试种苗圃2项行政许可项目监督检查的函》（造防函〔2010〕57号）的要求，入秋以来，已对北京市境内的30家普及型国外引种试种苗圃进行了全面系统的监督检查。经过现场检查、审阅档案资料等步骤，对各苗圃进行了打分，检查的同时，进一步采集、完善了各引种试种苗圃的详细信息，建立健全了监管档案，为今后更有效地监管和沟通信息打下基础。

3. 全面部署检疫性林业有害生物普查工作

启动了检疫性林业有害生物的普查工作。一是制定并下发了《北京市园林绿化局关于开展检疫性林业有害生物普查工作实施方案》《北京市检疫性林业有害生物普查技术要点（试行）》；二是成立了检疫性林业有害生物普查工作领导小组，并聘请有关专家担任普查工作技术顾问；三是举办了北京市检疫性林业有害生物普查启动仪式暨普查技术培训班。国家林业局森林病虫害防治总站总工程师宋玉双同志、市园林绿化局副局长高士武同志及普查领导小组成员单位出席了启动仪式，全市160余名专业技术骨干参加培训。随后，各区县相继举办了启动仪式，并按照普查技术方案和技术要求培训了普查工作人员；四是召开了东北部五区县检疫性林业有害生物普查技术现场培训会。目前，检疫性林业有害生物普查工作正在有序进行中。

4. 林业植物检疫工作依法有序开展

一是重点开展了红脂大小蠹、苹果蠹蛾等检疫性林业有害生物的检疫检查和除害处理工作。二是严格按照《检疫办法》及各项法规、规章和制度的要求，依法开展森林植物及其产品的产地检疫、调运检疫、引种审批和检疫复检等检疫执法工作。2010年，全市共查处疫木50批次，涉及苗木140258株；查处带有常发性有害生物的苗木28批次，涉及苗木42410株。截至10月底，全市共签发检疫处理通知单39份；签发《产地检疫合格证》1222份，检疫面积191359亩；签发《植物检疫证书》12350份，《木材运输证》7198张，《森林植物检疫要求书》371份，《引进林木种子、苗木和其他繁殖材料检疫审批单》1951张。三是积极协调福建省森林病虫害防治检疫总站，解决了北京电力设备总厂长期向福建省福州、泉州、漳州等地供应设备，需要长期办理《森林植物检疫要求书》和《植物检疫证书》的问题，加强了省际检疫执法协作与互动，也充分体现了执法为民的宗旨。

（四）预防为主，科学防治，不断提高林木有害生物防治成效

1. 生物和无公害防治推广面积进一步扩大

一是首次组织开展释放花绒寄甲防治光肩星天牛。为进一步提高我市无公害防治技术水平，逐步实现林业有害生物的可持续控灾，5月24日，我市启动花绒寄甲防治杨柳树蛀干害虫工作，这是我市首次利用昆虫天敌大面积防治杨柳树蛀干类害虫。截至10月底，已在我市大兴区、房山区释放花绒寄甲成虫12.4万头、卵68.5万粒，预防控制面积1500亩。《中国绿色时报》《北京日报》《北京晚报》等媒体对花绒寄甲的释放工作进行了宣传报道，取得了较好的宣传效果；浙江、河南、山东等地纷纷打电话咨询相关情况。

二是首次组织开展了大唼蜡甲防治红脂大小蠹的工作。2010年全市共计繁育和释放大唼蜡甲成虫3万头。

三是大幅度增加了周氏啮小蜂的释放量。在6月底至7月初，即第一代美国白蛾老熟幼虫期和蛹期，全市分4批释放周氏啮小蜂47.2亿头，比去年同期增加17.2亿头，比年计划增加22.2亿头，预防控制面积23.6万亩，是历年放蜂量最大、释放范围最广的一年。

四是进一步加大了病毒制剂的推广应用面积。2010年我市共施用美国白蛾病毒30 t，预防控制面积30万亩（次），超年计划20万亩（次）；施用春尺蠖核多角体病毒2 t，预防控制面积2万亩（次）。

2. 飞机防治林业有害生物工作成效显著

一是认真做好飞防前的各项准备工作。年初，我站积极与局办公室协商上报市政府办公厅、空军司令部、北京军区空军司令部等相关部门和单位，提前做好年度飞机防治林业有害生物的各项准备工作。2010年，共在13个区县设置野外临时起降点67个，租用轻型直升机3架，并与北京军区空军司令部签订了《北京市园林绿化局设立野外临时起降点开展防治林木有害生物飞行协议书》，与湖北荆州市同诚通用航空有限责任公司签订了《2010年北京市飞机防治林木有害生物作业协议》。4月14日，北京军区空军司令部航管处与我站联合召开了2010年北京市飞机防治林木有害生物协调会。

二是全面组织开展飞防工作。2010 年，我市飞机防治林木有害生物工作自 4 月 23 日开始，9 月 24 日圆满结束。飞防工作共涉及通州、大兴、房山、丰台、门头沟、石景山、海淀、昌平、顺义、怀柔、延庆等 11 个区县；全年共计飞防作业 2684 个架次，预防控制面积 134.2 万亩次。其中以防治春尺蠖为主，兼防第一代美国白蛾幼虫的春季飞防 246 个架次，预防控制面积 12.3 万亩；以防治第二代美国白蛾幼虫为主，兼防杨扇舟蛾、杨小舟蛾、栗瘿蜂等害虫的夏季飞防 1519 个架次，预防控制面积 75.95 万亩；以防治第三代美国白蛾幼虫为主，兼防其他食叶类害虫的秋季飞防 919 个架次，预防控制面积 45.95 万亩。

2010 年，我市飞防工作具有以下主要特点：一是飞防作业架次和预防控制面积再创历史新高；二是石景山区首次参与飞机防治林木有害生物工作；三是 2010 年受气象和空中管制等因素影响较小，飞防作业和转场比较顺利，比计划飞防结束时间提前 10~20 天；四是为确保飞行安全和防治效果，2010 年，严格按照相关要求在飞防作业前开展空中视察工作，全年共计空中视察 148 个架次。

3. 积极推进林木有害生物社会化防治工作

一是积极探索与林权制度改革相适应的林业有害生物防治工作新思路、新机制、新举措。通过个别走访、集中座谈等形式，及时开展了社会化防治调研工作。二是加大对现有社会化服务组织的扶持力度。积极推动北京合利兴林业服务中心、北京百瑞弘霖有害生物防治科技有限责任公司等社会化防治组织，开展林木有害生物的社会化防治试点工作，探讨包括承包防治、应急防控在内的美国白蛾社会化防治新模式，试点工作取得了初步成果。三是加强宣传培训和政策扶持力度。逐步增强各级领导、林农、广大群众对林木有害生物防治工作的重视程度和参与力度。全面推行防治任务项目管理和招投标制、监理制，促进林业有害生物社会化防治健康发展。

4. 及时组织开展防治物资的招标采购和发放工作

及时组织开展林业有害生物防治器械、防治药剂的采购及防治物资的储备、供应工作。2010 年，全市飞防和地防所需的药剂，包括除虫脲、杀铃脲、苦烟乳油、苦参碱、美国白蛾病毒、杀菌剂等全部进行了网上招标采购，同时购置了野外应急防控设备。

5. 适时指导各区县的防治工作

一是对草履蚧、杨潜叶叶蜂、春尺蠖、柳叶蜂、美国白蛾、延庆腮扁叶蜂、栗瘿蜂、油松毛虫等林木有害生物的防治工作进行综合技术指导；二是及时鉴定新的林木有害生物发生种类，并提出防治方案；三是现场调查、了解药剂药械的使用情况，并及时向厂家反馈相关信息。

（五）科技管理工作迈上新台阶

1. 科研与技术推广工作成效显著

一是我站承担的"北京市美国白蛾防控关键技术研究与推广"与"林木安全生产综合配套技术研究与示范"分别荣获 2009 年度北京市农业技术推广奖一等奖和 2010 年度北京市农业技术推广奖二等奖，"柏、杨、梨安全生产综合配套技术研究与示范"与"应用球孢白僵菌防治美国白蛾技术研究与试验示范"分别荣获 2009 年北京市园林绿化科技成果推广一等奖和 2009 年度北京市园林绿化科技进步二等奖。二是我站制定的北京市地方标准《春尺蠖监测与防治技术规程（DB11/T 702—2010）》《美国白蛾综合防控技术规程（DB11/T 703—2010）》《双条杉天牛监测与防治技术规程（DB11/T 704—2010）》已由北京市质量监督局正式发布，2010 年 7 月 1 起开始实施。三是正在制定的北京市地方标准"草履蚧监测与防治技术规程"和"油松毛虫监测与防治技术规程"也已进入征求意见阶段。

2. 项目研究工作进展顺利

一是国家级建设项目"北京市美国白蛾等林业有害生物检疫御灾体系基础设施建设项目"已通过国家林业局批复，目前已开展项目实施工作。二是我站承担的在建国家级项目"北京市美国白蛾应急防控体系建设项目"和"北京市美国白蛾等林业有害生物预防体系基础设施建设项目"，目前已由监理公司对拟购置的各种设备通过招投标方式进行采购，项目所涉及的部分单位也已完成建设任务。三是北京市科学技术委员会农村发展中心项目"林木资源保护科技服务站建设项目"已按照科委的要求完成各项工作。

3. 积极组织开展科学研究和科技推广工作

一是我站上报了《黄连木尺蠖监测与防治技术规程》《舞毒蛾监测与防治技术规程》和《苹果蠹蛾检疫技术规程》等 3 项 2011 年北京市地方标准计划。二是我站与国家林业局森林病虫害防治总站检疫处合作开展了北京市苹果蠹蛾检疫技术措施示范试点项目，并在海淀、丰台和昌平等区确定示范点 3 个；继续与北京林业大学合作，开展杨树叶部病害综合研究，并在延庆县进行杨树黑叶病防治试验；与北京农业职业学院合作开展的"利用天敌昆虫防治北京光肩星天牛技术研究"试验研究工作已取得积极进展；并积极参与了北京出入境检疫局检验检疫技术中心"重要检疫性害虫物理监测技术研究"试验研究工作。三是首次开展了林木有害生物远程诊断系统的研究与开发工作。四是我站组织开展的"黄栌胫跳甲生物学特性野外观察实验""柳毒蛾生物学特性野外观察实验""高山扁叶蜂生物学特性研究实验""枣疯病防治技术研究""国槐小潜蛾饲养观察"等实验项目正在按照研究方案顺利进行中。五是组织编写了《北京市林业有害生物防控工程建设标准》《第七届中国花卉博览会（北京展区）检疫工作纪实》《北方园林植物病虫害防治手册》《北京市林木有害生物名录》《美国白蛾实用防控技术》《美国白蛾实用防治技术》等书籍。

4. 积极参与林木有害生物专业技术咨询工作

一是多次前往各区县、局属场圃现场调查指导双条杉天牛、松梢螟、纵坑切梢小蠹和红脂大小蠹等林木有害生物发生防治工作；并对油松、侧柏等树木生长情况进行现场指导。二是多次与局林政资源处、局保护处合作，开展枯死木鉴定和古树名木保护工作。三是积极开展社会单位和社区的林木有害生物防治技术咨询工作。

5. 全面启动北京市森林网络医院建设工作

参加了国家林业局森防总站举办的国家森林网络医院培训，积极筹备并启动了北京市森林网络医院建设。目前，北京市森林网络医院已完成数据管理员聘任、下级机构的注册和聘任各级机构专家等工作，完善了北京市林业有害生物防治基础数据库。

（六）应对突发事件能力明显提高

1. 不断建立健全应急网络体系

2010 年，全市提早做好防控物资储备，并对 2 个市级药剂药械储备库进行了修缮和整理。我市共计组建各种类型的防控队伍 1684 支，落实查防人员 1.9 万余人。

2. 迅速行动，防止各种次期性、弱寄生性林木有害生物灾害发生

受去年 11 月初和今年 1 月上旬极端气象因素的影响，我市部分地区林木果树发生严重冻害。为确保林木正常生长和果品产量、质量，我站及时举办了"北京市果树病虫害防治技术培训班""极端低温事件与林木有害生物防治培训班"。并及时申请"2010 年次期性林业有害生物防控用品设施"项目资金，用于购置施纳宁、腐必清、843 康复剂等保护药剂，以减轻次期性有害生物对林木果树的危害，努力降低灾害损失。

3. 成功应对突发迁入性美国白蛾雌成虫事件

8 月 24、25 日，在我市大兴区采育、安定、礼贤、榆垡、长子营等乡镇，突发迁入性美国白蛾雌成虫，其中，凤河营、山西营、大同营、康营、韩营等 5 村和韩凤路 2 万余亩林地发生较重。针对突发情况，市防控办立即组织开展迁入性美国白蛾雌成虫的防治工作，及时有效控制住了疫情。其中，市防控办紧急调配高射程打药车 9 辆，防治药剂 20 t。大兴区投入 2.84 万人次、防控车辆 9300 车次，防治机械 510 台套、药剂 29 t，防控面积 43.5 万亩。

（七）党支部建设进一步加强

2010 年，站党支部严格按照局办党组的部署，紧密结合我站工作实际，组织全站职工深入学习实践科学发展观，进一步加强廉政风险防范工作，全站上下形成了风清气正、团结和谐、开拓创新、求实奋进的良好工作氛围，为全面完成林业有害生物防治检疫工作奠定了坚实的基础。积极组织党员干部和群众参加党风廉政建设宣传教育展板评选、购买碳汇、向灾区捐款献爱心等活动，特别是在"情系玉树、奉献爱心"捐款活动中，发扬"万众一心、同舟共济"的民族精神，向灾区人民送温暖、献爱心，充分体现了社会主义大家庭"一方有难，八方支援"的血脉亲情，全站共向灾区捐款 2880 元。

（八）存在的主要问题

1）我市周边地区危险性林木有害生物发生形势依然严峻，防控工作压力仍然较大。

2）社区和社会单位依然是防控工作的薄弱环节。

3）防控设备有待进一步更新和补充，生防比例和生防水平还有待进一步提高。

4）高速公路、铁路两侧的防控工作还需进一步加强。

5）实用林木有害生物的监测、检疫和防治技术，特别是多种林木病害的实用高效防治技术比较匮乏。

二、2011 年工作计划

2011 年，我们将认真总结防控经验，查找防控工作的薄弱环节，探索新的防控机制，狠抓关键环节，科学编制《2011 年防控美国白蛾实施方案》，全面完成国家林业局下达给我市的林业有害生物防治"四率"指标和美国白蛾防控任务，确保首都生态安全，确保在北京不出现林木有害生物灾害。

（一）预防为主，科学防治

2011 年，在进一步做好美国白蛾等危险性林木有害生物防控工作的同时，全面做好春尺蠖、杨扇舟蛾等常发性林木有害生物的监测防控工作，继续坚持"预防为主，科学防治，依法治理"的防治方针和"政府主导，属地管理"的防控原则。

（二）及时查处，消除隐患

进一步加大对社区和社会单位的监督检查工作力度，加强对基层单位的技术指导，重点做好 4 月初至 10 月底在全市范围组织开展三次综合性普防、普查工作，切实做到及时发现，及时处置，不留死角，一旦发现林木有害生物灾害隐患，迅速予以消除。

（三）探索新机制，提高应急能力

不断探索，进一步完善林木有害生物的应急机制和长效机制，积极推动社会化服务工作。加强基层应急防控队伍建设，及时准确地对突发危险性林木有害生物事件做出预警，不断提高应急防控能力，有效防止林木有害生物灾情和疫情的发生。

（四）继续推进无公害防治和生物防治进程

进一步完善生防中心建设，不断提高周氏啮小蜂的生产能力和产品质量，加大美国白蛾病毒施用面积，全力做好天敌产品和无公害防控措施的应用推广工作。2011 年，拟组织繁育和释放周氏啮小蜂20亿头；繁育和释放花绒寄甲成虫20万头、卵 300 万粒；组织生产和施用美国白蛾核型多角体病毒 20 t，春尺蠖核型多角体病毒 5 t。

（五）科学组织，确保防控成效

积极开展飞机防治林木有害生物工作，2011 年，全市计划飞防 2000 架次，防控面积 100 万亩次。并根据不同区域和不同虫态，采取有针对性的人工地面防治措施，狠抓各项关键技术环节，强化专业监督和指导，合理选择防治药械，准确把握防治时间，多种防控措施并举，确保防控成效。

（六）继续开展联防联治工作

继续推动我市与津、冀、辽、鲁等省市，我市相关区县与河北、天津各相邻县市之间，我市各部门之间，各部门与区县之间，区县与区县之间，乡镇与乡镇之间多层次的联防联治，加强信息沟通与交流，实行无界限防治。

第四节　北京市 2008 年度森林防火工作总结及 2009 年度森林防火工作计划

一、2008 年度森林防火工作总结

2008 年度森林防火期，我市严格按照国家森林防火指挥部、国家林业局和市委、市政府的要求，坚持以科学发展观为指导，紧紧围绕"迎奥运、保安全、求稳定、促和谐"的中心目标，认真按照"四早"要求，从严落实措施，有效地控制了森林火灾的发生。据统计，本防火年度，全市发生森林火情 17 起，形成森林火警 3 起，过火面积总 11.56 hm^2，过火有林地面积 1.62 hm^2，未发生一般森林火灾。与去年同期相比，森林火情减少 60 起，下降 79.7%；森林火警减少 4 起，下降 57.1%；一般森林火灾减少 1 起，下降 100%；过火面积减少 55 hm^2，下降 82.6%；过火有林地面积减少 8.8 hm^2，下降 84.5%，顺利实现了"两个确保"的工作目标。

（一）主要工作情况

1. 坚持从严监督，坚决把森林防火责任落到实处

市委、市政府领导高度重视森林防火工作，牛有成同志先后带队到延庆县、房

山区等地检查工作，查看山火现场，慰问工作人员，并多次做出重要批示。市防火办9次召开森林防火工作会议，并25次下发通知，对森林防火工作提出明确要求。市园林绿化局领导4次带队检查区县森林防火工作，督促防火责任有效落实；针对"十七大"期间、元旦、春节、"两会"、清明等重点防火时期，专门制定方案，进行专项部署。通过不间断地开展重点区域整治、防火隔离带清理、隐患自查、自报、自改等活动，发现火险隐患434处，发放隐患通知601次，督促全面整改，有效遏制了森林火灾的频发态势。

各级森林防火部门继续坚持和完善地方政府主要领导为第一责任人、分管领导为主要责任人、园林绿化部门领导为直接责任人的森林防火行政领导责任制，坚持区（县）长、乡镇长（办事处主任、林场场长）、村长"三长"负责制和区县领导包乡镇、乡镇领导包村的"两级包片"责任制，签订各类森林防火责任书18.6万份。通过层层签订责任状、落实岗位责任制，严明奖惩措施等形式，保障了森林防火工作一贯到底、全面落实。通过量化职责标准，从严考核、从严追究等措施，房山区实现了同比火情总数下降52%，火警总数下降66.7%，过火总面积下降97%的良好成绩；怀柔区取得了全年度未发生森林火情、火警、火灾的历史性好成绩，第一次实现了"三无"工作目标。

2. 坚持多措并举，有效提高了森林防火综合防控水平

全市各区县、有林单位针对干旱少雨多风、林下可燃物大量聚积等不利因素，从严管理火源、从严监控火情、从严依法治火，超常规防范\超常规部署，有效控制了森林火灾的发生。全市继续组织开展人工割除防火隔离带和可燃物清理工作，共割除森林防火隔离带12000 km余，清理林下可燃物70000 hm^{2}余；市防火办投资购置70 t森林防火阻燃剂喷洒于重点林区和奥运场馆周边等关键部位，最大限度地降低了林地火险等级；根据决战奥运的特殊形势，加大了对重点地区和关键部位的重要时期、夜间及休息日等重点时段巡逻检查的力度和密度，采取设卡拦截、实名登记、扣留火种等多项措施，坚决管住火源；针对上坟烧纸、烧荒燎地边、乱扔烟头三大火源隐患，严加防范，死看死守；严密监控重点人群，对精神病人、智障人士、未成年人等，落实其监护人的防火安全责任。在清明节、"五一"劳动节等重要时期，市防火办工作人员一律加班停休，并组成7个小组深入重点区县，开展防火检查；各区县主要领导带队，开展森林防火联合检查活动；重点有林单位坚持死看死守，平均每天临时增加护林力量7452人，并充实到森林防火第一线，把

守路口要塞，开展巡逻检查，防止火源火种进山入林。全市森林公安机关严格履行森林防火监管和执法职能，严格依法制止野外违章用火行为。据统计，本防火年度，全市共出动森林公安民警 29184 人次，出动车辆 12774 辆次，护林员 50158 人次，巡查队 273 支 1960 人次；共制止野外用火 5373 起，当场给予处罚 1444 人次，罚没人民币 1470 元。

3. 坚持体制创新，不断完善森林防火"四个机制"

一是在航空护林、灭火机制上，北京市航空护林站已得到国家林业局正式批复立项，现正在抓紧组织编制项目建设初步设计，已着手进入全面建设阶段；全市连续 6 年租用北京空军的直升飞机，专门负责林区巡护，较好完成各项防扑火任务。二是在省市联防、横向互动机制上，按照年初召开的京津承边界区森林防火联防会议精神，继续加强环京地区联防制度化和规范化建设；重点加强交界地区森林防火基础设施建设，支援河北省环京 9 县市森林防火基础设施建设项目也取得重要进展。据统计，2008 防火年度共发生边界火情 7 起，与上年同期相比下降 30%。三是在长效保障机制上，《北京市森林防火基础设施建设规划（2007—2010 年）》全面实施；投资 4972 万元西山林场防火公路建设项目，已全面动工，项目总投资 4.45 亿元，市属国有林场森林防火基础设施建设项目，已报市发改委申请立项；经国家林业局批复的"北京市山区生态林重点火险区综合治理建设项目"和"北京市森林防火物资储备建设项目"也有序进行。四是在完善生态管护员管理机制上，加强对生态管护员责任意识和履职能力的培养，全市共开展生态管护员专题培训 472 次。

4. 坚持固本强基，推进了森林防火"四项建设"的进程

一是火情预警监测体系建设进一步完善。全市共新建森林防火自动气象站 15 个，总数达到 21 个，测报覆盖率已达 40%；本防火年度投资 200 余万元，新建 9 座瞭望塔，使我市瞭望塔总数达到 143 座，全市瞭望监测范围由 60% 提高到 70%；新建视频监控设备 13 套，使全市现有总数达到 54 套，监测覆盖率上升到 43%。新建设防火检查站 10 个，使我市各类防火检查站达到 280 个。八达岭林场在重点路口安装视频监测探头 16 个，可进行"微观"监测，并设有报警系统，有效提升了森林火灾的预防能力。二是应急指挥和信息通信建设进一步推进。以北京市森林防火网为平台的森林火灾接处警管理系统和以公安网 KMS 为平台的森林防火月报管理系统建成投入使用；新近购置 66 部 800 M 电台，更换 45 部海事卫星

电话，新增车载电台、GPS 定位电台等通信工具 180 余部，投资近 400 万元配备移动通信车，大大拓展了全市森林防火通信的覆盖范围。三是专业森林消防队建设进一步巩固。全市专业森林消防队 94 支，已建设成半专业队伍近 200 支，基本达到"发生火情，30 min 赶到火场"的要求。门头沟、怀柔等区整合现有专业森林消防力量，在强化各种专业抢险救灾知识培训，常年保持备战状态的同时，将专业消防队纳入全区应急救援队伍管理，资金列入财政预算，有效解决了专业队伍资金不足的问题。怀柔区、延庆县加大专业森林消防队基础建设投资，全市直接用于森林防火的各类专用车辆已达 359 辆，并配备了比较齐全的风力灭火机、灭火水炮、灭火水枪等机具，队伍的快速反应能力和实战灭火效率得到大幅提升。四是森林防火机具装备进一步充实。每年市财政投资近 250 万余元用于机具装备储备购置，种类齐全、数量充足、供给迅速的森林防火物资储备体系渐趋形成。

5. 坚持广泛宣传，积极营造"全民尽责"的防火氛围

本防火年度，全市先后组织开展了以"人人防火，树树平安；时时防火，国泰民安""迎奥护绿、全民尽责"和"防森林火灾，保平安清明"为主题的 3 次大型宣传活动，共发放各类宣传品 220 余万份，竖立防火宣传牌 15000 余块，电子宣传牌 58 套，电视宣传 6000 余次，短信宣传 665 次。此外，市防火办还通过北京人民广播电台，向广大市民讲述森林防火和避险等科普知识，印制《致市民一封信》10 万份，制作防火虎威威年历 50000 份，制作"虎威威说防火"易拉宝宣传品 20 套，发放到 19 个区县。各级防火部门不断拓展宣传教育空间，更新宣传教育手段，深入开展防火宣传。海淀区制作了防火虎威威行走人偶、石膏雕塑和有奖明信片；密云县通过电视台每天插播森林防火宣传字幕，播报全县森林防火工作动态，均得到当地群众好评。

6. 坚持因险而动，严格按照应急预案要求备战灭火

一是牢固树立全年防火意识，依据应急预案，严格落实领导带班、工作人员 24 h 值班和专业森林消防队备班制度；全面开通现有通信技术设备，保证上下联络渠道畅通无阻，确保一旦发生森林火情，应急预案启动迅速高效。二是全市各类专业森林消防队严格保持人员、车辆、通信、扑火机具四个到位，全体队员昼夜备勤，24 h 待命，时刻处于临战状态，为我市森林资源安全提供了有力保障。三是本年度共启动森林火灾扑救应急预案响应 17 次，靠前指挥，重兵出击，科学扑救，

均及时扑灭，没有形成森林火灾，没有造成人员伤亡，最大限度地保护了我市森林资源安全。

（二）存在的主要问题

今年的各项工作虽然取得了一定的成效，但是森林防火工作仍存在一些问题和困难。

一是责任制落实不普遍。部分基层领导干部思想麻痹，存在侥幸心理，个别地方火案责任追究失之于宽，没有起到警示和震慑作用；相当数量的生态管护员上岗不尽职，到位不负责，护林员第一报告率仅占17.6%，较往年有所下降。二是防控措施落实不到位。从17起森林火情的成因来看，5起由吸烟引起，所占比例与去年基本持平；4起是人为纵火，所占比例大幅提高，这反映出一些地方宣传教育不深入，野外火源管理不严格，防范措施不扎实，群众的森林防火意识有待提高。三是综合防控能力不扎实。航空站筹备和建设进度还不适应我市日益严峻的防火形势，环京地区森林防火基础建设薄弱。四是生态林管护员管理机制不完善。生态林管护员在每年换岗期间，存在新人防火业务生疏，进入状态慢的问题，同时往往因轮岗不满而引发不必要的矛盾。五是落实《规划》建设进度缓慢。《规划》的部分建设内容在当年度尚未立项落实，存在部分区县与同级发改委沟通不及时，重视程度不够等问题。六是专业森林消防队队伍不稳定。人员老化，流动性大，待遇偏低，训练质量不高，战斗力不强。

二、2009年度森林防火工作主要任务

重点是加快完善四个方面的工作体系。

（一）坚持标本兼治，加快完善严密有效的森林火情综合防控体系

一是要抓好重点时期的防控。针对元旦、春节、"两会"和防火戒严期等森林防火重点时期，要制定严密的应对措施，全天候严格防范；针对清明、"五一""十一"元旦、春节等法定节假日，要认真总结经验，充分估计形势，提前进行部署。二是要抓好重点地段的防控。对火灾多发地段，要通过采取增设临时防火检查站、增加临时护林员、加大巡护密度等措施，做到路口有人把、山头有人看、坟头有人守；村庄、油库、风景区、文物区和重要单位所在地，要提前开设防火隔离带，行政交界处要互通信息，加强联防联守。三是要抓好重点人群的防控。对精神病人、情绪

不稳定人员和上山放牧、入林游玩等不放心人员，要严格管控，逐一排查登记，明确监管责任人，落实监护责任。四是要抓好重点措施的落实。严格执行火源管理制度和野外生产用火批准制度，积极引导和科学规范农事用火和各类生活用火，疏堵结合，坚决管住火源；在防火紧要期，要集中力量，开展严密细致的火险隐患排查活动。要充分利用各类媒体，采取多种形式，大力开展面向基层、面向群众、面向重点区域的森林防火和安全避险知识宣传教育，针对林内墓地管理倡导移风易俗、文明祭扫，切实提高群众的森林防火意识和参与防火的自觉性、积极性，把预防森林火灾变成全社会的自觉行动。

（二）坚持因险设防，加快完善反应灵敏的森林火情应急处置体系

防火工作的时效性、专业性和危险性，要求我们必须把健全预警机制、完善应急体系、强化火灾处置能力作为工作的重中之重，切实抓紧抓好。要加强预警响应机制建设，全力做好火情预测预报，并充分利用现有预测预报手段，密切联系气象和新闻宣传部门，及时向社会公众通报森林火险情况。要有效利用卫星监测、飞机巡护、视频监控、高山瞭望、地面巡逻等手段，对森林火情进行全方位、全时段的监控，切实做到早发现、早处置、早扑救。要继续完善应急预案，从可能出现的最恶劣的气候条件、最长时间的高危天气情况入手，做好多方面的准备。既要做好平常时期森林火灾的扑救方案，更要做好非常时期突发重大森林火灾的预案；既要充分考虑到现场指挥、物资供应、后勤保障、清理余火、看守火场、原因调查、损失核查、善后处理以及联防联动等各个环节中的问题，逐条加以落实，又要及时总结扑救经验，在实践中不断修订完善，增强预案的可操作性。同时，要加强预案培训，尤其要加强对各级森林防火机构指挥成员的培训工作。发生火情时，必须在第一时间迅速上报；预案启动后，必须严格按规定执行，做到及时、快速、妥善处置火情。

（三）坚持重在建设，加快完善长效稳定的森林防火基础保障体系

要加快实施《北京市森林防火基础设施建设总体规划》，努力在完善"四个机制"、强化"四项建设"上取得新的突破。一是要进一步完善"四个机制"。在航空护林机制方面，要抓紧成立我市航空护林站筹备组，积极借鉴东北和西南航空护林总站的建设经验，进一步完善航空护林站的项目编制规划，待资金到位后迅速实施；在省市联防机制方面，大力推进区县级、村镇级森林防火联防，推进交界地区森林防火基础设施建设，加强信息交流和火情反馈，切实保障北京周边的森林资源

安全；在生态管护机制方面，要抓紧修订完善《北京市生态林管护员森林防火工作职责规范》，进一步明确职责和奖惩措施，理顺生态林管护员的管理体制，重点围绕提高火情报告率和上岗出勤率这两个关键点，不断强化对生态林管护员的业务培训；在长效保障机制方面，要继续按照市和各区县分级负担的原则，逐年加快落实各项工程项目和投资计划。各区县防火机构要在现有森林防火基础设施建设规划的基础上，进一步拿出切实可行的意见，积极向党委、政府汇报，努力争取国家发改委、财政、人事等部门的大力支持，争取尽快启动实施建设项目。二是要进一步加强"四项建设"。大力加强预警监测体系建设，继续增建一批瞭望塔和视频监控设施建设，扩大视频监测范围，使瞭望覆盖率达到90%；大力加强通信指挥体系建设，在重点地区继续增建400 M差转台，充分发挥移动通信车的作用，确保快速、及时、准确传递火场信息；大力加强森林消防组织体系建设，按照"统筹安排、合理布局"的原则，继续扩建专业森林消防队，努力达到"发生火情，30 min赶到火场"的要求。各区县要按照市森林消防直属队的模式，积极探索解决全市专业森林消防队伍的事业编制问题，保持队伍的稳定性；大力加强机具装备体系建设，按照国家林业局《森林重点火险区综合治理工程项目建设标准》和《北京市森林消防队伍建设标准》的要求，进一步加强区县物资储备库的建设，增加扑火物资的储备量和物资品种。

（四）坚持全民尽责，加快完善多方参与的森林防火联防联动体系

做好首都的森林防火工作，直接关系到社会和谐稳定的政治大局，直接关系到人民群众的生命财产安全和林区社会经济发展，直接关系到首都的生态文明建设。各区县、各部门要牢牢把握首都生态安全大局，进一步深化对做好首都森林防火工作重要性和紧迫性的认识，在工作中周密安排，在投入上重点保证，在措施上狠抓落实，坚决克服麻痹思想和侥幸心理，全力做好2009年度的森林防火工作。一是要全力抓好各级领导层层负责的纵向责任，继续坚持和完善地方政府主要领导为第一责任人、分管领导为主要责任人、林业及园林绿化部门领导为直接责任人的森林防火行政领导责任制，继续坚持和完善区（县）长、乡镇长（办事处主任、林场场长）、村长"三长"负责制和区县领导包乡镇、乡镇领导包村的"两级包片"责任制，一级对一级负责。二是要突出抓好有关部门整体联动的横向责任，按照《森林防火条例》和应急预案的要求，进一步明确各级森防指成员单位的职责，本着各负其责、各尽其力的原则，大力加强联络沟通，建立信息共享机制，从源头上消除责

任不清、推诿懈怠、顾此失彼等现象，确保形成合力；各级防火办是森防指的参谋部和指挥中枢，要加强内业建设和规范化管理，全面履行值守应急、信息汇总、综合协调等职能，抓好森林防火部门分工负责制的执行与监督，充分发挥好运转枢纽的作用。三是要切实加大责任追究力度，对于领导得力、措施落实、预防到位、扑救及时、成效显著的地方、单位和个人，要分级进行表彰；对于防火责任不落实、发现隐患不作为、发生火情隐瞒不报、扑救组织不得力，并造成严重后果和恶劣影响的，要依法依纪追究相关人员责任。

第五节　关于北京市 2009 年度森林防火期工作总结及下一步工作计划的报告

2009 年是北京胜利举办奥运会后的第一年，是中华人民共和国成立 60 周年的大庆之年，首都的特殊性，决定了森林防火工作任务重、标准高、要求严。在各级领导的高度重视和大力支持下，我市森林防火工作取得了一定的成绩。

一、2009 年度重点防火期工作总结

2008 年 10 月份以来，北京遭遇了创历史纪录的长达 110 天持续干旱无降水的极端气候。入春以来，气温持续升高，久旱无雨，干热风天气频发。入夏以来，超过 35 ℃的高温天气远超常年整个夏季的平均记录。本年度森林防火工作遭遇了历史上罕见的持续高火险天气，森林火险等级持续居高不下，接火情报警呈现频发态势，市森林防火指挥部决定延长全市森林防火期一个月。面对严峻的森林防火形势，市委、市政府领导高度重视。市委书记刘淇、市长郭金龙、市委常委牛有成同志对森林防火工作提出明确要求；副市长夏占义多次带队深入区县检查部署森林防火工作，并两次亲临火场指挥扑救。国家森林防火指挥部、国家林业局对北京的森林防火工作给予密切关注和大力支持。全市各有关部门和驻京部队官兵协调配合，整体联动，特别是森警指挥部机动支队和武警警种指挥学院在山火扑救中发挥了极为重要的作用。各级森林防火机构认真学习落实《森林防火条例》，大力强化防控综合能力建设，使全市森林防火工作保持了总体平稳的态势，实现了"确保不发生重大森林火灾，确保不发生人员伤亡事故"的工作目标。

本年度防火期，全市共接火情报警 176 起，形成森林火情 10 起，形成一般森

林火灾 2 起，过火面积 15.37 hm^2，过火有林地面积 7.35 hm^2，林地受害率为万分之零点零柒。与去年同期相比，接火情报警增加 25 起，增加 16.5%，森林火情减少 7 起，下降 41%；过火面积增加 3.81 hm^2，增加 32%；过火有林地面积增加 5.73 hm^2，为上年同期的 4.5 倍。总结本年度工作，主要有以下几方面成绩。

（一）坚持预防为主，多措并举，森林防火预防预警体系进一步完善

全市各级森林防火机构积极贯彻落实全市 2009 防火年度森林防火工作会议精神，紧紧围绕"保安全、求稳定、促和谐"这个中心目标，重点完善森林防火预防预警体系。一是强化安排部署，着力提高对森林防火工作的高度认识。进入防火期以来，在元旦、春节、元宵节、紧要期、清明、"五一"、端午等重要时段召开 6 次防火办主任工作会议，动员安排部署，提出了"六个强化，六个确保""坚持四个不松懈""五个进一步加强"等具体安排措施和意见。市森林防火指挥部及办公室下发和转发了 20 次通知、通报，发布了 4 次森林火险橙色预警。二是加强宣传，着力于提高森林防火宣传效果。市防火办组织全市 14 个区县集中统一开展了以"人人参与森林防火，共同营建绿色北京"为主题的大型森林防火宣传活动。在中华世纪坛设置宣传主会场，国家林业局副局长李育材，北京市委常委、市森林防火指挥部指挥牛有成等中央和地方各级有关单位领导出席宣传活动。森林防火宣传重点以推广森林防火吉祥物虎威威为主线，充分利用广播、电视、报纸、网络、标语、专栏等多种媒介，全方位、多渠道、大密度地宣传森林防火知识和相关政策法规，并通过防火虎威威走进林区、街道、学校、社区、村庄的生动宣传，积极营造全社会关注防火、参与防火、支持防火的浓厚氛围。积极参加国家防火办组织的"与虎威威同行"宣传活动，市防火办荣获组织奖和美术作品一等奖。海淀区森林防火宣传工作勇于创新，善于挖掘，组织了"我为虎威威画张像"大型森林防火宣传活动，营造了浓厚的防火氛围。三是强化责任落实，着力提高对野外火源管理能力。全市严格执行森林防火行政领导负责制"五条标准"，签订各类森林防火责任书 19.3 万份，确保责任落实到山头地块、重点区域和每个人。房山区重点强化乡镇主管乡镇长的责任落实，加大了对生态管护员的管理力度，本年度未发生火警火灾，取得了 20 多年来的最好成绩。延庆县落实生态管护员责任到位，封山封沟、死看死守，取得了清明节期间 20 万人祭扫无森林火灾的好成绩，创下了近十年来的首次无火灾纪录。昌平区对全区重点部位封山封沟 142 条，制作"森林防火，请勿入山"警戒线，悬挂在被封山沟入口，落实专人责任，强化源头管理，工作成效在全市显

著。四是强化监督检查，消除火险隐患。市园林绿化局领导两次分组到责任区县检查指导、督促森林防火措施有效落实 。在清明、"五一"等重点假日，全市森林公安全部取消休假，充实到森林防火第一线督导检查。石景山区、房山区、怀柔区党政主要领导深入防火一线检查森林防火工作。各区县主动开展森林火险隐患自查、自改、自报活动，切实做到隐患不查不放过，发现隐患不上报不放过，确定隐患不整改不放过，安全教育不落实不放过。五是联防工作机制逐步完善。在省际协作上，京津冀两市一省森林防火联防制度进一步健全，三地省市级森林防火部门先后两次召开联防会议，进一步就强化及时通报、定期会商、合作共建等机制达成一致。怀柔区、平谷区、密云县及天津市蓟县、承德市环京 8 个县召开联防区防火工作，通过了《京津承边界区森林防火联防办法》。各区县都建立了联防制度，将联防工作扩大到乡镇、村社层面，形成了良性互动。

（二）重点围绕专业森林消防队建设，森林防火指挥和扑救体系进一步加强

为进一步加强森林防火指挥和扑救体系建设，本年度重点开展了四个方面的工作。一是专业森林消防队建设保障能力进一步加强。通过深入调研，破解难题，固本强基，我市专业森林消防队在数量上形成了 94 支基本稳定的格局，布局趋于合理。形成了以专业森林消防队为核心力量，200 多支半专业森林消防队为辅助力量，森警指挥部机动支队和警种指挥学院及驻京部队为坚强后盾的扑救体系。延庆县强化 5 支乡镇专业森林消防队建设，配备车辆、机具装备；门头沟区进一步完善队伍保障机制，建立人员工资财政投入增长机制；石景山财政每年投入 30 万元专门用于专业森林消防队人员支出；怀柔区投资 250 万元加强专业森林消防队的建设。二是专业森林消防队伍的实战能力进一步提高。本防火年度接报火情 176 起，均启动预案及时，指挥得当，快速扑救，未形成大的森林火灾。队伍建设做到了留得住、拉得出、冲得上、打得赢。三是扑救应急预案的执行能力进一步加强。重点围绕应急预案演习和在实战中的检验，对预案进一步完善，制定了《北京市森林防火指挥中心工作规范》《北京市森林扑火前线指挥部工作规范》，强化预案的规范化管理。市森林防火办专门成功组织了具有高科技含量的森林防火应急通信演练，显示出了高科技森林防火应急通信系统的生命力和高效能。此次演练的成果，在"3·25"山火实战中，为市领导及时掌握火场信息，指挥决策发挥了重要作用。海淀区采用实地扑救与视频、对讲机通信相结合的方式，通过视频传输和实时对讲，实现指挥部对扑火现场的远程遥控指挥，加强了预案执行的科技支撑。四是火情接报警程序

进一步完善。针对火情 119 报警多的特点，市森林防火指挥中心与消防局指挥中心加强对信息情况的联络沟通，搭建联系平台，逐步建立联动机制。

（三）认真学习和落实《森林防火条例》，依法防火、科学防火的能力进一步提高

2009 年 1 月 1 日，新修订的《森林防火条例》（下简称《条例》）实施，这是我国林业事业发展的一项大事。围绕落实新的《条例》，开展了三个方面的工作。一是加强学习和宣传。大力开展培训工作，邀请国家林业局法制处专家对《条例》给予解读。组队参加了国家有关部门开展的培训活动，下发了《条例》解读文本。二是依法加强灾前防范，广泛动员，加大资金投入，提高科技支撑能力。针对 2008 年我市雨水充裕，草木繁茂，林下可燃物积聚，林地火险等级居高不下，全市动员开展了大规模割除隔离带清理林下可燃物的行动，据不完全统计，全市割除隔离带 9300 km 多，清理林下可燃物 17.3 万 hm^2，运用防火阻燃剂对重点地段喷洒近 400 hm^2，有效地降低了林地火险等级。房山区、昌平区、怀柔区、国有林场等重点防火区县和单位工作力度很大。三是加强依法防火的执法力度。严格履行执法和监管职能。据统计，制止违章用火 5018 起，罚款 27250 元。延庆县加大执法力度，对其辖区发生的 8 起火情肇事者均得到了处理，共计罚款 3800 元。258 名护林员因脱岗、旷工、缺勤受到处罚，共计扣除工资 27051 元，31 人被取消管护资格，相关乡镇领导和村干部主动承担监管不力责任，缴纳罚款 12000 元，3 个村被取消年终评先资格。

（四）围绕落实"四个完善""四个加强"，森林防火基础设施建设步伐进一步加快

全市森林防火工作进一步完善航空护林、联防、长效投入、生态管护机制，进一步加强预报监测、指挥和通信、专业队伍、机具装备方面建设。深入落实《北京市森林防火基础设施总体规划》，努力形成多方投入的融资建设渠道，以大项目带动大建设，全面加强我市森林防火基础设施建设水平。一是市属国有林场森林防火基础建设步伐明显加快。由市发改委投资 4300 余万元的市属西山林场一期防火公路建设项目正在施工建设，初步确定在国庆前竣工。项目总投资 1.688 亿元的四个市属国有林场森林防火阻隔系统建设项目已完成设计。国有林场瞭望监测、视频监测、专业森林消防队基础设施均已列入投资计划。二是市森林防火指挥系统工程全

面建设。经过紧张筹划，科学设计，投资 2700 多万元的市森林防火指挥系统正加紧施工，为确保在下一重点防火期来临前新的指挥系统能投入使用。三是努力争取国家级项目资金投入。本年度由国家投资的重点火险区综合项目全部竣工，实施了物资储备项目。新建了瞭望塔 9 座，使我市瞭望塔总数达到 143 座，瞭望监测覆盖率达到了 60% 以上，购置配备运兵车 12 辆，补充了大批的防扑火物资。利用国家扩大内需、加强森林防火基础设施建设有利契机，我市申报的航空护林站建设项目、国家级森林防火物资储备库建设项目、400 M 无线数字通信建设项目均获国家林业局批复同意立项。目前，已经成立了航空护林站建设筹备领导小组，正在抓紧组织项目的实施。四是支援环京地区森林防火基础建设项目获批复。本防火年度，市森林防火指挥中心接境外火情报警 6 起，在京冀两地防火机构的密切配合下，全力扑救，没有形成火灾，没有向我市蔓延。在未来 3 年内，对环北京 11 县市单位给予森林防火支持资金 3500 万元，主要用于加强其森林防火监测系统、通信指挥系统、森林消防队及物资装备建设，努力提高环京地区森林防火基础设施水平，最大限度做到交界地区森林防火安全，力争做到有火不进京。

2009 防火年度全市森林防火工作整体上保持了较高工作水平。但从当前形势来看，做好非防火期的森林防火工作，任务依然十分艰巨。有客观和主观两个方面。在客观方面，一是自然条件极为不利。今年入夏以来，异常高温远多于常年，6 月高温天超常年平均数，市气象台今年以来已发布了 3 次高温橙色预警，是 2004 年建立气象灾害预警制度以来，橙色高温预警发布最多的一年，森林火险居高不下。而随着"绿色北京"建设的强力推进，森林可燃物大量增加，防火任务加大。二是社会面复杂，野外火源管理困难。旅游、农事等野外活动用火屡禁不止。今年是新中国成立 60 周年的大庆之年，国际金融危机的影响，敌对势力等不确定社会因素，为森林防火工作增加了压力。三是林火发生规律日趋复杂。受各种因素影响，全市森林火灾的发生已经突破传统的重点时期和重点地区，今年为应对严峻形势，延长防火期 1 个月，但直到 7 月份还时有火情报警。7 月 2 日，一天内接火情报警 3 起，集中发生森林火情的危险性持续存在，给我市常规森林防火工作带来了严峻考验。在主观方面，一是责任落实不到位。部分乡镇和村社领导对森林防火工作思想麻痹，存有侥幸心理。如怀柔"3·25"山火，森林防火责任没有落实到山头地块，尽管该村有 42 名生态林管护员，但本年度护林员第一报告率仅为 7.6%，较往年有大幅下降。二是防控措施落实不到位。一些地区宣传教育不深入，野外火源管理不严格，防范措施不扎实，致使野外用火的问题十分突出。三是对扑救应急预案的执行力不强。当前，各区县级森林防火机构均编制了扑救森林火灾的应急预案，但预案的规范性不强、标准性不统一，预案之间的衔接能力不强，导致操作性和执行力不强。一些地区发生火情后，组织指挥扑救不力，致使火情延报或反复。四是基础设施建设有待加强。各区县落实《森林防火基础设施建设总体规划》进度缓慢。五是队伍管理机制有待完善。生态林管护员管理和监督机构不统一，一定程度上影响了管护员作用的发挥；专业森林消防队伍建设投入机制不完善，队员待遇偏低，人员流动性大，影响了队伍的稳定和战斗力的提升。对于以上问题，我们必须高度重视，采取切实可行的对策，努力解决。

二、新中国成立 60 周年大庆期间森林防火工作部署

今年，中华人民共和国迎来 60 华诞，普天同庆。特殊的背景、特殊的形势，对首都森林防火工作提出了更加特殊的标准和要求。全市森林防火机构要全面贯彻落实科学发展观，要对森林防火工作的严峻形势有清醒认识，我们决不能有半点麻痹松懈，对诸多不利因素引起足够重视，超前谋划，周密部署，强化措施，狠抓落实，真正做到思想不麻痹、作风不松懈，措施要落实、工作要到位。具体工作就是"五个强化"。

（一）强化工作部署，各级领导要高度重视森林防火工作

各级森林防火机构在思想认识上，特别是领导干部，要做到高度重视。依据本年度的特殊性和当前森林防火工作的严峻性，各区县和直属林场要编制 2009 年度非防火期森林防火工作方案，工作标准参照 2008 奥运年同期。任务要具体明确，工作要细致扎实，措施要得力到位。

（二）强化责任落实，加强对野外用火的严防死守

继续深入贯彻落实《森林防火条例》，坚持严格落实森林防火"三长"责任制，落实森林防火指挥机构"三条线"责任制。各级森林防火机构要加强对生态管护员的管理，确保全市 5 万多名生态管护员，尽职履责。看住山头，守住路口，盯住人流，切实做到了森林防火责任落实横向到边，纵向到底，林地条条有人抓，块块有人管。

（三）强化队伍建设，千方百计保障专业森林消防队战斗力

各级专业森林消防队要严格按照《北京市专业森林消防队建设标准》，做到队

伍不散，人员不撤，充分体现专业性，做到人员、扑火机具、车辆、通信四个到位。各级专业森林消防队主管部门要积极主动向同级政府行政领导反映队伍建设存在的问题，争取队伍组织和资金方面的支持，确保队伍的稳定性，稳步提升战斗力。全体队员昼夜备勤，一旦接到扑火命令，以最短时间赶赴火场，坚决做到"打早、打小、打了"，为我市森林资源安全提供有力保障。

（四）强化监督检查，努力提高防火的执法能力

国庆期间的森林防火工作，各级森林防火机构和森林公安人员要发扬敢于吃苦，勇于奉献精神，多深入一线，强化监督检查，善于发现问题，勇于面对问题，勤于解决问题。对于森林防火责任不落实，发现隐患不及时下达整改通知，接到隐患通知书逾期不消除隐患，对火情扑救不及时，执行预案不力，瞒报、漏报和不及时上报火情的，存在这些情况的单位和个人均依法给予处分。

（五）强化预案执行，加强对应急预案的完善和演练

编制和实施应急预案旨在形成统一指挥、功能齐全、反应灵敏、运转高效的应急机制，提高保障公共安全和处置突发事件的能力。各区县园林绿化主管部门要按照市处置森林火灾应急预案和区县突发公共事件总体应急预案，修订完善应急预案。针对国庆节期间森林防火工作，加强对预案的模拟推演和实战演习，增强各级预案的衔接能力，提高应急预案的执行力。

第六节　关于 2010 年度全市森林防火工作总结

本年度，在各级党委、政府的高度重视下，我市各级森林防火机构以求真务实的精神，抢前抓早，调动全社会力量，强基础、明责任、立措施，真抓实干，森林防火工作取得了显著成效，顺利实现了"两个确保"的目标。全市接火情报警 82 起，较上年同期减少 94 起，下降 54%。其中，一般森林火灾 5 起，过火面积 1.41 hm²，过火有林地面积 0.70 hm²，与去年同期相比，过火面积下降 13.04 hm²，下降 90%；过火有林地面积下降 6.65 hm²，下降 90% 。是园林绿化体制改革以来的最低水平。以下是对本年度森林防火工作的总结和对下一步工作的安排部署。

总结本年度森林防火工作，主要有以下四个方面的特点。

一、坚持科学施策，森林防火综合管理水平进一步提高

全市各级森林防火机构紧紧围绕"保安全、求稳定、促发展"的中心目标，认真贯彻落实全市 2010 年度森林防火工作会议精神，将"重点是防、关键是早、核心是安全"的工作方针落到了实处。一是因时设防。针对本年度森林防火期雨雪天气多于常年的特点，市防火办准确把握阶段形势，先后 6 次召开工作会议并下发通知，全面部署各个关键时段的森林防火工作；各级森林防火机构严阵以待、扎实工作，并特别针对农村两委换届可能引发的负面影响进行了有针对性的部署，确保了各项工作措施的全面到位。二是因地制宜。针对火情多发地区，市防火办派出工作组，开展专项调研，有针对性地加强监督和检查；并协调武警森林指挥部机动支队实施"防控前置、扑救前移、靠前驻防"，专门在房山区和怀柔区驻扎官兵 100 人，历时 60 天，武警森林部队在宣传、巡护、检查方面发挥了突出作用，形成了强大的威慑力，发挥了重要作用。这是武警森林部队与森林公安密切合作的一种机制模式的新探索，军地双方都收获了许多宝贵的经验。昌平区连续多年坚持对全区重点部位封山封沟 142 条，制作警戒线悬挂在山沟路卡入口，落实专人责任，强化源头管理，工作成效明显。三是因险而动。针对大风、高温等极端高火险天气，市森林防火指挥中心 5 次发布橙色预警；各级森林防火机构调配增加人员，延长看护时间，从源头上管住了火源。本年度森林防火期，全市共接报各类火情 82 起，均启动预案及时，指挥得当、扑救迅速，未形成大的森林火灾。市森林防火指挥部总指挥、副市长夏占义和市森林防火指挥部副总指挥、副秘书长安钢深入一线检查森林防火工作；房山区、门头沟区、顺义区、怀柔区、延庆县、密云县等主要领导亲临一线指导检查森林防火工作。市园林绿化局领导两次分组到各区县督导检查，市防火办领导赴各区县检查防火工作十余次，全市森林公安民警在元旦、春节、元宵节、清明节、"五一"节等重要时间节点全部取消休假，坚持战斗在防火工作一线。

二、坚持固本强基，森林防火运行保障机制进一步完善

一是航空护林机制不断完善。市编办正式批复成立北京市航空护林站，为正处级事业单位，编制 25 人。航空护林站基础设施建设资金已全部到位，力争在年内开工建设。我市航空护林建设将站在新的起点上，加快航空护林发展的进程。二是长效投入机制不断完善。森林防火资金纳入市级财政预算项目，森林防火通信设备、

车辆装备、扑救物资、宣传、科技开发和市属专业森林消防队运行等经费得到了保障。区县财政也进一步加大森林防火投入，长效稳定的投入保障机制得到加强。三是生态管护机制不断完善。市园林绿化局联合市财政局、市农委下发了《关于完善本市山区生态林补偿机制的通知》，生态管护补偿建立了稳定的增长机制，实行了全员投保制度，生态管护员的轮岗时间从 12 月底调整到了 6 月底，符合了森林防火工作的客观要求。各级森林防火机构大力加强对生态林管护员的岗前培训和岗位管理，不断提高业务水平和履行职责能力。四是联防互动机制不断完善。京津冀两市一省和区县级森林防火部门多次召开区域联防会议，共商联防联动、合作共建机制。本年度接报边界火情 4 起，比上年同期下降 2 起，均快速反应，处置得当，没有形成森林火灾。京冀森林保护合作项目 2009 年建设任务全部完成，共投资 1325 万元。主要用于环京 11 县市重点火险区实施综合治理，着力提高林火防控能力，有效保护项目区域森林资源安全，也为我市构筑一道生态安全线。5 月，两省市成功举办了京冀森林保护合作项目森林防火物资交接仪式，标志着京冀森林防火联防进入了新的阶段，也是促进区域全面、协调、可持续发展的具体行动。

三、坚持项目运作，森林防火基础设施建设进一步加快

一是预警监测体系建设明显加强。在我市现有 34 座自动气象站的基础上，已向国家林业局申报了森林火险预警系统，拟并入全国网络，以实现火险天气信息的网络传输。新建瞭望塔 36 座，使全市瞭望塔总数达到 179 座，瞭望监测范围从上年的 60% 提高到了 65%；新建视频监测装置 3 套，使全市视频监测装置总数达到 57 套，监测范围从上年的 43% 提高到 43.3%，成功申报了全自动火情监测识别系统技术研发推广项目，将实现红外线夜间自动报火功能，全面提高了我市森林防火科技支撑水平；设置各类临时森林防火检查站 242 个；全市逐步形成气象预警、高山瞭望、视频监测、定点检查的综合预警监测体系。二是林火阻隔体系建设稳步加强。西山林场森林防火阻隔系统一期工程全部竣工并交付使用；西山、八达岭、松山等 3 个林场森林防火阻隔系统建设项目二期初步设计已获市发改委批复，核定工程总投资近 1.3 亿元，目前正在组织实施；各级森林防火机构组织人工开设隔离带和清理林下可燃物共计 6.19 万 hm^2，培育生物防火隔离带 2324 hm^2。三是应急通信体系建设稳步加强。市森林防火指挥系统投入正常运营，已争取到投资近 300 万元用于对移动通信系统进行更新，使之与新建成的移动指挥系统匹配，全面提高森林火灾应急移动通信指挥能力。四是指挥扑救体系建设稳步加强。全市专业森林

消防队达到 99 支 2844 人，半专业森林消防队达到 258 支 5550 人，市级防扑火物资储备总量达到近 2 万件（套）。各区县有效扑火物资储备合计 7.3 万件（套）。我市逐渐形成了以分布合理、点面结合的专业森林消防队为核心力量，以乡镇专业森林消防队为有效力量，以武警森林部队及驻京部队为坚强后盾的扑救体系格局。

四、坚持依法治火，森林防火法治建设步伐进一步加快

一是落实森林防火责任制。认真贯彻落实新修订的《森林防火条例》精神，全市严格落实地方行政首长负责制，坚持"三长"负责制和区县领导包乡镇、乡镇领导包村的"两级包片"责任制，层层签订各类责任状 19.3 万份，确保责任落实横向到边，纵向到底。市森林防火指挥部办公室修订了《北京市森林防火年度考核办法》，明确考核对象为区县森林防火指挥部，即区县人民政府，重点针对责任制落实、工作保障、森林火灾的预防和扑救等内容进行量化考核。各级森林防火指挥部成员单位积极落实森林防火责任。今年是区县园林绿化体制改革的第一年，各区县园林绿化局对森林防火工作十分重视，特别是部分区县防火办主要领导的调整，进一步促进了森林防火工作，将各项责任落到了实处。二是建立和完善森林防火宣教体系。11 月份，以学习和宣传《森林防火条例》为主题，以推广森林防火吉祥物"虎威威"为主线，14 个区县在 11 月份统一开展森林防火宣传月活动，发放各类宣传品 179.7 万份，挂横幅 8900 余条，发送短信 5700 余条，全市共设置固定宣传牌 6200 余块，设置新型太阳能森林防火语音宣传杆 10 个，举办"5·12 防灾减灾日"森林防火宣传活动，在全社会营造"人人防火、树树平安，时时防火、国泰民安"的浓厚氛围。三是积极推进地方法规规范体系建设。为准确把握《森林防火条例》精神实质和主要内容，特邀主要起草人国家防火办曹真巡视员深度解读，组织市园林绿化局有关处室、市属林场负责人和各区县防火办主任、森林公安处科长及森林公安派出所所长参加了此次学习。制定完善了《北京市森林防火指挥中心工作规范》和《北京市森林火灾扑救前线指挥部工作规范》，进一步强化了预案的科学化与规范化管理。目前，《北京市实施〈森林防火条例办法〉》已列入 2010 年全市立法调研计划，并制定了立法工作方案，先后组织市森林防火专家顾问组、区县公安处（科）长召开了 5 次研讨会，提出了实施办法初稿。此外，房山区、密云县依据《森林防火条例》划定了森林防火区，并以人民政府名义发布实施。四是加大森林防火责任追究。本年度防火期，共制止违章用火 4361 起，罚款 14000 元。延庆县强化森林防火依法执法，严格责任追究，本年度共有 121 名护林员因脱岗、旷工、缺

勤受到处罚，共计扣除工资 33281 元，并有 74 人被取消管护资格。

回顾 2010 年度森林防火期工作，虽然整体水平有了新的提升，各项工作也实现了新的突破，但同时我们必须清醒看到当前和今后一个时期森林防火任务的艰巨性和复杂性。从内部条件分析，森林防火工作还存在着一些不容忽视的突出问题。一是责任落实还有待强化。部分基层领导麻痹思想和侥幸心理还比较突出，对做好森林防火工作认识不高、重视不够、监管不严，特别是一些护林员上岗不尽职、到位不负责的现象还比较突出。本年度生态林管护员的第一报告率仅为 11%，虽比上年的 7.6% 有所提高，但还是保持在较低水平，需要进一步引起各区县的高度重视。二是防控措施还有待严密。从接报火警情况看，农事用火占到 28%，一些地区宣传教育不够深入，法制意识不够强，野外火源管理不够严格，防范措施不够扎实，工作部署还存在盲区。三是队伍建设保障还有待加强。专业森林消防队伍应有的地位和其发挥的作用不相匹配，普遍存在正常运行经费不足、人员老化、流动性大等问题。生态林管护员队伍文化水平较低，妇女和老年人口所占比重太大，致使一线防火工作人员综合素质较低，各级生态林管护员管理部门，应深刻认识扑救森林火灾是高危行业的特殊性，高度关注并给予解决。四是基础建设还有待夯实。森林防火基础设施建设水平与首都特殊的社会政治地位不相匹配，主要表现在协调能力不足，项目包装水平不高，项目实施程序不明，致使基础设施建设进度缓慢。针对以上问题，我们必须给予高度重视，并采取切实可行的对策，着力加以解决。

从外部条件综合分析各方面因素，全市森林防火形势依然十分严峻。一是气候条件不容乐观。专家预测，未来极端气候事件发生频率还有可能增强。而据估算，未来 10 年或更长时间内极端高温天气可能更加频繁，这给森林防火工作带来的挑战也不容忽视。二是火源管理难度增大。造林绿化成果明显，林下可燃物持续积累，森林防火任务更加艰巨。特别是山区旅游休闲和生产经营活动日趋频繁，进山入林旅游度假人员逐年增多且活动分散，致使林内吸烟、烧荒燎地边、上坟烧纸等现象屡禁不止。同时，随着全面推进集体林权制度改革，一些因林地林权纠纷、利益关系分配、基层干群矛盾而引发的事件将逐步增多，人为纵火和意外失火的隐患明显加大。三是林火发生规律日趋复杂。受各种因素影响，全市森林火灾的发生已突破传统的重点时期和重点地区。对于这些不利因素，我们一定要做到心中有数，不断提高对做好森林防火工作极端重要性的认识，时时刻刻把森林防火工作放在心上，抓在手中；一定要树立强烈的责任意识，打破经验主义和常规思维，始终做到思想上毫不松懈，工作上毫不疏漏，措施上毫不含糊，行动上毫不怠慢。

第六章　气象减灾

第一节　监测、预报

一、探测系统建设

（一）2008 年探测系统建设

1. 气象预报预测系统建设

建成基本满足奥运气象服务需求的气象精细化预报服务系统，包括高分辨率中尺度探测数据预处理系统（Hi–MAPS）、北京自动临近天气预报系统（BJ–ANC）、北京快速更新循环数值预报系统（BJ–RUC）、奥运气象服务信息系统（OMIS）和奥运场馆预报系统（OFIS）、短时临近交互预报系统（VIPS）"四个系统、两个平台"；搭建了支撑奥运精细化预报服务的本地 / 区域探测资料综合分析显示系统（LDAD/RDAD），包括高性能计算机群、多用户视频系统、综合探测系统显示平台、信息海量存储以及直接到达北京奥组委竞赛指挥中心、北京奥组委INFO2008 系统、顺义水上运动赛场、开闭幕式现场的 4 条通信专线和各协办城市气象部门的 6 条通信专线组成的快速通信网络系统，为实现气象预报预测和精细化服务的"早""准""快"提供了有效技术支持。

2. 综合气象探测系统建设

初步建立起具有大城市特征的高时空分辨率综合立体气象探测系统。形成间距为城区平均 5 km、郊区 10~15 km 较高密度地面自动观测网，实现了北京地区200 多个和河北省 50 多个地面自动站 5 min 间隔实时传输与处理；建成 18 套道面能见度自动观测系统，形成具有测降雪功能的北京道面观测网；建成 4 部风廓线形成风垂直探测网；建成 28 个地基 GPS 形成水汽观测网；实现北京及周边 4 部雷达同步观测，提供每 6 min 更新的基数据立体拼图。

（二）2009 年探测系统建设

1. 预报预测服务系统建设

改进完善了气象精细化预报服务系统，完成了短时临近交互预报系统（VIPS2.0）升级。改进了强对流天气自动临近预报系统（BJ–ANC）、北京快速更新循环数值预报系统（BJ–RUC），开展了 MICAPS3.0 和灾害性天气短时临近预报业务系统（SWAN）的试用，开发了气象信息分析与会商系统；改进了短时预警预报工作平台，增加卫星实时动画、自动站实时监控、多部风廓线，区域自动站实况统计、报警功能；改进和升级交通气象预报与服务系统，建立了《北京地区道路气象信息服务系统》和华北区域交通气象预报与服务平台；开发小区域气象信息分析与会商系统。提升局域网主干网为万兆网，完成主机房 UPS 改造，开发了实时监控系统。

2. 气象综合观测系统建设

完成气象监测与灾害预警工程项目建设；完成上甸子区域本底站温室气体在线观测系统的安装、调试和运行，数据采集率和传输率均达到 99% 以上；完善北京周边地区雷达等资料信息共享工作，实现区域 6 部雷达的组网拼图；完成中南海 7 要素自动站建设；开展降雪加密观测工作，在南郊观象台等 4 站安装全天候自动观测雨量计等设备；完成 40 个自动气象站、10 个道路气象站、14 个 GPS/MET 站的建设任务。

（三）2010 年探测系统建设

1. 综合观测业务系统建设

固态降水和雪深自动观测系统试点建设。完成在观象台、丰台、朝阳和顺义 4 个国家级气象观测站布设全天候自动观测雨量计及积雪深度自动观测仪建设。

2. 土壤水分自动观测网建设

3 月 25 日项目启动，当年 11 月底完成全部 16 个站点的建设任务。

3. L 波段雷达大修

9 月 6 日,市局观象台在未影响常规探空业务的情况下,新探空雷达顺利安装完成,投入业务运行,并完成了 L 波段探空雷达新业务规范和考核办法业务人员培训工作。

4. 完成高性能计算机资源共享

在中国气象局的大力支持和要求下，将 2010 年新增的国家气象中心 15 km 15 样本区域 WRF 集合预报系统移植到我局 IBM 高性能计算机上并实现业务运行。

二、气象防灾减灾预报

（一）2008 年气象防灾减灾预报

圆满完成北京奥运会、残奥会气象服务保障任务：奥运会和残奥会期间，北京地区降水异常偏多，局地特征明显。奥运会期间有 4 次明显降水过程，有 5 天的降水量达到或超过中雨标准；残奥会期间也有 5 次明显降水过程。面对严峻复杂的天气形势，市气象局努力把握市委市政府提出的气象预报服务"准"和"早"的要求，为有特色、高水平的奥运会、残奥会提供了优质气象服务。社会效益评估表明，奥运气象服务达到了预期目标，即开闭幕式预报准确，高影响天气应急保障有力，奥运大家庭感受到气象服务及时有效，奥运会和残奥会气象服务的公众满意度分别高达 93.2% 和 96.8%。

成功的气象服务保障检验了奥运筹备 7 年的成效。在中国气象局和中共北京市委市政府直接领导和大力支持下，市气象局经过 7 年的艰苦努力，建设完成了基本满足社会需求高、预报要求准、提供服务早、信息传递快的业务服务支撑系统，奥运科研成果有效实现业务化整合；组建了一支特别能战斗的奥运团队，成功地为奥运会和残奥会开闭幕式、体育赛事、公众出行观赛等提供了定点、定时、定量的精细化预报服务；成功实施了奥运史上首次人工消减雨作业，开闭幕式人影保障成功化解了"鸟巢"降雨可能；进行奥运现场应急保障服务，固化并检验了部门联动机制；完成涉奥场馆建筑物防雷许可、检测；创建了奥运期间超常规应急响应工作机制、实施规范有效的运行管理；开展了务实有效的国际合作和统一组织、重点突出的新闻宣传，确保了"有特色、高水平"的北京奥运会、残奥会闪亮登场、精彩谢幕。

圆满完成奥运相关大型活动气象服务保障。市气象局为奥运会、残奥会开闭幕式合练、彩排、预演以及奥运圣火传递、残奥圣火采集及传递等几十个大型活动提供了准确精细的气象服务保障。为几十余场奥运会及残奥会文化广场活动提供了优质气象服务，前后 10 余次派出专家组和应急保障队为奥运会、残奥会开闭幕式活动提供现场气象保障。与开闭幕式指挥系统进行互动，主动跟进的预报信息、及时到位的气象服务确保了各项大型活动取得顺利和效果。

1. 奥运航拍气象保障任务

6月24日到7月15日，为北京电视台的奥运航拍保驾护航。航拍对天气要求极为苛刻，但其间的天气按往年经验来看并不适宜航拍，所以任务比较艰巨，既不能放过每一个好天，又不能让飞机在不合适的天气起飞浪费大量金钱。市气象局除了每天发布专报外，还在早晚用短信或电话告知电视台人员天气详情。

2 迎圣火和火炬传递气象服务

火炬传递开始之前，与市体育局、奥组委火炬中心及其他组委会成员单位市文化局、北京电视台等进行沟通，并结合中国气象局火炬传递方案需求，设计包括含路线图的定点分时等多个专报模板。活动开始前5天开始，每天2次提供火炬传递气象服务专报。服务的及时性和准确性得到各方认可。同时，作为现场服务小组主要成员单位，参与现场保障5人次，为奥运会和残奥会迎圣火和火炬传递活动提供现场服务保障，其中在天坛迎取残奥圣火的气象保障堪称经典，在满天的云中成功找到空隙保障了圣火采取一次成功，得到市委常委牛有成的赞许。

3. 宾客项目服务保障

奥运会及残奥会开闭幕式期间，为国际奥组委联络部提供国际宾客项目气象服务保障，为市政府提供国内贵宾气象服务保障。

4. 奥运会及残奥会开闭幕式气象服务保障

为奥组委开闭幕式中心的开闭幕式活动提供全程气象保障。开幕式气象服务是奥运服务工作中最重的，占用的工作量也最大，占全部工作量的1/3甚至还多。早在2007年底每天2次为奥运会开闭幕式排练场提供气象服务专报，包括周报、旬报等中长期预报，36 h短期预报，逐3 h，1 h的精细化预报，此外还有特制的决策专报。同时，为奥运会开幕式的大型合练、彩排、预演提供了10余次的现场气象保障。从2008年4月份至残奥会结束，每当预报未来有降雨时，市气象局值班员都会电话通知开闭幕式部，并提供用户电话咨询服务。

为了保障开闭幕式的绝对安全，北京市成立了反恐组，市气象局为成员单位，前后共派出10余次小分队到鸟巢附近待命，根据指令按照发回的实况数据运行化学气体扩散快速模式，制作有毒气体的模拟扩散报告上交。

5. 田径、公路自行车等开放性赛事和室外赛事服务保障

国家体育场是所有奥运场馆中最大、最重要的一个，保障国家体育场田径赛事和场馆运行的顺利进行非常重要。除制作服务专报外，主要提供全程现场服务，包括比赛期间每 30 min 给竞赛部报告一次天气实况；出现或将要出现降雨时，一方面给赛事组织者提供气象信息，以便安排好比赛，另一方面提供给场馆运营部门，以帮助他们做好各种后勤保障。

负责和奥组委相关部门联系，根据用户需求制定中英双语模板，为公路自行车和马拉松等开放性赛事提供气象服务专报和现场服务保障。由于室外赛事对天气比较敏感，比赛期间每天制作赛事专报，对当天所有的室外赛事根据预报情况进行服务提示，另外不定时制作决策专报或精细预报，供室外赛事的组织者参考。

奥运会及残奥会期间，每天 2 次为奥运及残奥文化广场活动提供气象专报，获得"北京 2008"城市奥运文化活动优秀组织奖。

成功保障奥运会和残奥会开闭幕式不受降雨影响。在奥运会和残奥会开闭幕式当日，针对大片移向"鸟巢"的强降雨云团，在市委常委牛有成、市政府副秘书长安钢及中国气象局领导坐镇指挥下，市气象局发挥举国体制和特色合作机制优势，启动了人工消减雨工作预案。驻守在 3 个机场的 10 架作业飞机和 340 人的作业保障队伍以及北京、河北、天津地面 124 个火箭作业点，683 人集结到位。累计飞机作业 17 架次，共播撒吸湿性催化剂 40.5 t，地面火箭作业发射人工消雨火箭 1355 枚，连续 7 h 奋战，空军、公安、武警、市治安监管部门在作业保障过程中密切配合，迅速做好支持保障工作，在确保了人工消（减）雨作业及时、有效的同时，未出现任何安全事故，有力地保障了奥运会和残奥会开幕式顺利进行。

精细预报服务确保奥运会、残奥会赛事顺利。市气象局在高出常规业务量 40 倍的情况下，为奥运会和残奥会各项体育赛事提供了优质高效的气象服务。7 月 25 日到 9 月 17 日，向主协办城市及赛事相关部门发送中、英、法文气象服务专报 18 种计 29108 期、Info2008 系统 XML 格式文件 58985 个，向奥运会主运行中心（MOC）大屏提供气象图像信息 7211 个，BOB 卫星和雷达图片 9240 张，奥运气象服务网站总点击量 15126795 次。比赛期间每 30 min 给竞赛部报告一次天气实况，提供全程现场服务，还结合实际不定时制作决策专报或精细预报，北京奥运会竞赛日程变更委员会根据气象服务决策信息，及时召开了 6 次电话会议，确保了各项赛事顺利进行。

专业专项服务为城市安全运行提供支持。市气象局根据奥运期间道路交通、空

气质量、电力以及突发事件应急响应等城市安全运行保障需要，向专业专项决策部门及时提供重要时段的天气气候分析报告、高影响天气的专题分析报告、连续滚动天气预报和重要工作报告。提供了特定区域道路能见度、大气灰霾程度、火险等级、强降水、雷电、强风、供电、紫外线、中暑等气象指数预报和有关监测信息。向北京城市运行平台提供了包括奥运场馆、立交桥、城市重要保障地点等 23 个自动站逐时气象观测信息，未来 5 天逐 12 h 天气预报，未来 36 h 逐 6 h 天气预报和不定时发布的天气预警信息。派出专家组进行现场服务或通过决策服务值班热线进行远程咨询。气象信息被列入"城市运行体征指数"，成为奥运期间城市运行最高决策信息之一。

公众气象服务体现以人为本。奥运期间的公众气象服务是北京气象服务有史以来受众数量最多的服务。市气象局把贴心服务送了四海宾客，从 7 月 5 日开始全面启动奥运公众气象服务，每天开通 3 条热线电话向奥运大家庭提供气象信息和咨询。截至 8 月 24 日，仅 12121 气象热线电话拨打量为 56021 人次，其中中文 43655 人次，英文服务 12366 人次。为北京市 12580 求助电话提供气象信息，奥运期间日拨打量达到 10 万人次，总计达到 160 万次。分布于主要街区的气象信息显示屏、电视、报纸、广播、手机小区短信等媒体向公众提供预报预警实况和提示信息。向北京奥林匹克转播有限公司提供气象信息，将奥运气象服务信息及时传送给国际公众。

在奥运期间，顺义、昌平、朝阳、海淀、丰台、石景山等奥运场馆所在地气象局，也为当地政府和相关部门开展奥运场馆外围保障工作提供了优质的气象保障。房山、门头沟、海淀、延庆气象局为奥运人工消减雨的成功发挥了重要作用，市委常委牛有成到实地慰问。其他区县气象局和全局各单位都以一流的工作业绩为奥运气象服务的成功做出了贡献。

北京奥运气象服务工作得到各级领导的表扬，北京奥运气象服务中心、北京市人工影响天气办公室被党中央、国务院授予"北京奥运会、残奥会先进集体"的称号。

气象防灾减灾能力不断提高，气象服务于经济社会的作用日益突出。重大气象服务优质高效。市气象局按照预报预测"一年四季不放松，每个过程不放过"和气象服务"以人为本、无微不至、无所不在"的要求，牢固树立首都意识，坚持气象服务的首位意识，坚守防灾减灾的第一道防线，全力做好预报服务工作。2008 年全年重要天气过程无漏报，准确预报全市首场雨、寒潮降温等关键性、灾害性天气并做好及时服务，共向市政府、中国气象局决策服务中心报送 734 期决策服务材料，其中 21 期专题决策气象服务产品得到市委市政府高度重视，市领导批示 6 次，决策服务产品外部门引用次数为 5 次。除奥运会、残奥会外，还为北京市十三届人大一次会议、全国"两会"、中国网球公开赛、亚欧峰会等重大活动提供了优质气象服务保障，为北京草地螟防控工作提供气象保障。气象服务社会公众满意率达到94.1%。

气象应急能力不断提升。市气象局认真贯彻《国务院办公厅关于进一步加强气象灾害防御工作的意见》（国办发〔2007〕49 号）和北京市有关要求，积极推进气象灾害防御体系建设。市应急委印发了《北京市气象应急保障预案》，规范了本市大型活动、突发事件和气象灾害应急保障工作。完成了《北京市奥运期间气象灾害风险评估报告》，编制印发了《奥运会期间突发事件气象应急响应工作方案》和《气象灾害风险控制与应急准备工作方案》等 9 个气象应急服务保障相关预案和工作方案，将"平安奥运"行动落实到气象服务和保障每一个工作环节上，适时启动四级气象应急响应指令，有序进入不同级别应急响应状态。建立起多部门重大天气应急响应联动机制，加强了气象风险等级决策服务，组建了 17 人的现场气象应急保障队伍，拉动 27 次，3 辆应急车随时备勤、出动，圆满完成全市应急反恐气象保障任务。奥运期间连续应急响应 56 天，全年及时发布各类气象灾害预警信号 67次，准确的预报预警和及时跟进的服务为城市运行管理部门及时采取应对措施提供了有力的支持，确保了城市安全运行。

专业专项服务成效显著。市气象局面向生产，努力提高气象服务科技内涵，为水、电、气、暖、交通等城市安全运行保障部门提供专项服务。为保障公众生命安全推出了一氧化碳气象指数预报服务，并向大兴、顺义、丰台等区县气象局延伸，受到关注和欢迎。为市春运办公室开通春运气象服务信息网；进一步完善了交通气象预报服务系统，在北京市 2 ~ 5 环路 4 个方位和 5 条高速公路开展了精细化气象预报服务，进行质量检验评估。继续开展人工影响天气跨区域联合作业，有效保证了水库蓄水和"蓝天"计划的实现。累计提供农业服务信息 85 期，为农业高产创建和雨养玉米工程提供服务，为延庆玉米矮秆和北京市种子管理站提供种子纠纷气象咨询；加大了雷电防护气象服务力度，全年累计防雷检测 2285 个单位，奥运防雷工程项目审批 92 个，完成北京赛区 31 个竞赛场馆、17 个非竞赛场馆、45 个独立训练场馆以及奥运签约酒店和首都机场三号航站楼等重点场所的雷电防护保障任务。对全市 600 余所中小学校实施防雷工程和安全检测。与水务局联合开展北京未来2~3年降水趋势预测分析；与电力公司合作完成2007年夏季用电负荷预测分析报告；为北京市科委提供了"北京地区有关气候变化及科技应对措施建议材料"。

公众气象服务覆盖率大幅度提高。市气象局面向民生，着力扩大气象服务覆盖面，通过广播、电视、报纸、电话、手机短信、网站、社区显示屏、公交移动大屏、预警塔、新闻发布会等多种渠道和方式及时发布气象服务信息。每日有23档电视节目56次播出气象信息，其中天气预报正点收视率高达22.03%、《看气象》节目收视率为7.8%。城市广播及中国气象频道电视每半小时不间断插播北京气象，每天9个广播电台全天候滚动播出气象服务信息，仅《直播气象》节目每天播出21次，每日14家报纸连续刊登气象消息；每日160万手机短信用户接收气象信息，还有19家网站或信息平台链接气象服务，12121声讯电话增加了交通、环境、健康等中、英语种服务。8个预警塔、14个自建气象预警信息显示屏、50个社区显示屏、8000块公交移动大屏、多个社区楼宇门禁使千家万户方便获取气象服务信息。年内编制《奥运气象服务手册》《雷电防护知识》《气象谚语集锦》等多种气象科普读物、展板，利用世界气象日、科技周、黄金周等多个时间节点推进气象科普进学校、进社区、进山区、进企业。

公共气象服务系统建设取得成果。建成了集预报产品收集、分类、加工、包装以及分发、监控等功能为一体的气象服务系统。初步搭建起电视、广播、预警塔、街区显示屏、手机短信、互联网等多种社会媒介构成的公共气象服务信息平台。首都气象影视中心的建成，中国气象频道率先在北京实现插播，在全国省级气象部门中发挥了重要的示范作用。北京市区域短信发布系统实现了向31个奥运场馆、18个涉奥重点区域和8个涉奥重点区县在特定区域、向特定人群发送手机短信息提示和疏导现场密集人群，奥运期间市应急办利用该系统发布城市运行应急指挥管理短信共218次，向33余万手机用户发送中英文提示信息，对城市安全运行、预防出现意外突发事件发挥了重要作用。"北京地区突发公共事件应急气象服务系统"的建立并投入业务化运行，为气象应急反恐保障提供了科技支撑。

（三）2009年气象防灾减灾预报

1. 圆满完成新中国成立60周年庆祝活动气象服务保障工作

作为全局年内工作的重中之重，在市委市政府和首都中华人民共和国成立60周年庆祝活动北京市筹备委员会领导下，市气象局作为筹委会气象服务组综合协调和主要核心执行小组的承担单位，同时作为中国气象局明确的国庆 60 周年气象服务保障责任主体单位，承担着国庆 60 周年阅兵、游行、晚会、游园等大型活动，城市运行及历次排练、预演等气象保障服务任务。在筹备服务和演练期间以及实战保障期间，面对服务保障要求高、范围广、时间长、气象要素多和演练频次密集等难点，有中国气象局和市委市政府正确领导，牛有成常委、夏占义副市长亲自指挥、指导、组织和协调，部队、武警、公安、民航等部门大力支持，全局广大干部职工发扬奥运精神，全力以赴、团结协作、奋力拼搏，以精准的预报、优质的服务，圆满完成了 4 次演练和国庆期间的预报服务，圆满完成了人工影响天气，天安门核心区域、公园系统防雷保障工作以及国庆专业气象服务等气象保障任务。其间，提供国庆气象服务专报 569 期，其中，中短期预报服务产品 183 期，群众游行分指演练服务专报 42 期，晚会演练服务专报 80 期，国庆决策气象服务专报和天安门地区预报 139 期，国庆彩车组装制作专项气象服务专报 98 期，国庆游园专报 2 期，国庆公众气象服务专报 20 期，其他演练专报 5 期，并提供了现场气象服务。在演练和国庆庆典活动中，人影探测和作业累计飞行 90 架次，飞行时间约 195 h，播撒吸湿性催化剂 64 t。在延庆、海淀、房山、昌平分指挥中心的 37 个地面作业点进行作业，累计发射专用火箭 1101 枚。顺义气象局经过精心的筹备和前期大量服务准备工作，为第七届中国花卉博览会提供了优质的气象服务保障。

2. 重大活动气象保障服务

各类社会活动气象服务保障。年内为北京市第十三届人民代表大会第二次会议、春运、全国"两会"、上海世博会倒计时一周年暨计时牌启动仪式、第十二届中国北京国际科技产业博览会、千台万人乒乓球展示活动、鸟巢足球赛、十七届四中全会、中央经济工作会等 20 余项重大社会和体育活动提供了优质的气象服务保障。

3. 专项气象服务为城市运行和市民福祉安康提供保障

开发了数字化、精细化城市交通气象服务产品，且延伸到华北地区。供暖节能报告得到市长高度重视，市领导批示"要继续开展此项工作，既涉及百姓冷暖，又是节能减排，非常有意义"。供暖气象节能技术融入市政府供暖改造中，作为示范直接参加了市发改委的延庆供热改造专项。加强与市公安局合作，严密监视采暖季节天气气候变化情况，及时提供不利于一氧化碳扩散的综合气象条件的监测服务；

向公众推出"腹泻病气象指数"服务项目，为疾病预防提供了专门的服务。

4. 关键时节、关键天气气象保障服务

针对年初干旱、汛期大风、冰雹以及短时强降水等强对流天气、11 月降雪天气、雾霾等关键天气，我局及时向决策部门、城市运行有关部门、社会公众等发布预报预警产品；加强与各专项应急指挥部会商和应急联动，向其提供临近落区预警产品、实况信息等，使得市政府决策部门能够及时、准确、全面地掌握天气情况，顺利开展各部门的联动协调工作。截至 12 月 15 日，发布灾害性天气预警信号 63 次。其中雷电黄色预警信号 34 期，寒潮蓝色预警信号 2 期、大风蓝色预警信号 3 期，道路结冰黄色预警信号 5 期，暴雨蓝色预警信号 7 期，高温黄色预警信号 2 期，高温橙色预警信号 4 期，大雾黄色预警信号 6 期。重大天气预警信号无漏报。

5. 专业气象服务

道路交通气象服务。2009 年 7 月，北京市气象局和北京市路政局签署了道路交通气象监测及信息服务合作协议，实现了北京市气象局（28 个自动站）、市交管局（12 个自动站）和市路政局（31 个自动站）共 71 个道面自动监测站信息共享。同时，还实现了市气象局将交管局、路政局道路视频图像介入局内。

6. 气象为农服务

针对当年汛期北京特殊的天气条件和农作物的生育期，制作了多期农业气象专刊、5 期农气专题电视节目。同时，继续加强与市农业局、市统计局合作，联合召开的秋季会商会。遇天气过程，及时以短信和邮件形式为各区县蔬菜及农作物服务中心以及种植大户提供农业气象服务，其中短信 2000 余条，邮件约 40 余件。加强与市发改委、保险公司等单位沟通交流，推进政策性农业保险气象服务工作开展。

7. "移动农网"气象服务

为进一步加强和推进社会主义新农村综合信息服务工作，努力解决气象预警和农业生产提示信息"最后一公里"问题，市气象局通过移动农网适时发布气象预警和农业生产提示等相关信息。截止到 2009 年 11 月 20 日，提供的各类信息共计 58 条，其中：预警信息类 26 条（包括暴雨预警信息 5 条、高温预警信息 8 条、寒潮预警信息 3 条、大风预警信息 4 条、大雾预警信息 2 条、道路积冰预警信息 4 条），

预报预测信息类 32 条（包括农情信息 21 条、墒情信息 11 条），为服务"三农"做出了积极的贡献。

8. 非职业性一氧化碳气象预报服务

继续加强与市公安局治安管理大队的联系，组织专业气象台等单位严密监视采暖季节天气气候变化情况，加强不利于一氧化碳扩散的综合气象条件的监测。根据今年冷空气突然降临，从 10 月 28 日开始制作一氧化碳气象指数，一直到 2010 年 3 月 30 日，通过报纸、广播电台、12121 咨询电话等媒体进行"一氧化碳气象指数"的气象服务。

9. 应急气象服务

应急气象服务在城市运行管理中发挥作用。区域短信发布系统得到进一步完善，年内已覆盖二环、三环、四环、五环、各地铁沿线、高速路等 62 个重点区域，清明节期间发送文明祭扫和交通疏导应急预警短信，国庆前夕发送公众提示短信，年内累计发送短信 315 万余条，在城市应急保障中发挥了作用；成立专门的应急反恐处置队伍，发挥气象在应急反恐中的作用，强化应急处置演练；年内，市局组织应急气象保障演练 4 次，参与北京市应急反恐演习 6 次，参加了国庆 60 周年庆祝活动反恐办联勤指挥和现场气象保障服务。

10. 开展气象灾害风险评估

针对国庆服务保障的特点，牵头制定了《气象风险控制与应急准备工作方案》，组织有关单位开展 9 月至 10 月气象风险评估和气候分析工作，并以专刊方式报送了《新中国成立 60 周年庆祝活动期间本市气象风险评估与控制对策》，在国庆 60 周年庆祝活动的决策服务中，为北京市委、市政府和市应急办等政府决策部门科学决策发挥了很好作用。

11. 编制完善应急工作方案和预案

编制印发了《北京市气象局气象服务应急工作手册》，将应急响应工作机制逐步常态化。其中，包括修订编制了 2 个预案和 1 个方案：《北京市气象局业务保障应急预案》《北京市气象局突发公共事件气象服务保障应急预案》《北京市气象局突发事件气象应急响应工作方案》。

12. 应急平台项目建设

2009 年，对"北京市突发公共事件预警信息发布系统（一期）——区域短信发布系统"平台进一步完善，区域覆盖范围在原有基础上进行调整，并增加了区域，覆盖二环、三环、四环、五环、各地铁沿线、高速路等区域。通过业务试运行，已经在清明节期间八宝山地区发送文明祭扫和交通疏导的应急预警短信服务和首都国庆 60 周年庆祝活动前夕发送公众提示短信服务中发挥了城市应急保障作用。我处计划在年底组织完成一期建设的软件测试及验收工作。

13. 推进气象信息员队伍建设

在气象信息员队伍建设管理方面，市局修订了气象信息员管理办法，明确其主要职责；以怀柔为试点，通过区农委与区气象局联合发文招聘气象信息员，在 8 月 7 日组织开展了对当地气象信息员的业务培训；以丰台为试点，通过区应急办招聘气象信息员，在 11 月 19 日组织开展了对当地气象信息员的业务培训。

14. 推进公共气象服务支撑能力建设

年内，市气象局进一步强化部门信息共享及联动，与市交管、路政部门实现道路气象监测信息实时共享，实现了与交管局 12 个站、路政局 31 个站的道路气象实时监测信息共享，北京市域内道路自动气象监测站数达到 71 个，这些共享的监测信息已经在业务和科研中得到应用；与市信息办、交管局实现道路视频监控信息预约共享，一旦发生恶劣和高影响天气可以通过预约及时了解天气实况信息；与路政局合作实现利用道路电子显示屏适时发布气象预报预警信息；与水务局、防汛办实现防汛信息联动及雨量数据统一。组织决策气象服务平台 1 期建设，优化和完善公众气象服务平台，改进区域短信预警平台，加快建设公共气象服务共享产品库；在全国气象部门率先完成省级天气网"北京天气网"建设；在北京电视台实现每日 4 次实时天气播报；建成数字高清电视演播系统并在国庆节前播出。

（四）2010 年气象防灾减灾预报

1. 大型活动气象服务保障

全年为中央和北京、国际和国内综合大型活动提供保障服务 35 项，其中，中央政治局常委参加的高达 14 项，每次重大活动的气象保障服务都在奥运、新中国成立 60 周年气象服务的标准上有所提高，天气预报服务信息直接面向中央领导；

为广州亚运圣火采集和点火仪式、亚残会点火和火炬传递等活动提供了现场服务，亚运会和亚残会点火等 5 项重大气象服务受到表彰，收到各类感谢信函 26 份。

2. 提升专业气象服务精细化水平，保障城市安全运行

依托专业气象台，以整合市局公众气象服务资源为重点，组建北京市气象服务中心。供暖气象预报成为市政府规章《北京市供热采暖管理办法》中采暖期起止时间的重要依据，供暖结束期和开始期气象服务取得了良好的效益；供暖气象节能技术融入市政府供暖改造中，作为示范参加了市发改委的供热改造专项，供暖气象指数精细化到分区发布。承担了市重大项目 5 条新城线的轨道交通建设的防雷装置设计审核和竣工验收工作；雨雪天专家现场为道路畅通提供分片、分时的量化信息；增加了重要交通枢纽精细化预报服务信息。开展城市安全运行精细化服务，为高影响天气下能源调度、储备、供应、安全运营和应急提供科学决策依据；气象物联网建设在北京城市安全运行和应急管理领域争得"一席之地"，制定了近两年建设规划，完成烟花爆竹"禁改限"物联网应用先期示范工作。进行城区防雷检测资源整合，重点调整了检测区域布局、功能定位，做到服务规范、标准统一，提高了社会效益和经济效益。

3. 决策和公众服务更加注重以人为本、贴近需求

全年共发布预警信号 70 期，在 1 月 3 日暴雪中一天发布 3 种预警信号，市政府据此统一部署采取应对措施，利用区域短信发布平台向市民发送应对降雪提示短信 253 万多条，及时的预报预警为防御暴雪灾害提供了重要决策依据。全面做好多年罕见的持续高温、高湿天气的气象服务，保证供水、供电等部门从容应对高峰时段。每天直接给中办提供气象服务专报。发布决策气象服务产品近 2500 期，提供决策气象信息专报 16 期。应对干旱、暴雨洪涝的建议得到市领导的批示。汛期气象服务得到了中国气象局和市政府的肯定及北京市防汛办、应急办等部门的一致认可。

4. 气象为农服务工作

（1）联合农业局、统计局召开农情会商会

3 月 25 日，联合农业局、统计局等召开 2010 年春季农情会商会，并迅速贯彻落实全国农业生产工作紧急电视电话会议和北京市贯彻落实部署会议精神，就春

播、夏粮农业生产等提出具体服务措施。

（2）积极推进气象为农服务试点建设工作

年初，市气象局制定了《北京市气象局现代农业气象业务发展专项规划》和《北京市气象为农服务试点建设方案》，开展气象为农服务试点建设工作。目前，试点建设工作已基本完成，取得如下成果。① 在昌平区6镇6村及8个农村合作社建立22个"昌平气象综合信息服务站"，开发了具有本地特色的集气象信息员管理、气象信息发布、灾情信息收集和信息需求反馈为一体的"互动式"气象信息员工作平台。② 在草莓、百合、苹果集中种植区所在村，分别建立3个不同特色的科普示范村；完善气象信息员队伍的建设和管理，建立起覆盖全区镇、街、村的气象信息员队伍和气象信息员长效管理机制；增建2个防雹炮站，使防雹站布局更加合理。③ 在草莓、百合花集中种植区选择有代表性大棚分别安装1套棚内气象监测设备和1套实景观测设备，加强对特色和设施农业的研究分析与服务；以当地"一花三果"（百合花、草莓、柿子、苹果）气象服务为切入点，开展面向政府部门和专业用户的农业气象决策和专题服务。④ 建设昌平区气象局业务平台，明晰区县局与市局业务产品链，同时为气象信息员管理平台和决策服务网站提供丰富气象为农服务产品，强化了区县局对市局相关指导产品的使用和发布能力。

5. 推进气象防灾减灾社会化

强化部门信息共享及联动，加强与市防汛办等单位的应急联动，完善了《汛期气象预报预警信息提前通报实施方案》，为市防汛办及时排除雨情险情提供更早的气象服务，并与市防汛办联合发文确定了《汛期防汛气象会商联动机制》，实现防汛气象雨量信息共享。积极与市发改委、市经信委、市国土资源局、市规划委、市政市容委、市交通委、市农委、市水务局、市卫生局、安全监管局、市广电局、市体育局、市旅游局、市民防局、市交管局、市粮食局等单位加强沟通和合作，建立了《北京市气象灾害预警服务部门联络员会议制度》。

6. 强化灾害风险区划及评估工作

加强与城市所在地的气候中心在灾害风险区划及评估方面的沟通，选取暴雨、暴雪和持续高温3项气象灾害为市级重大风险，并组织编写《市级重大风险评估报告》；在国庆奥运气象风险区划的基础上，对暴雨、高温、雷电、冰雹、大雾5项气象灾害进行了精细化风险区划和评估。

第二节　人工影响天气

一、人工防雹

（一）2008 年人工防雹工作

2008 年北京市延庆、昌平、海淀和平谷 4 个区（县）共开展防雹作业 17 天，发射防雹炮弹 3549 发、防雹火箭弹 9 枚，作业后保护区没有出现任何灾情。在奥运会、残奥会期间，在空中管制部门的大力支持下，依然没有漏掉一次实施防雹作业的机会，确保了防雹保护区最大限度地减少雹灾损失。

针对 6 月 23 日全市性冰雹天气过程，保护区外十三陵镇、长陵镇共计 11 个村镇遭受雹灾，而昌平区炮站保护区内无一形成雹灾。9 月 14 日冰雹过程，防雹作业保护区内无灾，而非保护区则出现了重灾。

（二）2009 年人工防雹工作

2009 年市人影办共开展防雹作业 15 日，发射防雹炮弹 5136 发，雹灾日有 6 个，除 6 月 13 日平谷因冰雹云不在可作业方位内无法作业而受灾较重外，防雹作业保护区内基本没有出现灾情。

2009 年，北京车载 X 波段双通道双线偏振全相参多普勒天气雷达架设于河北省怀来县东花园镇，观测时间为 2009 年 4 月 3 日至 10 月 22 日，雷达共进行有天气过程观测共计 848.5 h，其中雷雨天气过程 14 个，冰雹天气过程 9 个，配合国庆气象保障消云减雨演练试验观测 4 次，进行国庆气象保障连续 24 h 观测，获取压缩资料共计 38.6G。

（三）2010 年人工防雹工作

目前，市气象局人影业务现有延庆、昌平、海淀和平谷 4 个区县开展防雹作业。年内全市共开展防雹作业 14 日 104 点次，发射防雹炮弹 3739 发，没有发生全市性降雹天气过程，仅出现 7 个降雹日，在空域申请业务平台的支持下，作业申请批复率明显提高，全年作业保护区内没有成灾冰雹出现。

在 2010 年车载 X 波段双通道双线偏振全相参多普勒天气雷达的观测工作中，市人影办以南郊 S 波段雷达和怀来 X 波段产品系统为核心的人影作业决策指挥平台，集作业点信息、雷达回波、垂直剖面、雷达回波外推、作业预警等功能于一体，在日常人影作业指挥方面发挥了非常重要的作用，尤其是在 X 波段双偏振雷达冰雹识别功能，使防雹作业指挥更有针对性，共进行有天气过程观测计 967 个小时，获取压缩资料 40.91G，为全局气象预报和服务保障工作提供了稳定的一手参考资料。

二、人工增雨

（一）2008 年人工增雨工作

人工消减雨为奥运会、残奥会开、闭幕式保驾护航。

1. 强有力的领导，有效的组织协调，各部门通力合作，齐心协力

2008 年 3 月 13 日时任中共中央政治局委员、北京市委书记、北京奥组委主席刘淇主持召开北京奥组委 24 次主席专题会，原则通过《北京 2008 年奥运会开闭幕式人工消减雨作业实施方案》（以下简称方案）。中央领导同志习近平、周永康等先后圈阅，时任北京市委副书记、市长、北京奥组委执行主席郭金龙 5 月 4 日主持召开的市政府专题会，批准成立 29 届奥运会开、闭幕式人工消减雨工作协调小组，从而形成了中央、部队、地方，跨省市、跨行业、多部门的协调工作机制。

北京奥运会、残奥会运行指挥部交通与环境保障组主要领导多次亲临人工影响天气指挥中心视察指导工作和 4 次协调小组会议积极协调落实人工消减雨保障人员、资金、工具、空域、作业指挥及安全保障等各环节。刘淇书记、郭金龙市长和中国气象局郑国光局长等多次听取关于奥运会气象保障服务工作专题汇报，7 月份还亲临人工影响天气指挥中心考察指导。在人工消减雨作业部署和演练过程中，市委常委牛有成和中国气象局局长郑国光等多次亲临人工影响天气指挥中心和外场视察，全力支持和指导人工消减雨工作。

人工影响天气活动涉及多学科、多部门、多行业，是一项技术复杂的系统工程，需要精心组织和各部门齐心协力的支持。在奥运会、残奥会开、闭幕式演练和实战保障过程中，空中管制部门及时有效地调配空域，确保了人工消减雨每次拦截作业的顺利进行；治安监管部门密切加强对地面作业点的治安监管工作，及时运送和调配火箭弹，确保了人工消减雨作业安全高效；技术专家们通过现场和远程技术指导，及时为方案提供技术支持和决策建议；参与飞机、地面火箭消减雨作业的指挥和作业人员不辞辛劳，在规定时间做好各项准备工作并进入实战状态，严格按指令要求执行云降水拦截任务。

具有中国特色的合作机制，有效地保证了上下之间、军地之间、各部门之间、同行之间密切沟通和通力协作，创造出了高水平的工作效率，也确保了人工消减雨保障任务的顺利完成。

2 依靠科技，加强科研开发和自主创新研究，加强演练，不断完善技术方案

人工消减雨技术目前尚属气象科学前沿，在世界范围内基本处于科学试验的范畴。为全力做好奥运会开、闭幕式人工影响天气保障服务，自 2002 年开始市人工影响天气办公室专门开展了针对奥运会开闭幕式的人工消减雨试验研究。在加强自主研发的同时，还积极加强与俄罗斯在人工影响天气领域合作交流。

在吸收科研和外场试验成果的基础上，相继形成北京 2008 年奥运会开闭幕式人工消减雨作业技术方案、实施方案。结合保障需要，对实施人工消减雨作业的组织机构、技术方案、实施流程、综合保障和风险评估等各方面进行详细设计。2008 年 4 月底开始，市人工影响天气办公室先后多次组织开展地面火箭、飞机作业演练，分别对催化技术、工作机制、流程、人员、通信等进行模拟和实战演练，不断细化和改进作业实施方案，强化作业技术、工作机制和运行指挥流程。

在强有力的领导和跨部门、跨地域良好的合作机制以及军队、地方各有关部门大力支持和协调联动下，人工影响天气工作团队群策群力，果断决策，积极应对复杂降水天气，精心组织实施人工消减雨作业，成功地保障了奥运会、残奥会开、闭幕式的顺利进行，为"有特色、高水平"的北京奥运会残奥会增添了精彩一笔，也为实现奥运会、残奥会"闪亮登场、精彩谢幕"画上了圆满句号。成功的奥运会残奥会人工消减雨保障服务也向世界展示了中国气象事业发展的水平。市人工影响天气办公室因成功实施奥运会、残奥会开、闭幕式人工消减雨保障服务，被中共中央、国务院授予了"北京奥运会、残奥会先进集体"、中国气象局"北京奥运会、残奥会气象服务先进单位"；第 29 届奥组委因市人工影响天气办公室在筹备工作中做出突出贡献颁发纪念证书；获中华人民共和国科学技术部颁发的"科技奥运先进集体"；市委农工委、市农委授予"观天测云保奥运消云减雨立奇功"奖牌；北京奥运气象服务中心、北京市气象局"北京奥运会、残奥会气象服务先进单位"。

3. 防御和减轻气象灾害，促进首都水资源可持续利用

2008 年市人影办早着手、早准备，提前做好了增雨工作各项准备，年内也不失时机地组织实施了多次飞机和地面人工增雨作业。根据人工增雨作业跨区域的特点，并结合奥运气象保障服务需要，北京市还继续加强了与河北省张家口、承德等地区的区域合作，积极组织跨区域飞机和火箭联合增雨工作，最大限度地发挥出区域联防的总体效益。

据统计 2008 年市人影办共实施大气气溶胶—云—降水探测和增雨作业飞行 115 架次，其中人工增雨作业燃烧碘化银烟条 103 根，播撒液氮催化剂约 800L；5 月至 10 月共组织延庆、昌平、密云、平谷和海淀 5 个区（县）以及河北省张家口和承德地区开展火箭增雨作业 242 点次，共发射增雨火箭 573 枚；高炮增雨作业 12 日 32 点次，发射炮弹 512 发；冬春季，延庆、昌平、海淀、石景山、门头沟、房山、密云和平谷高山地带开展地面碘化银发生器增雨雪作业 64 日、1391 点次，共燃烧碘化银烟条 7628 根。

2008 年全年报送人影简报中，多次受到市委常委牛有成和市有关部门领导的批示肯定。根据与水利部门共同进行的人工增雨效果评估和水库增水量估算，2008 年开展飞机和地面增雨作业规模较大的 5 月至 9 月，人工增雨作业平均相对增雨率约为 15%，累计增加密云水库流域降水量 39.2 mm，官厅水库流域 26.7 mm，密云、官厅、白河堡 3 座水库因人工增雨增加的入库水量近 2400 万 m^3。增雨作业为首都抗旱增蓄和改善生态环境等方面都发挥出了积极作用。

（二）2009 年人工增雨工作

1. 圆满完成国庆 60 周年人影保障

（1）领导高度重视，国庆 60 周年人影保障工作顺利展开

北京市委、市政府和中国气象局领导高度重视国庆 60 周年人影保障工作。2009 年 8 月 17 日，时任北京市委书记刘淇同志带领北京市部分主要领导亲自视察北京人影指挥中心和人影海淀香山炮点，指导国庆 60 周年人影保障工作。中国气象局郑国光局长 8 月至 10 月份先后多次亲临北京人影指挥中心，指导国庆 60 周年人影保障工作，协调相关事宜。北京市委常委牛有成、副市长夏占义、中国气象局副局长沈晓农等领导同志，定期召开会议，不定期亲临北京人影指挥中心，坐镇指挥，协调部门联动等相关事宜，保障国庆 60 周年人影工作按计划有序展开。

（2）周密计划，做好国庆 60 周年人影保障准备工作

在认真总结奥运会、残奥会开闭幕式人影保障工作的基础上，市人影办科学分析国庆 60 周年人影保障需求，依托中国气象局气象新技术推广项目——国庆人工影响天气技术研究课题，开展国庆 60 周年人工影响天气技术研究。加强需求调研、

分析和能力评价，制定相应的技术方案、实施方案、演练方案、保障方案，为国庆气象服务工作的顺利开展做好了前期铺垫。

2009年5月31日国庆气象服务组第一次会议，牛有成常委明确指出：在充分做好人影各项准备的同时，加强演练、深化实验，聘请国内外人影方面的顶级专家指导。按照国庆气象服务组的统一部署，北京人影积极启动各项工作和机制，制定翔实的工作计划，确保各项工作有条不紊地进行。

（3）抓住机遇、精心组织，科学试验、演练

根据国庆60周年北京市筹委会天安门核心区演练的计划，结合北京地区7月至9月天气特点，市人影办共开展大规模实验演练12次。针对8月29日月至30日、9月6日、9月12日、9月18日4次天安门核心区彩排演练，按照"以天气系统为主，演练彩排结合"的原则，进行人工消云减雨演练保障，保障了全运会天安门点火仪式、顺义花博会开幕式，检验了人工消云减雨的机制和流程，协调了部门、区域和空地联动，为国庆人工消云减雨积累丰富的经验。

在气象服务组的协调和指导下，抓住8月18日的机会，利用飞机在通州机场附近开展人工消暖性低云的试验，取得人工消暖云的第一手资料和丰富的经验。考虑到国庆阅兵的特殊需求，为提高军地人影协同影响天气能力，9月28日在北空航管部门的统一指挥下，组织了军—地24架飞机联合飞行演练，为国庆当日多架次、大剂量开展人工影响天气作业奠定了基础。根据每次演练的特点，北京人影发扬连续作战的精神，及时进行分析总结，进一步完善国庆人工影响天气的演练方案、保障预案和方案，夯实国庆人影保障准备工作。

（4）科学部署，缜密组织，确保国庆60周年庆祝活动圆满顺利

9月30日上午，国庆60周年气象服务组在市气象局召开专题会议，与中国气象局、总参作战部等单位讨论确定人影作业细化方案。

针对可能天气特点，气象服务组制定了A、B、C三套人影作业方案。结合最新气象监测和天气精细预报，选择飞机和火箭相结合的A作业方案，认真加以组织实施。人影作业小组全体指挥、作业、保障人员坚守岗位，密切监视天气特别是云、降水发生发展情况，根据方案和指令要求适时开展人工消云减雨作业。

根据人影作业方案和指令要求，9月30日白天，内蒙古、山西人影部门在北京外围进行提前降水作业，飞机增雨3架次，燃烧碘化银烟条52根。当日下午，人影作业小组还组织张家口、良乡飞机基地的两架探测飞机在北京西部进行了2架次云物理探测。

9月30日夜间，人影作业小组针对国庆庆祝活动重点保障时段需要，及时调整作业部署，全体指挥、作业人员原地待命，密切监视天气变化。

10月1日早晨，针对主云系过后，北京西南部和西部仍有对流云团出现，发展较快，并向东北部城区逼近，部分地面作业点还出现了降雨的特点，在空中管制部门的大力支持下，人影指挥中心迅速指挥门头沟和海淀区境内7个地面作业点对云团实施过量催化，进行了4轮次火箭作业，发射专用火箭432枚，有效抑制云和降水的发展，确保国庆60周年主会场没有受到降水的影响。

新中国成立60周年盛大国庆活动取得圆满成功，蓝天白云、微风和煦的天气为其增添了亮丽的色彩。这是北京、天津、河北、山西、内蒙古以及总参、空军、海军、公安、武警、民航等部门通力合作的结果。气象服务组组长牛有成总结："气象预报服务人员的一次次准确预报，相关部门在人影空域保障协调、安全作业上所做的保障，……实现了'用智慧书写历史、用科技创造纪录、用忠诚回报祖国'的目标和理念。"

2. 全力做好抗旱增水和防灾减灾工作

（1）稳固开展火箭和高炮作业

2009年开展地面火箭和高炮作业的延庆、昌平、海淀、密云和平谷5个区县，在当地政府的大力支持下，抓好每个作业时机。房山和门头沟两区人工影响天气作业炮站也在积极建设。全市共组织开展火箭增雨作业35日258点次，发射增雨火箭440枚，高炮增雨作业8日37点次，发射炮弹445发。同时，加强京冀区域联合火箭增雨作业。因主汛期降水日较少，2009年共开展区域联合作业29点次，发射增雨火箭93枚（不含国庆外围增雨作业）。

（2）充分利用高山地基燃烧器

发挥冬春季高山地基碘化银燃烧器作业不受空域限制，作业自主性强的优势，在延庆、昌平、海淀、房山、门头沟、石景山、密云和平谷等8个区县的山区开展有人执守作业。共作业39日次885点次，燃烧碘化银烟条5289根；2009年1月至3月共开展高山地基增雨雪作业19日412点次，燃烧碘化银烟条2571根。在怀柔、延庆、昌平、密云、门头沟等区县增设的遥控无人执守高山地基碘化银发生器，也边建设、边试运行。

（3）积极争取开展飞机增雨作业

使用运-12、夏延-3A、安-26机型共实施飞机增雨9架次（不含国庆演练期间的飞机增雨），合计 25 h31 min，燃烧烟条 84 根，消耗液氮约 800 L。

（三）2010 年人工增雨工作

1. 高山地基作业

高山地基碘化银发生器作业是冬春季增雨（雪）作业的主要手段，市人影办 16 台遥控燃烧炉建成并投入业务运行成为冬春季增雨（雪）作业的新特点。2010 年共开展高山地基增雨（雪）作业 34 日 553 点次，燃烧碘化银烟条 3386 根。

2. 火箭和高炮作业

2010 年全市共组织延庆、昌平、密云、平谷和海淀 5 个区县开展火箭增雨作业 33 日 219 点次，发射增雨火箭弹 464 枚；除密云外，其他 4 个区县还组织开展高炮增雨作业 6 日 21 点次，发射炮弹 387 发。房山和门头沟两个新建炮点区县进行了作业人员培训。

为进一步加强区域联合，市人影办开展京冀联合增雨作业达 10 日 44 点次，发射增雨火箭 450 枚。

3. 飞机作业

2010 年共进行增雨作业飞行 22 架次，使用碘化银烟条 186 根，总计飞行 257 h54 min，90 架次。机载探测仪器和催化剂播撒作业装备均处于良好状态，圆满完成了全年飞机增雨和大气探测任务，为北京市人工增雨和水库蓄水工作做出了贡献。

第三节　防雷减灾

一、重点部门防雷工程

（一）2008 年防雷工程

1. 以奥运工程为源头，加强防雷设计图纸的技术性审核

三年来，市气象局检测中心完成了奥运竞赛场馆、非竞赛场馆共 700 余项、近 15000 份奥运防雷工程设计图纸技术性审核工作，共发出技术文件 2832 份，发

出修改意见书 139 份。在审图过程中，解决了五棵松篮球馆、英东游泳馆及奥运委 OVR、CER 机房奥运工程很多技术难题，得到了奥组委、奥运业主、设计单位的广泛认可。

2. 整体布局、突出重点，全方位做好奥运防雷服务保障任务

市气象局检测中心以奥运场馆为重点，整体布局，层层推进，圆满完成了北京赛区 31 个竞赛场馆、17 个非竞赛场馆、45 个独立训练场馆、88 个奥组委 OVR、CER 机房、86 个移动基站、37 个歌华机房、26 个网通机房、119 个签约酒店以及首都机场 T3 候机楼、CCTV 新址、新国展中心、旅游景区、天安门地区等重点场所共计 2000 余项的防雷服务保障任务，得到奥运业主、施工、监理等部门的一致好评和认可，奥运村、记者村、首都机场 T3 指挥部等奥运业主单位还专门送锦旗表示谢意。

3. 加强奥运工程施工现场的防雷技术服务

奥运工程施工全面开展所带来的雷击隐患得到工程建设指挥部办公室等部门的高度关注，市气象局检测中心投入大量的人力、物力，对奥运各大场馆的施工现场防雷提供技术帮助与服务，还专门帮助鸟巢等奥运施工单位制定防雷专项应急方案等，保障了在建设期间施工人员及奥运施工过程的防雷安全。

4. 深入奥运一线，加强防雷检测力度，提高建筑主体雷电灾害的防御能力

鸟巢、水立方等奥运场馆的设计施工技术在世界上属于绝无仅有的，不同于常规的建筑结构，其防雷设计和施工也面临着技术考验和难题。因此，按照国家防雷技术标准，同时征求奥运防雷专家意见，现场检测人员克服现场复杂、时间紧迫等实际困难，通过数据分析来指导防雷工程施工，得到了奥运业主、施工单位的好评，从整体上提高了建筑主体防御雷电灾害的能力。

5. 力保奥运计算机网络等电子系统防雷安全

在保证奥运项目主体建筑防雷安全的基础上，加强对奥运计算机网络、通信、计时、计分、转播等电子系统的防雷检测工作，经过市局防雷办与奥组委的多次沟通联系，从今年 6 月份开始启动，遇到最大的困难和最耗费时间的是部分电子系统机房没有完工及进场协调的问题。最终，我们克服层层困难，及时高效地完成了电

子系统防雷检测任务。

6. 举全市防雷检测力量，共同营造奥运防雷安全环境

加强全市各区县、系统检测机构的业务管理和技术指导，按照"平安奥运"要求，特别是加强奥运场馆周边地区、旅游景区、酒店、商场等人员密集场所及易燃易爆场所的防雷检测，并组织对故宫、天安门广场、颐和园、燕化集团等重点区域进行防雷复查工作，共同营造奥运安全环境。

（二）2009 年防雷工程
1. 整体布局、突出重点，全方位保障国庆防雷安全

从 3 月份开始，市气象局检测中心制定了国庆防雷服务保障任务重点是以天安门地区为核心，辐射至长安街沿线及重点领域的防雷服务保障，并在重点保障阶段(3 月至 8 月) 完成了人民大会堂、天安门城楼、旗杆、人民英雄纪念碑、天安门安全管理委员会办公楼、市政府办公区、国家大剧院、故宫电子信息系统、天安门地区重点移动基站以及长安街沿线各单位的防雷服务保障任务。

2. 加强沟通、组织协调，与各指挥部携手做好国庆防雷保障工作

从 4 月开始，市气象局检测中心与群众游行指挥部、阅兵指挥部、焰火指挥部以及游园指挥部进行沟通协调，对天安门广场 LED 大屏、民族团结柱、空军 0910 工程、首钢焰火存放库以及园林系统相关公园的防雷保障问题进行了研讨，对其防雷设计提供前期及阶段性的技术支持，并根据其工程进度实施跟踪服务。

3. 临战应急、最后冲刺，出色完成国庆防雷保障服务

从 8 月份开始，国庆防雷保障服务进入临战应急阶段，市气象局检测中心按照各指挥部需求，实时启动应急预案，要求做到人员到位、措施到位、装备到位、技术到位，根据天安门地区只能夜间施工的特点，提出实施 24 h 时防雷应急现场服务保障，并适时组织应急演练，24 h 随时待命。历经一个多月，完成了对 56 根民族团结柱、天安门两侧 LED 屏及人民英雄纪念碑前两块巨幅 LED 屏防雷保障服务。特别是在 9 月 28 日接到焰火燃放分指挥部关于网幕焰火防雷保障需求，在时间紧、任务急的形势下，市气象局检测中心立即启动防雷保障应急预案，第一时间与焰火分指沟通联系，赶赴焰火设备所在地(首钢某地)，与设计、施工单位紧急商讨防

雷接地方案，并于 9 月 30 日晚亲临现场进行防雷现场保障服务以及实施最后 4 根民族团结柱的合拢工作。就在此刻，市气象局检测中心最后一次为国庆防雷安全进行把脉，为近半年的国庆防雷保障工作画上了圆满的句号。因此也得到了北京市政府国庆防雷保障服务安保单位、中国气象局国庆保障服务先进单位的光荣称号以及各大指挥部、市局等单位的充分肯定与认可，取得了显著的政治效益和社会效益。

（三）2010 年防雷工程

1. 以整合为契机，开创首都防雷减灾工作的新局面

2010 年 3 月，经市局党组批准，市气象局检测中心经过前期酝酿、调研论证、方案制定、研究讨论、岗位竞聘、机制运行等程序后，圆满完成城八区防雷资源整合工作。整合后的检测中心分东区、城区、西区 3 个检测分中心，并实现了城八区检测信息数据、人员和检测设备等统一管理。

2. 出色完成地铁防雷保障工作

由于地铁防雷服务保障工作目前尚无成熟模式可供借鉴，而其又涉及地下站、高架站、区间、车辆段、建（构）筑物以及电子信息系统等的防雷保障问题，技术相对复杂。市气象局检测中心专门成立了服务保障机构，针对地铁地网较大的特点，开展了检测方法的模拟试验工作，对地铁 5 条线共 29 个站进行模式试验，为地铁防雷保障工作的顺利开展奠定基础。此后，历经 5 个月，共检测 15 号线、大兴线、房山线、昌平线以及亦庄线共计 5 条地铁线路，其中检测 22 个地下站、27 个高架站、82 座建筑物，近 300 个通信、监控等机房以及各条线路的区间和牵引网等，圆满完成地铁防雷保障任务。

二、重点部门的防雷设施保障

（一）2008 年保障工作

1. 为首都机场 T3 航站楼等重点部门提供全方位的优质防雷服务

历时 2 年全力保障首都机场 T3 航站楼的防雷安全，实现奥运期间安全运行的目标，是目前为止建设规模最大（130 万 m^2 多）、经济效益最大（近 100 万元）的防雷服务项目；为保证 CCTV 新址在奥运前投入业务运行，全力保障防雷安全，实现了奥运期间无雷击事故发生；采取技术先进的防雷服务手段，圆满完成国家大剧院的防雷服务保障任务，力保奥运前及期间的大型庆祝、表演活动的防雷安全。

2. 加强奥运场馆周边区域移动基站的防雷安全工作

继 2007 年圆满完成 2500 个移动基站检测保障任务的基础上，2008 年重点加强奥运周边（朝阳、海淀、丰台、石景山、昌平、顺义等）移动基站的防雷安全，市气象局检测中心与移动公司沟通联系，并组织区县气象局检测站的技术人员进行技术培训，重点讲解移动基站的结构、检测重点及技术要求等，实现了奥运期间移动基站无雷击事故的目标。

（二）2009 年保障工作

1. 为首都机场 T1、T2、T3 航站楼进行防雷保障服务

在过去 2 年多对 T3 航站楼进行防雷保障服务的基础上，按照今年国庆 60 周年防雷保障的要求，对首都机场 T1、T2、T3 航站楼进行了全面的防雷保障服务，为实现国庆期间安全运行的目标提供防雷保障服务。

2. 完成市政府、人民大会堂等防雷保障服务任务

2009 年市气象局检测中心采取技术先进的防雷服务手段，圆满完成了市政府、国家大剧院、人民大会堂、公安部、天安门管委会的防雷保障服务任务，力保天安门核心区域内的防雷安全。

3. 全力做好文物系统防雷安全工作

为了进一步做好文物系统防雷安全工作，提高文物古建雷电灾害的防御能力，市气象局检测中心首次针对故宫电子信息系统进行了防雷保障服务，该工作的开展为下一步做好其他文物古建的电子信息系统防雷提供了借鉴和经验。

4. 加强国庆长安街沿线周边区域移动基站的防雷安全工作

继 2008 年圆满完成奥运周边（朝阳、海淀、丰台、石景山、昌平、顺义等）移动基站的防雷安全工作的基础上，2009 年移动公司专门邀请市气象局检测中心进行了多次研讨，最终双方根据基站的地理位置、周边环境、用途以及防雷技术等方面确定了"一级"重点移动基站，并委托市气象局检测中心进行全面、系统的检测，以确保国庆期间长安街沿线移动基站无雷击事故的发生。此外，市气象局检测中心按照国庆游园指挥部的需求，完成了景山、北海、颐和园、香山、玉渊潭等 25 家公园的防雷保障服务任务。

（三）2010 年保障工作

自 2010 年整合以来，市气象局检测中心进一步规范城八区检测工作，针对检测单位性质寻求其特点，分系统、分领域地开展规范性检测，先后完成如下重点项目的防雷保障服务工作。①政府部门：包括市政府、全国政协、公安部、统战部、人民大会堂、国务院事务管理局、市公安局、市高法等。②高等院校：包括北大、清华、人大、科大、交大、科大、北师大等。③商企系统：包括 CCTV 新址、国贸、京广、中石化、公交、燃气集团等。④部队系统：包括北京卫戍区、总装等。⑤交通枢纽：包括首都机场、火车站、地铁。⑥物业小区：包括天鸿集团、远洋集团等。⑦其他系统：包括证券、银行、网吧等。

三、防雷装置检测

（一）2008 年防雷装置检测

据统计，市气象局检测中心全年共检测单位数为 2285 个，比上年增加 155 个单位，提出整改意见 1020 份，为保证质量，凡已整改的工作都进行了复检，得到了用户的好评。同时，集中力量，对全市 600 余个中小学校校园网进行防雷安全检测工作，为推进全市学校雷电灾害的防御能力做出了贡献。

（二）2009 年防雷装置检测

2009 年市气象局检测中心共检测单位数为 2331 个，比上年增加 46 个单位，提出整改意见 1620 份，为保证质量，市气象局检测中心对已整改的工作都进行了复检，得到了用户的好评。

（三）2010 年防雷装置检测

1. 新建项目检测

以新建项目为突破口，为中央电视台、盘古、第二 CBD、垈头、三里屯以及朝阳中小学加固工程等开展新建项目防雷装置检测。

2. 为海淀区中小学校进行防雷装置检测

为贯彻落实北京市气象局、北京市教育委员会《关于加强学校防雷安全工作的通知》要求，进一步加强我市中小学校防雷安全工作，市气象局检测中心于 2010 年 7 月 10 日至 9 月 20 日组织开展了对我市海淀区中小学校进行防雷安全检测工作，共计检测中小学校 165 家，取得良好的社会效益。

3. 为科技创安工程提供支撑

科技创安工程是一项深入社会基层的安全保障工程，防雷保障服务是其中的一项。市气象局检测中心积极投入保障，对城区、昌平等区域所属社区、街道、乡（镇）的监控系统（摄像头）进行了防雷保障服务，取得了很好的社会效益与经济效益。

4. 开展联合执法

市气象局检测中心与朝阳气象局开展联合执法工作，共联合检查 20 个在建工程，建筑面积达 180 万 m^2（其中 5 万 m^2 已检测，140 万 m^2 已送审），取得一定成效。

第七章　消防安全

第一节　灭火救援

一、2005 年

2005 年，消防局共接报火警 10839 起，出动警力 11834 队次、32432 车次、227003 人次。执行抢险救援任务 2636 起，出动警力 2853 队次、3297 车次、23079 人次。

（一）成功扑救北京化二股份有限公司聚氯乙烯装置爆炸起火事故

1 月 18 日凌晨，位于朝阳区大郊亭 2 号的北京化二股份有限公司聚氯乙烯装置爆炸起火，公司 7 名职工受轻微外伤。0 时 40 分，"119"接报警后，调集百子湾、垡头、四惠、红庙等 18 个消防中队及总队、二支队、特勤大队指挥车，共计 55 部消防车、380 余名官兵赶赴现场扑救。大火于 18 日 4 时许被基本控制，19 日 6 时 05 分将大火彻底扑灭。

（二）地铁军博站多警种联合演习

7 月 3 日 0 时 30 分，市局在地铁军事博物馆站组织实施了一次多警种联合演习。演习是鉴于本市地铁 1、2 号线隐患改造工程即将全面展开之际，根据市政府领导指示而开展的。演习以一列运行中的列车发生爆炸火灾为场景，共调集消防、治安、刑侦、武警等 2000 余名警力协同配合、参与现场处置演习。市委副书记强卫，市委常委、市局局长马振川，副市长陆昊，市局副局长傅政华、于泓源、丁世伟，市委政法委、市交通委员会、市地铁运营有限公司及参演的 18 个单位有关领导现场观看了演习。

（三）成功处置地铁和平门站火灾事故

8 月 26 日上午，地铁 2 号线 43 次列车 4 号车厢顶部 1 号风扇发生冒烟起火事故。"119"接报警后，立即启动"地铁灭火抢险救援预案"，调集3个消防中队13部消防车、100余名消防官兵赶赴现场。市局副局长傅政华及地铁公司、公共交通安全保卫总队、公安交通管理局、宣武分局、西城分局等领导相继到达现场组织指挥灭火及维护现场秩序。消防局局长赵子新、副局长武志强等领导到现场指挥灭火。"110""119""122"三台紧急联动，互通信息，保证了消防车辆行驶畅通，从接到报警到处置完毕仅用了18 min，没有造成人员伤亡。

（四）实施西单科技广场工地坍塌事故救援

9月5日22时35分，位于西单商场西北侧的西单科技广场4号工地综合楼顶板发生坍塌事故，造成8人死亡，21人受伤。"119"接报警后，迅速调集府右街、方庄特勤、西客站特勤、四支队双榆树中队的11部消防车，100余名消防官兵赶赴现场进行救援。市委书记刘淇、市长王岐山、市局副局长刘绍武、消防局局长赵子新等相继赶赴现场。消防人员冒着钢架随时可能二次坍塌的危险，持续在狭小、危险的空间内工作一个半小时，成功将被困人员救出，有效地避免了次生伤害。

（五）火灾案例

1月13日6时许，丰台区永外高庄北京天海服装批发市场发生火灾，过火面积600 m^2，65个摊位受灾，烧毁部分服装，直接财产损失15万元。经查，火灾原因系该市场内使用的电气线路短路，引燃可燃物起火成灾。

3月11日18时25分，丰台区看丹桥西垃圾站旁一平房发生火灾，烧死1人，过火面积18 m^2，烧毁床、被褥及生活用品，财产损失500元。经查，起火原因系4岁儿童用炉火点燃棒棒糖塑料棍玩耍，不慎将被子引燃，引起火灾，其1岁半的弟弟被烧死。

二、2006 年

2006年，消防局共接报火警12979起、出动14321队次、35463车次、249158人次。执行抢险救援任务4230起，出动4538队次、5157车次、36099人次。

（一）成功处置京广桥辅路坍塌事故

1月3日凌晨1时许，位于北京市朝阳区东三环路京广桥下东南辅路发生塌陷事故，造成地下污水管线断裂，近2万 m^3 的污水灌入正在施工的地铁十号线京广桥呼家楼—光华路施工区间。"119"接报警后，先后调集了12部各种消防车、120余名消防官兵参加现场抢险工作，共动用了2台"蛇眼"生命探测仪、4台多种气体探测仪、40套4h氧气呼吸器、2艘冲锋舟、30套强光防爆照明灯以及摄录像设备和地下无线通信、图像传输系统等先进的消防装备用于抢险现场。市委、市政府领导高度重视，成立了市抢险工程指挥部，由刘志华、吉林两位副市长任总指挥，消防局赵子新局长，张久祥政委，李进、武志强副局长等领导赶到现场，并抽调专门力量24h轮流值守在现场。直至1月10日15时45分，经过消防官兵的共同努力，顺利完成了勘查检测和抢险救援任务。

（二）成功扑救丰台区新发地翠鲜缘冷库重大火灾

10月11日晚21时28分，丰台区新发地翠鲜缘保鲜冷库发生火灾，"119"接报警后，先后调集10个中队，39部执勤车辆，274名官兵到场参加灭火战斗。消防局武志强副局长、司令部王德志副参谋长、战训处王桂清副处长等领导先后到现场指挥，经过消防官兵的共同努力，火灾于0时30分得到控制，凌晨4时基本扑灭。

（三）成立搜救犬消防队增强城市抢险救援力量

12月28日，消防局正式成立"北京市朝阳区公安消防支队搜救犬队"，进一步增强了北京市抵御灾害和反恐处突的能力，填补了北京市城市抢险救援功能的一项空白。搜救犬消防队主要担负辖区灭火、抢险救援和整个北京市各种建筑物倒塌事故以及突发性山体滑坡、塌方事故，地震和泥石流等自然灾害事故现场的搜救任务。

（四）全员练兵提高实战能力

2006年，消防局组织了3次执勤岗位练兵考核，评出2个执勤岗位练兵先进支队、5个执勤岗位练兵先进中队、1个执勤岗位练兵先进特勤中队；有42名官兵分别获得8个岗位的"岗位训练能手"称号，并在此基础上评选出了10名消防局"执勤岗位练兵十佳训练标兵"，进一步提高了部队的整体素质和实战能力。年内，公安部消防局考核组对消防局执勤岗位练兵情况进行了检查考核，消防局以优异的成绩全部达到了规定的标准，达标率为100%。

（五）圆满完成"攻坚—2006"实兵综合演练任务

2006 年，消防局圆满完成了"攻坚—2006"实兵综合演练任务。在这次综合演练中，消防局共选派了 90 名官兵、11 辆消防车和 5 辆运兵车，主要承担了救助被困人员和化工厂灭火等演练任务。

（六）火灾案例

2 月 3 日 1 时 56 分，石景山区吴家村北京首钢重型机械厂内，北京市杨林宏源商贸中心租用的一间库房发生火灾，过火面积 300 m²，烧毁库房内的物品，直接财产损失 10000 元。经查，火灾原因系库房值班员脱岗不在位，未切断库房内电源线路，导致电线短路引燃可燃物起火成灾。

3 月 31 日 13 时 55 分，海淀区清河镇北京制呢厂临时库房发生火灾，过火面积 600 m² 余，烧毁库房内堆放的毛毯货物，火灾直接财产损失约 158000 元。经查，火灾原因系电焊操作人员在库房隔壁上方进行气焊切割通风管道时，电焊火花从通风管道缝隙处落入库房内毛毯堆垛上，引燃毛毯等可燃物所致。

4 月 5 日 6 时，大兴区亦庄镇东工业区双北工业园的北京世纪千网电池技术有限公司发生火灾，过火面积 3000 m² 余，烧毁部分厂房和生产设备、材料，直接财产损失 272000 元。经查，该厂房没有经过任何消防手续的审批，火灾原因系该厂化成车间电池组充放电过程中线路故障，打火引燃可燃物起火成灾。

三、2007 年

2007 年，消防局共接报火警和抢险救援 18142 起，出动消防官兵 24356 队次、297603 人次，出动车辆 42489 台次。

（一）完成地铁工地坍塌事故救援

3 月 28 日 9 时许，海淀区苏州街亿方大厦南侧地铁 10 号线工地发生坍塌事故，6 名工人被埋。消防局接到报警后，共出动消防车近 30 辆、消防官兵近 200 人次，对被困人员进行救援，于 4 月 2 日完成抢险救援任务。

（二）成功处置衙门口桥液化气罐车泄漏事故

3 月 31 日 22 时 30 分，一辆装有 23.5 t 液化石油气的大型气罐运输车由天津市大港区驶往北京门头沟区三家店液化气站，行至莲石东路北辅路时，卡在西五环主路石景山衙门口桥下，罐体与桥底部发生蹭撞，气罐顶部法兰被损，造成液化石油气泄漏。石景山区迅速启动应急救援预案，石景山消防支队联合特勤大队深夜连续奋战 9 h 将漏口封堵，成功处置了此次险情。此次液化气泄漏事件后果是不可预料的，消防官兵英勇善战、舍生忘死的战斗精神，塑造了首都消防部队"冲得上、打得赢"的良好形象。

（三）成功扑救北京大学在建体育馆火灾

7 月 2 日上午 8 时 14 分，北京大学体育馆施工现场发生火灾，火灾共烧毁外墙和顶棚部分保温、装饰材料 400 m² 余，直接财产损失 66500 元。消防局"119"消防指挥中心接报北京大学在建体育馆发生火灾，按照预案消防局调集 5 个中队，17 部消防车赶赴火灾现场进行扑救，消防局局长赵子新、副局长李进等领导亲临现场指挥，经过现场官兵的奋力扑救，40 min 后火势被完全控制。火灾没有造成人员伤亡，且场馆内部建筑没有受到任何影响。北京大学体育馆是 2008 年奥运会乒乓球比赛的专用馆，工程建设一直备受市委市政府领导的密切关注。在火灾扑救过程中，市委书记刘淇、国务委员陈至立做出重要批示，要求迅速灭火，处理好现场。北京市赵凤桐副市长、陈刚副市长、公安部消防局郭铁男局长分别来到火灾现场视察了解火灾情况。

（四）完成"好运北京"测试赛应急演练任务

8 月 18 日，北京市突发公共事件应急委员会组织全市各专项应急指挥部、各区县应急委、各有关单位，通过应急 IP 视频参加"好运北京"测试赛应急演练工作。应急演练工作由北京奥组委执行委员会主席刘淇主持。在主演练会场，第一副主席陈至立、执行主席刘鹏、王岐山及其他执行副主席、执委和北京奥组委安保部内设机构的领导出席并观摩了演练。常务副市长吉林、副市长牛有成等市领导在市应急指挥中心观摩了演练实况。消防局局长赵子新、副局长武志强、司令部参谋长李洋波、后勤部部长高振林和全勤指挥部人员通过消防应急 IP 视频在消防局作战室，消防局副局长李进在仰山桥指挥部参加了此次应急演练。此次应急演练共分两部分，一是北京奥组委执行委员会主席刘淇通过 IP 视频，对当天举行的测试项目情况及交通、大气状况等进行了询问，各场馆、各单位负责人快速回应，分别进行汇报；二是奥运会期间城市交通堵塞和城市积水排涝的应急处置，消防局共出动 2 部大功率水罐车，14 名指战员参与了城市积水排涝作业的应急处置。

（五）火灾案例

2月5日18时56分，位于八通轻轨与通州区梨园大街交界处的园景阁四期工程起火，造成9层至12层不同程度过火，过火面积约3000 m^2，着火物主要为膜板、安全护网等可燃施工材料，起火原因是工地看管人员生炉火烘干12层的混凝土引燃膜板等建筑材料所造成的。"119"调度指挥中心接到报警后，迅速调集了11辆消防车赶赴现场展开扑救。经过3 h多的奋力扑救，火情于2月5日23时被扑灭，2月6日凌晨2时30分全体参战人员撤离火灾现场，全体参战官兵成功完成了火灾扑救任务。此次火灾共调集消防车34辆（占我市消防执勤车辆总数的8.9%），其中包括各级指挥车8部，实际参战车辆26部。同时，调集了企业消防队、义务消防队和环卫部门各类车辆16辆。此次火灾没有造成人员伤亡，火灾直接经济损失约人民币8万元。

3月28日上午9时许，海淀区苏州街亿方大厦南侧地铁10号线工地发生坍塌事故，6名工人被埋。下午5时左右，海淀支队接到消防局"119"调度指挥中心指令后，立即调集采石路特勤中队、双榆树中队，共派出4部消防车28人赶赴事故现场，与公安、医院、燃气公司、自来水公司等部门共同对被困人员展开救援。在多方协作和共同努力下，经过6个昼夜的艰苦奋战终于在4月2日圆满完成了抢险救援任务。此间，海淀支队共出动警力146人次，出动消防车辆25车次。

5月2日上午9时57分，消防局"119"调度指挥中心接到报警，海淀区长河湾小区工地一栋六层的在建住宅楼发生火灾，指挥中心立即调出西直门中队、双榆树中队出动火警。近40 min的紧张扑救后，10时40分火势基本得到控制，10时50分大火被完全扑灭。此次火灾过火面积约为400 m^2，无人员伤亡。

8月28日中午12时29分，北京市顺义区石门农副产品批发市场C座商业楼发生火灾，消防局调度指挥中心先后调集顺义支队北轻汽、顺义、空港3个消防中队共15辆消防车、105名消防官兵赶赴现场投入灭火救援战斗。经过全体官兵的奋力扑救，15时大火被基本扑灭，确保了位于C座东侧的2号厅和西侧的D座共6000 m^2 的建筑物没有受灾。

四、2008 年

2008年，消防局"119"指挥中心共接报全市火警11515起，出动17275队次、34628车次、242576人次；共接报抢险救援类报警6627起，出动7081队次、7861车次、55027人次。

（一）完成赴四川地震灾区抢险救援任务

5月13日，四川地震发生后，消防局抽调353名官兵组成抗震抢险救援突击队赶赴地震灾区执行抢险救援任务。救援队配备蛇眼生命视频探测仪、音频生命探测仪等搜救设备，扩张器、破拆工具、应急照明等救援设备和10条搜救犬。共救出重伤员18人，营救被困群众627人，就地疏散和安抚群众数千人，搜索转移炸药100kg、现金50万元、防暴枪12支、珍贵民国档案100余册，装卸抗震救灾物资数吨，最大限度地抢救了灾区人民群众的生命和财产，圆满完成跨区域救援任务。根据公安部抗震救灾指挥部的命令，抗震抢险救援突击队分成两批分别于5月19日和5月22日返回北京。全局官兵先后向四川省公安消防总队捐款150万元，向四川德阳什邡市消防大队赠送水罐消防车1辆、现代吉普车1辆、现金30万元、装备器材255件（套），用于灾后重建。

（二）首次举行高层居民楼消防疏散演练

6月22日，消防局联合丰台区人民政府，在丰台区怡海花园举行了北京市首次高层居民楼大型消防疏散演练。提高了市民的消防安全意识、逃生自救能力及产权单位、物业管理公司等部门对初期火灾的处置能力，并检验了消防部队处置高层居民住宅火灾的应战能力。

（三）完成"6·28"奥运安保消防实兵拉动演练

6月28日，奥运会消防安全保卫指挥部组织所有奥运竞赛场馆、非竞赛场馆、独立训练场馆、签约饭店、定点医院消防安保力量开展实兵拉动演练。拉动演练于上午9时正式开始，共出动消防警力1063人、消防车112辆（消防车辆75辆、消防摩托车29辆、后勤保障车8辆）。演练期间，全市消防部队实行二级战备，社会面火灾防控共投入消防警力4990人，消防车辆382部。

（四）组织参与救援反恐实兵演练

年内，消防局组织开展了国家大剧院灭火救援应急演练、奥运消防安保灭火救援跨区域增援拉动演练等各类灭火救援和反恐处突演练2441次。参与完成了运输液氯车辆被袭泄漏处置演练、处置生物恐怖袭击联合演练等反恐怖演练任务，部队综合应急救援水平不断增强。

（五）完成奥运消防安保任务

奥运会期间，消防局进入一级战备执勤状态。21 个支（大）队、72 个永久消防中队、25 个临时消防中队，6700 余名消防官兵及涉奥场所执勤的 484 部消防车、27.8 万件（套）各类灭火救援装备器材、个人防护装备按要求全部维护保养到位，实现了人员、车辆、器材装备执勤备防率 100% 的工作目标。全时段参与了国家奥运安保指挥中心数字化预案应用值守，每天发动 100 万群防群治力量投身社会面火灾防控工作，实行点、线、面无缝衔接，实现了奥运场馆和涉奥场所及周边 200 m 范围内"零火灾"的工作目标，确保了奥运会和残奥会期间火灾形势和部队内部安全"两个稳定"。

（六）火灾案例

3 月 30 日 14 时，位于朝阳区望京西园三区一幢高 28 层的居民楼突然发生火灾。经查，起火部位是地下室一层配电箱，因电路发生故障，浓烟顺着电缆竖井向上蔓延，导致整栋大楼被浓烟笼罩。"119"指挥中心迅速调集 4 个消防中队、17 部消防车、110 余名官兵到达现场，在 10 min 内扑灭大火。住在楼层中的 90 余名居民全部被成功疏散到安全区域。

6 月 29 日 3 时 36 分，通州区马驹桥镇麦地那拉面馆发生火灾，过火面积 50 m^2，房屋建筑部分受损，火灾造成马某等 4 人死亡。经查，火灾系液化石油气泄漏遇火源发生爆燃所致。

11 月 16 日 21 时 35 分，中国农业大学东校区食品学院大楼顶层实验室起火，该楼高 4 层，起火的实验室系楼顶加盖的一间面积约 200 m^2 的简易房。在大风作用下，火势迅速蔓延。"119"指挥中心接到报警后，出动 10 余辆消防车赶往现场，22 时 16 分火基本扑灭。过火面积约 150 m^2，无人员伤亡。火灾原因系学生在实验过程中用火不慎所致。

11 月 17 日 11 时 30 分，通州区北京现代音乐学校内一栋在建综合楼起火，17 层至 20 层南侧的房间起火，过火面积约 1200m^2，10 名工人被困在 17 层。消防局接到报警后，调集 7 个消防中队赶往现场，10 余辆消防车参与救援。4 h 后将大火扑灭。火灾系工人电焊作业时不慎引燃安全网及脚手架所致。事故导致 4 个楼层烧毁，未造成人员伤亡。

五、2009 年

消防局"119"指挥中心共接报全市火警 9650 起，出动警力 1.1 万队次、3 万余车次、21.1 万人次；接报抢险救援 2523 起，出动警力 2756 队次、4427 车次、3.1 万人次；接报社会救助 5797 起，出动警力 5905 队次、6844 车次、4.8 万人次。

（一）举行超高层建筑综合应急演练

5 月 7 日，消防局联合市局及警务飞行队、海淀分局、海淀区人民政府等相关部门在海淀区中关村中钢大厦举行超高层建筑火灾事故灭火救援综合应急演练。演练共调集各类消防车 17 部、直升机 2 架、"120""999"急救车 6 部，200 余人参加了演练。

（二）全面提升部队攻坚克难战斗能力

年内，消防局成立了高层建筑、地下建筑、石油化工及轨道交通 4 支灭火救援专业队，开展针对性训练，增强了应对、处置复杂火灾和抢险救援能力。组建攻坚组 173 组、708 人，开展了为期 45 天的灭火救援攻坚组培训。

（三）火灾案例

2 月 9 日，中央电视台新台址园区附属文化中心在建工地发生火灾，造成工程外立面严重受损，大楼 3 面外墙装修材料烧毁，火灾造成直接财产损失 1.5 亿余元。消防局朝阳支队红庙消防中队指导员张建勇在扑救火灾时牺牲，6 人受伤。经调查，火灾系在施工现场燃放的礼花焰火落至工程主体建筑顶部，引燃可燃材料所致。

3 月 16 日，中央美术学院学生宿舍楼发生火灾。"119"指挥中心接到报警后，先后调集 5 个中队、24 辆消防车、156 名官兵到场进行扑救，救出 1 名被困人员。火灾过火面积 3000 m^2，直接财产损失 7.4 万元。经现场勘验及技术鉴定，火灾原因系房间内移动插座发生故障引起。

4 月 6 日，位于朝阳区北辰东路的中国科技馆新馆工程外立面发生火灾，"119"指挥中心接到报警后，调集 5 个中队、26 辆消防车、127 名消防官兵将火灾扑灭。火灾过火面积 300 m^2，直接损失 9300 元。经现场勘查及技术鉴定，火灾原因系外幕墙施工工人进行焊接时，掉落焊渣引燃下方可燃物所致。

5 月 10 日，丰台区丽泽桥西南角的北京金杯贸易有限责任公司大厦发生火灾。丰台消防支队出动 3 个中队、17 辆消防车，120 余名消防官兵将火灾扑灭。过火面积 10 m²，财产损失约 6.8 万元。经现场勘察，起火原因为 3 名施工工人在大厦顶层焊接外挂楼梯时，焊接火花飘落引燃可燃物所致。

6 月 14 日凌晨，西单购物中心发生火灾。消防局先后调集了 9 个中队、40 辆消防车、260 名消防官兵到场进行扑救。火灾过火面积为 110 m²，造成直接经济损失 8.5 万元。经调查，起火原因为商场一层西门外食品保鲜柜电源线短路所致。

六、2010 年

消防局 119 指挥中心共接报警 17237 起，出动警力 18816 队次、40150 车次、281050 人次，疏散 2577 人，营救 581 人。成功扑救了朝阳区建外火灾、清华学堂火灾及房山区燕房华兴仓储有限公司火灾，处置救助丰台区 80 m 高塔被困群众，妥善处置了东三环油槽车泄漏等事故。

（一）提高反恐处突专业水平

年内，消防局组织开展实兵实装拉动演练 19 次，完成市反恐办组织的在地铁奥林匹克公园站进行的反恐处突综合演练任务。邀请北京卫戍区防化团及反恐专家就生物恐怖袭击、化学恐怖袭击以及核辐射事故现场处置的相关知识进行培训，反恐处突的专业水平进一步提高。

（二）成立市综合应急救援总队和地震应急救援队

9 月 28 日，北京市综合应急救援总队和地震应急救援队正式成立。救援队由消防局指挥机构、直属支（大）队组成，职责为在做好消防工作的基础上，承担综合性应急救援任务。年内，全市 94% 的区（县）、地区挂牌成立了综合应急救援支（大）队，完成了公安部下达的 2010 年底东部地区 80% 地、市成立应急救援支（大）队的建设任务。

（三）开展重大灾害事故应急救援综合演练

9 月 28 日，消防局联合市应急指挥中心、交通委、气象局、地震局等 18 个单位举行了北京市重大灾害事故应急救援综合演练。来自市应急办和市交通安全、城市公共设施事故、突发公共卫生事件、建筑工程事故等 14 个专项应急指挥部的 72 部各式应急救援车辆、670 余人参加了演练，提高了对重大灾害事故应急救援的快速反应能力。

（四）火灾案例

1月1日1时19分，朝阳区十里堡小区51号楼北侧简易房发生火灾。消防局迅速调集红庙、四惠2个消防中队6部消防车及朝阳支队全勤指挥部赶赴现场扑灭大火。火灾过火面积40 m²，造成3人死亡，起火原因为用火不慎所致。

5月10日16时39分，朝阳区建外SOHO 6号楼2501室发生火灾。消防局先后调集局、支队全勤指挥部，建国门、朝阳门、红庙、华威、望京5个消防中队，出动消防官兵97名、消防车19部，于17时11分扑灭大火。经查，火灾未造成人员伤亡。

6月29日6时50分，房山区石楼镇支楼村北京燕房华兴仓储有限公司仓储简易仓库发生火灾。消防局调集17个消防中队、53部消防车、534名官兵投入灭火救援战斗，历时7 h扑灭火灾，救出被困人员1名，抢救疏散丙酮33 t、苯酚107 t及部分橡胶原料，疏散周边居民60余人。经查，火灾过火面积6800 m²，仓库及其内部存放的热塑型丁苯橡胶（SBS）、聚苯烯、聚乙烯等部分烧毁，直接财产损失2912.9万元，无人员伤亡。起火原因不排除热塑型丁苯橡胶（SBS）自燃起火的可能。

11月13日1时1分，清华大学内清华学堂修缮工地发生火灾。消防局调派9个消防中队、44部消防车、308名消防官兵到场扑救。经查，火灾过火面积800 m²，部分屋顶、防水涂料及待拆除的楼板被烧毁，直接经济损失18万余元，无人员伤亡。起火原因系施工人员用火不慎所致。

第二节　消防法制

一、2005年

（一）实施"防消合一"体制改革

12月5日，北京市政府在北京会议中心召开北京市公安消防部队实行"防消合一"体制大会。会议下发了《北京市人民政府办公厅关于区（县）公安消防机构实行防消合一体制等相关事宜的通知》，明确了各区（县）消防工作属地管理原则，标志着首都消防工作正式实行"防消合一"体制。原北京市公安消防总队所属6个支队和各区（县）消防处（科）、大队编制撤销，新成立20个支（大）队；天安门地区分局消防处、公共交通安全保卫总队消防处、地铁消防科、燕山消防科编制保留。这是全市进一步贯彻《中华人民共和国消防法》，落实消防工作责任，加强公安消防部队建设的一项重大举措。

（二）规范执法行为，推行阳光消防措施

5月27日，消防局召开"规范执法行为，推行阳光消防措施"大会。公安部消防局等单位领导出席大会，市委常委、市局局长马振川到会讲话。会议宣布了《奥运消防阳光工程内部监督规定》《监督执法人员面向社会述职述廉工作制度》等6个规范性文件。聘请了17位社会各界消防警风监督员，加强首都消防部队良好形象建设。

（三）各项消防专项规划编制工作进展顺利

年内，消防局专门成立了消防专项规划编制小组，在全面掌握全市消防队站、水源、通信建设现状的基础上，抓住北京市制定国民经济和社会发展第十一个五年计划纲要的契机，完成了《北京市消防规划》大纲的起草工作，确定了基础调研科目，提出全市城镇规划和公共消防设施建设的发展目标、工作思路和实施步骤。组织编写《北京市"十一五"时期消防事业发展规划》《北京市"十一五"时期社区发展规划》（社区消防安全部分）、《北京市"十一五"时期消防减灾应急体系建设规划》和《北京市"十一五"时期安全生产规划》（消防安全部分），提出全市消防事业发展的目标和工作重点。

二、2006 年

（一）市政府出台5种人员密集场所安全生产规定

年内，市政府出台了北京市商场、超市、体育馆、饭店、歌舞厅等5种人员密集场所安全生产规定，随着5个政府规章的实行，进一步规范了人员密集场所的消防安全工作。

（二）推动落实消防专项规划建设

年内，编制发布了《北京市"十一五"时期消防事业发展规划》。7月20日，市政府正式批准将此规划纳入北京市"十一五"时期专项规划体系并发布实施。11

月 16 日，市政府原则通过了《2004 至 2020 年北京市消防队站规划》，到 2020 年市域范围内各类消防队站将从现在的 61 个增加到 328 个，年均递增 18 个，首都城市消防站布局将更加科学、合理。年内，消防局在《北京市"十一五"时期城市消防减灾应急体系建设规划》《北京市"十一五"时期安全生产规划》（消防安全部分）等市级重点规划，规定了消防安全的内容，形成了全方位、综合型的消防规划体系。

（三）加快农村消防立法进程

年内，消防局开展了农村消防立法调研工作，组织了《北京市村镇消防安全管理规定》立项论证，起草了《北京市村镇消防安全管理规定》立项论证报告和立法建议书，召开村镇消防安全管理规定立法论证会。进一步推进了农村消防立法进程。

（四）编制《消防职业安全与健康》行业标准

6 月，消防局编制起草的《消防职业安全与健康》行业标准正式出台。9 月，公安部消防局在湖南召开《消防职业安全与健康》标准宣贯会议。

（五）市政府出台《北京市政府关于加强"十一五"时期消防工作的意见》

7 月 14 日，市政府召开大会宣传贯彻《国务院关于进一步加强消防工作的意见》，12 月 5 日出台了《北京市政府关于加强"十一五"时期消防工作的意见》，包括 6 个方面，共 23 条。对政府相关职能部门消防工作责任进行了分解、细化，明确了"十一五"时期消防工作的重点和发展方向，进一步推动了首都消防工作新格局的形成。

三、2007 年

（一）组织开展重点单位重新界定工作

年内，消防局重新修订了《北京市消防安全重点单位界定标准》，并组织各区县（地区）公安消防机构开展重点单位重新界定工作。以市局名义颁布了《北京市公安局关于申报北京市消防安全重点单位的通告》，在全市范围内开展网上申报和审核，重新界定消防安全重点单位 11705 家，完成了 2007 年度重点单位的重新界定工作。

（二）行政规章清理报备工作成绩显著

年内，根据《北京市公安局清理行政法规规章工作方案》的要求，对涉及消防工作的8部国务院部委规章和14部北京市政府规章进行了清理；对照目前现行有效的消防法律、法规、规章，制定《北京市公安局消防局清理行政规范性文件工作方案》，对2007年7月31日前消防局印发的和消防局起草以市局名义印发的行政规范性文件进行全面梳理、归纳，顺利完成我局行政规章的清理和报备工作，共清理行政规范性文件275份，对其中29份进行废止，对其中6份进行修改。此外，根据目前消防监督执法现状，起草了消防监督检查、行政许可、火灾调查、行政处罚等方面的标准执法卷宗；完成《旅店业安全管理规定》《燃气条例》等法规、规章征求意见9件。

（三）推动消防专项规划建设

年内，消防局重点落实《北京市"十一五"时期消防事业发展规划》，编制分解任务书，明确火灾预防、火灾扑救、抢险救援三大网络建设目标和主责单位，对涉及重大火灾隐患监控治理、全民消防宣传教育体系建设、平安社区消防建设、区县二级指挥中心建设、消防车道路治理等23项工程进行细化分解，落实了各个工程建设的经费保障。在北京市"十一五"时期减灾应急体系建设规划、安全生产规划和政法事业规划中纳入了消防内容，形成了全方位、多交叉的消防规划体系。各区县"十一五"时期消防事业发展规划编制完成率达到90％，并将逐步推动编制小城镇、社区和新农村建设消防事业发展规划，建立起覆盖全市的消防专项规划新体系，从而为城市公共消防设施的建设提供坚实的保障。

（四）推进火灾风险评估工作

11月1日，消防局组织清华大学、中国建筑科学院、武警学院、北京市减灾协会等火灾风险评估专家组对《奥运会期间社会面火灾专项风险评估与对策的报告》进行集中审议。专家组认为：评估报告工作扎实、材料翔实、描述充分、条理分明、重点突出、针对性强；风险评估方法科学，风险等级划分科学合理，评估结果客观；风险评估报告提出的风险控制措施切实可行，层次分明，重点突出，可操作性强，为奥运会期间社会面火灾防控提供了科学依据。此项工作是根据市应急办的部署开展的。

（五）推动农村消防工作建设

11月9日，王岐山市长签发市政府第196号令，《北京市农村消防安全管理规定》被市政府正式立项，自2008年1月1日起正式实施。该规定的出台，填补了本市农村消防法律上的空白，进一步推动了农村消防工作。

四、2008年

11月4日，消防局积极推动北京市政府召开了"进一步贯彻落实市政府196号令全面加强农村消防工作现场会"。196号令自2008年1月1日施行以来，全市各地区、各部门依法履行农村消防工作职责，认真落实火灾防控措施，持续推进火灾隐患排查整治，较好地保持了农村地区火灾形势的稳定。

五、2009年

消防局专门举办培训班，对《中华人民共和国消防法》调整的内容逐一进行分析，对执法过程中需要注意的问题，依据法条，引用实例，通过多层次的执法培训，全面提高消防监督执法能力和水平。

六、2010年

年内，消防局推动市政府将修订《北京市消防条例》纳入2010年立法计划，协调市人大、市政府及相关部门，开展消防远程监控系统等5个立项调研，征求市属23个委办局意见，创新增加规定31条，将构筑"防火墙"工程建设、加强派出所消防监督管理等内容写入条例。10月19日，《北京市消防条例（修订草案）》经第75次市政府常务会审议通过并提交市人大审议；11月17日，北京市第十三届人民代表大会常务委员会第21次会议对修订草案进行了第一次审议。

第三节 消防科技装备

一、2005年

（一）公共消防设施建设步伐明显加快

年内，消防局积极理顺公共消防设施建设投资机制，推动相关部门加大投入，全市 21 个消防站建设首次列入市政府折子工程，在市政府的重视和市规划委、市发改委等部门的支持下，年内已开工建设四道口（马神庙）、回龙观、西红门、五棵松、奥运村 5 个消防站，并有望在 2006 年全部建设完成 21 个消防站，从而缓解城市灭火救援力量紧张的突出问题。年内，完成了北京消防教育训练基地建设的前期论证和项目建议书的编制、评审工作，完成了汽训队一期工程建设，全市公共消防设施建设步伐进一步加快。

（二）消防装备建设水平进一步提高

年内，购置各种消防车辆 36 辆、消防业务监督车 10 辆，各种个人防护装备及器材 35489 件（套），有效改善了执勤备战条件，提高了首都消防部队的作战能力。

（三）市第二期消防特勤队伍建设顺利通过验收

11 月 11 日，由公安部消防局副局长杨建民任组长的国家两部一委（公安部、财政部、国家发改委）检查组对北京市第二期消防特勤队伍建设进行检查验收。市政府副秘书长王晓明、消防局领导陪同检查验收。国家两部一委检查组采取听取汇报、立式问答、实地操作、点验装备、查阅台账等方式全方位检查验收了左家庄、采石路特勤中队建设情况，对验收结果给予充分肯定。北京市第二期消防特勤队伍建设检查验收顺利通过。截至目前，全市特勤消防站达到 4 个，特勤队伍的专业训练水平、处置各种特殊灾害事故的攻坚能力大幅度提高。

二、2006 年

（一）推动消防基础设施建设

年内，市政府大力推进首都消防基础设施建设。中央投资 9894 万元、市发改委批复资金近 11.74 亿元、区县政府投入 2.2 亿元用于消防基础设施建设。消防站全程审批时间由 340 天缩短为 280 天；批复立项消防站 33 个，建成了北京市市民防灾教育馆和 7 个消防站及 1 个消防支队指挥中心。

（二）建设多种形式消防队伍

年内，本市各区县、乡镇政府专职消防队达 123 支，人员 1289 名，各种消防车辆 146 辆。城市社区和农村志愿消防队 1090 余支、12740 余人，其他义务消防组织 1 万余个，各类专、兼职消防人员 15 万余人，主要承担防火巡视、引导疏散和扑救初起火灾任务。

（三）消防装备全部达标

年内，市政府投入资金 1.42 亿元，共购置消防车辆 100 余辆，装备 10.6 万件套。在国内率先引进了消防机器人（陆虎 60）、路轨两用车、八爪鱼云梯车、核生化侦检车及批量特种器材，消防部队的个人防护装备全部达到或超过部颁标准。

（四）推进消防信息化建设

年内，消防局成功研发的灭火救援指挥辅助决策系统已在 20 个支（大）队、52 个中队全面推广使用，系统的应用对提高灭火救援信息化水平和灾害处置能力起到了重要作用。年内，完成全国网络版火灾统计管理系统试点工作，实现了火灾数据网上实时传输，提高了火灾分析时效性和数据真实性。组织开发建设了消防综合信息数据库，对消防安全重点单位信息、"119"接处警信息、消防行政许可审批信息、消防装备信息等数据库进行了整合，初步实现了信息跨系统、跨平台的关联查询和统计分析。完成了"消防安全重点单位信息管理系统"推广应用工作，数据采集率已接近 100%，并与市局"消防安全重点单位信息资源库"连通，实现了"消防安全重点单位信息数据库"与"消防安全重点单位信息资源库"的资源共享。

三、2007 年

（一）加强消防基础设施建设

年内，全市累计立项投资 1.2 亿元用于消防基础设施建设。北京"第四代"119"消防通信指挥系统"改造工程竣工，新系统全面借鉴和吸纳了国内外各类应急指挥系统的优点，提升了北京消防通信调度、科学决策、预警研判和整合资源的水平。年内，建成了西集、望京 2 个消防站和北京经济技术开发区消防指挥中心。同时，有 15 个消防站开工建设，3 个消防支队指挥中心项目启动。

（二）提高消防装备水平

年内，通过政府采购形式，利用资金 1.1 亿余元，购置消防车辆 68 台、器材装备 11 类 108 种 43866 件套。为基层中队增发器材 86 种 51626 件套，换发执勤备战所需的个人防护、灭火等器材装备 102 种 21268 件套。完成了奥运村等 17 个新建消防站车辆器材装备的购置任务，利用资金 24249.435 万元购置了国产消防车 67 辆、进口消防车 19 辆、装备器材 13 类 186 种 41152 件套。

（三）市民防灾教育馆落成

4月22日，北京市民防灾教育馆正式投入使用，年内共接待人员达2万人。新的市民防灾教育馆位于北京市公安局消防局教导大队，建筑面积2763 m²，以公众消防科普教育为主题。馆内有形象区、综合体验区、重点体验区、体验培训区、消防主题展示区、数码影院等6个主题展区，采用高科技手段和设备，模拟火灾发生时的各种状况，介绍相应的专业知识及应对手段、方法，具有较强的示范性、互动性，是一个综合性的现代化防火防灾教育专业场馆。它的落成是全市消防素质教育发展的一个重要里程碑，标志着全市消防素质教育进入了阵地化、规范化、规模化的发展时期，为首都市民消防素质的拓展提供更加广阔的舞台。

（四）举办科技成果演示活动

5月10日，消防局在教育训练中心举行了"新型高效多功能泡沫灭火演示"活动。演示内容为多功能泡沫灭火剂灭汽油火、灭乙醇汽油火、灭丙酮火和多功能泡沫灭火剂高倍数发泡演示。这种灭火剂是消防局和北京特威特国际环保科技有限公司共同研制的一种新型高效的"多功能泡沫灭火剂"，实现了泡沫灭火剂一种代替多种、环保代替污染、国产代替进口的创新。在演示现场，消防员使用一支泡沫管枪分别在一分钟之内成功地扑灭了在直径9 m的油池内燃烧的汽油火、在直径4 m的油池内燃烧的乙醇汽油火和丙酮火，并使用高倍速泡沫发生器进行了多功能泡沫灭火剂高倍数发泡演示。

（五）启用消防监督业务信息系统

8月1日，消防局正式启用消防监督业务信息系统。此系统能够进一步规范消防监督执法流程，限制监督执法过程中的随意性和不规范行为。

（六）成立奥运村消防中队

8月2日，消防局成立了奥运村消防中队。这是第一个建成并投入使用的为奥运会直接服务的永久消防站，它的成立提高了奥运会期间应对各类突发事件的能力。奥运村消防站位于奥运村运动员村西南角，占地1200 m²，建筑面积1019.41 m²，总投资2028.44万元，于2006年10月开工建设，是市政府批准建设的3个奥运永久消防站之一。

四、2008 年

（一）加强消防基础设施建设

年内，全市共投入 5606 万元用于消防基础设施建设，建成并投入使用 2 个二级消防指挥中心，4 个支队取得建设立项。奥运村、五棵松、奥林匹克公园和八大处等 12 个消防站建成，使全市消防站数量达到 76 个；马坡等 8 个消防站开工建设，并完成了西直门、和平街等 36 个老旧中队的改造工程，改善了基层官兵的生活和办公条件。

（二）加强后勤装备保障工作

年内，消防局利用市政府划拨的 1.53 亿元经费购置了各类消防车 42 台、装备器材 8.8 万件套，使全市消防车辆总数达到 565 台，其中登高车 27 辆，实现了每个区（县）至少 1 辆、重要城区配置 2 辆以上；水罐车达到 236 辆，载水总量超过了 1500 t；泡沫车达到 99 辆，车载泡沫量 200 t 多，由单一的蛋白泡沫增加为有水成膜泡沫、清水泡沫等；特种车辆总数达到 95 辆。

（三）加强信息化建设

年内，消防局开发了消防综合信息数据库，推广应用"办公自动化系统"，改造支(大)队网络基础设施，加强基础信息的采集和管理，实现部队管理教育的网络化；升级改造"119"指挥中心，更新接处警软件、地理信息系统，整合视频通信系统、远程图像监控系统和综合信息显示系统，增加手机报警定位功能，达到国际先进水平；推广使用灭火救援辅助决策系统，开发研制"北京奥运场所数字化消防灭火救援动态系统"及仿真训练系统；建成一套基本成熟、相对完善、适用性强的综合评估数学模型，并在奥运消防安全保卫工作中得到有效运用。

五、2009 年

（一）基层中队消防车辆装备达到部颁标准

年内，消防局向市政府争取资金 6.8 亿元购置更新消防车 9 台、新兵个人防护装备 7150 件套、日常消耗装备 2.2 万余件套、个人特种防护装备 1.9 万件套、特勤装备 680 件套、进口灭火药剂 10 t，高层建筑及地下空间灭火救援专用车辆 78 台、高层建筑及地下空间灭火救援装备器材 7142 件套、高层建筑及地下空间灭火救援大功率水炮 18 台，为新建队站购置消防车 60 台、装备器材 2.4 万余件套，基层中队车辆装备全部达到部颁标准。

（二）进一步完善"119"消防通信指挥系统

年内，消防局对"119"接警调度软件系统的相关功能进行了调整，在地理信息系统中增加新中国成立 60 周年消防安全重点保卫场所的专项图层；完成"动中通"卫星通信车的改装工作，整合全局卫星通信资源，提高火灾现场应急通信保障能力；在"119"接处警系统上安装使用了"内网安全管理及补丁自动分发管理系统"，利用计算机自动化监控技术对"119"指挥中心的核心设备和各支队、中队"119"接处警终端的运行管理情况进行 24 h 不间断的远程监控，实时记录通信系统的各项运行指标，达到了出现故障和隐患时及时排除。

（三）成立情报信息中心推行信息化应用机制

年内，消防局成立情报信息中心，建立了消防情报信息研判机制，实现情报信息的共享和综合研判。大力加强了灭火救援、防火监督、后勤保障、队伍管理和办公自动化等 20 个业务信息系统的推广应用。开发应用"首都国庆 60 周年消防安全保卫工作信息跟踪管理系统"，实时掌握涉及国庆活动的重点单位的基本信息、消防安全检查信息、灭火救援调研信息、演练信息、预案信息以及消防宣传的工作信息，实行精确指导、量化考核。国庆安保期间，共录入存储各类国庆消防保卫信息 72000 余条。

（四）火灾数据终端系统建设完成

12 月，消防局火灾数据终端系统一期工程初步建成。该系统采用存储局域网络技术，对已有和正在运行的图片和影视资料进行实时入库处理，不仅可以安全存储海量信息，对相关资料进行智能化管理，还能够开展对库存火灾资料的科学研究工作。系统最终建成后，可以把历年火灾资料信息全部纳入系统，实现信息资源的全数据化和科学化管理，从而进一步提高火灾调查的科技含量和信息化水平。

六、2010 年

（一）提高消防装备保障水平

年内，消防局共投入资金 1.03 亿元，购置各类消防装备 52300 余件套，配发消防车 92 台。组织开展装备技师培训班，培训预任装备技师 113 名；举办各支（大）队装备助理培训班、氧气呼吸器及充气泵操作与维护保养培训班等各类装备培训班 10 个，培训消防技术官兵 630 余人次。

（二）推进消防基础设施建设

年内，消防局推进消防基础设施建设，原崇文、顺义、房山二级指挥中心建成并投入使用，海淀、通州二级指挥中心已基本建成，石景山二级指挥中心开工建设；延庆永宁、顺义马坡、平谷金海湖、西城什刹海、房山良乡消防站建成并投入使用，房山窦店等 9 个消防站建成投入执勤备防。丰台二级指挥中心、青年路等 11 个队站建设项目获得市发改委立项批复，开发区南部新区、西城南闸市口等 26 个消防站完成立项。

第四节　消防宣传教育

一、2005 年

11 月 5 日至 11 月 11 日，消防局组织开展以"消除火灾隐患，构建和谐社会"为主题的第十五届"119"消防宣传周活动。共设立消防宣传站 1500 余个，发放各类消防宣传材料近 140 万份，中央电视台、北京电视台以及各区县电视台共播出专题、新闻等 100 多条，中央、市属以及各区县报纸杂志刊登有关报道 160 余篇，中央人民广播电台、北京人民广播电台以及各区县电台广播 80 余条，30 万人直接参加了全市各消防宣传站活动。

二、2006 年

（一）整合消防宣传资源

年内，消防局成功整合消防宣传资源，投入专用经费 250 万元，成立消防宣传中心，组织召开 10 次新闻发布会。年内，在社会新闻媒体上刊发和播出稿件 3500 余篇，播放消防专题节目 320 余部，设立消防宣传站 1637 个，消防宣传咨询 637 场，悬挂和张贴宣传横幅、标语 1 万多幅，设立宣传展板、广告牌、电子滚动屏幕 6 万多块，发放消防宣传材料 180 余万份，开展火灾逃生演练 1820 余次，举办各类消防安全培训班 510 余期，受教育人数近 500 余万人。与北京西希名乔文化传播有限公司合作投资 800 万元，制作 2 万块消防公益宣传牌在全市悬挂；与北京达彼汤臣广告有限公司、北京三人润世广告有限公司联合编印《远离火灾，珍爱生命》消防漫画实用手册等 30 万份，向社会免费发放。在第十六届"119"消防宣传周期间，以"关注安全、关爱生命"为主题，先后开展了"中国骄傲走进北京"和以"消防四进"为主题的大型宣传活动。11 月 9 日，《北京消防》杂志成功复刊，并在第十六届"119"消防宣传周期间免费向市民发放。

（二）大力推进奥运人才队伍建设

4 月至 7 月，消防局举办了"迎奥运、练精兵、打基础、强素质"主题系列竞赛活动；6 月，制定并实施了《奥运测试赛安保培训工作方案》；11 月，举办了奥运英语口语培训班。进一步强化了官兵基本素质，大力推进了奥运人才队伍的建设。

三、2007 年

（一）大力加强消防宣传力度

2007 年，消防局在北京电视台、北京人民广播电台等媒体上设立了固定的消防宣传栏目，播放消防专题节目 350 余部。在全市共悬挂消防公益宣传牌 3.8 万块，利用户外传媒、电子屏幕刊播消防知识 54 万余条，刊发和播出消防宣传文章 5000 余篇，设立消防宣传站 1637 个，向社会单位发放《北京消防》杂志 10 万册、发放《首都市民防灾应急手册》60 万册，举办各类消防安全培训班 1300 余期，受教育人数近 700 万人。1 月至 4 月，消防局组织开展"百日消防宣传"活动。结合十七大等重大政治活动消防安全保卫工作，以市政府名义在市主要媒体发表《致全市社会单位法定代表人和市民的公开信》，向首脑要害单位、军事单位等发放《做好十七大消防工作的函》。春节期间，开展集中清理可燃物专项行动，组织社会单位开展以"远离火灾，平安春节"为主题的消防演习、消防知识讲座等 200 场（次），制作发放《安全燃放烟花爆竹》宣传画等 50 万份。在奥运场馆建筑工地、涉奥场所等组织开展消防演习和培训 100 场，"好运北京"赛事期间，通过举办消防培训班、手机短信发布等方式，对场馆工作人员、奥运志愿者以及观众进行消防安全教育。在第十七届"119"消防宣传周期间，以"人人关注消防、共筑平安奥运"为主题开展了"消防五进"等大型宣传活动；在鸟巢（国家体育馆）举行了"红色劲旅英雄赞"大型公益演出活动；组织开展消防咨询、培训、演习等宣传活动 1200 余场，全市 65 个消防中队全部对外开放，2.5 万名市民参观学习。

（二）成功举办"北京骄傲"评选活动

4月5日至11月9日，消防局与北京电视台、《北京晚报》、"千龙网"等媒体合作，举办了"北京骄傲——百姓心目中的消防英雄"评选活动。活动以"危机事件"为切入点，深入发掘和大力宣传"消防英雄"及其事迹，引导正确的舆论导向，宣扬正确的荣辱观，在社会上唱响了关爱生命安全、互帮互助的主旋律。活动历时7个月，收到实际选票113万张，评出9名消防英雄人物，分别是：韩亚冬、耿德科、刘平、刘林平、肖建龙、杜红新、冯华兴、冉凡兴、孔凡全。其间，先后举办了"北京骄傲"进企业、进学校、进社区、进农村四场大型推介活动；在"119"消防宣传周期间，全市组织开展"北京骄傲"投票评选暨消防宣传活动60场，发动各街道、物业管理部门等单位，在社区、学校、企业、农村张贴"北京骄傲"宣传画8000幅，共发放英雄人物宣传单1.5万份，张贴宣传海报8000张，累计参与活动的人数达120万人，受教育人数达300万人次，进一步扩大了消防宣传的覆盖面和影响力，在全市掀起了学习英雄、宣传英雄的热潮。

（三）提高奥运安保人员整体素质

7月11日，消防局举行为期60天的奥运安保特种车驾驶员培训班，共有来自21个支（大）队的50名特种车驾驶员参加培训。参训人员系统地学习了特种车驾驶员职责、注意事项、安全规定以及特种车辆的操作、维护保养知识、工作原理和城区、山区道路驾驶等内容。主要训练的车种包括抢险救援车、高倍排烟车、云梯车（曲臂、伸缩、高喷）、照明车、化学车和A类泡沫车。7月31日，消防局在奥林匹克公园中心区举办了"2008"奥运工程消防安全培训班，共有来自35项在建"2008"工程的42个施工总承包单位的项目经理和消防安全管理人80余人参加培训。培训班由消防局选派专家任教员，对全部在建"2008"工程施工总承包单位、监理单位、分包单位的项目经理、消防安全管理人、安保部长等有关人员及电焊、气焊、油漆等特种作业人员代表进行消防法律法规、施工现场消防安全管理工作等内容的授课。

四、2008年

年内，消防局组织开展"奥运会倒计时100天"、第十八届"119"消防宣传周活动等主题活动6000余场次，消防安全培训1100余期，市民应急疏散演练2000余场，发放宣传材料700余万份；在各类媒体播放消防宣传公益广告5000

余万条（次）。北京市市民防灾教育馆、海淀公共安全馆、西城区消防教育培训基地及 10 余所社区消防培训学校共接纳前来体验学习的群众 2.6 万人。

五、2009 年

11 月 3 日至 9 日，消防局组织在全市开展以"人人参与消防，共享平安生活"为主题的第十九届"119"消防宣传周活动。11 月 9 日，全市"119"消防宣传周主场活动在王府井大街百货大楼门前举行，北京市委副书记、政法委书记王安顺，北京市委常委、市公安局局长马振川，北京市政府副市长黄卫，公安部消防局局长陈伟明、副局长王沁林，总工程师杜兰萍，市政府副秘书长周正宇，市公安局副局长丁世伟，北京市公安局消防局局长赵子新、政委张久祥等领导及 1000 余名群众代表参加活动。其间，全市共设立消防宣传站 400 余个，组织开展消防咨询、培训、演习、文艺演出等宣传活动 2000 余场，发放各种消防宣传材料 150 余万份，悬挂宣传横幅、标语、宣传画 20 万幅，设立宣传展板 2400 块，受教育人员 800 万人次。

六、2010 年

11 月 3 日至 9 日，消防局在全市组织开展以"全民消防，生命至上"为主题的第二十届"119"消防宣传周活动。其间，全市共设立消防宣传站 350 余个，组织开展消防咨询、培训、演习等宣传活动 1600 余场，发放各种消防宣传材料 120余万份，悬挂宣传横幅、标语、宣传画 30 万幅，并在王府井大街举办了疏散逃生演练。

第五节　消防技术交流与合作

一、2005 年

10 月 8 日至 20 日，消防局局长赵子新率领代表团一行 7 人赴法国巴黎参加第八次巴黎—北京消防技术交流活动。此次活动的主题为"反恐怖、防止核生化灾害及地铁突发灾害事故处置"。代表团在法期间，先后访问了巴黎、波城、马赛、斯特拉斯堡以及摩纳哥等地，与当地的消防部门结合此次交流活动的主题进行了广泛、深入的研讨。访问结束时，赵子新局长代表北京消防局与法国巴黎消防总队签订了《第八次巴黎—北京消防技术交流活动备忘录》，双方商定 2006 年第九次北京—巴黎消防技术交流活动的主题为"火灾预防与国民消防教育"。

二、2006 年

（一）圆满完成第九次北京—巴黎消防技术交流活动

4月19日至4月29日，消防局举行了第九次北京—巴黎消防技术交流活动。中法双方围绕主题"火灾预防与国民消防教育"展开交流，消防局做了《北京开展国民消防安全素质教育情况》的主题报告。4月29日，消防局局长赵子新与法国消防代表团签署了《第九次北京—巴黎消防技术交流活动备忘录》，确定了2007年双方交流的主题为"消防装备采购编程、灾害现场后勤保障及与政府其他部门协调合作"。备忘录的签署标志着第九次北京—巴黎消防技术交流活动取得了圆满成功。

（二）参加韩国首尔消防防灾本部学术交流活动

5月11日，消防局局长赵子新与韩国首尔消防防灾本部林用培本部长在北京共同签署了合作意向书，双方决定以"重大体育赛事消防安全保卫"为主题进行消防学术交流活动。7月18日至23日，消防局局长赵子新率领代表团一行5人，对韩国首尔特别市消防防灾本部进行了访问，通过交流，加强了友好合作关系，拓展了交流合作的领域，共同促进了消防减灾事业的发展。

（三）大力推动京港两地消防事业的发展

10月23日至10月31日，香港消防处代表团一行12人到消防局进行交流学习活动。其间，代表团成员分别考察了奥运场馆、市局防灾馆、天津消防科研所和首都博物馆；与消防局各业务部门、消防支队等单位进行了业务交流。通过此次活动，进一步加深了双方消防部队的友谊，推动了京港两地消防事业的发展，为双方的进一步合作奠定了基础。

三、2007 年

（一）参加第十次巴黎—北京消防技术交流活动

9月7日至19日，根据《第九次北京—巴黎消防技术交流活动备忘录》，报请北京市公安局、公安部消防局批准，消防局派出以政委张久祥为团长的代表团访问了法国巴黎消防总队，参加了由巴黎消防总队主办的第十次巴黎—北京消防技术交流活动，此次交流活动为期12天。其间，双方就消防经费预算、消防装备采购程序、消防装备研发、消防装备技术标准、消防装备维护与保障及紧急事件灾害现场指挥与政府各部门协调合作等方面进行了深入的交流与探讨，整个交流活动进展十分顺利，双方在交流中增进了了解，加深了友谊。依据惯例，在交流活动即将结束时，双方签署了《第十次巴黎—北京消防技术交流活动备忘录》。在备忘录中，双方对此次技术交流活动进行了认真总结；双方商定，2008 年 5 月法国巴黎消防总队拟派出 7 人代表团，前往中国北京进行为期 10 至 12 天的交流访问，开展第十一次北京—巴黎消防技术交流活动，活动的主题为"奥运会、世界杯消防安保预案及核生化事件处置消防预案"。

（二）消防协会召开第三届联席会议

9 月 19 日，北京消防协会举行 2007 年华北、东北、西北 13 省（自治区、直辖市）消防协会第三届联席会议，会期 3 天。此次会议主题是"同一个目标——平安奥运"，并以此组织了论文征集和交流活动。消防局消保部执行副指挥、副局长李进做了"以'科技强警'保'平安奥运'"的报告。

四、2008 年

5 月 2 日至 13 日，第十一次北京—巴黎消防技术交流活动在北京举行。消防局与法国巴黎消防总队代表团进行了消防技术交流。其间，巴黎消防总队代表团参观了北京奥运消防前沿指挥部、奥运中心区和奥运村消防中队以及国贸中心超高层建筑、北京消防搜救犬基地、北京市民防灾馆、故宫博物院古建筑群、采石路特勤消防站。巴黎消防总队介绍了 1998 年世界杯消防保卫工作、综合急救、大型活动消防保卫、士官制度和管理等方面的情况，双方签署了《第十一次北京—巴黎消防技术交流活动备忘录》。

五、2009 年

5 月 15 日至 24 日，消防局代表团一行 6 人参加了在法国巴黎举行的第十二次北京—巴黎消防技术交流活动。交流活动以"超高层建筑火灾预防、灭火救援"和"火灾事故调查处理"为主题，就超高层建筑防火设计、超高层灭火救援技战术、火灾原因调查工作进行了探讨。其间，消防局代表团实地考察了巴黎高层建筑防火措施，观摩了巴黎消防总队扑救高层火灾救援演习，并签署了《第十二次巴黎—北京消防技术交流活动备忘录》；巴黎消防总队授予北京市公安局消防局局长赵子新、副局长李进荣誉消防员勋章。

六、2010 年

5 月 8 日至 16 日，由消防局主办的第十三次北京—巴黎消防技术交流活动分别在北京、上海、苏州举行。法国巴黎消防总队代表团参观了北京消防指挥中心、消防教育训练基地、北京市民防灾馆、国家地震紧急救援培训基地等；实地考察了上海世博园区消防保卫工作、参观了江苏消防总队苏州支队和苏州工业园区大队，并就特勤队伍训练进行了探讨，双方围绕 "抢救人员生命为主的重大灾害事故应急救援工作"主题进行了交流和探讨，并签署了《第十三次北京—巴黎消防技术交流活动备忘录》。

第四篇

学术研究及减灾动态

第一章 北京市减灾协会工作概况
（2008—2012 年）

第一节 北京减灾协会 2008 年工作总结

胡锦涛同志在党的十七大报告中，明确提出"强化防灾减灾工作"，将防灾减灾工作提到了非常重要的位置。2008 年北京减灾协会在理事会的领导下，贯彻落实科学发展观，坚持"政府主导、专家参与、科学决策"和优先、高效、超前的工作原则，以人为本，积极响应党中央关于防灾减灾工作的号召，围绕市政府的中心工作，以"平安北京，安全奥运"为工作重点，紧密结合市政府的"突发公共事件总体预案"，承担了政府部门应急能力建设、减灾科普进社区活动、组织课题项目研究、宣传教育、组织减灾学术研讨和交流、进行减灾咨询和专家建议等，开展了一系列工作。

一、承担北京市政府部门的重点项目研究工作

1）应市民政局的委托，承担完成了《北京市农村住宅安全技术认定标准的研究设计》，协会在无技术设计标准先例的情况下，于 2008 年完成了研究设计，取得了满意的成果。

2）汇编《北京减灾年鉴（2005—2007 年）》，还承担了北京市政府史志办 2000 年以前的《北京自然灾害志》的组织编纂工作。

3）由北京市农委、北京市科协学会联办、北京减灾协会与北京科学技术出版社共同为全国广大农村干部、村民出版的《农村应急避险手册》，已完成编写及插图工作，2008 年 3 月出版。

4）2008 年 12 月，受市民防局委托，启动编制《北京市应急管理建设培训教材》（提纲），培训对象涉及城市市民、农村市民、院校师生、公务人员、民防队伍。从灾害分类到教材的实用性、长远性均提出了较高的要求，2009 年初见成效，边编制、边培训，3 年内按部署完成全部编写教材各种版本的任务。

5）2008年12月初，受市民政局委托立项《灾害损失评估及救助测评体系研究》，研究的主要项目内容有：①针对市民的损失评估及救助指标体系和建立灾害救助预测模型及方法；②重大灾害灾前救助物资准备及最优化管理模型；③灾害救援综合数据库系统的建立。该课题已于2008年12月份启动，2010年6月完成。

二、学术研讨和交流情况

（一）"中国北方气候变化与清洁发展机制和自然灾害演变趋势及对策研讨会"在郑州隆重召开

在北京市科协的大力支持下，由北京减灾协会主办，河南省灾害防御协会、郑州市灾害防御协会承办的"中国北方气候变化与清洁发展机制和自然灾害演变趋势及对策研讨会"在河南省郑州市召开。来自北京、河南、陕西、河北、黑龙江等省（市）的防灾减灾、地震、气象科技工作者50余人参加了会议。

（二）减灾协会召开"应对气候变化方案"专家座谈会

9月，减灾协会组织气象、水务、园林绿化、市政、疾病防控、清华大学、中国农业大学等单位的10余名专家、学者，召开了由市发改委和市科委联合立项的"应对气候变化方案"征求意见专家座谈会，发改委主管此项课题的同志到会并指导工作。

（三）北京减灾协会参加京津沪穗连五城市科协2008年学术年会

2008年10月，北京减灾协会专家参加了在天津举办的京津沪穗连五城市科协主题为"突发自然灾害事件防范与应急处置"的2008年学术年会，减灾协会常务副秘书长金磊在会议上做了《城市综合减灾的理论与实践——以29届奥运会安全保障及汶川灾后重建规划编制为例》的论文报告，报告受到与会者的广泛好评。同时，减灾协会还为年会组织提供了《模糊优选模型在消防工作绩效考核中的应用探讨》《影响北京能源供应系统的自然灾害与减灾对策》2篇学术论文。

（四）"中国与希腊地震工程学研讨会"在北京工业大学逸夫图书馆举行

2008年10月学术月期间，北京减灾协会与北京工业大学联合承办的"中国与希腊地震工程学研讨会"在逸夫图书馆报告厅举行。中国、希腊双方5位专家做论文报告，中方50余位专家、学者、大学生到会。会议结合我国"5·12"四川汶川大地震的破坏情况，在地震工程专业学术方面进行了深入、高水平的交流研讨，受到了与会专家们的欢迎。

（五）专家解读冰雪灾害，科学探讨减灾措施

4月，北京减灾协会专家、中国农业大学郑大玮教授，应北京市农林科学院现代农业大讲堂之邀，为京郊农民做了《2008年南方低温冰雪灾害的成因、减灾措施与经验教训》的专题讲座。郑大玮教授作为农业部特邀专家，2月中旬参加了南方灾害评估去贵州调查考察。以大量的第一手资料和丰富的图片向广大农民朋友分析了这次罕见的南方低温冰雪灾害的成因及灾害对我国农林牧渔业的影响和后续效应。一方面指出北京在历史上已发生多次严重的低温和冰雪灾害，并造成重大损失；另一方面也指出，由于北京的气候特点不同，灾害特点也有所不同。结合北京的实际情况，科学地介绍了北京地区若发生此类灾害的防御措施。

（六）举办2008年京台青年科学家论坛（台湾）——防灾减灾研讨会

受北京市科协委托，2008年11月24日至12月3日，举办2008年京台青年科学家论坛（台湾）——防灾减灾研讨会，减灾协会3名专家在分题研讨会上做了相关论文报告。

三、重视防灾减灾科学普及宣传工作

1）北京减灾协会参加2008北京科技周活动。

2）以社区为重点，开展防灾减灾科普讲座活动。

"安全与奥运"系列科普报告备受欢迎。进入3月，北京奥运盛会临近，奥运安全问题犹显突出。减灾协会专家在海淀、昌平、石景山、西城等区的中小学、大学、打工子弟学校、街道办事处、社区、部队警卫连等地，开展防灾减灾科普讲座26次，讲座内容涉及"家庭急救与护理""科学应对突发事件""北京地区的灾害事故及其对策""怎样应对城市地震灾害""北京城市气象灾害及对策""社区、校园、安全"等。受益人数达6000多人次。

3）完成市科协《安全减灾》10集flash动画科普系列宣传短片。

4）由北京减灾协会组织专家编写的《愿人类远离"天火"——漫谈气象与火灾》完成。

四、开展社区减灾科普宣教，提高市民安全素质

安全减灾应急避险不仅是政府的责任，也是每一个公民的事，广大群众主动积极的参与，尤为重要。为此，协会启动了"防灾减灾安全素质教育进社区"活动。

（一）"平安北京，安全奥运"防灾减灾科普知识宣传图片上公交

2008 年 5 月，北京减灾协会在北京市城区近郊的 120 辆公交车车厢内，推出"平安北京，安全奥运"——树"安全奥运"意识，保"平安奥运"实现防灾减灾科普知识宣传图片。内容有暴雨、高温、雷击、泥石流等气象灾害、暴雨预警信号、北京市"防汛预警级别及播报"；城市积涝与交通安全、游泳安全、家庭灭火、家庭用电、食物中毒、狂犬病、灾难事故危机心理应对等防范知识。

（二）就汶川地震，开展专家访谈、讲座

"5·12"汶川大地震以后，减灾协会专家为学校、社区、中央人民广播电台、北京人民广播电台、中央教育电视台、北京电视台、中国科技馆等媒体，作《公共安全与北京奥运》《汶川大地震 / 抗震救灾 众志成城》《科学实施救援》《科学认识地震》《沉着冷静 抗击地震 科学认识地震》《地震大解读》《汶川大地震》《地震后的医疗救护问题》为主题的科普报告，效果很好。

（三）《北京市民汛期实用手册》奥运前夕进入城八区社区

为迎接举世瞩目的 2008 年北京奥运盛会，由北京减灾协会、北京市人民政府防汛抗旱指挥部办公室在奥运前夕，组织专家编写了以推进"安全社区"建设为理念的《北京市民汛期实用手册》，已由昆仑出版社正式出版。从 7 月下旬开始，通过城八区科协，陆续免费发放到社区市民手中。

（四）《农村应急避险手册》走进北京郊区村委会

由北京科普创作出版专项资金资助，受北京市农村工作委员会、北京市科协委托，减灾协会编写的《农村应急避险手册》已由北京市科学技术出版社出版 4 万多册。北京市民政局十分重视向北京郊区农村普及科学应对突发事件应急避险知识，面向村委会发放 10500 册，受到广大农村朋友的欢迎。

（五）北京减灾协会在"国际减灾日"举办社区科普咨询活动

2008 年 10 月 8 日，是今年的"国际减灾日"，北京减灾协会联合中国灾害

防御协会、北京市气象台、北京市专业气象台等单位，在海淀区紫竹院街道车南里社区举办防灾减灾科普咨询活动。向紫竹院街道办事处和所属 8 个社区分别赠送 12 种减灾图书。采取有奖问答题等形式，向市民发放图书、科普资料 17 种 5000 余份、减灾和气象知识科普扑克 300 余副、电视气象节目科普宣传袋 400 余个。

五、围绕政府中心工作，开展防灾减灾调研，组织专家建议

近年来，自然灾害、人为社会安全等突发事件多次发生。北京减灾协会为进一步完善平安奥运保障专家咨询服务工作，防患于未然。以"安全奥运"为主题，提出了一些很好的建议。"5·12"汶川大地震后一个实例的分析与建议；关于防震减灾的若干建议；关于成立"北京安全减灾战略研究评估中心"的建议；加强奥运安全保障必须坚持内紧外松不可掉以轻心；关于从汶川地震吸取教训，建设各类专业志愿者队伍的建议；关于联合召开"气候变化与北京社会经济发展对策学术研讨会的建议；关于科学、全面总结北京奥运成功经验的建议等，受到市科协等部门的重视。

六、金桥工程

1）通过北京减灾协会搭桥，气候中心与北京日光温室种植的区县种植业服务中心及蔬菜办等部门进行联系，一是为他们提供日光温室内气象灾害预警及防治措施服务，并由他们通知到各日光温室种植部门及大户，减轻由灾害性天气所带来的损失，保证日光温室稳产丰产；二是利用北京市气候资源的独特优势，分析历年来气温、湿度、风、土壤湿度等农业气象资料，进行研究。科学指导京郊种植业，趋利避害，并充分利用气候资源，在同等情况下，取得粮食增产丰收。

2）"日光温室气象灾害预警系统在京津冀地区的推广应用"获组织奖。

第二节 北京减灾协会 2009 年工作总结

在主管部门市科协、协会理事会的领导和协会挂靠单位市气象局的有力支持下，北京减灾协会按照科学发展观的要求，密切关注首都社会经济发展和政府部门工作重点，积极组织理事单位和减灾专家，承担完成了市政府和有关部门委托的任务，开展了防灾减灾项目调研、协调、学术交流、课题研究、专家咨询建议和社区公众安全减灾科普教育等工作。

一、积极筹备、实施完成换届工作

经过积极的组织、筹备，北京减灾协会于 2009 年 11 月 10 日，召开了第三次换届代表大会，北京市副市长夏占义兼任会长，北京市人民政府副秘书长安钢兼任常务副会长，北京市气象局局长谢璞任常务副会长兼秘书长，大会选举产生北京减灾协会第三届代表大会理事 68 人，常务理事 55 人，副会长 24 人，监事 3 人及常务副秘书长、副秘书长、学术委员会及科普委员会主任等。

二、围绕中心工作开展减灾调研，提出咨询建议

减灾协会紧密围绕市委、市政府的中心工作，开展减灾调研，完成调研工作报告 1 项：关于建立"北京安全减灾战略评估中心的可实施性调研"报告。提出专家建议 5 项：①关于大学生"村官"兼任气象灾害信息员的建议；②关于建立"首都圈综合灾情预测预警年度报告制度"的建议；③关于免征科技社团"营业税"建议；④今年主汛期应加大明显渍涝灾害风险管理力度；⑤对 2009 年我国北方抗旱保麦失误的反思，坚持科学抗旱的建议。

三、承担政府部门重点减灾项目

1）2009 年 1 月，承担了北京市发改委"应对气候变化"项目，已完成初稿。

2）2009 年 2 月，承担了北京市民政局"灾害损失评估及救助测评体系研究"项目，已完成项目的部分研究，计划 2010 年 6 月底完成。

3）2009 年 4 月，承担了北京市民防局《北京市民安全减灾读本》（培训教材）和《北京市公务员安全减灾管理培训教材》两本教材的编写工作，计划年底前后完成初稿。

4）2009 年 7 月，承担了北京市发改委"'十二五'期间北京市提升城市综合减灾应急管理水平的重点、思路及对策研究"项目，已完成初稿，年底前上报。

5）编撰《北京减灾年鉴（2005—2007 年）》，该书的编写统稿工作已完成，计划于 2010 年第一季度由解放军出版社正式出版。

四、学术研讨和交流情况

1）8 月 6 日至 11 日，由北京市科协支持，北京减灾协会主办的"华北地区城市灾害与清洁发展机制和自然灾害演变趋势及对策研讨会"在承德召开。来自北京、天津、河北、河南等省、市的防灾减灾、气象、地震、民政、疾控、农业、医疗等

方面的科技工作者 30 余人，参加了会议。会议论文交流 22 篇。

2）2009 年 10 月 13 日，北京减灾协会与中国灾害防御协会联合举办了"国际减灾产业论坛"。

五、开展防灾减灾安全文化科普宣教工作

（一）北京减灾协会参加 2009 年北京科技周活动

5 月 18 日北京减灾协会参加了在 2009 年北京科技周主会场——日坛公园举办的"安全·减灾·防汛·抗旱"防灾减灾专题活动。向参观游园活动的公众，免费发放了深受社区市民欢迎的《家庭急救与护理》《心肺复苏与创伤救护》连环画册、《气象与减灾》《北京市民汛期实用手册》《愿人类远离"天火"》《农村应急避险手册》、防震减灾扑克牌、《防汛抗旱科学普及知识》等科普图书、宣传资料图册 5000 套。

（二）减灾协会积极参加"第十一届北京科普之夏"活动

6 月 18 日，北京减灾协会参加了北京市科协在北京人定湖公园举办的主题为"迎国庆展示科协魅力，促和谐科普惠及民生"的活动。在现场举办了科普知识有奖问答等丰富多彩的互动形式的活动，问答题涉及科学防震、科学应对突发事件等多方面的科学知识。活动现场还向参观游园活动的公众免费发放了科普图书、宣传资料图册 2000 册。还在主会场展出由减灾协会编制的"防灾减灾安全素质教育"展板一套，内容涉及安全用电、安全用气、安全乘坐交通工具、交通安全、安全用水、火场逃生、公共卫生、公共安全、地震灾害、气象灾害、急救技能、健康心理等方面的知识。

（三）减灾协会专家做客中央教育电视台

6 月 13 日，北大女博士爬长城遭雷击身亡。夏季来临，进入雷电高发季节后，如何防雷减灾？协会请北京减灾协会科普讲座团成员、北京市气象局避雷安全装置检测中心总工于 6 月 26 日晚，做客中央教育电视台《热点聚焦》访谈栏目，采访录制了《珍爱生命，科学防雷》节目，长达 18 min。专家在节目中，从科学的角度讲解了雷电产生的原因、雷电造成的灾害损失及科学应对雷击灾害的方法与救治等。

（四）北京减灾协会专家团队为北京广播电视大学讲授防灾减灾知识

应北京广播电视大学的邀请，从 8 月下旬开始，北京减灾协会组织专家团队参

与《居民紧急避险知识讲座》和《居民紧急救助知识讲座》两档系列节目的制作。该节目是由北京市市政府主办的社会公益项目，将以视频形式在"北京学习型城市网"播放。减灾协会组织专家，参与了火灾、气象、地震、医疗急救、城市生命线等专题知识讲座的制作。

（五）以社区为重点，开展防灾减灾科普讲座等活动

在社区举办防灾减灾科普讲座，提高公众防灾减灾意识和科学防范、应对技能。以西城区、朝阳区为试点，以点带面，全年为社区、单位、学校开展讲座 18 次，内容包括："地震灾害的防范与自救互救""科学应对突发事件""火灾防范与火场逃生""心肺复苏与外伤救护"，听讲者达 4000 余人。由减灾协会编制的两套 40 余块防灾减灾科普宣传展板，在朝阳区、海淀区车道沟南里等区进行巡回展出。展板内容包括：气象灾害、地震灾害、地质灾害、火灾、交通事故、社会安全、医疗卫生、心肺复苏、远离游戏厅、远离毒品等。

六、获奖情况

1）2009 年 2 月，获北京市科协信息工作先进单位。

2）2009 年 4 月，获北京市金桥工程组织奖二等奖。

3）2009 年 4 月，"细网格小气候资源在农业中的推广应用"获北京市金桥工程项目二等奖。

4）2009 年 7 月，获 2009 年北京科技周优秀组织工作奖。

5）由明发源等创作的《生存训练》（卡通本），获北京市科学技术奖三等奖。

6）2009 年 2 月，韩淑云获北京市科协先进信息工作者。

7）2009 年 4 月，韩淑云获北京市金桥工程先进个人。

8）2009 年 4 月，韩淑云在"细网格小气候资源在农业中的推广应用"项目实施中做出突出贡献，该项目被评为北京市金桥工程优秀项目二等奖。

第三节 北京减灾协会 2010 年工作总结

2010 年，是北京减灾协会第三届理事会开展工作的第一年。在市委、市政府的关怀和重视下，在会长、夏占义副市长对减灾协会工作"三个发展"讲话精神的指导下，在主管部门市科协、协会理事会的领导和理事单位及协会挂靠单位市气象局的大力支持下，以实践科学发展观的要求，紧密围绕市委、市政府的中心工作，

密切关注首都社会经济发展和政府部门工作重点，秘书处认真落实年初的工作计划，顺利完成了各项工作任务。

一、为首都经济社会建设服务，开展重点减灾项目研究

按照本年度的工作计划，协会承担完成市政府有关部门委托的各项任务，开展防灾减灾项目调研、综合协调、学术交流、课题研究、专家咨询建议和社区公众安全减灾科普宣传等工作。

在"十一五"期间，北京市初步建立了全市突发公共事件应急管理体系，并通过成功举办北京 2008 年奥运会、残奥会和国庆 60 周年庆祝活动等综合安全保障任务的实践检验。这表明北京市综合应急管理工作已进入新的发展阶段。2010 年，北京减灾协会发挥减灾专家团队的优势，针对北京的"安全战略""安全标准"及"安全发展"的新理念，借鉴发达国家新的应急管理经验，提出落实"人文北京、科技北京、绿色北京"的"安全北京"发展思路，研究落实这一战略思想的重点任务和相关对策。特别是在促进北京市提升城市综合应急管理水平、灾损和风险评估研究、市民安全文化教育及常态化建设等方面，做了大量工作，取得了显著成效。

（一）承担完成"十二五"期间北京市提升城市综合应急管理水平的前期课题项目研究

市发改委启动"北京市国民经济和社会发展第十二个五年规划前期研究课题项目"后，减灾协会及时召开"课题项目实施专家组"会议，研究确定：积极争取承担"十二五"期间北京市提升城市综合应急管理水平的重点、思路及对策研究项目。在项目专家组的共同努力下，经过一年的研究、讨论、修改和提炼、完善，2010 年 10 月，课题项目进行终评验收。研究报告获得了发改委和评审专家的一致好评，评审意见认为：该课题研究内容全面，论述精辟，理念超前，有较强的可操作性；首次较全面、系统地对比分析了北京与世界城市在综合应急管理、保障城市安全可持续发展方面尚存在的差距；其研究成果在我国城市综合减灾和应急管理建设方面具有创新意义。同时，指出该课题对国外几个世界城市进行的减灾应急管理体系的综合研究与对比分析以及有关"十二五"期间北京综合应急管理建设的思路、目标、工程、建议等，都具有前瞻性、针对性和可操作性，可作为北京市制定"十二五"期间城市综合应急管理规划的重要参考。

（二）"灾害损失评估及救助测评体系研究"课题完成初稿

实践证明，灾损评估，特别是风险管理作为一种创新的科学管理手段，是落实预防为主，常态化与非常态管理相结合原则的具体体现，是实现"人文北京、科技北京、绿色北京"的"安全北京"理念的基础性工作。近年来，减灾协会一直在呼吁推进该项工作的进行。

由北京减灾协会与市民政局联合立项的"灾害损失评估及救助测评体系研究"课题，经课题组研究人员共同努力，已完成报告初稿。在课题研究的同时，课题组针对北京农业灾损评估的特殊性，编辑出版了由中国农业出版社出版的《主要农作物灾害评估》。主要内容包括农作物灾害彩图、主要作物的灾害等级指标、主要作物灾情评估表等。

（三）编写出版《北京减灾年鉴（2005—2007）》

编写《北京减灾年鉴（2005—2007）》，坚持做好灾情统计与案例分析，探索灾害规律，总结防灾减灾经验，是北京综合减灾建设的重要基础性建设。在北京市 20 多个有关委、办、局、公司等主管部门的重视、支持和协作下，2010 年 7 月份完成了《北京减灾年鉴（2005—2007）》，并于 12 月份出版。

（四）完成《北京市公共安全培训系列教材》（社区版）的编写工作

北京市目前已有的城市综合应急管理专业人才和工作人员大都为行政人员兼职，多数未受过系统的职业训练和专门教育，造成一些部门风险防范意识不强，因而影响到对市民防灾减灾自救自护能力的培训。为通过多种形式进行经常性的危机意识教育和培训，提高整个社会面对灾害的防范能力，减灾协会与北京市民防局协作确定了《北京市公共安全培训系列教材》的编写计划和具体格式，其中社区版按灾害定义、教学目的、灾害案例、相关知识、科学应对和课堂演练 6 项内容编写。协会组织专家已完成《北京市公共安全培训系列教材》（社区版）的编写工作，交市民防局出版。同时，还向民防局策划并提供了《北京市公共安全培训系列教材》"公务员版"和"应急志愿者版"的编写大纲，计划于 2011 年完成。

（五）承担政府部门"应急预案"编制工作

2010 年 11 月，应市农委的要求，减灾协会专家与农委有关部门领导进行了专题座谈，商讨《北京市"十二五"期间农业重大灾害应急预案》的编写任务和执行方案：

1）组织有关专家主要针对北京都市型农业（大田）灾害（不包括农村、农民问题）进行实地调查和初步分析；

2）在上述分析的基础上，结合大田历史受灾情况以及对农业影响较大的干旱、低温等受灾现象，制定一个预案宏观框架（提纲），同时组织专家研讨，进一步修改、完善；

3）形成项目研究预案，预案内容要全面并符合北京实际，具有可操作性，对"十二五"期间北京市都市型农业重大自然灾害具有指导意义。

二、围绕中心工作开展减灾调研，提出专家咨询建议

关注国家及国际上的综合减灾动态，紧密围绕市委、市政府的工作重点，结合社会公众关注的热点问题，开展减灾调研，及时提出减灾专家建议，是减灾协会工作的重点之一。

2010 年，协会组织专家开展减灾调研并提出专家建议 8 项，分别为《减灾协会专家参加联合国气候变化大会归来——谈低碳经济》《关于进一步完善北京减灾法制体系的建议》《应充分关注正在加大的北京渍涝风险》《未来北京综合应急管理应满足世界城市安全需求》《北京建设世界城市综合应急能力提升的思考》《关于建立综合抢险救援机制的建议》《总结经验教训，改进农业和园林植物的越冬防护》《应充分关注北京面临的巨灾风险》。其中《北京建设世界城市综合应急能力提升的思考》的建议，从北京市加强综合减灾管理的成效、北京市的事故灾害隐患、北京市应急管理的存在问题等几方面论述了提升北京市综合应急能力的思考，受到市科协的重视，被列为重点建议供科协市政协委员提案参考，同时推荐到中国科协主办的《科技导报》12 期发表。《减灾协会专家参加联合国气候变化大会归来——谈低碳经济》的建议，多次转载在市科协的刊物上。

三、举办减灾学术研讨和交流活动

防灾减灾学术交流，是促进减灾学术水平提高的重要活动，是指导、促进和提升综合减灾应急管理工作科学性、前瞻性、可实施性的关键，也是提升减灾协会学术水平的重要工作内容之一。

（一）举办"中日首都城市规划与防灾应急管理研讨会"

为交流城市规划和应急管理经验，由减灾协会、清华城市规划设计研究院、日本明治大学危机管理研究中心联合举办的"中日首都城市规划与防灾应急管理研讨会"在清华大学举行。日方参加研讨会的专家有日本明治大学公共政策、危机管理和都市开发事业本部、行政管理研究等方面的教授、博士等 8 人，中方参会的有来自清华大学、北京市人工影响天气办公室、北京减灾协会等方面的专家学者 20 余人。与会专家围绕大城市灾害种类发展演变、危害治理防范、救灾与避难场所等进行了交流和有益的研讨，气氛热烈。

（二）向"2010 中国防灾减灾与经济社会发展论坛"提交 3 篇论文

中国科协调宣部、重庆市科学技术协会主办的主题"2010 中国防灾减灾与经济社会发展论坛"在重庆举办。北京市科协副主席田文批示：论坛题目和内容很重要，请学会部转发此通知相关协会，并注意后续工作的落实和信息收集。减灾协会应市科协委托，3 名减灾专家代表北京市科协向论坛提交了 3 篇学术论文：《北京市应急体系建设实践与分析》《基于空间网格技术的北京地区大雾灾害风险评估》《北京市门头沟山区降水资源网格点推算》。论文受到重庆市科协的好评，他们认为北京在灾害预防和防范等方面走在了全国科协系统的前面，学术论文水平较高。北京市科协学会部领导赞扬减灾协会积极为论坛提供高水平论文，为进一步增强山区居民防灾减灾意识和能力，保障国家重大工程安全，促进山区经济社会的可持续发展起到一定的指导作用。

（三）成功举办"北京建设世界城市综合应急管理论坛"

为配合北京市"十二五"发展规划的编制工作，借鉴"世界城市"综合应急管理建设的理论和经验，协会于 2010 年 10 月 13 日，在中国科技会堂成功举办了"北京建设世界城市综合应急管理论坛"。北京减灾协会常务副会长、北京市人民政府副秘书长安钢，北京市气象局副局长王迎春出席。来自民政部国家减灾中心、首都消防、水务、地震、气象、规划、民政、民防、卫生、国土资源、清华、北大等部门的领导、专家学者、科研人员 60 余人参加了论坛。有 8 位专家分别从综合应急防灾减灾能力、北京建设"世界城市"目标、城市防汛减灾、世界城市粮食安全、综合应急救援体系建设、大伦敦应急管理研究等方面做主题发言，论坛收编论文 21 篇。

安钢同志听了大会发言后，认为："会议效果很好，专家们的报告很重要，整理后报给夏副市长。"会后，遵照安钢同志的指示，秘书处整理了北京减灾协会"2010年学术论坛"工作总结，报夏占义副市长，并发至协会全体理事及理事单位。

四、积极开展防灾减灾科普宣教工作

近年来，北京灾害事故频繁发生，防灾减灾不仅是政府关注的大事，也应是社会、百姓关注的大事，有广大公众主动积极参与，影响会更大，效果更好。减灾协会应在全社会的科普宣教工作中充分发挥自身作用，以人为本，深入开展全社会的防灾减灾科普宣教工作，为推进社区安全减灾科普工作常态化，逐步增强市民的安全减灾意识，进一步提升北京市民防灾减灾应急能力，贡献一份力量。

（一）举办防灾减灾科普讲座，提高公众防灾减灾意识和科学防范、应对技能

1）积极组织多层次防灾减灾科普讲座。年初，成立了由综合防灾减灾、地震、气象、水务、医疗卫生等方面专家组成的科普专家讲座团，其后，针对社区公众、管理干部、街道骨干等不同人群的特点，全年为北京纺织工程学会、朝阳区党校、华北电力公司、保险公司、中小学校等部门举办科普讲座23次，讲授内容涉及科学应对突发事件、科学防汛度汛、火灾防范与火场逃生、气候变化与低碳生活、心肺复苏与外伤救护、农村生活安全与减灾、地震灾害及灾害救护等方面，受益人数达2000人以上，受到社区公众、科技工作者和学生的欢迎。

2）与市民防局、朝阳区民防局合作，以"城市广播"的形式进行科普宣传5次，内容包括：科学应对突发事件、地震灾害及防灾和救灾、家庭护理与心肺复苏、气候变化与节能减排。

3）为配合科技周、减灾日、科普日等宣传活动，在《北京晨报》《科技日报》《北京民防》《中国减灾》等报刊上发表防灾减灾科普文章9篇，其中刊登在《科技日报》上的《关爱生命 平安北京》的文章受到广泛关注和好评。

（二）组织科技周、减灾日、科普日等大型科普宣传活动

1. 积极组织参加在紫竹院公园举行的"北京科技周"主会场宣传活动

围绕今年科技周的主题"携手建设创新型国家——提高科学素质，参与低碳行动"，联合中国灾害防御协会、市气象局声像中心、市气象局科技处、万云公司等

单位，在紫竹院公园举办的"北京科技周"大型科普宣传咨询活动中，有 15 名专家、工作人员在现场参加了宣传咨询活动，向社会公众发放了《北京市民汛期实用手册》《愿人类远离"天火"》《农村应急避险手册》《防汛抗旱科学普及知识》《防灾保险知识手册》、减灾知识扑克、《气象灾害防御条例》《雷电灾害防御手册》《气象知识》等科普材料 3000 套；科普宣传袋 600 个；由北京市气象局声像中心摄制的 7 集《平安北京》DVD 科普专题片 1800 张。

2. 组织"全国科普日"宣教活动

减灾协会围绕 2010 年北京市全国科普日"防灾减灾、健康健身"活动主题，结合应对气候变化和节能减排的新要求，在西城区月坛街道三里河一区社区公园举行了"全国科普日"宣传活动，4 名减灾方面的专家参加了现场咨询，并在现场举行了"防灾减灾有奖答题"，社区居民积极踊跃参与，气氛活跃。同时展出"关爱生命、平安北京"展板一套，向月坛街道三里河一区社区赠送减灾科普挂图 5 套；发放《气象与减灾》《汛期市民防汛手册》《愿人类远离"天火"》等科普图书 600 本；发放科普宣传袋 400 个及其他科普资料 800 份。活动中，社区居民 800 余人参加。

3. 进行科普宣传

结合"5·12"国家减灾日编写的贴近市民生活、通俗易懂的预防地震、气象、防汛度汛、火灾、急性传染病、安全自卫等知识科普展板一套 25 块也同时在紫竹院公园展出，2000 张科普挂图已在科技周期间陆续发放到全市 18 个区县社区，使市民能更多地了解避险技能与方法。

4. 培养青年学生是新时期防灾减灾事业发展的基础

面向青年学生宣传普及防灾减灾知识，提高自然灾害防御避险防范技能、意识，是科普工作中的一项重要内容，意义深远。为更加广泛、深入地使青年学生进一步了解认识灾害，早日成为防灾减灾科普事业的后备军，减灾协会向与气象有关的两个院校，成都信息工程学院和南京信息工程大学 2010 年"气象防灾减灾宣传志愿者中国行"北京分队的 20 余名同学赠送了《愿人类远离"天火"》《北京市汛期防汛应急避险手册》《灾后重建论》等防灾减灾科普图书 100 余册。

为让山区的孩子能同样享受到知识的阳光雨露，让他们幸福地成长，减灾协会连续 3 年积极参加向贫困山区学校赠送科普图书的活动，向学校赠送各种防灾减灾科普图书 300 余册。

五、完善协会组织建设，更好服务理事单位

按照年初制定的工作计划，于 5 月 13 日至 25 日召开了"第三届理事会第二次全体理事会会议"（函会），向全体理事汇报北京减灾协会近阶段工作情况。

1）审议通过《北京减灾协会 2010 年工作计划（初稿）》。

2）组建了新一届减灾学术专业委员会和减灾科普专业委员会。一年来，减灾学术专业委员会充分发挥在学术领域的优势，成功申报并举办了"北京建设世界城市综合应急管理论坛"，获得市科协好评，决定将学术论坛论文汇编成册，作为优秀论文集上报市政府。减灾科普专业委员会在科普讲座、科技周、科普日等大型宣传活动中，起到积极作用，完成了一系列政府部门重点研究项目、学术交流和科普宣传任务。

六、获奖情况

1）2010 年 3 月，获北京市科协信息工作先进单位。

2）2010 年 3 月，获北京市科协优秀建议二等奖 1 项。

3）2010 年 4 月，《保护地蔬菜 CO_2 施肥农业气象适用技术推广应用》获北京市金桥工程项目二等奖。

4）2010 年 4 月，获 2009 年北京市科协统计工作先进单位。

第二章　北京减灾协会部分学术论文

北京减灾协会第二届理事会（2002—2009）工作报告

谢璞　北京减灾协会副会长兼秘书长

在市委、市政府的关怀重视下，在主管部门市科协、协会理事会的领导和协会挂靠单位市气象局的有力支持下，北京减灾协会按照科学发展观的要求，紧密围绕市委、市政府的中心工作，以"平安北京、安全奥运"为切入点，密切关注首都社会经济发展和政府部门工作重点，按照"前瞻、先行、实干、高效"的原则，主动提供咨询和决策服务。

本届理事会组织理事单位和减灾专家，承担完成了市政府和有关部门委托的各项任务，开展了防灾减灾项目调研、协调、学术交流、课题研究、专家咨询建议和社区公众安全减灾素质教育等工作。

本届理事会所经历的八年是全面推进北京市综合减灾和应急能力建设的八年，是开展"平安北京、安全奥运"减灾工作最活跃的八年，也是协会工作步入良性发展轨道的八年。现将本届理事会的主要工作报告如下。

一、围绕中心工作开展减灾调研，提出咨询建议

灾害是政府管理面临的挑战之一。北京是我国的政治、文化中心，也是灾害较严重的大都市之一，要实现社会经济可持续发展，必须加强综合减灾，为北京的现代化建设创造一个安全和谐的发展环境。减灾协会紧密围绕市委、市政府的中心工作，开展减灾调研，提出专家建议20多项，对我市科学、深入地开展防灾减灾工作，提高应急能力建设，筹备安全奥运保障工作等，起到了积极的促进作用。

（一）倡导"综合减灾"战略，促进应急能力建设

2003年北京发生"非典"事件以后，减灾协会组织专家进行了深入研究，由于应急能力薄弱，深感北京综合减灾工作滞后，要进一步加强。在广泛调研的基础上，协会完成了《北京城市公共危机事件综合应急管理体系建设》等5个调研报告

和建议，并提出和强调"综合减灾"的理念。上述报告和建议，有效地促进了北京市的应急能力建设，也极大地指导和推进了减灾协会的工作。

（二）关注政府和市民关心的热点问题，组织调研和提出建议

减灾协会适时抓住政府、社会公众关注的热点问题，开展调研并组织专家分析问题。如2004年7月10日，北京城区暴雨引起交通严重堵塞，1500多辆汽车泡在积水中受损，需保险公司理赔，媒体连续报导市民的呼声。减灾协会针对突如其来的灾害，一方面协调气象与保险理事单位，迅速推出了"重大气象灾害与保险理赔便民措施"，以缓解市民的不满情绪；另一方面组织专家调研，提出了"北京应从'7·10'城区洪涝中反思些什么？"和"北京城区防汛要'联动应急'和'综合救援'"两项专家建议。

（三）树"安全奥运"理念，保"平安奥运"实现

1. 组织筹备"安全奥运科技季谈会"

2008年北京奥运会是市委、市政府重点工作之一。为了吸取历届奥运会在安全减灾工作中的经验教训，减灾协会筹备参与了第22届"安全奥运科技季谈会"。2002年7月，协会组织7位专家从气象灾害、地震灾害、高科技型恐怖活动和犯罪的防范、公众安全文化教育、北京奥运会综合安全减灾应急指挥体系构想等方面，提出了重要的综合性建议7项。强卫副书记对这次季谈会给予了高度评价。

2007年9月7日，减灾协会筹备参加了第32届"奥运安全保障"科技专家季谈会。为落实刘淇书记"奥运会准备好了吗？"的讲话精神，协会组织专家研讨，针对"应组织对奥运场馆应急预案评估和隐患检查"等提出了专家建议与对策7项。奥组委和17个委办局领导参加了会议。副市长孙安民在总结发言时说：此次季谈会开得很成功。

2. 组织专家针对"安全奥运"献计献策

北京奥运会申办成功后，协会组织专家围绕"平安奥运"，进行了一系列的调研工作，先后提出了《关于做好2008年北京奥运会安全保障工作的建议》等8项建议。如2006年《关于奥运安全应急管理软件开发的建议》，一是针对奥运开展系统风险评估；二是建议成立奥运纠纷民间协调组织。该建议受到市委、市政府领导的高度重视。在吉林常务副市长主持下，市应急委召开了落实该建议的工作部署

会议，全市各部门开展了奥运安全隐患风险评估工作，对安全奥运保障起到了积极的推动作用。

二、承担重点减灾项目

（一）参与《北京城市总体规划》修编任务

减灾协会充分发挥首都减灾专家荟萃和整合理事单位资源的有利条件和优势，积极主动地协助政府部门进行减灾建设项目的研究。2004 年 5 月受市规委委托，完成了《北京城市防灾减灾综合研究》，该项目研究成果通过了专家评审。由于综合防灾减灾部分编制得好，因此，受到了温家宝总理的表扬。2005 年 7 月受市规委委托，又承担完成了《北京城市总体规划》的编制任务。

（二）承担"'十一五'期间北京城市综合减灾应急体系建设"减灾研究项目

2005 年 5 月，北京市发改委在报上刊登招标"'十一五'期间北京城市综合减灾应急体系建设"研究项目，减灾协会充分发挥减灾协会专家团队的精神和智慧，决定减灾协会参加投标。由于协会的标书方案比较好，结果中标承担了该项目的研究任务。研究中，考察吸收了经济发达国家和地区的减灾应急体系建设经验，研究成果水平较高，对指导、促进和提高北京市的综合减灾应急能力建设起到积极的作用。

（三）完成了《北京城市防灾减灾条例》立法项目的前期研究工作

减灾法制建设是市政府应急能力建设的主要内容之一。2004 年 7 月，受市人大法制办的委托，协会承担了《北京城市防灾减灾条例》立法项目的前期研究，在对国内外 500 多种防灾减灾法规建设现状的调研基础上，完成了《北京市防灾减灾立法研究报告》，提交了《北京城市防灾减灾条例》（专家建议稿）。此项研究成果于 2005 年 11 月通过了来自市人大法制委员会、北大等法学方面的专家评审。与会专家对该项目完成的质量和水平给予了极高的评价，认为"为北京市综合减灾立法奠定了良好的基础"，并荣获了"2006 年北京法学会优秀科研成果奖"。

（四）编撰了《北京减灾年鉴（2001—2004）》

要真正实现综合减灾，首先要对灾害的历史和现状有一个真实、明晰的了解，这也是城市综合管理中最基础性的一项工作。编写《北京减灾年鉴（2001—

2004）》，对于城市的规划建设、提高综合减灾管理水平，具有重要的意义。

2004 年 11 月，减灾协会向市政府申报了"关于启动《北京减灾年鉴（2001—2004）》编纂工作的请示"和'可行性实施方案'。在市领导的重视下，批拨了编写经费，成立了以副市长为主任， 20 多个委、办、局、大公司为委员的《北京减灾年鉴（2001—2004）》编委会，正式启动了年鉴的编写工作，50 多万字的《北京减灾年鉴（2001—2004）》已于 2007 年汇编完成出版，并赠送给了各委、办、局。同时，还承担了北京市政府史志办《北京自然灾害志》的组织编纂工作。

（五）开展防灾减灾各领域的研究工作

1. 进行自然灾害和事故灾难的研究

为了摸清北京地区的自然灾害和事故灾难情况，开展了"首都圈自然灾害及其防御对策研究"，该课题荣获北京市科学技术进步二等奖；完成了《对北京市环境监测致肺癌物质氡气浓度的研究》一文，被市政府《昨日市情》和新华社《北京内参》刊登；参与了政府部门的《北京市城市环境安全》的项目研究等。

2. 开展火灾气象条件分片预警的研究

火灾是北京市多发的事故灾难，而气象条件与火灾的关系十分密切，为指导火灾分片预警和防范工作，北京减灾协会联合北京市公安消防局、市气象局、北京人民保险公司，在市科委立项"北京市城市火险监测预警系统的研究"。该科研成果，被市气象局、消防部门应用到了业务服务系统，并获北京市科学技术进步二等奖。

3. 开展灾害评估指标体系和行动对策研究

灾害评估是城市综合减灾工作的主要内容之一，也是提高应急预案可实施性的关键性工作。在市领导的关心和重视下，市科委于 2005 年 5 月批准立项协会申报的"北京城市主要灾种评估指标体系和行动对策研究"课题。由于该课题涉及 9 个灾种，为加强领导和进行有效协调，成立了由 20 多个委办局领导为成员的课题项目领导小组和 10 位专家组成的课题指导小组，共有 14 个单位、60 多名科技工作者参与了课题研究。课题包括"灾情数据库的研发和建设""评估指标和评估平台""综合防灾减灾对策"等三大项内容。这个课题为 2007 年各单位开展安全奥运风险评估，奠定了重要的技术基础，培养了一批研究力量。

4. 开展农村危旧房屋技术认定标准的研究

党中央提出建设社会主义新农村的战略部署。为规范北京市农村优抚、社救对象危旧房翻建管理工作，保证危旧房评估认定和翻建工作科学有效地实施，推进农村减灾安居工程建设，在无技术设计标准先例的情况下，受市民政局的委托，2008 年完成了北京市农村住宅安全技术认定标准的研究设计工作。

5. 与多部门合作进行的理论研究

2009 年减灾协会承担了北京市发改委"应对气候变化"和"'十二五'期间北京市提升城市综合减灾应急管理水平的重点、思路及对策研究"两个项目；与市民政局协作，承担"灾损评估体系及备灾物资优化管理研究"项目；与市民防局协作，承担编写《北京市公务员安全减灾培训教材》和《北京社区市民安全减灾培训教材》等任务。

三、积极参与政府部门"应急预案"的编制和修订工作

（一）承担《北京市突发公共事件社会动员保障预案》的编制

社会动员保障预案是应对突发公共事件和减轻各类灾害事故损失、组织动员社会力量，充分利用和调配各类应急处置资源的保障"预案"，由于这项工作国内外尚无先例可参考，难度很大。受市政府应急办和人防办、民政局委托，2006 年协会组织 10 名专家，开展了较为深入的研究，较好地完成了该项预案的编制，得到了市应急办和有关部门的赞许和肯定。

（二）参与了有关部门和行业专项预案的编制、修订、研讨和评审

减灾协会组织专家参与了多个预案的编制工作，如 2005 年 4 月，受市防汛办委托，协会组织 6 名专家协助修订《北京市防汛应急预案》。修改后的《北京市防汛应急预案》，经过市政府部署的台风"麦莎"演练的检验，得到了市领导和有关部门的充分肯定。除此以外，还参与其他 10 多个单位应急预案的研讨、修订、评审工作。

（三）协助外省政府部门编制预案

减灾协会发扬首都北京精神，应湖北省黄石市人防办请求，承担了《黄石市城区重特大事故灾害应急救援预案》的编制。并协助他们在北京举办了专家论证评审

会，与会专家认为：该应急救援预案完全符合我国中等城市的实际，适应其需求，具有很强的示范性和可行性。

四、开展社区防灾减灾安全文化素质科普宣教工作

大量灾害和事故的教训告诫我们，防灾减灾不仅仅是政府的事，广大公众主动积极地参与，尤为重要。为此，启动了"防灾减灾安全素质教育进社区"活动。2003 年开始，经请示市领导同意，成立了领导小组，编制了活动实施方案、《北京安全社区建设纲要（草案）》，以指导安全社区建设，宣传安全社区建设新的理念，并在西城区月坛街道隆重地举行了有市政府领导参加的启动仪式。

（一）举办防灾减灾科普讲座，提高公众防灾减灾意识和科学防范、应对技能

具体做法：一是以西城区、朝阳区为试点，以点带面，每年为社区、单位开展讲座 40 多次，听讲者达万人以上；二是与市民政局合作，开展对 18 个区县进行"社区骨干防灾减灾培训工作"，协会组织专家编写教材、制作和录制讲座光盘，发到区县；三是与区科协联合，举办社区"科普讲座大课堂"活动，做到有求必应，将减灾科普深入落实到基层社区。

（二）组织"平安北京，安全奥运"知识竞赛等活动

一是协会与报社、科普网站相结合，2005 年至 2007 年连续 3 年，面向社会公众组织开展"平安北京，安全奥运——防灾减灾知识竞赛"，每次竞赛活动收到 19 个省、自治区、直辖市的公众 2 万多人参与答卷；二是组织 18 个区县进行"平安北京，安全奥运"防灾减灾电视选拔赛活动；三是组织进行"北京市民危机意识社会调查"和"危机心理应对社会调查"答题活动。

（三）组织编制声像挂图科普宣教活动产品

一是编制完成《安全减灾，助你平安》电视系列科普宣教片 6 集；二是制作 flash 短片 10 集；三是奥运前在 120 辆公交车上推出《平安北京，安全奥运——树"安全奥运"意识，保"平安奥运"实现防灾减灾科普知识宣传》图片等。并组织编写刊登科普作品 106 篇。

（四）组织编写系列减灾管理和科普丛书

第二届理事会期间，共编写科普图书 19 种，出版发行 20 多万册。针对管理层干部，编写出版了《责任重于泰山》《中国城市灾害及管理对策》《城市灾害概论》；针对公众编写出版了《家庭急救与护理》《家庭地震应急三点通》《气象与减灾》《北京市民防汛应急指南》《新农村应急避险手册》等；针对青少年编写出版了《保护生命》《生存训练》卡通丛书等。

五、开展交流，做好协调工作

（一）开展国际、地区间学术交流

城市的综合防灾减灾工作已成为世界各国和地区共同关心的问题。为吸取国内外的先进经验，以减灾协会为主要参与单位，举办国际学术交流会 4 次，承办国内外大型学术年会 7 次，组织减灾专家团赴日本、欧洲考察学术交流 2 次。

与此同时，举办海峡两岸互访、学术交流会 9 届，开拓了海峡两岸交流的新领域，为促进祖国统一大业贡献了力量，得到了市台办和国台办的肯定与好评，他们认为："通过防灾减灾对台进行交流是条好的渠道。"

（二）协调减灾有关事宜

减灾协会理事会跨部门、跨行业的特点，为协调减灾工作创造了有利条件。例如，永定河 1 号、2 号管架桥，石景山发电总厂，门头沟灰库大坝的除险加固项目涉及多个方面，包括不同部门、企业、单位，由于事关各自利益，工作协调难度较大。受市政府委托，组织专家考察论证，较圆满地完成了减灾项目等协调工作，受到有关各方的好评。

七年来减灾协会所做的所有工作都是与市委、市政府和各理事单位对减灾工作的重视和指导分不开的。市委、市政府对我市的安全减灾工作高度重视，市领导多次出席减灾协会组织召开的有关会议及活动，指导减灾协会的建设和发展。有关委、办、局、企事业协会理事单位和领导，对减灾协会的工作也非常支持，在编制北京市的防灾减灾规划、应急预案、减灾年鉴和减灾课题研究、学术交流、防灾减灾科普宣传教育等方面，都给予了很多实质性的支持和协助。

多年来，协会工作还得到了挂靠单位市气象局的有力支持。市气象局党组不仅对协会秘书处的干部从政治思想上给予关心教育，办公环境也不断改善，工作人员得到及时补充，还为协会秘书处提供了能源、通信、交通、会议、科技人员等全方位的服务，使工作人员无后顾之忧，全身心地投入协会工作。

在此，我谨代表减灾协会理事会对市委、市政府和各理事单位、挂靠单位市气象局表示衷心的感谢！今后，减灾协会将继续在市委、市政府的领导和各理事单位的支持下，发挥民间社团特有的助手、纽带和桥梁作用，为北京的减灾事业做出新的贡献！

城市化与城市公共安全——城市化对气象灾害的影响

阮水根　北京减灾协会

摘要：为了深入探索和多角度研究城市公共安全问题，本文通过分析城市化及其发展趋势，重点讨论了城市化中的气象效应，城市化与城市公共安全中的气象灾害之间的关系以及对城市气象灾害的影响与危害，并形成了若干综合性结论。

关键词：城市化；公共安全；气象灾害；影响。

一、引言

城市是社会发展的标志。城市是一个以人为主体，以空间利用为特点，以聚集经济效益为目的的一个集约人口、经济和科学文化的空间地域系统。在当代，城市更成为人类文明与创新的中心和主要社会组织形式，其社会经济以前所未有的速度向前发展。

城市化使城市中的人流、物流、能流和信息流在内循环中高速运行和高度摩擦。因此，城市化是人—地关系的焦点。城市化的正面效应表现为经济财富的迅速增值、社会信息爆炸式增长、高科技力量和人类智慧知识的高度集中以及各种现实与未来需求的增加和居民生活的极大提高；而负面效应是城市的臃肿和膨胀，其人口高度密集和众多建筑物就构成了特殊下垫面，这样一方面改变了该地区原有的区域状况和自然条件，衍生出更多的城市安全问题，使自然灾害增多和强度更烈，诱发危害更大的次生灾害和灾害链；另一方面由于人口和财富的快速增长，城市作为自然灾害和公共事件的一个承载体，又更容易受到影响，受到的损失也更大。

显然，以城市的可持续发展而言，城市安全问题已成为当今中国和城市发展面临的主要挑战。为了深入研究城市公共安全问题，本文从城市化这一特殊命题出发，重点讨论了城市化与城市公共安全中的气象灾害之间的关系以及对城市气象灾害的影响与危害。

二、我国城市发展的一些特征

1. 城市数量和城市人口快速发展

根据国家统计局资料，自 1949 年到 1997 年，我国城市数量已由 132 个增加到 668 个，其中市区 50 万以上人口的城市由 12 个增加到 81 个；全部城镇人口占总人口的比重由 12.5% 上升到 30%；城市非农业人口占总人口的比重由 5.1% 提高到 18%；城市市区非农业人口从 2740.6 万人增加到 2.14 亿人，增长了 6.8 倍。在城市人口的增长中，20 万 ~50 万人口的中等城市增长最快，增长 10 倍；20 万人口以下的城市增长 5.5 倍；50 万 ~100 万人口的大城市人口增长 4.8 倍；100 万以上的特大城市人口在 50 年里也增长了 6.4 倍。此外，统计还表明，50 年来我国城市人口的快速增长，主要是由东南部沿海地区经济发展所驱动的。

2. 城市化和经济扩张迅速

改革开放以来，我国城市化进程大大加快，城市的现代化水平有了很大提高。首先是城市扩张快速，市区面积成倍增长，高楼大厦林立，商业区扩大，服务网点增多；其次伴随城市的扩大，城市群得到发展，并形成由城市群汇集、范围更大的经济区（如环渤海、长江三角洲、珠江三角洲）。与此同时，我国的城市经济也迅速发展，城市国内生产总值占全国的比例在 1990 年还不足一半，到 1995 年就提高了近 20 个百分点。到 2006 年，城市人口已占到 37.3%，收入占全社会 80% 以上；仅经济总量前 50 名城市的 GDP 总量已占到全国的 60% 以上。

3. 城市格局基本未变

一般说，大城市对自然条件的依存要比非特殊职能的小城镇紧密得多，地域分布规律性也更为典型，大多数城市分布在气温和降水适中的地区。因此，世界上主要城市多位于平原，并在交通较方便的大江大河边或海岸附近地区。由于历史、地理和社会经济发展等多种因素的影响，我国的城市设立一直呈自东向西由密到疏的空间分布特征。新中国成立以来，尽管加强了中西部城市建设，但东密西疏的基本格局并未发生根本改变，变化的是城市规模的扩大和小城镇的增多，尤其是东部地区，这一发展趋势就更为明显。

4. 城市化中的可持续发展问题突出

1998 年我国的城市化水平仅为 18%。可以说，我国的城市化水平与发达国家相比还有很大差距，特别在绿色城市、人文城市、科技城市、城市管理、应急处置、法律法规、协调发展等问题上还有大量工作要做。进入 21 世纪后，随着我国经济的快速发展，必将大大推进其城市化进程，全面提升我国城市的现代化水平。与此同时，随着城市化及城市工商业的迅速发展，也带来了各种城市问题的出现，特别是灾害加重、环境污染、突发重大公共事件、新的城市灾害频生等问题，使城市规划、发展格局、经济结构、应对能力等发生深刻变化。可见，在推进我国的城市化时，确立可持续发展战略是唯一的正确选择。

三、城市化的发展趋势

（一）我国未来城市化的发展速度将快得惊人

由于我国长期以来城市化水平滞后，经济调整时期和"文革"时期一度出现逆城市化进程。改革开放后社会经济迅速发展，城市化速度加快，城市化水平有很大提高。2006 年城市化水平约为 43.9%，近 4 年平均每年提高 1.2 个百分点。研究表明，到 2025 年，我国的城市化水平将达 55% 以上，还将铺设 50 亿 m^2 的公路，新建 170 个轨道交通系统，建筑 500 万座新楼，其中有 5 万座摩天大楼；我国城市消费增长将等于创建一个新市场，其规模相当于 2007 年的德国。图 1 是新中国成立后城市化水平发展现状与未来趋势。

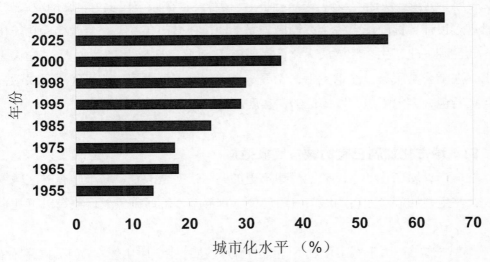

图 1　新中国成立后城市化水平发展现状与未来趋势

（二）随着城市化的推进以及户籍制度的改革，我国的城市人口将会更快增长

由于我国的社会经济的快速发展，到 2006 年为止，城市总数已达 661 个，其中百万人口以上特大城市 37 个，50 万至 100 万人口的大城市 51 个，20 万至 50 万人口的中等城市 216 个，20 万人口以下的小城市 363 个，另有 19000 个建制镇。据预估，到 2025 年我国城市人口还将增加 3.5 亿，其中有 2.3 亿外来人口；至 2030 年，我国将有 10 亿消费者生活在中国的城市中。

（三）我国区域和城乡一体化的城市群的崛起是未来我国城市化的一个发展趋势

综观西方发达国家，在其城市化发展中，如纽约、伦敦、东京等大都市均实现了城乡协调均衡、区域联动一体化的发展，成为世界级大城市和繁荣的都市圈。我国通过30多年的改革开放和发展经济，已经初步形成了长三角、珠三角和环渤海三个经济带的雏型，城乡之间人口、资源等要素的自由流动有了一定的发展。随着经济的快速发展和城市化的深入，必将建成由北京、上海等超大城市带领、以若干大城市为骨干、以更多中小城市为桥梁的经济发达的城市群；同时，随着制度和体制改革的深入，我国的城乡一体化也将得到更快发展，城乡二元壁垒逐步破除。

（四）我国城市发展，尤其是大城市将从简单、粗放式发展转向精细、集约式发展

在城市化进程中，将抛弃摊大饼式的无序扩大城市规模的思维，实施科学、规范、有序、健康、快速的发展模式，确保可持续性。在城市建设上，遵循发展战略，科学规划设计，提前投入资金，筹措分配土地；在城市布局上，合理结构功能化，工农商住明细化，生态环境最优化；在城市运行中，坚持"以人为本"，建设宜居城市，注重公共服务，注重民生，注重安全；在城市群之间，将呈现协调联动，城市各具特色，突出重点，发挥优势，实现由特大城市带动的发展方式。

四、城市化加剧已有的城市气象效应

在城市，城市化使人口和地面建筑更加稠密，完全改变了城市原有的区域气候状况，产生并加剧了已有的城市气象现象，其最基本的城市气象现象有以下几个方面。

1）城市热岛。由于城市化后下垫面的特殊性质、空气中由燃料产生的二氧化碳、人为的热源以及城市中人类活动更为频繁等原因，使城市气温进一步高于城郊与农村地区，也就是被称为"城市热岛"的这种效应将随着城市的快速发展和城镇数量剧增，会有不断加强和扩大的趋势。

2）干湿岛。城市中由于多为建筑物和不透水的路面，蒸发量小，所以城市空气的绝对湿度和相对湿度都较小，但城市化由于下垫面热力特性、边界层湍流交换以及人为因素均存在的日变化更为明显。因此，城市绝对湿度的日振幅比郊区更大，白天城区绝对湿度比郊区更低，夜间城市绝对湿度比郊区更大，进而形成的"干

岛""湿岛"也更突出。

3）浑浊岛。由于城市空气中尘埃和其他吸湿性核较多，形成"浑浊岛"效应，在条件适合时，即使空气中水汽未达饱和，城市中也会出现雾，所以城市的雾多于郊区。有些城市汽车排放的尾气，在强烈阳光照射下，还会形成一种以臭氧、醛类和过氧乙酰硝酸酯（PAN）等为主要成分的浅蓝色光化学烟雾。城市化中，浑浊现象就更显著。

4）拉波特效应。城市中由于有热岛中心的上升气流，加上市区空气中又有较多的粉尘等凝结核，因此，城市上空的云量相对比郊区多，造成城市中及距城市不远的下风向地区的降水量比周围其他地区多，使降水分布发生变化，在气象学中把这种现象称为"拉波特效应"。随着城市扩大及发展不均衡使这一效应得以加强。

5）酸雨明显。城市中由于人类活动与经济活动的增多以及大量使用能源，向大气中排放出许多二氧化硫和氮氧化物，它们在一系列的化学反应下，形成硫酸和硝酸，并通过成云致雨和冲刷过程，其降落至地面的雨滴 pH 值较小，因此成为酸雨。显然，城市化的推进，使排放的二氧化硫和氮氧化物更多，形成的酸性物更多，也就加剧了酸雨。

6）大气污染严重。城市的出现和发展，不仅有大量的污染源，而且以人工地物（如楼房）或地表（如广场）替代自然地表，进而引发风向、风速的变化或风的生、消，因此形成严重的城市大气污染以及城市大气污染的轻、重变化。城市化进程中，人口的不断增加和生产活动的更为频繁、集中，使大气污染的危害更加严重和不断扩大。

五、城市化对城市气象灾害的总体影响

城市化对社会经济的快速发展和劳动力就业是非常有利的，正面的推动作用很大。但是对城市的公共安全和包括气象灾害在内的自然灾害的影响，也是不可忽视的。城市化与城市气象灾害的关系是相互作用、双向的。城市化通过上述加剧的城市气象现象，使天气气候事件变得更猛烈，而强化的气象灾害又使城市化中的承载体遭受不应有的损失与伤亡，进而人类只能修正城市化中的规划、布局与建设。

城市化对城市气象灾害的影响，主要表现为四个方面，下面用城市热浪灾害的高温要素进行分析。

一是次数增多。一些原先未成灾害的，由于城市化增强了一些天气气候事件，产生更多的气象灾害。以北京市近 30 年资料为例，不低于 35 ℃高温天数平均为 6

天，20世纪90年代后期至今为12.2天，多了一倍多。

二是强度增强。由于城市的热岛效应和气候变暖，使城市高温天气的强度更强。以北京市而言，20世纪90年代后期至今的十几年里日最高气温大于40℃的有3年，而20世纪90年代中期至1971年的20几年里，大于40℃的年份为零。

三是范围扩大。北京的高温范围的变化与城区规模的变化几乎是同步的，这可从卫星遥感图上的热岛面积增大中得到印证，1990年北京的热岛面积为442 km^2，2000年为807 km^2，2008年达到908 km^2；

四是时效延长。随着城市化的推进，夏季高温的持续日数明显增加，20世纪90年代之前连续高温日数一般是2~4天，而20世纪末至今一年内往往可出现几段连续高温时期，最长的可达7~9天。

六、城市化承载体加重极端天气气候事件的危害

（一）城市抗灾能力与气象灾害破坏力的不平衡

灾害性天气的自然力作用于城市有三种方式：一种是直接作用于城市内部，如暴雨、狂风袭击城市；第二种是发生在城市周围，如上游暴雨引发洪水或泥石流袭击下游城市；第三种是既作用于城市，也发生于城市周边，如台风暴雨与台风引发的风暴潮共同袭击沿海城市。狂风、暴雨、高温、冰冻、雷电等等灾害性天气潜藏着巨大的能量，当这种自然破坏力大于城市的承受能力时就会造成灾害。城市化进程中，城市人口和财富必然极快增长，使城市的承受能力不断下降，灾害风险进一步增大，即整个城市不能承受自然灾害的袭击，进而造成重大灾难和巨大损失。2010年夏季，南方持续的特大暴雨使南方许多大中小城市长时间被淹或浸泡在洪水之中，这是城市抗灾能力与气象灾害破坏力不平衡的一个明证。

（二）城市地理位置与城市气象灾害

城市的地理位置决定了所在区域的气候特征，并由此带来城市气象灾害发生的不同特点。自古代起，一直到近代乃至发展到今天，城市大多建造在既交通便利又容易取水的沿江、滨湖或沿海地区，但由于城市靠近水体和地势较低，就容易发生因暴雨引发的各种灾害。城市化将更为明显地加大了洪涝、台风灾害以及次生灾害的隐患。同样，城市的发展使建于山区的城市则更易受山洪、大风、冰雹等灾害的侵袭；干旱地区的城市对水资源缺乏更敏感，且多风沙灾害；高寒地区的城市则更易遭受寒潮、大风和冰雪灾害的袭击。

（三）城市地表特性与城市水灾

自然地表都具有透水性，雨水降落后一部分渗入地下补充地下水，一部分贮存在土壤中，还有一部分形成地表径流，其中有些进入水库与湖泊，有些进入大江大河。一般而言，形成地表径流的比例即径流系数通常为30%。但城市地表被房屋、混凝土或沥青路面所覆盖，透水性明显降低，城市规模的快速扩大，更使渗入地下补充地下水和存于土壤的水大为减少，径流系数加大，其值可高达80%以上，加上现代城市的立体交通和地下空间增多，使得暴雨后发生内涝的危险明显增大。

（四）城市基础设施与城市气象灾害

由于历史原因，我国城市基础设施建设薄弱，特别是在城市化进程中，供水、供电、供暖、排水等生命线系统更不适应，在发生灾害时其抗灾能力更显力不从心。上海1979年前的排水系统按每小时27 mm降雨量标准设计，1979年后提高到每小时36 mm，但上海经常遭受台风、暴雨袭击，每小时可达100 mm多降水，故常因不能满足排水之需发生严重内涝。如为适应北京城市发展，采暖由烧煤改燃气，供气来源是陕北和大港。2004年12月中旬至2005年3月强冷空气不断侵袭，气温偏低，使北京和上游城市采暖用气量急升，陕北气田对北京的输气不足，限量降压，造成空前严峻的供气形势。北京市政府果断采取应对措施，才确保市民采暖和管网安全，但公共交通和部分工业生产却蒙受了很大损失。

（五）城市建筑布局与风灾

城市建筑物对气流的阻挡能改变风速和风向，出现涡旋、升降气流、穿堂风等各种"怪风"。城市的建筑布局与规划越不合理，这种"怪风"就越多，特别是进入狭窄区域其风速急增，对下风方向的建筑物、汽车和行人的安全形成严重威胁。城市的扩大和发展，这种威胁更加突出和危险。因此，在城市建设中，必须进行科学的城市规划，考虑建筑物与气流的相互影响，如果对风力估计不足，有可能在狂风袭击时造成较重的局部风灾，如玻璃幕墙脱落，吹落广告牌，掀翻路边树木、汽车甚至伤及人的生命。

（六）城市建筑和电子设备与雷电灾害

城市化的快速推进，高大建筑物量多面广而且集中，如果雷电灾害预防的宣传不够以及防灾减灾能力不强，使建筑物及其电子设备和社区、村镇居民、学生遭受雷电灾害的事件就会增加，即使有些高层建筑物安装了避雷装置，但检测不及时或年久失修，仍起不到防雷避雷作用；有些企业、商场、学校等单位更由于对新建或扩大的建筑物没有适时调整与建设防雷、避雷设施，使其不在避雷装置保护范围之内；加上近年来，各个单位电子设备大量增加，通信与计算机网络系统迅速发展，感应雷的潜在威胁大增和个人防雷保护不力，经常发生雷击事故，造成难以挽回的损失。

（七）规模扩大的城市应对气象灾害的脆弱性突出

如上所述，现阶段我国城市化发展速度十分迅猛，城市人口和财产大量增加，城市规模不断扩大，而城市现有的防灾减灾能力建设和管理跟不上城市发展步伐，致使面对气象灾害的侵袭城市显得更加脆弱和易损，自然灾害的绝对损失也呈现上升趋势。然而在全球变暖背景下，城市巨灾的隐伏性和突发性仍未得到足够的重视，而且很多因素也只在灾害发生发展过程中起作用，其危险性和复杂性随着城市规模的增加而增大。譬如城市的社会经济活动不按规划、不按科学办事，向城市的脆弱区集中以及对脆弱区进行无序的开发利用。因此，如何在气象灾害侵袭中谋求生存和快速发展是我国城市管理中一个长期存在的问题，特别是对在气候变暖情况下，大城市应对城市巨灾和灾害群的暴发就显得尤为迫切。

（八）城市化和气候变暖对气象灾害的双重影响

气候变化的影响是综合性的，会涉及各个领域、各个地区，由于中国幅员辽阔，自然环境复杂，经济发展不平衡，因此我国未来将是受气候变暖影响较重而又脆弱的一个区域；尤其是我国东部沿海的三个较发达的都市圈，城市化程度高，人口集中，经济总量大，气候变暖将使城市气象灾害的发生、发展与影响更加复杂。近两年的暴雨、洪涝、冰雪、干旱等气象灾害及其次生的泥石流、山洪灾害所造成的严重危害表明，气候变暖与城市化都可能使城市气象灾害频发并加剧，而这两者的叠加无疑会放大气象灾害的强度和发生的频次，进而造成更大的损失与危害。

七、结语

1）城市化是推进我国现代化的必然选择和快速发展经济的有效途径，也是我国社会经济发展进程中必须经过的一个重要环节。因此推进城市化，就是自始至终坚持现代化建设和发展经济。我国未来城市化的发展速度将很快，到 2030 年将有

70% 以上的人口生活在城市中，城市面积、城市群、城市产值、消费、建筑、交通等都将得到前所未有的发展。

2）在城市化进程中，随着城市规模的扩大和人口的快速增加，会伴随发生一些公共安全问题。如，绿地减少、灾害加重、次生灾害增多、环境污染、缺水严重、能源紧张、交通压力陡增、传染病蔓延、居民健康水准下降、服务保障事故频发等。

3）城市的臃肿、膨胀、扩大，再加上城市基础设施建设欠账多，使作为承载体的城市更为脆弱和敏感，公共安全问题进一步凸显，城市将难以适应重大自然灾害的袭击，造成灾难和重大损失。如供水、供电、供暖、排水等生命线系统在发生灾害时，城市运行将一度中断或较长时间的瘫痪。

4）城市的快速发展，也使包括气象灾害在内的各种自然灾害的危害加重。主要表现为灾害频数增加，灾害强度增强，灾害面积增大，灾害时间延长。同时城市化的推进，城市中各类承载体一方面对各类气象灾害的变化产生一定的影响；另一方面自身承受气象灾害的袭击也变得更加脆弱，更加敏感。

5）一系列的灾害损失数据显示：一方面我们必须正视在未来气候变暖和城市化快速推进情况下，气象灾害可能更为频发与危害加重的事实；另一方面随着国力增强与城市基础设施的不断完善，我们必须更加重视城市突发公共事件应急体系建设，不断增强城市的综合减灾能力。我们相信，通过实施明确的公共安全战略，强化科学的能力建设，采取系统的减灾策略，就能最大限度地避免或减轻因气候变暖和各种自然灾害所造成的危害与损失。

北京建设世界城市综合应急能力提升的思考

郑大玮　韩淑云　北京减灾协会

一、北京市加强综合减灾管理的成效

自 2003 年 SARS 事件之后，国务院提出要加快公共事件应急机制建设，设立了国务院应急管理办公室，组织编制了《国家突发公共事件总体应急预案》。北京市突发公共事件应急管理体系自 2005 年开始建立以来，经过几年的努力，已形成应急体系的基本框架，并在突发事件和综合减灾实践中，特别是为 2008 年北京奥运会和国庆 60 周年活动提供全方位高效有力的应急指挥和安全保障，收到了明显的成效。主要体现在五大应急体系的构建，即应急管理体系、应急预案体系、信息共享交换网络体系、公众报警服务体系和法规政策体系。

1）初步形成了包括《北京市突发公共事件总体应急预案》和各分预案的较为完整的应急预案体系。

2）建立了有北京特色的大城市应急管理模式。形成了行政、专业和社会三个方面的应急机制。行政上有市、区（县）应急委员会及办事机构组成的上下协调应急指挥机制，专业上由各单灾种事件与灾害预警、救援等专业和职能部门牵头建立了 14 个应急指挥部的应对和联动机制。社会上依靠企业、单位、学校、社会团体、专家和大量应急志愿者参与的全社会共同行动的实施机制。

3）制定了《北京市实施〈中华人民共和国突发事件应对法〉办法》（以下简称《实施办法》），并自 2008 年 7 月 1 日起施行。强化了单位、领导和应急联动中的问责和行动准则。

4）已有 10 个社区达到世界卫生组织（WHO）的安全社区标准，建成数十处灾害避难场所，在市民道德规范中还增加了针对突发事件的防灾减灾责任的科普宣教内容。

5）在发生同等强度和规模的突发事件时，人员伤亡和财产损失都有明显下降。如自 2000 年以来，道路交通万车死亡率明显下降（如图 1 所示），亿元地区生产总值生产安全事故死亡率由 2000 年的 0.68％和 2006 年的 0.25％下降到 2009 年的 0.10％。北京市的大气环境质量连续 11 年好转，沙尘天数 60 年来一直呈下降趋势（如图 2 所示）。

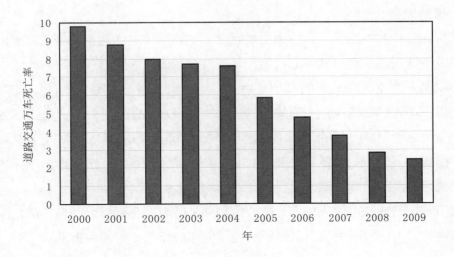

图 1 北京市道路交通万车死亡率

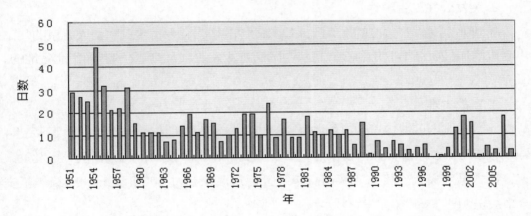

图 2 北京市春季沙尘天气日数年际变化

北京市山区是泥石流灾害多发区，1949 年以来累计死亡 500 多人，其中一次死亡百人上下的特大泥石流就有 1950 年、1969 年、1976 年共 3 次。自 1991 年发生死亡 28 人的特大泥石流之后，北京市组织了对山区泥石流风险的全面勘察和评估，对居住在严重危险区的山区居民逐年分批迁移到安全地区，对于一般危险地区的村庄加强了灾害预警和避险场所建设，近 20 年未再发生大规模伤亡灾难。

二、北京市的事故灾害隐患

中国目前处于工业化和城市化的中期，作为一个发展中大国的首都和迅速扩展中的超级特大城市，由于社会、经济发展与资源、环境的矛盾日益突出及发展的时空不平衡，北京市目前还存在许多灾害与事故隐患。

1. 自然灾害

北京地处华北地震带，虽然唐山地震之后地震活动总体趋于平静，但不排除发生 6 级以下地震造成轻度破坏的可能，尤其是在地质断裂带附近。

北京是一个水资源缺乏的城市，目前人均水资源量已不足 200 m^3，随着全球气候变化，华北气候呈现暖干化的趋势。即使在南水北调完工之后，也仍不宽裕。

由于大陆性季风气候的特点，温度和降水的年际变化很大，历史上多次发生严重的旱涝灾害，刚刚过去的冬季是近 40 年来最寒冷的一冬，而 7 月份的平均气温为有气象记录以来最高，城市日耗电耗水量均创历史新高。

城市的扩展使热岛效应加剧，中心区与郊外的温差不断增大，城市局地暴雨内涝问题更加突出。城市里直击雷危害减轻，但感应雷危害明显加重。

2. 突发公共卫生事件

随着北京对外开放度的加大和人口流动性的增强，各类传染病侵入北京的几率也明显增加，2003 年的SARS就是从中国南方输入北京，然后又扩展到华北各地的。

3. 事故灾难

北京在城市迅速扩展的过程中，部分地区在一定时期基础设施建设配套不完善，导致城市生命线系统存在不少隐患，如交通拥堵和事故较多，高层建筑一旦发生火灾，扑救难度极大。目前北京市每年竣工建筑面积超过 4000 万 m^2，建筑施工安全事故虽明显下降，但仍时有发生。

4. 社会安全事件

处于社会、经济转型期的中国，社会不同阶层和利益集团之间的矛盾日益突出且错综复杂。北京作为全国的政治中心，各类社会矛盾往往集中反映到北京。北京又是一个人口密集的城市，球场、灯会等公共场所如管理不善也有可能发生骚乱或拥挤践踏事件。城乡接合部是流动人口聚居地，发生刑事犯罪案件较多。高科技犯罪也开始出现，如通过计算机窃取他人银行存款，在实验室研制假药和毒品等。

5. 近年来北京发生的若干灾害与事故

2001 年 12 月 7 日，北京市区普降 1 mm 小雪，因道路结冰，造成全市交通大瘫痪；

2002 年 6 月 16 日，海淀"蓝极速网吧"纵火，死亡 25 人，伤 12 人；

2003 年 4 月至 6 月，北京市 SARS（"非典"）疫情死亡 300 多人，并造成一定程度的社会恐慌和较大经济损失；

2004 年 2 月 5 日，北京密云县元宵节灯会拥挤踩踏事故死亡 39 人；

2004 年 6 月 9 日，京民大厦火灾，死 11 人，伤 37 人；

2004 年 7 月 10 日，暴雨中心集中在城区，8 座立交桥下积滞水，严重影响交通，城区西部交通一度瘫痪，影响公交运营 7300 车次；

2005 年 12 月 5 日，八达岭高速公路进京方向车辆相撞，死 24 人，伤 5 人：创新中国北京一次交通死亡最大事故；

2006 年 4 月 7 日至 10 日，发生少见的长时间浮尘污染，其中 8 日至 10 日空气连续 3 天为重度污染；

2007 年 3 月 28 日，北京地铁 10 号线苏州街车站发生坍塌事故，6 人死亡；

2009 年 2 月 9 日，中央电视台新址东配楼火灾持续 5 个小时，过火 10 万 m^2，造成重大经济损失。

三、北京市应急管理存在的问题

北京市的应急管理虽然有很大改进，但仍远不能适应现代化大城市社会、经济发展的需要，与建设世界城市的长远目标相比，差距就更大。

1. 常态化应急管理未得到全面落实

虽然中心城区已建成 10 个 WHO 标准的安全社区，但城乡接合部的安全隐患仍很突出。一些应急预案的针对性和可操作性不强，基层社区和企事业单位大多尚未编制，远未实现国务院提出的编制预案"横向到边，纵向到底"的要求。

2. 城市生命线系统的脆弱性和隐患

北京市的道路和交通设施建设赶不上车辆的增加，交通拥堵成为老大难问题。除市内上下班高峰期堵车严重外，2010 年 8 月京藏高速公路从 8 月 14 日开始在进京方向出现堵车之后延续近 10 天，数千辆大货车拥堵长龙绵延上百公里，成为世界奇观。气候的突变常造成电力和能源供应的紧张，2008 年 1 月至 2 月中国南方的冰雪灾害曾造成数千高压线塔倒塌和大范围停电，北京市 2004 年 12 月至 2005 年 3 月和 2009 年 11 月至 2010 年 3 月的持续严寒都曾造成燃气供应的一度紧张。

久旱之后突降暴雨容易导致道路或建筑工地的局部地面塌陷。

3. 信息管理、共享与协调联动

减灾应急监控信息尚未实现充分及时的共享交换、预警会商与联动不够。2003 年的 SARS 事件和 2009 年中央电视台新址火灾的应急处置都表明，北京地区的属地应急管理原则还未能充分落实。

4. 缺乏高层建筑抢险装备与技术

包括超高层建筑的灭火、救援装备均缺少达到可有效救助的能力。例如：2009 年 2 月 9 日晚发生的央视大楼火灾共造成 7 人受伤，一名消防员牺牲。消防队及时赶到现场，但面对三四十层高的大楼，众多消防水枪鞭长莫及，只能人为攀高去灭火，效率很低。

5. 抢险救灾人力资源不足

抢险救援专业人员的技术素质和现场救助能力有待强化，应急抢险救援队伍的布局不够合理，非传统安全的许多领域减灾技术与管理人才奇缺。志愿者队伍建设亟待加强应急管理专业人才的培养。

6. 市民防灾减灾教育培训薄弱

对市民自救自护能力的培训未达到系统化、标准化，安全文化教育尚未全面纳入中小学和高校教育体系及教学课程。部分人群几乎没有接受安全培训，特别是流动人口和农民工。

四、建设世界城市对应急能力的要求

2009 年 12 月北京市提出了加快实施"人文北京、科技北京、绿色北京"发展战略，到 2050 年建成世界城市的目标。虽然随着中国在世界经济总量中的比重和地位不断上升，北京作为中国首都对全国的辐射作用和与世界的交往日益扩大，北京城市建设的现代化水平也有了迅速提高，城市规模和基础设施的某些指标已接近世界城市的标准，但总的看，北京市在经济实力、国际影响力、创新能力、生态环境、人口素质等方面与目前国际公认的世界城市仍有较大差距，特别是在资源、环境、安全和社会协调发展方面还面临着巨大的压力。

　　如北京平均 14694 人 /km²，远远高于纽约的 8811 人 /km²、伦敦的 4554 人 /km² 和东京的 6700 人 /km²。北京的交通事故致死率为 14%，东京则为 0.7%。根据国家安全监管总局 2008 年公布的数据，2007 年亿元 GDP 死亡率是先进国家的 10 倍；工矿商贸 10 万人事故死亡率是先进国家的 2 倍多；道路交通万车死亡率是发达国家的 3 倍；煤炭百万吨死亡率是世界平均的 5 倍多。北京的情况虽然明显好于全国平均水平，但与发达国家在城市安全管理与应急能力建设上的差距仍较大。与现有的世界城市相比，城市硬件建设的差距在迅速缩小，如不久的将来，北京将成为世界地下铁道运营里程最长的城市，但在城市的软件建设方面，即城市应急管理与市民安全素质方面的差距，要经过长期艰苦的努力才能逐步缩小。

　　世界城市是在社会、经济、文化或政治层面能够直接影响全球事务的城市，具体表现在作为国际金融中心、决策控制中心、国际活动聚集中心、信息发布中心和高端人才聚集中心五个方面。实现世界城市的功能，需要以下支撑条件：一定的经济规模、经济高度服务化、聚集世界高端企业总部、区域经济合作紧密、国际交通便利、科技教育发达、生活居住条件优越等。这些功能的发挥和支撑条件都需要可靠的安全保障。要求具有充分立法保障的综合应急管理及处置能力，有与中央政府相协调的特殊"属地管理"职能，对各类灾变具有很强的"跨界"控制力、指挥力和快速反应救援能力，生命线系统及其指挥、保障系统安全可靠且能够快速修复，市民具有高度的安全文化素养和技能，大多数社区达到 WHO 的安全社区标准。在发生巨灾的情况下能够有序开展应急救援和灾后恢复，有救援能力的市民都能参与自救和互救，城市社会秩序能够保持稳定。

五、提升北京市综合应急能力的思考

1. 综合应急管理能力的建设，努力实现防灾备灾前移

　　提高对自然灾害与突发公共事件的预警、监测能力，加强灾害信息管理与信息共享，建立和完善科学的灾情监测预警、风险评估与信息发布制度。

　　救援应对前移。健全应急管理组织机构，提高应急管理能力和水平。健全专业应急救援队伍，建立市民广泛参与的志愿者队伍。经常开展应急演练，提高城市抢险救援和市民自救互救能力。

　　加强灾害风险与损失评估、资源承载力与环境容量评价等工作。加强减灾应急科技支撑能力建设。

2. 编制城乡综合应急规划

面对 21 世纪城市重大突发公共事件的新特点，修订前期编制的减灾规划，结合世界城市建设目标开展城市安全承载力和风险区划研究，新城和卫星城镇建设规划必须增加安全减灾风险评估与安全设施建设，特别是生命线工程安全保障的内容。加快城乡接合部村镇的改造，解决低收入人群和进城务工人员的安居保障，降低社会风险。

3. 全面编制各级应急预案，实现横向到边、纵向到底的目标

结合北京市在工程建设和城市运行诸方面所暴露出的事故灾祸和经验教训，抓紧制定并完善能源、物资等应急保障预案和工作规程，修订和完善现有各类市级应急预案。同时要组织全市各区县、街道办事处、乡镇、各企事业单位和城乡社区，针对当地可能发生的各类突发事件，编制具有充分可操作性的应急预案，并定期组织评审和修订，使应急管理和行动落实到每个基层单位和每个市民。

4. 建设应急管理科技支撑系统

北京城市的迅速发展为城市安全带来了许多新问题，建设世界城市的目标给城市应急管理提出了新要求，为此必须建立城市应急管理的科技支撑系统，建立北京安全减灾研究中心。要充分应用现代化信息技术，汲取北京奥运会安保系统的高科技经验，编制北京减灾应急科技发展与产业振兴计划。积极引进与自主研发并举，大力提高应急抢险救援设备器材的科技水准与救援技术水平。

5. 加快建设应急救援物资保障体系

继续修建和完善布局合理的灾害避险场所，加强救灾物资储备网络建设，提升救灾物资仓储保管和运输保障能力，提高应急期食品、衣物、药品、帐篷等维持灾民基本生活的救灾物资和能源保障能力。建立北京市应对巨灾的基金和巨灾再保险系统。

6. 加强公众安全文化素质培育

编制减灾应急科普计划，组织编写系列科普教材，建设安全减灾师资队伍，实现安全减灾培训进课堂、进企事业单位、进社区，组建社区应急救援志愿者队伍，定期组织应急避险、互救技能的演练，使多数社区达到世界卫生组织的安全社区标准。

7. 加快京津冀社会经济发展一体化进程，缓解首都圈资源环境压力

北京市在 1949 年的人口只有 300 多万，现在加上流动人口已近 2000 万，城市建成区面积也扩大了十余倍，原有的郊区面积作为这样一个超级特大城市的腹地已远远不够，资源承载力与环境容量不足的矛盾日益突出。与此同时，环渤海城市群也在迅速崛起。为适应北京建设世界城市的发展目标，必须把整个京津冀都市圈统筹规划，一方面充分发挥京津两大核心都市对周边的辐射作用，另一方面要把京津辖区以外的河北省邻近区域作为城市发展的腹地，以缓解资源、环境的矛盾，增强北京城市建设的资源、环境安全保障水平。

城市公众安全文化教育研究的思考
——以"北京城市居民危机意识社会调查"分析为例

韩淑云　北京减灾协会

摘要：　根据国务院颁布的《全民科学素质行动计划纲要（2006—2010—2020年）》，北京减灾协会于2006年10月承担完成了由北京市科学技术委员会立项的"北京城市居民危机意识社会调查"调研项目，调查范围涉及北京市城八区近40个街道、100多个社区。调查表明，近2/3的公众对北京市政府危机管理现状不太了解，有75%的人不知道住所附近有无指定的避难场所。研究认为北京市民应对灾害的能力不强，很难适应"平安北京，安全奥运"的要求。为此，本文集中研讨并提出了有助于提高城市公众安全文化教育的方法及对策。

关键词：城市灾害源；安全文化；社会调查；建议。

2006年2月，国务院颁布了《全民科学素质行动计划纲要（2006—2010—2020年）》，提出了"政府推动，全民参与，提升素质，促进和谐"的指导方针，制定了"十一五"期间的主要目标、任务和措施以及到2020年的阶段性目标。其中，明确指出要以未成年人、农民、城镇劳动人口、领导干部和公务员4个重点人群科学素质的提高带动全民科学素质的整体提高。2006年10月，北京减灾协会承担完成了由北京市科学技术委员会立项的"北京城市居民危机意识社会调查"调研项目，在北京减灾协会、北京市科协科普部、北京市城八区科协的组织协调下，调查范围涉及北京市城八区近40个街道、100多个社区，发放调查问卷2300份，回收2300份，有效问卷2300份，有效回收率为100%。调查活动的对象有：公务员，事业单位人员，公司、企业管理人员，科学技术人员，教师，工人，自由职业者，社区居民，农贸市场人员等。调查活动的内容有：公众对突发性重大灾害与灾难爆发的整体趋势的认识；现代科学技术的研究和发展与风险的关系；对于危机形态中居民最关注的事件；居民在应对危机的对策方面的能力；公众对经济危机事件的意识状况；北京城市居民的风险意识与危机应对能力方面的具体意见和建议共计49个问题。

一、我国城市灾害特点及规律再认识

还在 2006 年，纪念唐山 "7·28" 大地震 30 周年之际思考中国城市防灾减灾问题时，专家曾提出：把握新形势下的城市灾害特点及规律是有效开展城市安全减灾科技与管理工作的前提。早在 1997 年 12 月的《城市灾害学原理》一书中曾对城市灾害源做了 14 大类的归纳，在 2005 年 3 月出版的全新版本的《城市灾害概论》一书中又对城市安全与防灾减灾予以适合现代城市发展的归纳。现代城市安全的灾害特点不仅要研究传统的安全减灾问题，也要涉及非传统的安全问题，过去综合减灾意义上的城市自然灾害与城市人为灾害的分类显然是不够的。因为现代城市不仅要关注 "9·11" 事件后的恐怖事件、印度洋的世纪大海啸，还要考虑类似在全球分布开来的禽流感灾变。伦敦帝国大学的尼尔·佛格森教授认为，2005 年迄今的全世界禽流感，甚至比 1918 年 "一战" 时的浩劫——"西班牙流感" 还厉害，因为 1918 年的流感，在不到两年时间内夺去了 5 千万人的生命。面对近年来不止的火灾与爆炸、流域性的水污染、矿难及其事故扩大化、地震与地质灾害、群体性突发事件，使我们将原本就正视城市安全的目光加倍调整并强化。2006 年 2 月公布的《国家中长期科学和技术发展规划的纲要（2006—2020 年）》不仅强调城市防灾区划规划及事故灾害监测，还从多方面对城市公共安全的科技发展重点予以描述。应该承认并肯定如下几点。

1）中国城市化的高速发展造成了城市的脆弱及应对城市新灾害源的复杂性。

2）中国城市灾害与事故的特点不仅具有历史上灾变的综合性，更叠加上诸如生物化学灾变、城市工业化与城市生命线系统事故交织的新灾害，对城市的威胁不仅在于其失控后果的严重性，还在于事故潜在的长时间的杀伤力。

3）中国城市的高速化发展，尤其是 2008 年北京奥运建设、2010 年上海世博会建设，使得安全减灾难题成倍增加。它不应该也不可能因传统的事故致灾分析机理就可以解决的。它不仅要有最大灾害状态的风险分析，还必须评估并辨识现有城市及项目的安全保障能力。

4）中国城市的事故与灾害面临着高风险的挑战，不仅灾害种类形态有多样性、集中性，灾害的发展还有复杂性、连锁性及危机的放大性。近年国际社会应盘点的大灾当属 "卡特里娜" 飓风所招致的 "连环型" 灾难及损失；近年中国城市影响深刻的灾事当属 "吉林—哈尔滨" 危机事件扩大化所导致的事故与环保那分不开的跨流域、跨城市甚至跨国界的应急大救援。

中国城市事故灾害虽有自身城市化的特点，已纳入 2006 年国务院颁布公共事

件应急条例中四大类危机事件之中，它要求城市管理者及城市安全减灾科技工作者，要从城市自然灾害、城市人为事故、城市公共卫生事件、城市社会恐怖事件四个层面去把握城市安全的态势。

　　鉴于现代城市灾害与事故的跨地域性、更快的扩散性及难感知性，这里试从几类具体灾种出发去认知城市灾害的特点及规律。总体上看，中国的城市化水平在快速提升，有不少报告预测 2030 年中国城市化水平将达到 60% 以上，这就意味着每年有上千万人要迁移到城市，城市一方面要承受固有的灾害源的侵袭，同时要在发展上承受安全容量难以允许的事故灾害攀升的事实，因此按不同灾害等级、不同城市化发展水平予以灾害区划研究十分必要。它不仅可指导有序的、安全的城市化发展，同时也为城市事故灾害的充分备灾能力建设提供地域上的空间准备。

（一）城市水灾

　　水害作为突出的城市灾害，同样是某一城市化区划致灾因子的危险性的表现。仅基于历史诸灾数据研究发现，在 1949—2000 年中，洪灾在中国各大城市内普遍存在且呈上升势头，尤其以长三角、珠三角和成渝等几个都市群较为明显，北方的大中城市的洪灾次数也在波动中上升。总的区划是：长江流域仍然是洪水高发区，依次为珠江流域、松花江流域、海河流域及辽河流域，黄河及淮河洪灾也不可忽视。值得注意，城市是巨灾的承载体，不少大城市都在城市暴雨来临时表现出异样的脆弱，这是城市化盲目发展、城市安全规划未真正到位的体现。它警示城市防洪要在流域及城市本身两方面关注洪灾风险的变化，特别要警惕城市暴雨之灾。

（二）城市地质灾害

　　现代城市地质灾害具有自然、社会及资源属性，目前尤应加强的是地质灾害的社会属性，其目的旨在使人类活动扼制地质灾害的产生，从而实现地质作用向减灾作用的转化。据中国地质环境监测院的研究报告，给出了近 10 年我国突发性地质灾害造成人员伤亡地域分布特征及造成人员伤亡之危险性分区。其中高危险区有：云南、贵州、四川大部、广西大部、广东北部、湖南中西部、湖北西部、陕西大部、山西西部、甘肃南部及青海部分地区，面积在 200 万 km² 以上，死亡人数占全国死亡人数的 95%。全国受多种地质灾害侵扰的城市近 60 座，县级市以下的城镇近 500 个。某些城镇如四川松潘、南坪，云南兰坪、元阳，新疆库车等县因崩塌、滑坡等地质灾害以及近年又发生的严重地震灾害等，不得不搬迁重建。特别是 2010 年，我国发生的泥石流灾害，造成几千人死亡，这在历史上是少有的。应该说，从总体上讲我国在地质灾害易发区、地质灾害危险区、地质灾害重点防治区上还需再调研，还需强化保障。北京也是发生地质灾害较严重的城市，具有灾害频发、灾种多、群发性强等特点，并存在大量隐患。以泥石流为例，有 9 个区县的 60 多个乡镇有泥石流；从时间分布上看塌陷灾害逐年增多，矿山地震有增加的可能，对区县城乡建设，尤其是新城及新农村建设提出安全选址的挑战，塌陷主要发生在夏季。

（三）城市沉降严重

中科院 2004 年科学发展报告指出：自 20 世纪 80 年代迄今，我国地面沉降已由沿海城市向大面积区域扩展，由浅部向深部发展。地面沉降这种地质灾害，已成为影响大中城市安全发展的制约因素。如近 40 年来地面沉降已给长三角地区造成直接经济损失 3500 亿元。中国几大直辖市都在下沉：天津的塘沽地区 20 世纪 90 年代比 60 年代海拔高度降低了 3 m，海河呈现了海水倒灌的态势；上海地面平均以每年 10 mm 的速度下降，有专家预警，再下沉 2 m，上海会陷于汪洋之中；北京有 5 个地区（东郊八里庄—大郊亭、昌平沙河—八仙庄、大兴榆垡—礼贤、东北郊来广营、顺义平各庄等地）出现较大的地面塌陷，最严重的地表以每年 20～30 mm 的速度下沉。再如西安地区，截止到 2003 年统计，因地面沉降等超常破坏毁坏楼房 170 余栋，74 条道路遭毁，累计错断生命线系统事故 60 余次，著名的唐代大雁塔向东北方向倾斜 1004 mm，钟楼已下沉 1000 mm 之多。虽然地面沉降为缓变性灾害，但其发展是不可逆的，对城市发展的安全威胁是：建筑物地基下沉，房屋开裂；地面水准点失效，地面高程资料失效；影响城内外河道输水，使城市暴雨内涝大幅增加。

（四）城市气象灾害

影响我们多数城市的气象灾害有台风、暴雨、冰雹、大雾、高温高湿、冰雪灾害、沙尘暴、雷击等。每年全国因气象灾害造成的损失占总损失值的 70％，占国内生产总值的 1％以上，受灾害影响人口在 4 亿以上。城市气象灾害加重的原因是：史无前例的大规模人口迁移与城市化过程对自然界产生巨大的负作用，如城市内的自然植被遭砍伐，城市于是成为地球上稠密的生态破坏网点，从而使城市本身失去维护环境的功能。城市建筑与道路的不透水地面，阻断了雨水渗入土层的通道，正是这种对自然界的本质破坏，使灾害伴随城市的成长而增加。城市化加快，但城市规划及合理的安全布局未跟上，从而增加了城市对灾害的敏感性，城市防御气象之灾能力下降。同时，也要警惕，不少灾害事故因气象灾害的发生而加剧或扩大化。如我们迄今难摆脱气象与水利、气象与环境公害、气象与火灾、气象与公共卫生安全等关系。

（五）城市火灾与爆炸

近10年来城市火灾次数占60%以上，其规律是经济发达的城市火灾相当严重；重特大火灾发生频率高；群死群伤主要发生在公众聚集场所；大空间建筑恶性火灾增多；电气及用火不慎是引发火灾的元凶；火灾发生的时间呈现一定的规律性。大量分析表明：① 对于城市规划设计与管理者来说，缺乏安全减灾设计与设施是酿下火灾的"定时炸弹"；② 对于建筑的使用者及公众说来，缺乏必要的防灾避险知识，意味着灾难来临时逃生机会的丧失。

（六）城市交通灾害

道路交通灾难被称作"文明世界的第一大公害"，美国著名学者乔治·威伦通过《交通法院》一书告诫世人："人们应承认，交通事故比消防更加严重，因为每年交通死亡的人数在增加；它比犯罪严重，这是因为交通事故跟整个人类有关，不论是谁，只要在街道及公路上，每一分钟都有遭交通事故的可能。"我国交通事故死亡人数2005年略有下降，但已经连续4年徘徊在10万人左右，10万人死亡率是发达国家的15～20倍；纵观我国城市交通灾害不仅仅表现在人员高伤亡率，还表现在城市交通网络的欠安全以及由此导致的灾情扩大化、灾情连锁性及可诱发性。

（七）城市生命线系统事故

城市生命线系统泛指城市供电、供气、供水及其通信系统，广义地讲也包括城市紧急救援系统。其问题是，它们构成城市的关键系统及网络，它的质量与可靠性要在城市一般系统之上。城市面对突发事件，在所有系统中则要求生命线系统的高可靠度，但迄今应承认中国大城市供电水平偏低，供电能力不强；不少城市在冬季或其他用气高峰时，运力不足；城市救援，尤其是灾害综合救援及备灾能力缺少科学计算下的规划，心中无数造成生命线系统应急管理水平的执行度差。

（八）城市工业化灾害

悬在城市上空的"达摩克利斯剑"已上演了无数次悲剧。20 年前发生的苏联切尔诺贝利核电站事故，为人类利用核能，为城市安全投入下沉重的阴影。它给今日城市事故与灾害风险研究的启示在于，要加强安全保障系统的高风险科学研究，同时也要关注一般风险技术，诸如城市工业化设施如化工厂、危险品的安全建设。如面对大城市危险工业品生产、经营、储存、运输及使用的事实，在强化现场急救与紧急疏散机制建设的同时，要对泄漏物的处置、爆炸品泄漏物的处置、压缩气体和液化气体泄漏物的处置、易燃液体泄漏物的处置、有毒品泄漏的处置、放射物品泄漏物的处置，增加对其规律的认识。

（九）城市恐怖与安全

城市安全的另一个敌人是恐怖主义已经愈来愈得到关注。2001 年"9·11"恐怖袭击和不断的炸弹事件使世人紧绷住神经，恐怖主义为了实现自己的目的，无所不用其极。无论是东京的奥姆真理教的沙林地铁毒气事件，还是巴勒斯坦激进组织哈马斯的人体炸弹，城市几乎成为无法摆脱的传染源。现代城市不得不无奈地承认，城市危机随时都可能发生。所以应从城市大安全观发出，使城市反恐同时具备防恐怖袭击，防化学、武器、防高新技术战争的综合能力。

可见，如果从认知中国城市现代事故灾害的特点出发，这里的归纳仅仅还是初步，但希望它能对国内大中城市正进行的城市综合减灾研究引发某些启示，即要从对城市安全的宏观分析中走出来，为城市灾害科学及其科学管理做些基础性工作。

二、北京城市居民危机意识社会调查的现状及问题

（一）调查现状

1）从城八区的 2300 份调查问卷（图 1）中发现，41.1% 的北京公众认为目前我国各种突发性重大灾害与灾难爆发的整体趋势是趋于逐渐好转，但也有 22.4% 的公众认为全国各种突发性重大灾害与灾难爆发的整体趋势更为恶化。25.8% 的北京公众认为目前我国各种突发性重大灾害与灾难爆发的整体趋势没有明显变化。

2）在调查统计中发现，居民在重大危机避险能力方面，仍有较大欠缺，特别是：

① 有 75% 的人不知道住所附近有无指定的避难场所；

② 有 71% 的人不知道工作、学习的地方附近有无指定的避难场所；

③ 有 52% 的居民没想过如果发生危机事件应该如何避难。

调查问卷投票数据	
○ 逐步好转	945
○ 没有明显变化	593
○ 更为恶化	516
○ 不清楚	246

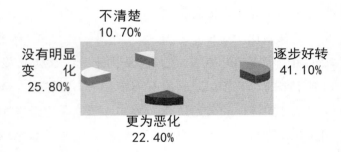

图 1　城八区调查问卷及结果

3）在危机发生时，5 成以上的居民希望快速通过电视、报纸、手机、互联网等主流媒体知道危机的发生发展情况以及防范手段。

当突发危机事件发生时，人们最想带出的物品顺序为：现金、存折、信用卡、证件、水和食品、手机 …… 这个调查与国际上的结果略有差别。在国外，居民首先选择的物品顺序是水和食品。

4）万一遇到下列危机事件时，您首先向谁求助？（表 1）

表 1　遇到危机时向谁求助调查表

	台风	地震	火灾	室内有毒气体泄露	突发疾病	意外伤害	重大交通事故
自救	1063	1189	274	607	101	139	82
向家人求救	102	92	38	82	128	108	51
向朋友求救	29	28	36	27	38	55	31
向邻居求救	65	77	85	101	69	36	9
向单位求救	28	25	9	31	9	13	10
向街道办事处求救	116	104	37	53	26	30	26
拨打 119	166	160	1614	492	93	52	162
拨打 110	297	222	109	418	162	771	846
拨打 120	114	107	47	455	1473	917	754
拨打 122	—	—	—	—	—	—	110

表 1 显示，在自然灾害危机发生时，公众主要采取的是自救；而在事故灾难发生时主要采取的是拨打公共报警服务电话 110，119，120，122 等，这说明公共报警服务电话已经成为在各种危机来袭时公众最主要的求助手段。此外，在购买保险

方面：有 60% 的居民为自己或家人购买了保险。这也体现了北京人已经把保险作为防范风险的一个重要手段。

（二）存在的问题

对北京城市居民危机意识社会调查报告表明，近一半的居民包括部分公务员，缺乏危机意识和相应的应对危机的知识。北京市民的危机意识虽然有所增强，但同时也暴露出不少问题，2/3 的公众认为北京市民应对灾害的能力不强。很难适应"平安北京，安全奥运"的要求。

1）对市政府危机管理现状不是很了解。70% 的公众对北京市突发公共事件的基本情况不知道或不太清楚，80% 不清楚预警信号的含义，过半居民只知道消防、卫生急救等单一灾种管理部门。

2）缺乏正确应对突发事件的知识与技能。近 70% 的公众没有接受过危机应对和生存急救的培训和演练；85% 没有参加过现场抢救。

3）不同职业人群的应对意识与能力有较大差别，尤其是弱势群体。如农贸市场工作人员有 1/3 不知道北京市编制的突发公共事件总体应急预案（全市平均18%），无一人知道住所与工作、学习场所附近有无避难场所（全市平均 1/4，社区居民为 3/4）。仅 10% 知道求助电话（全市为 30%），6 成不知道有毒气体泄漏应采取何措施（全市为 3 成）；半数以上不会使用灭火器（比全市高 12 个百分点）；为自己和家庭购买保险的只占 10%（全市平均 60%）。此外，教师和社区居民也有半数以上不会使用灭火器，社区居民和自由职业者只 20% 知道求助电话（全市为 30%）。

4）部分公务人员的危机意识不强，有将近一半人对突发公共事件的分类、定义、预警信号及含义不清楚。

三、城市安全文化建构的基本问题

要弄清"文化"的概念必须从内涵与外延两方面入手。这里只依据《中国大百科全书》的社会学卷和哲学卷予以说明。社会学卷指出："广义的文化是指人类创造的一切物质产品和精神产品的总和。狭义的文化指语言、文学、艺术及一切意识形态在内的精神产品。"哲学卷指出："广义的文化总括人类的物质生产和精神产品，包括一切社会意识形式，有时又专指教育、科学、文学、艺术、卫生、体育等方面的知识和设施，适于世界观，政治思想、道德等方面的知识和设施。"笔者认为现今之所以称"文化就是力量"有如下含义，即文化是现代发展之魂，现代竞争力源于文化力；文化的可贵之处在于其责任；文化的管理效力是于制度中见精神；大量实践证明比物质资源更重要的是文化，等等。

中国安全文化有着悠久的历史。为了生存、繁衍和发展，人类祖先用鲜血和生命，换来了对付灾害与猛兽的经验，找到了维持人类生命运动生存的方式，这就是人类不断地解决物质需要和保障其活动的安全需求。人类文明和社会进步的历程，实际上是人类文化繁荣的过程。企业安全文化及其与科技、与其他文化的关系，对推动中国的安全文化建设是十分重要的。由于人类对安全及灾害认识的深化，人类对安全或灾害的认识经历了无知、盲目、被动的阶段，发展到局部有知、有意识的、系统的阶段。从中国传统救灾思想认识入手可归纳出对当今有借鉴意义的文化建设思路：①追求"天人合一，物我合一"，这是传统救灾思想的重要出发点，而推天道以明人事则是其重要的思维方式；②注重在节俭、积储、赈济基础上的开发性救灾，这是传统防灾思想的重要视角；③中国传统救灾活动中很重视农学、气象学、建筑学、工具学等方面的防灾科目建设；④救灾管理思想在中国传统防灾活动中十分明显，虽有不少消极因素，但也有研究救灾效率及高效运作的管理机制的内容。

需要指出，安全文化绝不单单是有人讲的"文化安全"，而是一种随社会发展而出现的安全信息化、安全产业化、安全科教化的现代化文化形态，它毕竟不是过去的安全管理简单的"翻版"。这绝不是故意要将安全文化这类实践性专题搞得神秘化，也非"另起炉灶"，而是控制事故的新探索是实践的新需求。安全文化建设的案例研究就是对一个文化过程的刻画和描述，有它自身的规范和方法，但案例研究重点要突出对企业、对社会、对公众有指导意义且源于实践的规律性的内容。安全防灾文化素质教育是一特殊的科普内容，之所以说安全防灾文化素质教育是有难度的，是因为它所涉及的范围不是常规科学技术，它专门关注人们生存空间、生产与生活中的人为或自然的危险及危害。不可否认，当代灾难来自于现代生活中高层人造空间和机、电、化学、毒气等物品的危险，来自于风暴、水灾、地震、地陷、泥石流等自然巨灾，对此人类的基本法宝只有依靠当代科学技术。安全防灾自护文化素质教育的核心是教授人们多一份警觉，懂得一些安全自护平安的知识及规律，掌握必要的避难和应急的方法，从而获得在突发事件到来时临危应变，争取最大的生存机会，减少不必要的伤亡及损失。可以看出，这是与常态教育不同的特殊内容。迄今我国尚缺少必要的教材及教师，最关键的是作为各级管理者尚未提高认识。我以为作为各级管理者要足够认识灾害的巨大社会效应问题；要有特殊的责任感，要善于有效组织平息谣言；要利用必要行政手段支持在大媒体上开辟无偿公益型安全讲座栏目。

从理论上讲，社会公众的安全基础教育包括社会公众的安全意识教育，不同层次（如中小学生、大学生、老人等）的安全知识初步教育。安全是与人人相关的普遍问题，每个人的行为是否符合安全要求，不仅与行为人的生命安全与健康密切相关，而且与周围相关的人员紧密牵连。所以，要开展社会大众的安全教育，要让每一个社会公民认识到，"安全问题人人有责，酿成灾祸害人害己"，这对于防范社会公共事故有重要的意义，更重要的是对于培养人的安全素质及行为文明有深远的意义。因此，确立国民安全文化与社会的持续协调发展相一致是追求安全少灾目标的关键。

近年来，井喷、火灾及爆炸、踩踏事故、游船翻沉、文物烧毁事故、全国城市暴雨致灾等，被媒体通天热炒，已是一种防灾预警的觉醒。必须对比中外公众在安全文化上的差距。

其一，中外公众的不同生命价值观。西方人——"惜命如金""珍视健康"；中国人——推崇"不怕苦，不怕死"，人的安康往往置于"事业"之后，从而导致了对生命的"无视"与"践踏"，不少事故源于"要钱不要命"。其二，中外公众的不同行为文化自律性。西方人——遵守安全规章制度表现出自觉性及自律性，强调保障安全是人的权力；中国人——从古人至今，更多地强调用典范的影响力来影响行为，此种方式极不适宜现代城市化的生活方式，是频发"三违"现象的文化基础。其三，中外公众的不同的"生命文化"原则。西方人——"生命第一"的文化原则是神圣不可侵犯的；中国人——过多地宣传了"国家财产第一原则"，所以与"应急避险权"所主张的"生命高于一切"的安全原则格格不入。其四，中外公众的不同安全技能观。西方人——美国早在1985年就组建了社区救灾反应队，美国国家防火协会经常组织北美统一的火灾"大逃亡"训练活动；中国人——现在还停留在对安全警钟的认知上，2003年非典至今，全国共举办过近50万人参加的近800次各类防灾演习，但每每事故惨剧暴露出的问题还都是安全知识、安全技能、安全产品上的问题。它告诫我们必须从现在开始系统地开展公众安全文化教育。

　　具体讲要提高城市的公共安全防灾文化意识还至少关注两点。其一，政府对公共安全职能的定位。无论是建设"世界城市"，还是全面小康建设，公共安全问题都成为人们的公共需求，按照美国学者马斯洛的需求层次理论，人们在温饱及生理需求满足后，安全生存已成为首要目标。公共安全对于一个城市而言，不仅是一种需求，更成为一种文明标志，为此应成为考查政府绩效的关键指标。其二，该告知公众的是安全是人们做事的前提。安全文化的内涵十分丰富，研读并实践它正是当今遏制公共事故危机的良方，其关键点在于不要就事故论事故，而是从更高的文化层面去剖析事故灾祸的发生背景中人为致因的种种要素。①城市灾难，馈赠给人类的难题，要求人类去正确解读。面对突发事件，很多人的心理不可能不出现过度的焦虑、无助、沮丧与恐慌，但逆境催人类成熟，从安全文化层面上讲，灾害有理由且事实上使人类演习了灾难应对，不能不承认由于我们平时太缺少准备，经历了茫然、无措、正视、反思、调整到逐步镇定，不能说不是一个痛苦的安全文化建构过程。② 城市灾难，更呼唤行政与制度的安全文化重铸。文化的重铸在危机开始时并未突显，它是长期以来社会上一些思维惯性与惰性的反映，事实上也是对我们向来以乐观主义为主流的文化习性的写照，这分明是一种危害更大的文化习性。③城市灾难，还在2003"抗非"中体现出的责任及关怀，更体现着一种可贵的安全文化的人性化。应该说，由于全社会安全文化教育的不够普及，公众中发生一定程度的恐慌算是灾难事件中正常的初步反应，但由于灾难本身及公众的复苏的希望，人们的"人情味"开始变得浓郁，人们及社会增加了一种对生命价值更深切的理解，这是安全文化的警策性作用。

四、思考与建议

　　上述分析表明，如何构建城市安全减灾的意识及文化教育框架，是目前亟待解决的大问题，其意义在于安全文化及素质能力教育是实施可持续发展战略的必要条件，安全文化尤其是自护能力是国民素质的重要反映，提高全民族安全文化是自觉遏制事故灾害高发的根本性有效途径。为此必须从安全文化的政府形态的代表者公务员、学术形态的代表者知识分子、大众形态的代表者城市居民、未来形态的代表者学生等层面予以安全文化教育的整体规划及可行的教育方式设计。

　　1）要继续贯彻落实《全民安全文化及危机应对意识教育的国家规划》。结合出台的《中华人民共和国突发事件应对法》及《全民科学素质行动计划纲要》及科学普及相关条例法律，从提高全民族科学素质入手强化国民安全文化教育。尤其要从综合减灾及国民忧患意识等"大安全观"的高度抓住每年 3 月的"中小学生安全教育日""国际气象日""国际地球日""国际环境日""7·28 唐山大地震日"、6 月"安全生产日""国际减灾日""11·9 消防日""5·12 国家减灾日"等统一做好系统化的宣传传播防灾减灾教育计划，使教育日有充分实效且互为补充，体现出城市防灾减灾教育的特点。建议由中国科协牵头要求各省市科协组织本省（市）安全文化教育规划的编制，在此基础上形成具有全国特点的安全文化教育纲要。在此方面北京市科协应带头。

2）当前应继承 2008 年奥运会、2010 年上海世博会的安全保障经验遗产，研究不同人群的安全文化自护教育模式，如必须研究疏散中不同人的心理行为特征，针对大型群体社会活动发生事故的特点展开预防的对策。这里涉及大型社会活动的风险分析、大型社会活动人员流动状况控制、大型活动安全责任管理等问题。要先期启动安全文化自护演练。重点是社区、学校、企事业单位和公共场所，模拟火灾、地震、公共场所骚乱、生命线工程重大事故等重大灾害的现场抢险、救护、疏散及秩序控制管理，在提倡"人文北京、科技北京、绿色北京"的同时，大力提倡"安全北京"的理念。

3）要有重点按层次开展安全文化教育试点工作。就城市防灾减灾建设而言，社区、校园是两大方面。之所以要推进安全文化建设是为了避免单纯抓"应急避险"的不足。在安全社区建设上要按照联合国世界卫生组织的标准结合中国实际开展城市安全社区的创建，其核心是将社区常态安全建设、志愿者队伍建设与应对避险、应急预案相结合，自下而上地完善家庭防灾计划，组织好社区的安全应急演练；在大中小学要倡导安全校园及学生的安全文化教育。尤其要改变大学生对灾害基础知识认知不足的现状，要通过教育部门及各级科协组织的不懈努力使他们的减灾态度积极起来、减灾行为得到根本提高；对于中小学生尤其要开展有特色的课内外相结合的安全文化教育活动，充分利用现实中经常发生的灾害事件教育中小学生"安全生存"是现代人的第一素质。总之要利用联合国减灾战略的观点强化灾害文化教育，使"教育是减轻灾害计划的中心，知识是减轻灾害成败的关键"的命题真正深入到我国的科普、教育之中。

北京建设"世界城市"目标的安全风险策略研究

金磊 北京减灾协会

摘要：北京正欲建的世界城市，是经由区域性的国际城市，再建成与纽约、伦敦、东京比肩的位居世界前列的城市，它体现了北京准确定位的自觉意识和自我期许。本文从建设世界城市的基础与优势出发，选取了北京无法摆脱的事故灾害风险及危险源，提出了适应北京城市总体规划（2004—2020 年）的世界城市分段建设的安全风险目标及策略。笔者认为：北京面向世界城市的所有构建绝非仅仅大规模"盖房子"，单方面追求经济振兴，它离不开应拥有一个全国乃至全球协同的综合应急体系及管理平台，世界城市从本质上需要从根本上提升城市综合防灾减灾规划设计的水准及相应标准。

关键词：北京；世界城市；巨灾风险；综合减灾；安全规划设计。

一、引言

北京市市长郭金龙在北京市十三届人大三次会议上所作的政府工作报告中提出，要"着眼建设世界城市"的目标,这成为 2010 年北京市政府工作报告的一个亮点。何谓"世界城市"，按政府工作报告中的名词解释其意为：国际大都市的高端形态，对全球的经济、政治、文化等方面具有重要的影响力。目前公认的世界城市有纽约、伦敦、东京。对此市委书记刘淇也强调，"世界城市"应该有中国特色，北京与东京、纽约、伦敦不尽相同。要瞄准建设国际城市的高端形态，从建设世界城市的高度，加快实施人文北京、科技北京、绿色北京发展战略。围绕这些背景，要看到北京在人口、资源、环境、安全及其相互协调发展上与世界城市尚有不少差距，建设"世界城市"的相应安全目标亟待研究，否则将不是完整的全球化视野。

值得注意的是，北京建设世界城市已有新动作，2010 年 7 月 15 日，北京世界城市研究基地在北京揭牌。它是一个依托北京市社科院，汇聚学术界和实际工作部门相关资源，专门研究世界城市建设的智库型机构。纵观北京市社会科学界联合会等单位主办的"建设世界城市提高首都软实力"论坛文集，发现在其中近 60 篇论文中基本上将重点集中在世界城市对北京的社会影响研究、增强北京文化影响力和魅力研究等方面，而对于以人口、资源、环境、安全等可持续发展的核心问题与未来压力、差距分析的论述基本上未涉及，因此有必要弥补这方面的认识缺憾，从根本上推动北京世界城市建设能级的提升。对于国家乃至大城市安全的重要度，2010年6月7日中国科学院、中国工程院院士"两会"上，胡锦涛主席特别就当前重点应推进的科技发展工作提出了八点意见，其中第8点尤其适用于北京建设世界城市的宏观战略的制定，即"大力发展国家安全和公共安全科学技术，提高对传统和非传统国家安全和公共安全的监测、预警、应对、管理能力"。作为一个回顾，笔者曾在2000年10月参加了北京市科协组织的"面向2049年北京的城市建设"为主题的论坛，并完成了《21世纪初中期北京城市综合减灾重大战略问题研究——兼论发展北京城市紧急救援产业的建议》论文，现在看来十多年前为北京安全发展"百年探索"是有意义的，它正与北京建设世界城市的2050年目标的时限相吻合。自2009年5月迄今，本人受命承担由北京市发展与改革委员会下达的《"十二五"期间北京市提升城市综合应急管理水平的重点、思路及对策研究》，该报告多易其稿，核心是按市政府要求必须提出适应"十二五"乃至2050年的北京建设"世界城市"在安全减灾上的总体思路、科学内涵、主要目标、考核指标等，为北京建设"世界城市"提供安全保障。值得注意的是，2010年6月18日北京第三次修改《突发事件应急预案》，不仅将"恐怖袭击"，更将巨灾风险写入该预案，这不能说不是在2004年版"新北京、新奥运"的城市定性"安全奥运"目标下，寻到的城市安全发展的新突破，为北京在推进城市综合减灾系统化建设上迈出的新步伐。

二、北京面临的巨灾风险

（一）北京灾害风险现状

北京灾害背景总体可概括如下：①北京地处我国暖温带半湿润半干旱季风气候带，有较重的旱、涝、风、雪、雾、雷等气候灾害。②北京地处华北地震带北翼，受河北、山西地震带"静中总动"危险之包围，历史上属中国六大古都唯一多震的国都。近3800年的统计北京处在六大地震带包围之中，发生过5级以上的地震80次，其中7级以上大震6次。早在1994年全国地震减灾会议已将北京列为全国60个处于6级8度地震威胁的城市之首。③北京城市灾害种类随城市的发展而变迁。1949年前已用"旱涝蝗震疫"概括，它基本上反映出一个农业国的旧城市特征。通过对北京城市综合应急管理现状及未来学研究，可把北京现在的"主要突发公共事件"归纳为四大类15分类，即：①自然灾害（水旱、地震、地质、气象灾害及森林火灾）；②事故灾害（安全事故、环境污染和生态破坏事故）；③公共卫生事件（重大传染病疫情、重大动植物疫情、食品安全和职业危害）；④社会安全事件

（重大群体事件、重大刑事案件、涉外突发事件）。如针对 2008 年奥运会的建设及奥运会召开的安全目标值，确定排在前五位应特别关注的灾害类型是：

1）重大极端气象灾害（暴雨洪涝、雷暴、高温热浪、雾害等）；

2）生命线系统事故（断水、断电、断气等）；

3）高技术事故（含高技术犯罪及信息安全隐患）；

4）地下空间致灾隐患（地下商业设施、地下交通、地下公共场所等）；

5）恐怖袭击与社会灾害（敌对势力的恐怖袭击、公共场所人员骚乱、拥挤踩踏事故等）。

要清楚地认识到，虽然北京市能源、交通、通信、供电、供水、供气等城市生命线保障系统不断完善，但至今每周都有城市道路坍塌、信息中断、电源事故等个案发生，凸显了北京城市对灾害承载的脆弱性和危机应对能力的不足。"十二五"期间即 2020 年前对北京城市安全构成较大威胁的灾害与突发事件主要包括以下特征：

1）首都地区及周边发生 6 级地震可能性较大；

2）城市气象巨灾会频发。如城市暴雨沥涝灾害、雷电灾害、城市大气公害等；

3）以各种能源缺口为中心的能源供给短缺、能源网络的事故控制风险加剧；

4）巨大的城市道路交通流，使城市交通隐患加大，重点是道路、轨道、地铁安全等；

5）火灾及爆炸的危险性，除企业危化品外，超高层建筑与地下空间安危加剧，尤其是数以千计的有 20 年楼龄的 12 层以上的普通居民楼的消防隐患；

6）信息安全、高技术犯罪及社会恐怖事件的无国界性及增长势头；

7）由一种灾害诱发多种灾害的复杂链式反应等。

据此可归纳现阶段北京城市公共安全威胁还主要呈现六大特点：

1）灾害种类形态有多样性、集中性，时间上呈多频次，空间上呈多领域；

2）多种传统的和非传统的、自然的和社会的风险、矛盾交织并存，并且成为现代城市公共安全的重要威胁；

3）灾害的发展更体现复杂性、连锁性及危机的放大性，突发事件对城市的威胁不仅在于灾害引发后果的严重性，还在于事故潜在的长时间的破坏力；

4）公共安全事件国际化程度加大，防控难度增大，造成的损失难以评估，对防灾减灾救援等专门队伍及管理提出更高要求；

5）世界城市的高端需求所反映并暴露出的危机事件的跨界影响力，使北京城市应急建设面临长期考验及多方面的超常规性；

6）城市在综合救援能力的可靠保障上尚有差距，占 60% 的城市生命线系统存在不同程度的"事故率"，影响救援全面可靠性的提高。

（二）北京如何认知巨灾风险

巨灾是一类大概念，迄今国际上尚未给出严格定义，如 2008 年初春席卷全国近 20 个省市的冰雪灾害就是一次巨灾，其特点有如下表现：①发生较为罕见；②持续时间长；③事发突然，演化快；④覆盖地域广，受灾人口多；⑤直接损失巨大；⑥多种因素呈灾变链式反应；⑦关键基础设施不能正常运营；⑧时间压力大，抢险救灾很快进入极限期；⑨防灾减灾明显具有跨部门、跨行业、跨地域的特征；⑩地方或部门应对能力有限，只有中央政府投入才可扭转灾情等。无疑，2008 年"5·12"四川汶川大震是一次威胁更大、损失更严重、迟滞时间更长的巨灾。据此试给出巨灾的定义：死亡 5 000 人以上，直接经济损失 100 亿元（以 1990 年价格标准），只要其中符合一条，即成巨灾。中国巨灾发展的特点如下。① 1900 年至 2004 年，中国巨灾发生 55 次，平均 1.9 年发生 1 次。其中 1900 年至 1949 年发生 36 次，平均 1.4 年发生 1 次；1950 年至 2004 年发生 19 次，平均 2.9 年发生 1 次。② 1950 年至 2004 年期间，以 1976 年为明显标志，1950 年至 1976 年，死亡人数巨大；1977 年至 2004 年，直接经济损失巨大。这说明，中国通过几十年的减灾工作，自然灾害已从以死亡人数为标志，转入以直接经济损失为标志。

在全球气候变化和经济全球化的大背景下，北京市近年来雪灾、热浪和暴雨等灾害性极端天气频发，未来更大型自然灾害可能出现的概率不容忽视，更不排除在全球气候变化背景下各种极端气象条件、自然灾害对北京城市灾害的诱发。北京乃至首都圈的城市化高速发展本身就酿下了事故灾害的隐患，现有的防灾减灾基础设施和灾害应急保障体系，对包括大地震在内的巨灾应对能力还不强，难以抵御巨灾的侵袭。北京城市综合应急管理除了必须适应国民经济可持续发展和全面建设小康社会的安全保障的要求外，还须满足首都地位所要求的安全保障要求。如何使北京城市综合应急管理建设上升到国家安全的高度？面对北京及其周边地区可能发展的巨灾风险，北京城市综合应急管理又将如何紧急响应？面对这些挑战，北京市只能从更高的层次，在更大的时空范围内深入思考世界城市目标下综合应急管理体系建设和规划问题。

世界城市第一阵营的纽约、伦敦、东京历史上均发生过"巨灾"，现在也不排除巨灾的潜在危害性：纽约 2001 年 9 月 11 日遭遇恐怖袭击,酿成震惊世界的"9·11"事件；伦敦 1666 年 9 月 2 日起由于王室面包师失误酿成伦敦全城大火 4 天,烧毁了全城,此外 2005 年 7 月 7 日,伦敦地铁及公交车再遭恐怖袭击,同样有"世界上最安全地铁"之称的伦敦市地铁枢纽国王十字站,1996 年 11 月 18 日发生严重火灾,致 32 人死亡；日本作为自然灾害大国,更是地震"重灾国",世界上 6 级以上的破坏性地震 20% 以上都发生在日本,东京 1923 年的关东 8.0 级大地震摧毁了东京,它使东京在世界上率先提出要有应对"巨灾"的准备。虽迄今综合的城市巨灾管理体系仍在研讨,但其共性点,是要对风险有识别、认知能力,它涉及专业知识和技术准备的方方面面。世界城市不同于一般的国际城市及大都市的标志,就在于它必须具备应对巨灾的处理能力,并代表国家乃至世界应急的战略水平。华盛顿大学应急管理专家戴克斯塔拉说："减损"的关键是准备,而准备的质量决定了救援的质量。美国的应急管理系统可借鉴的益处是,它不是以"反应"为导向,而是以"筹备"为导向的。城市中的建筑、交通、能源、通信、饮用水供应、下水道系统等关键基础设施的应急筹备质量,直接表现了该城市对灾难的应对能力及最终效果。表 1 给出国外权威灾害风险研究机构近 20 年的灾害风险概念对比。

表 1　灾害风险的概念简表

风险＝发生概率 × 损失；致灾因子＝潜在的危险
风险＝发生概率 × 不同影响强度
风险就是可能受到灾害影响和损失的暴露性（Exposure）
风险＝发生概率 × 灾情。致灾因子：一个潜在可能导致灾情的事件,例如热带气旋,干旱、洪水,或者一些可能导致生命体疫情的情况等
在一定时间和区域内某一致灾因子可能导致的损失（死亡、受伤、财产损失、对经济的影响）。致灾因子：一定时间和区域内的一个危险事件,或者一个潜在破坏性现象出现的概率
风险＝致灾因子出现的概率；致灾因子＝对人身和社会安全的潜在威胁
风险是一种与可能性和不利影响大小相结合的综合度量
风险是损失的概率,取决于三个因素：致灾因子、脆弱性和暴露性
"风险是不受欢迎（Undesired）事件出现的概率,或者某一致灾因子可能导致的灾难以及对致灾因子脆弱性的考虑"
风险是在一定时间和区域内某一致灾因子可能导致的损失（死亡、受伤、财产损失、对经济的影响）,可以通过数学方法,从致灾因子和脆弱性两方面计算
风险＝硬件风险（对物质基础设施和环境的潜在破坏）× 软件风险（对社会群体和机构组织的潜在社会经济影响）
风险＝物质破坏（暴露性和物质易损性）× 影响因子（社会经济脆弱性和应对恢复力）
风险＝致灾因子 × 风险要素 × 脆弱性
风险＝（致灾因子 × 脆弱性）－ 应对能力（Coping capacity）
风险＝（致灾因子 × 脆弱性）－ 减缓（Mitigation）
风险＝（致灾因子 × 暴露性 × 脆弱性）/ 备灾（Preparedness）
风险＝致灾因子 × 暴露性 × 脆弱性 × 相互关联性（Interconnectivity）
风险＝（致灾因子 × 脆弱性）/ 恢复力（Resilience）

由此可总括如下观念：①风险是损失发生的不确定性；②风险是事件未来可能结果发生的不确定性；③风险是指可能发生损失的损害程度的大小；④风险是实际结果与预期结果的偏差；⑤风险是一种可能导致损失的条件；⑥风险是指损失的大小和发生的可能性；⑦风险是未来结果的变动性等。从对各类不同的灾害风险的感知出发，不同人群对不同灾种的心理感知风险评价不同，因而有人群自愿度、社会控制力及人群的风险了解程度等特征。

二、国外世界城市安全建设经验借鉴

随着近年来各种自然灾害和突发事件在全球范围内的频繁发生，如何有效地防灾减灾，提高国家和政府的危机应对能力，已经成为目前国际上共同关注的重要问题。为降低灾害和突发事件可能造成的损失，各国政府与不同规模的城市纷纷着手建立有效的应急管理机制，采取各种应急政策，从预防、预警、反应、控制及恢复等方面对各类突发公共事件进行全面的规避和应对。

其一，美国是个多种类自然灾害频发的国家，因此对城市的综合减灾管理十分重视。在刚刚过去新千年的第一个十年中，纽约发生过"9·11"恐怖袭击事件，"双子座"轰然倒下，给全世界敲响了反恐的警钟，为此美国大力强化了城市及国家层面的防御对策，组建了应急事务管理局基础上的国土安全部，以全面落实安全防灾事态。纽约则成立了以纽约市紧急事态管理办公室（OEM）为核心指挥部门的危机指挥协调体系。在联邦和州的法律框架下，建立了综合防灾和统一应急救援的地方法规体系。并根据危机形势的发展不断修改完善。兼顾发展和防灾，把防灾规划与经济发展规划相结合。在参与主体方面，提倡多元化，危机应对网络化，合作区域化。在信息的沟通与披露方面，纽约和东京都是以政府为主导，建立发言人制度，友好和有效地与媒体合作，对市民进行公开透明、及时、多渠道、多层次、多方面的危机信息沟通。在技术支撑系统建设上，积极研究开发和建设信息系统，加强信息的统一性和共享性能。在政府财力和社会保障方面，除了有强大的财力支撑和保障外，通过政府、民间机构、市民三者分担的形式，构建起了一个安全的多层次的社会保障体系。美国的应急管理被分为减缓—准备—响应—恢复四个阶段。准备阶段的任务是发展应对各种突发事件的能力，如制定应急预案、建立预警系统、成立应急运行中心、进行灾害救援培训和演练等。据 2002 年美国《国土安全法》的要求，美国国土安全部于 2004 年 12 月发布了《全国应急响应计划》（NRP），它是联邦政府应对全国性的自然或人为灾害的指导性计划，为国内各类事故灾难管理提供了统一的、全方位的框架。2002 年美国国家科学院曾发表的题为《反恐：从自然与技术灾害中汲取的教训》报告中指出：对于自然、技术与恐怖主义灾害的管理，可以应用同一种方法，可在实践中，国土安全部却背离了整合反恐与救灾的初衷。暴露出对今日中国城市应急管理同样有益的教训：①以反恐为核心确定任务、职责，其他公共突发事件的应对遭到削弱；②以政府部门为主体提供公共安全产品，背离了应急管理全社会参与的原则；③以等级制为特征构建组织结构，无法灵活、有效地应对各种风险；④以保密为主旨容纳不同的组织文化，但缺少部门间沟通联系。2006 年 10 月 4 日，美国总统布什签署《后"卡特里娜"应急管理改革法》，赋予 FEMA 更新的职能，该系统的核心理念是"扩展性的综合性应急管理"，不仅包括减缓、准备、响应、恢复，还包括"保护"，即 FEMA 将与国土安全部的"基础设施保护办公室"合作，履行基础设施保护职责。

其二，日本东京汲取 1995 年 3 月 20 日东京地铁站恶性投毒事件（沙林事件），（造成 12 人死亡，5500 人中毒），强化了地铁应对恐怖袭击的安全策略及规划设计措施，并在 2001 年重组中央政府时，将原先的灾害管理大臣职责在整合和协调相关省厅的减灾政策和对策后由重新设立的"特命担当大臣"负责，再如 2005 年 1 月 18 日至 22 日，在神户市召开第二届世界减灾大会，它不仅是对日本阪神大地震（1995 年 1 月 17 日，里氏 7.3 级地震，死 6435 人）10 周年的纪念，也最大限度地通过调动全世界力量支持日本的防灾减灾建设，据此日本东京防灾规划一直将目标锁定在要防御 8 级大地震发生的可能性上。纵观日本的灾难管理，它是一个系统化的、全面的、有效的灾难管理体系。从日常的灾难防范和预警，到灾难发生时的救助，再到灾后的重建。从内阁首相，到地方政府，再到每个民众，形成一个全社会的灾难管理网络，尽可能有效地利用一切资源来减少灾难的损失。其中，日本以东京为中心的城市防灾减灾规划及城市防灾白皮书迄今是国际的典范。

其三，英国伦敦自然灾害并不频发，但人为灾害不止，如 2005 年 7 月 7 日，由 4 名自杀式袭击者针对伦敦地铁和公交车发起的重大恐怖袭击造成 52 人死亡，700 多人受伤。对此伦敦市政府在长达 157 页的反思报告中从 5 方面强化了要完善应急系统预警建设及救援的对策。2001 年 7 月后，英国国家层面的应急职责改由内阁直接负责，首相是应急管理的最高行政首长，领导内阁紧急应变小组（简称 COBR），发生大规模突发事件时，COBR 将被启动，协调国家应急秘书处、军队、情报机构和相关部门予以处置。2007 年开始，地方政府事务部在英格兰范围内进行大的改革，其目标是，在原来 46 个地方性消防与应急控制中心基础上，重建 9

个区域性应急控制中心，以增加应急控制和综合救援能力。此外，英国还特别重视应急平台、风险评估、应急管理培训的建设。纵观英国应急综合管理体系有如下特点，①强调资源整合并多部门的协调合作，具体为"水平、垂直、理念、系统"四大方面整合的目标。②强调法制建设，早于1920年便颁布了《紧急状态权力法》，迄今已形成了以《国内紧急状态法2004》为总纲，以《应急准备》和《应急处置和恢复》两个法制文件为具体指导，地方法规和部门规章相结合的法律体系。③强调属地管理同时，注重提升基层应急能力。④注重风险评估，主要目的有四方面，即确保一类处置者准确掌握他们所面对的风险，为确定工作重点和资源分配提供理论基础，有利于支持制定跨地区、跨部门的联合规划和预案，建立一个标准化和持续的风险评估体系。⑤确保应急状态下机构的正常运转。⑥注重三大类应急能力建设，即组织机构类、功能类，关键服务类，如为准确把握全国抗风险能力水平，英国政府还在全国范围内进行了两年一次的国家应急能力调查。⑦注重应急管理中与公众、媒体的沟通与传播等。再如，伦敦的应急规划机制分为中央、地区、地方3个层次：伦敦是中央政府所在地，英国内阁特设"伦敦应急事务大臣"；地区级的应急规划机制与中央级的大体相同，主要有"伦敦应急小组"，协调全伦敦范围内的行动，警署、消防总队和急救中心构成伦敦市应急管理的"铁三角"；地方级的应急规划机制有伦敦的33个区政府，它们都属亚地区联合委员会的成员。

　　表2为北京与纽约、伦敦、东京三大城市的应急管理模式的比较，与国外相比，我国国内一些发达地区城市也有一些值得参考的先进经验。如上海城市紧急事务处置体系是我国城市应急事务处置模式中的一种，具有自身的特点，特别是社会联防网络的构建，按灾种管理灾害事故的理念，这些都值得北京借鉴。

　　可见，借鉴国外世界城市的应急管理先进的经验，结合北京城市安全态势现状与特点，尽快形成并完善具有北京世界城市特色的现代化综合应急管理模式及体系，是防范和应对各种灾害与突发事件，实现城市安全和经济社会可持续发展的一个必不可少的重要举措。

三、安全目标与基本内涵

　　"十二五"期间是北京步入"世界城市"高端目标的起始点，北京市综合应急管理建设的总体思路是：要把世界城市建设同综合减灾工作一起抓，努力推进北京市作为世界城市的综合应急各项能力建设。健全和完善现代化城市综合防灾减灾体系，全面提高城市整体防灾抗毁和救援保障能力，特别是巨灾应对能力。建设"安

表 2 北京与纽约、伦敦、东京世界城市的应急管理模式比较表

类别	纽约、伦敦、东京的应急管理共性	北京
灾情认知	传统安全→非传统安全；综合灾情、自然与人为、恐怖事件等；有应对巨灾的系统准备	2003 年后全面关注自然、人为灾害、公共卫生事件、社会危机事件四大类"灾情"，刚认识到"巨灾"的存在
发展阶段	单灾种→多灾种→全面危机管理	以单灾种为主，综合应急管理尚停留在启动层面
组织机构	1. 有统一协调且实体的国家危机管理机构 2. 有综合指挥、救援的专业化队伍	1. 缺乏真正综合的管理机构 2. 应急救援队伍尚不完善
法律法规	1. 部门法→国家基本法或综合法 2. 建立城市乃至国家层面的中长期应急规划 3. 具有较完备的安全减灾城市设计的标准体系	1. 没有综合减灾城市法条 2. 缺少与世界城市目标相匹配的中长期应急规划 3. 只有单灾种城市设计标准，缺少系统性、综合性
管理原则	1. 发展与防灾备灾兼顾，以人为本 2. 有序发展与防灾规划相协调 3. 体现安全裕量及极限值的安全模式	1. 追求快速发展，缺少安全预警 2. 城市高速化有悖于安全裕度
公众参与	1. 站在国民视角，以民为本，安全健康第一 2. 倡导自护意识下的"自救→互救→公救"模式 3. 政府主导下的社区全面发动（居民、企业、NGO、志愿者等）	1. 过于强调政府的视角 2. 过于依赖政府及其国家的救援 3. 公众参与程度正在增强
应急避难	1. 城市必须提供占人数 1/2 以上的避难空间 2. 应急避难空间的建设需合乎安全防护及健康标准	1. 缺少量化避难人群分析规划 2. 缺少科学指导的应急避难空间布置原则
城市生命线保障	1. 保障重要机构应急系统的生命线系统的可靠性 2. 常态下确保消除隐患及危险源	1. 缺少系统的安全性与可靠性管理 2. 缺少常态生命线系统的定期检测和维护制度
安全减灾科学研究	1. 政府注重应急与危机理论研究 2. 发展并提出了相应的安全减灾的世界性理论	尚处于理论滞后实践且研究处于分散化、缺少原创性的状态
安全文化教育普及	1. "我要安全"态度积极 2. 形式多样，教材针对不同人群，侧重实用 3. 从小培养，宣传深入社区	1. 多数是"要我安全"态度消极 2. 流于形式，教材杂； 3. 过于集中在成年人后的高危风险行业
部门协调度	1. 有跨区域、跨部门协调机制 2. 本部门内的协调一致	由于条块分割，资源配置重复，造成难协调
信息沟通	1. 以政府为主的管制公开与透明 2. 预警信息准确的反馈与传播	1. 透明度差 2. 有时传播通道受阻
应急财政	1. 政府具有危机财政预案程序，有能力支持紧急情况或灾难的事前、事中和事后的全过程配置 2. 有关灾害保险的一系列对策及准备	1. 虽有危机管理专项基金，但缺少完整的规划及政策，对"缺口"总量无控制 2. 灾害保险种类少，政府要率先带头改变以往用财政救济的方式，把救灾机制引到灾害保险体系中来
整合优化的方法	1. 通过国家应急框架与体系方便优化资源配置 2. 依法行事，集中力量，低碳减灾	基本上沿用调配各种资源，动员全体力量，不惜代价救灾，但效率差，基本上无优化可言，缺少每次灾难的事后总结

全北京", 为"人文北京、科技北京、绿色北京"目标提供安全保障。在北京综合防灾减灾能力和世界城市建设发展同上一个新台阶的基础上, 按步骤分阶段强化世界城市目标下的安全应急建设。面对事故灾难不断增长, 自然灾害防范能力不足, 公共卫生事件频繁出现, 社会危机事件不少的客观性, 北京全球化视野的"世界城市"安全标准应充分考虑城市民生的安全利益、安全权利及安全制度的实际。具体体现在:

1) 世界城市应是一个全面且本质安全的城市, 使自然、人为、公共卫生、社会事件四大类危机事件时刻处于不同层面安全状态的监控之中;

2) 世界城市应是一个有综合应急管理能力的城市, 要有综合减灾立法为前提保障的综合应急管理及处置能力, 在这方面要有与中央政府相协调的、特殊的"属地管理"的职能;

3) 世界城市对各类灾变应有"跨界"的控制力及指挥力, 广泛具有国内外灾害防御及协调救援的快速反应能力及认知水平;

4) 世界城市要求自身具备一流的生命线系统及指挥体系, 不仅保障系统安全可靠还应快速自修复, 还要有较充分的备用容量以及拓展能力;

5) 世界城市要求市民的国际化水准, 不仅市民要具备安全文化养成化教育的素质与技能, 同时要求至少城市有 60% 以上为达到世界卫生组织要求的安全社区标准;

6) 世界城市要具备极强的应对巨灾的抗毁能力, 面对各类巨灾要能保障 60% 以上的市民安全得以参加自救互救, 从而使城市重要设施能良好运行。尤其不为一般灾害所扰动, 处于较好的稳定应变的状态。

对应上述内涵给出"十二五"期间考核指标: ①城乡新建、改建、扩建工程要 100% 达到灾害设防要求, 重点是防御城市沥涝、抗震、火险等灾种及特殊公共场所如地下空间的设防; ②城市市政基础设施 (指城市生命线系统) 100% 进行抗灾设防, 力争在规划期间基本消除重大安全隐患; ③确保城市能源供应的安全可靠, 其供电可靠率达到 99.996% 以上, 天然气及相关能源供应不中断且有一定备用; ④新建公共建筑及所有学校、医院 100% 按照《建筑工程抗震设防分类标准》及相关法规进行抗灾设计; ⑤规划期内除建设各区的避难场所外, 有条件的大、中学校要进行避难场所建设, 并严格配备防灾救灾物资及必要的应急设备; ⑥规划期内从隐患治理角度出发, 对所有高层住宅及旧有胡同四合院进行火灾隐患排查, 最大限度地消除事故灾难隐患; ⑦完成北京市综合减灾法 (条例) 立法工作, 并于 2015

年前实施；⑧安全文化教育正式纳入所有学校的教学计划，组织编写和出版适合不同年龄学生的安全减灾系列教材；⑨针对当地经常发生的主要灾害事故编制更加结合实际、有针对性、可操作的应急预案，2015 年完成所有企事业单位和社区的系列应急预案编制；⑩建立全市各行各业、覆盖方方面面的减灾应急志愿者队伍等。

建设"世界城市"的安全目标中，北京市应对突发事件及巨灾的综合能力上应明显提高，这种提高即要研究城市经济快速发展的安全瓶颈，要研究何为适宜世界城市的经济安全增长方式，何为有效的文化与教育上的安全模式，与公众居住适宜的安全住行关系与规划设计理念等。基于此提出北京世界城市的应急管理建设新任务：①世界城市及首都圈、大北京的发展目标都带来无法阻挡的人口膨胀，这是"十二五"规划中必须权衡的安全承载力问题，是人口无限增加，还是控制性发展，已成为北京"世界城市"应急建设的重度思考，它不仅要重新加倍考虑能源，还有应急储备；②应急的综合化，由于综合灾情、综合管理、综合优化、综合处置及综合评价，使原本的应急任务无法胜任，面临新调整；③世界城市的安全水准取决于应急反应的标准化，北京市迄今没有从全市层面入手的标准化体系，这专指城市各类工程应急减灾工程的设计、施工的应急建设标准等；④应急预案要精细化，如果说自"十五""十一五"编制发布应急预案对城市应急起到了作用，但从实用、适用、可操作性等层面入手，北京城市管理的应急预案要在体系化调整的同时，用精细化的水准逐一重审；⑤应急联动机制的效率化，在应急管理中，实施应急救援第一位的是各职能部门，执行机构的相互联动，确保无障碍运行的高效率；⑥应急参与的公众化，北京要在大力发展应急志愿者队伍时，支持并利用非政府组织的救援力量，形成除社区外的公众化的应急社会力量；⑦应急信息传播的透明化，这不仅指各种媒体在应急活动中的作用，还包括如何避谣、稳定并疏导公众恐怖心理等方面。

四、北京"世界城市"安全规划的相关策略研究

（一）巨灾潜势下城市宏观脆弱性

巨灾中的地震是天然和自然的力量相互耦合、作用的灾变后果，是久蓄的能量突然爆发对自然界原先状态的重构。城市是人工自然的载体，技术文明越先进、蕴含的技术风险就越大，遭受巨灾的损毁可能也越大。规划师、建筑师、工程师们只有顺其自然、权衡利弊，通过改变人工自然创建模式等方法少能减少建设中的技术风险。要看到，人总是按人的生存维度来控制自然，但对自然物进行加工和构建，破坏了大自然的天然平衡。人工自然具有利人性和易损性，现代城市化再完善，很

难保证所有环节和系统都不出问题，因此要认同城市系统极易处于受干扰的不稳定状态。地震等巨灾的扰动力量极容易使不稳定的人工物系统的正常参数超出临界值而出现损坏。热力学第二定律指出：封闭系统的熵值趋于增大。现代巨灾（自然与人为）是熵增过程，人类文明的城市化系统更是一个不断走向有序化的耗散结构。现代理想的城市系统要使自然按人口目标更有序，同样灾变运动则要重组和扰动有序化的人工自然。因此在现代城市设计与研究中，要减少并降低灾变中的技术风险如采用更坚固、更能适应灾变环境的材料尽可能寻找多种互补途径实现同一功能的非常期内的选择与候补，在这方面建筑师应理解跨界分析与交叉科学的减灾思想。跨界就是跨不同的界别，北京世界城市的需求，使风险与危机发生的诱因和形态日趋多元，危机的复杂性和不确定性大为提升。美国的《公共行政评论》将大城市的危机管理看成是21世纪国际化大都市面临的最严重挑战，危机中跨界治理协调与组织的好坏直接关系到政府危机管理的品质，同时规划设计者在安全设计上的跨界能力更从本质上体现城市的真正安全度。之所以特别提升城市安全减灾规划设计是一个交叉科学，因为它必然涉及空间、地点、时间、景观、人与自然、常态与非常态等问题，其中人地关系尤为重要，如2009年北京大学师生完成的"安全引擎——承载城市安全功能的首钢工业遗产的更新设计"作品，较好地从多学科交叉上解决了社会安全、生态安全、遗产安全、心理安全等城市文化遗产传承安全的大问题。

巨灾的宏观脆弱性问题在灾害研究中的核心和基础地位已成为学术界的广泛共识。以北京建设"世界城市"为背景，深化对北京区域性社会承灾体系统综合整体脆弱性研究，会从区域大尺度及动态变化视角增强对灾害脆弱性的理解。宏观脆弱性是相对于该区域人类社会经济体系中的各种承灾单体、群体和各种次级承灾体系统的微观具体或特定层次／侧面的灾害脆弱性而言的。具体影响宏观脆弱性的指标有：①指标是宏观且概括性的，不反映细节及局部特征；②要提取脆弱性含义不同的两类指标来同时刻画脆弱性效应；③关注社会基础性救灾资源中职责反映的脆弱性含义；④城乡领域应对应急事件能力的评估；⑤近年来国内外灾例表明，区域内各减灾行为主体间的综合联动与协调水平及政府、社会组织、公众的互动能力是影响一个地区灾害脆弱性高低的重大要素；⑥宏观脆弱性评估还包括灾害应激态势及自我调适能力等方面。在审视了大尺度的灾害脆弱性的观念后，也需要对当前建筑抗震性能的常识性错误给出评估。其一，砖混强于钢混。通过上千篇汶川地震研究文献，在高烈度区，理论上抗震性能较好的钢筋混凝土结构倒塌了，而抗震性能相对较低的砌体结构却"裂而不倒"，如极震区北川中学及漩口中学全新的框架结构房屋倒了，而近旁的砖混房屋却相当完好。此外，国际建筑界公认高层建筑是灾难放大器，汶川地震更证明它易受灾。其二，无辜的空心板和细钢丝。震害调查表明，地震中造成房屋结构倒塌的是结构体系中竖向构件承载力严重不足，"墙倒"才能引起"板坠"，"柱倒"才能引起"梁塌"。所以，引起房屋倒塌的根本原因并非水平构件（预制板装配式楼盖）承载力不足，而是垂直构件墙（柱）的破坏和倾倒。其三，设计责任大于施工失误。要大力加强抗震构造措施设计如构造柱和圈梁设置、预制板的拉结要求、最小配筋率和最小配箍率要求等。汶川地震一塌到底的建筑多是由建设方自行设计的项目，设计不合格是导致灾难的最大祸根。其四，国家抗震规范是有保障的。汶川地震后紧急颁布权威的国家《建筑抗震设计规范（2008 年版）》强调，严格按规范设计的建筑，在遭遇比当地设防烈度高一度的地震作用下，不会出现倒塌破坏。在研讨北京建设"世界城市"安全理念时联系汶川震灾及对策，希望能在巨灾及破坏力上寻到些启示。

（二）城市抗灾力的评估策略

城市系统不单是人文层面的城市，更是指物质层面的城市，城市生命线系统的基本功能若遭受打击，可使城市陷于瘫痪之中。城市的抗灾力是指抵御现代灾害的能力，一是城市的内部属性——脆弱性（Vulnerability）即城市系统因人为、自然灾难干扰易受到危害侵袭导致功能丧失的属性；二是城市的危机弹性（Elasticity）即免受破坏的抵御能力。一般地讲，一个城市的抗灾力与城市脆弱性成负相关，与危机弹性成正相关。也即，通常脆弱性愈大，危机弹性愈小，则致灾后易形成灾情；反之则致灾后不易形成灾情。城市尤其是国际化大都市的脆弱性，需要衡量其崩溃的连锁反应，这种多米诺骨牌效应才是城市脆弱性的实质及真正反映。作为一种防灾策略要充分认识到，城市的脆弱性是城市系统进行量变过程中的必然存在，如不进行控制将会引起系统的质变，如不事先针对城市进行脆弱性评估和对城市系统进行优化调整，那么脆弱性的后果就是城市系统出现危机。现代化大城市最大的威胁是如何抵御灾害并保证系统正常运行，否则不仅影响城市正常生栖，重则使城市瘫痪，如供电中断后，即使供水或供能系统修复仍无法供给，能源的供应又是启动备用电源的先决条件，是保证信号畅通的前提，所以城市抗灾力评价的关键是如何保障住生命线系统的高可靠性及防灾能力等。

（三）地下空间安全保障

只有当城市处于高度发展进程中，经济发展的强劲势头使速度和效率显得愈发珍贵，城市才会在地下添加更为活跃的系统，如 1900 年的纽约或一个世纪后的北京在快速城市化进程中发现地下空间在经济竞争中不可或缺。虽然我们可以对城市的未来发展做出概括性推测，但工程师及考古学家或许对每个城市地下正在发生和将要发生的变化更具发言权。如果说地上世界的格局是人类智慧的结晶，那么保护城市运行的地下空间作用功不可没，此外地下空间又以其与众不同的方式演绎城市更为美好的变迁。世界城市地下万象绚烂多姿：伦敦建在沼泽与河流之上，其厚重的历史可追溯到石器时代，它作为 18 世纪末、19 世纪初引领工业革命的先锋，其地下世界丰富多样；纽约拥有庞大、高效的地铁系统；东京是拥挤岛国上最大的城市，购物中心和地铁充斥于地下，密集度极高。北京地铁自 1955 年开始规划，第一条地铁是 1969 年 9 月建成通车。若从地下空间看，自 2001 年起，北京以 300 万 m^2/ 年的速度在增加，问题是地下空间多为点状分布，缺少统一规划，无序发展带来了事故隐患。此外，到 2006 年北京地下管线长已有 37333 km，相当于 6 条长江加在一起，但其中存在隐患的有 258 处，占 630 km 多。面对北京地下空间建设上的悬疑，中国工程院钱七虎院士认为，向地下要土地，要空间是全球的做法，重在地下空间开发时要关注城市环境，提高城市防灾抗毁能力。对北京城市中心地区 324 km^2 范围内的地下空间资源测算，如以开发地下 30 m 的浅层空间计算，可供合理开发的有效利用资源达 1.19 亿 m^2，为现在建筑总量 2.9 亿 m^2 的 41%，若除去北京已有 3000 万 m^2 地下空间，意味着在不需扩大城市用地，就能扩大城市空间容量 30%，所以开发地下空间不仅有利于城市防灾，更符合城市"瘦身"的要求。现在重要的是规划师、建筑师要有整体规划观，使设计协调好地上地下，优化并安全使用城市资源，在这方面设计师要补的课很多。

（四）综合安全规划要点

其一，规划师、建筑师该如何认知应急管理学。应该管理研究中哪个阶段更重要？应急管理历来是一个处于被动位置的行业，它通常忽视减灾和灾后恢复；应急管理学的支撑学科是什么？地理学、气象学、人类学、经济学、社会学、心理学、流行病学，与设计师密切相关的还有国土安全、环境保护、安全减灾科学。应急管理学重视复杂性研究，由于灾害中有大量的变量因素需探索，且变量之间存在复杂的动力学行为，因此，利用混沌理论和系统理论指导研究和保持对灾害现象的综合性分析尤其必要。早在 1985 年美国公共管理领域最重要的期刊 *Public Administration Review* 出版了一期应急管理的专刊，进一步将应急管理定义为"应用科学、技术、规划以及管理手段处理可能造成大量人员伤亡和财产损失以及破坏正常社会秩序的学科和专业领域"。对设计师而言，这些理论要点对设计思想的改进至少有两方面启示：①要使设计项目考虑到灾时背景下重要经济目标的防护课题，有效解决重要社会、经济目标的防护关键在于如何减少设计时薄弱环节，防护措施更有针对性；②设计师从安全防灾设计出发有必要学习工程可靠性理论，城市公共安全系统是一个复杂的庞大系统，其自身的可靠性应优先考虑，只有在公共安全系统本身的可靠性得到保证前提下，才能有效地预防并阻止危及人们生命财产安全的灾难性事件。设计师值得关注的是，可靠性模型的构建。根据用途可靠性模型分为基本模型和任务模型，前者是一个全串联系统，它用以估计城市系统及其组成环节引发的系统修复、重建等问题，后者是一种用来描述系统在执行任务过程中完成其规定功能的能力的模型，由于任务模型充分考虑串并联及旁联子系统，因此尤为适合城市大系统可靠性功能的保障设计。

其二，安全总体设计。美国联邦建筑的设计理念有如下含义：面对整个全球社会风险，我们需要平衡安全与开放的关系，其中防御是关键。建筑安全并不意味着就是建造一个"大箱子"，或是把城市或国家的历史文物放到四周由混凝土包围起来的建筑内。美国建筑师协会会员，美国公共管理委员会主席、建造商和设计师 Edward A.Feiner 认为有效建筑安全程序有三。①经验教训会告诫我们在缺乏准备下的后果。在 20 世纪大多数建筑法规和标准并没有考虑到恐怖威胁自然灾害的毁坏度。②最成功的安全程序包括好的设计、建设管理政策和应急程序中所使用的恰当技术。③安全设计不需要表现得突出、明显或者局限于某种形式。有效的安全设计，不是让使用者一眼即能看到，而是要通过规划、设计及设备的操作来保证的。安全总体设计提出了美学性、功能性、环境保护性、持续发展性、经济社会性等方面的设计指南，其目标是：防止丧失生命并使伤害减到最小，保护主要资产，防止操作中的损失，防范罪犯和恐怖分子，为公众及财产提供长期保护等。安全总体设计任务要求：设计师要呈现多学科合作的成就，为每个设备及其建筑拥有者的需求人性化设计，并通过更早的安全计划、选址及概念设计使安全投资经济。HOK 体育＋会展＋活动建筑设计公司责任建筑师指出："9·11"事件的发生标志着国际恐怖主义已成为全球性的焦点。作为对恐怖事件的反应，设施所有者、集会组织者、建筑师和工程师在可执行性法规的基础上，进行合作研究，进而深入到大型集会工程技术设计的实施，以确保安全系数，减少事故损失的概率。国际集会管理人协会（IAAM）制定了一套最佳实践计划指导草案（SSTF），它建立了一个四级威胁等级系统。弱点分析表用一个数字鉴别等级，系统列出可能性、估计效果和评估资源。联帮紧急活动管理局（FEMA）制定的弱点分析表，是一个评估设施危险性及其缺陷的模型。这些信息是：①潜在的应急情况，所有可能影响设施不安全的事件；②地理位置如洪水区、地震带、危险品库等的影响；③技术系统故障造成的影响；④人为失误导致工作场所不安全事件的原因；⑤建筑设计不安全因素如建造的材料、手法和建筑物的系统配置、危险的程序、易燃的储藏区、设备配线及灯光、疏散路径及出入口；⑥系统全过程的潜在危险分析如非法入侵、生命线系统中断、水的破坏、烟的破坏、结构破坏、空气或水的污染、建筑物的坍塌等；⑦评估潜在的人为影响等。需指出的是弱点分析表中列出的标准对建筑师、工程师的需求是：要研究设施预期选址的位置和大小可能潜在的危险因素；对广场、前庭、入口及排队空间要进行精心安全设计；门及开口的大小和位置必须与新科技融合（如磁力计、生化探测器、密度探测器等）；停车及出入闸口单元的安全控制等。

本文基于北京建设"世界城市"的大背景，从与规划师、建筑师、工程师相关的北京城市灾害风险、国外世界城市安全建设借鉴（纽约、伦敦、东京）、安全目标与基本内涵、安全设计研究的相关问题等方面给予研讨，期望从新侧面建言北京建筑"世界城市"如何迈出更坚实的步伐。本文还认为要提高城市规划设计的安全度，不仅依赖于方法论，更有赖于技术与材料的进步，有赖于安全减灾意识在设计师中的普及。总之，希望通过研讨在建筑设计与安全需求上建立关联，为推进北京发展与世界城市相匹配的防灾减灾产业，尤其是安全规划发展探索新路。

地质灾害群测群防体系建设中存在的问题及对策研究

马志飞　北京市地质研究所

摘要：今年，我国地质灾害不断发生并呈现出新的特点，结合我国的实际情况，论文论述了地质灾害群测群防体系的建立和实施效果，指出当前群测群防体系建设中存在的地质灾害隐患点的信息公开度有限、群众防灾减灾知识有限、灾害预警预报渠道尚不畅通等问题，并在此基础上针对性地提出应进一步明确各部门的职责，建立纵向联动、横向协作的工作网络，广泛搜集灾情信息，重视群众报警电话，加大科学普及力度，重视群众防灾演练等几点建议，为建立健全和完善我国的地质灾害群测群防体系提供参考意见。

关键词：地质灾害；群测群防体系；监测预警系统。

一、灾害频发敲响的警钟

2010 年，我国经历了极端异常气候，大范围的强降雨和持续暴雨天气引发了一系列地质灾害，无论是区域性的崩塌、滑坡、泥石流，还是点状发育的地面塌陷，在时间上的集中爆发造成了严重的人员伤亡和财产损失，并在一定程度上引发了群众的担忧和恐慌。总体看来，今年的地质灾害具有以下典型特征。

第一，灾害数量猛然增加。据国土资源部发布的《全国地质灾害通报》的统计数据，今年上半年，我国共发生地质灾害 19553 起，较去年同期增加 932.4%，几近 10 倍！仅仅一个 8 月份就造成 1941 人死亡失踪，直接经济损失 12.21 亿元，与去年同期相比，造成的死亡失踪人数和直接经济损失均创新世纪前十年之最。

第二，灾害突发性强，三分之一的地质灾害都发生在隐患点之外。今年，我国部分地区前旱后雨，瞬时暴雨、持续性强降雨天气给突发地质灾害创造了条件，国土资源部部长徐绍史 8 月 9 日在甘肃省甘南藏族自治州舟曲县召开国土资源系统抢险救灾紧急会议上说，今年我国发生的地质灾害约三分之一发生在隐患点之外。

第三，部分地区面临二次重建。近期的特大山洪泥石流灾害，使得汶川地震灾区的部分灾后重建成果毁于一旦。如甘肃舟曲以及四川绵竹清平、汶川映秀、都江堰的龙池 3 个乡镇，都曾是地震重灾区，却也是今年 8 月受灾最严重的地方。在汶川地震后，我国政府颁布实施了《汶川地震灾后恢复重建条例》，其中规定，需要在开展地震灾害调查评估基础上编制地震灾后恢复重建规划。国土资源部也明确要求，灾后重建的城镇村选址，必须切实避让地质灾害危险区；确实无法完全避让的，必须安排防治工程排危除险。我国地震灾后恢复重建的选址必须经过科学论证之后确定，然而，一些灾害重建的新区竟然祸不单行再次蒙难，如今面临着二次重建的艰巨任务。

著名哲学家赫拉克利特早就告诫过我们：人不能两次踏进同一条河流。然而，就地质灾害而言，我们可曾记得，已经多少次踏进这"同一条河流"？灾难发生之后，我们不应该只将眼光关注于灾害治理，"头痛医头，脚痛医脚"的做法早就应该摒弃。防灾减灾，也不应该狭隘地归于哪一个部门的专门职责，而应该是一项属于全国各族人民共同肩负的使命，因此就必须在与灾害斗争的过程中发挥广大人民群众的力量，单纯依靠专业的队伍显然是远远不够的，只有将专业力量和人民群众的力量结合起来，才是最佳的防灾减灾策略。现实不断给我们敲响警钟，警示我们重新审视现有的灾害防御体系，完善群测群防体系已成为当务之急。

二、群测群防体系的建立和实施

地质灾害群测群防是指地质灾害易发区的县、乡两级人民政府和村（居）民委员会，组织辖区内的企事业单位和广大人民群众，在国土资源主管部门和相关专业技术单位的指导下，通过开展宣传、教育、培训、建立防灾制度等手段，对崩塌、滑坡、泥石流等突发地质灾害前兆和动态进行调查、巡查和简易观测，实现对灾害的及时发现、快速预警和有效避让的一种主动减灾措施。简单地说，就是在发展地质灾害预防和治理的专业力量的基础上，辅以广大人民群众的监测，形成一种"人人都是监测员"的防灾预警网络。

事实上，这种体系早在 20 世纪 70 年代就已经初步建立，当时主要是为了预防地震灾害。1974 年，国务院下达文件要求我国华北和东北各省、自治区、直辖市普遍建立地、市、县地震工作机构，建立了一批群测网点，并逐步纳入地方地震工作体系。

此后，群测群防体系在地震预报中确实起到了重要作用，最典型的案例就是海城大地震。1975 年 2 月 4 日 19 点 36 分辽宁海城发生 7.3 级大地震，但是此前由于人们根据邢台地震时总结的大量经验，了解到了很多地震的基本常识，广大人民群众将自己发现的异常反映到政府，再结合专家的观测、群测点的观测进行了综合，最后取得了海城地震的成功预报。在地震发生之前，辽宁省南部的 100 多万人及时撤离了他们的住宅和工作地点，最终虽有大量房屋被毁，但仅有 1300 多人死亡，占全地区人口的 0.16‰。

同样，在唐山大地震发生之前，群测群防工作也取得了一定的效果。1976 年 7 月 25 日，距唐山 115 km 的青龙县根据京津唐渤张地区地震群测群防经验交流会的信息，及时组织了人员转移。结果在 28 日地震发生时，全县虽然损坏房屋 18 万间，倒塌房屋 7 300 多间，但仅有 1 人死亡，取得了成功预防的奇迹。

为了更好地发挥广大群众在防灾减灾中的作用，我国在 2009 年 5 月 1 日起开始施行新修订的《中华人民共和国防震减灾法》，其中增加了群测群防的内容，正式将其列入法律条款。

相比之下，对于地震的预报是难度最大的，而对于崩塌、滑坡、泥石流等地质灾害的预警预报就相对容易一些，因为这些地质灾害在发生之前就可以首先确定其灾害隐患的空间位置，比较困难的只是其发生的时间问题。所以，要预防地质灾害，必须首先查明灾害隐患。

2004 年 3 月 1 日我国开始实施《地质灾害防治条例》，第十五条明确规定："地质灾害易发区的县、乡、村应当加强地质灾害的群测群防工作。在地质灾害重点防范期内，乡镇人民政府、基层群众自治组织应当加强地质灾害险情的巡回检查，发现险情及时处理和报告"并规定"国家鼓励单位和个人提供地质灾害前兆信息"。

从 2009 年起，国土资源部开展了以县（区、市）为对象的地质灾害群测群防"十有县"建设，计划利用 5 年时间，将全国绝大多数重点山地丘陵县（区、市）建设成为地质灾害群测群防"十有县"，即"有组织、有经费、有规划、有预案、有制度、有宣传、有预报、有监测、有手段、有警示"。在"十有县"建设的号召下，涌现出一大批先进的典型县市，其先进经验值得借鉴和推广。

截至目前，我国在地质灾害易发区已经部署完成了 1640 个县（市）的地质灾害调查与区划工作，查明 24 万处隐患点，并在此基础上，又在西南山区、西北黄土高原地区部署了 115 个县的地质灾害详细调查工作，完成调查面积 26 万 km^2，基本查清了这些地区的地质灾害发育分布规律。自从群策群防体系建设以来，逐渐完善了防灾预案、隐患巡查、汛期值班等防灾减灾制度，并已经多次防灾避险成功。据统计，1998 年以来我国已经避让地灾 5100 多起，避免了 23 万多人伤亡，减少经济财产损失 40 多亿元。最近 10 年来，随着我国地质灾害减灾防灾体系的建立和完善，每年因地质灾害造成的人员伤亡已从 20 世纪末的 1000 多人下降到 800 人以下。这些数据表明，由于我国地质地形条件复杂，再加上现有技术、资金和人员配备的限制，如今的工作对掌握我国地质灾害隐患的详细分布和精确程度仍有很多不足，但建立和完善地质灾害群测群防体系是符合我国国情的防治策略，可以有效减少灾害造成的人员伤亡和财产损失。

三、群测群防体系建设中存在的问题

理论上讲，我国在全国建立的"群测群防"模式如果能够正常运转将会是非常有效的，但实际操作过程中仍存在着一些问题，成为其发挥正常功能的障碍。从近年来的实际情况来看，主要的问题表现在以下几个方面。

第一，地质灾害隐患点的信息公开度有限。

面对地质灾害隐患，我们通常的做法只有三种：避、防、治。如果是在群众世世代代生存的地方发现了地质灾害隐患，首先想到的是搬迁避让，倘若找不到出路，没地方可搬，那就只好想方设法去防灾。如我国西南有些地方，山地多平原少，自然形成的居民点在不断发展壮大之后即使发现有灾害隐患也是重土难迁，如若防灾不慎便有可能惨遭不幸。在技术条件和经济条件可行的情况下，还可以采取提前治理的办法。不过，"避、防、治"所有工作的前提都是必须先知道灾害隐患点的具体位置等详细信息，但目前的工作仍然无法完全满足这一要求。

一方面，由于地质资料是一种涉及国家安全的重要基础数据资料，相当一部分资料属于国家秘密、机密，不便于公开。因此为了能够在确保国家安全的前提下推进地质资料信息的社会化服务工作，国家颁布实施了《地质资料管理条例》，并公布《涉密地质资料管理细则》，对资料的涉密级别进行了详细分类。因此，作为群测群防体系中的非专业地质人员，通常对地质灾害隐患点只能了解较少的一部分信息。

另一方面，许多地方尚未明确灾害隐患点的分布及位置。2010年7月16日，国务院办公厅发布《国务院办公厅关于进一步加强地质灾害防治工作的通知》，要求全国各地迅速开展地质灾害隐患再排查，对发现的地质灾害隐患点要逐一登记造册，落实防范和治理措施，纳入群测群防工作体系。

第二，群众防灾减灾知识有限。

在群测群防体系的建设中，虽然已经明确了各级部门的具体分工，但部分工作人员和人民群众仍缺乏必要的防灾减灾知识。目前，我国大部分县（市）所掌握的地质灾害资料主要为本行政区域的地质灾害防治规划，在地质灾害防治规划中，包括地质灾害现状和发展趋势预测、地质灾害易发区、重点防治区以及防治措施等内容。然而，由于非专业人士缺乏相关知识，对本区的地质灾害情况往往难以形成正确、全面的了解。实际上，在地质灾害调查与区划中，所谓的高、中、低都是相对

而言，高易发区并不代表一定会发生，低易发区也不代表一定不发生，这是一种概率统计的方法，因为对地质灾害预测的最大困难就在于虽然我们能够确定哪个地方可能发生灾害，但何时发生仍然不能完全准确把握。同时，地质灾害又是一个动态的发展过程，随着时间的发展，高、中、低易发区也会逐渐发生变化，这是空间和时间相互作用的结果，符合正常的发展规律。所以，很多人都误以为手里拥有一张地质灾害区划图就万事大吉了，只将眼光放在危险性高的地方，而忽视了极端特殊因素可能导致的变化，比如今年的气候异常，瞬时暴雨和持续强降雨天气诱发了大量原本不属于高易发区的地质灾害发生，结果导致了三分之一的地质灾害居然都发生在隐患点之外，实在是出人意料。

第三，灾害预警预报渠道尚不畅通。

无论是对于地震的预报，还是对于崩塌、滑坡、泥石流等地质灾害的预报，都面临着一个两难的选择，发现灾情若未能预报，将会遭受灭顶之灾，倘若做了预报却未能应验，由此而产生的恐慌可能会造成其他很多未知的损失。

现在的问题是，灾害预警预报渠道基本上处于一种单向流通状态，即可以充分"下达"命令，却很难做到"上传"警报。我国《地质灾害防治条例》第十七条明确规定："地质灾害预报由县级以上人民政府国土资源主管部门会同气象主管机构发布。任何单位和个人不得擅自向社会发布地质灾害预报。"由此，会有部分群众误解为"即使发现灾情也不能上报"，担心造成不必要的社会恐慌，这样就会造成一种即使有部分群众发现有灾情却未能及时上报的遗憾结果。

四、完善群测群防体系的几点建议

鉴于目前我国地质灾害群策群防体系存在的问题，为进一步完善该体系，充分发挥广大人民群众的能动性，笔者建议应该至少从行政管理、信息管理和科学普及等三个方面加强工作。

首先，进一步明确各部门的职责，建立纵向联动、横向协作的工作网络。地质灾害群测群防体系是由县、乡、村三级网络和群测群防点以及相关的信息传输渠道和必要的管理制度所组成，其实施原则是"政府负责，分级管理，自觉监测，站点预警，协同防御"。很显然，这要求群测群防体系不仅是一个纵向的管理系统，也是一个需要横向协作的工作网络。长久以来，当灾害发生时，各行各业的人们只看到了与本职工作有关的那一种灾害，属于"铁路警察，各管一段"，而未能从整体上全面考虑灾害问题，致使灾害层出不穷防不胜防。因此，预防灾害就需要多个部门协同合作，成功的"黔江经验"值得我们借鉴。地处武陵山褶皱带的重庆市黔江区，419个地灾隐患点威胁着1.9万多人的生命财产安全。但该区不仅建立了区、乡镇（街道）、村（居委）、组（社区）监测员四级监测体系，还形成了由土地、水利、建设、交通等部门组成的协作网络，自2001年以来，未因地灾造成一起死亡事故。2009年，该区被国土资源部评为首批地灾群测群防"十有县"。

其次，广泛搜集灾情信息，重视群众报警电话。专业的地质灾害监测网络有时也不能面面俱到，当地的居民通常最了解他们附近的山体特征，向群众宣传灾害预防的科学知识，号召大家处处留心，发现险情及时上报，同时制止非法采矿、非法爆破等各种人工诱发因素的产生，这样就能辅助专业监测，提高监测的能力和成效，降低灾害的破坏力。与专业的监测队伍和点状的监测点相比，群众的眼光可谓是一个大范围的监测网络，千万双眼睛所能发现的灾情信息远远大于零星的点状监测仪器和有限的巡查队伍。国土资源部在要求各县市开展地质灾害调查时，印发的防灾避险明白卡到灾区的每户人家，上面统计有预定避灾地点、疏散命令发布人、抢险单位和负责人、医疗救护单位和负责人等姓名及电话，不仅可以帮助村民了解灾害发生时该如何求救并及时转移，还能够为群众发现灾情及时报警提供方便。尽管有时候可能会发生谎报让大家虚惊一场的情况，但绝不能因此而堵塞了言路，这就需要上级主管部门在广泛搜集灾情信息的基础上仔细甄别并现场踏勘，方能及时、准确地发布灾害预报。

第三，加大科学普及力度，重视群众防灾演练。我国人民群众掌握的防灾知识十分有限，特别是处于西部偏远山区的人们，本身接受的教育就不多，对于防灾避险的知识更是知之甚少，单纯依靠发放防灾避险明白卡难以达到实际效果。我们不妨学习一下日本的经验，将学校作为防灾知识教育的主课堂。在日本，一般学龄前儿童就已接受过3 h的地震安全逃生教育，并有计划地组织地震应急演习，这3 h往往使他们受益终身。此外，还可以定期举行防灾演习，通过这种"体验式"的防灾教育更容易让大家感受到灾难的真实情形，这种危机意识能够让我们在灾害来临前提前采取措施，一旦灾难突发，更容易从容、镇定地应对，防患于未然。

居安思危，思则有备，有备则无患。与其把大量的人力、物力和财力投入到灾后的治理中，不如用预见性的眼光提前做好预防工作，建立健全和完善地质灾害群测群防体系既是现实情况给我们提出的迫切要求，也是符合我国实际的有效防灾减灾策略。

北京山区泥石流灾害的发育特征及预报方法探讨

赵忠海

摘要：北京山区泥石流灾害较为多见。泥石流分布地域广泛，但相对集中在部分乡镇、主干断裂构造带附近或几组断裂构造交会部位、坚硬岩石分布区、末级和二级沟谷以及降雨高值区内，且多发生在七八月份北京地区的暴雨易发季节。受地形地貌、地质条件、降雨分布、土壤类型、气温条件以及植被覆盖程度等影响明显。对于泥石流的预报，目前主要依据的是临界雨量值。本文通过认真研究北京地区泥石流的发育规律，深入分析了泥石流的形成条件和影响因素，并在此基础上对北京地区泥石流预报方法进行了初步探讨，建立了综合考虑地形地貌、地质条件、土壤类型以及降雨情况等因素的判断公式，并就如何开展北京地区泥石流预报工作提出了建议。

关键词：泥石流；发育特征；形成条件；影响因素；预报方法。

一、引言

北京市地处华北平原西北隅，地理位置为东经 115°25′ ～ 117°30′，北纬 39°26′ ～ 41°03′，面积为 16807.8 km²，其中山区面积为 10417.5 km²，占总面积的 62.0%。

由于在大地构造上处于祁、吕、贺山字形构造反射弧与阴山东西向构造带的交汇部位，北京地区在漫长的地质历史中经历了印支、燕山及喜马拉雅等多期构造运动，地质构造较为复杂，岩体风化破碎严重，新构造活动比较频繁，加之经济、社会的发展迅速，人类活动对资源的过度开采以及对自然环境的影响和破坏日趋严重，故崩滑塌、泥石流、采空塌陷、水土流失、地面沉降以及地裂缝等地质灾害较为严重，其中泥石流作为北京地区比较多发而且造成人员伤亡最大的地质灾害，不仅严重威胁人类的生命财产安全，而且对资源环境也造成了较大危害。

对于泥石流灾害的防治工作，一直是本着"防治结合，以防为主"的原则，如果能够加强对泥石流灾害预警预报的研究，提高泥石流灾害预警预报工作的准确性，将有效指导人们趋利避害，提前采取有效措施，从而大大减少灾害所带来的各种损失。

本文通过认真分析北京地区泥石流灾害的发育特征，对泥石流灾害的形成条件及致灾因素进行了认真研究，并对如何开展泥石流灾害的预报工作进行了初步探讨。

二、北京地区泥石流灾害的发育情况

北京地区是泥石流灾害的多发区。根据实地调查和历史记载统计，在 1867—1949 年的 83 年间，北京地区共发生泥石流 25 次，平均每 3.5 年发生一次。这 25 次泥石流共致死 1900 人以上，毁坏村庄 50 个以上，还毁坏了大量的零星房屋和耕地。在 1950—1999 年的 50 年间，北京地区共发生泥石流 29 次，平均每 1.8 年发生一次。这 29 次泥石流共致死 500 余人，毁坏房屋约 8200 余间，毁坏耕地约 7550 hm^2，还毁坏了大量的果树和其他林木，造成经济损失数亿元。

北京地区现已查明的泥石流沟和潜在泥石流沟共有 816 条，分布在 7 个区县 64 个乡镇范围内，由于下垫面地表条件、降雨情况以及人为影响因素等不同，各县乡泥石流等发育程度极不均衡，其中以密云、怀柔、房山、门头沟及延庆 5 个区县的泥石流数量最多，见表 1。

由于北京地区独特的自然环境和活跃的人类活动，使北京地区泥石流的分布类型、活动规律和危害程度都有其鲜明的特点，主要表现为：区域性泥石流活动相对活跃，但总体仍属低频；单沟泥石流规模较小，但易成群暴发；大部分属水石流类型，多在骤降暴雨区成群出现，暴发区随暴雨中心移动，重现位置不固定；活动范围广泛，灾害面积大，总体损失严重。

表 1 北京地区泥石流发育情况统计表

县（区）	泥石流（条）	潜在泥石流（条）	合计（条）
延庆	85	10	95
怀柔	152	65	217
密云	141	95	236
平谷	19	16	35
房山	62	29	91
门头沟	103	16	119
昌平	22	1	23

三、 北京地区泥石流灾害的发育特征

（一）空间分布特征

从空间分布看，北京地区泥石流灾害的分布具有以下特征。

1. 分布地域广泛

全市泥石流流域面积约 1348 km^2，占全市山区总面积的 13.5%。

2. 分布相对集中

1）集中于部分乡镇。以密云县的冯家峪、石城、不老屯，怀柔区的崎峰茶、

八道河、琉璃庙，门头沟区的斋堂、清水，房山区的十渡、霞云岭、蒲洼以及延庆县的四海等乡镇最为发育。

2）集中于主干断裂构造带附近或几组断裂构造交会部位。如怀柔区沙河流域21条泥石流沟中的19条均分布于青石岭断裂带上。

3）多围绕北部的黑驼山、云蒙山、大洼尖、歪驼山以及西部大老龙窝等大山体集中分布。

4）主要发育在坚硬岩石地区。这类岩性区山体高大，山高谷深，受构造影响，岩石破碎，崩滑塌发育，松散堆积物丰富，泥石流较为发育。

5）多集中分布在末级和二级沟谷或沟谷上游峡谷段的中、小沟谷内，沟谷纵比降一般在 100‰ ~ 500‰，流域面积多在 0.5 ~ 2.5 km^2 之间。

6）集中分布在降雨高值区。群发泥石流地区随着局地性暴雨中心区移动，但历次均集中分布在日雨量超过 200 mm 的范围内。

（二）时间分布特征

从发生时间看，北京山区泥石流灾害的分布具有以下规律。

1）北京山区的暴雨及大暴雨多出现在 7 月下旬至 8 月上旬，故泥石流绝大部分发生在 7 月 20 日至 8 月 10 日时段内。

2）大部分泥石流发生于下午 2 时至次晨 3 时。北京山区的暴雨有明显的日变化，可分为午后型（16 时至 20 时）和夜雨型（20 时至次日 3 时）。据统计资料分析，从下午 2 时至次晨 3 时，强降水的逐时气候概率值相对较大，为泥石流等多发时段。

3）泥石流发生或长或短地滞后于高雨强之后。据统计，在一场连续暴雨过程中，一旦出现明显的短历时高强度降雨时，泥石流常发于高强雨稍后或 1 ~ 2 h。

四、北京地区泥石流灾害的影响因素

影响泥石流灾害发育的因素包括地形地貌、地质条件、降雨分布、土壤类型、气温条件以及植被覆盖程度等，其中尤以地形地貌、地质条件、降雨分布以及土壤类型为主要影响因素。

（一）地形地貌条件

山势地形、坡度坡向、沟谷发育状况以及沟床陡缓等是泥石流形成与运动的基础条件之一，为泥石流的运移和冲刷破坏提供了势能条件。

新构造运动以来，北京山区一直为强烈上升区，不断遭受外力的侵蚀切割，形成陡峻的山地和深切的河谷，山地的总体地势虽然不高，但相对高度较大。由于切割较深，相对高度较大，沟谷的纵坡大，沟床比降较大，导致坡陡流急，有利于泥石流等发育。

地形地貌与泥石流发育情况的关系主要反映在沟床比降、相对高度以及相对切割程度等几个方面，具体情况见表2—表4。

（二）地质条件

地质条件为泥石流发育提供了松散碎屑物质，决定了泥石流形成的物源基础。北京地区的岩石种类齐全，侵入岩、喷出岩、变质岩、碳酸盐岩、碎屑岩以及各类成因的松散堆积物等均有出露，在不同时期、不同方向的断裂、褶皱构造作用下，岩石节理裂隙发育，风化剥蚀强烈，破碎较为严重。这些岩石风化破碎后形成较厚的残坡积层，堆积于坡脚或沟床内，其结构疏松，抗水蚀力差，易遭水流的冲刷与侵蚀，遇暴雨情况下易形成泥石流。

不同地层、岩性及地质构造部位的泥石流发育程度不同，总的看来，古老地层、中—酸性岩体、构造复合部位的泥石流比较发育。有关不同地层、岩体及构造部位的泥石流发育情况见表5—表7。

（三）土壤类型

土壤是泥石流固相物质来源之一，尤其是面蚀量较大的流域，土壤在泥石流活动中的作用更为显著，不仅影响泥石流等形成，还影响泥石流的性质。北京地区共有18类土壤，泥石流主要分布在山地棕褐土和山地褐土分布区内。有关不同土壤类型中泥石流等发育情况见表8。

（四）降雨分布情况

水既是泥石流的组成物质，又是泥石流形成的水动力条件，其中暴雨洪水、冰雪融水、溃决水及地下水往往又是泥石流形成的激发因素。北京地区形成泥石流的水主要为暴雨洪水，泥石流等发生主要受降雨控制，平均雨量的高值区往往也是泥石流等多发区。

泥石流的发生与前期降雨量及激发雨量有着密切的关系，当充足的前期降雨量导致松散物质的含水量达到饱和时，再遇到一次激发雨量就能导致泥石流的发生，前期降雨量越大，泥石流发生所需的激发雨量就越小。

表 2 北京地区泥石流在各级沟床比降流域内的分布情况统计表

沟床比降（‰）	<50	50～100	100～150	150～200	200～250	250～300	300～350	350～400	400～450	450～500	500～550	550～600	>600
泥石流数量（条）	32	150	151	156	84	51	26	24	14	10	4	2	1
占总数的比例（%）	4.5	21.3	21.4	22.1	11.9	7.2	3.7	3.4	2.0	1.4	0.6	0.3	0.1

表 3 北京地区泥石流在各级高度流域内的分布情况统计表

相对高度（m）	<200	200～300	300～400	400～500	500～600	600～700	700～800	800～900	900～1000	1000～1100	1100～1200	1200～1300	1300～1400	1400～1500
泥石流数量（条）	9	63	87	116	113	108	86	52	29	15	12	8	6	1
占总数的比例（%）	1.3	8.9	12.4	16.5	16.0	15.3	12.2	7.4	4.1	2.1	1.7	1.1	0.9	0.1

表 4 北京地区泥石流在各级相对切割程度流域内的分布情况统计表

相对切割程度（m）	<25	25～50	50～75	75～100	100～125	125～150	150～175	175～200	200～225	225～250	250～275	275～300	300～325	325～350	350～375	375～400
泥石流数量（条）	1	45	136	160	141	82	62	32	20	14	8	2	0	0	0	2
占总数的比例（%）	0.1	6.4	19.3	22.7	20.0	11.0	8.8	4.6	2.8	2.0	1.1	0.3	0	0	0	0.3

表 5　北京地区泥石流在不同地层的分布情况统计表

界（群）	新生界		中生界					古生界		元古界			太古界
系（群）	第四系	第三系	白垩系	侏罗系	三叠系	二叠系	石炭系	奥陶系	寒武系	青白口系	蓟县系	长城系	
代号	Q	E、N	K	J	T	P	C	O	∈	Qnb	Jx	Ch	Ar
泥石流沟数量（条）	18	0	3	134	4	3	1	14	12	28	96	124	75
分布密度（条/100 km²）	1.9	0	1.8	6.7	5.5	3.2	3.0	5.1	3.1	6.7	5.1	9.5	17.1

表 6　北京地区泥石流在不同性质侵入岩中的分布情况统计表

岩石性质	酸性岩	中酸性岩	中性岩	基性岩	碱性、偏碱性岩
泥石流沟数量（条）	125	11	40	3	14
分布密度（条/100km²）	11.1	6.2	12.1	10.3	9.8

表 7　北京地区泥石流在各地质构造部位的分布情况统计表

构造名称	构造复合部位	断层带	褶曲轴部	褶曲翼部	受构造影响小的部位
泥石流沟数量（条）	374	306	276	237	13
占泥石流沟总数量的比例（%）	31	25.4	22.9	19.6	1.0

五、 关于泥石流灾害预报的方法探讨

泥石流预报是根据对泥石流形成条件的分析，对在一定条件下一段时间内泥石流发生的可能性进行判断，并提前发出通报，为提前做好泥石流减灾准备提供指导。

北京地区的泥石流多属于暴雨型泥石流，暴雨型泥石流的预报模式主要有两种：一是基于降水统计的泥石流预报模式；二是基于泥石流形成机理的预报模式。前者主要根据对激发泥石流等降水条件统计分析，确定不同垫面条件下激发泥石流等临界雨量，从而建立泥石流预报模型；后者是以泥石流形成机理为基础，根据降水过程中泥石流源区土体物理力学特性的变化分析进行泥石流预报。

基于泥石流形成机理的预报模式的准确率较高，对其研究尚处于起步阶段，据现有文献资料的检索，还没有完整建立基于形成机理的泥石流预报模型。基于降水统计的泥石流预报模式是目前泥石流预报的主要模式，许多专家学者对此做了大量的研究工作，并取得了很大成绩。如陈景武等通过对蒋家沟实测降雨资料分析，得出泥石流形成的临界降雨量判别式和泥石流暴发的临界降雨量判别式，制成预报图进行临警预报；陈精日等根据建立的泥石流预报模式，利用遥测雨量装置或遥测地声警报器建立了预报预警系统。

北京地区目前对于泥石流的预报主要是基于降水统计的泥石流预报模式。王礼先等通过对北京山区暴雨型泥石流等研究建立了泥石流发生日前 3、5 或 15 天雨量与当日激发雨量的回归模型；白利平等通过对北京地区历史上泥石流灾害发生时的当日激发雨量与前期实效雨量的分析，建立了北京地区泥石流临界雨量判别模型。但由于上述研究没有考虑泥石流形成的地质背景及除了降雨以外的其他影响因素，过分地强调和依据降雨这一因素，其方法本身尚存在许多有待完善的地方，在目前关于降雨预报尚存在较大误差的情况下，该方法很难对泥石流的方式进行准确的预报。

鉴于上述情况，本文认为，对于北京地区泥石流的预报应充分考虑泥石流的形成条件和主要影响因素，通过对不同因素影响下泥石流发育情况的统计分析，确定泥石流在不同影响因素下发生的概率数（最易于发生的情况确定为 1，不可能发生的情况确定为 0），建立能综合反映各因素影响的判断方程，以判断泥石流发生的可能性。

（一） 不同影响因素下泥石流发生的概率数

通过对北京地区泥石流形成条件的认真分析和研究，本文确定以地形地貌（沟床比降）、地质条件（地层岩性、构造）、土壤类型以及降雨情况为北京地区泥石

表 8　北京地区泥石流在各类土壤分布区内的分布情况统计表

土壤类型　项目	山地土壤			山前土壤									平原土壤			
	山地草甸土	山地棕褐土	山地褐土	砂石土	胶土	栗黄土	白黄土	灰黄土	黑黄土	二合土	蚂蚁沙土	胶泥	河滩土	盐碱土	洼地黑土	沙地
泥石流沟数量（条）	0	284	217	70	35	24	9	1	0	2	3	2	20	0	0	38
分布密度（条/100 km²）	0	5.1	6.8	10.8	11.2	7.2	2.9	2.8	0	9.4	7.0	3.6	20.4	0	0	16.4

表 9　不同沟床比降流域内泥石流发生的概率数（S）

沟床比降（‰）	< 50	50～200	200～300	300～400	400～500	> 500
泥石流发生的概率数	0.7	1.0	0.8	0.7	0.6	0.5

表 10　不同地层岩性分布区内泥石流发生的概率数（G_1）

地层岩性	太古界、长城系、侏罗系、酸性岩	蓟县系、中酸性岩	青白口系、第四系	奥陶系、寒武系、碱性岩	其他地层、基性岩
泥石流发生的概率数	1.0	0.9	0.8	0.7	0.6

流的主要影响因素，并据此确定了不同条件因素影响下泥石流发生的概率数（见表9—表12）。

降雨是泥石流灾害发生的主要诱导因素。本文所说的总降雨量包括前期降雨量和激发雨量，其中前期降雨量指的是泥石流暴发日之前的降雨量与暴发当日 1 h 最大降雨之前的雨量之和，激发雨量通常是指泥石流暴发当日最大 10 min、最大 1 h和最大 24 h 的降雨量，泥石流的发生同总降雨量（前期降雨量与激发雨量的总和）密切相关。根据北京地区历史上泥石流发生时降雨情况的统计资料分析，本文确定了不同降雨情况下泥石流发生的概率数。（见表 13）

北京地区目前对于泥石流预报主要采用的是临界雨量预报，许多相关单位和地质、气象工作者都做了大量研究工作，也取得了很多成果。白利平等人曾通过对北京地区历史上泥石流灾害发生时的当日激发雨量与前期实效雨量的分析，建立了北京地区泥石流临界雨量判别公式：$Y=-1.222X+162$，式中 Y 为激发雨量，X 为前期雨量。根据这一公式，本文认为有必要对不同降雨情况下泥石流发生的概率数 J 进行修正：当某一次降雨过程中前期雨量(X)与激发雨量(Y)在临界雨量判别模型图上的投影点落到回归直线 $Y=-1.222X+162$ 的下方时，可以认为没有达到临界雨量，泥石流不太可能发生，修正系数 α 取值为 0.5；当投影点落到回归直线 $Y=-1.222X+162$ 的上方时，可以认为超过了临界雨量，泥石流很可能发生，修正系数 α 取值为 1.5；当落到回归直线 $Y=-1.222X+162$ 上时，刚好达到临界雨量，修正系数 α 取值为 1.0。

（二）泥石流发生概率的判断方程

在综合考虑了各因素影响的情况下，本文建立如下判断方程：

$$P=\alpha \cdot S \cdot G_1 \cdot G_2 \cdot T \cdot J.$$

式中，S、G_1、G_2、T、J 分别为泥石流在不同地形地貌、地质条件、土壤类型及降雨情况下发生的概率数，α 为降雨因素的修正系数，P 为泥石流发生的概率值。

（三）对提高泥石流预报准确性的几点建议

为了充分反映地形地貌、地质条件、土壤类型及降雨情况等因素对泥石流发生的影响，切实提高泥石流预报的准确性，本文建议有关部门组织开展以下几方面工作：①编制 1∶10000 北京地区坡度、相对高度、沟床比降、相对切割程度等单要素图件；②编制 1∶10000 北京地区影响泥石流发育的地质因素（地层、岩体、构造）

表 11 不同构造部位泥石流发生的概率数（G_2）

构造部位	构造复合部位	断层带	褶曲轴部和翼部	受构造影响较小的部位
泥石流发生的概率数	1.0	0.9	0.7	0.5

表 12 不同土壤类型中泥石流发生的概率数（T）

土壤类型	山地棕褐土山地褐土	砂石土	胶土、杏黄土、沙地	白黄土、灰黄土、二合土、蚂蚁沙土、胶泥	其他土壤
泥石流发生的概率数	1.0	0.9	0.8	0.6	0.3

表 13 不同降雨情况下泥石流发生的概率数（J）

总降雨量 (mm)	< 50	50 ～ 100	100 ～ 150	150 ～ 200	> 200
泥石流发生的概率数	0.3	0.5	0.8	0.9	1.0

综合分区图；③编制 1：10000 北京地区土壤类型分区图；④调查北京山区松散堆积物和地表覆盖层的发育情况及物理力学特征，并编制相关图件；⑤健全降水预报机制，逐步实现全天候实时预报，提高降水预报的准确性；⑥充分利用 GIS 和 RS 等高新技术手段，建设北京地区泥石流灾害预报自动化信息管理系统。

六、结语

通过深入分析北京地区泥石流等发育特征、形成条件、影响因素以及预报工作状况，本文认为：

1）北京地区的泥石流无论在分布的空间，还是在发生的时间方面，均有着很明显的特征和规律性；

2）北京地区泥石流的影响因素包括地形地貌、地质条件、降雨分布、土壤类型、气温条件以及植被覆盖程度等许多方面，尤以地形地貌、地质条件、土壤类型以及降雨分布的影响作用最为明显；

3）北京地区目前对于泥石流的预报是基于降水统计的泥石流预报模式，主要是根据由以往降水资料拟合算出的临界雨量推断泥石流是否发生，该方法只是依据降雨量这一单一因素，没有考虑对泥石流形成具有影响的其他因素，在现阶段降雨预报尚存在一定误差的情况下，预报结果并不十分理想；

4）泥石流预报应综合考虑其形成条件和影响因素，通过分析泥石流在不同地形地貌、地质条件、土壤类型以及降雨分布情况下的发育状况，建立判断泥石流发生的概率方程以进行泥石流预报，在理论和实践上都是可行的；

5）本文旨在对泥石流预报进行理论和方法方面的探讨，由于所掌握的资料有限，故文中关于泥石流在不同因素下的概率数还有待于在今后的工作中进一步检验、修改后完善。

瞄准"世界城市"目标　加快首都消防事业科学发展

李进 北京市公安消防总队副总队长

以圆满完成北京奥运会和新中国成立 60 周年庆祝活动以及成功应对国际金融危机为标志，首都的现代化建设进入了新的发展阶段。在新的历史起点上，北京市委市政府对首都的发展定位有了新的思考和判断，及时提出了"建设世界城市"的目标，这是在新的阶段，对提升首都科学发展水平做出的重要决策。

建设世界城市，不是简单地模仿复制已有世界城市的形态和发展路径，而是按照科学发展观的要求，大力实施"人文北京，科技北京，绿色北京"发展战略，在提高全球影响力的同时凸显中国特色、首都特点。这是一个长远任务，需要我们锲而不舍、艰苦奋斗，从现在开始，分析差距，列出指标体系，坚定不移地朝这个方向努力。

一、北京建设世界城市的构想

（一）世界城市的概念

世界城市是一个全新的概念。从形态上讲，世界城市是国际大城市的高端形态。从功能上讲，世界城市是对全球政治、经济、文化具有控制力和影响力的国际城市。从特征上讲，世界城市至少应当具备五个方面的基本特征：一是雄厚的经济实力；二是巨大的国际高端资源的交易和流量；三是发达的现代化的立体交通体系；四是安全、稳定、法治、宜居的社会环境；五是良好的国际形象。当前，世界公认的世界城市有纽约、伦敦、东京和巴黎。

（二）北京建设世界城市的需求和目标

当今世界正处于大发展、大变革、大调整的重要时期，政治多极化、经济全球化的趋势日益明显。特别是在应对国际金融危机的过程中，我国的国际地位发生了新的变化，客观上要求国家的首都必须面向世界谋划城市的发展，不断提升城市发展的国际化水平。因此，北京明确提出以建设世界城市为努力目标，采取"三步走"战略：第一阶段构建现代化国际大都市的基本架构；第二阶段到 2020 年，力争全面实现现代化，确立具有鲜明特色的现代化国际城市的地位；第三阶段到 2050 年左右，建设成为经济、社会、文化、生态全面协调可持续发展的城市，进入世界城市的行列。

（三）当前北京建设世界城市的背景和基础

近年来，随着北京奥运会、残奥会和新中国成立 60 周年庆祝活动的圆满成功，北京的国际化、现代化水平和综合竞争力得到大幅度提升，经济发展速度超过预期。2009 年，地方财政收入超过 2000 亿元，第三产业比重已达到 75.8%，已接近国际公认世界城市标准的底线，全市人均国内生产总值突破 10000 美元，提前 11 年实现世界城市建设第二阶段经济发展目标，城市化水平、第三产业就业人口比重、基础设施水平、信息化水平等也都接近或达到了世界城市的标准，完成了构建现代化国际城市基本架构的近期目标，完全可以而且应当建设成为世界城市。

二、首都消防工作同世界城市建设要求存在的主要差距

消防安全是确保城市快速建设发展的重要保障，是保证百姓安居乐业、构建和谐社会的前提和基础，也是世界城市的重要标志。当前，首都消防现代化水平在奥运会之后有了长足的进展，社会抗御火灾的能力大大提高，有效遏制了重特大火灾和群死群伤事故的发生。但是，与世界城市相比，北京消防工作在警力、装备、机制、信息化等方面尚存在较大差距，与北京建设世界城市的总体目标还不相适应，消防工作难点亟待解决。

（一）消防警力严重不足，整体素质不高

按照国际惯例，城市人口平均每千人要有 1 名消防员。2010 年，北京消防部队现役编制为 7325 人，北京市人口为 1755 万人，消防警力占总人口的比例仅为万分之四，平均每千人仅有 0.41 名消防员。而伦敦人口为 756 万人，共有 7000 名消防职员，平均每千人拥有 0.93 名消防员；东京人口为 1211 万人，共有消防员 17969 人，平均每千人拥有 1.6 名消防员。同时，我国公安消防部队实行现役体制，一线官兵服役时间短、轮换快，限制了人员素质的提高，导致消防队伍高级专业人才匮乏。

（二）消防基础设施历史欠账较多，专业装备力量不足

2010 年，北京城区、郊区和远郊区县共有消防队站 86 个，远未能达到《北京城市总体规划》规定的 147 个消防队站的标准。其中城八区面积 1368 km^2，共有消防队站 50 个，平均每个消防站的辖区范围为 27.2 km^2。相比之下，东京平均每个消防站辖区为 9 km^2。此外，北京市消防队站规划不尽合理，深受站点少、距离远、

交通不畅等因素影响，导致全市仅有 5% 的火警能够实现公安部要求的 5 min 到场的指标。

在消防车辆配备方面，按照国际惯例，每万人应拥有 1 辆消防车。2006 年，东京已有各类消防车 1884 辆，每万人拥有 1.32 辆消防车，并配备 9 艘不同规格的消防艇船、182 辆医护急救车、6 架消防直升飞机。2010 年，北京共有消防车 553辆，平均每万人拥有 0.34 辆消防车，也就是说北京平均每 3 万人才拥有 1 辆消防车。

（三）社会化宣传覆盖面较窄，消防工作群众基础薄弱

伦敦、东京等世界城市均组织相当规模的志愿消防人员，深入开展社区消防安全宣传教育培训，东京针对每栋高层建筑都设有一名具有相应消防水准的消防管理员。而北京市社会化消防管理工作仍不够普及，公民消防安全意识仍显淡薄，对正确的用火用电常识、火灾逃生自救方法、法律法规义务等了解掌握不深。据统计，近 80% 的火灾是由于缺乏消防安全常识和人为的违规违章行为造成的。

（四）技术更新速度慢，科技创安水平较低

与东京、巴黎等城市早在 20 世纪 90 年代便建立起较为完善的消防信息系统和科技支撑体制相比，北京消防的科技信息化建设起步较晚，综合实力、基础研究较弱，缺乏具有自主知识产权的关键、核心技术应用，在消防监督、调度指挥、电子政务、内部事务管理、灭火战术模拟等重要领域未能建立标准化体系。

三、北京消防适应建设世界城市发展的思考

建设世界城市任重而道远，为了紧跟首都经济社会跨越式发展的形势，应全面推进消防法制建设、管理机制建设、队伍建设、装备建设和人才建设，推动整体工作齐头并进，迎头赶上，实现消防工作的可持续发展。

（一）构筑健全的消防法制体系

针对建设世界城市过程中的新生问题和衍生弊端，同步配套调整、完善《北京市消防条例》，及时制定行政法规以及地方性消防法规，通过对《中华人民共和国刑法》等相关法律的修订，建立火灾及消防隐患责任法定追究机制，出台与国际接轨的消防技术标准，健全各项执法规章制度，完善执法制约机制，营造公正廉洁的执法环境。

（二）完善社会化消防管理机制

架设消防服务平台，优化消防行为，建立以火灾风险管理为基础的消防管理社会化模式，形成分级、分类、专业化的消防监督检查体系，引导、培育和规范各类消防中介组织，充分利用网络等现代传媒手段拓宽消防宣传渠道，形成立体化、多角度的消防宣传体系，切实提高公民的消防意识。

（三）建立规模适度的专兼职消防队伍

按照每个消防队站管辖范围 4~7 km^2 的要求，加快公共消防站建设，尽可能增加现役消防编制，完成特勤支队、轨道支队、水上支队、飞行支队和综合应急救援队建设。在此基础上，提升多种形式消防队伍持续发展能力，积极发展消防志愿者队伍，形成以公安消防为主体的多元化结构的消防救灾力量体系。

（四）配足配强消防技术装备

将消防技术装备配备与北京城市发展同步规划、同步落实，足额超量配备所需装备器材，大幅度提升主战车辆技术性能，针对高层建筑、地下空间、石油化工、轨道隧道等火灾及建筑倒塌、交通事故、危化品泄漏等灾害事故，引进和研发特殊装备及功率大、功能多、器材全的实用车辆器材，建立航空特勤消防队，消防技术装备力量由平面向立体延伸，由地面向空地结合，实现从数量规模型向质量效能型转变，适应未来世界城市综合应急救援新特点的实战需要。

（五）拥有高科技信息化支撑水平

建立科学的引进研发模式，营造消防技术不断创新的环境，完善教育培训和消防科学技术奖励机制，构建包括消防基础理论研究、消防基础应用研究和消防实用新型技术研究在内的消防技术创新体系，规范消防科技知识产权保护机制，促进科技成果向现实生产力转化。

（六）选拔培养充足的优秀消防人才

加强消防各岗位专业技术干部队伍建设，吸收化工、建筑、通信、计算机、作战指挥、防化工程等专业技术人才充实部队，组建消防专家库、消防人才库。并大力深化职业教育、技能教育、进修教育、晋级教育的教育培训体系建设。固化定期轮训、培训制度，不断加强消防部队综合性、复合型人才建设，使学、训、战有机结合，建立健全科学合理的考评机制，完善公平公开任用选拔机制，营造出人才辈出的良好环境。

（七）广泛拓展国际消防合作

固化国际消防交流合作机制，学习世界城市消防工作先进经验，引进国外先进的消防理念、技术装备和管理方法，不断拓宽工作思路，增进国际消防组织的交流、研究和访问，积极参与国际救灾行动和互助活动，推动联合培养消防人才，提高消防人员的专业素质，推进北京消防工作逐步迈入国际化行列。

（注：文中涉及 2010 年北京消防相关数字统计截止时间为 2010 年 5 月底。）

自然灾害损失评估及救助测定模型的研究

阮水根 北京减灾协会
曹伟华 中国气象局北京城市气象研究所

摘要：我国每年因灾损失巨大。救灾资金分配作为政府救灾救济工作的重要组成部分目前尚缺乏科学合理的技术手段。本文首先利用北京市灾害损失资料，对北京多年来灾害损失特征进行分析，研究了自然灾害总损失中直接经济损失、间接经济损失和人力经济损失三部分的评估思路与计算方法并提出采用双指数列联法进行灾级评估。进而通过分析灾害救助的主要影响因子，提出多层次救灾救助的技术路线，建立了三种适用于不同条件的灾害救助概念模型，为灾中、灾后实施科学救灾救济提供了新的思路和理论依据。

关键词：自然灾害；损失评估；救灾资金分配；灾害救助模型。

一、 引言

中国是世界上遭受自然灾害最严重的国家之一。据民政部统计，1990—2008年，我国平均每年因各类自然灾害造成约3亿人（次）受灾，倒塌房屋约300万间，紧急转移安置人口约900万人，直接经济损失约2000亿元。单因气象灾害每年所造成的经济损失也占GDP的1%~3%，受灾农田达5亿多亩。另据sigma估计，2008年初我国南方冰冻雨雪灾害直接经济损失200亿美元，保险业总损失约13亿美元；2008年汶川地震直接经济损失1240亿美元，保险损失7.5亿美元。为此，我国政府每年在防灾减灾、救灾救济中投入了大量人力、物力和财力。

应对自然灾害是关乎国计民生的重大事情，它不仅包括了灾前预报预警、灾中应急救援、灾后恢复重建，同时更离不开科学的灾害损失评估和实施合理有效的政府救灾救济。目前，我国灾害恢复重建是以政府救灾救济为主导，救灾资金分配是政府救助工作的重要内容之一，直接影响着救灾和恢复重建的效果。然而，救灾资金在地区间应如何分配，国内尚未进行此类研究。在实际的救灾救济工作中，大多采取经验性的救助估计，遇到不少困扰和不便，因此，迫切需要进行救助测评研究，为实际旳救灾救济提供指导和依据。针对这些问题，本文在探讨灾害损失评估的基础上，利用有效的灾害等级评估结果，通过分析灾害救助的主要影响因子，提出并建立了多层次救灾救助理念及其计算模型，为实现客观、合理的救灾资金分配，提供可量化评估的科学依据。

二、自然灾害损失及救助特征分析

（一）资料来源与处理

本文资料来源于北京市民政系统，资料时间为 2004—2009 年。资料包括自然灾害损失数据和灾害损失救助数据两部分。

1）灾害损失资料中的要素包括区县名称、灾害类型、发生时间、发生时段、降水量、冰雹直径、风力等级、受灾乡镇数量、受灾乡镇名称、受灾村数量、受灾村名称、受灾人口、受灾面积、经济损失、农作物经济损失、损坏房屋、倒塌房屋、死亡人口及受伤人口等。

2）灾后救助数据包括年度救灾资金（分别是中央级、市级、区县级）、年度解决缺粮人口，年度解决衣被、年度修缮房屋、年度治病人口等。

对资料的处理，首先我们以区县为单位，根据灾害类型、灾害发生地点和发生时间，将发生在同一个区县、不同乡镇的同场灾害的灾情数据进行合并和剔除。处理后的灾情资料共计 204 条。从中提取同时具备受灾人口（人）、受灾面积（hm^2）、直接经济损失（万元），农业经济损失（万元）的灾害损失记录共 166 条，处理后的资料为 2004—2009 年以来北京市自然灾害损失情况，其统计结果见表 1。

表 1　北京市自然灾害损失情况（2004—2009 年）

指标	样本量	最小值	最大值	平均值	标准差
受灾人口（人）	166	45.00	121000.00	10845.4277	17705.365
受灾面积（hm^2）	166	1.00	11510.00	1185.6896	2007.7407
直接经济损失（万元）	166	3.00	27511.00	1391.1404	3198.1981
农业经济损失（万元）	164	1.00	27511.00	1233.9506	3077.4515
损坏及倒塌房屋（间）	166	0.00	1366.0	45.8	203.4

同时，本文把同次灾害的救助金额与灾害的损失金额的比值定义为灾害救助比例。北京市 2004—2008 年自然灾害损失与政府救助情况见表 2。其中，自然灾害损失金额分别是 3.3、5.9、5.0、6.4、8.0 亿人民币，整体上呈增长趋势（见图1）。2004—2008 年间北京市灾害救助比例分别是 5.5758%、5.2455%、5.1394%、4.2818%、4.4667%，整体呈下降趋势（见表 2），全国灾害救助比例分别是：1.99%、2.59%、2.35%、2.78%、2.59%（根据《民政部民政事业发展统计公告》(1995—

2008 年）整理得到）。该阶段北京市的平均救助比例是 3.19%，全国的平均救助比例是 2.46%。这表明，在此期间北京市自然灾害的灾害救助比例高于全国平均水平，对自然灾害救灾救济资金投入较大。

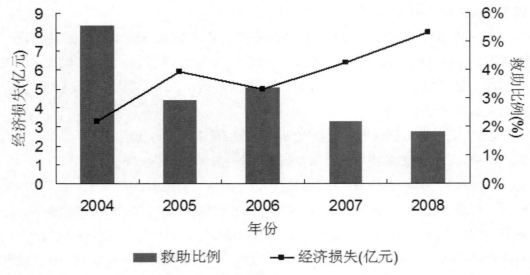

图 1 北京市灾害损失与救助比例图（2004—2008 年）

表 2　北京市灾害损失与救助情况（2004—2008 年）

年份	灾害次数（次）	受灾人口（万人）	受灾面积（万 hm²）	经济损失（亿元）	拨款数量（万元）	救济人口（万人）	救济人口比例	救助比例
2004	45	50.1	4.4	3.3	1840	16.9	33.73%	5.5758%
2005	40	66.5	6.9	5.9	1731	19.2	28.87%	2.9339%
2006	36	57.6	6.8	5	1696	18.2	31.60%	3.3920%
2007	32	59.7	8	6.4	1413	12.8	21.44%	2.2078%
2008	24	39.9	4.8	8	1474	10.7	26.82%	1.8425%
平均	35.4	54.76	6.18	5.72	1630.8	15.56	28.41%	2.8510%

（二）灾害损失分类与评估

自然灾害总损失(L_T)主要包括三部分，即直接经济损失(L_D)、间接经济损失(L_I)和人力经济损失（L_P）。即

$$L_\mathrm{T} = L_\mathrm{D} + L_\mathrm{I} + L_\mathrm{P} \tag{1}$$

针对灾害直接经济损失的评估方法有现场勘查法、样本调查法、统计推算法、遥感监测法、统计分析法等；间接经济损失评估方法有比例系数法、投入产出法、可计算一般均衡模型、计量经济模型、线性规划模型、实地调查分析和混合模型等；人力经济损失概念为本课题所提，未见其他评估方法，其计算将在本文介绍。

直接经济损失（ L_D ）（如图2）是可视物损失，即为财物资产损失（ L_Df ）、运行设施损失（ L_Dm ）与自然资源损失（L_Dr ）三项之和。

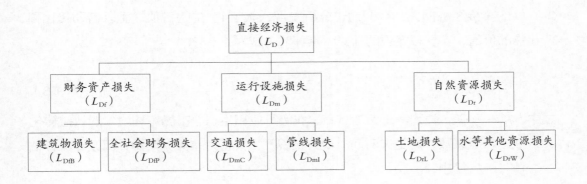

图 2 直接经济损失构成

因此

$$L_\mathrm{D} = L_\mathrm{Df} + L_\mathrm{Dm} + L_\mathrm{Dr} = (L_\mathrm{DfB} + L_\mathrm{DfP}) + (L_\mathrm{DmC} + L_\mathrm{DmI}) + (L_\mathrm{DrL} + L_\mathrm{DrW}) \tag{2}$$

式（2）中各项（即六类受灾物）的损失评估公式为

$$L_\mathrm{D} = \sum_{i=1}^{n} \beta_i \cdot S_i \cdot V_i \tag{3}$$

式中，β_i —— 第 i 类受灾物的损失系数，与灾害危险性和承载体易损性有关；

S_i —— 第 i 类受灾物的数量或长度、或面积、或体积等；

V_i —— 单位第 i 类受灾物的平均价值（元），或指单位某一资源可创造的平均价值。间接经济损失（L_I）（如图3）是非可视物损失，即为生产效益损失（L_Iv）和社会效益损失之和（L_Is）。

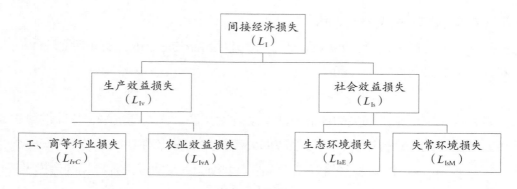

图 3　间接经济损失构成

因此

$$L_{\mathrm{I}}=L_{\mathrm{Iv}}=L_{\mathrm{Is}}=（L_{\mathrm{IvC}}+L_{\mathrm{IvA}}）+（L_{\mathrm{IsE}}+L_{\mathrm{IsM}}）\tag{4}$$

间接经济损失的不确定性，使之较难计算。以往不少研究把 经验性定义为 2~5 倍的直接经济损失。我们通过分析发现，式（4）中的各项，可以借助转化和转化物的价值，实现较客观的计算。其评估公式为

$$L_{\mathrm{I}}=\sum_{i=1}^{n}K_{i}\cdot Y_{i}\cdot R_{i}\tag{5}$$

式中，K_i ——第 i 类因素（指工、商、农等行业和生态、市场等环境）的效益转化
　　　　系数，与受灾时间、受灾状况及相关行为有关，可由计算或专家评估
　　　　给出；

　　　　Y_i ——第 i 类因素的转化物总量（即数量或重量、面积、体积等）；

　　　　R_i ——第 i 类因素转化物的平均价值（元）。

下面举两例说明。①如洪涝将生长中的农作物冲毁。显然除可将作为实物的种子、化肥和土地资源代入式（3）进行直接经济损失评估外，其间接经济损失为把淹没的该农作物的面积转化成总产量及用当年价格，计算出此灾的农业效益（损失）值。可由农田恢复的时间等决定。②如某山区发生林火灾害后，除大片树林被毁能计算可视的直接经济损失外，从生态角度说，被毁树林还将减少碳汇，亦即增加碳排放，进而通过这一转化的生物量评估其经济（损失）效益。

人力经济损失（L_{P}）指因灾使伤亡人员丧失生产能力的总价值，这一价值可用灾区个人能创造的有效财富进行计算。其评估公式为

$$L_{\mathrm{P}}=（\frac{T_{\mathrm{R}}}{T}G/P）（30P_{1}+P_{2}）\tag{6}$$

式（6）中，T——无灾的年份计划（或正常年份）对发展经济的总投入（万元）；

T_R——有灾的当年对发展经济的实际总投入（万元）；

G——无灾的年份（或正常年份）能够创造的最终生产总值；

P——为灾区总人口；

P_1——灾害死亡人口；

P_2——灾害伤残人口。

三、 灾害损失评估方法

自 20 世纪 80 年代马宗晋提出灾度法的自然灾害等级评估思路后，各种灾害等级确定方法相继出现，如圆弧法、综合指数法、灾损率法、模糊法、灰色关联法等，这些工作为灾后等级评定提供了多种技术思路。本文在调查与分析的基础上，根据本地区的实际情况，研究了确定灾情等级的双指数列联评估方法。

（一）双指数列联法

在实际灾情分析中，针对实时发生的灾害需要一种简单快捷、考虑要素较多、操作性又强的方法。为了满足现实工作中的这种需求，本文设计了基于多种灾情要素的双指数列联（即多要素二维矩阵）判定法，其操作步骤如下。

首先，定义单要素指标阈值。传统的矩阵法只考虑两个灾情要素，而二维矩阵法选取死伤人口、直接经济损失、受灾人口、受灾面积 4 个要素作为灾级判定指标；并在北京市历史灾情资料分析的基础上，分别考虑各个指标自身的影响程度，定义其指数值（见表 3）。

表 3 灾害损失单要素指数

各灾损因素指数	死伤人口（人）	直接经济损失（万元）	受灾人口（人）	受灾面积（hm²）
1	<1	<400	<4800	<350
2	1~10	400~1500	4800~15000	350~1700
3	10~20	1500~4000	15000~40000	1700~5000
4	≥ 20	≥ 4000	≥ 40000	≥ 5000

再进行双指标转换与矩阵判定。按照表 3 中的结果，可确定各灾损要素指数值，并视其具有相同的权重，四个指数分两组分别相加，最后运用二维矩阵法综合判断一次灾情的所属灾害等级。二维矩阵法的横轴指标（X）和纵轴指标（Y）的构建及指标临界值定义遵从如下规则。

令指标 X 表示参与矩阵判定的横轴双指标，定义为死伤人口指数值与直接经济损失指数值之和；Y 表示参与矩阵判定的纵向双指标，定义为受灾人口等级和受灾面积指数值之和，即

$$X= 死伤人口指数值 + 直接经济损失指数值$$

$$Y= 受灾人口指数值 + 受灾面积指数值$$

表4是根据双指标X、Y构建的矩阵灾级判定表，根据该表实现对灾情等级的判断。

表4 灾级矩阵判定表

Y ＼ X	1~2	3~4	5~6	7~8
1~2	小灾	小灾	中灾	大灾
3~4	小灾	中灾	大灾	大灾
5~6	中灾	大灾	大灾	特大灾
7~8	大灾	大灾	特大灾	特大灾

（二）实例计算与比较

根据历史资料查阅，对北京市近几年的6次灾害进行了计算。2006年6月30日平谷地区遭遇风雹灾害，风力11级，受灾人口7.5万，受灾面积11510 hm^2，直接经济损失17600万元，死伤人口1人。由表3可知，受灾人口指数值为4，受灾面积指数值为4，直接经济损失指数值为4，死伤人口指数值为2。因此$X=2+4=6$，$Y=4+4=8$。进一步根据表4可以判定，本次灾害级别属于特大灾害。

再对其他几次灾害用上述方法和其他方法进行计算（见表5）。经过比较发现，相对于其他方法，二维矩阵判定法简单灵活，容易操作，该方法简化了操作过程，也减少了主观因素，判定结果与实际情况更加一致。

表5 实例分析结果

地点	类型	日期	死伤人口（人）	经济损失（万元）	受灾人口（人）	受灾面积（hm²）	综合指数法	双指数列联
房山	泥石流	2005年7月23日	2	140	850	65	小灾	小灾
房山	暴雨灾	2006年7月24日	2	596	1849	184	小灾	小灾
平谷	风雹	2006年6月30日	1	17600	75000	11510	大灾	特大灾
昌平	冰雹	2005年6月7日	0	2295	29800	2310	特大灾	大灾
大兴	暴雨冰雹	2004年6月22日	0	9011	76293	6332	大灾	特大灾
通州	风雹/暴雨	2006年7月12日	0	442	9500	1937	中灾	大灾

四、多层次灾害救助模型

影响救灾资金分配的因素主要与受灾地区的灾害损失、受灾人口、受灾面积、灾害次数、致灾情形、救助人口以及地区的经济情况、灾害救助物资储备状况有关。

由此，可根据历史资料，在自然灾害等级评估的基础上，本文研究了多层次灾害救助模型，以求救助资金的分配科学、客观、公正以及适应灾中、灾后的可量化的救助需求。

（一）等级年值法

等级年值法，是为了满足年度灾害救济资金的核算，即一年中多次灾害发生以后，在特定的时间（如年底或次年初）进行统一的救灾资金分配。该方法构建的灾害救助公式主要考虑的因素：一是本年度灾害的总损失；二是当年政府灾害救助比例；三是各灾害等级的权重。各灾害等级平均每次的救助金额还需要结合本年度灾害的发生频次。

首先假设当年本地所有自然灾害共发生了 N 次，所造成的总损失金额是 L，灾害分为 i 个等级（$i=$ Ⅰ，Ⅱ，Ⅲ，Ⅳ级），第 i 级灾害发生 n_i 次，损失金额 L_i，第 i 级灾害的相对重要性是 ω_i（$\omega_1 + \omega_2 + \omega_3 + \omega_4 = 1$），假设当地灾害救助比例历年波动不大，为常数。具体的救助资金分配方案为

$$M_i = \frac{L \cdot \alpha \cdot \omega_i}{n_i} \tag{7}$$

其中，M_i 是第 i 级灾害每次的救助金额。由（7）式可知，L，n_i，α 是已知常数，根据灾情统计资料均可获得。ω_i 是灾害等级的权重，可根据灾害等级评估的结果，采用各级灾害损失的比例作为灾级权重。经计算特大灾害权重是 0.4，大灾权重是 0.33，中灾权重是 0.2，小灾权重是 0.07。

（二）实时平均法

等级年值法不能对每次灾害，尤其是重大灾害或巨灾后，实时进行定量救助。为了满足实时灾害救助救援的需要，即灾害发生后第一时间进行救灾物资或资金的分配，我们引入一次灾害的实时损失评估值和历史上平均的救助比例作为核算系数的两个要素，且同样假设当地灾害救助比例历年波动不大。值此，形成一个可实时计算的救助公式

$$M_i = L_1 \cdot \alpha \tag{8}$$

式中，L_1 是本次灾害总损失的实时评估值；α 是本次灾害所取的救助比例值，可为历史的平均救助比例或近 2~3 年的平均救助比例，即一常数值。

从本质上说，等级年值法与实时平均法是等价的。因为只要将式（7）中的 ω_i（ω_i = 年度各灾级损失／年度灾害总损失）及 n_1（各灾级发生次数）代入，式（7）与式（8）就完全一致。实际上，这两个方法均采用救助比例为平均值。因此，可以说都是平均方法，两者不同的仅是一个用年度灾害总损失，另一个直接用实时的一次灾害损失值。

（三）比例权重法

等级年值法和实时平均法都把救助比例作为一个常数值（历史或近年的平均）来处理。事实上，影响救助函数 M 的两个主要因子，即灾害损失与救助比例都应是变量。进一步的研究发现，无论对某一次灾害或年度多种灾害的综合，救助比例与若干要素有较好的相关性。比例权重法则是充分考虑了一次灾害的实时损失、历史上平均救助比例、本次灾害的受灾情形、灾区经济发展水平和当前灾害救助物资储备状况等因子的影响。分析中，我们把救助比例表示为 $\alpha = \alpha_1 \cdot \alpha_2 \cdot \alpha_3 \cdot \bar{\alpha}$，其中 α_1，α_2，α_3 是 3 个主要影响因子，作为平均救助比例的 3 个系数。由此，其表达式可写成

$$M = L_1 \cdot f(\alpha) = L_1 \cdot (\alpha_1 \cdot \alpha_2 \cdot \alpha_3 \cdot \bar{\alpha}) \qquad (9)$$

式中，L_1——本次灾害总损失的实时评估值；

  $\bar{\alpha}$——近 2~3 年的平均救助系数；

  α_1——本次灾害的灾情因子，可用受灾状况、影响范围和影响时间表示，取值为将若干灾情因子组合分级后，定其等级以及所对应的经验值，或由专家评估给出；

  α_2——灾害经济状况（或财政收入）因子，可用灾区的 GDP（或财政收入）／全区域的 GDP（或财政收入）表示，并对比值分级，取值为对应的等级值，或由专家打分确定；

  α_3——灾害救助物资储备因子，表示救灾用的重要储备物资的存储状况，取值可由对若干主要储备物资的历史存储率进行分级后确定，或由专家评估设定。

就 α_1，α_2，α_3 意义而言，对各区县的救助比例 $f(\alpha)$，3 个系数均需考虑；而要确定全市的救助比例 $f(\alpha)$，权重系数 α_2，α_3 可不考虑，α_1 只需计算。

这样 α_1 可由 L_1 中未考虑的受灾规模等因子确定，如将受灾人口、受灾范围用矩阵法分成四级，这四级分别定为 α_1 的 4 个值：1.15，1.05，0.95，0.85。 为 4.94%。

五、结论与讨论

1）对北京市 2004—2009 年自然灾害损失和灾害损失救助资料的分析发现，近年来，北京市自然灾害的经济损失呈较快增加和灾害救助比例减少的趋势。显然，这与北京市的经济快速发展及防灾减灾能力的提高密切相关。

2）本文在分析当前诸多灾害经济损失分类与计算的基础上，提出了自然灾害总损失主要包括直接经济损失、间接经济损失和人力经济损失 3 部分组成及其相应的评估方法。需要指出的是，我们通过对环境和生产效益的转化，实现了对间接经济损失的计算；同时，提出了人力经济损失的概念及其新的计算公式，以体现人力资源的价值。

3）文章基于有限的灾情资料，提出了用双指数矩阵方法来确定灾级，这一评估方法，既保持了矩阵法原有的简单、易操作的优点，又考虑了更多的因子，进而实现能实际反映灾情及较为客观的灾害等级评定。

4）文章还尝试性研究建立了多层次的灾害救助测定模型，即"等级年值法""实时平均法""比例权重法"。当灾害发生中、发生后以及当年过后，可参照不同需要，分别启动相应层次的救助测定模型，客观、有针对性地进行救助资金的分配和物资的调拨，从而有效地进行灾害救助与控制灾害影响。

5）限于资料的不足，本文未能进行更为深入的对比分析和实例模拟。

依托公安消防部队推进首都综合应急救援队伍建设

武志强　北京市公安局消防局

摘要：随着社会经济不断发展，各种灾害事故不断增多，组建以消防部队为依托的综合应急救援队伍，完善应急救援响应机制，不断提高综合应急救援处置能力，是节约行政成本与提升救援效能的最佳选择，是国外成熟经验与中国具体实际相结合的必由之路，也是推动科学发展与构建和谐社会的根本要求。本文认真分析了北京市应急救援力量的现状和存在的问题，从以公安消防部队为依托组建综合应急救援队伍的必要性、法律和政策依据、方法和措施等方面，对我市综合应急救援队伍的组建工作进行了阐述。

关键词：消防；综合应急救援；队伍建设；平安北京。

一、绪论

当前，随着我国社会经济和城市化建设迅猛发展，各种新材料、新产品、新技术的不断研发应用，以火灾、爆炸、毒害、垮塌和交通事故等为特征的各种灾害事故也不断增多，公安消防部队已经成为社会日常应急救援的主力军，成为重大灾害事故救援的一支骨干力量，在我国应急管理工作中发挥着不可替代的重要作用。为贯彻落实国务院、公安部、北京市政府等部门关于进一步加强应急救援队伍建设的有关要求，切实履行《中华人民共和国消防法》赋予公安消防部队的应急救援职责，加快以公安消防队伍为依托的首都综合应急救援队伍建设，不断完善应急救援响应机制和提高北京市综合应急救援处置能力，是确保首都社会安全稳定和构建"世界城市"、打造"平安北京"的必然要求。

二、依托公安消防部队组建综合应急救援队伍建设的法律和政策依据

随着我国法制的逐步完善，消防部队抢险救援职能得到了进一步明确。2006年国务院下发的《国务院关于进一步加强消防工作的意见》（国办发〔2006〕15号）中明确，"要充分发挥公安消防队作为应急抢险救援专业力量的骨干作用。公安消防队在地方各级人民政府统一领导下，除完成火灾扑救任务外，要积极参加以抢救人员生命为主的危险化学品泄漏、道路交通事故、地震及其次生灾害、建筑坍塌、

重大安全生产事故、空难、爆炸及恐怖事件和群众遇险事件的救援工作，并参与配合处置水旱灾害、气象灾害、地质灾害、森林草原火灾等自然灾害，矿山、水上事故，重大环境污染、核与辐射事故和突发公共卫生事件"。可见，消防部队承担的任务更加艰巨繁重。

三、依托公安消防部队组建综合应急救援队伍的优势

一是公安消防部队是实行军事化管理的队伍，全体官兵具有坚决服从命令、英勇善战、甘于奉献、不怕牺牲的优良作风，24 h 执勤备战，召之即来，来之能战。

二是公安消防部队具有力量分布合理，装备性能好、种类齐全、通用性强的特点，拥有大量灭火、救生、防护、举高、破拆、侦检、洗消、排烟、照明等车辆器材装备。

三是打造消防铁军成效显著，长于攻坚。全体官兵以"严守铁的纪律、锤炼铁的意志，磨砺铁的本领"为目标，团结协作、刻苦训练、奋勇争先，通过严格的体能和业务技能训练，自身业务素质得到极大提高。

四是长期以来，公安消防部队在完成灭火任务的同时，竭力为人民群众开展救急、救难、救险、救助等力所能及的抢险救援工作，积累了丰富的实战经验。

五是消防部队应急救援预案类别齐全、内容完整、操作性强；指挥体系健全、手段先进、职责明确。

四、依托消防部队组建综合应急救援队伍是国际惯例

国外许多国家都注重依托消防队伍建立统一的国家应急救援力量体系。

美国建有一套先进、完善的国家紧急事务处置机制，主要处置自然灾害、技术灾害及人为因素造成的灾害等。紧急事务处置实行地方、州、联邦政府三级反应机制。各地方政府均设有紧急服务部门，主要包括消防、交通、医疗、公用部门等。美国各级政府都建有紧急事件处置指挥中心，一旦发生紧急事件，都由政府紧急服务部门共同处置。但消防部门是其中最重要的救援力量。在"9·11"事件中，第一时间到场、担负主要救援任务并付出巨大牺牲的正是美国纽约的消防部门。

欧洲的德国、法国、芬兰、瑞典、俄罗斯等国家也都把消防队伍作为主要应急救援力量，并让其担负消防、救护和民防三位一体的应急救援任务。据统计，在这些国家的消防接警出动中，灭火仅占三分之一左右，其余均是紧急救护和其他灾害事故的救援和处置。

在亚洲，韩国的消防部门担负医疗救护、抢险救援、灭火和国内外重大灾害事故救助等4个方面的任务。日本消防部门的职能范围是随着经济社会的发展而逐步扩大的。1963年以前，消防部门只具有单一的防火、灭火功能。后来，日本政府为了充分发挥消防部门的综合效能，先后两次修订法律，将抢险救援和医疗急救作为消防部门的法定任务。目前，日本消防部门承担三项职能：一是火灾预防和扑救；二是各种灾害事故的抢险救援；三是医疗急救。

五、我市应急救援力量的现状

目前，我市公安消防部队现有消防站87个，人数7000余人，灭火执勤车辆500余台。据统计，我市除公安消防部队、卫生医疗队伍外，现有其他应急救援专业队伍121支，其中通信保障和信息安全应急队伍8支，926人；城市公共设施突发事件应急队伍46支，2653人；重大动物疫情应急队伍1支，180人；人防事故应急队伍2支，153人；交通安全应急队伍10支，5046人；电力事故应急队伍21支，3501人；突发公共事件应急队伍9支，192人；防汛抗旱应急队伍8支，1687人；建筑工程事故应急队伍3支，204人；安全生产事故应急队伍13支，5239人；另有地方政府和企事业单位组建的、接受公安消防部门调度指挥的专职消防队239支，4394余人，消防车445辆。

六、我市应急救援队伍建设存在的主要问题

在多次重大灾害事故处置过程中，我市现有的应急救援队伍发挥了重要作用，但各支专业应急救援力量分散在多个部门或行业，应急救援整体能力较弱，主要有以下缺陷和不足。

（一）组织制度不健全

多支职能单一的应急救援力量并存且互不隶属，造成遇险求助不便、接警出动迟缓、联动响应滞后。我市综合应急救援力量体系建设不仅与美国、日本、澳大利亚等一些发达国家存在差距，国内一些地方也走在了我们前面，目前，青海、山东、湖南、新疆、湖北、辽宁、上海、宁夏、安徽、河南、吉林、重庆、贵州、西藏、甘肃等地已依托公安消防部队挂牌成立了省级综合应急救援总队。

（二）指挥体系不完备

全市各专业应急救援队设置均立足本行业灾害事故处置的需要，难以实现资源

共享和信息的互联互通，没有统一的调度、指挥和协调功能，缺少科学性和联动性，既造成了人力和物力的浪费，又耽误了宝贵的救援时间，建立在市应急办统一协调、指挥下的消防总队与医疗、交通、民政、地震、建设、市政、通信等其他专业应急指挥部和政府、企业专职消防队的联动机制和应急救援网络势在必行。

（三）资源配置不合理

各应急救援队不同程度存在救援装备和人力资源重复投入、大量闲置现象，浪费严重。有的部门即使建立了一些紧急救援组织，在队伍建设、救援装备配备、维护和响应机制等方面也缺乏行之有效的管理，导致快速反应和灾害现场应变能力不强。

（四）救援装备数量不足、落后

随着社会经济的快速发展，高层、地下、化工、建筑、交通等特殊灾害事故正处于高发期，抢险救援任务日趋繁重，而我市目前的应急救援装备普遍存在数量不足、技术落后和低层次重复建设等问题。即使是目前已经承担了大量救援任务的公安消防队伍，也存在抢险救援装备器材数量不足、功能落后的现象，不能满足处置各种灾害事故的需要。

七、依托首都公安消防部队组建综合应急救援队伍发展规划

（一）发展建设依据

以胡锦涛同志"三句话"总要求为统领，深入贯彻落实国务院、公安部、北京市政府等部门关于进一步加强综合应急救援队伍建设的有关要求，落实全国公安消防部队应急救援工作现场会精神，按照"指挥调度统一高效，运行保障平稳有力，应急处置快速有效，信息掌控全面灵活，技术系统安全畅通"的要求，依托现有消防队站资源，升级建设北京市综合应急救援队伍，进一步完善应急救援体制、机制建设，提高灾害事故应急处置能力，确保城市运行高效有序和首都社会安全稳定。

（二）发展建设目标

按照北京市应急委关于组建市、区（县）两级综合应急救援队伍总体工作要求，在保证现有管理体制不变的情况下，坚持政府主导、部门联动、重点突破、整体推进，建立紧密协同、快速反应的工作机制，整体推进全市应急救援工作。力争把以

消防部队为依托的综合应急救援队伍建成力量体系完整、体制机制健全、应急功能齐全、器材装备先进的首都应急救援力量先锋，基本形成以公安消防队伍为主体、各相关警种密切协同、其他应急救援专业队伍和地方多种形式消防队伍有效联动的综合应急救援力量体系，使全市的应急救援水平明显提升。

（三）发展建设内容

1. 推动综合应急救援队伍建设

一是积极争取党委政府支持。主动向市委、市政府领导汇报国务院和公安部关于组建综合应急救援队伍的指示精神和工作要求，实事求是地反映本市消防队伍现状及承担综合应急救援职能需要解决的问题，争取政府领导重视和政策支持，建立政府领导挂帅、各相关部门参加的综合性应急救援队伍建设组织领导机构，建立联席会议和工作会商制度，推动出台队伍建设规划及配套性政策文件，明确组织体系、人员编配、装备配备、应急值班、处置程序和应急保障等内容，加强政策引导，提供制度保障。各区（县）消防部门也应主动向当地党委、政府领导汇报，争取区（县）政府重视和政策支持。

二是加强应急救援力量。2010年上半年以崇文区、密云县、延庆县为试点，成立相应的区（县）级应急救援支（大）队。2010年9月份完成北京市应急救援总队挂牌成立工作。2010年年内召开全市综合应急救援队伍组建工作现场会，推广试点单位工作经验，指导和推动各区（县）加快建设步伐，并于2010年底前，初步完成各区（县）综合应急救援队伍建设工作，明确应急救援的力量构成及职责任务，理顺工作机制和响应程序，选择现有条件较好的消防站，对消防队员进行必要业务培训并调整补充部分抢险救援所急需的车辆器材装备，拓展抢险救援功能，具备基本应急救援能力。2012年底前，以现有的教导大队高米店消防中队、朝阳支队搜救犬消防中队、奥林匹克公园消防中队、丰台支队方庄消防特勤中队以及计划建设的总队战勤保障基地黄冈消防特勤中队和航空消防特勤中队为依托，完成市应急救援总队直属支队组建工作，建立起市、区（县）级综合应急救援队伍体系，提高全市灾害事故应急处置能力。

三是加强城市消防专业力量。在现有以丰台公安消防支队方庄特勤消防中队和朝阳公安消防支队望京中队、海淀公安消防支队双榆树中队、石景山公安消防支队古城中队等普通中队为主体建立的高层建筑、地下建筑、石油化工、轨道交通等四支灭火救援专业队的基础上，2012年底前推动山岳、水上救援专业队和航空特勤消防站建设，提升我市山林遇险、水上搜救、地铁、高空灾害事故应急救援能力，填补总队在综合救援领域的空白，进一步提高全市专业应急救援能力和水平。

2. 完善应急联动指挥机制

保持原有管理、指挥体制不变，在市应急委的领导下，加强与全市各专项应急指挥部联系，准确掌握全市公安、医疗、交通、民政、地震、市政、气象、供水、供电、供气、安监、环卫、通信等多支专业应急救援力量的情况。依托市应急办综合指挥平台，2010 年底前，建立在市应急办统一协调、指挥下的市应急救援总队与全市医疗、交通、民政、地震、建设、市政、通信等其他专业应急指挥部和政府、企业专职消防队协调联动的综合应急响应和指挥平台，形成应急响应顺畅、指挥统一高效、资源信息共享、联勤联动机制完善的应急指挥机制。当公安消防部队和其他社会联动力量共同处置时，由政府领导统一指挥或授权指挥，当与公安其他警种联合处置时，由公安机关领导统一指挥或授权指挥。各应急救援支（大）队在当地应急办的统一领导下，于 2012 年底前，也应照此模式建立综合应急救援指挥机制。

3. 健全应急救援预案体系

市应急救援总队及各应急救援支（大）队立足本区域内的危险源类型和可调用的应用救援资源，制定完善各类应急预案，明确灾情等级、力量编成、组织指挥、处置程序、通信联络和应急保障等内容。2010 年编制完成本地 50% 的灾害事故处置预案，2011 年编制完成本地 80% 的灾害事故处置预案，2012 年编制完成所有灾害事故处置预案，并提请政府批准后实行。

4. 加强应急救援专业训练，提高业务技能素质

一是强化救援技术训练。各应急救援支（大）队要加强对各类灾害事故处置，特别是抢救人员生命为主的应急救援技术、战术的研究和训练，强化对新技术装备的操作应用，提高指挥决策和科学施救水平。2010 年底前各支（大）队要建立与当地公安机关其他各警种及社会其他应急救援专业力量的联勤联训制度，明确应急处置职责，扎实做好各项应急准备。

二是强化联动演练。各应急救援支（大）队 2010 年底前应建立与本区域内相关应急救援部门及专业力量的实战演练制度。在政府的统一领导下，可以通过桌面推演、模拟实战、实兵实装等形式加强联动演练，每年至少组织开展 1 次综合应急

救援实战拉动演练，不断提高应对各类突发灾害事故的处置能力。

5. 建立和完善保障体系，提高应急救援保障水平

一是加大经费投入。市应急救援总队及各应急救援支（大）队要积极争取将应急救援队伍建设经费纳入同级财政预算，2010年底前推动政府制定出台政策规定，明确营房设施、装备配备、业务工作等保障要求，尽快建立与城市发展相适应、与地方财力增长水平相适应的应急救援经费保障机制，确保队伍建设的持续发展。

二是配强装备器材。2012年底前，市应急救援总队直属支队着眼本区域应急救援工作需要，配备齐全技术先进、实用高效的救援器材。各应急救援支（大）队应于2012年底前，配齐配强灭火、侦检、搜寻、救生等器材。

三是健全应急保障机制。市应急救援总队及各应急救援支（大）队要掌握本区域卫生、市政、气象、交通、环保、供水、供电等部门及企事业单位应急装备物资情况，建立紧急联动机制。推动建立警地联储、反应快速的社会化应急保障体系，完善装备物资储备，确保一旦发生灾情能够及时调集到位，发挥应有作用。2011年底前，市应急救援总队需建立1~2个面向全市的应急救援装备器材和战勤保障物资储备库，按照与直属支队应急救援装备器材4：1的比例储备；区（县）应急救援支（大）队也应在2011年底前建立区（县）应急救援装备器材和战勤保障物资储备库，按照与所属应急救援队伍装备器材总数2：1的比例储备。

借鉴纽约、伦敦、东京应急管理经验
构建北京综合应急管理体系

黎军　北京市经济技术开发区公安消防支队

摘要：随着北京经济与社会的快速发展，城市规模迅速扩大，人口总量急剧增加，城市抗御各类灾害事故的压力越来越大，迅速构筑一个完善的综合应急救援管理体系，建立一支能够快速、有效、科学处置各类灾害事故的应急救援专业队伍已刻不容缓。本文通过对纽约、伦敦、东京三大城市危机应急管理机制的分析，从中找到可以学习借鉴的先进经验，进一步完善北京市综合应急管理体系。

关键词：应急管理；灾害；事件；救援。

随着北京经济与社会的快速发展，城市规模迅速扩大，人口总量急剧增加，城市抗御各类灾害事故的压力越来越大。当前，在全社会构筑一个完善的综合应急救援管理体系，建立一支能够快速、有效、科学处置各类灾害事故，保障国家和人民生命财产安全的应急救援专业队伍已刻不容缓。这不仅是提高政府公共管理能力和城市竞争力的重要环节，也是实现北京"世界城市"建设不可缺少的基础和保障。虽然近年来，特别是奥运会后，北京市城市综合应急管理体系得到了很大的完善与提升，但与当今世界上许多应急管理体系建设起步较早的发达城市如纽约、东京、伦敦相比，我们的城市综合应急管理体系还存在着不少差距和不足，需要我们借鉴、学习、改进。

一、纽约市综合应急管理体制

在美国，负责综合应急救援管理工作的最高领导机构是联邦应急管理署（简称FEMA），由其统一管理全国的防灾救灾工作，其署长兼任国土安全部副部长，并直接对总统负责。FEMA 在华盛顿哥伦比亚特区设立总部，同时还在全美 50 个州设立了 10 个分部，平均每 3~7 个州就驻有一个分部，负责协调和帮助所在地区处理紧急事务救援工作；州一般设立应急服务办公室，主要负责处理州级危机事件，确保全州做好各类灾害的减灾、备灾、应急和灾后恢复工作，遇有重大灾害及时向联邦政府提出援助申请；市（县、郡）也设立应急指挥机构，主要负责处理辖区范围内各类紧急事件，遇重大灾害时及时向州政府、联邦政府逐级提出援助申请。

以纽约市为例，市紧急救援分队拥有500名专业应急抢险队员，这些队员分别编入全市10个警区，警区再按地域划片设立若干服务队，每个服务队有8人左右，这样，紧急救援的服务面就可以覆盖全市。纽约市危机管理办公室是纽约市进行综合应急管理的常设机构和最高指挥协调机构，下设健康和医疗科、人道服务科、危机复苏和控制科、国土安全委员会4个工作单元，这些工作单元是根据工作职能的不同来设计的。纽约市危机管理办公室所定义的危机事态几乎涵盖了所有可能对人们的生命和财产安全造成威胁的突发性事件，包括建筑物的崩塌或爆炸、一氧化碳中毒、海岸飓风、传染性疾病暴发、地震、炎热酷暑天气、严寒天气、龙卷风、雷电、暴风雨、火灾、有毒或者化学物质泄漏、放射性物质泄漏、公用设施故障、社会秩序动荡、恐怖袭击，等等。

纽约市危机管理办公室与纽约市警察局、纽约市消防局以及纽约市医疗服务机构通力合作，共同设计并组织实施应对各种危机事态的应急方案。纽约市危机管理办公室与许多州和联邦一级的政府机构有日常的合作关系。这些机构包括纽约州危机管理办公室、联邦应急管理署(FEMA)、国家气象服务中心(NWS)、公平和正义部(DOJ)以及能源部(DOE)。纽约市危机管理办公室与这些机构互通信息，协调彼此的规划方案，共同进行培训和演习活动，等等。纽约市危机管理办公室还与私营部门如爱迪生电力公司以及非营利机构如美国红十字会通力合作，以保证纽约市的商业活动和居民生活能够在各种可能的危机中尽快恢复正常。

纽约市危机管理办公室日常的工作内容主要包括以下三个方面。

一是危机监控。危机监控中心是危机管理办公室的信息枢纽。危机监控中心24 h有人值班。危机监控人员通过广播和计算机支持的网络，时刻注视着涉及公共安全的众多机构所接收到的信息。并负责将这些信息传递到市政府，邻近县、州政府，联邦政府的有关机构，有关的非营利组织，公共设施的经营方以及医院等医疗机构。

二是危机处理。危机管理办公室负责在危机或者灾害事件暴发时，通过以下方式协调各个机构之间的活动：在第一时间赶到发生危机事件的地点；对危机事件的情形进行评估；调配资源，协调满足各个方面的需求；充当危机处理指挥员的角色；作为协调参与处理危机的各个机构之间的联系中介。当小规模的危机发生时，危机处理室(The Situation Room)被启动使用。在那里，危机管理办公室的决策人员和执行人员通过一系列的工具，对危机发展的情形进行评估，听取现场危机处理人员的报告，并负责调配资源以便更好地处理危机。当规模较大的危机暴发时，危机

指挥中心 (Emergency Operations Center，EOC) 被启动。危机指挥中心装备有最先进的通信设备和危机控制系统。纽约市的高层官员以及州、联邦和私营机构的有关人员会齐聚在指挥中心，协调危机处理工作。

三是与公众进行信息沟通。危机管理办公室与公众之间的信息沟通包括两个方面：一是在危机发生之前教育公众，帮助他们为可能出现的危机事态做好准备，从而使得他们在危机发生的时候从容应对，减少损失；二是在危机发生时向公众传递重要信息。

为了能够出色地应对各种各样的危机事件，纽约市设计、开展了很多针对社区、商业界的危机准备项目及训练演习，以帮助城市市民和工商业界"做好准备"。一旦危机爆发，快速的反应就成为减少生命财产损失的关键。纽约市危机管理办公室通过一系列的项目，为在危机发生时做出快速有效的反应提供了信息、人员和组织上的充分保证。主要的项目包括：城市危机管理系统 (Citywide Incident Management System，CIMS)、城市应急资源管理体系 (Citywide Assets and Logistics Management System，CALMS)、"911"危机呼救和反应系统 (911 Systems)、移动数据中心 (Mobile Data Center，MDC) 以及城市搜索和救援 (Urban Search & Rescue)。纽约市危机管理最后的一个重要环节，就是帮助受危机影响的个人、企业和社区尽快地复原。这个阶段从危机情况基本稳定，一直延续到所有的体系回归正常或者几乎回归正常为止。

二、伦敦应急管理体制

20 世纪 90 年代末期以来，随着危机形态的变化和危害的扩大，英国政府对本国应急管理体系明确规定了 3 个目标：保护公众生命及财产安全、维护正常的社会秩序和公共服务、保障民主和法治进程。英国比较早地建立了紧急状态法律体系，1920 年就颁布了《紧急状态权力法案》，2004 年 1 月英国通过了《国内紧急状态法案 2004》，主要是在前几部应急管理法案的基础上，进一步明确了中央政府、地方政府、企业和团体以及公民个人的权利和义务，可以作为英国应急管理工作的基本法。2005 年，英国政府又专门下发了《应急准备》和《应急处置和恢复》两个文件，对各级政府和社会如何应对突发事件进行了具体而详尽的阐述。英国从中央到地方都建立了相应的应急管理体系。伦敦邦斯菲尔德油库大爆炸事件发生后，应急系统立即对可能引起的各种潜在危害因素进行了风险评估，给出了系统、详细的预防应对方案，包括爆炸现场戒严范围、居民有序疏散、消防力量分配调度、对地表水与地下水水质进行分析和监测以及分析对大气质量的影响并进行监测，分析经济损失并开展调查，等等。

在中央层面，首相是应急管理的最高行政长官，相关机构包括内阁紧急应变小组（COBR，又称"眼镜蛇"）、国民紧急事务委员会（CCC）、国民紧急事务秘书处（CCS）和政府各部门。其中，COBR 是政府危机处理最高机构，只在面临非常重大的危机或紧急事态时才启动；CCC 由各部大臣和其他官员组成，向 COBR 提供咨询意见，并负责监督中央政府部门的应对工作；CCS 负责应急管理日常工作和紧急情况下协调跨部门和跨机构的应急行动，为 CCC、COBR 提供支持。政府各部门负责所属范围的应急管理。在地方层面，地方政府是当地突发公共事件的主责部门，直接参与处置的应急力量主要有警察、消防、医护等部门，地方政府其他部门及非政府组织予以协助和支持。

三、东京危机管理机制

1. 东京危机管理组织网络体系

根据日本《灾害对策基本法》第 14 条和《东京都防灾会议条例》，设立东京都防灾会议，作为东京都防灾减灾和危机管理的行政最高决策机构。该机构直属知事，知事任会长，由国家的地方派驻机关、公共机构、地方公共机构、都政府以及区市町村等的职员或代表组成。2003 年 4 月，东京都建立了知事直管型危机管理体制。该体制主要设置局长级的"危机管理总监"，成立"综合防灾部"，综合防灾部由信息统管部门和实际行动指令部门组成。信息统管部门主要负责信息收集、信息分析、战略判断。实际行动指令部门主要负责灾害发生时的指挥调整。这两个部门置于危机管理总监的管理下，像两个车轮一样，在危机管理总监的指挥下与有关各局进行协调，进行全政府型的危机管理。信息统管部门从发现有灾害发生的可能性的阶段就开始进行与有关部门接触，收集信息，研究灾害预备的对策方针。当灾害发生时，除了实际行动指令部门汇集各级信息之外，警视厅、消防厅、自卫队派遣过来的干部职员通过本部门的渠道收集和汇总信息，掌握事态的发展动向，策划应对方针，最后向危机管理总监陈述建议。

2. 东京都危机应急机制

根据日本法律和地方条例，东京都可以设立应急对策本部、灾害对策本部、地震灾害警戒本部和震灾恢复本部等 4 种指挥部。各本部部长由知事本人，副部长由副知事、出纳长、警视总监担任。成员由危机管理总监和有关各局长担任。东京都规定，成立灾害对策本部后，可根据灾情发出第 1 级到第 5 级的紧急配备状态应对命令，动员各局、地方队长以及本部的职员出动。东京都规定 5 种紧急配备状态，每种状态配备人员不同。为了应对在晚上或节假日等下班时间内发生的灾害，东京都设立了夜间防灾联络室，并安排了东京都灾害应急职员住宅，确保应急机制正常运转。根据国家的《灾害救助法》第 37 条，东京都必须每年按照本年度前三年的地方普通税收额平均值的千分之五累积灾害救助基金，事先购买储备物资。除了都政府之外，各区市町村政府也进行储备。同时，在市区建有应急供水槽、避难所、简易厕所、救灾物资储备仓库等。根据法律和防灾规划，都政府指定的各种防灾机构也必须成立灾害对策本部，协助政府进行救灾。比如东京至横滨的民间铁路公司"京滨快速铁路公司"成立了铁道部门灾害对策本部，下设总管班、运行车辆班和设施班 3 个班。除了地方机构之外，国家驻东京地区的行政机构也要成立灾害对策本部，协助都政府采取应急对策，同时，代表国家对管辖的国家设施和财产进行应急管理。

3. 东京都信息管理与技术支撑系统

东京都防灾中心建在东京都政府大楼内，便于知事直接掌握信息和赶到中心指挥。中心的功能是在地震、风水灾害发生时保护市民的生命和财产以及维持城市功能的中枢设施，确保以都政府为核心的防灾机构之间的信息联络、信息分析以及对灾害对策的审议、决定、指示。中心除配有数据通信系统、图像通信信息系统等有线系统之外，还为应对灾害发生后出现有线通信被中断问题，东京都建立了防灾行政无线通信系统。这套系统包括国家主管的消防防灾无线系统和东京都防灾行政无线系统。同时，为了能够通过图像传送来了解灾害现场现状，都政府还配备了卫星中转车和多重移动无线车。另外建有立川地区防灾中心（备用中心），该中心在东京都防灾中心的指挥下，作为多摩地区防灾活动的基地，具有收集信息和联系协调、储备和发送救灾物资以及作为临时避难所的功能，并与国家的立川地区防灾中心一样对东京都具有备用中心的功能。

四、纽约、东京、伦敦应急管理机制给我们的启示

总的来看，三座城市的危机管理体制给我们进一步完善北京综合应急管理机制

带来以下几点启示。

1. 建立健全政府型综合危机管理系统

总体来看，国外大城市的全政府型综合管理系统的主要特点如下：第一，强化危机应急管理的领导权威，构成强有力的指挥协调中枢。纽约、华盛顿、洛杉矶、东京、伦敦、柏林等国外著名的国际大都市都无一例外地构建了富有权威的、统一的指挥中心，对危机管理进行综合的、全方位的领导和管理。第二，设置直属市长领导的综合性危机管理机构，辅助市长进行危机的全面管理，如东京设置局长级的"危机管理总监"，纽约设立危机管理办公室。第三，形成由各方代表共同组成的委员会，就危机事项应对进行决策和沟通协调。例如，东京设立由国家的地方行政机关、公共机构、地方公共机构、下辖地方政府等代表组成的"东京都防灾会议"，伦敦设立由城市治安服务部、伦敦消防总队、伦敦市警察局、英国交通警察署、伦敦急救中心和下辖地方政府的代表组成的"伦敦应急服务联络小组"(LESLP)。第四，加强政府间的相互援助和良好合作，形成不同城市政府间、不同级别政府间的危机管理联动系统。

2. 构建全社会参与的危机管理网络系统

国外大城市努力实现政府和社会、公共部门和私人部门之间的良好合作，实现普通公民、社会组织、工商企业组织在危机管理中的高度参与，构建了全社会型危机管理系统。第一，塑造发达的城市应急文化，运用各种渠道和机制进行危机应急知识的宣传和应急能力的教育培训，并开展演习，不断提高城市居民的危机意识和危机应对能力。第二，建立城市社区组织的危机治理机制，发挥社区自治组织在社区的危机宣传、教育培训、危机预防、危机监控和相应危机应急辅助等方面的作用。第三，成立各种危机应急志愿者组织，定期训练和演习，发挥志愿者组织在危机监控，危机情报提供，应急救援，受灾地区、单位和受难者的社会援助等方面的作用。第四，建立政府和社会组织在危机管理中的伙伴合作关系，包括推动工商企业自身的危机应对能力，建立工商业组织的危机应对机制，储备充足的应急物资，签订民间团体参与救援和相互合作的协议等。

3. 建立完善的危机应急预备系统

通过科学的危机规划和资源储备、反复演习和专业训练，使政府管理者和危机所涉及的社会组织和人群能够按照既定的程序有条不紊地应对，最快地化解危机。第一，制定危机规划和应急预案。第二，建立应急物资供应保障和城市应急资源管理系统，以网络信息系统为平台，对与危机处理有关的各种物质和人力资源进行准确的定位，能够迅速有效地调配。第三，有计划地训练和演习，以检验、评估和提升指挥机构的指挥、调度、整合能力，各种危机处理机构和人员的行动能力、互动能力，危机处理程序的科学合理程度等。

4. 构筑完善的危机反应机制

国外大城市建构了一整套危机反应机制，主要包括：第一，规定城市紧急状态等级系统，确定危机的性质和严重等级，建立分级危机应对系统；第二，成立应急决策中心、指挥中心或指挥部；第三，根据危机的性质、种类和严重程度，迅速启动相应的应急预案，调动应急力量，应对危机。危机反应机制还包括：及时发布危机信息，确保通信系统良好，保证城市交通系统正常运作以及良好的城市搜索和救援系统，良好的危机恢复系统。

只有不断学习和借鉴成功经验，才能更好地完善北京市的综合应急体系，建立健全应对各类突发事件的管理体制和工作机制，建设和完善现代城市应急管理体系，从而提供更好的公共安全服务，提高应急管理能力，为北京建设"世界城市"保驾护航，为全面建设和谐社会提供重要保障。

基于空间网格技术的北京地区大雾灾害风险评估

扈海波 中国气象局北京城市气象研究所

摘要：选用大雾观测资料测算城市地区的雾灾危险性指数，以规则网格作为评估单元，逐网格计算网格区域内的路网密度，以此作为雾灾的空间脆弱性指标，并针对重点设施的分布情况对脆弱性指数进行空间叠加订正；选用网格内的人口密度作为雾灾的易损性指标；危险性、脆弱性及易损性按 5∶2∶1 的分配比例综合测算雾灾的风险指数。实例研究选用北京地区近 10 年大雾资料按空间网格化评估方法对大雾灾害风险进行评估，结果表明：北京地区雾灾脆弱性指数的强弱分布与高速路及环城路延伸方向一致，高速路段、环城路、市中心及机场等地段为雾灾的高风险区域，北京东南部地区的雾灾风险也相对较高。

关键词：城市大雾；危险性；脆弱性；易损性；风险评估。

一、引言

城市是经济实体集中分布的地区，加之城市交通网密集，工矿企业及各种交通工具大量排放污染气体及尾废气，致使空气中的烟尘污染物等类似凝结核物质浓度加大。王继志等（2002）认为随着城市的发展，城市排放作用所产生的大气污染物在城市及周边地区的聚集加剧雾的生成，城市雾的强度在逐渐加大。"城市雾"对城市居民生活质量和安全均带来较大的影响，尤其对城市交通及居民出行造成不利，甚至出现人员伤亡事故。例如，2006 年 1 月在京沈高速公路，就因大雾的原因发生一起 60 余辆车追尾相撞，造成 2 人死亡、10 余人受伤的严重交通事故。"雾"被称为天气杀手，是一种重要的城市气象灾害风险源。

二、研究的技术方法与步骤

（一）危险性评估

在研究区域范围内划分一定大小的正方形网格单元。选用多年的大雾观测资料，分析大雾的年月际的变化情况，并根据每个测站的年平均大雾日数，作出大雾在城市地区的年平均日数分布图，年平均日数值内插到每个评估网格单元，每个网格单元内的年平均日数与最大年平均日数的比值作为网格区域内可产生雾灾的危险性指数。

（二）脆弱性评价

网格单元面与城市基础地理信息底图上的交通线路作"空间交"计算，得到每个网格单元内不同道路类型的路线长度，以此核算路网密度。鉴于城市道路类型不一样，其交通拥堵状况不一，同等强度的大雾对不同道路类型的交通造成的影响不一样，也就是雾灾的响应程度不一样，因此在空间交计算结束后，需要按不同道路的类型及道路的长度核算"网格正方形"内包含的路网信息，即可作为初步的路网密度参数

$$R_{网格} = \sum_{i=1}^{n} L_i \cdot \omega_i \qquad （1）$$

式中，L_i 为网格内道路类型 i 的长度；ω_i 道路类型可为"高速路、一级道路"等，为道路类型 i 的权重参数。

最后将单网格路网统计参数 $R_{网格}$ 进行归一化，即得到每个网格单元的路网密度系数，这个系数为城市道路系统响应雾灾的脆弱性指标值，不同网格的脆弱性指标值的空间分布在 GIS 中是一种空间图谱化结果。

（三）大雾易损性加权订正

雾灾的易损性与城市人口分布指数（人口密度、人口数量）等相关，甚至包括对大雾特别敏感的重要设施，比如机场、港口、车站等的分布。有关人口分布指数的网格化计算方法已有成熟的空间离散化计算方法，其中人口分布指数的空间网格与脆弱性指数的计算网格在空间地理坐标、尺度大小上是一一对应的，但对类似机场等重要设施响应雾灾害的易损性指数订正时的网格计算，需要在方法上做出微小的调整。在针对重点设施的易损性评价时，是依据区域的统计方法来核算的，即某个区域内的重点设施越多，该区域的易损性基数就越大。这种方法只适合区域的易损性指数划分，而 1 km×1 km 小尺度网格区域与这类设施在空间上可互为叠置（Intersect），核算小尺度网格在空间上包含或交叠的重点设施，比如包含机场后的易损性指数，完全可采用空间交运算算出待评估网格与这类设施的空间相交面积，然后乘上权重系数，即可得到网格区域易损性对重点设施的订正结果，即

$$F_{网格} = M_{网格与重点设施相交面积} \times R_{权重} \qquad （2）$$

（四）大雾灾害风险指数测算

大雾灾害风险指数的测算综合雾灾的危险性、脆弱性指数及易损特征参数，测算方法以网格评估单位进行单一网格内各指数数值的综合叠加，叠算公式如下

$$R = D_{网格} \times \omega_1 + R_{网格} \times \omega_2 + F_{网格} \times \omega_3 \qquad (3)$$

ω_1，ω_2，ω_3 有关组合权重的确定，多数文献采用的是经验估值方法、专家咨询及打分的方法。这里"雾灾"的综合风险指数测算权重系数 ω_1，ω_2，ω_3 暂用经验估值，按 5:2:1 的比例进行分配。

三、应用个例分析

在北京地区图幅范围内（东经 115.390701°~117.515098°，北纬 39.409352°~41.081614°），共划分了 210 行、268 列网格，每个网格点大小为东西跨 0.008 经距，南北跨 0.008 纬距。

选用北京地区 19 个观测站近 10 年的大雾观测资料，以雾天出现的频率及频次，测算北京地区雾灾危险性指数，指数分布图经网格插值计算后，将指数值赋值予网格单元，可计算出北京地区的雾灾危险性指数分布。

按高速路、国道、省道等公路等级测算单位网格内路网密度指数，以此作为雾灾的脆弱性指标，不同道路类型选用不同的权重系数，计算出的脆弱性指数，计算显示北京地区的雾灾脆弱性指数强度分布与环城路、出京高速公路（机场高速、八达岭、京津唐等）的路线延伸方向一致，这与实际最可能发生大雾灾害的路段分布情况基本一致，二环、三环等环城路段的脆弱性指数较高，与这些路段路网密集、人多路杂的地物分布情况相吻合。

通过与"机场""车站"等面或面缓冲区域的叠加对脆弱性分布图作易损性指数订正，从订正结果可知，机场等重点设施所处位置出现一高脆弱性区域，这一订正对风险结果的正确性评价是必要的。

通过空间演算生成北京地区人口密度分布，测算时将各网格单元内人口密度值的归一化指数（单网格内的人口密度除以最大人口密度）作为易损性值，即暂将人口密度作为衡量城市地区灾害易损程度的指标。

通过图通过在危险性、脆弱性及易损性基础上按 5:2:1 进行逐网格单元的综合风险指数叠合计算的结果可知，北京地区雾灾的高风险区域分布在高速公路、环城路等车辆流量大、车辆行驶速度较快的区域。城中心近几年由于城市化的发展，汽车尾气排放量加大等原因，其雾灾的风险也出现增加的趋势，这里路网密布，是雾灾的高风险区域，大雾天气对这里稠密分布的市民的生活及健康同样带来不容忽视的影响。北京东南部地区的雾灾风险指数同样较大，该地地势较低平，水汽充沛，相对湿度较大，此处还受烟尘堆积及聚集的影响，大雾出现的频次及强度相对较高，是雾灾的较高风险区域。

三、总结

1）根据评估网格单元内的大雾出现的频率、频次等指标核算雾灾的危险性指数；对不同道路类型取不同的权重系数，测算路网密度，以归一化路网密度指数作为评估区域的雾灾脆弱性指数，并针对重点实施的分布对脆弱性指数进行订正。评估结果表明北京地区脆弱性指数的强弱分布与环城路及高速公路延伸方向一致，结果与实际情况相吻合。

2）综合风险指数按5∶2∶1的比例逐网格叠加上"雾灾"危险性、承灾体脆弱性及易损性指数，指数比例分配体现各种风险因子对"雾灾"成灾机制的贡献大小。照此方法测算的北京地区雾灾风险结果表明：高速公路、环城路段及"路网密度大、人口稠密"的城市中心地区为雾灾的高风险区域；由于特殊的地理位置，北京东南部地区的大雾出现的频次及强度相对较高，是雾灾的较高风险区域。

大伦敦应急管理体系建设及启示

万鹏飞　北京大学首都发展研究院

伦敦作为英国的首都和世界级城市，非常重视突发事件的应急管理。在新近颁布的伦敦 2031 年城市空间总体规划中，安全城市的建设更成为伦敦一项战略目标。本文拟从应急管理体系建设角度切入，探讨伦敦突发事件的治理架构，考察地方层面、区域层面和中央层面是如何介入伦敦突发事件管理的，政府和政府之间、政府和社会之间、政府和周边各地区之间如何加强协调和合作的。本文分为以下几个部分：一是基本概念的界定；二是制度背景；三是应急管理原则；四是应急管理体系安排；五是结论。

一 、基本概念的界定

（一）突发事件的界定

根据突发性事件应急法案，突发事件或危机被界定为三种情形：①严重威胁人类福祉的事件或情形；②严重威胁环境的事件或情形；③严重威胁安全的战争或恐怖主义。三类突发事件（危机）所涵盖的具体内容见表 1。

表 1　英国突发事件的分类及内容

突发事件的分类	内容
严重威胁人类福祉的事件或情形	1. 人员死亡 2. 疾病和伤害 3. 无家可归 4. 财产损失 5. 资金、食物、水、能源或燃料的供给中断 6. 电信和其他通信系统的中断 7. 医疗服务的中断
严重威胁环境的事件或情形	1. 土地、水和空气的污染 　1.1 有害生物、化学物和放射性物质 　1.2 油类物质 2. 洪涝灾害 3. 植物和动物的破坏与毁灭
严重威胁安全的战争或恐怖主义	1. 战争或武装冲突 2. 恐怖主义

大伦敦地区的突发事件 (Pan-London Emergency) 则是指对伦敦地区的公共福利和对伦敦的环境造成严重伤害和威胁的事件。

（二）抗灾能力的界定

与美国不同的是，英国不用突发事件管理（Emergency management）而是用抗灾能力（Resilience）指称英国灾害管理的所有活动，更加偏重于能力的强调。根据官方界定，抗灾能力是指社区、应急服务部门、地区或生命线工程部门发现、预防、抵御（必要时）、处理各种突发性事件挑战和恢复的能力（Resilience is defined as the ability of the community, services, area or infrastructure to detect, prevent, and, if necessary to withstand, handle and recover from disruptive challenges）。

从语义学的角度看，抗灾能力强调面对突发事件所具有的抗风险弹性和恢复能力。具体来说，该词强调两点：①如何从各种突发事件中尽快恢复到正常的生活或工作状态；②一旦突发事件到来时，如何尽可能保持现行各社会组织（包括政府、企业、非政府组织）的服务或生产职能照常进行。

很明显，这种对抗灾能力的界定包含着英国应急管理体系建设一种全方位的努力，即应急管理能力包括从预测、预防，到应对和恢复的每一个环节。

（三）一体化应急管理

根据突发事件的发生和发展的逻辑，英国采取一体化应急管理路径来实现突发事件的管理。该路径包括六个环节：预测、评估、防止、准备、应对、恢复。详见图1，每个环节内容见表2。

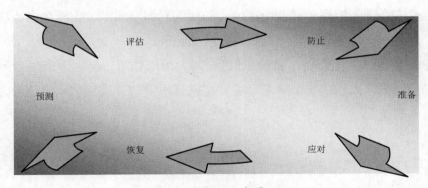

图1　一体化应急管理图

二、制度背景

（一）大伦敦概况

英国首都伦敦是一个大伦敦概念，可分为伦敦城、内伦敦、外伦敦构成大伦敦市，也可分为伦敦城、西伦敦、东伦敦、南区和港口。

表 2 一体化应急管理各环节主要内容

应急管理的各环节	主要内容
预测和评估	对所可能面临的各种风险进行长期（5 年）或短期的预测和评估，各级政府应了解和掌握各种可能会影响其辖区的灾害和威胁，及时加以评估，并据此修改其应急管理计划
防止	致力于从长远的角度和制度的层面采取措施，阻止灾害或减少灾害严重性程度，如建筑条例的制定，消防法和工业安全法、卫生保护法、食品法等法的颁布和实施
准备	主要体现在危机管理计划的准备、制定和实施中，旨在明确各相关组织及人员职责，在最短的时间内最大限度地调动各方面的资源，同时应加强计划的演习，同时注意应急管理计划中各项指标的制定，使得各应急计划成为活的东西，一旦灾害发生，计划立刻被激活，并具有操作性
应对	指一旦灾害发生，地方政府、区域性政府、中央政府、各专门性应急管理服务机构、志愿组织立刻行动起来，组织抗灾救灾活动，应对不仅要处理灾害带来的直接影响，还要处理灾害带来的间接后果。在这一阶段，快速有效的合作机制、协调机制和沟通机制至关重要。应对时间相对较短，从数小时到数天不等
恢复	为那些受灾的社区和个人提供迅速的恢复服务，旨在为受灾区域的基础设施、社会福利、日常生活和心理的恢复与重建提供支持和帮助。这阶段可能持续时间长，从数月甚至到数年。涉及相关部门多，还可能涉及部门之间、政府之间职能的移交等。恢复和应对没有必然的界限，在应对的初期就要将恢复问题一并考虑，甚至在灾害发生前就对恢复有所谋划

整个大伦敦市面积 1572 km^2，最近的人口统计 (2006 年) 显示，伦敦人口为 7512400 人，人口密度为 4758 人/km^2。伦敦为中央政府所在地：英国王宫、首相官邸、议会和政府各部、各政党总部的所在地。伦敦城是金融资本和贸易中心。伦敦也是许多国际组织总部的所在地，包括国际海事组织、国际合作社联盟、国际笔会、国际妇女同盟、社会党国际、大赦国际等。

伦敦是世界文化名城，建于 18 世纪的大英博物馆，是世界上最大的博物馆。多所名校如伦敦大学、皇家舞蹈学校、皇家音乐学院、皇家艺术学院和帝国理工学院等也坐落于此。

（二）大伦敦政府架构

大伦敦政府架构可分 3 类政府：1 个大伦敦市政府、1 个伦敦中心城市政府、32 个伦敦自治市，如表 3 所示。大伦敦市政府与 32 个伦敦自治市政府和伦敦中心城市政府之间的关系并非上下级关系，而是合作和协调关系。大伦敦市政府负责整个伦敦区域战略规划指导，主要的方面包括交通、治安、消防和应急计划、经济发展计划等，次要的方面包括文化、环境、卫生等。伦敦城区政府继续对教育、住房、

表 3　大伦敦市政府与各自治市政府的职能分配

	伦敦中心城市政府	伦敦自治市 London Boroughs	大伦敦 市政府
数量	1	32	1
教育	√	√	
高速公路	√	√	√
交通规划	√	√	√
客运			√
社会福利	√	√	
住房	√	√	
图书馆	√	√	
文化娱乐	√	√	
环境健康	√	√	
垃圾回收	√	√	
垃圾处理	√	√	
规划申请	√	√	
战略规划	√		√
地方税收征收	√	√	
警察治安	√		√
消防与应急救援			√

社会服务、地方道路、图书馆和博物馆、垃圾收集、环境健康等负责。

大伦敦市政府通过 4 个职能机构行使其主要职责。职能机构的成员主要由市长任命并对市长负责。

伦敦交通局：负责伦敦的大多数公共交通，包括收费制度和未来投资等。

大都市警察局：大伦敦警署根据 1999 年《大伦敦地方政府法》建立，管辖伦敦 32 个自治市的警务，但是伦敦中心城拥有独立于大伦敦警署的警察机构。大伦敦警署委员会由 23 名成员组成，12 名来自大伦敦议会，11 名独立人士。在 11 名独立人士中，有一名由内政大臣直接任命，其余通过公开招聘方式选拔。

伦敦消防和应急规划署：英国最大的消防和救援服务机构，根据《大伦敦地方政府法 1998》的规定而成立。它负责首都以及各个城区应急规划的制定。消防和应急救援署署长直接向市长汇报工作。消防与应急规划署有 17 名成员，皆由市长任命。其中，8 名由于大伦敦议会提名，7 名由伦敦各自治市提名，2 名由市长直接任命。

伦敦发展署：这是一个新的机构，其职责是促进就业、投资、经济发展和伦敦的振兴。

（三）法律基础

大伦敦突发事件的管理是建立在法制基础上，适用于全国，也包括伦敦的规范性文件主要有以下几部：一是 2004 年颁布施行的《英国突发事件应对法》；二是作为该法子法的《英国突发事件应对法（应急规划）实施细则(2005)》；三是配套英国突发事件法的非法律性指南《突发事件的预防和准备》《突发事件的应对和恢复》。

作为母法的英国突发事件法是了解英国突发事件管理的关键法，它有四个特点：一是强化基层，地方层面突发事件的应对者被视为国家应急管理体系的基石；二是结构清晰，各机构职责明确；三是注重协调，所有机构不管条还是块，不管是地方还是中央，统一以突发事件的应对和处置需要为主，加强合作；四是分级应对。该法分两大部分：第一部分主要以地方层面的突发事件管理为主；第二部分主要针对非常严重、已经超出地方政府范围、需要动用紧急权力的突发事件管理。

除全国性的法律外，涉及伦敦突发事件管理的规范性文件有下述几部：一是1999 年《大伦敦地方政府法》328~333 款有关伦敦消防与应急规划署的设立、职责和运行的规定；二是 2007 年《大伦敦地方政府法》25~28 款关于伦敦消防与应急规划署的修改和补充规定；三是《英国突发事件应对法（应急规划）实施细则(2005)》第 9 部分"伦敦"第 55 款关于伦敦消防与应急规划署职责的规定；四是根据英国突发事件法及相关法规所制定的有关伦敦突发事件预案。

三、伦敦应急管理的基本原则

根据《英国突发事件应对法》和首都特点，伦敦应急管理秉持以下基本原则：一是法治原则，即依据英国突发事件应对法及其相关实施细则行事；二是与首都周边地区协调联动原则；三是首都体制原则，即反映首都特殊的应对结构；四是经验原则，既不断总结成功的案例，以资借鉴；五是广泛性原则，即最大限度动员社会各界参与到首都应急管理体系中来；六是职责清晰原则，即各层级、各机构要做到分工清晰，责任明确；七是机制灵活原则，即要充分考虑到不同群体的需求，同时充分包容首都的结构差异性特点；八是保持连续性原则，即不打断正常秩序，按部就班准备 2012 年奥运会和残奥会，同时对因为奥运而带来的挑战做充分的准备。

四、伦敦应急管理的组织体系

作为一个单一制国家，《英国突发事件应对法》对突发事件管理的各项规定也适用于伦敦。但伦敦作为首都，政治和经济意义重大，其区域内突发事件对全国的放大效应明显。它既是一个城市概念，也是一个区域概念。与伦敦以外的其他城市或区域相比，伦敦应急管理的组织体系（图 2）不同点可概括为以下几点：一是伦敦应急管理的重心更多地以整个伦敦区域为基础，而伦敦以外则主要以地方层面为重心；二是伦敦只有一个大都市警察署，32 个自治市不能像其他地方政府一样以地方警署所辖区域为基础成立地方应急管理论坛（一种地方层面的应急协调机制），故伦敦地方政府的应急论坛（Local Resilience Forum）是以自然行政区划为基础，将 33 个自治市分别划成 6 个地方应急论坛组；三是伦敦区域应急论坛（London Regional Resilience Forum，主要区域协调机制）的主席由政府内阁大臣担任，而英格兰其他地方的区域应急论坛主席则由中央政府驻区域办公室主任担任；四是伦敦区域应急论坛与地方应急论坛存在着更明显的等级关系，在事关伦敦区域突发事件管理方面，区域应急论坛为地方应急论坛提供战略指导、相关信息和指派相关任务，伦敦应急管理小组成员可以列席所有地方应急论坛会议；五是论敦应急管理小组的人员规模要比其他地方区域应急管理小组人数大很多。

（一）地方应急管理组织体系

大伦敦的应急管理的组织体系可分三个层面：地方层面、区域层面和中央层面。如前所述，英国应急管理重心在地方。只有在突发事件的影响超出地方范围或地方承受能力时，才会启动区域性应急管理机构甚至中央政府。

但是，与其他地区不同的是，伦敦区域性应急管理机构则主要由伦敦突发事件战略协调小组承担。

根据英国突发事件管理法，英国突发事件管理的重心是地方层面（在伦敦稍有不同）。地方层面的应对机构分两大类。第一类是核心应对者，主要包括：①应急服务机构（警察署、英国运输警察局、消防局、急救服务中心、海事和海岸警卫署）；②地方政府（所有地方政府、港口卫生局）；③卫生机构（初级保健基金、急救基金、基金信托、地方卫生委员会、威尔士全民健康信托基金、健康保护局）；④中

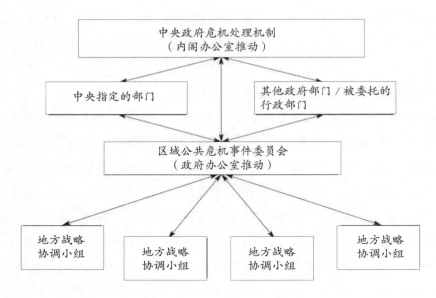

图 2 英国应急管理体系机构

央政府机构（环境署、苏格兰环境署）。它们的主要职责如下。

1）对地方有可能出现的各种突发事件做出评估，在此基础上制定应急计划；

2）实施应急计划。

3）制定和实施保持生活连续性管理措施。

4）知会公众有关突发事件预防事项的信息、在发生突发事件时对公众做出预警、通知和劝告。

5）与其他相关机构或人分享信息，加强协调。

6）与其他相关机构或人进行合作，加强协调，提高效率。

7）就生活连续性管理向商业和志愿组织提供建议和协助。

第二类为合作应对组织，包括：①公用事业部门（电力调配者和传送者、煤气分配者、饮用水的供应者和污水处理者、电话服务提供商（固话和移动））；②交通（城际轨道、火车运营公司、伦敦地铁、伦敦交通、航空运营者、港口当局、高速公路管理局）；③卫生机构（战略卫生部门）；④中央政府机构（卫生和安全行政部门）。它们只有在需要时才介入地方突发事件的应对，其主要职责是配合核心应对组织，合作采取行动，共享有关信息。

除正式机构依法承担相应的职责外，地方层面还有一种应急管理的协调机制，即地方应急论坛（Local Resilience Forum，简称 LRF）。为更有效地加强大伦敦地区区域和地方层面、地方层面各应对机构的协调工作，根据英国突发事件应对法及相关规定，英国政府将伦敦 33 个地方政府划分为 6 个组群，分别成立 6 个地方应急管理论坛：西部、东北部、北中部、西南部、东南部、中部。与其他地方应急管理论坛不同，伦敦地方应急管理论坛的设立并不是根据警察署所辖区来划分的。另外的一个不同是，地方应急论坛和区域应急论坛之间的等级关系更加明显。地方应急论坛的主席由组群范围的一位地方政府首席行政官担任。地方论坛的总目标是：贯彻执行区域应急论坛指定战略，建立和维持地方层面有效的、应对重大突发事件的跨机构安排机制，最大限度减少这些事件对该地区人民生命、财产和环境所带来的影响。具体目标是：

1）宣传和执行区域应急管理总体战略；

2）批准社区风险登记（the Community Risk Register），确保地方应急规划更具有针对性；

3）确保跨机构的计划、程序、培训、演练到位，及时发现问题和差距；

4）指导和监督各工作小组的活动；

5）听取各工作小组就风险级别、应急计划和各项具体工作中的问题所进行的汇报；

6）确保工作小组所需的资源到位，完成法律所规定的和以任务为导向的各项职责；

7）协调各组织的职责，确保它们之间能做到相互补充，相互促进，密不可分；

8) 考虑立法、国家政策和区域抗灾论坛对地方抗灾论坛的意义、要求和影响。

论坛的具体工作是：

1) 地区社区风险登记的编撰和公布；

2) 积极协调、有计划地鼓励地方各应急管理组织就下述事项进行研究，拿出对策，包括风险、应急计划、工作照常管理计划、出版有关风险评估和应急计划的信息、信息的发布和预警机制、地方政府应急管理的其他方面；

3) 支持跨机构应急计划和其他文件的准备，协调跨机构的演练和培训；

4) 支持地区一切旨在增强抗灾能力的举措。

伦敦地方应急论坛的成员包括《英国突发事件应对法》所规定的第一类（核心）应对者和第二类（合作）应对者。具体成员单位见表 4。六个地方应急论坛的日常组织和协调工作由伦敦消防和应急规划署承担。

表 4 伦敦地方应急管理论坛成员组织单位

第一类应对者	第二类应对者
英国交通警察总署 伦敦中心市 伦敦中心市警察署 英国环保署 英国健康保障署 伦敦急救服务署 伦敦消防总队 国家海岸警卫局 大伦敦警察服务署 全民健康服务署 ACUTE 信托 基金信托 初级保健信托	伦敦所有机场 电力供应商 煤气供应商 码头和港口管理局 卫生和安全行政官 高速公路棺管理局 伦敦地下防空 网络轨道 大众通信供应商 战略卫生署 电话服务供应商

（二）区域性应急管理体系

伦敦的区域性应急管理体系由以下几方面构成。

1. 论坛机制

英国首都地区应急联动机制最大的特色就是立足现行体制和机制，设立多样性应急联动论坛，这些论坛成为沟通和协调的主要机制。这些论坛大致可分为两大类：一是综合性的，包括所有应急管理相关方的论坛；二是专门性的论坛如伦敦应急服务圆桌会议、伦敦媒体论坛。

（1）伦敦区域应急管理论坛（London Regional Resilience Forum， 简称 LRRF）

美国"9·11"事件给伦敦的第一个刺激是 2002 年 5 月建立伦敦应急管理伙伴关系（London Resilience Partnership）。这是一个众多重要的应急机构组成的联盟，是大伦敦地区的首个战略性的、具有协调职能的联动机制。最初其注意力集中于反恐，后来已扩展成关注所有对首都地区构成威胁的自然和人为灾害。2005 年 7 月伦敦地铁爆炸案使这种伙伴关系经受了考验。伙伴关系的成员如表 5 所示。

伦敦应急管理伙伴关系的运作主要通过伦敦区域应急管理论坛来体现。论坛向中央政府报告工作，由社区和地方政府部部长和伦敦事务大臣共同担任主席，大伦

表 5　伦敦应急管理伙伴关系成员

伦敦应急管理伙伴关系	中央政府、大伦敦市市长、大伦敦警察服务署、伦敦中心城警察署、英国交通警察总署、伦敦急救服务署、伦敦消防总队、火车运营公司协会、伦敦中心城、国家环保署、国家健康保障署、伦敦商界、伦敦地方议会联盟、伦敦验尸官、伦敦军区、伦敦宗教界、伦敦各地方政府、伦敦应急管理小组、全民健康服务署、网络轨道、伦敦港口管理局、伦敦交通局、伦敦公用设施公司、伦敦志愿组织

敦市市长担任副主席。这一点和英格兰其他区域的情况不同。其他区域应急管理论坛的主席通常是由中央政府驻该区域办公室主任担任。区域应急管理论坛的主要任务是：

1）增进区域内、区域之间、区域与中央政府之间、区域与地方政府及各相关组织之间的沟通；

2）为区域层面应急规划提供跨机构的战略指导；

3）与地方层面跨机构的组织（地方应急管理论坛）保持密切的工作联系，协调区域内的应急准备工作；

4）需要时，以现行地方应急计划为基础，制定区域层面的应急计划。

论坛由许多圆桌会议支撑，包括：蓝光（警察和消防类的）应急服务机构圆桌会议、商界圆桌会议、沟通圆桌会议、卫生部门圆桌会议、伦敦各地方政府圆桌会议、交通部门圆桌会议、公用设施部门圆桌会议、志愿部门圆桌会议。这些圆桌会议允许各伙伴组织集中于伦敦应急管理的特定方面。论坛和各圆桌会议由伦敦应急管理项目委员会（London Resilience Programe Board）支持。该委员会成立于2007 年 1 月，主席由伦敦应急管理（London Resilience Team）小组的组长担任，委员会通过伦敦应急管理小组来监督伙伴关系的运行。具体伙伴关系结构见图 3。

伦敦应急管理小组作为论坛的秘书处开展工作，办公室设在中央政府驻伦敦地区办公室（the Government Office for London）内，成员由一些常任高级文官和伙伴单位临时借调的人员组成。目前的成员单位包括：大伦敦警察服务署、英国交通警察总署、伦敦中心警察署、伦敦消防总队、伦敦急救服务署、全民健康服务总署、大伦敦市政府、伦敦交通局、伦敦地下防空、伦敦消防和应急规划署、英国红十字会、英国交通部、伦敦地方议会联盟。小组具体承担的任务包括：

1）改善区域层面应急管理的协调工作；

2）加强与地方政府及其他组织的协调；

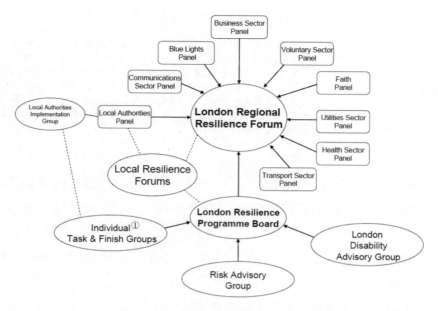

图 3　大伦敦应急管理规划与服务伙伴机制

①专门任务执行小组（Individual Task & Finish Group）包括：洪水、流行性感冒、复原、抗灾电信（Resilient Telecommunication）、大规模意外死亡、CBRN、指挥与控制、残疾人、额外死亡（Excess Deaths）、预警与信息发布、供水系统损坏、大规模疏散、热浪、人类传染病、供电系统损坏、集体伤亡和燃料。

3）支持区域性的灾害应对计划；

4）在灾难到来时协调政府各方面的资源；

5）协助恢复和重建；

6）依靠现行的应急管理结构；

7）构建应急管理伙伴关系；

8）支持区域应急管理论坛；

9）为区域论坛下的各圆桌会议和工作小组安排专家代表；

10）出席 6 个地方应急管理论坛会议。

在一些任务和行动小组负责协助和支持下，伦敦应急管理项目委员会和伦敦应急管理小组以伙伴关系的名义为大伦敦地区制定突发事件应对计划和预案。截至 2010 年 3 月，依然有效的应急计划和预案如下（少数预案出于安全考虑，没有公开）：

1）伦敦指挥和控制预案（2010–03，第 3 版）；

2）伦敦恢复管理预案（2008–07，第 2 版）；

3）伦敦疏散预案（2008-08，第 1 版）；

4）伦敦区域流感应对预案（2009-02，第 4 版）

5）伦敦流感人员超常死亡应对预案（2010-03，第 2 版）；

6）伦敦战略洪水应对框架（2010-01，第 1 版）；

7）伦敦人道救援中心计划（2006-11，第 1 版）；

8）伦敦重大死亡应对计划（2010-02，第 3 版）；

9）伦敦重大伤亡应对框架（2009-09，第 1 版）；

10）伦敦燃料中断应对预案（2009-11，第 4 版）；

11）伦敦化学、生物和放射事故应对预案（内部，2008-12）；

12）媒体／信息发布预案（内部）；

13）灾害申诉基金计划（内部）；

14）伦敦科技建议小组安排排计划（内部）。

（2）区域媒体应急论坛（Regional Media Emergency Forums，简称 RMEFs）

英国媒体应急论坛（Media Emergency Forums，简称 MEFs）成立于1996年，是一种自愿的组织安排，成员由媒体高级编审人员、中央和地方政府官员、应急服务机构人员、公用设施机构人员。论坛旨在通过成员间公开、坦诚的交流，探讨突发事件中危机沟通和信息发布工作，增强政府和媒体间的信任和理解。伦敦区域媒体应急论坛（London Media Emergency Forum）成立于 2003 年 5 月 2 2 日，也是一种自愿安排。目的是通过媒体和政府的良性互动，为公众提供最好的信息发布服务。RMEFS 的成员来自于地方和中央层面的英国媒体、中央政府驻区域的机构、区域内各地方政府、警察、消防和急救服务机构、公用设施和其他重要机构。区域媒体应急论坛的主席通常是区域应急管理论坛的成员。区域媒体应急论坛的日常协调和组织工作由英国政府新闻网（Government News Network，简称 GNN）驻伦敦办公室负责。英国政府新闻网隶属于英国中央政府信息办公室。

（3）伦敦应急服务机构联络圆桌会议（the London Emergency Service Liaison Panel，简称 LESLP）

该机构成立于 1973 年，为专门性的应急管理论坛，是英国成立时间比较早、发展比较成熟的应急联动机制安排。论坛的宗旨是用伙伴关系的方式来处理重大突发事件的规划和应对。LESLP 会议由大伦敦警察服务署的应急准备指挥部的主任主持，每三个月开一次会。成员来自于下述组织：大伦敦警察服务署、伦敦急救服务署、英国交通警察总署、英国海岸警卫队伦敦分部、伦敦港口管理局、大伦敦地区各地方政府、军队武装力量、志愿组织。LESLP 作为一种应急协调机制的具体成果集中体现在其编写的《LESLP 重大突发事件应对流程手册》，本手册定期修改，目前版本是 2007 年新出的第 7 版。

2. 伦敦突发事件应对战略协调小组（Gold Coordinating Group）

为更快速有效地应对大伦敦地区的突发事件，伦敦应急管理论坛依据英国突发事件应对法和 LESLP 中规定的指挥控制结构，制定了《伦敦指挥和控制预案》。该预案定期更新，目前使用预案为 2010 年 1 月颁布。根据该预案，大伦敦地区成立突发事件战略协调小组。小组主要由治安消防急救等应急服务机构的成员组成。具体成员单位见图 4。

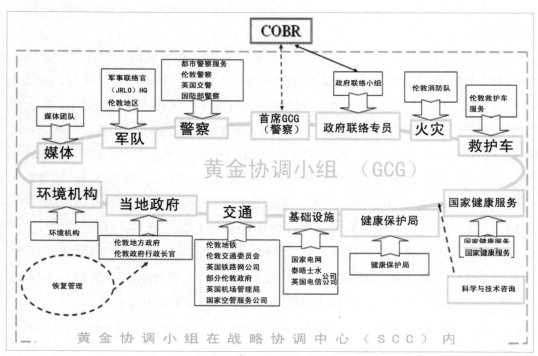

图 4　伦敦突发事件战略协调小组成员单位

小组由高级警官任主席。根据事件的性质、规模和发展动态，小组可邀请其他部门的代表参加。小组的宗旨是制定大伦敦地区跨机构的、应对重大突发事件的战略目标、具体实施目标和应对工作的轻重缓急。根据《LESLP 重大突发事件应对流程手册》，所谓重大突发事件是指发生在伦敦地区、需要特别安排一个或多个应急服务部门共同应对、直接或间接需要大量人员介入的事件。一旦符合此定义的突发事件便会采取以下行动：①战略协调小组立刻启动，并知会伦敦应急管理工作组；②由高级警官主持小组会议，确定与事件最密切相关的部门，组成本次事件的战略协调小组，并开设战略协调中心（the Strategic Coordination Centre）；③在事件应对全过程中保持小组成员间的密切联系和沟通，及时做出战略决策和调度；④必要时召集小组内科技咨询小组的专家和官员，听取他们的意见；⑤决定是否要立刻召开伦敦区域应急管理伙伴关系组织成员全体会议，一旦需要，战略协调中心承担会议召开的具体组织。

战略协调小组工作的原则是：①授权和同意原则，所有以小组名义采取的行动必须得到小组的授权和同意；②沟通和知情原则，小组特别重视所有事件应对相关者之间的信息沟通，以增进彼此之间的了解，达成共识；③利益平衡原则，在应对突发事件中，小组成员之间单位利益和整体利益必须取得平衡。

战略小组的工作要求是：①快速决策，根据事件的性质和发展快速做出决定和轻重缓急的工作安排；②充分授权，小组成员必须是代表其组织的战略官员或被充分授权的官员；③坚决执行，小组做出的决定必须不折不扣地坚决执行；④决策支持，为使小组决策更加科学，在战略协调中心内成立若干个战略决策支持小组，如交通、治安、公用设施等，加强彼此之间的信息沟通，同时也以此促进每个小组成员与其组织间的沟通，使得小组的决策更趋务实、更趋民主。战略协调小组在全国和地方应急管理体系中的战略协调安排见图5。

3. 地方政府横向之间的合作机制

大伦敦地区地方政府共有33个。除了上述的联动机制之外，英国政府和大伦敦市政府和重视地方之间的横向合作，共同应对可能需要相邻地方政府支持的突发事件。在大伦敦地区，这种横向合作采取两种方式。一是地方政府之间签订相互援助协议。2008年7月，英国内阁应急办、英国地方政府协会、英国地方政府首席行政官员协会联合发布《地方政府互助协议指南》，阐明突发事件应对中地方政府互助的目的、必要性、制度背景、内容要求、现行制度存在的互助障碍以及如何克服这些障碍、三个互助文本的样本提供。二是根据法律和有关规定，指定伦敦消防和应急规划署（the London Fire and Emergency Planning Authority，简称LFEPA）协调伦敦地方政府之间横向的协调。LFEPA是在原来伦敦消防和民防局

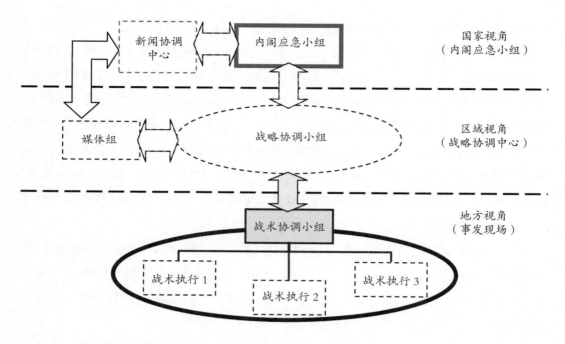

新闻协调中心　　内阁应急小组　　国家视角（内阁应急小组）

媒体组　　战略协调小组　　区域视角（战略协调中心）

战术协调小组　　地方视角（事发现场）

战术执行1　　战术执行2　　战术执行3

图5　国家、区域、地方的战略协调安排

的基础上于 2000 年 7 月 3 日重组而成的。LFEPA 向大伦敦市长负责。LFEPA 的协调职能包括以下几点 。

1）负责地方政府应急管理论坛日常协调工作。

2）负责各地方政府各辖区的风险分析和评估。

3）负责大伦敦地区地方政府应急的整体规划。

4）在需要时，将地方政府首席行政官员组织起来，组成一个决策小组，指挥大伦敦突发事件的应对。

5）为支持决策小组决策，LFEPA 设立突发事件控制中心，搜集和发布信息，方便集体决策的做出和落实。

6）提供针对整个大伦敦地区地方政府的培训项目。

7）提供针对整个大伦敦地区地方政府的演练项目，以检验大伦敦突发事件应对制度安排的有效性。演练包括两种：一是只有地方政府参加的；二是包括地方政府在内的跨机构的演练。

8）与各个地方政府展开非正式的磋商，加强跨机构的合作。

9）如果地方政府愿意，地方政府可通过协商，向 LFEPA 下放部分职能。

4. 大伦敦市长协调机制

作为整个大伦敦地区的民选领导人，大伦敦市长在贯彻执行突发事件应对法和改进首都地区突发事件的应对方面扮演着重要角色：①深度介入有关大伦敦地区应急管理的高层磋商和决策；②担任伦敦区域应急管理（LRRF）论坛副主席；③向伦敦市民发布突发事件应急计划，提供市民突发事件应对指南；④在大伦敦地区的预警发布和应急信息发布方面扮演关键角色；⑤负责议会和特拉发尔加广场的突发事件管理问题。

5. 事务连续性管理机制（BCM）

事务连续性管理是英国应急管理体系中颇具特色的一个部分。所谓 BCM，是指社会各组织应对突发事件的一种机制安排，这种机制有助于组织在突发事件到来时能快速反应，减少损失，尽快恢复到组织的正常状态。BCM 关注两点：一是组织如何从各种突发事件中尽快恢复到正常的生活或工作状态；二是一旦突发事件到来时，如何尽可能保持现行各社会组织（包括政府、企业、非政府组织）或其职能照常进行。

从广义上讲，应急管理的所有环节都可以看成是日常工作的持续管理，应急管理的目标就是要最大限度减少损失，使人们的生活工作尽快恢复正常。但是英国特别注重社会各组织自身的危机管理，并写入《英国突发事件应对法》。大伦敦应急管理网站有专栏介绍 BCM 机制。我们知道，一个组织的活动可分为两个方面：一是它自己与外界的关系，体现在它所享受的权利和所履行义务中，体现它所提供的服务、产品中；二是组织自身的管理，该管理是其开展一切其他活动的基础。皮之不存，毛将焉附。因此每个组织自身的管理显得特别重要。尤其对于那些与灾害应对有关的组织和机构来说，就更重要了。日常工作可持续管理的关注点是：一旦灾害或危机到来时，一个组织是否能提供关键性的服务或产品、与外界联系是否能维持畅通、电脑运营是否正常、重要文件是否能快速转移等等。很显然，对于负责应急管理领导的政府部门来说，维持日常工作的可持续就更加重要。几乎每级英国政府部门都将危机时自身如何能维持正常运转纳入整个国家的抗危机能力的建设中。每一个机构都制定有这样的计划。英国政府正加大事务连续性管理的标准化建设，并向企业和非政府组织提供相关的指导和帮助。

根据英国 BCM 标准，BCM 包括以下几个要素。

1）BCM 项目管理。项目管理使得日常工作持续性能力在必要时得以建立，并维持一种和组织复杂性相适应的适当的方式。

2）理解组织。"理解组织"行动为其提供信息，使其了解一个组织服务和产品安排的轻重缓急，明确需要特别支持的活动及其所需的资源。

3）确定日常工作持续性战略。要求组织给产品和服务的选择以恰当的回应，以确保其可以在危机时保持供给这些产品和服务。

4）制定和实施BCM计划。这里涉及突发事件管理计划、日常工作连续计划、灾害恢复计划。每项计划都应有详细的实施步骤。

5）BCM的演习、维持和检讨。该环节旨在使组织能了解其战略和计划的现状和问题，从而寻求改进的办法。

6）BCM组织文化的嵌入。使BCM成为组织的核心价值，使信心渗透到组织的每一个员工，以提升组织应对危机的能力。

BCM计划应遵循的原则包括：

1）灵活性原则；

2）有效运行原则（公共假期和恶劣天气下）；

3）简明易懂原则；

4）定期演练原则；

5）整合性原则；

6）知情原则。

6. 建立大伦敦突发事件应对管理网站（London Prepared Website）

2006年9月大伦敦突发事件应对管理网站正式开通。网站目的是坚定伦敦市民信心，相信伦敦市有能力、有信心、有勇气应对一切突发事件。网站由伦敦应急管理小组（London Resilience Team）负责，主要内容有几大板块：①发布大伦敦地区突发事件应急管理的计划和预案；②指导企业、学校、社会组织等机构制定和实施事务连续性管理（BCM）计划；③以22种语言发布市民突发事件应急指南（Protecting Yourself）；④来访伦敦者注意事项；⑤发布首都地区突发事件发生及应对的最新信息。

五、结论：借鉴与启示

世界城市伦敦的应急管理体系建设特色鲜明，值得我们细细考察，学习借鉴。伦敦的应急管理体系建设特色可概括为：①正式法与非正式法有机结合；②全国体制与首都体制有机结合；③减灾预防与应对恢复有机结合；④分工与合作有机结合；⑤政府与社会有机结合。

（一）正式法与非正式法有机结合

伦敦的应急管理体系建设很重视依法行政。举凡政府应急管理的所有行动皆有法律依据。从针对全国应急管理体系建设的《英国突发事件应对法》到专门针对伦敦应急管理体系建设的专门法律规定，严谨系统，典型体现了英国越权无效的行政法治精神和传统。但是，由于应急管理内容本身事无巨细的特点，英国很注重法律的适用性和操作性。由此出发，英国政府和大伦敦政府以正式法为依据，出台了大量非强制性的、指导性很强的规范性文件，以解决弥补正式法的原则、抽象问题和立法成本代价问题，如突发事件的准备、突发事件的恢复和应对两份规范性文件，很具体，很细致。专门针对伦敦的各项预案、计划也都是正式法指引下的规范性文件，具有极强的操作性。

这一点很值得我们借鉴。我们的《中华人民共和国突发事件应对法》很原则，2007年出台至今，国家层面也没有指导性和适用性很强的规范性指南文件。北京市尽管出台了实施条例，但操作性很强的配套文件也没有。应该借鉴英国和大伦敦的做法，组织专人编写。

（二）全国体制和首都体制有机结合

英国是一个单一制国家，议会主权至上，立法权主要集中于议会，议会的立法适用于全国，包括伦敦。但是，伦敦的情况特殊，是国家首都，在整个英国经济和社会生活中的地位举足轻重，因而，在突发事件的立法和制度建设方面，英国又表现出相当的灵活性。一是由议会通过的、专门针对大伦敦的《大伦敦地方政府法》，且专门列出条款规定大伦敦的突发事件的管理，在2004年颁布的《英国突发事件应对法（应急规划）实施细则》中，有专门"伦敦"部分。这是英国其他任何地方政府所不能享受的地位。在突发事件管理的体制和机制安排上，中央政府主动介入明显。在中央政府之间、大伦敦市政府和地方政府三级之间，等级制关系和集中程度也很明显。

（三）减灾预防和应急恢复有机结合

英国奉行一体化的应急管理理念，视应急管理为一有机系统，将减灾理念贯穿于突发事件管理的各个环节，尤其重视风险的预测、评估、防止和准备。各级政府专职专人负责地方风险的排查、登记和评估，并据此调整地方突发事件的应急预案或计划，从长期和短期两个方面做好防止、准备、应对和恢复。

（四）分工与合作有机结合

现代官僚制的一个重要特征就是强调专业分工。但是分工后又如何合作成为困扰所有现代组织的一个棘手问题。在大伦敦突发事件管理体系建设中，英国的很多做法很值得我们关注：一是首都的突发事件管理强调集中统一，强调以整个大伦敦区域来创新体制和机制，强调中央政府和大伦敦市政府在伦敦应急管理中发挥强有力的战略指导和领导地位；二是在现行体制框架范围内，建立大量正式与非正式协调机制，加强沟通和协调。

（五）政府与社会有机结合

与任何特大城市一样，伦敦也是人口、资源各要素高度集中，全球因素与地方因素交织其中，突发事件管理尤其复杂。面对这样的复杂环境，仅靠政府绝对难以胜任。大伦敦市秉持广泛性参与原则，建立社会参与机制，最大限度动员社会各界参与其中。如"准备伦敦"以22种语言传授灾害发生时个人的自救技能和技巧；将BCM机制写入国家法律，建立国家BCM标准，最大限度提高社会各组织自救的能力，使社会动员机制制度化、标准化；无论是区域应急论坛还是地方应急论坛，其成员都包括了政府以外的大量社会组织等等。通过这些机制，形成了具有伦敦特色的、政府与社会共治的突发事件应急管理体系。

"十二五"期间北京市提升综合应急管理能力的思考

李宏宇　北京市人工影响天气办公室

金磊　北京减灾协会

摘要：全球气候变化和经济全球化大背景下，面对未来安全形势的严峻挑战，北京着眼"世界城市"新的高端发展目标，在"十二五"期间城市综合应急管理建设应借鉴国内外先进的应急管理理念、技术和经验，切实保障"人文北京、科技北京、绿色北京"发展目标的"安全北京"战略，通过综合防灾减灾应急管理体系建设，努力实现北京市综合应急管理工作高度的国际化、系统化、法制化、常态化、规范化、程序化、制度化和有效化。

关键词：世界城市；防灾减灾；应急管理。

一、前　言

北京作为全国的政治、文化中心，世界著名古都和对外开放的国际大都市，在"十一五"期间初步建立了全市突发公共事件应急管理体系，经过近几年的努力，围绕以应急能力为中心的体制、机制建设已初具规模，形成了应急体系的基本框架，并在突发事件和综合减灾实践中，特别是为 2008 年夏季奥运会和国庆 60 周年庆祝活动提供全方位、高效有力的应急指挥和安全保障收到了明显成效。两大综合性安全保障任务的实践检验也表明，北京城市应急抢险救援综合能力得到进一步提高，综合应急管理工作已跨入了新的发展阶段。

然而，在全球气候变化和经济全球化的大背景下，北京市近年来四大类灾害事故仍有较为明显的个案发生，它们从不同层面反映出北京在防灾减灾基础建设、减灾应急救援保障能力和综合应急管理执行力等方面的缺陷及脆弱性，暴露出城市综合应急管理抓细节、抓落实还远远不够。在"世界城市"新的高端发展目标下，北京市面临着未来安全形势的严峻挑战，这对城市综合应急管理也提出了更高的要求及更艰巨的任务。

通过调研分析国内外灾害与突发事件发展态势和综合应急管理建设的成果经验，本研究针对"十二五"期间北京市着眼建设"世界城市"的目标，提出并细化了城市综合应急管理能力和"安全发展"的新理念，通过对比借鉴发达国家新的应急管理理念及做法，提出落实"人文北京、科技北京、绿色北京"的"安全北京"发展思路，研究并提出了进一步提升北京城市综合应急管理水平的重点任务及相关对策。

二、 综合应急管理面临的新形势和新任务

（一）城市安全形势依然复杂严峻

与 5 年前相比，当前城市公共安全形势依然相当严峻。仅 2010 年至今的几个月内，全球地震及其自然巨灾有增无减，海地、智利、土耳其、日本、墨西哥、印尼及其中国青海省玉树的震级均超过 7 级，不能不说全球地震活动已进入频发期。在全球气候变化的背景下，北京市近年来雪灾、热浪和暴雨等灾害性极端天气频发，未来较大型自然灾害可能出现的概率不容忽视，更不排除各种极端气象条件、自然灾害诱发的城市灾害。北京乃至首都圈的城市化高速发展本身就埋下了事故灾害的隐患，现有的防灾减灾基础建设和灾害应急保障体系，对包括大地震在内的巨灾应对能力还不强，难以抵御巨灾的侵袭。

北京市当前经济社会发展正处于现代化的加速期、市场化的完善期、国际化的提升期和社会发展的转型期。在经济全球化的背景下，随着经济社会快速发展，城乡均已迈入矛盾凸显期和重大突发公共事件的高危期，发生重大突发公共事件的风险愈来愈大。作为全国的政治文化中心，各地社会经济矛盾所引发的不稳定因素还有可能伴随外来上访而带入甚至在北京暴发，酿成突发事件。

北京城市综合应急管理除了必须适应国民经济可持续发展和全面建设小康社会的安全保障的要求外，还须满足首都地位所要求的安全保障要求。如何使城市综合应急管理建设上升到国家安全的高度？面对北京及其周边地区可能发展的巨灾风险，甚至全球性重大突发事件可能带来的连锁影响，城市综合应急管理又应如何紧急响应？面对这些挑战，必须从更高的层次，在更大的时空范围内深入思考"世界城市"目标下北京城市综合应急管理体系建设和规划问题。

（二）"世界城市"建设的新要求与新任务

北京市十三届人大三次会议政府工作报告中提出要着眼建设"世界城市"的目标。对照纽约、东京、伦敦等世界城市的现行做法，应肯定北京市综合应急管理建设在"十五"及"十一五"期间取得了显著的成就，但也必须看到，无论在经济实力、国际化功能、创新能力和生态环境等重要方面，北京与"世界城市"的安全水准及

综合应急能力相比尚存在不少差距。因此，"十二五"期间北京仍是以"国际城市"为近期目标，努力构建现代国际城市的基本框架，其中也必包括适应国际城市安全保障要求的综合应急管理体系。在成功举办 2008 年夏季奥运会并提出"世界城市"建设目标后，随着北京迈向现代化国际城市，进而走向国际城市的高端形态——世界城市，其综合应急管理体系也应有一个不断向"高端"发展的过程。如何建立适应北京城市发展目标、安全保障要求的现代综合应急管理体系，如何建设中国式世界城市的新模式，已是必须尽快解决的重大问题。

三、综合应急管理建设的重点任务

"十二五"期间北京市综合应急管理建设主要目标应紧紧围绕"安全北京"战略，建立并形成"统一指挥、反应灵敏、协调有序、联动快速、社会参与、运转高效"的综合防灾减灾应急体系，提升并完善灾害综合监测与预警、抢险救援与避难救助、物资储备与快速转运、科普宣教与人力培训以及灾后风险评估与恢复重建 5 项能力，确保城市应急管理实现高度的国际化、系统化、法制化、常态化、规范化、程序化、制度化、有效化。为此，需努力建设好以下重点任务。

（一）城乡综合应急规划建设

面对 21 世纪城市重大突发公共事件的新特点，重点强调对前期编制的减灾规划进行修订，城乡综合减灾总体规划中灾害风险控制、应急信息和资源整合优化和提升应急抢险救援技术装备在其中的分量很必要。要结合北京"世界城市"建设目标尽快开展并深化城市安全承载力和风险区划研究，科学评估城市综合应急能力，加强综合减灾与单灾种规划的协调研究，优化、整合各类减灾工程，加强减灾必备设备和基础设施建设，重点是有效提高社会与经济目标、交通干线、通信枢纽和能源等城市生命线工程的防灾抗灾安全规划，从本质上提升北京市的安全度。

（二）综合应急管理能力建设

对自然灾害和突发事件，综合应急管理应做到"关口前移、重心下移"，努力实现以下几方面。①防灾备灾前移。健全保障有力的救援体系，增强和提高救灾应急物资储备能力。统筹规划减灾应急所需物资、设备、物资储备库和避难场所。整合各类资源，建立和发展综合应急队伍。②预警监测前移。提高对自然灾害与突发公共事件的预警、监测能力，加强灾害信息管理与信息共享，建立和完善科学的灾情监测预警、风险评估与信息发布制度。③救援应对前移。完善综合配套的减灾应急管理法律、法规及政策措施，尽快实现危机管理法制化、规范化、制度化。健全减灾应急管理组织与协调机构，提高应急管理能力和水平。通过全社会参与，经常性地开展应急演练，提高城市抢险救援和市民自救互救能力。④恢复重建前移。加强灾害范围评估、灾害损失评估和资源环境承载能力评价等工作。合理布局，认真制定灾后恢复重建科学规划。加强减灾应急科技支撑能力建设并健全保障有力、长效规范的应急保障资金投入与拨付制度。

（三）应急预案体系的评审与再建设

"十二五"期间应对已有的各项灾害应急预案做进一步修订与完善。有关单位要根据灾害专项应急预案和部门职责，深刻总结2008年初我国南方冰雪灾害和2009年全国大范围降雪带来的燃气紧缺、交通受阻，供电中断等造成严重影响的经验教训，也要结合2009年以来北京在工程建设诸方面所暴露出的事故灾祸。抓紧制定并完善能源、物资等应急保障预案和应急工作规程。进一步细化灾害应急管理部门职责权限和联动职责，强化灾害预防与预警机制、处置程序、应急保障措施以及事后恢复与重建措施等诸项内容的可执行性和可操作性。有计划组织对应急预案的评审及实效性考核。

（四）综合应急管理体制和机制建设

"十二五"期间北京市应加强灾害应急管理和救援指挥体系建设，进一步理顺和完善政府减灾应急管理的组织体系和机构。首先，要建立一个权威、高效、协调的实体中枢指挥系统，该系统代表着政府最高领导层的战略决策效能和危机应对能力，发挥应急管理核心决策和指挥的重要作用。其次，要明确划分每个部门在灾害管理全过程中的职责，做到各司其职、分工明晰，建立负责保障各职能部门间沟通和协调的、统一的、专门的灾害应急管理机构，加强各级政府综合协调能力。健全和完善统一指挥、综合协调、分类管理、分级负责、属地管理为主的灾害应急管理机制，保证整个系统的有效运作。

（五）应急管理科技支撑系统建设

要汲取北京奥运会安保系统留下的高科技遗产，充分应用现代化信息技术，尽快编制北京减灾应急科技与产业振兴发展计划。首先将奥运安保系统中有关高科技遗产全面移植或改造到市级、区（县）级和各职能部门的应急指挥系统中；尽快完成减灾应急评估数据库；研制城市应急基础数据库与风险评估、潜势预测、灾情动态评估、灾害心理评估、救援效益评估等数学模型及运行流程；提升主要自然灾害（地震、气象、地质）及周边地区重大灾害的监测预警能力；采用引进和自主研发两种方式，大力提高应急抢险救援设备、器材的科技水准，提升救援效力，从而在"十二五"期间弥补北京在防灾减灾应急产业上的差距。

（六）应急救援物资保障体系建设

应急救援物资储备体系是综合减灾应急体系建设的重要组成部分。"十二五"期间北京市应加快城市综合应急救援物资保障体系建设，加强救灾物资储备网络建设，提升救灾物资仓储保管科技水平和运输保障能力，提高应急时期食品、衣物、药品、帐篷等维持灾民基本生活的救灾物资和能源等自给能力。特别是目前北京市的石油、煤炭、燃气、电力等基础能源严重依赖外部，供应体系存在安全隐患。能源供应既是城市正常运行的动力基础和生命线，也是减灾应急救援的基本条件，控制能源风险、保障能源安全亦是北京综合应急管理的重中之重。

（七）公众安全文化与危机意识能力建设

理性的市民危机意识是灾害应急管理的根本保证。市民危机意识的强弱也直接关系到政府应急管理的效果。"十二五"期间应转变观念，注重培养全民理性的危机意识、自救互救技能和心理应对能力。通过行之有效的宣传教育、有针对性的培训方式和广泛的社会动员机制，真正让全社会来共同关注、预防和应对城市突发事件。通过多种形式经常性的危机意识教育和培训，加强市民对防灾减灾知识的认知程度，使社会公众增加灾前防御意识、灾时具备自救和互救以及灾后抗灾救灾的能力，大大增强整个社会应对灾害的能力。

四、综合应急管理建设的保障措施

（一）加强应急管理体系常态管理机制

应坚持"预防与应急并重，常态与非常态相结合"和"险时搞救援，平时搞防范"的原则，使城市综合应急工作更加规范化、程序化和制度化。政府决策机构要处理好灾害应急与常态建设的关系，尤其要从管理层面出发，每年组织有关部门和专家编制全市防灾减灾年度报告或灾害风险评估报告，建立健全综合应急管理定期会商机制和信息共享机制，探索建立各级政府和各有关部门突发公共事件应急能力的评价体系。各有关部门和单位应切实把日常防灾工作与其履行正常职能紧密结合起来，强化日常的检查监管、预测预报及综合演练等工作。

（二）建立综合应急管理法规和标准体系

完善的减灾应急法制是城市综合应急管理系统中最重要的非技术支撑体系和保障机制。"十二五"期间北京市应继续加强防灾减灾综合法律法规体系建设，对已有减灾规划和应急预案等重新审议、补充、完善，提高减灾应急法制的科学性、权威性与可行性。同时，稳步推进与城市规划与建筑设计相关的各种安全标准规范的制定，尽快出台城市能源、资源、环境和社会等安全指标相关的各类技术或业务标准规范。

（三）完善减灾全社会参与的社会动员机制

城市的安全是一个重大而又涉及面广泛的紧迫任务，需要全体社会成员的共同努力与配合。应有效集成政府、社会等各方面的相关资源，健全配套措施，实施以社区为基础同政府综合应急管理相结合的城市减灾战略。建立政府、企业、社区、公众相结合、共同承担灾害风险的模式，充分调动社区居民对减灾事业的主动性、积极性和创造性。这也是任何应急管理模式有效运行的持久、内在的根本动力。

（四）建立应急管理财政专项资金

市、区（县）两级突发公共事件应急管理机构应每年编制经费预算，除人员费、行政管理费等政府机构常规财务支出外，还应专项编制应急指挥平台运行、研发费用，组织应急演练及科普费用等。市科委亦应设立减灾应急科技专项基金，在每年科研项目指南中编列有减灾应急项目并列为重点项目，鼓励多部门联合申报综合应急科技开发项目。

（五）积极推进巨灾保险体系建设

我国保险业在提供巨灾损失保障方面不但与国际平均水平差距巨大，与我国保险业已具备的保障能力也极不相称。2007年11月1日起施行的《中华人民共和国突发事件应对法》在第三十五条中规定"国家发展保险事业，建立国家财政支持的巨灾风险保险体系，并鼓励单位和公民参加保险。"通过设立巨灾保险基金可有助于解决巨灾保险的资金瓶颈问题，它是城市经济社会安全发展的必然要求，利于保障城市经济的有序进行，带来并维护社会稳定，更有利于辅助社会管理。

（六）推进应急管理国内外科技交流与合作

一是积极参加联合国及其相关组织举办的减灾科技和应急管理国际研讨会或专题研讨会；二是组织本市减灾应急管理人员赴美国纽约、日本东京、英国伦敦等世界城市进行防灾减灾和应急管理参观调研，进一步纵深了解这些世界城市在安全减灾上的发展水准；三是与国内几个主要大城市（上海、天津、重庆、深圳等）定期举办减灾应急科技年会或专项应急管理研讨会，或举办我国大城市减灾应急高峰论坛年会等，提高本市减灾应急管理水平和科技含量及对全国的示范作用。

五、结语

在全球气候变化和经济全球化大背景下，"十一五"期间国内外许多地区和大、中型城市均遭受了不同程度和各样灾害的冲击。面对日益增多的复杂的灾害风险以及当前综合应急管理建设的新形势、新任务和新挑战，北京市在全面建设小康社会和现代化进程中，必须坚持"以人为本"和全面、协调、可持续的发展观，认真贯彻"预防为主，防灾、抗灾、避灾、救灾相结合的方针"，把北京"世界城市"建设同综合应急管理工作一起抓，努力推进北京城市综合应急各项能力建设。健全和完善现代化城市综合防灾减灾体系，全面提高城市整体防灾抗毁和救援保障能力，特别是巨灾应对能力。

借鉴国内外先进的应急管理理念、技术和经验，结合北京城市安全和行政管理的现状与特点，"十二五"期间应按步骤、分阶段地强化北京"世界城市"目标下的综合应急建设，确实保障"人文北京、科技北京、绿色北京"发展目标的"安全北京"战略，通过城市综合应急管理整体建设，努力实现北京市综合应急管理工作高度的国际化、系统化、法制化、常态化、规范化、程序化、制度化、有效化，促使北京市综合应急管理水平与"世界城市"的建设进程相一致，切实做到在灾害来临之前积极主动地预防把控。在灾害及突发事件发生时，能依法、科学、有效地应对与化解，将灾害的损失降低到最小。

致谢：感谢北京减灾协会吴正华、阮水根、郑大玮、萧永生、明发源等专家给予专业上的指导。同时感谢韩淑云老师给予的无私关怀。

对北京巨灾和巨灾风险的思考

吴正华　北京减灾协会

摘要：本文在介绍巨灾的定义和标准，回顾北京历史上的巨灾事件后，对北京可能面临的巨灾风险进行了分析，并提出了未来北京巨灾综合应急管理体系建设要点。

关键词：北京；巨灾；巨灾风险；综合应急。

一、巨灾和巨灾风险的内涵

（一）巨灾和巨灾标准

所谓"巨灾"，按经合组织（OECD）于 2003 年给出的"巨灾"内涵是指造成大量人口伤亡，巨大财产损失和基础设施大面积损坏，且灾区政府无力应对，需要国家或国际援助和帮助救援的罕见严重灾害。其大量是属于自然巨灾，也包有严重传染病传播、恐怖主义袭击以及特别重大人为事故。但国内外至今还没有公认的统一的定义。从 20 世纪 80 年代末开展国际减灾十年活动以来，关于巨灾的定义、量化标准有不少讨论，如马宗晋等在 1990 年提出"灾度"概念，并以此给出自然灾害的巨灾量化标准，即死亡万人以上和经济损失 10 亿元以上。到 2010 年，马宗晋等将巨灾的双指标修订为死亡万人以上和直接经济损失千亿元以上。史培军等最近把巨灾定义为：由百年一遇的致灾因子造成的人员伤亡多、财产损失大和影响范围广，且一旦发生就使受灾地区无力自我应对，必须借助外界力量进行处置的重大灾害。其具体标准是：超过百年一遇或 7.0 级以上地震、死亡万人以上，直接经济损失千亿元以上和成灾面积超过 10 万 km^2（以上 4 项指标中，达到两项即为巨灾）。按这 4 条标准，给出 1995—2008 年 10 例世界巨灾案例，其中包括中国 4 例（1998 年长江水灾、2003 年 SARS 事件、2008 年南方低温冰雪灾害和汶川地震）；高建国在总结国内外用"灾度"评估自然灾害强度标准的基础上，提出用死亡人数、受灾人数和直接经济损失三个因子，并给不同加权，来计算灾度（D）值大小，即

$$D^2=\{3[\lg(R+1)]^2+2(\lg CJ)^2+(\lg K)^2/6$$

式中：D 为灾度；R 为死亡人数（人）；J 为直接经济损失（亿元人民币）；C 为物价指数（2000 年价格）；K 为受灾人数（百人）。

高建国还给出了从 1923 年到 2010 年智利强地震共 27 例世界巨灾的灾度 D

计算值，其中，有 11 次地震灾害，D 值为 5.04~6.18；有 14 次台风和暴雨洪涝灾害，D 值为 4.98~5.63；另有一次中国雨雪冰冻灾害（$D=5.07$）和非洲干旱灾害（$D=5.53$）。对北京地区来讲，比较关注的 1976 年唐山地震和"63·8"特大暴雨洪涝均在其中，D 值分别为 5.90 和 5.03。

须指出的是，上述关于巨灾标准的讨论，都没有给出发生巨灾的空间大小和时间长短的限定。但都表明巨灾的空间范围是区域性的，至少超过一个省，甚至数省或超越国境；尽管有些巨灾爆发时间很短（如地震），但巨灾及其衍生灾害所带来的灾难可能持续数天或数月，致使灾害损失加重或蔓延。

（二）巨灾风险和中国巨灾高风险区

有关巨灾风险的讨论多见于灾害保险的论述中，近几年在自然灾害风险区划和灾害应急管理体系的研究中，也有不少涉及巨灾风险的问题。目前看到的巨灾风险的定义或划分标准与保险业密切相关。美国保险联邦服务局和 FEMA（联邦应急管理署）根据 1998 年的美元价值，将巨灾风险定义为"导致财产直接经济损失超过 2500 万美元，并影响到大范围保险人（经纪、再保险）和被保险人（个人、家庭、企业等）的事件"。2002 年国际再保险机构倾向于"巨灾风险损失系指造成巨额损失的罕见大灾，其死亡人数 ≥ 10 人，损失的美元值 ≥ 2500 万美元"的定量标准。

张业成、马宗晋等基于"巨灾是指对人民生命财产造成特别巨大损失，对区域或全国社会经济产生严重影响的自然灾害事件"的认识，在初步分析了我国巨灾频发的自然条件和社会经济条件后，认为"今后时期，我国仍存在严重的巨灾风险"，并主要依据中国特大洪水、大地震、特大风暴潮和持续性大范围干旱 4 种自然巨灾的发展趋势，提出 11 个巨灾高风险区：①嫩江、松花江流域的齐齐哈尔—大庆—哈尔滨地区；②辽河下游的开原—沈阳—盘锦—营口地区；③北京—天津—唐山地区；④黄河下游地区；⑤淮河、长江下游、杭嘉湖地区；⑥江汉平原和洞庭湖、鄱阳湖平原地区；⑦四川盆地；⑧珠江三角洲地区；⑨以西安为中心的渭河平原地区；⑩以昆明为中心的滇中地区；⑪闽南漳州—厦门—泉州地区。上述 11 个地区中，以③、⑤和⑧三个地区的特大灾害种类多、城市人口密集、巨灾风险最大。如果按钱钢《倘若巨灾发生在胡焕庸线东》一文（南方周末，2010 年 5 月 5 日）的思路，就发现这 11 个巨灾高风险区全部落在"胡焕庸线"的东侧，即是中国人口集聚（占人口 64%）、都市最密集、生产力最强劲（占中国 GDP 的 95.7%）的地区，"这里的环渤海地区、长三角地区、珠三角地区，是中国经济的要穴，牵一发而动全身"。

2008年汶川地震（正位于胡焕庸线上）、2010年玉树地震（位于胡焕庸西侧）和舟曲特大泥石流（正位于胡焕庸线上），已经为世人广泛关注，那么就不难想象"胡焕庸线"东侧如果发生巨灾，就会引发怎样的震撼。

二、北京历史上的自然巨灾事件

北京位于我国华北平原北端，就其自然地理条件和气候环境生态来讲，从来就不是"风水宝地"，将北京划入京津唐自然巨灾高风险区内（以洪水、地震和干旱为主要自然灾害），并不令人意外。这里简单回顾近600年来发生在北京及其周边区域的自然巨灾事件。

（一）明、清两朝的北京"巨灾"事件

在明、清两朝的史料记载中有关北京的自然灾害，都是发生在所谓"顺天府"境内，即包括现在北京市东、西城区和14个区（县）以及河北省的怀来、涿州、保定、霸州、三河、香河以及天津的武清、蓟县、宝坻等地。其中明朝还包括玉田、丰润、遵化等，这实际上相当于现在的"京津唐"区域。

据尹均科等人查证，从明朝建都北京（1420年）以来的明、清两朝490年间，共发生特大水灾（即顺天府全境受灾，大批房屋坍塌，大量人畜淹毙，田禾尽淹无收）14次（明朝9次，清朝5次）、特大旱灾（期）11次（明朝7次，清朝4次）和震中位于平谷—三河（8级，1679年）和海淀颐和园附近（6.5级，1730年）的两次强烈地震。具体灾情见于诸多文史档案，现摘部分案例如下。

1）1607年特大水灾。六月二十四日突降暴雨，"大雨如注，经二旬……"，持续到七月中旬，"高敞之地，水入二三尺；……洼者深至丈余，甚至大内紫金（禁）城亦坍坏四十余丈。……正阳、宣武二门内，犹然奔涛汹涌，舆马不得前，城埋不可渡"。"闰六月乙酉，雨潦浸贯城，长安街水深三尺"，"东华门内城垣及德胜门城垣皆圮"，"淫雨一月，平地水涌，通惠河堤闸莫辩"。

2）1668年特大水灾。"浑河水决，直入正阳、崇文、宣武、齐化（朝阳）诸门，午门浸崩一角"，"通州连雨七日，没城墙九尺"，"密云县大雨五昼夜，河溢，坏城东北隅"，"昌平州大雨，漂没民舍"，"延庆州淫雨七日夜，大雨淹没民居田亩"，"父老言，（明）万历戊申（1608年，疑为1607年水灾）都门大水，未若今之尤甚"。

3）1867年，出现冬、春、夏三季连旱，"昌平，夏大旱"、"密云，春夏大旱"、

"武清先旱后潦"、"静海,大旱,清河、子牙河及淀俱涸,卫河走车"、"前因顺天直隶各地方久旱不雨,农业失时,……现在节遇夏至,尚未渥沛甘霖,民间插种无期,灾歉之形已见"。

4) 1679 年 9 月 2 日平谷—三河 8 级地震。通州,"凡城楼,仓廒、文庙、官廨、民房、楼阁、寺院。无一存者。……周城四面地裂,黑水涌出丈许。……压死人民一万有余,城内火起,延烧数十处"。三河,"城垣房屋存者无多,四面地裂,黑水涌出,月余方止,所属境内压毙人民甚众"。平谷,"城廓村庄,房屋塔庙,荡然一空,远近茫茫,了无障隔,黑水横流,田禾皆毁,阖境人民,除墙屋压毙及地陷毙之外,其生者止存十之三四"。另有"京城倒房 12793 间,坏房 18028 间,死人民 485 人","通州有三万多人压死"等记载。建筑物损毁十分严重,紫禁城内养心殿、永寿宫、翊坤宫、储秀宫、慈宁宫、寿康宫、景仁宫、承乾宫、钟粹宫等均有不同程度毁坏。城内长春宫、文昌阁、善果寺、观音庵、广济寺、峨眉寺、北海白塔寺等寺庙也遭不同程度毁坏。

5) 1730 年 9 月 30 日,颐和园附近 6.5 级地震。北京郊区有 203 个村镇报有民房损坏记载,圆明园和畅春园"一片瓦砾",紫禁城各宫殿均遭不同程度破坏。安定门、宣武门等三处城墙裂缝 37 丈。城内园觉寺、慈仁寺、崇元观、全淅会馆、芜湖会馆、安庆义园、鄱阳会馆、江夏会馆、建宁会馆、贵州会馆等均遭严重毁坏或倾圮。城内四个城区统计"民房倒塌 14655 间、颓塌墙壁 10802 堵,损伤人口 457 名",但据萧若瑟《圣教史略》、樊国梁《燕京开教略》、北平图书馆馆刊和冯秉正《中国通史》等均有"压毙人口十万有余"记载。

另外,在明朝档案中记载有 1626 年 5 月 30 日位于京城西南的王恭厂火药库爆炸,"王恭厂灾,死者甚众"(《明史·熹宗本纪》),"(天启)六年五月戊申王恭厂灾,地中霹雳声不绝,火药自焚,烟尘障空,白昼晦冥,凡四五里"。(《明史·五行志》),"天启丙寅五月初六日巳时,……须臾大震一声,天崩地塌,昏黑如夜,万室平沉。东自顺城门大街,北至刑部街,长三四里,周围十三里,尽为齑粉,屋以数万计,人以万计。王恭厂一带糜烂尤甚,僵尸层叠,秽气熏天,瓦砾盈空而下,无从辨别街道门户。伤心惨目,笔所难述"。(清代张海鹏《借月房丛书》)。是否与地震有关,有待相关资料来证实。

(二) 20 世纪的北京 "巨灾" 事件

辛亥革命以来的百年间,影响北京的巨灾事件主要是洪水和地震。虽然旱灾,尤其是连续多年的干旱少雨的事件时有发生，但未有酿成巨大灾害损失灾情。故这里不再赘述。

1）1939年大洪水。从7月9日到8月13日，发生连续3场大暴雨天气，尤其7月25日至26日特大暴雨最强。强暴雨中心位于门头沟、昌平，均大于400 mm，造成潮白河百年一遇洪峰，永定河、北运河均为50年一遇洪峰。致使通州、昌平、密云、怀柔、顺义等区县有10050个村庄被淹，倒塌房屋50.65万间，死伤人数达15740人。随着这些河流洪峰进入天津，加上8月11日至13日又一场暴雨致使天津渍涝成灾，到8月23日至24日，天津市内西关街、南市、劝业场、法租界等仍积水2.5 m深。全天津有倒塌房屋1.5万间，受灾人口70万人。因日伪政权隐瞒，未报死亡人口统计数字。

2）1949年以后，有3场大洪水（1956年8月2日至3日、1959年8月6日和1963年8月8日至9日），尤以1963年8月8日至9日特大暴雨（天津市和河北省同时出现特大暴雨）过程灾情特别严重，北京城区和近郊区积水面积200 km² 多，积水深0.5 m以上有263处，市中心区西长安街、王府井、新街口大街、朝内大街、永内大街均在其中，清河流域（现上地科技园区）和中关村、动物园等地积水达1 m以上。市内无轨电车全部停驶，56条公交汽车线有36条停运，京广、京包、京沪等铁路中断。有85个工厂停工，186个工厂半停产。倒房11063间，死亡35人。河北省有天津、衡水、沧州、保定、邯郸、邢台等七个专区共101县受灾，保定、邢台、邯郸市内积水深2~3 m。全省22740个村庄受灾、水淹农田5360万亩、倒塌房屋1265万间，死亡人口5030人，伤42700人。京广、石德、石太等铁路线路冲毁116.4 km。

3）1976年7月28日凌晨唐山7.8级地震。唐山市夷为平地，死亡242419人，灾害波及华北大地，为世人瞩目，高建国的灾度计算表明，此地震灾害可算是20世纪的最强地震巨灾。北京市受明显影响，严重损坏房屋140173间（郊区）和3994间（市区）、死亡194人。其他有关河北、天津等地的灾情，这里不再赘述。

三、关于北京面临巨灾风险的讨论

（一）北京巨灾风险的空间区域

根据文献所给出的巨灾定义，可见巨灾的基本特点是：致灾因子强度大；经济财产损失大；人员伤亡多；成灾范围广；灾区必须依靠其境外力量来救助处置。回顾历史上北京巨灾事件，并考虑自然环境条件的相似性和社会经济发展的紧密相关互补性，可以认为发生北京巨灾的空间区域，决不限于北京行政管理区域，而是应该包括天津市和河北省北部地区，即俗称"京津冀"或"京津唐"的区域。如果套用气候系统中大气圈、水圈、岩石圈、冰雪圈和生物圈的概念，从灾害监测预警、风险评估、应急管理的角度，可用"首都圈"表示北京巨灾风险的空间区域，这个区域是属于同一地震带（燕山带）、同一气候带（暖温带半湿润半干旱季风气候）、同一水系（海河流域）和同一经济区（环渤海经济区），它包含以北京为中心的旱涝圈，地震圈、水患圈、生态环境圈和城市群（以京津为龙头的城市集中区）的综合防灾减灾意义。由此，我们讲"北京巨灾风险"，即是指"首都圈巨灾风险"，与前面给出的"京津唐巨灾高风险区"大体相当。

（二）气候变化和极端天气事件

最近 30 年来全球变暖已是不争的事实，最近十年又是有气象观测记录的 150 年来最热的十年。21 世纪将是全球气候变暖持续的世纪，到本世纪末，我国年平均气温可能升高 2.2~4.2 ℃，平均年降水量可能增加 6%~14%，而且北方年降水量增加幅度大于南方，强降水、高温等极端天气事件将更强、更频繁发生，致使千年一遇洪水变为百年一遇，百年一遇的洪水可能变为 50 年一遇，甚至时间更短。在此气候变化预测的背景下，大气圈的能量和水汽的时空分布以及海洋与大气的相互作用等都会强烈变化，我国北方旱涝变化将是十分不稳定的，频繁出现洪涝、干旱、高温热浪和暴雪等极端灾害事件的可能性很大。因此，未来北京自然巨灾风险将不仅存在，而且风险度较高。

（三）城市群发展与灾害风险增加并存

未来几十年，随着环渤海经济圈规划的批复和实施，依托内蒙古自治区和山西省的资源优势（能源、矿石、生态农业等），以北京和天津为"双核心"的城市群将加快发展成"京津冀都市圈"，成为与长三角、珠三角并列的支撑全国经济持续发展的第三个国家区域增长极。但是，城市群发展和灾害风险增加是并存的。这是因为：一是城市的现代化程度愈高，其对能源（电、水、燃气等）、信息网络和自动化技术系统的依赖性愈大，一旦遭遇较大自然灾害（洪水、地震等）和较大人为灾害（停电、火灾、爆炸等），将表现出明显的抗灾脆弱性；二是城市人口集中、财富集中，"寸土千金"，使城市灾害具有灾害损失放大性，一次突发的大灾变，必然造成大量人员伤亡和巨额直接经济损失，即使城市灾害预警和应急管理系统十分先进，可最大限度减少人员伤亡，但仍不可避免会造成大量建筑物损毁和巨额直接经济损失（如日本1995年的阪神地震）；三是现代城市群的人多、车多、管网多、建筑物多、危险源多，次生灾害或衍生灾害复杂多变，易导致灾情蔓延扩大化；四是城市为金融中心、物流中心、产业中心、经济集散中心和社会活动中心，灾害导致的间接经济损失和负面心理影响将向周边区域传递辐射，引发深远的国内外连锁反应。

四、巨灾应急管理对策的设想

巨灾应急管理体系建设是贯彻科学发展观、落实"以人为本"减灾宗旨的综合减灾高端系统工程，未来应关注以下几个要点。

1）巨灾综合应急管理体系建设应纳入城市可持续发展规划。北京市在制定现代国际城市，乃至世界城市的建设规划时，均应同步制定巨灾综合应急管理体系建设规划，在不断发展城市经济实力的同时，不断提升突发公共事件应急管理能力。

2）吸取2003年SARS事件应急管理的经验教训，充分整合区域内减灾应急管理资源：一是消除条块分割的障碍，建立综合包括中央各部委和军队系统在京单位和北京市政府各部门的"大北京"综合应急管理体制；二是建立京津冀都市圈联合应急管理协调体系（可借鉴日本东京"首都圈八都县市应急救援协作体制"的经验）。因为面对巨灾，单一靠北京市地方的应急管理是远远不够的，历史经验已证明这一点。

3）充分发挥金融手段在分担灾害风险中的作用，特别是面对巨灾，尽快建立政府主导、国家财政支持、保险公司市场运作和公众保险投资的综合巨灾保险制度，并在此基础上，推行巨灾风险金融措施，如"巨灾风险债券""巨灾救助基金"等。

4）应吸取东京、纽约的应急管理经验，通过立法、沟通联络信息渠道，最大限度吸取企业、非政府组织（NGO）、公众志愿者等参与应急管理各项活动，充分发挥社区紧急救援队在灾害现场第一时间的救助作用，以求最大的减灾效益。

基于模糊判断的救灾物资储备管理研究

董鹏捷　北京市人工影响天气办公室

摘要：本文通过对灾害发生时救援物资生活物资需求种类、供应机制以及需求物资对应急救灾的影响等进行了综合分析，提出了物资成本、物资重要性和供应渠道三类救灾物资储备评价指标，应用模糊评判方法对三类指标分别赋予权重构建了备灾物资重要性判定模型。利用这种方法，对众多需求物资进行分项打分评价，最终确定出救灾关键性物资进行储备。而储备规模在分析北京市现有巨灾救助需求基础上，提出了运用 ABC 分类法实现储备投资与物资储备数量的最优配置，以满足救灾第一时间的需要的储备方法。

关键词：救灾物资；储备；模糊评判；ABC 管理法。

一、引言

近年来地震、冰冻灾害、泥石流、洪水等突发性重大自然灾害在我国不同地区不同程度地造成人员伤亡和财产的重大损失。灾害一经发生，必然需要大量的应急物资来解决灾后人民生活、救助、卫生防疫以及受灾地区的灾后重建、恢复生产等工作，应急物资储备直接影响灾害救援的反应速度和最终成效，大量有效的应急物资储备可以大大缩减从灾害发生到救灾完成的时间，从而赢得生命，否则因灾而生的演生灾害可能使受灾人口、区域和损失进一步扩大，这样，灾害有可能会进而演变成灾难。

突发性自然灾害有很大的潜在性和隐蔽性，危害性极大，2008 年南方雨雪冰冻灾害和汶川特大地震灾害以及 2010 年舟曲泥石流灾害警示我们：要增强危及意识，提升灾害应急反应能力，加强救灾物资储备管理，优化完善救灾物资储备体系。

二、 救灾物资储备方法及供应机制

救灾储备物资是指各级民政部门存储和调用的、主要用于救助紧急转移安置人口的，满足其基本生活需求的物资。我国目前通用的救灾物资储备方法有以下两种。

一是存实物。1998 年后，国家建立了全国应急物资储备网，储备了 10 多万顶救灾帐篷和大量棉衣被。每年中央拨付 5000 万元的采购资金用于储备大宗应急物资，主要是帐篷、棉衣被、净水器。省、自治区也已开始构建本地应急物资仓储中心。

　　二是与流通企业建立联系机制，保证在紧急状态下可马上调运合约应急物资。这是在政府建立自身的专门性的应急物资储备仓库的基础上，走市场化道路，遵循"化整为零、分级代储、保障供给"的原则，整合储备资源，即采取社会化手段，与相关的供货商签订供货协议，要求供货商在规定的时间内将物品运到灾区。如对于生活类、药品类等对时效性及对保存环境要求较高的物资可以依法通过经济或行政方法，由生产厂家、供应商及医疗机构代储，以降低成本，保证商品质量。对于救生类物资，可采取分级就近代储的办法。这种做法避免了食品等易腐烂物品的长期储藏，减少了不必要的损失。

三、救灾物资需求

　　救灾需用物资种类很多，有几十种甚至上百种，不同类别的人需求也不相同，如婴儿、老人、妇女。分类方式也有多种，常见分类方式有按照物资使用的紧急情况、物资的用途、需求的原因、物资的适用范围等分类方式。以物资适用范围为例救灾物资大体可分为食品、医药、生活物资和救生工具，详见表1。

（一）储备必需品

　　由于应急管理职能及物资储备场所、资金制约，民政救助储备物资储备不可能面面俱到，应主要以救生必需品为主。

1. 生活必需品

　　考虑到灾害发生时间的不可预见性以及灾后重建中时间持续性，救灾物资储备种类应主要包括帐篷、棉被、棉衣裤、睡袋、应急包、折叠床、净水机、应急灯、手电筒、蜡烛、方便食品、矿泉水和部分救灾应急指挥所需物资等，以满足救后人们生活的基本需求。

2. 救灾装备

　　每个区县应急救灾指挥部门应掌控本区县救灾常用设备如交通车辆、医疗救护车、挖掘机、起吊设备、破拆工具、探生仪等的储备情况、所有权及运行状态，确保救灾需要时能及时到达现场开展救援工作。

3. 避难场所

　　与物资需求具有同等重要的是应急避难场所的需求。当灾害发生后，有些房屋、

表 1　救灾物资需求分类表

适用范围		物资明细
食品	应急储备	方便面、饼干、压缩饼干、罐头（鱼、肉、菜、水果）、即食粥、即食汤、婴儿奶粉（奶瓶）、瓶装饮用水
	应急供应	面包、牛奶
医药类（医疗准备）	用品	担架、卫生棉、急救包、医用口罩、医用手套、防护服、防毒面具、呼吸机、氧气袋、输液器等
	药品	烧伤药、创伤药、消毒水等
生活物资	寝具	帐篷、简易房、棉被、褥子（垫子）、毛毯、睡袋、蚊帐
	餐具	免洗碗、筷子、勺子、刀具、锅碗、盆
	衣物	适合各性别及年龄的棉衣、棉裤、棉鞋、衣服（含幼儿）、鞋，免洗内衣裤，婴儿及成人尿布、纸尿裤，雨衣，雨靴
	饮食供应	野战餐车、汽化炉、煤油炉、食用油、米、面、挂面、蔬菜、调味品
	日用品	牙刷、牙膏、卫生纸、女士卫生用品、消毒皂、洗手液、消毒水、清洁剂、水盆、水桶、婴儿车、垃圾袋、蚊香
	照明设备	应急灯、手摇自发电手电筒、电池、手电筒、打火机、火柴、蜡烛、马灯、防水灯
	公共卫生	生活用水、移动厕所、简易厕所
	其他	发电机、柴油、煤油、汽油、电线、净水器、净水剂、铁丝、绳索、钉子、塑料布、编织袋、扩音器、对讲机、灭火器、收音机等
救生工具（救援队准备）		冲锋舟、救生艇、救生衣、破拆工具、探生仪、挖掘机、铁锹、千斤顶、铲车等

居所遭到破坏，这时需要向失去住所的灾民提供临时居住地。可利用作为避难场所的用地——主要指公园绿地、其他各种绿地、体育用地、学校操场用地等。避难场地分为临时性的应急避难场地和长期的避难场地。临时避难场所应选择在不受地质灾害危害，交通较便利的安全地带。

　　一般应急避难场所，尤其是大型长期（固定）避难场所配套建设包括的主要内容如下。除划定棚宿（居住）区外，还要有较完善的所有"生命线"工程要求的配套设施（备），包括配套建设应急供水（自备井、封闭式储水池、瓶装矿泉水（纯净水）储备）、应急厕所、救灾指挥中心、应急监控（含通信、广播）、应急供电（自备发电机或太阳能供电）、应急医疗救护（卫生防疫）、应急物资供应（救灾物品贮存）用房、应急垃圾及污水处理设施，并配备消防器材等，有条件的还可以建设洗浴设施，设置应急停机坪。

　　除避难场所外，还应根据当地实际情况合理布设疏散通道。按要求疏散通道宽度不小于 5.5 m，并设置有明显的方向指示标志，确保应急疏散工作顺利进行。

四、物资储备数量

根据国内外救援经验和储备能力，救灾物资储备数量应依托拟救助的人口数量和物资标准进行配备。物资储备量的确定，首先应科学确定物资消耗量，其次要考察可能提供的物资数量，两者比较综合权衡，最后确定储备标准。物资消耗量的确定，应当考虑以下几点：

1）灾害可能爆发的规模；

2）救灾可能投入的人力；

3）储备物资数量；

4）预计损失情况；

5）物资消耗的规律；

6）应急需要保障的时限。

对于每个保障区，其储备量应与保障对象、保障时间、灾害类型所要消耗的物资数量相一致。物资的储备量一般可从下面的计算公式得出：

$$储备量 = 被保障点数 \times 每个保障点平均日消耗量 \times 保障天数 \times (1+ 损耗率) \qquad (1)$$

物资储备量并不是一成不变的，它是由上限与下限构成的一个动态的波动范围，将北京市常住人口按 2000 万为例来测算，1% 的救助规模，即为 20 万人的实物储备规模。对于消耗性物资需要有一安全存量。

$$物资安全存量 = 日人均消耗量 \times 各储备库服务人口数 \times 3 日 \qquad (2)$$

式中，3 日为国际红十字会通用紧急救援时间。

五、基于模糊判断的储备物资分类管理

由于救灾物资种类繁杂，名目众多，在日常救灾储备中不可能一一储备，像食品类有保持期限，在保持期限内没有利用又会造成很大的浪费，但是如果储备不充分，一旦有救助需求时又会因物资供应不到位而影响救灾工作开展和灾后人民生活保障。因此，需要在物资与资金之间选择一种方法，以期使有限的救灾储备专项资金发挥最优储备效益，在资金与存量的库存管理方面目前采用最普遍的是 ABC 分类法。

（一）ABC 分类法

ABC 分类法又称重点管理法，主要是从名目众多、错综复杂的客观事物中，

应用已有的数据，进行分析，找出主次，分类排队，再根据不同情况分别加以管理的方法。它是一种通过抓住事物的主要矛盾，进行相应管理的定量的科学分类管理技术，也是提高效率所普遍采用的管理方法。

ABC 分类法对库存物资按库存物资"所占总库存资金的比例"和"所占库存总品种数目的比例"这两个指标来分类。A 类库存品种数目少但资金占用大，品种占库存品种总数的 5%~20%，而其占用资金金额占库存占用资金总额的 60%~70%。C 类库存品种数目大但资金占用小，品种占库存品种总数的 60%~70%，而其资金占资金总额的 10% 以下。B 类库存介于两者之间，B 类库存品种占库存品种总数的 20%~30%，其占用资金金额占库存占用资金总额的 20% 左右。

ABC 三类物资分类标准如表 2 所示。

表 2　库存物资 ABC 分类标准

类别	数量（品种或用量）占总数的比重 (%)	金额占总金额的比重 (%)
A	5 ~ 20	60 ~ 70
B	20 ~ 30	10 ~ 20
C	60 ~ 70	5 ~ 10

实际上分类并非局限在三类里，它还可以有许多灵活的分类。对于品种繁多的物资储备，可以对各类进一步分层，在大类下面又分小类，以提高分类管理的准确性。另外，还可以根据实际库存品种结构，采取三类以下或以上的分类方法，比如将物资分为关键物资、瓶颈物资、重要物资和普通物资四种类型，这样要适度调整数量及资金的比例。

因此，对于每一个救灾物资储备场所在储备过程中都要统筹灾害救助需求与资金和库容的矛盾，把多种因素综合考虑进去来确定救灾物资、生活物资、食品三类物资的储备量（医疗物资由专业医疗机构负责），即救灾物资应占 5%~20% 的储备量，资金分配比重为 60%~70%，食品类数量占 60%~70%，资金分配占 5%~10%，生活物资相当于 B 类，数量在 20%~30%，资金占 10%~20%，只有这样，才能在合理利用资源的基础上对其进行最优储备。

（二）库存物资分类的模糊管理

物资等级分类是制定备灾库存控制策略的基础，要提高库存管理的科学性，必须制定出一套科学合理的分类评价指标体系，来将各品种物资进行等级分类，从而选择那些灾害发生时对灾害救助实施有重大影响且供货商又不能立即送抵灾区的物资进行储备。

由于物资属性的多样性，所以，综合重要性的确定和分类非常复杂。物资的综合重要性涉及很多指标，且这些指标中大部分是模糊的或是灰色的。因此，为提高分析指标的合理性及准确性，在库存管理中对救灾储备物资采用灰色聚类分析的方法较为合理。

1. 储备物资模糊评判

对于一个复杂的评定体系来说，它必然是多层次且具有良好的扩充性，难点在于如何对物资重要度和补给环节等进行层析。所以在制定评价体系的时候，要尽可能坚持客观，减少人为因素影响，采取定性指标和定量指标相结合的方针。

下面根据以上原则，再结合救灾物资分类中存在的问题，提出一套适合救灾物资储备筛选的分类方法。该方法将从物资的重要性、物资的成本、供应难易程度等多个指标进行评定，如图1所示，专业管理部门可根据实际救灾中的功能自行增减。

然后利用模糊评判方法，对各项指标权重进行专家打分后集成。模糊综合评判方法是以模糊数学为基础，对受多种因素影响的现象或事物进行总的评价，即根据所给条件对所有评判对象都赋予一个评判指标，然后择优选择。在救灾物资综合重要性评估中采用模糊综合评判方法，其优点是可以将本来模糊的、主观性很大的定性评估转变为定量评判，评判结果直观，且能满足灾害评估的精度要求。各项指标权重分配见表3。

式中，K_i 是第 i 个评价指标的权重；n 为指标个数；α_j 是二级指标的权重；h_j 是二级指标的打分值；m 为二级指标个数。

则物资打分 H 值：

$$H = \sum_{i=1}^{n} \kappa_i \cdot \left(\sum_{j=1}^{m} \alpha_j \cdot h_j \right)$$

2. 储备物资分级

模糊评判方法给每种物资进行了赋值，最高为 10 分，在此基础上还可以对物资进行进一步分级，即将物资分为"特别重要""重要""一般"三种等级，按正

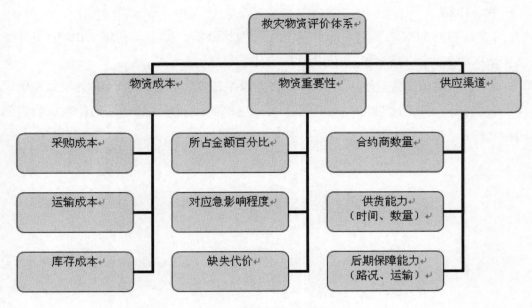

图 1　物资评价体系示意

表 3　各项指标权重分配

评价指标	权重	二级指标	权重	打分值
物资成本	0.3	采购成本	0.65	0~10
		运输成本	0.2	0~10
		库存成本	0.15	0~10
物资重要性	0.5	金额比率	0.3	0~10
		应急影响	0.45	0~10
		缺失代价	0.25	0~10
供应渠道	0.2	合约商数量	0.3	0~10
		供货能力	0.4	0~10
		后勤保障	0.3	0~10

态分布(分别占25%、50%、25%)来分类,即特别重要为7.5~10分,重要为2.5~7.5,一般为0~2.5分或平均分为关键物资、瓶颈物资、重要物资和普通物资四种等级,即7.5~10为关键物资,瓶颈物资为5.0~7.5,重要物资为2.5~5.0分,普通物资为0~2.5分。

对特别重要或关键性物资,建议在救灾物资储备库中给予储备,对于其他物资建议以对口合约的方式,由生产厂方实施代储,或依托大型仓储超市在灾害发生时提供物资援助。

六、小结

1）通过对救灾物资需求与储备能力和现状分析，提出了利用 ABC 分类方法实施救灾物资种类与资金配置优化管理方法。

2）针对物资的复杂性，在众多物资需求中根据物资重要性、物资成本及供货渠道等指标构建物资重要性优化模型，并利用模糊评判方法给出了最佳救灾物资储备种类筛选方法。

地铁新城五线防雷若干问题探讨

宋平健 王媛媛 霍沛东 北京市避雷装置安全检测中心

李金华 陈海量 北京市气象局

摘要: 2010年底，北京地铁新城五线将同时投入试运行，五条线路全部由中心城区边缘通往五个不同方位的卫星新城。针对雷电危害存在的条件与环境，本文主要对地铁新城五线中高架站、高架区间、地下站的防雷设计中的若干问题予以探讨，希望能够更有效地防止或减少雷电对地铁线（站）带来的威胁，提高地铁运营的运营安全。

关键词：地铁；新城线；防雷探讨。

一、前言

2010年底，北京地铁新城五条线路将同时建成并投入试运行，如此大规模的地铁建设在北京乃至全国都属少见，为城市建设与发展带来新的活力。2010年初北京市气象局雷电防护办公室、北京市避雷装置安全检测中心联合北京市地铁公司、地铁五线的相关设计院共同对北京地铁新城五线的防雷装置的设置、防雷装置的检测等进行了沟通、探讨、分析，并实施了对地铁新城五线的车站、区间、车辆段、停车场、变配电站及其他附属设施的相关防雷装置的许可和防雷检测工作，对城市轨道交通系统相关设施防雷装置的设置及检测做了全面的分析。

二、五条地铁线路概况

五条线路的布局全部由中心城区边缘通往五个不同方位的卫星新城或开发区，线路结构采用了高架站与高架区间、地下站与隧道区间、半地下站与过渡区间相结合的方式，各线设有车辆段、停车场、变配电站等。

（一）亦庄线

亦庄线起点位于城区东南地铁5号线的宋家庄站，向东南方向延伸穿越四环路、五环路、京津塘高速公路，终点站为京津城际铁路的亦庄火车站，全线共设14座车站，其中地下车站6座，高架车站8座。终点站之后另设车辆段1处。

（二）大兴线

大兴线起自南四环地铁4号线的公益西桥站，向南延伸穿越五环路，黄村城，终点站天宫院站后至车辆段，全线新建车站 11 座，其中高架车站 1 座，半地下车站 1 座，地下车站 9 座。

（三）房山线

房山线起点位于城区西南地铁 9 号线的郭公庄站，向西南延伸穿越永定河、良乡新城、京港澳高速公路后至车辆段。房山线共设车站 11 座，其中高架车站 10 座、半地下车站 1 座。

（四）昌平线

昌平线起点于城铁 13 号线的西二旗站，向北延伸终点为十三陵景区，一期工程为西二旗站至昌平新城的城南站。设置 7 座车站，其中 1 座地下站，5 座高架站和 1 座地面站。另设置停车场 1 处。

（五）顺义线（15 号线）

地铁 15 号线西起海淀的西苑，途经圆明园、奥林匹克森林公园、望京地区、新国际展览中心、顺义新城，至潮白河河东地区。2010 年底开通试运行从望京西站至后沙峪站长约 20 km 的一期一段区间线路，该区段设置高架车站 4 座、地下车站 5 座，设车辆段 1 个。

三、防雷若干问题的探讨

根据城市规划的总体要求，地铁新城五条线路沿途所经过的区域既有中心城区，又有新城区，更有城乡接合部，线路周边环境比较复杂。车站及区间的设置既有高架站与高架区间、半地下站与过渡区间，也有地下站及地下区间，线、站的类型呈多样化。各线与防雷事项相关的设计单位包括总体院、专项设计院数家，个别线路两家设计院分别对其所承担标段内的车站进行设计，致使对防雷装置设置的掌握存在一些差异。保障地铁运行的信号、通信、监控、供电等系统的稳定性、可靠性要求极高，其中雷电对地铁安全运营带来的威胁不可忽视。针对以上因素，结合雷电危害存在的条件与环境，高架车站、高架区间、半地下站及过渡区间受雷电威胁的概率相对较高，程度最严重，因此这些部位的防雷设计也就成为地铁线路防雷设计的重点。

（一）高架车站建筑物防雷类别

高架车站根据功能差异，建筑物长 120~150 m，宽 20~45 m，高约 20 m。根据《建筑物防雷设计规范》的方法 $N = K \cdot N_g \cdot A_e$，高架车站预计年平均雷击次数为 0.08~0.17（其中，北京地区年平均雷暴日数取 35.2 天，针对城区、旷野、土壤电阻率较小处 K 值分别取 1、2 及 1.5）。根据《建筑物防雷设计规范》的规定及《中华人民共和国消防法》第七十三条、《建筑设计防火规范》第 5.3.15 条文解释中关于人员密集场所、人员密集的公共建筑的定义，地铁高架车站建筑物应界定为第二类防雷建筑物。

从各设计院图纸看，北京地铁新城五线大多数高架站被界定为第二类防雷建筑物，少量的几座车站被界定为第三类防雷建筑物，但经市气象局防雷装置设计审核许可后已经修改为第二类防雷建筑物，符合国家有关防雷规范的要求。

（二）运行列车的直击雷防护问题

地铁新城五线的列车牵引电源通过接触轨（即第三轨）供电，不同于上海、南京等其他城市的架空接触网受电，在高架区间上运行的地铁列车实际处于线路上的最高点上且成为了最突出的物体，易遭受雷电的袭击。一旦雷电击中列车，强大的雷电流对车身、车内设施及人员、列车牵引电源带来威胁和冲击，因此列车，特别是运行中列车的直击雷防护问题是一个亟待考虑和解决的问题。虽然有些线路如亦庄线、房山线等在高架区间上设置了具有一定高度（5~6 m）并接地的灯杆，但根据区间桥梁的宽度、灯杆的高度、列车的高度等因素综合考虑，灯杆并不能有效保护运行的列车。列车的直击雷防护问题在接触轨供电的情况下应重点从列车自身方面解决，如采用适当加厚列车顶部钢板的厚度，或在列车顶部设置避雷线或避雷带等措施，可减轻雷电损坏列车的事故发生。

（三）接触轨、走行轨雷电流的泄放途径及牵引电源的保护

一旦雷电击中运行的列车时，雷电流经车体、车轮、进入轨道，但由于接触轨和走行轨均是列车供电的回路，应确保轨道对桥梁的接地或车站建筑物的接地具有良好的绝缘水平，由于轨道没有直接泄放雷电流的途径，致使雷电流要么进入牵引网馈电电源的正负极电缆，要么对附近已经接地的金属体放电。进入电缆的雷电流会造成电缆的损毁甚至危及 750 V 的直流系统。

在接触轨和走行轨上按一定的间隔（如 500 m）交错对地（包括车站的接地和桥梁的接地）安装雷电放电器件或类似功能的电涌保护器，将出现在轨道上的雷电流泄放入地，在不存在雷电流的时间内电涌保护器对地不导通，不影响馈电的正常工作，以此可以解决轨道雷电流的泄放途径不畅的问题，同时加强了对牵引电源

的保护。但目前相关标准中没有对接触轨馈电方式下确保雷电流安全泄放的措施要求。

（四）车站站台屏蔽门（或安全门）的跨接问题

为保障乘客在列车进站时安全，新城五线车站站台均设置了屏蔽门（或安全门），但带来的新问题是当雷击车站建筑物或轨道上出现雷电流时屏蔽门如何跨接才能保证站台屏蔽门附近乘客的人身安全。国家标准《地铁设计规范》《地下铁道工程施工及验收规范》《城市轨道交通技术规范》均没有提及屏蔽门如何跨接的问题，北京市地方标准《城市轨道交通工程质量验收标准　第2部分：设备安装工程》DB/T 311.2—2008 第 10.4.1 条、第 10.4.2 条规定安全门的接地方式为 TN-S，台头门、变压器中性点与轨道连接电阻值不大于 1 Ω，"安全门门体与站台土建结构采用绝缘措施"。在具体设计中，昌平线、亦庄线、大兴线等要求"站台安全门与钢轨连接"，顺义线未提及屏蔽门的跨接要求。

站台安全门与钢轨连接，当轨道上出现雷电流时，可以保证进入屏蔽门正在乘车的乘客与列车车体处于等电位状态，乘客的人身安全得到保证。但处于站台区域且触摸或靠近屏蔽门的乘客，由于身体的不同部位（脚、手或臂膀）同时接触到高低两个电位，故有可能受到接触电压或闪络放电的伤害。同样如果车站没有列车停靠而此时轨道上出现雷电流，站台上触摸屏蔽门或处于屏蔽门附近的乘客也是有很大危险的。由于站台人多，一旦发生雷电危害事件，其范围和后果也会扩大。

因此，安全门门体应如何跨接或采取什么措施才能保证雷电时乘客的安全，笔者认为在车站内的走行轨与车站主体结构之间设置启动电压较低的雷电放电器件或类似功能的电涌保护器，并与在区间轨道上设置的雷电放电器件相配合，将轨道上出现的雷电流泄放、将雷电过电压限制到保证人身安全的水平，才可保护乘客的人身安全。

（五）高架区间的防雷与接地问题

五条线路均有高架区间，其中房山线除起点郭公庄站至大葆台站外其余均为高架区间。五条线路高架区间的防雷接地存在一些差异，主要表现在：房山线、昌平线在设计时采用高架桥梁上的声屏障、灯杆、天线避雷针等的防雷接地经地极保护器与桥墩结构连接，每个桥墩的两侧各设置一支地极保护器。其他各线高架桥梁上的声屏障、灯杆、天线避雷针等的防雷接地则间隔 100 m 左右不等的距离直接与桥墩结构电气连接。

　　高架桥的防直击雷接地连接地极保护器，主要是考虑了防止高架桥轨道杂散电流直接经桥墩入地会带来的桥墩结构或附近的金属管道的腐蚀问题，但高架车站已经采用综合接地网，如果在高架区间道床上的杂散电流收集网严格按标准要求设计和施工，不使用地极保护器，杂散电流的泄漏也可以降低到允许的程度，同时还可以减少由此引起的费用。

（六）地下站综合接地网与车站结构绝缘的问题

　　按现行《地铁杂散电流腐蚀防护技术规程》，地下车站的主体结构与综合接地网应该是绝缘的，做法是在车站基础底板下设置接地网，并与结构绝缘引入站台下层的电缆夹层内，安装强电总等电位接地端子板和弱电总等电位接地端子板，供车站设备接地及等电位连接使用。然而现场检测发现，在机电设备安装时，如在结构柱或混凝土结构的墙体上大量使用膨胀螺栓来固定金属电缆槽的支架，由于金属线槽需要接地并跨接，膨胀螺栓难免不与结构钢筋相接触；另外交流机电设备并不是严格要求绝缘安装，多种因素最终导致主体结构不再与接地网之间绝缘。由于安装点很多，接地网与主体结构实际上是连通的，测量两者之间的过渡电阻值已经低至 $m\Omega$ 量级。

　　基于此种现状，如果其他措施的实施可以满足杂散电流的泄漏对地下金属管线的腐蚀问题，地下车站的结构可以直接作为综合接地网的一部分，不仅可以保证接地电阻值的要求，还可以节省敷设接地极出现的费用，同时还能简化施工工艺。

四、结束语

　　防雷安全是地铁安全运营的重要组成部分，北京地铁新城五线共有 30 座车站属于高架站或半地下站，高架区间或地面区间的长度多达 70 k m 以上，解决好高架站、半地下站及高架区间、地面区间和过渡区间的雷电灾害防护问题，才能有效防止或减少因雷电造成的人身伤亡及财产损失，保证地铁安全运营。解决这些问题，一要准确的防雷设计、严格的施工管理及运营后对防雷装置的维护，二要发挥防雷主管机构及防雷技术机构的参与与支持的作用，三要补充和完善城市轨道交通相关标准中有关防雷的技术规定，科学防雷，规范化防雷，真正做到防雷减灾，服务社会，利国利民。

未来北京综合应急管理应满足世界城市安全需求

吴正华　金磊　明发源　北京减灾协会

一、未来十年北京综合应急管理面临新挑战

进入 21 世纪以来，北京城市综合应急管理体系取得了实质性的进展，特别是为 2008 年北京奥运会和国庆 60 周年活动提供全方位高效有力的应急指挥和安全保障，收到了明显成效，受到国内外一致的高度赞扬。

在最近的未来十年，北京城市发展仍以现代国际城市为目标，并在"十二五"期间（2011—2015 年）构建现代国际城市的基本框架，这个框架也必然包括满足国际城市安全保障要求的综合应急管理体系，并为世界城市的安全保障奠定基础。

然而，如何提高特大城市突发事件和自然灾害的防范和应对能力，一直是国际社会十分关注的重大热点问题。随着城市现代化进程的突飞猛进，城市的集聚效应和辐射效应不断强化，城市既是物流、信息流和资金流的中心，同时也是综合减灾应急保障的中心。北京市正处于经济社会发展现代化的加速期、市场化的完善期、产业结构的转型期和国际化的提升期，北京城乡均已迈入社会矛盾凸显期和重大突发公共事件的高发期，呈现突发公共事件种类形态多样、风险隐患增加、灾害损失放大和国家影响重大等特点。在全球气候变化背景下，近几年全球和中国突发性极端自然灾害（冰雪、干旱、洪涝和地震等）频繁发生，更加深对北京安全保障的担忧。面对北京及其周边地区可能发生的巨灾风险，甚至全球性重大突发事件可能带来的连锁影响，北京又将如何紧急响应？必须从更高层次，在更大时空范围深入思考建设世界城市目标下的北京综合应急管理体系的长远发展问题。

二、世界城市的综合应急管理基本经验

对公认的世界城市东京和纽约的城市综合应急管理体系进行的调研后，发现以下规律。

1）城市综合应急管理体系的建立和完善发展过程，是一个伴随着世界城市经济社会不断发展提升的过程。如东京在 20 世纪 60 年代正值二战后日本经济起飞，城市大发展阶段，于 1961 年制定《灾害对策基本法》，使城市防灾体系从单灾种管理转向多灾种综合管理的防灾体系，并强调"预防—应急—恢复—重建"综合防

灾全过程管理，将防灾专业规划与国土综合开发规划统一起来。纽约在 1961 年就成立市长紧急事态控制委员会（MECB）。1967 年将 1941 年设立联邦民间防御办公室（OCD，属战时机构）改为"民间防御和灾难控制办公室"（OCDDC），不久 OCDDC 与 MECB 合并。到 1979 年在成立全美"联邦应急管理署"（FEMA）时，纽约作为其十个区域中心之一，将原有综合应急管理机构合并为"紧急事态管理办公室"（OEM）。

2）统一指挥和综合协调的专职组织机构是高效应急管理的组织保障。进入 21 世纪后，吸取"9·11"事件教训，东京于 2003 年 4 月将原东京防灾中心提升为知事直管型危机管理体系，设立局级"危机管理总监"和"综合防灾部"，统一应对多种类型危机事件，有效协调政府各职能部门分工合作；纽约在 2001 年将 OEM 提升为局级单位，由一位向市长汇报应急事态的委员长负责，其负责协调超过 150 个组织的应急事务，并统辖指挥纽约城市的医疗、消防、警察、保健等专业部门。

3）健全而系统的综合减灾应急管理法律、法规是实施综合应急管理的"尚方宝剑"。除了制定系列化的单灾种、专业性、部门性防灾减灾法规外，出台全局性、综合性的减灾应急管理法规和条例更是十分必要的。如东京 1961 年出台的《灾害对策基本法》，美国于 2002 年发布的《国土安全部（DHS）法案》等。

4）充分应用现代信息技术的科技支撑系统是实现综合应急管理科学高效和公开透明的技术保证。如位于东京都政府的办公大楼内的东京都防灾中心配备的防灾行政无线通信系统、数据通信系统和图像信息系统，纽约 OEM 的地理信息系统、监控指挥室和公共信息办公室（OPI）等。

5）多元参与主体和紧密区域合作，是调动全社会参与应急行动，整合优化应急救助资源的有效手段。如东京的综合应急管理体系包括政府职能部门以及市民、企业、非政府组织（NGO）以及各专业部门的减灾应急管理专家参与，有以社区为单位建立广泛的市民自主防灾救援组织，还有首都圈的 8 个县市地区的防灾危机管理对策会议以及它们之间应急救援体制。

在纽约有许多社会团体和志愿者加入减灾救灾活动，并组织"公民团理事会"和"社区紧急事态反应队"（CERT），OEM 还制定一项"政府—私人紧急情况计划"（PEPI），以提高私人企业应对突发事件能力，并在城市紧急事态执行中心（EOC）建立政府与私人企业沟通联络渠道。

三、提升北京综合减灾应急管理的建议

2010年1月25日，北京市政府工作报告中提出"着眼建设世界城市"后，"世界城市"一词成为新闻热点，引发人大代表和政协委员的热议，也提升了公众对实施《北京城市总体规划（2004—2020年）》中发展目标的预期。

自从1991年沙森（Saskia Sassen）提出全球城市（Global City），即在社会、经济、文化和政治层面直接影响全球事务的城市，也即为世界城市（World Cities）的概念以来，有关世界城市的定义和类型划分一直还在研究讨论中。无论世界城市的内涵或特点包含有多少内容，世界城市必然是全面而高度安全的城市，必须具备国际一流的综合应急管理能力，对各类灾变或突发事件具备国际一流的控制力和防御、救援、恢复能力。高端形态的国际城市必须具有安全保障的高端水准。没有国际一流安全保障的"世界城市"不可能真正成为具有政治、经济、文化全球影响力的城市。这正是纽约"9·11"事件、东京地铁沙林毒气事件和伦敦地铁爆炸事件等促使人们必须认真反思的重大问题。因此，借鉴纽约和东京的综合应急管理体系建设和发展过程的经验，北京在迈向世界城市目标的过程中，必须制定全面的综合应急管理发展规划，逐步建设国际一流的、满足世界城市高端安全保障需求的城市综合应急管理体系。其主要着眼点应包括以下几个方面。

1）组织独立的直接由市长负责的城市综合应急管理常设专职机构，改变多头分摊、信息分散、资源分散的安全监管状况。

2）在不断完善单项灾害预防减灾法规的同时，尽早制定北京城市综合减灾法规，体现覆盖减灾应急全过程的法制管理。

3）加大综合性安全减灾的科技支撑。尤应强化公共场所检测，超高层和地下空间的应急救援设备研制和科技投入；强化减灾资源的整合优化和各类突发事件信息的综合分析；重大突发事件的定期综合风险评估，真正实现应急管理关口"前移"。

4）加强应急信息网络建设，特别是突发事件的信息交换、集合、分析和评估的指挥工作平台建设和应急信息公开发布和透明管理网络建设。

5）突发事件风险排查预防和应急管理必须从社区基层做起，开展系列化安全减灾科普教育，广泛组建社区应急救援志愿者队伍。

6）同步进行北京与周边地区（如首都圈或环黄渤海圈）重大突发事件联防网络、应急互救、救灾物资共享的应急协作体系建设。

关于进一步完善北京减灾法制体系的思考

萧永生　北京减灾协会

摘要：在对国内外减灾法制体系进行比较的基础上，指出了当前我国减灾法制体系存在的问题，进而从北京建设世界城市的角度，探讨了进一步完善北京减灾法制体系、研究制定北京综合减灾法规的必要性和可行性。并且对这一综合减灾法规——《北京综合减灾条例》提出了初步构想。

关键词：减灾法制；立法；世界城市；综合减灾。

一、我国减灾法制体系的现状和存在的问题

我国是世界上自然灾害最为严重的国家之一，灾害种类多、频度大、分布广、损失严重。我国政府一贯高度重视减灾事业，改革开放以来，我国的灾害立法工作步伐更是进一步加快，颁布了一系列有关灾害的法律法规，如《中华人民共和国防震减灾法》《中华人民共和国防洪法》《中华人民共和国气象法》《中华人民共和国突发事件应对法》等，已初步构建起一个减灾法律和减灾管理体系的基本框架，在抗御各种灾害中发挥了积极作用。

但是，近年来的多次抗灾实践表明，我国的减灾法制建设与客观要求还有较大差距，特别是现有的减灾法律法规在应对特大灾害或复杂灾情时存在不少薄弱环节。其主要问题在于现有的减灾法律法规大多是为灾害应急而制定的，即使是《中华人民共和国突发事件应对法》，它所强调的重点也仍然是事件"突发"的应对，对灾害的全过程，特别是灾害的预防、减灾的规划、计划这些重要环节关注度不够，灾后重建缺乏全面规划；另外，现有的减灾法律法规多数是针对单一灾种的，而重大灾害往往具有灾种交错、衍生灾害频发的特点，单一灾种的减灾法律法规应对这样的"群发灾害"就显得有些先天不足。我国至今尚无一个能统御减灾系统工程全局的基本法律，这不能不说是我国灾害立法方面的一个重大缺憾。

二、发达国家的灾害立法

世界上灾害管理比较完善的国家，无不把综合性的灾害立法作为实施灾害管理的基础。这些国家一般都有应对灾害的基本法，并以此作为建立其他减灾法规的基础和指导减灾活动的纲领。如美国国会 1958 年制定了《灾害救济法》，其后在多

次补充和修改的基础上，1974 年又颁布了新《灾害救济法》，进一步加强了联邦政府的减灾职责。"9·11"事件后，美国在 2002 年出台了《国土安全法》，灾害组织管理得到进一步加强。

我国的东邻日本也形成了以《灾害对策基本法》为基础的法律体系，其中包括 1961 年整合多项单一法规制定的《灾害对策基本法》以及其后制定的《灾害救助法》《大规模地震对策特别措施法》《地震保险法》等多部法律法规。1995 年阪神大地震发生后，日本又陆续制定了《受灾者生活再建支持法》《受灾市街地复兴特别措置法》等法令。这一系列专项法律法规的出台，构建起一个较为完备的防灾减灾法制体系，在多灾的日本抗御强烈地震和台风等重大灾害中，起到了极其重要的作用。

三、北京建设世界城市面临着安全问题的严峻挑战

北京作为我国的首都，作为世界特大城市之一，人口稠密、建筑密集、经济要素高度积聚，政治、文化及国际交往活动频繁，自然灾害种类齐全。北京属温带半湿润干旱气候，气象灾害较多，如干旱、暴雨、大风、浓雾、雷击以及城市热岛效应等，年平均造成直接经济损失达 15 亿元左右；北京又属于华北地震带，近 3800 年来，北京周边发生 5 级以上地震 80 次，其中，7 级以上 6 次；部分地区的城市生命线工程相对薄弱，可能引发如停电，供水、供气干管爆裂及通信中断等。此外，一些公共聚集场所，如超市特别是地下超市，普遍存在消防及人员疏散等安全隐患。城市的高速发展又给北京的灾害带来新的特点。如：近些年北京城市不透水面积急剧增长，市中心区已超过 80%，这使城区暴雨洪水流量增大了 4 倍左右，城市渍涝风险加大；高楼林立加大了北京风灾；城市热岛强度增大，市中心气温比近郊区偏高 2℃，城市炎热高温期延长；城市规模快速扩张加重了环境污染以及地面大面积沉降和地下水资源的缺乏。

灾害损失重、影响大、次生灾害频发、处置难度大是特大城市灾害的显著特征。近年来，在全球变暖的背景下，随着城市化的快速发展，北京各类灾害及重大事故隐患还呈增长态势，各种灾害的影响程度也会随之变化，尤其是过去并不被特别重视的那些非传统型安全问题，像网络大面积瘫痪等可能造成城市生产生活的严重混乱，更应当引起我们的高度重视。

建设世界城市是北京市委、市政府去年提出的一个宏伟战略目标，这一重大战略目标无疑为首都北京未来的发展创造了一个新的历史机遇，同时，也对首都的管

理，特别是城市安全提出了更为严峻的挑战。世界灾害史表明，经济越发展，社会和财富对灾害就越为敏感，灾害可能造成的损失就越大；同时，在北京建设世界城市的过程中，随着环渤海经济带建设的加速，京津巨型城市群的出现，灾害的形式和危害也将呈现出新的特点。

四、完善北京减灾法制体系，建立健全北京城市总体防灾体系是北京世界城市建设的重要内容

国务院批复的《北京城市总体规划》指出："北京是一个重点设防的城市，必须逐步建立城市总体防灾体系，确保首都安全。"增强北京综合防灾减灾能力，保护人民生命财产安全，既是科学发展观在首都建设上的具体体现，也是北京可持续发展的基本内涵之一。

北京已经把建设世界城市作为自己的发展目标，而世界城市作为"国际城市的高端形态，是聚集世界高端企业总部和高端人才的城市，是国际活动的聚集地和对全球的政治、经济、文化等方面具有重要影响力的城市"。世界城市这样的定位，就决定了它必然应该是一个高度"安全"的城市。因为一个重大灾害事件的发生，不仅对北京，其危害和影响甚至可能波及全国乃至全世界。因此，建立健全北京城市总体防灾体系，也是北京建设世界城市的重要内容。

防灾减灾的体制、机制和法制建设是一个系统工程，法制建设是基础。近年来，北京已制定并发布了一系列单一灾种的法规（如《北京消防条例》《北京防震条例》《北京防汛法》等），在减轻灾害危害方面，发挥了重要作用。但是一方面，在单一灾种的法律法规下形成的分灾种的管理体制难以覆盖灾害应对的全过程，灾害管理职能上既有交叉、重复，同时又存在许多盲点，难以落实具体的责任部门，具体减灾行动中会出现"头痛医头，脚痛医脚"的局面。另一方面，由于没有一个能够统御全局的综合性的减灾法律法规，因而在重大灾害来临时难以有序、高效地组织、协调、调动减灾各方面力量和资源（尤其是难以规范各应急管理部门之间的联动），不利于减灾行动发挥最大效益。因此，建立和完善北京灾害应对的综合性法制体系是当务之急。

五、关于"十二五"期间进一步加强北京减灾法制体系建设的初步设想

针对北京灾害应对法制体系建设中存在的主要问题，适应北京建设世界城市的需要，"十二五"期间，建议对北京综合减灾立法开展立项研究。这个综合减灾法

规可暂定名为《北京综合减灾条例》。

作为减灾的基本法规，在其主要内容上要力求体现"综合"，与单灾种的法律法规相比，应在以下三个方面有所突破：一是在灾害管理上，要打破部门分割的单事件与单灾种管理体制，实现组织、资源、信息、队伍等的有机整合；二是在灾害的应对上，既要能涵盖各种灾害，又要涵盖灾害应对的全过程。即既包括正常态下对减灾工作的日常管理、灾害预防，又包括灾害态下灾害的预报预警、灾害发生期间的应急救援、灾后恢复重建等防灾减灾的全过程；三是要立足全局，着眼长远，借助国际上发达国家世界城市建设中的经验教训，对灾害可能出现的新形态、新特点和巨灾防范进行预研究，使该法规更好地适应北京世界城市建设中防灾减灾的新需求。

2004 年，北京市人大常委会法制办公室曾经下达过立法调研项目——《北京市防灾减灾条例》，北京减灾协会组织在京及中央单位十余位专家经一年多的研究，完成了专家建议稿（见附件），并于 2005 年通过了专家评审和人大常委会法制办的验收。可以说，《北京市防灾减灾条例》专家建议稿已经为综合减灾立法奠定了一个很好的基础。考虑到这个建议稿距今已有五年之久，这期间我国的灾害立法又有了很大的进展，立法的背景也有所变化。鉴于立法的严肃性，建议在该专家建议稿的基础上，由市政府法制办、市应急办、市人大法制办共同组织力量尽快着手制定并出台《北京综合减灾条例》。

附件：《北京市防灾减灾条例》专家建议稿

目录

第一章　总则

第二章　减灾组织机构

第三章　灾害预防

第四章　灾害监测预警

第五章　突发灾害应急救援

第六章　灾后重建

第七章　法律责任

附则

第一章 总则

第一条（立法目的）为了提高北京市综合防灾、减灾能力，防范与减轻灾害危害，保护人民的生命和财产安全，维护正常的社会秩序，根据有关法律、行政法规的规定，结合本市实际情况，制定本条例。

第二条（减灾定义）本条例所称的减灾，是指在政府领导和组织下，动员、利用社会各种力量和资源，采取防灾、抗灾、救灾措施，防范与减轻灾害危害的活动。

第三条（适用范围）本条例适用于本市行政区域内对自然灾害（水旱、地震、地质、气象灾害及森林火灾），事故灾害（安全事故、环境污染和生态破坏事故），公共卫生事件（重大传染病疫情、重大动植物疫情、食品安全和职业危害），社会安全事件（重大群体事件、重大刑事案件、涉外突发事件）和其他灾害性事故的预防预警、应急救援、灾后重建及其相关的管理工作。

第四条（立法依据）为了对灾害实行综合防治，依据《传染病防治法》《突发公共卫生事件应急条例》《保险法》《防洪法》《防震减灾法》《气象法》《消防法》《人民防空法》《矿山安全法》《安全生产法》《道路交通安全法》等法律法规，结合北京实际情况，特制定本条例。

第五条（灾害级别）按其可控性、严重程度和影响范围等因素，灾害级别分为Ⅰ级、Ⅱ级、Ⅲ级、Ⅳ级。

特别重大灾害（Ⅰ级）：是指全市范围内发生的重大灾害，且事态非常复杂，对北京市公共安全、政治稳定和社会经济秩序带来严重危害或威胁，已经或可能造成特别重大人员伤亡、特别重大财产损失或重大生态环境破坏，需要市委、市政府统一组织协调，调度首都各方面资源和力量进行处置的特别重大灾害。

重大灾害（Ⅱ级）：指本市发生的跨县区或两个以上灾种的重大灾害，且事态复杂，对一定区域内的公共安全、政治稳定和社会经济秩序造成严重危害或威胁，已经或可能造成重大人员伤亡、重大财产损失或严重生态环境破坏，需要调度多个部门、区县和相关单位力量和资源进行联合处置的重大灾害。

较大灾害（Ⅲ级）：指本市局部地区发生的小范围灾害，事态较为复杂，对一定区域内的公共安全、政治稳定和社会经济秩序造成一定危害或威胁，已经或可能造成较大人员伤亡、较大财产损失或生态环境破坏，需要调度个别部门、区县力量和资源进行处置的灾害。

一般灾害（Ⅳ级）：指发生在县（区）行政区域范围内，事态比较简单，仅对较小范围内的公共安全、政治稳定和社会经济秩序造成严重危害或威胁，已经或可能造成人员伤亡和财产损失，只需要调度个别部门或区县的力量和资源能够处置的灾害。

第六条（工作方针）减灾工作实行以人为本，预防为主、防御与救助相结合的方针。坚持分级负责、平战结合、平灾结合；依法管理、综合减灾。

第七条（计划与经费）市和区、县人民政府应当将减灾建设纳入国民经济和社会发展规划及计划，并将减灾经费列入同级财政年度预算。

第八条（灾害防治科学技术研究）市和区、县人民政府应当鼓励和支持灾害防治科学技术研究，推广先进的灾害防治技术，普及灾害防治的科学知识。

第二章　减灾组织机构

第九条（管理体制）北京市综合减灾管理分为市—区县—街道—社区四级管理。其中，市（一级）、区县（二级）和街道（三级），均设立减灾领导小组。

第十条（北京市减灾领导机构）按照"精简、统一、高效，平战结合、平灾结合"的要求，设立北京市减灾领导小组（与市突发公共事件应急总指挥部两块牌子，同一个机构），作为本市减灾工作的非常设领导机构，统一领导全市综合减灾工作。北京市减灾领导小组组长由市长兼任。（副组长按处置自然灾害、事故灾难、公共卫生和社会安全四类突发公共事件的分工，由分管市领导担任。市委、市政府秘书长、分管副秘书长、市各突发公共事件专项指挥部、市灾害管理相关部门和应急救援专业部门、北京卫戍区、武警北京总队负责人及部分减灾专家为成员。市政府秘书长作为总协调人。）北京市减灾领导小组承担和履行市政府的灾害预防、应急准备、应急处置和灾后恢复与重建职责以及法律、法规或规章规定的其他职责。

第十一条（综合减灾应急管理实体）在市和区县级分别建立综合减灾中心（与市/区县突发公共事件应急指挥中心两块牌子，同一个机构），作为日常办事机构，设在市政府办公厅。市综合减灾中心作为市和区县级政府实施综合减灾的实体单位，备有指挥场所和相应的设备设施，作为灾害发生时的指挥和调度平台。市综合减灾中心主任由市政府秘书长兼任。

第十二条（减灾备份中心）在市公安局（人防）建立减灾备份中心。当发生不可抗力事件使综合减灾中心无法正常开展工作时，减灾备份中心承担综合减灾中心的责任。

第十三条（灾种协调管理机构）市减灾领导小组下分设各灾种协调管理机构，分别设在相应职能部门，是市人民政府预防和处置灾害的专项指挥机构。

第十四条（顾问咨询机构）市减灾领导小组聘请有关专家组成市减灾专家委员会，其成员主要是综合减灾和宏观管理领域的专家以及各灾种管理专家组负责人，市减灾专家委员会为市人民政府顾问咨询机构。其主要任务是草拟年度减灾白皮书、为市人民政府提供减灾决策咨询意见。

第十五条（日常工作机构）市直属各有关职能部门是市人民政府减灾日常工作机构，（其主要任务是：编制和完善专项的、部门的和单项的灾害与突发公共事件应急预案；建立健全应对灾害与突发公共事件的应急基础数据库和信息管理系统；建立和完善定期会晤机制和演练机制。）依据工作职责，承办Ⅰ级和Ⅱ级灾害预防和专项处置工作，指导和协助市、县（区）预防和处置Ⅲ级及以下灾害；负责灾害预测、预警和应急保障工作；组织开展防灾减灾科普宣传；办理市人民政府和市减灾领导小组交办的其他事项。

第十六条（区（县）级减灾组织网络）各区（县）要相应建立健全的减灾工作体制和机制，明确责任部门，加强相应组织网络建设。

第十七条（事业单位和社会群众团体）在社区、中小型企事业单位和社会群众团体中，组建各类社区减灾志愿者队伍，不断提高社区综合减灾能力。

第十八条（突发重大灾害现场应急救援指挥部）市突发重大灾害现场应急救援指挥部是市人民政府处置突发重大灾害的现场工作机构，由市政府领导、突发灾害所在区(县)主要领导和市减灾领导小组、减灾日常工作机构、应急机构有关人员、部分减灾专家组成。市政府领导担任总指挥，负责对Ⅰ级（必要时Ⅱ级）突发灾害现场应急救援工作的统一指挥。当区(县)所辖区域内发生Ⅲ级及以下突发灾害时，区(县)也应建立突发灾害现场应急救援指挥部，作为区(县)人民政府处置突发灾害的现场工作机构。

现场应急救援指挥部的主要任务是：制定应急具体行动方案并组织实施；指挥协调现场的抢险救灾工作，组织调集抢险人员和抢险物资等，督促检查各项抢险救灾工作的落实；了解和掌握现场处置情况和事态发展情况，并及时向市委、市政府报告；确定是否需要扩大应急，增加抢险救灾的人力和装备；决定应急工作是否结束转入正常工作；负责现场新闻报道的指导、把关工作；指导善后处理等工作。市突发重大灾害现场应急救援指挥部成立后，可根据灾害的性质、特点和现场等实际情况，设立若干个工作小组，负责抢险救援、医疗救护防疫与环境保护、人员安置、治安警戒、交通管制、应急通信、社会动员、综合信息、新闻发布、应急物资与经费保障、生活保障、技术咨询、善后处置等工作。

第三章 灾害预防

第十九条 （综合减灾规划） 市（区、县）人民政府应领导并组织制定城市综合减灾规划，将灾害风险管理纳入政府发展规划和相关政策中。城市建设规划应当符合城市综合减灾的要求，新建、扩建、改建重大工程必须经综合减灾规划主管部门批准。

第二十条 （城市综合灾害风险评价体系）市（区、县）人民政府应领导并组织进行城市综合减灾管理评价，研究建立城市综合灾害风险评价指标体系和动态的城市灾害事故数据库，拟定和定期更新灾害风险分布图。重要公共设施、场所常态与备灾功能的安全性、城市综合减灾应急管理体系功能等应作为综合风险评价的重点。要开发并完善与减少灾害风险有关的多风险评估技术和成本效益分析技术，查找、分析城市防灾与备灾系统及环节中存在的危险、隐患因素及管理缺陷，提出合理可靠的安全对策措施，尽可能以较低的安全投入产生最优的安全投资效益。

第二十一条 （灾害预防和降险计划）将灾害预防和降险、综合减灾纳入城市可持续发展规划和计划中，推进资源节约型城市建设，发展循环经济，控制和减少污染排放，加强生态建设和环境保护，减轻灾害风险；特别是要在各类灾害高风险地区加强减灾工程建设，切实提高多灾、易灾地区和生态环境比较脆弱地区的抵御灾害的能力，增强城市综合抗灾、减灾能力。

第二十二条 （减灾科普宣传）市（区县）人民政府应当组织有关部门开展减灾知识的科普宣传，推动建立防御灾害的文化氛围，增强公众的减灾意识，提高公众在灾害中自救、互救的能力。

第二十三条 （防灾与安全教育）市（区县）人民政府应当在各级各类学校中组织开展防灾与安全教育，把灾害与安全避险知识列入中小学校教学计划，加强安全避险与人员疏散设施建设，提高中小学生安全避险能力。

第二十四条 （社区、家庭防灾抗灾）将社区防灾工作纳入社区建设中，增强社区的抗灾能力，加强居民的安全素质教育，使社区的每个家庭和居民都能科学地认识灾害，掌握一定的自救互救知识和基本技能。在社区各个层次上，结合各自实际，制定可操作的防灾方案，组建志愿者队伍。构建社区安全文化宣教模式及演练计划，系统地开展自护、互救的应急事件救援演习；建设一批达标的安全社区，使安全社区建设评估纳入城市文明标准之中。

第二十五条　（流动人口的安全防灾）加强流动人口的安全防灾教育，在流动人口的集中区域或场所，组织开展减灾科普培训，制定灾害应急预案，特别是应急人员疏散预案和设立必要的灾害报警装置。

第二十六条　（灾害保险）鼓励自然灾害多发地区的公众、法人单位和其他组织购买财产和人身意外伤害保险。从事高风险活动的企业应当购买财产保险，并为其员工购买人身意外伤害保险，鼓励参与灾害事故保险。鼓励公民、法人和其他组织为应对突发公共事件提供资金援助。

根据本市灾害事故特点，逐步扩展灾害保险险种，合理确定保险费率；建立对特大自然灾害进行再保险的保险机制。

第二十七条　（制定突发重大灾害应急预案）市（区县）人民政府应领导并组织制定北京市（区县）突发重大灾害应急预案。为落实综合减灾协调机制，在一系列专项应急预案的基础上，建立综合应急预案。综合应急预案应主要包括下列内容：

（一）应急机构的组成和职责；

（二）各灾种相关职能部门之间的配合、协调方案；

（三）应急通信保障和综合信息平台；

（四）抢险救援人员的组织和资金、物资；

（五）应急、救助装备；

（六）灾害评估方案；

（七）应急行动方案。

针对可能发生的突发灾害，明确其相应的主要负责部门、有关支持部门及社会、公众各自相应的职责。各区县也该相应制定综合减灾应急预案。

灾害预防与应急预案应定期更新。

第二十八条　（减灾应急救援组织（队伍））市和区县人民政府应当根据综合减灾需要，组织建立专业减灾应急救援组织（队伍）、群众减灾应急救援组织（队伍）等减灾应急救援组织（队伍）。

市综合减灾中心负责组建市综合减灾应急救援队；其他专业应急救援组织，经市人民政府批准后，由有关部门负责组建。市综合减灾应急救援队在市综合减灾中心直接指挥调度下行动，其他专业应急救援组织，在发生Ⅲ级及以下灾害时，原则上由其组建部门指挥，在发生Ⅱ级及以上灾害时，所有应急救援组织，都应接受市综合减灾中心的统一指挥调度；要加强对有关专业人员的培训，提高抢险救灾能力。

第二十九条（综合减灾紧急指挥平台与应急通信系统建设）在综合减灾中心（市突发公共事件应急指挥中心）建立利用地理信息系统（GIS）、全球定位系统（GPS）、卫星遥感系统（RS）等技术组成的综合减灾紧急指挥平台，为紧急指挥决策提供技术保证。

市减灾领导小组在整合职能部门专业通信网的基础上，建立跨部门、多手段、多路由，有线和无线相结合，微波和卫星相结合的反应快速、灵活机动、稳定可靠的应急通信系统。为确保紧急指挥通信的顺畅，要依托和利用公网，并加强紧急处置专用通信网建设，重要通信设施、线路和装备要加强管护，建立备份和紧急保障措施。

第三十条（救灾物资储备）市减灾领导小组领导并组织建立救灾物资储备制度，制定救灾物资储备规划。建立以市级救灾储备库为中心，包括大型救灾捐赠物资储备中心、城区周边区县分中心储备点（库）的覆盖全市的救灾物资仓储网络。在市综合减灾中心建立全市救灾物资储备数据库，充分利用政府各部门现有储备资源，及时调运所需物资，实现资源共享。建立政府物资储备和社会资源相结合的救灾物资储备制度。增强紧急救助条件下物资储备、调度系统的应急保障能力。

第三十一条（灾难避难场所）市减灾领导小组及区县减灾领导小组应合理规划、分步实施，逐步把有条件的学校、城区公园、体育场等建成社区灾难避难场所。

第四章　灾害监测预警

第三十二条（监测、预测、预警方案）市各灾种行政主管部门应当加强灾害监测工作，完善灾害监测基础设施，制定全市分灾种监测、预测、预警方案，并在市减灾领导小组领导下，组织实施。

第三十三条（灾害预测与报告）当国际和国内其他省份已经发生重大灾害，尚未波及本市，但对本市有可能产生重大影响或市各灾种行政主管部门发现并确认本市范围内可能引发灾害的倾向性、苗头性问题或前兆信息时，各灾种行政主管部门应依据灾害可能发生的范围和严重程度，先期采取有效的预防和防范措施，并及时向市政府和市减灾领导小组或灾害可能影响的地区（区、县）政府报告（通报）。

第三十四条（预警信号）根据灾害可能发生的范围和严重程度，市各灾种行政主管部门应制订预警信号发布办法。预警信号应与灾害的等级相一致，统一划分为Ⅰ级（红色）警报、Ⅱ级（橙色）警报、Ⅲ级（黄色）警报、Ⅳ级（蓝色）警报。

　　第三十五条　（预警发布）根据灾害与突发公共事件发生发展及变化趋势，市各灾种行政主管部门应根据工作职责和分工，提出发布预警建议，Ⅲ级警报、Ⅳ级警报信号由各灾种行政主管部门发布或宣布取消。同时抄送市政府新闻办。凡需要向社会发布特别严重（Ⅰ级）、严重（Ⅱ级）预警的信息，应经市主要领导批准，由市减灾领导小组会同市委宣传部负责组织，统一对外发布预警或宣布取消。

　　第三十六条　（预警变更）当有关事态发展证明不可能发生灾害、或灾害已经被有效地控制时，发布预警的部门应当立即宣布解除警报。市（区县）人民政府应当立即宣布终止预警期，解除已经采取的有关措施，迅速组织恢复正常的生活、生产秩序。

　　当有关事态发展表明灾害可能扩大或加重时，应当及时变更灾害预警级别，并按发布预警权限，及时对外发布。

　　第三十七条　（发布媒体）在全市重要公共设施、大型群众活动场所和灾害敏感地区，设置显示屏或广播喇叭，并通过电视、广播电台、移动通信台及时发布预警信息，有关媒体不得以任何理由拒绝或延误播发。

　　第三十八条　（信息共享与预报会商）在综合减灾中心（市突发公共事件应急指挥中心）建立全市灾害综合信息平台，实时处理、显示全市与灾害有关的各种信息；建立相关灾种（部门）间信息共享机制和相关灾种行政主管部门灾害联防制度，加强信息通报与预报会商，提高综合灾害监测预报能力。

　　第三十九条　（灾害监测预报研究）市人民政府鼓励、扶持灾害监测预报的科学技术研究，逐步提高灾害监测预报水平。

　　第四十条　（监测台网建设）加强各灾种灾害监测台网的建设，实行统一规划，一站多用，分级、分类管理，信息共享。其建设所需投资，按照事权和财权相统一的原则，由中央和地方财政共同承担。

　　第四十一条　（保护监测设施和观测环境）依法保护监测设施和观测环境，任何单位和个人不得危害监测设施和观测环境。观测环境应当按照监测设施周围不能有影响其工作效能的干扰源的要求划定保护范围。

　　新建、扩建、改建建设工程，应当避免对相关监测设施和观测环境造成危害；确实无法避免造成危害的，建设单位应当事先征得国务院相关行政主管部门或者市人民政府负责管理相关工作的部门或者机构的同意，并按照有关规定采取相应的措施后，方可建设。

本法所称监测设施，是指监测台网的监测设施、设备、仪器和其他依照国务院行政主管部门的规定设立的监测设施、设备、仪器。

第五章　 突发灾害应急救援

第四十二条 （组织动员）当有关部门发布灾害预警或本市范围内已经发生灾害后，市人民政府可以宣布已经发生灾害或所预警的区域进入防灾应急期；市和有关区县人民政府应当根据《北京市突发公共事件应急预案》，发布社会动员令，组织有关部门和社会力量，做好抢险救灾的准备或救援工作。

第四十三条 （指挥调度）发生Ⅲ级及以下灾害，由灾害发生地所在区（县）政府或区（县）减灾领导小组组织现场应急救援指挥部，统一指挥紧急处置和现场紧急救援工作，实行属地管理（含组织人员疏散和安置）。市相应的职能部门进行协助、支援。紧急处置和现场紧急救援情况应及时向市综合减灾中心和相关灾种协调管理机构报告。

发生特大、重大（Ⅰ级、Ⅱ级）灾害或重大涉外灾害、或区（县）政府应急处置仍不能控制的紧急情况时，由市委、市政府或市减灾领导小组组织现场应急救援指挥部，统一指挥紧急处置和现场紧急救援工作。市综合减灾中心同时作为应急指挥中心，按应急预案负责具体协调与组织实施。

第四十四条 （重大涉外灾害）发生重大涉外灾害时，市政府外办、市外经贸委、市旅游委、市教委等部门根据紧急处置工作的需要和职责分工，参与市突发公共事件应急总指挥部工作，并负责承办相关事项。

第四十五条 （扩大应急）当灾害已经波及到本市大部分地区，造成的危害程度已十分严重，超出北京市自身控制能力，需要国家或其他省市提供援助和支持时，应及时向党中央、国务院报告。

第四十六条 （应急措施）特、重大灾害事故发生后，为了抢险救灾并维护社会秩序，北京市人民政府可以在灾情严重地区实行下列紧急应急措施：

（一）交通管制；

（二）对食品等基本生活必需品和药品统一发放和分配；

（三）临时征用房屋、运输工具和通信设备等；

（四）需要采取的其他紧急应急措施；

（五）必要时，经国务院批准，宣布进入紧急状态。

第四十七条（单位和社区先期紧急处置）灾害发生单位和所在社区除应实时将灾情上报上级主管部门外，还应负责对灾害进行先期紧急处置，并组织群众展开自救互救。

第四十八条（应急联动）根据《北京市突发公共事件应急预案》《北京市突发公共事件应急处置分预案汇编》《北京区（县）突发公共事件应急处置预案》等处置规程，各应急联动单位、救援队伍和职能部门接到灾情信息和指挥号令后，要立即赶赴现场，在现场指挥部统一指挥下，组织实施抢险救援和紧急处置行动。现场指挥部开设前，各应急救援队伍必须坚决、迅速地实施先期处置。在抢险救援和紧急处置期间，各应急联动单位必须相互协同，密切配合，全力控制灾情态势。要防止次生、衍生灾害的连锁反应，迅速果断地控制或切断灾害链。

第四十九条（通信联络）市减灾领导小组各组成单位，要按职责分工各司其责，迅速有效地展开工作，保持与现场指挥部以及市委、市政府总值班部位的联系畅通。情况特殊时，可通过军用光缆等手段与北京卫戍区、武警北京总队等驻京军事单位达成通报联络关系；需要请部队支援抢险救灾时，由市减灾领导小组或市综合减灾中心按有关规定负责承办。

第五十条（信息报送）信息报送应当做到客观、真实、及时，不得瞒报、谎报和缓报。灾害发生地区县人民政府和有关部门在重大灾害发生后或接报后，应当在1小时内向市政府及其主管部门报告。在特别重大灾害发生后或接报后，事发地区县人民政府和有关部门应当立即向市政府及市减灾领导小组报告。区、县人民政府和市各类灾害与突发公共事件专项指挥机构的灾害信息报送系统，要与综合减灾中心实现互联互通。市综合减灾中心应将各地各部门上报的灾害，按其危害程度和影响范围等因素，及时报送市政府领导和市减灾领导小组有关领导，并向有关单位通报。对于接报的重大以上（Ⅰ级、Ⅱ级）突发灾害，在报请市主要领导批准后，应及时向国务院报告。

第五十一条（安全保卫）市（区县）人民政府应当组织公安机关和其他有关部门加强治安管理和安全保卫工作，预防和打击各种犯罪活动，维护社会秩序。

第五十二条（灾民的转移和安置）市减灾领导小组和受灾地区的区县人民政府应当组织民政和其他有关部门和单位，迅速设置避难场所和救济物资供应点，提供救济物品，妥善安排灾民生活，做好灾民的转移和安置工作。组织交通、邮电、建设和其他有关部门和单位采取措施，尽快恢复被破坏的交通、通信、供水、排水、供电、供气、输油等工程，并对次生灾害源采取紧急防护措施。

因救灾需要，临时征用的房屋、运输工具、通信设备等，事后应当及时归还；造成损坏或者无法归还的，按照国务院有关规定给予适当补偿或者作其他处理。

第五十三条　（信息发布）发生特大、重大、特殊灾害时，市政府新闻办人员要在市综合减灾中心就位和待命。需要时，市政府新闻办派员参加现场指挥部工作，会同市委宣传部负责对灾害事故现场媒体活动实施管理、协调和指导。

市减灾领导小组根据灾害影响程度和类型，组织有关责任单位、职能部门和专家拟写新闻统发稿、专家评论或灾情公告，报市领导同意后向媒体和市民发布。具体由市政府新闻办会同市委宣传部组织实施。

第五十四条　（紧急处置终结）本市灾害紧急处置工作完成后，经市领导批准，由市减灾领导小组宣布灾害紧急处置终结，（必要时发布灾害紧急处置终结公告），转入正常工作。

第五十五条　（灾害调查上报）灾害责任单位、主管部门要适时组织灾害调查。特大、重大灾害要写出紧急处置情况文字材料，向市委、市政府、市减灾领导小组报告并抄送市综合减灾中心、市相关职能部门。市各有关部门向上级部门报告灾害及处置情况，按各部门规定执行。

第五十六条　（灾害后评估）灾害紧急处置工作完成后，市综合减灾中心应组织有关减灾和宏观管理领域专家组成灾害后评估小组，就本次灾害全过程进行调研并草拟评估报告，经市减灾领导小组审定后报市委、市人民政府。

每年第一季度，市综合减灾中心应将前一年度全年灾害统计及评述报市委、市人民政府。

第六章　灾后重建

第五十七条　（灾害善后处置的组织）灾害发生后，市减灾领导小组和受灾地区区（县）政府和有关职能部门要迅速采取措施，认真组织和切实做好善后工作，救济救助灾民，恢复正常的社会秩序。要尽快消除灾害事故后果和影响，安抚灾民，保证社区稳定，尽快恢复正常秩序。

第五十八条　（恢复、重建计划）市（区县）政府、职能部门要在对受灾情况、重建能力以及可利用资源评估后，认真制定灾后重建和恢复生产、生活的计划，迅速采取各种有效的措施，突出重点，兼顾一般，进行恢复、重建。

第五十九条（救灾款物）民政部门要迅速设立灾民安置场所和救济物资供应站，做好灾民安置和救灾款物的接收、发放、使用与管理工作，确保受灾市民的基本生活保障，并做好灾民及其家属的安抚工作；及时处理和焚化遇难者尸体。

第六十条（医疗卫生）医疗卫生部门要做好灾害中伤员的救治和现场的消毒与疫情的监控工作。

第六十一条（灾情公布）由市民政局会同市综合减灾中心组织各职能部门及时调查统计灾害影响范围和受灾程度，评估、核实灾害事故所造成的损失情况以及开展减灾工作的综合情况，经市减灾领导小组审定后，向社会公布。

第六十二条（灾害事故赔偿）按照灾害事故赔偿的有关规定，确定赔偿数额等级标准，按法定程序进行赔偿。对因参与应急处置工作而伤亡的人员，要给予相应的褒奖和抚恤。

第六十三条（社会救助）建立北京市灾害救助基金，积极提倡和鼓励企事业单位、社会及个人捐助社会救济资金。红十字会、慈善基金会等公益性社会团体和组织要广泛动员和开展互助互济和经常性救灾捐赠活动。要逐步加大社会救助的比重，努力提高社会救灾资金所占比例。

全市救灾捐赠活动实行由市民政局归口管理，市民政局根据受灾情况和灾民救济需求情况，经市政府批准后，统一组织实施。

第六十四条（国际捐助）加强与国际红十字会等国际有关组织的交流与合作，积极吸纳国际非政府捐赠救助款物。

第六十五条（保险赔付）灾害发生后，保险机构应立即赶赴现场开展保险受理、赔付工作。

第七章　法律责任

第六十六条（权利和义务）一切单位和个人都有获得灾害救助的权利，都必须依法履行防灾、减灾的义务，对在减灾工作中做出突出贡献的单位和个人，由政府给予奖励。

第六十七条（报告、举报）任何单位和个人有权向人民政府及其有关部门报告灾害隐患，有权向上级人民政府及其有关部门举报灾害防治工作中的违法行为，特别是地方人民政府及其有关部门瞒报灾害，以及不履行灾害中应急处理职责，或者不按规定履行职责的情况。接到报告、举报的有关人民政府及其有关部门，应当立即组织对报告、举报的情况进行调查处理。

第六十八条 （违法责任）区县人民政府及灾种行政主管部门未依照本条例的规定履行报告职责，对灾害与突发事件隐瞒、缓报、谎报或者授意他人隐瞒、缓报、谎报的，对政府主要领导人及有关灾种行政主管部门主要负责人，依法给予降级或者撤职的行政处分；造成严重危害后果的，依法给予开除的行政处分；构成犯罪的，依法追究刑事责任。

第六十九条 （违法责任）违反本条例第二十六条、二十七条规定，破坏、侵占、毁损等防灾工程和防灾专用设施以及备用的器材、物资的，责令停止违法行为，采取补救措施.情节严重的，可以处五千元以上十万元以下的罚款；造成损坏的，依法承担民事责任；应当给予治安管理处罚的，依照治安管理处罚条例的规定处罚；构成犯罪的，依法追究刑事责任。

第七十条 （违法责任）阻碍、威胁防灾指挥机构、灾种行政主管部门工作人员依法执行职务，构成犯罪的，依法追究刑事责任；尚不构成犯罪，应当给予治安管理处罚的，依照治安管理处罚条例的规定处罚。

第七十一条 （违法责任）截留、挪用防灾、救灾资金和物资，构成犯罪的，依法追究刑事责任；尚不构成犯罪的，给予行政处分。

第七十二条 （违法责任）灾害发生后，区县人民政府及其有关部门对上级有关部门的调查不予配合，或者采取其他方式阻碍、干涉调查的，对政府主要领导人和政府部门主要负责人依法给予降级或者撤职的行政处分；构成犯罪的，依法追究刑事责任。

第七十三条 （违法责任）市（区县）各级人民政府和有关部门工作人员在灾害预测预警、调查、处置、救援工作中玩忽职守、失职、渎职的，由本级人民政府或者市人民政府有关部门责令改正、通报批评、给予警告；对主要负责人、负有责任的主管人员和其他责任人员依法给予降级、撤职的行政处分；造成严重危害后果的，依法给予开除的行政处分；构成犯罪的，依法追究刑事责任。

第七十四条 （违法责任）市（区县）各级人民政府有关部门拒不履行应急处理职责的，由同级人民政府或者上级人民政府有关部门责令改正、通报批评、给予警告；对主要负责人、负有责任的主管人员和其他责任人员依法给予降级、撤职的行政处分；造成他严重危害后果的，依法给予开除的行政处分；构成犯罪的，依法追究刑事责任。

第七十五条 （违法责任）在灾害／突发公共事件应急处理工作中，有关单位和个人未依照本条例的规定履行职责，阻碍应急处理工作人员执行职务，拒绝减灾行政主管部门或者其他有关部门指定的专业技术机构进入灾害现场，不配合应急救援的，应急救援组织不执行市和区、县人民政府或者由其授权部门指令的，对有关责任人员依法给予行政处分或者纪律处分；触犯《中华人民共和国治安管理处罚条例》，构成违反治安管理行为的，由公安机关依法予以处罚；构成犯罪的，依法追究刑事责任。

第七十六条（违法责任）在灾害发生期间，散布谣言、哄抬物价、欺骗消费者，扰乱社会秩序、市场秩序的，由公安机关或者工商行政管理部门依法给予行政处罚；构成犯罪的，依法追究刑事责任。

第七十七条（违法责任）对违反本条例规定的行为，除本条例已规定处罚的外，其他有关法律规定应当予以处罚的，由有关部门依法予以处罚；构成犯罪的，依法追究刑事责任。

第七十八条（当事人权利）当事人对有关部门根据本条例作出的具体行政行为不服的，可以依照国家有关行政复议的法律、法规或者《中华人民共和国行政诉讼法》的规定，申请行政复议或者提起行政诉讼。

当事人对具体行政行为逾期不申请行政复议，不提起行政诉讼，又不履行的，作出具体行政行为的部门可以申请人民法院强制执行，或者依法强制执行。

附　则

第七十九条　本条例自公布之日起施行。
科研项目立项单位：北京市人大法制办
科研项目承担单位：北京减灾协会
通过专家评审时间：2005 年 11 月 29 日

网格化管理在城市防汛减灾中的应用研究

王毅　刘洪伟　北京市人民政府防汛抗旱指挥部办公室

摘要：鉴于北京城市近些年极端天气多发，极端降雨增多趋势明显，而大江大河又多年未发生洪水，防洪工程未经受考验，加之，城市极端暴雨天气频发所带来的城市防洪难题，防汛压力剧增。因此，我们提出了城市防汛突发事件的网格化管理模式，并建立了防汛应急指挥平台，实现了防汛突发事件应急处置的流程化、规范化和标准化，建立了更加高效的防汛突发事件的应急处置机制。

关键词：网格化管理；防汛减灾；极端天气；突发事件。

一、问题的提出

（一）城市极端天气频发、突发事件频发

近些年，北京市防汛形势呈现出一些新的特点。汛期极端暴雨天气频繁发生，2004 年至 2010 年 7 月以来城市极端暴雨天气（小时雨量超过 70 mm 或日雨量超过 200 mm）共 35 次。暴雨造成城市道路积水，地铁车站和地下通道雨水倒灌，危旧房漏雨倒塌，山洪泥石流等多种防汛突发事件，严重影响城市安全运行。极端暴雨天气具有突发性、局地性、雨强大、历时短、预测预报难的特点，给城区防洪排水造成压力，给防汛部门的提前布控带来难度。应对城市暴雨给北京市防汛安全带来越来越严峻的挑战。

（二）城市防汛管理工作现状和挑战

为应对这些突发事件，防汛部门加强了应急管理工作，制定了多项应急措施，包括指挥体系、责任制和应急机制的建立，水雨情信息的监测、预报、预警、风险分析与灾情评估等服务系统的建立，应急抢险机动队伍的建设和各项应急预案的制定，城市防汛的各个部门之间沟通和联动得到了加强，积极性得以调动，为应对各类防汛事件奠定了基础，有效应对了极端天气，特别是在成功保障奥运和 60 年国庆的过程中发挥了重要作用。

但是在防汛突发事件的处置过程中，由于不同部门、不同领导对防汛突发事件的理解不同，对防汛突发事件的应急处置，没有可供参考的规范和标准，各部门应对防汛事件还处于一种相互独立的状态，从而间接导致了处置过程和处置结果不尽

相同。这种现状，不仅存在防汛突发事件处置效率低下的弊端，也必然存在应急处置措施不当、效果不佳等风险，甚至可能因处置措施不当而造成严重的后果，对北京市防汛应急工作不利。

因此，北京市防汛部门提出了城市防汛突发事件的网格化管理模式，建立了防汛应急指挥平台，制定规范的处置流程，实现防汛突发事件应急处置的流程化、规范化和标准化，降低决策风险，提高防汛应急效率，显得愈来愈重要。

二、城市防汛突发事件网格化管理的基本内涵

（一）网格化管理的基本思路和目的

网格化管理的基本思路就是按照防汛突发事件发生地点划分网格，网格内确定防汛管理关联部件，实现网格内的防汛信息联动，再造防汛应急突发事件处理流程。因此网格化管理的主要节点是划分网格、明确管理部件、实现信息联动、再造处理流程。

实现防汛业务网格化管理的目的就是建立以防汛突发事件应急响应和防汛业务并重的网格化管理模式，确定以责任制、预案和技术分析定位为主要的、由以技术服务为重点变为以行政服务为重点的管理模式，以防汛突发事件为驱动机制，实现防汛业务的精细化管理。

（二）网格化管理的基本要素

1. 事件

事件，即具有基本属性的防汛突发事件。事件的基本属性主要包括事件类型、发生地点、事件等级、监视方式、触发条件等。当一件防汛突发事件发生时，作为防汛指挥部门，首先需要明确事件的基本属性，然后根据事件的基本属性，即可寻找到需要对该事件进行反应行动的部门、人物以及物资等，因此，事件是防汛应急管理的起点。针对北京市的防汛特点，将北京市可能发生的防汛突发事件共分为六大类，即暴雨事件、河道洪水事件、城区积滞水事件、危旧房事件，山区泥石流事件和水利工程出险事件等。

2. 部件

部件是处置防汛突发事件过程中所有涉及的部门、人物、工程、物资等的统称。北京城市防洪涉及的部件主要有河流、水库、水闸、堤防、泵站、蓄滞洪区、抢险

队、防汛单位、河道站、水库站、闸坝站、雨量站、积滞水监测点等。

3. 网格

网格是指分析和处置防汛突发事件的基本地理范围。根据网格的用途，可以分为分析网格和处置网格两类。分析网格主要是用于分析事件的起因和发展态势，它是事件动因的包络范围。处置网格则主要用于明确事件的责任单位以实现事件的精细化管理，它是事件涉及部件的包络范围。

（三）网格划分的基本原则

网格的划分按照其目的可以分为分析网格和处置网格。前者可以作为水利要素分析的目标域，后者主要用于责任制落实、预案执行以及突发事件处置的基本单元。

分析网格划分可采用泰森多边形网格、子流域网格两种分析网格。其中，泰森多边形网格，主要是用于暴雨事件分析，子流域网格主要是用于洪水事件分析。

以北京市 150 个雨量站为中心划分的泰森多边形，如图 1 所示。

以北京市现有的主要河道站、闸坝站、水库站位出口，根据 DEM，对山区范

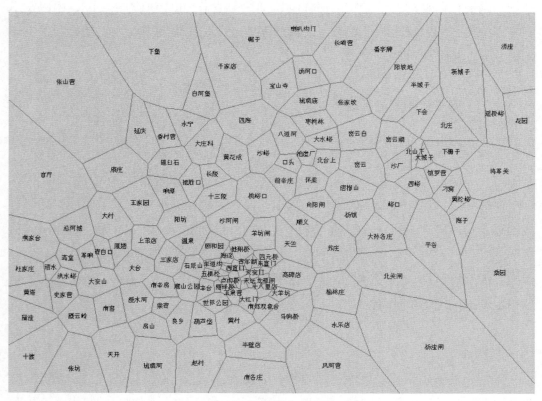

图 1　泰森多边形网格

围提取子流域。以河道站为出口控制的子流域 13 个，以闸坝站为出口控制的子流域 5 个，以水库站为出口控制的子流域 17 个，共计 35 个子流域。

处置网格是在分析网格的基础上，扩充至事件相关部件的空间包络范围，即，首先以分析网格为基础，通过空间关系确定事件相关的部件，同时，根据业务关系和经验，对空间关系确定的事件相关部件进行修正。事件的处置网格，则以通过空间关系、业务关系以及专家经验等方式确定的全部关联部件的包络范围。

（四）网格内部件要素的关联关系

根据事件监测的方式把事件分为两大类。

第一类事件，自动监测事件，即通过雨量站、水文站、积水监测点等雨水情监测站点监测到的暴雨、洪水、积水事件。对这类事件，事件地点是固定的，监测站点位置即可视为事件发生的地点。因此，对这类事件，可以预先通过对防汛调度业务关系、防汛事件的特征、专家经验等综合分析，对每一个可监测的防汛突发事件，根据事件原因和影响，分析事件网格范围，确定事件涉及的部件，形成事件—网格—部件关联关系库，从而为防汛事件快速定位、分析、处置提供支持。

第二类事件，也就是非自动监测的事件，主要是指危旧房、山区泥石流、水利工程出险等事件，对这类事件，只能通过工作人员巡查或群众热线等方式上报到指挥调度中心，再由中心值班人员人工输入本系统。这类事件发生地点是随机的，不能预先建立其事件—网格—部件关联关系。可采用动态网格和部件分析的方法，根据事件实际发生地点，动态划分网格，并在网格范围内通过空间分析寻找可能涉及的部件。

另外，还有一类非自动监测事件，即现有的雨量站、水文站、积水监测点没有监测到的暴雨、洪水、积水事件等。这类事件也是由人工上报的方式进入系统。但是，这类事件的关联关系，参考第一类自动监测事件，即根据上报的暴雨、洪水、积水事件发生位置，自动适应其所在的第一类自动监测事件的网格。

三、网格化管理的事件分析及案例

事件分析要根据实时水雨情信息或者实时上报信息（如下级部门或者群众电话、网络等方式上报的信息），生成事件信息流，进入系统，成为事件分析、处置的事件源。

（一）事件生成

系统中的防汛突发事件，采用自动触发和人工上报两种方式生成事件，并产生事件信息流。

1. 自动触发的条件

对暴雨、城区积滞水、河道洪水事件等三类突发事件，设定事件自动触发条件。根据雨量站、积水监测点、水文站等监测的实时雨水情数据，当实时雨水情数据满足自动触发条件时，系统将自动触发相应的事件，如表 1 所示。

表 1　事件自动触发条件表

事件类型		自动触发条件	备注
暴雨事件		$P_{0.5}>40$ mm, 或 $P_1>70$ mm, 或 $P_{24}>200$ mm	$P_{0.5},P_1,P_{24}$ 分别为 0.5 h、1 h、24 h 降雨量
积水事件		$H>20$ cm	H 为积水深度
洪水事件	河道洪水	$Q>Q_m$	Q_m 为河道警戒流量
	水库洪水	$L>L_M$	L_M 为水库汛限水位

2. 人工上报事件

将上报的事件，如危旧房事件、防洪工程出险事件、泥石流事件以及其他事件等，录入事件库。事件相关信息分为两种类型，一种是空间信息，另一种是属性信息。前者的设定需要通过 WEBGIS 的前端功能交互式录入，采用 ARCGIS Server 的相关接口实现；后者直接通过数据库接口插入相关的库表中即可。

（二）事件信息流的提取

根据生成事件的条件，形成事件信息流。事件信息流应包括事件的类型、触发标准、实时数据、网格坐标、关联部件等信息。因此，需要分析并确定事件信息流生成方法，当系统自动触发事件后，能自动分析识别事件的类型、该事件触发的标准，触发该事件的雨水情数据以及该事件的网格位置、关联部件的信息，并将这些信息形成结构化数据，存入数据库。事件信息流将作为事件分析、处置的基本依据。

（三）网格化管理的事件处置流程

以事件驱动和网格化管理为核心内容，通过对防汛事件、网格、部件及其关联关系的分析和整理，提供规范的处置流程，主要包括洪水分析、影响分析、调度建议、抢险建议、命令生成、快报生成等，每一步流程，系统提供自动生成的模板和计算结果，供用户即时参考。

四、结束语

城市防汛突发事件的处置以网格化管理为基本模式，建立了北京市防汛应急指挥平台，为防汛值班提供处置防汛突发事件的标准流程和模板，实现防汛突发事件的自动应急处置，实现抢险人员、物资的高效准确调度，并对事件可能产生的影响和后果进行分析，极大地提高应对防汛突发事件的决策、指挥能力。网格化管理具有以下的特点。

（一）网格化的部件关联

以往的信息和决策支持系统，一般都能查询到所有的水雨工情、防汛单位等信息，但很难找到所有信息之间的相关关系。当防汛工作需要处理应急事件时，用户不得不在不同的功能组件中一一查询相关的信息，造成工作的不便。通过网格化的管理实现了网格内所有部件的相互关联。这样，当某个事件发生时，系统能够定位到事件所发生的网格，能够给出与此事件相关的各类部件及其信息，从而缩小事件分析范围，明确事件相关的防汛部件和责任单位。

网格化管理利用数据库，录入了暴雨、积水、洪水、泥石流、危旧房、水利工程出险等六大类防汛突发事件的事件触发条件、网格、部件以及"事件—网格—部件"关联关系等丰富的数据，为实现事件驱动的防汛突发事件网格化管理，提供了有力的数据支持。通过网格化的部件关联，平台对事件的管理更为精细，提高了对防汛应急事件的处置效率。

（二）事件驱动的运行控制

网格化管理的运行控制不再使用传统用户交互驱动的方式，而是以防汛应急事件为主线自动进行处置计算。即根据监测数据自动判断是否产生事件，如果产生事件，则以此事件所包含的基本信息决定处置的过程，根据不同的需要依次调用不同的事件处理单元。

在这种结构中，网格化管理将不再简单响应使用者的请求，而可以根据防汛应急事件发生的类型和量级，主动地为使用者的事件处理提供流程和结果；也不再是简单地提供实时和基础信息，而是可以智能地参与决策过程。

（三）标准化的处置流程和结果

网格化管理对现有防汛突发事件进行分类，并针对各防汛突发事件的特点，制定出标准化的处置流程。对每一类事件的每一步处置流程，定义了规范化输入条件，规定了分析计算的方法，制定了一系列的处置结果模板，从而形成标准化的处置结果。通过防汛突发事件应急处置的流程化、规范化和标准化，降低了防汛应急部门处置防汛突发事件的决策风险，提高防汛应急效率。

2009 年主汛期应加大明显渍涝灾害风险管理力度

吴正华　北京减灾协会

入夏以来，北京的天气基本正常。6 月降水量与气候平均值相当，没有明显旱、涝现象。只是平均气温比常年偏高，特别是日最高气温超过 35 ℃的天数有 11 天之多，大大超过气候平均值，但这在气候变暖和城市热岛效应增强的背景下，应属人们意料之中的现象。现在人们更为关心未来的 7 月、8 月正值北京主汛期，旱涝趋势将会如何发展？市气象局长期预测的结论是，7 月至 8 月总降水量接近正常，为 320~380 mm（多年平均值为 355 mm），即与多年平均月降水量相比，7 月略偏少（160~200 mm），8 月略偏多（160~180 mm）。应如何解读此旱涝预测报告，并采取相应的行动对策？我们结合以往的研究成果及近期东亚地区大气和海洋变化的一些征兆，谈几点看法。

1）分析北京长达百年的逐日降水量资料，发现夏季（6 月至 8 月）总降水量可分为非暴雨等级（小雨、中雨、大雨）降水和暴雨等级降水两部分，其中非暴雨等级降水量的年际变化不明显，近似为常数（223 mm）；而暴雨等级降水量与夏季降水总量变化密切相关，即 6 月至 8 月的暴雨过程的日数和暴雨强度是决定夏季旱涝的主要因子。按这个观点，市气象局预测的 2009 年 6 月至 8 月降水总量为 370~450 mm（6 月为 50~70 mm，7 月至 8 月为 320~380 mm），其中，在扣除非暴雨的降水量之后，有 150~230 mm 降水量是暴雨天气所致。如果预测正确，应理解为 7 月至 8 月还有 100~180 mm（6 月 8 日已出现一次暴雨等级降水）是暴雨等级降水，即还有 2~3 场暴雨天气过程。

2）对北京历史上的旱涝，清朝康熙皇帝于 1713（癸巳年），在总结 1473 年（癸巳年）以来京城洪涝规律时，提出"壬辰、癸巳年应多大水"的观点。我们查证 1712 年至 1953 年中 5 次"壬辰年和癸巳年"的旱涝情景，发现在壬辰、癸巳年及其前 3 年中出现降水量正常或洪涝灾害的占 22/25，出现旱灾的只有 3 年。因此，从统计学上讲，康熙的观点有一定合理性。2012 年和 2013 年将是又一个"壬辰、癸巳年"，依统计查证后的康熙的观点，北京在 2009 年到 2013 年应为丰水期，"应多大水"，这或许可以作为加强防洪工作的参考依据。

3）在旱涝气候变化中，海洋和大气的相互作用是一个重要角色，其中最引人注目的是所谓"厄尔尼诺"和"拉尼娜"事件。监测和预报资料表明，从 2007 年到 2009 年 3 月东太平洋赤道地区的海面温度（SST），在经历了近 2 年冷水期（或弱"拉尼娜"事件）之后，从 2009 年 6 月开始转为暖水期，并将可能形成一次中等强度的"厄尔尼诺"事件（见美国气候预报中心和澳大利亚气象局的报告），而且可能持续到 2010 年春季之后。严格来讲，我们无法确切地回答在"厄尔尼诺年"或"拉尼娜年"，北京是旱还是涝的问题。但是，鉴于我国气象界有"拉尼娜事件年北方多雨"的共识、去冬今春的东太平洋赤道地区冷水事件（或弱"拉尼娜"事件）对东亚大气环流的滞后影响还未消失以及（SST）由弱冷水期很快转向较明显的暖水期的异常表现，我们仍须充分关注 7 月至 8 月份可能致使北京降水偏涝的大气环流变化。

4）到 7 月上旬，我国的主要雨带已有一些异常表现，主要是江南地区降水偏多，华南地区洪涝一直持续到 7 月 6 日；长江中、下游的梅雨期不明显，不仅入梅晚，而且未出现长时间持续降雨的"霉雨天"；尽管 7 月 10 日至 13 日淮河流域会有明显降水，但随着 16 日以后西太平洋副热带高压脊线北抬到北纬 30° 以北，雨带将随之出现在黄淮流域和华北地区。随着北京七下八上的主汛期如期而至，东亚大气环流的每天变化可能将会促使我们更多关注北京的"防涝"和"排渍"问题。

根据以上对历史资料的分析、对市气象局预测结果的解读以及近期大气环流变化的简要分析，我们认为，在今年汛期剩下的时间里，北京虽然不会出现大旱或大涝的极端情景，但出现局部地区短历时强降水是很难避免的。特别是"七下八上"主汛期发生较明显渍涝灾害风险的可能性比前几年要大得多。必须进一步加强山区暴雨引发地质灾害和城区渍涝灾害的应急管理力度。

气候变化对北京市水资源可持续发展的影响及对策

吴春艳 轩春怡 刘中丽 北京市气候中心

摘要：北京是严重缺水的大城市，目前人均拥有量 300 m^3 左右，为世界平均值的 4%，中国全国平均值的 16%。随着城市的发展，水资源的严重不足已成为影响北京市可持续发展的障碍因素。本文分析了北京地区水资源的特点、利用现状及存在的问题，包括地表水及地下水资源的开发利用以及北京水资源开发利用方面存在的问题；并重点分析了近 50 年来的气候变化对水资源的影响，进行了未来 50 年水资源需求量的预测和水资源可供量的预测，并对未来 50 年水资源的供需进行了评估分析。最后本文在以上分析的基础上，从气象角度提出了防止水资源紧缺的对策，以实现水资源的可持续发展与利用。

关键词：北京；水资源；气候变化；可持续发展；对策。

水是生命之源。它的重要性不言而喻，尤其对于北京这样一座缺水严重的大城市来说，水越来越成为影响北京市可持续发展的障碍因素之一。而水资源的多少主要受气候条件的影响。尤其是 20 世纪 70 年代以来气候发生了比较明显的变化，本文根据历史气候资料探讨了气候变化对北京市水资源可持续发展产生的影响，并针对这种影响，根据目前的水资源现状，提出了对策和建议。

一、北京市水资源的特点及现状

（一）北京市的地理地貌及气候概况

北京位于华北大平原的西北隅，115°25′E ～ 117°30′E、39°28′N ～ 41°05′N，总面积约为 $1.68×10^{10}$ m^2。北京地处山地与平原的过渡带，山地约占 62%，平原约占 38%。东北、北、西三面群山耸立，东南部是平缓的向东南部倾斜的平原，形成一个背山面海的特殊地形，俗称"北京湾"。

北京气候属于暖温带半湿润半干旱季风气候。春季气温回升快，日较差大；夏季炎热多雨；秋季冷暖适宜，晴朗少雨；冬季寒冷干燥。由于雨热同季，适宜多种农作物生长，气候资源较丰富。但因地处冷暖空气交汇地带，年降水变化率大，主要气象灾害有干旱、暴雨、大风、冰雹、寒潮等。

（二）北京市水资源特点

水资源指人们可以支配使用的水，包括土壤水、境内自产水、实际开采的地下水的总合，并不包括自然降水被农作物所利用的部分、蒸发和渗漏所失去的部分。北京市水资源的主要特点表现在以下几个方面。

1. 水资源总量少

降水是北京市水资源的主要补水来源。常年（1956—2002 年）降水量为 594.4 mm，折合成降水资源量为 99.86 亿 m^3，其中 60% ~ 70% 蒸发散失，只有少部分成为径流和入渗地下。而同期北京平均水资源总量为 37.39 亿 m^3，最多年份为 1956 年的 96.53 亿 m^3，最少年份为 2002 年的 16.11 亿 m^3。目前北京市全年总需水量为 46 亿 m^3，远远超过多年平均的可供水量。所以，在总量上北京的自然降水量是不足的，处于供水紧缺状态。可见，北京的水资源供需矛盾非常突出。

2. 人均水资源量少

目前北京人均水资源占有量不足 300 m^3，远远低于国际公认的人均占有水资源量 1000 m^3 的下限，属重度缺水地区，比号称世界贫水国的以色列（人均 380 m^3）还少，在世界 120 多个国家首都中北京居于 100 位之后。为全国人均占有量的 1/8，世界占有量的 1/30。水资源的严重不足已经成为影响北京市可持续发展的重要制约因素。

3. 水资源量年际变化大

北京降水年际间变率大，年际间水资源变化极不稳定，丰水年和枯水年交替出现与连续发生的概率各为三分之一，连续出现的时间平均 2 ~ 3 年，根据史志记载，连续枯水年最长达 9 年。近 50 年来，最长连续枯年也在 5 年以上（1940—1945 年、1980—1984 年、1999—2004 年）。干旱出现的频率显示了北京水资源的极度匮乏（见表 1）。从 1841 年有观测资料以来，北京市最大降水资源量（1959 年）为 236.2 亿 m^3，最少年（1869 年）为 40.7 亿 m^3，两者相差近 6 倍，而且往往相邻两年降水总量相差显著。

北京地区的干旱总是和洪涝相互交替出现，有的年份久旱之后出现洪涝，如 1994 年为先旱后涝年。有的年份在大旱之时突发局地洪涝，引发泥石流灾害，如 1972 年和 1989 年。

表 1 北京地区 1271—2000 年历代干旱灾害出现年数（年）及其频率（%）

朝代	元代		明代		清代		民国		新中国成立后		合计	
年代	1271—1368 年		1368—1644 年		1644—1911 年		1912—1948 年		1949—2000 年			
年数	98 年		276 年		268 年		37 年		52 年			
项目	年数	频率	年数	频率	年数	频率	年数	频率	年数	频率	年数	频率
干旱	20	20	155	56	163	61	18	49	30	58	386	53
大旱	8	8	77	28	49	18	3	8	12	23	149	20

（三）北京市水资源利用现状

1. 水资源供需矛盾突出

北京水资源人均占有量很少。在 20 世纪 50 年代至 60 年代，北京水资源供需没有多大矛盾，70 年代以后，缺水成为北京市面临的严重问题之一。目前，水资源矛盾十分突出，近几年每年缺水均在 4 亿 m^3 左右。根据《21 世纪初期首都水资源可持续利用规划总报告》，预测 2010 年北京市需水量将达到 53.95 亿 m^3，其中工业用水 13.49 亿 m^3，城市生活用水 13.35 亿 m^3，农业用水 21.91 亿 m^3，河湖环境补充水 3.20 亿 m^3，损失量约为 2 亿 m^3。与多年平均可供水量相比，到 2010 年北京市将缺水 12.62 亿 m^3。

2. 地下水超采严重

北京市 1981—1989 年地下水平均补给量为 37.80 亿 m^3/ 年，地下水可开采量约为 24.5 亿 m^3/ 年。

在 20 世纪 50 年代至 60 年代，地下水资源开采是少量的，自 20 世纪 70 年代以后，地下水资源开采量逐年剧增，成为北京市主要水源之一。据计算，1961—1995 年的 35 年间，全市平原区地下水累积亏损量已达到 39.56 亿 m^3，平均每年亏损 1.13 亿 m^3，其中 20 世纪 70 年代亏损最多，达到 21.25 亿 m^3。由于地下水超采，北京地下水位正以每年 1.29 m 的速度下降。尽管目前亏损量有所减少，地下水位有所上升，但仍处于超采状态。

地下水的超采会形成漏斗区，到目前为止，已经形成以朝阳区为中心，西到石景山，东至顺义、南至南苑、北到昌平山前约 1.6 m×109 m^2 的漏斗区，引起地面沉降。城区的东部和东北部，八里庄至大郊亭一带，沉降幅度最大，沉降点最大累积幅度达 850 mm。

3. 水污染严重

水资源开发利用过程中，水质是重要的指标之一。而北京的水污染状况比较严重。2003 年城近郊区平均日排放污水量 2.1767×10^6 t，其中平均日排放生活污水量 1.4657×10^6 t，占 67.3%；工业废水 6.742×10^5 t，占 31.0%；冷却水 3.68×10^4 t，占 1.7%。

2003 年监测有水河流 69 条段、1.838×10^9 m^2，符合相应功能水质标准要求的有 17 条河段，其长度占实测河流长度的 42.2%；其余河段均受到不同程度的污染。二类、三类、四类、五类水体中，超标河段长度分别占到相应功能河段长度的 19.6%、54.7%、89.0% 和 100%。监测水库 17 座，其中 10 座水库水质达标，达标库容占实测总库容的 67.2%，其中主要地表饮用水源密云水库、怀柔水库水质符合二类水体水质标准要求。与 2002 年相比，官厅水库部分指标有所恶化，现状水质仍为四类，不符合饮用水源水质要求。监测湖泊 19 个，水质达标的 3 个，达标湖泊容量占实测总容量的 48.4%。

二、气候变化对水资源可持续发展的影响

（一）北京气候变化特点

北京的气候变化与全球气候变化趋势相似，气温在波动中上升，尤其冬季气温呈现明显增暖趋势，而降水则明显减少。这种既暖又干的气候特点，加剧了北京水资源的危机。

1. 气温变化趋势

自 1841 年北京观象台就有气温资料，但中间有中断，从 1870 开始有完整的资料，所以采用 1871—2004 年共 134 年的资料进行分析。北京地区年平均气温常年为 11.9 ℃。图 1 为北京地区年平均气温距平及其 11 年滑动平均演变图，由图 1 可见以下特点。

1）在 20 世纪 20 年代前处于冷期，1871—1920 年气持续偏低；1920 年后气温呈冷、暖交替的波动变化，但总体上是增温趋势。

2）进一步分析 1920 年以来的变化情况可分为 2 个偏暖期和 1 个偏冷期。即：1920—1949 年、1981—2004 年为偏暖期，1950—1980 年为偏冷期。

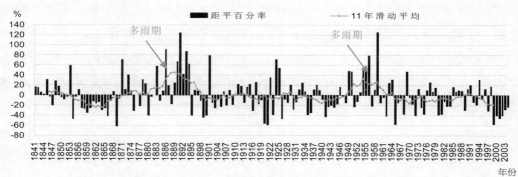

图 1　北京地区年平均气温距平及其 11 年滑动平均演变图

3）值得注意的是，自 20 世纪 70 年代以来一直呈增温趋势，其变幅达 1.8℃之高，平均每 10 年增温 0.6 ℃，20 世纪 90 年代平均气温高达 13.0 ℃，比常年高 1.1 ℃。这与中科院程隆勋等人在《中国近 45 年来气候变化的研究》中提到的"华北近年来增温趋势非常明显"是一致的，这说明北京气候变化受整个大尺度气候背景场的影响。

2. 降水变化趋势

降水资料是利用北京观象台 1841—2004 年共 164 年的完整资料。图 2 为北京地区年降水量距平百分率及其 11 年滑动平均演变图，由图 2 可得出以下结论。

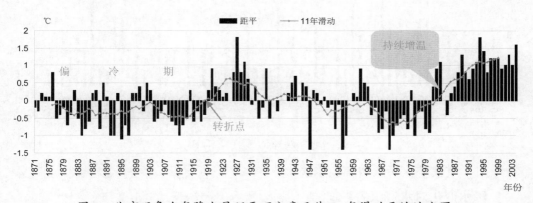

图 2　北京观象台年降水量距平百分率及其 11 年滑动平均演变图

1）164 年中北京地区有两个多雨时段，一段是 19 世纪 80 年代中期至 90 年代中期，其平均降水距平百分率为 39.6%；另外一段是 20 世纪 50 年代，平均降水距平百分率是 32.9%；三个少雨期是 19 世纪 50 年代中期至 60 年代中期、20 世纪 40 年代、20 世纪 70 年代至今，距平百分率分别为 −21.3%、−15.3%、−11.2%。

2）20世纪50年代以来降水量呈减少趋势，1961年以后距平百分率基本均为负值，即降水量少于常年，1980—1984年出现了连续干旱。

3）1991—2004年的14年间降水虽说是丰枯交替，但是偏少年份占三分之二，尤其是1999—2004年连续大旱，平均降水量仅为常年的6成，这是水库水量急剧减少、地下水位迅速下降的重要原因。

3. 暴雨日数的变化

北京地区的暴雨量在年降水量中占有显著地位，暴雨产生的径流，是水库蓄水的主要来源，所以暴雨日数的多寡直接影响到年降水量的丰枯与水库来水量的多少。

利用有长时间序列资料的观象台的暴雨日数进行分析发现（见图3），20世纪80年代以来，虽然一些多雨的年份（如1994年、1996年、1998年）其暴雨日数较常年偏多，但总体上是偏少的，有一多半的年份少于常年平均值，且很多年份不足常年的一半。尤其是连续干旱的1999—2004年，观象台只有2000年、2004年出现了一次降水，其他年份均未出现。

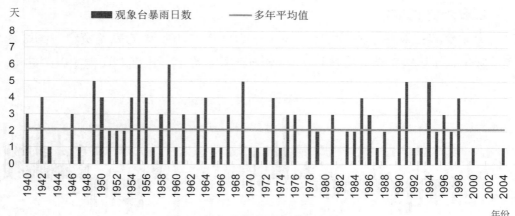

图3 北京观象台多年暴雨日数

（二）气候变化对水资源的影响

1. 降水变化对水资源的影响

北京的水资源总量主要来源于天然降水形成的水资源量和上游入境水量。降水变化对水资源总量的影响至关重要。从图4可以看出，两者基本呈正比关系，通过对其进行相关分析，发现相关系数达到0.91，通过了0.001水平的检验，说明北京的水资源总量直接受降水量的制约，随着降水的多寡而变化。尤其1999年以来北京进入连续干旱年，水资源总量也一直处于下降的趋势。

2. 气温变化对水资源的影响

气温对水资源的影响不像降水那么直接，但间接地对水资源造成影响，从图5可以看出，气温与水资源总量基本呈反比的关系，相关系数达到 −0.29，通过了0.05水平的相关检验。气候变暖，温度升高增加了蒸发和蒸散量，降水变少，这种既暖又干的气候加剧了北京的水资源短缺状态。北京地区年平均水面蒸发量为1800~2000 mm，约为降水的3倍，最大值出现在5月，其值大于290 mm，是该月降水量的8倍多。而且气温越高，蒸发量越大。5月份日照充足，降水少，气温迅速升高，所以北京往往春旱严重，又逢各种农作物生长，需水量大，水源紧张。据试验观测：北京每年农田蒸散水量，大田作物630 mm，菜地1200 mm左右，除7至8月份降水量能基本满足农田蒸散量消耗外，其余月份蒸散量都高于降水量，水量入不敷出，干旱发生，相应地使农业灌溉用水增加。如1997年全市降水量430.9 mm，农业耗水量占全市耗水量的56.3%，比1996年（降水量700.9 mm）增加了7.13亿 m³。因此，今后随着气候变暖，降水量的减少，暖而干的气候变化背景下，水资源供需矛盾将越来越突出。

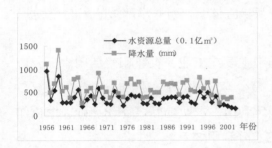

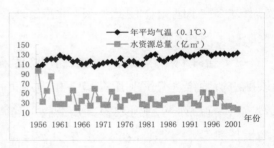

图4　北京水资源总量与降水量的关系图　　图5　北京水资源总量与年平均气温的关系图

（五）人类活动对水资源的影响

近年来，大量观测和事实以及研究表明，人类活动正在影响着气候的变化，同时也改变着水资源供应系统。人类活动带来的影响，在大城市尤为明显。

1. 人口越来越多，城市出现热岛效应

北京市人口由新中国成立初的400多万人增加到2002年的1423万人，而且还在继续增加，而且大部分人口集中在城区和近郊区，城市规模过大，造成了水资源消耗增长过快，供水出现不足。

由于城区人口不断增加，城区下垫面的改变、生活和生产活动产生巨大人为热

场，影响着城市气候，使城区和郊区的气候差异加大，出现"热岛"现象，夏季城区气温明显高于郊区，使城市生活用水急剧增加。20 世纪 50 年代生活用水不到 1 亿 m^3，2002 年增长到 10.83 亿 m^3，增长了 10 倍多，加剧了水资源供应紧张的状况。

2. 水环境污染

随着社会和经济的发展，各种污水排放量越来越大，而由于北京市污水排放设施和污水处理厂不能满足城市发展的需要，导致水环境出现严重的污染。据历史资料，北京市地下水在 20 世纪 50 年代，除南城区水质较差外，其他地区水质良好，各项指标均符合饮用水标准。

3. 对策及建议

根据《21 世纪初期首都水资源可持续利用规划总报告》的预测，到 2010 年北京市需水量将达到 53.95 亿 m^3，与多年平均可供水量相比，北京市 2010 年将缺水 12.62 亿 m^3，而且最近几年北京的水资源量是处于较低的值，尤其 2002 年水资源总量才 16.11 亿 m^3。由此看来，北京的水资源状况将面临着非常严峻的局面，为此，提出如下对策和建议。

1）合理利用水资源。北京的水资源利用主要在工业、农业和生活用水上，应该把水资源合理分配利用在最需要的方面。减少不必要的水资源支出。

2）提高水分利用效率。如工业水的循环利用、农业上面培育新品种、根据作物生长提供水分等、商业（洗车）等行业的水分利用效率。

3）增强节水意识，从人人做起，从点滴做起。发展节水型农业，采取喷灌、滴灌和暗灌等措施，使用地膜覆盖减少水分蒸发，加强对农作物节水新品种和节水措施的研究。发展节水型工业，采用新工艺、新技术，提高水的利用率。鼓励节水型生活器具的研究和使用，如节水马桶、节水水龙头等。采取提高水价等措施强制增强人们的节水意识，加强水资源短缺的宣传。

4）加强污水处理能力。北京市提出了"绿色奥运、人文奥运、科技奥运"三大主题，并且按照"绿色奥运"理念，制定了《北京市"十五"时期环境保护计划》，目标是到 2008 年，市区环境指标达到发达国家大城市水平，城市环境质量满足举办奥运会的要求，其中北京污水处理率将由目前的 2% 提高到 90%。为实现以上目标，北京将投资 120 亿元，开工建设 9 座污水处理厂和 8 座再生水处理设施。届时，北京市规划范围内将有 15 座污水处理厂，污水管线也将达到 $4.0 \times 109 \, m^2$，北京将逐步实现《奥运行动规划》中污水零排放任务。

5）加强水资源问题的研究，开展水资源预测研究，为合理调度使用水资源提供依据。鉴于北京雨季集中的特点，应采取有效措施如利用水利设施等，减少径流，尽量让更多的水蓄留在当地。

6）保护生态环境，提高绿化率，尽量不增加或减少城区人口，减轻城市热岛效应，使气候变化向良性方向发展。

7）充分发挥人工增雨的作用。通过人工增雨技术，增加天然降水量，进而增加水资源总量。近些年北京的人工增雨技术已经日趋成熟，人工增雨方面取得了很大的成就，相信在以后人工增雨将会发挥更大的作用。

关于建立"首都圈综合灾情预测预警年度报告制度"的建议

金磊　吴正华　明发源　北京减灾协会

综合灾情预测预警的研究和报告制度，是确保北京安全发展布局的基础。"防灾减灾预为先"，这是国内外减灾管理成功经验之精髓。

《国家突发公共事件总体应急预案》在应急管理工作原则中，明确强调应急管理必须"居安思危，预防为主"。2008年发生的南方持续性冰雪灾害以及震惊全球的汶川8级地震灾难，给人们最大的启示在于我们必须对现代社会和居住环境有足够的风险意识，必须强化综合灾害预测预警水平，提升城市应急管理的前瞻性和主动性。

"科技北京、绿色北京、人文北京"已成为成功举办奥运会后的北京发展的全新理念，但这必须以实现"平安北京"作为保障。从2005年开始不断完善的城市应急管理体制是政府管理工作的重要平台，其科学、高效的运行是建立在对城市突发公共事件的风险预测和预防上。凡事"预则立，不预则废"，每年年初对北京及其周边地区可能出现突发事件的预测报告，将会为政府应急管理工作寻找切入重点，从思想观念、工作部署和物资调配等方面提前做好应对准备，将是十分必要的。并为庆祝新中国成立60周年安全保障以及即将开始研究编制"十二五"城市规划提供难得的决策咨询帮助。

为此，我们建议自2009年起，北京市突发公共事件应急管理委员会建立"首都圈综合灾情预测预警年度报告制度"，以强化政府在灾情预测预警方面的主导作用。具体建议如下。

1）在市突发公共事件应急委员会领导下，委托北京减灾协会组织实施：

①年初（暂定3月至4月）召开京、津、冀地区及中央在京部委的权威减灾专家参加的首都圈突发公共事件年度论坛；

②根据论坛的内容，编写《首都圈综合灾情预测预警年度白皮书》（简称《年度白皮书》），并呈报市政府应急办。必要时，可出版《首都圈综合灾情预测预警和对策研讨论文集》。

2）市突发公共事件应急指挥中心在突发公共事件应急管理年度工作报告中参考《年度白皮书》的建议，使每年应急管理工作的预防重点有所侧重。

3）按《中华人民共和国突发事件应对法》，突发公共事件应包含自然灾害、事故灾难、公共卫生和社会安全四大类。因此，年度论坛，不仅要有自然灾害方面减灾专家参加，而且要加大工矿企业和城市运行管理方面的减灾专家参加的比重，以保证年度论坛成果有广泛的社会认同。

4）有关部门和市科协应根据《应急管理年度工作报告》和《年度白皮书》的主要内容，具体制定防灾避险和安全减灾科普工作年度计划，以使年度论坛的主要成果能转化为公众行动。

5）在"安全保密"的前提下，选取必要的内容，利用媒体见面会等形式向社会公布，旨在培养市民及公务员的安全减灾文化意识与能力。

6）市应急委需保障年度活动经费，专款专用。

关于进一步完善北京减灾法制体系的建议

萧永生　北京减灾协会

建设世界城市是北京市委市政府去年提出的一个宏伟战略目标，这一重大战略目标无疑为首都北京未来的发展创造了一个新的历史机遇，同时，也对首都的管理，特别是城市安全提出了更为严峻的挑战。世界灾害史表明，经济越发展，社会和财富对灾害就越为敏感，灾害可能造成的损失就越大。在北京建设世界城市的过程中，随着环渤海经济带建设的加速，京津巨型城市群的出现，灾害的形式和危害也将会呈现出新的特点。

国务院批复的《北京城市总体规划》指出："北京是一个重点设防的城市，必须逐步建立城市总体防灾体系，确保首都安全。"增强北京综合防灾减灾能力，保护人民生命财产安全，既是科学发展观在首都建设上的具体体现，也是北京可持续发展的基本内涵之一。

世界城市作为"国际活动的聚集地和对全球的政治、经济、文化等方面具有重要影响力的城市"，它必然也应该是一个高度"安全"的城市。因为一个重大灾害事件的发生，不仅对北京，其危害和影响甚至可能波及全国乃至世界。因此，建立健全北京城市总体防灾体系，也是北京建设世界城市的重要内容。

防灾减灾的体制、机制和法制建设是一个系统工程，而法制建设是基础。近年来，北京已制定并发布了一系列单一灾种的法规（如《北京消防条例》《北京防震条例》《北京防汛条例》等），在减轻灾害危害方面，发挥了重要作用。但是，一方面，在单一灾种的法律法规下形成的分灾种的管理体制难以覆盖到灾害预防、避险、紧急救援、灾后恢复重建等灾害应对的全过程，灾害管理职能上既有交叉、重复，同时又存在许多盲点，没有明确具体的责任部门。另一方面，重大自然灾害常具有群发性或连发性，有时还伴随着衍生（次生）灾害，在同时发生或相继发生多种灾害时，由于没有一个能够统御全局的综合性的减灾法律法规，因而缺乏组织协调各方面力量（尤其是难以规范各应急管理部门之间的联动）的综合能力，难以合理调动和有效使用各种资源，使减灾行动难以发挥最大效益。因此，建立和完善北京灾害应对的综合性法制体系是当务之急。

为了进一步加强北京减灾法制体系建设，建议针对北京灾害应对法制中综合能力不足的现状，适应建设世界城市的需要，"十二五"期间，对北京综合减灾立法开展立项研究，尽快推出《北京综合减灾条例》。与单灾种的法律法规相比，《北京综合减灾条例》应在以下三个方面有所突破。一是在灾害管理上，要打破部门分割的单事件与单灾种管理体制，实现组织、资源、信息、队伍等的有机整合。二是在灾害的应对上，既要能涵盖各种灾害，又要涵盖灾害应对的全过程。即既包括正常态下对减灾工作的日常管理、灾害预防，又包括灾害态下灾害的预报预警、灾害发生期间的应急救援、灾后恢复重建等防灾减灾的全过程。三是要立足全局，着眼长远，借助国际上发达国家世界城市建设中的经验教训，对灾害可能的新形态、新特点要进行预研究，使该法规更好地适应北京世界城市建设中防灾减灾的新需求。

2004 年，北京市人大常委会法制办公室曾经下达过立法调研项目——《北京市防灾减灾条例》，北京减灾协会组织在京及中央单位十余位专家经一年多的研究，完成了专家建议稿，并于 2005 年通过了专家评审和人大常委会法制办的验收。可以说，《北京市防灾减灾条例》专家建议稿已经为综合减灾立法奠定了一个很好的基础。鉴于立法的严肃性，建议在该专家建议稿的基础上，由市政府法制办、市应急办、市人大法制办共同组织力量尽快着手制定并出台《北京综合减灾条例》。

应充分关注正在加大的北京渍涝风险

吴正华　北京减灾协会

2009 年从 5 月份以来，我国华南地区首先遭遇罕见强降水，接着江南 10 个省市先后遭遇洪涝灾害，7 月上、中旬还在长江流域发生多地局部洪涝灾害。目前，我国主要雨带位于长江上游、淮河流域到黄河下游地区，已经临近京津地区。在未来"三伏"期间，（主要是中伏），北京的洪（渍）涝风险正在加大，值得充分关注。鉴于以下原因：

1）东亚地区大气环流形势将进一步调整，西太平洋副热带高压（简称"副高"）正向北推进，其可能在 7 月下旬控制黄海、朝鲜半岛到华北地区上空，副高将出现近 10 年来强度最大、位置最偏北偏西的状况，极利于西南暖湿气流流向华北，致使北京发生洪涝的风险明显增大；

2）太平洋赤道地区的海平面温度在今年上半年出现剧烈变化，即由 4 月以前的"厄尔尼诺"现象，在 7 月将转为反位相，出现"拉尼娜"现象。这种变化与 1998 年十分相似，海洋与大气环流的相互作用，将使我国东部地区的今年旱涝气候明显异常，北京可能亦如此；

3）纵观北京历史洪涝灾害的周期变化规律，其中清康熙的一句警言："昔言壬辰、癸巳年应多发大水"应予以关注，经查证，这是指北京"发大水"有一个 60 年周期变化，尤其在"壬辰"年的前 3 年出现多雨的几率较大（13/15），而 2012 年正是"壬辰"年。

我们建议：

1）尽管市政府各级领导已经进行防汛动员，并加强各级应急指挥、防汛物资、器材准备工作，开展防汛演练。但还必须再动员、再加强、再演练，千万不能有任何侥幸的观念，一定要高标准地做好应急准备工作，必要时，还应组织多部门防汛应急情景演练；

2）除了充分注重易渍涝地区的各项防范措施外，对近几年来出现新建小区、新建道路、新建桥路（尤其下沉桥路），应加强渍涝预防工作，认真评估可能出现的渍涝新隐患，山区泥石流多发区尤应不能麻痹，真正落实监测和应急防范工作；

3）充分利用电视台等媒体，加大对市民个人防渍涝避险知识和自救互救技能宣传，特别是低洼地带易渍涝的社区应加大防灾科普宣传和落实应急各项准备工作。